합격포인트
자동차
정비
산업기사

GoldenBell
www.gbbook.co.kr

글로벌 자동차산업은 디지털 혁명과 모빌리티 혁명의 시대를 맞이하여 큰 변화에 직면하고 있다.

미래 모빌리티는 전기차 같은 무공해차에 자율주행 기능과 이를 혼합한 공유모델이 다양하게 출시되면서 그 움직임이 가속화되고 있다. 하지만 아무리 좋은 모빌리티라 하여도 반드시 안전을 담보로 한 B/S와 A/S요원은 필요하다.

이것이 이 자격증의 필요충분조건이다.

2022년 한국산업인력공단의 출제기준이 국가기술자격의 현장 적응력을 제고하여 국가직무능력표준(NCS)을 중심으로 변경됨에 따라 새롭게 개편하였다.

이 책은 크게 단원별 요점정리와 예상문제, 모의고사로 구성하였으며 다음과 같은 점들을 고려하여 집필하였다.

이 책의 특징

1. NCS학습모듈기반의 새로운 출제기준에 따라 핵심정리와 함께 쉽게 이해할 수 있도록 일러스트로 편성하였다.
2. 제4과목(친환경 자동차 정비)에 새로 만든 212개의 출제 예상 문제를 넣었다.
   (주행안전장치 / 네트워크 통신 / 전기차 정비 / 연료전지차 정비)
4. 출제 빈도수가 높았던 기출문제와 새로운 문제를 창작하여 적중률이 높은 실전 CBT 모의고사 3회, CBT 기출복원문제 3회를 추가하였다.

출제문제를 예단한 전설의 편성위원이지만 올 100% 출제된다고 우길 수는 없다.
앞으로 시험 횟수가 거듭될 때마다 타의 추정을 불허한 '정비문제집'으로 오롯이 남을 것이다.

수험생 여러분!
시험이라는 정글의 숲에서 합격 게임의 승자로 당당히 남아 있기를 소원한다.

2023년 1월
GB자격시험편성위원회

- 문제수 : 80문제
- 시험시간 : 2시간
- 필기과목명 : 자동차엔진정비, 자동차섀시정비, 자동차 전기·전자장치정비, 친환경자동차정비

적용기간 : 2025.1.1~2027.12.31

필기과목명	주요항목	세부항목
1. 자동차 엔진정비 20문제	1. 과급 장치 정비	1. 과급장치 점검·진단　2. 과급장치 조정하기 3. 과급장치 수리하기　4. 과급장치 교환하기 5. 과급장치 검사하기
	2. 가솔린 전자제어 장치 정비	1. 가솔린 전자제어장치 점검·진단 2. 가솔린 전자제어장치 조정 3. 가솔린 전자제어장치 수리 4. 가솔린 전자제어장치 교환 5. 가솔린 전자제어장치 검사
	3. 디젤 전자제어 장치 정비	1. 디젤 전자제어장치 점검·진단 2. 디젤 전자제어장치 조정　3. 디젤 전자제어장치 수리 4. 디젤 전자제어장치 교환　5. 디젤 전자제어장치 검사
	4. 엔진 본체 정비	1. 엔진본체 점검·진단　2. 엔진본체 관련 부품 조정 3. 엔진본체 수리　4. 엔진본체 관련부품 교환 5. 엔진본체 검사
	5. 배출가스장치 정비	1. 배출가스장치 점검·진단　2. 배출가스장치 조정 3. 배출가스장치 수리　4. 배출가스장치 교환 5. 배출가스장치 검사
2. 자동차 섀시정비 20문제	1. 자동변속기 정비	1. 자동변속기 점검·진단　2. 자동변속기 조정 3. 자동변속기 수리　4. 자동변속기 교환 5. 자동변속기 검사
	2. 유압식 현가장치 정비	1. 유압식 현가장치 점검·진단 2. 유압식 현가장치 교환　3. 유압식 현가장치 검사
	3. 전자제어 현가장치 정비	1. 전자제어 현가장치 점검·진단 2. 전자제어 현가장치 조정　3. 전자제어 현가장치 수리 4. 전자제어 현가장치 교환　5. 전자제어 현가장치 검사
	4. 전자제어 조향장치 정비	1. 전자제어 조향장치 점검·진단 2. 전자제어 조향장치 조정　3. 전자제어 조향장치 수리 4. 전자제어 조향장치 교환　5. 전자제어 조향장치 검사
	5. 전자제어 제동장치 정비	1. 전자제어 제동장치 점검·진단 2. 전자제어 제동장치 조정　3. 전자제어 제동장치 수리 4. 전자제어 제동장치 교환　5. 전자제어 제동장치 검사

필기과목명	주요항목	세부항목
3.자동차 전기·전자 장치정비 20문제	1. 네트워크통신장치 정비	1. 네트워크통신장치 점검·진단 2. 네트워크통신장치 수리 3. 네트워크통신장치 교환 4. 네트워크통신장치 검사
	2. 전기·전자회로 분석	1. 전기·전자회로 점검·진단 2. 전기·전자회로 수리 3. 전기·전자회로 교환 4. 전기·전자회로 검사
	3. 주행안전장치 정비	1. 주행안전장치 점검·진단 2. 주행안전장치 수리 3. 주행안전장치 교환 4. 주행안전장치 검사
	4. 냉·난방장치 정비	1. 냉·난방장치 점검·진단 2. 냉·난방장치 수리 3. 냉·난방장치 교환 4. 냉·난방장치 검사
	5. 편의장치 정비	1. 편의장치 점검·진단 2. 편의장치 조정 3. 편의장치 수리 4. 편의장치 교환 5. 편의장치 검사
4. 친환경 자동차 정비 20문제	1. 하이브리드 고전압 장치 정비	1. 하이브리드 전기장치 점검·진단 2. 하이브리드 전기장치 수리 3. 하이브리드 전기장치 교환 4. 하이브리드 전기장치 검사
	2. 전기자동차정비	1. 전기자동차 고전압 배터리 정비 2. 전기자동차 전력통합제어장치 정비 3. 전기자동차 구동장치 정비 4. 전기자동차 편의·안전장치 정비
	3. 수소연료전지차 정비 및 그 밖의 친환경 자동차	1. 수소 공급장치 정비 2. 수소 구동장치 정비 3. 그 밖의 친환경자동차

CONTENTS
차 례

PART 02

CBT 기출복원문제

PART 01

자동차 엔진, 섀시
전기·전자장치 정비
및 친환경 자동차 정비

chapter 01

자동차 엔진 정비

1-1 엔진 본체 정비

1 엔진 본체 점검·진단

1. 엔진의 정의

엔진(Engine)이란 열에너지를 기계적 에너지로 변환시켜 동력을 얻는 장치이다.

2. 엔진의 분류

(1) 기계학적 사이클에 따른 분류

1) 4행정 사이클 엔진(4 stroke cycle engine)

> **TIP 행정**
> 행정(stroke)이란 피스톤이 상사점에서 하사점으로, 또는 하사점에서 상사점으로 이동한 거리를 말한다.

4행정 사이클 엔진은 크랭크축이 2회전하고, 피스톤은 흡입, 압축, 폭발, 배기의 4행정을 하여 1사이클을 완성한다. 즉, 4행정 사이클 엔진이 1사이클을 완료하면 크랭크축은 2회전을 하고 캠축은 1회전하며, 흡·배기 밸브는 1번씩 개폐한다.

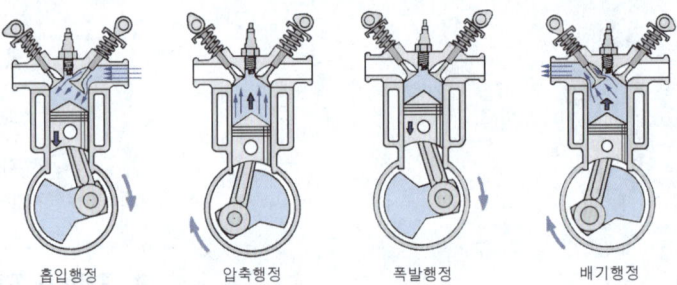

흡입행정   압축행정   폭발행정   배기행정

🔺 4행정 사이클 엔진의 작동

① **흡입행정**(intake stroke) : 흡입행정은 사이클의 맨 처음 행정으로 흡입 밸브는 열리고 배기 밸브는 닫혀 있으며, 피스톤은 상사점(TDC)에서 하사점(BDC)으로 내려간다. 피스톤이 내려감에 따라 실린더 내에 부분 진공으로 혼합가스가 흡입된다.

② **압축행정**(compression stroke) : 압축행정은 피스톤이 하사점에서 상사점으로 올라가며, 흡입·배기 밸브는 모두 닫혀 있다.

③ **폭발행정**(power stroke) : 가솔린 엔진은 압축된 혼합가스에 점화 플러그에서 전기 불꽃의 방전으로 점화하고, 디젤 엔진은 압축된 공기에 분사 노즐에서 연료(경유)를 분사시키면 자기착화(自己着火)하여 실린더 내의 압력을 상승되어 피스톤을 내려 미는 힘을 가하여 커넥팅 로드를 거쳐 크랭크축을 회전시키므로 동력을 얻는다.

④ **배기행정**(exhaust stroke) : 배기행정은 배기 밸브가 열리면서 폭발행정에서 일을 한 연소가스를 실린더 밖으로 배출시키는 행정이다. 이때 피스톤은 하사점에서 상사점으로 올라간다.

> **TIP** 압축에서 가스의 온도와 체적변화
> ① 체적이 감소함에 따라 압력은 압축비에 근사적으로 비례하여 상승한다.
> ② 압축에서 발생하는 압축열에 의해 추가로 압력 상승이 이루어진다.
> ③ 체적이 감소함에 따라 온도가 상승한다.

2) 2행정 사이클 엔진(2 stroke cycle engine)

2행정 사이클 엔진은 크랭크축 1회전으로 1사이클을 완료 한다. 흡입 및 배기를 위한 독립된 행정이 없으며, 포트(port)를 두고 피스톤이 상하운동 중에 개폐되어 흡입 및 배기 행정을 수행한다. 2행정 사이클 엔진은 4행정 사이클 엔진에 비해 배기량이 같을 때 발생 동력이 큰 장점이 있다.

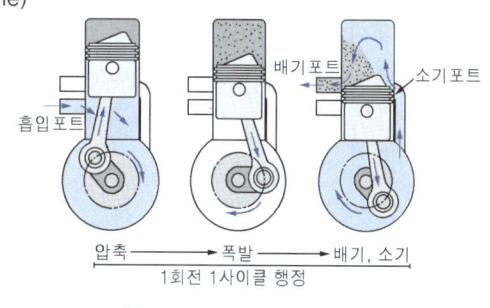

🔺 **2행정 사이클 엔진의 작동**

(2) 점화 방식에 따른 분류

1) 전기 점화 엔진

압축된 혼합가스에 점화 플러그에서 고압의 전기 불꽃을 방전하여 점화·연소시키는 방식이며 가솔린 엔진, LPG 엔진, CNG 엔진의 점화 방식이다.

2) 압축 착화 엔진(자기 착화 엔진)

순수한 공기만을 흡입하고 고온·고압으로 압축한 후 고압의 연료(경유)를 미세한 안개 모양으로 분사하여 자기(自己)착화시키는 방식이며, 디젤 엔진의 점화방식이다.

(3) 실린더 내경과 행정비에 따른 분류

1) 장행정 엔진(under square engine)

실린더 내경(D)보다 피스톤 행정(L)이 큰 형식 즉, L/D > 1.0 이다. 이 엔진의 특징은 저속에서 큰 회전력을 얻을 수 있고, 측압을 감소시킬 수 있다.

2) 스퀘어 엔진(square engine)

실린더 내경(D)과 피스톤 행정(L)의 크기가 똑같은 형식이다. 즉, L/D =1.0인 엔진이다.

3) 단행정 엔진(over square engine)

실린더 내경(D)이 피스톤 행정(L)보다 큰 형식이다. 즉, L/D < 1.0이며 다음과 같은 특징이 있다.

① 단행정 엔진의 장점

㉮ 피스톤 평균속도를 올리지 않고 회전속도를 높일 수 있다.

㉯ 단위 실린더 체적 당 출력을 크게 할 수 있다.

㉰ 흡기, 배기 밸브의 지름을 크게 할 수 있어 체적 효율을 높일 수 있다.

㉱ 직렬형에서는 엔진의 높이가 낮아지고, V형에서는 엔진의 폭이 좁아진다.

② 단행정 엔진의 단점

㉮ 피스톤이 과열하기 쉽다.

㉯ 폭발 압력이 커 엔진 베어링의 폭이 넓어야 한다.

㉰ 회전속도가 증가하면 관성력의 불평형으로 회전 부분의 진동이 커진다.

㉱ 실린더 안지름이 커 엔진의 길이가 길어진다.

(4) 열역학적 사이클에 의한 분류

1) 정적 사이클 또는 오토(Otto) 사이클

가솔린 엔진(스파크 점화 엔진)의 열역학적 기본 사이클이며, 이론 열효율의 산출 공식은 다음과 같다.

$$\eta_o = 1 - \left(\frac{1}{\epsilon}\right)^{k-1}$$

η_o : 정적 사이클의 이론 열효율,
ϵ : 압축비, k : 비열비

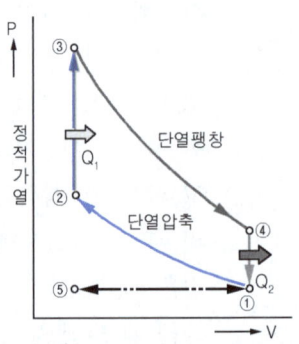

▲ 오토 사이클의 지압(PV)선도

TIP 가솔린 엔진의 사이클을 공기표준 사이클로 간주하기 위한 가정
① 동작 유체는 이상기체이다.
② 비열은 온도에 따라 변화하지 않는 것으로 보며, 압축행정과 팽창행정의 단열지수는 같다.
③ 사이클 과정을 하는 동작물질의 양은 일정하다.　④ 각 과정은 가역사이클이다.
⑤ 압축 및 팽창과정은 등 엔트로피(단열) 과정이다.　⑥ 높은 열원에서 열을 받아 낮은 열원으로 방출한다.
⑦ 연소 중 열해리 현상은 일어나지 않는다.

2) 정압 사이클 또는 디젤(Diesel) 사이클

저속중속 디젤 엔진의 열역학적 기본 사이클이며, 이론 열역학 산출 공식은 다음과 같다.

$$\eta_d = 1 - \left[\left(\frac{1}{\epsilon}\right)^{k-1} \times \frac{\sigma^k - 1}{k(\sigma - 1)}\right]$$

η_d : 정압 사이클의 이론 열효율, ϵ : 압축비,
k : 비열비, σ : 체절비 또는 단절비

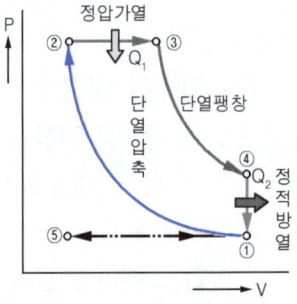

▲ 디젤 사이클의 지압(PV)선도

TIP 단절비
실제 사이클에서의 연료의 분사 지속시간이 길고 짧음에 대한 비율이다. 디젤 사이클의 이론 열효율은 압축비, 비열비, 단절비에 따라서 달라지며 단절비가 클수록 열효율이 저하된다.

3) 복합사이클 또는 사바데(Sabathe) 사이클

고속 디젤 엔진의 열역학적 기본 사이클이며, 이론 열역학 산출 공식은 다음과 같다.

$$\eta_s = 1 - \left[\left(\frac{1}{\epsilon} \right)^{k-1} \times \frac{\rho \times \sigma^k - 1}{(\rho - 1) + k \times \rho(\sigma - 1)} \right]$$

η_s : 복합 사이클의 이론 열효율,
ϵ: 압축비, k : 비열비,
σ : 체절비 또는 단절비 ρ : 폭발비

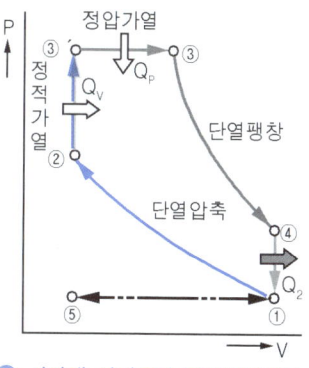

△ 사바테 사이클의 지압(PV)선도

3. 실린더 헤드(cylinder head)

① 실린더 헤드는 헤드 개스킷을 사이에 두고 실린더 블록에 볼트로 설치된다.

② 피스톤, 실린더와 함께 연소실을 형성한다.

③ 수랭식 엔진의 헤드는 전체 실린더 또는 몇 개의 실린더로 나누어 일체 주조하며 냉각용 물 재킷(water jacket)이 배치되어 있다.

④ 헤드 아래쪽에는 연소실과 밸브 시트가 있고, 위쪽에는 점화 플러그, 인젝터 설치 구멍과 밸브기구 설치부분이 배치되어 있다.

(1) 실린더 헤드의 구비조건

① 기계적 강도가 높을 것

② 열팽창성이 작을 것

③ 열전도성이 클 것

④ 열 변형에 대한 안정성이 있을 것

⑤ 가볍고, 내식성과 내구성이 클 것

△ 엔진 본체의 구조

(2) 연소실(Combustion chamber)의 구비조건

① 화염전파에 소요되는 시간이 짧을 것

② 연소실 내의 표면적을 최소화시킬 것

③ 가열되기 쉬운 돌출부분이 없을 것

④ 밸브 및 밸브 구멍에 충분한 면적을 주어서 흡·배기 작용이 원활하게 되도록 할 것

⑤ 압축행정에서 와류가 일어나도록 할 것 ⑥ 배기가스에 유해성분이 적을 것

⑦ 출력 및 열효율이 높을 것 ⑧ 노크를 일으키지 않을 것

13

(3) 헤드 개스킷(head gasket)

① 헤드 개스킷은 실린더 헤드와 실린더 블록의 접합면 사이에 설치된다.

② 압축가스, 냉각수 및 엔진 오일의 누출을 방지한다.

(4) 실린더 헤드 정비

1) 실린더 헤드 탈착 방법

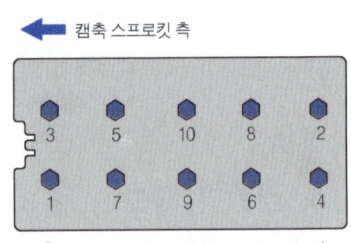

캠축 스프로킷 측

3 5 10 8 2
1 7 9 6 4

▲ 실린더 헤드 볼트 푸는 순서

① 실린더 헤드 볼트를 풀 때에는 변형을 방지하기 위하여 대각선의 바깥쪽에서 중앙을 향하여 풀어야 한다.

② 헤드 볼트를 푼 후 실린더 헤드가 잘 탈착되지 않으면 다음과 같이 작업한다.

 ㉮ 나무 해머로 두드려 뗀다.

 ㉯ 기관의 압축 압력을 이용한다.

 ㉰ 기관의 무게를 이용, 헤드만을 걸어 올린다.

2) 실린더 헤드 균열점검

① **균열 점검** : 균열 점검은 육안검사, 염색탐상(레드 체크)법, 자기탐상법 등이 있다.

② **균열의 원인** : 균열은 과격한 열적 부하(엔진이 과열하였을 때 급랭시킴)와 겨울철 냉각수 동결 등이 원인이다.

3) 실린더 헤드 변형점검

변형 점검은 그림과 같이 곧은 자(또는 직각자)와 필러 게이지를 이용한다.

① **변형의 원인**

 ㉮ 헤드 개스킷 불량

 ㉯ 실린더 헤드 볼트의 불균일한 조임

 ㉰ 엔진의 과열 또는 냉각수 동결

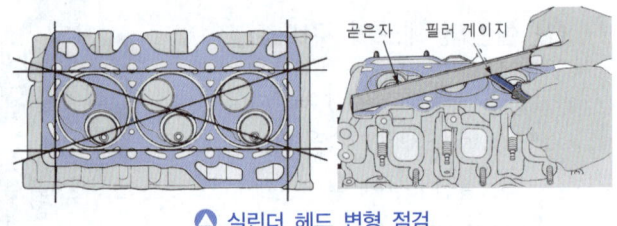

곧은자 필러 게이지

▲ 실린더 헤드 변형 점검

4) 실린더 헤드 부착 방법

① 실린더 블록에 접착제를 바른 후 개스킷을 설치하고, 개스킷 윗면에 접착제를 바른 후 실린더 헤드를 설치한다.

② 헤드 볼트는 중앙에서부터 대각선으로 바깥쪽을 향하여 조인다.

③ 헤드 볼트는 2~3회 나누어 조이며, 최종적으로 규정 값으로 조이기 위하여 토크 렌치를 사용한다.

4. 실린더 블록(cylinder block)

실린더 블록은 엔진의 기초 구조물이며, 위쪽에는 실린더 헤드가 설치되어 있고, 아래 중앙부에는 평면 베어링을 사이에 두고 크랭크축이 설치된다. 내부에는 피스톤이 왕복운동을 하는 실린더(cylinder)가 배치되어 있으며, 실린더의 냉각을 위한 물 재킷이 실린더를 둘러싸고 있다. 아래쪽에는 개스킷을 사이에 두고 아래 크랭크 케이스(오일 팬)가 설치되어 엔진 오일이 담겨진다. 실린더 블록의 재질은 특수 주철이나 알루미늄 합금을 사용한다. 실린더 벽의 두께는 다음의 공식으로 산출한다.

$$t = \frac{P \times D}{2 \times \sigma_a}$$

t : 실린더 벽의 두께(cm), P : 폭발압력(kgf/cm²),
D : 실린더 안지름(cm), σa : 실린더 벽의 허용 응력(kgf/cm²

(1) 실린더(cylinder)

① **일체식 실린더 :** 일체식 실린더는 실린더 블록과 같은 재질로 실린더를 일체로 제작한 형식이며, 실린더 벽이 마멸되면 보링(boring)을 하여야 하는 형식이다.

② **실린더 라이너식**(Cylinder liner type) : 실린더 블록과 실린더를 별도로 제작한 후 실린더 블록에 끼우는 형식이며, 보통 주철의 실린더 블록에 특수 주철의 라이너를 끼우는 경우와 알루미늄 합금 실린더 블록에 주철로 만든 라이너를 끼우는 형식이 있다. 라이너 종류에는 습식과 건식이 있다.

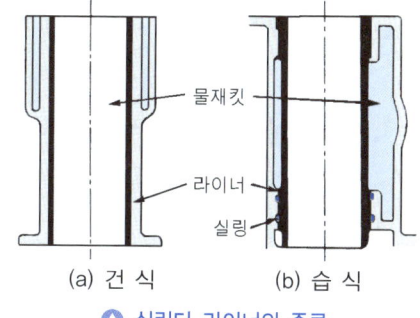

물재킷

라이너

실링

(a) 건 식   (b) 습 식

🔺 실린더 라이너의 종류

(2) 실린더 정비

1) 실린더 벽 마멸의 경향

① 실린더 벽의 마멸의 경향은 실린더 윗부분(TDC 부근)에서 가장 크다.

② BDC 부근에서도 피스톤이 운동 방향을 바꿀 때 일시 정지하므로 유막이 차단되어 그 마멸이 현저하다.

③ 하사점 아래 부분은 거의 마멸되지 않는다.

2) 상사점 부근의 마멸 원인

① 동력 행정 때 상사점에서 더해지는 폭발 압력으로 피스톤 링이 실린더 벽에 강력하게 밀착되기 때문이다.

② 엔진의 어떤 회전속도에서도 피스톤이 상사점에서 일단 정지하고, 이때 피스톤 링의 호흡 작용으로 인한 유막이 끊어지기 쉽기 때문이다.

3) 실린더 벽 마멸량 점검 기구

① 실린더 보어 게이지(cylinder bore gauge)

② 내측 마이크로미터

③ 텔리스코핑 게이지와 외측 마이크로미터

4) 실린더 벽 마멸량 측정 부위

실린더의 상부·중앙 및 하부의 위치에서 크랭크 축 방향 3곳과 그 직각 방향 3곳 도합 6곳을 측정하여 가장 큰 측정값을 마멸량 값으로 한다.

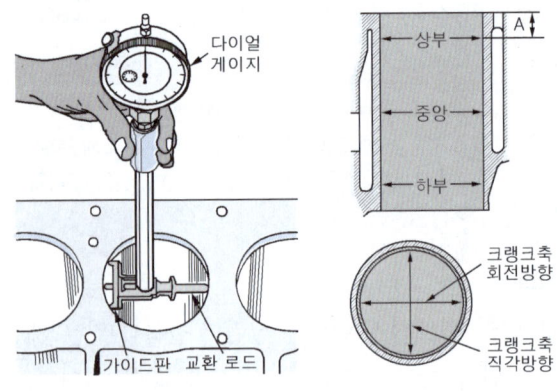

(a) 실린더 보어 게이지　　　　　(b) 실린더벽 마멸량 측정부위

🔷 실린더 마멸량 측정

5) 실린더 보링 작업과 피스톤 오버 사이즈 선정 방법

① 실린더 보링 작업 : 보링 작업이란 일체식 실린더에서 실린더 벽이 마멸되었을 경우 오버 사이즈(over size) 피스톤에 맞추어 진원으로 절삭하는 작업이다.

② 실린더 보링 값 계산 방법 : 실린더 벽의 마멸은 측압 쪽(크랭크축 직각 방향)이 더욱 심하며 이를 진원으로 절삭하기 위해서 최대 마멸 값을 기준으로 진원 절삭 값 0.2mm를 더 깎는다. 그리고 정비 제원에서 실린더 지름이 70mm 이상인 경우에는 0.20mm 이상, 70mm 이하인 경우에는 0.15mm 이상 마멸된 때 보링 작업을 해야 한다. 또 보링 작업 후에는 바이트(bite) 자국을 지우는 호닝(horning ; 실린더 벽 다듬질 작업)작업을 하여 야 한다. 오버 사이즈 규격에는 0.25mm, 0.50mm, 0.75mm, 1.00mm, 1.25mm, 1.50mm 의 6단계가 있으며 오버 사이즈 한계는 실린더 지름이 70mm 이상인 경우에는 1.50mm, 70mm 이하인 경우에는 1.25mm이다.

5. 피스톤(piston)

(1) 피스톤의 기능

① 피스톤은 실린더 내를 12~13m/s의 속도로 왕복 운동을 한다.

② 혼합기의 폭발압력으로부터 받은 동력을 커넥팅 로드에 전달한다.

③ 크랭크축에 회전력을 발생시키고 흡입·압축 및 배기행정 에서는 크랭크축으로부터 동력을 받아 각각 작용한다.

④ 피스톤 평균속도는 다음의 공식으로 산출한다.

$$S = \frac{2 \times R \times L}{60}$$

S : 피스톤 평균속도(m/s),
R : 엔진의 회전수(rpm),
L : 피스톤 행정(m)

(2) 피스톤의 구조

피스톤 헤드, 링 지대(링 홈과 랜드로 구성), 피스톤 스커트, 피스톤 보스로 구성되어 있으며, 어떤 엔진의 피스톤에는 제1번 랜드에 히트 댐(heat dam)을 배치하여 피스톤 헤드의 높은 열이 스커트로 전달되는 것을 방지한다.

▲ 피스톤의 구조

(3) 피스톤의 구비조건

① 고온·고압에 견딜 것
② 열 전도성이 클 것   ③ 열팽창률이 적을 것
④ 무게가 가벼울 것   ⑤ 피스톤 상호간의 무게 차이가 적을 것

(4) 피스톤의 재질

① 피스톤의 재질은 특수주철이나 알루미늄 합금을 사용한다.
② 피스톤용 알루미늄 합금에는 구리계의 Y합금과 규소계의 로엑스(LO–EX)가 있다.

(5) 피스톤의 종류

① **캠 연마 피스톤** : 보스방향을 단경(작은 지름)으로 하는 타원형의 피스톤이다.
② **솔리드 피스톤** : 열에 대한 보상 장치가 없는 통(solid)형 피스톤이다.
③ **스플릿 피스톤** : 측압이 작은 쪽의 스커트 위쪽에 홈을 두어 스커트로 열이 전달되는 것을 제한하는 피스톤이다.
④ **인바 스트럿 피스톤** : 인바제 스트럿(기둥)을 피스톤과 일체 주조하여 열팽창을 억제시킨 피스톤이다.
⑤ **오프셋 피스톤** : 피스톤 핀의 설치위치를 1.5mm 정도 오프셋(off–set)시킨 피스톤이며, 피스톤에 오프셋(off–set)을 둔 목적은 원활한 회전, 진동 방지, 편 마모 방지 등이다.
⑥ **슬리퍼 피스톤** : 측압을 받지 않는 부분의 스커트를 절단한 피스톤이다.

(6) 피스톤 간극

① 피스톤 간극(실린더 간극)이 크면 : 압축압력의 저하, 블로바이 발생(가스누출), 연소실에 엔진오일 상승, 피스톤 슬랩(slap) 발생, 엔진 오일에 연료 희석, 엔진의 시동 성능 저하, 엔진의 출력저하 등이 발생한다.
② 피스톤 간극이 작으면 : 열팽창으로 인해 피스톤과 실린더 벽이 고착(소결)된다.

> **TIP**
> 피스톤 슬랩(piston slap)이란 피스톤 간극이 너무 크면 피스톤이 상하사점에서 운동방향을 바꿀 때 실린더 벽에 충격을 주는 현상이다. 낮은 온도에서 현저하게 발생하며 오프셋 피스톤을 사용하여 방지한다.

(7) 피스톤 링의 작용과 재질

1) 피스톤 링의 작용

① 기밀 유지(밀봉)작용
② 오일 제어 작용–실린더 벽의 오일 긁어내리기 작용
③ 열전도(냉각) 작용

2) 피스톤 링의 구비조건

① 고온에서도 탄성을 유지할 수 있을 것
② 열팽창률이 적을 것
③ 오랫동안 사용하여도 링 자체나 실린더 마멸이 적을 것
④ 실린더 벽에 동일한 압력을 가할 것

3) 피스톤 링의 재질

① 특수 주철을 사용하여 원심주조 방법으로 제작한다.
② 피스톤 링의 재질은 실린더 벽보다 경도가 다소 작아야 한다.

(8) 피스톤 핀의 설치방법

① **고정식** : 피스톤 핀을 피스톤 보스에 볼트로 고정하는 방식이다.
② **반부동식(요동식)** : 피스톤 핀을 커넥팅로드 소단부로 고정하는 방식이다.
③ **전부동식** : 피스톤 보스, 커넥팅로드 소단부 등 어느 부분에도 고정하지 않는 방식이다.

(9) 피스톤 링 정비

1) 링 이음 간극(rimg end gap)

① 링 이음 간극은 엔진 작동 중 열팽창을 고려하여 둔다.
② 링 이음 간극은 제1번 압축 링을 가장 크게 한다.
③ 실린더에 링을 끼우고 피스톤 헤드로 밀어 넣어 수평 상태로 한 후 필러 게이지(디크니스 게이지)로 측정한다.
④ 마멸된 실린더의 경우에는 가장 마멸이 적은 부분 (최소 실린더 지름을 표시하는 부분)에서 측정하여 0.2~ 0.4mm(한계 1.0mm)이면 정상이다.

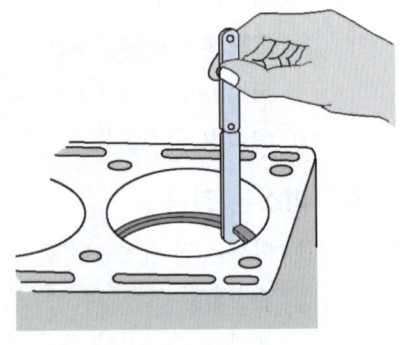

🔺 링 이음 간극 측정

2) 링 이음부의 조립 방향

① 피스톤 링을 피스톤에 조립할 때 각 링 이음부 방향이 한쪽으로 일직선상에 있게 되면 블로바이가 발생하기 쉽고, 엔진 오일이 연소실에 상승한다.
② 링 이음부의 위치는 서로 120~180°방향으로 끼워야 하며 이때 링 이음부가 측압 쪽을 향하지 않도록 해야 한다.

6. 크랭크축(crank shaft)

(1) 크랭크축의 기능

① 피스톤의 왕복운동을 커넥팅 로드의 운동을 통하여 회전운동으로 바꾼다.

② 엔진의 출력을 외부로 전달한다.

③ 흡입, 압축, 배기행정에서는 피스톤에 운동을 전달하는 회전축이다.

(2) 크랭크축의 구조

실린더 블록 하반부에 설치되는 메인저널, 커넥팅 로드 대단부와 연결되는 크랭크 핀, 메인 저널과 크랭크 핀을 연결하는 크랭크 암, 평형을 잡아주는 평형추 등으로 구성되어 있다.

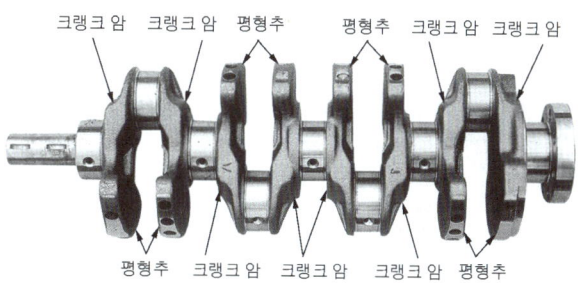

△ 크랭크축의 구조

(3) 점화순서

1) 점화순서를 정할 때 고려할 사항

① 연소가 같은 간격으로 일어나게 한다.

② 크랭크축에 비틀림 진동이 발생되지 않도록 한다.

③ 혼합기가 각 실린더에 균일하게 분배되게 한다.

④ 인접한 실린더에 연이어 폭발이 일어나지 않도록 한다.

2) 직렬 4실린더 엔진의 점화순서

① 크랭크 핀의 위상차가 180°이며, 흡입과 폭발 행정은 하강 행정이고, 압축과 배기행정은 상승 행정이다.

② 제1번과 제4번, 제2번과 제3번 크랭크 핀이 동일 평면 위에 있다.

③ 제1번 피스톤이 하강하면 제4번 피스톤도 하강한다.

④ 제2번 피스톤이 상승하면 제3번 피스톤도 상승한다.

⑤ 제1번 실린더가 흡입 행정을 하면 제4번 실린더에서는 폭발 행정을 한다.

⑥ 제2번 실린더가 압축행정을 할 때 제3번 실린더는 배기 행정을 한다.

⑦ 4개의 실린더가 1번씩 폭발행정을 하면 크랭크축은 2회전한다.

⑧ 점화 순서 : 1-3-4-2와 1-2-4-3이 있다.

3) 직렬 6실린더 기관의 점화순서

① 크랭크 핀의 위상차는 120°이다.

② 제1번과 제6번, 제2번과 제5번, 제3번과 제4번 크랭크 핀이 동일 평면 위에 있다.

③ 우수식 점화순서 : 1-5-3-6-2-4

④ 좌수식 점화순서 : 1-4-2-6-3-5

⑤ 6개의 실린더가 1번씩 폭발행정을 하면 크랭크축은 2회전한다.

(4) 크랭크축 정비

1) 크랭크축 휨 점검

① 크랭크축 앞·뒤 메인 저널을 V 블록 위에 올려놓는다.

② 다이얼 게이지의 스핀들을 중앙 메인 저널에 직각이 되도록 설치한다.

③ 크랭크축을 천천히 회전시키면서 다이얼 게이지의 눈금을 읽는다.

④ 최대와 최소값의 차이의 1/2이 크랭크 축 휨 값이다.

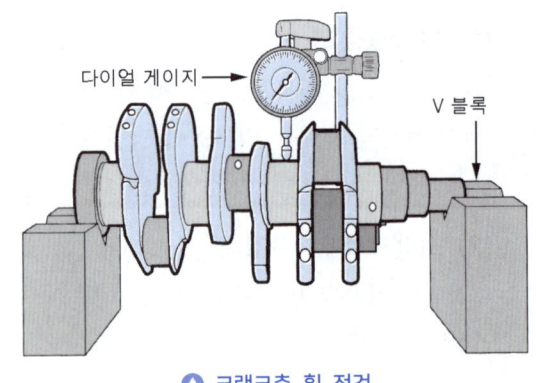

🔺 크랭크축 휨 점검

2) 크랭크축 저널 수정방법

① 측정 방법

㉮ 메인 저널 및 크랭크 핀의 마멸 측정은 외측 마이크로미터로 측정한다.

㉯ 진원도, 편 마멸 등을 측정하여 수정 한계 값 이상인 경우 수정하거나 크랭크축을 교환한다.

㉰ 메인 저널 지름이 50mm 이상인 크랭크축은 1.5mm 이상 수정할 경우 교환.

㉱ 메인 저널 지름이 50mm 이하인 크랭크축은 1.0mm 이상 수정할 경우 교환.

② 저널 수정값 계산 방법 : 저널의 언더 사이즈 기준 값은 0.25mm, 0.50mm, 0.75mm, 1.00mm, 1.25mm, 1.50mm의 6단계가 있다. 또 크랭크 축 저널을 연마 수정하면 지름이 작아지므로 표준 값에서 연마 값을 빼야 한다.

3) 크랭크축 엔드 플레이(end play) 측정

① 엔드 플레이 측정은 플라이 휠 바로 앞에서 크랭크축을 한쪽으로 밀고 다이얼 게이지(또는 필러 게이지)로 점검한다.

② 한계 값은 0.25mm이며, 한계 값 이상인 경우 스러스트 베어링(thrust bearing)을 교환한다.

4) 크랭크축 오일 간극 측정

크랭크축과 베어링 사이의 간극, 저널의 편 마멸 등은 필러스톡, 심 조정법 및 플라스틱 게이지 등으로 점검하는데 이 중 플라스틱 게이지에 의한 방법이 가장 편리하고 정확하다.

(5) 크랭크축 진동 댐퍼(torsional vibration damper)

크랭크축에 비틀림 진동이 발생하면 크랭크축 풀리와 댐퍼 플라이휠 사이에 미끄럼이 생겨 비틀림 진동을 방지한다. 비틀림 진동은 크랭크축의 회전력이 클 때, 크랭크축의 길이가 길 때, 크랭크축의 강성이 작을수록 크다.

7. 플라이휠(fly wheel)

플라이휠은 기관의 맥동적인 출력을 원활한 출력으로 바꾸는 장치이며, 바깥둘레에는 링 기어를 설치하여 기관의 시동을 걸 수 있게 하고, 기관의 동력을 클러치로 전달하는 작용을 한다. 플라이휠의 무게는 회전속도와 실린더 수에 관계한다.

8. 크랭크축 베어링(crank shaft bearing)

(1) 크랭크축 베어링의 재질

① **배빗메탈**(Babbit metal) : 배빗메탈은 화이트메탈이라고도 부르며, 주석(Sn) 80~90%, 안티몬(Sb) 3~12%, 구리(Cu) 3~7%가 표준조성이다.

② **켈밋합금**(Kelmet Alloy) : 켈밋합금은 구리(Cu) 60~70%, 납(Pb) 30~40%가 표준조성이다.

(2) 크랭크축 베어링의 구조

① **베어링 크러시**(bearing crush) : 크러시는 베어링 바깥둘레와 하우징 둘레와의 차이를 말하며, 베어링이 하우징 안에서 움직이지 않도록 하여 열전도성을 향상시킨다.

② **베어링 스프레드**(bearing spread) : 스프레드는 베어링 하우징의 지름과 베어링을 끼우지 않았을 때 베어링 바깥지름과의 차이를 말하며, 베어링의 밀착을 돕고, 조립할 때 크러시가 안쪽으로 찌그러지는 것을 방지할 수 있다.

9. 밸브 및 캠축 구동장치

(1) 밸브기구의 개요

4행정 사이클 엔진은 폭발행정에 필요한 혼합기를 실린더 내에 흡입하고 또 연소가스를 배출하기 위하여 연소실에 밸브를 배치하고 있다. 이들의 밸브를 개폐하는 기구를 밸브기구라 한다. 밸브기구에는 캠축, 밸브 리프터(태핏), 푸시로드, 로커암 축 어셈블리, 밸브 등으로 되어 있으며, I-헤드(OHV)형 밸브기구와 OHC형 밸브기구 등이 있다.

1) I-헤드형

I-헤드형은 캠축, 밸브 리프터, 푸시로드, 로커 암 축 어셈블리, 밸브로 구성되어 있으며, 흡배기 밸브 모두 실린더 헤드에 설치되므로 밸브 리프터와 밸브 사이에 푸시로드와 로커 암 축 어셈블리의 두 부품이 더 설치되어 있다.

2) OHC형

OHC형은 캠축을 실린더 헤드 위에 설치하고 캠이 직접 로커 암을 구동하는 형식이다. 그리고 DOHC형은 2개의 캠축(흡입밸브용 1개와 배기밸브용 1개)과 각각의 실린더마다 흡입밸브 2개, 배기밸브 2개를 배치하고 흡입효율을 더

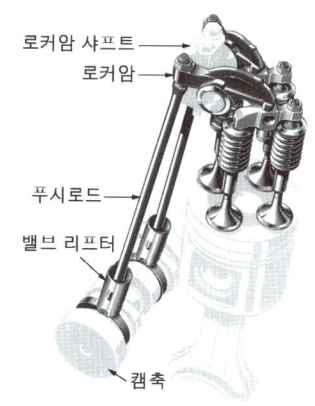

로커암 샤프트
로커암

푸시로드

밸브 리프터

캠축

🔷 I헤드형 밸브기구

욱 향상시킨 것으로 트윈 캠(twin cam) 엔진이라고도 하며, 다음과 같은 특징이 있다.

① 흡입효율을 향상시킬 수 있다.   ② 허용 최고 회전속도를 높일 수 있다.

③ 연소효율을 높일 수 있다.   ④ 응답성능이 향상된다.

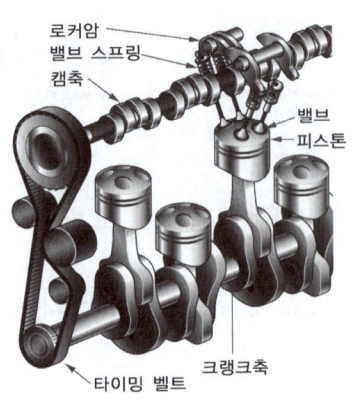

△ SOHC형 밸브기구

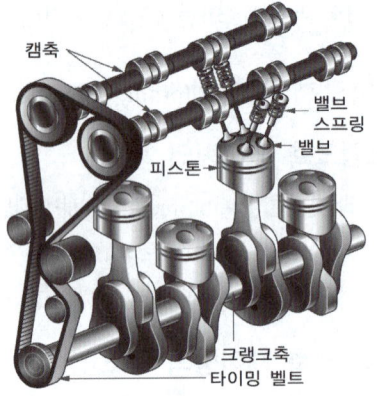

△ DOHC형 밸브기구

(2) 캠축의 구동방식

캠축은 4행정 사이클 엔진에서 밸브 수와 같은 수의 캠이 배열된 축이며, 구동방식에는 기어구동 방식(Gear drive type), 체인구동 방식(chain drive type), 벨트구동 방식(belt drive type)이 있다.

(3) 밸브 리프터(valve lifter)

밸브 리프터는 캠의 회전운동을 상하운동으로 바꾸어 밸브로 전달하는 작용을 하며, 기계식과 유압식이 있다. 유압식은 엔진 오일의 비압축성과 윤활장치의 유압을 이용한 것으로 엔진의 온도변화에 관계없이 밸브 간극을 항상 0으로 하며, 장점 및 단점은 다음과 같다.

1) 유압식 밸브 리프터의 장점

① 밸브 개폐시기가 정확하다.

② 작동이 조용하며, 밸브 간극 조정이 필요 없다.

③ 충격을 흡수하므로 밸브기구의 내구성이 크다.

2) 유압식 밸브 리프터의 단점

① 오일펌프가 고장 나면 작동이 정지된다.

② 윤활장치에 이상이 있으면 작동이 불량하다.

③ 밸브기구 구조가 복잡하다.

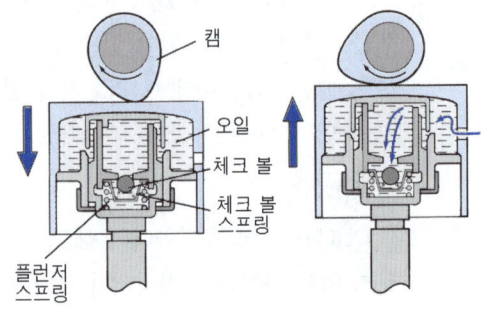

△ 유압식 밸브 리프터의 구조

(4) 흡배기 밸브(valve)

1) 밸브의 구비조건
① 높은 온도에서 견딜 수 있을 것
② 밸브 헤드 부분의 열전도성이 클 것
③ 높은 온도에서의 장력과 충격에 대한 저항력이 클 것
④ 무게가 가볍고, 내구성이 클 것

2) 밸브의 구조
① 흡배기 밸브는 밸브 헤드, 밸브 마진, 밸브 면, 밸브 스템 등으로 구성되어 있다.
② 스템 끝은 평면으로 다듬질되어 있다.
③ 흡입효율을 증대시키기 위해 흡입밸브 헤드 지름을 크게 한다.
④ 흡배기 밸브의 길이 팽창 요인은 밸브 스템의 길이, 밸브의 재질, 밸브의 온도상승 등이다.
⑤ 밸브 간극 : 로커 암과 밸브 스템 사이에 열팽창을 고려하여 둔 간극을 말한다.

(5) 밸브 스프링 서징(Valve Spring Surging) 현상
고속에서 밸브 스프링의 신축이 심하여 밸브 스프링의 고유 진동수와 캠 회전수 공명(共鳴)에 의하여 스프링이 퉁기는 현상이며, 방지법은 다음과 같다.
① 원뿔형 스프링이나 부등피치 스프링을 사용한다.
② 고유 진동수가 다른 2중 스프링을 사용한다.
③ 정해진 양정 내에서 충분한 스프링 정수를 얻도록 한다.
④ 밸브 스프링의 고유진동을 높게 한다.

10. 가변흡기 장치(VICS, Variable induction control system)

가변흡기 장치는 각 실린더마다 흡입포트를 1차와 2차 포트로 분할하고 제어밸브를 엔진의 회전수에 따라서 개폐시키는 흡입제어 장치로 저속영역에서는 가늘고 긴 1차 포트를 이용함으로써 흡입공기의 유속을 빠르게 하여 관성과급의 효과를 이용하고 고속 영역에서는 굵고 짧은 2차 포트를 이용함으로써 흡입저항을 작게 하여 흡입효율을 증가시켜 고출력을 얻는 장치이다.

❷ 엔진 본체 관련 부품 조정

1. 엔진 본체 장치 조정

(1) 밸브 간극 점검 및 조정(기계식-mechanical lash adjuster)
① 엔진의 시동을 걸고 워밍업한 후 정지시킨다.
② 냉각수 온도가 20~30℃가 되도록 한 후 밸브 간극을 점검 및 조정하여야 한다.
③ 실린더 헤드 커버를 탈거한다.

④ 1번 실린더의 피스톤을 압축 상사점에 위치하도록 한다. 이때 크랭크축 풀리를 시계방향으로 회전시켜 타이밍 체인 커버의 타이밍 마크 "T"와 댐퍼 풀리의 홈을 일치 시킨다.

⑤ CVVT 스프로킷의 TDC 마크가 실린더 헤드 상면과 일직선이 되도록 회전시켜 1번 실린더가 압축 상사점에 오도록 한다.

⑥ 흡기 및 배기 간극을 점검한다.

⑦ 흡기 및 배기 밸브 간극을 조정한다.

(2) 드라이브 벨트 장력 측정 및 조정

① 5분 이상 운전한 벨트는 구품 벨트의 장력은 규정 값을 따른다.

② 장력계의 손잡이를 누른 상태에서 풀리와 풀리 또는 풀리와 아이들러 사이의 벨트를 장력계 하단의 스핀들과 갈고리 사이에 끼운다.

③ 장력계의 손잡이에서 손을 뗀 후 지시계가 가리키는 눈금을 확인한다.

2. 진단장비 활용 엔진 조정

(1) 휴대형 진단기

회로 시험기는 단순하게 숫자나 지침(지시계)을 통해서만 결과를 보여주므로 신호 모양을 알 수 없는 단점이 있다. 따라서 신호의 모양(신호의 변화에 따른 전기적 변화)을 파악하기 위해서는 오실로스코프를 사용하여 전기적 파형을 측정하여야 한다.

(2) 휴대형 진단기의 기능

① **통신 기능** : 자기진단, 센서 출력, 액추에이터 구동, 센서 시뮬레이터 기능

② **계측 기능** : 전압, 저항, 전류, 온도, 압력 등의 일반계측 기능과 전기적 특성을 쉽게 점검할 수 있는 오실로스코프 기능

❸ 엔진 본체 수리

1. 본체 성능 점검

(1) 압축 압력 점검

1) 압축 압력 측정시기 및 측정 방법

① 측정시기 : 엔진의 출력 부족 및 엔진의 부조, 과다한 오일 소모가 발생할 경우

② 측정 방법 : 건식 측정 방법과 습식 측정 방법 두 가지 방법이 있다.

③ 건식 측정 방법으로는 피스톤 링, 밸브의 누설 여부를 판단하기 어려울 경우는 습식 측정 방법으로 측정하며 쉽게 점검한다.

2) 압축 압력 측정 준비작업

① 배터리의 충전상태를 점검한다.

② 엔진을 시동하여 워밍업(85~95℃)시킨 후 정지한다.

③ 엔진에 장착된 모든 점화 플러그를 모두 탈거다.

④ 연료 공급 차단과 점화 1차 회로를 분리한다.

⑤ 공기 청정기 및 구동 벨트(팬벨트)를 떼어낸다.

3) 건식 압축 압력 측정 방법

① 점화 플러그 구멍에 압축 압력계를 압착시킨다.

② 스로틀 보디의 스로틀 밸브를 완전히 연다.

③ 스로틀 밸브를 완전히 열고 엔진을 크랭킹시킨다.

④ 엔진을 250~300rpm 이상으로 크랭킹(cranking)시켜 4~6회 압축시킨다.

⑤ 하나 또는 그 이상의 실린더의 압축 압력이 규정치가 되는지 확인한다.

4) 습식 압축 압력 측정 방법

① 밸브 불량, 실린더 벽, 피스톤 링, 헤드 개스킷 불량 등의 상태를 판정하기 위하여 습식 압축 압력을 측정한다.

② 압축 압력 측정 준비작업을 한다.

③ 점화 플러그 구멍으로 엔진 오일을 약 10cc 정도 넣고 1분 후에 다시 압축 압력을 측정한다.

④ 점화 플러그 구멍에 압축 압력계를 압착시킨다.

⑤ 스로틀 보디의 스로틀 밸브를 완전히 연다.

⑥ 스로틀 밸브를 완전히 열고 엔진을 크랭킹시킨다.

⑦ 엔진을 250~300rpm 이상으로 크랭킹(cranking)시켜 4~6회 압축시킨다.

⑧ 하나 또는 그 이상의 실린더의 압축 압력이 규정치가 되는지 확인한다.

5) 판정 조건

① **정상** : 압축 압력이 정상 압력의 90~100% 이내일 때

② **양호** : 압축 압력이 규정 압력의 70~90% 또는 100~110% 이내일 때

③ **불량** : 압축 압력이 규정 압력의 110% 이상 또는 70% 미만, 실린더 간 압축 압력 차이가 10% 이상일 때

(2) 흡기다기관 진공도 측정

1) 진공계로 알아낼 수 있는 시험

① 점화시기의 적당 여부

② 밸브의 정밀 밀착 불량 여부

③ 점화 플러그의 실화 상태

④ 배기장치의 막힘

⑤ 압축 압력의 저하

2) 진공을 측정할 수 있는 부위

흡기다기관, 서지탱크, 스로틀 바디 등이며, 흡기다기관이나 서지탱크에 있는 진공구멍에 진공계를 설치하여 측정한다.

2. 엔진의 성능

(1) 평균 유효압력과 지압선도

1) 평균 유효압력

평균 유효압력은 1사이클의 일을 행정체적으로 나눈 값이며, 행정체적(배기량), 회전속도 등의 차이에 따른 성능을 비교할 때 사용한다. 종류와 이들 사이의 관계는 다음과 같다.

- 지시평균 유효압력(P_{mi}) = 이론평균 유효압력(P_{mth})×선도 계수(f_m)
- 제동평균 유효압력(P_{mb}) = 지시평균 유효압력(P_{mi})×기계효율(η_m)
- 마찰평균 유효압력(P_{mf}) = 지시평균 유효압력(P_{mi})−제동평균 유효압력(P_{mb})

$$\text{선도계수 } f_m = \frac{\text{지시일의 양}}{\text{이론일의 양}} = \frac{W_i}{W_{th}} = \frac{\eta_i}{\eta_{th}}$$

지시일은 여러 가지 손실 때문에 이론일 보다 항상 적다. 실제 엔진에 있어서의 계산은 다음과 같다.

① 4행정 사이클 엔진

㉮ 지시평균 유효압력

$$P_{mi} = \frac{75 \times 60 \times 2 \times I_{PS}}{A \times L \times R \times Z}$$

I_{PS} : 도시마력(PS), P_{mi} : 도시평균 유효압력(kgf/cm²),
L : 피스톤 행정(m), R : 회전속도(rpm),
Z : 실린더 수, A : 실린더 단면적(cm²)

㉯ 제동평균 유효압력

$$P_{mb} = \frac{4 \times \pi \times T}{V}$$

P_{mb} : 제동평균 유효압력(kgf/cm²), T : 회전력(kgf·m),
V : 행정체적(배기량, cm³)

② 2행정 사이클 엔진

㉮ 지시평균 유효압력

$$P_{mi} = \frac{75 \times 60 \times I_{PS}}{A \times L \times R \times Z}$$

⑭ 제동평균 유효압력

$$P_{mb} = \frac{2 \times \pi \times T}{10 \times V}$$

2) 지압선도

지압계를 이용하여 실제 엔진의 운전 상태로부터 얻은 압력(P)-체적(V)선도를 지압선도라 하며, 실린더 내의 가스 상태 변화를 압력, 체적 즉 압력과 피스톤 행정과의 관계로 표시한 것을 말한다.

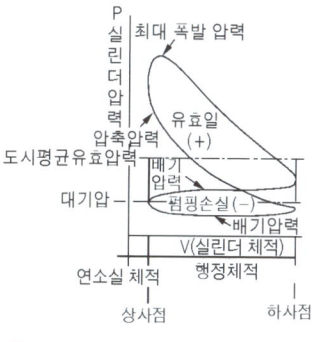

🔺 4행정 사이클 엔진의 지압선도

(2) 도시(지시)마력

도시마력은 실린더 내에서의 폭발압력을 측정한 마력이다.

1) 4행정 사이클 엔진의 도시마력

$$I_{PS} = \frac{P_{mi} \times \pi \times d^2 \times L \times R \times Z}{4 \times 75 \times 60 \times 2} = \frac{P_{mi} \times A \times L \times R \times Z}{75 \times 60 \times 2}$$

I_{Ps} : 도시마력(PS), P_{mi} : 도시평균 유효압력(kgf/cm²), d : 실린더 안지름(cm),
L : 피스톤 행정(m), R : 회전속도(rpm), Z : 실린더 수, A : 실린더 단면적(cm²),
V : 행정체적(배기량, cm³)

2) 2행정 사이클 기관의 도시마력

$$I_{PS} = \frac{P_{mi} \times \pi \times d^2 \times L \times R \times Z}{4 \times 75 \times 60} = \frac{P_{mi} \times A \times L \times R \times Z}{4500}$$

(3) 제동마력(축마력)

제동마력은 크랭크축에서 동력계로 측정한 마력이며, 실제 엔진의 출력으로서 이용할 수 있다.

1) 4행정 사이클 엔진의 제동마력

$$B_{PS} = \frac{P_{mi} \times \pi \times d^2 \times L \times R \times Z}{4 \times 75 \times 60 \times 2} = \frac{P_{mi} \times A \times L \times R \times Z}{9000}$$

2) 2행정 사이클 엔진의 제동마력

$$B_{PS} = \frac{P_{mi} \times \pi \times d^2 \times L \times R \times Z}{4 \times 75 \times 60} = \frac{P_{mi} \times A \times L \times R \times Z}{4500}$$

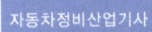

(4) 회전력(torque)과 마력의 관계

1) 마력(PS)일 때

$$B_{PS} = \frac{W_b}{75 \times 60} = \frac{2 \times \pi \times P \times C_r \times R}{75 \times 60} = \frac{P \times C_r \times R}{716} = \frac{T \times R}{716}$$

B_{PS} : 제동마력(PS), W_b : $2 \times \pi \times P \times C_r \times R$-크랭크축의 일량(kgf · m/min),
P : 실린더 내의 전압력(kgf), C_r : 크랭크 암의 회전지름(m), T : 회전력(kgf · m), R : 회전속도(rpm)

2) 전력(kW)일 때

$$B_{kW} = \frac{W_b}{102 \times 60} = \frac{2 \times \pi \times P \times C_r \times R}{102 \times 60} = \frac{P \times C_r \times R}{974} = \frac{T \times R}{974}$$

(5) 열역학적 사이클

1) 공기표준 사이클로 간주하기 위한 가정

① 동작 유체는 공기만이 작동한다.
② 동작 유체인 공기는 이상기체의 법칙을 만족하며 물리적 상수는 상온에서 공기가 갖는 양과 같고 일정불변이다.
③ 열 공급은 실린더 내부에서 연소에 의해 행하여지는 것이 아니고 실린더 외부에서 공급하는 것으로 가정한다.
④ 압축과정 및 팽창과정은 단열적이며 양 과정 중의 단열지수는 서로 같으며, 일정불변이다.
⑤ 펌프 일을 무시하며 흡배기 과정 중의 실린더 내의 압력은 대기 압력과 평형을 이룬다.
⑥ 마찰 없이 작동되는 이상계로 본다.
⑦ 사이클 변화 과정 중 열해리 현상이나 분자 수의 변화 등이 일어나지 않는 것으로 본다.

2) 열역학적 사이클의 열효율

① 오토 사이클의 열효율

$$\eta_o = 1 - \left(\frac{1}{\varepsilon}\right)^{k-1}$$

η_o : 정적 사이클의 이론 열효율, ε : 압축비, k : 비열비

② 디젤(Diesel) 사이클의 열효율

$$\eta_d = 1 - \left[\left(\frac{1}{\varepsilon}\right)^{k-1} \times \frac{\sigma^k - 1}{k(\sigma - 1)}\right]$$

η_d : 정적 사이클의 이론 열효율, ε : 압축비, k : 비열비, σ : 체절비 또는 단절비

③ **사바테(Sabathe) 사이클의 열효율**

$$\eta_s = 1 - \left[\left(\frac{1}{\varepsilon} \right)^{k-1} \times \frac{\rho \times \sigma^k - 1}{(\rho - 1) + k \times \rho(\sigma - 1)} \right]$$

η_s : 정적 사이클의 이론 열효율, ε: 압축비, k : 비열비, σ : 체절비 또는 단절비, ρ : 폭발비

3) 열효율 비교

① 공급열량(가열량)과 압축비가 같을 경우에는 정적(오토) 사이클>복합(사바테) 사이클>정 압(디젤) 사이클 순서이다.
② 공급열량 및 최대압력을 같을 경우에는 정압(디젤) 사이클>복합(사바테) 사이클>정적(오 토) 사이클 순서이다.

3. 엔진의 효율

(1) 열효율

열효율이란 엔진의 출력과 그 출력을 발생하기 위하여 실린더 내에서 연소된 연료 속의 에너지 와의 비율을 말한다. 열효율이 높은 엔진일수록 연료를 유효하게 이용한 결과가 되며, 그만큼 출력도 크다. 종류에는 이론 열효율, 지시 열효율, 정미 열효율 등이 있으며, 가솔린 엔진은 약 25~32%, 디젤 엔진은 35~40%정도이다. 열효율 산출 공식은 다음과 같다.

1) 이론 열효율(Theoretical Thermal Efficiency)

이론 사이클에 의하여 일로 변화하여 얻은 열량과 그 사이클에 공급된 열량과의 비율을 이론 열효율(η_{th})이라 한다.

$$\eta_{th} = \frac{A \times W_{th}}{Q_1} = \frac{Q_1 - Q_2}{Q_1} = 1 - \frac{Q_2}{Q_1}$$

A : 일의 열당량(1/427 kcal/kgf·m), W_{th} : 1사이클 중 이론적 일(kgf·m),
Q_1 : 공급열량, Q_2 : 배출열량

2) 도시(지시) 열효율(Indicated Thermal Efficiency)

실린더 내에서 동작 유체가 피스톤에 한 일(열량)과 공급 열량과의 비율을 도시 열효율 (η_i)이라 한다.

$$\eta_i = \frac{도시 일}{총 공급 열량} = \frac{A \times W_i}{Q_1}$$

3) 제동 열효율(정미 열효율, Net Thermal Efficiency)

엔진의 크랭크축이 하는 일, 즉 제동일(W_b)로 변환된 열량과 총 공급된 열량의 비율을

정미 열효율(η_b)이라 한다.

$$\eta_b = \frac{제동일}{총공급\ 열량} = \frac{A \times W_b}{Q_1}$$

① 발열량의 단위가 kcal/kgf인 경우

$$\eta_B = \frac{632.3}{H_1 \times fe} \times 100$$

η_B : 제동 열효율 H_1 : 연료의 저위발열량(kcal/kgf)   fe : 연료 소비율(g/PS·h)

② 발열량의 단위가 kJ/kgf인 경우

$$\eta_B = \frac{3600}{H_1 \times fe} \times 100$$

η_B : 제동 열효율 H_1 : 연료의 저위발열량(kJ/kgf)   fe : 연료 소비율(g/kW·h)

(2) 기계효율

기계효율이란 도시마력이 제동마력으로 변환된 양을 나타낸 것이다. 즉 제동일 W_b와 도시일 W_i 와의 비율로 정의한 것이 기계효율 η_m 이다.

$$\eta_m = \frac{W_b}{W_i} = \frac{B_{PS}}{I_{PS}} = \frac{P_{mb}}{P_{mi}}$$

B_{PS} : 제동마력(또는 축 마력) I_{PS} : 도시마력(PS)
P_{mb} : 제동평균 유효압력(kgf/cm²) P_{mi} : 지시평균 유효압력(kgf/cm²)

(3) 체적효율(η_v)

실린더 행정체적에 대한 실제 실린더 내에 흡입된 공기에 대한 비율을 말한다. 즉 새로운 공기의 흡입정도를 표시하는 척도라고 할 수 있다. 실제 엔진 흡기다기관의 절대압력, 온도를 각각 P, T로 나타내면

$$\eta_v = \frac{(P,\ T)하에서\ 흡입된\ 새로운\ 공기}{행정체적} \times 100$$

$$= \frac{(P,\ T)하에서\ 흡입된\ 새로운\ 공기의\ 무게}{(P,\ T)하에서\ 행정체적을\ 차지하는\ 새로운\ 공기의\ 무게} \times 100$$

④ 엔진 본체 관련부품 교환

1. 엔진 오일 교환

① 자동차 후드 및 엔진 상단의 오일 주입구를 열고 에어 필터를 탈거한 후 자동차를 리프트로 상승시킨다.

② 오일 드레인 장비를 설치한 후 오일 팬 하단의 드레인 볼트를 완전히 푼다.

③ 오일이 배출되는 동안 오일 필터를 분해한다.

④ 엔진 오일이 완전 배출되면 신품 오일 필터의 오일 실(oil seal) 부위에 오일을 살짝 묻혀 장착한다.

⑤ 오일 팬에 드레인 볼트를 장착하고 토크 렌치를 사용하여 조여 준다.

⑥ 자동차를 리프트에서 하강시킨다.

⑦ 엔진 오일은 차종별로 엔진 오일의 양이 상이하므로 정비지침서를 토대로 오일의 양을 확인하고 오일을 넣어 준다.

⑧ 오일 게이지를 이용하여 게이지의 중간 지점에 오일이 있으면 시동을 한 번 걸고 다시 확인하여 부족하면 보충하여 준다.

⑨ 에어 필터를 장착한다.

2. 점화 플러그 교환

(1) 점화 플러그 탈거

① 엔진 시동을 끄고 점화 케이블을 탈거한다.

② 점화 플러그 렌치를 이용하여 점화 플러그를 탈거한다.

③ 점화 플러그의 연소 상태를 살피어 엔진의 고장 유무를 판정한다.

(2) 점화 플러그 조립

① 점화 플러그를 장착하기 전에 해당 차량의 규격 점화 플러그를 확인한다.

② 점화 플러그를 조립하기 전에 점화 플러그 장착 부위를 압축공기로 불어준다.

③ 점화 플러그를 실린더 헤드에 장착하고 토크 렌치를 사용하여 조립한다.

④ 점화 케이블을 장착하고 엔진 시동을 걸어 부조 상태가 있는지 확인한다.

3. 팬벨트 교환

① 장력 조절 아이들러 베어링을 스패너를 이용하여 장력을 이완한다.

② 이완된 상태에서 팬벨트를 탈거하고 각종 베어링 상태를 점검한다.

③ 각종 장력 조절 베어링을 포함하여 베어링 상태를 점검하여 필요시 교환한다.

④ 벨트를 조립할 경우 각종 풀리의 홈에 맞는가 확인한 후 조립하고 장력 조절 베어링의 벨트 부위를 마지막으로 조립한다.

⑤ 벨트가 조립이 되면 최종적으로 홈에 잘 들어가 있는지를 확인한 후에 시동을 걸어 소음이 발생하는지를 확인한다.

⑥ 엔진을 가속하면서 베어링의 흔들림이 발생하는지를 확인해야 한다.

5 엔진 본체 검사

1. 실린더 헤드 볼트의 조임이 불균일하면

① 압축가스가 누출된다.
② 냉각수가 누출된다.
③ 엔진 오일이 누출
④ 실린더 헤드의 변형이 발생한다.

2. 실린더 헤드 균열

① 균열이 발생하는 주된 원인은 과격한 열적 부하나 겨울철 동결이다.
② 균열의 검사 방법에는 육안검사, 자기탐상법, 염색 탐상법, 타진법 등이 있다.

3. 실린더 헤드 개스킷이 불량하면

① 엔진의 출력이 저하된다.
② 압축압력이 저하된다.
③ 냉각수에 가스 유입 또는 윤활유에 냉각수 혼입이 일어난다.

4. 실린더 벽 마멸의 원인

① 실린더와 피스톤 링의 접촉에 의한 마멸
② 흡입가스 중의 먼지와 이물질에 의한 마멸
③ 연소 생성물에 의한 부식
④ 연소 생성물인 카본에 의한 마멸
⑤ 시동할 때 지나치게 농후한 혼합가스에 의한 윤활유 희석

5. 피스톤과 실린더의 간극이 크면

① 엔진 오일이 연소실로 올라간다.
② 피스톤 슬랩(slap)현상이 생긴다.
③ 압축압력이 저하된다.
④ 블로바이가 발생한다.
⑤ 엔진 오일에 연료가 희석된다.
⑥ 엔진의 시동 성능이 저하된다.

⑦ 엔진의 출력이 저하한다.

6. 피스톤 링 점검사항

① 피스톤 링의 장력이 감소하면 블로바이 현상이 일어나 압축압력이 감소하며, 엔진 오일의 소비가 많아지고 열전도성이 낮아져 피스톤이 과열하기 쉽다.
② 피스톤 링 이음 간극이 작으면 소결이 발생하며, 너무 크면 압축가스의 누출, 연소실에 오일 유입의 원인이 된다.

7. 크랭크축 저널과 베어링의 간극이 커지면

① 운전 중 심한 타격 음이 발생할 수 있다.
② 엔진 오일이 연소되어 백색 연기 뿜는다.
③ 엔진 오일의 소비량이 많아진다.
④ 유압이 낮아 질 수 있다.

8. 크랭크축 베어링 간극을 측정방법

① 베어링의 폭 만큼 길이가 되도록 자른 플라스틱 게이지 조각을 크랭크축 저널에 축 방향으로 일직선이 되도록 놓는다.
② 플라스틱 게이지 조각을 설치한 후 메인 베어링 캡을 씌우고, 이어서 캡 볼트를 규정 토크로 조인다. 이때 크랭크축을 회전시켜서는 안 된다.
③ 베어링 캡 쪽의 베어링 또는 메인 저널에 눌려 붙어 있는 플라스틱 게이지의 폭을 플라스틱 게이지 봉투에 표시된 눈금으로 측정한다.

9. 엔진(원동기)의 검사 기준

① 시동상태에서 심한 진동 및 이상 음이 없을 것
② 원동기의 설치상태가 확실할 것
③ 점화·충전·시동장치의 작동에 이상이 없을 것
④ 윤활유 계통에서 윤활유의 누출이 없고, 유량이 적정할 것
⑤ 팬벨트 및 방열기 등 냉각 계통의 손상이 없고 냉각수의 누출이 없을 것

10. 엔진(원동기)의 검사 방법

① 공회전 또는 무부하 급가속상태에서 진동·소음을 확인한다.
② 원동기 설치상태를 확인한다.
③ 점화·충전·시동장치의 작동상태를 확인한다.
④ 윤활유 계통의 누유 및 유량을 확인한다.
⑤ 냉각계통의 손상 여부 및 냉각수의 누출 여부를 확인한다.

출제예상문제

엔진 본체

01 4행정 사이클 엔진에서 블로다운(blow-down) 현상이 일어나는 행정은?

① 배기행정 말~흡입행정 초
② 흡입행정 말~압축행정 초
③ 폭발행정 말~배기행정 초
④ 압축행정 말~폭발행정 초

> 해설 블로다운이란 배기행정 초기에 배기밸브가 열려 배기가스 자체의 압력에 의하여 가스가 배출되는 현상이며, 폭발행정 말에서 배기행정 초 사이에서 일어난다.

02 동력행정 말기에 배기밸브를 미리 열어 연소 압력을 이용하여 배기가스를 조기에 배출시켜 충전 효율을 좋게 하는 현상은?

① 블로 바이(blow by)
② 블로 다운(blow down)
③ 블로 아웃(blow out)
④ 블로 백(blow back)

> 해설 용어의 정의
> ① 블로바이 : 피스톤 간극의 과대로 압축 및 폭발행정시 피스톤 간극 사이로 가스가 크랭크 케이스로 누출되는 현상.
> ② 블로 다운 : 동력행정 말기(배기행정 초기)에 배기밸브가 열리는 순간 실린더 내의 높은 압력에 의하여 연소가스가 배출되는 현상.
> ③ 블로 백 : 압축행정 또는 폭발행정일 때 가스가 밸브와 밸브 시트 사이에서 누출되는 현상을 말함.

03 언더 스퀘어 엔진에 대한 설명으로 옳은 것은?

① 속도보다 힘을 필요로 하는 중·저속형 엔진에 주로 사용된다.
② 피스톤 행정이 실린더 내경보다 작은 엔진을 말한다.
③ 엔진 회전속도가 느리고 회전력이 작다.
④ 엔진 회전속도가 빠르고 회전력이 크다.

> 해설 언더 스퀘어 엔진(장행정 엔진)은 피스톤 행정이 실린더 내경보다 큰 엔진이며, 회전속도보다 회전력을 필요로 하는 중·저속형 엔진에 주로 사용된다.

04 내연기관에서 장행정 엔진과 비교할 경우 단행정 엔진의 장점으로 틀린 것은?

① 흡·배기 밸브의 지름을 크게 할 수 있어 흡·배기 효율을 높일 수 있다.
② 피스톤의 평균속도를 높이지 않고 엔진의 회전속도를 빠르게 할 수 있다.
③ 직렬형 엔진인 경우 엔진의 높이를 낮게 할 수 있다.
④ 직렬형 엔진인 경우 엔진의 길이가 짧아진다.

> 해설 단행정 엔진의 장단점
> ● 단행정 엔진의 장점
> ① 피스톤의 평균 속도를 높이지 않고 엔진의 회전 속도를 빠르게 할 수 있다.
> ② 단위 실린더 체적당 엔진의 출력을 크게 할 수 있다.
> ③ 흡·배기 밸브의 지름을 크게 할 수 있어 효율을 증대시킨다.
> ④ 엔진의 높이를 낮게 할 수 있다.
> ● 단행정 엔진의 단점
> ① 엔진의 회전 속도가 빠르기 때문에 피스톤이 과열된다.
> ② 내경이 크기 때문에 폭발 압력이 높아 베어링에 가해지는 하중이 크다.
> ③ 베어링의 너비가 커지기 때문에 엔진의 길이가 길어진다.

정답 01.③ 02.② 03.① 04.④

05 동일한 배기량으로 피스톤 평균속도를 증가시키지 않고, 엔진의 회전속도를 높이려고 할 때의 설명으로 옳은 것은?

① 실린더 내경을 작게, 행정을 크게 해야 한다.
② 실린더 내경을 크게, 행정을 작게 해야 한다.
③ 실린더 내경과 행정을 모두 크게 해야 한다.
④ 실린더 내경과 행정을 모두 작게 해야 한다.

해설 피스톤 평균속도를 증가시키지 않고, 엔진의 회전속도를 높이려면 실린더 내경을 크게, 행정을 작게 해야 한다.

06 단행정 엔진의 특징에 대한 설명으로 틀린 것은?

① 직렬형 엔진인 경우 엔진의 길이가 짧아진다.
② 직렬형 엔진인 경우 엔진의 높이를 낮게 할 수 있다.
③ 피스톤의 평균속도를 높이지 않고 엔진의 회전속도를 빠르게 할 수 있다.
④ 흡·배기 밸브의 지름을 크게 할 수 있어 흡입효율을 높일 수 있다.

해설 단행정 엔진은 실린더 안지름이 피스톤 행정보다 큰 형식이며 다음과 같은 특징이 있다.
① 피스톤 평균속도를 올리지 않고도 회전속도를 높일 수 있으므로 단위 실린더 체적 당 출력을 크게 할 수 있다.
② 흡·배기 밸브의 지름을 크게 할 수 있어 체적효율을 높일 수 있다.
③ 직렬형에서는 엔진의 높이가 낮아지고, V형에서는 엔진의 폭이 좁아진다.
④ 피스톤이 과열하기 쉽다.
⑤ 폭발압력이 커 크랭크축 베어링의 폭이 넓어야 한다.
⑥ 엔진의 회전속도가 증가하면 관성력의 불평형으로 회전부분의 진동이 커진다.
⑦ 실린더 안지름이 커 엔진의 길이가 길어진다.

07 왕복 피스톤식 내연기관의 기본 사이클에 속하지 않는 것은?

① 정적 사이클
② 정압 사이클
③ 정온 사이클
④ 합성 사이클

해설 내연기관의 기본 사이클
① 정적 사이클 또는 오토(Otto)사이클 : 일정한 압력에서 연소가 일어나며, 스파크 점화 엔진(가솔린 엔진)의 열역학적 기본 사이클이다.
② 정압 사이클 또는 디젤(Diesel)사이클 : 일정한 압력에서 연소가 일어나며, 저속·중속 디젤 엔진의 열역학적 기본 사이클이다.
③ 합성(복합)사이클 또는 사바테(Sabathe)사이클 : 정적과 정압 연소를 복합한 것으로 고속 디젤 엔진의 열역학적 기본 사이클이다.

08 내연기관의 열역학적 사이클에 대한 설명으로 틀린 것은?

① 정적 사이클을 오토 사이클이라고도 한다.
② 정압 사이클을 디젤 사이클이라고도 한다.
③ 복합 사이클을 사바테 사이클이라고도 한다.
④ 오토, 디젤, 사바테 사이클 이 외의 사이클은 자동차용 엔진에 적용하지 못한다.

09 4행정 사이클 자동차 엔진의 열역학적 사이클 분류로 틀린 것은?

① 클러크 사이클
② 디젤 사이클
③ 사바테 사이클
④ 오토 사이클

해설 클러크 사이클은 2행정 사이클 엔진의 열역학적 사이클 이다.

정답 05.② 06.① 07.③ 08.④ 09.①

10 디젤 사이클의 P-V선도에 대한 설명으로 틀린 것은?

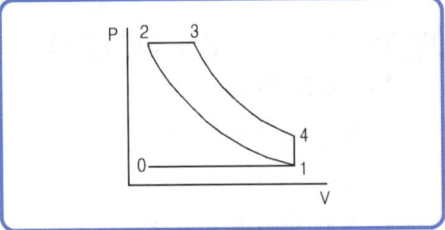

① 1→2 : 단열압축 과정
② 2→3 : 정적팽창 과정
③ 3→4 : 단열팽창 과정
④ 4→1 : 정적방열 과정

해설 디젤 사이클의 P-V 선도 과정
① 1→2 : 단열압축 과정
② 2→3 : 정압가열 과정[연료 분사 과정(정압)]
③ 3→4 : 단열팽창 과정
④ 4→1 : 정적방열 과정
⑤ 1→0 : 배기행정
⑥ 0→1 : 흡입과정

11 내연기관의 연소가 정적 및 정압 상태에서 이루어지기 때문에 2중 연소 사이클이라고 하는 것은?

① 오토 사이클   ② 디젤 사이클
③ 사바테 사이클   ④ 카르노 사이클

해설 ① 오토(Otto) 사이클 : 연소가 정적 하에서 일어나며, 가솔린엔진의 열역학적 기본 사이클이다.
② 디젤(Diesel) 사이클 : 연소가 정압 하에서 일어나며, 저속·중속 디젤엔진의 열역학적 기본 사이클이다.
③ 사바테(Sabathe) 사이클 : 연소가 정적 및 정압 상태에서 이루어지기 때문에 2중 연소 사이클이라고 하며, 고속 디젤엔진의 열역학적 기본 사이클이다.

12 [보기]는 어떤 사이클을 나타낸 것인가?

단열압축 → 정압급열 → 단열팽창 → 정적방열

① 카르노 사이클
② 정압 사이클
③ 브레이튼 사이클
④ 복합 사이클

해설 열역학적 사이클
① 정적 사이클 : 연소가 일정한 체적에서 이루어지는 것으로 단열압축→정적가열→단열팽창→정적방열의 4과정을 1사이클로 한다.
② 정압 사이클 : 연소가 일정한 압력에서 이루어지는 것으로 단열압축→정압가열→단열팽창→정적방열의 4과정을 1사이클로 한다.
③ 복합 사이클 : 정적과 정압 사이클을 복합한 것으로 단열압축→정적가열→정압가열→단열팽창→정적방열의 5과정을 1사이클로 한다.

13 엔진이 압축행정일 때 연소실 내의 열과 내부에너지 변화의 관계로 옳은 것은?(단, 연소실의 벽면 온도가 일정하고, 혼합가스가 이상기체이다.)

① 열=방열, 내부에너지=증가
② 열=흡열, 내부에너지=불변
③ 열=흡열, 내부에너지=증가
④ 열=방열, 내부에너지=불변

해설 연소실의 벽면 온도가 일정하고, 혼합가스가 이상기체일 경우 엔진이 압축행정을 할 때 연소실 내의 열은 방열, 내부에너지는 불변이다.

14 열역학 제2법칙의 표현으로 적당하지 못한 것은?

① 열은 저온의 물체로부터 고온의 물체로 이동하지 않는다.
② 제2종의 영구 운동 엔진은 존재한다.
③ 열기관에서 동작 유체에 일을 시키려면 이것보다 더 저온인 물체가 필요하다.
④ 마찰에 의하여 열을 발생하는 변화를 완전한 가역 변화로 할 수 있는 방법은 없다.

해설 **열역학 제2법칙**
① 열효율이 100%인 열기관(제2종 영구 엔진)을 만들 수 없다.
② 열은 저온 물체로부터 고온 물체로 자연적으로 전달되지 않는다.
③ 입력되는 일 없이 작동하는 냉동기를 만들 수 없다.
④ 열을 일로 변환하는 과정에는 어떤 제한이 있다.
⑤ 열기관에서 작동물질이 일을 하게 하려면 그보다 더 저온인 물질이 필요하다.

15 실린더 헤드의 재료로 경합금을 사용할 경우 주철에 비해 갖는 특징이 아닌 것은?

① 경량화 할 수 있다.
② 연소실 온도를 낮추어 열점(hot spot)을 방지할 수 있다.
③ 열전도 특성이 좋다.
④ 변형이 거의 생기지 않는다.

해설 **경합금 실린더 헤드의 특징**
① 열전도가 좋기 때문에 연소실의 온도를 낮게 유지할 수 있다.
② 압축비를 높일 수 있고 중량이 가볍다.
③ 냉각 성능이 우수하여 조기 점화의 원인이 되는 열점이 잘 생기지 않는다.
④ 열팽창이 크기 때문에 변형이 쉽고 부식이나 내구성이 적다.

16 다음 중 연소실의 구비조건이 아닌 것은?

① 가열되기 쉬운 돌출부를 두지 말 것
② 압축행정 끝에 와류를 일으키게 할 것
③ 연소실 내의 표면적은 최대로 할 것
④ 밸브 면적을 크게 하여 흡·배기 작용을 원활히 할 것

해설 **연소실의 구비 조건**
① 압축 행정 끝에서 강한 와류를 일으키게 할 것.
② 엔진의 출력을 높일 수 있을 것.
③ 연소실 내의 표면적은 최소가 되도록 할 것.
④ 가열되기 쉬운 돌출부를 두지 말 것.
⑤ 노킹을 일으키지 않는 형상일 것.
⑥ 밸브 면적을 크게 하여 흡기가 작용이 원활하게 되도록 할 것.
⑦ 열효율이 높으며 배기가스에 유해한 성분이 적을 것.
⑧ 화염전파에 소요되는 시간을 가능한 짧게 할 것.

17 실린더 헤드의 변형 점검 시 사용되는 측정 도구는?

① 보어 게이지 ② 마이크로미터
③ 간극 게이지 ④ 텔리스코핑 게이지

해설 실린더 헤드의 변형을 점검할 때에는 곧은 자와 간극 게이지(필러 게이지)를 사용하여 6곳을 측정한다.

18 엔진 분해 조립 시 볼트를 체결하는 방법 중에서 각도법(탄성역, 소성역)에 관한 설명으로 거리가 먼 것은?

① 엔진 오일의 도포 유무를 준수할 것
② 탄성역 각도법은 볼트를 재사용할 수 있으므로 체결 토크 불량 시 재작업을 수행할 것
③ 각도법 적용 시 최종 체결 토크를 확인하기 위하여 추가로 볼트를 회전시키지 말 것
④ 소성역 체결법의 적용조건을 토크법으로 환산하여 적용할 것

해설 **탄성역 각도법과 소성역 각도법**
① 각도법을 적용하는 이유는 정확하고 균일한 힘으로 볼트를 조이기 위함이다. 단순 토크법을 적용하면 볼트 머리 좌면의 마찰력, 볼트 나사부분의 마찰력 등이 각 볼트 별로 일정치 않으므로 각 볼트 별로 일정한 토크로 조일지라도 실제 볼트별 체결력이 차이가 나므로 이 차이를 줄이기 위해서 각도법을 적용한다. 각도법에는 탄성역 각도법과 소성역 각도법 두 가지가 있다.
② 탄성역 각도법은 볼트 자체의 변형이 일어나기 직전까지 조이는 방법이고, 볼트의 길이나 강도가 가역적인 방법이다. 볼트를 재사용할 수 있으므로 체결 토크가 불량하면 재작업을 수행한다.
③ 소성역 각도법은 볼트의 변형이 일어나면서 조이는 방법이다. 볼트의 길이나 강도가 비가역적인 방법이다. 소성역 각도법으로 조인 볼트는 재사용을 하지 않는 것이 좋다. 조일 때 볼트가 변형이 이루어진다는 것은 길이가 늘어난다는 것을 의미하므로 정비지침상의 기준길이보다 더 늘어난 볼트는 반드시 교환하여야 한다.
④ 소성역 각도법이 가장 정확하고 고른 체결력을 보이고 그 다음이 탄성역 각도법, 단순 토크법 순서이다.

정답 15.④ 16.③ 17.③ 18.④

⑤ 각도법 적용할 때에는 최종 체결 토크를 확인하기 위하여 추가로 볼트를 회전시켜서는 안 되며, 엔진 오일의 도포 유무를 준수하여야 한다.

19 실린더의 라이너에 대한 설명으로 틀린 것은?

① 도금하기 쉽다.
② 건식과 습식이 있다.
③ 라이너가 마모되면 보링 작업을 해야 한다.
④ 특수 주철을 사용하여 원심 주조할 수 있다.

해설 라이너의 종류에는 건식과 습식이 있으며, 특수 주철을 사용하여 원심 주조로 제작하고 실린더 안쪽 면을 도금하기가 쉬우며, 라이너가 마모되면 라이너 만 교환하면 된다.

20 표준 내경이 78mm인 실린더에서 사용 중인 실린더의 내경을 측정한 결과 0.32mm가 마모되었을 때 보링한 후 치수로 가장 적당한 것은?

① 78.25mm
② 78.50mm
③ 78.75mm
④ 79.00mm

해설 보링 값 = 78.32mm + 0.2mm = 78.52mm
수정 값은 78.75mm

21 가솔린 엔진의 폭발압력이 40kgf/cm²이고, 실린더 벽의 두께가 4mm일 때 실린더 직경은?(단, 실린더 벽의 허용응력 : 360 kgf/cm²이다.)

① 62mm
② 72mm
③ 82mm
④ 92mm

해설 $t = \dfrac{P \times D}{2 \times \sigma a}$

t : 실린더 벽의 두께(cm), P : 폭발압력(kgf/cm²)
D : 실린더 안지름(cm),
σa : 실린더 벽의 허용 응력(kgf/cm²)

$D = \dfrac{2 \times \sigma a \times t}{P} = \dfrac{2 \times 360 \times 0.4}{40} = 7.2cm = 72mm$

22 자동차 엔진에서 피스톤 구비조건으로 틀린 것은?

① 무게가 가벼워야 한다.
② 내마모성이 좋아야 한다.
③ 열의 보온성이 좋아야 한다.
④ 고온에서 강도가 높아야 한다.

해설 **피스톤의 구비조건**
① 무게가 가벼울 것
② 높은 온도와 압력의 가스에 충분히 견딜 수 있을 것
③ 열전도율이 좋을 것
④ 열팽창률이 적을 것
⑤ 블로바이(blow by)가 없을 것
⑥ 피스톤 상호간의 무게 차이가 적을 것

23 피스톤의 재질로서 가장 거리가 먼 것은?

① Y-합금
② 특수주철
③ 켈밋합금
④ 로엑스(Lo-Ex)합금

해설 피스톤의 재질은 특수주철 피스톤, Y-합금 피스톤, 로엑스(Lo-Ex)합금 피스톤, 고규소 합금 피스톤 이 사용된다.

24 AL합금으로 저팽창, 내식성, 내마멸성, 경량, 내압성, 내열성이 우수하여 고속용 가솔린 엔진에 많이 사용되는 피스톤 재료는?

① 주철(cast iron)
② 니켈-구리합금
③ 로엑스(Lo-Ex)
④ 켈밋합금(Kelmet Alloy)

해설 로엑스 합금 피스톤의 표준 조직은 구리(Cu) 1%, 니켈(Ni) 1.0~2.5%, 규소(Si) 12~25%, 마그네슘(Mg) 1%, 철(Fe) 0.7% 나머지가 알루미늄이며, 특징은 낮은 팽창, 경량, 내열 및 내압성, 내마멸성, 내부식성 등이 우수하나 내열성이 Y합금보다 약간 떨어진다.

정답 19.③ 20.③ 21.② 22.③ 23.③ 24.③

25 피스톤 스커트부에 슬롯을 두는 이유로 가장 적절한 것은?

① 연료 공급 효율을 높이기 위해
② 블로바이 가스를 저감하기 위해
③ 폭발압력에 견디게 하기 위해
④ 헤드부의 높은 열이 스커트로 가는 것을 차단하기 위해

해설 피스톤의 스커트부에 슬롯을 두는 이유는 헤드 부분의 높은 열이 스커트로 가는 것을 차단하기 위해 T 슬롯 또는 U 슬롯을 둔다. 이외에 피스톤 제1번 랜드에 가는 홈을 여러 개 파는 히트 댐을 두거나 스플릿 피스톤을 사용하기도 한다.

26 왕복 피스톤 엔진의 피스톤 속도에 대한 설명으로 가장 옳은 것은?

① 피스톤 이동속도는 상사점에서 가장 빠르다.
② 피스톤 이동속도는 하사점에서 가장 빠르다.
③ 피스톤 이동속도는 BTDC 90°부근에서 가장 빠르다.
④ 피스톤 이동속도는 ATDC 10°부근에서 가장 빠르다.

해설 피스톤의 속도는 ATDC 10° 부근에서 최대 폭발력이 발생되는 지점에서 가장 빠르다.

27 실린더 내경 80mm, 행정 90mm인 4행정 사이클 엔진이 2000rpm으로 운전할 때 피스톤의 평균속도는 몇 m/sec인가?(단, 실린더는 4개이다.)

① 6   ② 7
③ 8   ④ 9

해설 $S = \dfrac{2 \times N \times L}{60}$

S : 피스톤 평균속도(m/s),
N : 엔진 회전속도(rpm), L : 피스톤 행정(m)

$$S = \frac{2 \times 2000 \times 90}{60 \times 1000} = 6\mathrm{m/sec}$$

28 피스톤 핀을 피스톤 중심으로부터 오프셋(offset)하여 위치하게 하는 이유는?

① 피스톤을 가볍게 하기 위하여
② 옥탄가를 높이기 위하여
③ 피스톤 슬랩을 감소시키기 위하여
④ 피스톤 핀의 직경을 크게 하기 위하여

해설 오프셋 피스톤은 피스톤 슬랩을 방지하기 위하여 피스톤 핀의 위치를 중심으로부터 1.5mm정도 편심(off-set)시켜 상사점에서 경사 변환시기를 늦어지게 한 형식이다.

29 피스톤 링에 대한 설명으로 틀린 것은?

① 오일을 제어하고, 피스톤의 냉각에 기여한다.
② 내열성 및 내마모성이 좋아야 한다.
③ 높은 온도에서 탄성을 유지해야 한다.
④ 실린더 블록의 재질보다 경도가 높아야 한다.

해설 ① 피스톤 링은 기밀작용, 오일 제어 작용, 열전(냉각) 작용을 한다.
② 실린더 벽과 빈번하게 접촉하기 때문에 내마멸성일 것.
③ 고온 고압하에서 작용하기 때문에 내열성일 것.
④ 피스톤 링의 제작이 용이하고 적절한 탄성이 있을 것
⑤ 실린더 면에 일정한 면압을 가할 것.
⑥ 열전도가 양호하고 고온에서 장력의 변화가 적을 것

30 피스톤 링에 대한 설명으로 틀린 것은?

① 피스톤의 냉각에 기여한다.
② 내열성 및 내마모성이 좋아야 한다.
③ 높은 온도에서 탄성을 유지해야 한다.
④ 실린더 블록의 재질보다 경도가 높아야 한다.

정답 25.④ 26.④ 27.① 28.③ 29.④ 30.④

31 피스톤 슬랩(piston slap)에 관한 설명으로 관계가 먼 것은?

① 피스톤 간극이 너무 크면 발생한다.
② 오프셋 피스톤에서 잘 일어난다.
③ 저온 시 잘 일어난다.
④ 피스톤 운동방향이 바뀔 때 실린더 벽으로의 충격이다.

> 해설 피스톤 슬랩이란 피스톤 간극이 너무 크면 피스톤이 상하사점에서 운동방향을 바꿀 때 실린더 벽에 충격을 주는 현상이다. 낮은 온도에서 현저하게 발생하며 오프셋 피스톤을 사용하여 방지한다.

32 피스톤 클리어런스(piston clearance)가 클 때 나타나는 현상으로 거리가 가장 먼 것은?

① 블로바이(blow by)현상
② 다이류션(dilution)현상
③ 압축압력 비정상 상승
④ 피스톤 슬랩 발생

> 해설 피스톤 간극이 클 때의 영향
> ① 블로바이 현상이 발생된다.
> ② 압축압력이 저하된다.
> ③ 엔진의 출력이 저하된다.
> ④ 오일이 희석되거나 카본에 오염된다.
> ⑤ 연료 소비량이 증대된다.
> ⑥ 피스톤 슬랩 현상이 발생된다.

33 가솔린 엔진에서 블로바이 가스 발생 원인으로 옳은 것은?

① 엔진 부조
② 실린더와 피스톤 링의 마멸
③ 실린더 헤드 개스킷의 조립불량
④ 흡기 밸브의 밸브 시트면 접촉 불량

> 해설 블로바이(blow by)란 압축 및 폭발행정에서 피스톤과 실린더 사이에서 공기가 누출되는 현상이며, 실린더와 피스톤 링의 마멸에 의해 발생한다.

34 가솔린 엔진에서 블로바이 가스의 발생 원인으로 맞는 것은?

① 엔진 부조에 의해 발생된다.
② 실린더 헤드 개스킷의 조립 불량에 의해 발생된다.
③ 흡기 밸브의 밸브 시트면의 접촉 불량에 의해 발생된다.
④ 엔진의 실린더와 피스톤 링의 마멸에 의해 발생된다.

> 해설 블로바이 가스란 실린더 벽과 피스톤 사이로 누출된 가스를 말하며, 실린더와 피스톤 링의 마멸에 의해 발생된다.

35 피스톤(piston)과 커넥팅로드(connecting rod)는 피스톤 핀(piston pin)에 의하여 연결된다. 피스톤 핀의 설치방법이 아닌 것은?

① 고정식(fixed type)
② 반부동식(semi-floating type)
③ 전부동식(full-floating type)
④ 혼합식(mixed type)

> 해설 피스톤 핀의 설치방법
> ① 고정식 : 피스톤 핀을 피스톤 보스부에 볼트로 고정한다.
> ② 반부동식 : 피스톤 핀을 커넥팅 로드 소단부에 클램프 볼트로 고정한다.
> ④ 전부동식 : 피스톤 핀을 피스톤 보스부분, 커넥팅 로드 소단부 등 어느 부분에도 고정시키지 않는다.

36 일반적으로 자동차용 크랭크축 재질로 사용하지 않는 것은?

① 마그네슘 - 구리강   ② 크롬 - 몰리브덴강
③ 니켈 - 크롬강   ④ 고탄소강

> 해설 크랭크축 재질
> ① 단조제 : 고탄소강(S45C~S55C), 크롬 - 몰리브덴강(Cr - Mo), 니켈 - 크롬강(Ni - Cr).
> ② 주조제 : 미하나이트 주철, 펄라이트 가단주철, 구상 흑연 주철.

정답   31.②   32.③   33.②   34.④   35.④   36.①

37 점화순서를 정하는데 있어 고려할 사항으로 틀린 것은?

① 연소가 일정한 간격으로 일어나게 한다.

② 크랭크축에 비틀림 진동이 일어나지 않게 한다.

③ 혼합기가 각 실린더에 균일하게 분배되게 한다.

④ 인접한 실린더가 연이어 점화되게 한다.

해설 점화시기 고려사항

① 토크 변동을 적게 하기 위하여 연소가 같은 간격으로 일어나게 한다.

② 크랭크축에 비틀림 진동이 일어나지 않게 한다.

③ 혼합기가 각 실린더에 균일하게 분배되도록 한다.

④ 하나의 메인 베어링에 연속해서 하중이 집중되지 않도록 한다.

⑤ 인접한 실린더에 연이어 폭발되지 않게 한다.

38 점화 순서가 1-3-4-2인 엔진에서 2번 실린더가 배기행정이면 1번 실린더의 행정으로 옳은 것은?

① 흡입   ② 압축

③ 폭발   ④ 배기

해설 점화순서가 1-3-4-2인 엔진에서 2번과 3번, 1번과 4번 크랭크 핀이 같은 평면에 있으며, 피스톤 상승 행정은 압축과 배기행정, 하강 행정은 흡입과 폭발행정이다. 2번 실린더가 배기행정을 하면 3번 실린더는 압축행정, 점화순서에 따라 3번 실린더 앞에 1번 실린더는 폭발행정, 4번 실린더는 흡입행정을 하게 된다.

39 6기통 우수식 엔진에서 2번 실린더가 흡입행정 초일 때 5번 실린더는 어떤 행정을 하는가?

① 압축행정 말

② 폭발행정 초

③ 배기행정 초

④ 압축행정 초

해설 6기통 엔진의 크랭크축은 1번 크랭크 핀과 6번, 2번 크랭크 핀과 5번, 3번 크랭크 핀과 4번 크랭크 핀은 같은 평면에 있다. 우수식 점화 순서는 1-5-3-6-2-4이다.

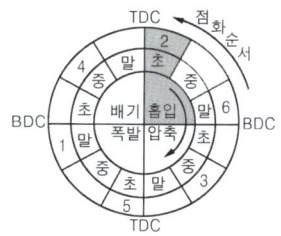

40 엔진의 점화순서가 1-6-2-5-8-3-7-4인 8기통 엔진에서 5번 기통이 압축 초에 있을 때 8번 기통은 무슨 행정과 가장 가까운가?

① 폭발 초   ② 흡입 중

③ 배기 말   ④ 압축 중

해설

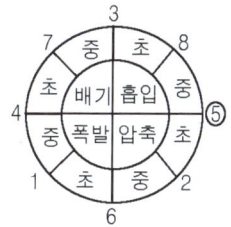

41 최적의 점화시기를 의미하는 MBT(Minimum spark advance for Best Torque)에 대한 설명으로 옳은 것은?

① BTDC 약 10°~15°부근에서 최대폭발압력이 발생되는 점화시기

② ATDC 약 10°~15°부근에서 최대폭발압력이 발생되는 점화시기

③ BBDC 약 10°~15°부근에서 최대폭발압력이 발생되는 점화시기

④ ABDC 약 10°~15°부근에서 최대폭발압력이 발생되는 점화시기

해설 MBT란 ATDC 약 10°~15° 부근에서 최대폭발 압력이 발생되는 점화시기이다.

정답   37.④   38.③   39.②   40.②   41.②

42 엔진 회전수가 4000rpm이고, 연소 지연시간이 1/600초일 때 연소 지연시간 동안 크랭크축의 회전각도로 옳은 것은?

① 28° ② 37°
③ 40° ④ 46°

해설 $It = \dfrac{R}{60} \times 360 \times t = R \times 6 \times t$

It : 크랭크축 회전각도, R : 엔진 회전속도(rpm),
　t : 연소 지연시간(sec)

$It = 6 \times 4000 \times \dfrac{1}{600} = 40°$

43 엔진의 크랭크축 휨을 측정할 때 반드시 필요한 기기가 아닌 것은?

① 블록 게이지 ② 정반
③ V블록 ④ 다이얼 게이지

해설 크랭크축의 휨을 측정하고자 할 때에는 정반 위에 V블록을 배치한 후 크랭크축을 V블록에 올려놓은 후 다이얼 게이지를 중앙의 메인 저널에 직각으로 설치하여 크랭크축을 서서히 1회전시켜 측정한 값의 1/2이 휨 값이다.

44 크랭크축의 진동 댐퍼(vibration damper)가 하는 일 중 맞는 것은?

① 저속회전을 유지한다.
② 고속회전을 유지한다.
③ 회전 중의 진동을 방지한다.
④ 동적·정적 진동을 유지한다.

해설 크랭크축의 진동 댐퍼(vibration damper)는 회전 중 진동을 방지하는 역할을 한다.

45 자동차 엔진에서 베어링으로 사용되고 있는 켈밋 합금(Kelmet alloy)에 대한 설명으로 옳은 것은?

① 주석, 안티몬, 구리를 주성분으로 하는 합금이다.

② 구리와 납을 주성분으로 하는 합금이다.
③ 알루미늄과 주석을 주성분으로 하는 합금이다.
④ 구리, 아연, 주석을 주성분으로 하는 합금이다.

해설 켈밋 합금은 구리(60~70%)와 납(30~40%)을 주성분으로 하는 합금이다.

46 엔진에 쓰이는 베어링의 크러시(crush)에 대한 설명으로 틀린 것은?

① 크러시가 크면 조립할 때 베어링이 안쪽 면으로 변형되어 찌그러진다.
② 베어링에 공급된 오일을 베어링 전 둘레에 순환하게 한다.
③ 크러시가 작으면 온도 변화에 의하여 헐겁게 되어 베어링이 유동한다.
④ 하우징보다 길게 제작된 베어링의 바깥 둘레와 하우징 둘레와의 길이 차이를 크러시라 한다.

해설 베어링의 크러시란 하우징보다 길게 제작된 베어링의 바깥 둘레와 하우징 둘레와의 길이 차이이며, 크러시가 작으면 온도 변화에 의하여 헐겁게 되어 베어링이 유동하고, 크러시가 크면 조립할 때 베어링이 안쪽 면으로 변형되어 찌그러진다.

47 크랭크축 메인 베어링 저널의 오일간극 측정에 가장 적합한 것은?

① 필러 게이지를 이용하는 방법
② 플라스틱 게이지를 이용하는 방법
③ 시임을 이용하는 방법
④ 직각자를 이용하는 방법

해설 크랭크축 저널의 오일간극 점검 방법에는 마이크로미터 사용, 심 스톡 방식, 플라스틱 게이지 사용 등이 있으며, 플라스틱 게이지가 가장 많이 이용되고 있다.

정답　42.③　43.①　44.③　45.②　46.②　47.②

48 엔진 플라이휠과 기능과 관계없는 것은?

① 엔진의 동력을 전달한다.

② 엔진을 무부하 상태로 만든다.

③ 엔진의 회전력을 균일하게 한다.

④ 링 기어를 설치하여 엔진의 시동을 걸 수 있게 한다.

해설 플라이휠은 엔진의 맥동적인 출력을 원활한 출력으로 바꾸는 장치이며, 바깥둘레에는 링 기어를 설치하여 엔진의 시동을 걸 수 있게 하고, 엔진의 동력을 클러치로 전달하는 작용을 한다.

49 DOHC 엔진의 특징이 아닌 것은?

① 구조가 간단하다.

② 연소효율이 좋다.

③ 최고 회전속도를 높일 수 있다.

④ 흡입효율의 향상으로 응답성이 좋다.

해설 DOHC 엔진
① 실린더 헤드에 흡입 밸브 구동용 캠축과 배기 밸브 구동용 캠축을 각각 1개씩 설치하며, 1개의 연소실에 흡입 밸브 2개, 배기 밸브 2개를 둔 형식이다.
② 특징은 흡입효율의 향상으로 응답성이 좋으며, 연소효율이 좋아 최고 회전속도를 높일 수 있다

50 캠축에서 캠의 각부 명칭이 아닌 것은?

① 양정 ② 로브

③ 플랭크 ④ 오버랩

해설 캠의 구조는 기초원, 기초원과 노스 사이인 양정, 로커 암과 접촉하는 옆면인 플랭크, 밸브가 열려서 닫힐 때까지의 거리인 로브로 구성되어 있다.

51 일반적인 자동차 엔진의 흡기 밸브와 배기 밸브의 크기를 비교한 것으로 옳은 것은?

① 흡기 밸브와 배기 밸브의 크기는 동일하다.

② 흡기 밸브가 더 크다.

③ 배기 밸브가 더 크다.

④ 1번과 4번 배기 밸브만 더 크다.

해설 일반적인 엔진에서는 흡입효율을 높이기 위하여 흡기 밸브 헤드의 지름을 배기 밸브보다 더 크게 한다.

52 밸브의 양정이 15mm일 때 일반적으로 밸브의 지름은?

① 60mm ② 50mm

③ 40mm ④ 20mm

해설 $d = 4 \times h$
d : 밸브지름(mm), h : 밸브 양정(mm)
$d = 4 \times 15mm = 60mm$

53 엔진에서 밸브 스템의 구비조건이 아닌 것은?

① 관성력이 증대되지 않도록 가벼워야 한다.

② 열전달 면적을 크게 하기 위하여 지름을 크게 한다.

③ 스템과 헤드의 연결부는 응력집중을 방지하도록 곡률반경이 작아야 한다.

④ 밸브 스템의 윤활이 불충분하기 때문에 마멸을 고려하여 경도가 커야 한다.

해설 밸브 스템의 구비조건
① 관성력이 증대되지 않도록 가벼워야 한다.
② 열의 전달면적을 크게 하기 위하여 지름을 크게 한다.
③ 밸브 스템의 윤활이 불충분하기 때문에 마멸을 고려하여 경도가 커야 한다.
④ 스템과 헤드의 연결부는 응력의 집중을 방지하기 위하여 곡률반경을 크게 하여야 한다.
⑤ 가스의 흐름에 대한 유동저항을 적게 하기 위하여 곡률반경을 크게 하여야 한다.

54 엔진의 밸브 스프링이 진동을 일으켜 밸브 개폐시기가 불량해지는 현상은?

① 스텀블 ② 서징

③ 스털링 ④ 스트레치

해설 밸브 스프링 서징이란 고속에서 밸브 스프링의 고유 진동수와 캠의 회전수 공명에 의해 스프링이 진동을 일으켜 밸브 개폐시기가 불량해지는 현상이다.

정답 48.② 49.① 50.④ 51.② 52.① 53.③ 54.②

55 밸브 스프링의 서징(surging)현상 방지법으로 틀린 것은?

① 피치가 서로 다른 이중 스프링을 사용한다.
② 부등피치 스프링을 사용한다.
③ 원추형 스프링을 사용한다.
④ 밸브스프링 고유 진동수를 밸브개폐 횟수와 같게 한다.

해설 밸브 스프링 서징 현상 방지법
① 양정 내에서 충분한 스프링 정수를 얻도록 한다.
② 원뿔형 스프링을 사용한다.
③ 부등피치 스프링을 사용한다.
④ 2중 스프링을 사용한다.

56 밸브 스프링의 공진 현상을 방지하는 방법으로 틀린 것은?

① 2중 스프링을 사용한다.
② 원뿔형 스프링을 사용한다.
③ 부등 피치 스프링을 사용한다.
④ 밸브 스프링의 고유 진동수를 낮춘다.

해설 밸브 스프링 공진 현상 방지법
① 양정 내에서 충분한 스프링 정수를 얻도록 한다.
② 원뿔형 스프링을 사용한다.
③ 부등피치 스프링을 사용한다.
④ 2중 스프링을 사용한다.

57 흡·배기 밸브의 냉각효과를 증대하기 위해 밸브 스템 중공에 채우는 물질로 옳은 것은?

① 리튬   ② 나트륨
③ 알루미늄   ④ 바륨

해설 나트륨 밸브
① 밸브 스템에 금속 나트륨을 중공 체적의 40 ~ 60% 봉입한 밸브이다.
② 밸브 헤드의 온도를 약 100℃ 정도 저하시킨다.
③ 나트륨의 융점은 97.5℃ 이고 비점은 882.9℃ 이다.

58 밸브 오버랩에 대한 설명으로 틀린 것은?

① 흡·배기 밸브가 동시에 열려 있는 상태이다.
② 공회전 운전 영역에서는 밸브 오버랩을 최소화 한다.
③ 밸브 오버랩을 통한 내부 EGR 제어가 가능하다.
④ 밸브 오버랩은 상사점과 하사점 부근에서 발생한다.

해설 밸브 오버랩은 상사점 부근에서 배기행정이 완료될 시점에 흡기 밸브가 상사점 전 5~10°에서 열리고 배기 밸브는 상사점 후 5~10°에서 닫힐 때 발생된다.

59 엔진에서 밸브 가이드 실이 손상되었을 때 발생할 수 있는 현상으로 가장 타당한 것은?

① 압축압력 저하
② 냉각수 오염
③ 밸브 간극 증대
④ 백색 배기가스 배출

해설 밸브 가이드 실이 손상되면 엔진 오일이 연소실에 유입되어 연소하므로 백색의 배기가스가 배출된다.

60 실린더 내경이 73mm, 행정이 74mm인 4행정 사이클 4실린더 엔진이 6,300 rpm으로 회전하고 있을 때, 밸브 구멍을 통과하는 가스의 속도는?(단, 밸브 면의 평균지름은 30mm이고, 밸브 스템의 굵기는 무시한다.)

① 62m/sec   ② 72m/sec
③ 82m/sec   ④ 92m/sec

해설 ① $S = \dfrac{2 \times N \times L}{60}$

S : 피스톤 평균속도(m/s),
N : 엔진 회전속도(rpm),
L : 피스톤 행정(m)

$S = \dfrac{2 \times 6300 \times 74}{60 \times 1000} = 15.54 \text{m/s}$

정답 55.④ 56.④ 57.② 58.④ 59.④ 60.④

② $d = D\sqrt{\dfrac{S}{V}}$

    d : 밸브지름(mm), D : 실린더 안지름(mm),
    S : 피스톤 평균속도(m/s),
    V : 가스 흐름속도(m/s)

$V = \dfrac{D^2 \times S}{d^2} = \dfrac{73^2 \times 15.54}{30^2} = 92.01 \text{m/s}$

61 기계식 밸브기구가 장착된 엔진에서 밸브 간극이 없을 때 일어나는 현상은?

① 밸브에서 소음이 발생한다.
② 밸브가 닫힐 때 밸브 면과 밸브 시트가 서로 밀착되지 않는다.
③ 밸브 열림 각도가 작아 흡입효율이 떨어진다.
④ 실린더 헤드에 열이 발생한다.

해설 밸브 간극이 없으면 밸브가 닫힐 때 밸브 면과 밸브 시트가 서로 밀착되지 않아 블로바이 현상이 발생하며, 밸브 열림 기간이 길어진다.

62 엔진의 흡·배기밸브의 간극이 작을 때 일어나는 현상으로 틀린 것은?

① 블로바이로 인해 엔진 출력이 증가한다.
② 흡입 밸브 간극이 작으면 역화가 일어난다.
③ 배기 밸브 간극이 작으면 후화가 일어난다.
④ 일찍 열리고 늦게 닫혀 밸브 열림 기간이 길어진다.

해설 밸브 간극이 작으면 일찍 열리고 늦게 닫혀 밸브 열림 기간이 길어져 블로바이가 발생하며, 이로 인해 엔진의 출력이 감소한다.

63 흡·배기 밸브의 밸브간극을 측정하여 새로운 태핏을 장착하고자 한다. 새로운 태핏의 두께를 구하는 공식으로 올바른 것은?(단, N : 새로운 태핏의 두께, T : 분리된 태핏의 두께, A : 측정된 밸브의 간극, K : 밸브규정간극)

① N=T+(A−K)
② N=T+(A+K)
③ N=T−(A−K)
④ N=T+(A×K)

해설 새로운 태핏의 두께를 계산하는 공식
① 흡입 밸브 간극 : N=T+(A−0.20mm)
② 배기 밸브 간극 : N=T+(A−0.30mm)

64 가솔린 엔진에서 밸브 개폐시기의 불량 원인으로 거리가 먼 것은?

① 타이밍 벨트의 장력감소
② 타이밍 벨트 텐셔너의 불량
③ 크랭크축과 캠축 타이밍 정렬 틀림
④ 밸브 면의 불량

해설 밸브 면이 불량하면 밸브가 닫혔을 때 접촉이 불량하여 블로백 현상이 발생되어 엔진의 출력이 감소되는 원인이 된다.

65 가변 밸브 타이밍 시스템에 대한 설명으로 틀린 것은?

① 공전 시 밸브 오버랩을 최소화하여 연소 안정화를 이룬다.
② 펌핑 손실을 줄여 연료 소비율을 향상시킨다.
③ 공전 시 흡입 관성효과를 향상시키기 위해 밸브 오버랩을 크게 한다.
④ 중부하 영역에서 밸브 오버랩을 크게 하여 연소실 내의 배기가스 재순환 양을 높인다.

해설 가변 밸브 타이밍 시스템은 공회전 영역 및 엔진을 시동할 때 밸브 오버랩을 최소화 하여(흡입 최대지각) 연소 상태를 안정시키고 흡입 공기량을 감소시켜 연료 소비율과 시동 성능을 향상시킨다. 그리고 중부하 운전영역에서는 밸브 오버랩을 크게 하여 배기가스의 재순환 비율을 높여 질소산화물 및 탄화수소 배출을 감소시키며, 흡기다기관의 부압을 낮추어 펌핑 손실도 감소시킨다.

정답 61.② 62.① 63.① 64.④ 65.③

66 연속 가변 밸브 타이밍(continuously variable valve timing) 시스템의 장점이 아닌 것은?

① 유해배기가스 저감　② 연비향상
③ 공회전 안정화　　　④ 밸브강도 향상

67 실린더 압축압력 시험에 대한 설명으로 틀린 것은?

① 압축압력 시험은 엔진을 크랭킹하면서 측정한다.
② 습식시험은 실린더에 엔진 오일을 넣은 후 측정한다.
③ 건식시험에서 실린더 압축압력이 규정 값보다 낮게 측정되면 습식시험을 실시한다.
④ 습식시험 결과 압축압력의 변화가 없으면 실린더 벽 및 피스톤 링의 마멸로 판정할 수 있다.

> **해설** 습식 압축압력 시험에서 압축압력이 변화가 없으면 밸브 불량, 실린더 헤드 개스킷 파손, 실린더 헤드 변형 등으로 판정한다.

엔진 성능

01 일반적인 엔진 성능 곡선도의 설명으로 맞는 것은?

① 엔진 회전속도가 저속일 때 연료 소비율이 가장 적고 축 토크가 가장 적다.
② 엔진 회전이 중속일 때 연료 소비율이 가장 적고 축 토크가 가장 크다.
③ 연료 소비율은 엔진 회전속도가 저속과 고속에서 가장 낮다.
④ 엔진 회전속도가 고속일 때 흡입기간이 길어 체적효율이 높다.

> **해설** 엔진 성능 곡선은 엔진의 각 회전속도에서 최대 출력 시 축 출력, 축 회전력, 연료 소비율의 관계를 나타낸 곡선으로 축 토크(회전력)는 중속에서 흡입 효율의 증가로 인한 연소 효율 향상으로 폭발압력이 높아지기 때문에 가장 이상적인 회전력을 얻을 수 있으며, 중속에서 연소효율이 가장 좋아 연료 소비율이 가장 낮게 나타난다.

02 출력 50kW의 엔진을 1분간 운전했을 때의 제동 출력이 전부 열로 바뀐다면 몇 kJ인가?

① 2500kJ　　　② 3000kJ
③ 3500kJ　　　④ 4000kJ

> **해설**
> 열 $=$ 출력$(kJ) \times$ 시간$(sec) = 50kW \times 60 = 3000kJ$

03 정비용 리프트에서 중량 13,500N인 자동차를 3초 만에 높이 1.8m로 상승시켰을 경우 리프트의 출력은?

① 24.3kW　　　② 8.1kW
③ 22.5kW　　　④ 10.8kW

> **해설** 1kgf = 9.8N, 1PS = 0.736kW
> ① 리프트의 중량(kgf)
> $$= \frac{13500N}{9.8} = 1377.6kgf$$
> ② 리프트 출력(kW)
> $$= \frac{1377.6kgf \times 1.8m \times 0.736}{75 \times 3} = 8.1kW$$

04 어떤 오토 엔진의 배기가스 온도를 측정한 결과 전부하 운전 시에는 850℃, 공전 시에는 350℃ 일 때 각각 절대온도(K)로 환산한 것으로 옳은 것은?(단, 소수점 이하는 제외한다.)

① 1850, 1350　　　② 850, 350
③ 1123, 623　　　④ 577, 77

> **해설** 절대온도 $=$ ℃ $+ 273$
> ① 850℃+273 = 1123K
> ② 350℃+273 = 623K

정답　66.④　67.④　/　01.②　02.②　03.②　04.③

05 엔진의 기계효율을 구하는 공식은?

① $\dfrac{마찰마력}{제동마력} \times 100$

② $\dfrac{도시마력}{이론마력} \times 100$

③ $\dfrac{제동마력}{도시마력} \times 100$

④ $\dfrac{마찰마력}{도시마력} \times 100$

해설 기계효율 $= \dfrac{제동마력}{도시마력} \times 100$

06 엔진의 지시마력이 105PS, 마찰마력이 21PS 일 때 기계효율은 약 몇 % 인가?

① 70 ② 80
③ 84 ④ 90

해설
① 제동마력(B_{PS}) = 지시마력(I_{PS}) − 마찰마력(F_{PS})

$B_{PS} = 105PS - 21PS = 84PS$

② 기계효율 = 기계효율(η_m) = $\dfrac{제동마력}{도시마력} \times 100$

$\eta_m = \dfrac{84PS}{104PS} \times 100 = 80\%$

07 총배기량이 160cc인 4행정 엔진에서 회전수 1800rpm, 도시 평균 유효압력이 87kgf/cm²일 때 축마력이 22PS인 엔진의 기계효율은 약 몇 %인가?

① 75 ② 79
③ 84 ④ 89

해설 ① $I_{PS} = \dfrac{P_{mi} \times A \times L \times R \times N}{75 \times 60}$

I_{PS} : 도시마력(지시마력 PS),
P_{mi} : 도시 평균 유효압력(kgf/cm²),
A : 단면적(cm²), L : 피스톤 행정(m),
R : 엔진 회전속도(4행정 사이클=R/2, 2행정 사이클=R, rpm), N : 실린더 수

$\therefore I_{PS} = \dfrac{87 \times 1800 \times 160}{75 \times 60 \times 2 \times 100} = 27.84PS$

② $\eta_m = \dfrac{제동마력}{도시마력} \times 100$ $\eta_m = \dfrac{22}{27.84} \times 100 = 79\%$

08 내연기관의 열손실을 측정한 결과 냉각수에 의한 손실이 30%, 배기 및 복사에 의한 손실이 30%였다. 기계 효율이 85%라면 정미 열효율(%)은?

① 28 ② 30
③ 32 ④ 34

해설 정미 열효율 = 도시 열효율 × 기계효율
$\eta_B = \{1 - (0.3 + 0.3)\} \times 0.85$ $\eta_B = 0.34(34\%)$

09 엔진에서 도시 평균 유효압력은?

① 이론 PV 선도로부터 구한 평균 유효압력
② 엔진의 기계적 손실로부터 구한 평균 유효압력
③ 엔진의 크랭크축 출력으로부터 계산한 평균 유효압력
④ 엔진의 실제 지압선도로부터 구한 평균 유효압력

해설 엔진에서 도시 평균 유효압력이란 엔진의 실제 지압선도로부터 구한 평균유효 압력을 말한다.

10 4행정 사이클 엔진의 실린더 내경과 행정이 100mm×100mm이고, 회전수가 1800rpm 이다. 축출력은 몇 PS인가?(단, 기계효율은 80%이며, 도시 평균 유효압력은 9.5kgf/cm²이고, 4기통 엔진이다.)

① 35.2ps ② 39.6ps
③ 43.2ps ④ 47.8ps

해설 ① $I_{PS} = \dfrac{P_{mi} \times A \times L \times R \times N}{75 \times 60}$

I_{PS} : 도시마력(지시마력 PS),
P_{mi} : 도시 평균 유효압력(kgf/cm²),
A : 단면적(cm²), L : 피스톤 행정(m),
R : 엔진 회전속도(4행정 사이클=R/2, 2행정 사이클=R, rpm), N : 실린더 수

$I_{PS} = \dfrac{9.5 \times 3.14 \times 10^2 \times 10 \times 1800 \times 4}{4 \times 75 \times 60 \times 2 \times 100} = 59.66PS$

② $B_{PS} = I_{PS} \times \eta_m$ η_m : 기계효율

$B_{PS} = 59.66PS \times 0.8 = 47.8PS$

정답 **05.③ 06.② 07.② 08.④ 09.④ 10.④**

11 4행정 사이클 엔진의 총배기량 1000cc, 축마력 50PS, 회전수 3000rpm일 때 제동 평균 유효압력은 몇 kgf/cm² 인가?

① 11 ② 15
③ 17 ④ 18

해설 $B_{PS} = \dfrac{P_{mi} \times A \times L \times R \times N}{75 \times 60}$

B_{PS} : 제동마력(축마력 PS),
P_{mi} : 제동 평균 유효압력(kgf/cm²),
A : 단면적(cm²), L : 피스톤 행정(m),
R : 엔진 회전속도(4행정 사이클=R/2, 2행정 사이클=R, rpm), N : 실린더 수

$P_{mi} = \dfrac{B_{PS} \times 75 \times 60}{A \times L \times R \times N} = \dfrac{50 \times 75 \times 60 \times 2 \times 100}{1000 \times 3000}$
$= 15 kgf/cm^2$

12 총배기량이 2000cc인 4행정 사이클 엔진이 2000rpm으로 회전할 때, 회전력이 15 kgf·m 라면 제동 평균 유효압력은 약 몇 kgf/cm²인가?

① 7.8 ② 8.5
③ 9.4 ④ 10.2

해설 ① $B_{PS} = \dfrac{2 \times \pi \times T \times R}{75 \times 60} = \dfrac{TR}{716}$

B_{PS} : 제동마력(축마력, PS),
T : 회전력(토크, kgf·m), R : 회전속도(rpm)

$B_{PS} = \dfrac{15 \times 2000}{716} = 41.9PS$

② $P_{mi} = \dfrac{B_{PS} \times 75 \times 60}{A \times L \times R \times N}$

B_{PS} : 제동마력(PS),
P_{mi} : 제동 평균 유효압력(kgf/cm²),
A : 단면적(cm²), L : 피스톤 행정(m),
R : 엔진 회전속도(4행정 사이클=R/2, 2행정 사이클=R, rpm), N : 실린더 수

$P_{mi} = \dfrac{41.9 \times 75 \times 60 \times 2 \times 100}{2000 \times 2000} = 9.4 kgf/cm^2$

13 지압선도를 설명한 것은?

① 실린더 내의 가스 상태변화를 압력과 체적의 상태로 표시한 도면이다.
② 실린더 내의 압축상태를 평균 유효압력과 마력의 상태로 표시한 도면이다.
③ 실린더 내의 온도변화를 압력과 체적의 상태로 표시한 도면이다.
④ 엔진의 도시마력을 그림으로 나타낸 것이다.

해설 지압선도란 실린더 내의 가스 상태변화를 압력과 체적의 상태로 표시한 도면이다.

14 총배기량 1400cc인 4행정 엔진이 2000 rpm으로 회전하고 있다. 이때의 도시 평균 유효압력이 10kgf/cm²이면 도시마력은 몇 PS인가?

① 약 31.1 ② 약 41.1
③ 약 51.14 ④ 약 62.1

해설 $I_{PS} = \dfrac{P_{mi} \times A \times L \times R \times N}{75 \times 60}$

I_{PS} : 도시마력(지시마력 PS),
P_{mi} : 도시 평균 유효압력(kgf/cm²),
A : 단면적(cm²), L : 피스톤 행정(m),
R : 엔진 회전속도(4행정 사이클=R/2, 2행정 사이클=R, rpm),
N : 실린더 수

$I_{PS} = \dfrac{10 \times 1400 \times 2000}{75 \times 60 \times 2 \times 100} = 31.11PS$

15 총배기량 1800cc인 4행정 엔진의 도시 평균 유효압력이 16kgf/cm², 회전수가 2000 rpm 일 때 도시마력(PS)은?(단, 실린더 수는 1개이다.)

① 33 ② 44
③ 54 ④ 64

해설 $I_{PS} = \dfrac{P_{mi} \times A \times L \times R \times N}{75 \times 60}$

$I_{PS} = \dfrac{16 \times 1800 \times 2000}{75 \times 60 \times 2 \times 100} = 64PS$

정답 11.② 12.③ 13.① 14.① 15.④

16 배기량 400cc, 연소실 체적 50cc인 가솔린 엔진에서 rpm이 3000rpm이고, 축 토크가 8.95kgf·m일 때 축출력은?

① 약 15.5PS
② 약 35.1PS
③ 약 37.5PS
④ 약 38.1PS

해설 $B_{PS} = \dfrac{2 \times \pi \times T \times R}{75 \times 60} = \dfrac{T \times R}{716}$

B_{PS} : 축(제동)마력(PS), T : 회전력(토크 kgf·m),
R : 회전속도(rpm)

$B_{PS} = \dfrac{8.95 \times 3000}{716} = 37.5PS$

17 디젤 엔진의 회전수가 2500rpm이고 회전력이 28kgf·m일 때 제동 출력은 약 몇 PS 인가?

① 98　　　　② 108
③ 118　　　④ 128

해설 $B_{PS} = \dfrac{2 \times \pi \times T \times R}{75 \times 60} = \dfrac{T \times R}{716}$

B_{PS} : 축(제동)마력(PS), T : 회전력(토크 kgf·m),
R : 회전속도(rpm)

$B_{PS} = \dfrac{28 \times 2500}{716} = 98PS$

18 4행정 가솔린 엔진이 1분당 2500rpm에서 9.23kgf·m의 회전토크일 때 축 마력은 약 몇 PS 인가?

① 28.1　　　② 32.2
③ 35.3　　　④ 37.5

해설 $B_{PS} = \dfrac{2 \times \pi \times T \times R}{75 \times 60} = \dfrac{T \times R}{716}$

B_{PS} : 축(제동)마력(PS), T : 회전력(토크 kgf·m),
R : 회전속도(rpm)

$B_{PS} = \dfrac{9.23 \times 2500}{716} = 32.2(PS)$

19 6기통 4행정 사이클 엔진이 10kgf·m의 토크로 1000rpm으로 회전할 때 축 출력은 약 몇 kW 인가?

① 9.2　　　　② 10.3
③ 13.9　　　④ 20

해설 $H_{kW} = \dfrac{2 \times \pi \times T \times R}{102 \times 60} = \dfrac{T \times R}{974}$

H_{kW} : 축(제동)마력(kW), T : 회전력(토크 kgf·m),
R : 회전속도(rpm)

$H_{kW} = \dfrac{10 \times 1000}{974} = 10.3kW$

20 2000rpm에서 10kgf·m의 토크를 내는 엔진 A와 800rpm에서 25kgf·m의 토크를 내는 엔진 B가 있다. 이 두 상태에서 A와 B의 출력을 비교하면?

① A〉B이다.
② A〈B이다.
③ A=B이다.
④ 비교할 수 없다.

해설 ① 2000rpm에서 10kgf·m의 토크를 내는
엔진의 출력 $= \dfrac{2000 \times 10}{716} = 27.9PS$

② 800rpm에서 25kgf·m의 토크를 내는 엔진의 출력
$= \dfrac{800 \times 25}{716} = 27.9PS$

21 가솔린엔진의 사이클을 공기 표준 사이클로 간주하기 위한 가정에 속하지 않는 것은?

① 급열은 실린더 내부에서 연소에 의해 행하여진다.
② 동작유체는 이상기체이다.
③ 비열은 온도에 따라 변화하지 않는 것으로 보며, 압축행정과 팽창행정의 단열지수는 같다.
④ 사이클 과정을 하는 동작물질의 양은 일정하다.

정답 **16.**③　**17.**①　**18.**②　**19.**②　**20.**③　**21.**①

공기표준 사이클로 간주하기 위한 가정
① 동작 유체는 공기만이 작동한다.
② 동작 유체인 공기는 이상기체의 법칙을 만족하며 물리적 상수는 상온에서 공기가 갖는 양과 같고 일정불변이다.
③ 열 공급은 실린더 내부에서 연소에 의해 행하여지는 것이 아니고 실린더 외부에서 공급하는 것으로 가정한다.
④ 압축과정 및 팽창과정은 단열적이며 양 과정 중의 단열지수는 서로 같으며, 일정불변이다.
⑤ 펌프 일을 무시하며 흡배기 과정 중의 실린더 내의 압력은 대기 압력과 평형을 이룬다.
⑥ 마찰 없이 작동되는 이상계로 본다.
⑦ 사이클 변화 과정 중 열해리 현상이나 분자 수의 변화 등이 일어나지 않는 것으로 본다.

22 내연기관에 적용되는 공기표준 사이클은 여러 가지 가정 하에서 작성된 이론 사이클이다. 가정에 대한 설명으로서 틀린 것은?

① 동작유체는 일정한 질량의 공기로서 이상기체법칙을 만족하며, 비열은 온도에 관계없이 일정하다.
② 급열은 실린더 내부에서 연소에 의해 행해지는 것이 아니라 외부의 고온 열원으로부터 열전달에 의해 이루어진다.
③ 압축과정은 단열과정이며, 이때의 단열지수는 압축압력이 증가함에 따라 증가한다.
④ 사이클의 각 과정은 마찰이 없는 이상적인 과정이며, 운동에너지와 위치에너지는 무시된다.

23 가솔린 엔진에서 압축비 ε=7, 비열비 k = 1.4일 경우 이론 열효율은 약 얼마인가?

① 45.4% ② 59.3%
③ 48.5% ④ 54.1%

$\eta_o = 1 - \left(\dfrac{1}{\varepsilon}\right)^{k-1}$

η_o : 오토 사이클의 이론 열효율,
ε : 압축비, k : 비열비

$\eta_O = 1 - \left(\dfrac{1}{7}\right)^{1.4-1} = 54.1\%$

24 오토 사이클의 압축비가 8.5일 경우 이론 열효율은 약 몇 % 인가?(단, 공기의 비열비는 1.4이다.)

① 49.6 ② 52.4
③ 54.6 ④ 57.5

$\eta_o = 1 - \left(\dfrac{1}{\varepsilon}\right)^{k-1}$

η_o : 오토 사이클의 이론 열효율,
ε : 압축비, k : 비열비

$\eta_O = 1 - \left(\dfrac{1}{8.5}\right)^{1.4-1} = 57.5\%$

25 가솔린 엔진에서 압축비가 9이고, 비열비는 1.30이다. 이 엔진의 이론 열효율은?

① 38.3% ② 48.3%
③ 58.5% ④ 68.5%

$\eta_o = 1 - \left(\dfrac{1}{\varepsilon}\right)^{k-1}$

η_o : 오토 사이클의 이론 열효율,
ε : 압축비, k : 비열비

$\eta_O = 1 - \left(\dfrac{1}{9}\right)^{1.3-1} = 48.3\%$

26 가솔린 엔진에서 압축비가 12일 경우 열효율(η_o)은 얼마인가?(단, 비열비(k)=1.4이다.)

① 54% ② 60%
③ 63% ④ 65%

$\eta_o = 1 - \left(\dfrac{1}{\varepsilon}\right)^{k-1}$

η_o : 오토 사이클의 이론 열효율,
ε : 압축비, k : 비열비

$\eta_O = 1 - \left(\dfrac{1}{12}\right)^{1.4-1} = 63\%$

정답 **22.**③ **23.**④ **24.**④ **25.**② **26.**③

27 엔진의 연소실 체적이 행정체적의 20%일 때 오토 사이클의 열효율은 약 몇 % 인가? (단, 비열비 k=1.4)

① 51.2　　　　② 56.4
③ 60.3　　　　④ 65.9

해설 ① $\varepsilon = \dfrac{Vc+Vs}{Vc}$

ε : 압축비, Vs : 행정체적, Vc : 연소실 체적

$\varepsilon = \dfrac{20+100}{20} = 6$

② $\eta_o = 1 - \left(\dfrac{1}{\varepsilon}\right)^{k-1}$

η_o : 오토 사이클의 이론 열효율,
ε : 압축비, k : 비열비

$\eta_O = 1 - \left(\dfrac{1}{6}\right)^{1.4-1} = 51.2\%$

28 복합 사이클의 이론 열효율은 어느 경우에 디젤 사이클의 이론 열효율과 일치하는가? (단, ε : 압축비, ρ : 압력비, σ : 체절비(단절비), k : 비열비 이다.)

① $\rho=1$　　　　② $\rho=2$
③ $\sigma=1$　　　　④ $\sigma=2$

29 직경 75mm, 행정 80mm인 4행정 사이클 디젤 엔진의 간극 체적이 20cc, 체절비가 2.3이다. 이 엔진을 이론적인 디젤 사이클로 가정하면 이 엔진의 열효율은 얼마인가?(단, k = 1.3이다)

① 42.3%　　　　② 45.2%
③ 48.3%　　　　④ 51.2%

해설 ① $\varepsilon = 1 + \dfrac{Vs}{Vc}$

ε : 압축비, Vs : 배기량(행정 체적),
Vc : 간극 체적

$\varepsilon = 1 + \dfrac{\pi \times 7.5^2 \times 8}{4 \times 20} = 18.67$

② $\eta_d = 1 - \left[\left(\dfrac{1}{\varepsilon}\right)^{k-1} \times \dfrac{\sigma^k - 1}{k(\sigma-1)}\right]$

η_d : 디젤 사이클의 이론 열효율(%),
ε : 압축비, k : 비열비, σ : 체절비

$\eta_d = 1 - \left[\left(\dfrac{1}{18.67}\right)^{1.3-1} \times \dfrac{2.3^{1.3}-1}{1.3 \times (2.3-1)}\right] = 51.2\%$

30 이상적인 열기관인 카르노 사이클 엔진에 대한 설명으로 틀린 것은?

① 다른 엔진에 비해 열효율이 높기 때문에 상대 비교에 많이 이용된다.
② 동작가스와 실린더 벽 사이에 열 교환이 있다.
③ 실린더 내에는 잔류가스가 전혀 없고 새로운 가스로만 충전된다.
④ 이상 사이클로서 실제로는 외부에 일을 할 수 있는 엔진으로 제작할 수 없다.

해설 카르노 사이클 엔진
① 다른 엔진에 비해 열효율이 높기 때문에 상대 비교에 많이 이용된다.
② 실린더 내에는 잔류가스가 전혀 없고 새로운 가스로만 충전된다.
③ 이상 사이클로서 실제로는 외부에 일을 할 수 있는 엔진으로 제작할 수 없다.

31 고온 327℃, 저온 27℃의 온도 범위에서 작동되는 카르노 사이클의 열효율은 몇 %인가?

① 30　　　　② 40
③ 50　　　　④ 60

해설 $\eta_c = 1 - \dfrac{T_L}{T_H}$

η_c : 카르노 사이클의 열효율(%),
T_L : 저온(K), T_H : 고온(K)

$\eta_C = 1 - \dfrac{273+27}{273+327} = 1 - 0.5 = 50\%$

정답　**27.**① **28.**① **29.**④ **30.**② **31.**③

32 등온, 정압, 정적, 단열과정을 P–V선도에 아래와 같이 도시하였다. 이 중에서 단열과정의 곡선은?

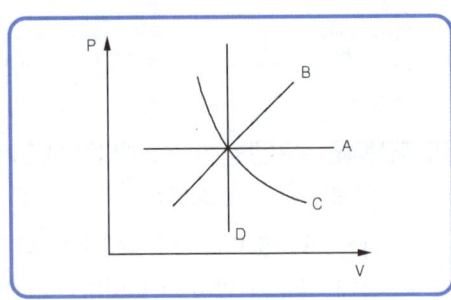

① A
② B
③ C
④ D

해설 A는 정압 과정, B는 등온 과정, C는 단열 과정, D는 정적 과정이다.

33 압축 상사점에서 연소실 체적 vc=0.1L, 이 때의 압력은 pc=30bar 이다. 체적이 1.1L 로 커지면 압력은 몇 bar 가 되는가?(단, 동작 유체는 이상기체이며, 등온과정으로 가정)

① 약 2.73 bar
② 약 3.3 bar
③ 약 27.3 bar
④ 약 33 bar

해설 $P_1 \times V_1 = P_2 \times V_2$
P_1 : 처음 상태의 압력, V_1 : 처음 상태의 체적,
P_2 : 나중 상태의 압력, V_2 : 나중 상태의 체적

$$P_2 = \frac{P_1 \times V_1}{V_2} = \frac{30 \times 0.1}{1.1} = 2.73 \text{bar}$$

34 내연기관의 열효율에 대한 설명 중 틀린 것은?

① 열효율이 높은 엔진일수록 연료를 유효하게 쓴 결과가 되며, 그만큼 출력도 크다.
② 엔진에 발생한 열량을 빼앗는 원인 중 기계적 마찰로 인한 손실이 제일 크다.
③ 엔진에서 발생한 열량은 냉각, 배기, 기계 마찰 등으로 빼앗겨 실제의 출력은 1/4 정도이다.
④ 열효율은 엔진에 공급된 연료가 연소하여 얻어진 열량과 이것이 실제의 동력으로 변한 열량과의 비를 열효율이라 한다.

해설 엔진에서 발생한 열량은 냉각에 의한 손실 30~35%, 배기에 의한 손실 30~35%, 기계마찰에 의한 손실 6~10% 정도이다.

35 연료의 저위 발열량을 H_1(kcal/kgf), 연료 소비량을 F(kgf/h), 도시 출력을 P_i(PS), 연료 소비 시간을 t(s)라 할 때 도시 열효율 η_i를 구하는 식은?

① $\eta_i = \dfrac{632 \times \Pi}{F \times H_1}$

② $\eta_i = \dfrac{632 \times H_1}{F \times t}$

③ $\eta_i = \dfrac{632 \times t \times H_1}{F \times \Pi}$

④ $\eta_i = \dfrac{632 \times t \times \Pi}{F \times H_1}$

해설 도시 열효율 $\eta_i = \dfrac{632 \times Pi}{F \times H_1}$

36 제동 열효율을 설명한 것으로 옳지 못한 것은?

① 제동일로 변환된 열량과 총 공급된 열량의 비이다.
② 작동가스가 피스톤에 한 일로서 열효율을 나타낸다.
③ 정미열효율이라고도 한다.
④ 도시열효율에서 엔진 마찰부분의 마력을 뺀 열효율을 말한다.

해설 제동 열효율은 정미 열효율이라고도 부르며, 제동일로 변환된 열량과 총 공급된 열량의 비율이다. 즉 도시 열효율에서 엔진 마찰부분의 마력을 뺀 열효율을 말한다.

정답 32.③ 33.① 34.② 35.① 36.②

37 4행정 사이클 4실린더 엔진을 65PS로 30분간 운전시켰더니 연료가 10ℓ 소모되었다. 연료의 비중이 0.73, 저위 발열량이 11000kcal/kg이라고 하면 이 엔진의 열효율은 몇 %인가?(단, 1마력당 1시간당의 일량은 632.5kcal 이다.)

① 약 23.6% ② 약 24.6%
③ 약 25.6% ④ 약 51.2%

해설 $\eta_i = \dfrac{632.5 \times P_i}{F \times H_l} \times 100$

η_i : 열효율(%), P_i : 출력(PS),
F : 연료 소비량(kgf/h),
H_l : 연료의 저위 발열량(kcal/kg)

$\eta_i = \dfrac{632.5 \times 65PS \times 30}{0.73 \times 10 \times 11000 \times 60} \times 100 = 25.59\%$

38 저위 발열량이 44,800kJ/kg인 연료를 시간당 20kg을 소비하는 엔진의 제동 출력이 90kW이면 제동 열효율은 약 얼마인가?

① 28% ② 32%
③ 36% ④ 41%

해설 $\eta_B = \dfrac{3600 \times H_{kW}}{H_l \times F} \times 100$

η_B : 제동 열효율(%), H_{kW} : 제동출력(kW),
H_l : 연료의 저위 발열량(kJ/kg),
F : 연료 소비량(kg)

$\eta_B = \dfrac{3600 \times 90}{44800 \times 20} \times 100 = 36\%$

39 연료 소비율이 200g/PS·h인 가솔린 엔진의 제동 열효율은 약 몇 %인가?(단, 가솔린의 저위 발열량은 10200kcal/kg이다.)

① 11 ② 21
③ 31 ④ 41

해설 $\eta_i = \dfrac{632.5 \times P_i}{H_l \times F_e} \times 100$

η_i : 열효율(%), P_i : 출력(PS),
F_e : 연료 소비율(kg/PS·h),
H_l : 연료의 저위 발열량(kcal/kg)

$\eta_i = \dfrac{632.5}{10200 \times 0.2} \times 100 = 31\%$

40 48PS를 내는 가솔린 엔진이 8시간에 120ℓ의 연료를 소비하였다면 제동 연료 소비율은 몇 g/PS·h 인가?(단, 연료의 비중은 0.74이다.)

① 약 180 ② 약 231
③ 약 251 ④ 약 280

해설 $fe = \dfrac{F \times \gamma}{B_{PS} \times t}$

fe : 연료 소비율(g/PS·h), F : 연료 소비량(ℓ),
γ : 연료의 비중, B_{PS} : 제동마력(PS),
t : 엔진 가동시간(h)

$fe = \dfrac{120\,ℓ \times 0.74 \times 1000}{48PS \times 8H} = 231.25 g/PS \cdot h$

41 직경×행정이 78mm×78mm인 4행정 4기통의 엔진에서 실제 흡입된 공기량이 1120.7cc라면 체적효율은?

① 약 55% ② 약 62%
③ 약 75% ④ 약 83%

해설 $\eta_v = \dfrac{Ar}{V_2} \times 100$ η_v : 체적효율,

Ar : 실제 흡입공기량, V_2 : 총배기량

$\eta_v = \dfrac{4 \times 1120.7}{3.14 \times 7.8^2 \times 7.8 \times 4} \times 100 = 75.21\%$

42 행정체적 215cm³, 실린더 체적 245cm³인 엔진의 압축비는 약 얼마인가?

① 5.23 ② 6.28
③ 7.14 ④ 8.17

해설 ① 연소실 체적=실린더 체적-행정체적
연소실 체적 = 245cm³ - 215cm³ = 30cm³

② $\varepsilon = \dfrac{Vc + Vs}{Vc}$

ε : 압축비, Vc : 간극체적(cm³),
Vs : 실린더 배기량(행정체적, cm³),

$\varepsilon = \dfrac{30 + 215}{30} = 8.17$

정답 **37.**③ **38.**③ **39.**③ **40.**② **41.**③ **42.**④

43 피스톤의 단면적 40cm², 행정이 10cm, 연소실 체적 50cm³인 엔진의 압축비는 얼마인가?

① 3 : 1　　　　② 9 : 1
③ 12 : 1　　　④ 18 : 1

해설 ① $Vs = \dfrac{\pi \times D^2 \times L}{4}$

Vs : 배기량(cm³),
D : 실린더 안지름(cm²),
L : 피스톤 행정(cm)
$Vs = 40cm^2 \times 10cm = 400cm^3$

② $\varepsilon = \dfrac{Vc + Vs}{Vc}$

ε : 압축비, Vc : 연소실 체적(cm³),
Vs : 실린더 배기량(행정체적 cm³)

$\varepsilon = \dfrac{50 + 400}{50} = 9$

44 가솔린 엔진의 연소실 체적이 행정체적의 20%일 때 압축비는 얼마인가?

① 6 : 1　　　　② 7 : 1
③ 8 : 1　　　　④ 9 : 1

해설 $\varepsilon = \dfrac{Vc + Vs}{Vc}$

ε : 압축비, Vs : 실린더 배기량(행정체적 cm³),
Vc : 연소실 체적(cm³)

$\varepsilon = \dfrac{20 + 100}{20} = 6$

45 실린더의 지름이 100mm, 행정이 100mm일 때 압축비가 17:1이라면 연소실 체적은?

① 약 29cc　　　② 약 49cc
③ 약 79cc　　　④ 약 109cc

해설 $Vc = \dfrac{Vs}{(\varepsilon - 1)}$

Vs : 배기량(행정체적 cc), ε : 압축비,
Vc : 연소실 체적(cc)

$Vs = \dfrac{\pi \times 10^2 \times 10}{4 \times (17 - 1)} = 49.06cc$

46 엔진의 실린더 지름이 55mm, 피스톤 행정이 50mm, 압축비가 7.4라면 연소실 체적은 약 몇 cm³인가?

① 9.6　　　　　② 12.6
③ 15.6　　　　④ 18.6

해설 $Vc = \dfrac{Vs}{(\varepsilon - 1)}$

Vs : 배기량(행정체적 cc), ε : 압축비,
Vc : 연소실 체적(cc)

$Vs = \dfrac{\pi \times 5.5^2 \times 5}{4 \times (7.4 - 1)} = 18.6cm^3$

47 간극체적 60cc, 압축비 10인 실린더의 배기량은?

① 540　　　　　② 560
③ 580　　　　　④ 600

해설 $Vs = (\varepsilon - 1) \times Vc$

Vs : 배기량(행정체적 cc), ε : 압축비,
Vc : 간극체적(cc)

$Vs = (10 - 1) \times 60 = 540cc$

48 실린더 안지름 60mm, 행정 60mm인 4실린더 엔진의 총배기량은?

① 약 750.4cc

② 약 678.6cc

③ 약 339.2cc

④ 약 169.7cc

해설 $V = \dfrac{\pi \times D^2 \times L \times N}{4}$

V : 총배기량(cc), D : 실린더 내경(cm),
L : 피스톤 행정(cm), N : 실린더 수

$V = \dfrac{\pi \times 6^2 \times 6 \times 4}{4} = 678.58cc$

정답　43.②　44.①　45.②　46.④　47.①　48.②

49 회전력이 20kgf·m이고, 실린더 내경이 72mm, 행정이 120mm 인 6기통 엔진의 SAE 마력은 얼마인가?

① 약 12.9PS ② 약 129PS
③ 약 19.3PS ④ 193PS

> **해설** SAE 마력$=\dfrac{D^2\times N}{1613}$
>
> D : 실린더 내경(mm), N : 실린더 수
>
> SAE 마력$=\dfrac{72^2\times 6}{1613}=19.28PS$

50 실린더 안지름이 80mm, 행정이 78mm인 엔진의 회전속도가 250rpm일 때 4사이클 4실린더 엔진의 SAE 마력은 약 몇 PS인가?

① 9.7   ② 10.2
③ 14.1 ④ 15.9

> **해설** SAE 마력$=\dfrac{D^2\times N}{1613}$
>
> D : 실린더 내경(mm), N : 실린더 수
>
> SAE 마력$=\dfrac{80^2\times 4}{1613}=15.87PS$

51 내경 87mm, 행정 70mm인 6기통 엔진의 출력은 회전속도 $5500\min^{-1}$에서 90kW 이다. 이 엔진의 비체적 출력 즉, 리터 출력 (kW/L)은?

① 6kW/L   ② 9kW/L
③ 15kW/L ④ 36kW/L

> **해설** ① $H_{kWh}=\dfrac{H_{kW}}{V}$
>
> H_{kWh} : 리터 출력(kW/L),
> H_{kW} : 출력(kW), V : 총배기량(cm³)
>
> ② $V=\dfrac{\pi\times D^2\times L\times N}{4}$
>
> D : 실린더 내경(cm), L : 피스톤 행정(cm),
> N : 실린더 수
>
> $H_{kWh}=\dfrac{4\times 90kW\times 1000}{\pi\times 8.7^2\times 7\times 6}=36.04kWh$

52 자동차로 15km의 거리를 왕복하는데 40분 이 걸렸고 연료 소비는 1830cc 이였다면 왕복 시 평균속도와 연료 소비율은 약 얼마 인가?

① 23km/h, 12km/ℓ
② 45km/h, 16km/ℓ
③ 50km/h, 20km/ℓ
④ 60km/h, 25km/ℓ

> **해설**
>
> ① 왕복 평균속도 : $\dfrac{15\times 2\times 60}{40}=45km/h$
>
> ② 왕복할 때의 연료소비율 : $\dfrac{15\times 2}{1.83}=16.39km/\ell$

53 출력이 A=120PS, B=90kW, C=110HP 인 3개의 엔진을 출력이 큰 순서대로 나열한 것은?

① B〉C〉A   ② A〉C〉B
③ C〉A〉B   ④ B〉A〉C

> **해설** ① $120PS\times 0.736=88.32kW$
> ② $110HP\times 0.746=82.06kW$

1-2 가솔린 전자제어 장치 정비

① 가솔린 전자제어장치 점검·진단

1. 가솔린 엔진의 연료

(1) 가솔린의 조건

① 발열량이 클 것

② 불붙는 온도(인화점)가 적당할 것

③ 인체에 무해할 것

④ 취급이 용이할 것

⑤ 연소 후 탄소 등 유해 화합물을 남기지 말 것

⑥ 온도에 관계없이 유동성이 좋을 것

⑦ 연소속도가 빠르고 자기 발화온도가 높을 것

> **TIP** **연료의 발열량**
> 연료와 산소가 혼합하여 완전 연소할 때 발생하는 열량을 발열량이라 하며, 열량계 속에서 단위 질량의 연료를 연소시켰을 때 발생되는 고위 발열량과 연소에 의해 발생된 수분의 증발열을 뺀 열량인 저위 발열량이 있다. 일반적으로 액체나 가스의 발열량은 저위 발열량으로 나타낸다.

(2) 가솔린 엔진의 연소

1) 노킹(knocking) 현상

실린더 내의 연소에서 화염 면이 미연소 가스에 점화되어 연소가 진행되는 사이에 미연소의 말단가스가 고온과 고압으로 되어 자연 발화하는 현상이다.

2) 노킹 발생의 원인

① 엔진에 과부하가 걸렸을 경우　② 엔진이 과열되었을 경우

③ 점화시기가 너무 빠를 경우　④ 혼합비가 희박할 경우

⑤ 저 옥탄가의 연료를 사용하였을 경우

3) 노킹이 엔진에 미치는 영향

① 엔진이 과열하며, 출력이 저하된다.

② 실린더와 피스톤이 고착될 염려가 있다.

③ 피스톤, 밸브 등이 손상된다.

④ 배기가스의 온도가 저하한다.

4) 노킹을 방지하는 방법

① 고옥탄가의 연료(내폭성이 큰 연료)를 사용한다.

② 점화시기를 알맞게 조정한다.

③ 혼합비를 농후하게 한다.

④ 압축비, 혼합가스 및 냉각수 온도를 낮춘다.

⑤ 화염전파 속도를 빠르게 하거나 화염전파 거리를 단축시킨다.

⑥ 혼합가스에 와류를 증대시킨다.

⑦ 자연발화 온도가 높은 연료를 사용한다.

⑧ 연소실에 퇴적된 카본을 제거한다.

(3) 옥탄가(Octane number)

연료의 내폭성(노크방지 성능)을 나타내는 수치이다. 내폭성이 큰 이소옥탄(옥탄가 100)과 내폭성이 작은 노멀헵탄(옥탄가 0)의 혼합물이며, 이소옥탄의 함량비율로 표시하고 CFR 엔진에서 측정한다.

$$옥탄가 = \frac{이소옥탄}{이소옥탄 + 노멀헵탄} \times 100$$

2. 이론 공연비와 람다(λ)

(1) 이론 공연비

① 공연비(Air Fuel ratio)란 공기와 연료의 혼합 비율을 말한다.

② 이론 공연비는 공기가 완전 연소하기 위하여 이론상 과부족이 없는 공기와 연료의 비율을 말한다.

③ 실린더로 유입되는 공기를 최대한 활용하여 동력을 얻어내고자 할 때 필요한 연료의 양이다.

④ 동력의 최대점과 유해 배출가스의 배출 최소점이 어느 정도 일치하는 구간을 의미한다.

(2) 람다(λ)

① 가솔린 전자제어에서 14.7 : 1을 람다(λ)라고 하며 λ=1로 나타낼 수 있다.

② 연료가 과하게 되면 λ<1로 나타내며 농후하다고 표현한다.

③ 연료가 부족하게 되면 λ>1로 나타내며 희박하다고 표현한다.

④ 가솔린 전자제어 엔진은 λ = 0.9 ~ 1.1까지 제어한다.

3. 엔진 관리 시스템(EMS ; Engine Management System)

① EMS는 엔진을 관리하는 시스템을 말한다.

② EMS는 엔진에서 발생하는 배출가스 중 유해한 배출가스를 감소시킨다.

③ EMS는 에너지 효율을 높여 연비를 향상시키는 역할을 한다.

4. 고장 코드(DTC ; Diagnosis Trouble Code)

① P(Power Train) : 엔진이나 변속기와 관련된 고장을 표시

② B(Body) : 바디 전장 관련 장치의 고장을 표시

③ C(Chassis) : 차체 관련 장치의 고장을 표시

④ U(Network) : 통신 장치의 고장인 경우를 표시

5. 가솔린 연료장치

(1) 전자제어 연료 분사방식의 특징

① 공기흐름에 따른 관성질량이 작아 응답성능이 향상된다.

② 엔진의 출력증대 및 연료 소비율이 감소한다.

③ 유해 배출가스 감소효과가 크다.

④ 각 실린더에 동일한 양의 연료공급이 가능하다.

⑤ 혼합비 제어가 정밀하여 배출가스 규제에 적합하다.

⑥ 체적효율이 증가하여 엔진의 출력이 향상된다.

⑩ 엔진의 응답 및 주행성능이 향상되며, 월웨팅(wall wetting)에 따른 냉간 시동, 과도특성의 큰 효과가 있다.

⑪ 저속 또는 고속에서 회전력 영역의 변경이 가능하다.

⑫ 온·냉간 상태에서도 최적의 성능을 보장한다.

⑬ 설계할 때 체적효율의 최적화에 집중하여 흡기다기관 설계가 가능하다.

⑭ 구조가 복잡하고 가격이 비싸다.

⑮ 흡입계통의 공기누출이 기관에 큰 영향을 준다.

(2) 전자제어 연료 분사장치의 분류

1) 기본 연료 분사량 제어방식에 의한 분류

① MPC(Manifold Pressure Control) : 흡기다기관 압력제어 방식을 말한다.

② AFC(Air Flow Control) : 흡입공기량 제어방식을 말한다.

2) 인젝터 수에 따른 분류

① SPI(또는 TBI, Single Point Injection or Throttle Body Injection) : 인젝터를 한 곳에 1~2개를 모아서 설치한 후 연료를 분사하여 각 실린더에 분배하는 방식이다.

② MPI(Multi Point Injection) : 인젝터를 실린더마다 1개씩 설치하고 연료를 분사시키는 방식, 즉 엔진의 각 실린더마다 독립적으로 분사하는 방식이다.

3) 제어방식에 의한 분류

① K-제트로닉 : 기계제어 방식이다.

② L-제트로닉 : 흡입공기량을 직접 계측하여 연료 분사량을 제어하는 방식이다.

③ D-제트로닉 : 흡기다기관 내의 부압을 검출하여 연료 분사량을 제어하는 방식이다.

(3) 전자제어 연료 분사방식의 연료계통

1) 연료 펌프(fuel pump)

연료 펌프는 전자력으로 구동되는 전동기를 사용하며, 연료탱크 내에 들어있다.

① **연료 펌프가 연속적으로 작동될 수 있는 조건**

㉮ 엔진을 크랭킹할 때(엔진 회전속도 15rpm 이상)

㉯ 엔진 회전속도 600rpm 이상으로 가동될 때

㉰ 연료 펌프는 엔진의 가동이 정지된 상태에서 점화 스위치가 ON 위치에 있더라도 작동하지 않는다.

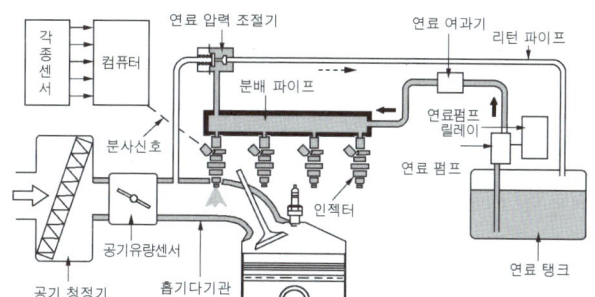

▲ 연료 계통의 구성도

② **연료 펌프에 설치된 릴리프 밸브의 역할**

㉮ 연료의 과다한 압력상승을 방지한다.

㉯ 연료 펌프 모터의 과부하를 방지한다.

㉰ 연료 펌프에서 나오는 연료를 다시 탱크로 복귀시킨다.

③ **연료 펌프에 설치된 체크 밸브(Check Valve)의 역할**

㉮ 인젝터에 가해지는 연료의 잔압을 유지시켜 베이퍼록 현상을 방지한다.

㉯ 연료의 역류를 방지한다.

㉰ 엔진의 재시동성능을 향상시킨다.

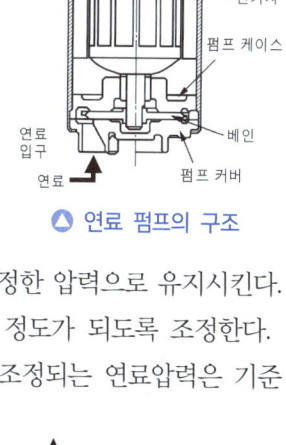

▲ 연료 펌프의 구조

2) 연료 압력 조절기(fuel pressure regulator)

① 흡기다기관의 절대압력(진공도)과 연료압력 차이를 항상 일정한 압력으로 유지시킨다. 즉 연료 압력과 흡기다기관의 압력차이가 대략 2.5kgf/cm² 정도가 되도록 조정한다.

② 흡기다기관의 진공도가 높을 때 연료 압력 조절기에 의해 조정되는 연료압력은 기준 연료 압력보다 낮아진다.

③ 연료 압력 조절기의 진공라인에 균열이 일어나면 연료 압력이 균열전보다 높아진다.

④ 복귀되는 연료 압력감소 정도는 연료 압력 조절기 스프링 장력−고압 파이프 내 연료 압력이다.

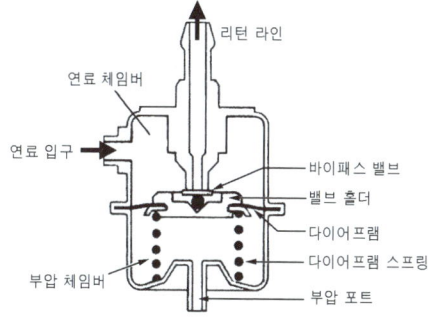

▲ 연료 압력 조절기의 구조

3) 인젝터(injector)

① 인젝터의 작동

㉮ 각 실린더의 흡입밸브 앞쪽에 설치되어 있으며, 컴퓨터의 분사신호에 의해 연료를 분사한다. 즉 ECU의 펄스신호에 의해 연료를 분사한다.

㉯ 연료 분사량은 인젝터에 작동되는 통전시간(인젝터의 개방시간)으로 결정된다. 즉 연료 분사량의 결정에 관계하는 요소는 니들 밸브의 행정, 분사구멍의 면적, 연료의 압력이다.

㉰ 연료 분사 횟수는 엔진의 회전속도에 의해 결정되며, 분사 압력은 2.2~2.6kgf/cm²이다.

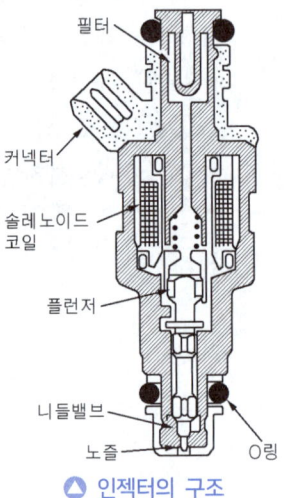

필터
커넥터
솔레노이드 코일
플런저
니들밸브
노즐
O링
▲ 인젝터의 구조

㉱ 인젝터의 총 분사시간(ti)=tp(기본 분사시간)+tm(보정 분사시간)+ts(전원 전압 보정 분사시간)으로 나타낸다.

㉲ 인젝터의 연료 분사 시간이 ECU의 트랜지스터 작동시간과 일치하지 않는 것을 무효 분사시간이라 한다.

㉳ 인젝터에 저항을 붙여 응답성 향상과 코일의 발열을 방지하는 방식을 전압제어 방식이라 한다.

㉴ 인젝터를 제어하는 ECU의 트랜지스터는 일반적으로 (−)제어 방식을 사용한다.

② 인젝터 분사시간

㉮ 급 가속할 때 순간적으로 분사시간이 길어진다.

㉯ 배터리 전압이 낮으면 무효분사 시간이 길어진다.

㉰ 급 감속할 때에는 경우에 따라 연료차단이 된다.

㉱ 산소 센서 전압이 높으면 분사시간이 짧아진다.

㉲ 인젝터 분사시간 결정에 가장 큰 영향을 주는 센서는 공기유량 센서이다. 그리고 인젝터에서 연료가 분사되지 않는 이유는 크랭크 각 센서 불량, ECU 불량, 인젝터 불량 등이다.

㉳ 전자제어 엔진에서 배터리 전압이 낮아지면 분사시간을 증가시킨다.

③ 인젝터의 연료 분사방식

㉮ **동기 분사(독립 분사, 순차 분사)** : 1사이클에 1실린더만 1회 점화시기에 동기하여 배기행정 끝 무렵에 분사한다. 즉 크랭크 각 센서의 신호에 동기하여 구동된다.

㉯ **그룹 분사** : 각 실린더에 그룹(제1번과 제3번 실린더, 제2번과 제4번 실린더)을 지어 1회 분사할 때 2실린더씩 짝을 지어 분사한다.

㉰ **동시 분사(비동기 분사)** : 전체 실린더에 동시에 1사이클(크랭크축 1회전에 1회 분사) 당 2회 분사한다.

(4) 전자제어 연료 분사방식의 흡입계통

1) 공기흐름 센서(air flow sensor)

컴퓨터는 공기흐름 센서에서 보내준 신호를 연산하여 연료 분사량을 결정하고, 분사 신호를 인젝터에 보내어 연료를 분사시킨다. 종류에는 에어플로 미터식(베인식), 칼만 와류식, 열선식, 열막식 등이 주로 사용되고 있다.

① **에어플로 미터식**(mass flow meter type)-**베인식, 메저링 플레이트식** : 메저링 플레이트의 열림 정도를 포텐쇼미터(portention meter)에 의하여 전압 비율로 검출하며, 흡입 공기에 의해 메저링 플레이트가 열린다. 이에 따라 메저링 플레이트 축에 설치된 슬라이더(slider)는 저항과 접촉하며, 흡입 공기량이 많으면 메저링 플레이트의 열림 각도가 커지고 슬라이더의 접촉부 저항값이 감소하여 전압비가 증가한다.

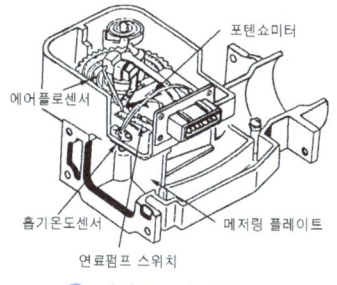

▲ 에어플로미터의 구조

② **칼만 와류식**(karman vortex type) : 공기 청정기 내부에 설치되어 흡입 공기량을 칼만 와류 현상을 이용하여 측정한 후 흡입 공기량을 디지털 신호로 바꾸어 컴퓨터로 보내면 컴퓨터는 흡입 공기량의 신호와 엔진 회전속도 신호를 이용하여 기본 가솔린 분사 시간을 계측한다. 칼만 와류식은 체적유량 검출방식이다.

③ **열선식**(핫 와이어식 ; hot wire type) : 열선을 통과하는 공기에 의하여 열선이 냉각되면 컴퓨터는 다시 열선을 가열하기 위하여 전류를 증가시킨다. 컴퓨터는 일정 온도를 유지시키기 위해 증가되는 전류에 의해 흡입 공기량을 계측한다. 질량 유량 계측 방식이므로 압력 및 온도 변화에 대한 보상 장치를 두지 않아도 된다.

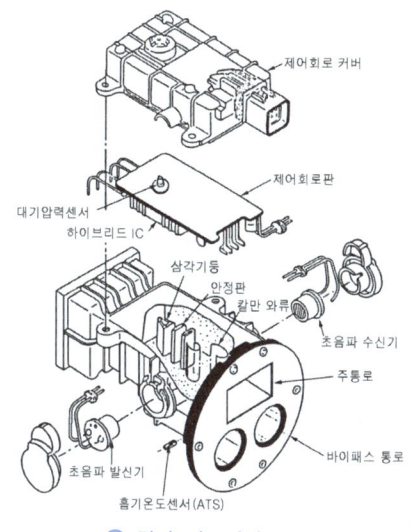

▲ 칼만 와류식의 구조

④ **열막식**(hot film type) : 열막을 통과하는 공기로 냉각되어 변화하는 방열량을 전류를 통해 검출함으로써 공기의 양을 산출하고 있다. 전류의 증가량을 검출함으로써 공기의 증가량을 알 수 있으며, 열선식에 비하여 열 손실이 적기 때문에 작게 하여도 되며, 오염 정도가 낮다.

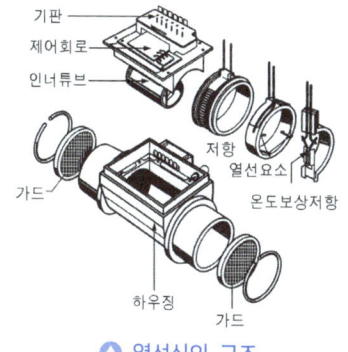

▲ 열선식의 구조

⑤ **MAP 센서 방식** : 엔진의 부하 및 회전속도 변화에 따라 형성되는 흡기다기관 압력 변화(부압)를 피에조 저항형 센서(압전 소자)로 측정하여 전압 출력으로 변화시켜 컴퓨터로 입력시키는 것이다. 즉 흡기다기관의 압력변화에 따른 흡입 공기량을 간접 계측한다.

실리콘 튜브　센서 유닛
진공실
필터
출력단자
흡기다기관 부압

🔺 **MAP 센서의 구조**

2) 스로틀 보디(throttle body)

공기흐름 센서(AFS)와 서지 탱크 사이에 설치되어 흡입 공기 통로의 일부를 형성하며, 구조는 가속 페달의 조작에 연동하여 흡입공기 통로의 단면적을 변화시켜 주는 스로틀 밸브와 스로틀 밸브의 열림 정도를 검출하여 컴퓨터로 입력시키는 스로틀 위치 센서가 있다.

① **스로틀 위치 센서**(throttle position sensor) : 스로틀 밸브 축과 같이 회전하는 가변 저항기로 스로틀 밸브의 회전에 따라 출력 전압이 변화함으로써 컴퓨터는 스로틀 밸브의 열림 정도를 감지하고, 컴퓨터는 이 출력 전압과 엔진 회전속도 등 다른 입력 신호를 합하여 엔진의 운전상태를 판단하여 연료 분사량을 조절한다.

② **공전속도 조절기**(idle speed controller) : 공전속도 조절기는 엔진이 공전상태일 때 부하에 따라 안정된 공전속도를 유지하는 장치이며, 그 종류에는 ISC-서보 방식, 스텝 모터 방식, 에어밸브 방식 등이 있다.

(5) 전자제어 연료 분사방식의 센서

1) 냉각수온 센서

냉각수온 센서는 실린더의 냉각수 통로에 배치되어 엔진의 냉각수 온도를 측정하여 컴퓨터에 입력한다. 컴퓨터는 이 신호를 이용하여 냉간 시동 시 엔진의 시동 꺼짐 혹은 엔진 부조를 방지하기 위하여 연료 분사량과 점화시기를 보정한다. 냉각수온 센서의 서미스터는 온도가 올라가면 저항이 감소하고 온도가 내려가면 저항이 증가되는 부저항 온도 계수의 특성을 가지고 있다.

2) 흡기 온도 센서

흡기 온도 센서는 맵 센서의 내부에 장착되어 흡기 온도를 검출하여 컴퓨터에 입력하면 컴퓨터는 흡입 공기량 정보와 흡기 온도 정보를 이용하여 흡입 공기의 밀도 변화량을 보정한다. 흡기 온도 센서의 서미스터는 온도가 올라가면 저항이 감소하고 온도가 내려가면 저항이 증가되는 부저항 온도 계수의 특성을 가지고 있다.

3) 크랭크축 위치 센서

크랭크축 위치 센서는 엔진의 회전수를 검출하여 컴퓨터로 입력하면 컴퓨터는 이 정보를 이용하여 엔진의 회전수를 연산하고 점화시기를 조절한다. 엔진의 회전수는 전자제어 엔진에 있어 가장 중요한 변수이며, 엔진의 회전수 신호가 컴퓨터에 입력되지 않으면 크랭크축

컬)식, 전자유도(인덕션) 방식, 홀 센서 방식이 있다.

4) 캠축 위치 센서

캠축 위치 센서는 홀 센서(Hall Sensor)라고도 하며, 홀 소자를 이용하여 캠 샤프트의 위치를 검출하는 센서로서 크랭크축 위치 센서와 동일 기준점으로 하여 크랭크축 위치 센서에서 확인이 불가능한 개별 피스톤의 위치를 확인할 수 있도록 한다. 컴퓨터는 이 정보를 이용하여 각 실린더의 위치(행정)를 정확히 감지하며, 각 실린더의 독립적인 순차 연료 분사를 제어한다.

5) 액셀러레이터 위치 센서

액셀러레이터 페달 모듈에 설치되어 운전자의 가속 의지를 컴퓨터에 전달하여 가속 요구량에 따른 연료량을 결정하게 하는 가장 중요한 센서이다. 액셀러레이터 위치 센서는 신뢰도가 중요한 센서로 주 신호인 센서 1과 센서 1을 감시하는 센서 2로 구성되어 있다. 센서 1과 2는 서로 독립된 전원과 접지로 구성되어 있으며, 센서 2는 센서 1 출력의 1/2로 출력을 발생하여 센서 1과 2의 전압 비율이 일정 이상 벗어날 경우 에러로 판정한다.

6) 노크 센서(KS ; Knock Sensor)

실린더 블록 측면에 장착되어 노킹 발생 시 진동을 감지하여 컴퓨터에 전달하는 역할을 한다. 노킹 발생 시 이 센서는 노킹 신호(전압)를 출력하며, 이 신호를 받은 컴퓨터는 점화시기를 지각시키고 지각 후 노킹의 발생이 없으면 다시 진각시키는 연속적인 제어를 통하여 토크, 출력 및 연비가 항상 최적이 되도록 점화시기를 제어한다.

7) 산소 센서(Oxygen Sensor)

O_2센서라고도 하며, 배기가스 중 산소를 검출하는 센서로서 공연비가 이론 공연비보다 농후한 상태를 조사하는 것으로 엔진에 공급되는 혼합기의 공연비가 이론 공연비와 다를 경우 삼원촉매의 배기가스 정화 능력이 격감된다. 따라서 산소 센서가 배기가스 중 산소 농도를 점검하고 공연비가 이론 공연비인가 아닌가를 연속적으로 점검하여 공연비를 조정한다.

① **지르코니아 산소 센서** : 배기가스 중의 산소 농도와 대기 중의 산소농도 차이에 따라 출력 전압이 급격히 변화하는 성질을 이용하여 피드백 기준 신호를 엔진 컴퓨터에 보내준다. 이때 출력 전압은 혼합비가 희박할 경우 약 0.1V, 혼합비가 농후할 경우 약 0.9V의 전압을 발생시킨다.

② **티타니아 산소 센서** : 배기가스 중의 산소 농도와 대기 중의 산소 농도 차이에 따라 출력 전압이 급격히 변화하는 성질을 이용하여 피드백 기준 신호를 엔진 컴퓨터에 보내준다. 이때 출력 전압은 혼합비가 희박할 경우 약 4.3∼4.7V, 혼합비가 농후할 경우 약 0.3∼0.8V의 전압을 발생시킨다.

(6) 전자제어 연료 분사방식의 제어장치

1) 컨트롤 릴레이(control relay)

컨트롤 릴레이는 컴퓨터를 비롯하여 연료펌프, 인젝터, 공기 흐름 센서 등에 배터리 전원을 공급하는 전자제어 연료분사 엔진의 주 전원공급 장치이다.

2) 컴퓨터에 의한 제어

① 분사시기 제어

㉮ 동기분사(독립분사 또는 순차분사) : 캠축 위치 센서 신호를 기준으로 하여 크랭크축 위치 센서의 신호와 동기하여 각 실린더의 흡입행정 직전에 즉, 배기 행정에서 연료를 분사하는 형식이다. 1사이클에 1회 분사에 1실린더만 점화시기에 동기하여 분사한다. 특징은 엔진 반응이 우수하고, 혼합비 조절이 양호하다.

㉯ 그룹(group) 분사 : 각 실린더에 그룹(제1번과 제3번 실린더, 제2번과 제4번 실린더)을 지어 1회 분사할 때 2실린더씩 짝을 지어 분사한다.

㉰ 동시 분사(또는 비동기 분사) : 피스톤의 작동과는 관계없이 크랭크축 1회전에 1회씩 모든 실린더에 동시에 분사하는 형식이다. 즉 엔진이 요구하는 연료량을 1/2로 나누어서 1사이클 당 2회씩 분사한다. 특징은 인젝터 구동회로가 간단하며 분사량 조정이 쉽다.

② 분사량 제어

㉮ 기본 분사량 제어 : 인젝터는 크랭크축 위치 센서의 출력 신호와 공기흐름 센서의 출력 등을 계측한 컴퓨터의 신호에 의해 인젝터가 구동되며, 분사 횟수는 크랭크축 위치 센서의 신호 및 흡입 공기량에 비례한다.

㉯ 엔진을 크랭킹할 때 분사량 제어 : 시동 성능을 향상시키기 위해 크랭킹 신호(점화스위치 St, 크랭크축 위치 센서, 점화 코일 1차 코일 신호)와 냉각수온 센서의 신호에 의해 연료 분사량을 증량시킨다.

㉰ 엔진 시동 후 분사량 제어 : 엔진을 시동한 직후에는 공전속도를 안정시키기 위해 일정한 시간 동안 연료를 증량시킨다. 증량비는 크랭킹할 때 최대가 되고 엔진 시동 후 시간이 흐름에 따라 점차 감소하며 증량 지속 시간은 냉각수 온도에 따라서 다르다.

㉱ 냉각수 온도에 따른 제어 : 냉각수 온도 80℃를 기준(증량비 1)으로 하여 그 이하의 온도에서는 분사량을 증량시키고 그 이상에서는 기본 분사량으로 분사한다.

㉲ 흡기 온도에 따른 제어 : 흡기 온도 20℃(증량비 1)를 기준으로 그 이하의 온도에서는 분사량을 증량시키고 그 이상의 온도에서는 분사량을 감소시킨다.

㉳ 배터리 전압에 따른 제어 : 베터리 전압이 낮아질 경우에는 컴퓨터는 분사 신호 시간을 연장하여 실제 분사량이 변화하지 않도록 한다.

㉴ 가속할 때 분사량 제어 : 가속하는 순간에 최대의 증량비가 얻어지고, 시간이 경과함에 따라 증량비가 낮아진다.

㉕ 엔진의 출력을 증가할 때 분사량 제어 : 엔진이 높은 부하 상태일 때 운전성능을 향상시키기 위하여 스로틀 밸브가 규정 값 이상 열렸을 때 분사량을 증량시킨다. 출력을 증가할 때의 분사량 증량은 냉각수 온도와는 관계없으며 스로틀 위치 센서의 신호에 따라서 조절된다.

㉖ 감속할 때 연료 분사 차단(대시포트 제어) : 스로틀 밸브가 닫혀 공전 스위치가 ON으로 되었을 때 연료 분사를 일시 차단한다. 이것은 연료 절감과 탄화수소(HC)과다 발생 및 촉매 컨버터의 과열을 방지하기 위함이다.

③ **피드백 제어(feed back control)**

산소 센서로 배기가스 중의 산소 농도를 검출하고 이것을 컴퓨터로 피드백시켜 연료 분사량을 증감해 항상 이론 혼합비가 되도록 분사량을 제어한다. 피드백 보정은 다음과 같은 경우에는 제어를 정지한다.

    ㉮ 냉각수 온도가 낮을 때   ㉯ 엔진을 시동할 때

    ㉰ 엔진 시동 후 분사량을 증량할 때   ㉱ 엔진 출력을 증대시킬 때

    ㉲ 연료 공급을 차단할 때(희박 또는 농후 신호가 길게 지속될 때)

④ **점화시기 제어**

점화시기 제어는 파워 트랜지스터로 컴퓨터에서 공급되는 신호에 의해 점화 코일 1차 전류를 ON-OFF시켜 점화시기를 제어한다.

⑤ **연료 펌프 제어**

점화 스위치가 St위치에 놓이면 배터리 전류는 컨트롤 릴레이를 통하여 연료 펌프로 흐르게 된다. 엔진 작동 중에는 컴퓨터가 연료 펌프 제어 트랜지스터를 ON으로 유지하여 컨트롤 릴레이 코일을 여자시켜 배터리 전원이 연료 펌프로 공급된다.

❷ 가솔린 전자제어장치 조정

1. 전자제어 엔진에서 연료 펌프가 작동하는 경우

① 점화 스위치가 ST일 경우

② 점화 스위치가 ON이고, 엔진이 규정 이상 회전할 경우

③ 점화 스위치가 ON이고, 공기 흡입이 감지될 경우

④ 엔진의 작동이 정지된 상태에서 점화 스위치를 ON으로 한 경우에는 전기식 연료펌프는 작동하지 않는다.

2. 인젝터 제어

① 인젝터 제어 회로는 인젝터에 공급되는 전원(+)은 컨트롤 릴레이에서 공급하고, 컴퓨터는 인젝터의 접지(-)를 제어한다.

② 인젝터(injector)의 분사량 결정에 영향을 미치는 요소는 니들 밸브의 행정, 솔레노이드

코일의 통전 시간, 분사구의 면적 등이다

③ 인젝터에서 통전 시간을 A, 비통전 시간을 B로 나타낼 때 듀티비(Duty Ratio)의 공식은

$$듀티비 = \frac{A}{A+B} \times 100로 나타낸다.$$

3. 인젝터 분사시간, 분사량 조정 및 점검사항

① 엔진을 급 가속할 때에는 순간적으로 분사 시간이 길어진다.

② 배터리 전압이 낮으면 무효 분사 시간이 길어진다.

③ 엔진을 급 감속할 때에는 순간적으로 분사가 정지되기도 한다.

④ 산소 센서의 전압이 높으면(혼합비가 농후한 상태) 분사 시간이 짧아진다.

⑤ 인젝터는 작동음, 분사량, 저항 등을 점검한다.

4. 연료 공급을 차단하는 이유

① 인젝터 분사신호의 정지인 경우 차단한다.

② 연비를 개선하기 위한 경우 차단한다.

③ 배출가스를 정화하기 위한 경우 차단한다.

④ 엔진의 고속회전을 방지하기 위한 경우 차단한다.

⑤ 자동차를 관성 운전할 경우 차단한다.

⑥ 엔진 브레이크를 사용할 경우 차단한다.

⑦ 주행속도가 일정속도 이상일 경우 차단한다.

⑧ 엔진 회전수가 레드 존(고속 회전)일 경우 차단한다.

⑨ 연료 차단(Fuel cut) 영역은 감속할 때와 고속으로 회전할 경우이다.

5. 엔진 점검 및 조정

(1) 엔진의 불규칙 진동이 일어날 경우 점검사항

① 마운팅 인슐레이터 손상 유·무 점검

② 진공의 누설 여부 점검   ③ 연료 펌프의 압력 불규칙 점검

(2) 차량을 점검할 때 주의 사항

① 배선은 쇼트나 어스 되어서는 안 된다.

② 엔진의 시동 중에 배터리 케이블을 분리하면 컴퓨터가 손상된다.

③ 점화 스위치 ON 상태나 전기 부하가 걸린 상태에서 배터리 케이블을 탈거하지 않는다.

④ 점프 케이블을 연결할 때에는 12V의 배터리를 사용한다.

(3) 자기진단 장비(스캔 툴)

① 엔진 자기진단과 센서 출력값을 점검할 수 있다.

② 전자제어 자동변속기의 자기진단과 센서 출력값을 점검할 수 있다.

③ 오실로스코프 기능이 있어 센서의 출력값을 파형을 통해 분석을 할 수 있다.

④ 에어백 장치 및 전자제어 장치의 자기진단과 고장 기억 소거도 가능하다.

(4) 자기진단

① 출력된 비정상 코드를 기록한 후 자기 진단표에 있는 항목을 수리한다.

② 고장부위를 수리한 후 배터리 (–)단자를 15초 이상 분리한다.

③ 점화 스위치를 ON시켰을 때 컴퓨터에 기억된 코드가 출력된다.

④ 비정상 코드가 출력될 때는 작은 번호부터 큰 번호 순서로 표출된다.

③ 가솔린 전자제어장치 수리

1. 정비지침서 활용

고장 난 부품의 수리 시 해당 제작사의 정비지침서를 반드시 참고하여 작업 순서와 주의사항을 숙지한 후 정비한다.

(1) 자동차 제조사 정비지침서

자동차 제조사에서 제공하는 정비지침서를 확인하기 포털 사이트에서 해당 제조사의 홈페이지 등을 통하여 정비 정보를 얻을 수 있다. 일부 국내자동차 제조사는 무료 회원가입 후 무료로 정비 정보를 제공한다. 그 외의 자동차 제조사는 유료로 정보 이용료 결제 후 정비 정보 열람이 가능하다.

(2) 진단 장비의 정비 정보

스캔 툴 진단 장비의 경우에도 정비 정보를 제공하고 있는데 진단 장비에 따라서 스캔 툴 자체에서 정비 정보를 제공하는 경우(PC형 진단기와 테블릿형 진단기 외)와 스캔 툴 진단 장비의 프로그램에서 정비 정보를 제공해 주는 경우가 있다. 이는 대부분 무상으로 제공하고 있으므로 관련 정비 정보를 활용하면 된다.

2. 수리 부품 항목

① 흡입 공기량 센서　　② MAP 센서　　③ 냉각수 온도 센서
④ 스로틀 위치 센서　　⑤ 액셀러레이터 위치 센서
⑥ 크랭크축 위치 센서　　⑦ 캠축 위치 센서　　⑧ 산소 센서
⑨ 점화 코일　　⑩ 인젝터　　⑪ 오일 컨트롤 밸브

④ 가솔린 전자제어장치 교환

1. 정비지침서 활용

고장 난 부품의 교환 시 해당 제작사의 정비지침서를 반드시 참고하여 작업 순서와 주의사항을 숙지한 후 정비한다.

(1) 자동차 제조사 정비지침서

자동차 제조사에서 제공하는 정비지침서를 확인하기 포털 사이트에서 해당 제조사의 홈페이지 등을 통하여 정비 정보를 얻을 수 있다. 일부 국내자동차 제조사는 무료 회원가입 후 무료로 정비 정보를 제공한다. 그 외의 자동차 제조사는 유료로 정보 이용료 결제 후 정비 정보 열람이 가능하다.

(2) 진단 장비의 정비 정보

스캔 툴 진단 장비의 경우에도 정비 정보를 제공하고 있는데 진단 장비에 따라서 스캔 툴 자체에서 정비 정보를 제공하는 경우(PC형 진단기와 테블릿형 진단기 외)와 스캔 툴 진단 장비의 프로그램에서 정비 정보를 제공해 주는 경우가 있다. 이는 대부분 무상으로 제공하고 있으므로 관련 정비 정보를 활용하면 된다.

2. 교환 부품 항목

① 흡입 공기량 센서 ② MAP 센서 ③ 냉각수 온도 센서
④ 스로틀 위치 센서 ⑤ 액셀러레이터 위치 센서
⑥ 크랭크축 위치 센서 ⑦ 캠축 위치 센서 ⑧ 산소 센서
⑨ 점화 코일 ⑩ 인젝터 ⑪ 오일 컨트롤 밸브

⑤ 가솔린 전자제어장치 검사

1. 공연비 검사

(1) 스캔 툴 진단기를 이용한 검사

① 엔진을 충분히 워밍업 시킨다.
② 스캔 툴 진단기를 연결한 후 엔진의 센서 데이터로 검사한다.
③ 센서 데이터처럼 공연비 제어 활성화 상태가 ON이어야 한다.
㉮ 엔진이 요구하는 공연비는 $\lambda=1$ 부근이어야 한다.
㉯ 실제 공연비 또한 $\lambda=1$ 부근에서 제어되어야 한다.
④ 공연비 연료 보정 활성화 상태가 ON 되어 있는지 확인한다.
⑤ 공연비 보정 상태가 희박 또는 농후 중 한쪽으로 기울어져 있는지 검사한다.

(2) 오실로스코프 진단 장비를 이용한 검사

① 오실로스코프 진단 장비를 부팅시키고 시간 축과 전압 축을 조정한다.
② 전압 축은 1V로 조정한다.
③ 시간 축은 산소 센서의 주기적인 파형이 한 화면에 충분히 나올 수 있도록 조정한다.
④ 채널 1번의 접지선은 배터리 (−) 단자에 연결하고, 측정 선은 산소 센서의 출력 단자에 연결한다.

⑤ 엔진의 공회전 상태에서 산소 센서의 파형을 측정하고 측정된 파형을 정비지침서의 기준값과 비교하여 검사한다.

⑥ 엔진의 급가속 상태에서 산소 센서의 파형을 측정하고 측정된 파형을 정비지침서의 기준값과 비교하여 검사한다.

㉮ 급가속으로 인하여 연료를 추가 분사하여 일시적으로 공연비가 농후해진다.

㉯ 산소 센서의 파형이 1V에 가까운 파형으로 표출된다.

⑦ 엔진의 급 감속 상태에서 산소 센서의 파형을 측정하고 측정된 파형을 정비지침서의 기준값과 비교하여 검사한다.

㉮ 급감속으로 인하여 연료를 컷시켜 일시적으로 공연비가 희박하게 된다.

㉯ 산소 센서의 파형이 0V에 가까운 파형으로 표출된다.

2. 삼원촉매 장치 검사

(1) 스캔 툴 진단기를 이용한 검사

① 삼원 촉매장치의 검사는 엔진을 충분히 워밍업 시킨다.

② 스캔 툴 진단기를 연결하여 엔진의 센서 데이터로 검사한다.

③ 산소 센서의 데이터를 비교하여 삼원촉매의 상태를 검사한다.

㉮ 삼원촉매의 전단에 장착된 B1/S1 산소 센서와 삼원촉매의 후단에 장착된 B1S2 산소 센서의 출력 값을 비교한다.

㉯ 삼원촉매의 노후화를 판단할 수 있는데 후단에 장착된 B1S2 산소 센서는 항상 농후를 가리키고 있다.

④ B1S2 산소 센서의 데이터가 엔진의 가속과 감속에 따라 반응하는지 검사하고, 정비지침서의 기준 값과 비교하여 판정한다.

(2) 오실로스코프 진단 장비를 이용한 검사

① 오실로스코프 진단 장비를 부팅시키고 시간 축과 전압 축을 조정한다.

㉮ 전압 축은 1V로 조정한다.

㉯ 시간 축은 산소 센서의 주기적인 파형이 한 화면에 충분히 나타날 수 있도록 조정한다.

② 채널 1번의 접지선은 배터리 (–) 단자에 연결하고, 측정 선은 전단의 산소 센서 출력 단자에 연결한다.

③ 채널 2번의 접지선은 배터리 (–) 단자에 연결하고, 측정 선은 후단의 산소센서 출력 단자에 연결한다.

④ 엔진의 공회전상 태에서 산소 센서의 파형을 측정하고 측정된 파형을 정비지침서의 기준값과 비교하여 검사한다.

⑤ 엔진의 급가속 상태에서 산소센서의 파형을 측정하고 측정된 파형을 정비지침서의 기준값과 비교하여 검사한다.

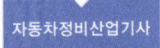

⑥ 엔진의 급감속 상태에서 산소 센서의 파형을 측정하고 측정된 파형을 정비지침서의 기준 값과 비교하여 검사한다.

3. 엔진 부조 검사

(1) 스캔 툴 진단기를 이용한 검사

1) 센서 데이터를 이용한 검사

① 엔진을 충분히 워밍업 시킨다.

② 스캔 툴 진단기를 연결한다.

③ 엔진의 센서 데이터에서 실화 관련 항목을 선택한다.

④ 실화 횟수가 많은 실린더를 검사한다.

2) 센서 데이터와 강제 구동을 이용한 검사

① 엔진을 충분히 워밍업 시킨다.

② 스캔 툴 진단기를 연결한다.

③ 엔진의 센서 데이터에서 엔진 회전수 항목을 선택한다.

④ 그래프로 변환한 다음 강제 구동에서 '인젝터 연료 Cut' 기능을 이용하여 한 기통씩 인젝터의 작동을 멈춰 부조 실린더를 검사한다.

3) 부가 기능을 이용한 검사

① 엔진을 충분히 워밍업 시킨다.

② 스캔 툴 진단기를 연결한다.

③ 엔진의 부가 기능에서 '실린더 파워밸런스 테스트'항목을 선택한 후 검사한다.

④ 검사가 완료되면 그래프로 변환한 다음 비교하여 판정한다.

(2) 오실로스코프 진단 장비를 이용한 검사

1) 부조 실린더 검사

① 종합 진단 장비의 진단 가이드 기능에서 부조 실린더 검사를 선택한다.

② 엔진 회전수 판단을 위하여 크랭크축 위치 센서의 출력 상태와 1번 실린더 판별을 위한 캠축 위치 센서의 방식을 선택한다.

③ 측정된 부조 실린더 검사에서 엔진 회전수 저하가 심한 실린더의 고장으로 판정하되 여러 차례 반복하여 동일 실린더의 문제인지 검사 후 판정한다.

2) 부조 실린더 검사

오실로스코프 기능을 이용하여 배터리의 전압으로 부조실린더를 찾을 수 있다.

① 오실로스코프 진단 장비에서 2채널 모드로 설정한다.

② 채널 1번은 배터리 전압을 측정하기 위해 측정 프로브는 배터리의 (+) 단자에, 접지 프로브는 배터리의 (–) 단자에 연결한다.

③ 채널 2번은 1번 실린더의 점화코일 제어 선에 연결한다(반드시 점화코일이거나 1번일 필요는 없다. 채널 2번의 연결은 엔진의 기통 판별을 위함이다.).

④ 1번 점화를 기준으로 점화 순서대로 배터리 전압의 상승폭이 상대적으로 낮은 실린더가 고장이므로 부조가 발생하는 실린더로 판단한다.

4. ETC 검사

(1) 스캔 툴 진단기를 이용한 검사

① 스캔 툴 진단기를 차량에 연결한 후 엔진제어의 부가 기능으로 진입하고 ETC 테스트를 선택한다.

② ETC 검사를 위해서는 테스트 조건을 준비하고 검사를 진행한다.

㉮ 엔진 상태 : 엔진 정지(IG ON)

㉯ 전기 부하 : 모든 전기 부하 OFF 상태

㉰ 변속 레버 위치 : P 또는 N

㉱ 차량 상태 : 파킹 브레이크 작동

③ ETC 성능 검사가 완료되면 그 결과를 판정하는데 만일 불량인 경우 세척 작업을 통하여 수리하고 재검사를 한다.

④ 만일 세척하여 수리한 후에도 정상이 되지 않는다면 ETC를 교환한다.

5. 증발 가스 누설 검사

(1) 스캔 툴 진단기를 이용한 검사

① 스캔 툴 진단기를 이용하여 엔진 ECU와 통신하고 부가 기능에서 증발가스 누설시험을 선택하고 실행한다.

② 증발가스 누설 시험에 필요한 조건을 확인하고 준비가 완료되면 확인을 누른다.

③ 검사가 시작되면 엔진 방식에 따라 가압 또는 부압을 일으켜 엔진 ECU 스스로 엔진 회전수를 상승시키면서 검사를 진행한다.

④ 증발가스 누설 시험 중 증발가스의 누설이 판단되면 시험은 자동으로 멈추고 증발가스의 발생 정도가 대량인지 소량인지 확인한다.

⑤ 증발가스 누설 시험 결과 증발가스의 누설이 없다면 정상적으로 종료가 된다.

(2) 오실로스코프 진단 장비를 이용한 검사

① 앞에서 실시한 것과 같이 스캔 툴 진단기를 이용하여 누설 시험 모드를 실행한다.

② 오실로스코프 진단 장비를 이용하여 PCSV, CCV, FTPS의 파형을 측정하고 검사한다.

가솔린 연료

01 가솔린 엔진에 사용되는 연료의 구비조건이 아닌 것은?

① 체적 및 무게가 적고 발열량이 클 것
② 연소 후 유해 화합물을 남기지 말 것
③ 착화온도가 낮을 것
④ 옥탄가가 높을 것

해설 **가솔린 연료의 구비조건**
① 발열량이 크고, 불붙는 온도(인화점)가 적당할 것
② 인체에 무해하고, 취급이 용이할 것
③ 발열량이 크고, 연소 후 탄소 등 유해 화합물을 남기지 말 것
④ 온도에 관계없이 유동성이 좋을 것
⑤ 연소속도가 빠르고 자기 발화온도는 높을 것
⑥ 인화 및 폭발의 위험이 적고 가격이 저렴할 것

02 가솔린 엔진의 연료 구비조건으로 틀린 것은?

① 발열량이 클 것
② 옥탄가가 높을 것
③ 연소속도가 빠를 것
④ 온도와 유동성이 비례할 것

03 엔진의 연소속도에 대한 설명 중 틀린 것은?

① 공기 과잉율이 크면 연소속도는 빨라진다.
② 일반적으로 최대출력 공연비 영역에서 연소속도가 가장 빠르다.
③ 흡입공기의 온도가 높으면 연소속도는 빨라진다.

④ 연소실 내의 난류의 강도가 커지면 연소속도는 빨라진다.

해설 연소속도는 최대출력 공연비 영역에서 연소속도가 가장 빠르며, 흡입공기의 온도가 높을 때, 연소실 내의 난류의 강도가 커지면 연소속도는 빨라진다.

04 가솔린 엔진에 사용되는 연료의 발열량에 대한 설명 중 증발열이 포함되지 않은 경우의 발열량으로 가장 적합한 것은?

① 연료와 산소가 혼합하여 완전연소 할 때 발생하는 저위 발열량을 말한다.
② 연료와 산소가 혼합하여 예연소 할 때 발생하는 고위 발열량을 말한다.
③ 연료와 수소가 혼합하여 완전연소 할 때 발생하는 저위 발열량을 말한다.
④ 연료와 질소가 혼합하여 완전연소 할 때 발생하는 열량을 말한다.

해설 저위 발열량이란 총 열량으로부터 연료에 포함된 수분과 연소에 의해 발생한 수분을 증발시키는데 필요한 열량을 제외한 것이다.

05 자동차 연료의 특성 중 연소 시 발생한 H_2O가 기체일 때의 발열량은?

① 저 발열량 　② 중 발열량
③ 고 발열량 　④ 노크 발열량

해설 총 발열량은 고위 발열량(=고발열량)이라고도 하며, 단위 질량의 연료가 완전 연소하였을 때에 발생하는 열량을 말한다. 저위 발열량(=저발열량)은 총 발열량으로부터 연료에 포함된 수분과 연소에 의해 발생한 수분을 증발시키는 데 필요한 열량을 뺀 것을 말한다. 엔진의 열효율을 말하는 경우에는 저위발열량이 사용된다.

정답 **01.③ 02.④ 03.① 04.① 05.①**

06 가솔린 엔진의 노크 발생을 억제하기 위하여 엔진을 제작할 때 고려해야 할 사항에 속하지 않는 것은?

① 압축비를 낮춘다.
② 연소실 형상, 점화장치의 최적화에 의하여 화염전파 거리를 단축시킨다.
③ 급기온도와 급기압력을 높게 한다.
④ 와류를 이용하여 화염전파속도를 높이고 연소기간을 단축시킨다.

> **해설** 노킹을 방지하는 방법
> ① 고옥탄가의 연료(내폭성이 큰 연료)를 사용한다.
> ② 점화시기를 알맞게 조정한다.
> ③ 혼합비를 농후하게 한다.
> ④ 압축비, 흡기온도, 혼합가스 및 냉각수 온도를 낮춘다.
> ⑤ 화염전파 속도를 빠르게 하거나 화염전파 거리를 단축시킨다.
> ⑥ 혼합가스에 와류를 증대시킨다.
> ⑦ 자연발화 온도가 높은 연료를 사용한다.
> ⑧ 연소실에 퇴적된 카본을 제거한다.

07 가솔린 엔진에서 노크 발생을 억제시키는 방법으로 거리가 가장 먼 것은?

① 옥탄가가 높은 연료를 사용한다.
② 점화시기를 빠르게 한다.
③ 회전속도를 높인다.
④ 흡기온도를 저하시킨다.

08 가솔린 엔진에서 노크 발생을 감지하는 방법이 아닌 것은?

① 실린더 내의 압력측정
② 배기가스 중의 산소농도 측정
③ 실린더 블록의 진동 측정
④ 폭발의 연속음 측정

> **해설** 가솔린 엔진에서 노크 발생을 감지하는 방법에는 실린더 내의 압력측정, 실린더 블록의 진동측정, 폭발의 연속음 측정 등이 있다.

09 가솔린 엔진의 노크에 대한 설명으로 틀린 것은?

① 실린더 벽을 해머로 두들기는 것과 같은 음이 발생한다.
② 엔진의 출력을 저하시킨다.
③ 화염전파 속도를 늦추면 노크가 줄어든다.
④ 억제하는 연료를 사용하면 노크가 줄어든다.

> **해설** 와류를 이용하여 화염전파 속도를 높이고 연소기간을 단축시키면 노크가 줄어든다.

10 가솔린 엔진의 연료 옥탄가에 대한 설명으로 옳은 것은?

① 탄화수소의 종류에 따라 옥탄가가 변화한다.
② 옥탄가 90 이하의 가솔린은 4 에틸납을 혼합한다.
③ 옥탄가의 수치가 높은 연료일수록 노크를 일으키기 쉽다.
④ 노크를 일으키지 않는 기준 연료를 이소옥탄으로 하고 그 옥탄가를 0으로 한다.

> **해설** 옥탄가는 연료의 내폭성(노크 방지 성능)을 나타내는 수치로 $\dfrac{이소옥탄}{이소옥탄 + 노말헵탄} \times 100$ 으로 표시한다. 노크를 일으키지 않는 기준 연료를 이소옥탄으로 하고 그 옥탄가를 100 으로 한다. 또 옥탄가의 수치가 높은 연료일수록 노크를 일으키기 어려우며, 최근에는 4에틸납을 넣지 않은 무연 가솔린을 사용한다. 옥탄가는 탄화수소의 종류에 따라 변화한다.

정답 06.③ 07.② 08.② 09.③ 10.①

11 연료장치에서 연료가 고온 상태일 때 체적 팽창을 일으켜 연료 공급이 과다해지는 현상은?

① 베이퍼록 현상　② 퍼컬레이션 현상
③ 캐비테이션 현상　④ 스텀블 현상

> **해설** 퍼컬레이션은 연료 장치에서 연료가 고온 상태일 때 체적 팽창을 일으켜 연료공급이 과다해지는 현상이다.

12 가솔린 엔진의 공연비 및 연소실에 대한 설명으로 옳은 것은?

① 연료를 완전 연소시키기 위한 공기와 연료의 이론 공연비는 14.7 : 1 이다.
② 연소실의 형상은 혼합기의 유동에 영향을 미치지 않는다.
③ 연소실의 형상은 연소에 영향을 미치지 않는다.
④ 공연비는 연료와 공기의 체적비이다.

> **해설** ① 연소실의 형상은 혼합기의 유동에 영향을 미친다.
> ② 연소실의 형상은 연소에 영향을 미친다.
> ③ 공연비는 연료와 공기의 중량비이다.

13 내연기관에서 연소에 영향을 주는 요소 중 공연비와 연소실에 대해 옳은 것은?

① 가솔린 엔진에서 이론 공연비보다 약간 농후한 15.7~16.5 영역에서 최대출력 공연비가 된다.
② 일반적으로 엔진 연소기간이 길수록 열효율이 향상된다.
③ 연소실의 형상은 연소에 영향을 미치지 않는다.
④ 일반적으로 가솔린 엔진에서 연료를 완전 연소시키기 위하여 가솔린 1에 대한 공기의 중량비는 14.7이다.

14 가솔린 연료 200cc를 완전 연소시키기 위한 공기량(kg)은 약 얼마인가?(단, 공기와 연료의 혼합비는 15 : 1, 가솔린의 비중은 0.73이다.)

① 2.19　　　　② 5.19
③ 8.19　　　　④ 11.19

> **해설** $Ag = Gv \times \rho \times AFr$
> Ag : 필요한 공기량(kg), Gv : 가솔린의 체적(ℓ),
> ρ : 가솔린의 비중, AFr : 혼합비
> $Ag = 0.2\ell \times 0.73 \times 15 = 2.19$kg

15 가솔린 300cc를 연소시키기 위하여 몇 kg의 공기가 필요한가?(단, 혼합비는 15, 가솔린의 비중은 0.75이다.)

① 1.19　　　　② 2.42
③ 3.37　　　　④ 49.2

> **해설** $Ag = Gv \times \rho \times AFr$
> Ag : 필요한 공기량(kg), Gv : 가솔린의 체적(ℓ),
> ρ : 가솔린의 비중, AFr : 혼합비
> $Ag = 0.3\ell \times 0.75 \times 15 = 3.37$kg

16 공기 과잉율(λ)에 대한 설명으로 옳지 않은 것은?

① 연소에 필요한 이론적 공기량에 대한 공급된 공기량과의 비를 말한다.
② 엔진에 흡입된 공기의 중량을 알면 연료의 양을 결정할 수 있다.
③ 공기 과잉율이 1에 가까울수록 출력은 감소하며, 검은 연기를 배출하게 된다.
④ 자동차 엔진에서는 전부하(최대 분사량)일 때 공기 과잉율은 0.8~0.9 정도가 된다.

> **해설** 엔진의 실제운전 상태에서 흡입된 공기량을 이론상 완전 연소에 필요한 공기량으로 나눈 값을 공기 과잉율이라 한다. 공기 과잉율은 가솔린이나 가스를 연료를 사용하는 자동차에서 발생하는 질소산화물을 측정하기 위한 비교 측정의 대안으로 나온 것이다. 공기 과잉율(λ)의 값이 1보다 작으면 공연비가 농후한 상태이며, 1보다 크면 희박한 상태이다.

정답　**11.**②　**12.**①　**13.**④　**14.**①　**15.**③　**16.**③

17 엔진의 공기 과잉율에 대한 설명으로 맞는 것은?

① 이론 혼합비와 실제 소비한 공기비가 1 : 1인 것을 말한다.

② 실제 운전에서 흡입된 공기량을 이론상 완전연소에 필요한 공기량으로 나눈 값을 말한다.

③ 공기 과잉율은 이론 공기량에 대한 연료의 중량비를 말한다.

④ 연료의 중량에 대한 실제 공기량과의 비를 말한다.

18 가솔린 엔진에서 공기 과잉률(λ)에 대한 설명으로 틀린 것은?

① λ값이 1일 때가 이론 혼합비 상태이다.

② λ값이 1보다 크면 공기 과잉 상태이고, 1보다 작으면 공기 부족 상태이다.

③ λ값이 1에 가까울 때 질소산화물(NOx)의 발생량이 최소가 된다.

④ 엔진에 공급된 연료를 완전 연소시키는데 필요한 이론 공기량과 실제로 흡인한 공기량과의 비율이다.

해설 엔진의 실제운전 상태에서 흡입된 공기량을 이론상 완전 연소에 필요한 공기량으로 나눈 값을 공기 과잉율이라 한다. 공기 과잉율은 가솔린이나 가스를 연료를 사용하는 자동차에서 발생하는 질소산화물을 측정하기 위한 비교 측정의 대안으로 나온 것이다. 공기과잉율(λ)의 값이 1보다 작으면 공기가 부족한 상태이고, 1보다 크면 공기 과잉 상태이다.

19 엔진의 실제운전에서 혼합비가 17.8 : 1일 때 공기 과잉율(λ)은?(단, 이론 혼합비는 14.8 : 1이다.)

① 약 0.83　　② 약 1.20

③ 약 1.98　　④ 약 3.00

해설 공기 과잉률이란 연료 1kg을 연소시키는데 필요한 이론적 공기량과 실제로 필요한 공기량과의 비율 즉 실제 공연비/이론 공연비이다.

$$공기과잉률 = \frac{실제공연비}{이론공연비} = \frac{17.8}{14.8} = 1.20$$

20 전자제어 가솔린 엔진에서 완전연소를 위한 이론 공연비란?

① 공기와 연료의 산소비

② 공기와 연료의 중량비

③ 공기와 연료의 부피비

④ 공기와 연료의 원소비

해설 이론 공연비와 관계가 있는 것은 공기와 연료의 중량비율이다.

21 전자제어 가솔린 엔진의 공연비 제어와 관련된 센서 아닌 것은?

① 흡입 공기량 센서

② 냉각수 온도 센서

③ 일사량 센서

④ 산소 센서

해설 일사량 센서는 오토 라이트 센서의 기능을 합친 복합 센서이다. 광기전성 다이오드를 내장하여 일사량을 감지하는 역할을 한다. 발광은 빛이 받아들여지는 부분에 나타나며, 발광의 양에 비례하여 기전력이 발생하고 이 기전력이 자동 온도 조절 모듈에 전달되어 풍량 및 토출 온도를 보상한다.

정답　**17.** ②　**18.** ③　**19.** ②　**20.** ②　**21.** ③

22 연료 10.4kg을 연소시키는데 152kg의 공기를 소비하였다면 공기와 연료의 비는(단, 공기의 밀도는 1.29kg/m³이다.)

① 공기(14.6kg) : 연료(1kg)
② 공기(14.6m³) : 연료(1m³)
③ 공기(12.6kg) : 연료(1kg)
④ 공기(12.6m³) : 연료(1m³)

해설 $A_F = \dfrac{Fg}{Ag}$

A_F : 공기와 연료의 비율, Fg : 연료의 중량(kg),
Ag : 소비한 공기의 중량(kg)

$A_F = \dfrac{152kg}{10.4kg} = 14.6kg$

가솔린 연료 분사장치

01 전자제어 가솔린 분사장치의 장점에 해당되지 않는 것은?

① 유해 배출가스 감소
② 엔진 출력의 향상
③ 간단한 구조
④ 연비향상

해설 전자제어 가솔린 분사장치 엔진의 장점
① 연료 소비율이 향상된다.
② 유해배출 가스의 배출이 감소된다.
③ 엔진의 응답성능이 향상된다.
④ 냉간 시동성능이 향상된다.
⑤ 엔진의 출력성능이 향상된다.
⑥ 공연비를 향상시킬 수 있다.
⑦ 엔진의 효율이 향상된다.
⑧ 연료 공급시기와 연료량을 정확히 제어할 수 있다.

02 전자제어 엔진의 연료 분사장치 특징에 대한 설명으로 가장 적절한 것은?

① 연료과다 분사로 연료소비가 크다.
② 진단장비 이용으로 고장수리가 용이하지 않다.
③ 연료분사 처리속도가 빨라서 가속 응답 성능이 좋아진다.
④ 연료 분사장치 단품의 제조원가가 저렴하여 엔진 가격이 저렴하다.

03 전자제어 가솔린 엔진에 대한 설명으로 틀린 것은?

① 흡기 온도 센서는 공기 밀도 보정 시 사용된다.
② 공회전속도 제어는 스텝 모터를 사용하기도 한다.
③ 산소 센서 신호는 이론 공연비 제어신호로 사용된다.
④ 점화시기는 크랭크축 위치 센서가 점화 2차 코일의 전류를 제어한다.

해설 크랭크축 위치 센서는 엔진의 회전수를 검출하여 컴퓨터로 입력하면 컴퓨터는 이 정보를 이용하여 엔진의 회전수를 연산하고 점화시기를 조절한다.

04 전자제어 연료 분사장치에서 제어방식에 의한 분류 중 흡기 압력 검출방식을 의미하는 것은?

① K – Jetronic   ② L – Jetronic
③ D – Jetronic   ④ Mono – Jetronic

해설 전자제어 연료 분사방식에 따른 분류
① K - Jetronic : 연료의 분사량을 기계식으로 제어하는 연속 분사 방식이다.
② L - Jetronic : 흡입 공기량을 검출하여 연료 분사량을 제어하는 방식
③ D - Jetronic : 흡기 다기관의 절대 압력을 검출하여 연료 분사량을 제어하는 방식
④ Mono - Jetronic : 간헐적으로 연료를 분사시키는 방식

정답 **22.**① / **01.**③ **02.**③ **03.**④ **04.**③

05 가솔린 전자제어 엔진에서 연료 제어 시스템의 설명으로 거리가 가장 먼 것은?

① 체크 밸브는 재 시동성 향상을 위한 부품이다.
② 연료 펌프 설치 타입 중 탱크 내장형은 소음 억제 효과가 있다.
③ 연료 펌프는 점화 스위치가 IG(ON)상태에서 계속 작동한다.
④ 릴리프 밸브는 연료라인 내 압력이 규정값 이상으로 상승되는 것을 방지한다.

해설 연료 펌프의 작동
① 평상 운전에서 IG 스위치(점화스위치)를 ST위치로 하면 연료 펌프가 작동한다.
② 엔진이 회전할 때 IG 스위치가 ON되면 연료 펌프는 작동한다.
③ 연료 펌프 구동 단자에 전원을 공급하면 펌프는 작동한다.
④ 엔진의 작동이 정지된 상태에서는 IG 스위치를 ON으로 하여도 연료 펌프는 작동하지 않는다.

06 가솔린 엔진에서 전기식 연료 펌프에 대한 설명 중 틀린 것은?

① 설치방식에 따라 연료탱크 내장형과 외장형이 있다.
② DC 모터를 사용한다.
③ 체크 밸브는 잔압을 유지시킨다.
④ 릴리프 밸브는 재시동 시 압력상승을 용이하게 한다.

해설 연료 펌프에 설치된 릴리프 밸브의 역할
① 연료의 과다한 압력 상승을 방지한다.
② 연료 펌프 모터의 과부하를 방지한다.
③ 연료 펌프에서 나오는 연료를 다시 탱크로 복귀시킨다.

07 전자제어 연료 분사장치 연료 펌프 내에 설치된 체크 밸브 역할 중 옳은 것은?

① 연료의 회전을 원활하게 한다.
② 연료 압력이 높아지는 것을 방지한다.
③ 베이퍼록 방지 및 연료 압력을 유지하는 역할을 한다.
④ 과도한 연료 압력을 방지한다.

해설 체크 밸브는 연료계통에 잔압을 유지시켜 엔진의 재시동 성능을 향상시키고, 고온 일 때 베이퍼록 현상을 방지한다.

08 연료 펌프의 체크 밸브(check valve)가 열린 채로 고장 났을 때의 설명으로 가장 거리가 먼 것은?

① 시동이 걸리지 않는다.
② 주행에 큰 영향은 없다.
③ 시동이 지연된다.
④ 연료 펌프는 작동된다.

해설 체크 밸브는 연료계통에 잔압을 유지시켜 엔진의 재시동 성능을 향상시키고, 고온 일 때 베이퍼록 현상을 방지하며, 열린 채로 고장이 나면 엔진의 시동이 지연되나 연료 펌프는 작동하므로 주행에는 큰 영향이 없다.

09 전자제어 연료 분사식 가솔린 엔진에서 연료 펌프와 딜리버리 파이프 사이에 설치되는 연료 댐퍼의 기능으로 옳은 것은?

① 감속 시 연료 차단
② 연료 라인의 맥동 저감
③ 연료 라인의 릴리프 기능
④ 분배 파이프 내 압력유지

해설 연료 댐퍼의 기능은 연료 라인의 맥동을 저감시키는 역할을 한다.

정답 05.③ 06.④ 07.③ 08.① 09.②

10 전자제어 가솔린 엔진의 연료 압력 조절기 내의 압력이 일정 압력 이상일 경우 어떻게 작동하는가?

① 흡기관의 압력을 낮추어 준다.
② 인젝터에서 연료를 추가 분사시킨다.
③ 연료 펌프의 토출 압력을 낮추어 연료 공급량을 줄인다.
④ 연료를 연료 탱크로 되돌려 보내 연료 압력을 조정한다.

> **해설** 연료 압력 조절기 내의 압력이 일정 압력 이상 되면 연료를 연료 탱크로 되돌려 보내 연료 압력을 조정한다.

11 가솔린 연료 분사장치에 사용되는 연료 압력 조절기에서 인젝터의 연료 분사압력을 항상 일정하게 유지하도록 조절하는 것과 직접적인 관계가 있는 것은?

① 흡기다기관 진공도
② 엔진의 회전속도
③ 배기가스 중의 산소 농도
④ 실린더 내의 압축압력

> **해설** 연료 압력 조절기는 흡기다기관의 절대압력(진공도)과 연료 압력 차이를 항상 일정한 압력으로 유지시킨다. 즉 연료 압력과 흡기다기관의 압력차이가 대략 2.5kgf/cm² 정도가 되도록 조정한다.

12 전자제어 가솔린 엔진에서 인젝터 연료 분사 압력을 항상 일정하게 조절하는 다이어프램 방식의 연료 압력 조절기 작동과 직접적인 관련이 있는 것은?

① 바퀴의 회전속도
② 흡입 매니폴드의 압력
③ 실린더 내의 압축압력
④ 배기가스 중의 산소농도

> **해설** 연료 압력 조절기는 스프링의 장력과 흡기 매니폴드의 진공압력(부압)을 이용하여 연료 압력을 조절한다.

13 전자제어 가솔린 엔진의 연료 압력 조절기가 일정한 연료 압력 유지를 위해 사용하는 압력으로 옳은 것은?

① 대기압
② 연료 분사 압력
③ 연료의 리턴 압력
④ 흡기다기관의 부압

> **해설** 연료 압력 조정기는 스프링의 장력과 흡기다기관의 진공압(부압)을 이용하여 연료압력을 조절하는 구조이다.

14 전자제어 가솔린 엔진에서 연료 압력이 높아지는 원인이 아닌 것은?

① 연료 리턴 라인의 막힘
② 연료 펌프 체크 밸브의 불량
③ 연료 압력 조절기의 진공 불량
④ 연료 리턴 호스의 막힘

> **해설** 체크 밸브는 연료계통에 잔압을 유지시켜 엔진의 재시동 성능을 향상시키고, 고온 일 때 베이퍼록 현상을 방지하며, 체크 밸브가 불량하면 연료 압력이 낮아진다.

15 가솔린 엔진의 연료 압력이 규정값 보다 낮게 측정되는 원인으로 틀린 것은?

① 연료 펌프 불량
② 연료 필터 막힘
③ 연료 공급 파이프 누설
④ 연료 압력 조절기 진공호스 누설

> **해설** 연료 압력이 낮은 원인
> ① 연료 보유량이 부족하거나 연료 공급 파이프에서 누설된다.
> ② 연료 펌프 및 연료 펌프 내의 체크 밸브의 밀착이 불량하다.
> ③ 연료 압력 조절기 밸브의 밀착이 불량하다.
> ④ 연료 필터가 막혔다.
> ⑤ 연료계통에 베이퍼록이 발생하였다.
> ⑥ 연료 압력 레귤레이터에 있는 밸브의 밀착이 불량하여 리턴 포트 쪽으로 연료가 누설된다.

정답 10.④ 11.① 12.② 13.④ 14.② 15.④

16 전자제어 가솔린 엔진에서 공회전 중 연료 압력 조절기(레귤레이터)의 진공호스를 분리 후 흡기관의 진공 포트는 막았을 때 설명으로 옳은 것은?

① 연료 압력이 상승한다.
② 시동이 꺼진다.
③ 엔진 회전수가 올라간다.
④ 연료 펌프가 멈춘다.

해설 엔진 공회전 중 연료 압력 조절기(레귤레이터)의 진공호스를 분리한 후 흡기관의 진공 포트를 막으면 연료 압력이 상승한다.

17 전자제어 연료 분사장치 중 인젝터 설명으로 틀린 것은?

① 인젝터의 연료 분사시간이 ECU 트랜지스터의 작동시간과 일치하지 않는 것을 무효 분사시간이라 한다.
② 인젝터에 저항을 붙여 응답성 향상과 코일의 발열을 방지하는 방식을 전압 제어식 인젝터라 한다.
③ 저온 시동성을 양호하게 하는 방식을 콜드 스타트 인젝터(Cold Start Injector)라 한다.
④ 인젝터를 제어하는 ECU의 트랜지스터는 일반적으로 (+)제어 방식을 쓰고 있다.

해설 인젝터를 제어하는 ECU의 트랜지스터는 일반적으로 (−)제어 방식을 사용한다.

18 전자제어 가솔린 엔진의 인젝터에 관한 설명 중 틀린 것은?

① 인젝터의 분사신호는 ECU 제어에 따라 이루어진다.
② 인젝터는 구동방식에 따라 전압 제어식과 전류 제어식으로 구분한다.

③ 인젝터는 연료 펌프의 압력이 일정 이상 걸릴 때 연료가 분사되는 구조로 되어 있다.
④ 저 저항방식의 인젝터는 레지스터를 사용하고 전압 제어식이라고도 부른다.

해설 인젝터의 분사시간은 엔진을 급 가속할 때는 순간적으로 분사시간이 길어지고, 급 감속할 때에는 순간적으로 분사가 정지되기도 한다. 또 배터리 전압이 낮으면 무효 분사기간이 길어지며, 산소 센서의 전압이 높으면 분사시간이 짧아진다.

19 인젝터에 직렬로 저항체를 넣어서 전압을 낮추어 제어하는 방식의 인젝터는?

① 전압 제어식 인젝터
② 전류 제어식 인젝터
③ 저 저항식 인젝터
④ 고 저항식 인젝터

해설 ① 전압 제어식 인젝터 : 직렬로 저항체를 넣어 전압을 낮추어 컴퓨터에서 제어한다.
② 전류 제어식 인젝터 : 저항을 사용하지 않고 인젝터에 직접 배터리 전압을 가해 인젝터의 응답성능을 향상시키는 것으로 통전 시간은 전압 제어식과 마찬가지로 컴퓨터에서 제어한다.

20 전자에어 MAP센서 방식에서 분사 밸브의 분사(지속)시간 계산식으로 옳은 것은?

① 기본 분사시간×보정계수+무효 분사시간
② 1/2×기본 분사시간+무효 분사시간
③ (무효 분사시간−기본 분사시간)×보정계수
④ 1/4×기본 분사시간×보정계수

해설 분사밸브 분사지속 시간=기본 분사시간×보정계수+무효 분사시간

정답 16.① 17.④ 18.③ 19.① 20.①

21 보기에서 가솔린 엔진의 연료 분사량에 관련된 공식으로 맞는 것을 모두 고른 것은?

> ㄱ. 실제 분사시간 = 기본 분사시간 + 보정 분사시간
> ㄴ. 기본 분사시간 = 흡입 공기량 × 엔진 회전수
> ㄷ. 보정 분사시간 = 기본 분사시간 ÷ 보정 분사계수

① ㄱ
② ㄴ
③ ㄴ, ㄷ
④ ㄱ, ㄴ, ㄷ

22 전자제어 엔진에서 분사량은 인젝터 솔레노이드 코일의 어떤 인자에 의해 결정되는가?

① 코일 권수
② 전압치
③ 저항치
④ 통전 시간

해설 전자제어 엔진에서 연료 분사량은 ECU에서 출력하는 인젝터 솔레노이드 코일의 통전시간 즉 ECU의 펄스 신호에 의해 조정된다.

23 가솔린 엔진에서 인젝터의 연료 분사량에 직접적으로 관계 되는 것은?

① 인젝터의 니들 밸브 유효행정
② 인젝터의 솔레노이드 코일 차단 전류
③ 인젝터의 솔레노이드 코일 통전 시간
④ 인젝터의 니들 밸브 지름

해설 전자제어 엔진에서 연료 분사량은 ECU에서 출력하는 인젝터 솔레노이드 코일의 통전시간 즉 ECU의 펄스 신호에 의해 조정된다.

24 전자제어 연료 분사장치의 인젝터는 무엇에 의해서 연료 분사량을 조절하는가?

① 플런저의 하강속도
② 로커 암의 작동속도
③ 연료의 압력 조절
④ 컴퓨터(ECU)의 통전시간

해설 전자제어 엔진에서 연료 분사량은 ECU에서 출력하는 인젝터 솔레노이드 코일의 통전시간 즉 ECU의 펄스신호에 의해 조정된다.

25 전자제어 가솔린 연료 분사장치의 인젝터에서 분사되는 연료의 양은 무엇으로 조정하는가?

① 인젝터 개방시간
② 연료 압력
③ 인젝터의 유량계수와 분구의 면적
④ 니들 밸브의 양정

해설 전자제어 연료 분사장치에서 연료 분사량의 제어는 인젝터의 니들 밸브가 열리는 시간으로 제어한다.

26 전자제어 가솔린 엔진에서 연료 분사량을 결정하기 위해 고려해야 할 사항과 가장 거리가 먼 것은?

① 점화 전압
② 흡입공기 질량
③ 목표 공연비
④ 대기압력

27 전자제어 가솔린 분사장치에서 인젝터의 분사시간을 결정하는데 이용되는 신호가 아닌 것은?

① 유온 신호
② 흡입 공기량 신호
③ 냉각수온 신호
④ 흡기 온도 신호

28 MPI 전자제어 엔진에서 연료 분사방식에 의한 분류에 속하지 않는 것은?

① 독립분사 방식

② 동시분사 방식

③ 그룹분사 방식

④ 혼성분사 방식

해설 전자제어 엔진(MPI)의 연료 분사방식

① 동기분사(독립분사, 순차분사) : 1사이클에 1실린더만 1회 점화시기에 동기하여 배기행정 끝 무렵에 분사한다. 즉 크랭크 각 센서의 신호에 동기하여 구동된다.

② 그룹분사 : 각 실린더에 그룹(제1번과 제3번 실린더, 제2번과 제4번 실린더)을 지어 1회 분사할 때 2실린더씩 짝을 지어 분사한다.

③ 동시분사(비동기 분사) : 전체 실린더에 동시에 1사이클(크랭크축 1회전에 1회 분사) 당 2회 분사한다.

29 전자제어 가솔린 엔진(MPI)에서 동기분사가 이루어지는 시기는 언제인가?

① 흡입행정 말　　② 압축행정 말

③ 폭발행정 말　　④ 배기행정 말

30 4행정 가솔린 엔진의 연료분사 모드에서 동시분사 모드에 대한 특징을 설명한 것 중 거리가 먼 것은?

① 급가속시에만 사용된다.

② 1사이클에 2회씩 연료를 분사한다.

③ 엔진에 설치된 모든 분사 밸브가 동시에 분사한다.

④ 시동 시, 냉각수 온도가 일정온도 이하일 때 사용된다.

해설 동시분사(비동기 분사)는 전체 실린더에 동시에 1사이클(크랭크축 1회전에 1회 분사) 당 2회 분사하며, 엔진을 시동할 때, 냉각수 온도가 일정온도 이하일 때, 급가속 할 때 사용된다.

31 전자제어 가솔린 엔진에서 급가속시 연료를 분사할 때 어떻게 하는가?

① 동기 분사　　② 순차 분사

③ 비동기 분사　　④ 간헐 분사

해설 비동기 분사(동시 분사)는 전체 실린더에 동시에 1사이클(크랭크축 1회전에 1회 분사)당 2회 분사하며, 급가속 할 때 이 분사방식을 이용한다.

32 전자제어 엔진의 인젝터 회로와 인젝터 코일 저항의 양·부 상태를 동시에 확인할 수 있는 방법으로 가장 적합한 것은?

① 인젝터 전류 파형의 측정

② 분사시간의 측정

③ 인젝터 저항의 측정

④ 인젝터 분사량 측정

해설 인젝터의 전류 파형을 측정하면 인젝터 회로와 인젝터 코일 저항의 양부상태를 동시에 확인할 수 있다.

33 인젝터 클리너를 사용하여 가솔린 자동차의 인젝터를 청소 후 인젝터 팁(tip) 부분이 강한 약품에 의하여 손상된 경우 발생할 수 있는 문제점은?

① 유해 배기가스가 증가한다.

② 매연이 감소한다.

③ 연료 소비량이 감소한다.

④ 엔진의 회전력이 감소한다.

해설 인젝터 팁 부분이 손상되면 연료가 누출되기 때문에 연료 소비량 및 유해 배기가스가 증가한다.

정 답　28.④　29.④　30.①　31.③　32.①　33.①

34 전자제어 자동차에서 ECU로 입력되는 신호 중 디지털 신호가 아닌 것은?

① 홀 센서 방식의 차속 센서 신호
② 에어컨 스위치 신호
③ 클러치 스위치 신호
④ 액셀러레이터 위치 센서 신호

해설 **아날로그 신호와 디지털 신호**
① **아날로그 신호 센서** : 수온 센서, 흡기 온도 센서, 스로틀 위치 센서, 산소 센서, 노크 센서, 열막 및 열선식 공기유량 센서, MAP 센서, 인덕티브 방식의 크랭크축 위치 센서, 액셀러레이터 위치 센서
② **디지털 신호 센서** : 홀 센서 방식의 차속 센서, 옵티컬 방식의 크랭크축 위치 센서, 캠축 위치 센서, 칼만 와류식 공기유량 센서, 에어컨 스위치 및 클러치 스위치 신호

35 엔진에서 디지털 신호를 출력하는 센서는?

① 전자유도 방식을 이용한 크랭크축 위치 센서
② 압전 세라믹을 이용한 노크 센서
③ 칼만 와류방식을 이용한 공기유량 센서
④ 가변저항을 이용한 스로틀 포지션 센서

36 전자제어 가솔린 연료분사 장치에 사용되지 않는 센서는?

① 스로틀 포지션 센서
② 크랭크축 위치 센서
③ 냉각수온 센서
④ 차고 센서

해설 차고 센서는 전자제어 현가장치에서 차체의 높이를 검출하는 센서이다.

37 전자제어 가솔린 엔진에서 흡입 공기량 계측 방식으로 틀린 것은?

① 베인식　　　② 열막식
③ 칼만 와류식　④ 피드백 제어식

해설 **흡입 공기량 계측 방식의 종류**
① **베인식** : 공기의 체적 유량을 계량하는 방식으로 흡입 공기량을 포텐쇼미터(메저링 플레이트의 열림 각)의 저항값을 전압비로 변환시켜 흡입 공기량을 검출한다.
② **열막식** : 공기의 질량 유량을 계량하는 방식으로 백금 열선, 온도 센서, 정밀 저항을 세라믹 기판에 박막 층 저항으로 집적시켜 전기적으로 가열한다. 기류에 의해 냉각되는 박막 층 저항의 온도를 일정하게 유지시키는데 필요한 전류에 의해 흡입 공기량을 검출하는 방식이다.
③ **칼만 와류식** : 공기의 체적 유량을 계량하는 방식으로 센서 내에서 소용돌이(와류)를 일으켜 단위 시간에 발생하는 소용돌이 수를 초음파 변조에 의해 검출하여 공기 유량을 검출하는 방식이다.
④ **열선식** : 공기의 질량 유량을 계량하는 방식으로 기류에 의해 냉각되는 백금선의 온도를 일정하게 유지시키는데 필요한 전류에 의해 흡입 공기량을 검출하는 방식이다.

38 전자제어 엔진에서 흡입하는 공기량 측정방법으로 가장 거리가 먼 것은?

① 스로틀 밸브 열림 각
② 피스톤 직경
③ 흡기다기관 부압
④ 칼만 와류의 수

해설 흡입 공기량을 측정하는 방법에는 스로틀 밸브 열림 각도, 흡기다기관 부압, 칼만 와류의 수 등이다.

39 전자제어 엔진에서 흡입되는 공기량 측정방법으로 가장 거리가 먼 것은?

① 피스톤 직경
② 흡기다기관 부압
③ 핫 와이어 전류량
④ 칼만와류 발생 주파수

해설 흡입 공기량 측정방법에는 핫 와이어 전류량, 흡기다기관 부압, 칼만 와류 발생 주파수 등이 있다.

정답 **34.**④ **35.**③ **36.**④ **37.**④ **38.**② **39.**①

40 전자제어 가솔린 엔진의 흡입 공기량 센서 중 흡입되는 공기흐름에 따라 발생하는 주파수를 검출하여 유량을 계측하는 방식은?

① 칼만 와류식　　② 열선식

③ 맵 센서식　　④ 열막식

해설 칼만 와류식의 공기 유량 센서의 측정 원리는 균일하게 흐르는 유동부분에 와류를 일으키는 물체를 설치하면 칼만 와류라고 부르는 와류 열(vortex street)이 발생하는데 이 칼만 와류의 발생 주파수와 흐름 속도와의 관계로부터 유량을 계측한다.

41 공기유량 센서 중 흡입 통로에 발열체를 설치하여 통과하는 공기의 양에 따라 발열체의 온도 변화를 이용하는 방식은?

① 베인식　　② 열선식

③ 맵 센서식　　④ 칼만와류식

해설 열선식(hot wire type)은 흡입 통로에 발열체를 설치하여 통과하는 공기의 양에 따라 발열체의 온도 변화를 이용하여 흡입되는 공기를 질량 유량으로 검출한다.

42 가솔린 전자제어 엔진의 공기 유량 센서에서 핫 와이어(hot wire) 방식의 설명이 아닌 것은?

① 응답성이 빠르다.

② 맥동 오차가 없다.

③ 공기량을 체적 유량으로 검출한다.

④ 고도 변화에 따른 오차가 없다.

해설 핫 와이어 방식은 회로가 단순하고, 흡입되는 공기를 질량 유량으로 검출하며, 응답성이 빠르고, 맥동 오차가 없으며, 고도 변화에 따른 오차가 없으나 오염되기 쉬워 클린버닝 장치를 두어야 한다.

43 전자제어 엔진에서 열선식(hot wire type) 공기유량 센서의 특징으로 맞는 것은?

① 맥동 오차가 다소 크다.

② 자기청정 기능의 열선이 있다.

③ 초음파 신호로 공기 부피를 감지한다.

④ 대기 압력을 통해 공기 질량을 검출한다.

해설 열선(핫 와이어) 방식 공기유량 센서의 특징
① 회로가 단순하고, 흡입되는 공기를 질량 유량으로 검출한다.
② 응답성이 빠르고, 맥동 오차가 없다.
③ 고도변화에 따른 오차가 없다.
④ 흡입공기 온도가 변화해도 측정상의 오차는 거의 없다.
⑤ 공기 질량을 직접 정확하게 계측할 수 있다.
⑥ 엔진 작동상태에 적용하는 능력이 개선된다.
⑦ 오염되기 쉬워 자기청정(클린버닝) 장치를 두어야 한다.

44 전자제어 가솔린 분사장치의 흡입 공기량 센서 중에서 흡입하는 공기의 질량에 비례하여 전압을 출력하는 방식은?

① 핫 필름식　　② 칼만 와류식

③ 맵 센서식　　④ 베인식

해설 핫 필름식과 핫 와이어식은 흡입하는 공기의 질량에 비례하여 전압을 출력하는 방식이다.

45 가솔린 연료 분사장치에서 공기량 계측센서 형식 중 직접 계측 방식으로 틀린 것은?

① 베인식　　② MAP 센서식

③ 칼만 와류식　　④ 핫 와이어식

해설 MAP 센서는 흡기다기관의 절대 압력의 변동에 따른 흡입 공기량을 간접적으로 검출하여 컴퓨터에 입력시키며, 엔진의 연료 분사량 및 점화시기를 조절하는 신호로 이용된다.

정답　**40.**①　**41.**②　**42.**③　**43.**②　**44.**①　**45.**②

46 엔진의 부하 및 회전속도의 변화에 따라 형성되는 흡기다기관의 압력 변화를 측정하여 흡입 공기량을 계측하는 센서는?

① MAP 센서
② 베인 방식센서
③ 핫 와이어 방식 센서
④ 칼만 와류방식 센서

> **해설** 맵(MAP) 센서는 흡기 다기관의 진공도(절대압력)로 흡입 공기량을 간접적으로 검출하며, ECU에서 맵 센서의 신호를 이용해 공연비를 제어한다. 맵 센서의 신호 결과에 따라 산소 센서의 출력이 달라지며, 또 차량의 주행상태에 따른 부하를 계산하는 용도로도 활용된다.

47 전자제어 엔진의 공기 유량센서 중에서 MAP 센서의 특징에 속하지 않는 것은?

① 흡입계통의 손실이 없다.
② 흡입공기 통로의 설계가 자유롭다.
③ 공기밀도 등에 대한 고려가 필요 없는 장점이 있다.
④ 고장이 발생하면 엔진 부조 또는 가동이 정지된다.

> **해설** MAP 센서의 특징은 흡입계통의 손실이 없고, 흡입공기 통로의 설계가 자유로우나 고장이 발생하면 엔진 부조 또는 가동이 정지된다.

48 전자제어 가솔린 엔진의 맵 센서에 대한 설명 중 거리가 가장 먼 것은?

① ECU에서 맵 센서의 신호를 이용해 공연비를 제어한다.
② 맵 센서의 신호 결과에 따라 산소 센서의 출력이 달라진다.
③ 맵 센서 제어 상태를 공연비 입력 값을 통해 파악할 수 있다.
④ 맵 센서는 차량의 주행상태에 따른 부하를 계산하는 용도로도 활용된다.

49 전자제어 엔진의 MAP 센서에 대한 설명으로 옳은 것은?

① 흡기 다기관의 절대압력을 측정한다.
② 고도에 따르는 공기의 밀도를 계측한다.
③ 대기에서 흡입되는 공기 내의 수분 함유량을 측정한다.
④ 스로틀 밸브의 개도에 따른 점화 각도를 검출한다.

> **해설** 맵(MAP) 센서는 흡기 다기관의 진공도(절대압력)로 흡입 공기량을 검출하며, ECU에서 맵 센서의 신호를 이용해 공연비를 제어한다. 맵 센서의 신호결과에 따라 산소 센서의 출력이 달라지며, 또 차량의 주행상태에 따른 부하를 계산하는 용도로도 활용된다.

50 흡입 매니폴드 압력변화를 피에조(Piezo) 소자를 이용하여 측정하는 센서는?

① 차량 속도 센서
② MAP 센서
③ 수온 센서
④ 크랭크 포지션 센서

> **해설** MAP 센서는 흡입 매니폴드 압력변화를 피에조(Piezo) 소자에 의해 흡입공기량을 측정한다.

51 흡입 공기량을 간접 계측하는 센서의 방식은?

① 핫 와이어식   ② 베인식
③ 칼만 와류식   ④ 맵 센서식

> **해설** 맵(MAP) 센서는 흡기다기관의 진공도(절대압력)로 흡입 공기량을 간접 검출하며, ECU에서 맵 센서의 신호를 이용해 공연비를 제어한다. 맵 센서의 신호 결과에 따라 산소 센서의 출력이 달라지며, 또 차량의 주행상태에 따른 부하를 계산하는 용도로도 활용된다.

정답   46.①   47.③   48.③   49.①   50.②   51.④

52 전자제어 연료 분사장치에서 피에조 저항을 이용하여 절대압력을 전압 값으로 변화시키는 센서는?

① 흡기온도 센서
② 스로틀 포지션 센서
③ 에어플로 센서(열선식)
④ 대기압 센서

해설 대기압 센서는 압력을 저항으로 변환시키는 반도체 피에조 저항형을 사용한다.

53 전자제어 연료 분사장치에서 차량의 가·감속 판단에 사용되는 센서는?

① 스로틀 포지션 센서
② 수온 센서
③ 노크 센서
④ 산소 센서

해설 스로틀 포지션 센서는 스로틀 밸브 축과 같이 회전하는 가변 저항기로 스로틀 밸브의 회전에 따라 출력 전압이 변화하는 것으로 ECU는 스로틀 밸브의 열림 정도를 검출하고, 스로틀 포지션 센서의 출력 전압과 엔진 회전속도 등 다른 입력신호를 합하여 엔진 운전 상태를 판단하여 연료 분사량을 조절한다.

54 TPS(스로틀 포지션 센서)에 관한 사항으로 가장 거리가 먼 것은?

① 스로틀 바디의 스로틀 축과 같이 회전하는 가변 저항기이다.
② 자동변속기 차량에서는 TPS 신호를 이용하여 변속단을 만드는데 사용된다.
③ 피에조 타입을 많이 사용한다.
④ TPS는 공회전 상태에서 기본 값으로 조정한다.

해설 피에조 방식은 대기압 센서, MAP 센서 등에서 사용된다.

55 가변저항의 원리를 이용한 것은?

① 스로틀 포지션 센서
② 노킹 센서
③ 산소 센서
④ 크랭크 각 센서

해설 스로틀 포지션 센서는 스로틀 밸브 축과 같이 회전하는 가변 저항기로 스로틀 밸브의 회전에 따라 출력 전압이 변화하는 것으로 ECU는 스로틀 밸브의 열림 정도를 검출하고, 스로틀 포지션 센서의 출력 전압과 엔진 회전속도 등 다른 입력 신호를 합하여 엔진 운전 상태를 판단하여 연료 분사량을 조절한다.

56 다음 그림은 스로틀 포지션 센서(TPS)의 내부회로도이다. 스로틀 밸브가 그림에서 B와 같이 닫혀 있는 현재 상태의 출력전압은 약 몇 V인가?(단, 공회전 상태이다.)

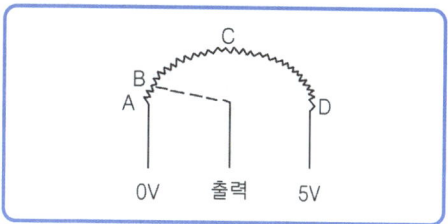

① 0 V
② 약 0.5V
③ 약 2.5V
④ 약 5V

57 스로틀 위치 센서(TPS) 고장 시 나타나는 현상과 가장 거리가 먼 것은?

① 주행 시 가속력이 떨어진다.
② 공회전 시 엔진 부조 및 간헐적 시동 꺼짐 현상이 발생한다.
③ 출발 또는 주행 중 변속 시 충격이 발생할 수 있다.
④ 일산화탄소(CO), 탄화수소(HC) 배출량은 감소하나 연료소모가 증대될 수 있다.

정답 52.④ 53.① 54.③ 55.① 56.② 57.④

해설 TPS가 고장일 때 나타나는 현상
① 공회전 상태에서 엔진 부조 및 가속할 때 출력이 부족해진다.
② 연료 소모가 많아지며, 매연이 많이 배출된다.
③ 자동변속기의 변속시점이 변화된다.
④ 공회전시 갑자기 시동이 꺼진다.
⑤ 대시포트 기능이 불량해진다.
⑥ 정상적인 주행이 어려워진다.

58 전자제어 가솔린 엔진에서 패스트 아이들 기능에 대한 설명으로 옳은 것은?

① 정차 시 시동 꺼짐 방지
② 연료 계통 내 빙결 방지
③ 냉간 시 웜업 시간 단축
④ 급감속 시 연료 비등 활성

해설 패스트 아이들 기능이란 냉간 상태에서 웜업 시간을 단축시키는 것이다.

59 칼만 와류(karman vortex)식 흡입 공기량 센서를 적용한 전자제어 가솔린 엔진에서 대기압 센서를 사용하는 이유는?

① 고지에서의 산소 희박 보정
② 고지에서의 습도 희박 보정
③ 고지에서의 연료 압력 보정
④ 고지에서의 점화시기 보정

해설 칼만 와류식 흡입 공기량 센서를 사용하는 엔진에서 대기압 센서를 사용하는 이유는 고지대에서의 산소량의 희박을 보정하기 위함이다.

60 냉각수 온도 센서의 역할로 틀린 것은?

① 기본 연료 분사량 결정
② 냉각수 온도 계측
③ 연료 분사량 보정
④ 점화시기 보정

해설 수온 센서는 냉각수 온도를 계측하여 ECU로 입력시키면 ECU는 점화시기 보정 및 연료 분사량 보정에 이용한다.

61 자동차 엔진에 사용되는 수온 센서는 주로 어떤 특성의 서미스터를 사용하는가?

① 정특성   ② 부특성
③ 양특성   ④ 일방향 특성

해설 수온 센서는 엔진의 냉각수 온도를 검출하여 ECU에 입력시켜 연료를 보정하는 신호로 이용되며, 수온 센서는 온도가 상승하면 저항 값이 작아지는 부특성 서미스터를 사용한다.

62 전자제어 가솔린 엔진에서 냉각수온에 따른 연료 증량 보정신호로 사용하는 것으로 엔진 냉각수 온도를 감지하는 부품은?

① 수온 스위치   ② 수온 조절기
③ 수온 센서   ④ 수온 게이지

해설 수온 센서는 엔진의 냉각수 온도를 검출하여 ECU에 입력시켜 연료를 보정하는 신호로 이용되며, ECU는 엔진의 냉각수 온도가 80℃ 이하일 경우 연료 분사량을 증량시킨다.

63 전자제어 가솔린 엔진에서 수온 센서의 신호를 이용한 연료 분사량 보정이 아닌 것은?

① 인젝터 분사시간 보정
② 배기온도 증량 보정
③ 시동 후 증량 보정
④ 난기 증량 보정

64 전자제어 가솔린 엔진에 사용되는 센서 중 흡기 온도 센서에 대한 내용으로 틀린 것은?

① 흡기 온도가 낮을수록 공연비는 증가된다.
② 온도에 따라 저항 값이 변화되는 NTC형 서미스터를 주로 사용한다.
③ 엔진 시동과 직접 관련되며 흡입 공기량과 함께 기본 분사량을 결정한다.
④ 온도에 따라 달라지는 흡입 공기밀도 차이를 보정하여 최적의 공연비가 되도록 한다.

정답 58.③ 59.① 60.① 61.② 62.③ 63.② 64.③

해설 흡기 온도 센서는 맵 센서의 내부에 장착되어 흡기 온도를 검출하여 컴퓨터에 입력하면 컴퓨터는 흡입 공기량 정보와 흡기 온도 정보를 이용하여 흡입 공기의 밀도 변화량을 보정한다. 흡기 온도 센서의 서미스터는 온도가 올라가면 저항이 감소하고 온도가 내려가면 저항이 증가되는 부저항 온도 계수의 특성을 가지고 있다. 흡기 온도 센서는 흡기 온도 20℃를(증량비율 1) 기준으로 그 이하의 온도에서는 연료 분사량을 증량시키고, 그 이상의 온도에서는 연료 분사량을 감소시킨다.

65 전자제어 가솔린 엔진에서 사용되는 센서 중 흡기 온도 센서에 대한 내용으로 틀린 것은?

① 온도에 따라 저항 값이 보통 $1k\Omega \sim 15k\Omega$ 정도 변화되는 NTC형 서미스터를 주로 사용한다.
② 엔진 시동과 직접 관련되며 흡입 공기량과 함께 기본 분사량을 결정하게 해주는 센서이다.
③ 온도에 따라 달라지는 흡입 공기밀도 차이를 보정하여 최적의 공연비가 되도록 한다.
④ 흡기 온도가 낮을수록 공연비는 증가된다.

해설 흡기 온도 센서는 흡기 온도를 검출하여 컴퓨터에 입력하면 컴퓨터는 흡입 공기량 정보와 흡기 온도 정보를 이용하여 흡입 공기의 밀도 변화량을 보정한다. 흡기 온도 센서의 서미스터는 온도가 올라가면 저항이 감소하고 온도가 내려가면 저항이 증가되는 부저항 온도 계수의 특성을 가지고 있다. 흡기 온도 20℃(증량비 1)를 기준으로 그 이하의 온도에서는 분사량을 증량시키고 그 이상의 온도에서는 분사량을 감소시킨다.

66 전자제어 엔진에서 크랭크축 위치 센서의 역할에 대한 설명으로 틀린 것은?

① 운전자의 가속의지를 판단한다.
② 엔진 회전수(rpm)를 검출한다.
③ 크랭크축의 위치를 감지한다.
④ 기본 점화시기를 결정한다.

해설 크랭크축 위치 센서의 역할은 엔진 회전수(rpm) 검출, 크랭크축의 위치 감지, 기본 점화시기의 결정이다.

67 크랭크축 위치 센서에 활용되고 있지 않은 검출 방식은?

① 홀(hall) 방식
② 전자유도(induction) 방식
③ 광전(optical) 방식
④ 압전(piezo) 방식

해설 해설 크랭크축 위치 센서는 엔진의 회전수를 검출하여 컴퓨터로 입력하면 컴퓨터는 이 정보를 이용하여 엔진의 회전수를 연산하고 점화시기를 조절한다. 엔진의 회전수는 전자제어 엔진에 있어 가장 중요한 변수이며, 엔진의 회전수 신호가 컴퓨터에 입력되지 않으면 크랭크축 위치 센서의 신호 미입력으로 인하여 엔진이 멈출 수 있다. 크랭크축 위치 센서는 광전(옵티컬)식, 전자유도(인덕션) 방식, 홀 센서 방식이 있다.

68 전자제어 가솔린 엔진에서 기본적인 연료 분사시기와 점화시기를 결정하는 주요 센서는?

① 크랭크축 위치 센서(Crankshaft Position Sensor)
② 냉각 수온 센서(Water Temperature Sensor)
③ 공전 스위치 센서(Idle Switch Sensor)
④ 산소 센서(O_2Sensor)

해설 크랭크축 위치 센서(CKPS)는 단위 시간 당 엔진의 회전속도를 검출하여 ECU로 입력시키면 ECU는 파워 트랜지스터에 전압을 공급하며, 기본 점화시기 및 연료 분사시기를 결정한다.

정답   65.②   66.①   67.④   68.①

69 전자제어 엔진에서 연료 분사시기와 점화시기를 결정하기 위한 센서는?

① TPS(throttle position sensor)
② CAS(crank angle sensor)
③ WTS(water temperature sensor)
④ ATS(air temperature sensor)

해설 크랭크 각 센서(CAS)는 단위 시간 당 엔진의 회전속도를 검출하여 컴퓨터로 입력시키면 컴퓨터는 파워 트랜지스터에 전압을 공급하며, 기본 점화시기 및 연료 분사시기를 결정하도록 한다.

70 오실로스코프를 이용한 자석식 크랭크 앵글 센서의 전압 파형 분석에 대한 설명 중 틀린 것은?

① 오실로스코프의 전압은 교류(AC)로 선택하여 점검한다.
② 엔진 회전이 빨라질수록 발생 전압은 높아진다.
③ 에어 갭이 작아질수록 발생 전압은 높아진다.
④ 전압 파형은 디지털 방식으로 표출된다.

해설 전압 파형은 아날로그 방식으로 표출된다.

71 다음 중 전자제어 엔진에서 스로틀 포지션 센서와 기본 구조 및 출력 특성이 가장 유사한 것은?

① 크랭크 각 센서
② 모터 포지션 센서
③ 액셀러레이터 포지션 센서
④ 흡입 다기관 절대 압력 센서

해설 스로틀 포지션 센서와 액셀러레이터 포지션 센서
① 스로틀 포지션 센서 : 스로틀 밸브 축과 같이 회전하는 가변 저항기로 스로틀 밸브의 회전에 따라 출력 전압이 변화함으로써 ECM은 스로틀 밸브의 열림 정도를 감지하고, ECM은 스로틀 포지션 센서의 신호에 따른 흡입 공기량 신호, 엔진 회전속도 등 다른 입력 신호를 합하여 엔진의 운전 상태를 판단하여 연료 분사량(인젝터 분사 시간)과 점화시기를 조절한다.
② 액셀러레이터 포지션 센서 : ETC(Electronic Throttle Valve Control) 시스템을 탑재한 차량에서 스로틀 포지션 센서와 동일한 원리의 가변저항에 의해 운전자의 가속 의지를 PCM(Power-train Control Module)에 전송하여 현재 가속 상태에 따른 연료 분사량을 결정하는 신호로 이용된다.

72 전자제어 엔진에서 포텐셔미터식 스로틀 포지션 센서의 기본구조 및 출력특성과 가장 유사한 것은?

① 차속 센서
② 크랭크 앵글 센서
③ 노킹 센서
④ 액셀러레이터 포지션 센서

73 가솔린 엔진에서 노크 센서를 사용하는 가장 큰 이유는?

① 최대 흡입 공기량을 좋게 하여 체적효율을 향상시키기 위함이다.
② 노킹 영역을 검출하여 점화시기를 제어하기 위함이다.
③ 엔진의 최대 출력을 얻기 위함이다.
④ 엔진의 노킹 영역을 결정하여 이론 공연비로 연소시키기 위함이다.

해설 노크 센서는 실린더 블록에 장착되어 있으며, 압전소자(피에조 소자)를 이용하여 실린더 내의 압력 변화 및 연소 온도의 급격한 증가, 내부염화 등의 이상 원인으로 발생한 이상 진동을 감지하여 이를 전기 신호로 바꾸어 점화시기를 제어하는 센서이다.

정답 **69.**② **70.**④ **71.**③ **72.**④ **73.**②

74 전자제어 가솔린 엔진의 노크 컨트롤 시스템에 대한 설명으로 가장 알맞은 것은?

① 노크 발생 시 실린더 헤드가 고온이 되면 서모 센서로 온도를 측정하여 감지한다.
② 압전 소자가 실린더 블록의 고주파 진동을 전기적 신호로 바꾸어 ECU로 보낸다.
③ 노크라고 판정되면 점화시기를 진각 시키고, 노크 발생이 없어지면 지각시킨다.
④ 노크라고 판정되면 공연비를 희박하게 하고, 노크 발생이 없어지면 농후하게 한다.

해설 노크 컨트롤 시스템은 실린더 블록의 고주파 진동을 전기적 신호로 바꾸어 ECU 검출 회로에서 노킹 발생 여부를 판정하며, 노크라고 판정되면 점화시기를 지각시키고, 노크 발생이 없어지면 진각 시킨다.

75 전자제어 가솔린 엔진에서 엔진의 점화시기가 지각되는 이유는?

① 노크 센서의 시그널이 입력될 경우
② 크랭크 각 센서의 간극이 너무 클 경우
③ 점화코일에 과전압이 나타날 경우
④ 인젝터의 분사시기가 늦어졌을 경우

해설 노크 센서의 신호가 ECU로 입력되면 ECU는 노크가 발생한 경우이므로 점화시기를 늦추어 노크 발생을 억제한다.

76 산소 센서를 설치하는 목적으로 옳은 것은?

① 연료 펌프의 작동을 위해서
② 정확한 공연비 제어를 위해서
③ 컨트롤 릴레이를 제어하기 위해서
④ 인젝터의 작동을 정확히 하기 위해서

해설 산소 센서는 배기가스 중에 산소 농도를 검출(농후 또는 희박)하여 ECU에 입력시키면 ECU는 배기가스의 정화를 위해 연료 분사량을 정확한 이론 공연비로 유지시켜 유해가스를 저감시킨다.

77 산소 센서 출력 전압에 영향을 주는 요소로 틀린 것은?

① 연료 온도
② 혼합비
③ 산소 센서의 온도
④ 배출가스 중의 산소 농도

해설 산소 센서의 출력 전압에 영향을 주는 요소는 혼합비(공연비), 산소 센서의 온도(400~800℃ 이상), 배출가스 중의 산소 농도 등이다.

78 산소 센서 내측의 고체 전해질로 사용되는 것은?

① 은
② 구리
③ 코발트
④ 지르코니아

해설 산소 센서의 주 재료에는 지르코니아와 티타니아가 있다.

79 지르코니아 방식 산소 센서에 대한 설명으로 틀린 것은?

① 지르코니아 소자는 백금으로 코팅되어 있다.
② 배기가스 중의 산소 농도에 따라 출력 전압이 변화한다.
③ 산소 센서의 출력 전압은 연료 분사량 보정 제어에 사용된다.
④ 산소 센서의 온도가 100℃ 정도 되어야 정상적으로 작동하기 시작한다.

해설 산소 센서의 작동 온도는 400~800℃ 이상이며, 온도는 출력 특성에 많은 영향을 미친다. 온도가 300℃ 이하에서는 산소 센서의 출력 값이 온도에 따라 급격히 변화하므로 엔진제어에서 사용하기가 어렵다.

정답 74.② 75.① 76.② 77.① 78.④ 79.④

80 전자제어 가솔린 엔진에서 엔진 부조가 심하고 지르코니아 산소(ZrO_2)센서에서 0.12V 이하로 출력되며 출력 값이 변화하지 않는 원인이 아닌 것은?

① 인젝터의 막힘
② 계량되지 않는 흡입공기의 유입
③ 연료 공급량 부족
④ 연료 압력의 과대

해설 지르코니아 산소 센서는 배기가스 중의 산소 농도와 대기 중의 산소농도 차이에 따라 출력 전압이 급격히 변화하는 성질을 이용하여 피드백 기준 신호를 엔진 컴퓨터에 보내준다. 이때 출력 전압은 혼합비가 희박할 경우 약 0.1V, 혼합비가 농후할 경우 약 0.9V의 전압을 발생시킨다. 출력 전압이 0.12V인 경우는 인젝터의 막힘 등으로 연료 공급량이 부족하거나, 흡입 공기량이 과다한 상태이다.

81 지르코니아 소자의 산소 센서 출력 전압이 1V에 가깝게 나타나면 공연비 상태는?

① 희박하다.
② 농후하다.
③ 14.7 : 1의 공연비를 나타낸다.
④ 농후하다가 희박한 상태로 되는 경우이다.

해설 산소 센서의 출력 전압이 0.45V 이하이면 공연비가 희박한 상태이고, 1V에 가깝게 나타나면 농후한 상태이다.

82 가솔린 엔진에서 점화계통의 이상으로 연소가 이루어지지 않았을 때 산소센서(지르코니아 방식)에 대한 진단기에서의 출력 값으로 옳은 것은?

① 0~200mV 정도 표시된다.
② 400~500mV 정도 표시된다.
③ 800~1000mV 정도 표시된다.
④ 1500~1600mV 정도 표시된다.

83 배기가스 중에 산소량이 많이 함유되어 있을 때 산소 센서의 상태는 어떻게 나타내는가?

① 희박하다.
② 농후하다.
③ 농후하기도 하고 희박하기도 하다.
④ 아무런 변화가 일어나지 않는다.

해설 배기가스 중에 산소량이 많으면 산소 센서는 희박한 상태를 나타낸다.

84 전자제어 엔진에서 혼합기의 농후, 희박 상태를 감지하여 연료 분사량을 보정하는 센서는?

① 냉각수온 센서　② 흡기 온도 센서
③ 대기압 센서　④ 산소 센서

해설 산소 센서는 배기가스 중에 산소 농도를 검출(농후 또는 희박)하여 ECU에 입력시키면 ECU는 배기가스의 정화를 위해 연료 분사량을 정확한 이론 공연비로 유지시켜 유해가스를 저감시킨다.

85 전자제어 가솔린 엔진에서 티타니아 산소 센서의 경우 전원은 어디에서 공급되는가?

① ECU　② 파워 TR
③ 컨트롤 릴레이　④ 배터리

해설 티타니아 산소 센서는 ECU로부터 전원을 공급받는다.

86 티타니아 산소 센서에 대한 설명 중 거리가 가장 먼 것은?

① 센서의 원리는 전자 전도성이다.
② 지르코니아 산소 센서에 비해 내구성이 크다.
③ 입력 전원 없이 출력 전압이 발생한다.
④ 지르코니아 산소 센서에 비해 가격이 비싸다.

정답 80.④ 81.② 82.① 83.① 84.④ 85.① 86.③

해설 티타니아 산소 센서는 전자 전도체인 티타니아를 이용해 주위의 산소 분압에 대응하여 산화, 환원시켜, 전기 저항이 변하는 원리를 이용한 것이며, 이 센서는 지르코니아 센서에 비해 작고 값이 비싸며, 온도에 대한 저항 값 변화가 큰 결점이기 때문에 보정 회로를 추가해 사용한다. 티타니아 산소 센서는 ECU로부터 전원을 공급받는다.

87 전자제어 가솔린 엔진에서 티타니아 산소 센서의 출력 전압이 약 4.3~4.7V로 높으면 인젝터의 분사 시간은?

① 길어진다.
② 짧아진다.
③ 짧아졌다 길어진다.
④ 길어졌다 짧아진다.

해설 산소 센서의 출력 전압은 혼합비가 희박할 때는 지르코니아 산소 센서의 경우 약 0.1V, 티타니아 산소 센서의 경우 약 0.3~0.8V, 혼합비가 농후할 때는 지르코니아 산소 센서의 경우 약 0.9V, 티타니아 산소 센서의 경우 약 4.3~4.7V가 출력된다. 따라서 산소 센서의 출력 전압이 높을 경우 인젝터 분사시간은 짧아진다.

88 희박 상태일 때 지르코니아 고체 전해질에 정(+)의 전류를 흐르게 하여 산소를 펌핑 셀 내로 받아들이고, 그 산소는 외측 전극에서 일산화탄소(CO) 및 이산화탄소(CO_2)를 환원하는 특징을 가진 것은?

① 티타니아 산소 센서
② 갈바닉 산소 센서
③ 압력 산소 센서
④ 전영역 산소 센서

해설 전영역 산소 센서는 희박상태일 때 지르코니아 고체 전해질에 정(+)의 전류를 흐르게 하여 산소를 펌핑 셀 내로 받아들이고, 그 산소는 외측 전극에서 일산화탄소(CO) 및 이산화탄소(CO_2)를 환원하는 특징이 있다.

89 산소 센서의 튜브에 카본이 많이 끼었을 때의 현상으로 맞는 것은?

① 출력 전압이 낮아진다.
② 피드백 제어로 공연비를 정확하게 제어한다.
③ 출력 신호를 듀티 제어하므로 엔진에 미치는 악영향은 없다.
④ 공회전 시 엔진 부조 현상이 일어날 수 있다.

해설 산소 센서의 튜브에 카본이 많이 끼면 출력 전압이 상승하며, 공회전할 때 엔진 부조 현상이 일어날 수 있다.

90 자동차에 사용되는 센서 중 원리가 다른 것은?

① 맵(MAP) 센서
② 노크 센서
③ 가속 페달 센서
④ 연료 탱크 압력 센서

해설 맵 센서, 노크 센서, 연료 탱크 압력 센서는 압전 소자(피에조)를 사용한다.

연료 분사방식의 제어장치

01 전자제어 모듈 내부에서 각종 고정 데이터나 차량제원 등을 장기적으로 저장하는 것은?

① IFB(Inter Face Box)
② ROM(Read Only Memory)
③ RAM(Randon Access Memory)
④ TTL(Transistor Transistor Logic)

해설 기억 장치
① ROM(Read Only Memory) : ROM은 읽어내기 전문의 메모리이며, 한번 기억시키면 내용을 변경할 수 없다. 또 전원이 차단되어도 기억이 소멸되

정답 87.② 88.④ 89.④ 90.③ / 01.②

지 않으므로 프로그램 또는 고정 데이터의 저장에 사용된다.

② RAM(Random Access Memory) : RAM은 임의의 기억 저장 장치에 기억되어 있는 데이터를 읽거나 기억시킬 수 있다. 그러나 RAM은 전원이 차단되면 기억된 데이터가 소멸되므로 처리 도중에 나타나는 일시적인 데이터의 기억을 저장하는 데 사용된다.

02 엔진 ECU(제어 모듈)로 입력되는 신호가 아닌 것은?

① 차속 센서
② 인히비터 스위치
③ 스로틀 위치 센서
④ 아이들 스피드 액추에이터

해설 엔진에 부하가 가해지면 ECU는 안정성을 확보하기 위해 아이들 스피드 액추에이터의 솔레노이드 코일에 흐르는 전류를 듀티 제어하여 밸브 내의 솔레노이드 밸브에 발생하는 전자력과 스프링 장력이 서로 평형을 이루는 위치까지 밸브를 이동시켜 공기통로의 단면적을 제어하는 전자 밸브이다.

03 전자제어 가솔린 엔진의 인젝터 분사시간에 대한 설명 중 틀린 것은?

① 엔진을 급 가속할 때에는 순간적으로 분사시간이 길어진다.
② 배터리 전압이 낮으면 무효 분사기간이 짧아진다.
③ 엔진을 급 감속할 때에는 순간적으로 분사가 정지되기도 한다.
④ 지르코니아 산소 센서의 전압이 높으면 분사시간이 짧아진다.

해설 인젝터의 분사시간은 엔진을 급 가속할 때는 순간적으로 분사시간이 길어지고, 급 감속할 때에는 순간적으로 분사가 정지되기도 한다. 또 배터리 전압이 낮으면 무효 분사기간이 길어지며, 산소 센서의 전압이 높으면 분사시간이 짧아진다.

04 전자제어 가솔린 분사 차량의 분사량 제어에 대한 설명으로 틀린 것은?

① 엔진 냉간 시에는 공전시 보다 많은 양의 연료를 분사한다.
② 급감속시 연료를 일시적으로 차단한다.
③ 배터리 전압이 낮으면 인젝터 통전 시간을 길게 한다.
④ 지르코니아 방식의 산소 센서의 출력 값이 높으면 연료 분사량도 증가한다.

해설 산소 센서의 출력 값이 높으면 공연비가 농후한 상태이므로 연료 분사량은 감소된다.

05 전자제어 연료 분사장치에서 연료 분사량 제어에 대한 설명 중 틀린 것은?

① 기본 분사량은 흡입 공기량과 엔진 회전수에 의해 결정된다.
② 기본 분사시간은 흡입 공기량과 엔진 회전수를 곱한 값이다.
③ 스로틀 밸브의 개도 변화율이 크면 클수록 비동기 분사시간은 길어진다.
④ 비동기 분사는 급가속시 엔진의 회전수에 관계없이 순차 모드에 추가로 분사하여 가속 응답성을 향상시킨다.

해설 기본 연료 분사시간을 결정하는데 필요한 요소는 흡입공기량과 엔진 회전속도에 의해 결정된다.

06 전자제어 가솔린 엔진에서 고속운전 중 스로틀 밸브를 급격히 닫을 때 연료 분사량을 제어하는 방법은?

① 분사량 증가　② 분사량 감소
③ 분사 일시 중단　④ 변함 없음

해설 전자제어 가솔린 엔진에서 고속운전 중 스로틀 밸브를 급격히 닫으면 분사가 일시 중단된다.

정답　**02.**④　**03.**②　**04.**④　**05.**②　**06.**③

07 전자제어 엔진의 연료 분사량 보정으로 거리가 먼 것은?

① 흡기온 보정   ② 냉각수온 보정
③ 시동 보정   ④ 초크 증량 수정

> **해설** 연료 분사량 보정에는 흡기 온도에 따른 보정, 냉각수 온도에 따른 보정, 시동할 때 증량 보정 등이 있다.

08 전자제어 연료 분사장치에서 분사량 보정과 관계없는 것은?

① 아이들 스피드 액추에이터
② 수온 센서
③ 배터리 전압
④ 스로틀 포지션 센서

> **해설** 엔진에 부하가 가해지면 ECU는 안정성을 확보하기 위해 아이들 스피드 액추에이터의 솔레노이드 코일에 흐르는 전류를 듀티 제어하여 밸브 내의 솔레노이드 밸브에 발생하는 전자력과 스프링 장력이 서로 평형을 이루는 위치까지 밸브를 이동시켜 공기 통로의 단면적을 제어하는 전자 밸브이다

09 전자제어 연료분사 엔진에서 흡입공기 온도는 35℃, 냉각수 온도가 60℃ 일 때 연료 분사량 보정은?(단, 분사량 보정기준은 흡입공기 온도는 20℃, 냉각수온 온도는 80℃이다.)

① 흡기온 보정–증량, 냉각수온 보정–증량
② 흡기온 보정–증량, 냉각수온 보정–감량
③ 흡기온 보정–감량, 냉각수온 보정–증량
④ 흡기온 보정–감량, 냉각수온 보정–감량

> **해설** 연료 분사량 보정기준이 흡입공기 온도는 20℃, 냉각수온 온도는 80℃이므로, 흡입공기 온도는 35℃, 냉각수 온도가 60℃ 일 때 연료 분사량은 각각 흡기온도 보정은 감량, 냉각수 온도 보정은 증량 보정된다.

10 전자제어 엔진에서 수온 센서 단선으로 컴퓨터(ECU)에 정상적인 냉각수온 값이 입력되지 않으면 어떻게 연료 분사 되는가?

① 연료 분사를 중단
② 흡기 온도를 기준으로 분사
③ 엔진 오일 온도를 기준으로 분사
④ ECU에 의한 페일세이프 값을 근거로 분사

> **해설** 수온 센서의 이상으로 인해 ECU로 정상적인 냉각수온 값이 입력되지 않으면 연료 분사는 ECU에 의한 페일세이프 값을 근거로 분사된다.

11 고도가 높은 지역에서 대기압 센서를 통한 연료량 제어방법으로 옳은 것은?

① 기본 분사량을 증량
② 기본 분사량을 감량
③ 연료 보정량을 증량
④ 연료 보정량을 감량

> **해설** 고지대에서는 산소가 희박하기 때문에 대기압 센서의 신호를 받아 연료 보정량을 감량시킨다.

12 전자제어 엔진에서 연료 분사 피드백에 사용하는 센서는?

① 수온센서   ② 스로틀 위치 센서
③ 에어플로 센서   ④ 산소 센서

> **해설** 공연비를 피드백(Feed back) 제어할 때 가장 중요한 역할을 하는 것은 산소 센서이다.

13 산소 센서의 피드백 작용이 이루어지고 있는 운전조건으로 옳은 것은?

① 시동 시   ② 연료 차단 시
③ 급 감속 시   ④ 통상 운전 시

> **해설** 산소 센서의 피드백 작용은 통상적인 운전을 할 때 이루어진다.

정답   07.④   08.①   09.③   10.④   11.④   12.④   13.④

14 전자제어 가솔린 분사장치에서 이론 공연비 제어를 목적으로 클로즈드 루프 제어(closed-loop control)를 하는 보정분사 제어는?

① 아이들 스피드 제어
② 피드백 제어
③ 연료 순차분사 제어
④ 점화시기 제어

> **해설** 피드백 제어는 촉매 컨버터가 가장 양호한 정화 능력을 발휘하는데 필요한 공연비인 이론 공연비(14.7 : 1)부근으로 정확히 유지하여야 한다. 이를 위해서 배기다기관에 설치한 산소 센서로 배기가스 중의 산소 농도를 검출하고 이것을 컴퓨터로 피드백시켜 연료 분사량을 증감해 항상 이론 공연비가 되도록 연료 분사량을 제어한다.

15 전자제어 가솔린 연료 분사장치에서 흡입 공기량과 엔진 회전수의 입력만으로 결정되는 분사량은?

① 부분부하 운전 분사량
② 기본 분사량
③ 엔진 시동 분사량
④ 연료 차단 분사량

> **해설** 전자제어 엔진의 기본 연료 분사량을 결정하는 요소는 흡입 공기량(공기량 센서의 신호)과 엔진 회전속도(크랭크축 위치 센서 신호)이다.

16 전자제어 연료 분사장치에서 기본 분사량의 결정은 무엇으로 결정하는가?

① 냉각 수온 센서 ② 흡입 공기량 센서
③ 공기온도 센서 ④ 유온 센서

17 전자제어 가솔린 분사장치의 기본 분사시간을 결정하는데 필요한 변수는?

① 냉각수 온도와 배터리 전압
② 흡입 공기량과 엔진 회전속도
③ 크랭크 각과 스로틀 밸브의 열림 각
④ 흡입공기의 온도와 대기압

> **해설** 기본 연료 분사시간을 결정하는데 필요한 변수는 흡입 공기량과 엔진 회전속도이다.

18 전자제어 희박연소 엔진의 연비가 향상되는 설명으로 틀린 것은?

① 흡기에 강한 스월(swirl)이 형성되어 희박한 공연비에서도 연소가 가능해진다.
② 기존 엔진에 비해 연소실 온도가 상대적으로 낮아 열손실이 감소된다.
③ 연소 온도가 상승함에 따라 열해리가 발생되며 배기온도가 상승되어 연소효율이 좋아진다.
④ 전 영역 산소 센서를 사용하므로 피드백 제어 영역이 넓어지며 제어하는 공기 과잉률이 높아진다.

> **해설** 희박연소 엔진은 흡기에 강한 스월(swirl)이 형성되어 희박한 공연비에서도 연소가 가능해지며, 기존 엔진에 비해 연소실 온도가 상대적으로 낮아 열손실이 감소된다. 또 전 영역 산소 센서를 사용하므로 피드백 제어 영역이 넓어지며 제어하는 공기 과잉률이 높아진다.

정답 14.② 15.② 16.② 17.② 18.③

19 실린더 내의 가스 유동에 대한 설명 중 틀린 것은?

① 스월(swirl)은 연료와 공기의 혼합을 개선할 수 있다.

② 스퀴시(squish)는 압축행정 초기에 중앙으로 밀리는 현상을 말한다.

③ 텀블(tumble)은 실린더의 수직 맴돌이 흐름을 말한다.

④ 난류는 혼합기가 가지고 있는 운동 에너지가 모양을 바꾸어 작은 맴돌이로 된 것이다.

해설 스퀴시(squish)는 압축행정 후기에 피스톤 헤드 면과 연소실의 구석부분과의 사이에 압축된 새로운 공기가 중앙을 향하여 밀려나가서 생기는 흐름이다.

20 전자제어 MPI 가솔린 엔진과 비교한 GDI 엔진의 특징에 대한 설명으로 틀린 것은?

① 내부 냉각효과를 이용하여 출력이 증가된다.

② 층상 급기 모드를 통해 EGR 비율을 많이 높일 수 있다.

③ 연료 분사 압력이 높고, 연료 소비율이 향상된다.

④ 층상 급기모드 연소에 의하여 NOx 배출이 현저히 감소한다.

해설 GDI(가솔린 직접분사 방식)의 장점
① 내부 냉각효과가 양호하기 때문에 체적효율을 개선시킬 수 있어 출력이 증가한다.
② 층상 급기 모드를 통해 EGR(Exhaust Gas Recirculation) 비율을 많이 높일 수 있다.
③ 연료 분사 압력이 높고, 연료 소비율이 향상된다.
④ 직접 분사방식은 간접 분사방식에 비해 엔진이 냉각된 상태일 때 또는 가속할 때 혼합기를 덜 농후하게 해도 된다. 이를 통해 연료 소비율을 낮추고 유해 배출물질을 저감시킨다.

21 GDI 엔진에 대한 설명으로 틀린 것은?

① 흡입과정에서 공기의 온도를 높인다.

② 엔진 운전조건에 따라 레일 압력이 변동된다.

③ 고부하 운전영역에서 흡입공기 밀도가 높아진다.

④ 분사시간은 흡입 공기량의 정보에 의해 보정된다.

해설 GDI 엔진은 엔진 운전조건에 따라 레일 압력이 변동되며, 고부하 운전영역에서 흡입 공기의 밀도가 높아지는 특성이 있으며, 분사시간은 흡입 공기량의 정보에 의해 보정이 된다.

22 전자제어 가솔린 분사장치의 점화시기 제어에 대한 설명 중 틀린 것은?

① 통전 시간 제어란 파워 TR이 "ON"되는 시간이며 드웰각 제어 또는 폐각도 제어라고 한다.

② 기본 점화시기 제어란 기본 분사 신호와 엔진 회전수 및 ECU의 ROM 내에 맵핑된 점화시기이다.

③ 크랭크 각 1°의 시간이란 크랭크 각 1주기의 시간을 180으로 나눈 시간이다.

④ 한 실린더 당 2개 이상의 점화코일을 사용하는 것은 파워 TR이 ON 되는 시간을 짧게 할 수 있어 그만큼 통전 시간을 길게 하는 장점이 있다.

정답 19.② 20.④ 21.① 22.④

23 센서의 고장 진단에 대한 설명으로 가장 옳은 것은?

① 센서는 측정하고자 하는 대상의 물리량(온도, 압력, 질량 등)에 비례하는 디지털 형태의 값을 출력한다.

② 센서의 고장 시 그 센서의 출력 값을 무시하고 대신에 미리 입력된 수치로 대체하여 제어 할 수 있다.

③ 센서의 고장 시 백업(back-up)기능이 없다.

④ 센서 출력 값이 정상적인 범위에 들면, 운전 상태를 종합적으로 분석해 볼 때 타당한 범위를 벗어나더라도 고장으로 인식하지 않는다.

24 점화 1차 파형으로 확인할 수 없는 사항은?

① 드웰 시간
② 방전 전류
③ 점화코일 공급전압
④ 점화 플러그 방전시간

> **해설** 점화 1차 파형으로 드웰 시간, 점화코일 공급전압, 점화플러그 방전시간을 확인할 수 있다.

25 점화 파형에서 파워 TR(트랜지스터)의 통전 시간을 의미하는 것은?

① 전원 전압
② 피크(peak) 전압
③ 드웰(dwell) 시간
④ 점화 시간

> **해설** 드웰 시간이란 파워 트랜지스터의 B(베이스)단자에 ECU를 통하여 전원이 공급되는 시간(파워 트랜지스터가 ON 되고 있는 시간)이다.

26 엔진 시험 장비를 사용하여 점화코일의 1차 파형을 점검한 결과 그림과 같다면 파워 TR이 ON되는 구간은?

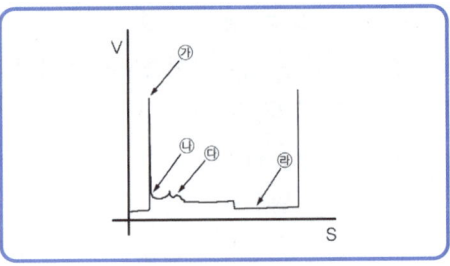

① ㉮
② ㉯
③ ㉰
④ ㉱

27 전자제어 가솔린 장치에서 (-)duty 제어타입 액추에이터(actuator)의 작동 사이클 중 (-)duty가 40%인 경우의 설명으로 옳은 것은?

① 전류 통전시간 비율이 40% 이다.
② 전류 비통전시간 비율이 40% 이다.
③ 한 사이클 중 분사시간의 비율이 60% 이다.
④ 한 사이클 중 작동하는 시간의 비율이 60% 이다.

> **해설** 듀티(duty)란 ON, OFF의 1사이클 중 ON되는 시간을 백분율로 표시한 것이며, (-)듀티가 40% 라면 전류 통전시간 비율이 40% 이다.

28 공회전 속도 조절장치(ISA)에서 열림(open)측 파형을 측정한 결과 ON 시간이 1ms이고, OFF 시간이 3ms일 때 열림 듀티값은 몇 %인가?

① 25
② 35
③ 50
④ 60

> **해설** 듀티율이란 1사이클(cycle) 중 "ON" 되는 시간을 백분율로 나타낸 것이다.
>
> $$듀티율 = \frac{ON\ 시간}{사이클} = \frac{1ms}{1ms + 3ms} \times 100 = 25\%$$

29 오실로스코프에서 듀티 시간을 점검한 결과 아래와 같은 파형이 나왔다면 주파수는?

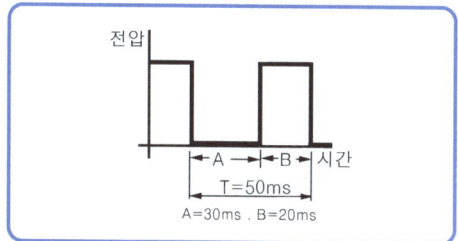

① 20HZ   ② 25HZ
③ 30HZ   ④ 50HZ

해설 주파수$(Hz) = \dfrac{1}{T}$

주파수 $= \dfrac{1 \times 1000}{50\text{m/s}} = 20\text{Hz}$

(단, 1sec=1/1000mS이다.)

30 전자제어 엔진에서의 연료 차단(fuel cut)에 대한 설명으로 틀린 것은?

① 인젝터 분사신호를 정지한다.
② 배출가스 저감을 위함이다.
③ 연비를 개선하기 위함이다.
④ 엔진의 고속회전을 위한 준비 단계이다.

해설 연료 차단(fuel cut) 기능
① 인젝터 분사신호의 정지이다.
② 엔진의 고속회전을 방지하기 위함이다.
③ 연비를 개선하기 위함이다.
④ 배출가스를 정화하기 위함이다.
⑤ 연료 차단 영역은 감속할 때와 고속으로 회전할 경우이다.

31 전자제어 가솔린 엔진에서 일정 회전수 이상으로 상승 시 엔진의 과도한 회전을 방지하기 위한 제어는?

① 출력증량 보정제어
② 연료차단 제어
③ 희박연소 제어
④ 가속보정 제어

해설 연료 공급을 차단하는 이유
① 인젝터 분사신호의 정지인 경우 차단한다.
② 연비를 개선하기 위한 경우 차단한다.
③ 배출가스를 정화하기 위한 경우 차단한다.
④ 엔진의 고속회전을 방지하기 위한 경우 차단한다.
⑤ 자동차를 관성 운전할 경우 차단한다.
⑥ 엔진 브레이크를 사용할 경우 차단한다.
⑦ 주행속도가 일정속도 이상일 경우 차단한다.
⑧ 엔진 회전수가 레드 존(고속 회전)일 경우 차단한다.
⑨ 연료 차단(Fuel cut) 영역은 감속할 때와 고속으로 회전할 경우이다.

32 OBD-2 시스템 차량의 엔진 경고등 점등 관련 두 정비사의 의견 중 맞는 것은?

- 정비사 KIM : 주유 후 연료 캡을 확실히 잠그지 않으면 점등 될 수 있다.
- 정비사 LEE : 증발가스 누설 테스트 결과 미량 누설이 감지되면 점등되지 않는다.

① 정비사 KIM만 옳다.
② 정비사 LEE만 옳다.
③ 두 정비사 모두 틀리다.
④ 두 정비사 모두 옳다.

정답   29.①   30.④   31.②   32.①

1-3　디젤 전자제어 장치 정비

❶ 디젤 전자제어장치 점검·진단

1. 디젤 연료

(1) 경유의 구비조건

① 착화성이 좋을 것　　　　② 세탄가가 높을 것
③ 불순물이 없을 것　　　　④ 황(S) 함유량이 적을 것
⑤ 점도가 적당할 것　　　　⑥ 발열량이 클 것

(2) 세탄가

　디젤 엔진 연료의 착화성은 세탄가로 표시한다. 세탄가란 착화성이 좋은 세탄과 착화성이 나쁜 α-메틸나프탈린의 혼합액이며, 세탄의 함량비율로 표시한다.

$$세탄가 = \frac{세탄}{세탄 + α메틸나프탈린} \times 100$$

2. 디젤 엔진 노크 및 방지 대책

(1) 디젤 노크

　연료가 실린더 내 고온·고압의 공기 중에 분사하여 착화할 때 착화지연기간이 길어지면 실린더 내에 분사하여 누적된 연료량이 일시에 급격히 착화 연소 팽창하게 되어 고열과 함께 심한 충격이 가해지게 된다.

(2) 디젤 노크 방지 대책

① 착화성이 좋은(세탄가가 높은)연료를 사용한다.
② 착화 지연기간을 짧게 한다.
③ 압축비를 높여 압축온도와 압력을 높인다.
④ 분사개시 때 연료 분사량을 적게 하여 급격한 압력상승을 억제한다.
⑤ 흡입공기에 와류를 준다.
⑥ 분사시기를 알맞게 조정한다.
⑦ 엔진의 온도 및 회전속도를 높인다.

3. 전자제어 디젤 엔진 연료장치의 장점

① 유해 배출가스를 감소시킬 수 있다.

② 연료 소비율을 향상시킬 수 있다.

③ 엔진의 성능을 향상시킬 수 있다.

④ 운전 성능을 향상시킬 수 있다.

⑤ 밀집된(compact) 설계 및 경량화를 이룰 수 있다.

⑥ 모듈(module)화 장치가 가능하다.

4. 전자제어 디젤 엔진의 연소과정

(1) 파일럿 분사(pilot injection 착화 분사)

파일럿 분사는 주 분사가 이루어지기 전에 연료를 분사하여 연소가 원활히 이루어지도록 하기 위한 것이며, 엔진의 폭발 소음과 진동을 감소시키기 위한 분사로 파일럿 분사의 기본 값은 냉각수 온도와 흡입 공기량에 의해 조정되며, 그 밖의 제약에 따라 파일럿 분사가 중단될 수 있다. 파일럿 분사 금지 조건은 다음과 같다.

① 파일럿 분사가 주 분사를 너무 앞지르는 경우

② 엔진의 회전속도가 3200rpm 이상인 경우

③ 연료 분사량이 너무 많은 경우

④ 주 분사를 할 때 연료 분사량이 불충분한 경우

⑤ 엔진 작동 중단에 오류가 발생한 경우

⑥ 연료 압력이 최소값(약 100bar)이하인 경우

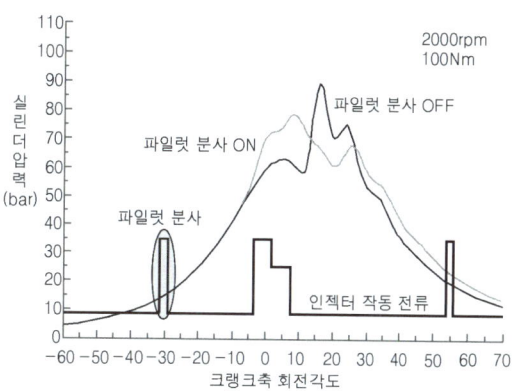

▲ 파일럿 분사 연료 압력의 변화

(2) 주 분사(main injection)

주 분사는 엔진의 출력을 발생하기 위한 것으로 파일럿 분사가 실행되었는지를 고려하여 연료 분사량을 산출하며, 주 분사의 기본 값으로 이용되는 것은 엔진 회전력의 양(액셀러레이터 페달 위치 센서의 값), 엔진의 회전속도, 냉각수 온도, 흡입 공기의 온도, 대기 압력 등이다.

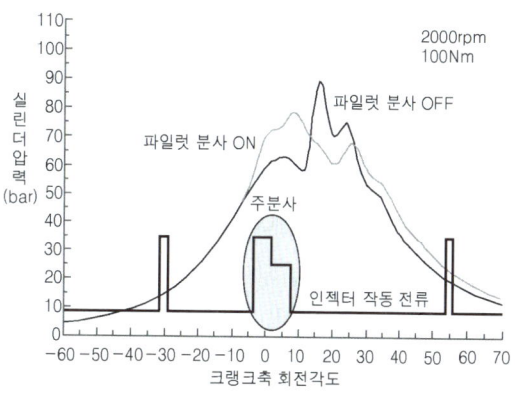

▲ 주 분사 연료 압력의 변화

(3) 사후 분사(post injection)

사후 분사는 배기가스에 연료를 분사하는데 이때 배기가스와 함께 배출된 연료가 연소되면서 배기가스 후처리 장치(DPF ; Diesel Particulate Filter)) 내의 온도를 일정한 값으로 유지하도록 하여 배기가스 후처리 장치에 저장되어 있던 입자상 물질(PM ; Particulate Matters)을 연소시켜 매연의 발생을 저감시키는 역할을 한다. 그러나 사후 분사는 항상 실시하는 것이 아니라 ECM

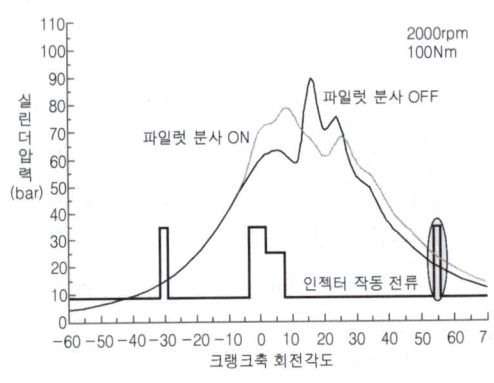

▲ 사후 분사 연료 압력의 변화

(Engine Control Module)에서 사후 분사시기를 판단하여 실시한다. 그리고 공기유량 센서 및 배기가스 재순환(EGR)장치 관계 계통에 고장이 있으면 사후 분사는 중단된다.

5. ECU의 입·출력 요소

(1) ECU 입력 요소

1) 공기량 측정 센서(MAFS ; Mass Air Flow Sensor)

공기량 측정 센서는 핫 필름 형식의 센서로 흡기 라인에 장착되어 흡입 공기량을 측정하여 주파수 신호를 ECM(Engine Control Module)에 전달하는 역할을 한다. ECM은 흡입 공기량이 많을 경우는 가속 상태이거나 고부하 상태로 판정하며, 반대로 흡입 공기량이 적을 경우에는 감속 상태이거나 공회전 상태로 판정한다. ECM은 이러한 센서의 신호를 이용하여 EGR(Exhaust Gas Recirculation)량과 연료량을 보다 정확하게 제어할 수 있다.

2) 부스트 압력 센서(BPS ; Boost Pressure Sensor)

부스트 압력 센서는 피에조 저항 형식의 압력 센서로 흡기 매니폴드 어셈블리 상단에 장착되어 터보차저에서 과급된 흡입 공기의 압력을 측정하는 역할을 한다. ECM은 이 정보를 이용하여 전자식 가변 터보차저(VGT ; Variable Geometry Turbocharger) 컨트롤 액추에이터를 제어함으로써 가변 터보차저를 제어한다. 또한 터보차저의 이상으로 발생할 수 있는 지나치게 높은 과급 압력에 엔진이 손상되는 것을 방지하기 위해 흡기 다기관의 과도한 압력 검출 시 엔진 출력을 제한하여 엔진을 보호하는 역할을 수행한다.

3) 흡기 온도 센서(IATS ; Intake Air Temperature Sensor)

흡기 온도 센서 #1은 공기량 측정 센서에 내장되어 있고 흡기 온도 센서 #2는 인터쿨러 파이프에 장착되어 있다. 흡기 온도 센서는 온도와 저항이 반비례하는 부저항 온도계수의 특성을 가진 서미스터 형식이다. 흡기 온도 센서 #1과 흡기 온도 센서 #2는 각각 터보차저의 입구 및 출구의 흡기 온도를 비교하여 정확한 흡기 온도를 감지할 수 있다. ECM은 이 정보를 이용하여 EGR량의 보정과 연료 분사량의 보정을 정밀하게 제어할 수 있다.

4) 냉각 수온 센서(ECTS ; Engine Coolant Temperature Sensor)

냉각 수온 센서는 실린더의 냉각수 통로에 배치되어 엔진 냉각수의 온도를 측정한다. 냉각 수온 센서의 서미스터는 온도와 저항이 반비례하는 부저항 온도계수의 특성을 가지고 있다. 냉간 시동 시 엔진의 시동 꺼짐 혹은 엔진 부조를 방지하기 위하여 ECM은 냉각 수온의 정보를 통해 연료 분사량과 분사시기를 보정한다.

5) 크랭크샤프트 포지션 센서(CKPS ; Crankshaft Position Sensor)

크랭크샤프트 포지션 센서는 변속기 하우징에 장착되어 있으며, 크랭크샤프트의 위치를 검출한다. ECM은 크랭크샤프트 포지션 센서의 신호를 이용하여 연료 분사시기를 결정하는 기본 요소인 크랭크샤프트의 위치와 엔진 회전수를 계산할 수 있다.

6) 캠 샤프트 포지션 센서(CMPS ; Camshaft Position Sensor)

캠 샤프트 포지션 센서는 홀 소자를 이용하여 캠 샤프트의 위치를 검출하는 센서로서 크랭크샤프트 포지션 센서와 동일 기준점으로 하여 캠 샤프트 또는 캠 기어를 기준으로 크랭크샤프트 포지션 센서로 확인이 불가능한 개별 피스톤의 위치를 알 수 있다. ECM은 캠 샤프트 포지션 센서의 신호를 이용하여 각 실린더의 정확한 위치(행정)를 알 수 있으며, 연료 분사를 순차적으로 제어할 수 있다.

7) 레일 압력 센서(RPS ; Rail Pressure Sensor)

레일 압력 센서는 피에조 저항 압력 센서 형식으로 커먼레일 내부의 연료 압력을 측정하는 역할을 한다. 레일 압력 센서에 내장되어 있는 센서 소자는 연료 압력에 비례하는 전압을 ECM에 전달하며, ECM은 이 신호를 이용하여 정확한 연료 분사량과 분사시기를 제어한다. 또한 센서의 출력 신호로 계산된 실제 레일 압력과 목표 레일 압력이 다를 경우 레일 압력 조절 밸브를 이용하여 레일 압력을 조절한다.

8) 연료 온도 센서(FTS ; Fuel Temperature Sensor)

연료 온도 센서는 서미스터 형식으로 연료 탱크로부터 공급된(연료 필터 경유) 연료의 온도를 측정한다. 연료 온도 센서의 서미스터는 온도와 저항이 반비례하는 부저항 온도계수의 특성을 가지고 있다.

ECM은 이 센서의 신호를 이용하여 연료량을 보정하며, 과도한 온도 상승을 방지하기 위해 연료 분사량을 제한하여 엔진의 출력을 조절한다. 이는 연료 온도 상승으로 인한 연료 라인의 베이퍼 록 현상과 연료 유막(점도)의 파괴 현상을 방지할 수 있다.

9) 람다 센서(λ Sensor)

람다 센서는 지르코니아(ZrO_2) 형식으로 배기가스 내의 산소 밀도를 검출하는데 이는 연료량 제어를 통하여 EGR을 정밀하게 제어할 수 있도록 한다. 또한 고부하 운전 조건에서 농후한 연소로 발생되는 스모그를 억제하는 역할도 한다. 이때 ECM은 람다 센서에서 검출되는 공연비(λ)가 1.0이 되도록 펌핑 전류를 람다 센서로 공급하거나 센서로부터 회수한다.

람다 센서는 측정 온도 450~600℃에서 가장 활발하고 빠른 응답성을 보여주는데 적정 온도를 형성하기 위해서 센서 내에는 히팅 코일로 구성된 히터가 내장되어 있으며, 이 히터는 ECM의 PWM(Pulse Width Modulation)의 신호로 제어된다. 코일의 온도가 낮을 경우 코일의 저항이 감소하여 전류가 많아진다. 반면 코일의 온도가 높을 경우 코일의 저항이 증가하여 전류가 적어진다. 이러한 원리로 람다 센서의 온도가 측정되며, 이 측정 온도를 기준으로 히터가 제어된다.

10) DFP 차압 센서(Diesel Particulate Filter Differential Pressure Sensor)

DPF 차압 센서는 피에조 저항 형식으로 DPF 장치의 재생 시기를 판단하기 위한 입자상 물질의 포집량을 예측하기 위해 여과기 입구와 출구의 압력 차이를 측정한다. ECM은 이 센서의 측정값을 이용하여 DPF 안에 포집된 매연 량을 측정하고 재생 여부를 결정한다.

차압 센서는 여과기 앞뒤에 각각 1개씩의 센서를 설치한 것이 아니라 1개의 센서를 이용하여 2개의 파이프에서 발생하는 압력 차이를 검출하여 ECM으로 입력시킨다. 그리고 입구와 출구의 압력 차이가 20~30kPa(200~300bar) 이상이 되면 재생 모드로 진입한다.

11) 배기가스 온도 센서(EGTS ; Exhaust Gas Temperature Sensor)

배기가스 온도 센서 #1·#2는 매연 저감 장치(DPF ; Diesel Particulate Filter)에 장착되어 VGT 안으로 유입되는 배기가스의 온도와 DPF 안으로 유입되는 배기가스 온도를 감지한다. DPF 재생을 만족시키는 조건이 되었을 때 ECM은 배기가스를 이용하여 DPF 안에 포집된 매연(soot)을 태우게 된다. 이때 배기가스의 온도는 엔진 조건의 아주 중요한 요소 중 하나이다.

배기가스 온도 센서 #1은 폭발 행정 말에 분사되는 포스트 1 분사는 배출되는 배기가스에 화염을 발생시켜 배기가스 온도를 직접적으로 상승시킨다. 배기가스 온도 센서 #1은 이때 상승되는 온도를 검출하여 성공적인 포스트 1 분사를 모니터 하며, 지나치게 온도가 상승되는 것을 방지한다.

배기가스 온도 센서 #2는 배기 행정 초에 분사되는 포스트 2 분사의 연소되지 않은 연료(HC)를 배기가스에 유입시켜 산화 촉매에 HC를 공급한다. 산화 촉매에 유입된 HC는 화학 반응에 의해 산화 촉매의 온도를 상승시켜 촉매 필터에 포집된 분진(PM ; Particulate Matters)을 연소시키기 위한 온도로 상승시키며, 과도한 온도 상승으로 인한 매연 저감 장치 내의 촉매 필터의 손상을 방지한다.

12) PM 센서(PMS ; Particulate Matters Sensor)

PM(입자상 물질) 센서는 센터 머플러에 장착되어 있으며, DPF 후단에 PM을 감지하여 신호 처리 후 ECM으로 CAN(Controller Area Network) 통신을 통해서 데이터를 보내면 DPF의 이상 유무를 판단한다. 감지된 PM 값은 DPF 모니터링용으로 사용된다.

13) 오일 온도 센서(OTS ; Oil Temperature Sensor)

오일 온도 센서는 가변 오일 펌프 시스템에서 펌프 구동 비례 제어 밸브를 제어하기 위한 오일 온도 정보를 생성한다. 오일 펌프로부터 토출되는 오일 온도를 측정하여 ECM으로 온도 정보를 전달하면 ECM은 비례 제어 밸브를 조절하여 rpm(revolution per minute)에 따라 토출되는 압력을 일정하게 유지하는 역할을 한다. 오일 압력 & 오일 온도 센서(OPTS)는 CVVT 오일 온도 센서(OTS)와 2단 가변 오일펌프 제어용 오일 압력 센서(OPS)의 두 가지 기능을 수행한다.

14) 액셀러레이터 위치 센서(APS ; Accelerator Position Sensor)

액셀러레이터 위치 센서는 운전자의 가속 의지를 ECM에 전달하여 가속 요구량에 따른 연료량을 결정하게 하는 가장 중요한 센서이다. 액셀러레이터 위치 센서는 신뢰도가 중요한 센서로 주 신호인 센서 1과 센서 1을 감시하는 센서 2로 구성되어 있다. 센서 1과 2는 서로 독립된 전원과 접지로 구성되어 있으며, 센서 2는 센서 1 출력의 1/2로 출력을 발생하여 센서 1과 2의 전압 비율이 일정 이상 벗어날 경우 결함으로 판정한다.

(2) ECU 출력 요소

1) 인젝터(Injector)

인젝터는 커먼 레일에 저장된 고압의 연료를 실린더 내에 직접 분사하는 역할을 한다. CRDI(Common Rail Direct Injection) 엔진에서 인젝터의 연료 분사는 3단계로 이루어지는데 제 1단계가 파일럿 분사, 제 2단계가 주 분사, 제 3단계가 사후 분사이다. 이 3단계의 연료 분사는 연료 압력과 온도에 따라 연료 분사량과 분사시기를 보정한다.

2) 연료 압력 조절 밸브(FPCV ; Fuel Pressure Control Valve)

연료 압력 조절 밸브는 고압 연료 펌프에 장착되어 고압 연료 회로에 공급되는 연료 압력을 조절하는 역할을 한다. 연료 압력 조절 밸브와 레일 압력 조절 밸브의 이중 연료 압력 제어 시스템은 유입과 유출을 동시에 제어함으로써 다양한 엔진 운전 조건에 따라 연료 압력을 빠르고 정확하게 제어할 수 있다.

3) 레일 압력 조절 밸브(RPRV ; Fuel Pressure Regulator Valve)

레일 압력 조절 밸브는 커먼레일에 각각 장착되어 리턴되는 연료 압력을 조절하는 역할을 한다. 연료 압력 조절 밸브와 레일 압력 조절 밸브의 이중 연료 압력 제어 시스템은 유입과 유출을 동시에 제어함으로써 다양한 엔진 운전 조건에 따라 연료 압력을 빠르고 정확하게 제어할 수 있다.

4) 전자식 EGR 컨트롤 밸브(Electric Exhaust Gas Recirculation Control Valve)

전자식 EGR 컨트롤 밸브는 EGR 쿨러와 배기 라인 사이에 장착되어 흡기 요구량과 엔진 부하 등으로 계산된 ECM의 듀티 신호에 의해 배기가스 량을 제어하는 솔레노이드 형식의 밸브이다. 배기가스 재순환(EGR) 장치는 연소실 내의 과도한 온도와 공기량을 줄이기 위하여 배기가스를 흡입 공기로 재사용하는 시스템이다.

5) 에어 컨트롤 밸브(ACV ; Air Control Valve ; 공기 조절 밸브)

에어 컨트롤 밸브(스로틀 밸브)는 디젤 엔진의 스로틀 바디에 장착되어 있으며, ECM에서 오는 PWM 신호에 따라서 에어 컨트롤 밸브를 제어한다. 구성은 에어 컨트롤 밸브를 작동시키는 DC 모터, DC 모터와 에어 컨트롤 밸브 사이에 장착되어 DC 모터의 토크를 증대시키는 2스텝 기어, 에어 컨트롤 밸브의 상태를 감지하는 포지션 센서, ECM으로부터 신호를 받아서 DC 모터를 구동하는 컨트롤 유닛, 에어 컨트롤 밸브를 원위치(열림) 상태로 복귀시켜 주는 리셋 스프링으로 구성되어 있다. 에어 컨트롤 밸브는 진동 방지 기능, EGR을 위한 흡입공기 제어, DPF 재생을 위한 배기가스 온도 제어를 한다.

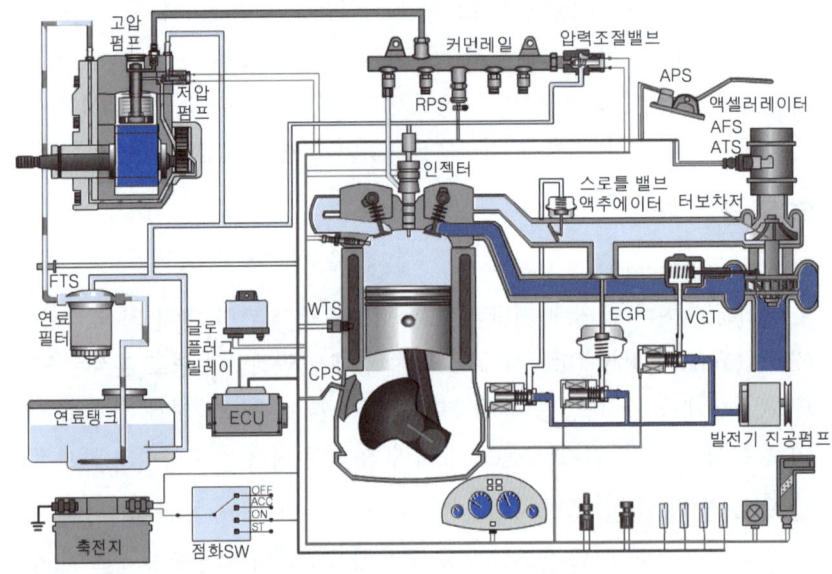

△ 전자제어 디젤 엔진 구성도

6. 전자제어 디젤 엔진의 연료장치

(1) 저압 연료 펌프(Low Pressure Fuel Pump)

① 저압 연료 펌프는 연료 탱크 내에 장착되어 있는 전기 펌프이다.

② 연료 탱크로부터 연료를 고압 연료 펌프(연료 필터 경유)까지 공급한다.

③ 연료 탱크 내부에 설치하는 방식과 외부에 설치하는 방식이 있다.

④ 저압 연료 계통에 고장이 발생하였을 때 연료 공급을 차단하는 작용도 한다.

⑤ 엔진의 회전속도에 관계없이 연속적으로 작동한다.

△ 연료 펌프

(2) 오버 플로 밸브(Over Flow Valve)

저압 연료 펌프에서 공급되는 6.5~8.5bar의 연료는 연료 필터를 거쳐 고압 연료 펌프로 공급되고 과잉으로 공급된 연료는 오버플로 밸브를 거쳐 연료 탱크로 리턴된다.

(3) 연료 수분 감지 센서

① 연료 필터 하단부에 장착되어 연료에 포함된 수분을 감지하는 역할을 한다.

② 연료 필터에 축적된 수분이 적정량 이상이 되면 클러스터에 수분 감지 램프가 점등됨과 동시에 엔진 연료 분사장치의 시스템 보호를 위해 ECM에 신호를 전달하여 엔진의 출력을 제한한다.

③ 정전 용량 방식의 센서로 접지되어 있는 필터 내부에 물이 찰 경우 센서 전극(수분 감지 부위)을 통해 차체로 접지되어 필터 내의 포집 상태를 감지한다.

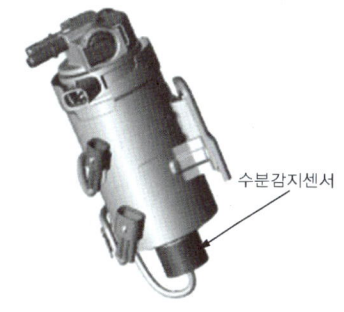

수분감지센서

🔺 수분 감지 센서

(4) 연료 온도 센서(FTS ; Fuel Temperature Sensor)

연료 온도 센서는 서미스터 형식으로 연료 탱크로부터 공급된(연료 필터 경유) 연료의 온도를 측정한다. ECM은 이 신호를 이용하여 연료량을 보정하며, 과도한 온도 상승을 방지하기 위해 연료 분사량을 제한하여 엔진의 출력을 조절한다. 이는 연료 온도 상승으로 인한 연료 라인의 베이퍼 록 현상과 연료 유막(점도)의 파괴 현상을 방지할 수 있다.

(5) 연료 펌프 컨트롤 모듈(FPCM : Fuel Pump Control Module)

① 저압 연료 펌프 내에 장착된 연료 펌프 모터를 제어하는 역할을 한다.

② ECM으로부터 수신된 목표 연료 압력과 연료 압력 센서에서 측정된 현재의 연료 압력을 비교하여 연료 압력 센서를 통해 측정된 값을 바탕으로 저압 연료 펌프를 피드백 제어하여 목표 연료 압력을 만들어 낸다.

(6) 연료 필터(연료 여과기 Fuel Filter)

연료 필터는 연료 탱크로부터 공급된 연료를 고압 연료 공급 계통에 전달하기 전에 연료 속의 수분 및 이물질을 여과하는 역할을 하며, 연료 가열 장치가 설치되어 있어 겨울철에 냉각된 엔진을 시동할 때 연료를 가열한다.

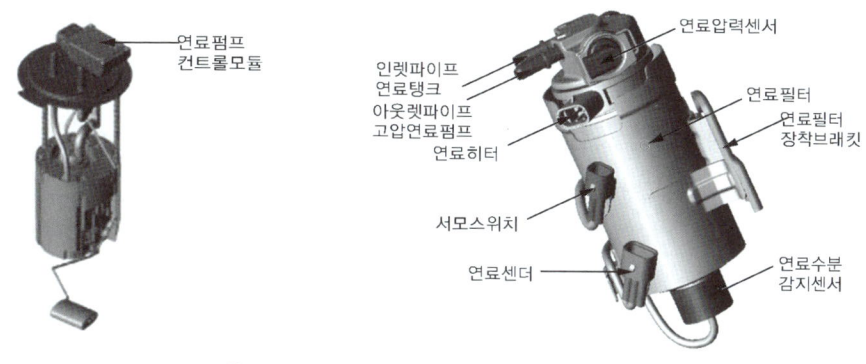

연료펌프
컨트롤모듈

인렛파이프
연료탱크
아웃렛파이프
고압연료펌프
연료히터

서모스위치

연료센더

연료압력센서

연료필터
연료필터
장착브래킷

연료수분
감지센서

🔵 연료 펌프 컨트롤 모듈 및 연료 필터

(7) 연료 압력 센서(FPS ; Fuel Pressure Sensor)

연료 압력 센서는 연료 필터 상단에 장착되어 있으며, 저압 연료 라인의 압력을 측정한다. 측정된 현재의 연료 압력과 소모되고 있는 연료량을 기준으로 연료 펌프 컨트롤 모듈(FPCM ; Fuel Pump Control Module)에서 판단하여 저압 연료 펌프의 작동 유무를 제어하게 된다. 저압 연료 펌프 작동 후 FPS는 지속적으로 연료 압력을 측정함으로써 FPCM과의 피드백 신호에 의해 저압 연료 공급을 제어하게 된다.

(8) 고압 연료 펌프(High Pressure Fuel Pump)

① 최대 2,000bar 압력까지 연료를 가압하여 고압의 연료 라인을 통해 커먼 레일로 공급하는 역할을 한다.

② 엔진의 타이밍 체인(벨트)이나 캠축에 의해 구동된다.

③ 저압 연료 펌프에서 공급된 연료를 고압으로 형성하여 커먼 레일로 공급한다.

④ 공급된 연료 압력을 연료 압력 제어 밸브에서 규정 값으로 유지시킨다.

⑤ 고압 연료 펌프 내의 윤활은 연료에 의해 이루어진다.

⑥ 고압 연료 펌프의 작동 부분에 공급된 연료는 복귀 계통을 통하여 연료 탱크로 되돌아간다.

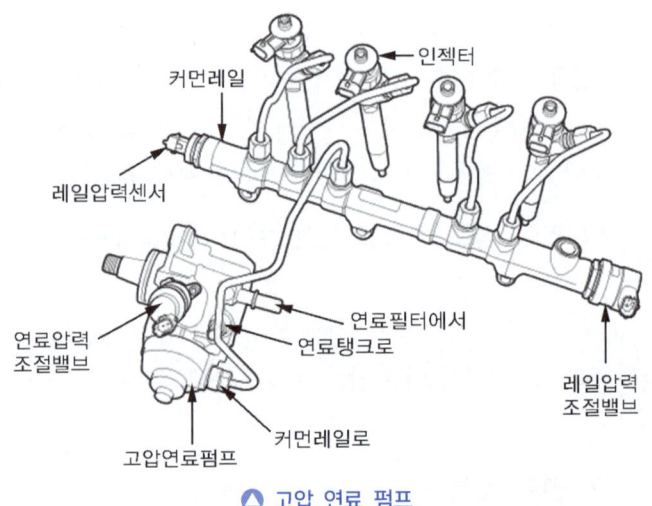

▲ 고압 연료 펌프

(9) 커먼 레일(Common Rail)

커먼 레일(고압 어큐뮬레이터)은 고압 연료 펌프에서 가압된 고압의 연료를 저장하는 장치이다. 고압 연료 파이프로 서로 연결되어 항상 같은 압력이 유지되며, 고압 연료 펌프와 인젝터도 고압 연료 파이프를 통하여 커먼 레일과 연결되어 있다. ECM이 커먼 레일의 연료 압력을 제어할 수 있도록 커먼 레일 끝단에는 각각 레일 압력 센서와 레일 압력 조절 밸브가 장착되어 있다.

(10) 연료(레일) 압력 조절 밸브(FPCV ; Fuel Pressure Control Valve)

연료 압력 조절 밸브와 레일 압력 조절 밸브는 고압 연료 펌프와 커먼 레일에 각각 장착되어 있으며, 고압 연료 회로에 공급되는 연료 압력과 리턴되는 연료 압력을 조절하는 역할을 한다. 이러한 2중 연료 압력 제어 시스템은 유입과 유출을 동시에 제어함으로써 다양한 엔진 운전 조건에 따라 연료 압력을 빠르고 정확하게 제어할 수 있다.

(11) 고압 연료 파이프(High Pressure Fuel Pipe)

고압 연료 파이프는 고압 연료 펌프에서 가압된 연료가 커먼 레일, 인젝터로 이송되는 관로이며, 최대의 연료 압력에 도달 시 또는 연료 분사가 정지 시에 발생될 수 있는 고주파의 압력 변동을 견딜 수 있는 스틸 튜브이다. 고압 연료 파이프는 짧을수록 좋으며, 커먼 레일과 인젝터 사이의 거리는 모두 동일하다.

(12) 인젝터(Injector)

인젝터는 커먼 레일에 저장된 고압의 연료를 실린더 내에 직접 분사하는 역할을 한다. CRDI 엔진에서 인젝터의 연료 분사는 3단계로 이루어지는데 제 1단계가 파일럿 분사, 제 2단계가 주 분사, 제 3단계가 사후 분사이다. 이 3단계의 연료 분사는 연료 압력과 온도에 따라 연료 분사량과 분사시기를 보정한다.

② 디젤 전자제어장치 조정

1. 자기진단

연료 제어와 관련된 중요 부품 고장 시에는 시동이 불가능해지므로 자기진단 고장 코드를 점검한다. 전자 제어 시스템별로 차이가 있으나 인젝터, 연료 압력 조절기 등의 전기 제어적인 고장 시에는 시동이 불가능해지므로 해당 자기진단 고장 코드가 검출되었을 때는 해당 부품의 커넥터 및 퓨즈 등을 점검하여 수리 후 자기진단 장비를 이용하여 과거 고장 기억을 소거시킨다.

2. 고장 코드 진단

① 키 스위치를 OFF시킨다.
② 진단 장비를 자기진단 커넥터에 연결한다.
③ 키 스위치를 ON시킨다.
④ 진단 장비를 이용하여 자기진단 고장 코드를 점검한다.
⑤ 자기진단 고장 코드 및 각 고장 코드별 고장 부위를 점검 또는 수리한다.
⑥ 자기진단 고장 코드는 시동 OFF, 키 스위치 ON 상태에서 소거 기능키를 이용하여 삭제한 후 시동하여 자기진단 고장 코드가 재 점등되지 않으면 정상이다.
⑦ 진단 장비를 분리한다.

③ 디젤 전자제어장치 수리

1. 안전 유의 사항

① 공구와 정비지침서, 재료 등을 충분히 검토한다.
② 소화기를 비치하여 화재사고에 대비하고 인화성 물질은 별도의 안전한 곳에 보관한다.
③ 작업시작 전에 작업장 주위를 깨끗이 정리정돈 하고 작업에 임한다.

④ 적절한 공구를 사용하고 안전과 화재에 주의한다.

⑤ 오일이 누유 되었을 경우 바닥을 깨끗이 닦아 미끄러지지 않도록 한다.

⑥ 너트 체결 시 무리한 힘을 가하지 말고 규정된 토크로 조여 고정한다.

⑦ 먼지나 미세 물질의 비산으로 인한 이물질로 눈을 상하게 할 수 있는 작업은 반드시 보안경을 착용하고 수행한다.

⑧ 분진이 발생할 수 있는 작업은 반드시 방진 마스크를 착용하고 수행한다.

⑨ 작업장 내에서는 반드시 안전화를 착용하도록 한다.

⑩ 차량용 리프트 상승, 하강 시 차량 주위에 사람이나 장애물이 있는지 확인한 후 안전하게 작동한다.

⑪ 장비의 이상 발생 시 즉시 사용을 중지한다.

⑫ 모든 부품은 분해, 조립 순서로 작업을 실시하고, 분해된 부품은 순서에 따라 작업대에 정리한다.

2. 전기식 연료 펌프의 전기 회로 수리.

전기식 저압 펌프를 사용하는 전자제어 디젤 차량에서 점화스위치 ON 시 전기식 연료 펌프 작동 음이 들리지 않으며, 크랭킹은 가능하나 시동이 불가능한 경우, 회로를 점검 수리한다.

① 연료 펌프 커넥터를 탈거한 후 점화 스위치를 ON시켜 배터리 전압이 감지되는지 확인한다.

㉮ 전압이 감지되면 연료 펌프의 저항값을 측정하여 이상 시에는 펌프를 교환한다.

㉯ 저항값이 정상일 경우에는 연료 펌프의 접지를 확인한 후 수정한다.

② 엔진룸 정선 박스의 연료 펌프 퓨즈(20A)의 단선 상태를 점검하여 이상 시 퓨즈를 교환하고 퓨즈가 정상이라면 퓨즈를 뺀 상태에서 퓨즈 단자 한 곳에 배터리 상시 전원이 인가되는지 확인한다.

③ 엔진룸 정선 박스의 EGR 퓨즈(15A)의 단선 상태를 점검하여 이상이 없으면 퓨즈를 뺀 상태에서 점화 스위치 ON 시 퓨즈 단자의 한 곳에 전압이 감지되면 연료 펌프 릴레이를 점검한다.

④ 엔진룸 정선 박스에서 메인 퓨즈(30A)의 단선 상태를 점검하여 단선 시 퓨즈를 신품으로 교환하고 이상이 없으면 엔진 컨트롤 릴레이를 점검한다.

⑤ 엔진 컨트롤 릴레이를 단품 점검하여 이상이 없으면 ECU ①번 단자로 점화스위치 ON 시 입력되는 전압을 확인하여 이상이 없으면 ECU를 의심하고, 이상이 있으면 시동 장치의 회로를 분석한다.

3. 연료 라인의 공기빼기

(1) 기계식 저압 펌프의 공기빼기

① 배터리 (−)터미널 및 연료 공기빼기 플러그를 탈거한 후 헝겊을 준비한다.

② 프라이밍 펌프를 뻑뻑해질 때까지 여러 번 반복하여 누른다.

③ 프라이밍 펌프를 누른 상태에서 에어빼기 플러그를 열었다 닫는다.

④ 프라이밍 펌프를 이용하여 위 과정을 2~3회 반복하여 공기를 빼낸다.

⑤ 연료 필터 주변의 경유를 깨끗이 닦아낸다.

⑥ 배터리 (−)터미널 연결한 후 점화스위치를 이용하여 한번에 시동 여부를 확인한다.

(2) 전기식 저압 펌프의 공기빼기(구형)

① 키 스위치를 ON시킨 후 2~3초 동안 저압 펌프가 강제 작동하는지 확인한다.

② 키 스위치를 OFF시킨 후 다시 ON시켜 저압 펌프를 다시 강제 작동시킨다.

③ 키 스위치를 이용하여 한 번에 시동 여부를 확인한다.

(3) 전기식 저압 펌프의 공기빼기(신형)

인젝터, 고압 펌프, 커먼레일 등 연료 중요 부품 교환 후에는 시동 시간 단축 및 고압 펌프 보호를 위하여 키 스위치를 ON시킨 후 30초 동안 전기식 저압 펌프를 강제로 구동시켜 준다.

① 자기 진단기를 진단 터미널에 연결한 후 키 스위치를 ON시킨다.

② 차종 및 엔진 제어 디젤을 선택한 후 연료 라인 공기빼기를 선택한다.

③ 실행 버튼을 누른 후 30초 동안 저압 펌프를 강제 구동시킨다.

④ 키 스위치를 이용하여 한 번에 시동 여부를 확인한다.

④ 디젤 전자제어장치 교환

1. 고압 연료 관련 부품 탈거 시 주의 사항

① 연료 분사 시스템은 높은 압력(최대 2,000bar) 상황에서 작동하므로 주의를 필요로 한다.

② 엔진 작동 중이거나 시동을 끈 후 30초 동안은 커먼레일 연료 분사 시스템과 관련된 어떠한 작업도 해서는 안 된다.

③ 작업과 관련하여 항상 안전 사항을 지켜야 한다.

④ 작업 영역을 청결하게 유지해야 하며, 커먼레일 구성 부품은 항상 청결하게 취급한다.

⑤ 연료 시스템 조립 시 내부에 이물질이 유입되지 않도록 주의해서 조립한다.

⑥ 연료 인젝터, 튜브 호스 등 이물질 유입 방지용 보호 캡은 장착 바로 직전에 탈거한다.

⑦ 인젝터 탈장착 시 인젝터 접촉부는 세척하고 동 와셔는 새것으로 교환해 준다.

⑧ 인젝터 동 와셔에 디젤유를 도포한 다음 실린더 헤드에 삽입한다.

⑨ 실린더 헤드에 인젝터를 삽입할 시 충격 등의 손상이 없도록 정확히 삽입한다.

⑩ 고압 연료 튜브는 재사용하지 않는다.

⑪ 고압 연료 튜브 조립 시 플레어 너트는 상대 부품과 수직으로 체결한다.

2. 인젝터 교환

① 엔진 커버를 탈거한 다음 키 스위치를 OFF하고 배터리 (−)터미널을 탈거한다.

② 인젝터 커넥터를 탈거한 후 리턴 포트의 클립을 롱 로즈 플라이어를 이용하여 탈거한다.

③ 인젝터 리턴 포트에서 리턴 호스를 탈거한 후 커먼레일로 가는 고압 파이프 플랜지 너트의 토크를 해제한다.

④ 커먼레일에 연결된 플랜지 너트의 토크를 해제한 후 분배 파이프를 탈거한다.

⑤ 클램프 고정 볼트의 토크를 해제한 후 클램프를 인젝터로부터 이격시켜 탈거한다.

⑥ 인젝터 고정 볼트 캡을 표시되어 있는 방향으로 돌려서 탈거한다. 90도 회전마다 잠김/열림이 변한다.

⑦ 클램프 고정 볼트의 토크(2.5~3.0kgf.m)를 해제하고 스틱 자석과 드라이버를 이용하여 볼트를 조심스럽게 들어 올린다.

⑧ 드라이버를 이용하여 클램프를 인젝터 반대 방향으로 조심스럽게 이격시켜 인젝터를 탈거한다.

⑨ 고착되어 잘 빠지지 않는 경우에는 인젝터 리무버와 어댑터를 이용하여 당겨서 탈거한다.

⑩ 인젝터 홀을 깨끗이 청소한 후 인젝터를 분해의 역순으로 장착하며 반드시 규정의 토크 값으로 조인다.

⑪ 자기 진단기를 진단 터미널에 연결한 후 키 스위치를 ON시킨다.

⑫ 차종 및 엔진 제어 디젤을 선택한 후 인젝터 데이터 입력을 선택한다.

⑬ 자기 진단기 화면의 지시에 따라 교환하고자 하는 인젝터 상단의 고유번호를 입력한다.

⑭ 자기 진단기를 진단 터미널로 부터 분리하고 엔진을 시동한다.

3. 커먼레일 파이프 교환 (A엔진 중심)

① 배터리 (−)터미널을 분리한다.

② 커먼레일 파이프 중앙에 있는 레일 압력 센서 커넥터와 연료 압력 조절기 커넥터를 탈거한다.

③ 27mm 스패너를 이용하여 연료 압력 센서를 탈거한다.

④ 고정 볼트 2개를 풀고 연료 압력 조절기를 탈거한다.

⑤ 커먼레일 파이프를 고정하고 있는 볼트 3개를 풀어 커먼레일 파이프를 탈거한다.

⑥ 커먼레일 파이프 속으로 이물질이 들어가지 않도록 더스트 캡을 씌운다.

⑦ 분해의 역순으로 커먼레일 파이프를 조립하고 볼트는 규정의 토크로 조인다.

⑧ 자기 진단기를 이용하여 연료 압력 센서 학습값 리셋을 실시한다.

4. 전기식 저압 펌프 교환(D엔진 중심)

① 배터리 (−)터미널을 탈거한 후 리프트를 이용하여 차량을 상승시킨다.

② 전기식 저압 펌프의 커넥터를 탈거한 후 펌프 전후에 연결된 원터치 피팅을 분리한다.

③ 고정 볼트를 풀고 전기식 저압 펌프 어셈블리를 탈거한다.

④ 저압 펌프의 홀더를 열고 저압 펌프를 분리한다.

⑤ 신품의 전기식 저압 펌프를 분해의 역순으로 조립한다.

⑥ 키 스위치를 이용하여 연료 라인의 공기를 빼주고 한 번에 시동을 확인한다.

5. 연료 필터 및 연료 히터 코일 교환

① 배터리 및 엔진 ECU를 탈거한다.

② 연료 히터 코일 및 연료 온도 스위치 커넥터를 탈거한다.

③ 연료 필터 입구 및 출구 퀵 커넥터를 탈거한 후 필터 브래킷 고정 볼트를 푼다.

④ 연료 필터 어셈블리를 들어 올려 필터 뒤에 있는 수분 경고 센서 커넥터를 탈거한다.

⑤ 홀더, 브래킷을 분리한다.

⑥ 필터 렌치를 이용하여 연료필터를 반시계 방향으로 풀어 주며, 필터 및 연료 히터 코일을 탈거한다.

⑦ 연료 필터 O링에 경유를 도포하고 필터 렌치를 이용하여 연료 필터를 히터 코일 어셈블리에 조여 준다.

⑧ 신품의 연료 필터 및 연료 히터 코일을 분해의 역순으로 조립한다.

⑨ 프라이밍 펌프를 이용하여 연료 라인의 공기를 빼주고 ECU 및 배터리를 조립한다.

⑩ 키 스위치를 이용하여 엔진의 한 번에 시동 여부를 확인한다.

5 디젤 전자제어장치 검사

1. 디젤 전자제어 장치 검사

디젤 엔진 제어장치의 구성 부품(센서, ECM, 인젝터 등)에 이상이 있으면 다양한 엔진 작동 조건에 알맞은 연료량을 공급할 수 없게 되므로 엔진 시동이 어렵거나 시동이 걸리지 않으며, 공회전 부조 및 가속 불량의 현상이 발생한다.

2. 운행차량 배출가스 정기검사 및 방법

(1) 배출가스 검사대상 자동차의 상태

1) 검사 기준

① 원동기가 충분히 예열되어 있을 것

② 변속기는 중립의 위치에 있을 것

③ 냉방장치 등 부속장치는 가동을 정지할 것

2) 검사 방법

① 수냉식 기관의 경우 계기판 온도가 40℃ 이상 또는 계기판 눈금이 1/4 이상이어야 하며, 원동기가 과열되었을 경우에는 원동기실 덮개를 열고 5분 이상 지난 후 정상상태가 되었을 때 측정한다.

② 온도계가 없거나 고장인 자동차는 원동기를 시동하여 5분이 지난 후 측정한다.

③ 변속기의 기어는 중립(자동변속기는 N)위치에 두고 클러치를 밟지 않은 상태(연결된 상태)인지를 확인한다.

④ 냉・난방장치, 서리 제거기 등 배출가스에 영향을 미치는 부속장치의 작동 여부를 확인한다.

(2) 매연

1) 검사 기준

광투과식 분석방법(부분유량 채취방식만 해당한다)을 채택한 매연 측정기를 사용하여 매연을 측정한 경우 측정한 매연의 농도가 운행차 정기검사의 광투과식 매연 배출허용기준에 적합할 것.

2) 검사 방법

① 측정 대상자동차의 원동기를 중립인 상태(정지 가동상태)에서 급가속하여 최고 회전속도 도달 후 2초간 공회전시키고 정지가동(Idle) 상태로 5~6초간 둔다. 이와 같은 과정을 3회 반복 실시한다.

② 측정기의 시료 채취관을 배기관의 벽면으로부터 5mm 이상 떨어지도록 설치하고 5cm 정도의 깊이로 삽입한다.

③ 가속페달에 발을 올려놓고 원동기의 최고 회전속도에 도달할 때까지 급속히 밟으면서 시료를 채취한다. 이때 가속페달을 밟을 때부터 놓을 때까지 걸리는 시간은 4초 이내로 한다.

④ 위 ③의 방법으로 3회 연속 측정한 매연농도를 산술 평균하여 소수점 이하는 버린 값을 최종측정치로 한다. 다만, 3회 연속 측정한 매연농도의 최대치와 최소치의 차가 5%를 초과하거나 최종 측정치가 배출허용기준에 맞지 아니한 경우에는 순차적으로 1회씩 더 측정하여 최대 5회까지 측정하면서 매회 측정시마다 마지막 3회의 측정치를 산출하여 마지막 3회의 최대치와 최소치의 차가 5% 이내이고 측정치의 산술 평균값도 배출허용기준 이내이면 측정을 마치고 이를 최종 측정치로 한다.

⑤ 위 ④의 단서에 따른 방법으로 5회까지 반복 측정하여도 최대치와 최소치의 차가 5%를 초과하거나 배출허용기준에 맞지 아니한 경우에는 마지막 3회(3회, 4회, 5회)의 측정치를 산술하여 평균값을 최종 측정치로 한다.

3. 운행차량 배출허용기준(매연)

차　종	제작일자	매　연
경자동차 및 승용자동차	1995년 12월 31일 이전	60% 이하
	1996년 1월 1일부터 2000년 12월 31일까지	55% 이하
	2001년 1월 1일부터 2003년 12월 31일까지	45% 이하
	2004년 1월 1일부터 2007년 12월 31일까지	40% 이하
	2008년 1월 1일부터 2016년 8월 31일까지	20% 이하
	2016년 9월 1일 이후	10% 이하

승합·화물·특수자동차	소형	1995년 12월 31일 이전		60% 이하
		1996년 1월 1일부터 2000년 12월 31일까지		55% 이하
		2001년 1월 1일부터 2003년 12월 31일까지		45% 이하
		2004년 1월 1일부터 2007년 12월 31일까지		40% 이하
		2008년 1월 1일부터 2016년 8월 31일까지		20% 이하
		2016년 9월 1일 이후		10% 이하
	중형	1992년 12월 31일 이전		60% 이하
		1993년 1월 1일부터 1995년 12월 31일까지		55% 이하
		1996년 1월 1일부터 1997년 12월 31일까지		45% 이하
		1998년 1월 1일부터 2000년 12월 31일까지	시내버스	40% 이하
			시내버스 외	45% 이하
		2001년 1월 1일부터 2004년 9월 30일까지		45% 이하
		2004년 10월 1일부터 2007년 12월 31일까지		40% 이하
		2008년 1월 1일부터 2016년 8월 31일까지		20% 이하
		2016년 9월 1일 이후		10% 이하
	대형	1992년 12월 31일 이전		60% 이하
		1993년 1월 1일부터 1995년 12월 31일까지		55% 이하
		1996년 1월 1일부터 1997년 12월 31일까지		45% 이하
		1998년 1월 1일부터 2000년 12월 31일까지	시내버스	40% 이하
			시내버스 외	45% 이하
		2001년 1월 1일부터 2004년 9월 30일까지		45% 이하
		2004년 10월 1일부터 2007년 12월 31일까지		40% 이하
		2008년 1월 1일 이후		20% 이하

4. 매연 검사(광투과식 무부하 급가속 모드)

① 시험 차량의 변속기가 중립인 상태(정지 가동 상태)에서 엔진을 시동한다.

② 가속 페달을 최대로 밟아 엔진 최고 회전수에 도달하게 한 후 2초간 유지시킨다.

③ 아이들 상태로 복귀시킨 다음 5~6초간 둔다.

④ ①~③의 급가속 과정을 3회 이상 반복 실시한다.

⑤ 엔진 워밍업이 완료되면 다음 단계로 진행한다.

⑥ 앞에서 검출된 엔진의 최고 회전수에 도달할 때까지 가속 페달을 4초 이내로 급속히 밟았다가 놓고 매연 농도를 측정한다.

⑦ 검사 결과를 판정한다.

㉮ 3회 연속 측정한 매연 농도를 산술 평균하여 소수점 이하는 버린 값을 최종값으로 한다.

㉯ 3회 측정한 매연 농도의 최댓값과 최솟값의 차이가 5%를 초과하거나 최종 측정값이 운행 차의 배출 허용 기준에 부적합한 경우에는 순차적으로 1회씩 더 측정하여 최대 5회까지 측정한다. 매회 측정 시마다 마지막 3회의 측정치를 산출하여 마지막 3회의 최댓값과 최솟값의 차이가 5% 이내이고, 측정값의 산술 평균값도 운행차의 배출 허용 기준 이내이면 측정을 종료하고 이를 최종 측정값으로 한다.

㉰ 이 방법으로 5회까지 반복 측정하여도 최댓값과 최솟값의 차이가 5%를 초과하거나 마지

막 3회(3회, 4회, 5회) 측정값의 산술 평균값이 운행차의 배출 허용 기준을 초과하면 측정을 종료하고 이를 최종 측정값으로 한다.

5. 운행차량 배기 소음 정기검사 및 방법

(1) 소음도 검사 전 확인 항목
① 소음 덮개   ② 배기관
③ 소음기   ④ 경음기

(2) 배기 소음 검사 기준
① 출고 당시에 부착된 소음 덮개가 떼어지거나 훼손되어 있지 아니할 것
② 배기관을 확인하여 배출가스가 최종 배출구 전에서 유출되지 아니할 것
③ 소음기를 확인하여 배출가스가 최종 배출구 전에서 유출되지 아니할 것
④ 경음기가 추가로 부착되어 있지 아니할 것

(3) 배기 소음 검사 방법
① 소음 덮개 등이 떼어지거나 훼손 되었는지를 눈으로 확인한다.
② 자동차를 들어 올려 배기관의 이음상태를 확인하여 배출가스가 최종 배출구 전에서 유출되는지를 확인한다.
③ 자동차를 들어 올려 소음기의 이음상태를 확인하여 배출가스가 최종 배출구 전에서 유출되는지를 확인한다.
④ 경음기를 눈으로 확인하거나 3초 이상 작동시켜 경음기를 추가로 부착하였는지를 귀로 확인한다.

(4) 운행 자동차의 소음 허용 기준(2006년 1월 1일 이후 제작)

자동차 종류 / 소음 항목		배기소음(dB(A))	경적소음(dB(C))
경 자동차		100이하	110 이하
승용자동차	소형	100이하	110 이하
	중형	100이하	110 이하
	중대형	100이하	112 이하
	대형	105이하	112 이하
화물자동차	소형	100이하	110 이하
	중형	100이하	110 이하
	대형	105이하	112 이하
이륜자동차		105이하	110 이하

(5) 배기 소음도 측정

① 자동차의 변속장치를 중립 위치로 하고 정지 가동상태에서 원동기의 최고 출력 시의 75% 회전속도로 4초 동안 운전하여 최대 소음도를 측정한다.

② 원동기 회전속도계를 사용하지 아니하고 배기소음을 측정할 때에는 정지 가동상태에서 원동기 최고 회전속도로 배기소음을 측정하고 중량자동차는 5dB, 중량자동차 외의 자동차는 7dB을 측정치에서 뺀 값을 최종 측정치로 한다.

③ 승용자동차 중 원동기가 차체 중간 또는 뒤쪽에 장착된 자동차는 8dB을 측정치에서 뺀 값을 최종 측정치로 한다.

(6) 경적음 측정

① 자동차의 원동기를 가동시키지 아니한 정차상태에서 자동차의 경음기를 5초 동안 작동시켜 최대 소음도를 측정한다. 이 경우 2개 이상의 경음기가 장치된 자동차는 경음기를 동시에 작동시킨 상태에서 측정한다.

② 측정 항목별로 소음 측정기 지시치(자동기록 장치를 사용한 경우에는 자동기록장치의 기록치)의 최대치를 측정치로 하며, 암소음은 지시치의 평균치로 한다.

(7) 배기 소음과 경적음의 측정치 산출

① 소음 측정은 자동기록 장치를 사용하는 것을 원칙으로 하고 배기 소음의 경우 2회 이상 실시하여 측정치의 차이가 2dB을 초과하는 경우에는 측정치를 무효로 하고 다시 측정한다.

② 암소음 측정은 각 측정 항목별로 측정 직전 또는 직후에 연속하여 10초 동안 실시하며, 순간적인 충격음 등은 암소음으로 취급하지 아니한다.

③ 자동차 소음과 암소음의 측정치의 차이가 3dB 이상 10dB 미만인 경우에는 자동차로 인한 소음의 측정치로부터 아래의 보정치를 뺀 값을 최종 측정치로 하고, 차이가 3dB 미만일 때에는 측정치를 무효로 한다.

단위: dB(A), dB(C)

자동차 소음과 암소음의 측정치 차이	3	4~5	6~9
보정치	3	2	1

④ 자동차 소음의 2회 이상 측정치(보정한 것을 포함한다) 중 가장 큰 값을 최종 측정치로 한다.

01 디젤 엔진에서 경유의 착화성과 관련하여 세탄 60cc, α-메틸나프탈린 40cc를 혼합하면 세탄가(%)는?

① 70 ② 60
③ 50 ④ 40

> **해설** 세탄가 $= \dfrac{세탄}{세탄 + \alpha메틸나프탈린} \times 100$
>
> 세탄가 $= \dfrac{60}{60+40} \times 100 = 60$

02 디젤 노크를 일으키는 원인과 관련이 없는 것은?

① 엔진의 부하
② 엔진의 회전속도
③ 점화 플러그의 온도
④ 압축비

> **해설** 디젤 엔진 노크의 원인은 엔진에 과부하가 걸렸을 때, 엔진의 회전속도가 너무 빠를 때, 착화온도가 너무 높을 때, 흡기 온도, 압축비, 압축 온도, 엔진의 온도 등이 낮을 때이다.

03 디젤 엔진의 노킹 발생 원인이 아닌 것은?

① 흡입 공기의 온도가 너무 높을 때
② 엔진 회전속도가 너무 빠를 때
③ 압축비가 너무 낮을 때
④ 착화온도가 너무 높을 때

04 디젤 엔진의 노킹 발생 원인이 아닌 것은?

① 착화 지연기간이 너무 길 때
② 세탄가가 높은 연료를 사용할 때
③ 압축비가 너무 낮을 때
④ 착화 온도가 너무 높을 때

> **해설** 디젤 엔진 노크발생 원인
> ① 흡입 공기의 온도, 실린더 벽 온도, 압축비가 낮을 때
> ② 엔진이 과랭되었을 때
> ③ 연료 분사시기가 너무 빠를 때
> ④ 세탄가가 낮은 연료를 사용하였을 때
> ⑤ 착화 지연시간이 길 때
> ⑥ 연료의 세탄가가 낮은 것을 사용하였을 때
> ⑦ 착화 지연시간 중에 연료 분사량이 많을 때
> ⑧ 분사 노즐의 분무상태가 불량할 때
> ⑨ 착화 온도가 너무 높을 때

05 디젤 엔진 노크에 대한 설명으로 가장 적합한 것은?

① 착화지연기간이 길어지면 발생한다.
② 노크 예방을 위해 냉각수 온도를 낮춘다.
③ 고온 고압의 연소실에서 주로 발생한다.
④ 노크가 발생되면 엔진 회전수를 낮추면 된다.

06 디젤 노킹(knocking) 방지책으로 틀린 것은?

① 착화성이 좋은 연료를 사용한다.
② 압축비를 높게 한다.
③ 실린더 냉각수 온도를 높인다.
④ 세탄가가 낮은 연료를 사용한다.

> **해설** 디젤 엔진 노크 방지책
> ① 세탄가가 높은 연료를 사용한다.
> ② 압축비, 압축압력, 압축온도를 높게 한다.
> ③ 실린더 벽의 온도를 높게 유지한다.
> ④ 흡기온도 및 압력을 높게 유지한다.
> ⑤ 연료의 분사시기를 알맞게 조정한다.
> ⑥ 착화 지연기간 중에 연료 분사량을 적게 한다.
> ⑦ 착화 지연기간을 짧게 한다.

정답 01.② 02.③ 03.① 04.② 05.① 06.④

07 디젤 엔진의 노크 방지법으로 옳은 것은?

① 착화 지연기간이 짧은 연료를 사용한다.
② 분사 초기에 연료 분사량을 증가시킨다.
③ 흡기 온도를 낮춘다.
④ 압축비를 낮춘다.

08 디젤 엔진에서 착화지연기간이 1/1000초, 착화 후 최고압력에 도달할 때까지의 시간이 1/1000초일 때, 2000rpm으로 운전되는 엔진의 착화 시기는?(단, 최고 폭발압력은 상사점 후 12°이다.)

① 상사점 전 32°
② 상사점 전 36°
③ 상사점 전 12°
④ 상사점 전 24°

> **해설** $It = \dfrac{R}{60} \times 360 \times t = 6 \times R \times t$
>
> It : 엔진의 착화시기(°), R : 엔진 회전속도(rpm),
> t : 착화지연 시간(s)
>
> $It = 6 \times 2000 \times \dfrac{1}{1000} = 12°$

09 디젤 엔진의 회전속도가 1800rpm일 때 20°의 착화지연 시간은 얼마인가?

① 2.77ms
② 0.10ms
③ 66.66ms
④ 1.85ms

> **해설** $It = \dfrac{R}{60} \times 360 \times t = 6 \times R \times t$
>
> It : 크랭크축 회전각(°), R : 엔진 회전속도(rpm),
> t : 착화지연 시간(ms)
>
> $t = \dfrac{It}{6 \times R} = \dfrac{20 \times 1000}{6 \times 1800} = 1.85ms$

10 커먼레일 디젤 분사장치의 장점으로 틀린 것은?

① 엔진의 작동상태에 따른 분사시기의 변화 폭을 크게 할 수 있다.
② 분사 압력의 변화 폭을 크게 할 수 있다.
③ 엔진의 성능을 향상시킬 수 있다.
④ 원심력을 이용해 조속기를 제어할 수 있다.

> **해설** 커먼레일 디젤 엔진의 장점
> ① 유해배출 가스를 감소시킬 수 있다.
> ② 연료 소비율을 향상시킬 수 있다.
> ③ 엔진의 성능을 향상시킬 수 있다.
> ④ 운전성능을 향상시킬 수 있다.
> ⑤ 밀집된(compact) 설계 및 경량화를 이룰 수 있다.
> ⑥ 모듈(module)화 장치가 가능하다.
> ⑦ 엔진의 작동상태에 따른 분사시기의 변화 폭을 크게 할 수 있다.
> ⑧ 분사압력의 변화 폭을 크게 할 수 있다.

11 전자제어 디젤 엔진 연료분사 방식 중 다단 분사의 종류에 해당되지 않는 것은?

① 주 분사
② 예비 분사
③ 사후 분사
④ 예열 분사

> **해설** 다단분사는 파일럿 분사(Pilot Injection), 주 분사(Main Injection), 사후분사(Post Injection)의 3단계로 이루어지며, 다단분사는 연료를 분할하여 분사함으로써 연소효율이 좋아지며 PM과 NOx를 동시에 저감시킬 수 있다.

12 전자제어 디젤 연료분사 방식 중 다단 분사에 대한 설명으로 가장 적합한 것은?

① 후 분사는 소음감소를 목적으로 한다.
② 다단 분사는 연료를 분할하여 분사함으로써 연소효율이 좋아지며 PM과 NOx를 동시에 저감시킬 수 있다.
③ 분사시기를 늦추면 촉매 활성 성분인 HC가 감소된다.
④ 후 분사시기를 빠르게 하면 배기가스 온도가 상승한다.

정답 07.① 08.③ 09.④ 10.④ 11.④ 12.②

13 커먼레일 연료 분사장치에서 파일럿 분사가 중단될 수 있는 경우가 아닌 것은?

① 파일럿 분사가 주분사를 너무 앞지르는 경우
② 연료 압력이 최소값 이상인 경우
③ 주 분사 연료량이 불충분한 경우
④ 엔진 가동 중단에 오류가 발생한 경우

해설 **파일럿 분사 금지 조건**
① 파일럿 분사가 주 분사를 너무 앞지르는 경우
② 엔진의 회전속도가 3200rpm 이상인 경우
③ 연료 분사량이 너무 많은 경우
④ 주 분사를 할 때 연료 분사량이 불충분한 경우
⑤ 엔진 작동 중단에 오류가 발생한 경우
⑥ 연료 압력이 최소값(약 100bar)이하인 경우

14 전자제어 디젤 엔진의 연료 분사장치에서 예비(파일럿) 분사가 중단될 수 있는 경우로 틀린 것은?

① 연료 분사량이 너무 많은 경우
② 연료 압력이 최소 압력보다 높은 경우
③ 규정된 엔진 회전수를 초과하였을 경우
④ 예비(파일럿) 분사가 주분사를 너무 앞지르는 경우

15 전자제어 디젤 연료 분사장치(common rail system)에서 예비분사에 대한 설명 중 가장 옳은 것은?

① 예비분사는 주 분사 이후에 미연가스의 완전연소와 후처리 장치의 재연소를 위해 이루어지는 분사이다.
② 예비분사는 인젝터의 노후화에 따른 보정분사를 실시하여 엔진의 출력저하 및 엔진 부조를 방지하는 분사이다.
③ 예비분사는 연소실의 연소 압력 상승을 부드럽게 하여 소음과 진동을 줄여준다.

④ 예비분사는 디젤 엔진의 단점인 시동성을 향상시키기 위한 분사를 말한다.

해설 예비분사(파일럿 분사)란 주 연소 이전에 연료를 분사를 하여 주 연소 이전에 연소실의 압력 및 온도를 상승시켜 착화지연 기간을 감소시키므로 질소산화물의 발생과 연소실 압력의 급상승 부분이 부드럽게 이루어지도록 하여 엔진의 소음과 진동을 줄인다.

16 디젤 엔진 후처리 장치(DPF)의 재생을 위한 연료 분사는?

① 점화 분사 ② 주 분사
③ 사후 분사 ④ 직접 분사

해설 사후 분사는 배기가스 후처리 장치(DPF)의 필터에 포집된 PM을 연소시키기 위한 연료 분사 방법으로 배출가스에 영향을 미칠 경우에는 사후 분사를 하지 않으며, 엔진 컴퓨터(ECU)에서 판단하여 필요할 때마다 실행시킨다. 그리고 공기 유량 센서 및 배기가스 재순환(EGR)장치 관계 계통에 고장이 있으면 사후 분사는 중단된다.

17 배기가스 후처리 장치(DPF)의 필터에 포집된 PM을 연소시키기 위한 연료 분사 방법으로 옳은 것은?

① 주 분사 ② 점화 분사
③ 사후 분사 ④ 파일럿 분사

18 전자제어 디젤 엔진의 제어 모듈(ECU)로 입력되는 요소가 아닌 것은?

① 가속 페달의 개도
② 엔진 회전속도
③ 연료 분사량
④ 흡기 온도

해설 엔진의 제어 모듈로 입력되는 요소
① 공기량 측정 센서 ② 부스트 압력 센서
③ 흡기 온도 센서 ④ 냉각 수온 센서
⑤ 크랭크샤프트 포지션 센서

정답 **13.**② **14.**② **15.**③ **16.**③ **17.**③ **18.**③

⑥ 캠 샤프트 포지션 센서
⑦ 레일 압력 센서　　⑧ 연료 온도 센서
⑨ 람다 센서　　　　⑩ DFP 차압 센서
⑪ 배기가스 온도 센서　⑫ PM 센서
⑬ 오일 온도 센서
⑭ 액셀러레이터 위치 센서

19 전자제어 연료분사 장치에서 컴퓨터는 무엇에 근거하여 기본 연료 분사량을 결정하는가?

① 엔진 회전 신호와 차량속도
② 흡입 공기량과 엔진 회전수
③ 냉각수 온도와 흡입 공기량
④ 차량 속도와 흡입공기량

해설 전자제어 연료분사 장치에서 컴퓨터는 흡입 공기량과 엔진 회전수를 근거로 하여 기본 연료 분사량을 결정한다.

20 커먼레일 디젤 엔진의 연료장치 구성부품이 아닌 것은?

① 인젝터　　　　　② 커먼레일
③ 분사펌프　　　　④ 연료 압력 조정기

해설 커먼레일 디젤 엔진의 연료 장치 구성 부품
① 저압 연료 펌프　　② 오버 플로 밸브
③ 연료 수분 감지 센서　④ 연료 온도 센서
⑤ 연료 펌프 컨트롤 모듈　⑥ 연료 필터
⑦ 연료 압력 센서　　⑧ 고압 연료 펌프
⑨ 커먼 레일　　　　⑩ 연료 압력 조절 밸브
⑪ 고압 연료 파이프　⑫ 인젝터
⑬ 레일 압력 조절 밸브

21 커먼레일 디젤 엔진의 공기량 측정 센서(AFS)로 많이 사용되는 방식은?

① 베인 방식　　　　② 칼만 와류 방식
③ 피토관 방식　　　④ 열막 방식

해설 공기량 측정 센서는 핫 필름 형식의 센서로 흡기 라인에 장착되어 흡입 공기량을 측정하여 주파수 신호를 ECM(Engine Control Module)에 전달하는 역할을 한다. ECM은 흡입 공기량이 많을 경우는 가속 상태이거나 고부하 상태로 판정하며, 반대로 흡입

공기량이 적을 경우에는 감속 상태이거나 공회전 상태로 판정한다. ECM은 이러한 센서의 신호를 이용하여 EGR(Exhaust Gas Recirculation)량과 연료량을 보다 정확하게 제어할 수 있다.

22 전자제어 디젤 엔진의 회전을 감지하여 분사 순서와 분사시기를 결정하는 센서는?

① 액셀러레이터 포지션 센서
② 냉각수 온도 센서
③ 크랭크샤프트 포지션 센서
④ 엔진 오일 온도 센서

해설 크랭크샤프트 포지션 센서(CKPS ; Crankshaft Position Sensor)
크랭크샤프트 포지션 센서는 변속기 하우징에 장착되어 있으며, 크랭크샤프트의 위치를 검출한다. ECM은 크랭크샤프트 포지션 센서의 신호를 이용하여 연료 분사시기와 분사순서를 결정하는 기본 요소인 크랭크샤프트의 위치와 엔진 회전수를 계산할 수 있다.

23 커먼레일 디젤 엔진의 액셀러레이터 포지션 센서에 대한 설명 중 맞지 않는 것은?

① 액셀러레이터 포지션 센서는 운전자의 의지를 전달하는 센서이다.
② 액셀러레이터 포지션 센서2는 센서1을 검사하는 센서이다.
③ 액셀러레이터 포지션 센서3은 연료 온도에 따른 연료량 보정 신호를 한다.
④ 액셀러레이터 포지션 센서1은 연료량을 결정한다.

해설 액셀러레이터 위치 센서(APS ; Accelerator Position Sensor)
액셀러레이터 위치 센서는 운전자의 가속 의지를 ECM에 전달하여 가속 요구량에 따른 연료량을 결정하게 하는 가장 중요한 센서이다. 액셀러레이터 위치 센서는 신뢰도가 중요한 센서로 주 신호인 센서 1과 센서 1을 감시하는 센서 2로 구성되어 있다. 센서 1과 2는 서로 독립된 전원과 접지로 구성되어 있으며, 센서 2는 센서 1 출력의 1/2로 출력을 발생하여 센서 1과 2의 전압 비율이 일정 이상 벗어날 경우 결함으로 판정한다.

정답　19.②　20.③　21.④　22.③　23.③

24 소형 전자제어 커먼레일 엔진의 연료 압력 조절 방식에 대한 설명 중 틀린 것은?

① 출구제어 방식에서 조절 밸브 작동 듀티 값이 높을수록 레일 압력은 높다.
② 커먼레일은 일종의 저장창고와 같은 어큐뮬레이터이다.
③ 입구제어 방식은 커먼레일 끝 부분에 연료 압력 조절 밸브가 장착되어 있다.
④ 입구제어 방식에서 조절 밸브 작동 듀티 값이 높을수록 레일 압력은 낮다.

해설 연료 압력 조절 방식
① **입구제어 방식** : 저압 연료 펌프와 고압 연료 펌프 연료 통로 사이에 연료 압력 조절 밸브를 설치하고 고압 연료 펌프로 공급되는 연료량을 제어하여 커먼레일 내의 연료 압력을 엔진 컴퓨터로 제어한다. 입구제어 방식에서 조절 밸브의 작동 듀티 값이 높을수록 레일 압력은 낮다.
② **출구제어 방식(레일압력 제어 밸브)** : 고압 연료 펌프에서 공급되는 연료의 압력을 커먼레일에 설치된 레일 압력 제어 밸브의 작동에 의해 제어한다. 출구제어 방식에서 조절 밸브의 작동 듀티 값이 높을수록 레일 압력은 높다.

25 커먼레일 디젤 엔진에서 연료 압력 조절 밸브의 장착 위치는(단, 입구제어 방식)

① 고압 펌프와 인젝터 사이
② 저압 펌프와 인젝터 사이
③ 저압 펌프와 고압 펌프 사이
④ 연료 필터와 저압 펌프 사이

해설 **입구제어 방식** : 저압 연료 펌프와 고압 연료 펌프의 연료 통로 사이에 연료 압력 조절 밸브를 설치하고 고압 연료 펌프로 공급되는 연료량을 제어하여 커먼레일 내의 연료 압력을 엔진 컴퓨터로 제어한다. 입구제어 방식에서 조절 밸브 작동 듀티 값이 클수록 레일 압력은 낮다.

26 다음 중 커먼레일 연료 분사장치의 고압 연료 펌프에 부착된 것은?

① 연료 압력 조절 밸브
② 커먼레일 압력 센서
③ 레일 압력 조절 밸브
④ 유량 제한기

해설 연료 압력 조절 밸브는 고압 연료 펌프에 장착되어 있으며, 고압 연료 회로에 공급되는 연료 압력을 조절하는 역할을 한다.

27 커먼레일 디젤 엔진의 레일 압력 조절 밸브에 대한 설명 중 틀린 것은?

① 커먼레일의 압력을 제어한다.
② 커먼레일에 설치되어 있다.
③ 연료 압력이 높으면 연료의 일부분이 연료 탱크로 되돌아간다.
④ 컴퓨터가 듀티 제어한다.

해설 레일 압력 조절 밸브는 커먼레일에 장착되어 있으며, 연료 탱크로 리턴되는 연료 압력을 조절하는 역할을 한다.

28 커먼레일 디젤 엔진의 솔레노이드 인젝터 열림(분사 개시)에 대한 설명으로 틀린 것은?

① 솔레노이드 코일에 전류를 지속적으로 가한 상태이다.
② 공급된 연료는 계속 인젝터 내부로 흡입된다.
③ 노즐 니들을 위에서 누르는 압력은 점차 낮아진다.
④ 인젝터 아랫부분의 제어 플런저가 내려가면서 분사가 개시된다.

해설 솔레노이드 인젝터는 실린더 헤드의 연소실 중앙에 설치되며, 고압 연료 펌프로부터 보내진 연료가 커먼레일을 통해 인젝터까지 공급된 연료를 연소실에 분사한다. 전기 신호에 의해 작동하는 구조로 되어

정답 24.③ 25.③ 26.① 27.④ 28.④

있으며, 연료 분사 시작점과 분사량은 엔진 컴퓨터에 의해 제어된다.

① 솔레노이드 코일에 전류를 지속적으로 가한 상태가 되어 인젝터의 니들 밸브가 열린 상태를 유지한다.
② 공급된 연료는 계속 인젝터 내부로 흡입된다.
③ 노즐 니들 밸브가 열리면서 위에서 누르는 연료 압력은 점차 낮아진다.
④ 인젝터 아랫부분의 제어 플런저가 위로 올라가면서 분사가 개시된다.

29 전자제어 디젤 엔진의 인젝터 연료 분사량 편차보정 기능(IQA)에 대한 설명 중 거리가 가장 먼 것은?

① 인젝터의 내구성 향상에 영향을 미친다.
② 강화되는 배기가스 규제 대응에 용이하다.
③ 각 실린더 별 분사 연료량의 편차를 줄여 엔진의 정숙성을 돕는다.
④ 각 실린더 별 분사 연료량을 예측함으로써 최적의 분사량 제어가 가능하게 한다.

해설 IQA 인젝터는 초기생산 신품의 인젝터를 전부하, 부분부하, 공전상태, 파일럿 분사구간 등 전체 운전영역에서 분사된 연료량을 측정하여 이것을 데이터베이스화 한 것이다. 이것을 생산계통에서 데이터베이스의 정보를 엔진 ECU에 저장하여 인젝터 별 분사시간 보정 및 실린더 사이의 연료 분사량 오차를 감소시킬 수 있도록 한 것으로 강화되는 배기가스규제 대응에 용이하다.

30 다음 설명에 해당하는 커먼레일 인젝터는?

> 운전 전영역에서 분사된 연료량을 측정하여 이것을 데이터베이스화 한 것으로, 생산 계통에서 데이터베이스 정보를 ECU에 저장하여 인젝터별 분사시간 보정 및 실린더 간 연료 분사량의 오차를 감소시킬 수 있도록 문자와 숫자로 구성된 7자리 코드를 사용한다.

① 일반 인젝터
② IQA 인젝터
③ 클래스 인젝터
④ 그레이드 인젝터

31 전자제어 디젤 엔진이 주행 후 시동이 꺼지지 않는다. 가능한 원인 중 거리가 가장 먼 것은?

① 엔진 컨트롤 모듈 내부 프로그램 이상
② 엔진오일 과다 주입
③ 터보차저 윤활회로 고착 또는 마모
④ 전자식 EGR 컨트롤 밸브 열림 고착

32 운행차 배출가스 정기검사 및 정밀검사의 검사항목으로 틀린 것은?

① 휘발유 자동차 운행차 배출가스 정기검사 : 일산화탄소, 탄화수소, 공기과잉률
② 휘발유 자동차 운행차 배출가스 정밀검사 : 일산화탄소, 탄화수소, 질소산화물
③ 경유 자동차 운행차 배출가스 정기검사 : 매연
④ 경유 자동차 운행차 배출가스 정밀검사 : 매연, 엔진 최대 출력검사, 공기과잉률

해설 경유 자동차 운행차 배출가스 정밀검사 : 매연, 엔진 최대 출력검사, 질소산화물.

33 경유 자동차 광투과식 매연 측정방법에 대한 설명으로 틀린 것은?

① 무부하 상태에서 서서히 가속하여 최대 rpm 일 때 매연을 채취한다.
② 매연농도는 3회를 연속측정 후 산술 평균하여 측정값으로 한다.
③ 시료 채취관을 배기관의 벽면으로부터 5cm 떨어지도록 하고 5cm 정도의 깊이로 삽입한다.
④ 측정전 채취관에 남아 있는 오염물질을 완전히 배출한다.

정답 29.① 30.② 31.④ 32.④ 33.①

해설 매연 측정 방법
① 측정 대상자동차의 원동기를 중립인 상태(정지 가동상태)에서 급가속하여 최고 회전속도 도달 후 2초간 공회전시키고 정지가동(Idle) 상태로 5~6초간 둔다. 이와 같은 과정을 3회 반복 실시한다.
② 측정기의 시료 채취관을 배기관의 벽면으로부터 5mm 이상 떨어지도록 설치하고 5cm 정도의 깊이로 삽입한다.
③ 가속페달에 발을 올려놓고 원동기의 최고 회전속도에 도달할 때까지 급속히 밟으면서 시료를 채취한다. 이때 가속페달을 밟을 때부터 놓을 때까지 걸리는 시간은 4초 이내로 한다.

34 운행자동차 배출가스 정기검사 매연 검사방법에 관한 설명에서 (   )에 알맞은 것은?

> 측정기의 시료 채취관을 배기관의 벽면으로부터 5mm 이상 떨어지도록 설치하고 (   )cm 정도의 깊이로 삽입한다.

① 5 　　　　　　② 10
③ 15 　　　　　　④ 30

해설 측정기의 시료 채취관을 배기관 벽면으로부터 5mm이상 떨어지도록 설치하고 5cm 정도의 깊이로 삽입한다.

35 광투과식 매연 측정기의 매연측정 방법에 대한 내용으로 옳은 것은?

① 3회 연속 측정한 매연농도를 산술 평균하여 소수점 첫째 자리 수까지 최종치로 한다.
② 3회 측정 후 최대치와 최소치가 10%를 초과한 경우 재측정 한다.
③ 시료 채취관을 5cm 정도의 깊이로 삽입한다.
④ 매연측정 시 엔진은 공회전 상태가 되어야 한다.

해설 광투과식 매연 측정기의 매연측정 방법
① 측정 대상자동차의 원동기를 중립인 상태(정지 가

동상태)에서 급가속하여 최고 회전속도 도달 후 2초간 공회전시키고 정지가동(Idle) 상태로 5~6초간 둔다. 이와 같은 과정을 3회 반복 실시한다.
② 측정기의 시료 채취관을 배기관의 벽면으로부터 5mm 이상 떨어지도록 설치하고 5cm 정도의 깊이로 삽입한다.
③ 가속페달에 발을 올려놓고 원동기의 최고 회전속도에 도달할 때까지 급속히 밟으면서 시료를 채취한다. 이때 가속페달을 밟을 때부터 놓을 때까지 걸리는 시간은 4초 이내로 한다.
④ 위 ③의 방법으로 3회 연속 측정한 매연농도를 산술 평균하여 소수점 이하는 버린 값을 최종측정치로 한다. 다만, 3회 연속 측정한 매연농도의 최대치와 최소치의 차가 5%를 초과하거나 최종 측정치가 배출허용기준에 맞지 아니한 경우에는 순차적으로 1회씩 더 측정하여 최대 5회까지 측정하면서 매회 측정시마다 마지막 3회의 측정치를 산출하여 마지막 3회의 최대치와 최소치의 차가 5% 이내이고 측정치의 산술 평균값도 배출허용기준 이내이면 측정을 마치고 이를 최종 측정치로 한다.
⑤ 위 ④의 단서에 따른 방법으로 5회까지 반복 측정하여도 최대치와 최소치의 차가 5%를 초과하거나 배출허용기준에 맞지 아니한 경우에는 마지막 3회(3회, 4회, 5회)의 측정치를 산술하여 평균값을 최종 측정치로 한다.

36 운행자동차 배출가스 정기검사에서 매연 검사방법으로 틀린 것은?

① 3회 연속 측정한 매연농도를 산술 평균하여 소수점 이하는 버린 값을 최종 측정치로 한다.
② 3회 연속 측정한 매연농도의 최대치와 최소치의 차이가 10%를 초과한 경우 최대 10회 까지 추가 측정한다.
③ 측정기의 시료 채취관을 배기관 벽면으로부터 5mm 이상 떨어지도록 설치하고 5cm 이상의 깊이로 삽입한다.
④ 시료채취를 위한 급가속 시 가속페달을 밟을 때부터 놓을 때까지 소요시간은 4초 이내로 한다.

정답 **34.**① **35.**③ **36.**②

해설 매연 측정 방법

① 무부하 급가속 모드는 가속페달을 최대로 밟아 엔진 최고 회전수에 도달, 4초간 유지 후 공회전 상태에서 5~6초간 유지하는 과정을 3회 반복한다.

② 측정기의 시료 채취관을 배기관 벽면으로부터 5mm 이상 떨어지도록 설치하고 5cm 이상의 깊이로 삽입한다.

③ 시료채취를 위한 급가속 시 가속페달을 밟을 때부터 놓을 때까지 소요시간은 4초 이내로 한다.

④ 3회 연속 측정한 매연농도를 산술 평균하여 소수점 이하는 버린 값을 최종 측정치로 한다.

⑤ 3회 연속 측정한 매연농도의 최대치와 최소치의 차가 5%를 초과하거나 최종 측정치가 배출허용 기준에 맞지 아니한 경우에는 순차적으로 1회씩 더 측정하여 최대 5회까지 측정하면서 매회 측정 시마다 마지막 3회의 측정치를 산출하여 마지막 3회의 최대치와 최소치의 차가 5% 이내이고 측정치의 산술 평균값도 배출허용기준 이내이면 측정을 마치고 이를 최종 측정치로 한다.

37 운행하는 자동차의 소음도 검사 확인 사항에 대한 설명으로 틀린 것은?

① 소음덮개의 훼손여부를 확인한다.

② 경적소음은 원동기를 가동 상태에서 측정한다.

③ 경음기의 추가부착 여부를 확인한다.

④ 배출가스가 최종배출구 전에서 유출되는지 확인한다.

해설 소음도 검사 전 확인 항목의 검사 기준 및 방법

① 출고 당시에 부착된 소음 덮개가 떼어지거나 훼손 되어 있지 아니할 것

② 배기관 및 소음기를 확인하여 배출가스가 최종 배출구 전에서 유출되지 아니할 것

③ 경음기가 추가로 부착되어 있지 아니할 것

④ 소음 덮개 등이 떼어지거나 훼손 되었는지를 눈으로 확인한다.

⑤ 자동차를 들어 올려 배기관 및 소음기의 이음상태를 확인하여 배출가스가 최종 배출구 전에서 유출되는지를 확인한다.

⑥ 경음기를 눈으로 확인하거나 3초 이상 작동시켜 경음기를 추가로 부착하였는지를 귀로 확인한다.

38 운행차 정기검사에서 소음도 검사 전 확인 항목의 검사 방법으로 맞는 것은?

① 타이어의 접지압력의 적정여부를 눈으로 확인

② 소음덮개 등이 떼어지거나 훼손 되었는지 여부를 눈으로 확인

③ 경음기의 추가부착 여부를 눈으로 확인하거나 5초 이상 작동시켜 귀로 확인

④ 배기관 및 소음기의 이음상태를 확인하기 위하여 소음계로 검사 확인

해설 소음도 검사 전 확인 항목의 검사 기준 및 방법

① 소음 덮개 등이 떼어지거나 훼손 되었는지를 눈으로 확인한다.

② 자동차를 들어 올려 배기관의 이음상태를 확인하여 배출가스가 최종 배출구 전에서 유출되는지를 확인한다.

③ 자동차를 들어 올려 소음기의 이음상태를 확인하여 배출가스가 최종 배출구 전에서 유출되는지를 확인한다.

④ 경음기를 눈으로 확인하거나 3초 이상 작동시켜 경음기를 추가로 부착하였는지를 귀로 확인한다.

39 다음은 운행차 정기검사의 배기소음도 측정을 위한 검사방법에 대한 설명이다. ( )안에 알맞은 것은?

> 자동차의 변속장치를 중립위치로 하고 정지가동상태에서 원동기의 최고출력 시의 75% 회전속도로 ( )초 동안 운전하여 최대 소음도를 측정한다.

① 3 ② 4

③ 5 ④ 6

해설 배기 소음도 측정

① 자동차의 변속장치를 중립 위치로 하고 정지 가동 상태에서 원동기의 최고 출력 시의 75% 회전속도로 4초 동안 운전하여 최대 소음도를 측정한다.

② 원동기 회전속도계를 사용하지 아니하고 배기소음을 측정할 때에는 정지 가동상태에서 원동기 최고 회전속도로 배기소음을 측정하고 중량자동

차는 5dB, 중량자동차 외의 자동차는 7dB을 측정치에서 뺀 값을 최종 측정치로 한다.

③ 승용자동차 중 원동기가 차체 중간 또는 뒤쪽에 장착된 자동차는 8dB을 측정치에서 뺀 값을 최종 측정치로 한다.

40 자동차 배기소음 측정에 대한 내용으로 옳은 것은?

① 배기관이 2개 이상인 경우 인도 측과 먼 쪽의 배기관에서 측정한다.

② 회전 속도계를 사용하지 않는 경우 정지 가동상태에서 원동기 최고 회전속도로 배기 소음을 측정한다.

③ 원동기의 최고 출력 시의 75% 회전속도로 4초 동안 운전하여 평균 소음도를 측정한다.

④ 배기관 중심선에 45°±10°의 각을 이루는 연장선 방향에서 배기관 중심 높이보다 0.5m 높은 곳에서 측정한다.

<u>해설</u> 배기소음 측정 방법
① 자동차의 변속장치를 중립 위치로 하고 정지 가동상태에서 원동기의 최고 출력 시의 75% 회전속도로 4초 동안 운전하여 최대 소음도를 측정한다.
② 원동기 회전속도계를 사용하지 아니하고 배기소음을 측정할 때에는 정지 가동상태에서 원동기 최고 회전속도로 배기소음을 측정한다. 이 경우 중량자동차는 5dB, 중량자동차 외의 자동차는 7 dB을 측정치에서 뺀 값을 최종 측정치로 한다.
③ 승용자동차 중 원동기가 차체 중간 또는 뒤쪽에 장착된 자동차는 배기소음 측정값에서 8dB(A)을 뺀 값을 최종 측정값으로 한다.
④ 마이크로폰의 설치 위치
㉮ 측정 대상 자동차의 배기관 끝으로부터 배기관 중심선에 45° ±10° 의 각(차체의 외부면으로부터 먼쪽 방향)을 이루는 연장선 방향으로 0.5m 떨어진 지점이어야 하며, 동시에 지상으로부터의 높이는 배기관 중심 높이에서 ±0.05m인 위치에 마이크로폰을 설치한다.(지상으로부터의 최소 높이는 0.2m 이상이어야 한다)
㉯ 자동차의 배기관이 차체 상부에 수직으로 설치되어 있는 경우의 마이크로폰 설치위치는 배기관 끝으로부터 배기관 중심선의 연직선의 방향으로

0.5m 떨어진 지점을 지나는 동시에 지상 높이가 배기관 중심 높이 ±0.05m인 위치로 하며, 그 방향은 지면의 상향으로 배기관 중심선에 평행하는 방향이어야 한다.
⑤ 자동차의 배기관이 2개 이상일 경우에는 인도 측과 가까운 쪽 배기관에 대하여 마이크로폰을 설치하여야 한다. 기타 같은 방향에서 설명되지 아니한 배기관의 경우 마이크로폰의 설치위치는 배기소음 측정값을 가장 크게 나타내는 위치이어야 한다.

41 운행자동차 배기소음 측정 시 마이크로폰 설치위치에 대한 설명으로 틀린 것은?

① 지상으로부터 최소 높이는 0.5m 이상이어야 한다.

② 지상으로부터의 높이는 배기관 중심 높이에서 ±0.05m인 위치에 설치한다.

③ 자동차의 배기관이 2개 이상일 경우에는 인도 측과 가까운 쪽 배기관에 대해 설치한다.

④ 자동차의 배기관 끝으로부터 배기관 중심선에 45°±10°의 각을 이루는 연장선 방향으로 0.5m 떨어진 지점에 설치한다.

42 운행자동차 정기검사에서 자동차 배기소음 허용기준으로 옳은 것은?(단, 2006년 1월 1일 이후 제작되어 운행하고 있는 소형 승용자동차이다.)

① 95dB 이하

② 100dB 이하

③ 110dB 이하

④ 112dB 이하

<u>해설</u> 2006년 1월 1일 이후 제작되어 운행하고 있는 소형 승용자동차의 배기소음 100dB 이하이다.

<u>정답</u> **40.**② **41.**① **42.**②

43 자동차 정기검사의 소음도 측정에서 운행자동차의 소음허용기준 중 ( )에 알맞은 것은?(단, 2006년 1월 1일 이후에 제작되는 자동차)

자동차 종류 \ 소음항목	배기소음 (dB(A))	경적소음 (dB(C))
경자동차	( ) 이하	110 이하

① 100 ② 105
③ 110 ④ 115

44 운행차 정기검사에서 배기소음 측정 시 정지 가동상태에서 원동기 최고 출력 시의 몇 %의 회전속도로 측정하는가?

① 65% ② 70%
③ 75% ④ 80%

해설 운행차 정기검사에서 배기소음 측정 시 자동차의 변속장치를 중립 위치로 하고 정지 가동상태에서 원동기의 최고 출력 시의 75% 회전속도로 4초 동안 운전하여 최대 소음도를 측정한다.

45 차량의 경음기 소음을 측정한 결과 86dB이며, 암소음이 82dB 이었다면, 이 때의 보정치를 적용한 경음기의 소음은?

① 83dB ② 84dB
③ 86dB ④ 88dB

해설 자동차 소음과 암소음의 측정값의 차이가 3dB 이상 10dB 미만인 경우에는 자동차로 인한 소음의 측정값으로부터 보정 값을 뺀 값을 최종 측정값으로 하고, 차이가 3dB 미만일 때에는 측정값을 무효로 한다.

자동차소음과 암소음의 측정치 차이	3	4~5	6~9
보 정 치	3	2	1

정답 43.① 44.③ 45.②

1-4 과급 장치 정비

① 과급장치 점검·진단

1. 과급기

필요한 공기를 대기 압력보다 높은 압력으로 실린더에 공기를 압송하는 장치를 과급기라 한다. 과급기에 의한 효과는 배기량이 동일한 엔진에서 실제로 많은 양의 공기를 공급할 수 있기 때문에 연료 분사량을 증가시킬 수 있어 엔진의 출력이 증가된다.

2. 과급기의 종류

과급기의 구동방식에 따른 종류에는 배기가스의 배압을 이용하는 터보차저와 엔진의 동력을 이용하는 슈퍼차저(루츠 송풍기), 독립된 전동기를 이용하는 전동식이 있으며, 터보차저는 4행정 사이클 디젤 엔진에 주로 사용하고, 슈퍼차저는 2행정 사이클 디젤 엔진에 사용된다.

3. 과급기의 특징

① 엔진의 출력이 35 ~ 45% 증가된다.
② 체적 효율이 향상되기 때문에 평균 유효압력이 높아진다.
③ 체적 효율이 향상되기 때문에 엔진의 회전력이 증대된다.
④ 높은 지대에서도 출력의 감소가 적다.
⑤ 압축 온도의 상승으로 착화 지연기간이 짧다.
⑥ 연소 상태가 양호하기 때문에 세탄가가 낮은 연료의 사용이 가능하다.
⑦ 냉각 손실이 적고 연료 소비율이 3 ~ 5% 정도 향상된다.
⑧ 과급기를 설치하면 엔진의 중량이 10 ~ 15% 정도 증가 한다.

4. 터보 차저(배기 터빈 과급기)

① 1개의 축 양끝에 각도가 서로 다른 터빈이 설치되어 있다.
② 한쪽은 흡기다기관에 연결하고 다른 한쪽은 배기다기관에 연결되어 있다.
③ 배기가스의 압력으로 회전되어 공기는 원심력을 받아 디퓨저에 유입된다.
④ 디퓨저에 공급된 공기의 압력 에너지에 의해 실린더에 공급되어 체적 효율이 향상된다.
⑤ 배기 터빈이 회전하므로 배기 효율이 향상된다.

> **TIP** **디퓨저(diffuser)**
> 확산 한다는 뜻으로 유체의 유로를 넓혀서 흐름을 느리게 함으로써 유체의 속도 에너지를 압력 에너지로 바꾸는 장치이다.

5. 터보차저의 구조

터보차저는 배기가스의 압력에 의해서 고속으로 회전되어 공기에 압력을 가하는 압축기(펌프 임펠러), 배기가스의 열에너지를 회전력으로 변환시키는 터빈, 터빈 축을 지지하는 플로팅 베어링, 과급 압력이 규정 이상으로 상승되는 것을 방지하는 웨이스트 게이트 밸브, 과급된 공기를 냉각시키는 인터쿨러 분사시기를 제어하여 노크가 발생되지 않도록 하는 노크 방지장치 등으로 구성되어 있다.

▲ 터보차저의 구조

(1) 압축기(펌프 임펠러)

① 임펠러는 흡입 쪽에 설치된 날개로 공기를 실린더에 가압시키는 역할을 한다.

② 임펠러는 직선으로 배열된 레이디얼형이 사용된다.

③ 레이디얼형은 간단하고 제작이 용이하며, 고속 회전에 적합하여 많이 사용된다.

(2) 터빈

① 터빈은 배기 쪽에 설치된 날개로서 배기가스 압력으로 회전한다.

② 배기가스의 열에너지를 회전력으로 변환시키는 역할을 한다.

③ 터빈의 날개는 레이디얼형이 사용된다.

④ 배기가스의 온도를 받으며, 고속 회전하기 때문에 충분한 강성과 내열성이어야 한다.

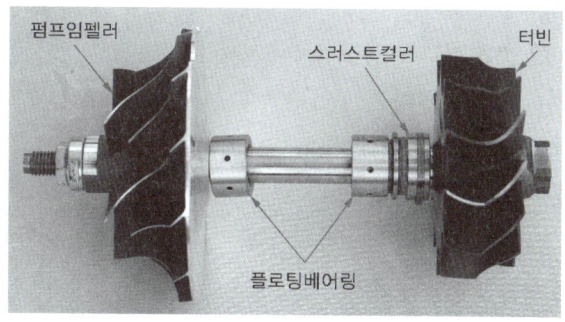
▲ 펌프 임펠러와 터빈

(3) 플로팅(부동) 베어링

① 플로팅 베어링은 10,000 ~ 15,000 rpm 정도로 회전하는 터빈 축을 지지한다.

② 엔진으로부터 공급되는 오일로 윤활이 된다.

③ 고속 주행직후 엔진을 정지시키면 오일이 공급되지 않기 때문에 소결이 된다.

(4) 웨이스트 게이트 밸브

① 웨이스트 게이트 밸브는 과급 압력이 규정값 이상으로 상승되는 것을 방지하는 역할을

한다.

② 과급 압력을 조절하지 않게 되면 허용 압력 이상으로 상승되어 엔진이 파손되므로 과급 압력을 조절하여야 한다.

③ 압력을 조절하는 방법으로는 배기가스를 바이패스 시키는 방법과 흡입되는 공기를 조절하는 방식이 있다.

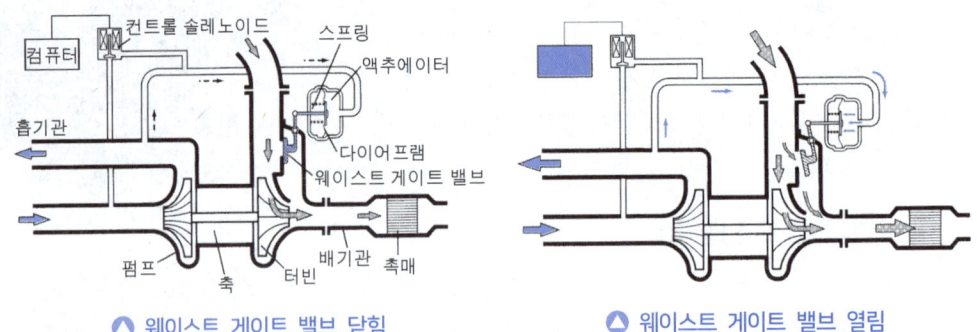

△ 웨이스트 게이트 밸브 닫힘   △ 웨이스트 게이트 밸브 열림

(4) 인터 쿨러

① 인터 쿨러는 임펠러와 흡기다기관 사이에 설치되어 과급된 공기를 냉각시킨다.

② 공기의 온도가 상승하면 공기 밀도가 감소하여 노킹이 발생되는 것을 방지한다.

③ 공기의 온도가 상승하면 충전 효율이 저하되는 것을 방지한다.

④ **공랭식 인터 쿨러** : 주행 중에 받는 공기로서 과급 공기를 냉각시킨다.

⑤ **수냉식 인터 쿨러** : 엔진의 냉각용 라디에이터 또는 전용의 라디에이터에 냉각수를 순환시켜 과급 공기를 냉각시키는 방식이다.

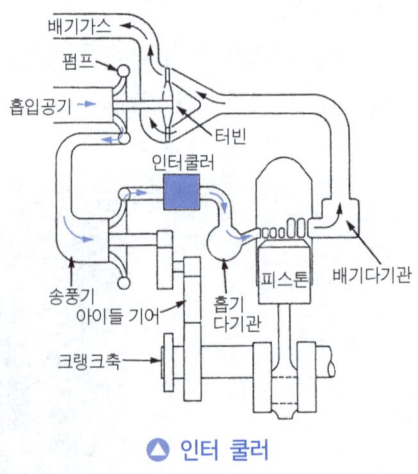

△ 인터 쿨러

> **TIP** **인터 쿨러의 필요성**
> ① 터보에서 가압된 흡기는 온도가 상승하고 충전 효율이 저하된다.
> ② 온도의 상승으로 공기의 밀도가 낮아지기 때문에 과급률이 저하된다.
> ③ 불완전 연소에 의한 노킹으로 토크가 저하된다.
> ④ 배기 온도가 과다하게 높아지면 터빈의 내구성이 떨어진다.

5. 슈퍼 차저

① 벨트에 의해 엔진의 동력으로 루츠 2개를 회전시켜 공기를 과급하는 방식이다

② 전자 클러치가 엔진의 동력을 전달 또는 차단한다.

③ 엔진의 부하가 적을 때는 전자 클러치를 OFF 시켜 연비를 향상시킨다.

④ 엔진의 부하가 커지면 전자 클러치를 ON 시켜 엔진의 출력을 향상시킨다.

⑤ 터보차저에 비해 저속 회전에서도 큰 출력을 얻을 수 있는 특징이 있다.

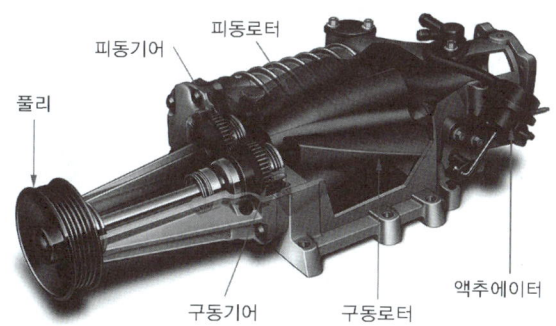

🔺 슈퍼 차저의 구조

6. 가변용량 과급기(VGT ; Variable Geometry Turbocharger)

가변용량 과급기는 배기가스를 이용하여 엔진의 실린더로 흡입되는 공기량을 증가시키는 장치이다. 기존의 과급기는 엔진의 회전속도가 중속 이상인 경우에만 과급의 효과가 나타나는 것에 비하여 가변용량 과급기는 저속 운전영역에서도 과급의 효과를 얻을 수 있다.

(1) 가변용량 과급기의 작동원리

1) 저속 운전영역에서의 작동

일반적인 과급기는 저속 운전영역에서 배기가스의 양이 적고 흐름의 속도도 느려 과급효과를 발휘할 수 없다. 그러나 가변용량 과급기는 저속 운전영역에서 배기가스의 통로를 좁혀 흐름의 속도를 빠르게 하여 터빈을 고속으로 회전시켜 많은 공기를 흡입할 수 있도록 한다.

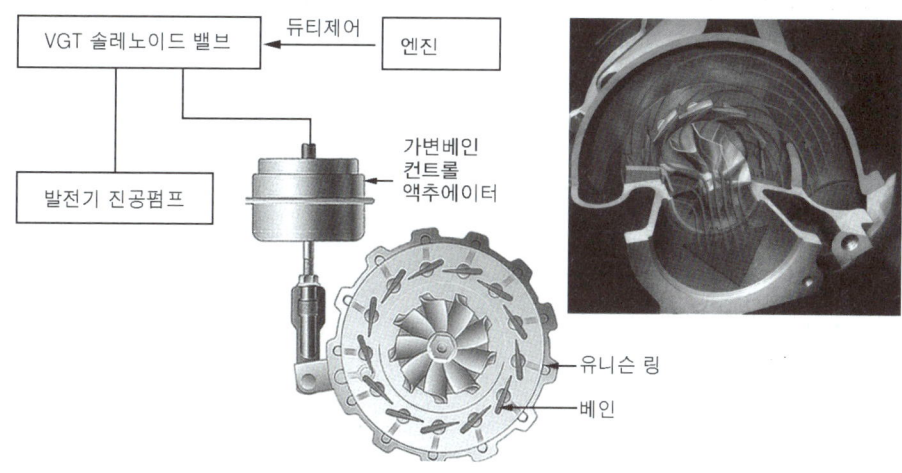

🔺 저속에서의 작동

2) 고속 운전영역에서의 작동

고속 운전영역에서는 일반적인 과급기와 같으며 이때는 터빈 하우징 배기가스 통로의 면적을 넓혀주어 많은 양의 배기가스가 터빈을 더욱더 증가된 에너지로 회전시켜 흡입 공기량을 증가시킨다.

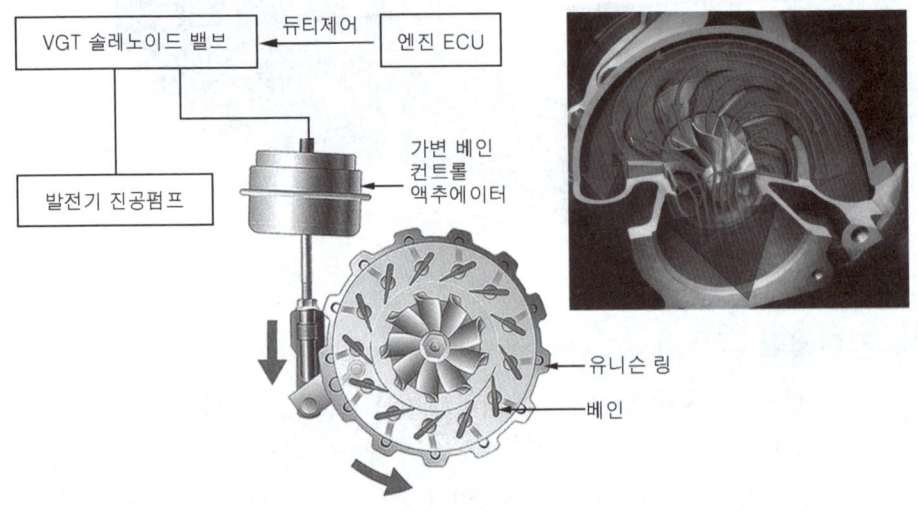

🔺 고속에서의 작동

(2) ECU에 입력 요소

① 엔진 회전수
② 가속페달 위치 센서
③ 대기압 센서
④ 부스트 압력 센서
⑤ 냉각수온 센서
⑥ 흡기온도 센서
⑦ 차속 센서
⑧ 클러치 스위치

(3) VGT 작동 금지 조건

① 엔진 회전수가 700rpm 이하인 경우
② 냉각 수온이 0℃ 이하인 경우
③ VGT 관련 부품이 고장인 경우 ECU는 VGT 제어를 행하지 않는다.
④ VGT 관련 부품은 VGT 액추에이터, EGR 시스템, 부스터 압력 센서, 흡입 공기량 센서, 스로틀 플랩 장치, 가속 페달 센서이다.

(4) 부스트 압력 센서

① 터보에 의해 과급되는 부스트 압력을 측정한다.
② 흡기다기관의 상부에 부착되어 있다.
③ 부스트 압력의 변화에 따라 저항 값이 변화하는 피에조 레지스터를 이용한다.
④ 흡입, 유입되는 공기의 압력을 측정하여 ECU가 터보의 베인 컨트롤 액추에이터(웨이스트 게이트 밸브)를 제어하는 데 필요한 데이터로 활용한다.

(5) 부스트 온도 센서

① 터보에 의해 과급되는 부스트 온도를 측정한다.

② 압력 센서와 흡기 다기관의 상부에 부착되어 있다.

③ 터보에 의한 부스트 압력의 변화에 따라 저항 값이 변화하는 부특성(NTC) 제어 방식으로 온도를 측정하여 ECU에 입력시키면 터보의 컨트롤 액추에이터를 제어한다.

(6) 가변 스월 액추에이터(VSA ; Variable Swirl Actuator)

가변 스월 액추에이터는 흡기 매니폴드에 장착되어 있으며, 스월 밸브를 구동하는 DC 모터와 스월 밸브의 위치를 감지하는 포지션 센서로 구성되어 있다. 스월 밸브는 연소실로 흡입되는 공기의 유동을 엔진의 운전 조건에 따라 최적화 하는 역할을 한다.

① 고속, 고부하 영역 : 스월 밸브 열림 → 스월 감소 → 충진 효율 증가 → 펌핑 손실 감소 → 출력 향상

② 중·저속, 저부하 영역 : 스월 밸브 닫힘 → 스월 증가 → 공기·연료 혼합 증가 → EGR률 증대 → 배출가스 저감

(7) 전자식 VGT 컨트롤 액추에이터(Electric Variable Geometry Turbocharger Control Actuator)

전자식 VGT 컨트롤 액추에이터는 터보차저에 장착되어 ECM의 PWM의 신호에 의해 터보차저의 베인(Vane) 기구를 작동하여 과급량을 조절하는 역할을 한다. 이 액추에이터는 베인 구동용 DC(Direct Current) 모터, DC 모터의 토크를 증대시키는 2스텝 기어, 베인의 위치를 감지하는 포지션 센서, DC 모터 구동용 컨트롤 유닛 및 베인을 원위치로 복귀시키는 리셋 스프링으로 구성되어 있다.

② 과급장치 조정·수리하기

1. 과급장치 조립 상태 점검 · 수리

① 개스킷 조립 상태를 점검·진단·조정하고 수리한다.

② 볼트와 너트 상태를 점검·진단·조정하고 수리한다.

③ 가스 누출 여부 및 상태를 점검·진단·조정하고 수리한다.

④ 크랙 등 손상 유무 및 상태를 점검·진단·조정하고 수리한다.

2. 과급장치와 배기 매니폴드 조립 상태 점검 · 수리

① 개스킷 조립 상태를 점검·진단·조정하고 수리한다.

② 볼트와 너트 체결 상태를 점검·진단·조정하고 수리한다.

③ 가스 누출 여부 및 상태를 점검·진단·조정하고 수리한다.

④ 크랙 등 손상 유무 및 상태를 점검·진단·조정하고 수리한다.

3. 배기 매니폴드 조립 상태 점검 · 수리

① 개스킷 조립 상태를 점검·진단·조정하고 수리한다.
② 볼트와 너트 체결 상태를 점검·진단·조정하고 수리한다.
③ 가스 누출 여부 및 상태를 점검·진단·조정하고 수리한다.

4. 과급장치의 오일 공급 상태 점검 · 수리

① 개스킷 조립 상태를 점검·진단·조정하고 수리한다.
② 볼트 체결 상태를 점검·진단·조정하고 수리한다.
③ 클램프 체결 상태를 점검·진단·조정하고 수리한다.
④ 오일 파이프와 호스의 상태(꺾임, 찌그러짐, 찢김, 균열 여부)를 점검·진단·조정하고 수리한다.

5. 과급장치의 센터 하우징 상태 점검 · 수리

① 볼트 체결 상태를 점검·진단·조정하고 수리한다.
② 누유 여부 상태를 점검·진단·조정하고 수리한다.

6. 과급장치의 액추에이터 로드 상태 점검 · 수리

① 액추에이터 로드 세팅 마크 일치 여부를 점검·진단·조정하고 수리한다.
② 최소 유량 세팅 마크 일치 여부를 점검·진단·조정하고 수리한다.

7. 과급장치의 액추에이터 연결 상태 점검 · 수리

① 호스와 파이프 연결 상태를 점검·진단·조정하고 수리한다.
② 호스와 파이프의 상태(꺾임, 빠짐, 찢김 여부)를 점검·진단·조정하고 수리한다.
③ 파이프의 균열 등 손상 유무 및 상태를 점검·진단·조정하고 수리한다.
④ 솔레노이드 밸브의 인과 아웃 진공 호스의 올바른 연결 여부 및 상태를 점검·진단·조정하고 수리한다.

8. 과급장치의 진공식 액추에이터 상태 점검 · 수리

① 진공식 액추에이터에 진공(약 450mmHg)을 공급했을 때 작동 상태를 점검·진단·조정하고 수리한다.
② 진공식 액추에이터에 진공을 해제했을 때 리턴 상태를 점검·진단·조정하고 수리한다.

9. 인젝터와 각종 센서 및 EGR 밸브 상태 점검 · 수리

① 인젝터의 작동 상태를 점검·진단·조정하고 수리한다.

② 공기량 측정 센서(MAFS)의 작동 상태를 점검·진단·조정하고 수리한다.

③ 흡기 온도 센서(IATS)의 작동 상태를 점검·진단·조정하고 수리한다.

④ 부스트 압력 센서(BPS) 작동 상태를 점검·진단·조정하고 수리한다.

⑤ EGR 밸브의 작동 상태를 점검·진단·조정하고 수리한다.

③ 과급장치 교환·검사하기

1. 과급장치의 단품의 구성품 교환 · 검사 방법

① 과급장치의 단품 분해 및 조립 시 작업 절차를 준수해야 한다.

② 고정 볼트 및 너트를 풀 때는 대각선 방향으로 풀어야 한다.

③ 카트리지 어셈블리 둘레에 장착된 O-링으로 인해 약간 단단하게 조립되어 있는 경우가 있으므로 분해 시 주의하여 분해한다.

④ 알루미늄 제품에는 플라스틱 스크레이퍼 또는 부드러운 브러시를 사용하여 이물질을 제거하고 손상되지 않도록 주의한다.

⑤ 고속으로 회전하는 컴프레서 휠 및 터빈 휠이 손상되지 않도록 주의한다.

⑥ 컴프레서 커버에 카트리지 어셈블리를 조립할 때 컴프레서 휠의 블레이드 부분이 손상되지 않도록 주의한다.

⑦ 스냅 링은 모따기 한 부분을 위로 향하게 한 후 조립한다.

⑧ 볼트와 너트 체결 시 무리한 힘을 가하지 말고 규정된 토크로 조여 고정시킨다.

2. 과급장치의 교환 · 검사 방법

① 과급장치 어셈블리 탈거 및 부착 시 작업 절차를 준수한다.

② EGR 밸브 및 쿨러 어셈블리 탈거 시 엔진 냉각수가 작업장 바닥으로 떨어지지 않도록 주의한다.

③ 오일 세퍼레이터 탈거 시 엔진 오일이 작업장 바닥으로 떨어지지 않도록 주의한다.

④ 볼트와 너트 체결 시 무리한 힘을 가하지 말고 규정된 토크로 조여 준다.

3. 인터 쿨러 교환 · 검사 방법

① VGT 솔레노이드 밸브의 진공 호스가 뒤바뀌지 않도록 주의한다.

② 진공 호스 조립 시 진공이 누설되지 않도록 호스를 주의하여 조립한다.

4. 과급장치 검사

① 자기진단 커넥터에 스캐너를 연결한다.

② 엔진 시동을 걸고 정상 온도까지 워밍업 한다.

③ 전기장치 및 에어컨을 OFF시킨다.

④ 스캐너의 센서 데이터 모드에서 'VGT 액추에이터'와 '부스트 압력 센서' 작동상태를 점검한다.

⑤ 과급장치의 오일공급 호스와 파이프 연결 부분의 누유 여부를 검사한다.

⑥ 과급장치의 인·아웃 연결부 분의 공기 및 배기가스 누출 여부를 검사한다.

⑦ EGR 밸브 및 쿨러 연결 부분의 배기가스 누출 여부를 검사한다.

5. 인터 쿨러 검사

① 인터 쿨러 호스가 클램프로 잘 조립되었는지 검사한다.

② 부스트 압력 센서와 VGT 솔레노이드 밸브의 커넥터 조립이 잘 되었는지 점검한다.

③ VGT 솔레노이드 밸브의 진공호스가 뒤바뀌지 않았는지, 진공이 누설되지 않도록 호스가 잘 조립되었는지 검사한다.

④ 교환된 인터 쿨러에서 공기가 누설되는지 여부를 스캐너를 사용하여 부스트 압력 센서 파형을 통해 검사한다.

01 디젤 엔진에서 과급기의 사용 목적으로 틀린 것은?

① 엔진의 출력이 증대된다.
② 체적효율이 작아진다.
③ 평균 유효압력이 향상된다.
④ 회전력이 증가한다.

해설 과급기의 사용 목적
① 충전효율(흡입효율, 체적효율)이 증대된다.
② 엔진의 출력이 증대된다.
③ 엔진의 회전력이 증대된다.
④ 연료 소비율이 향상된다.
⑤ 착화지연이 짧아진다.
⑥ 평균 유효압력이 향상된다.

02 자동차 엔진에서 과급을 하는 주된 목적은?

① 엔진의 출력을 증대시킨다.
② 엔진의 회전수를 빠르게 한다.
③ 엔진의 윤활유 소비를 줄인다.
④ 엔진의 회전수를 일정하게 한다.

해설 과급기는 엔진의 흡입 효율(체적 효율)을 높이기 위하여 흡입 공기에 압력을 가해주는 일종의 공기 펌프로 엔진의 출력을 증대시키는 역할을 한다.

03 디젤 엔진에서 과급할 경우의 장점이 아닌 것은?

① 충진 효율이 상승한다.
② 연료 소비율(g/W)이 낮아진다.
③ 배기소음이 증폭된다.
④ 출력이 증가한다.

해설 디젤 엔진에서 과급하는 경우 장점
① 연소가 양호하여 연료 소비율이 감소한다.
② 엔진의 충진(체적) 효율을 높이고 평균 유효압력을 높여 출력을 증대시킨다.
③ 엔진의 출력이 증가한다.
④ 압축 초 압축 온도가 높아 착화 지연기간을 짧게 한다.

04 디젤 엔진에 과급기를 설치했을 때 얻는 장점 중 잘못 설명한 것은?

① 동일 배기량에서 출력이 증가한다.
② 연료 소비율이 향상된다.
③ 잔류 배출가스를 완전히 배출시킬 수 있다.
④ 연소상태가 좋아지므로 착화지연이 길어진다.

해설 과급기의 사용 목적
① 충진 효율(흡입효율, 체적효율)이 증대된다.
② 동일 배기량에서 엔진의 출력이 증대된다.
③ 엔진의 회전력이 증대된다.
④ 연료 소비율이 향상된다.
⑤ 착화지연이 짧아진다.
⑥ 평균 유효압력이 향상된다.

05 가솔린 엔진에 터보차저를 장착할 때 압축비를 낮추는 가장 큰 이유는?

① 힘을 더 강하게
② 연료 소비율을 좋게
③ 노킹을 없애려고
④ 소음 때문에

해설 가솔린 엔진은 압축비가 높으면 노킹이 발생된다.

06 터보차저(turbo charger) 구성부품 중 속도 에너지를 압력 에너지로 바꾸어 주는 것은?

① 임펠러
② 플로팅 베어링
③ 디퓨저와 스페이스 하우징
④ 터빈 하우징

해설 디퓨저(diffuser)는 확산 한다는 뜻으로 유체의 유로를 넓혀서 흐름을 느리게 함으로써 유체의 속도 에너지를 압력 에너지로 바꾸는 장치이다. 터보차저에서 디퓨저는 스페이스 하우징 내부에 살치되어 속도 에너지를 압력 에너지로 바꾸어 주는 역할을 한다.

정답 **01.**② **02.**① **03.**③ **04.**④ **05.**③ **06.**③

07 터보차저의 구성부품 중 과급기 케이스 내부에 설치되며, 공기의 속도 에너지를 유체의 압력 에너지로 변하게 하는 것은?

① 디퓨저
② 루트 과급기
③ 날개바퀴
④ 터빈

해설 디퓨저는 과급기 케이스 내부에 설치되며, 공기의 속도 에너지를 유체의 압력 에너지로 변화시킨다.

08 과급장치에서 인터쿨러의 필요성에 대한 설명으로 옳은 것은?

① 흡입 공기의 예열을 통한 연소 효율 향상
② 공기 밀도의 증가를 통한 충진 효율의 향상
③ 과급장치의 냉각을 통한 기계효율의 향상
④ 과급공기의 냉각을 통한 정미 열효율의 향상

해설 인터쿨러의 필요성은 공기 밀도의 증가를 통한 충진 효율의 향상이다.

09 자동차 엔진에서 인터쿨러 장치의 작동에 대한 설명으로 옳은 것은?

① 차량의 속도변화
② 흡입 공기의 와류형성
③ 배기가스의 압력 변화
④ 온도 변화에 따른 공기의 밀도 변화

해설 인터쿨러는 임펠러와 흡기다기관 사이에 설치되어 과급된 공기를 냉각시키는 역할을 한다. 임펠러에 의해서 과급된 공기는 온도가 상승함과 동시에 공기 밀도의 증대 비율이 감소하여 노크를 일으키거나 충진효율이 저하되는 것을 방지한다. 즉 온도 변화에 따른 공기의 밀도 변화를 방지한다.

10 구동방식에 따라 분류한 과급기의 종류가 아닌 것은?

① 배기 터빈 과급기
② 전기 구동식 과급기
③ 기계 구동식 과급기
④ 흡입 가스 과급기

해설 과급기의 구동방식
① 기계 구동식 과급기 : 크랭크축으로부터 기어 또는 체인 등으로 구동하는 방식
② 전기 구동식 과급기 : 독립된 전동기에 의해서 구동하는 방식.
③ 배기 터빈 과급기 : 배기가스에 의해서 구동되는 형식

11 과급기의 종류 중 다른 3개와 흡기 압축방식이 전혀 다른 것은?

① 베인식 과급기
② 루츠 과급기
③ 원심식 과급기
④ 압력파 과급기

해설 과급기의 분류
① 체적형 : 루츠 방식(roots type), 베인 방식(vane type, 회전 날개방식), 리솔룸 방식(lysoholm type)
② 유동형 : 원심식(터보차저), 축류 방식

12 과급 시스템에서 터빈에 유입되는 배기가스의 양을 제어하는 밸브는?

① 서모 밸브
② 터보 밸브
③ 캐니스터 밸브
④ 웨이스트 게이트 밸브

해설 웨스트 게이트 밸브(waste gate valve)는 터보의 압력 조절 밸브로 터보차저의 과급 압력이 일정 압력 이상으로 상승할 때 엔진의 기계적 부하가 증대되거나 배기압력의 과대로 인한 터보차저 내부의 손상 등을 방지하기 위해 배기가스를 바이패스 시킨다.

정답 **07.**① **08.**② **09.**④ **10.**④ **11.**④ **12.**④

13 전자식 가변용량 터보차저(VGT)에서 목표 부스트 압력을 결정하기 위한 입력요소와 가장 거리가 먼 것은?

① 연료 압력
② 부스트 압력
③ 가속 페달 위치
④ 엔진 회전속도

해설 가변용량 터보차저 제어장치는 엔진 회전속도, 가속 페달 위치, 대기압, 부스터 압력, 냉각수 온도, 흡입공기 온도, 주행속도 등을 확인하여 자동차의 운전 상태를 파악한다.

14 VGT(Variable Geometry Turbocharger) 방식의 과급장치에서 VGT 제어를 위해 ECU에 입력되는 요소가 아닌 것은?

① 대기압 센서
② 노킹 센서
③ 부스터 압력 센서
④ 차속 센서

15 과급기가 설치된 엔진에 장착된 센서로서 급속 및 증속에서 ECU로 신호를 보내주는 센서는?

① 부스터 센서
② 노크 센서
③ 산소 센서
④ 수온 센서

해설 부스터 센서는 과급기가 설치된 엔진에 설치되며, 급속 및 증속에서 ECU로 신호를 보내준다.

16 가변용량 제어 터보차저에서 저속 저부하 (저유량) 조건의 작동원리를 나타낸 것은?

① 베인 유로 좁힘 → 배기가스 통과속도 증가 → 터빈 전달 에너지 증대
② 베인 유로 넓힘 → 배기가스 통과속도 증가 → 터빈 전달 에너지 증대
③ 베인 유로 넓힘 → 배기가스 통과속도 감소 → 터빈 전달 에너지 증대
④ 베인 유로 좁힘 → 배기가스 통과속도 감소 → 터빈 전달 에너지 증대

해설 가변용량 제어 터보차저에서 저속 저부하(저유량) 조건의 작동원리는 베인 유로 좁힘→배기가스 통과속도 증가→터빈 전달 에너지 증대이다.

17 터보차저(Turbo charger)가 장착된 엔진에서 출력부족 및 매연이 발생한다면 원인으로 알맞지 않은 것은?

① 에어 클리너가 오염 되었다.
② 흡기 매니폴드에서 누설이 되고 있다.
③ 발전기의 충전 전류가 발생하지 않는다.
④ 터보차저 마운팅 플랜지에서 누설이 있다.

해설 발전기의 충전 전류가 발생되지 않는 경우는 로터 코일, 스테이터 코일 다이오드, 브러시 등의 불량한 경우이다.

18 배기가스 터보 과급 엔진에서 매연 발생이 심하여 점검한 결과 과급기가 고착되었다. 예상되는 원인으로 적당한 것은?

① 공기 여과기가 막혔다.
② 분사 노즐에서 후적이 심하다.
③ 오일 필터가 불량이다.
④ 엔진 온도가 너무 낮다.

해설 터보차저에는 엔진 오일이 공급되어 윤활작용을 한다. 오일 필터가 불량하면 오일 공급의 부족으로 윤활이 불량함으로 과급기가 고착된다.

정답 **13.**① **14.**② **15.**① **16.**① **17.**③ **18.**③

1-5 배출가스 장치 정비

1 배출가스 장치 점검·진단

1. 배기가스의 발생원인 및 인체에 미치는 영향

(1) 일산화탄소(CO)

① 불완전 연소할 때 다량 발생한다.

② 혼합가스가 농후할 때 발생량이 증대된다.

③ 촉매변환기에 의해 이산화탄소(CO_2)로 전환이 가능하다.

④ 일산화탄소를 흡입하면 인체의 혈액 속에 있는 헤모글로빈과의 결합하기 때문에 수족마비, 정신분열 등을 일으킨다.

(2) 탄화수소(HC)

농도가 낮은 탄화수소는 호흡기 계통에 자극을 줄 정도이지만 심하면 점막이나 눈을 자극하게 된다. 탄화수소 발생원인은 다음과 같다.

① 농후한 연료로 인한 불완전 연소할 때 발생한다.

② 화염전파 후 연소실 내의 냉각작용으로 타다 남은 혼합가스이다.

③ 희박한 혼합가스에서 점화 실화로 인해 발생한다.

(3) 질소산화물(NOx)

질소산화물은 엔진의 연소실 안이 고온·고압이고 공기 과잉일 때 주로 발생되는 가스로 광화학 스모그의 원인이 된다. 질소산화물의 발생원인은 다음과 같다.

① 질소는 잘 산화하지 않으나 고온·고압 및 전기 불꽃 등이 존재하는 곳에서는 산화하여 질소산화물을 발생시킨다.

② 연소온도가 2,000℃ 이상인 고온연소에서는 급격히 증가한다.

③ 질소산화물은 이론공연비 부근에서 최댓값을 나타내며, 이론 공연비보다 농후해지거나 희박해지면 발생률이 낮아진다.

(4) 매연

① 디젤 엔진에서 혼합기가 농후할 때(연료의 분사량이 많을 때) 발생된다.

② 탄소의 미립자로 연소실에서 열에 의해 유리되어 배출된다.

③ 대기 중으로 배출되면 시계가 악화된다.

④ 인체에 유입되면 호흡기 계통을 자극한다.

2. 유해 가스의 배출 특성

(1) 공연비와의 관계

① 이론 공연비보다 농후 : CO 와 HC는 증가, NOx는 감소한다.

② 이론 공연비보다 약간 희박 : NOx는 증가, CO 와 HC는 감소한다.

③ 이론 공연비보다 희박 : HC 는 증가, CO 와 NOx는 감소한다.

(2) 엔진 온도와의 관계

① **저온일 경우** : CO 와 HC는 증가, NOx는 감소한다.

② **고온일 경우** : NOx는 증가, CO 와 HC는 감소한다.

(3) 운전 상태와의 관계

① **공회전할 때** : CO 와 HC는 증가, NOx는 감소한다.

② **가속할 때** : CO, HC, NOx 모두 증가된다.

③ **감속할 때** : CO 와 HC는 증가, NOx는 감소한다.

3. 블로바이 가스(blow-by gas)

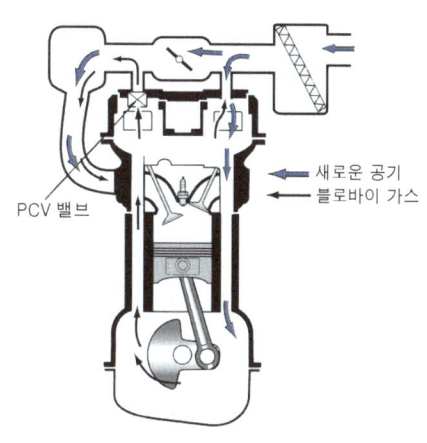

▲ 블로바이 가스 제어장치

① 피스톤과 실린더 간극에서 크랭크 케이스로 누출되는 가스이다.

② 조성은 70~95% 정도가 미연소 가스인 탄화수소이고 나머지는 연소가스 및 부분적으로 산화된 가스이다.

③ 부품의 부식을 촉진시키고 오일의 슬러지가 형성된다.

④ 자외선의 영향을 받아 광화학 반응으로 스모그 현상이 발생된다.

(그림 내 표기: PCV 밸브 / 새로운 공기 / 블로바이 가스)

(1) 가솔린 엔진

① **공회전 및 감속 시 제어** : PCV 밸브가 열려 블로바이 가스가 흡기다기관 쪽으로 유입되어 연소실에 공급된다.

② **가속 및 과부하 시 제어** : 브리더 호스를 통하여 로커암 커버에서 흡기다기관 쪽으로 유입되어 연소실에 공급된다.

(2) 디젤 엔진

① **블리드(bleed) 호스** : 로커암 커버에서 에어클리너 호스에 연결된 양방향으로 통하는 블리드 호스를 통해서 블로바이 가스가 연소실 유입된다.

② **오일 분리기(oil separator)** : 디젤 블로바이 가스는 생성되는 양도 많고 압력도 높기 때문

에 블로바이 가스가 유입될 때 엔진 오일이 빨려 나갈 수 있으므로 오일을 걸러 주는 역할을 한다.

4. 연료 증발가스

① 연료 탱크 내의 가솔린이 증발하여 대기로 방출되는 가스.

② 주 성분은 탄화수소이다.

③ 엔진이 정지되어 있을 때 캐니스터에 일시 저장한다.

④ 엔진이 작동되면 컴퓨터의 제어 신호에 의해 퍼지 컨트롤 솔레노이드 밸브 (PCSV)를 통하여 캐니스터에 저장된 증발가스를 흡기다기관으로 유입되어 재연소 후 배출한다.

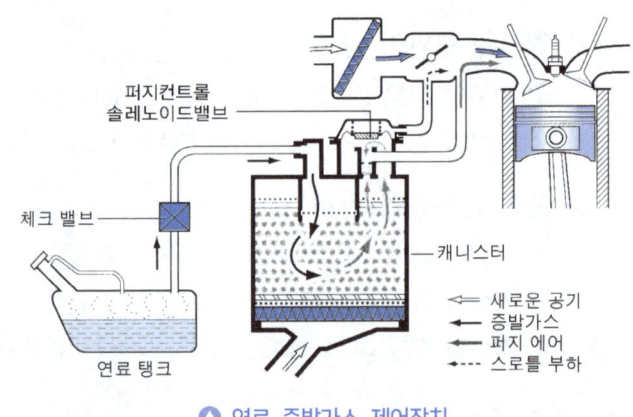

▲ 연료 증발가스 제어장치

(1) 캐니스터(canister)

① 엔진이 작동하지 않을 때는 플라스틱 커버 내부의 활성탄이 내장되어 증발가스를 흡착하여 저장한다.

② 캐니스터는 증발가스 유입 포트, 흡기다기관으로 나가는 증발가스 유출포트, 대기압과 연결되는 대기압 포트로 구성되어 있다.

③ 작동 조건이 되어 PCSV가 열릴 때 대기압 포트로 공기가 흡입되면서 증발가스가 공기와 함께 흡기다기관으로 유입된다.

(2) 퍼지 컨트롤 솔레노이드 밸브(PCSV ; purge control solenoid valve)

① 캐니스터에 포집된 연료 증발가스를 조절하는 밸브이다.

② 컴퓨터에 의하여 듀티율(%)로 제어된다.

② 차콜 캐니스터의 진공 통로를 컴퓨터의 제어 신호에 의해 개폐시킨다.

③ 엔진의 온도가 낮거나 공회전 시 PCSV가 닫혀 작동되지 않는다.

③ 엔진이 정상 온도에 도달하고 공회전이 아닌 가속 시 PCSV의 작동에 의해 흡입 공기량에 비례하여 작동하여 증발가스가 흡기다기관으로 유입된다.

④ PSCV 비작동 조건

    ㉮ 공회전 시(차종에 따라 다를 수 있음)

    ㉯ 냉각수 온도가 일정 온도 이하 시(예 : 50℃ 이하)

    ㉰ 시동 후 냉각수온에 따라 일정 시간 동안

    ㉱ 공연비 피드백 제어를 미실시 중인 경우

㉤ 공연비 피드백 제어 시 일정량 이상 농후로 판단한 상태가 일정 시간 지속 시

㉥ DTC 고장 코드 감지 시(누설 진단, 촉매 진단, PCSV 진단, CCV 진단 시)

(3) 연료 필러 캡

① 연료 필러 캡에 진공 해제 밸브가 설치되어 있다.

② 엔진이 정지되면 밸브가 닫혀 연료 증발가스가 대기 중으로 방출되는 것을 방지한다.

③ 엔진이 작동하면 밸브가 열려 연료 탱크에 대기압이 유입된다.

(4) 오버필 리미터

① 압력 밸브와 진공 밸브로 구성되어 있다.

② 연료 탱크 내에 진공이 형성되면 진공 밸브가 열려 대기압이 공급되도록 한다.

③ 연료 탱크 내의 압력이 규정 압력보다 높게 되면 압력 밸브가 열려 연료의 증발 가스를 캐니스터에 공급하는 역할을 한다.

(5) 롤 오버 밸브

① 차량 전복 시 연료가 외부로 유출되는 것을 방지하는 역할을 한다.

② 차량이 90도만 기울어도 연료가 차단된다.

③ 롤 오버 밸브를 거쳐 캐니스터로 연료 증발가스가 유출된다.

(6) 연료 탱크 압력 센서(FTPS ; fuel tank pressure sensor)

① 탱크 내의 연료 증기 압력을 감지하여 ECU에 신호를 보내 퍼지 제어의 기준이 된다.

② 누설 판정 : 출력 전압의 변화량으로 연료 증발가스의 누설을 감지한다.

③ 연료 탱크 상부 혹은 캐니스터 어셈블리에 장착되어 있으며, 대기 압력 수준에서 약 4.2V 출력되는 경우와 약 2.5V 정도가 출력되는 형식이 있다.

④ 압력에 비례하여 출력 전압도 높아진다.

5. 배기가스

① 연료가 실린더 내에서 연소된 후 배기 파이프로 배출되는 가스.

② 성분은 H_2O, CO, HC, NOx, 탄소입자 등이다.

③ 주성분은 수증기와 이산화탄소이다.

④ **인체에 유해 가스** : 일산화탄소(CO), 탄화수소(HC), 질소산화물(NOx)이다.

⑤ **인체에 무해 가스** : 수증기(H_2O), 이산화탄소(CO_2)이다.

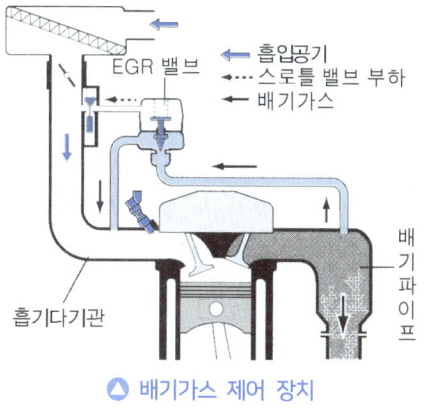

흡입공기
스로틀 밸브 부하
배기가스

EGR 밸브

흡기다기관

배기파이프

🔺 배기가스 제어 장치

(1) 가솔린 엔진

가솔린 엔진의 유해 배기가스인 일산화탄소(CO), 탄화수소(HC), 질소산화물(NOx)을 정화시키며, 삼원 촉매가 사용된다.

1) 삼원 촉매(TWC ; three way catalyst)

① 삼원은 배기가스 중 유독한 성분 CO, HC, NOx로 이들 3개의 성분을 동시에 감소시키는 장치이다.

② 배기관 도중에 설치되며, 촉매로서는 백금과 로듐이 사용된다.

③ 유해한 CO(일산화탄소)와 HC(탄화수소)를 산화하여 각각 무해한 CO_2(이산화탄소)와 H_2O(물)로 변화시키는데 충분한 산소가 필요하지만 NOx(산화질소)를 무해한 N_2(질소)로 변화시키는데 산소는 방해가 된다. 따라서 3가지 성분을 동시에 감소시키는 데는 혼합기를 산소의 과부족이 없는 이론 공연비에 가깝도록 조정할 필요가 있다.

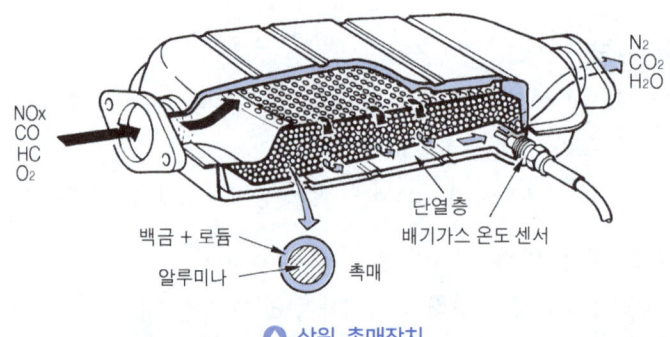

NOx
CO
HC
O_2

N_2
CO_2
H_2O

백금 + 로듐
알루미나
촉매
단열층
배기가스 온도 센서

🔺 삼원 촉매장치

2) 산소 센서

① **피드백(feed back) 제어**

㉮ 피드백 제어에 필요한 주요부품은 산소(O_2)센서, ECU, 인젝터로 이루어진다.

㉯ O_2 센서의 기전력이 커지면 공연비가 농후하다고 판정하여 인젝터 분사시간이 짧아지고, 기전력이 작아지면 공연비가 희박하다고 판정하여 인젝터 분사시간이 길어진다.

㉰ O_2 센서의 기전력은 배기가스 중의 산소 농도가 증가(공연비 희박)하면 감소하고, 산소 농도가 감소(공연비 농후)하면 증가한다.

㉱ 피드백 제어는 산소 센서의 출력 전압에 따라 이론 공연비(14.7 : 1)가 되도록 인젝터 분사시간을 제어하여 분사량을 조절한다.

㉲ CO, HC, NOx 등의 배기가스를 저감한다.

② **지르코니아 산소 센서** : 지르코니아 소자(ZrO_2)양면에 백금 전극이 있고, 센서의 안쪽에는 산소 농도가 높은 대기가 바깥쪽에는 산소 농도가 낮은 배기가스가 접촉한다. 지르코니아 소자는 고온에서 양쪽의 산소 농도 차이가 커지면 기전력을 발생하는 성질이 있다. 혼합기가 희박할 경우 0.1V, 농후할 경우 0.9V의 전압을 발생시킨다.

③ **티타니아 산소 센서** : 세라믹 절연체의 끝에 티타니아 소자가 설치되어 있고, 전자 전도체인 티타니아가 주위의 산소 분압에 대응하여 산화 또는 환원되어 그 결과 전기저항이 변화하는 성질을 이용한 것이다. 혼합기가 희박할 경우 4.3~4.7V, 농후할 경우 0.3~0.8V의 전압을 발생시킨다.

3) 배기가스 재순환 장치(EGR ; exhaust gas recirculation)

① 배기가스 일부를 흡기다기관으로 다시 되돌려 보내 질소산화물을 저감시키는 역할을 한다.
② 혼합기가 연소할 때 최고의 온도를 낮추어 질소산화물(NOx)의 생성량을 적게 한다.
③ NOx는 높은 온도 및 산소량이 많은 희박한 혼합비의 연소 상태에서 다량으로 생성된다.
③ 배기 가스량의 조절은 EGR 밸브에 의해서 이루어진다.

4) EGR 밸브

① EGR 밸브는 배기다기관과 서지 탱크 사이에 설치되어 있다.
② 공전 및 워밍업 시에는 작동되지 않는다.
③ 컴퓨터의 제어 신호에 의해 EGR 솔레노이드 밸브가 EGR 밸브의 진공 통로를 개폐시킨다.
④ 스로틀 밸브의 열리는 양에 따라 EGR 밸브가 열린다.
⑤ 배기가스 일부를 재순환시켜 연소 온도를 낮추어 질소산화물(NOx)의 배출량을 감소시킨다.

$$EGR율 = \frac{EGR가스량}{흡입공기량+EGR가스량} \times 100$$

(2) 디젤 엔진

1) 람다(λ) 센서(광역 산소 센서, wide band oxygen sensor)

① 배기가스 중의 산소와 대기의 기준 산소 농도 차에 따라 발생된 람다 센서의 전류가 λ=1 상당 값이 되도록 펌핑 전류를 공급하거나 받아들이는 방법을 사용한다.
② 혼합비가 λ>1(희박)일 때는 컴퓨터의 펌핑 셀 전압단에서 람다 센서로 펌핑 전류(+펌핑 전류)를 보내어 λ=1(펌핑 전류 0)이 되도록 제어한다.
③ λ<1(농후)일 때는 람다 센서에서 펌핑 셀 전압단으로 펌핑 전류(-펌핑 전류)를 받아들여 λ=1이 되도록 제어한다.
④ 컴퓨터는 펌핑 전류의 양으로 배기가스 내의 산소 농도를 측정할 수 있다.
⑤ 이론 혼합비에서 약 1.5V를 출력하는 형식과 2.5V를 출력하는 형식이 있다.
⑥ 혼합비가 농후에서 희박으로 갈수록 출력 전압이 최대 5V 혹은 3V까지 상승하는 리니어 형식(광역 산소 센서)의 산소 센서를 사용하고 있다.

2) 디젤 산화 촉매(DOC ; diesel oxidation catalyst)

① 저온 활성화가 우수한 백금(Pt)이 촉매 물질로 사용된다.

② **산화 작용** : CO를 CO_2로, HC를 H_2O로 산화시킨다.

③ **산화 반응 열** : DPF의 재생(regeneration)을 조력한다.

④ PM 중 용해성 입자(SOF)를 80% 이상 제거한다.

⑤ **NO를 NO_2로 산화 반응** : DPF에서 soot의 연소 온도를 낮춘다.

3) 매연 저감 장치(DPF, diesel particulate filter)

① DPF 개요

DPF는 디젤 엔진에서 배출되는 입자상물질(PM)을 여과기에 포집한 후 이것을 연소(재생 – 여과기에 쌓여있는 입자상물질을 높은 온도의 배기가스를 이용하여 태우는 기능)시키고 다시 포집하기를 반복하는 장치이며, 입자상물질을 약 70%이상 감소시킬 수 있다.

② DPF 정화 기능

DPF는 사각형 모양의 통로가 벌집 모양으로 배열되어 백금이 코팅되어 있는 필터이다. 통로를 채널이라 부르는데 채널 입구와 출구가 교대로 막혀 있어 채널 입구로 유입된 배기 가스는 터널 출구가 막혀 있기 때문에 다공질 벽을 통과해 옆 채널 출구로 빠져나가게 되며 이때 입자상 매연은 채널에 걸려 포집된다.

③ DPF 재생 기능

포집된 PM의 고체상 입자에 해당되는 soot가 과다 퇴적되면 배압이 높아지기 때문에 배기가스의 흐름이 원활하지 못하게 되어 출력 및 연비 저하, 매연이 과다 발생하게 된다. 차압 센서가 DPF 시작과 끝 부분의 압력 차이를 감지하여 누적된 soot를 연소시켜 CO_2로 배출시키면 재(Ash)만 남게 되어 DPF에 퇴적되게 되고 일정량 이상 누적되게 되면 DPF의 수명은 다하게 된다.

일반적으로 DPF의 수명은 24만km 정도이며 상당한 고가이므로 DPF를 탈착하여 클리닝 작업을 하게 되면 수명을 연장시킬 수 있다. 컴퓨터의 재생시기 판정 기준은 다음과 같다.

㉮ 차압을 이용한 자연 재생 : DPF 전·후방에 발생한 압력 차로 soot의 축적량을 간접 계산하는 방법이다. 매연 입자량이 많을수록 입구와 출구의 압력 차가 커지는 것을 이용하여 재생시기를 판단하며 차압 센서 기준 16g의 퇴적 시마다 자연 재생을 한다.

㉯ 주행 거리를 이용한 자연 재생 : 운전 조건에 상관없이 일정한 주행 거리를 초과하면 재생을 하도록 하는 방법이다. 일반적으로 이전 재생 시점으로부터 500km 주행 시마 다 자연 재생을 하게 된다.

㉰ 엔진 구동 시간을 이용한 자연 재생 : 차압 센서나 주행 거리를 이용한 재생이 일어나 지 않았을 경우 이전 재생 시점부터 엔진 구동 시간을 계산해 약 15시간마다 자연 재생을 한다.

㉱ 컴퓨터 시뮬레이션을 이용한 자연 재생 : 컴퓨터에서 주행 거리, 엔진 구동 시간,

연료 분사량 등 다양한 운전 조건을 계산한 후 PM이 쌓인 양을 예측(프로그램)해 자연 재생을 한다.

 ㉮ 스캔 툴(scan tool)을 이용한 강제 재생 : 자연 재생 방법으로 재생이 원활하지 못해 soot량이 퇴적되었을 때는 정비사가 스캔 툴을 이용하여 강제 재생을 실시해야 한다. 주로 시내 주행 위주로 운행할 경우에 해당된다.

④ DPF 재생 방법

 DPF 재생은 2번에 걸친 후분사(post injection)를 통하여 600℃ 이상의 재생 온도를 발생시킨다. post1의 분사에 의한 연소열과 DOC에서 CO, HC 산화 과정에 발생한 발열 반응열로 온도를 추가적으로 올려 600℃의 고열을 발생시킨다.

4) 배기가스 재순환 장치(EGR ; exhaust gas recirculation)

① **기계식(고압) EGR** : 가솔린 엔진의 기계식 EGR 밸브처럼 EGR 밸브와 솔레노이드가 분리되어 진공 호스로 연결되어 있으며, 솔레노이드는 EGR 밸브의 진공 포트에 걸리는 부압을 컴퓨터에 의해 듀티율로 조절하며 배기가스를 재순환시킨다.

② **전자식(고압) EGR** : EGR 밸브와 솔레노이드를 하나의 통합 모듈로 설치하여 컴퓨터의 전기적인 듀티율로 조절되며 기계식처럼 진공(부압)이 필요 없다. 또한 EGR 밸브의 위치를 감지하는 센서가 적용되어 전자식 EGR 밸브라 한다. 공기 유량 센서(MAFS) 및 람다 센서 그리고 에어 컨트롤 밸브(ACV)를 통하여 정밀한 EGR 제어를 수행하고 있다.

5) 선택적 환원 촉매(SCR ; selective cartalitic reduction)

 요소수를 분사하여 배기가스 중 NOx를 환원시키는 시스템이다. SCR 촉매를 사용하면 EGR의 역할은 줄게 되고 고온고압 연소가 가능하게 되어 출력과 연비를 향상시킬 수 있다. 또한 매연 발생량도 줄게 되어 DPF의 용량을 줄일 수 있으므로 불필요한 배압이 발생되지 않는 장점이 있다.

6) 에어 컨트롤 밸브(ACV ; Air Control Valve)

 에어 컨트롤 밸브(스로틀 밸브)는 디젤 엔진의 스로틀 바디에 장착되어 있으며, ECM에서 오는 PWM 신호에 따라서 에어 컨트롤 밸브를 제어한다. 구성은 에어 컨트롤 밸브를 작동시키는 DC 모터, DC 모터와 에어 컨트롤 밸브 사이에 장착되어 DC 모터의 토크를 증대시키는 2스텝 기어, 에어 컨트롤 밸브의 상태를 감지하는 포지션 센서, ECM으로부터 신호를 받아서 DC 모터를 구동하는 컨트롤 유닛, 에어 컨트롤 밸브를 원위치(열림) 상태로 복귀시켜 주는 리셋 스프링으로 구성되어 있다. 에어 컨트롤 밸브는 진동 방지 기능, EGR을 위한 흡입공기 제어, DPF 재생을 위한 배기가스 온도 제어를 한다.

7) DFP 차압 센서(Diesel Particulate Filter Differential Pressure Sensor)

 DPF 차압 센서는 피에조 저항 형식으로 DPF 장치의 재생 시기를 판단하기 위한 입자상 물질의 포집량을 예측하기 위해 여과기 입구와 출구의 압력 차이를 측정한다. ECM은 이 센서의 측정값을 이용하여 DPF 안에 포집된 매연 량을 측정하고 재생 여부를 결정한다.

차압 센서는 여과기 앞뒤에 각각 1개씩의 센서를 설치한 것이 아니라 1개의 센서를 이용하여 2개의 파이프에서 발생하는 압력 차이를 검출하여 ECM으로 입력시킨다. 그리고 입구와 출구의 압력 차이가 20~30kPa(200~300bar) 이상이 되면 재생 모드로 진입한다.

8) 배기가스 온도 센서(EGTS ; Exhaust Gas Temperature Sensor)

배기가스 온도 센서 #1·#2는 매연 저감 장치(DPF ; Diesel Particulate Filter)에 장착되어 VGT 안으로 유입되는 배기가스의 온도와 DPF 안으로 유입되는 배기가스 온도를 감지한다. DPF 재생을 만족시키는 조건이 되었을 때 ECM은 배기가스를 이용하여 DPF 안에 포집된 매연(soot)을 태우게 된다. 이때 배기가스의 온도는 엔진 조건의 아주 중요한 요소 중 하나이다.

배기가스 온도 센서 #1은 폭발 행정 말에 분사되는 포스트 1 분사는 배출되는 배기가스에 화염을 발생시켜 배기가스 온도를 직접적으로 상승시킨다. 배기가스 온도 센서 #1은 이때 상승되는 온도를 검출하여 성공적인 포스트 1 분사를 모니터 하며, 지나치게 온도가 상승되는 것을 방지한다.

배기가스 온도 센서 #2는 배기 행정 초에 분사되는 포스트 2 분사의 연소되지 않은 연료(HC)를 배기가스에 유입시켜 산화 촉매에 HC를 공급한다. 산화 촉매에 유입된 HC는 화학 반응에 의해 산화 촉매의 온도를 상승시켜 촉매 필터에 포집된 분진(PM ; Particulate Matters)을 연소시키기 위한 온도로 상승시키며, 과도한 온도 상승으로 인한 매연 저감 장치 내의 촉매 필터의 손상을 방지한다.

9) PM 센서(PMS ; Particulate Matters Sensor)

PM(입자상 물질) 센서는 센터 머플러에 장착되어 있으며, DPF 후단에 PM을 감지하여 신호 처리 후 ECM으로 CAN(Controller Area Network) 통신을 통해서 데이터를 보내면 DPF의 이상 유무를 판단한다. 감지된 PM 값은 DPF 모니터링용으로 사용된다.

② 배출가스장치 수리

1. DPF 강제 재생

① 키 스위치를 OFF시킨다.
② 진단 장비를 자기 진단 커넥터(DLC)에 연결한다.
③ 키 스위치를 ON으로 한다.
④ '차종, 연식, 엔진 사양, 시스템'을 선택한다.
⑤ P단(A/T) 또는 중립(M/T) 상태에서 시동을 건 후 공회전시킨다.
⑥ 에어컨을 켜고 블로어 모터를 최고 속도로 설정, 전조등 ON, 와이퍼 모터 ON 등 차량 상태를 최대 전기 부하 상태로 만든다.
⑦ 'DPF 재생 기능'을 선택한다.
⑧ '시작'버튼을 선택하여 강제 재생을 실시한다.

⑨ DPF soot량이 0g이 되면 정지 버튼을 누르고 종료한다.

2. 람다 센서(LSU) 클리닝

배기가스에 오염된 람다 센서는 주기적으로 클리닝 보정을 해주어야 한다.
① 엔진을 시동한다.
② 진단 장비를 자기진단 커넥터(DLC)에 연결한다.
③ '차종, 연식, 엔진 사양, 시스템'을 선택한다.
④ '람다 센서(LSU) 클리닝'을 선택한다.
⑤ 키 스위치를 OFF시킨 후 2분간 기다린다.
⑥ 스캔 툴의 ENT 버튼을 누른다.

③ 배출가스 장치 교환

1. 부품 교환 후 학습값 리셋

ECU, 레일 압력 센서(RPS), 람다 센서(LSU), 공기 유량 센서(MAFS), 배기가스 저감 장치 (DPF, LNT+DPF), 차압 센서(DPS), 스월 액추에이터, 스로틀 밸브(ACV), 액셀러레이터 페달 모듈, 전자 EGR 밸브를 교환한 후에는 '부품 교환 후 학습값 리셋'을 해준다. 그렇지 않을 경우 부품 교환 시점부터 자동 학습이 완료될 때까지 차량 성능 및 배출가스 관련 문제가 발생할 수 있다. 부품 교환 후 학습값 리셋 절차는 동일하며 아래의 절차로 진행한다.
① 키 스위치를 OFF로 한다.
② 진단 장비를 자기진단 커넥터(DLC)에 연결한다.
③ 키 스위치를 ON으로 한다.
④ '차종, 연식, 엔진 사양, 시스템'을 선택한다.
⑤ '부품 교환 후 학습값 리셋'을 선택한다.
⑥ '○○○ 교환'을 선택한다.
⑦ 메시지를 확인하고 키 스위치를 OFF시킨 후 10초 후 키 스위치를 ON시킨다.
⑧ OK 버튼을 누르면 학습치가 초기화된다.

④ 배출가스 장치 검사

1. 스캔 툴 자기진단 및 검사

가솔린, LPi, 디젤 엔진의 배출가스 관련 부품을 교환한 후에는 스캔 툴 장비를 이용하여 DTC 를 확인하여 이상 시 기억을 소거시킨다.
① 스캔 툴의 DLC 케이블을 DLC 커넥터에 연결한다.
② 키 스위치를 ON으로 한다.
③ 스캔 툴에서 차종/제어 시스템/엔진 제어/고장 코드를 선택한다.

④ DTC를 확인한 후 고장 발생 시 기억을 소거시킨 후 시동하여 DTC가 재발견 되는지 확인한다.

⑤ DLC 케이블을 탈거하고 스캔 툴을 분리한다.

2. 가솔린 엔진 산소 센서 검사

가솔린 배출가스 관련 부품을 교환 시에는 최종적으로 산소 센서의 작동 상태를 점검한다.

① 엔진을 난기 운전하여 냉각 수온이 80℃ 이상 되도록 한다.

② 스캔 툴 장비를 이용하여 차종/제어 시스템/엔진 제어/센서 출력을 선택한다.

③ 산소 센서 출력 전압을 선택하고 데이터 항목을 고정시킨 후 그래프 기능을 선택한다.

④ 공회전 시 산소 센서의 출력 전압이 50%의 듀티 영역에서 제어되는지 검사한다.

3. 가솔린 CO, HC, NOx 검사

테스터기는 제조 회사 별로 작동 방법이 조금씩 다를 수 있으므로 작동 매뉴얼을 참조하여 배기가스 측정에 임한다.

① 매뉴얼을 보고 장비의 가스 0점 조정 및 채취관(프로브)의 누설 상태 등을 점검하여 이상 유무를 확인하며 프로브의 필터를 신품으로 교환한다.

② 엔진을 난기 운전하여 워밍업 후 공회전 상태를 유지시키고 각종 전기 장치를 OFF시킨다.

③ 테스터기에 전원을 연결 후 작동 스위치를 ON하면 약 5분간(장비마다 약간 다를 수 있음) 워밍업이 진행된다(워밍업 시간은 측정 지시부에 숫자로 카운트되는 경우가 많다.).

④ 엔진이 공회전 상태에서 채취관(프로브)를 배기구에 30cm 이상 삽입한다.

⑤ 측정 버튼을 누르고 10초 이상 경과 후 측정 지시 값이 안정화되면 배출가스 농도를 확인한다.

⑥ 판독이 끝나면 채취관(프로브)을 배기구로부터 분리시키고 3분 이상 테스터기의 펌프를 공전시킨 후 재측정에 임한다.

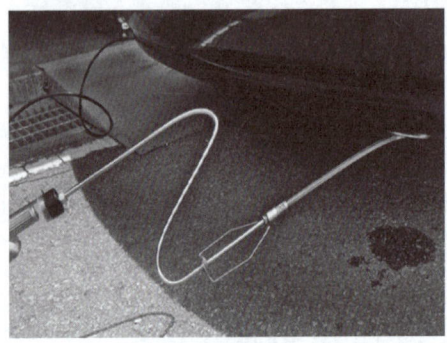
▲ 채취관 설치

▲ 배출가스 측정

4. 디젤 무부하 급가속 매연 검사(광학식)

매연 검사 방법에는 여지반사식과 광학식 2가지가 있지만 현재는 광학식을 이용한 매연 검사 방법을 사용하고 있다.

① 광학식 매연 검사 기기의 광학 렌즈를 깨끗이 닦고 시험기의 전원을 ON 한다.

② 광학 표준 시험지로 장비 매뉴얼을 참조하여 캘리브레이션을 수행한다.

③ 엔진을 시동하여 워밍업시킨 다음 변속기가 중립인 상태(정지 가동 상태)에서 급가속한다. 최고 회전속도 도달 후 2초 동안 공회전 후 정지 가동 상태 유지를 연속으로 3회 반복하여 배기관 내에 축적되어 있는 매연을 배출시킨 후 정지 가동(공전) 상태로 5~6초 동안 둔다.

④ 채취관(프로브)을 배기구에 배기관 벽면으로부터 5 mm 이상 떨어뜨려 설치하고 5cm 정도의 깊이로 삽입한다.

⑤ 가속 페달에 발을 올려놓고 시험기의 시작 버튼을 누름과 동시에 엔진을 최고 회전속도에 도달할 때까지 급속히 4초 동안 밟아 최고 회전 속도에 도달시킨 후 정지가동 상태로 공회전 시킨다. 이와 같은 방법으로 3회 연속 측정하여 산술 평균값을 측정값으로 한다. 연속 3회 연속 측정 방법은 시험기의 매뉴얼을 참조한다.

⑥ 측정이 끝나면 채취관(프로브)을 배기구로부터 분리하고 측정부의 광학렌즈 2곳을 깨끗이 닦는다.

🔺 채취관 설치

🔺 매연 측정기

TIP

운행차량 정기검사 배출허용기준(매연)-(광투과식 무부하 급가속 모드)

차 종		제작일자		매 연
경자동차 및 승용자동차		1995년 12월 31일 이전		60% 이하
		1996년 1월 1일부터 2000년 12월 31일까지		55% 이하
		2001년 1월 1일부터 2003년 12월 31일까지		45% 이하
		2004년 1월 1일부터 2007년 12월 31일까지		40% 이하
		2008년 1월 1일부터 2016년 8월 31일까지		20% 이하
		2016년 9월 1일 이후		10% 이하
승합·화물·특수 자동차	소형	1995년 12월 31일 이전		60% 이하
		1996년 1월 1일부터 2000년 12월 31일까지		55% 이하
		2001년 1월 1일부터 2003년 12월 31일까지		45% 이하
		2004년 1월 1일부터 2007년 12월 31일까지		40% 이하
		2008년 1월 1일부터 2016년 8월 31일까지		20% 이하
		2016년 9월 1일 이후		10% 이하
	중형	1992년 12월 31일 이전		60% 이하
		1993년 1월 1일부터 1995년 12월 31일까지		55% 이하
		1996년 1월 1일부터 1997년 12월 31일까지		45% 이하
		1998년 1월 1일부터 2000년 12월 31일까지	시내버스	40% 이하
			시내버스 외	45% 이하
		2001년 1월 1일부터 2004년 9월 30일까지		45% 이하
		2004년 10월 1일부터 2007년 12월 31일까지		40% 이하
		2008년 1월 1일부터 2016년 8월 31일까지		20% 이하
		2016년 9월 1일 이후		10% 이하
	대형	1992년 12월 31일 이전		60% 이하
		1993년 1월 1일부터 1995년 12월 31일까지		55% 이하
		1996년 1월 1일부터 1997년 12월 31일까지		45% 이하
		1998년 1월 1일부터 2000년 12월 31일까지	시내버스	40% 이하
			시내버스 외	45% 이하
		2001년 1월 1일부터 2004년 9월 30일까지		45% 이하
		2004년 10월 1일부터 2007년 12월 31일까지		40% 이하
		2008년 1월 1일 이후		20% 이하

5. 운행 자동차의 정밀 검사 기준 및 방법

(1) 관능 및 기능 검사

1) 배출가스 검사 전 자동차의 상태 검사 기준

① 검사를 위한 장비조작 및 검사 요건에 적합할 것.

② 부속장치는 작동을 금지할 것.

③ 배출가스 관련 부품이 빠져나가 훼손되어 있지 아니할 것.

④ 배출가스 관련 장치의 봉인이 훼손되어 있지 아니할 것.

⑤ 배출가스가 최종 배출구 이전에서 유출되지 아니할 것.

⑥ 배출가스 부품 및 장치가 임의로 변경되어 있지 아니할 것

⑦ 엔진 오일, 냉각수, 연료 등이 누설되지 아니할 것

⑧ 엔진, 변속기 등에 기계적인 결함이 없을 것

2) 배출가스 검사 전 자동차의 상태 검사 방법

① 배기관에 시료 채취관이 충분히 삽입될 수 있는 구조인지 확인한다.

② 에어컨, 히터, 서리 제거장치 등 배출가스에 영향을 미치는 모든 부속장치의 작동 여부를 확인한다.

③ 정화용 촉매, 매연 여과장치 및 그 밖에 관능검사가 가능한 부품의 장착상태를 확인한다.

④ 조속기 등 배출가스 관련 장치의 봉인 훼손 여부를 확인한다.

⑤ 배출가스가 배출가스 정화장치로 유입 이전 또는 최종 배기구 이전에서 유출되는지를 확인한다.

⑥ 배출가스 부품 및 장치의 임의 변경 여부를 확인한다.

⑦ 엔진 오일 양과 상태의 적정 여부 및 오일, 냉각수, 연료의 누설 여부 확인한다.

⑧ 냉각팬, 엔진, 변속기, 브레이크, 배기장치 등이 안전상 위험과 검사결과에 영향을 미칠 우려가 없는지 확인한다.

3) 배출가스 관련 부품 및 장치의 작동상태 검사 기준

① 연료 증발가스 방지장치가 정상적으로 작동할 것.

② 배출가스 전환장치가 정상적으로 작동할 것.

③ 배출가스 재순환장치가 정상적으로 작동할 것.

④ 엔진의 가속상태가 원활하게 작동할 것

⑤ 흡기량 센서, 산소 센서, 흡기 온도 센서, 수온 센서, 스로틀 포지션 센서 등이 제 위치에 부착되어 있어야 하고 정상적으로 작동할 것.

⑥ 그 밖에 배출가스 부품 및 장치가 정상적으로 작동할 것

4) 배출가스 관련 부품 및 장치의 작동상태 검사 방법

① **연료 증발가스 방지장치**

㉮ 증기 저장 캐니스터의 연결호스가 제대로 연결되어 있는지 확인한다.

㉯ 크랭크 케이스 저장 연결부가 제대로 연결되어 있는지 확인한다.

㉰ 연료 호스 등이 제대로 연결되어 있는지 확인한다.

㉱ 연료계통 솔레노이드 밸브가 제대로 작동되는지 확인한다.

② **배출가스 전환 장치**

㉮ 정화용 촉매, 선택적 환원 촉매장치(SCR), 매연 여과장치 등의 정상적으로 부착되었는지 여부를 확인한다.

㉯ 정화용 촉매, 선택적 환원 촉매장치, 매연 여과장치, 보호판 및 방열판 등의 훼손 여부를 확인한다.

㉰ 2016년 9월 1일 이후 제작된 자동차는 엔진 전자제어 장치에 전자 진단장치를 연결하여 매연 여과장치 관련 부품(압력 센서, 온도 센서, 입자상 물질 센서 등)의 정상작동 여부를 검사한다.

③ 배출가스 재순환 장치

㉮ 재순환 밸브의 부착 여부를 확인한다.

㉯ 재순환 밸브의 수정 또는 파손 여부를 확인한다.

㉰ 진공밸브 등 부속장치의 유무, 우회로 설치 여부 및 변경 여부를 확인한다.

㉱ 진공호스 및 라인 설치 여부, 호스 폐쇄 여부를 확인한다.

④ 엔진 가속 상태

㉮ 엔진 회전수를 최대 회전수까지 서서히 가속시켰을 때 원활하게 가속되는지와 엔진에서 이상 음이 발생하는지를 확인한다.

㉯ 최대로 가속하였을 때 엔진의 회전속도가 최대 출력 시의 회전속도를 초과하는지 확인한다.

⑤ 센서

㉮ 엔진 전자제어 장치에 전자 진단장치를 연결하여 센서 기능의 정상 작동 여부를 검사한다.

㉯ 엔진 공회전속도가 정상(500~1,000rpm 이내)인지를 확인한다.

⑥ 그 밖에 배출가스 부품 및 장치가 정상적으로 작동되는지 확인한다.

(2) 배출가스 검사(일산화탄소, 탄화수소, 질소산화물)

1) 배출가스 검사 기준 : 부하검사

① 배출가스 측정결과가 저속 공회전 검사모드에서는 운행차 정기검사의 배출허용기준에, 정속모드(ASM2525 모드)에서는 운행차 정밀검사의 배출허용기준에 각각 맞을 것

② **배출가스 허용기준** : 휘발유(알코올 포함)사용 자동차 또는 가스사용 자동차

차종	제작일자	일산화탄소	탄화수소	공기과잉율
경자동차	1997년 12월 31일 이전	4.5% 이하	1,200ppm 이하	1±0.1 이내 다만, 기화기식 연료 공급장치 부착 자동차는 1±0.15이내. 촉매 미부착 자동차는 1±0.20이내
	1998년 1월 1일부터 2000년 12월 31일까지	2.5% 이하	400ppm 이하	
	2001년 1월 1일부터 2003년 12월 31일까지	1.2% 이하	220ppm 이하	
	2004년 1월 1일 이후	1.0% 이하	150ppm 이하	
승 용 자동차	1987년 12월 31일 이전	4.5% 이하	1,200ppm 이하	
	1988년 1월 1일부터 2000년 12월 31일까지	1.2% 이하	220ppm이하 (휘발유·알콜 자동차) 400ppm이하(가스자동차)	
	2001년 1월 1일부터 2005년 12월 31일까지	1.2% 이하	220ppm 이하	
	2006년 1월 1일 이후	1.0% 이하	120ppm 이하	

					1±0.1 이내 다만, 기화기식 연료 공급장치 부착 자동차는 1±0.15이내, 촉매 미부착 자동차는 1±0.20이내
승합 화물 특수 자동차	소형	1989년 12월 31일 이전	4.5% 이하	1,200ppm 이하	
		1990년 1월 1일부터 2003년 12월 31일까지	2.5% 이하	400ppm 이하	
		2004년 1월 1일 이후	1.2% 이하	220ppm 이하	
	중형· 대형	2003년 12월 31일 이전	4.5% 이하	1,200ppm 이하	
		2004년 1월 1일 이후	2.5% 이하	400ppm 이하	
이륜 자동차	대형	1999년 12월 31일 이전	5.0% 이하	2,000ppm 이하	─
		2000년 1월 1일부터 2006년 12월 31일까지	3.5% 이하	1,500ppm 이하	
		2007년 1월 1일부터 2008년 12월 31일까지	3.0% 이하	1,200ppm 이하	
		2009년 1월 1일 이후	3.0% 이하	1,000ppm 이하	

2) 배출가스 검사 방법(일산화탄소, 탄화수소, 질소산화물) : 부하검사

① **예열 모드** : 측정대상 자동차의 상태가 정상으로 확인되면 차대 동력계 상에서 25%의 도로 부하에서 40km/h의 속도로 주행하고 있는 상태[40km/h의 속도에 적합한 변속기어 (자동변속기는 드라이브 위치)를 선택한다]에서 40초 동안 예열한다.

② **저속 공회전 검사모드**(Low Speed Idle Mode)

㉮ 예열모드가 끝나면 공회전(500~1,000rpm) 상태에서 시료 채취관을 배기관 내에 30cm 이상 삽입한다.

㉯ 측정기 지시가 안정된 후 일산화탄소는 소수점 둘째자리 이하는 버리고 0.1% 단위 로, 탄화수소는 소수점 첫째자리 이하는 버리고 1ppm단위로, 공기과잉률(λ)은 소수 점 둘째자리에서 0.01단위로 최종 측정치를 읽는다. 단, 측정치가 불안정할 경우에는 5초간의 평균치로 읽는다.

③ **정속모드**(ASM2525 모드)

㉮ 저속 공회전 검사모드가 끝나면 즉시 차대 동력계에서 25%의 도로부하로 40km/h의 속도로 주행하고 있는 상태[40km/h의 속도에 적합한 변속기어(자동변속기는 드라이 브 위치)를 선택한다]에서 검사모드 시작 25초 경과 이후 모드가 안정된 구간에서 10초 동안의 일산화탄소, 탄화수소, 질소산화물 등을 측정하여 그 산술 평균 값을 최종 측정치로 한다.

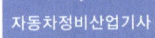

㉯ 일산화탄소는 소수점 둘째자리 이하는 버리고 0.1%단위로, 탄화수소와 질소산화물은 소수점 첫째자리 이하는 버리고 1ppm단위로 최종측정치를 읽고 기록한다.

㉰ 차대 동력계에서의 배출가스 시험 중량은 차량중량에 136kg을 더한 수치로 한다.

(3) 매연 검사 기준 및 방법(Lug- Down 3모드는 엔진 정격 회전수 및 엔진 최대출력 검사를 포함한다) 및 질소산화물(해당 자동차에 한정한다)

1) 매연 검사 기준(광투과식 분석 방법)

해당 부하 검사방법에 따라 광투과식 분석방법(부분유량 채취방식만 해당한다)을 채택한 매연 측정기를 사용하여 측정한 매연농도와 경유자동차 질소산화물 측정기를 사용하여 측정한 질소산화물 농도가 부하검사방법에 따른 운행차 정밀검사의 배출허용기준에 각각 맞아야 한다.

2) 한국형 경유147(KD147모드) 검사 방법

① 측정대상 자동차의 상태가 정상으로 확인되면 차대 동력계에서 엔진 정격출력의 40% 부하에서 50±6.2km/h의 차량속도로 40초간 주행하면서 예열한 다음 환경부장관이 정한 주행주기와 도로 부하마력에 따라 총 147초 동안 0km/h(엔진 공회전 상태)에서 최고 83.5km/h까지 적정한 변속기어를 선택하면서 주행한다.

② 매연 측정값은 최고 측정치를 중심으로 매 1초 동안 전후 0.25초마다 측정된 5개의 1초 동안 산술 평균값(A)을 측정값으로 한다. 다만, 1초 동안 산술 평균값이 매연 허용기준을 초과할 경우에는 다음과 같이 매연측정값을 산출한다.

㉮ 매연 배출 허용기준이 30% 이상인 경우 : 최고 측정치의 3초 전과 3초 후의 7초 동안의 산술 평균값을 구하여 7초 동안의 산술 평균값(B)이 20%를 초과하면 1초 동안 산술 평균값(A)을 측정값으로 하고, 20% 이하이면 7초 동안의 산술 평균값(B)을 측정값으로 한다.

㉯ 매연 배출 허용기준이 25% 이하인 경우 : 최고 측정치의 3초 전과 3초 후의 7초 동안의 산술 평균값을 구하여 7초 동안의 산술 평균값(B)이 10%를 초과하면 1초 동안의 산술 평균값(A)을 측정값으로 하고, 10% 이하이면 7초 동안의 산술 평균값(B)을 측정값으로 한다.

㉰ 산술 평균값(A, B)이 매연 배출 허용기준 이하이면 적합으로 판정한다.

③ 질소산화물 측정값은 검사모드를 시작하면서 매 7초 동안 측정한 결과를 산술 평균하여 최고값을 최종 측정치로 한다. 최종 측정치가 질소산화물 배출 허용기준이하이면 적합으로 판정한다.

④ 매연 농도는 소수점 이하는 버리고 1% 단위로 산출하고, 질소산화물 농도는 소수점 이하는 버리고 1ppm 단위로 산출한다.

3) 운행차 정밀검사의 배출허용기준(부하검사 방법)-경유사용 자동차

검사항목 적용일자 제작일자	매 연	
	2011년 12월 31일까지	2012년 1월 1일 이후
1992년 12월 31일 이전	50% 이하	45% 이하
1993년 1월 1일부터 1995년 12월 31일까지	45% 이하	40% 이하
1996년 1월 1일부터 2000년 12월 31일까지	40% 이하	35% 이하
2001년 1월 1일부터 2007년 12월 31일까지	30% 이하	25% 이하
2008년 1월 1일 이후	20% 이하	15% 이하

(4) 매연 검사 기준 및 방법(엔진 회전수 제어방식 Lug-Down 3모드)

1) 매연 검사 기준(Lug-Down 3모드)

엔진 회전수 제어방식(Lug–Down 3모드)은 부하 검사방법 1모드에서 엔진 정격회전수, 엔진 정격 최대출력의 측정결과가 엔진 정격회전수의 ±5% 이내이고, 이 때 측정한 엔진 최대출력이 엔진 정격출력의 50% 이상이어야 한다. 이 경우 엔진 최대출력의 검사기준 값은 엔진 정격출력의 50%로 산출한 값에서 소수점 이하는 버리고, 1ps 단위로 산출한 값으로 한다.

2) 매연 검사 방법(Lug-Down 3모드)

① 측정대상 자동차의 상태가 정상으로 확인되면 차대 동력계에서 엔진 정격출력의 40% 부하에서 50±6.2km/h의 차량속도로 40초간 주행하면서 예열한다.

② 자동차의 예열이 끝나면 즉시 차대 동력계에서 가속페달을 최대로 밟은 상태에서 자동차 속도가 가능한 70km/h에 근접하도록 하되 100km/h를 초과하지 아니하는 변속기어를 선정(자동변속기는 오버드라이브를 사용하여서는 아니 된다)하여 부하검사 방법에 따라 검사모드를 시작한다. 다만, 최고속도 제한장치가 부착된 화물자동차의 경우에는 엔진 정격회전수에서 차속이 85km/h를 초과하지 않는 변속기어를 선정하여 검사모드를 시작한다.

③ 검사모드는 가속페달을 최대로 밟은 상태에서 최대출력의 엔진 정격회전수에서 1모드, 엔진 정격회전수의 90%에서 2모드, 엔진 정격회전수의 80%에서 3모드로 형성하여 각 검사모드에서 모드시작 5초 경과 이후 모드가 안정되면 엔진 회전수, 최대출력 및 매연 측정을 시작하여 10초 동안 측정한 결과를 산술 평균한 값을 최종 측정치로 한다.

④ 엔진 회전수 및 최대출력은 소수점 첫째자리에서 반올림하여 각각 10rpm, 1ps단위로, 매연농도는 소수점 이하는 버리고 1%단위로 산출한 값을 최종 측정치로 한다.

01 차량에서 발생되는 배출가스 중 지구 온난화에 가장 큰 영향을 미치는 것은?

① H_2 ② CO_2
③ O_2 ④ HC

해설 지구 온난화를 유발하는 주요 원인은 CO_2 때문이다.

02 휘발유, 알코올 또는 가스를 사용하는 자동차 배출가스의 종류에 해당하지 않는 것은? (단, 대기환경보전법 시행령에 의한다.)

① 일산화탄소   ② 암모니아
③ 입자상물질   ④ 매연

해설 대기환경보전법 시행령에 의한 자동차 배출가스
1. 휘발유, 알코올 또는 가스를 사용하는 자동차
① 일산화탄소   ② 탄화수소   ③ 질소산화물
④ 알데히드   ⑤ 입자상물질   ⑥ 암모니아
2. 경유를 사용하는 자동차
① 일산화탄소   ② 탄화수소   ③ 질소산화물
④ 매연   ⑤ 입자상물질   ⑥ 암모니아

03 가솔린 엔진에서 배출가스와 배출가스 저감장치의 상호연결이 틀린 것은?

① 증발가스 제어장치-HC 저감
② EGR 장치-NOx 저감
③ 삼원촉매장치-CO, HC, NOx 저감
④ PCV 장치-NOx 저감

해설 PCV 장치는 블로바이 가스(주성분 HC)를 흡기 다기관으로 보내어 연소되도록 하는 장치이다.

04 가솔린 엔진의 혼합비와 배기가스 배출 특성의 관계 그래프에서 (가), (나), (다)에 알맞은 유해가스를 순서대로 나타낸 것은?

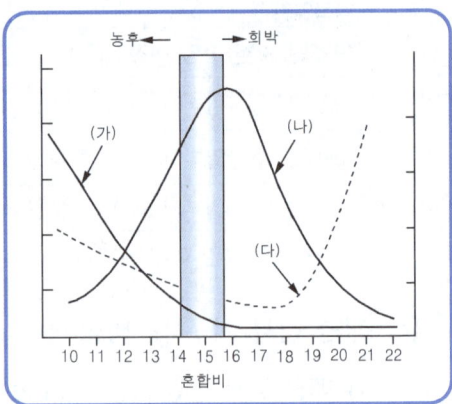

① HC, CO, NOx
② CO, NOx, HC
③ HC, NOx, CO
④ CO, HC, NOx

해설 (가)는 일산화탄소, (나)는 질소산화물, (다)는 탄화수소의 유해가스 곡선이다.

05 다음 그림은 가솔린 엔진의 공연비와 배출가스 농도의 관계를 나타낸 것이다. ①의 곡선이 나타내는 성분은?

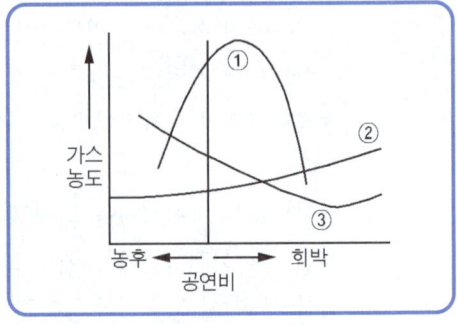

① CO   ② NOx
③ HC   ④ SOx

해설 ①번 곡선은 NOx, ②번 곡선은 HC, ③번 곡선은 CO

정답 **01.**②   **02.**④   **03.**④   **04.**②   **05.**②

06 자동차 배출가스의 주된 생성원이 아닌 것은?

① 배기가스
② EGR 가스
③ 연료 증발가스
④ 블로바이 가스

> **해설** 자동차에서 배출되는 가스
> ① **연료 증발 가스** : 자동차에서 배출되는 전 탄소량의 15%
> ② **블로바이 가스** : 자동차에서 배출되는 전 탄소량의 25%
> ③ **배기가스** : 자동차에서 배출되는 전 탄소량의 60%

07 디젤 엔진의 배출가스 중 질소산화물의 발생원인으로 거리가 가장 먼 것은?

① 최고 연소온도가 낮을 때
② 엔진의 부하가 과도한 조건에서 운전할 때
③ 냉각수 온도가 높을 때
④ 압축비가 높을 때

> **해설** 질소산화물은 높은 연소온도 상태에서 질소와 산소가 결합하여 생성된다.

08 다음 중 질소산화물(NOx) 발생량이 많은 경우는?

① 공연비가 농후한 경우
② 점화시기가 빠른 경우
③ 냉각수 온도가 낮은 경우
④ 엔진의 압축비가 낮은 경우

> **해설** 질소산화물은 높은 연소온도 상태에서 질소와 산소가 결합하여 생성되며, 엔진의 부하가 과도한 조건에서 운전할 때, 냉각수 온도가 높을 때, 엔진의 압축비가 높을 때, 점화시기가 빠를 때 생성된다.

09 공연비와 유해가스의 발생 관계를 설명한 것 중 틀린 것은?

① 이론 공연비보다 농후한 경우 NOx는 감소하고 CO, HC는 증가한다.
② 이론 공연비보다 희박한 경우 NOx는 증가하고 CO, HC는 감소한다.
③ 이론 공연비보다 아주 희박한 경우 NOx, CO는 감소하고 HC는 증가한다.
④ 이론 공연비보다 농후한 경우 NOx는 증가하고 CO, HC는 감소한다.

> **해설** 공연비와 유해가스의 발생관계
> ① 이론 공연비보다 농후한 경우 NOx는 감소하고 CO, HC는 증가한다.
> ② 이론 공연비보다 희박한 경우 NOx는 증가하고 CO, HC는 감소한다.
> ③ 이론 공연비보다 아주 희박한 경우 NOx, CO는 감소하고 HC는 증가한다.

10 엔진으로 흡입되는 공기와 연료의 혼합비와 유해 배출가스 발생량의 관계에 대한 설명으로 옳은 것은?

① 이론 혼합비이면 NOx, CO, HC가 증가한다.
② 이론 혼합비보다 농후하면 CO, HC는 증가하고, NOx는 감소한다.
③ 이론 혼합비보다 희박하면 CO, HC는 증가하고, NOx는 감소한다.
④ 이론 혼합비보다 현저하게 희박하면 CO, HC는 증가하고, NOx는 감소한다.

> **해설** 배출가스 특성과 혼합비와의 관계
> ① 이론 혼합비보다 농후하면 CO와 HC는 증가, NOx는 감소한다.
> ② 이론 혼합비보다 약간 희박하면 NOx는 증가, CO와 HC는 감소한다.
> ③ 이론 혼합비보다 현저하게 희박하면 HC는 증가, CO와 NOx는 감소한다.

정답 06.② 07.① 08.② 09.④ 10.②

11 가솔린 엔진의 배출가스 중 CO의 배출량이 규정보다 많을 경우 가장 적합한 조치방법은?

① 이론 공연비와 근접하게 맞춘다.
② 공연비를 농후하게 한다.
③ 이론 공연비(λ) 값을 1이하로 한다.
④ 배기관을 청소한다.

해설 CO의 배출량을 저감시키려면 혼합가스의 비율을 이론 공연비와 근접하게 맞추어야 한다.

12 가솔린 엔진의 냉간 급가속 시 발생하는 유해가스를 바르게 짝지은 것은?

① CO, NOx
② PM, HC
③ HC, NOx
④ CO, HC

해설 엔진 온도가 규정온도 이하이면 CO와 HC 발생량이 증가한다.

13 자동차 배출가스의 유해성분에 대한 설명으로 틀린 것은?

① 흑연 : 소화기 및 근육신경에 장애를 준다.
② 질소산화물 : 광화학 스모그의 원인이 된다.
③ 일산화탄소 : 인체에 산소부족 증상이 나타난다.
④ 탄화수소 : 호흡기에 자극을 주고 점막이나 눈을 자극한다.

해설 흑연은 혈액중의 조혈 작용을 방지하고 호흡기에 쉽게 흡입되어 점막 염증. 다한 호흡기 질환 및 폐암을 유발한다.

14 유해 배출가스 정화장치의 종류가 아닌 것은?

① 크랭크 케이스 배출가스 제어장치
② 배기가스 압력을 이용한 과급기
③ 배기가스 재순환장치(EGR)
④ 배기가스 후처리 삼원 촉매장치

해설 배출가스 정화장치
① 크랭크 케이스 배출가스(블로바이 가스) 제어장치
② 연료 증발가스 제어장치
③ 배기가스 재순환장치
④ 배기가스 후처리 삼원 촉매장치
⑤ 배기가스 후처리 산화 촉매장치

15 엔진의 크랭크 케이스 환기장치에서 PCV (positive crankcase ventilation valve)가 완전 작동하여 진공 통로가 작아진 경우 엔진이 작동 조건은?

① 엔진 정지 시
② 공회전 혹은 감속 시
③ 엔진 가속 시
④ 과부하 시

해설 공회전 혹은 감속할 때는 PCV 밸브가 열려 블로바이 가스가 흡기다기관 쪽으로 유입되어 연소실에 공급된다. 이때 PCV가 완전 작동하여 진공통로가 작아진다.

16 자동차 엔진에서 발생되는 유해가스 중 블로바이 가스의 성분은 주로 무엇인가?

① CO
② HC
③ NOx
④ SO

해설 블로바이 가스란 크랭크 케이스에서 발생되어 나오는 가스이며, 주성분은 탄화수소(HC)이다.

17 캐니스터에 포집된 연료 증발가스를 조절하는 장치는?

① PCSV(purge control solenoid valve)
② PVC(positive crankcase ventilation)
③ EGR(exhaust gas recirculation valve)
④ ACV(air control valve)

해설 PCSV는 캐니스터에 저장되어 있던 연료증발가스를 서지탱크로 유입시키는 장치이다.

정답 **11.**① **12.**④ **13.**① **14.**② **15.**② **16.**② **17.**①

18 캐니스터에서 포집한 연료 증발가스를 흡기 다기관으로 보내주는 장치는?

① PVC(positive crankcase ventilation)
② PCSV(purge control solenoid valve)
③ EGR(exhaust gas recirculation valve)
④ 리드밸브(reed valve)

해설 PCSV(Purge Control Solenoid Valve)는 냉각수 온도 65℃ 이상 또는 엔진 회전수 1450rpm이상에서 캐니스터에 포집되어 있는 연료 증발가스를 흡기다기관으로 보내주는 역할을 한다.

19 가솔린 엔진의 유해 배출물 저감에 사용되는 차콜 캐니스터(charcoal canister)의 주 기능은?

① 연료 증발가스의 흡착과 저장
② 질소산화물의 정화
③ 일산화탄소의 정화
④ PM(입자상 물질)의 정화

해설 차콜 캐니스터(charcoal canister)는 연료 증발가스의 흡착과 저장이다.

20 연료 증발가스를 활성탄에 흡착 저장 후 엔진 웜업 시 흡기매니폴드로 보내는 부품은?

① 캐니스터
② 플로트 챔버
③ PCV장치
④ 삼원촉매장치

해설 캐니스터는 내부에 입자상태의 활성탄이 내장되어 있어서 엔진이 정지한 상태에서 연료 탱크에서 발생하는 연료 증발가스(HC)를 흡착 저장(포집)하였다가 엔진이 가동될 때에 흡기다기관으로 보내어 연소시킨다.

21 연료 탱크 증발가스 누설시험에 대한 설명으로 맞는 것은?

① ECM은 시스템 누설관련 진단 시 캐니스터 클로즈 밸브를 열어 공기를 유입시킨다.
② 연료 탱크 캡에 누설이 있으면 엔진 경고등을 점등시키면 진단 시 리크(leak)로 표기된다.
③ 캐니스터 클로즈 밸브는 항상 닫혀 있다가 누설시험 시 서서히 밸브를 연다.
④ 누설시험 시 퍼지 컨트롤 밸브는 작동하지 않는다.

22 자동차 엔진의 배기가스 재순환장치로 감소되는 유해배출 가스는?

① CO
② HC
③ NOx
④ CO_2

해설 질소산화물(NOx)을 감소시키기 위해 설치한 장치는 EGR(배기가스 재순환) 장치이다.

23 EGR 시스템의 설명으로 틀린 것은?

① NOx 저감 효과가 있다.
② 연소실의 온도를 낮추는 효과가 있다.
③ EGR 밸브가 열렸을 때 외부 흡입 공기량이 증가한다.
④ 배기다기관과 흡기다기관 사이의 배기가스 재순환 통로에 EGR 밸브가 설치된다.

해설 EGR의 작용
① EGR 밸브는 배출가스의 일부를 흡기계통으로 재순환시켜 NOx의 발생을 억제한다.
② EGR 밸브는 공회전시에 작동되지 않는다.
③ 급가속 상태에서는 작동을 중지한다.
④ 작동조건에서는 스로틀 밸브의 개도에 따른 EGR 밸브의 작동으로 배출가스의 일부가 흡기다기관에 유입된다.
⑤ 배기다기관과 흡기다기관 사이의 배기가스 재순환 통로에 EGR 밸브가 설치된다.

정답 18.② 19.① 20.① 21.② 22.③ 23.③

24 전자제어 가솔린 엔진에서 EGR 장치에 대한 설명으로 맞는 것은?

① 배출가스 중에 주로 CO와 HC를 저감하기 위하여 사용한다.
② EGR량을 많게 하면 시동성이 향상된다.
③ 엔진 공회전시, 급가속시에는 EGR 장치를 차단하여 출력을 향상시키도록 한다.
④ 초기 시동시 불완전 연소를 억제하기 위하여 EGR량을 90% 이상 공급하도록 한다.

해설 배기가스 재순환 장치가 작동되는 경우는 엔진의 특정 운전 구간(냉각수 온도가 65℃이상이고, 중속 이상)에서 질소산화물이 많이 배출되는 운전영역에서만 작동하도록 한다. 또 공전운전을 할 때, 난기운전을 할 때, 전부하 운전영역, 그리고 농후한 혼합가스로 운전되어 출력을 증대시킬 경우에는 작용하지 않는다.

25 전자제어 가솔린 엔진의 EGR(exhaust gas recirculation)장치에 대한 설명으로 틀린 것은?

① EGR은 NOx의 배출량을 감소시키기 위해 전 운전영역에서 작동된다.
② EGR을 사용 시 혼합기의 착화성이 불량해지고, 엔진의 출력은 감소한다.
③ EGR량이 증가하면 연소의 안정도가 저하되며, 연비도 악화된다.
④ NOx를 감소시키기 위해 연소 최고온도를 낮추는 기능을 한다.

26 다음 중 전자제어 가솔린 엔진에서 EGR 제어영역으로 가장 타당한 것은?

① 공회전시
② 냉각수온 약 65℃ 미만, 중속 중부하 영역
③ 냉각수온 약 65℃ 이상, 저속 중부하 영역
④ 냉각수온 약 65℃ 이상, 고속 고부하 영역

해설 EGR 제어 영역은 냉각수온 약 65℃ 이상, 저속 중부하 영역이다.

27 전자제어 엔진에서 주로 질소산화물을 감소시키기 위해 설치한 장치는?

① EGR 장치
② PCV 장치
③ PCSV 장치
④ ECS 장치

해설 질소산화물을 감소시키기 위해 설치한 장치는 EGR(배기가스 재순환) 장치이다. 그리고 PCV(positive crankcase ventilation)는 블로바이 가스 제어장치이며, PCSV는 연료 증발가스 제어장치이다.

28 디젤 엔진의 배출가스 특성에 대한 설명으로 틀린 것은?

① NOx 저감 대책으로 연소온도를 높인다.
② 가솔린 엔진에 CO, HC 배출량이 적다.
③ 입자상물질(PM)을 저감하기 위해 필터(DPF)를 사용한다.
④ NOx 배출을 줄이기 위해 배기가스 재순환 장치를 사용한다.

해설 NOx는 엔진의 연소실 안이 고온·고압이고 공기 과잉일 때 주로 발생되는 가스로 광화학 스모그의 원인이 된다.

29 전자제어 디젤 엔진에서 시동 OFF시 디젤링 현상을 방지하거나 EGR 작동 시 배기가스를 보다 정밀하게 제어하기 위한 흡입공기 제어장치는?

① 공기 제어 밸브
② 가변 흡기 장치
③ 배기가스 후처리 장치
④ ISC 액추에이터

해설 공기 제어 밸브는 디젤 엔진을 정지시킬 때 실린더로 유입되는 공기를 차단하여 디젤링(dieseling) 현상을 방지하기 위한 스로틀 플랩 기능과 정확한 배기가스 재순환 제어를 위한 것으로 배기가스가 재순환 될 때 공기 제어 밸브를 작동시켜 흡입 공기량을 제어한다.

정답 24. ③ 25. ① 26. ③ 27. ① 28. ① 29. ①

30 디젤 엔진의 질소산화물(NOx) 저감을 위한 배기가스 재순환장치에서 배기가스 중의 산소 농도를 측정하여 EGR 밸브를 보다 정밀하게 제어하기 위해 사용되는 센서는?

① 노크 센서   ② 차압 센서

③ 배기 온도 센서   ④ 광역 산소 센서

해설 배기가스 재순환 정밀제어는 배기가스 재순환 제어를 기존의 방식과는 다르게 공기 유량 센서에 의한 피드백 제어뿐만 아니라 공기 조절 밸브와 광역 산소 센서를 사용하여 연료 분사량 제어를 통한 정밀한 제어를 실행한다.

31 다음 중 배출가스 제어장치의 설명으로 틀린 것은?

① EGR은 배기가스 일부를 흡기계로 보내어 배기가스를 재순환하는 장치로서 배기가스 중 질소산화물, 일산화탄소, 탄화수소를 동시에 저감하기 위해 사용한다.

② 블로바이 가스는 미연소 탄소로 PCV를 통하여 연소실로 유입시켜 연소시키기 위한 제어장치이다.

③ 증발 가스는 연료 탱크 또는 혼합기 형성 장치에서 발생하는 미연소 탄소를 차콜 캐니스터에 일시 저장하여 엔진 회전 시 흡기계통으로 보내어 재 연소시킨다.

④ 저온에서 유해 배기가스를 저감하고자 할 경우 삼원촉매 변환장치의 활성화 온도까지 도달하는 시간을 단축하기 위해 엔진 공전회전수를 높이는 제어를 사용한다.

해설 EGR은 질소산화물(NOx)의 배출을 감소시키기 위하여 흡기다기관의 부압으로 EGR 밸브를 열어 배기가스 중의 일부(혼합가스의 15% 정도)를 배기다기관에서 빼내어 흡기다기관으로 순환시켜 연소실에 다시 유입시킨다.

32 전자제어 가솔린 엔진에서 EGR 밸브가 없이 NOx를 저감시킬 수 있는 방법으로 가장 거리가 먼 것은?

① 가변 밸브 타이밍 장치 적용

② 공연비 제어 기술 향상

③ 삼원 촉매장치의 성능 향상

④ DPF 시스템 적용

해설 전자제어 디젤 엔진에서 입자상 물질을 제거하기 위한 배기가스 후처리장치로 DPF(Diesel Particulate Filter, 디젤 미립자형 여과기)를 사용한다.

33 EGR율(RGR ratio)을 나타내는 공식으로 옳은 것은?

① $\dfrac{EGR\ 가스량}{흡입공기량 + EGR\ 가스량} \times 100$

② $\dfrac{흡입공기량}{배기가스량 + EGR가스량} \times 100$

③ $\dfrac{EGR가스량}{배기가스량 + EGR\ 가스량} \times 100$

④ $\dfrac{흡입공기량}{배기가스량 - EGR\ 가스량} \times 100$

해설 $EGR율 = \dfrac{EGR\ 가스량}{흡입공기량 + EGR\ 가스량} \times 100$

34 유해 배출가스 저감장치와 처리 가능한 배출가스 성분과 연결이 틀린 것은?

① EGR 장치 - NOx 저감

② 증발가스 제어장치 - HC 저감

③ 블로바이 가스 제어장치 - NOx 저감

④ 삼원촉매 장치 - CO, HC, NOx 저감

해설 블로바이 가스 제어장치는 HC 저감을 위해 설치한다.

정답   30.④   31.①   32.④   33.①   34.③

35 유해 배출가스를 저감시키는 삼원 촉매장치의 촉매가 아닌 것은?

① 백금(Pt)   ② 팔라듐(Pd)
③ 로듐(Rh)   ④ 알루미늄(Al)

> **해설** 3원 촉매장치의 구조는 벌집 모양의 단면을 가진 원통형 담체의 표면에 백금(Pt), 팔라듐(Pd), 로듐(Rh)의 혼합물을 일정한 두께로 바른 것이다. 담체는 세라믹, 산화 실리콘, 산화마그네슘을 주원료로 하여 합성한 것이며, 그 단면은 cm^2 당 60개 이상의 미세한 구멍으로 되어있다.

36 CO, HC, NOx를 모두 줄이기 위한 목적으로 사용되는 장치는?

① 삼원 촉매장치
② 보조 흡기밸브
③ 연료 증발가스 제어장치
④ 블로바이 가스 재순환 장치

> **해설** 삼원촉매 장치의 작용
> ① 삼원이란 배기가스 중 유독 성분인 CO, HC, NOx이다.
> ② 촉매는 백금(Pt)과 로듐(Rh)이 사용된다.
> ③ CO와 HC 를 CO_2와 H_2O로 산화시킨다.
> ④ NOx 은 N_2와 O_2로 환원시킨다.

37 자동차 배기가스 중에서 질소산화물을 산소, 질소로 환원시켜 주는 배기장치는?

① 블로바이가스 제어장치
② 배기가스 재순환장치
③ 증발가스 제어장치
④ 삼원촉매장치

38 삼원 촉매장치를 장착하는 근본적인 이유는?

① HC, CO, NOx를 저감하기 위하여
② CO_2, N_2, H_2O를 저감하기 위하여
③ HC, SOx를 저감하기 위하여
④ H_2O, SO_2, CO_2를 저감하기 위하여

> **해설** 삼원 촉매장치를 사용하는 목적은 HC, CO, NOX를 저감하기 위함이다.

39 가솔린 엔진의 배기가스 정화장치인 촉매 컨버터에서 산화반응과 환원반응을 일으키는 대표적인 유해가스는?

① CO, HC, NOx
② SOx, N_2, H_2O
③ H_2O, H_2, CO
④ SOx, H_2SO_4, NO_4

> **해설** 촉매 변환기
> ① 촉매를 이용하여 CO, HC, NOx 을 산화 또는 환원시키는 역할을 한다.
> ② 촉매 : 백금(Pt), 로듐(Rh), 팔라듐(Pd)
> ③ 산화 촉매 변환기와 삼원 촉매 변환기로 분류된다.

40 배출가스 중 삼원촉매 장치에서 저감되는 요소가 아닌 것은?

① 질소(N_2)   ② 일산화탄소(CO)
③ 탄화수소(HC)   ④ 질소산화물(NOx)

> **해설** 삼원 촉매장치에서 저감되는 요소는 일산화탄소(CO), 탄화수소(HC), 질소산화물(NOx)이다.

41 전자제어 엔진에서 지르코니아 방식 후방 산소센서와 전방 산소센서의 출력파형이 동일하게 출력된다면, 예상되는 고장 부위는?

① 정상   ② 촉매 컨버터
③ 후방 산소센서   ④ 전방 산소센서

42 디젤 산화 촉매기(DOC)의 기능으로 틀린 것은?

① PM의 저감
② CO, HC의 저감
③ NO를 NH_3로 변환
④ 촉매 가열기(burner) 기능

> **해설** DOC의 기능
> ① CO, HC의 저감   ② PM의 저감
> ③ NO를 NO_2로 변환
> ④ 촉매 가열기(Cat-burner) 기능
> ⑤ 유황화합물의 응집

정답   35.④   36.①   37.④   38.①   39.①   40.①   41.②   42.③

43 디젤 산화 촉매기(DOC)의 설명으로 틀린 것은?

① HC가스를 포집한다.
② 촉매 물질은 Pt, Pd, Rh 등이 있다.
③ 담체 재료는 Al_2O_3, CeO_2, ZrO_2 등이 있다.
④ 세라믹 또는 금속의 담체로 구성되어 있다.

해설 디젤 산화 촉매는 백금(Pt), 팔라듐(Pd) 등의 촉매효과로 배기가스 중의 산소를 이용하여 일산화탄소와 탄화수소를 산화시켜 제거하는 작용을 한다.

44 배출가스 저감 및 정화를 위한 장치에 속하지 않는 것은?

① EGR 밸브   ② 캐니스터
③ 삼원촉매   ④ 대기압 센서

해설 대기 압력 센서는 대기의 압력에 비례하는 아날로그 전압으로 변화시켜 컴퓨터에 보내어 자동차의 고도를 계산한 후 연료 분사량과 점화시기를 조절한다. 자동차가 고지에 도달한 것으로 판정되면 혼합기가 희박해지므로 컴퓨터는 연료의 분사량을 조절하여 적절한 공연비가 되도록 하고 동시에 점화시기도 조절하여 준다.

45 배출가스 중 질소산화물을 저감시키기 위해 사용하는 장치가 아닌 것은?

① 매연 필터(DPF)
② 삼원 촉매장치(TWC)
③ 선택적 환원촉매(SCR)
④ 배기가스 재순환 장치(EGR)

해설 매연 필터(DPF ; Diesel Particulate Filter) : 연료가 불완전 연소로 발생하는 탄화수소 등 유해물질을 모아 필터로 여과시킨 후 550℃의 고온으로 다시 연소시켜 오염물질을 저감시키는 장치다. 즉, 디젤 엔진의 배기가스 중 미세 매연 입자인 PM을 포집(물질 속 미량 성분을 분리하여 모음)한 뒤 다시 연소시켜 제거하는 '배기가스 후처리 장치(매연 저감장치)'이다.

46 질소산화물(NOx) 측정 방법으로 옳은 것은?

① 모어스 시험법
② 화염이온 감지법
③ 비분산 적외선식법
④ 화학 루미네선스 감지법

해설 배기가스 측정 원리
① 일산화탄소와 탄화수소 : 비분산적외선법
② 질소산화물 : 화학 루미네선스 간지법
③ 입자상 고형물질 : 중량 측정방식
④ 매연 농도 : 필터 방식과 흡수 방식
⑤ 탄화수소 : 화염이온 감지법

47 배출가스 정밀검사의 기준 및 방법, 검사항목 등 필요한 사항은 무엇으로 정하는가?

① 대통령령   ② 환경부령
③ 행정안전부령   ④ 국토교통부령

해설 배출가스 정기검사 및 이륜자동차 정기검사(이하 "정기검사"라 한다)의 방법, 검사항목, 검사기관의 검사능력, 검사의 대상 및 검사 주기 등에 관하여 필요한 사항은 자동차의 종류에 따라 각각 환경부령으로 정한다. 또한 배출가스 정밀검사의 기준 및 방법, 검사항목 등 필요한 사항은 환경부령으로 정한다.

48 운행차 배출가스 검사방법에서 휘발유, 가스자동차 검사에 관한 설명으로 틀린 것은?

① 무부하 검사방법과 부하 검사방법이 있다.
② 무부하 검사방법으로 이산화탄소, 탄화수소 및 질소산화물을 측정한다.
③ 무부하 검사방법에는 저속 공회전 검사모드와 고속 공회전 검사모드가 있다.
④ 고속 공회전 검사모드는 승용자동차와 차량총중량 3.5톤 미만의 소형자동차에 한하여 적용한다.

해설 배출가스 정밀검사에서 휘발유, 가스사용 자동차의 부하검사 항목은 일산화탄소, 탄화수소, 질소산화물이다.

정답 43.① 44.④ 45.① 46.④ 47.② 48.②

49 검사 유효기간이 1년인 정밀검사 대상 자동차가 아닌 것은?

① 차령이 2년 경과된 사업용 승합자동차
② 차령이 2년 경과된 사업용 승용자동차
③ 차령이 3년 경과된 비사업용 승합자동차
④ 차령이 4년 경과된 비사업용 승용자동차

해설 정밀검사 대상 자동차 및 검사 유효기간

차종		정밀검사 대상자동차	검사 유효기간
비사업용	승용 자동차	차령 4년 경과된 자동차	2년
	기타 자동차	차령 3년 경과된 자동차	
사업용	승용 자동차	차령 2년 경과된 자동차	1년
	기타 자동차	차령 2년 경과된 자동차	

50 배출가스 전문정비업자로부터 정비를 받아야 하는 자동차는?

① 운행차 배출가스 정밀검사 결과 배출허용기준을 초과하여 2회 이상 부적합 판정을 받은 자동차
② 운행차 배출가스 정밀검사 결과 배출허용기준을 초과하여 3회 이상 부적합 판정을 받은 자동차
③ 운행차 배출가스 정밀검사 결과 배출허용기준을 초과하여 4회 이상 부적합 판정을 받은 자동차
④ 운행차 배출가스 정밀검사 결과 배출허용기준을 초과하여 5회 이상 부적합 판정을 받은 자동차

해설 정밀검사 결과(관능 및 기능검사는 제외한다) 2회 이상 부적합 판정을 받은 자동차의 소유자는 전문정비사업자에게 정비·점검을 받은 후 전문정비사업자가 발급한 정비·점검 결과표를 지정을 받은 종합검사대행자 또는 종합검사지정정비사업자에게 제출하고 재검사를 받아야 한다.

51 운행 차의 정밀검사에서 배출가스 검사 전에 받는 관능 및 기능검사의 항목이 아닌 것은?

① 타이어 규격
② 냉각수가 누설되는지 여부
③ 엔진, 변속기 등에 기계적인 결함이 있는지 여부
④ 연료 증발가스 방지장치의 정상작동 여부

해설 관능 및 기능검사의 항목
① 검사를 위한 장비조작 및 검사 요건에 적합할 것.
② 부속장치는 작동을 금지할 것.
③ 배출가스 관련 부품이 빠져나가 훼손되어 있지 아니할 것.
④ 배출가스 관련 장치의 봉인이 훼손되어 있지 아니할 것.
⑤ 배출가스가 최종 배출구 이전에서 유출되지 아니할 것.
⑥ 배출가스 부품 및 장치가 임의로 변경되어 있지 아니할 것
⑦ 엔진 오일, 냉각수, 연료 등이 누설되지 아니할 것
⑧ 엔진, 변속기 등에 기계적인 결함이 없을 것

52 운행자동차 정밀검사의 관능 및 기능검사에서 배출가스 재순환장치의 정상적 작동상태를 확인하는 검사방법으로 틀린 것은?

① 정화용 촉매의 정상부착 여부 확인
② 재순환 밸브의 수정 또는 파손 여부를 확인
③ 진공호스 및 라인설치 여부, 호스폐쇄 여부 확인
④ 진공밸브 등 부속장치의 유무, 우회로 설치 및 변경 여부를 확인

해설 배출가스 재순환장치 검사 방법
① 재순환 밸브의 부착 여부 확인
② 재순환 밸브의 수정 또는 파손 여부를 확인
③ 진공밸브 등 부속장치의 유무, 우회로 설치 여부 및 변경 여부를 확인
④ 진공호스 및 라인 설치 여부, 호스 폐쇄 여부 확인

53 무부하 검사방법으로 휘발유 사용 운행 자동차의 배출가스 검사 시 측정 전에 확인해야 하는 자동차의 상태로 틀린 것은?

① 냉·난방장치를 정지시킨다.
② 변속기를 중립위치로 놓는다.
③ 원동기를 정지시켜 충분히 냉각시킨다.
④ 측정에 장애를 줄 수 있는 부속 장치들의 가동을 정지한다.

해설 배출가스 검사대상 자동차의 상태 검사기준
① 원동기가 충분히 예열되어 있을 것
② 변속기는 중립의 위치에 있을 것
③ 냉방장치 등 부속장치는 가동을 정지할 것

54 배출가스 정밀검사에서 휘발유 사용 자동차의 부하검사 항목은?

① 일산화탄소, 탄화수소, 엔진 정격회전수
② 일산화탄소, 이산화탄소, 공기과잉률
③ 일산화탄소, 탄화수소, 이산화탄소
④ 일산화탄소, 탄화수소, 질소산화물

해설 배출가스 정밀검사에서 휘발유 사용 자동차의 부하검사 항목은 일산화탄소, 탄화수소, 질소산화물이다.

55 배출가스 측정 시 HC(탄화수소)의 농도 단위인 ppm을 설명한 것으로 적당한 것은?

① 백분의 1을 나타내는 농도 단위
② 천분의 1을 나타내는 농도 단위
③ 만분의 1을 나타내는 농도 단위
④ 백만분의 1을 나타내는 농도 단위

해설 ppm(parts per million)이란 100만분율. 어떤 양이 전체의 100만분의 몇을 차지하는지를 나타낼 때 사용된다.

56 운행차 배출가스 정기검사의 휘발유 자동차 배출가스 측정 및 읽은 방법에 관한 설명으로 틀린 것은?

① 배출가스측정기 시료 채취관을 배기관 내에 20cm 이상 삽입하여야 한다.
② 일산화탄소는 소숫점 둘째자리에서 절사하여 0.1% 단위로 최종측정치를 읽는다.
③ 탄화수소는 소숫점 첫째자리에서 절사하여 1ppm 단위로 최종측정치를 읽는다.
④ 공기과잉률은 소숫점 둘째자리에서 0.01 단위로 최종측정치를 읽는다.

해설 휘발유 자동차 배출가스 측정 및 읽은 방법
배출가스 시료 채취관을 배기관 내에 30cm 이상 삽입하고 측정하며, 측정기 지시가 안정된 후 일산화탄소는 소수점 둘째자리 이하는 버리고 0.1% 단위로, 탄화수소는 소수점 첫째자리 이하는 버리고 1ppm단위로, 공기과잉률(λ)은 소수점 둘째자리에서 0.01단위로 최종 측정치를 읽는다. 단, 측정치가 불안정할 경우에는 5초간의 평균치로 읽는다.

57 운행차 정기검사에서 가솔린 승용자동차의 배출가스 검사결과 CO 측정값이 2.2%로 나온 경우, 검사결과에 대한 판정으로 옳은 것은?(단, 2007년 11월에 제작한 차량이며, 무부하 검사방법으로 측정하였다.)

① 허용기준인 1.0%를 초과하였으므로 부적합
② 허용기준인 1.5%를 초과하였으므로 부적합
③ 허용기준인 2.5% 이하이므로 적합
④ 허용기준인 3.2% 이하이므로 적합

해설 2006년 1월 1일 이후 제작된 승용자동차의 CO 허용 기준은 1.0% 이하, HC 허용 기준은 220ppm 이하이다.

정답 53.③ 54.④ 55.④ 56.① 57.①

58 운행차의 배기가스 정기검사의 배출가스 및 공기과잉률(λ) 검사에서 측정기의 최종측정치를 읽는 방법에 대한 설명으로 틀린 것은?(단, 저속 공회전 검사모드이다.)

① 측정치가 불안정할 경우에는 5초간의 평균치로 읽는다.
② 공기과잉률은 소수점 셋째자리에서 0.001 단위로 읽는다.
③ 탄화수소는 소수점 첫째자리 이하는 버리고 1ppm 단위로 읽는다.
④ 일산화탄소는 소수점 둘째자리 이하는 버리고 0.1%단위로 읽는다.

59 유해 배출가스(CO, HC 등)를 측정할 경우 시료 채취관은 배기관 내 몇 cm 이상 삽입하여야 하는가?

① 20cm   ② 30cm
③ 60cm   ④ 80cm

해설 유해 배출가스(CO, HC 등)를 측정할 경우 엔진이 공회전 상태에서 채취관(프로브)을 배기구에 30cm 이상 삽입하네서 측정하여야 한다.

60 배출가스 정밀검사의 ASM2525모드 검사방법에 관한 설명으로 옳은 것은?

① 25%의 도로부하로 25km/h의 속도로 일정하게 주행하면서 배출가스를 측정한다.
② 25%의 도로부하로 40km/h의 속도로 일정하게 주행하면서 배출가스를 측정한다.
③ 25km/h의 속도로 일정하게 주행하면서 25초 동안 배출가스를 측정한다.
④ 25km/h의 속도로 일정하게 주행하면서 40초 동안 배출가스를 측정한다.

해설 ASM2525모드 : 휘발유가스 및 알코올 자동차를 섀시 동력계에서 측정대상 자동차의 도로부하 마력의 25%에 해당하는 부하마력을 설정하고 40km/h(25mile)의 속도로 주행하면서 배출가스를 측정하는 방법이다.

61 휘발유 사용 자동차의 차량중량이 1,224kg 이고 총중량이 2584kg인 경우 배출가스 정밀검사 부하 검사방법인 정속모드(ASM2525)에서 도로 부하마력(PS)은?

① 10   ② 15
③ 20   ④ 25

해설

$$부하마력 = \frac{관성중량}{136},$$

$$관성중량 = 차량중량 + 136$$

$$부하마력 = \frac{1224 + 136}{136} = 10$$

62 배출가스 정밀검사에서 부하검사방법 중 경유사용 자동차의 엔진회전수 측정결과 검사기준은?

① 엔진 정격회전수의 ±5% 이내
② 엔진 정격회전수의 ±10% 이내
③ 엔진 정격회전수의 ±15% 이내
④ 엔진 정격회전수의 ±20% 이내

해설 엔진 회전수 제어방식(Lug-Down 3모드)은 부하 검사방법 1모드에서 엔진 정격회전수, 엔진 정격최대출력의 측정결과가 엔진 정격회전수의 ±5% 이내이고, 이 때 측정한 엔진 최대출력이 엔진 정격출력의 50% 이상이어야 한다. 이 경우 엔진 최대출력의 검사기준 값은 엔진 정격출력의 50%로 산출한 값에서 소수점 이하는 버리고, 1ps 단위로 산출한 값으로 한다.

정답 58.② 59.② 60.② 61.① 62.①

63 엔진 최대출력의 정격 회전수가 4000rpm인 경유사용 자동차 배출가스 정밀검사 방법 중 부하검사의 Lug-Down 3모드에서 3모드에 해당하는 엔진회전수는?

① 2800rpm

② 3000rpm

③ 3200rpm

④ 4000rpm

해설 Lug-down 3모드는 경유 사용 자동차를 섀시 동력계에서 가속페달을 최대로 밟은 상태로 주행하면서 엔진 정격 회전속도에서 1모드, 엔진 정격 회전속도의 90%에서 2모드, 엔진 정격 회전속도의 80%에서 3모드로 각각 구성하여 엔진의 출력, 엔진의 회전속도, 매연농도를 측정하는 방법이다.

64 다음은 배출가스 정밀가스에 관한 내용이다. 정밀검사 모드로 맞는 것을 모두 고른 것은?

1. ASM2525모드	2. KD147모드
3. Lug Down 3 모드	4. CVS-75 모드

① 1, 2

② 1, 2, 3

③ 1, 3, 4

④ 2, 3, 4

해설 운행차량 배출가스 정밀검사 모드

① ASM2525모드 : 휘발유·가스 및 알코올 차량을 섀시 동력계에서 측정대상 차량의 도로부하 마력의 25%에 해당하는 부하마력을 설정하고 40km/h(25mile)의 속도로 주행하면서 배출가스를 측정하는 방법이다.

② KD147모드 : 경유를 사용하는 차량에서 실제로 차량의 구동축을 구동시켜 우리나라 출근 및 퇴근할 때의 평균적으로 주행하는 도로구간을 선정하여 이때 측정되는 매연의 최고 수치를 기록하여 적합여부를 판단하는 방법이다.

③ Lug-down 3모드 : 경유를 사용하는 차량을 섀시 동력계에서 가속페달을 최대로 밟은 상태로 주행하면서 엔진 정격 회전속도에서 1모드, 엔진 정격 회전속도의 90%에서 2모드, 엔진 정격 회전속도의 80%에서 3모드로 각각 구성하여 엔진의 출력, 엔진의 회전속도, 매연 농도를 측정하는 방법이다.

정답 63.③ 64.②

chapter 02

자동차 섀시 정비

2-1 자동변속기 정비

① 자동변속기 점검·진단

1. 유체 클러치(fluid clutch)

(1) 유체 클러치의 구조
① 유체 클러치는 펌프(임펠러)와 터빈(런너)으로 되어 있다.
② 펌프는 엔진의 크랭크축에, 터빈은 변속기 입력축과 연결되어 있다.
③ 토크 변환비율은 1 : 1 이다.

(2) 자동변속기 오일의 구비조건
① 기포가 발생하지 않을 것.
② 저온 유동성이 좋을 것
③ 내열 및 내산화성이 좋을 것
④ 점도지수 크고, 방청성이 있을 것
⑤ 고착 방지성과 내마모성이 있을 것
⑥ 미끄럼이 없는 적절한 마찰계수를 가질 것

(3) 유체 클러치의 스톨 포인트(stall point)
스톨 포인트란 펌프와 터빈의 회전속도가 동일할 때 즉, 속도비율이 "0"인 점을 말하며, 스톨 포인트에서 토크 변환비율(효율)이 최대가 된다.

2. 토크 컨버터(torque converter)

(1) 토크 컨버터의 구조 및 기능
① 오일의 운동에너지를 이용하여 회전력을 변환시켜 주는 장치이다.
② 펌프(임펠러), 터빈(런너), 스테이터로 구성되어 있다.
③ 펌프는 엔진 플라이휠과 직결되어 엔진의 회전속도와 동일한 속도로 회전한다.

④ 터빈은 변속기 입력축과 연결되어 있다.

⑤ 스테이터는 오일의 흐름방향을 바꾸어 회전력을 증가시킨다.

⑥ 토크 컨버터가 유체 클러치로 변환되는 점을 클러치 포인트라 한다.

⑦ 엔진의 회전속도가 일정하고 터빈의 회전속도가 느릴 경우 토크 컨버터의 회전력이 가장 크다.

⑧ 토크 컨버터는 스테이터가 설치되어 회전력을 증대시킬 수 있다.

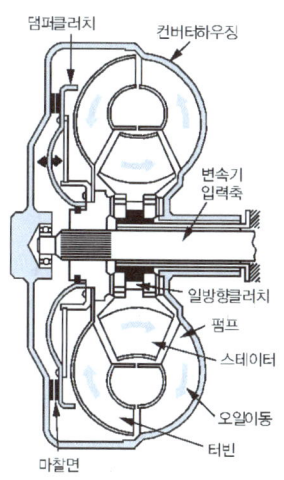

▲ 토크 컨버터의 구조

(2) 토크 컨버터의 성능

① 토크 컨버터의 유체 충돌 손실은 속도비 0.6~0.7에서 가장 작다.

② 속도비가 0일 때(터빈 런너가 정지) 스톨 포인트 또는 드래그 포인트라 한다.

③ 스톨 포인트에서 토크비가 가장 크고 회전력이 최대가 된다.

④ 스테이터가 공전을 시작할 때까지는 토크비가 직선적으로 감소된다.

⑤ 펌프와 터빈의 회전속도가 같아지는 클러치점 이상의 속도비에서 토크비는 1이 된다.

⑥ 최대 토크비율은 2~3 : 1이다

3. 댐퍼(록업) 클러치(damper clutch)

(1) 댐퍼 클러치의 기능

① 토크 컨버터 커버와 터빈 런너 사이에 설치되어 있다.

② 엔진의 동력을 기계적으로 직결시켜 변속기 입력축에 직접 전달한다.

③ 펌프 임펠러와 터빈 런너를 기계적으로 직결시켜 미끄럼을 방지한다.

④ 댐퍼 클러치 컨트롤 밸브는 자동차 속도의 변화에 대응하는 거버너 압력(유압)으로 제어된다.

⑤ 동력전달 순서는 엔진 → 프런트 커버 → 댐퍼 클러치 → 변속기 입력축이다.

⑥ 해제 되었을 때 동력전달 순서는 엔진 → 프런트 커버 → 펌프 → 터빈 → 변속기 입력축이다.

(2) 댐퍼 클러치 제어에 관련된 센서

① **유온 센서** : 댐퍼 클러치의 해제 영역 판정과 댐퍼 클러치 작동 영역의 검출 및 변속 시 유압 제어의 신호로 이용된다.

② **스로틀 포지션 센서** : 변속시기 및 댐퍼 클러치의 작동 영역에서 변속 시 유압을 제어하기 위한 신호와 댐퍼 클러치 해제 영역을 판정하기 위한 신호로 이용된다.

③ **펄스 제너레이터 B** : 댐퍼 클러치 작동 영역을 판정하기 위한 신호로 이용된다.

④ **점화 펄스(엔진 회전수) 신호** : 스로틀 밸브 개도량을 보정하기 위한 신호와 댐퍼 클러치 작동 영역을 판정하기 위한 신호로 이용된다.

⑤ **에어컨 릴레이** : 스로틀 밸브의 개도량을 보정하기 위한 신호로 이용된다.

⑥ **가속 페달 스위치** : 댐퍼 클러치 해제 영역을 판정하여 공회전시 진동이 없는 고정 영역을 판정하기 위한 신호로 이용된다.

(3) 댐퍼 클러치가 작동되지 않는 조건

① 출발 또는 가속성을 향상시키기 위해 1속 및 후진에서는 작동되지 않는다.

② 감속 시에 발생되는 충격의 방지를 위해 엔진 브레이크 시에 작동되지 않는다.

③ 작동의 안정화를 위하여 유온이 60℃ 이하에서는 작동되지 않는다.

④ 엔진의 냉각수 온도가 50℃ 이하에서는 작동되지 않는다.

⑤ 3속에서 2속으로 시프트 다운될 때에는 작동되지 않는다.

⑥ 엔진의 회전수가 800rpm 이하일 때는 작동되지 않는다.

⑦ 엔진의 회전속도가 2,000rpm 이하에서 스로틀 밸브의 열림이 클 때는 작동되지 않는다.

⑧ 변속이 원활하게 이루어지도록 하기 위하여 변속 시에는 작동되지 않는다.

⑨ 스로틀 밸브의 개도가 급격히 감소할 경우

4. 자동변속기

(1) 개요

① 토크 컨버터, 유성 기어 유닛, 유압 제어 장치로 구성되어 있다.

② 각 요소의 제어에 의해 변속시기, 변속의 조작이 자동적으로 이루어진다.

③ 토크 컨버터는 연료비를 향상시키기 위하여 토크비를 작게 설정되어 있다.

④ 토크 컨버터 내에 댐퍼 클러치가 설치되어 있다.

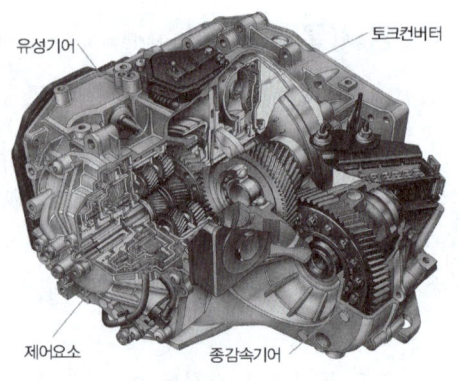

유성기어 토크컨버터

제어요소 종감속기어

🔺 **자동변속기의 구조**

(2) 자동변속기의 장단점

1) 장점

① 클러치 및 주행 중 기어의 변속 조작을 하지 않기 때문에 운전이 편리하다.

② 출발, 가속 및 감속이 원활하게 이루어져 승차감이 좋다.

③ 엔진과 동력전달 장치를 유체의 매개체로 연결하여 진동 및 충격이 흡수된다.

④ 내리막길에서 저속으로 주행할 때 엔진의 과부하를 방지한다.

⑤ 항상 엔진의 출력에 알맞은 변속을 할 수 있다.

⑥ 토크 컨버터 내에 댐퍼 클러치가 설치되어 있기 때문에 연료가 절감된다.

2) 단점

① 수동변속기에 비해 연료의 소비량이 10% 정도 많다.

② 구조가 복잡하고 가격이 비싸다.

③ 자동차를 밀거나 끌어서 시동할 수 없다.

(3) 자동변속기의 구성

① **토크 컨버터** : 오일의 원심력을 이용하여 엔진의 회전력을 2~3배로 증대시켜 변속기에 전달하거나 또는 차단하는 클러치 역할을 한다.

② **유성기어 장치** : 선 기어, 유성기어, 링 기어, 유성기어 캐리어로 구성되어 유압에 의해 제어하며, 증속, 감속, 역전이 자동적으로 이루어진다.

③ **유압 제어장치** : 유압에 의해 유성 기어장치의 링 기어, 선 기어, 유성기어 캐리어를 제어하는 클러치, 브레이크 밴드를 제어하는 역할을 한다.

1) 유성 기어장치

① 유성 기어 유닛은 선 기어, 유성기어, 유성기어 캐리어, 링 기어로 구성되어 있다.

② 단순 유성기어 장치에서 선 기어, 유성기어 캐리어, 링 기어의 3요소 중 2요소를 고정하면 동력전달은 직결된다.

③ 리어 유성기어 캐리어의 반시계방향 회전을 고정하는 것은 원웨이 클러치(일방향 클러치, 프리 휠)이다.

④ 선 기어를 고정하고 유성기어 캐리어를 회전시키면 출력인 링 기어는 증속이 된다.

⑤ 선 기어를 고정하고 링 기어를 회전시키면 출력인 유성기어 캐리어는 감속이 된다.

⑥ 유성기어 캐리어를 고정하고 선 기어를 회전시키면 출력인 링 기어는 역전이 된다.

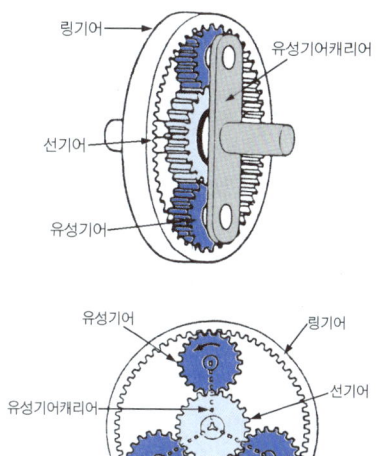

◆ 유성기어 장치

2) 복합 유성기어 장치의 종류

① **라비뇨 형식**(Ravigneaux type)

㉮ 서로 다른 2개의 선 기어를 1개의 유성기어장치에 조합한 형식이며, 링 기어와 유성기어 캐리어를 각각 1개씩만 사용한다.

㉯ 스몰 선 기어(small sun gear), 라지 선 기어(large sun gear), 유성기어 캐리어를 입력으로, 링 기어를 출력으로 사용한다.

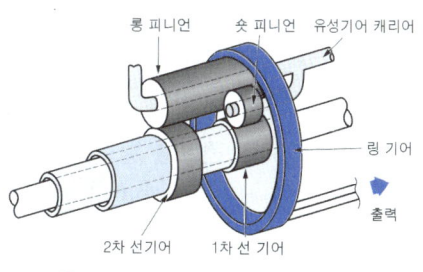

◆ 라비뇨 형식의 유성기어 장치

② **심프슨 형식**(Simpson type)

㉮ 싱글 피니언(single pinion) 유성기어만으로 구성되어 있으며, 선 기어를 공용으로 사용한다.

㉯ 프런트 유성기어 캐리어에는 출력축 기어, 공전기어, 링 기어가 조립되어 이 3개의 기어가 일체로 회전한다. 그리고 피니언의 안쪽에는 선 기어, 바깥쪽에는 리어 클러치 드럼의 내접 기어가 조립된다.

㉰ 리어 유성기어 캐리어에는 일방향 클러치(one way clutch) 이너 레이스가 결합되어 있고, 로 & 리버스 브레이크(low & reverse brake) 구동 판이 결합되어 있어 리어 유성 기어 캐리어가 회전하면 일방향 클러치 이너 레이스로 로 & 리버스 브레이크의 구동 판이 일체로 되어 회전한다. 피니언 기어 안쪽에는 선 기어, 바깥쪽에는 드라이브 허브의 내접 기어가 조립된다.

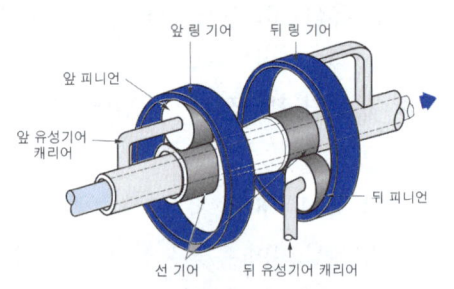

△ **심프슨 형식의 유성기어 장치**

(4) 유압 제어 장치

1) 오일펌프(oil pump)

오일펌프는 유압 조절 장치의 유압원으로서 적당한 유압과 유량을 공급한다.

2) 거버너 밸브(governor valve)

거버너 밸브는 유성기어 유닛의 변속이 그 때의 주행속도에 적응되도록 한다. 즉 거버너 밸브에 의하여 시프트 업(shift up)이나 시프트다운(shift down)이 자동적으로 이루어진다. 변속기 출력축의 회전수(차속)에 따른 라인 압력을 거버너 압력으로 변환하여 조절한다.

3) 밸브(valve body)

① **레귤레이터 밸브**(regulator valve) : 오일펌프에서 발생된 유압을 스프링의 장력에 대응하는 라인 압력으로 조절한다.

② **리듀싱(감압) 밸브**(reducing valve) : 라인 압력을 근원으로 하여 항상 라인 압력보다 낮은 압력으로 조절하는 역할을 한다.

③ **매뉴얼 밸브**(manual valve) : 변속레버의 조작에 의해 작동되는 수동 밸브이며, 변속레버와 링크로 연결되어 레버의 움직임에 따라 라인 압력을 앞뒤의 서보기구나 클러치 등으로 이끌어 P, R, N, D, L의 각 레인지로 바꾸어준다.

④ **시프트 컨트롤 밸브**(shift control valve) : 유성기어를 주행속도나 엔진의 부하에 따라 자동적으로 변환하여 라인 압력을 각 변속 단에 맞는 위치로 이동시켜 유압을 공급하는 역할을 한다.

⑤ **압력 조절 밸브**(relief valve) : 오일펌프에서 발생한 유압의 최고값을 규정(規定)하고, 각 부분으로 보내지는 유압을 그때의 주행속도와 엔진 회전속도에 알맞은 압력으로 조정하며, 엔진이 정지되었을 때 토크 컨버터에서의 오일이 역류하는 것을 방지한다.

⑥ **스로틀 밸브**(throttle valve) : 가속 페달 밟는 정도에 따라 엔진의 출력에 대응하는 스로틀 압력을 형성하며, 변속시점을 결정하는 역할을 한다.

4) 어큐뮬레이터(accumulator)

어큐뮬레이터는 브레이크나 클러치가 작동할 때 변속 충격을 흡수한다.

(5) 컴퓨터(TCU)의 입력 요소

1) 스로틀 포지션 센서(TPS ; Throttle Position Sensor)

① 스로틀 위치 센서는 단선 또는 단락 되면 페일 세이프(fail safe)가 되지 않는다.

② 출력이 불량할 경우 변속점이 변화하며, 출력이 80% 정도밖에 나오지 않으면 변속 선도 상의 킥다운 구간이 없어지기 쉽다.

2) 냉각수온 센서(WTS ; Water Temperature Sensor)

엔진 냉각수 온도가 50℃ 미만에서는 OFF되고, 그 이상에서는 ON으로 되어 컴퓨터(TCU)로 입력시킨다.

3) 펄스 제너레이터 A&B(pulse generator A&B)

① **펄스 제너레이터-A** : 자기 유도형 발전기로 변속할 때 유압제어의 목적으로 킥다운 드럼의 회전수(입력축 회전수)를 검출한다. 킥다운 드럼의 구멍을 통과할 때의 회전수 변화에 의해서 기전력을 발생한다.

② **펄스 제너레이터-B** : 자기 유도형 발전기로 주행속도를 검출을 위해 트랜스퍼 드리븐 기어의 회전수를 검출한다. 트랜스퍼 드리븐 기어 이의 높고 낮음에 따른 변화에 의해서 기전력이 발생한다.

③ 펄스 제너레이터 A는 킥다운 드럼의 회전수(Na)를, 펄스 제너레이터 B는 트랜스퍼 드리븐 기어의 회전수(Nb)를 검출하여 Na/Nb를 컴퓨터에서 연산하여 자동적으로 변속 단수를 결정한다.

4) 가속 페달 스위치(accelerator pedal switch)

가속 페달을 밟으면 OFF, 놓으면 ON으로 되어 이 신호를 컴퓨터로 보내며, 주행속도 7km/h이하, 스로틀 밸브가 완전히 닫혔을 때 크리프(creep)량이 적은 제2단으로 유도하기 위한 검출기이다.

5) 킥다운 서보 스위치(kick down switch)

킥다운 할 때 충격을 완화하여 변속감을 좋게 하기 위한 것이며, 3속에서 2속으로 킥다운할 때만 작동한다.

6) 오버드라이브 스위치(over drive switch)

오버 드라이브 스위치는 변속레버 손잡이에 부착되며 ON, OFF에 따라 그 신호를 컴퓨터로 보내어 ON에서는 제4속까지, OFF에서는 제3속까지 변속된다.

7) 차속 센서(vehicle speed sensor)

속도계에 내장되어 있으며 변속기 속도계 구동기어의 회전(주행속도)을 펄스 신호로 검출하여 펄스 제너레이터 B에 이상이 있을 때 페일 세이프 기능을 갖도록 한다.

8) 인히비터 스위치(inhibitor switch)

인히비터 스위치는 변속레버를 P(주차) 또는 N(중립) 레인지 위치에서만 엔진 시동이 가능하도록 하고, 그 외의 위치에서는 시동이 불가능하게 하며 R(후진)레인지에서는 후퇴등(back up lamp)이 점등되게 한다.

9) 컴퓨터(TCU ; Transmission Control Unit)

컴퓨터는 각종 센서에서 보내 온 신호를 받아서 댐퍼 클러치 조절 솔레노이드 밸브, 시프트 조절 솔레노이드 밸브, 압력 조절 솔레노이드 밸브 등을 구동하여 댐퍼 클러치의 작동과 변속 조절을 한다.

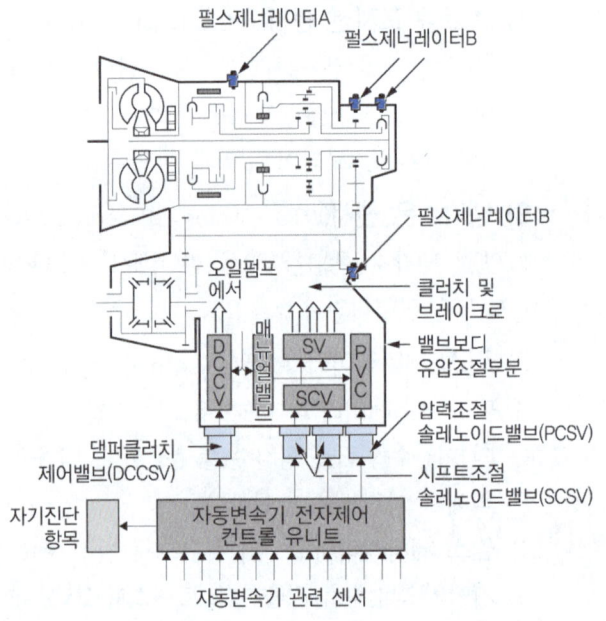

△ 자동변속기 전자제어 구성도

(6) 컴퓨터(TCU)의 출력 요소 (액추에이터)

1) 댐퍼 클러치 제어(댐퍼 클러치 컨트롤 솔레노이드 밸브)

① 엔진 회전수, 터빈 회전수, 스로틀 밸브 개도량 등의 신호에 의해 제어한다.

② 댐퍼 클러치의 작동 또는 해제 및 슬립률을 결정하여 댐퍼 클러치 솔레노이드 밸브를 제어한다.

2) 시프트 패턴 제어(시프트 컨트롤 솔레노이드 밸브)

시프트 컨트롤 밸브를 각 변속 단에 맞는 위치로 이동시켜 유로를 절환한다.

3) 변속 시 유압 제어(압력 조절 솔레노이드 밸브)

① 각 센서에서 입력된 신호를 연산하여 주행 상태에 따른 변속시기를 결정한다.

② 각각의 변속에 알맞도록 압력 조절 솔레노이드 밸브를 제어하여 충격 없이 변속 된다.

(7) 자동변속기 제어

① 자동변속기 유압제어 회로에 작용하는 유압은 변속기 내의 오일펌프에서 발생한다.

② 어큐뮬레이터는 자동변속기가 변속할 때 변속 충격을 흡수한다.

③ 전자제어 방식 자동변속기 장착차량의 변속점은 자동차의 주행속도와 엔진 스로틀 밸브의 개도(열림 정도)로 결정된다.

④ 자동변속기의 변속을 위한 기본적인 정보는 변속레버 위치, 엔진 부하(스로틀 개도), 차량 속도 등이다.

(8) 변속 특성

① **시프트 업**(shift up) : 자동변속기의 변속점에서 저속기어에서 고속기어로 변속되는 것

② **시프트 다운**(shlft down) : 자동변속기의 변속점에서 고속기어에서 저속기어로 변속되는 것

③ **킥다운**(kick down) : 급가속이 필요한 경우 가속페달을 힘껏 밟으면 시프트 다운되어 필요한 가속력이 얻어지는 것

④ **히스테리시스**(hysteresis) : 스로틀 밸브의 열림 정도가 같아도 시프트 업과 시프트 다운 사이의 변속점에서는 7~15km/h 정도의 차이가 나는 현상. 이것은 주행 중 변속점 부근에서 빈번히 변속되어 주행이 불안정하게 되는 것을 방지하기 위해 두고 있다.

5. 무단변속기(CVT ; Continuously Variable Transmission)

무단 변속기는 기본적으로 고무벨트, 금속벨트, 금속체인 등을 이용하여 주어진 변속 패턴에 따라 최상의 변속비와 최소의 변속비 사이를 연속적으로 무한대의 단으로 변속시킴으로써 엔진의 동력을 최대한 이용하여 우수한 동력 성능과 연비의 향상을 얻을 수 있는 운전이 가능하다.

(1) 무단변속기의 특징

① 변속 단이 없는 무단변속이므로 변속 충격이 적다.

② 연비 곡선의 변속제어가 가능하여 자동변속기에 비해 연비가 우수하다.

③ 연속적인 변속으로 인하여 가속성능이 우수하다.

④ 엔진의 속도를 일정하게 유지하며 차속을 변화시킬 수 있으므로 모든 구간에서 최적의 구동력으로 운전이 가능하다.

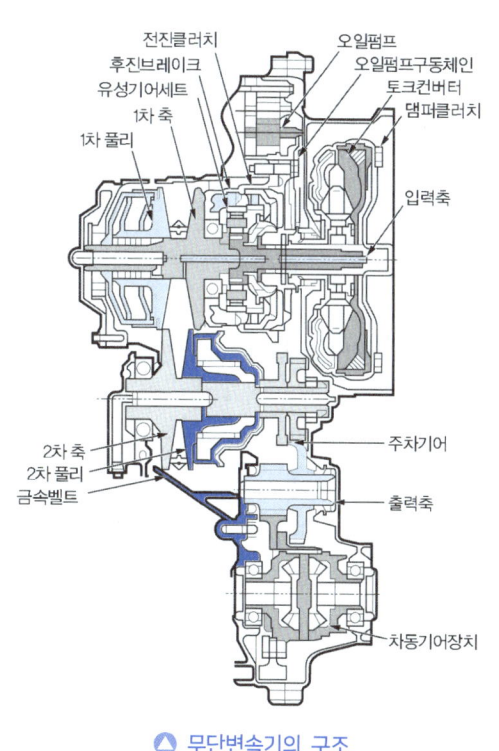

△ 무단변속기의 구조

⑤ 자동변속기에 비해 구조가 간단하며, 중량이 가볍다.

⑥ 운전 중 용이하게 감속비를 변화시킬 수 있어 동력성능이 향상된다.

⑦ 변속패턴에 따라 운전하여 연료소비율이 향상된다.

⑧ 파워트레인(동력전달 장치) 통합제어의 기초가 된다.

⑨ 큰 동력을 전달할 수 없다.

(2) 무단변속기의 종류

1) 동력 전달방식에 따른 분류

① 토크 컨버터 방식   ② 파우더(전자 분말) 방식   ③ 발진 클러치 방식

2) 변속방식에 따른 분류

① 고무벨트 방식 : 경형 자동차에서 사용된다.

② 금속 벨트 또는 체인 방식 : 승용 자동차용으로 사용된다.

③ 트랙션 구동 방식 : 승용차용으로 사용된다.

④ 유압모터/펌프의 조합형 : 농기계나 상업 장비에서 사용된다.

(3) 무단변속기의 종류

전동체 사이의 면 접촉으로 동력을 전달하는 롤러 방식, 벨트 또는 체인과 직경이 변화하는 풀리를 이용하는 가변직경 풀리(VDP ; Variable Diameter Pulley) 방식이 있다.

1) 롤러 방식

롤러 방식은 트랙션(traction) 또는 트로이덜(troidal) 방식이라고도 하며, 입력축과 출력축에 원판 모양의 디스크를 설치하여 두 디스크 사이에서 롤러가 면 접촉에 의해 구동력을 전달하는 방식이다.

① **발진 및 저속 시** : 롤러의 위상이 출력축으로 기울어지면 입력축의 회전반경은 작아지고 출력축의 회전반경은 커지므로 엔진의 회전수에 비해 출력축은 저속으로 회전하게 된다.

② **고속 주행 시** : 롤러의 위상이 입력축으로 기울어지면 출력축의 회전반경은 작아지고 입력축의 회전반경은 커지므로 엔진의 회전수에 비하여 출력축은 고속으로 회전하게 된다.

③ **롤러(트랙션) 구동 방식의 특징**

㉮ 변속 범위가 넓고 높은 효율을 발휘할 수 있으며, 작동 상태가 정숙하다.

㉯ 큰 추력 및 회전면의 높은 정밀도와 강성이 필요하다.

㉰ 무게가 무겁고, 전용의 오일을 사용하여야 한다.

㉱ 마멸에 따른 출력 부족(power failure)의 가능성이 크다.

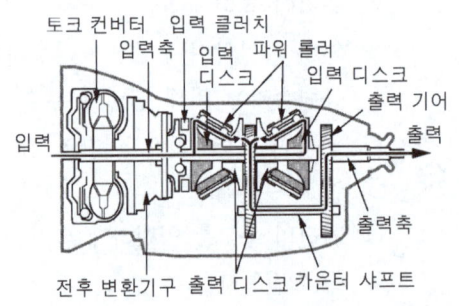

▲ 롤러 방식의 구조

2) 가변 직경 풀리 방식

가변 직경 풀리 방식은 안쪽 지름이 작고 바깥쪽 지름이 큰 원뿔 형태의 두 풀리 사이에 금속 벨트 또는 체인을 사용하여 동력을 전달하는 형식으로서 차량의 가속 성능과 부하의 크기에 따라 입력축 풀리와 출력축 풀리의 홈(폭)의 변화를 무단계로 조정하여 연속적인 변속을 한다.

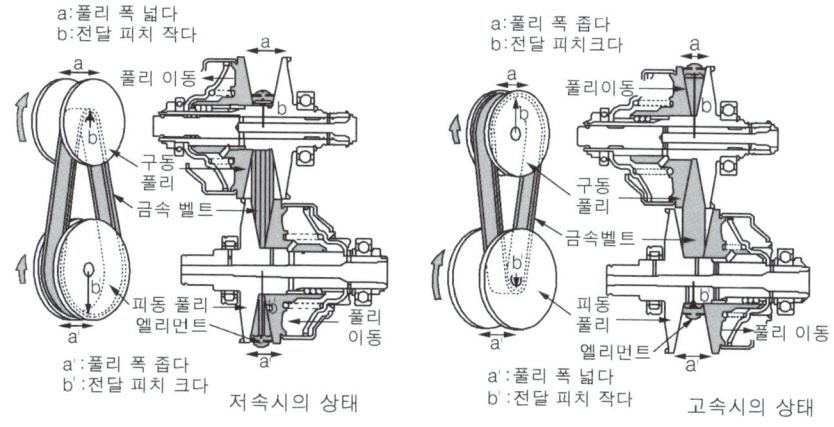

△ 가변 직경 방식의 작동

① **발진 및 저속 시** : 입력축 풀리의 홈(폭)이 넓어지면 벨트와의 접촉 반경이 작아지고, 반대로 출력축 풀리의 접촉 반경을 크게 하여 큰 토크로 순조롭게 발진하게 된다.

② **가속 및 감속 시** : 입력축과 출력축 풀리의 홈(폭)이 무단으로 변속되므로 변속 쇼크가 없이 변속이 빠르고 이루어진다.

③ **고속 주행 시** : 입력축 풀리의 홈(폭)이 좁아지면 벨트와의 접촉 반경이 커지고, 반대로 출력축 풀리의 접촉 반경을 작게 하여 고속 주행을 실현한다.

(4) 가변 직경 풀리 방식의 동력 흐름

① 엔진의 회전력은 토션 댐퍼를 거쳐 입력축으로 들어온다.

② 입력축과 1차 풀리 사이에 유성기어 장치가 있고 유성기어의 작동은 발진 클러치가 제어한다(전진에서는 전진 클러치 / 후진에서는 후진 클러치가 작동함).

③ 전진 시에는 전진 클러치에 의하여 1차 풀리를 정 회전시킨다.

④ 벨트의 회전에 의해 2차 풀리가 회전하고 이어서 차동기어와 타이어에 회전력이 전달된다.

6. 자동변속기의 정비

(1) 자동변속기 오일 점검

① 오일량의 점검은 평탄한 곳에서 실시한다.

② 시프트 레버를 N 레인지에 위치시킨 상태에서 엔진을 공회전시켜 유온이 70~80℃(냉각

　수 온도 80~90℃)가 되도록 한다.

③ 오일을 작동온도 상태(엔진 공전상태)에서 변속레버를 각 레인지에 2~3회 작동시켜 클러치나 서보에 오일을 충분히 채운 다음 변속 레버를 P위치로 하고 오일량을 점검한다.

④ 오일량 COLD(MIN)와 HOT(MAX)의 중간 부위에 있어야 한다.

㉮ 오일이 부족하면 유압회로에 기포가 발생한다.

㉯ 오일이 너무 많아도 유압회로에 기포가 발생한다.

㉰ 기포가 발생하면 과열의 원인이 된다.

(2) 자동변속기 오일의 색깔에 의한 판정

① **정상** : 투명도가 높은 붉은 색

② **갈색 또는 니스 모양** : 장시간 고온에 노출되어 열화 발생

③ **투명도가 없는 검은 색** : 클러치판의 마멸 분말에 의한 오일의 오손, 부싱 및 기어가 마모된 경우

④ **백색** : 수분이 유입된 경우

(3) 스톨 테스트(stall test)

1) 스톨 테스의 목적

① 자동변속기의 D나 R 위치에서 엔진의 최고 회전속도를 측정하여 변속기와 엔진의 종합적인 성능을 시험하는 것을 말한다.

② 스톨 테스트를 하는 목적은 토크 컨버터의 동력전달 기능, 클러치(프런트 및 리어 브레이크 밴드, 리어 클러치)의 미끄러짐 유무, 엔진의 구동력 시험 등이다.

③ 자동변속기 장착 차량을 스톨 테스트할 때 가속 페달을 밟는 시험시간은 5초 이내이어야 한다.

2) 스톨 테스트의 방법 및 주의사항

① 자동변속기 오일의 온도가 정상 작동온도(70~80℃)로 된 후 실시한다.

② 브레이크 페달을 밟고 가속페달을 완전히 밟은 후 엔진의 rpm을 읽는다.

③ 변속레버를 "D"위치와 "R"위치에 두고 시행한다.

④ 시험 중 차량의 앞·뒤에는 사람이 서 있지 않도록 한다.

3) 스톨 테스트 결과 분석

① 변속레버를 "D" 또는 "R"위치에 놓고 최대 엔진 회전수로 결함부위를 판단한다.

② 엔진 회전수가 2,000~2600rpm 보다 현저히 낮으면 엔진의 출력 부족이다.

③ 변속레버를 "D" 또는 "R"위치에 놓고 가속페달을 완전히 밟은 상태에서 엔진 회전수가 2,000~2600rpm 보다 현저히 높으면 자동변속기 이상이다.

(4) 자동변속기의 고장 원인

1) 오일의 압력이 너무 낮다.

① 오일 필터가 막혔다.　　　　　② 릴리프 밸브 스프링의 장력이 약하다.

③ 오일펌프가 마모되었다.　　　　④ 밸브 보디의 조임 볼트가 풀렸다.

2) 토크 컨버터의 압력이 부적당하다.

① 댐퍼 클러치 솔레노이드 밸브가 고착되었다.

② 댐퍼 클러치 밸브가 고착되었다.

③ 오일 쿨러 파이프가 막혔거나 누유가 된다.

④ 입력축 오일 시일이 손상되었다.　⑤ 토크 컨버터의 기능이 불량하다

❷ 자동변속기 조정

1. 자동변속기

(1) 자동변속기 유압 점검

① 분해 조립용 공구와 오일 압력 게이지(30kg/cm²)를 준비한다.

② 자동변속기 오일의 온도를 정상작동 온도 값으로 충분히 워밍업 시킨다.

③ 리프트를 이용하여 차량의 구동 바퀴가 회전할 수 있도록 들어 올린다.

④ 엔진 회전계를 연결하고 보기 좋은 곳에 위치시킨다.

⑤ 오일 압력 게이지(30kg/cm²)와 어댑터를 각 오일 압력 취출구에 연결한다.

⑥ 유압게이지 장착 후 및 유압 측정 시 오일의 누유 여부를 확인한다.

⑦ 점검 차량의 시동을 건다.

⑧ 측정하고자 하는 클러치가 작동 조건이 되도록 변속 레버 및 차량의 속도를 일치시킨다.

⑨ 정비지침서의 제시 조건으로 유압을 점검한다.

⑩ 측정값이 '기준 유압 사양표'에 있는 규정범위 내에 있는지를 확인한다.

⑪ 기준치를 벗어날 경우 유압 테스트 진단표를 기초로 하여 조치한다.

⑫ 유압 점검 작업을 완료한 후에 오일 누유가 없는지 다시 한 번 확인한다.

(2) 자동변속기 라인 압력의 조정

① 자동변속기 드레인 플러그를 탈거하여 자동변속기 오일(ATF ; automatic transmission fluid)를 배출한다.

② 오일 팬을 탈거한다.

③ 레귤레이터 밸브의 육각 조정 스크루를 돌려 라인 압력이 규정치가 되도록 조정한다.

> **TIP**
> 조정 스크루를 오른쪽으로 돌리면 라인 압력이 낮아지고 왼쪽으로 돌리면 라인 압력이 올라간다.

④ 밸브 바디 커버에 액상 개스킷을 도포한 후 오일 팬을 장착한다.

⑤ 규정량의 자동변속기 오일을 주유한다.

⑥ 자동변속기 오일 온도가 적정 온도로 워밍업 되었을 때 오일의 라인 압력을 점검하고 필요한 경우 재조정한다.

(3) 자동변속기 컨트롤 케이블 조정

① 실내측 시프트 레버를 N 위치로 한다.

② 변속기의 매뉴얼 컨트롤 레버와 인히비터 스위치를 N으로 정렬한 뒤 중립 세팅 핀을 5mm 구멍에 삽입한다.

③ 변속기 측 컨트롤 케이블의 조정 너트를 가체결한 후 시프트 케이블을 화살표 F방향으로 가볍게 잡아당겨 케이블의 자유 유격을 없앤다.

④ 조정 너트를 규정 토크(체결토크 : 1.0 ~ 1.4kgf·m)로 체결한다.

⑤ 중립 세팅 핀을 제거한다.

⑥ 실내측 변속 레버와 변속기측 매뉴얼 레버의 변환 적합성을 확인한다.

⑦ P 및 N 위치에서 시동성을 확인한다.

2. 무단변속기

(1) 무단변속기 오일량 점검

① 엔진의 냉각수 온도가 정상 작동온도가 되도록 워밍업 한다.

② 자기진단 장비를 이용하여 변속기 오일의 온도가 75~90℃가 되도록 한다.

③ 변속 레버를 "P"에서 "L"까지 천천히 2회 이동한다.

④ 엔진을 정지시키고 차량을 리프트로 들어올린다.

⑤ 오일 레벨 플러그를 탈거하여 오일량을 확인한다. 오일 레벨 플러그 탈거 시 오일이 미량 배출되면 오일 레벨은 정상이다.

⑥ ⑤에서 오일이 배출되지 않으면 오일 주입구를 통하여 CVT 전용 오일을 300cc 주입한다.

⑦ ⑥에서 소량 누출되면 오일량 점검 작업을 완료하고, 오일이 배출되지 않으면 위의 ⑥과 ⑦을 반복하여 오일량 점검 작업을 완료한다.

(2) 무단변속기 오일 교환

① 엔진 냉각수 온도가 정상 작동온도가 되도록 워밍업 한다.

② 자기진단 장비를 이용하여 변속기 오일의 온도가 75~90℃가 되도록 한다.

③ 변속 레버를 P에서 L까지 천천히 2회 이동한다.

④ 엔진을 정지시키고 차량을 리프트로 들어올린다.

⑤ 변속기 케이스 하부의 오일 드레인 플러그를 풀어서 오일을 배출시킨다.

⑥ 드레인 플러그의 개스킷을 신품으로 교환하고 규정토크로 조인다.

⑦ 오일 레벨 플러그를 탈거한다.

⑧ 오일 주입구 탈거 후 오일 주입구를 통하여 규정량의 오일을 주입한다.

⑨ 오일 레벨 플러그를 통하여 미량의 오일이 배출되면 오일 레벨 플러그의 개스킷을 신품으로 교환한 후 오일 레벨 플러그를 장착한다.

⑩ 오일 주입구의 개스킷을 신품으로 교환한 후 오일 주입구를 규정의 토크로 조인다.

⑪ 자동차를 하강하여 시동을 걸고 워밍업 후에 오일량을 재확인한다.

⑫ 오일량과 기타 부위에 누유 여부를 확인 후, 이상이 없으면 고객에게 차량을 인도한다.

(3) 무단변속기 인히비터 스위치 점검 및 조정

① 변속 레버를 N으로 한다.

② 트랜스미션의 인히비터 스위치 샤프트 레버의 결합부에서 너트를 풀어 셀렉터 케이블을 분리한다.

③ 트랜스미션의 인히비터 스위치 샤프트 레버를 N으로 한다.

④ 인히비터 스위치의 고정 볼트 2개를 느슨하게 푼다.

⑤ 인히비터 스위치를 회전시키면서 인히비터 스위치와 샤프트 레버의 위치 결정 홀의 직경에 알맞은 중립 세팅 핀을 꽂아 인히비터 스위치를 고정한다.

⑥ 인히비터 스위치의 고정 볼트 2개를 규정 토크로 체결한다.

⑦ 인히비터 스위치 샤프트 레버에 셀렉터 케이블을 조립하고 조정너트를 규정 토크로 조인다.

⑧ 중립 세팅 핀을 제거한다.

⑨ 셀렉터 케이블의 장력이 적절한지 점검한다.

⑩ 셀렉터 케이블의 장력이 불량하면 상기 ②~⑨항의 작업을 다시 실행한다.

⑪ 자기진단기를 연결하여 각 변속위치에서 인히비터 스위치 신호선의 적합 여부를 확인한다.

⑫ 변속 레버를 P – R – N – D로 변환시키면서 걸림이 없는지 확인한다.

⑬ P 및 N 위치에서 엔진의 시동 여부를 확인한다.

(4) 무단변속기 셀렉터 케이블 조정

① 변속 레버로부터 셀렉터 케이블을 분리한다.

② 트랜스미션측 시프트 샤프트 레버와 결합된 너트를 풀고 셀렉터 케이블을 분리한다.

③ 셀렉터 케이블을 끌어당기거나 밀 때 걸림감 또는 섭동저항이 있는지 점검한다.

④ 불량의 경우 셀렉터 케이블을 교환한다.

⑤ 변속 레버를 N 위치에 맞추고, 트랜스미션측 시프트 샤프트 레버를 N 위치로 한다.

⑥ 시프트 샤프트 레버가 움직이지 않도록 주의하여 셀렉터 케이블을 시프트 샤프트 레버에 걸고 너트를 규정 토크로 조인다.

⑦ 셀렉터 케이블을 변속 레버에 장착하고 장력이 너무 강하거나 또는 약하지 않도록 조정한다.

⑧ 각 변속 위치에서 셀렉터 케이블의 장력이 너무 강하거나 또는 약하지 않은지 점검한다.

⑨ 각 변속위치에서 시프트 스위치 커넥터 단자 간 통전을 점검한다.

③ 자동변속기 수리

1. 자동변속기

(1) 변속 레버 스위치 진단

① 차량의 통신 프로토콜이 적합한 스캔 툴(진단기)을 준비한다.

② 점화 스위치를 OFF시킨다.

③ 진단 스캔 툴을 자기진단 커넥터(DLC)에 연결한다.

④ 점화 스위치 "ON" 및 엔진 "OFF"상태를 유지한다.

⑤ 차량의 시스템에 알맞은 경로를 이용하여 자동변속기를 검색한다.

⑥ 하위 메뉴의 "센서 데이터"를 선택한다.

⑦ "실행"을 선택한다.

⑧ 서비스 데이터 항목 중의 "변속 레버 스위치" 항목을 선택한다.

⑨ 변속레버의 레인지를 이동한다.

⑩ 변속레버 스위치 작동상태가 기준 데이터와 일치하는지 확인한다.

(2) 유온 센서 고장 진단

① 차량의 통신 프로토콜이 적합한 스캔 툴(진단기)을 준비한다.

② 점화 스위치를 OFF시킨다.

③ 진단 스캔 툴을 자기진단 커넥터(DLC)에 연결한다.

④ 점화 스위치 "ON" 및 엔진 "OFF"상태를 유지한다.

⑤ 차량의 시스템에 알맞은 경로를 이용하여 자동변속기를 검색한다.

⑥ 하위 메뉴의 "센서 데이터"를 선택한다.

⑦ "실행"을 선택한다.

⑧ 서비스 데이터 항목 중의 "유온 센서" 항목을 선택한다.

⑨ 유온 센서 데이터가 현재의 자동변속기 오일 온도와 일치하는지 확인한다.

(3) 입력축 속도 센서 진단

① 차량의 통신 프로토콜이 적합한 스캔 툴(진단기)을 준비한다.

② 리프트 위에서 차량의 구동 휠이 지면으로부터 떨어지도록 리프트를 상승시킨다.

③ 점화 스위치를 OFF시킨다.

④ 진단 스캔 툴을 자기진단 커넥터(DLC)에 연결한다.

⑤ 차량의 시동을 걸고 엔진 "ON" 상태를 유지한다.

⑥ 차량의 시스템에 알맞은 경로를 이용하여 자동변속기를 검색한다.

⑦ 하위 메뉴의 "센서 데이터"를 선택한다.

⑧ "실행"을 선택한다.

⑨ 서비스 데이터 항목 중의 "입력축 속도 센서" 항목을 선택한다.

⑩ 30km/h 이상의 속도로 주행한다.

⑪ 입력축 속도 센서의 출력값이 기준값과 같이 유효한 범위 내에 있는지 확인한다.

(4) 출력축 속도 센서 진단

① 차량의 통신 프로토콜이 적합한 스캔 툴(진단기)을 준비한다.

② 리프트 위에서 차량의 구동 휠이 지면으로부터 떨어지도록 리프트를 상승시킨다.

③ 점화 스위치를 OFF시킨다.

④ 진단 스캔 툴을 자기진단 커넥터(DLC)에 연결한다.

⑤ 차량의 시동을 걸고 엔진 "ON" 상태를 유지한다.

⑥ 차량의 시스템에 알맞은 경로를 이용하여 자동변속기를 검색한다.

⑦ 하위 메뉴의 "센서 데이터"를 선택한다.

⑧ "실행"을 선택한다.

⑨ 서비스 데이터 항목 중의 "엔진 회전수, 입력축 속도 센서, 출력축 속도 센서, 기어 위치" 항목을 선택한다.

⑩ 30km/h 이상의 속도로 주행한다.

⑪ 출력축 속도 센서의 출력값이 기준값과 같이 유효한 범위 내에 있는지 확인한다.

(5) 후진 동기 불량 진단

① 차량의 통신 프로토콜이 적합한 스캔 툴(진단기)을 준비한다.

② 리프트 위에서 차량의 구동 휠이 지면으로부터 떨어지도록 리프트를 상승시킨다.

③ 점화 스위치를 OFF시킨다.

④ 진단 스캔 툴을 자기진단 커넥터(DLC)에 연결한다.

⑤ 차량의 시동을 걸고 엔진 "ON" 상태를 유지한다.

⑥ 차량의 시스템에 알맞은 경로를 이용하여 자동변속기를 검색한다.

⑦ 하위 메뉴의 "센서 데이터"를 선택한다.

⑧ "실행"을 선택한다.

⑨ 서비스 데이터 항목 중의 "엔진 회전수, 입력축 속도 센서, 출력축 속도 센서, 기어 위치" 항목을 선택한다.

⑩ R속 상태에서 약 2000rpm까지 엔진의 회전수를 상승시킨 후에 "입력축 및 출력축"의 속도를 기어비와 비교한다. 30km/h 이상의 속도로 주행한다.

⑪ 출력축 속도 센서의 출력값이 기준값과 같이 유효한 범위 내에 있는지 확인한다.

⑫ 정상적인 차량의 출력값은 입력축 속도 센서 − (출력축 속도 센서 × 기어비) ≤ 200rpm 정도이므로 기준값과 비교하여 확인한다.

(6) 토크 컨버터 댐퍼 클러치 시스템 진단

① 차량의 통신 프로토콜이 적합한 스캔 툴(진단기)을 준비한다.

② 리프트 위에서 차량의 구동 휠이 지면으로부터 떨어지도록 리프트를 상승시킨다.

③ 점화 스위치를 OFF시킨다.

④ 진단 스캔 툴을 자기진단 커넥터(DLC)에 연결한다.

⑤ 차량의 시동을 걸고 engine "On"상태를 유지한다.

⑥ 차량의 시스템에 알맞은 경로를 이용하여 자동변속기를 검색한다.

⑦ 하위 메뉴의 "센서 데이터"를 선택한다.

⑧ "실행"을 선택한다.

⑨ 서비스 데이터 항목 중의 "DCC 솔레노이드 듀티와 댐퍼 클러치 슬립량" 항목을 선택한다.

⑩ "D 레인지" 선택 후 댐퍼 클러치 작동조건에 맞게 운전한다.

⑪ "DCC 솔레노이드 듀티와 댐퍼 클러치 슬립량"의 출력값이 기준값과 같이 유효한 범위 내에 있는지 확인한다.

⑫ 정상적인 차량의 기준값은 TCC SLIP 〈 5rpm (TCC SOL. DUTY 〈 0%인 상태이므로 점검 중인 차량이 기준값과 같이 유효한 범위 내에 있는지 확인한다.

(7) 토크 컨버터 댐퍼 클러치 시스템 전기계통 진단

① 차량의 통신 프로토콜이 적합한 스캔 툴(진단기)을 준비한다.

② 리프트 위에서 차량의 구동 휠이 지면으로부터 떨어지도록 리프트를 상승시킨다.

③ 점화 스위치를 OFF시킨다.

④ 진단 스캔 툴을 자기진단 커넥터(DLC)에 연결한다.

⑤ 차량의 시동을 걸고 엔진 "ON" 상태를 유지한다.

⑥ 차량의 시스템에 알맞은 경로를 이용하여 자동변속기를 검색한다.

⑦ 하위 메뉴의 "센서 데이터"를 선택한다.

⑧ "실행"을 선택한다.

⑨ 서비스 데이터 항목 중의 "DCC 솔레노이드 듀티와 댐퍼 클러치 슬립량" 항목을 선택한다.

⑩ "D 레인지" 선택 후 댐퍼 클러치 작동조건에 맞게 운전한다.

⑪ 운전 중에 "DCC 솔레노이드 듀티" 항목의 변화를 점검한다.

⑫ "DCC솔레노이드 듀티와 DCC슬립량"의 출력값이 기준값과 같이 유효한 범위 내에 있는지 확인한다.

(8) 압력 컨트롤 솔레노이드 밸브 A 진단

① 차량의 통신 프로토콜이 적합한 스캔 툴(진단기)을 준비한다.

② 리프트 위에서 차량의 구동 휠이 지면으로부터 떨어지도록 리프트를 상승시킨다.

③ 점화 스위치를 OFF시킨다.

④ 진단 스캔 툴을 자기진단 커넥터(DLC)에 연결한다.

⑤ 차량의 시동을 걸고 엔진 "ON" 상태를 유지한다.

⑥ 차량의 시스템에 알맞은 경로를 이용하여 자동변속기를 검색한다.

⑦ 하위 메뉴의 "센서 데이터"를 선택한다.

⑧ "실행"을 선택한다.

⑨ 서비스 데이터 항목 중의 "PCSV-A 듀티" 항목을 선택한다.

⑩ "N 레인지"에서 "D 레인지"로 변속한다.

⑪ 운전 중에 "PCSV-A 듀티" 항목의 변화를 감지한다.

⑫ "PCSV-A 듀티"의 출력값이 기준값과 같이 유효한 범위 내에 있는지 확인한다.

(9) 압력 컨트롤 솔레노이드 밸브 B 검사

① 차량의 통신 프로토콜이 적합한 스캔툴(진단기)을 준비한다.

② 리프트 위에서 차량의 구동 휠이 지면으로부터 떨어지도록 리프트를 상승시킨다.

③ 점화 스위치를 OFF시킨다.

④ 진단 스캔 툴을 자기진단 커넥터(DLC)에 연결한다.

⑤ 차량의 시동을 걸고 엔진 "ON" 상태를 유지한다.

⑥ 차량의 시스템에 알맞은 경로를 이용하여 자동변속기를 검색한다.

⑦ 하위 메뉴의 "센서 데이터"를 선택한다.

⑧ "실행"을 선택한다.

⑨ 서비스 데이터 항목 중의 "PCSV-B 듀티" 항목을 선택한다.

⑩ "D 레인지"에서 "N 레인지"로 변속한다.

⑪ 운전 중에 "PCSV-B 듀티" 항목의 변화를 감지한다.

⑫ "PCSV-B 듀티"의 출력값이 기준값과 같이 유효한 범위 내에 있는지 확인한다.

2. 무단변속기 자기진단

(1) 진단장비를 이용한 고장코드 점검

① 점화 스위치를 OFF시킨다.

② 진단장비를 자기진단 커넥터에 연결한다.

③ 점화 스위치를 ON시킨다.

④ 진단장비를 사용하여 자기 진단 코드를 점검한다.

⑤ 고장코드(DTC)에 대한 고장 진단 절차에 준하여 고장 부위를 수리한다.

⑥ 고장코드(DTC)를 삭제한다.

⑦ 진단장비를 분리한다.

(2) 스캐너의 센서 출력 데이터 확인

① 점검 차량에 적합한 스캔 툴을 준비한다.

② 점화 스위치를 OFF시킨다.

③ 스캔 툴을 DLC커넥터에 연결한다.

④ 점화 스위치를 ON시킨다.

⑤ 진단 스캐너를 ON시킨다.

⑥ 스캔 툴에서 차량에 적합하게 "무단변속기 센서 데이터"를 검색한다.

⑦ 센서 데이터를 확인한다.

4 자동변속기 교환

1. 자동변속기

(1) 오일펌프 점검 및 교환

① 오일펌프 고정 볼트 6개를 푼다.

② 오일펌프 분리용 "T 볼트"를 좌우 균등하도록 유지하면서 "T 볼트"의 나사산이 보이지 않을 정도로 서서히 조인다.

③ 클러치 하우징으로부터 오일펌프를 탈거한다.

④ 오일펌프의 바디를 분리한다.

⑤ 오일펌프의 마모 및 균열 등을 검사한다.

⑥ 오일펌프 조립용 공구를 사용하여 상하, 좌우의 평형을 맞춘 후 체결 볼트를 규정 토크로 체결한다.

⑦ 오일펌프의 "O링"과 펌프 체결 볼트의 특수 와셔를 교환한다.

⑧ 오일펌프를 자동변속기에 분해의 역순으로 조립한다.

(2) 클러치 디스크 및 플레이트 점검·교환

① 엔드 클러치를 변속기 본체에서 분리한 후 스냅링을 탈거한다.

② 상부 플레이트를 제거하고 디스크와 플레이트를 차례로 분리한다.

③ 스프링과 피스톤을 특수 공구를 사용하여 분리한다.

④ 피스톤에 장착된 D링을 교환한 후 특수 공구를 사용하여 조립한다.

⑤ 디스크 및 플레이트의 균열, 마모 및 변형 등을 점검한다.

⑥ 디스크 및 플레이트의가 균열, 변형, 열에 의한 변색 및 디스크의 홈이 보이지 않으면 디스크 교환한다.

⑦ 디스크와 플레이트를 번갈아 가면서 클러치 하우징에 차례로 조립한다.

⑧ 스냅링을 조립한다.

⑨ 스냅링과 플레이트의 간극을 간극 게이지를 이용하여 규정값(0.6 ~ 0.85mm) 여부를 확인한다.

⑩ 간극 측정 후 규정값을 벗어나면 두께가 다른 스냅링으로 교환하여 규정값으로 조정한다.

⑪ 자동 미션에 클러치 어셈블리를 조립한다.

(3) 밸브 바디 교환

① 엔진룸의 에어 덕트를 탈거한다.

② 배터리 및 배터리 트레이를 탈거한다.

③ 리프트를 이용하여 차량을 상승시킨 후 언더 커버를 탈거한다.

④ 드레인 플러그를 탈거하고 오일을 전량 배출한 후 드레인 플러그의 개스킷을 신품으로 교체하여 규정 토크로 조인다.

⑤ 아이볼트를 탈거한다.

⑥ 밸브 바디 커버를 탈거한다.

⑦ 유온 센서 커넥터와 솔레노이드 밸브 커넥터를 분리한다.

⑧ 밸브 바디 장착 볼트를 풀고 밸브 바디 어셈블리를 탈거한다.

⑨ 밸브 바디를 신품으로 교환하여 탈거의 역순으로 조립한다.

⑩ 오일을 보충한다.

(4) 인히비터 스위치 교환

① 실내의 변속 레버를 N위치로 한다.

② 인히비터 스위치의 커넥터를 분리한다.

③ 컨트롤 케이블 조정 너트를 푼다.

④ 시프트 매뉴얼 레버 고정너트를 풀고 시프트 매뉴얼 레버를 분리한다.

⑤ 인히비터 스위치 고정 볼트 2개를 푼다.

⑥ 인히비터 스위치를 신품으로 교체한다.

⑦ 인히비터 스위치 고정 볼트 2개를 가조립한다.

⑧ 시프트 매뉴얼 레버를 장착하고, 고정너트를 규정 토크로 체결한다.

⑨ 인히비터 스위치와 시프트 레버 홀에 5mm의 둥근 중립 세팅 핀을 삽입하여 N위치를 일치시킨다.

⑩ 컨트롤 케이블 끝단부의 볼 조인트를 시프트 레버의 홈에 끼운 후 조정 너트를 가조립한다.

⑪ 실내의 변속 레버와 변속기 시프트 레버를 N에 위치한 후 변속기측의 컨트롤 케이블을 F방향으로 살짝 당겨 케이블의 유격이 없는 상태에서 조정 너트를 규정 토크로 체결한다.

⑫ 인히비터 스위치의 커넥터를 체결한다.

⑬ 중립 세팅 핀을 제거한다.

⑭ 변속 레버를 P–R–N–D 위치로 변환하면서 작동 상태를 확인한다.

⑮ P 또는 N의 위치에서 시동이 원활한지 확인하고 작업을 완료 한다.

⑯ 고장 코드의 기억을 소거한다.

2. 무단변속기

(1) 1차 풀리 회전센서 교환

① 배터리(-) 케이블을 분리한다.

② 에어클리너·레조네이터·스노클 어셈블리 및 공기흡입 튜브를 탈거한다.

③ 1차 풀리 회전센서 배선 커넥터를 분리한다.

④ 흡기측 덕트를 탈거한다.

⑤ 언더 커버를 탈거한다.

⑥ 변속기 드레인 플러그를 탈거하여 오일을 배출한다.

⑦ 1차 풀리 회전센서를 탈거한다.

　㉮ 배선 고정 클립을 편다.

　㉯ DC 모터 브래킷에 설치된 배선 고정 스트랩을 푼다.

　㉰ 볼트를 풀고 센서를 탈거한다.

⑧ 장착순서는 탈거의 역순으로 진행한다.

⑨ 변속기 오일 레벨 플러그를 풀고 오일을 주입한다.

(2) 2차 풀리 회전센서 교환

① 배터리(-) 케이블을 분리한다.

② 에어클리너·레조네이터·스노클 어셈블리 및 공기흡입 튜브를 탈거한다.

③ 2차 풀리 회전센서 배선 커넥터를 분리한다.

④ 장착순서는 탈거의 역순으로 진행한다.

⑤ 2차 풀리 회전센서 볼트를 규정 토크로 조인다.

(3) 풀리 포지션 센서 교환

① 배터리(-) 케이블을 분리한다.

② 에어클리너·레조네이터·스노클 어셈블리 및 공기흡입 튜브를 탈거한다.

③ 풀리 포지션 센서 배선 커넥터를 분리한다.

④ 흡기 사이드 덕트를 탈거한다.

⑤ 언더 커버를 탈거한다.

⑥ 특수공구(변속기 잭)로 변속기를 지지한다.

⑦ 변속기의 마운트를 탈거한다.

　㉮ 볼트를 풀고 댐핑 부시 볼트와 너트를 푼다.

　㉯ 변속기 마운트 브래킷에서 댐핑 부시를 탈거한다.

⑧ 풀리 포지션 센서를 탈거한다.

　㉮ DC 모터 브래킷에 설치된 배선 고정 스트랩을 푼다.

　㉯ 볼트를 풀고 변속기 하우징에서 센서를 탈거한다.

⑨ 장착순서는 탈거의 역순으로 진행한다.

⑩ 풀리 포지션 센서 볼트를 규정 토크로 조인다.

(4) 인히비터 스위치 교환

① 실내의 변속 레버를 N 위치로 한다.

② 인히비터 스위치의 커넥터를 분리한다.

③ 컨트롤 케이블 조정 너트를 푼다.

④ 시프트 매뉴얼 레버 고정 너트를 풀고 시프트 매뉴얼 레버를 분리한다.

⑤ 인히비터 스위치 고정 볼트 2개를 푼다.

⑥ 인히비터 스위치를 신품으로 교체한다.

⑦ 인히비터 스위치 고정 볼트 2개를 가조립한다.

⑧ 시프트 매뉴얼 레버를 장착하고, 고정 너트를 규정 토크로 체결한다.

⑨ 인히비터 스위치와 시프트 레버 홀에 5 mm의 둥근 중립 세팅 핀을 삽입하여 N위치를 일치시킨다.

⑩ 컨트롤 케이블 끝단부의 볼 조인트를 시프트 레버의 홈에 끼운 후, 조정 너트를 가조립한다.

⑪ 실내의 변속 레버와 변속기 시프트 레버를 N에 위치시킨 후, 변속기측 컨트롤 케이블을 F방향으로 살짝 당겨 케이블의 유격이 없는 상태에서 조정 너트를 규정토크로 체결한다.

⑫ 중립 세팅 핀을 제거한다.

⑬ 인히비터 스위치의 커넥터를 체결한다.

⑭ 변속 레버를 P → R → N → D 위치로 변환하면서 작동 상태를 확인한다.

⑮ P 또는 N의 위치에서 시동이 원활한지 확인하고 작업을 완료한다.

❺ 자동변속기 검사

1. 유온 센서 검사

① 저항 테스터를 준비한다.

② 자동변속기 유온 센서 커넥터를 분리한다.

③ 정비지침서를 이용하여 유온 센서 핀 번호를 확인한다.

④ 저항을 측정하여 정비지침서의 규정값과 비교하여 적합성 여부를 판정한다.

⑤ 규정값을 초과하면 오일 팬을 탈착하여 유온 센서를 교환한다.

⑥ 유온 센서 교환 후 순정품의 개스킷 본드를 오일 팬에 도포한다.

⑦ 오일 팬을 장착한다.

⑧ 자동변속기 오일을 적정량 주입하고 워밍업 후 오일량을 확인한다.

⑨ 유온 센서의 데이터를 확인한다.

⑩ 자동변속기 TCM에 저장된 학습값을 소거한 다음 재학습한다.

2. 액티브 형식의 입력축 속도 센서 검사

① 멀티테스터 및 오실로스코프를 준비한다.

② 차량의 점화 스위치를 OFF시킨 후 배터리 및 배터리 트레이를 탈거한다.

③ 언더 커버 탈거 후 입력축 속도 센서 커넥터를 분리한다.

④ 정비지침서의 회로도를 참조하여 속도 센서 전원선의 공급 전압을 확인한다.

⑤ 정비지침서의 회로도를 참조하여 속도 센서 신호선의 공급 전압이 약 1.4V 또는 0.7가 검출되는지 확인한다.

⑥ 센서 전원선 및 신호선의 전압이 불량하면 와이어링 또는 PCM(TCU)을 점검한다.

3. 솔레노이드 밸브의 성능 검사

(1) 라인 압력제어 솔레노이드 밸브 점검

① 점화 스위치를 OFF시킨다.

② 솔레노이드 밸브 커넥터를 분리한다.

③ 제원을 참조하여 측정된 저항이 제원과 상이한지 확인한다.

(2) 압력 컨트롤 솔레노이드 밸브 점검

① 점화 스위치를 OFF시킨다.

② 솔레노이드 밸브 커넥터를 분리한다.

③ 제원을 참조하여 측정된 저항이 제원과 상이한지 확인한다.

토크 컨버터

01 자동변속기에서 유체 클러치를 바르게 설명한 것은?

① 유체의 운동에너지를 이용하여 토크를 자동적으로 변환하는 장치

② 엔진의 동력을 유체 운동에너지로 바꾸어 이 에너지를 다시 동력으로 바꾸어서 전달하는 장치

③ 자동차 주행조건에 알맞은 변속비를 얻도록 제어하는 장치

④ 토크 컨버터 슬립에 의한 손실을 최소화하기 위한 장치

> **해설** 유체 클러치는 엔진의 회전력을 액체의 운동에너지로 바꾸고 이 에너지를 다시 동력으로 바꾸어 변속기로 전달하는 장치이다.

02 자동변속기 오일의 구비조건으로 부적합한 것은?

① 기포발생이 없고 방청성이 있을 것

② 점도지수의 유동성이 좋을 것

③ 내열 및 내산화성이 좋을 것

④ 클러치 접속 시 충격이 크고 미끄럼이 없는 적절한 마찰계수를 가질 것

> **해설** 자동변속기 오일의 요구조건
> ① 기포가 발생하지 않고, 저온 유동성이 좋을 것
> ② 내열 및 내산화성이 좋을 것
> ③ 점도지수 크고, 방청성이 있을 것
> ④ 고착 방지성과 내마모성이 있을 것
> ⑤ 미끄럼이 없는 적절한 마찰계수를 가질 것

03 자동변속기에서 토크 컨버터의 터빈축이 연결되는 곳은?

① 변속기 입력부분   ② 변속기 출력부분

③ 가이드 링 부분   ④ 임펠러 부분

> **해설** 토크 컨버터의 구조
> ① 펌프 임펠러 : 크랭크축(플라이 휠)에 연결되어 엔진이 회전하면 유체 에너지를 발생한다.
> ② 터빈 런너 : 변속기 입력축 스플라인에 접속되어 있으며, 유체 에너지에 의해 회전한다.
> ③ 스테이터 : 펌프 임펠러와 터빈 런너 사이에 설치되어 터빈에서 유출된 오일의 흐름 방향을 바꾸어 펌프에 유입되도록 한다.
> ④ 가이드 링 : 유체의 와류에 의한 클러치 효율이 저하되는 것을 방지한다.
> ⑤ 펌프 임펠러, 스테이터, 터빈 런너가 설치되어 있으며, 오일이 가득 채워져 있다.
> ⑥ 펌프 일펠러, 터빈 런너, 스테이터의 날개는 어떤 각도를 두고 와류형으로 배열되어 있다.
> ⑦ 토크 변환율은 2 ~ 3 : 1 이다.

04 엔진 플라이휠과 직결되어 엔진 회전수와 동일한 속도로 회전하는 토크 컨버터의 부품은?

① 터빈 런너   ② 펌프 임펠러

③ 스테이터   ④ 원웨이 클러치

> **해설** 토크 컨버터의 펌프 임펠러는 엔진 플라이휠과 직결되어 엔진 회전수와 동일한 속도로 회전한다.

05 자동변속기 차량에서 토크 컨버터 내에 있는 스테이터의 기능은?

① 터빈의 회전력을 증대시킨다.

② 바퀴의 회전력을 감소시킨다.

③ 펌프의 회전력을 증대시킨다.

④ 터빈의 회전력을 감소시킨다.

> **해설** 토크 컨버터의 스테이터는 오일의 흐름방향을 변환시키며, 터빈의 회전력을 증대시키는 역할을 한다.

정답   01.②   02.④   03.①   04.②   05.①

06 자동변속기의 토크 컨버터에서 작동유체의 방향을 변환시키며, 토크 증대를 위한 것은?

① 스테이터   ② 터빈
③ 오일펌프   ④ 유성기어

07 토크 컨버터의 토크 변환율은?

① 0.1~1배   ② 2~3배
③ 4~5배   ④ 6~7배

> **해설** 유체 클러치의 토크 변환율은 1 : 1이며, 토크 컨버터의 토크 변환율은 2~3 : 1이다.

08 자동변속기 토크 컨버터의 스테이터가 정지하는 경우는?

① 터빈이 정지하고 있을 때
② 터빈 회전속도가 펌프속도와 같을 때
③ 터빈 회전속도가 펌프속도 2배일 때
④ 터빈 회전속도가 펌프속도 3배일 때

> **해설** 토크 컨버터의 터빈이 고속으로 회전하는 경우 원웨이 클러치가 작용하여 스테이터를 터빈과 동일한 방향으로 회전하지만 터빈이 정지하고 있는 경우에는 스테이터도 정지되어 있다.

09 자동변속기 토크 컨버터에서 스테이터의 일방향 클러치가 양방향으로 회전하는 결함이 발생했을 때 차량에 미치는 현상은?

① 출발이 어렵다.
② 전진이 불가능하다.
③ 후진이 불가능하다.
④ 고속 주행이 불가능하다.

> **해설** 토크 컨버터에서 터빈과 스테이터 및 일방향 클러치가 정지되어 있을 때 토크 변환율은 최대가 된다. 그러나 스테이터의 일방향 클러치가 양방향으로 회전하는 결함이 발생하면 차량의 출발이 어렵다.

10 토크 컨버터에 대한 설명 중 틀린 것은?

① 속도비율이 1일 때 회전력 변환비율이 가장 크다.
② 스테이터가 공전을 시작할 때까지 회전력 변환비율은 감소한다.
③ 클러치 점(clutch point) 이상의 속도비율에서 회전력 변환비율은 1이 된다.
④ 유체충돌 손실은 속도비율이 0.6~0.7일 때 가장 적다.

> **해설** 토크 컨버터의 회전력 변환비율은 회전속도 비율이 0에서 최대가 되며, 이 점을 스톨 포인트(stall point)라 한다. 회전력 변환비율은 회전속도 비율이 증가함에 따라 감소하며, 어떤 회전속도 비율에서는 회전력 변환비율이 1이 된다. 이 점을 클러치 점(clutch point, 펌프와 터빈의 회전속도가 같아지는 점)이라 한다. 그 이상의 회전속도 변환비율에서는 회전력 변환비율이 1 이하가 된다. 효율은 스톨 포인트에서는 0이 되고 회전속도 비율이 증가함에 따라 증가하며, 일반적으로 클러치 점보다 낮은 회전속도 비율에서 최대가 되고 이후에는 급격히 저하한다.

11 유체 클러치에서 스톨 포인트에 대한 설명이 아닌 것은?

① 속도비가 '0'인 점이다.
② 펌프는 회전하나 터빈이 회전하지 않는 점이다.
③ 스톨 포인트에서 토크비가 최대가 된다.
④ 스톨 포인트에서 효율이 최대가 된다.

> **해설** 스톨 포인트란 펌프는 회전하나 터빈이 회전하지 않는 점, 즉 속도비가 '0'인 점이며, 토크 비율은 최대가 되지만 효율은 최소가 된다.

정답   06.①   07.②   08.①   09.①   10.①   11.④

12 자동변속기 차량의 토크 컨버터 내부에서 고속회전 시 터빈과 펌프를 기계적으로 직결시켜 슬립을 방지하는 것은?

① 스테이터 ② 댐퍼 클러치
③ 일방향 클러치 ④ 가이드 링

> **해설** 댐퍼 클러치는 토크 컨버터 내부에서 고속회전 시 터빈과 펌프를 기계적으로 직결시켜 슬립을 방지하는 역할을 하며, 동력 전달효율 및 연비를 향상시킨다.

13 주행속도가 일정 값에 도달하면 토크 컨버터의 펌프와 터빈을 기계적으로 직결시켜 미끄러짐에 의한 손실을 최소화하는 장치는?

① 프런트 클러치 ② 리어 클러치
③ 엔드 클러치 ④ 댐퍼 클러치

> **해설** 댐퍼 클러치는 터빈과 토크 컨버터 커버 사이에 설치되어 있으며, 자동차의 주행속도가 일정 값에 도달하면 토크 컨버터의 펌프와 터빈을 기계적으로 직결시켜 미끄러짐에 의한 손실을 최소화하여 정숙성을 도모하는 장치이며, 스로틀 포지션 센서 개도와 차속의 상황에 따라 작동과 비작동이 반복된다.

14 록업(lock-up) 클러치가 작동할 때 동력 전달 순서로 옳은 것은?

① 엔진→드라이브 플레이트→컨버터 케이스→펌프 임펠러→록업 클러치→터빈 러너 허브→입력 샤프트
② 엔진→드라이브 플레이트→터빈 러너→터빈 러너 허브→록업 클러치→입력 샤프트
③ 엔진→드라이브 플레이트→컨버터 케이스→록업 클러치→터빈 러너 허브→입력 샤프트
④ 엔진→드라이브 플레이트→터빈 러너→펌프 임펠러→일방향 클러치→입력 샤프트

> **해설** 록업(lock-up) 클러치가 작동할 때 동력 전달 순서는 엔진→드라이브 플레이트→컨버터 케이스→록업 클러치→터빈 러너 허브→입력 샤프트이다.

15 전자제어 자동변속기의 댐퍼 클러치 작동에 대한 설명 중 맞는 것은?

① 작동은 오버드라이브 솔레노이드 밸브의 듀티율로 결정된다.
② 급가속시는 토크 확보를 위하여 댐퍼 클러치 작동을 유지한다.
③ 페일 세이프 상태에서도 댐퍼 클러치는 작동한다.
④ 스로틀 포지션 센서 개도와 차속의 상황에 따라 작동 비작동이 반복된다.

16 댐퍼 클러치 제어와 관련 없는 것은?

① 스로틀 포지션 센서
② 펄스 제너레이터-B
③ 오일 온도 센서
④ 노크 센서

> **해설** 댐퍼 클러치 제어 부품의 기능
> ① 스로틀 포지션 센서 : 변속시기 및 댐퍼 클러치의 작동 영역에서 변속 시 유압을 제어하기 위한 신호와 댐퍼 클러치 해제 영역을 판정하기 위한 신호로 이용된다.
> ② 펄스 제너레이터-B : 댐퍼 클러치 작동 영역을 판정하기 위한 신호로 이용된다.
> ③ 오일 온도 센서 : 댐퍼 클러치의 해제 영역 판정과 댐퍼 클러치 작동 영역의 검출 및 변속시 유압 제어의 신호로 이용된다.

17 자동변속기 차량에서 토크 컨버터 내부에 있는 댐퍼 클러치의 접속해제 영역으로 틀린 것은?

① 엔진의 냉각수 온도가 낮을 때
② 공회전 운전 상태일 때
③ 토크비가 1에 가까운 고속 주행일 때
④ 제동 중일 일 때

> **해설** 댐퍼 클러치가 작동되지 않는 조건
> ① 출발 또는 가속성을 향상시키기 위해 1 속 및 후진에서는 작동되지 않는다.

정답 12.② 13.④ 14.③ 15.④ 16.④ 17.③

② 감속 시에 발생되는 충격의 방지를 위해 엔진 브레크 시에 작동되지 않는다.

③ 작동의 안정화를 위하여 유온이 60℃ 이하에서는 작동되지 않는다.

④ 엔진의 냉각수 온도가 50℃ 이하에서는 작동되지 않는다.

⑤ 3 속에서 2 속으로 시프트 다운될 때에는 작동되지 않는다.

⑥ 엔진의 회전수가 800rpm 이하일 때는 작동되지 않는다.

⑦ 엔진의 회전속도가 2,000rpm 이하에서 스로틀 밸브의 열림이 클 때는 작동되지 않는다.

⑧ 변속이 원활하게 이루어지도록 하기 위하여 변속 시에는 작동되지 않는다.

18 자동변속기에서 댐퍼 클러치가 작동되는 경우로 가장 알맞은 것은?

① 1속 및 후진 시
② 엔진의 냉각수 온도가 50℃ 이하일 때
③ 4단 변속 후 스로틀 개도가 크지 않을 때
④ 급경사로 내리막길에서 엔진 브레이크가 작동될 때

19 자동변속기에서 토크 컨버터 내의 록업 클러치(댐퍼 클러치)의 작동 조건으로 거리가 먼 것은?

① "D" 레인지에서 일정 차속(약 70km/h 정도) 이상 일 때
② 냉각수 온도가 충분히(약 75℃ 정도) 올랐을 때
③ 브레이크 페달을 밟지 않을 때
④ 발진 및 후진 시

20 전자제어 자동변속기에서 댐퍼 또는 록업 클러치가 공회전 시에 작동된다면 나타날 수 있는 현상으로 옳은 것은?

① 엔진 시동이 꺼진다.
② 1단에서 2단으로 변속이 된다.
③ 기어 변속이 안 된다.
④ 출력이 떨어진다.

해설 댐퍼 클러치는 엔진의 회전수가 800rpm 이하(공회전)일 때는 작동되지 않는다. 댐퍼 클러치가 엔진의 공전상태에서 작동되면 충격에 의해 시동이 꺼진다.

21 자동변속기 차량에서 토크 컨버터의 성능을 나타낸 사항이 아닌 것은?

① 속도 비   ② 클러치 비
③ 전달 효율   ④ 토크 비

해설 토크 컨버터의 성능
① 속도비 = $\frac{터빈 축의 회전수}{펌프 축의 회전수}$
② 전달 효율 = $\frac{출력 마력}{입력 마력} \times 100$
③ 토크비 = $\frac{터빈 축의 토크}{펌프 축의 토크}$

22 토크 컨버터의 펌프 회전수가 2800rpm이고, 속도비가 0.6, 토크비가 4일 때의 효율은?

① 0.24   ② 2.4
③ 0.34   ④ 3.4

해설 $\eta t = Sr \times Tr$
ηt : 토크 컨버터 효율, Sr : 속도비, Tr : 토크비
$\eta t = 0.6 \times 4 = 2.4$

정답 18.③ 19.④ 20.① 21.② 22.②

23 토크비가 5이고 속도비가 0.5이다. 이때 펌프가 3000rpm으로 회전할 때 토크효율은?

① 1.5 　　　② 2.5
③ 3.5 　　　④ 4.5

> **해설** $\eta t = Sr \times Tr$
> ηt : 토크 컨버터 효율, Sr : 속도비, Tr : 토크비
> $\eta t = 0.5 \times 5 = 2.5$

24 엔진에서 발생한 토크와 회전수가 각각 80kgf·m, 1000rpm, 클러치를 통과하여 변속기로 들어가는 토크와 회전수가 각각 60kgf·m, 900rpm일 경우 클러치의 전달효율은 약 얼마인가?

① 37.5% 　　　② 47.5%
③ 57.5% 　　　④ 67.5%

> **해설** $\eta_C = \dfrac{Cp}{Ep} \times 100$
>
> η_C : 클러치의 전달효율(%),　Cp : 클러치의 출력,
> Ep : 엔진의 출력
> $\eta_C = \dfrac{60 \times 900}{80 \times 1000} \times 100 = 67.5\%$

25 자동변속기 차량에서 펌프의 회전수가 120 rpm이고, 터빈의 회전수가 30rpm이라면 미끄럼율은?

① 75% 　　　② 85%
③ 95% 　　　④ 105%

> **해설** $Sr = \dfrac{Pn - Tn}{Pn} \times 100$
>
> Sr : 미끄럼율(%), Pn : 펌프 회전수(rpm),
> Tn : 터빈 회전수(rpm)
> $Sr = \dfrac{120 - 30}{120} \times 100 = 75\%$

자동변속기

01 자동변속기의 장점이 아닌 것은?

① 기어 변속이 간단하고 엔진 스톨이 없다.
② 구동력이 커서 등판 발진이 쉽고, 등판능력이 크다.
③ 진동 및 충격 흡수가 크다.
④ 가속성이 높고, 최고 속도가 다소 낮다.

> **해설** 자동변속기의 특징
> ① 기어변속이 편리하므로 엔진 스톨이 없으므로 안전운전이 가능하다.
> ② 엔진에서 생긴 진동이 바퀴로 전달되는 과정에서 흡수된다.
> ③ 과부하가 걸려도 엔진에 직접 전달하지 않으므로 엔진의 수명이 길다.
> ④ 발진, 가속, 감속이 원활하게 이루어져 승차감이 좋다.
> ⑤ 구동력이 크기 때문에 등판 발진이 쉽고 최대 등판 능력도 크다.
> ⑥ 유체에 의한 변속으로 충격이 적다.
> ⑦ 엔진의 토크를 유체를 통해 전달되므로 연료 소비율이 증대된다.(연비가 불량하다.)

02 자동변속기에서 유성기어 장치의 3요소가 아닌 것은?

① 선 기어
② 캐리어
③ 링 기어
④ 베벨기어

> **해설** 유성 기어 장치의 3요소
> ① 유성기어 장치는 선 기어, 유성기어, 유성기어 캐리어, 링 기어로 구성되어 있다.
> ② 유성기어 장치에 입, 출력을 추가하여 요소를 고정하면 감속, 증속, 역전 기능이 이루어진다.
> ③ 각 기어는 상시 치합되어 있기 때문에 변속이 용이하다.

정답 **23.**② **24.**④ **25.**① **/** **01.**④ **02.**④

03 싱글 피니언 유성기어 장치를 사용하는 오버 드라이브 장치에서 선 기어가 고정된 상태에서 링 기어를 회전시키면 유성기어 캐리어는?

① 회전수는 링 기어보다 느리게 된다.
② 링 기어와 함께 일체로 회전하게 된다.
③ 반대방향으로 링 기어보다 빠르게 회전하게 된다.
④ 캐리어는 선 기어와 링 기어 사이에 고정된다.

해설 선 기어가 고정된 상태에서 링 기어를 회전시키면 유성기어 캐리어의 회전수는 링 기어보다 느려진다.

04 싱글 피니언 유성기어 장치에서 유성기어 캐리어를 고정하고 선 기어를 구동하였을 때 링 기어 출력을 얻는 목적으로 옳은 것은?

① 역전을 할 목적으로 활용된다.
② 속도를 증속시킬 목적으로 활용된다.
③ 속도변화가 없도록 직결시킬 목적으로 활용된다.
④ 속도를 감속시킬 목적으로 활용된다.

해설 유성기어 장치에서 유성기어 캐리어를 고정하고 선 기어를 구동하면 링 기어는 역전된다.

05 단순 유성기어 장치에서 선 기어, 캐리어, 링 기어의 3요소 중 2요소를 입력요소로 하면 동력전달은?

① 증속   ② 감속
③ 직결   ④ 역전

해설 단순 유성기어 장치에서 선 기어, 캐리어, 링 기어의 3요소 중 2요소를 입력 요소로(고정)하면 동력전달은 직결이 된다.

06 자동변속기에서 유성기어 캐리어의 한 방향으로만 회전하게 하는 것은?

① 원웨이 클러치   ② 프런트 클러치
③ 리어 클러치   ④ 엔드 클러치

해설 유성기어 캐리어를 한쪽 방향으로만 회전하도록 하는 것은 원웨이 클러치(일방향 클러치, 프리 휠)이다.

07 자동변속기 내부에서 링 기어와 캐리어가 1개씩, 직경이 다른 선 기어 2개, 길이가 다른 피니언 기어가 2개로 조합되어 있는 복합 유성기어 형식은?

① 심프슨 기어 형식
② 윌슨 기어 형식
③ 라비뇨 기어 형식
④ 레펠레티어 기어 형식

해설 유성기어 형식
① 라비뇨 형식 : 크기가 서로 다른 2개의 선 기어를 1개의 유성기어 장치에 조합한 형식이며, 링 기어와 유성기어 캐리어를 각각 1개씩만 사용한다.
② 심프슨 형식 : 2세트의 단일 유성기어 장치를 연이어 접속시키며 1개의 선 기어를 공동으로 사용하는 형식이다.
③ 윌슨 기어 형식 : 단순 유성기어 장치를 3세트 연이어 접속한 형식이다. 동력은 모든 변속 단에서 마지막에 설치된 단순 유성기어 세트의 유성기어 캐리어를 거쳐서 출력된다.
④ 레펠레티어 기어 형식 : 라비뇨 기어 세트의 전방에 1 세트의 단순 유성기어 장치를 접속한 형식으로 전진 6단이 가능한 자동변속기를 만들 수 있다.

08 2세트의 유성기어 장치를 연이어 접속시키되 선 기어를 1개만 사용하는 방식은?

① 라비뇨식   ② 심프슨식
③ 벤딕스식   ④ 평행축 기어 방식

해설 심프슨 형식(Simpson type)은 2세트의 단일 유성기어 장치를 연이어 접속시키며 1개의 선 기어를 공동으로 사용한다.

정 답   **03.**① **04.**① **05.**③ **06.**① **07.**③ **08.**②

09 인터널 링 기어 1개, 캐리어 1개, 직경이 서로 다른 선 기어 2개, 길이가 서로 다른 2세트의 유성기어를 사용하는 유성기어 장치는?

① 2중 유성기어 장치
② 평행 축 기어방식
③ 라비뇨(ravigneauxr) 기어장치
④ 심프슨(simpson) 기어장치

해설 라비뇨 형식은 크기가 서로 다른 2개의 선 기어를 1개의 유성기어 장치에 조합한 형식이며, 링 기어와 유성기어 캐리어를 각각 1개씩만 사용한다.

10 자동변속기 유압제어 회로에 사용하는 유압이 발생하는 곳은?

① 변속기 내의 오일펌프
② 엔진오일 펌프
③ 흡기다기관 내의 부압
④ 매뉴얼 시프트 밸브

해설 유압제어 회로에 작용하는 유압은 변속기 내의 오일펌프에서 발생한다.

11 자동변속기에서 작동유의 흐름으로 옳은 것은?

① 오일펌프→토크 컨버터→밸브 바디
② 토크 컨버터→오일펌프→밸브 바디
③ 오일펌프→밸브 바디→토크 컨버터
④ 토크 컨버터→밸브 바디→오일펌프

해설 자동변속기에서 오일의 흐름은 오일펌프→밸브 바디→토크 컨버터 순서이다.

12 자동변속기를 제어하는 TCU(Transaxle Control Unit)에 입력되는 신호가 아닌 것은?

① 인히비터 스위치
② 스로틀 포지션 센서
③ 엔진 회전수
④ 휠 스피드 센서

해설 TCU에 입력 요소
스로틀 포지션 센서, 엔진 회전수, 인히비터 스위치, 펄스 제너레이터 A&B(입력 및 출력축 속도 센서), 수온 센서, 유온 센서, 가속 스위치, 오버드라이브 스위치, 킥다운 서보 스위치, 차속 센서 등이 있다.

13 자동변속기를 제어하는 TCU(Transaxle Control Unit)에 입력되는 신호가 아닌 것은?

① 인히비터 스위치
② 스로틀 포지션 센서
③ 엔진 회전수
④ 휠 스피드 센서

해설 TCU에 입력 요소
스로틀 포지션 센서, 엔진 회전수, 인히비터 스위치, 펄스 제너레이터 A&B(입력 및 출력축 속도 센서), 수온 센서, 유온 센서, 가속 스위치, 오버드라이브 스위치, 킥다운 서보 스위치, 차속 센서 등이 있다.

14 전자제어식 자동변속기에서 사용되는 센서와 가장 거리가 먼 것은?

① 휠 스피드 센서
② 펄스 제너레이터
③ 스로틀 포지션 센서
④ 차속 센서

15 자동변속기의 변속을 위한 가장 기본적인 정보에 속하지 않는 것은?

① 변속기 오일 온도
② 변속 레버 위치
③ 엔진 부하(스로틀 개도)
④ 차량 속도

해설 자동변속기의 오일 온도 센서는 전기적인 신호로 오일의 온도를 TCU에 입력시켜 온도에 따라 점도 특성의 변화를 참조한다.

정답 09.③ 10.① 11.③ 12.④ 13.④ 14.① 15.①

16 자동변속기의 변속기어 위치(select pattern)에 대하여 올바른 것은?(단, P : 주차 위치, R : 후진 위치, D : 전진 위치, 2·1 : 저속 전진 위치)

① P–R–N–D–2–1
② P–N–D–P–2–1
③ R–N–P–D–2–1
④ P–N–R–D–2–1

해설 자동변속기의 변속기어 위치는 P–R–N–D–2–1이다.

17 자동변속기 차량에서 시동이 가능한 변속레버 위치는?

① P, N
② P, D
③ 전구간
④ N, D

해설 자동변속기 차량에서 시동이 가능한 변속레버 위치는 P(주차)와 N(중립) 위치이다.

18 자동변속기에서 일정한 차속으로 주행 중 스로틀 밸브 개도를 갑자기 증가시키면 시프트 다운(감속 변속)되어 큰 구동력을 얻을 수 있는 것은?

① 스톨
② 킥 다운
③ 킥 업
④ 리프트 풋업

해설 킥 다운이란 가속페달을 완전히 밟았을 때 현재의 변속 단수보다 한 단계 낮은 단수로 강제로 시프트 다운되는 것을 말한다.

19 자동변속기에서 급히 가속페달을 밟았을 때, 일정속도 범위 내에서 한단 낮은 단으로 강제 변속이 되도록 하는 장치는?

① 킥다운 스위치
② 스로틀 밸브
③ 거버너 밸브
④ 매뉴얼 밸브

해설 킥다운 스위치는 자동변속기를 장착한 차량에서 가속페달을 스로틀 밸브가 완전히 열릴 때까지 갑자기 밟았을 때 강제적으로 한 단계 낮은 단으로 변속되도록 한다.

20 전자제어 자동변속기 차량에서 스로틀 포지션 센서의 출력이 60% 정도 밖에 나오지 않을 때 나타나는 현상으로 가장 적당한 것은?

① 킥다운 불량
② 오버 드라이브 안 됨
③ 3속에서 4속 변속이 안 됨
④ 전제적으로 기어 변속이 안 됨

해설 전자제어 자동변속기의 스로틀 포지션 센서 출력이 60% 정도 밖에 나오지 않으면 킥 다운이 불량해진다.

21 다음은 자동변속기 학습제어에 대한 설명이다. 괄호 안에 알맞은 것을 순서대로 적은 것은?

학습제어에 의해 내리막길에서 브레이크 페달을 빈번히 밟는 운전자에 대해서는 빠르게 (   )를 하여 엔진 브레이크가 잘 듣게 한다. 또한 내리막에서도 가속페달을 잘 밟는 운전자에게는 (   )를 하기 어렵게 하여 엔진 브레이크를 억제한다.

① 다운시프트, 다운시프트
② 업시프트, 업시프트
③ 다운시프트, 업시프트
④ 업시프트, 다운시프트

해설 학습제어는 내리막길에서 브레이크 페달을 빈번히 밟는 운전자에 대해서는 빠르게 다운시프트를 하여 엔진 브레이크가 잘 듣게 한다. 또한 내리막에서도 가속페달을 잘 밟는 운전자에게는 다운시프트를 하기 어렵게 하여 엔진 브레이크를 억제한다.

정답 16.① 17.① 18.② 19.① 20.① 21.①

22 자동변속기의 변속선도에 히스테리시스 (hysteresis) 작용이 있는 이유로 적당한 것은?

① 변속점 설정 시 속도를 감소시켜 안전을 유지하기 위해서
② 변속점 부근에서 주행할 경우 변속이 빈번하게 일어나 불안정함을 방지하기 위해서
③ 중속 될 때 변속점이 일치하지 않는 것을 방지하기 위해서
④ 감속 시 연료의 낭비를 줄이기 위해서

해설 자동변속기의 변속선도에 히스테리시스 작용이 있는 이유는 변속시점 부근에서 주행할 경우 변속이 빈번하게 일어나 불안정함으로 방지하기 위함이다.

23 전자제어 자동변속기에서 변속기 제어유닛 (TCU)의 입력 요소가 아닌 것은?

① 입력 속도 센서　② 출력 속도 센서
③ 산소 센서　　　④ 유온 센서

해설 TCU의 입력 신호에는 스로틀 포지션 센서, 수온 센서, 펄스 제너레이터 A&B(입력 및 출력축 속도 센서), 엔진 회전속도 신호, 가속페달 스위치, 킥다운 서보 스위치, 오버드라이브 스위치, 차속 센서, 인히비터 스위치 신호 등이 있다.

24 자동변속기 컨트롤 유닛과 연결된 각 센서의 설명으로 틀린 것은?

① VSS(Vehicle Speed Sensor) - 차속 검출
② MAF(Mass Airflow Sensor) - 엔진 회전속도 검출
③ TPS(Throttle Position Sensor) - 스로틀 밸브 개도 검출
④ OTS(Oil Temperature Sensor) - 오일 온도 검출

25 자동변속기에서 밸브 보디에 있는 매뉴얼 밸브의 역할은?

① 변속레버 위치에 따라 유로를 변경한다.
② 오일 압력을 부하에 알맞은 압력으로 조정한다.
③ 차속에나 엔진부하에 따라 변속단수를 결정한다.
④ 변속단수의 위치를 컴퓨터로 전달한다.

해설 매뉴얼 밸브는 자동변속기를 장착한 자동차에서 변속레버의 조작을 받아 변속 레인지를 결정하는 밸브 보디의 구성요소이다. 즉 변속레버의 움직임에 따라 P, R, N, D 등의 각 레인지로 변환하여 유로를 변경시킨다.

26 자동변속기에서 엔진 속도가 상승하면 오일 펌프에서 발생되는 유압도 상승한다. 이때 유압을 적절한 압력으로 조절하는 밸브는?

① 매뉴얼 밸브　　② 스로틀 밸브
③ 압력 조절 밸브　④ 거버너 밸브

해설 밸브의 기능
① 매뉴얼 밸브(manual valve) : 운전석의 변속 레버와 연동하여 변속 레버의 각 레인지마다 오일 회로를 변환하여 라인 압력을 공급한다.
② 스로틀 밸브(throttle valve) : 가속페달을 밟는 정도에 따라 엔진의 출력에 대응하는 스로틀 압력을 형성하며, 변속시점을 결정하는 역할을 한다.
③ 압력 조절 밸브(pressure control valve) : 1차 압력 조절 밸브는 스로틀 밸브의 개도와 매뉴얼 밸브 위치에 따라 라인 압력을 알맞게 조절하는 역할을 하며, 2차 압력 조절 밸브는 엔진의 출력 및 차속에 따라 토크 컨버터의 압력과 오일펌프의 유압을 조절하는 역할을 한다.
④ 거버너 밸브(governor valve) : 변속기 출력축의 회전수(차속)에 따른 라인 압력을 거버너 압력으로 변환하여 조절한다.

정답　**22.**②　**23.**③　**24.**②　**25.**①　**26.**③

27 자동변속기의 유압제어 기구에서 매뉴얼 밸브의 역할은?

① 선택레버의 움직임에 따라 P, R, N, D 등의 각 레인지로 변환 시 유로 변경
② 오일펌프에서 발생한 유압을 차속과 부하에 알맞은 압력으로 조정
③ 유성기어를 차속이나 엔진 부하에 따라 변환
④ 각 단 위치에 따른 포지션을 컴퓨터로 전달

해설 매뉴얼 밸브는 변속레버의 조작을 받아 변속 레인지를 결정하는 밸브보디의 구성요소이다. 즉 변속레버의 움직임에 따라 P, R, N, D 등의 각 레인지로 변환하여 오일 흐름(유로)을 변경시킨다.

28 자동변속기 오일펌프에서 발생한 라인압력을 일정하게 조정하는 밸브는?

① 체크 밸브　　　② 거버너 밸브
③ 매뉴얼 밸브　　④ 레귤레이터 밸브

해설 레귤레이터 밸브는 오일펌프에서 발생한 압력, 즉 라인압력을 일정하게 조정한다.

29 자동변속기에서 오일 라인 압력을 근원으로 하여 오일 라인 압력보다 낮은 일정한 압력을 만들기 위한 밸브는?

① 체크 밸브　　　② 거버너 밸브
③ 매뉴얼 밸브　　④ 리듀싱 밸브

해설 리듀싱 밸브는 감압 밸브로 오일 라인 압력을 근원으로 하여 오일 라인 압력보다 낮은 일정한 압력을 형성한다.

30 자동변속기 차량에서 변속 패턴을 결정하는 가장 중요한 입력 신호는?

① 차속 센서와 엔진 회전수
② 차속 센서와 스로틀 포지션 센서
③ 엔진 회전수와 유온 센서
④ 엔진 회전수와 스로틀 포지션 센서

해설 자동변속기의 변속 패턴은 스로틀 포지션 센서의 신호(스로틀 밸브의 개도)와 차속 센서의 신호(차속)을 기준으로 한다.

31 자동변속기에서 차속 센서와 함께 연산하여 변속시기를 결정하는 주요 입력신호는?

① 캠축 포지션 센서
② 스로틀 포지션 센서
③ 유온 센서
④ 수온 센서

해설 스로틀 포지션 센서의 신호는 가속페달을 밟는 정도에 따라 엔진의 출력에 대응하는 스로틀 압력을 형성하고, 변속시기를 결정하는 신호로 이용된다.

32 전자제어 자동변속기에서 변속단 결정에 가장 중요한 역할을 하는 센서는?

① 스로틀 포지션 센서
② 공기유량 센서
③ 레인 센서
④ 산소 센서

정답　**27.**① 　**28.**④ 　**29.**④ 　**30.**② 　**31.**② 　**32.**①

33 자동변속기의 유압장치인 밸브 보디의 솔레노이드 밸브를 설명한 것으로서 틀린 것은?

① 댐퍼 클러치 솔레노이드 밸브(DCCSV)는 토크 컨버터의 댐퍼 클러치에 유압을 제어하기 위한 것이다.

② 압력 조절 솔레노이드 밸브(PCSV)는 변속 시 독단적으로 압력을 조절하며 반드시 독립제어에 사용되어야 한다.

③ 변속 조절 솔레노이드 밸브(SCSV)는 변속 시에 작용하는 밸브로서 주로 마찰요소(클러치, 브레이크)에 압력을 작용토록 한다.

④ PCSV와 SCSV는 변속 시 같이 작용하며 변속 시의 유압 충격을 흡수하는 기능을 담당하기도 한다.

해설 압력 제어 밸브와 솔레노이드 밸브는 후진 클러치를 제외한 각 요소에 1조씩 설치되어 있다. 저속 및 후진, 언더 드라이브용 압력 제어 밸브는 클러치 유압이 해제될 때 유압이 급격히 떨어지는 것을 방지하여 클러치 대 클러치(clutch to clutch)제어를 할 때 입력축 회전속도의 상승률을 억제한다. 그리고 오버드라이브, 2차 압력 제어 밸브는 저속 & 후진, 언더 드라이브용 압력 제어 밸브와 기능이 같다. 그리고 솔레노이드 밸브는 자동변속기 컴퓨터의 신호에 의하여 듀티 제어되어 전기 신호를 유압으로 변환하여 각 클러치 및 브레이크를 작동시킨다.

34 듀티 30%인 변속 솔레노이드의 주파수가 366Hz일 때 주기는 약 얼마인가?

① 1.09ms ② 2.73ms
③ 10.9ms ④ 27.3ms

해설 $T = \dfrac{1}{f}$

T : 주기(m/s), f : 주파수(Hz)

$T = \dfrac{1 \times 1000}{366} = 2.73 \, \text{ms}$

35 엔진 회전수가 2000rpm, 변속비가 2 : 1, 종감속비가 5 : 1인 자동차가 선회주행을 하고 있을 때 자동차 좌측바퀴가 10km/h 속도로 주행한다면 우측바퀴의 속도는?(단, 바퀴의 원둘레 : 120cm)

① 10.2km/h ② 14.6km/h
③ 18.8km/h ④ 20.2km/h

해설 $Tn_1 = \dfrac{En \times tr}{Rt \times Rf} \times 2 - Tn_2$

Tn : 바퀴속도(rpm) , En : 엔진 회전수(rpm), tr : 바퀴 원둘레(m), Rt : 변속비, Rf : 종감속비

$Tn_1 = \dfrac{2000 \times 1.2 \times 60}{2 \times 5 \times 1000} \times 2 - 10 = 18.8 \, \text{km/h}$

36 변속비가 1.25 : 1, 종감속비가 4 : 1, 구동륜의 유효반경 30cm, 엔진 회전수는 2700rpm 일 때 차속은?

① 약 53km/h ② 약 58km/h
③ 약 61km/h ④ 약 65km/h

해설 $V = \dfrac{\pi \times D \times E_N}{Rt \times Rf} \times \dfrac{60}{1000}$

V : 자동차의 시속(km/h), D : 타이어 지름(m), E_N : 엔진 회전수(rpm), Rt : 변속비, Rf : 종감속비

$V = \dfrac{2 \times 3.14 \times 0.3 \times 2700 \times 60}{1.25 \times 4 \times 1000} = 61.04 \, \text{km/h}$

37 어떤 자동차가 60km/h의 속도로 평탄한 도로를 주행하고 있다. 이때 변속비가 3, 종감속비가 2이고, 구동바퀴가 1회전하는데 2m 진행할 때, 3km 주행하는데 소요되는 시간은?

① 1분 ② 2분
③ 3분 ④ 4분

해설 60km/h를 분속으로 환산하면 1km/min이므로 3km를 주행하는데 3분이 소요된다.

38 어느 승용차로 정지 상태에서부터 100km/h 까지 가속하는데 6초 걸렸다. 이 자동차의 평균 가속도는?

① 약 4.63m/s^2

② 약 16.67m/s^2

③ 약 6.0m/s^2

④ 약 8.34m/s^2

> **해설** $a = \dfrac{V_2 - V_1}{t}$
>
> a : 가속도(m/s²), V_1 : 처음속도(m),
> V_2 : 나중속도(m), t : 시간(s)
>
> $a = \dfrac{100 \times 1000}{6 \times 60 \times 60} \fallingdotseq 4.63\text{m/s}^2$

39 자동변속기 차량의 점검 방법으로 틀린 것은?

① 자동변속기의 오일량은 평탄한 노면에서 측정한다.

② 인히비터 스위치는 N 위치에서 점검 조정한다.

③ 오일량을 측정할 때는 시동을 끄고 약 3분간 기다린 후 점검한다.

④ 스톨테스트 시 회전수가 기준보다 낮으면 엔진을 점검해 본다.

> **해설** 자동변속기에서 오일을 점검할 때 주의사항
> ① 자동차를 수평인 지면에 정차시킨다.
> ② 엔진을 시동하여 난기 운전시켜 오일의 정상온도 (70~80℃)에서 변속레버를 P, R, N, D, 2, L 위치로 움직여 클러치 및 브레이크 서보에 오일을 충분히 채운 후 오일량을 점검한다.
> ③ 오일 레벨 게이지의 MIN선과 MAX선 사이에 있으면 정상이다.
> ④ 오일을 보충할 경우에는 자동변속기용 오일(ATF)을 보충한다.

40 자동변속기 차량에서 변속기 오일 점검과 관련된 내용으로 거리가 먼 것은?

① 유량이 부족하면 클러치 작용이 불량하게 되어 클러치의 미끄럼이 생긴다.

② 유량 점검은 엔진 정지 상태에서 실시하는 것이 보통의 방법이다.

③ 유량이 부족하면 펌프에 의해 공기가 흡입되어 회로 내에 기포가 생길 우려가 있다.

④ 오일의 색깔이 검은 색을 나타내는 것은 오염 및 과열되었기 때문이다.

41 자동변속기에서 고장 코드의 기억소거를 위한 조건으로 거리가 먼 것은?

① 이그니션 키는 ON 상태여야 한다.

② 자기진단 점검 단자가 단선되어야 한다.

③ 출력축 속도 센서의 단선이 없어야 한다.

④ 인히비터 스위치 커넥터가 연결되어져야만 한다.

> **해설** 자동변속기 고장 코드 기억소거 조건
> ① 이그니션 키는 ON 상태여야 한다.
> ② 출력축 속도 센서의 단선이 없어야 한다.
> ③ 인히비터 스위치 커넥터가 연결되어 있어야 한다.

42 자동변속기의 오일 압력이 너무 낮은 원인으로 틀린 것은?

① 엔진 rpm이 높다.

② 오일펌프 마모가 심하다.

③ 오일 필터가 막혔다.

④ 릴리프 밸브 스프링 장력이 약하다.

> **해설** 오일의 압력이 너무 낮은 원인
> ① 오일 필터가 막혔다.
> ② 릴리프 밸브 스프링의 장력이 약하다.
> ③ 오일펌프가 마모되었다.
> ④ 밸브 보디의 조임 볼트가 풀렸다.

정답 **38.**① **39.**③ **40.**② **41.**② **42.**①

43 자동변속기가 과열되는 원인으로 거리가 먼 것은?

① 자동변속기 오일 쿨러 불량
② 라디에이터 냉각수 부족
③ 엔진의 과열
④ 자동변속기 오일량 과다

44 자동변속기 차량에서 출발 및 기어 변속은 정상적으로 이루어지나 고속주행 시 성능이 저하되는 원인으로 옳은 것은?

① 출력축 속도 센서 신호선 단선
② 토크 컨버터 스테이터 고착
③ 매뉴얼 밸브 고착
④ 라인 압력 높음

해설 토크 컨버터의 스테이터가 고착되면 출발 및 기어 변속은 정상적으로 이루어지나 고속으로 주행할 때 성능이 저하된다.

45 자동변속기에서 스톨 테스터로 확인할 수 없는 것은?

① 엔진의 출력부족
② 댐퍼 클러치의 미끄러짐
③ 전진 클러치의 미끄러짐
④ 후진 클러치의 미끄러짐

해설 스톨 테스트(stall test)로 점검하는 사항
① 엔진의 출력부족 여부(성능)
② 토크 컨버터 스테이터의 원웨이 클러치의 작동상태
③ 전·후진 클러치의 작동상태
④ 브레이크 밴드의 작동상태

46 자동변속기에서 스톨 테스트의 요령 중 틀린 것은?

① 사이드 브레이크를 잠근 후 풋 브레이크를 밟고 전진기어를 넣고 실시한다.
② 사이드 브레이크를 잠근 후 풋 브레이크를 밟고 후진기어를 넣고 실시한다.
③ 바퀴에 추가로 버팀목을 받치고 실시한다.
④ 풋 브레이크는 놓고 사이드 브레이크만 당기고 실시한다.

해설 스톨 테스트 방법
① 트랜스 액슬 오일온도가 정상 작동온도(70~80℃)로 된 후 실시한다.
② 바퀴에 버팀목을 받친다.
③ 시험 중 차량의 앞·뒤에는 사람이 서 있지 않게 한다.
④ 사이드 브레이크를 잠근 후 풋 브레이크를 밟고 변속레버를 D또는 R위치에서 한다.
⑤ 변속레버를 "D" 또는 "R"위치에 놓고 최대 엔진 회전수로 결함부위를 판단한다.
⑥ 스톨 테스트할 때 가속페달을 밟는 시험시간은 5초 이내이어야 한다.

무단변속기(CVT)

01 무단변속기의 특징과 가장 거리가 먼 것은?

① 변속 단이 있어 약간의 변속 충격이 있다.
② 동력 성능이 향상된다.
③ 변속 패턴에 따라 운전하여 연비가 향상된다.
④ 파워트레인 통합제어의 기초가 된다.

해설 무단변속기의 특징
① 가속 성능을 향상시킬 수 있다.
② 연료 소비율을 향상시킬 수 있다.
③ 변속에 의한 충격을 감소시킬 수 있다.
④ 주행 성능과 동력 성능이 향상된다.
⑤ 파워트레인 통합제어의 기초가 된다.

정답 43.④ 44.② 45.② 46.④ / 01.①

02 무단변속기(CVT)의 장점으로 틀린 것은?

① 변속충격이 적다.
② 가속성능이 우수하다.
③ 연료소비량이 증가한다.
④ 연료소비율이 향상된다.

03 무단변속기(CVT)의 특징으로 틀린 것은?

① 가속 성능을 향상시킬 수 있다.
② 연료 소비율을 향상시킬 수 있다.
③ 변속에 의한 충격을 감소시킬 수 있다.
④ 일반 자동변속기 대비 연비가 저하된다.

해설 무단변속기의 특징
① 가속 성능을 향상시킬 수 있다.
② 연료 소비율을 향상시킬 수 있다.
③ 변속에 의한 충격을 감소시킬 수 있다.
④ 주행 성능과 동력 성능이 향상된다.
⑤ 파워트레인 통합제어의 기초가 된다.

04 무단변속기(CVT)에 대한 설명으로 틀린 것은?

① 연비를 향상 시킬 수 있다.
② 가속성능을 향상시킬 수 있다.
③ 동력성능이 우수하나, 변속 충격이 크다.
④ 변속 중에 동력전달이 중단되지 않는다.

05 무단변속기(CVT)에 대한 설명으로 틀린 것은?

① 가속 성능을 향상시킬 수 있다.
② 변속단에 의한 엔진의 토크 변화가 없다.
③ 변속비가 연속적으로 이루어지지 않는다.
④ 최적의 연료 소비 곡선에 근접해서 운행한다.

해설 무단변속기는 변속단에 의한 엔진의 토크변화가 없고, 최적의 연료 소비 곡선에 근접해서 운행할 수 있으며, 가속성능을 향상시킬 수 있다.

06 무단변속기(CVT)의 특징에 대한 설명으로 틀린 것은?

① 토크컨버터가 없다.
② 가속성능이 우수하다.
③ A/T 대비 연비가 우수하다.
④ 변속단이 없어서 변속충격이 거의 없다.

해설 무단변속기의 특징
① 가속성능을 향상시킬 수 있다.
② 연료소비율을 향상시킬 수 있다.
③ 변속에 의한 충격을 감소시킬 수 있다.
④ 주행성능과 동력성능이 향상된다.
⑤ 파워 트레인 통합제어의 기초가 된다.

07 무단변속기(CVT)의 구동방식이 아닌 것은?

① 스테이터 조합형
② 벨트 드라이브식
③ 트랙션 드라이브식
④ 유압모터/펌프 조합형

해설 무단변속기의 구동방식에는 금속 벨트 드라이브 방식, 금속 체인 드라이브 방식, 트랙션 드라이브 방식, 유압 모터/펌프의 조합방식 등이 있다.

08 현재 실용화된 무단변속기에 사용되는 벨트 종류 중 가장 널리 사용되는 것은?

① 고무벨트   ② 금속벨트
③ 금속체인   ④ 가변체인

해설 벨트 풀리 방식의 종류
① 고무벨트(rubber belt) : 고무벨트는 알루미늄 합금 블록(block)의 옆면 즉 변속기 풀리와의 접촉면에 내열수지로 성형되어 있다. 이 고무벨트는 높은 마찰 계수를 지니고 있으며, 벨트를 누르는 힘(grip force)을 작게 할 수 있다. 고 벨트 방식은 주로 경형 자동차나 농기계, 소형 지게차, 소형 스쿠터 등에서 사용된다.
② 금속 벨트(steel belt) : 금속 벨트는 고무벨트에 비하여 강도의 면에서 매우 유리하다. 금속 벨트는 강철 밴드(steel band)에 금속 블록(steel block)을 배열한 형상으로 되어 있으며, 강철 밴드는 원둘레 길이가 조금씩 다른 0.2mm의 밴드를 10~14개 겹쳐 큰 인장력을 가지면서 유연성이 크게 되어 있다.

정답 02.③ 03.④ 04.③ 05.③ 06.① 07.① 08.②

09 무단변속기(CVT)의 구동 풀리와 피동 풀리에 대한 설명으로 옳은 것은?

① 구동 풀리 반지름이 크고 피동 풀리의 반지름이 작을 경우 중속이 된다.

② 구동 풀리 반지름이 작고 피동 풀리의 반지름이 클 경우 중속이 된다.

③ 구동 풀리 반지름이 크고 피동 풀리의 반지름이 작을 경우 역전 감속이 된다.

④ 구동 풀리 반지름이 작도 피동 풀리의 반지름이 클 경우 역전 중속이 된다.

해설 구동 풀리 반지름이 크고 피동 풀리의 반지름이 작을 경우 중속이 되며, 구동 풀리 반지름이 작고 피동 풀리의 반지름이 클 경우 고속이 된다.

10 무단변속기 차량의 CVT ECU에 입력되는 신호가 아닌 것은?

① 스로틀 포지션 센서

② 브레이크 스위치

③ 라인 압력 센서

④ 킥다운 서보 스위치

해설 CVT ECU로 입력되는 센서에는 오일 온도 센서, 유압 센서(라인 압력 센서), 스로틀 포지션 센서, 브레이크 스위치, 회전 속도 센서 등이 있다.

11 무단변속기(CVT)를 제어하는 유압제어 구성부품에 해당하지 않는 것은?

① 오일펌프

② 유압 제어 밸브

③ 레귤레이터 밸브

④ 싱크로 메시 기구

해설 싱크로 메시 기구는 수동변속기에서 사용하는 동기물림 장치이다.

12 무단변속기(CVT)의 제어 밸브 기능 중 라인 압력을 주행조건에 맞도록 적절한 압력으로 조정하는 밸브로 옳은 것은?

① 변속 제어 밸브

② 레귤레이터 밸브

③ 클러치 압력 제어 밸브

④ 댐퍼 클러치 제어 밸브

해설 레귤레이터 밸브는 라인압력을 주행조건에 맞도록 적절한 압력으로 조정한다.

13 구동력 제어장치(traction control system)에서 엔진 토크 제어방식에 해당하지 않는 것은?

① 주 스로틀 밸브 제어

② 보조 스로틀 밸브 제어

③ 연료 분사 제어

④ 가속 및 감속제어

해설 엔진 토크 제어 방식에는 주 스로틀 밸브 제어, 보조 스로틀 밸브 제어, 연료 분사 제어 등이 있다.

14 자동차의 구동력을 크게 하기 위해서는 구동 바퀴의 회전토크 T와 반경 R을 어떻게 해야 하는가?

① T와 R 모두 크게 한다.

② T는 크게, R은 작게 한다.

③ T는 작게, R은 크게 한다.

④ T와 R 모두 작게 한다.

해설 구동력을 크게 하기 위해서는 $F = \dfrac{T}{R}$ 이므로 축의 회전토크 T는 크게 하고, 구동바퀴의 반경 R은 작게 한다.

정답 09.① 10.④ 11.④ 12.② 13.④ 14.②

15 속도계 시험기의 판정에 대한 정밀도 검사기준으로 적합한 것은?

① 판정 기준 값의 1km 이내
② 판정 기준 값의 2km 이내
③ 판정 기준 값의 3km 이내
④ 판정 기준 값의 4km 이내

해설 속도계 시험기의 정밀도에 대한 검사기준
① 지시 : 설정속도(매시 35킬로미터 이상)의 ±3% 이내
② 판정 : 판정 기준 값의 1km 이내

16 듀얼 클러치 변속기(DCT)에 대한 설명으로 틀린 것은?

① 연료 소비율이 좋다.
② 가속력이 뛰어나다.
③ 동력 손실이 적은 편이다.
④ 변속단이 없으므로 변속 충격이 없다.

해설 듀얼 클러치 변속기(DCT)
① 2개의 클러치를 적용하여 하나의 클러치가 단수를 바꾸면 다른 클러치가 곧바로 다음 단계의 기어를 넣음으로써 변속할 때 소음이 적고 빠른 변속이 가능하며 변속 충격이 적다.
② 연료 소비율이 좋고, 가속력이 우수하며, 동력손실이 적은 편이다.

17 6속 DCT(double clutch transmission)에 대한 설명으로 옳은 것은?

① 클러치 페달이 없다.
② 변속기 제어 모듈이 없다.
③ 동력을 단속하는 클러치가 1개이다.
④ 변속을 위한 클러치 액추에이터가 1개이다.

해설 DCT는 연비 향상과 더불어 수동변속기가 갖고 있는 스포티한 주행성능과 자동변속기의 편리한 운전성능을 동시에 갖는 차세대 자동화 수동변속기다. 특히 2개의 클러치에 의한 클러치 조작과 기어 변속을 전자제어 장치에 의해 자동으로 제어해 마치 자동변속기처럼 변속이 가능하면서도 수동변속기의 주행

성능을 가능하게 한다. 또 홀수 기어를 담당하는 클러치와 짝수 기어를 담당하는 클러치 등 총 2개의 클러치를 적용해 하나의 클러치가 단수를 바꾸면 다른 클러치가 곧바로 다음 단에 기어를 넣음으로써 변속할 때 소음이 적고 빠른 변속이 가능하며 변속 충격이 적은 장점이 있다. 그리고 수동변속기 수준으로 이산화탄소 배출량과 연비를 개선해 친환경적인 면에서도 매우 우수하다. DCT는 클러치 팩 구조에 따라 습식과 건식 총 2가지로 구분된다. 자동변속기의 토크 컨버터 구조와 같이 다판 클러치 팩이 오일에 잠겨 있는 것이 습식 방식이며, 일반 수동변속기 클러치 구조의 건식 단판 클러치 팩이 적용 된 것이 건식 방식이다. 습식의 경우, 습식은 건식 대비 연비는 불리하나 클러치 전달 용량이 커서 대형급 차량과 엔진에 적용되는 반면, 건식의 경우, 유압 손실이 없으므로 연비가 우수해 클러치 사이즈 제한에 따라 중소형급 차량과 엔진에 적용된다.

18 6속 더블 클러치 변속기(DCT)의 주요 구성부품이 아닌 것은?

① 토크 컨버터
② 더블 클러치
③ 기어 액추에이터
④ 클러치 액추에이터

해설 더블 클러치 변속기는 2개의 클러치에 의한 클러치 조작과 기어변속을 전자제어장치에 의해 자동으로 제어하여 자동변속기처럼 변속이 가능하면서도 수동변속기의 주행성능을 가능하게 하며, 더블 클러치, 클러치 액추에이터, 기어 액추에이터로 구성되어 있다.

19 타이어의 회전 반경이 0.3m인 자동차에서 타이어의 회전수가 800rpm으로 달릴 때 회전토크가 15kgf · m이라면 구동력은?

① 45kgf
② 50kgf
③ 60kgf
④ 70kgf

해설 $F = \dfrac{T}{R}$

F : 구동력(kgf), T : 구동축의 회전력(kgf · m),
R : 바퀴의 반경(m)　$F = \dfrac{15}{0.3} = 50kgf$

정답 　15.① 　16.④ 　17.① 18.① 　19.② 　20.② 　21.② 　22.②

20 구동력이 108kgf인 자동차가 100km/h로 주행하기 위한 엔진의 소요마력은 몇 PS인가?

① 20
② 40
③ 80
④ 100

해설 $H_{PS} = \dfrac{F \times V}{75}$

H_{PS} : 엔진의 소요마력(PS), F : 구동력(kgf),
V : 주행속도(m/s)

$H_{PS} = \dfrac{108 \times 100 \times 1000}{75 \times 60 \times 60} = 40PS$

21 무게 2ton인 화물차량이 20° 경사각을 올라갈 때의 전 주행저항은?(단, 구름저항계수 : 0.2)

① 약 560kgf
② 약 1084kgf
③ 약 1560kgf
④ 약 2025kgf

해설 ① $Rr = \mu r \times W$
Rr : 구름 저항(kgf), μr : 구름저항 계수,
W : 차량중량(kgf)
$Rr = 0.2 \times 2000 kgf = 400 kgf$
② $Rg = W \times \sin\theta$
Rg : 구배저항(kgf), W : 차량중량(kgf),
$\sin\theta$: 경사각도
$Rg = 2000 \times \sin 20 = 684.04 kgf$
③ 전주행저항＝Rr(구름저항) ＋ Rg(구배저항)
전주행저항＝ $400 kgf + 684.04 kgf = 1084.04 kgf$

22 평탄한 도로를 90km/h로 달리는 승용차의 총 주행저항은 약 얼마인가?(단, 총중량 1145kgf, 투영면적 1.6m², 공기 저항계수 0.03, 구름 저항계수 0.015)

① 37.18kgf
② 47.18kgf
③ 57.18kgf
④ 67.18kgf

해설 ① $Rr = \mu r \times W$
Rr : 구름 저항(kgf), μr : 구름저항 계수,
W : 차량중량(kgf)
$Rr = 0.015 \times 1145 kgf = 17.18 kgf$
② $Ra = \mu a \times A \times v^2$
Ra : 공기 저항(kgf), μa : 공기 저항계수,
A : 투영면적(m²), v : 주행속도(m/s)
$Ra = 0.03 \times 1.6 \times (\dfrac{90 \times 1000}{60 \times 60})^2 = 30 kgf$

③ 총 주행저항＝ Rr(구름 저항) ＋ Ra(공기 저항)
총주행저항＝ $17.18 + 30 = 47.18 kgf$

23 차량 총중량이 2ton인 자동차가 등판저항이 약 350kgf로 언덕길을 올라갈 때 언덕길의 구배는 약 얼마인가?

① 10°
② 11°
③ 12°
④ 13°

해설 $Rg = W \times \tan\theta$
Rg : 등판 저항(kgf), W : 차량 총중량(kgf),
$\tan\theta$: 구배각도(°)
$\tan\theta = \dfrac{W}{Rg} = \dfrac{2000 kgf}{350 kgf} = 5.71$

$\tan 5.71 = 0.099 \times 100 = 9.9$

24 어떤 자동차의 공차 질량이 1510kg일 때 공차 중량은?

① 약 14808N
② 약 14808kg
③ 약 15100N
④ 약 15100kg

해설 1kg ＝ 9.80665N이므로 $1510 kg \times 9.80665$ ＝14808N

25 자동차가 72km/h로 주행하기 위한 엔진의 실마력은?(단, 전주행저항은 75kgf이고, 동력전달 효율은 0.8이다.)

① 16PS   ② 20PS

③ 25PS   ④ 30PS

해설 $R_{PS} = \dfrac{Tdr \times v}{75 \times \eta}$

R_{PS} : 엔진의 실마력(PS), Tdr : 전주행저항(kgf),
v : 주행속도(m/s), η : 동력전달 효율

$R_{PS} = \dfrac{75 \times 72 \times 1000}{75 \times 60 \times 60 \times 0.8} = 25PS$

26 적재 차량의 앞축중이 1500kgf 차량 총중량이 3200kgf, 타이어 허용하중이 850kgf인 앞 타이어의 부하율은 약 몇 %인가?(단, 앞 타이어 2개, 뒷 타이어 2개, 접지폭 13cm)

① 78   ② 81

③ 88   ④ 91

해설

$$타이어\ 부하율(\%) = \dfrac{적차(또는\ 공차)시\ 전(또는\ 후)륜의\ 분담하중}{전(또는\ 후)륜의\ 타이어\ 허용하중 \times 전(또는\ 후)타이어의\ 개수} \times 100$$

$$타이어\ 부하율 = \dfrac{1500}{850 \times 2} \times 100 = 88.24\%$$

2-2 유압식 현가장치 정비

① 유압식 현가장치 점검·진단

1. 현가장치의 역할

자동차 주행의 기본 원리는 작용 반작용의 원리이다. 자동차의 타이어는 회전하며 지면과 접촉하고 마찰력으로 인해 바닥을 밀어내며 전진한다. 따라서 지면과 계속 해서 접촉하는 차체는 지면의 요철이나 주행 중 가속·감속에 의해 지속적으로 충격을 받게 되는데 이를 감소시켜 주는 역할을 하는 것이 현가장치이다.

2. 현가장치의 구성

(1) 스프링(spring)

자동차에서 사용하는 스프링에는 판스프링, 코일 스프링, 토션 바 스프링 등의 금속 스프링과 고무 스프링, 공기 스프링 등 비금속 스프링이 있다.

(2) 토션 바 스프링(torsion bar spring)

① 스프링 강의 막대로 비틀림 탄성에 의한 복원성을 이용하여 완충 작용을 한다.

② 스프링의 힘은 바의 길이, 단면의 형상, 단면의 치수, 재질에 따라 결정된다.

③ 코일 스프링과 같이 진동의 감쇠작용이 없어 쇽업소버를 병용해야 한다.

③ 한쪽 끝을 차축에 고정하고 다른 한쪽 끝은 프레임에 고정되어 있다.

④ 오른쪽(R)과 왼쪽(L)의 표시가 있어 구분하여 설치하여야 한다.

▲ 토션 바 스프링

(3) 쇽업소버(shock absorber)

① 스프링의 고유 진동을 흡수한다.

② 운동 에너지를 열에너지로 변환시킨다.

③ 스프링의 피로를 감소시킨다.

④ 로드 홀딩 및 승차감을 향상시킨다.

⑤ 타이어의 접지성 및 조향 안정성을 향상시킨다.

209

(4) 드가르봉형 쇽업소버

1) 드가르봉형 쇽업소버의 작동

드가르봉형 쇽업소버 유압식의 일
종으로 프리 피스톤을 설치하고 위
쪽에 오일이 내장되어 있고, 프리 피
스톤 아래에는 30kgf/cm²의 고압 질
소가스가 들어있다. 쇽업소버의 작
동이 정지되면 프리 피스톤 아래쪽
의 질소가스가 팽창하여 프리 피스
톤을 압상시키므로 오일실의 오일이

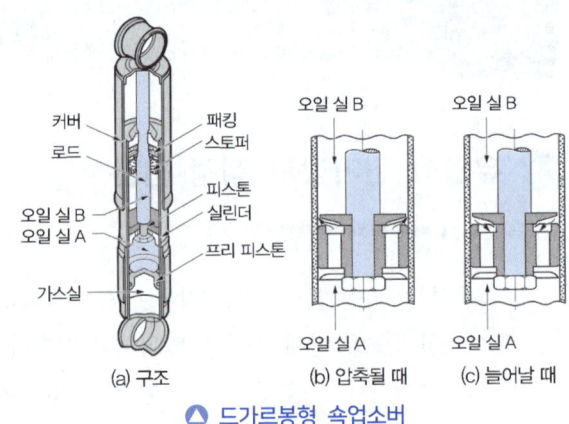
▲ 드가르봉형 쇽업소버

가압되며, 비포장도로에서 심한 충격을 받았을 때 캐비테이션에 의한 감쇠력의 차이가 적다.

2) 드가르봉형 쇽업소버의 특징

① 실린더가 하나로 되어 있기 때문에 냉각 성능이 크다.
② 오일에 기포가 없어 안정된 감쇠력을 얻는다.
③ 쇽업소버 오일에 부압이 형성되지 않도록 하여 캐비테이션 현상을 방지한다.
④ 오랫동안 사용하여도 감쇠 효과가 저하되지 않는다.
⑤ 내부에 압력이 걸려 있어 분해하는 것은 위험하다.
⑥ 구조가 간단하다

(5) 스태빌라이저(stabilizer)

스태빌라이저는 토션 바 스프링의 일종으로 양끝은
좌·우의 컨트롤 암에 연결되고, 중앙부분은 차체에
설치되어 커브 길을 선회할 때 차체가 롤링(rolling ;
좌우진동)하는 것을 방지한다. 즉 차체의 기울기를 감
소시켜 평형을 유지하는 기구이다.

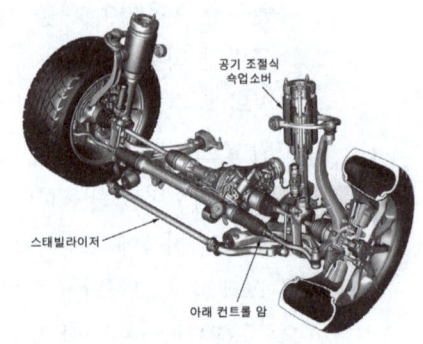

▲ 스태빌라이저

3. 현가장치의 분류

(1) 일체차축 현가장치

좌우의 바퀴가 하나의 현가장치에 연결
된 방식을 말한다. 하나의 차축은 연결된
상태로 좌우의 구동바퀴 관련 현가장치를
지지하며, 조향장치 및 제동장치와도 연결
되므로 대부분 차대의 상태를 균형감 있게
유지한다.

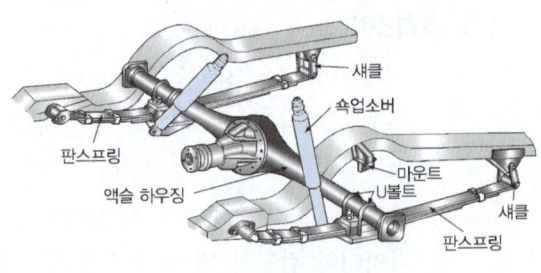
▲ 일체차축 현가장치

1) 일체차축 현가장치의 장점

① 설계와 구조가 비교적 단순하여 유지보수 및 설치가 용이하다.

② 비용이 저렴하고 강도가 강해 대형 차량에 주로 사용된다.

③ 상하 진동이 반복되어도 내구성이 좋아 얼라인먼트의 변형이 적다.

④ 선회할 때 차체의 기울기가 적다.

2) 일체차축 현가장치의 단점

① 스프링 아래 진동이 커지기 때문에 차량 진동이 횡 방향으로 강해진다.

② 승차감이나 안정성이 떨어지고 충격 중 주행 조작력이 매우 떨어지게 된다.

③ 주행 중 시미(shimmy) 현상이 자주 발생한다.

④ 스프링 아래 질량이 커 승차감이 불량하다.

⑤ 평행 판스프링 형식에서는 스프링 정수가 너무 적은 것은 사용하기 어렵다.

> **TIP** 시미(shimmy)
>
> 바퀴의 좌우 진동을 말하며 고속 시미와 저속 시미가 있다. 바퀴의 동적 불평형일 때 고속 시미가 발생하며, 저속 시미의 원인은 다음과 같다.
> ① 스프링 정수가 적을 경우
> ② 링키지의 연결부가 헐거울 경우
> ③ 타이어 공기 압력이 낮을 경우
> ④ 바퀴가 불평형일 경우
> ⑤ 쇽업소버 작동이 불량할 경우
> ⑥ 앞 현가 스프링이 쇠약할 경우

(2) 독립 현가장치

좌우의 구동바퀴가 별개의 현가장치를 사용하는 방식이다.

1) 독립 현가장치의 장점

① 스프링 아래의 질량을 감소시켜 차량의 접지력이 상승한다.

② 앞쪽 좌우 구동바퀴가 독립적으로 작용하며, 스티어링 링크의 간섭이 줄어들어 시미 현상이 잘 발생하지 않게 된다.

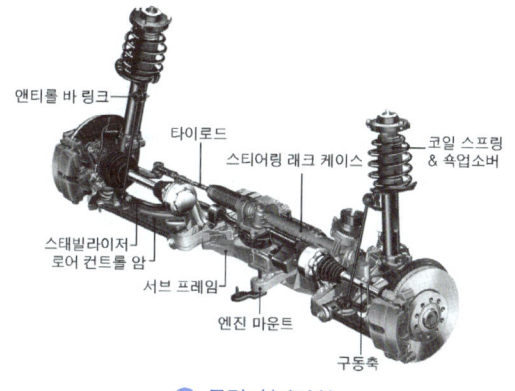

△ **독립 현가장치**

③ 차륜의 위치 결정과 현가스프링이 분리되어 시미의 위험이 적으므로 유연한 스프링을 사용할 수 있고 승차감이 향상된다.

④ 차고가 낮은 설계가 가능하여 주행 안정성이 향상된다.

⑤ 스프링 아래 질량이 작아 승차감이 좋다.

⑥ 바퀴의 시미(shimmy) 현상이 적으며, 로드 홀딩(road holding)이 우수하다.

2) 독립 현가장치의 단점

① 일체식 대비 구조가 복잡해서 수리 및 유지비용이 높다.

② 볼 이음부분이 많아 그 마멸에 의한 휠 얼라인먼트가 틀려지기 쉽다.

③ 바퀴의 상하 운동에 따라 윤거나 휠 얼라인먼트가 틀려지기 쉬워 타이어 마멸이 크다.

(3) 독립 현가장치의 종류

1) 위시본 형식

① 아래 컨트롤 암, 조향 너클, 코일 스프링 등으로 구성되어 있다.

② 바퀴가 스프링에 의해 완충되면서 상하운동을 하도록 되어 있다.

③ 위·아래 컨트롤 암의 길이에 따라 캠버나 윤거가 변화된다.

④ 위·아래 컨트롤 암의 길이에 따라 평행사변형 형식과 SLA형식이 있다.

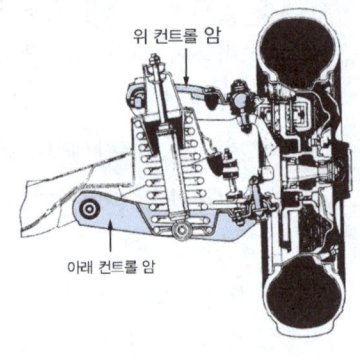

▲ 위시본 형식

⑤ 위시본 형식은 스프링이 피로하거나 약해지면 바퀴의 윗부분이 안쪽으로 움직여 부의 캠버가 된다.

2) 맥퍼슨 형식

현가장치가 조향 너클과 일체로 되어 있으며, 속업소버가 내부에 들어 있는 스트럿(strut ; 기둥) 및 볼 이음, 현가 암, 스프링으로 구성되어 있다. 스트럿 위쪽은 현가지지를 통하여 차체에 설치되며, 현가 지지는 스러스트 베어링이 들어 있어 스트럿이 자유롭게 회전할 수 있다. 그리고 아래쪽은 볼 이음을 통하여 현가 암에 설치되어 있다.

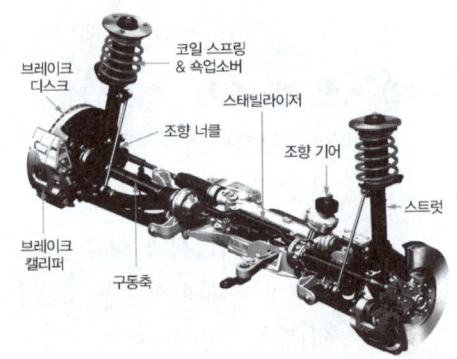

▲ 맥퍼슨 형식

① 구조가 간단하다.

② 구성부품이 적어 마멸되거나 손상되는 부분이 적고 정비가 쉽다.

③ 스프링 아래 질량이 적어 로드홀딩이 우수하다.

④ 엔진 룸의 유효체적을 넓게 할 수 있고, 승차감이 향상된다.

⑤ 구조상 튜닝 폭이 넓지 않아 기본 설계가 확정되어 있다.

3) 더블 위시본 형식

위시본 형식의 단점을 보완한 형식으로 상하 컨트롤 암의 모양이나 배치에 따라 휠얼라인먼트의 변화나 가·감속 시 자동차의 자세를 비교적 자유롭게 컨트롤 할 수 있다. 강성이 높아 조종 안정성을 중시하는 고급 승용자동차에 많이 사용된다.

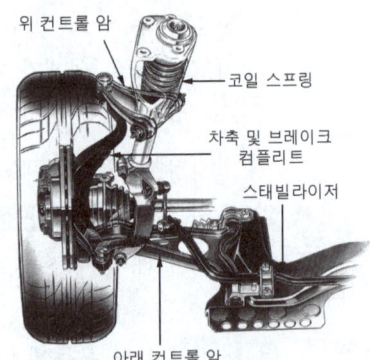

▲ 더블 위시본 형식

4) 멀티 링크 형식

차륜에 링크를 여러 개 배치한 방식으로 통상 5개의 링크가 한 개 차륜마다 설치된다. 이는 뒤 차축에 주로 쓰이는 방식으로 1차적으로 감쇄된 충격을 보조적으로 안정화시켜 차대의 흔들림을 제거해 나가는 방식의 구조로 많이 채택된다.

5) 트레일링 암 형식

트레일링 암 형식은 앞바퀴 구동 형식의 뒤 현가장치에 많이 사용되며, 코일 스프링 또는 토션 바 스프링이 사용된다. 이 형식은 횡 방향의 강성 때문에 암의 길이가 제한되므로 토션 바 스프링에서는 변형이 커지기 쉽고 코일 스프링에서는 굽힘 변형을 일으키기 쉽다.

6) 세미 트레일링 암 형식

트레일링 암 형식과 수윙 액슬 형식의 중간적인 형태의 현가장치이며, 독립 현가장치에 많이 사용되고 있다.

7) 토션 빔 액슬 형식

전후·좌우, 상하 각 방향의 하중 및 충격을 독립적으로 지지하여 간단하고 차륜의 밸런스 및 선회 안정성이 탁월하다. 쇽업소버와 코일 스프링의 분리형으로 충격을 분산 흡수하므로 우수한 승차감을 나타낸다. 실내 개방감 및 화물 적재 공간이 넓다.

4. 자동차 진동

(1) 스프링 위 4질량의 진동

① **바운싱**(bouncing) : Z축 방향, 즉 상하 방향으로 진동하는 것을 의미한다. 흔히 패이거나 튀어나온 요철을 지날 때 생기는 진동을 의미한다.

② **피칭**(pitching) : 차체가 Y 축을 중심으로 앞뒤 방향으로 회전운동을 하는 고유 진동이다. 방지 턱을 넘는 등 차량의 앞과 뒤가 평행하지 않게 흔들리는 진동을 의미하는 것으로 앞쪽이 내려앉는 상태와 치솟는 상태 모두를 의미한다.

③ **롤링**(rolling) : 차체가 X 축을 중심으로 좌우 방향으로 회전운동을 하는 고유진동이다. 정면에서 봤을 때 차체가 회전하는 형태의 진동으로 좌우 불균일한 노면과 비스듬한 측면 경사로를 지나는 등에서 발생한다.

④ **요잉**(yawing) : 차체가 Z 축을 중심으로 회전 운동을 하는 고유진동이다. 위에서 내려다 본 차량이 회전하는 진동으로 코너링 시 강한 관성으로 인해 발생하는 슬립 및 차량의 미끄러짐에서 주로 발생한다.

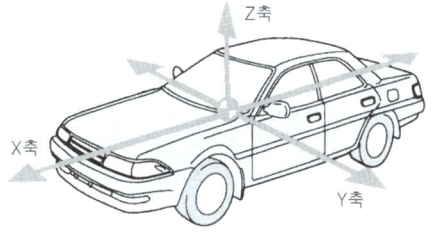

🔺 스프링 위 질량 진동

(2) 스프링 아래 질량 진동

① **휠 홉**(wheel hop) : 뒤차축이 Z방향의 상하 평행 운동을 하는 진동. Z축 방향을 기준으로 상하로 출렁거리는 진동을 의미한다. 현가장치의 스프링 및 쇽업소버의 반발력이 지나치게 클 경우 출렁거림이 더욱 심해질 수 있다.

② **휠 트램프**(wheel tramp) : 뒤차축이 X축을 중심으로 회전하는 진동. X축 방향 정면에서 보았을 때 좌우로 흔들리는 진동을 의미한다. 좌우 불균일한 노면 상태 및 좌우측 현가장치 성능 차이에 의해 주로 발생하게 된다.

③ **와인드업**(wind up) : 뒤차축이 Y축을 중심으로 회전하는 진동. Y축을 중심으로 하는 회전운동을 의미하며, 이는 주로 바퀴의 주행 상태에 큰 영향을 받는다.

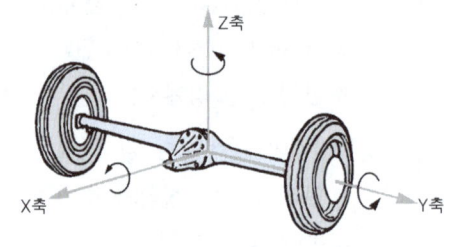

🔺 스프링 아래 질량 진동

5. 차체 진동수와 승차감

(1) 차체 진동

① 스프링의 특성(딱딱하다/부드럽다)을 나타낸다.
② 같은 스프링이라도 자동차의 질량에 따라 변화한다.
③ 진동수가 작을수록 딱딱한 스프링이다.
④ 분당 진동수로 표시한다.

(2) 진동수와 승차감

① **걸어가는 경우** : 60~70cycle/min
② **뛰어가는 경우** : 120~160cycle/min
③ **양호한 승차감** : 60~120cycle/min
④ **멀미를 느끼는 경우** : 45cycle/min 이하
⑤ **딱딱한 느낌의 경우** : 120cycle/min 이상

6. 공기 현가장치(air suspension system)

(1) 공기 현가장치의 특징

공기 현가장치는 압축 공기의 탄성을 이용한 것이며, 공기 스프링, 레벨링 밸브, 공기 저장 탱크, 공기 압축기로 구성되어 있다.

① 하중 증감에 관계없이 차체 높이를 항상 일정하게 유지한다.
② 앞·뒤, 좌·우의 기울기를 방지할 수 있다.
③ 스프링 정수가 자동적으로 조정되므로 하중의 증감에 관계없이 고유 진동수를 거의 일정하게 유지할 수 있다.
④ 고유 진동수를 낮출 수 있으므로 스프링 효과를 유연하게 할 수 있다.
⑤ 공기 스프링 자체에 감쇠성이 있으므로 작은 진동을 흡수하는 효과가 있다.

(2) 공기 현가장치의 구조

① **공기 압축기** : 엔진에 의해 V벨트로 구동되며 압축 공기를 생산하여 저장 탱크로 보낸다.

② **서지 탱크** : 공기 스프링 내부의 압력 변화를 완화하여 스프링 작용을 유연하게 해주는 것이며, 각 공기 스프링마다 설치되어 있다.

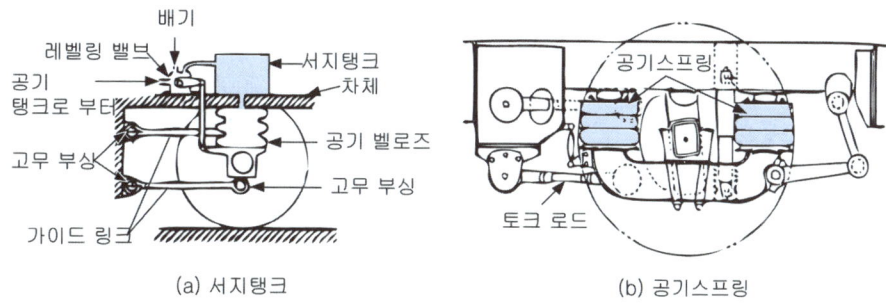

(a) 서지탱크   (b) 공기스프링

🔺 서지 탱크와 공기 스프링

③ **공기 스프링** : 공기 스프링에는 벨로즈형과 다이어프램형이 있으며, 공기 저장 탱크와 스프링 사이의 공기 통로를 조정하여 도로 상태와 주행속도에 가장 적합한 스프링 효과를 얻도록 한다.

④ **레벨링 밸브** : 레벨링 밸브는 공기 저장 탱크와 서지 탱크를 연결하는 파이프 도중에 설치되어 있으며, 자동차의 높이가 변화하면 압축 공기를 스프링으로 공급하거나 배출시켜 자동차의 높이를 일정하게 유지시키는 역할을 한다.

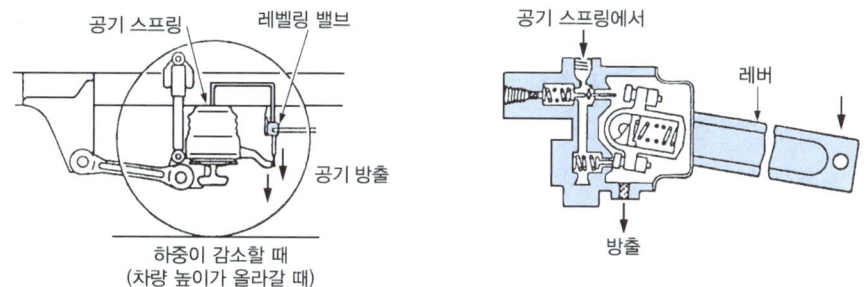

🔺 레벨링 밸브

② 유압식 현가장치 교환

1. 프런트 스트러트 어셈블리 교환

(1) 프런트 스트러트 어셈블리 탈거

① 리프트 및 잭 등을 이용해서 차량 앞쪽을 부양시킨다.

② 프런트 휠 및 타이어를 프런트 허브로부터 분리해낸다.

③ 브레이크 호스 및 스피드 센서를 프런트 스트러트 포크 및 프런트 액슬 어셈블리로 부터 분리한다.

④ 프런트 스태빌라이저 바 링크, 포크, 로어 암 커넥터를 분리한다.

⑤ 프런트 스트러트 어셈블리로부터 포크를 분리해낸다.

⑥ 프런트 스트러트 마운팅 너트 3개를 모두 분리한다.

(2) 프런트 스트러트 어셈블리 장착

① 프런트 스트러트 어셈블리 마운팅 너트를 장착한다.

② 프런트 스트러트 어셈블리의 착색 부분이 차량 바깥 부분으로 향하도록 하여 조립한다.

③ 프런트 스트러트 포크와 로어 암 커넥터를 결합한다.

④ 포크에 프런트 스태빌라이저 바 링크를 체결토크로 장착한다.

⑤ 스피드 센서 체결 볼트를 장착한다.

⑥ 스트러트 어셈블리와 프런트 액슬 어셈블리에 브레이크 호스와 스피드 센서 케이블, 그리고 브래킷 체결 볼트를 장착한다.

⑦ 휠과 타이어를 9 ~ 11kgf.m의 체결 토크로 프런트 허브에 장착한다.

(3) 프런트 스트러트 어셈블리 분해

① 특수공구 등을 사용해 스프링에 장력이 생길 때까지 스프링을 압축한다.

② 프런트 스트러트로부터 셀프 록킹 너트를 분리한다.

③ 프런트 스트러트로부터 인슐레이터 어셈블리와 스프링 어퍼 패드, 스프링 및 더스트 커버를 분리한다.

(4) 프런트 스트러트 어셈블리 폐기

① 스트러트 로드를 완전히 늘어난 상태로 폐기한다.

② 실린더에 구멍을 뚫어 가스를 빼낸 뒤 폐기한다.

③ 배출가스는 무색무취이므로 드릴로 구멍을 뚫는 동안 가스가 분사되는 상황을 인지할 수 없어 예기치 못하게 파편이 날릴 수 있으니 주의해야 한다.

(5) 프런트 스트러트 어셈블리 조립

① 특수공구 등을 이용해 코일 스프링을 압축시킨 상태로 조립을 진행한다.

② 압축된 코일 스프링을 쇽업소버에 장착한다.

③ 정비지침서 상의 차종과 코일 스프링 식별 색을 인지한 후 장착해야 하며, 코일 스프링 식별 색 측이 너클을 향하게 조립한다.

④ 프런트 스트러트 로드를 최대한 풀어준 후, 더스트 커버와 스프링 어퍼 패드, 인슐레이터 어셈블리를 결합시킨다.

⑤ 스프링의 끝을 스프링 시트 홈에 일치시킨 후 록킹 너트를 약하게 조립시킨다.

⑥ 특수공구를 분리한 후 셀프 록킹 너트를 2 ~ 2.5kgf.m으로 결합시킨다.

2. 프런트 로어 암 교환

(1) 프런트 로어 암 탈거

① 프런트 휠 너트를 느슨하게 풀어낸 상태로 리프트 등을 이용 차량의 앞쪽을 든다.

② 프런트 휠과 타이어를 프런트 허브에서 분리한다.

③ 포크와 로어 암 커넥터를 분리한다.

④ 프런트 로어 암을 마운트 하고 있는 볼트를 2군데 분리한다.

(2) 프런트 로어 암 교환

① 특수공구를 사용하여 프런트 로어 암의 부싱을 분리한다.

② 부싱의 바깥 면과 로어 암 부싱 장착부 안쪽에 비눗물을 바른다.

③ 특수공구를 활용해 새로운 부싱을 장착한다.

④ 부싱은 완전히 안쪽에 집어넣어야 하며, 인발력을 800kgf 이상으로 한다.

(3) 프런트 로어 암 장착

① 프런트 로어 암을 마운트 할 볼트를 장착한다.

② 체결 토크 14~16kgf.m으로 A 부싱을, 14~16kgf.m으로 G 부싱을 결합한다.

③ 포크와 로어 암 커넥터를 장착하며, 체결 토크는 14~16kgf.m 수준으로 한다.

④ 프런트 로어 암 볼 조인트 체결 볼트를 10~12kgf.m으로 결합한다.

⑤ 9~11kgf.m의 체결 토크로 프런트 휠과 타이어를 프런트 허브에 장착한다.

3. 프런트 어퍼 암 교환

(1) 프런트 어퍼 암 탈거

① 프런트 휠 너트를 느슨하게 푼 상태로 차량을 리프트 등을 이용해 앞쪽을 들어올린다.

② 프런트 휠과 타이어를 프런트 허브로부터 분리한다.

③ 어퍼 암 볼 조인트 셀프 록킹 너트와 스냅 핀을 분리한다.

④ 특수공구 등을 사용해 프런트 액슬 어셈블리에서 어퍼 암 볼 조인트를 분리한다.

⑤ 프런트 쇽업소버를 분리하고 어퍼 암 마운팅 볼트 2개를 모두 분리한다.

(2) 프런트 어퍼 암 장착

① 프런트 어퍼 암의 마운팅 볼트 2개를 모두 차체에 장착한다.

② 장착 시 어퍼 암 하단은 차체 플랜지 끝단에 위치하도록 조립한다.

③ 프런트 쇽업소버를 장착한다.

④ 프런트 어퍼 암 조인트를 셀프 록킹 너트로 장착한다.

⑤ 스냅 핀을 이용해 조인트를 볼 조인트 끝에 흔들림 없이 삽입해 고정시킨다.

⑥ 프런트 휠과 타이어를 체결토크 9 ~ 11Kgf.m 정도로 프런트 허브에 장착한다.

4. 프런트 스태빌라이저 바 교환

(1) 프런트 스태빌라이저 바 탈거

① 프런트 휠 및 타이어를 프런트 허브로부터 분리시킨다.

② 허브 볼트가 손상되지 않도록 주의한다.

③ 포크로부터 좌우 프런트 스태빌라이저 링크를 분리시킨다.

④ 서브 프레임을 안정적으로 지지한 상태로 서브 프레임의 뒷부분 마운트를 하고 있는 볼트를 탈거시킨다.

⑤ 서브 프레임에서 브래킷 체결 볼트를 분리시킨다.

⑥ 프런트 스태빌라이저 브래킷과 부싱을 좌우측 모두 분리한다.

⑦ 스태빌라이저 바를 분리시킨다. 이때 압력과 관련된 튜브들이 손상되지 않도록 주의한다.

(2) 프런트 스태빌라이저 바 장착

① 스태빌라이저 바에 부싱을 장착시킨다.

② 프런트 스태빌라이저 바의 클램프와 부싱을 밀착시켜 둔다.

③ 한쪽의 브래킷을 간이 조립하고, 반대쪽의 부싱을 완전히 설치한 뒤 앞서 설치한 부싱과 모든 부싱을 설치한다.

④ 서브 프레임 리어 마운트를 담당하는 볼트를 조립한다.

⑤ 서브 프레임에 양쪽 브래킷을 장착한다.

⑥ 스태빌라이저 링크를 좌우측 모두 결합시킨다.

⑦ 프런트 허브에 프런트 휠 및 타이어를 장착시킨다.

3 유압식 현가장치 검사

1. 스트러트 어셈블리 검사

① 프런트 스트러트 인슐레이터의 베어링 마모도와 손상을 육안으로 검사한다.

② 고무 부품들의 손상과 변형, 뒤틀림이나 이가 나간 부분이 있는지 확인한다.

③ 프런트 스트러트 로드를 압축시켰다가 이완시킴을 반복시켜 저항과 소음이 발생하는지 검사한다.

2. 로어 암 검사

① 부싱에 마모된 곳은 없는지, 지나치게 노화되지는 않았는지 점검한다.

② 로어 암 본체를 관측하여 손상 상태를 확인한다.

③ 볼 조인트 더스트 커버에 균열이 간 곳이 없는지 확인한다.

④ 모든 체결 볼트가 정상 결합되어 있는지 확인한다.

⑤ 육안이나 손으로 확인하는 것은 물론 가능한 주요 조립 볼트를 정격 토크로 다시금 조여

본다.

⑥ 로어 암의 회전 토크를 점검한다.

⑦ 더스트 커버 균열 시 볼 조인트를 어셈블리로 교환한다.

⑧ 볼 조인트 스터드를 몇 번 흔들어 본다.

⑨ 볼 조인트 회전 토크를 측정하여 무부하 4~20kgf.cm/500kgf 하중 부하 시 30~50kgf.cm 수준이 되는지 확인한다. 이때 상온에서 요동 3°, 회전 30°로 5회 실시 후 0.5 ~ 2rpm에서 측정한다.

⑩ 측정치가 기준치 이하일 경우 볼 조인트를 어셈블리로 교환한다.

3. 어퍼 암 검사

① 부싱의 마모와 노화상태를 점검한다.

② 어퍼 암이 휘어지지는 않았는지, 손상된 곳은 없는지 점검한다.

③ 볼 조인트 더스트 커버 균열을 확인한다.

④ 모든 볼트들의 체결 상태를 점검한다. 이때 한 번 더 체결해 주는 것이 바람직하다.

⑤ 어퍼 암 볼 조인트 회전 토크를 점검한다. 이는 로어 암 볼 조인트의 회전 토크의 점검 방법과 같으며, 기준치는 15kgf.m 이다.

4. 트레일링 암 검사

① 부싱이 마모되거나 노화되지 않았는지 검사하고 필요시 교환해 준다.

② 트레일링 암이 휘거나 손상되지 않았는지 육안으로 검사한다.

③ 체결 볼트들의 결합 상태를 점검한다.

5. 스태빌라이저 바 검사

① 더스트 커버 내 균열이나 손상이 있을 경우 스태빌라이저 바 링크를 교환한다.

② 스태빌라이저 링크 볼 조인트 회전토크를 점검한다.

③ 볼 조인트 스터드를 몇 번 흔들고, 셀프 록킹 너트를 볼 조인트에 체결한다.

④ 볼 조인트 회전 토크가 7~20kgf.cm 이내인지 확인한다.

⑤ 만약 표준치를 초과하는 경우에는 리어 스태빌라이저 링크를 교환해야 한다.

⑥ 만약 표준치보다 미달된 경우라도 과도한 유격만 없다면 사용해도 무난하다.

01 주행 중 차량에 노면으로부터 전달되는 충격이나 진동을 완화하여 바퀴와 노면과의 밀착을 양호하게 하고 승차감을 향상시키는 완충기구는?

① 코일 스프링, 겹판 스프링, 토션 바
② 코일 스프링, 토션 바, 타이로드
③ 코일 스프링, 겹판 스프링, 프레임
④ 코일 스프링, 너클 스핀들, 스태빌라이저

해설 자동차에서 사용하는 스프링은 판스프링(겹판 스프링), 코일 스프링, 토션 바 스프링 등의 금속 스프링과 고무 스프링, 공기 스프링 등의 비금속 스프링 등이 있다.

02 주행 중 차량에 노면으로부터 전달되는 충격이나 진동을 완화하여 바퀴와 노면과의 밀착을 양호하게 하고 승차감을 향상시키는 완충기구로 짝지어진 것은?

① 코일 스프링, 토션 바, 타이로드
② 코일 스프링, 겹판 스프링, 토션 바
③ 코일 스프링, 겹판 스프링, 프레임
④ 코일 스프링, 너클 스핀들, 스태빌라이저

03 토션 바 스프링에 대한 내용으로 틀린 것은?

① 단위 중량당의 에너지 흡수율이 대단히 크다.
② 스프링의 힘은 바의 길이와 단면적에 의해 결정된다.
③ 진동의 감쇠작용이 커서 쇽업소버를 병용할 필요가 없다.
④ 스프링은 좌·우로 사용되는 것이 구분되어 있다.

해설 토션 바 스프링
① 스프링 강의 막대로 비틀림 탄성에 의한 복원성을 이용하여 완충 작용을 한다.
② 스프링의 힘은 스프링의 길이, 단면의 형상, 단면의 칫수, 재질에 따라 결정된다.
③ 한쪽 끝을 차축에 고정하고 다른 한쪽 끝은 프레임에 고정되어 있다.
④ 단위 중량당 에너지 흡수율이 다른 스프링에 비해 크다.
⑤ 다른 스프링보다 가볍고 구조가 간단하다.
⑥ 작은 진동 흡수가 양호하여 승차감이 향상된다.
⑦ 오른쪽(R)과 왼쪽(L)의 표시가 있어 구분하여 설치하여야 한다.
⑧ 코일 스프링과 같이 감쇠 작용을 할 수 없다.
⑨ 쇽업소버와 함께 사용하여야 한다.

04 진동을 흡수하고 스프링의 부담을 감소시키기 위한 장치는?

① 스태빌라이저   ② 공기 스프링
③ 쇽업소버   ④ 비틀림 막대 스프링

해설 쇽업소버의 역할
① 주행 중 충격에 의해 발생된 스프링의 고유 진동을 흡수한다.
② 스프링의 상하 운동 에너지를 열 에너지로 변환시킨다.
③ 스프링의 피로를 감소시킨다.
④ 로드 홀딩 및 승차감을 향상시킨다.
⑤ 진동을 신속히 감쇠시켜 타이어의 접지성 및 조향 안정성을 향상시킨다.

05 유압식 쇽업소버의 구조에서 오일이 상·하 실린더로 이동하는 작은 구멍의 명칭은?

① 밸브 하우징   ② 베이스 밸브
③ 오리피스   ④ 스텝 홀

해설 쇽업소버의 피스톤에는 오일이 상하 실린더로 통과하는 작은 구멍의 오리피스 및 밸브가 설치되어 있으며, 오리피스를 통과하는 오일의 저항에 의해 충격 없이 감쇠 작용을 한다.

06 현가장치에서 드가르봉식 쇽업소버의 설명으로 가장 거리가 먼 것은?

① 질소가스가 봉입되어 있다.
② 오일실과 가스실이 분리되어 있다.
③ 오일에 기포가 발생하여도 충격 감쇠효과가 저하하지 않는다.
④ 쇽업소버의 작동이 정지되면 질소가스가 팽창하여 프리 피스톤의 압력을 상승시켜 오일 챔버의 오일을 감압한다.

> **해설** 드가르봉식 쇽업소버의 특징
> ① 유압식의 일종으로 프리 피스톤을 설치하고 위쪽에 오일이 내장되어 있다.
> ② 고압 질소 가스의 압력은 약 $30kgf/cm^2$ 이다.
> ③ 쇽업소버의 작동이 정지되면 프리 피스톤 아래쪽의 질소가스가 팽창하여 프리 피스톤을 압상시키므로 오일실의 오일이 가압된다.
> ④ 좋지 않은 도로에서 격심한 충격을 받았을 때 캐비테이션에 의한 감쇠력의 차이가 적다.
> ⑤ 실린더가 하나로 되어 있기 때문에 방열효과가 좋다.
> ⑥ 장기간 작동되어도 감쇠효과가 저하되지 않는다.
> ⑦ 내부에 압력이 걸려있기 때문에 분해하는 것은 위험하다.

07 현가장치에서 드가르봉식 쇽업소버의 특징에 속하지 않는 것은?

① 구조가 간단하다.
② 실린더가 2개이므로 방열 성능이 크다.
③ 내부에 압력이 걸려있어 분해하는 것은 위험하다.
④ 작동할 때 오(O)링에 기포 발생이 없어 장시간 작동하여도 감쇠효과의 감소가 적다.

> **해설** 드가르봉식 쇽업소버의 특징
> ① 작동할 때 O-링에 기포 발생이 없어 장시간 작동하여도 감쇠효과의 감소가 적다.
> ② 실린더가 1개이므로 방열 성능이 크다.
> ③ 내부에 압력이 걸려있기 때문에 분해하는 것은 위험하다.
> ④ 구조가 간단하다.

08 다음 중 드가르봉식 쇽업소버와 관계없는 것은?

① 유압식의 일종으로 프리 피스톤을 설치하고 위쪽에 오일이 내장되어 있다.
② 고압 질소 가스의 압력은 약 $30kgf/cm^2$ 이다.
③ 쇽업소버의 작동이 정지되면 프리 피스톤 아래쪽의 질소가스가 팽창하여 프리 피스톤을 압상시킴으로서 오일실의 오일이 감압한다.
④ 좋지 않은 도로에서 격심한 충격을 받았을 때 캐비테이션에 의한 감쇠력의 차이가 적다.

09 차체의 롤링을 방지하기 위안 현가부품으로 옳은 것은?

① 로워 암　② 컨트롤 암
③ 쇽업소버　④ 스태빌라이저

> **해설** 스태빌라이저는 독립 현가장치에서 사용하는 일종의 토션 바 스프링이며, 자동차가 선회할 때 롤링(rolling)을 작게 하고 빠른 평형상태를 유지시키는 작용을 한다.

10 차체의 롤링을 제어하며, 양끝이 좌우의 아래 컨트롤 암에 연결되고 중앙부가 프레임에 설치되는 현가장치는?

① 토션 바　② 쇽업소버
③ 스태빌라이저　④ 레디어스 로드

> **해설** 스태빌라이저는 독립현가 방식 자동차에서 사용하며, 양끝이 좌우의 아래 컨트롤 암에 연결되고 중앙부가 프레임에 설치된다. 좌우의 타이어가 서로 다른 상하 운동을 할 때 자동차의 기울기를 최소로 하기 위해 사용한다.

정답 06.④ 07.② 08.③ 09.④ 10.③

11 일체식 차축 현가방식의 특징으로 거리가 것은?

① 앞바퀴에 시미 발생이 쉽다.
② 선회할 때 차체의 기울기가 크다.
③ 승차감이 좋지 않다.
④ 휠 얼라인먼트의 변화가 적다.

> **해설** 일체차축 현가장치의 특징
> ① 차축의 위치를 정하는 링크나 로드가 필요 없다.
> ② 구조가 간단하고 부품수가 적다.
> ③ 자동차가 선회 시 차체의 기울기가 적다.
> ④ 휠 얼라인먼트의 변화가 적다.
> ⑤ 스프링 아래 질량이 크기 때문에 승차감이 저하된다.
> ⑥ 스프링 상수가 너무 적은 것은 사용할 수 없다.
> ⑦ 앞바퀴에 시미가 발생되기 쉽다.

12 일체차축 현가방식의 특징이 아닌 것은?

① 선회시 차체의 기울기가 적다.
② 승차감이 좋지 못하다.
③ 구조가 간단하다.
④ 로드 홀딩(road holding)이 우수하다.

13 앞 현가장치의 종류 중에서 일체식 차축 현가장치의 장점을 설명한 것은?

① 차축의 위치를 정하는 링크나 로드가 필요치 않아 부품수가 적고 구조가 간단하다.
② 트램핑 현상이 쉽게 일어날 수 있다.
③ 스프링 질량이 크기 때문에 승차감이 좋지 않다.
④ 앞바퀴에 시미현상이 일어나기 쉽다.

14 현가장치에서 저속 시미 현상이 일어나는 원인이 아닌 것은?

① 스프링 정수가 크다.
② 앞 현가 스프링이 쇠약하거나 절손되었다.
③ 앞바퀴 정렬이 불량하다.
④ 타이어 공기압이 낮다.

> **해설** 저속 시미의 원인
> ① 각 연결부의 볼 조인트가 마멸되었다.
> ② 링키지의 연결부가 마멸되어 헐겁다.
> ③ 타이어의 공기압력이 낮다.
> ④ 앞바퀴 정렬의 조정이 불량하다.
> ⑤ 스프링 정수가 적다.
> ⑥ 휠 또는 타이어가 변형되었다.
> ⑦ 좌·우 타이어의 공기 압력이 다르다.
> ⑧ 조향기어가 마모되었다.
> ⑨ 앞 현가장치(쇽업소버, 스프링 등)가 불량하다.

15 저속 시미(shimmy)현상이 일어나는 원인으로 틀린 것은?

① 앞 스프링이 절손되었다.
② 조향 핸들의 유격이 작다.
③ 로어암의 볼 조인트가 마모되었다.
④ 타이로드 엔드의 볼 조인트가 마모되었다.

16 독립 현가방식의 장점으로 틀린 것은?

① 바퀴의 시미(shimmy) 현상이 작다.
② 스프링의 정수가 작은 것을 사용할 수 있다.
③ 스프링 아래 질량이 작아 승차감이 좋다.
④ 부품수가 적고 구조가 간단하다.

> **해설** 독립 현가장치의 장점
> ① 스프링 아래 질량이 작아 승차감이 좋다.
> ② 바퀴의 구조상 시미를 잘 일으키지 않고 도로 노면과 로드홀딩이 우수하다.
> ③ 스프링의 정수가 작은 것을 사용할 수 있다.
> ④ 무게 중심이 낮아 안전성이 향상된다.
> ⑤ 옆 방향 진동에 강하고 타이어의 접지성능이 양호

정답 11.② 12.④ 13.① 14.① 15.② 16.④

하다.
⑥ 앞바퀴 얼라인먼트 설계의 자유도가 크다.
⑦ 컨트롤 암 등을 이용하여 진동을 방지 할 수 있어 소음방지에도 유리하다.

17 독립 현가장치에 대한 설명으로 옳은 것은?

① 강도가 크고 구조가 간단하다.
② 타이어와 노면의 접지성이 우수하다.
③ 스프링 아래 무게가 커서 승차감이 좋다.
④ 앞바퀴에 시미(shimmy)가 일어나기 쉽다.

18 독립식 현가장치의 특징이 아닌 것은?

① 승차감이 좋고, 바퀴의 시미현상이 적다.
② 스프링 정수가 적어도 된다.
③ 구조가 간단하고 부품수가 적다.
④ 윤거 및 앞바퀴 정렬 변화로 인한 타이어 마멸이 크다.

> **해설** 독립 현가장치의 특징
> ① 스프링 아래 질량이 작아 승차감이 좋다.
> ② 바퀴의 구조상 시미를 잘 일으키지 않고 도로 노면과 로드홀딩이 우수하다.
> ③ 스프링의 정수가 작은 것을 사용할 수 있다.
> ④ 무게 중심이 낮아 안전성이 향상된다.
> ⑤ 옆 방향 진동에 강하고 타이어의 접지성능이 양호하다.
> ⑥ 앞바퀴 얼라인먼트 설계의 자유도가 크다.
> ⑦ 컨트롤 암 등을 이용하여 진동을 방지 할 수 있어 소음방지에도 유리하다.
> ⑧ 바퀴의 상하 운동에 의해 윤거가 변화되어 타이어의 마멸이 크다.
> ⑨ 바퀴의 상하 운동에 의해 앞바퀴 정렬의 변화로 타이어 마멸이 크다.
> ⑩ 구조가 복잡하고 취급 및 정비가 어렵다.
> ⑪ 보올 이음부가 많아 마멸에 의한 앞바퀴 정렬이 틀려지기 쉽다.

19 현가장치 중에서 독립 현가식의 분류에 해당되지 않는 것은?

① 위시본형
② 공기 스프링형
③ 맥퍼슨형
④ 멀티 링크형

> **해설** 독립현가 장치의 종류는 위시본형, 더블 위시본형, 맥퍼슨형, 멀티 링크형, 트레일링 링크형, 스위 차축형 등이 있다.

20 위시본식 독립 현가장치의 구조 및 작동에 관한 설명으로 틀린 것은?

① 코일 스프링과 쇽업소버를 조합시킨 형식이다.
② 스프링 아랫부분의 중량이 크기 때문에 승차감이 좋다.
③ 로어와 어퍼 컨트롤 암의 길이가 같은 것이 평행사변형식이다.
④ SLA형식(short/long arm type)은 장애물에 의해 바퀴가 들어 올려 지면 캠버가 변한다.

> **해설** 독립 현가장치는 스프링 아래 질량이 작기 때문에 승차감이 향상된다.

21 공기식 현가장치에서 벨로스형 공기 스프링 내부의 압력 변화를 완화하여 스프링 작용을 유연하게 해주는 것은?

① 언로드 밸브 　② 레벨링 밸브
③ 서지 탱크 　④ 공기 압축기

> **해설** 서지 탱크는 공기 스프링 내부의 압력 변화를 완화시켜 스프링 작용을 유연하게 해주는 장치이며, 각 공기 스프링 마다 설치되어 있다.

정 답 　17.② 　18.③ 　19.② 　20.② 　21.③

22 자동차의 독립 현가장치 중에서 쇽업소버를 내장하고 있으며 상단은 차체에 고정하고, 하단은 로어 컨트롤 암으로 지지하는 형식으로 스프링의 아래 하중이 가볍고 앤티 다이브 효과가 우수한 형식은?

① 맥퍼슨 스트러트 현가장치
② 위시본 현가장치
③ 트레일링 암 현가장치
④ 멀티 링크 현가장치

> **해설** 맥퍼슨 현가장치는 조향장치와 조향 너클이 일체로 되어 있으며, 쇽업소버가 들어 있는 스트러트, 볼 조인트, 컨트롤 암, 스프링으로 구성되어 있고, 스트러트가 조향할 때 자유롭게 회전한다. 특징은 다음과 같다.
> ① 위시본형에 비해 구조가 간단하고 고장이 적으며, 수리가 쉽다.
> ② 스프링 아래 질량이 작아 노면과 접촉(로드 홀딩)이 우수하다.
> ③ 엔진실의 유효체적을 넓게 할 수 있다.
> ④ 진동 흡수율이 커 승차감이 좋다.

23 맥퍼슨형 현가장치에 대한 설명 중 틀린 것은?

① 위시본형에 비해 구조가 간단하다.
② 스프링 아래 질량이 작아 노면과 접촉이 우수하다.
③ 스트러트가 조향 시 회전한다.
④ 위 컨트롤과 아래 컨트롤 암 있다.

> **해설** 맥퍼슨형 현가장치의 특징
> ① 조향 너클과 현가장치가 일체로 되어 있다.
> ② 서포트에 스러스트 베어링이 삽입되어 조향 시 스트러트가 자유롭게 회전한다.
> ③ 위시본 형식에 비해 구성 부품이 적어 구조가 간단하다.
> ④ 스프링 아래 질량이 작아 노면과 접촉(로드 홀딩)이 우수하다.
> ⑤ 프레임과 스트러트 사이에 컨트롤 암이 설치되어 진동에 의해 상하 운동을 한다.

24 공기 스프링의 특징이 아닌 것은?

① 유연성을 비교적 쉽게 얻을 수 있다.
② 약간의 공기 누출이 있어도 작동이 간단하며, 구조가 간단하다.
③ 하중이 변해도 자동차 높이를 일정하게 유지할 수 있다.
④ 자동차에 짐을 실을 때나 빈차일 때의 승차감은 별로 달라지지 않는다.

> **해설** 공기 스프링의 특징
> ① 스프링의 세기가 하중에 비례하여 작용한다.
> ② 하중의 변화에 따라 스프링의 상수가 변화되어 승차감의 차이가 없다.
> ③ 하중에 관계없이 차고가 일정하게 유지되어 차량의 기울기가 방지된다.
> ④ 공기 자체의 감쇠성에 의해 작은 진동(고주파 진동)을 흡수하는 효과가 있다.
> ⑤ 스프링의 효과를 유연하게 할 수 있어 고유 진동을 낮게 할 수 있다.
> ⑥ 하중에 관계없이 고유 진동을 일정하게 유지할 수 있다.

25 공기식 현가장치에서 공기 스프링 내의 공기 압력을 가감시키는 장치로서 자동차의 높이를 일정하게 유지하는 것은?

① 레벨링 밸브   ② 공기 스프링
③ 공기 압축기   ④ 언로드 밸브

> **해설** 레벨링 밸브는 공기탱크와 서지 탱크를 연결하는 파이프 도중에 설치된 것이며, 자동차의 높이가 변화하면 압축 공기를 스프링으로 공급하거나 배출시켜 자동차 높이를 일정하게 유지시킨다.

26 현가장치에서 스프링 위 고유 진동으로 제동 시 노스 다이브(nose dive)와 같은 진동 현상은?

① 요잉(yawing) 현상
② 휠링(wheeling) 현상
③ 피칭(pitching) 현상
④ 롤링(rolling) 현상

해설 피칭은 차체가 앞뒤 방향으로 회전운동을 하는 고유 진동으로 제동할 때 노스 다이브(노스 다운)와 같은 진동 현상이다.

27 다음 그림은 자동차의 뒤차축이다. 스프링 아래 질량의 고유진동 중 X축을 중심으로 회전하는 진동은?

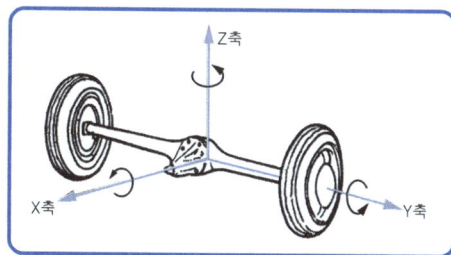

① 휠 트램프   ② 휠 홉
③ 와인드업   ④ 롤링

해설 스프링 아래 질량의 진동
① 휠 홉(wheel hop) : 뒤차축이 Z방향의 상하 평행 운동을 하는 진동. Z축 방향을 기준으로 상하로 출렁거리는 진동을 의미한다. 현가장치의 스프링 및 쇽업소버의 반발력이 지나치게 클 경우 출렁거림이 더욱 심해질 수 있다.
② 휠 트램프(wheel tramp) : 뒤차축이 X축을 중심으로 회전하는 진동. X축 방향 정면에서 보았을 때 좌우로 흔들리는 진동을 의미한다. 좌우 불균일한 노면 상태 및 좌우측 현가장치 성능 차이에 의해 주로 발생하게 된다.
③ 와인드업(wind up) : 뒤차축이 Y축을 중심으로 회전하는 진동. Y축을 중심으로 하는 회전운동을 의미하며, 이는 주로 바퀴의 주행 상태에 큰 영향을 받는다.

28 일반적으로 주행 중 멀미를 느끼는 진동수는 약 몇 cycle/min인가?

① 45cycle/min 이하
② 45~90cycle/min
③ 90~135cycle/min
④ 135cycle/min 이상

해설 진동수와 승차감
① 걸어가는 경우 : 60~70cycle/min
② 뛰어가는 경우 : 120~160cycle/min
③ 양호한 승차감 : 60~120cycle/min
④ 멀미를 느끼는 경우 : 45cycle/min 이하
⑤ 딱딱한 느낌의 경우 : 120cycle/min 이상

29 일반적으로 가장 좋은 승차감을 얻을 수 있는 진동수는?

① 10cycle/min 이하
② 10~60cycle/min
③ 60~120cycle/min
④ 120~200cycle/min

30 스프링 정수가 3kgf/mm인 코일 스프링을 15mm로 압축하려면 필요한 힘은?

① 25kgf   ② 35kgf
③ 45kgf   ④ 55kgf

해설 $k = \dfrac{W}{a}$

k : 스프링 상수(kgf/mm), W : 하중(kgf),
a : 변형량(mm)
$W = k \times a = 3kgf/mm \times 15mm = 45kgf$

2-3 전자제어 현가장치 정비

1 전자제어 현가장치 점검·진단

1. 전자제어 현가장치

전자제어 현가장치(ECS ; Electronic Control Suspension System)는 컴퓨터(ECU), 각종 센서, 액추에이터 등을 설치하고 노면의 상태, 주행 조건, 운전자의 선택 등과 같은 요소에 따라서 자동차의 높이와 현가 특성(스프링 정수 및 감쇠력)이 컴퓨터에 의해 자동적으로 조절되는 현가장치이다.

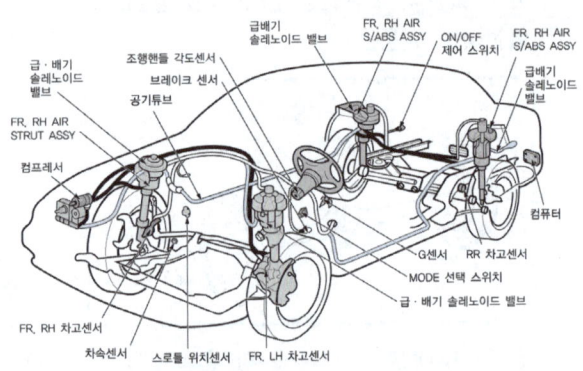

△ 전자제어 현가장치의 구성

2. 전자제어 현가장치의 장점

① 급제동을 할 때 노스다운(nose down)을 방지한다.
② 급선회를 할 때 원심력에 대한 차체의 기울어짐을 방지한다.
③ 도로면으로부터의 자동차의 높이를 제어할 수 있다.
④ 도로면의 상태에 따라 승차감을 조절할 수 있다.
⑤ 안정된 조향성을 준다.
⑥ 자동차의 승차 인원(하중)이 변해도 자동차는 수평을 유지한다.
⑦ 고속으로 주행할 때 차체의 높이를 낮추어 공기저항을 적게 하고 승차감을 향상시킨다.
⑧ 험한 도로를 주행할 때 압력을 세게 하여 쇼크 및 롤링을 없게 한다.

3. 전자제어 현가장치의 기능

① 차고(차량 높이) 조정
② 스프링 상수와 댐핑력의 선택(쇽업소버의 감쇠력 제어가 가능하다.)
③ 주행조건 및 노면상태 적응
④ 조종 안정성과 승차감의 불균형 해소

4. 전자제어 현가장치의 종류

(1) 감쇠력 가변 방식 ECS

감쇠력 가변 방식은 감쇠력을 다단계로 조절할 수 있다. 구조가 간단하여 주로 중형 승용자동차에 사용하며, 쇽업소버의 충격 감쇠력을 소프트, 미디움, 하드 등의 3단계로 제어한다.

(2) 복합 방식 ECS

쇽업소버의 감쇠력과 자동차의 높이 조절 기능을 지닌 형태이다. 쇽업소버의 감쇠력은 소프트와 하드 두 단계로 제어하며, 차고를 Low, Normal, High의 3단계로 제어한다. 코일 스프링이 하던 역할을 공기 스프링으로 수행하기 때문에 하중의 변화에도 일정한 승차감 및 자동차의 높이(차고)를 유지할 수 있다.

(3) 세미 액티브 ECS

역방향 감쇠력 가변 방식 쇽업소버를 사용하여 기존의 감쇠력 ECS의 경제성과 액티브 ECS의 성능을 만족시키는 장치이다. 쇽업소버의 감쇠력이 쇽업소버 외부에 설치된 감쇠력 가변 솔레노이드 밸브에 의해 연속적 감쇠력 가변 제어가 가능하며, 쇽업쇼버 피스톤이 팽창과 수축할 때에는 독립 제어가 가능하다. ECS 컴퓨터에 의해서 최대 256단계까지 세밀하게 제어가 가능하다.

(4) 액티브 ECS

액티브 ECS 방식은 감쇠력 제어 및 높이 조절 기능을 가지고 있어 자동차의 자세 변화에 유연하게 대처하여 자세제어가 가능한 장치이다. 쇽업소버의 감쇠력 제어는 Super soft, Soft, Medium, Hard의 4단계 조절되며, 차고는 Low, Normal, High, Extra High 의 4단계로 제어가 가능하다. 자세 제어로 앤티 롤, 앤티 바운스, 앤티 피치, 앤티 다이브, 앤티 스쿼트 제어 등을 수행하여 조정 안정성과 승차감이 향상된다. 액티브 ECS 방식은 구조가 복잡하고 가격이 비싸 일부 고급 승용자동차에서만 사용된다.

4. 전자제어 현가장치의 구조

(1) ECU에 입력되는 신호

스로틀 위치 센서, 조향 휠 각속도 센서, 차속 센서, 차고 센서, 전조등 릴레이, 발전기 L 단자, 제동등 스위치, 도어 스위치 등이다.

(2) 차고 센서

자동차 높이 변화에 따른 보디(body ; 차체)와 차축의 위치를 검출하여 컴퓨터로 입력시키는 일을 하는 것이다. 종류에는 보디와 노면 사이를 직접 검출하는 초음파 검출식과 현가장치의 신축량을 검출하는 광 단속기식이 있다. 차고를 높일 경우 ECU가 공기 공급 솔레노이드 밸브와 차고제어 공기 밸브를 열어 공기실에 압축공기를 공급하여 공기실의 체적과 쇽업소버의 길이를 증가시킨다.

(3) 조향 휠 각속도 센서

① 조향 방향, 조향 각도, 조향 각속도를 검출한다.
② ECU는 조향 핸들 각속도 센서의 신호를 기준으로 롤(; 좌우 진동)을 예측한다.
③ 선회할 때 차체의 기울어짐을 방지 한다.

(4) G (gravity)센서(중력 센서)

차체의 바운싱에 대한 정보를 ECU로 입력시키는 일을 하며, 피에조 저항형 센서를 사용한다.

(5) 차속 센서

변속기 주축이나 속도계 구동축에 설치되어 있으며, 자동차 주행속도를 검출하여 ECU로 입력시킨다. ECU는 이 신호에 의해 차고, 스프링 정수 및 쇽업소버 감쇠력 조절에 이용한다.

(6) 스로틀 위치 센서

엔진의 급가속 및 감속 상태를 검출하여 ECU로 보내면 ECU는 스프링의 정수 및 감쇠력 제어에 사용한다.

5. 전자제어 현가장치의 제어 기능

① **앤티 롤링 제어**(anti rolling control) : 선회할 때 자동차의 좌우 방향으로 작용하는 횡 가속도를 G센서로 검출하여 제어한다. 즉 자동차가 선회할 때는 원심력에 의하여 중심 이동이 발생하여 바깥쪽 바퀴쪽은 목표 차고보다 낮아지고 안쪽 바퀴는 높아진다. 이에 따라 바깥쪽 바퀴의 스트러트의 압력은 높이고 안쪽 바퀴의 압력은 낮추어 원심력에 의해서 차체가 롤링하려고 하는 힘을 억제한다.

▲ 롤링

② **앤티 스쿼트 제어**(anti squat control) : 급출발 또는 급가속을 할 때에 차체의 앞쪽은 들리고, 뒤쪽이 낮아지는 노스 업(nose-up)현상을 제어한다. 작동은 컴퓨터가 스로틀 위치 센서의 신호와 초기의 주행속도를 검출하여 급출발 또는 급가속 여부를 판정하여 규정 속도 이하에서 급출발이나 급가속 상태로 판단되면 노스업(스쿼트)를 방지하기 위하여 쇽업소버의 감쇠력을 증가시킨다.

③ **앤티 다이브 제어**(anti dive control) : 주행 중에 급제동을 하면 차체의 앞쪽은 낮아지고, 뒤쪽이 높아지는 노스다운(nose down)현상을 제어한다. 작동은 브레이크 오일 압력 스위치로 유압을 검출하여 쇽업소버의 감쇠력을 증가시킨다.

▲ 스쿼트

▲ 다이브

④ **앤티 피칭 제어**(anti pitching control) : 요철노면을 주행할 때 차고의 변화와 주행속도를 고려하여 쇽업소버의 감쇠력을 증가시킨다. 컴퓨터는 차고 센서에 의해 험한 노면이라고 판단되면 차체의 피칭 현상이 발생되지 않도록 쇽업소버의 감쇠력과 공기 스프링의 공기를 공급하거나 배출시켜 차체의 기울어짐을 방지한다.

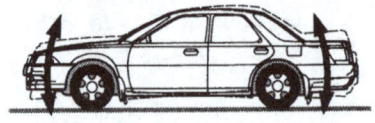
▲ 피칭

⑤ **앤티 바운싱 제어**(anti bouncing control) : 차체의 바운싱은 G센서가 검출하며, 바운싱이
발생하면 쇽업소버의 감쇠력은 Soft에서
Medium이나 Hard로 변환된다. 컴퓨터는 차고
센서에 의해 험한 노면이라고 판단되면 차체의
바운싱 현상이 발생되지 않도록 쇽업소버의 감
쇠력과 공기 스프링의 공기를 공급하거나 배출
시켜 차체의 기울어짐을 방지한다.

🔺 바운싱

⑥ **앤티 쉐이크 제어**(anti shake control) : 사람이
자동차에 승·하차할 때 하중의 변화에 따라
차체가 흔들리는 것을 쉐이크라 하며, 주행속
도를 감속하여 규정 속도 이하가 되면 ECU는
승·하차에 대비하여 쇽업소버의 감쇠력을
Hard로 변환시킨다. 그리고 자동차의 주행속

🔺 쉐이크

도가 규정값 이상되면 쇽업소버의 감쇠력은 초기 모드로 된다.

⑦ **차속 감응 제어**(vehicle speed control) : 자동차가 고속으로 주행할 때에는 차체의 안정성
이 결여되기 쉬운 상태이므로 쇽업소버의 감쇠력은 Soft에서 Medium이나 Hard로 변환
된다.

② 전자제어 현가장치 조정

1. 수리공정 확인

(1) 작업 전 수행요소 판단

1) 이전 작업 순차에 따라 필요한 공정을 모두 수행한다.

① 현가장치 관련 정비를 수행한 경우 해당 항목의 완료 검사를 수행한다.

② 이외의 경우 정비지침서 등을 확인해 관련된 증세를 판독한다.

2) 차량이 전자제어 현가장치 관련 이상을 보이는지 확인한다.

(2) 이상 상황 확인

① 경고등 및 관련 문제사항이 도출되는 상황을 확인한다.

② 외관 관측 및 기타 일반적 점검으로 해결되지 않는 경우 스캐너를 연결한다.

③ 스캐너를 ON 상태로 켜고 전류 상태를 확인한다.

④ 커넥터측 외관을 확인한다.

⑤ 차량의 커넥터 연결부에 스캐너를 연결시킨다.

⑥ 이상 없이 신호가 송출되는지 확인한다.

2. 스캐너 초기값 설정

(1) 스캐너의 전원 확인

① 스캐너 본체와 케이블을 결합한다.

② 전원을 켜고 배터리 상태가 적절한지 확인한다.

③ 케이블 접속단 등에 이물질이 묻지 않았는지 확인한다.

(2) 제원 입력 및 차종 분류 선택

① 차량 제조사를 선택한다.

② 정식 지정 명칭으로 차종을 선택한다.

③ 해당 세부 모델을 종류에서 선택한다.

3. 관련 수리공정 수립

(1) 코드 진단

① 이상코드 확인 명령을 통해 코드를 확인한다.

② 현가장치 이상 코드가 발견될 경우 해당 코드를 정비지침서상에서 확인한다.

(2) G 센서 계통 이상

① G 센서 입력치가 허용범위 이상으로 연속되는 경우 확인한다.

② 차체 기울임을 확인하고, G 센서 회로를 점검한다

③ 차고를 확인 후 차고 조정을 점검한다.

④ 롤링 다이어프램을 확인한다.

⑤ 에어의 누설을 확인한다.

(3) 저압 스위치 계통 이상

① 배기제어 후 저압 스위치가 꺼지지 않는 경우 리턴 펌프가 2분간 정지를 반복한 경우 코드 출력을 확인한다.

② 저압 스위치를 확인하고 이상이 있을 경우 점검한다.

③ ECS–ECU 커넥터에서 커넥터 접속 후 어스로 전압을 가한다.

④ 정상이면 에어 누설을 점검한다.

⑤ 이상이 발생되는 경우 ECS–ECU 이상으로 교환한다.

(4) 스티어링 각속도 센서 이상

① 스티어링 각속도 센서 단선 시 혹은 어스선 단선 시 확인한다.

② 커넥터에 연결 후 측정한다.

③ 조향 휠 조절 시 적정범위 전압이 인가되면 커넥터를 점검 후 수정한다.

④ 허용치 이상 전압이 발생하는 경우 스티어링 각속도 센서를 점검한다.

⑤ ECS–ECU의 하니스를 점검하고 이상이 있을 경우 수정한다.

(5) 차고 센서 이상

① 차고 센서 계통에서 단선 혹은 쇼트 확인 시 수행한다.

② 센서 전원의 회로를 점검한다.

③ ECS-ECU의 하니스를 점검하고 이상이 있을 경우 수정한다.

(6) 차속 센서 이상

① 계기판 스피드미터 이동을 확인한다.

② 이상이 있을 경우 차속 센서 회로를 판독하고 수정한다.

③ 이상이 없을 경우 차속 센서 커넥터를 분리하고 해당 커넥터를 다시 계측한다.

④ 이상 증세가 확인되면 수정하고 고장 현상이 다른 커넥터에서 연속될 경우 ECS-ECU를 확인하고 이상이 있을 경우 교환한다.

(7) 리어 압력 센서 이상

① 전원 회로 점검 센서를 우선 확인한다.

② ECS-ECU측에 스캐너를 연결하고 차량을 흔들어 전압이 인가되는지 확인한다.

③ 차량에 충격이 가해질 경우 이상이 없다면 ECS-ECU를 확인 후 수정한다.

④ 충격이나 현가장치 작동 후에도 전압이 작용되지 않는다면 압력 센스를 확인하고 하니스를 점검하여 이상이 있을 경우 수정한다.

(8) 펄스 엔진 회전 수 이상

① 차속이 충분히 증가되어도 엔진 rpm이 올라가지 않는 경우 수행한다.

② 고장코드를 확인 후 이상이 없다면 점화코일을 확인한다.

③ 커넥터 측 이상인 경우 커넥터를 수정한다.

④ 지속적 이상이 발생하면 하니스 측 이상을 확인한다.

⑤ 경과가 개선이 없는 경우 ECS-ECU를 교환한다.

(9) 고압 조정 이상

① 지속적으로 차고 조정이 수행되는 경우 실시한다.

② 평시 적재량과 인원을 점검한다.

③ 프런트 차고 센서를 점검한다.

④ 리어 차고 센서를 점검한다.

⑤ 에어 압력 라인의 정상 유량 순환을 확인한다.

⑥ 리어 쇽업소버 및 프런트 스트러트의 작동 상태를 확인한다.

⑦ 이상이 있는 부분을 수리 · 조정한다.

(10) 밸브 에어 누설

① 차고 제어가 없이도 리턴 펌프가 작동, 중지할 경우 수행한다.

② 프런트, 리어 밸브의 에어 압력을 조정한다.

③ 흡·배기 밸브의 에어를 점검한다.

④ 에어라인과 저압 탱크의 공기 순환을 확인한다.

(11) 기타 관련 코드 이상

① 해당하는 코드를 정비지침서에서 확인한다.

② 관련 진단을 내용에 따라 수행한다.

③ 필요시 지정하는 항목을 수리 및 교환한다.

3 전자제어 현가장치 수리

1. 점검 결과에 따른 조치

(1) 경고등이 계속 점등된다.

① 전구 및 회로의 결선을 확인한다.

② 커넥터를 확인 후 지속적으로 점등 시 ECS ECU를 교환한다.

③ 하니스 혹은 커넥터를 점검 후 수리한다.

(2) ECS 조작 시에도 인디케이터 전환이 이루어지지 않는다.

① 전구를 점검하고, 손상 시 수리 및 교환한다.

② 인디케이터 점등회로를 전압계측하고 선로를 수리한다.

③ 커넥터를 확인하고 하니스 간 접지를 점검한다.

④ 이상 부위 회로를 수정한다.

(3) 차체가 계속 치우친다.

① 차고 조정 기능을 확인해 전체 시스템을 점검한다.

② 롤링 다이어프램에 유입된 이물질을 확인한다.

③ 리어 프레서 센서의 정상을 확인한다.

(4) 차체가 치솟는다.

① 솔레노이드 밸브를 점검하고 이상이 있을 경우 교환한다.

② 밸브 시트의 공기를 확인하고 이상이 있을 경우 교환한다.

(5) 차고가 점점 내려간다.

① 해당 전환 밸브를 확인한다.

② 자세 제어 밸브의 코드를 확인해 이상이 있을 경우 수정한다.

③ 컴프레서 작동상태를 확인하고 이상 있는 컴프레서를 교체한다.

④ ECS–ECU 하니스 점검 후 이상이 있을 경우 교환한다.

(6) 앤티 롤 제어 후 차고가 변동이 심하다.

① 모든 시스템이 정상값으로 복원되는지 각기 점검한다.

② 슈퍼 패트를 이용해 차고 내림, 롤 제어를 수행시킨다.

③ 배기 밸브가 작동 중 소음이 발생하면 배기 밸브를 확인한다.

④ 리턴 펌프의 릴레이가 정상적으로 작동하는지 확인한다.

⑤ 리턴 펌프의 작동음이 정상으로 판독되는지 측정 후 리턴 펌프를 교환한다.

(7) 앤티 롤 제어가 불가능하다.

① 롤 제어를 강제 수행 후 이상이 있으면 액추에이터 계통을 교환한다.

② 차속이 증가할 때 정상 차속에 수행되지 않으면 차속 센서를 교환한다.

③ 롤 전환 시 고압 스위치가 정상 작동되지 않으면 고압 스위치를 교환한다.

④ 모든 기능이 정상임에도 롤 제어가 되지 않으면 공기 순환계를 수리한다.

(8) 앤티 다이브 제어가 불가능하다.

① 각개 고장코드가 별도로 발생한다면 해당 제어를 수행한다.

② 감쇠력 전환이 수행되지 않으면 액추에이터를 교환한다.

③ 브레이크 작동 시 브레이크 등이 정상 작동되는지 확인하고 이상이 있을 경우 스톱 램프 스위치 회로를 점검한다.

④ 차량 수평 시 정상적 G센서 값이 도출되는지 확인하고 이상이 있을 경우 G센서를 교환한다.

⑤ 차속 센서를 점검 후 이상이 있을 경우 교환한다.

(9) 앤티 스쿼트 제어가 불가능하다.

① 슈퍼 패트로 감쇠력 전환을 강제 수행한다.

② 이상이 있을 경우 감쇠력 전환 액추에이터를 교환한다.

③ 액셀러레이터 페달을 조작해 응답에 따라 정상적으로 스로틀 포지션 센서가 오르고 내리는지 확인 하고 이상이 있을 경우 스로틀 포지션 센서와 액셀러레이터 페달의 답력을 확인한다.

④ 브레이크 스위치가 정상 작동하는지 확인하고 이상이 있을 경우 스위치 회로를 수리한다.

⑤ 차속 센서를 정상 확인하고 이상이 없는 경우 밸브 계통을 수정한다.

(10) 이외 전자제어 현가장치 작동이 불가능하다.

① 차속 센서, 차고 센서를 확인 후 이상이 있을 경우 교환한다.

② 이상 신호 회로의 단선 유무를 확인하고 수정한다.

③ 밸브의 작동 상태를 확인하고 유압을 조절한다.

④ 전자제어 현가장치 교환

1. 프런트 스트러트 어셈블리 교환

(1) 프런트 스트러트 어셈블리 탈거

① 리프트 및 잭 등을 이용해서 차량 앞쪽을 부양시킨다.

② 프런트 휠 및 타이어를 프런트 허브로부터 분리해낸다.

③ 브레이크 호스 및 스피드 센서를 프런트 스트러트 포크 및 프런트 액슬 어셈블리로 부터 분리한다.

④ 프런트 스태빌라이저 바 링크, 포크, 로어 암 커넥터를 분리한다.

⑤ 프런트 스트러트 어셈블리로부터 포크를 분리해낸다.

⑥ 프런트 스트러트 마운팅 너트 3개를 모두 분리한다.

(2) 프런트 스트러트 어셈블리 장착

① 프런트 스트러트 어셈블리 마운팅 너트를 장착한다.

② 프런트 스트러트 어셈블리의 착색 부분이 차량 바깥 부분으로 향하도록 하여 조립한다.

③ 프런트 스트러트 포크와 로어 암 커넥터를 결합한다.

④ 포크에 프런트 스태빌라이저 바 링크를 체결토크로 장착한다.

⑤ 스피드 센서 체결 볼트를 장착한다.

⑥ 스트러트 어셈블리와 프런트 액슬 어셈블리에 브레이크 호스와 스피드 센서 케이블, 그리고 브래킷 체결 볼트를 장착한다.

⑦ 휠과 타이어를 9 ~ 11kgf.m의 체결 토크로 프런트 허브에 장착한다.

(3) 프런트 스트러트 어셈블리 분해

① 특수공구 등을 사용해 스프링에 장력이 생길 때까지 스프링을 압축한다.

② 프런트 스트러트로부터 셀프 록킹 너트를 분리한다.

③ 프런트 스트러트로부터 인슐레이터 어셈블리와 스프링 어퍼 패드, 스프링 및 더스트 커버를 분리한다.

(4) 프런트 스트러트 어셈블리 폐기

① 스트러트 로드를 완전히 늘어난 상태로 폐기한다.

② 실린더에 구멍을 뚫어 가스를 빼낸 뒤 폐기한다.

③ 배출가스는 무색무취이므로 드릴로 구멍을 뚫는 동안 가스가 분사되는 상황을 인지할 수 없어 예기치 못하게 파편이 날릴 수 있으니 주의해야 한다.

(5) 프런트 스트러트 어셈블리 조립

① 특수공구 등을 이용해 코일 스프링을 압축시킨 상태로 조립을 진행한다.

② 압축된 코일 스프링을 쇽업소버에 장착한다.

③ 정비지침서 상의 차종과 코일 스프링 식별 색을 인지한 후 장착해야 하며, 코일스프링 식별 색 측이 너클을 향하게 조립한다.

④ 프런트 스트러트 로드를 최대한 풀어준 후, 더스트 커버와 스프링 어퍼 패드, 인슐레이터 어셈블리를 결합시킨다.

⑤ 스프링의 끝을 스프링 시트 홈에 일치시킨 후 록킹 너트를 약하게 조립시킨다.

⑥ 특수공구를 분리한 후 셀프 록킹 너트를 2 ~ 2.5kgf.m으로 결합시킨다.

2. 프런트 로어 암 교환

(1) 프런트 로어 암 탈거

① 프런트 휠 너트를 느슨하게 풀어낸 상태로 리프트 등을 이용 차량의 앞쪽을 든다.

② 프런트 휠과 타이어를 프런트 허브에서 분리한다.

③ 포크와 로어 암 커넥터를 분리한다.

④ 프런트 로어 암을 마운트 하고 있는 볼트를 2군데 분리한다.

(2) 프런트 로어 암 교환

① 특수공구를 사용하여 프런트 로어 암의 부싱을 분리한다.

② 부싱의 바깥 면과 로어 암 부싱 장착부 안쪽에 비눗물을 바른다.

③ 특수공구를 활용해 새로운 부싱을 장착한다.

④ 부싱은 완전히 안쪽에 집어넣어야 하며, 인발력을 800kgf 이상으로 한다.

(3) 프런트 로어 암 장착

① 프런트 로어 암을 마운트 할 볼트를 장착한다.

② 체결 토크 14~16kgf.m으로 A 부싱을, 14~16kgf.m으로 G 부싱을 결합한다.

③ 포크와 로어 암 커넥터를 장착하며, 체결 토크는 14~16kgf.m 수준으로 한다.

④ 프런트 로어 암 볼 조인트 체결 볼트를 10~12kgf.m으로 결합한다.

⑤ 9~11kgf.m의 체결 토크로 프런트 휠과 타이어를 프런트 허브에 장착한다.

3. 프런트 어퍼 암 교환

(1). 프런트 어퍼 암 탈거

① 프런트 휠 너트를 느슨하게 푼 상태로 차량을 리프트 등을 이용해 앞쪽을 들어올린다.

② 프런트 휠과 타이어를 프런트 허브로부터 분리한다.

③ 어퍼 암 볼 조인트 셀프 록킹 너트와 스냅 핀을 분리한다.

④ 특수공구 등을 사용해 프런트 액슬 어셈블리에서 어퍼 암 볼 조인트를 분리한다.

⑤ 프런트 쇽업소버를 분리하고 어퍼 암 마운팅 볼트 2개를 모두 분리한다.

(2) 프런트 어퍼 암 장착

① 프런트 어퍼 암의 마운팅 볼트 2개를 모두 차체에 장착한다.

② 장착 시 어퍼 암 하단은 차체 플랜지 끝단에 위치하도록 조립한다.

③ 프런트 쇽업소버를 장착한다.

④ 프런트 어퍼 암 조인트를 셀프 록킹 너트로 장착한다.

⑤ 스냅 핀을 이용해 조인트를 볼 조인트 끝에 흔들림 없이 삽입해 고정시킨다.

⑥ 프런트 휠과 타이어를 체결토크 9 ~ 11Kgf.m 정도로 프런트 허브에 장착한다.

4. 프런트 스태빌라이저 바 교환

(1) 프런트 스태빌라이저 바 탈거

① 프런트 휠 및 타이어를 프런트 허브로부터 분리시킨다.

② 허브 볼트가 손상되지 않도록 주의한다.

③ 포크로부터 좌우 프런트 스태빌라이저 링크를 분리시킨다.

④ 서브 프레임을 안정적으로 지지한 상태로 서브 프레임의 뒷부분 마운트를 하고 있는 볼트를 탈거시킨다.

⑤ 서브 프레임에서 브래킷 체결 볼트를 분리시킨다.

⑥ 프런트 스태빌라이저 브래킷과 부싱을 좌우측 모두 분리한다.

⑦ 스태빌라이저 바를 분리시킨다. 이때 압력과 관련된 튜브들이 손상되지 않도록 주의한다.

(2) 프런트 스태빌라이저 바 장착

① 스태빌라이저 바에 부싱을 장착시킨다.

② 프런트 스태빌라이저 바의 클램프와 부싱을 밀착시켜 둔다.

③ 한쪽의 브래킷을 간이 조립하고, 반대쪽의 부싱을 완전히 설치한 뒤 앞서 설치한 부싱과 모든 부싱을 설치한다.

④ 서브 프레임 리어 마운트를 담당하는 볼트를 조립한다.

⑤ 서브 프레임에 양쪽 브래킷을 장착한다.

⑥ 스태빌라이저 링크를 좌우측 모두 결합시킨다.

⑦ 프런트 허브에 프런트 휠 및 타이어를 장착시킨다.

❺ 전자제어 현가장치 검사

1. 스트러트 어셈블리 검사

① 프런트 스트러트 인슐레이터의 베어링 마모도와 손상을 육안으로 검사한다.

② 고무 부품들의 손상과 변형, 뒤틀림이나 이가 나간 부분이 있는지 확인한다.

③ 프런트 스트러트 로드를 압축시켰다가 이완시킴을 반복시켜 저항과 소음이 발생하는지 검사한다.

2. 로어 암 검사

① 부싱에 마모된 곳은 없는지, 지나치게 노화되지는 않았는지 점검한다.

② 로어 암 본체를 관측하여 손상 상태를 확인한다.

③ 볼 조인트 더스트 커버에 균열이 간 곳이 없는지 확인한다.

④ 모든 체결 볼트가 정상 결합되어 있는지 확인한다.

⑤ 육안이나 손으로 확인하는 것은 물론 가능한 주요 조립 볼트를 정격 토크로 다시금 조여 본다.

⑥ 로어 암의 회전 토크를 점검한다.

⑦ 더스트 커버 균열 시 볼 조인트를 어셈블리로 교환한다.

⑧ 볼 조인트 스터드를 몇 번 흔들어 본다.

⑨ 볼 조인트 회전 토크를 측정하여 무부하 4~20kgf.cm/500kgf 하중 부하 시 30~50kgf.cm 수준이 되는지 확인한다. 이때 상온에서 요동 3°, 회전 30°로 5회 실시 후 0.5 ~ 2rpm에서 측정한다.

⑩ 측정치가 기준치 이하일 경우 볼 조인트를 어셈블리로 교환한다.

3. 어퍼 암 검사

① 부싱의 마모와 노화상태를 점검한다.

② 어퍼 암이 휘어지지는 않았는지, 손상된 곳은 없는지 점검한다.

③ 볼 조인트 더스트 커버 균열을 확인한다.

④ 모든 볼트들의 체결 상태를 점검한다. 이때 한 번 더 체결해 주는 것이 바람직하다.

⑤ 어퍼 암 볼 조인트 회전 토크를 점검한다. 이는 로어 암 볼 조인트의 회전 토크의 점검 방법과 같으며, 기준치는 15kgf.m 이다.

4. 트레일링 암 검사

① 부싱이 마모되거나 노화되지 않았는지 검사하고 필요시 교환해 준다.

② 트레일링 암이 휘거나 손상되지 않았는지 육안으로 검사한다.

③ 체결 볼트들의 결합 상태를 점검한다.

5. 스태빌라이저 바 검사

① 더스트 커버 내 균열이나 손상이 있을 경우 스태빌라이저 바 링크를 교환한다.

② 스태빌라이저 링크 볼 조인트 회전토크를 점검한다.

③ 볼 조인트 스터드를 몇 번 흔들고, 셀프 록킹 너트를 볼 조인트에 체결한다.

④ 볼 조인트 회전 토크가 7~20kgf.cm 이내인지 확인한다.

⑤ 만약 표준치를 초과하는 경우에는 리어 스태빌라이저 링크를 교환해야 한다.

⑥ 만약 표준치보다 미달된 경우라도 과도한 유격만 없다면 사용해도 무난하다.

01 전자제어 현가장치의 기능에 대한 설명 중 틀린 것은?

① 급제동 시 노스 다운을 방지할 수 있다.
② 변속 단에 따라 변속비를 제어할 수 있다.
③ 노면으로부터의 차량 높이를 조절할 수 있다.
④ 급선회 시 원심력에 대한 차체의 기울어짐을 방지할 수 있다.

해설 전자제어 현가장치의 기능
① 급선회할 때 앤티 롤(anti roll)제어 – 급선회할 때 원심력에 의한 차량의 기울어짐을 방지한다.
② 급제동할 때 앤티 다이브(anti dive, 노스 다운) 제어를 한다.
③ 급가속 할 때 앤티 스쿼트(anti squat) 제어를 한다.
④ 비포장도로에서의 앤티 바운싱(anti bouncing) 제어를 한다.
⑤ 차량의 정지 및 승객의 승하차 할 때 앤티 스쿼트 (anti squat) 제어를 한다.
⑥ 고속 안정성을 제어한다.
⑦ 도로 노면상태에 따라 승차감을 조절한다.

02 전자제어 현가장치의 장점으로 맞지 않는 것은?

① 승차감이 좋다.
② 고속주행 시 안정감이 있다.
③ 급제동시 노스다운 된다.
④ 노면상태에 따라 차량 높이가 조절된다.

해설 전자제어 현가장치의 장점
① 급제동할 때 노스 다운을 방지한다.
② 급선회할 때 차량의 기울어짐 현상을 방지한다.
③ 도로면 및 차속에 적합한 차고를 제어한다.
④ 감쇠력의 조절로 인한 승차감이 향상된다.
⑤ 가감속할 때 평탄한 자동차의 자세를 유지한다.

03 전자제어 현가장치의 기능과 가장 거리가 먼 것은?

① 킥다운 제어
② 차고 조정
③ 스프링 상수와 댐핑력 제어
④ 주행조건 및 노면상태 대응에 따른 제어

해설 전자제어 현가장치의 기능은 차고(차량 높이)조정, 스프링 상수와 댐핑력(감쇠력)의 제어, 주행 조건 및 노면상태의 대응에 따른 제어이다.

04 전자에어 현가장치에 대한 다음 설명 중 틀린 것은?

① 스프링 상수를 가변시킬 수 있다.
② 쇽업소버의 감쇠력 제어가 가능하다.
③ 차체의 자세 제어가 가능하다.
④ 고속주행 시 현가특성을 부드럽게 하여 주행 안전성이 확보된다.

해설 고속으로 주행할 때 차체의 높이를 낮추어 공기저항을 적게 하고 승차감 및 주행안정성을 향상시킨다.

05 전자제어 현가장치(ECS) 중 차고 조절 제어 기능은 없고 감쇠력만을 제어하는 현가방식은?

① 감쇠력 가변식과 세미 액티브 방식
② 감쇠력 가변식과 복합식
③ 세미 액티브 방식과 복합식
④ 세미 액티브 방식과 액티브 방식

해설 전자제어 현가장치의 종류
① 감쇠력 가변식 : 감쇠력 가변 방식은 감쇠력을 다단계로 조절할 수 있다.
② 세미 액티브 방식 : 역방향 감쇠력 가변 방식 쇽업소버를 사용하여 기존의 감쇠력 ECS의 경제성과 액티브 ECS의 성능을 만족시키는 장치이다.

정답 01.② 02.③ 03.① 04.④ 05.①

2. 자동차 섀시 정비

③ **복합식** : 쇽업소버의 감쇠력과 자동차의 높이 조절 기능을 지닌 형태이다.

④ **액티브 방식** : 감쇠력 제어 및 높이 조절 기능을 가지고 있어 자동차의 자세 변화에 유연하게 대처하여 자세제어가 가능한 장치이다.

06 ECS 현가장치 중 Active ECS 장치의 효과로 적합한 것은?

① 급 가·감속 시 연료 절약 효과
② 조정 안정성과 승차감 향상
③ 부드러운 운전만을 위한 쇽업소버의 효과
④ 안정된 핸들로 가벼운 조작효과

> **해설** 액티브 ECS 방식은 감쇠력 제어 및 높이 조절 기능을 가지고 있어 자동차의 자세 변화에 유연하게 대처하여 자세제어가 가능한 장치이다. 쇽업소버의 감쇠력 제어는 Super soft, Soft, Medium, Hard의 4단계 조절되며, 차고는 Low, Normal, High, Extra High 의 4단계로 제어가 가능하다. 자세 제어로 앤티 롤, 앤티 바운스, 앤티 피치, 앤티 다이브, 앤티 스쿼트 제어 등을 수행하여 조정 안정성과 승차감이 향상된다. 액티브 ECS 방식은 구조가 복잡하고 가격이 비싸 일부 고급 승용자동차에서만 사용된다.

07 전자제어 현가장치(ECS)의 감쇠력 제어 모드에 해당되지 않는 것은?

① Hard
② Super soft
③ Soft
④ Height Control

> **해설** ECS의 제어 모드에는 Auto, Super soft, Soft, Medium, Hard 등이 있다.

08 주행 안정성과 승차감을 향상시킬 목적으로 전자제어 현가장치가 변화시키는 것으로 옳은 것은?

① 토인
② 쇽업소버의 감쇠계수
③ 윤중
④ 타이어의 접지력

> **해설** 전자제어 현가장치에서는 주행 안정성과 승차감을 향상시킬 목적으로 쇽업소버의 감쇠계수를 변화시킨다.

09 다음 중 전자제어 현가장치를 작동시키는데 관련된 센서가 아닌 것은?

① 파워오일 압력 센서
② 차속 센서
③ 차고 센서
④ 조향 각 센서

> **해설** 전자제어 현가장치의 컨트롤 유닛으로 입력되는 신호에는 차속 센서, 차고 센서, 조향 핸들 각속도 센서, 스로틀 포지션 센서, G센서, 전조등 릴레이 신호, 발전기 L단자 신호, 브레이크 압력 스위치 신호, 도어 스위치 신호, 공기 압축기 릴레이 신호 등이 있다.

10 전자제어식 현가장치(ECS : Electronic Control Suspension)의 입력 요소가 아닌 것은?

① 냉각수온 센서
② 차속 센서
③ 스로틀 위치 센서
④ 앞·뒤 차고 센서

11 전자제어 현가장치에서 자세제어를 위한 입력 신호로 틀린 것은?

① 차속 센서
② 스로틀 포지션 센서
③ 조향각 센서
④ 충돌 감지 센서

> **해설** 자세 제어를 위한 신호
> ① **차속 센서** : 자동차의 주행 속도를 컴퓨터로 입력시키는 역할을 한다. 컴퓨터는 이 신호를 기초로 선회할 때 롤(roll)량을 예측하며, 다이브(dive), 스쿼트(squat) 제어 및 고속 안정성을 제어하는 신호로 사용한다.
> ② **스로틀 포지션 센서** : 운전자의 가·감속 의지를 판단하기 위한 센서로서 운전자가 액셀러레이터 페달의 밟는 량을 검출하여 컴퓨터로 입력시킨다. 컴퓨터는 이 신호를 기준으로 운전자의 가·감속 의지를 판단하여 앤티 스쿼트를 제어할 때 기준 신호로 이용된다.
> ③ **조향 각 센서** : 조향 방향, 조향 각도, 조향 각속도를 검출한다. 2개의 센서를 사용하는 이유는 조향 핸들의 좌우 회전 방향을 검출하기 위함이며, 컴퓨터는 조향 핸들 각속도 센서의 신호를 기준으로 선회할 때 차체의 기울어짐 방지하기 위해 앤티 롤링을 실행한다.

정답 06.② 07.④ 08.② 09.① 10.① 11.④

12 전자제어 현가장치에 대한 설명을 틀린 것은?

① 조향 각 센서는 조향 휠의 조향 각도를 감지하여 제어모듈에 신호를 보낸다.

② 일반적으로 차량의 주행상태를 감지하기 위해서는 최소 3점의 G센서가 필요하며 차량의 상·하 움직임을 판단한다.

③ 차속 센서는 차량의 주행속도를 감지하며, 앤티 다이브, 앤티 롤, 고속 안정성 등을 제어할 때 입력신호로 사용된다.

④ 스로틀 포지션 센서는 가속페달의 위치를 감지하여 고속 안정성을 제어할 때 입력신호로 사용된다.

해설 스로틀 포지션 센서는 액셀러레이터 페달의 케이블과 연결되어 있다. 즉, 운전자의 가·감속 의지를 판단하기 위한 센서로서 운전자가 액셀러레이터 페달의 밟는 량을 검출하여 컴퓨터로 입력시킨다. 컴퓨터는 이 신호를 기준으로 운전자의 가·감속 의지를 판단하여 앤티 스쿼트를 제어할 때 기준 신호로 이용된다.

13 선회 시 차체의 기울어짐 방지와 관계된 전자제어 현가장치의 입력요소는?

① 도어 스위치 신호

② 헤드램프 동작 신호

③ 스톱 램프 스위치 신호

④ 조향 휠 각속도 센서 신호

해설 입력요소의 기능
① 도어 스위치 신호 : ECS 컴퓨터는 도어 스위치의 신호로 자동차에 승객의 승차 및 하차 여부를 판단하여 승·하차를 할 때 차체의 흔들림을 방지하기 위해 쇽업소버의 감쇠력을 제어하며, 자동차 높이가 High 또는 Extra-High 상태일 때에는 승객이 승·하차를 할 때 편의를 위해 Normal 위치로 내려준다.
② 헤드램프 동작 신호 : 운전자가 전조등 스위치를 작동하면 전조등 릴레이가 작동하며, 이 릴레이가 작동하면 축전지의 전기를 전조등으로 보내어 점등된다. 일반적으로 전조등은 야간 주행에서만 작

동되며, 전조등 릴레이의 신호에 따라 ECS 컴퓨터는 고속 주행 중 자동차의 높이 제어를 다르게 한다.
③ 스톱 램프 스위치 신호 : 제동등 스위치는 운전자의 브레이크 페달 조작 여부를 검출하여 입력시키면 컴퓨터는 이 신호를 기준으로 제동할 때 차체가 앞쪽으로 기울어지는 것을 방지하기 위해 앤티 다이브(anti Dive)를 실행한다.
④ 조향 휠 각속도 센서 신호 : 조향 방향, 조향 각도, 조향 각속도를 검출한다. 2개의 센서를 사용하는 이유는 조향 핸들의 좌우 회전 방향을 검출하기 위함이며, 컴퓨터는 조향 핸들 각속도 센서의 신호를 기준으로 선회할 때 차체의 기울어짐 방지하기 위해 앤티 롤링을 실행한다.

14 전자제어 현가장치에서 자동차가 선회할 때 차체의 기울어진 정도를 검출하는 데 사용되는 센서는?

① G 센서

② 차속 센서

③ 뒤 압력 센서

④ 스로틀 포지션 센서

해설 센서의 기능
① G센서 : 자동차가 선회할 때 롤(roll)을 제어를 하기 위한 전용의 센서이며, 차체의 횡가속도와 그 방향을 검출한다.
② 차속 센서 : 자동차의 주행 속도를 컴퓨터로 입력시키는 역할을 한다. 컴퓨터는 이 신호를 기초로 선회할 때 롤(roll)량을 예측하며, 다이브(dive), 스쿼트(squat) 제어 및 고속 안정성을 제어하는 신호로 사용한다.
③ 뒤 압력 센서 : 뒤 쇽업소버 내의 공기 압력을 감지하는 역할을 한다. 뒤 압력 센서의 신호로 자동차 뒤쪽의 무게를 감지하여 무게에 따라 뒤 쇽업소버에 급·배기를 할 때 급기 시간과 배기 시간을 다르게 한다.
④ 스로틀 포지션 센서 : 액셀러레이터 페달의 케이블과 연결되어 있다. 즉, 운전자의 가·감속 의지를 판단하기 위한 센서로서 운전자가 액셀러레이터 페달의 밟는 량을 검출하여 컴퓨터로 입력시킨다. 컴퓨터는 이 신호를 기준으로 운전자의 가·감속 의지를 판단하여 앤티 스쿼트를 제어할 때 기준 신호로 이용된다.

정답 **12.**④ **13.**④ **14.**①

15 ECS 제어에 필요한 센서와 그 역할로 틀린 것은?

① G센서 : 차체의 각속도를 검출

② 차속 센서 : 차량의 주행에 따른 차량 속도 검출

③ 차고 센서 : 차량의 거동에 따른 차체 높이를 검출

④ 조향 휠 각도 센서 : 조향 휠의 현재 조향 방향과 각도를 검출

해설 G 센서는 롤(roll) 제어 전용의 센서이며, 차체의 가로 방향 중력 가속도 값과 좌우 방향의 진동을 검출한다. 롤 제어의 응답성을 높이기 위하여 자동차의 앞쪽 사이드 멤버(front side member)에 설치되어 있다.

16 전자제어 현가장치(ECS)의 감쇠력 제어를 위해 입력되는 신호가 아닌 것은?

① G 센서

② 스로틀 포지션 센서

③ ECS 모드 선택 스위치

④ ECS 모드 표시등

해설 감쇠력 재어 입력 신호

① G 센서 : 좌우 방향의 G(가속도)가 규정값 이상인 경우에는 감쇠력을 Medium 또는 Hard로 유지한다. 처음 복귀할 때에는 다시 한 번 감쇠력을 1단 올려서 약 1초 후에 처음의 감쇠력으로 복귀한다.

② 스로틀 포지션 센서 : 스로틀 위치 센서의 출력 전압이 4V(액셀러레이터 페달을 끝까지 밟은 상태)를 1초 이상 계속되면 감쇠력을 AUTO 모드에서는 Medium에, Sport 모드에서는 Hard로 전환한다.

③ ECS 모드 선택 스위치 : 운전자가 주행 조건이나 노면 상태에 따라 쇽업소버의 감쇠력 특성과 자동차 높이를 선택할 때 사용한다.

④ ECS 모드 표시등 : 운전자의 스위치 선택에 따른 현재 ECS의 작동 모드를 표시등에 점등시켜 알려주고, ECS에 고장이 발생하였을 때 알람(Alarm) 표시등을 점등시켜 고장을 알려준다.

17 전자제어 현가장치에서 노면의 상태 및 주행 조건에 따른 자세변화에 대하여 제어하는 것과 거리가 먼 것은?

① 앤티 롤 제어

② 앤티 피치 제어

③ 앤티 바운스 제어

④ 앤티 트램핑 제어

해설 자세 제어에는 앤티 스쿼트 제어, 앤티 다이브 제어, 앤티 롤링 제어, 앤티 바운싱 제어, 앤티 쉐이크 제어, 차속 감응 제어 등이 있다.

18 전자제어 서스펜션(ECS) 시스템의 제어기능이 아닌 것은?

① 앤티 피칭 제어

② 앤티 다이브 제어

③ 차속 감응 제어

④ 앤티 요잉 제어

19 전자제어 현가장치에서 자동차가 선회할 때 원심력에 의한 차체의 흔들림을 최소로 제어하는 기능은?

① 앤티 롤링

② 앤티 다이브

③ 앤티 스쿼트

④ 앤티 드라이브

해설 전자제어 현가장치 제어 기능

① 앤티 롤링 제어 : 자동차가 선회할 때 원심력에 의한 차체의 흔들림을 최소로 제어하는 기능이다.

② 앤티 다이브 : 주행 중에 급제동을 하면 차체의 앞쪽은 낮아지고, 뒤쪽이 높아지는 노스다운(nose down)현상을 제어한다.

③ 앤티 스쿼트 : 급출발 또는 급가속을 할 때에 차체의 앞쪽은 들리고, 뒤쪽이 낮아지는 노스 업(nose-up)현상을 제어한다.

정답 **15.**① **16.**④ **17.**④ **18.**④ **19.**①

20 전자제어 현가장치(ECS) 시스템의 센서와 제어기능의 연결이 맞지 않는 것은?

① 앤티 피칭 제어 – 상하 가속도 센서
② 앤티 바운싱 제어 – 상하 가속도 센서
③ 앤티 다이브 제어 – 조향 각 센서
④ 앤티 롤링 제어 – 조향 각 센서

> **해설** 앤티 다이브 제어는 주행 중에 급제동을 하면 차체의 앞쪽은 낮아지고, 뒤쪽이 높아지는 노스다운(nose down) 현상을 제어하는 것이다. 작동은 브레이크 오일 압력 스위치로 유압을 검출하여 쇽업소버의 감쇠력을 증가시킨다.

21 유압식 전자제어 현가장치에서 스캔 등을 이용하여 강제 구동할 경우에 대한 설명으로 옳은 것은?

① 고속 좌회전 모드로 조작하는 경우 좌측은 올리고 우측은 내리는 제어를 한다.
② 급제동하는 모드로 조작하는 경우 앞축과 뒤축은 모두 hard쪽으로 제어한다.
③ high 모드로 조작하면 차고는 상향제어 되면서 감쇄력은 hard쪽으로 제어된다.
④ 차량속도가 고속모드인 경우 압축과 뒤축 모두 차고를 올림 제어한다.

> **해설** Anti-Dive 제어의 감쇠력 전환
> ① 급제동을 할 때 Anti-Dive를 줄이기 위해 공기 공급 및 배출과 동시에 감쇠력을 Medium 또는 Hard로 전환한다.
> ② 제동등 스위치가 ON으로 된 후 즉시 앞뒤 방향의 가속도가 규정 값 이상으로 될 때 앞쪽에는 규정 시간 이상으로 공기를 공급하여 감쇠력은 AUTO 모드일 경우에는 Medium으로, Sport 모드일 경우에는 Hard로 한다.
> ③ 제동등 스위치 ON 상태에서 가속도가 더욱 더 증가하면 뒤쪽을 앞쪽과 동시에 공기를 배출하고, 감쇠력은 Sport 및 AUTO 모드일 경우에도 Hard로 제어한다.
> ④ 가속도가 규정 값 미만으로 내려가면 감쇠력을 약 1초 후에 처음으로 복귀시키고, 공기배출 또는 배출한 시간만큼 공기를 공급하여 앞쪽과 뒤쪽의 공기량을 제어전의 상태로 복귀시킨다.

22 전자제어 현가장치에서 차량 선회 시 차체의 기울어진 방향과 기울어진 정도를 검출하여 안티 롤 제어의 보정 신호로 사용되는 센서는?

① 차속 센서
② G(중력)센서
③ 휠 스피드 센서
④ 조향 휠 각속도 센서

> **해설** G센서는 앤티 롤(anti roll) 제어 전용 센서이며, 차체의 가로방향 중력가속도 값과 좌우방향의 진동을 검출한다. 앤티 롤 제어의 응답성능을 높이기 위하여 자동차의 앞쪽 사이드 멤버(front side member)에 설치되어 있다.

23 전자제어 현가장치에서 앤티 스쿼트(Anti-squat) 제어의 기준신호로 사용되는 것은?

① G 센서 신호
② 프리뷰 센서 신호
③ 스로틀 포지션 센서 신호
④ 브레이크 스위치 신호

> **해설** 센서 신호의 기능
> ① G 센서 신호 : G 센서는 롤(roll) 제어 전용의 센서이며, 차체의 가로 방향 중력 가속도 값과 좌우 방향의 진동을 검출한다.
> ② 프리뷰 센서 신호 : 도로 면의 돌기나 단차를 초음파로 검출하여 바퀴가 단차 또는 돌기를 넘기 직전에 쇽업소버의 감쇠력을 최적으로 제어하여 승차감을 향상시킨다.
> ③ 스로틀 포지션 센서 신호 : 운전자의 가·감속 의지를 판단하여 앤티 스쿼트를 제어할 때 기준 신호로 이용된다.
> ④ 브레이크 스위치 신호 : 제동할 때 차체가 앞쪽으로 기울어지는 것을 방지하기 위해 앤티 다이브(anti Dive)를 실행한다.

정답 **20.**③ **21.**② **22.**② **23.**③

24 전자제어 현가장치의 자세제어 중 앤티 스쿼트 제어의 주요 입력신호는?

① 조향 휠 각도 센서, 차속센서
② 스로틀 포지션 센서, 차속센서
③ 브레이크 스위치, G-센서
④ 차고센서, G-센서

> **해설** 앤티 스쿼트 제어의 기준신호는 스로틀 포지션 센서와 차속 센서의 신호이다.

25 전자제어 현가장치의 제어 중 급 출발 시 노즈 업 현상을 방지하는 것은?

① 앤티 다이브 제어
② 앤티 스쿼트 제어
③ 앤티 피칭 제어
④ 앤티 롤링 제어

> **해설** 앤티 스쿼트 제어란 급출발 또는 급가속을 할 때에 차체의 앞쪽은 들리고, 뒤쪽이 낮아지는 노스 업(nose-up) 현상을 제어한다.

26 전자제어 현가장치의 제어 특성 중 앤티-다이브(Anti-Dive) 기능을 설명한 것으로 맞는 것은?

① 급발진, 급가속시 감쇠력을 소프트(soft)로 하여 차량의 뒤쪽이 내려앉는 현상
② 급제동시 감쇠력을 하드(hard)로 하여 차체의 앞부분이 내려가는 것을 방지하는 기능
③ 회전 주행 시 원심력에 의한 차량의 롤링을 최소로 유지하는 기능
④ 급발진 시 가속으로 인한 차량의 흔들림을 억제하는 기능

> **해설** 앤티 다이브 기능이란 급제동할 때 어큐뮬레이터의 감쇠력을 하드(hard)로 하여 차체의 앞부분이 내려가는 것을 방지하는 기능을 말한다.

27 전자제어 현가장치의 제어 중 승하차 시 차체가 흔들리는 현상을 방지하는 제어는?

① 앤티 쉐이크 제어
② 앤티 스쿼트 제어
③ 앤티 바운싱 제어
④ 앤티 롤 제어

> **해설** ① 앤티 쉐이크 제어(Anti-shake control) : 사람이 자동차에 승하차 할 때 하중의 변화에 따라 차체가 흔들리는 것을 쉐이크라 하며, 주행속도를 감속하여 규정 속도 이하가 되면 컴퓨터는 승하차에 대비하여 쇽업소버의 감쇠력을 Hard로 변환시킨다.
> ② 앤티 스쿼트 제어(Anti-squat control) : 급출발 또는 급가속을 할 때에 차체의 앞쪽은 들리고, 뒤쪽이 낮아지는 노스 업(nose-up) 현상을 제어한다.
> ③ 앤티 바운싱 제어(Anti-bouncing control) : 차체의 바운싱은 G센서가 검출하며, 바운싱이 발생하면 쇽업소버의 감쇠력은 Soft에서 Medium이나 Hard로 변환된다.
> ④ 앤티 롤 제어(Anti-rolling control) : 선회할 때 자동차의 좌우 방향으로 작용하는 횡 가속도(흔들림)를 G센서로 검출하여 제어한다.

28 전자제어 현가장치에서 스프링 상수 및 감쇠력 제어기능과 차고 조절기능을 하는 것은?

① 압축기 릴레이
② 에어 액추에이터
③ 스트러트 유닛(쇽업소버)
④ 배기 솔레노이드 밸브

> **해설** 전자제어 현가장치는 스트러트 유닛(쇽업소버)에서 스프링 상수 및 감쇠력 제어기능과 차고를 조절을 한다.

정답 24. ② 25. ② 26. ② 27. ① 28. ③

29 전자제어 현가장치에서 차고는 무엇에 의해 제어되는가?

① 공기 압력　　　② 코일 스프링
③ 진공　　　　　④ 특수고무

> **해설** 전자제어 현가장치에서 차고는 공기 압력으로 조정한다. 즉 자동차의 주행속도가 규정 값 이상되면 차고는 Low로, ECU가 노면상태가 불량함을 검출한 경우에는 High로 변환시킨다. 차고를 높일 경우에는 ECU가 공기공급 솔레노이드 밸브와 차고 제어 공기 밸브를 열어 공기실에 압축공기를 공급하여 공기실의 체적과 쇽업소버의 길이를 증가시킨다.

30 공압식 전자제어 현가장치에서 컴프레서에 장착되어 차고를 낮출 때 작동하며, 공기 체임버 내의 압축공기를 대기 중으로 방출시키는 작용을 하는 것은?

① 에어 액추에이터 밸브
② 배기 솔레노이드 밸브
③ 압력 스위치 제어밸브
④ 컴프레서 압력 변환 밸브

> **해설** **밸브의 기능**
> ① 유량 변환 밸브 : 자동차의 높이를 조절하거나 자세를 제어할 때 앞뒤 쇽업소버의 공기 스프링에 공기를 공급하기 위해 앞뒤 공기 공급 밸브에 공기를 공급하는 역할을 한다.
> ② 공급 솔레노이드 밸브 : 자동차 높이를 제어하거나 자세를 제어할 때 앞쪽 좌우 또는 뒤쪽 좌우 스트럿(strut) 공기 체임버에 공기를 공급하는 밸브이다.
> ③ 배기 솔레노이드 밸브 : ECU는 차고를 낮출 때 공기 체임버 내에 압축 공기를 대기 중으로 방출할 것인지 아니면 저압 탱크 쪽으로 보낼 것인지를 결정하여 공기를 방출시키는 밸브이다.

31 전자제어 현가장치(ECS)의 부품 중 차고조정 및 HARD/SOFT를 선택할 때 밸브개폐에 의하여 공기압력을 조정하는 것은?

① 앞 차고센서　　　② 앞 스트러트
③ 앞 솔레노이드 밸브　④ 컴프레서

> **해설** 전자제어 현가장치에서 차고조정 및 HARD/SOFT를 선택할 때 앞 솔레노이드 밸브로 공기압력을 조정한다.

32 공압식 전자제어 현가장치의 기본 구성품에 속하지 않는 것은?

① 컴프레서　　　② 공기저장 탱크
③ 컨트롤 유닛　　④ 동력 실린더

> **해설** 파워 스티어링 시스템의 동력 실린더는 실린더 내에 피스톤과 피스톤 로드가 배치되어 있으며, 오일 펌프에서 발생한 유압유를 피스톤에 작용시켜서 조향 방향 쪽으로 힘을 가해 주는 장치이다.

33 공압식 전자제어 현가장치에서 저압 및 고압 스위치에 대한 설명으로 틀린 것은?

① 고압 스위치가 ON 되면 컴프레서 구동 조건에 해당된다.
② 저압 스위치는 리턴 펌프를 구동하기 위한 스위치이다.
③ 고압 스위치가 ON 되면 리턴 펌프가 구동된다.
④ 고압 스위치는 고압 탱크에 설치된다.

> **해설** 저압탱크 쪽 압력이 규정 값 이상으로 상승하면 저압 스위치가 작동하여 내부의 리턴 펌프를 구동한다. 고압 스위치는 고압 쪽에 설치되어 있다. 저압 탱크의 고압 쪽 공기 압력이 너무 낮을 경우에는 정상적인 자세 제어가 어려우므로, 고압 스위치는 고압 탱크 내의 공기 압력이 일정 압력 이하로 떨어지게 되면 공기 압축기를 작동시켜 압력을 유지한다. 고압 스위치는 공기 저장 탱크 내의 공기 압력이 7.6～9.4kgf/cm² 정도로 유지되도록 공기 압축기를 제어하는 일을 한다.

정답　29.①　30.②　31.③　32.④　33.③

34 복합식 전자제어 현가장치에서 고압 스위치 역할은?

① 공기압이 규정 값 이하이면 컴프레서를 작동시킨다.
② 자세제어 시 공기를 배출시킨다.
③ 쇽업소버 내의 공기압을 배출시킨다.
④ 제동시나 출발시 공기압을 높여준다.

해설 고압 스위치는 공기탱크 내의 압력이 규정 값 이하로 낮아지면 컴프레서(공기 압축기)를 구동시킨다.

35 전자제어 에어 서스펜션의 기본 구성품으로 틀린 것은?

① 공기 압축기
② 컨트롤 유닛
③ 마스터 실린더
④ 공기 저장 탱크

해설 마스터 실린더는 브레이크 시스템에서 브레이크 페달을 밟을 때 유압을 발생하여 각 바퀴에 전달하는 역할을 한다.

36 공기식 전자제어 현가장치에서 자세제어의 종류가 아닌 것은?

① 앤티 스쿼트
② 앤티 다이브
③ 앤티 롤
④ 앤티 요잉

해설 제어기능에는 앤티 스쿼트, 앤티 다이브, 앤티 롤, 앤티 바운싱, 앤티 쉐이크 등이 있다.

정답 34.① 35.③ 36.④

2-4 전자제어 조향장치 정비

① 전자제어 조향장치 점검·진단

1. 전자제어 동력 조향장치(ECPS ; Electronic Control Power Steering)

일반적인 조향장치는 고속 주행할수록 조향 핸들의 조작력이 경감되며, 배력이 일정한 동력 조향장치에서는 고속 운전에서 조향 핸들의 조작력이 너무 가벼워져 위험을 초래하는 경우가 있다. 이러한 위험을 방지하기 위하여 엔진의 회전속도에 따라서 조작력을 변화시키는 회전속도 감응방식과 주행속도에 따라 변화하는 차속 감응방식이 있다.

(1) 전자제어 동력 조향장치(ECPS)의 특성

① 공전과 저속에서 조향 핸들의 조작력이 가볍다.
② 중속 이상에서는 차량속도에 감응하여 조향 핸들의 조작력을 변화시킨다.
③ 급선회 조향에서 추종성능을 향상시킨다.
④ 솔레노이드 밸브로 스로틀 면적을 변화시켜 오일탱크로 복귀되는 오일량을 제어한다.
⑤ 차속 감응 기능, 주차 및 저속주행에서 조향 조작력 감소기능, 롤링 억제기능 등이 있다.

(2) 전자제어 동력 조향장치(ECPS)의 종류

① **차속 감응 제어 방식** : 솔레노이드 밸브나 전동기를 주행속도와 기타 조향 조작력에 필요한 정보에 의해 작동하여 고속과 저속 모드에 필요한 유량을 제어한다. 차속센서 및 조향 핸들 각속도 센서의 입력에 대응하여 컴퓨터가 유량 조절 솔레노이드 밸브의 전류를 제어하여 조향 기어 박스에 유압 (유량)을 조절함에 따라 주행속도에 따른 최적의 조향조작력을 실현한다.

② **유압 반력 제어 방식** : 유압 반력 제어 밸브에 의해 주행속도의 상승에 따라 유압 반력실에 도입하는 반력 압력을 증가시켜 반력기구의 강성을 가변 제어하여 직접 조향 조작력을 제어하는 방식이다.

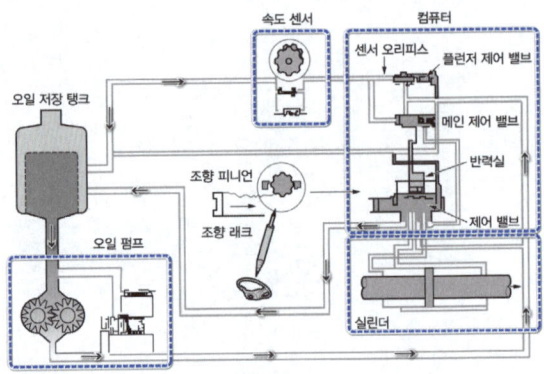

▲ 유압 반력 제어 방식의 구조

(3) 전자제어 동력 조향장치(ECPS)의 구조

① **ECU** : 차속 센서, 스로틀 위치 센서, 조향 핸들 각속도 센서로부터 정보를 입력받아

유량 제어 솔레노이드 밸브의 전류를 듀티 제어한다. 또 고장이 나면 안전 모드로의 전환 제어 및 고장 코드를 출력하는 기능을 한다.

② **차속 센서** : ECU가 주행속도에 따른 최적의 조향조작력으로 제어할 수 있도록 주행속도를 입력한다. 또 컴퓨터는 차속 센서가 고장일 때 중속의 조향 조작력으로 일정하게 유지하여 고장이 나더라도 중속 이상에서의 주행 안정성을 확보한다.

③ **스로틀 위치 센서** : 가속페달을 밟은 양을 검출하여 컴퓨터에 입력시켜 차속센서의 고장을 검출하기 위해 사용된다. 차속 센서가 고장이 나면 주행 안정성을 확보하기 위해 조향 조작력을 중속(조금 무겁게) 조건으로 일정하게 유지한다.

④ **조향 핸들 각속도 센서** : 조향 각속도를 검출하여, 중속 이상 조건에서 급조향할 때 발생되는 순간적 조향 핸들 걸림 현상인 캐치 업(catch up)을 방지하여 조향 불안감을 해소하는 역할을 한다.

> **TIP**
> 동력 조향장치의 오일압력 스위치의 배선이 단선되면 공회전에서 조향 핸들을 작동시켰을 때 시동이 꺼지기 쉽다.

(4) 차속 감응형의 특징

① 자동차의 주행속도에 따라 조향 핸들의 무게를 제어한다.
② 저속에서는 가볍고, 중고속에서는 좀더 무거워 진다.
③ 주행속도가 증가할수록 파워 피스톤의 압력을 저하시킨다.
④ 차속 센서로 주행속도를 감지한다.
⑤ 속도 감응식 조향장치(SSPS)에서 액추에이터 코일 회로가 단선되면 일반 파워 스티어링으로 전환된다.

2. 전동방식 동력 조향장치(MDPS ; Motor Driven Power Steering system)

전동방식 동력조향 장치는 자동차의 주행속도에 따라 조향핸들의 조향조작력을 전자제어로 전동기를 구동시켜 주차 또는 저속으로 주행할 때에는 조향조작력을 가볍게 해주고, 고속으로 주행할 때에는 조향조작력을 무겁게 하여 고속주행 안정성을 운전자에게 제공한다.

△ MDPS의 구조

(1) 전동방식 동력조향 장치(MDPS)의 장단점

1) MDPS의 장점

① 연료 소비율이 향상되고, 에너지 소비가 적으며, 구조가 간단하다.
② 엔진이 정지된 상태에서도 조향 조작력 증대가 가능하다.
③ 조향 특성의 튜닝(tuning)이 쉽다.
④ 기관실 레이아웃(ray-out) 설정 및 모듈화가 쉽다.
⑤ 유압제어 장치가 없어 환경 친화적이다.

2) MDPS의 단점

① 전동기의 작동 소음이 크고, 설치 자유도가 적다.

② 유압방식에 비하여 조향 핸들의 복원력이 낮다.

③ 조향 조작력의 한계 때문에 중·대형자동차에는 사용이 불가능하다.

④ 조향 성능을 향상시키고 관성력이 낮은 전동기의 개발이 필요하다.

(2) 전동방식 동력조향 장치(MDPS)의 특징

1) 전동방식 동력조향 장치의 구비 조건

① 작고 가벼우며 구조가 단순해야 한다.

② 작동이 원활하며 고속주행 시에도 잘 작동해야 한다.

③ 내구성과 신뢰도가 높아야 한다.

④ 주행 중 정숙해야 한다.

⑤ 여러 사용조건과 환경에서도 정상 작동해야 한다.

2) 전동방식 동력조향 장치의 기능

① 동력 조향장치와 크게 구조의 변형이 없다.

② 별다른 개조 없이 사용이 가능하다.

③ 제어 밸브가 직접 회로신호를 바이패스 시킨다.

④ 조향각과 횡가속도를 직접 연산해 피드백 한다.

3) 전동방식 동력조향 장치의 효과

① 저속에서는 가볍고 편리한 조향이 가능하다.

② 고속주행 시에는 노면 검출을 통한 안정적 구동이 가능하다.

③ 정밀 제어로 민감한 핸들링이 가능하다.

④ 필요에 따라서 고속주행 상태에서 안전한 유압의 지원이 가능하다.

⑤ 마이크로프로세스의 프로그래밍에 의해 자동차 특성과의 최적화가 가능하다.

(3) 전동방식 동력조향 장치(MDPS)의 종류

① **칼럼 구동 방식** : 전동기를 조향 칼럼 축에 설치하고 클러치, 감속기구(웜과 웜기어) 및 조향 조작력(토크) 센서 등을 통하여 조향 조작력 증대를 수행한다.

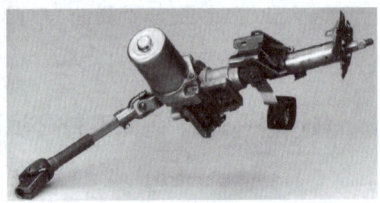

🔺 칼럼 구동 방식

② **피니언 구동 방식** : 전동기를 조향기어의 피니언 축에 설치하여 클러치, 감속기구(웜과 웜기어) 및 조향 조작력(토크) 센서 등을 통하여 조향 조작력의 증대를 수행한다.

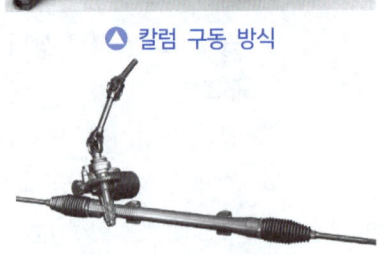

🔺 피니언 구동 방식

③ **래크 구동 방식** : 전동기를 조향기어의 래크 축에 설치하고 감속기구(볼 너트와 볼 스크루) 및 조향 조작력(토크) 센서 등을 통하여 조향 조작력의 증대를 수행한다.

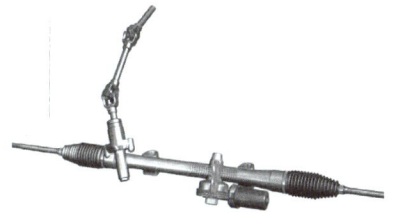

△ 래크 구동 방식

(4) ECM 입력 요소

① **차속 센서** : 차속 센서 : 변속기 출력축에 설치되어 있으며, 홀센서 방식이다. 주행속도에 따라 최적의 조향 조작력(고속으로 주행할 때에는 무겁고, 저속으로 주행할 때에는 가볍게 제어)을 실현하기 위한 기준 신호로 사용된다.

② **엔진 회전속도** : 엔진 회전속도는 전동기가 작동할 때 엔진의 부하(발전기 부하)가 발생되므로 이를 보상하기 위한 신호로 사용되며, 엔진 컴퓨터로 부터 엔진의 회전속도를 입력받으며 500rpm 이상에서 정상적으로 작동한다.

③ **토크 센서** : 조향 칼럼과 일체로 되어 있으며, 운전자가 조향 핸들을 돌려 래크와 피니언 그리고 바퀴를 돌릴 때 발생하는 토크를 조향 칼럼을 통해 측정한다. 컴퓨터는 조향 조작력 센서의 정보를 기본으로 조향 조작력의 크기를 연산한다.

④ **조향각 센서** : 전동기 내에 설치되어 있으며, 전동기(Motor)의 로터(Rotor)위치를 검출한다. 이 신호에 의해서 컴퓨터가 전동기 출력의 위상을 결정한다.

(5) EPS 경고등의 점등 조건

① 자기진단 시
② MDPS 시스템이 고장 일 경우
③ 컨트롤 모듈측 전원 공급이 불량한 경우
④ EPS 시스템 전원 공급이 불량한 경우
⑤ CAN BUS OFF 또는 EMS 신호가 미수신인 경우

(6) 정차 중 조향 핸들이 무거운 원인

① MDPS 컨트롤 유닛측 배터리 전원 공급이 불량한 경우
② MDPS 컨트롤 유닛측의 통신이 불량한 경우
③ MDPS CAN 통신선이 단선인 경우

3. 4륜 조향장치(4WS)의 적용 효과

① 고속에서 직진성능이 향상된다.
② 차로(차선)변경이 용이하다
③ 경쾌한 고속선회가 가능하다.
④ 저속회전에서 최소회전 반지름이 감소한다.
⑤ 주차할 때 일렬 주차가 편리하다.

⑥ 미끄러운 도로를 주행할 때 안정성이 향상된다.

⑦ 견인력(휠 구동력)이 크다.

4. 조향장치의 이상원인

(1) 조향 핸들이 무거운 원인

① 타이어의 공기 압력이 부족하다.

② 조향기어의 백래시가 작다.

③ 조향기어 박스 내의 오일이 부족하다.

④ 앞바퀴 정렬 상태가 불량하다.

⑤ 타이어의 마멸이 과다하다.

(2) 조향 핸들이 한쪽으로 쏠리는 원인

① 타이어 공기 압력이 불균일하다.

② 앞바퀴 정렬 상태가 불량하다.

③ 쇽업소버의 작동 상태가 불량하다.

④ 앞 액슬축 한쪽 스프링이 절손되었다.

⑤ 뒤 액슬축이 자동차 중심선에 대하여 직각이 되지 않았다.

⑥ 허브 베어링의 마멸이 과다하다.

(3) 조향 핸들의 복원성이 나쁜 원인

① 기어 박스 내의 오일 부족

② 조향 핸들 웜 축의 프리로드 조정 불량

③ 조향계통 각 조인트의 고착, 손상

(4) 동력 조향장치의 조향 핸들이 무거운 원인

① 조향 바퀴의 타이어 공기압력이 낮다.

② 휠 얼라인먼트 조정이 불량하다.

③ 파워 오일펌프 구동 벨트가 슬립 된다.

2 전자제어 조향장치 조정

1. 파워 스티어링 오일 수준 조정

(1) 기본 작업

① 차량의 시동을 걸고 정지시킨 상태로 조향 휠을 회전시켜 오일의 온도를 50~60℃ 정도로 상승시킨다.

② 엔진 공회전 상태에서 스티어링 휠을 완전히 좌우측으로 3~4회 정도 회전시킨다.

③ 리저버 탱크 내에 거품이 있거나 빛깔이 탁하지 않은지 확인한다.

④ 엔진을 정지시킨 후 정지 상태일 때와 작동 상태일 때의 오일 수준의 차이가 5mm 이상이면 공기빼기 작업을 실시한다.

(2) 파워 스티어링 오일 교환

① 오일 리저버 탱크에서 리턴호스를 탈거한다.

② 파워 스티어링 오일을 배출시킨다.

③ 하이텐션 케이블을 분리시킨다.

④ 점화 플러그를 제거한 상태로 스타터 모터를 크랭킹시키며, 조향 휠을 좌우측 끝까지 반복하여 회전시킨다.

⑤ 리턴호스를 연결하고 클립으로 완전히 조인다.

⑥ 규정된 오일을 리저버 탱크에 채운다.

⑦ 엔진을 작동시켜 오일 호스에서 오일이 누설되지 않는지를 확인한 후 엔진의 시동을 끈다.

⑧ 공기빼기 작업을 실시한다.

(3) 파워 스티어링 오일 교환기 사용

① 석션 기능을 사용해 리저브 탱크의 잔류 오일을 제거한다.

② 리턴호스 내부의 잔류 오일을 석션하고, 오일 교환 작업과 동일하게 잔류 스티어링 오일을 배출시킨다.

③ 교환기 연결 밸브를 리턴, 공급 라인에 연결시킨다.

④ 교환 기능을 작동시켜 오일을 순환시킨다.

⑤ 완료 후 연결 밸브를 제거하고, 호스를 리저브 탱크에 결합시킨다.

⑥ 리저브 탱크에 오일을 주입하고, 공기빼기 작업을 실시한다.

(4) 공기빼기 작업

① 리저브 탱크 최대 표시선까지 오일을 주입한다.

② 작업 중 오일의 양이 최저점 밑으로 떨어지지 않도록 지속적으로 보충한다.

③ 공기 분해로 인한 오일 흡수를 막기 위해 크랭킹을 실시한다.

④ 앞바퀴를 들어 올리고 고정시킨다.

⑤ 점화 케이블을 분리한 후 스타터 모터를 주기적으로 작동시키면서 조향 핸들을 좌우측으로 끝까지 여러 차례 회전시킨다.

⑥ 점화 케이블을 연결하여 엔진을 시동한 후 공회전시킨다.

⑦ 오일 리저브에서 공기 방울이 없어질 때까지 조향 핸들을 좌우측으로 돌린다.

⑧ 오일이 뿌옇게 변하지 않고, 최대점에서 양의 변동이 없다면 오일 주입을 완료한다.

⑨ 오일 수준이 5mm 이상 차이가 나면 공기빼기 작업을 실시한다.

⑩ 조향 핸들을 회전시켰을 때 오일 레벨 상하 변동이 있거나 정지시켰을 때 오일이 넘치면

공기빼기가 충분치 않은 것으로 펌프 내에 캐비테이션 현상이 발생되어 노이즈 발생 및 조기 손상 우려가 있으므로 공기빼기 작업을 다시 실시한다.

(5) 벨트 장력 조정

① 벨트의 중간 지점에서 규정 값의 힘을 가해 벨트를 누른다. 휨의 상태가 규정치 이내인지 확인한다.

② 조정 볼트를 반시계 방향으로 풀면서 벨트를 끼우고 다시 시계방향으로 회전시켜 장력을 가해 힌지 볼트와 플런저 너트를 규정 토크로 체결한다.

③ 벨트 장력 조절 시 텐션 풀리가 편심되지 않도록 힌지 볼트와 플런저 너트를 가체결 후 장력을 조정한다.

④ 오토 텐셔너로 장력이 조절되는 것을 확인한다.

2. 오일펌프의 압력 시험

(1) 준비 작업

① 오일펌프에서 압력 호스를 분리시키고 오일펌프와 압력 호스 사이에 특수공구를 연결한다.

② 공기빼기를 하고 엔진의 시동을 건 후 스티어링 휠을 몇 번 돌려 오일 온도를 약 50~60℃로 올린다.

(2) 압력 시험

① 엔진 회전수를 1,000 rpm으로 증가시킨다.

② 특수공구의 차단 밸브를 완전히 닫고 열며 유압이 규정치 이내인지 확인한다.

❸ 전자제어 조향장치 수리

1. MDPS 모듈 수리

(1) MDPS 모듈 분해

① 차량의 스티어링 칼럼으로부터 MDPS 모듈을 탈거한다.

② 연결부를 탈거하고, ECU 커넥터를 탈거한다.

③ ECU 모듈의 체결 볼트를 해체하고 모듈을 탈거한다.

④ 웜기어로부터 조향축을 탈거한다.

⑤ 전동 모터의 체결 볼트를 탈거하고, 커넥터를 해제한다.

⑥ 전동 모터를 탈거한다.

(2) 수리 부위 점검

① 전동모터와 맞물리는 기어를 점검하고, 손상이 없는지 확인한다.

② 완충용 O링은 분해·조립 시 신품으로 교환한다.

③ 칼럼 축으로부터 조향 각 센서를 탈거한다.

④ 그리스 도포상태를 확인하고, 재조립 시 재 도포한다.

⑤ 웜 기어측 내부 물림기어를 확인한다.

⑥ 그리스 도포상태를 확인하고 재 도포하여 조립한다.

❹ 전자제어 조향장치 교환

1. 전자제어 조향장치 웜기어 어셈블리 교환

(1) 분해 · 조립

① 하체로부터 조향 축을 탈거한다.

② 웜기어 구동축 중심선을 표시하고, 공구를 사용해 탈거한다.

③ 부착된 ECU 모듈의 커넥터를 탈거한다.

④ 전동 모터와 전자제어 모듈을 탈거한다.

⑤ 조향 축 전동 모터 커버를 분해하고, 커넥터를 탈거한다.

⑥ 웜기어로부터 조향 축 중심축을 탈거한다.

⑦ 플레어 너트와 스프링, O링을 탈거한다.

⑧ 타이로드의 고무 부트 클립을 제거한 후 탈거한다.

⑨ 웜기어 고정 볼트를 탈거한 후 분해한다.

⑩ 웜기어 내부 전동 모터 벨트를 점검하고, 이상이 있는 경우 교환한다.

⑪ 웜기어 내부 볼 베어링이 소실될 경우 웜기어 전체를 교환해야 하므로 능숙하지 않은 작업자가 웜기어 축을 임의 분해하지 않도록 주의한다.

⑫ 분해상태를 점검하고 역순으로 조립한다.

(2) 작동검사

① 조향축의 축 방향 유격을 점검한다.

② 조향축의 회전 시 회전 유격을 점검한다.

❺ 전자제어 조향장치 검사

1. 조향장치 각 연결 장치 검사

(1) 조향 핸들 자유 유격 점검

① 엔진 시동상태에서 앞바퀴를 정렬한다.

② 휠을 좌우로 가볍게 움직여 휠이 움직이기 직전까지의 유격을 측정한다.

③ 정비지침서 등을 확인해 규정 값을 넘어가는 경우 조향 축 연결부위와 조향 링키지 유격을 점검한다.

(2) 조향 핸들 작동상태 점검

① 조향 핸들을 직진상태로 정렬한다.

② 엔진 시동상태에서 1,000rpm 수준으로 공회전을 유지한다.

③ 스프링 저울로 조향 핸들을 한 바퀴 돌려 회전력을 좌우 2회 측정한다.

④ 조향 핸들의 장력이 급격히 변화하는 구간이 있는지 점검한다.

⑤ 규정 값을 초과하거나 미달되는 경우, 타이로드 엔드 볼 조인트를 점검한다.

(3) 조향 각도 점검

① 앞바퀴를 회전 게이지 위에 올린 상태로 조향 각도를 조절한다. 공차 상태에서는 일반적으로 40°이내이며, 표준치는 자동차 제조사별로 다르다.

② 측정치가 규정 값과 다른 경우 토(toe)에 이상이 있는 것이므로, 토를 조정하고 다시 점검을 실시한다.

2. 정지 상태의 조향 작동력 검사

(1) 작동력 검사

① 차량을 평탄한 곳에 위치시키고 조향 핸들을 정면으로 정렬한다.

② 엔진의 시동을 걸고 1000rpm 내외로 회전수를 유지한 뒤 공회전 상태로 유지한다.

③ 스프링 저울로 조향 핸들을 좌우 각각 한 바퀴 반씩 회전시켜 회전력을 측정한다.

④ 조향 핸들을 돌리면서 급격히 힘이 변하지 않는가를 점검한다.

(2) 규정 값 초과 시 검사

① 로어 암 더스트 커버와 타이로드 엔드 볼 조인트의 손상을 점검한다.

② 조향 기어박스의 피니언 총 프리로드와 타이로드 엔드 볼 조인트의 회전기동 토크를 점검한다.

③ 로어 암 볼 조인트의 회전 기동 토크를 점검한다.

3. 조향 핸들 복원 점검

(1) 조작점검

① 조향 핸들을 조작하여 움직인 뒤 손을 놓는다.

② 복원력이 조향 핸들 회전속도에 따라, 좌우측에 따라 변화하는지 확인한다.

(2) 주행 점검

① 차량을 35km/h의 속도로 운행하면서 조향 핸들을 90° 정도 회전시킨다.

② 핸들을 놓았을 때 70° 가량 복원되는지 점검한다.

4. 조향장치 성능기준

(1) 자동차의 조향장치의 구조는 다음 각 호의 기준에 적합하여야 한다.

① 조향장치의 각부는 조작 시에 차대 및 차체 등 자동차의 다른 부분과 접촉되지 아니하고, 갈라지거나 금이 가고 파손되는 등의 손상이 없으며, 작동에 이상이 없을 것.

② 조향장치는 조작 시에 운전자의 옷이나 장신구 등에 걸리지 아니할 것.

③ 조향 핸들의 회전 조작력과 조향비는 좌우로 현저한 차이가 없을 것.

④ 조향 기능을 기계적으로 전달하는 부품을 제외한 부품의 고장이 발생한 경우에도 조향할 수 있어야 하며, 당해 자동차의 최고속도에서 조향 기능에 심각한 영향을 주거나 관련 부품 등이 파손될 수 있는 조향장치의 이상 진동이 발생하지 아니하고 직선 주행을 할 수 있을 것.

⑤ 조향 기능을 기계적으로 전달하는 부품을 제외한 부품의 고장이 발생한 경우 운전자가 확실히 알 수 있는 경고 장치를 갖출 것. 다만, 조향 핸들의 회전 조작력이 증가되는 구조인 경우에는 경고 장치를 갖춘 것으로 본다.

⑥ 조향 핸들의 회전각도와 조향 바퀴의 조향 각도 사이에는 연속적이고 일정한 관계가 유지될 것. 다만, 보조 조향장치는 그러하지 아니하다.

⑦ 조향 핸들 축의 각도 등을 조절할 수 있는 조향 핸들은 조절 후 적절한 잠금 장치에 의하여 완전히 고정될 것.

⑧ 조향장치에 에너지를 공급하는 장치는 제동장치에도 이를 사용할 수 있으며, 에너지를 저장하는 장치의 오일의 기준유량(공기식의 경우에는 기준 공기압을 말한다)이 부족할 경우 이를 알려 주는 경고 장치를 갖출 것.

⑨ 원동기 및 조향장치에 고장이 발생하지 아니한 경우에는 어떠한 경고신호도 작동하지 아니할 것. 다만, 원동기 시동 후 에너지저장장치에 공기 등을 충전하는 동안에는 그러하지 아니하다.

(2) 조향 핸들의 유격(조향 바퀴가 움직이기 직전까지 조향 핸들이 움직인 거리를 말한다)은 당해 자동차의 조향 핸들 지름의 12.5% 이내이어야 한다.

(3) 조향 바퀴의 옆으로 미끄러짐이 1m 주행에 좌우방향으로 각각 5mm 이내이어야 하며, 각 바퀴의 정렬 상태가 안전운행에 지장이 없어야 한다.

(4) 중량 분포

자동차의 조향 바퀴의 윤중의 합은 차량중량 및 차량총중량의 각각에 대하여 20%(3륜의 경형 및 소형자동차의 경우에는 18%) 이상이어야 한다.

5. 최소 회전반경

자동차의 최소 회전반경은 바깥쪽 앞바퀴 자국의 중심선을 따라 측정할 때에 12m를 초과하여서는 아니 된다.

(1) 자동차 최소 회전반경 측정조건

① 측정 자동차는 공차 상태이어야 한다.
② 측정 자동차는 측정 전에 충분한 길들이기 운전을 하여야 한다.
③ 측정 자동차는 측정 전 조향륜 정렬을 점검하여 조정한다.
④ 측정 장소는 평탄 수평하고 건조한 포장도로이어야 한다.

(2) 자동차 최소 회전반경 측정방법

① 변속 기어를 전진 최하단에 두고 최대의 조향 각도로 서행하며, 바깥쪽 타이어의 접지면 중심점이 이루는 궤적의 직경을 우회전 및 좌회전시켜 측정한다.
② 측정 중에 타이어가 노면에 대한 미끄러짐 상태와 조향장치의 상태를 관찰한다.
③ 좌 및 우회전에서 구한 반경 중 큰 값을 당해 자동차의 최소 회전반경으로 하고 성능기준에 적합한지를 확인한다.

6. 조향 핸들의 유격

(1) 조향 핸들 유격 측정조건

① 공차상태의 자동차에 운전자 1인이 승차한 상태로 한다.
② 타이어의 공기 압력은 표준 공기 압력으로 한다.
③ 자동차를 건조하고 평탄한 기준면에 조향 축의 바퀴를 전진위치로 자동차를 정차시키고 원동기는 시동한 상태로 한다.
④ 자동차의 제동장치(주차 제동장치를 포함함)는 작동하지 않은 상태로 한다.

(2) 조향 핸들 유격 측정방법

① 조향 핸들을 움직여 통상의 위치로 한다.
② 직진위치의 상태에 놓인 자동차 조향 바퀴의 움직임이 느껴지기 직전까지 조향 핸들을 좌회전시키고 이때의 조향 핸들 상의 한 점을 조향 핸들과 조향 핸들 이외의 한 부분에 표시한다.
③ ②의 상태에서 조향 핸들을 조향 바퀴의 움직임이 느껴질 때까지 우회전시켜 조향 핸들 상의 한 점이 이동한 직선거리를 측정하며, 이를 자동차 조향 핸들 유격으로 한다.
④ 조향 핸들의 유격 측정 시 바퀴의 움직임을 느끼기 위한 별도의 장치를 설치하여 측정하게 할 수 있다.

7. 조향륜의 옆 미끄럼량(사이드 슬립량)

(1) 조향륜의 옆 미끄럼량 측정조건

① 자동차는 공차상태의 자동차에 운전자 1인이 승차한 상태로 한다.

② 타이어의 공기 압력은 표준 공기 압력으로 하고, 조향 링키지의 각부를 점검한다.

③ 측정기기는 사이드 슬립 테스터로 하고, 지시장치의 표시가 0점에 있는가를 확인한다.

2) 조향륜의 옆 미끄럼량 측정방법

① 자동차를 측정기와 정면으로 대칭시킨다.

② 측정기에 진입속도는 5km/h로 서행한다.

③ 조향 핸들에서 손을 떼고 5km/h로 서행하면서 계기의 눈금을 타이어의 접지 면이 측정기 답판을 통과 완료할 때 읽는다.

④ 옆 미끄럼량의 측정은 자동차가 1m 주행할 때 옆 미끄럼량을 측정하는 것으로 한다.

8. 타이어

(1) 타이어의 구조

타이어는 트레드(thread), 브레이커(breaker), 카커스(carcass), 비드 (bead) 등으로 구성되어 있다.

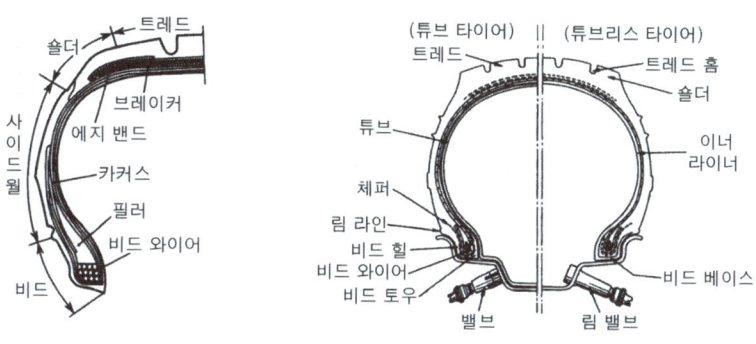

🔺 타이어 구조

1) 트레드(tread)

트레드는 직접 노면과 접촉되어 마모에 견디고 적은 슬립으로 견인력을 증대시키는 부분 이다.

① **타이어의 트레드 패턴의 필요성**

㉮ 트레드에 생긴 절상 등의 확대를 방지한다.

㉯ 구동력이나 견인력을 향상시킨다.

㉰ 타이어의 옆 방향에 대한 저항이 크고 조향성능을 향상시킨다.

㉱ 타이어에서 발생한 열을 발산한다.

② **트레드 패턴의 종류**

㉮ **리브 패턴**(rib pattern) : 옆 방향 미끄럼에 대하여 저항이 크고 조향 성능이 좋으며, 소음도 적기 때문에 포장도로를 주행하는데 적합하다.

㉯ **러그 패턴**(lug pattern) : 타이어 회전방향의 직각으로 홈을 둔 것이며, 앞뒤방향에 대해 강력한 견인력을 준다.

㉰ **블록 패턴**(block pattern) : 눈 위 또는 모래 위 등과 같이 연한 노면을 다지면서 주행하고, 앞 뒤 또는 옆방향으로 미끄러지는 것을 방지할 수 있다.

㉱ **오프 더 로드 패턴**(off the road pattern) : 진흙길에서도 강력한 견인력을 발휘할 수 있도록 러그 패턴의 홈을 깊게 하고 폭을 넓게 한 것이다.

2) 카커스(carcass)

카커스는 고무로 피복 된 코드를 여러 겹 겹친 층으로 타이어의 골격을 이루는 부분이며, 공기 압력에 견디어 일정한 체적을 유지하고, 또한 하중이나 충격에 따라 변형되어 충격 완화 작용을 한다.

3) 브레이커(breaker)

몇 겹의 코드 층을 내열성의 고무로 싼 구조로 되어 있으며, 트레드와 카커스의 분리를 방지하고 노면에서의 완충작용도 한다.

4) 비드(bead) 부분

비드 부분은 내부에 고탄소강의 강선(피아노선)을 묶음으로 넣고 고무로 피복한 링 상태의 보강 부위로 타이어를 림에 견고하게 고정시키는 역할을 하는 부품이다.

5) 사이드 월(side wall) 부분

사이드 월 부분은 노면과 직접 접촉은 하지 않으며, 주행 중 가장 많은 완충작용을 하는 부분으로서 타이어 규격과 기타 정보가 표시된 부분이다.

(2) 튜브리스 타이어의 특징

① 튜브 대신 타이어 안쪽 내벽에 고무막이 있다.
② 튜브가 없어 조금 가벼우며, 못 등이 박혀도 공기 누출이 적다.
③ 펑크 수리가 간단하고, 고속주행을 하여도 발열이 적다.
④ 림이 변형되어 타이어와의 밀착이 불량하면 공기가 새기 쉽다.
⑤ 유리조각 등에 의해 손상되면 수리가 어렵다.
⑥ 튜브 조립이 없어 작업성이 좋다.
⑦ 타이어 속의 공기가 림과 직접 접촉하여 열 발산이 잘된다.

(3) 레이디얼 타이어의 장점

① 타이어 단면의 편평율을 크게 할 수 있다.
② 타이어 트레드의 접지 면적이 크다.

③ 보강대의 벨트를 사용하기 때문에 하중에 의한 트레드의 변형이 적다.

④ 선회 시에도 트레드의 변형이 적어 접지 면적이 감소되는 경향이 적다.

⑤ 전동 저항이 적고 내미끄럼성이 향상된다.

⑥ 로드 홀딩이 향상되며, 스탠딩 웨이브가 잘 일어나지 않는다.

(4) 타이어의 호칭치수

185/65 R14에서 185는 타이어 폭 185mm, 65는 편평비 65%, R은 레이디얼 구조, 14는 타이어 내경을 표시한다.

(5) 타이어에서 발생하는 이상 현상

1) 스탠딩 웨이브(standing wave) 현상

스탠딩 웨이브 현상이란 타이어 접지면의 변형이 내압에 의하여 원래의 형태로 되돌아오는 속도보다 타이어의 회전속도가 빠르면, 타이어의 변형이 원래의 상태로 복원되지 않고 물결모양이 남게 되는 현상을 말한다. 스탠딩 웨이브 현상의 방지법은 타이어 공기 압력을 표준보다 15~20% 높여 주거나 강성이 큰 타이어를 사용하면 된다.

2) 하이드로 플레이닝(hydro planing)

하이드로 플레이닝(수막현상)이란 주행 중 물이 고인 도로를 고속으로 주행할 때 타이어 트레드가 물을 완전히 배출시키지 못해 노면과 타이어의 마찰력이 상실되는 현상으로 방지하는 방법은 다음과 같다.

① 트레드의 마멸이 적은 타이어를 사용한다.

② 타이어 공기 압력을 높이고, 주행속도를 낮춘다.

③ 리브 패턴의 타이어를 사용한다. 러그 패턴을 사용하는 경우 하이드로 플레이닝을 일으키기 쉽다.

④ 트레드 패턴을 카프(calf)형으로 세이빙(shaving) 가공한 것을 사용한다.

9. 휠 얼라인먼트(wheel alignment)

(1) 휠 얼라인먼트의 요소

휠 얼라인먼트는 캠버, 캐스터, 토인, 킹핀 경사각, 선회할 때의 토 아웃 등이 있으며, 작용은 다음과 같다.

① 조향 핸들의 조작을 확실하게 하고 안전성을 준다.

② 조향 핸들에 복원성을 부여한다.

③ 조향 핸들의 조작력을 가볍게 한다.

④ 사이드슬립을 방지하여 타이어 마멸을 최소화한다.

(2) 캠버(camber)

1) 캠버의 정의

자동차를 앞에서 보면 그 앞바퀴가 수직선에 대해 어떤 각도를 두고 설치되어 있는데 이를 캠버라 하며, 바퀴의 윗부분이 바깥쪽으로 기울어진 상태를 정의 캠버(Positive camber), 바퀴의 중심선이 수직일 때를 0의 캠버(zero camber) 그리고 바퀴의 윗부분이 안쪽으로 기울어진 상태를 부의 캠버(Negative camber)라 한다.

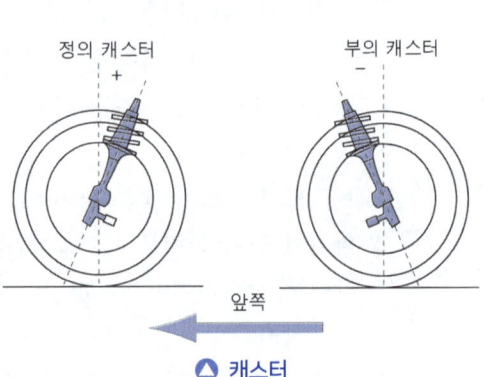

△ 캠버

2) 캠버의 역할

① 수직 방향 하중에 의한 앞 차축의 휨을 방지한다.
② 킹핀 경사각과 조향 핸들의 조작을 가볍게 한다.
③ 하중을 받았을 때 앞바퀴의 아래쪽(부의 캠버)이 벌어지는 것을 방지한다.
④ 볼록 노면에서 앞바퀴를 수직으로 할 수 있다.

(3) 캐스터(caster)

1) 캐스터의 정의

자동차의 앞바퀴를 옆에서 보면 조향 너클과 앞 차축을 고정하는 킹핀(독립 현가장치에서는 위·아래 볼 이음을 연결하는 조향 축)이 수직선과 어떤 각도를 두고 설치되는데 이를 캐스터라 한다.

△ 캐스터

2) 캐스터의 작용

① 주행 중 조향 바퀴에 방향성을 부여한다.
② 조향하였을 때 직진 방향으로의 복원력을 준다.

(4) 토인(toe-in)

1) 토인의 정의

자동차 앞바퀴를 위에서 내려다보면 양쪽 바퀴 중심선간의 거리가 앞쪽이 뒤쪽보다 약간 작게 되어 있는데 이것을 토인이라고 하며 일반적으로 2~6mm정도이다.

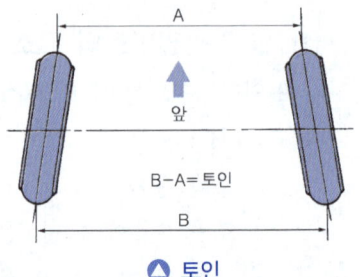

△ 토인

2) 토인의 필요성

① 앞바퀴를 평행하게 회전시킨다.
② 바퀴의 사이드슬립(side slip)과 타이어 마멸을 방지한다.
③ 조향 링키지 마멸에 따라 토 아웃(toe-out)이 되는 것을 방지한다.

TIP
토인은 타이로드의 길이로 조정한다.

(4) 조향축 경사각(또는 킹핀 경사각)

1) 조향축 경사각의 정의

자동차를 앞에서 보면 독립 현가장치에서 위·아래 볼 이음(또는 일체 차축식의 킹핀)의 중심선이 수직에 대하여 어떤 각도를 두고 설치되는데 이를 조향축 경사(또는 킹핀 경사)라고 하며 이 각을 조향축 경사각이라고 한다.

2) 조향축 경사각의 필요성

① 캠버와 함께 조향 핸들의 조작력을 가볍게 한다.

② 캐스터와 함께 앞바퀴에 복원성을 부여한다.

③ 앞바퀴가 시미(shimmy) 현상을 일으키지 않도록 한다.

10. 오버 스티어링과 언더 스티어링

선회할 때 조향 각도를 일정하게 유지하여도 선회 반지름이 작아지는 현상을 오버 스티어링(over steering)이라 하고, 선회할 때 조향 각도를 일정하게 유지하여도 선회 반지름이 커지는 현상을 언더 스티어링(under steering)이라 한다.

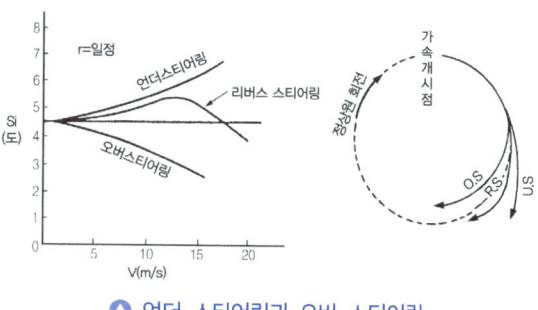

🔺 언더 스티어링과 오버 스티어링

11. 휠 얼라인먼트를 점검하기 전 점검할 사항

① 전후 및 좌우 바퀴의 흔들림을 점검한다.

② 타이어의 마모 및 공기 압력을 점검한다.

③ 조향 링키지 설치 상태와 마멸을 점검한다.

④ 자동차를 공차상태로 한다.

⑤ 바닥 면은 수평인 장소를 선택한다.

⑥ 섀시 스프링은 안정상태로 한다.

12. 휠 얼라인먼트 관련 장비의 분류

(1) 기계식 휠 얼라인먼트

1) 구성요소

기계식 휠 얼라인먼트 장비는 전자식과 다르게 수동적인 장비와 기구를 이용하는 것으로 토인 측정기, 캠버 캐스터 측정기, 회전반경 측정기 및 캠버 캐스터 측정기 거치대 등으로 이루어져 있다.

2) 기계식 휠 얼라인먼트의 특성

① 차륜 중심선 기준으로 캠버, 캐스터, 킹핀, 토인의 측정이 가능하다.

② 차륜 중심선의 앞, 뒤 차이를 측정할 수 있지만 차륜의 편심이나 중심선 기준의 인, 아웃 구분은 어려우며, 차량 바퀴별 토 조정이 어렵다.

③ 캠버, 캐스터 측정 시 판독 오차가 발생할 수 있다.

④ 캠버 캐스터 측정 시 알루미늄 휠 등의 합성수지 계열은 자석을 부착할 수 없기 때문에 별도의 거치대가 필요하다.

(2) 전자식 휠 얼라인먼트

1) 구성 요소

4주식 리프트 위에 거치되는 구조로 센서 헤드부와 휠 클램프, 턴테이블 세트, 브레이크 페달 고정대, 핸들 고정대 등으로 이루어져 있다.

2) 전자식 휠 얼라인먼트의 특성

① 차륜이 정확하게 정렬되어 있는지 캠버, 캐스터, 킹핀, 토인 등으로 측정 가능하며 스러스트 및 셋백의 측정이 가능하다.

② 각 바퀴의 정확한 인, 아웃 상태를 별도로 점검할 수 있어 개별적인 토 인 측정이 가능하다.

③ 전자식 데이터를 보존하므로 기록물의 보관이 용이하다.

13. 휠 얼라인먼트 관련 부품 교환

(1) 쇽업소버 탈부착

① 스트러트 어셈블리를 탈거하고 구성품을 분해한다.

② 피스톤 로드를 고정시켜 상하 운동을 점검하고 소음이나 작동상태를 확인한다.

③ 재조립 후 차량에 장착한다.

(2) 볼 조인트 교환

① 로어 암을 탈거한 후 토크 렌치를 사용해 볼 조인트의 유격을 확인한다.

② 이상이 있을 경우 교환한다.

③ 교환된 부품의 프리로드를 재점검하고 이상이 없을 경우 재조립한다.

(3) 타이로드 엔드 교환

① 타이로드 엔드의 조립상태 확인을 위해 나사산의 위치를 마킹한다.

② 타이로드 엔드를 탈거한 후 프리로드를 점검한다.

③ 기존 마킹위치에 유의하여 재조립한다.

(4) 허브, 너클 교환

① 탈거 및 재조립 과정에서 허브 베어링을 상시 점검한다.

② 분해 시 손이나 수공구가 아닌 유압 전용공구를 반드시 활용한다.

(5) 트레일링 암, 서스펜션 암, 어시스트 링크 교환

① 각 암과 링크 부위를 탈거한 후 고무 부품 및 부싱을 확인한다.

② 이상이 있을 경우 교환한다.

14. 작업이 완료된 차량 검사

(1) 휠 밸런스 테스트 후의 차량 검사

① 무게 추를 장착하고 모든 작업이 완료된 상태의 차량에 다시 한 번 휠 밸런스 테스트를 실시한다.

② 무게 추가 계속해서 추가되는 경우 첫 밸런스가 제대로 조정되지 않은 것이므로 현재 장착된 모든 무게 추를 제거하고 다시 한 번 휠 밸런스 테스트를 수행한다.

③ 이상 상황이 반복 발생한다면 휠을 교체한다.

④ 휠을 교체해도 문제가 반복될 경우 타이어를 교체한다.

(2) 휠 · 타이어 교체 후의 차량 검사

① 휠·타이어 교체 시 작업에 수반된 모든 항목에 대하여 재검사를 실시한다.

② 너클에 타이어가 정확하게 체결되어 있는지 차량을 움직여 소음이 발생하지 않는지 확인한다.

③ 휠과 타이어가 림에서 정확히 결합되어 있는지 면밀히 확인한다.

④ 타이어 공기압이 제대로 주입되어 있는지 공기압 점검을 수행한다.

15. 차량의 시운전을 통한 휠·타이어 검사

(1) 주행 중 떨림 현상 점검

① 떨림의 위치를 정확하게 확인한다.

② 공기압을 측정해 이상을 확인한다.

③ 휠 · 타이어에 충격 혹은 파손이 발생했는지 육안으로 확인한다.

④ 휠 · 타이어의 이상으로 보이지 않는다면 다른 점검 및 검사를 병행한다.

(2) 제동 시 미끄러짐 검사

① 슬립 현상의 원인이 ABS 작동 미비라고 판단될 경우 관련 지침에 따라 ABS 이상 유무를 확인한다.

② 브레이크 조작 미숙 등으로 발생한 슬립의 경우 운전 상태에 따라 바뀔 수 있는 요인이므로 점검자를 바꾸어가며 수행한다.

③ 제동장치의 계통에 이상이 없는데도 불구하고 슬립이 지속적으로 반복된다면 타이어 표면을 재점검한다.

④ 마모도가 어느 정도 진행된 상태라면 타이어 교체를 수행한다.

전자제어 조향장치

01 선회 시 안쪽 차륜과 바깥쪽 차륜의 조향 각 차이를 무엇이라 하는가?

① 애커먼 각
② 토우 인 각
③ 최소 회전반경
④ 타이어 슬립각

해설 애커먼 각이란 선회할 때 안쪽 차륜과 바깥쪽 차륜의 조향 각 차이이다.

02 조향장치의 구비조건으로 틀린 것은?

① 조향 휠의 조작력은 저속 시에는 무겁게 하고, 고속 시에는 가볍게 한다.
② 조행 핸들의 회전과 바퀴 선회 차이가 크지 않게 한다.
③ 선회 시 저항이 적고, 선회 후 복원성이 좋게 한다.
④ 조작이 쉽고 방향 변환이 원활하게 한다.

해설 조향장치가 갖추어야 할 조건
① 조향 조작이 주행 중 충격에 영향을 받지 않을 것
② 조향 핸들의 회전과 바퀴의 선회 차이가 적을 것
③ 섀시 및 차체 각 부분에 무리한 힘이 작용되지 않을 것
④ 수명이 길고 다루거나 정비가 쉬울 것
⑤ 조작하기 쉽고 방향 변환이 원활할 것
⑥ 회전반경이 적절하여 좁은 곳에서도 방향 변환을 할 수 있을 것
⑦ 고속주행에서도 조향 핸들이 안정될 것
⑧ 조향 핸들의 조작력은 저속에서는 가볍고, 고속에서는 무거울 것

03 조향장치의 구비조건이 아닌 것은?

① 고속주행 시 조향 핸들이 안정될 것
② 조향 핸들의 회전과 구동바퀴 선회 차가 크지 않을 것
③ 저속주행 시 조향 핸들 조작을 위해 큰 힘이 요구될 것
④ 주행 중 받은 충격에 조향 조작이 영향을 받지 않을 것

04 조향장치가 기본적으로 갖추어야 할 조건이 아닌 것은?

① 선회 시 좌우 차륜의 조향 각이 달라야 한다.
② 조향장치의 기계적 강성이 충분하여야 한다.
③ 노면의 충격을 감쇄시켜 조향 핸들에 가능한 적게 전달되어야 한다.
④ 선회 주행 시 조향 핸들에서 손을 떼도 선회 방향성이 유지되어야 한다.

05 조향장치에 대한 설명으로 틀린 것은?

① 고속 주행 시에도 조향 핸들이 안정될 것
② 조작이 용이하고 방향 전환이 원활하게 이루어질 것
③ 회전 반경을 가능한 크게 하여 전복을 방지할 것
④ 노면으로부터의 충격이나 원심력 등의 영향을 받지 않을 것

정답 01.① 02.① 03.③ 04.④ 05.③

06 조향장치에 대한 설명으로 틀린 것은?

① 회전 반경이 되도록 크게 하여 전복되지 않게 한다.
② 조향 조작이 경쾌하고 자유로워야 한다.
③ 노면으로부터의 충격이나 원심력 등의 영향을 받지 않아야 한다.
④ 타이어 및 조향장치의 내구성이 커야 한다.

07 그림과 같이 선회중심이 O점이라면 이 자동차의 최소회전반경은?

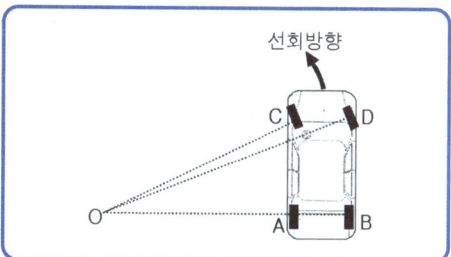

① 0~A
② 0~B
③ 0~C
④ 0~D

해설 최소 회전반경이란 조향 각도를 최대로 하고 선회하였을 때 그려지는 동심원 중에서 가장 바깥쪽 바퀴가 그리는 원의 반지름이다.

08 전자제어 동력 조향장치(electronic power steering system)의 특성에 대한 설명으로 틀린 것은?

① 정지 및 저속 시 조작력 경감
② 급 코너 조향 시 추종성 향상
③ 노면, 요철 등에 의한 충격흡수 능력의 저하
④ 중·고속 시 향상된 조향력 확보

해설 전자제어 동력 조향장치의 특징은 정지 및 저속 운전에서 조향 핸들 조작력 경감, 급 코너를 조향할 때 추종성 향상, 중·고속운전에서 향상된 조향력 확보 등이다.

09 전자제어 동력 조향장치의 특성으로 틀린 것은?

① 공전과 저속에서 조향 휠의 조작력이 작다.
② 중속 이상에서는 차량속도에 감응하여 조향 휠의 조작력을 변화시킨다.
③ 솔레노이드 밸브는 스풀 밸브 오리피스를 변화시켜 오일탱크로 복귀하는 오일량을 제어한다.
④ 동력 조향장치는 조향기어가 필요 없다.

해설 전자제어 동력 조향장치는 ECU에 의해 제어되며, 공전과 저속에서 조향 핸들의 조작력을 가볍게 하고, 고속주행에서는 조향 핸들의 조작력이 무거워지도록 솔레노이드 밸브로 스풀 밸브 오리피스를 변화시켜 오일탱크로 복귀되는 오일량을 제어한다.

10 전자제어 동력 조향장치에 대한 설명으로 틀린 것은?

① 동력 조향장치에는 조향기어가 필요 없다.
② 공전과 저속에서 조향 핸들 조작력이 작다.
③ 솔레노이드 밸브를 통해 오일탱크로 복귀되는 오일량을 제어한다.
④ 중속 이상에서는 차량속도에 감응하여 조향 핸들 조작력을 변화시킨다.

11 전자제어 파워 스티어링 제어방식이 아닌 것은?

① 유량 제어식
② 실린더 바이패스 제어식
③ 유온 반응 제어식
④ 밸브 특성 제어식

해설 전자제어 파워 스티어링 제어방식
① 유량 제어 방식(속도 감응 제어 방식) : 차속 센서

정답 06.① 07.④ 08.③ 09.④ 10.① 11.③

및 조향 핸들 각속도 센서의 입력에 대응하여 컴퓨터가 유량 조절 솔레노이드 밸브의 전류를 제어하여 조향기어 박스에 유입(유량)을 조절함에 따라 주행속도에 따른 최적의 조향 조작력을 실현한다.

② 실린더 바이패스 제어 방식 : 조향 기어박스에 실린더 양쪽을 연결하는 바이패스 밸브와 통로를 두고 주행속도의 상승에 따라 바이패스 밸브의 면적을 확대하여 실린더의 작용압력을 감소시켜 조향 조작력을 제어한다.

③ 밸브 특성 제어 방식(유압 반력 제어 방식) : 동력 조향장치의 밸브부분에 유압 반력 제어장치를 두고 유압 반력 제어 밸브에 의해 주행속도의 상승에 따라 유압 반력실에 도입하는 반력 압력을 증가시켜 반력기구의 강성을 가변 제어하여 직접 조향 조작력을 제어한다.

12 전자제어 동력 조향장치에 대한 설명으로 틀린 것은?

① 고속 주행 시 스티어링 휠의 조작을 가볍게 한다.
② 회전수 감응식은 엔진 회전수에 따라서 조향력을 변화시킨다.
③ 차속 감응식은 차속에 따라서 조향력을 변화시킨다.
④ 동력 스티어링의 조향력은 파워 실린더에 걸리는 압력에 의해 결정된다.

해설 전자제어 동력 조향장치는 ECU에 의해 제어되며, 공전과 저속에서 조향 핸들의 조작력을 가볍게 하고, 고속주행에서는 조향 핸들의 조작력이 무거워지도록 솔레노이드 밸브로 스풀 밸브 오리피스를 변화시켜 오일탱크로 복귀되는 오일량을 제어한다.

13 동력 조향장치에서 조향 핸들을 회전시킬 때 엔진의 회전속도를 보상시키기 위하여 ECU로 입력되는 신호는?

① 인히비터 스위치
② 파워 스티어링 입력 스위치
③ 전기부하 스위치
④ 공전속도 제어서보

해설 파워 스티어링 입력 스위치는 조향 핸들을 회전시킬 때 엔진의 회전속도를 보상시키기 위하여 ECU로 신호를 입력한다.

14 차속 감응형 전자제어 유압방식 조향장치에서 제어 모듈의 입력 요소로 틀린 것은?

① 차속 센서
② 조향 각 센서
③ 냉각수온 센서
④ 스로틀 포지션 센서

해설 제어 모듈 입력 요소
① 차속 센서 : ECU가 주행속도에 따른 최적의 조향 조작력으로 제어할 수 있도록 주행속도를 입력한다. 또 컴퓨터는 차속 센서가 고장일 때 중속의 조향 조작력으로 일정하게 유지하여 고장이 나더라도 중속 이상에서의 주행 안정성을 확보한다.
② 스로틀 위치 센서 : 가속페달을 밟은 양을 검출하여 컴퓨터에 입력시켜 차속센서의 고장을 검출하기 위해 사용된다. 차속 센서가 고장이 나면 주행 안정성을 확보하기 위해 조향 조작력을 중속(조금 무겁게) 조건으로 일정하게 유지한다.
③ 조향 핸들 각속도 센서 : 조향 각속도를 검출하여, 중속 이상 조건에서 급조향할 때 발생되는 순간적 조향 핸들 걸림 현상인 캐치 업(catch up)을 방지하여 조향 불안감을 해소하는 역할을 한다.

15 유압식 전자제어 동력 조향장치 중에서 실린더 바이패스 제어방식의 기본 구성부품으로 틀린 것은?

① 유압펌프
② 동력 실린더
③ 프로포셔닝 밸브
④ 유량 제어 솔레노이드 밸브

해설 실린더 바이패스 제어 방식은 조향 기어 박스에 실린더 양쪽을 연결하는 바이패스 밸브와 통로를 배치하고 주행속도의 상승에 따라 바이패스 밸브의 면적을 확대하여 실린더의 작용 압력을 감소시켜 조향 조작력을 제어하며, 유압 펌프, 동력 실린더, 유량 제어 솔레노이드 밸브, 차속 센서로 구성되어 있다.

정답 **12.**① **13.**② **14.**③ **15.**③

16 동력 조향장치에서 3가지 주요부의 구성으로 옳은 것은?

① 작동부–오일펌프, 동력부–동력 실린더, 제어부–제어 밸브

② 작동부–제어 밸브, 동력부–오일펌프, 제어부–동력 실린더

③ 작동부–동력 실린더, 동력부–제어 밸브, 제어부–오일펌프

④ 작동부–동력 실린더, 동력부–오일펌프, 제어부–제어 밸브

해설 동력 조향장치의 3가지 주요부분은 동력부(오일펌프), 작동부(동력 실린더), 제어부(제어 밸브)이다.

17 조향축의 설치 각도와 길이를 조절할 수 있는 형식은?

① 랙 기어 형식
② 틸트 형식
③ 텔레스코핑 형식
④ 틸트 앤드 텔레스코핑 형식

해설 틸트 앤드 텔레스코핑 형식은 조향 기어와 축을 연결할 때 오차를 완화하고 노면으로부터의 충격을 흡수하여 조향 핸들에 전달되지 않도록 하기 위해 조향 핸들과 축 사이에 탄성체 이음으로 되어 있다. 조향 축은 조향하기 쉽도록 35~50°의 경사를 두고 설치되며, 운전자의 요구에 따라 알맞은 위치로 조절할 수 있다.

18 다음 중 조향장치와 관계없는 것은?

① 스티어링 기어
② 피트먼 암
③ 타이로드
④ 쇽업소버

해설 조향장치 부품의 기능
① 스티어링 기어 : 조향 조작력을 증대시켜 피트먼 암에 전달하는 역할을 한다.
② 피트먼 암 : 조향 핸들의 움직임을 일체차축 방식의 조향 기구에서는 드래그 링크로, 독립차축 방식의 조향 기구에서는 센터 링크로 전달하는 역할을 한다.
③ 타이로드 : 조향 핸들의 조작력을 좌우 조향 너클에 전달하며, 타이로드의 길이로 토인을 조정한다.

19 동력 조향장치가 고장일 경우 수동 조작이 가능하도록 하는 장치는?

① 인렛 밸브
② 안전 첵 밸브
③ 압력 조절 밸브
④ 밸브 스풀

해설 안전 첵 밸브는 제어 밸브 속에 내장되어 있으며, 엔진이 정지된 경우 또는 유압이 발생되지 못할 때 조향 핸들을 조작하면 동력 실린더가 작용하여 실린더 한쪽 체임버의 오일에 압력을 가하면, 반대쪽 체임버는 진공 상태로 된다. 이에 따라 안전 첵 밸브가 열려 압력이 가해진 쪽의 체임버 오일이 진공 쪽의 체임버로 유입되어 수동 조작이 가능하도록 해 준다.

20 전자제어 동력 조향장치에서 다음 주행 조건 중 운전자에 의한 조향 휠의 조작력이 가장 작은 것은?

① 40km/h 주행 시
② 80km/h 주행 시
③ 120km/h 주행 시
④ 160km/h 주행 시

해설 조향 핸들의 구비조건에서 조향 휠의 조작력은 저속 시에는 가볍게 하고, 고속 시에는 무겁게 한다.

21 곡선 주로를 주행할 때 원심력에 대항하는 타이어의 저항인 코너링 포스에 영향을 주는 요소가 아닌 것은?

① 셋백(ste back)
② 타이어 공기압력
③ 타이어의 수직 하중
④ 타이어 크기

해설 코너링 포스에 영향을 미치는 요소에는 타이어 공기압력, 타이어의 수직하중, 타이어의 크기, 림 폭, 타이어 사이드슬립 각도, 주행속도 등이다.

정답 16.④ 17.④ 18.④ 19.② 20.① 21.①

22 선회 시 조향각을 일정하게 유지하여도 선회 반지름이 작아지는 현상은?

① 오버 스티어링   ② 어퍼 스티어링
③ 다운 스티어링   ④ 언더 스티어링

해설 선회할 때 조향각도를 일정하게 유지하여도 선회 반지름이 작아지는 현상을 오버 스티어링(over steering)이라 하고, 선회 반지름이 커지는 현상을 언더 스티어링(under steering)이라 한다.

23 선회 주행 중 뒷바퀴에 발생되는 코너링 포스가 크게 되어 회전 반경이 점점 커지는 현상은?

① 안티 록 현상
② 트램핑 현상
③ 언더 스티어링 현상
④ 오버 스티어링 현상

24 선회 주행 시 앞바퀴에서 발생하는 코너링 포스가 뒷바퀴보다 크게 되면 나타나는 현상은?

① 토크 스티어링 현상
② 언더 스티어링 현상
③ 리버스 스티어링 현상
④ 오버 스티어링 현상

해설 ① 토크 스티어링 현상 : 앞바퀴 구동차량이나 4륜 구동차량에서 조향 바퀴에 큰 구동력(토크)이 걸렸을 때 노면 상태나 하중 배분의 차이에 따라 좌우 타이어의 점착력이 달라지면 조향 핸들을 회전시킨 것처럼 진행방향이 편향되는 현상을 말한다.
② 언더 스티어링 현상 : 선회 주행 시 뒷바퀴에서 발생하는 코너링 포스가 앞바퀴보다 크면 조향각을 일정하게 유지하여도 선회 반지름이 커지는 현상이다.
③ 리버스 스티어링 현상 : 코너를 급선회할 경우 얼라인먼트가 변하여 처음에는 언더 스티어링 현상 이었던 특성이 도중에 오버 스티어링 현상으로 변하는 것을 말한다.
④ 오버 스티어링 현상 : 선회 주행 시 앞바퀴에서 발생하는 코너링 포스가 뒷바퀴보다 크면 조향각

을 일정하게 유지하여도 선회 반지름이 작아지는 현상이다. 선회주행을 할 때 앞바퀴에서 발생하는 코너링포스가 뒷바퀴보다 크게 되면 오버 스티어링 현상이 일어난다.

25 선회 시 차체가 조향 각도에 비해 지나치게 많이 돌아가는 것을 말하며, 뒷바퀴에 원심력이 작용하는 현상은?

① 하이드로플레이닝   ② 오버 스티어링
③ 드라이브 휠 스핀   ④ 코너링 포스

해설 오버 스티어링과 언더 스티어링 현상
① 오버 스티어링(over steering) : 선회할 때 조향각도를 일정하게 유지하여도 선회 반지름이 작아지는 현상이다. 즉 선회할 때 차체가 조향각도에 비해 지나치게 많이 돌아가는 것을 말하며, 뒷바퀴에 원심력이 작용하는 현상이다.
② 언더 스티어링(under steering) : 선회할 때 조향각도를 일정하게 유지하여도 선회 반지름이 커지는 현상이다.

26 선회 시 자동차의 조향 특성 중 전륜 구동보다는 후륜 구동 차량에 주로 나타나는 현상으로 옳은 것은?

① 오버 스티어   ② 언더 스티어
③ 토크 스티어   ④ 뉴트럴 스티어

해설 ① 오버 스티어링(over steering) : 선회할 때 조향각도를 일정하게 유지하여도 선회 반지름이 작아지는 현상이다. 후륜 구동 차량의 뒷바퀴에 집중되는 하중 때문에 자동차가 오버 스티어링 경향이 있다.
② 언더 스티어링(under steering) : 선회할 때 조향각도를 일정하게 유지하여도 선회 반지름이 커지는 현상이다.
③ 토크 스티어링 현상 : 앞바퀴 구동차량이나 4륜 구동차량에서 조향 바퀴에 큰 구동력(토크)이 걸렸을 때 노면 상태나 하중 배분의 차이에 따라 좌우 타이어의 점착력이 달라지면 조향 핸들을 회전시킨 것처럼 진행방향이 편향되는 현상을 말한다
④ 뉴트럴 스티어링 : 일정한 조향각도로 선회할 때 속도를 높여도 선회 반경이 변하지 않는 것을 현상을 말한다.

정답 22.① 23.③ 24.④ 25.② 26.①

27 조향장치에서 조향 휠의 유격이 커지고 소음이 발생할 수 있는 원인과 가장 거리가 먼 것은?

① 요크 플러그의 풀림
② 등속 조인트의 불량
③ 스티어링 기어박스 장착 볼트의 풀림
④ 타이로드 엔드 조임 부분의 마모 및 풀림

해설 조향 휠의 유격이 커지고 소음이 발생할 수 있는 원인은 요크 플러그의 풀림, 스티어링 기어박스 장착 볼트의 풀림, 타이로드 엔드 조임 부분의 마모 및 풀림이다.

28 주행 중 자동차의 조향 휠이 한쪽으로 쏠리는 원인 아닌 것은?

① 타이어 공기압 불균일
② 휠 얼라인먼트의 조정 불량
③ 추진축의 밸런스 불량
④ 코일 스프링의 마모 혹은 파손시

해설 주행 중 조향 핸들이 한쪽으로 쏠리는 원인
① 뒤 차축이 차량의 중심선에 대하여 직각이 되지 않는다.
② 타이어 공기 압력이 불균일하다.
③ 휠 얼라인먼트의 조정이 불량하다.
④ 한쪽 휠 실린더의 작동이 불량하다.
⑤ 브레이크 라이닝 간극의 조정이 불량하다.
⑥ 한쪽 코일 스프링의 마모되었거나 파손되었다.
⑦ 한쪽 쇽업소버의 작동이 불량하다.

29 차량 주행 시 조향 핸들이 한쪽으로 쏠리는 원인으로 틀린 것은?

① 조향 핸들의 축 방향 유격이 크다.
② 좌우 타이어의 공기 압력이 서로 다르다.
③ 앞차축 한쪽의 현가 스프링이 절손되었다.
④ 뒷차축이 차의 중심선에 대하여 직각이 아니다.

30 차량 주행 중 조향핸들이 한쪽으로 쏠리는 원인으로 틀린 것은?

① 한쪽 타이어의 마모
② 휠 얼라인먼트의 조정 불량
③ 좌·우 타이어의 공기압 불일치
④ 동력 조향장치 오일펌프 불량

31 유압식 동력 조향장치의 오일펌프 압력시험에 대한 설명으로 틀린 것은?

① 유압회로 내의 공기빼기 작업을 반드시 실시해야 한다.
② 엔진의 회전수를 약 1000±100rpm으로 상승시킨다.
③ 시동을 정지한 상태에서 압력을 측정한다.
④ 컷오프 밸브를 개폐하면서 유압이 규정 값 범위에 있는지를 확인한다.

해설 오일펌프 압력시험
① 오일펌프에서 압력호스를 분리시키고 특수 공구를 연결한다.
② 공기빼기 작업을 실시한 후 엔진을 작동시키고 스티어링 휠을 좌우측으로 몇 번 돌려 오일의 온도가 50~60℃가 되게 한다.
③ 엔진을 시동시켜 약 1,000±100rpm으로 상승시킨다.
④ 컷-오프 밸브를 개폐하면서 유압이 규정 값 범위에 있는지 확인한다.

정답 27.② 28.③ 29.① 30.④ 31.③

32 자동차 정기검사에서 조향장치의 검사기준 및 방법으로 틀린 것은?

① 조향계통의 변형, 느슨함 및 누유가 없어야 한다.

② 조향바퀴 옆 미끄럼양은 1m 주행에 5mm 이내이어야 한다.

③ 기어박스·로드 암·파워 실린더·너클 등의 설치상태 및 누유 여부를 확인한다.

④ 조향 핸들을 고정한 채 사이드슬립 측정기의 답판 위로 직진하여 측정한다.

> **해설** 조향장치의 검사기준 및 방법
> ① 조향바퀴 옆미끄럼량은 1m 주행에 5mm 이내일 것
> ② 조향 계통의 변형·느슨함 및 누유가 없을 것
> ③ 동력조향 작동유의 유량이 적정할 것
> ④ 조향 핸들에 힘을 가하지 아니한 상태에서 사이드슬립 측정기의 답판 위를 직진할 때 조향바퀴의 옆미끄럼량을 사이드슬립 측정기로 측정한다.
> ⑤ 기어박스·로드 암·파워 실린더·너클 등의 설치상태 및 누유 여부를 확인한다.
> ⑥ 동력조향 작동유의 유량을 확인한다.

33 사이드슬립 시험기에서 지시 값이 6 이라면 1km 당 슬립량은?

① 6mm   ② 6cm
③ 6m   ④ 6km

> **해설** 사이드슬립 시험기에서 지시 값이 6이라면 주행 1km에 대해 앞바퀴가 옆 방향으로 6m를 미끄러진다.

34 사이드슬립 테스터 측정한 결과 왼쪽 바퀴가 안쪽으로 6mm, 오른쪽 바퀴가 바깥쪽으로 8mm 움직였다면 전체 미끄럼 양은?

① in 1mm   ② out 1mm
③ in 7mm   ④ out 7mm

> **해설** 미끄럼 양 $= \dfrac{\text{좌우슬립 차}}{2}$
> 미끄럼 양 $= \dfrac{8-6}{2} = 1mm$
> 따라서 전체 미끄럼 양은 바깥쪽으로 1mm 미끄러진다.

35 사이드슬립 점검 시 왼쪽 바퀴가 안쪽으로 8mm, 오른쪽 바퀴가 바깥쪽으로 4mm 슬립되는 것으로 측정되었다면 전체 미끄럼값 및 방향은?

① 안쪽으로 2mm 미끄러진다.
② 안쪽으로 4mm 미끄러진다.
③ 바깥쪽으로 2mm 미끄러진다.
④ 바깥쪽으로 4mm 미끄러진다.

> **해설** 미끄럼 양 $= \dfrac{8-4}{2} = 2mm$
> 따라서 전체 미끄럼 양은 안쪽으로 2mm 미끄러진다.

36 사이드슬립 테스터로 측정한 결과 왼쪽바퀴가 안쪽으로 6mm 이고, 오른쪽 바퀴가 바깥쪽으로 8mm이었을 때 15km를 직진상태로 주행하였다면 바퀴는 어느 쪽으로 얼마나 미끄러지는가?

① 안쪽으로 15m   ② 바깥쪽으로 15m
③ 안쪽으로 30m   ④ 바깥쪽으로 30m

> **해설** 안쪽을 in(+), 바깥쪽을 out(-)로 하면
> 미끄럼 양 $= \dfrac{6+(-8)}{2} = -1$ 따라서 미끄럼 양은 바깥쪽(out)으로 1mm이며, 15km를 직진으로 주행하면 바깥쪽으로 15m 미끄러진다.

37 조향 핸들을 2바퀴 돌렸을 때 피트먼 암이 90°움직였다면 조향 기어비는?

① 1 : 6   ② 1 : 7
③ 8 : 1   ④ 9 : 1

> **해설** 조향 기어비 $= \dfrac{\text{조향핸들이 회전한 각도}}{\text{피트먼 암이 움직인 각도}}$
> 조향기어비 $= \dfrac{360 \times 2}{90} = 8$

정답   32.④   33.③   34.②   35.①   36.②   37.③

38 축거를 L(m), 최소 회전반경을 R(m), 킹핀과 바퀴 접지 면과의 거리를 r(m)이라 할 때 조향각 α를 구하는 공식은?

① $\sin\alpha = \dfrac{L}{R-r}$ ② $\sin\alpha = \dfrac{L-r}{R}$

③ $\sin\alpha = \dfrac{R-r}{L}$ ④ $\sin\alpha = \dfrac{L-R}{r}$

해설 $R = \dfrac{L}{\sin\alpha} + r$ 에서 $\sin\alpha = \dfrac{L}{R-r}$

39 자동차의 축거가 2.6m, 전륜 바깥쪽 바퀴의 조향각이 30°, 킹핀과 타이어 중심 거리가 30cm일 때 최소 회전반경은 약 몇 m인가?

① 4.5 ② 5.0
③ 5.5 ④ 6.0

해설 $R = \dfrac{L}{\sin\alpha} + r$

R : 최소 회전반경(m), L : 축거(m),
$\sin\alpha$: 바깥쪽 바퀴의 조향각도(°),
r : 바퀴접지 면 중심과 킹핀 중심과의 거리(m)

$R = \dfrac{2.6}{\sin 30°} + 0.3 = 5.5m$

40 자동차의 축간거리가 2.5m, 킹핀의 연장선과 캠버의 연장선이 지면 위에서 만나는 거리가 30cm인 자동차를 좌측으로 회전하였을 때 바깥쪽 바퀴의 조향각도가 30°라면 최소회전반경은 약 몇 m 인가?

① 4.3 ② 5.3
③ 6.2 ④ 7.2

해설 $R = \dfrac{L}{\sin\alpha} + r$

R : 최소 회전반경(m), L : 축거(m),
$\sin\alpha$: 바깥쪽 바퀴의 조향각도(°),
r : 바퀴접지 면 중심과 킹핀 중심과의 거리(m)

$R = \dfrac{2.5m}{\sin 30°} + 0.3 = 5.3m$

41 자동차의 앞바퀴 윤거가 1500mm, 축간거리가 3500mm, 킹핀과 바퀴 접지면의 중심 거리가 100mm인 자동차가 우회전할 때, 왼쪽 앞바퀴의 조향각도가 32°이고 오른쪽 앞바퀴의 조향각도가 40°라면 이 자동차의 선회 시 최소 회전반지름은?

① 6.7m ② 7.2m
③ 7.8m ④ 8.2m

해설 $R = \dfrac{L}{\sin\alpha} + r$

R : 최소 회전반경(m), L : 축거(m),
$\sin\alpha$: 바깥쪽 바퀴의 조향각도(°),
r : 바퀴접지 면 중심과 킹핀 중심과의 거리(m)

$R = \dfrac{3.5m}{\sin 32°} + 0.1m = 6.7m$

전동식 동력 조향장치

01 유압식 조향장치에 비해 전동식 조향장치(MDPS)의 특징이 아닌 것은?

① 오일을 사용하지 않아 친환경적이다.
② 부품수가 많아 경량화가 어렵다.
③ 차량 속도별 정확한 조향력 제어가 가능하다.
④ 연비 향상에 도움이 된다.

해설 전동식 조향장치의 장·단점
• 전동식 조향장치의 장점
① 연료 소비율이 향상된다.
② 에너지 소비가 적으며, 구조가 간단하다.
③ 엔진의 가동이 정지된 때에도 조향 조작력 증대가 가능하다.
④ 조향 특성 튜닝(tuning)이 쉽다.
⑤ 엔진 룸 레이아웃(ray-out) 설정 및 모듈화가 쉽다.
⑥ 유압제어 장치가 없어 환경 친화적이다.
⑦ 차량 속도별 정확한 조향력 제어가 가능하다.
• 전동식 조향장치의 단점
① 전동기의 작동 소음이 크고, 설치 자유도가 적다.
② 유압제어에 비하여 조향 핸들의 복원력 낮다.
③ 조향 조작력의 한계 때문에 중·대형 자동차에는 사용이 불가능하다.
④ 조향 성능을 향상시키고 관성력이 낮은 전동기의 개발이 필요하다.

정답 **38.**① **39.**③ **40.**② **41.**① / **01.**②

02 유압식과 비교한 전동식 동력 조향장치 (MDPS)의 장점으로 틀린 것은?

① 부품수가 적다.
② 연비가 향상된다.
③ 구조가 단순하다.
④ 조향 휠 조작력이 증가한다.

03 전동식 동력 조향장치(MDPS)의 장점으로 틀린 것은?

① 전동 모터 구동 시 큰 전류가 흐른다.
② 엔진의 출력 향상과 연비를 절감할 수 있다.
③ 오일펌프 유압을 이용하지 않아 연결 호스가 필요 없다.
④ 시스템 고장 시 경고등을 점등 또는 점멸 시켜 운전자에게 알려준다.

04 전동식 전자제어 동력 조향장치의 설명으로 틀린 것은?

① 속도 감응형 파워 스티어링의 기능 구현이 가능하다.
② 파워 스티어링 펌프의 성능 개선으로 핸들이 가벼워진다.
③ 오일 누유 및 오일 교환이 필요 없는 친환경 시스템이다.
④ 엔진의 부하가 감소되어 연비가 향상된다.

05 전동식 동력 조향장치의 설명으로 틀린 것은?

① 유압식 동력 조향장치에 필요한 유압유를 사용하지 않아 친환경적이다.
② 유압 발생장치나 파이프 등의 부품이 없어 경량화를 할 수 있다.
③ 파워 스티어링 펌프의 유압을 동력원으로 사용한다.
④ 전동기를 운전조건에 맞추어 제어함으로써 정확한 조향력 제어가 가능하다.

> **해설** 전동식 동력 조향장치는 자동차의 주행속도에 따라 조향 핸들의 조향 조작력을 전자제어로 전동기를 구동시켜 주차 또는 저속으로 주행할 때는 조향 조작력을 가볍게 해주고, 고속으로 주행할 때는 조향 조작력을 무겁게 하여 고속주행 안정성을 운전자에게 제공한다.

06 전동식 동력 조향장치의 입력 요소 중 조향 핸들의 조작력 제어를 위한 신호가 아닌 것은?

① 토크 센서 신호   ② 차속 센서 신호
③ G 센서 신호   ④ 조향 각 센서 신호

> **해설** **전동식 동력 조향장치의 입력 요소**
> ① **토크 센서** : 조향 칼럼과 일체로 되어 있으며, 운전자가 조향 핸들을 돌려 래크와 피니언 그리고 바퀴를 돌릴 때 발생하는 토크를 조향 칼럼을 통해 측정한다. 컴퓨터는 조향 조작력 센서의 정보를 기본으로 조향 조작력의 크기를 연산한다.
> ② **차속 센서** : 변속기 출력축에 설치되어 있으며, 홀 센서 방식이다. 주행속도에 따라 최적의 조향 조작력(고속으로 주행할 때에는 무겁고, 저속으로 주행할 때에는 가볍게 제어)을 실현하기 위한 기준 신호로 사용된다.
> ③ **조향 각 센서** : 전동기 내에 설치되어 있으며, 전동기(Motor)의 로터(Rotor) 위치를 검출한다. 이 신호에 의해서 컴퓨터가 전동기 출력의 위상을 결정한다.
> ④ **엔진 회전속도** : 엔진 회전속도는 전동기가 작동할 때 엔진의 부하(발전기 부하)가 발생되므로 이를 보상하기 위한 신호로 사용되며, 엔진 컴퓨터로부터 엔진의 회전속도를 입력받으며 500rpm 이상에서 정상적으로 작동한다.

정답 **02.**④ **03.**① **04.**② **05.**③ **06.**③

07 전동식 동력 조향장치의 자기진단이 안 될 경우 점검사항으로 틀린 것은?

① CAN 통신 파형점검
② 컨트롤 유닛 측 배터리 전원 측정
③ 컨트롤 유닛 측 배터리 접지여부 측정
④ KEY ON상태에서 CAN 종단저항 측정

해설 KEY OFF상태에서 CAN 종단저항 측정

08 CAN 통신이 적용된 전동식 동력 조향장치(MDPS)에서 EPS 경고등이 점등(점멸) 될 수 있는 조건으로 틀린 것은?

① 자기 진단 시
② 토크 센서 불량
③ 컨트롤 모듈측 전원 공급 불량
④ 핸들 위치가 정위치에서 ±2° 틀어짐

해설 EPS 경고등 점등 조건
① 자기진단 시
② MDPS 시스템이 고장 일 경우
③ 컨트롤 모듈측 전원 공급이 불량한 경우
④ EPS 시스템 전원 공급이 불량한 경우
⑤ CAN BUS OFF 또는 EMS 신호가 미수신인 경우

09 전동식 동력 조향장치(Motor Driven Power Steering) 시스템에서 정차 중 핸들 무거움 현상의 발생 원인이 아닌 것은?

① MDPS CAN 통신선의 단선
② MDPS 컨트롤 유닛 측의 통신 불량
③ MDPS 타이어 공기압 과다주입
④ MDPS 컨트롤 유닛 측 배터리 전원공급 불량

해설 정차 중 조향 핸들 무거움 현상 발생원인
① MDPS 컨트롤 유닛측 배터리 전원 공급이 불량한 경우
② MDPS 컨트롤 유닛측의 통신이 불량한 경우
③ MDPS CAN 통신선이 단선된 경우

10 4륜 조향장치(4Wheel steering system)의 장점으로 틀린 것은?

① 고속 진진성이 좋다.
② 차선 변경이 용이하다.
③ 선회 시 균형이 좋다.
④ 최소회전 반경이 커진다.

해설 4륜 조향장치의 장점
① 경쾌한 고속선회가 가능하다.
② 일렬 주차가 용이하다.
③ 미끄러운 도로를 주행할 때 안정성이 향상된다.
④ 고속에서 직진 안정성을 부여한다.
⑤ 차선 변경이 용이하다.
⑥ 회소회전 반경을 단축시킨다.
⑦ 견인력(휠 구동력)이 크다

11 4륜 조향장치(4 wheel steering system)의 장점으로 틀린 것은?

① 선회 안정성이 좋다.
② 최소회전 반경이 크다.
③ 견인력(휠 구동력)이 크다.
④ 미끄러운 노면에서의 주행 안정성이 좋다.

12 4륜 구동방식(4WD)의 특징으로 거리가 먼 것은?

① 등판능력 및 견인력 향상
② 조향성능 및 안정성 향상
③ 고속주행 시 직진 안정성 향상
④ 연료 소비율 낮음

정답 **07.**④ **08.**④ **09.**③ **10.**④ **11.**② **12.**④

타이어

01 타이어의 각부 구조명칭을 설명한 것으로 틀린 것은?

① 트레드 : 타이어가 노면과 접촉하는 부분의 고무층을 말한다.
② 사이드 월 : 타이어의 옆 부분으로 트레드와 비드간의 고무층을 말한다.
③ 카커스 : 휠의 림 부분에 접촉하는 부분으로 내부에 피아노선이 원둘레 방향으로 있다.
④ 브레이커 : 트레드와 카커스의 접합부로 트레드와 카커스가 떨어지는 것을 방지하고 노면에서의 충격을 완화한다.

해설 타이어의 구조
① 트레드(tread) : 타이어가 직접 노면과 접촉되어 마모에 견디고 적은 슬립으로 견인력을 증대시키는 부분이다.
② 브레이커(breaker) : 몇 겹의 코드 층을 내열성의 고무로 싼 구조로 되어 있으며, 트레드와 카커스의 분리를 방지하고 노면에서의 완충작용도 한다.
③ 카커스(carcass) : 타이어의 골격을 이루는 부분이며, 공기 압력을 견디어 일정한 체적을 유지하고, 하중이나 충격에 따라 변형하여 완충작용을 한다.
④ 비드 부분(bead section) : 타이어가 림과 접촉하는 부분이며, 비드부분이 늘어나는 것을 방지하고 타이어가 림에서 빠지는 것을 방지하기 위해 내부에 몇 줄의 피아노선이 원둘레 방향으로 들어 있다.
⑤ 사이드 월(side wall) : 사이드 월 부분은 노면과 직접 접촉하지 않으며, 주행 중 가장 많은 완충작용을 하는 부분으로서 타이어 규격과 기타 정보가 표시된 부분이다.

02 고무로 피복 된 코드를 여러 겹 겹친 층에 해당되며, 타이어에서 타이어 골격을 이루는 부분은?

① 카커스(carcass)부
② 트레드(tread)부
③ 숄더(shoulder)부
④ 비드(bead)부

해설 카커스는 타이어의 골격을 이루는 부분이며, 공기압력에 견디어 일정한 체적을 유지하고, 또 하중이나 충격에 따라 변형되어 충격완화 작용을 한다.

03 내부에는 고탄소강의 강선(피아노선)을 묶음으로 넣고 고무로 피복한 링 상태의 보강 부위로 타이어를 림에 견고하게 고정시키는 역할을 하는 부품은?

① 카커스(carcass)부
② 트레드(tread)부
③ 숄더(should)부
④ 비드(bead)부

해설 비드부는 내부에 고탄소강의 강선(피아노선)을 묶음으로 넣고 고무로 피복한 링 상태의 보강 부위로 타이어를 림에 견고하게 고정시키는 역할을 한다.

04 노면과 직접 접촉은 하지 않고 충격에 완충작용을 하며 타이어 규격과 기타 정보가 표시된 부분은?

① 카커스(carcass)부
② 트레드(tread)부
③ 사이드 월(side wall)부
④ 비드(bead)부

해설 사이드 월부는 노면과 직접 접촉은 하지 않으며, 주행 중 가장 많은 완충작용을 하는 부분으로 타이어 규격과 기타 정보가 표시된 부분이다.

정답 01.③ 02.① 03.④ 04.③

05 타이어에 195/70R 13 82S 라고 적혀 있다면 S는 무엇을 의미하는가?

① 편평 타이어
② 타이어의 전폭
③ 허용 최고속도
④ 스틸 레이디얼 타이어

해설 195/65 70R 13 82S에서 195는 타이어 폭 195mm, 70은 편평비 70%, R은 레이디얼 구조, 13은 타이어 내경 13inch, S는 최고 허용속도를 표시한다.

06 승용차용 타이어의 표기법으로 잘못 된 것은?

205	/	65	/	R	14
ㄱ		ㄴ		ㄷ	ㄹ

① ㄱ : 단면폭(205mm)
② ㄴ : 편평비(65%)
③ ㄷ : 레이디얼(R) 구조
④ ㄹ : 림 외경(14mm)

해설 205/65 R14에서 205는 타이어 폭 205mm, 65는 편평비 65%, R은 레이디얼 구조, 14는 타이어 내경(inch)을 표시한다.

07 타이어의 단면을 편평하게 하여 접지면적을 증가시킨 편평 타이어의 장점 중 아닌 것은?

① 제동성능과 승차감이 향상된다.
② 타이어 폭이 좁아 타이어 수명이 길다.
③ 펑크가 났을 때 공기가 급격히 빠지지 않는다.
④ 보통 타이어보다 코너링 포스가 15% 정도 향상된다.

해설 편평 타이어는 타이어의 단면을 편평하게(폭을 넓게 하고 높이를 낮춤) 하여 접지면적을 크게 하였기 때문에 제동, 출발 또는 가속할 때 내 미끄럼성과 선회성능을 향상시킬 수 있다.

08 타이어에 대한 설명으로 틀린 것은?

① 바이어스 타이어는 카커스 코드가 사선 방향으로 설치되어 있다.
② 선회 시 원심력에 따른 코너링 포스를 발생시켜 토크 스티어 현상에 도움이 된다.
③ 레이디얼 타이어는 카커스의 코드 방향이 원둘레 방향의 직각 방향으로 배열되어 있다.
④ 스노 타이어는 타이어 트레드 폭을 크게 한 타이어이다.

해설 코너링 포스(Cornering Force)는 원심력에 대항하여 타이어가 비틀려 조금 미끄러지면서 접지면을 지지하는 힘으로 타이어의 진행방향에 수직으로 작용한다. 자동차는 이 힘에 의해 코너링(Cornering)을 한다.

09 튜브가 없는 타이어(tubeless tire)에 대한 설명으로 틀린 것은?

① 튜브 조립이 없어 작업성이 좋다.
② 튜브 대신 타이어 안쪽 내벽에 고무막이 있다.
③ 날카로운 금속에 찔리면 공기가 급격히 유출된다.
④ 타이어 속의 공기가 림과 직접 접촉하여 열 발산이 잘된다.

해설 튜브리스 타이어의 특징
① 튜브 대신 타이어 안쪽 내벽에 고무막이 있다.
② 튜브가 없어 조금 가벼우며, 못 등이 박혀도 공기 누출이 적다.
③ 펑크 수리가 간단하고, 고속주행을 하여도 발열이 적다.
④ 림이 변형되어 타이어와의 밀착이 불량하면 공기가 새기 쉽다.
⑤ 유리조각 등에 의해 손상되면 수리가 어렵다.
⑥ 튜브 조립이 없어 작업성이 좋다.
⑦ 타이어 속의 공기가 림과 직접 접촉하여 열 발산이 잘된다.

정답 **05.**③ **06.**④ **07.**② **08.**② **09.**③

10 레이디얼 타이어의 장점이 아닌 것은?

① 타이어 단면의 편평율을 크게 할 수 있다.
② 보강대의 벨트를 사용하기 때문에 하중에 의해 트레드가 잘 변형된다.
③ 로드홀딩이 우수하며 스탠딩 웨이브가 잘 일어나지 않는다.
④ 선회 시에도 트레드의 변형이 적어 접지 면적이 감소되는 경향이 적다.

> 해설 레이디얼 타이어의 장점
> ① 타이어 단면의 편평율을 크게 할 수 있다.
> ② 타이어 트레드의 접지 면적이 크다.
> ③ 보강대의 벨트를 사용하기 때문에 하중에 의한 트레드의 변형이 적다.
> ④ 선회시에도 트레드의 변형이 적어 접지 면적이 감소되는 경향이 적다.
> ⑤ 전동 저항이 적고 내미끄럼성이 향상된다.
> ⑥ 로드 홀딩이 향상되며, 스탠딩 웨이브가 잘 일어나지 않는다.

11 자동차 타이어의 수명을 결정하는 요인으로 관계없는 것은?

① 타이어 공기압의 고·저에 대한 영향
② 자동차 주행속도의 증가에 대한 영향
③ 도로의 종류와 조건에 따른 영향
④ 엔진의 출력증가에 따른 영향

12 스탠딩 웨이브 현상 방지대책으로 옳은 것은?

① 고속으로 주행한다.
② 전동저항을 증가시킨다.
③ 강성이 큰 타이어를 사용한다.
④ 타이어 공기압을 표준보다 15~25% 정도 낮춘다.

> 해설 스탠딩 웨이브의 방지법은 타이어 공기압력을 표준보다 15~20% 높여 주거나 강성이 큰 타이어를 사용하고 저속으로 운행하여야 한다.

13 스탠딩 웨이브 현상을 방지할 수 있는 사항이 아닌 것은?

① 저속운행을 한다.
② 전동저항을 증가시킨다.
③ 강성이 큰 타이어를 사용한다.
④ 타이어 공기압을 높인다.

14 하이드로 플레이닝에 관한 설명으로 옳은 것은?

① 저속으로 주행할 때 하이드로 플레이닝이 쉽게 발생한다.
② 트레드가 과하게 마모된 타이어에서는 하이드로 플레이닝이 쉽게 발생한다.
③ 하이드로 플레이닝이 발생할 때 조향은 불안정하지만 효율적인 제동은 가능하다.
④ 타이어의 공기압이 감소할 때 접촉영역이 증가하여 하이드로 플레이닝이 방지된다.

> 해설 하이드로 플레이닝(수막현상)이란 주행 중 물이 고인 도로를 고속으로 주행할 때 타이어 트레드가 물을 완전히 배출시키지 못해 노면과 타이어의 마찰력이 상실되어 조향 및 제동이 불안정하며, 트레드가 과하게 마모된 타이어에서는 쉽게 발생한다.

15 주행 중 타이어에서 나타나는 하이드로 플레이닝 현상을 방지하기 위한 방법으로 틀린 것은?

① 승용차의 타이어는 가능한 리브 패턴을 사용할 것
② 트레드 패턴은 카프 모양으로 세이빙 가공한 것을 사용
③ 타이어 공기압을 규정보다 낮추고 주행속도를 높일 것
④ 트레드 패턴의 마모가 규정 이상 마모된 타이어는 고속주행 시 교환할 것

정답 **10.**② **11.**② **12.**③ **13.**② **14.**② **15.**③

하이드로 플레이닝 현상 방지법
① 트레드의 마멸이 적은 타이어를 사용한다.
② 타이어 공기 압력을 높이고, 주행 속도를 낮춘다.
③ 리브 패턴의 타이어를 사용한다. 러그 패턴을 사용하는 경우 하이드로 플레이닝을 일으키기 쉽다.
④ 트레드 패턴을 카프(calf)형으로 세이빙(shaving) 가공한 것을 사용한다.

16 하이드로 플레이닝 현상의 방지법이 아닌 것은?

① 타이어의 공기압력을 표준보다 15~20% 낮춘다.
② 트레드 마멸이 적은 타이어를 사용한다.
③ 타이어의 공기압력을 높이고 주행속도를 낮춘다.
④ 마모가 적은 리브패턴 타이어를 사용한다.

17 자동차 바퀴가 정적 불평형일 때 일어나는 현상은?

① tramping(트램핑)
② shimmy(시미)
③ hopping(호핑)
④ standing wave(스탠딩 웨이브)

해설 바퀴에 정적 불평형이 있으면 바퀴가 상하로 진동하는 트램핑 현상이 발생하고, 동적 불평형이 있으면 바퀴가 좌우로 흔들리는 시미현상이 발생한다.

18 휠의 정적(static) 불평형으로 인해 바퀴가 상하로 진동하는 현상은?

① 시미(shimmy)
② 트램핑(tramping)
③ 스탠딩 웨이브(standing wave)
④ 하이드로 플래닝(hydro planing)

19 자동차의 바퀴가 동적 언밸런스(unbalance)일 경우 발생할 수 있는 현상은?

① 트램핑(tramping)
② 정재파(standing wave)
③ 요잉(yawing)
④ 시미(shimmy)

해설 바퀴에 정적 불평형이 있으면 바퀴가 상하로 진동하는 트램핑 현상이 발생하고, 동적 불평형이 있으면 바퀴가 좌우로 흔들리는 시미 현상이 발생한다.

20 다음 중 구동륜의 동적 휠 밸런스가 맞지 않을 경우 나타나는 현상은?

① 피칭 현상
② 시미 현상
③ 캐치 업 현상
④ 사이클링 현상

21 열에 의해 타이어의 고무나 코드가 용해 및 분리되는 현상은?

① 히트 세퍼레이션(heat separation)현상
② 스탠딩 웨이브(standing wave)현상
③ 하이드로 플래닝(hydro planing)현상
④ 이상 과열(over heat)현상

해설 ① **히트 세퍼레이션 현상** : 열에 의해 타이어의 고무나 코드가 용해 및 분리되는 현상
② **스탠딩 웨이브 현상** : 타이어 접지 면의 변형이 내압에 의하여 원래의 형태로 되돌아오는 속도보다 타이어 회전속도가 빠르면, 타이어의 변형이 원래의 상태로 복원되지 않고 물결모양이 남게 되는 현상
③ **하이드로 플레이닝(수막) 현상** : 주행 중 물이 고인 도로를 고속으로 주행할 때 타이어 트레드가 물을 완전히 배출시키지 못해 노면과 타이어의 마찰력이 상실되는 현상

정답 **16.**① **17.**① **18.**② **19.**④ **20.**② **21.**①

22 타이어가 편마모되는 원인이 아닌 것은?

① 쇽업소버가 불량하다.

② 앞바퀴 정렬이 불량하다.

③ 타이어의 공기압이 낮다.

④ 자동차의 중량이 증가하였다.

해설 타이어가 편마모 되는 원인

① 휠이 런 아웃되었을 때

② 허브의 너클이 런 아웃되었을 때

③ 베어링이 마멸되었거나 킹핀의 유격이 큰 경우

④ 휠 얼라인먼트(정렬)가 불량할 때

⑤ 한쪽 타이어의 공기압력이 낮을 때

⑥ 쇽업소버의 작동이 불량할 때

23 장기주차 시 차량의 하중에 의해 타이어에 변형이 발생하고, 차량이 다시 주행하게 될 때 정상적으로 복원되지 않는 현상은?

① Hysteresis 현상

② Heat separation 현상

③ Run flat 현상

④ Flat spot 현상

해설 플랫 스폿(Flat spot) 현상이란 장기주차를 하였을 때 차량의 하중에 의해 타이어에 변형이 발생하고, 차량이 다시 주행하게 될 때 정상적으로 복원되지 않는 현상이다.

24 급격한 가속이나 제동 또는 선회 시에 타이어가 노면과의 사이에 미끄러짐이 발생하면서 나는 소음은?

① 럼블(Rumble)음

② 험(Hum)음

③ 스퀼(Squeal)음

④ 패턴 소음(Pattern Noise)

해설 타이어 소음

① 패턴소음 : 자동차가 주행할 때 타이어 표면의 홈 안에 있는 공기가 밖으로 나오면서 나는 소리다. 손바닥을 두드릴 때 소리가 나는 것과 같은 원리이다.

② 스퀼 소음 : 급격한 가속이나 제동, 선회할 때 타이어가 노면에서 미끄러지면 발생한다.

③ 럼블 소음 : 거친 노면을 주행할 때 타이어로부터 차량 실내에 전달되는 진동소리이다.

④ 스퀠치(Squelch) : 주행방향과 수직으로 파여 있는 리브가 진동하면서 나는 소음이다.

25 TPMS(Tire Pressure Monitoring System)의 설명으로 틀린 것은?

① 타이어 내부의 수분량을 감지하여 TPMS 전자제어 모듈(ECU)에 전송한다.

② TPMS 전자제어 모듈(ECU)은 타이어 압력 센서가 전송한 데이터를 수신 받아 판단 후 경고등 제어를 한다.

③ 타이어 압력 센서는 각 휠의 안쪽에 장착되어 압력, 온도 등을 측정한다.

④ 시스템의 구성품은 전자제어 모듈(ECU), 압력 센서, 클러스터 등이 있다.

해설 TPMS는 전자제어 모듈(ECU), 압력 센서, 클러스터 등으로 구성되며, 타이어 압력 센서는 각 휠의 안쪽에 장착되어 압력, 온도 등을 측정하여 전자제어 모듈로 전송하며, TPMS 전자제어 모듈(ECU)은 타이어 압력 센서가 전송한 데이터를 수신 받아 판단 후 경고등 제어를 한다.

26 타이어 압력 모니터링(TPMS)에 대한 설명 중 틀린 것은?

① 타이어의 내구성 향상과 안전운행에 도움이 된다.

② 휠 밸런스를 고려하여 타이어 압력 센서가 장착되어 있다.

③ 타이어의 압력과 온도를 감지하여 저압 시 경고등을 점등한다.

④ 가혹한 노면 주행이 가능하도록 타이어 압력을 조절한다.

해설 TPMS는 휠 밸런스를 고려하여 타이어 압력 센서가 장착되어 있어 타이어의 압력과 온도를 감지하여 타이어의 공기압이 낮으면 경고등을 점등하므로 타이어의 내구성 향상과 안전운행에 도움을 준다.

정답 22.④ 23.④ 24.③ 25.① 26.④

휠 얼라인먼트

01 차륜 정렬 목적에 해당되지 않는 것은?

① 조향 핸들에 복원성을 준다.
② 바퀴가 옆 방향으로 미끄러지는 것과 타이어의 마멸을 최소화 한다.
③ 위급상황에서 급제동 시 조향 안정성을 제공한다.
④ 조향 핸들의 조작력을 작게 하여 준다.

해설 휠 얼라인먼트의 역할
① 조향 핸들에 복원성을 준다.
② 타이어의 마멸을 최소화한다.
③ 조향 핸들의 조작을 확실하게 하고 안정성을 준다.
④ 조향 핸들의 조작력을 작게 하여 준다.

02 앞바퀴 얼라인먼트의 직접적인 역할이 아닌 것은?

① 조향 휠의 조작을 쉽게 한다.
② 조향 휠에 알맞은 유격을 준다.
③ 타이어의 마모를 최소화 한다.
④ 조향 휠에 복원성을 준다.

03 앞·뒷바퀴 모두 정렬(all wheel alignment) 할 필요성으로 거리가 먼 것은?

① 타이어의 마모가 최소가 되도록 한다.
② 주행방향을 항상 바르게 유지시켜 안정성을 준다.
③ 전·후륜이 역방향으로 되어 일렬 주차 시 편리하다.
④ 조향 휠에 복원성을 향상시킨다.

04 휠 얼라인먼트를 점검하여 바르게 유지해야 하는 이유로 틀린 것은?

① 직진성능의 개선
② 축간거리의 감소
③ 사이드슬립의 방지
④ 타이어 이상 마모의 최소화

해설 휠 얼라인먼트를 바르게 유지해야 하는 이유는 직진 성능의 개선, 사이드슬립의 방지, 타이어 이상 마모의 최소화, 복원성 부여 등이다.

05 휠 얼라인먼트의 주요 요소가 아닌 것은?

① 캠버   ② 캠 옵셋
③ 셋백   ④ 캐스터

해설 휠얼라인먼트 주요 요소
① 캠버(camber) : 앞바퀴를 앞에서 보았을 때 타이어 중심선이 연직선에 대하여 어떤 각도를 두고 설치된 것.
② 캐스터(caster) : 자동차의 조향 바퀴를 옆에서 보았을 때 차축에 설치하는 킹 핀의 중심선이 수직선에 대하여 어떤 각도를 두고 설치된 상태.
③ 토인(toe-in) : 좌우 타이어 중심간의 거리가 뒷부분 보다 앞부분이 좁은 상태.
④ 킹핀 경사각(kingpin inclination) : 자동차를 정면에서 보았을 때 킹핀 중심선이 수직선에 대하여 이루는 각도
⑤ 셋백 : 앞뒤 차축의 평행도를 나타내는 것을 말한다.

06 자동차의 휠 얼라인먼트에서 캠버의 역할은?

① 제동 효과 상승
② 조향 바퀴에 동일한 회전수 유도
③ 하중으로 인한 앞차축의 휨 방지
④ 주행 중 조향 바퀴에 방향성 부여

해설 캠버는 수직 하중에 의한 앞차축의 휨을 방지하고, 조향 조작력을 가볍게 하며, 회전 반지름을 작게 한다.

정답 01.③ 02.② 03.③ 04.② 05.② 06.③

07 조향장치에서 킹핀이 마모되면 캠버는 어떻게 되는가?

① 캠버의 변화가 없다.
② 더 정(+)의 캠버가 된다.
③ 더 부(-)의 캠버가 된다.
④ 항상 0의 캠버가 된다.

> **해설** 킹핀이 마모되면 수직 하중에 의해 더 부(-)의 캠버가 된다.

08 우측 앞 타이어의 바깥쪽이 심하게 마모되었을 때의 조치방법으로 옳은 것은?

① 토 인으로 수정한다.
② 앞·뒤 현가 스프링을 교환한다.
③ 우측 차륜의 캠버를 부(-)의 방향으로 조절한다.
④ 우측 차륜의 캐스터를 정(+)의 방향으로 조절한다.

> **해설** 우측 앞 타이어의 바깥쪽이 심하게 마모되었을 때에는 우측 차륜의 캠버를 부(-)의 방향으로 조절한다.

09 자동차 앞바퀴 정렬 중 캐스터에 관한 설명은?

① 자동차의 전륜을 위에서 보았을 때 바퀴의 앞부분이 뒷부분보다 좁은 상태를 말한다.
② 자동차의 전륜을 앞에서 보았을 때 바퀴의 중심선의 위부분이 약간 벌어져 있는 상태를 말한다.
③ 자동차의 전륜을 옆에서 보면 킹핀의 중심선이 수직선에 대하여 어느 한쪽으로 기울어져 있는 상태를 말한다.
④ 자동차의 전륜을 앞에서 보면 킹핀의 중심선이 수직선에 대하여 약간 안쪽으로 설치된 상태를 말한다.

> **해설** 캐스터는 자동차를 옆에서 보았을 때 킹핀의 중심선이 노면에 수직인 직선에 대하여 어느 한쪽으로 기울어져 있는 상태를 말한다.

10 자동차를 옆에서 보았을 때 킹핀의 중심선이 노면에 수직인 직선에 대하여 어느 한쪽으로 기울어져 있는 상태는?

① 캐스터 ② 캠버
③ 셋백 ④ 토인

> **해설** 휠 얼라인먼트
> ① **캠버** : 자동차를 앞에서 보면 그 앞바퀴가 수직선에 대해 어떤 각도를 두고 설치되어 있는 상태
> ② **셋백** : 앞 뒤 차축의 평행도를 나타내는 것을 셋백이라 한다.
> ③ **토인** : 앞바퀴를 위에서 내려다보면 바퀴 중심선 사이의 거리가 앞쪽이 뒤쪽보다 약간 작게 되어 있는 상태

11 캐스터에 대한 설명으로 틀린 것은?

① 앞바퀴에 방향성을 준다.
② 캐스터 효과란 추종성과 복원성을 말한다.
③ (+) 캐스터가 크면 직진성이 향상되지 않는다.
④ (+) 캐스터는 선회할 때 차체의 높이가 선회하는 바깥쪽보다 안쪽이 높아지게 된다.

> **해설** 캐스터의 작용
> ① 바퀴를 차축에 설치하는 킹핀이 바퀴의 수직선과 이루는 각도이다.
> ② 캐스터에 의해 바퀴가 추종성을 가지게 된다.
> ③ 주행 중 조향바퀴에 방향성을 부여한다.
> ④ 선회하였을 때 차체 운동에 의한 바퀴 복원력이 발생한다.
> ⑤ 캐스터 효과란 추종성과 복원성을 말한다.
> ⑥ (+) 캐스터가 크면 직진성이 향상된다.
> ⑦ (+) 캐스터는 선회할 때 차체의 높이가 선회하는 바깥쪽보다 안쪽이 높아지게 된다.

정 답 07.③ 08.③ 09.③ 10.① 11.③

12 전차륜 정렬에서 조향핸들의 조작력을 경감시키고 바퀴의 직진 복원력을 주는 가장 중요한 것은?

① 토인   ② 캐스터

③ 토 아웃   ④ 캠버

> **해설** 캐스터는 주행 중 조향바퀴에 방향성 및 복원성을 준다.

13 차륜 정렬에서 캐스터에 대한 설명으로 틀린 것은?

① 캐스터에 의해 바퀴가 추종성을 가지게 된다.

② 선회 시 차체운동에 의한 바퀴 복원력이 발생한다.

③ 수직방향의 하중에 의해 조향륜이 아래로 벌어지는 것을 방지한다.

④ 바퀴를 차축에 설치하는 킹핀이 바퀴의 수직선과 이루는 각도를 말한다.

> **해설** 수직 방향의 하중에 의해 조향륜이 아래로 벌어지는 것을 방지하는 요소는 캠버이다.

14 자동차의 앞차축이 사고로 뒤틀어져서 왼쪽 캐스터 각이 뒤쪽으로 5~6°, 오른쪽 캐스터 각이 0°가 되었다. 주행 중 발생할 수 있는 현상은?

① 오른쪽으로 쏠리는 경향이 있다.

② 왼쪽으로 쏠리는 경향이 있다.

③ 정상적인 조향이 어렵다.

④ 쏠리는 경향에는 변화가 없다.

> **해설** 오른쪽 캐스터의 각이 0°이므로 직진성능이 없기 때문에 오른쪽으로 쏠리는 경향이 있다.

15 휠 얼라인트의 요소 중 토인의 필요성과 가장 거리가 먼 것은?

① 앞바퀴를 차량 중심선 상으로 평행하게 회전시킨다.

② 조향 후 직진방향으로 되돌아오는 복원력을 준다.

③ 조향 링키지의 마멸에 의해 토 아웃이 되는 것을 방지한다.

④ 바퀴가 옆 방향으로 미끄러지는 것과 타이어 마멸을 방지한다.

> **해설** 토인은 자동차 앞바퀴를 위에서 내려다보면 좌우 바퀴의 중심선 사이의 거리가 앞쪽이 뒤쪽보다 약간 작게 되어 있는 상태이며, 역할은 다음과 같다.
> ① 앞바퀴를 평행하게 회전시킨다.
> ② 캠버에 의한 토 아웃을 방지한다.
> ③ 앞바퀴의 사이드슬립과 타이어 마멸을 방지한다.
> ④ 조향 링키지 마멸에 따라 토 아웃(toe-out)이 되는 것을 방지한다.

16 앞바퀴 정렬 중 토인의 필요성으로 가장 거리가 먼 것은?

① 조향 시에 바퀴에 복원력을 발생

② 앞바퀴 사이드슬립과 타이어 마멸 감소

③ 캠버에 의한 토 아웃 방지

④ 조향 링키지의 마멸에 의해 토 아웃이 되는 것 방지

> **해설** 조향 후 직진방향으로 되돌아오는 복원력을 주는 것은 캐스터의 작용이다.

정답   12.②   13.③   14.①   15.②   16.①

17 바퀴 정렬의 토인에 대한 설명으로 옳은 것은?

① 정밀한 측정을 위해 타이어 공기압은 규정보다 10% 정도 높여 준다.
② 토인은 차량 주행 중 조향 조작력을 감소시키기 위해 둔 것이다.
③ 토인의 조정은 양쪽 타이로드를 같은 양 만큼 동일하게 조정해야 한다.
④ 토인은 앞바퀴를 정면에서 보았을 때 윗부분이 아래 부분보다 외측으로 벌어진 것을 의미한다.

해설 토인의 조정은 타이어 공기압을 규정 값으로 하고 양쪽 타이로드를 같은 양 만큼 동일하게 조정해야 한다.

18 앞바퀴 얼라인먼트 검사를 할 때 예비점검 사항이 아닌 것은?

① 타이어 상태
② 차축 휨 상태
③ 킹핀 마모 상태
④ 조향 핸들 유격 상태

해설 휠 얼라인먼트 검사 전 예비점검 사항
① 자동차는 공차상태로 하고 수평한 장소를 선택한다.
② 타이어의 마모 및 공기압력을 점검한다.
③ 섀시 스프링은 안정 상태로 하고, 전후 및 좌우 바퀴의 흔들림을 점검한다.
④ 조향 링키지 설치상태와 마멸을 점검한다.
⑤ 허브 베어링의 헐거움, 볼 이음 및 타이로드 엔드의 헐거움 등을 점검한다.
⑥ 운전자의 상황 설명이나 고충을 청취한다.
⑦ 조향 핸들의 위치가 바른지의 여부를 확인한다.

19 차륜 정렬 시 사전 점검사항과 가장 거리가 먼 것은?

① 계측기를 설치한다.
② 운전자의 상황 설명이나 고충을 청취한다.
③ 조향 핸들의 위치가 바른지의 여부를 확인한다.
④ 허브 베어링 및 액슬 베어링의 유격을 점검한다.

20 핸들의 위치를 중심에 놓고, 앞 휠의 토우 값을 측정하였더니, 다음과 같은 값이 측정되었다면 맞는 것은?(단, 앞 좌측 : 토인 2mm, 앞 우측 : 토 아웃 1mm 이며 주어진 자동차의 제원 값은 토인 0.5mm 이다.)

① 주행 중 차량은 정 방향으로 주행한다.
② 주행 중 차량은 좌측으로 쏠리게 된다.
③ 주행 중 차량은 우측으로 쏠리게 된다.
④ 핸들의 조작력이 무겁게 된다.

정답 **17.** ③ **18.** ③ **19.** ① **20.** ①

2-5 전자제어 제동장치 정비

1 전자제어 제동장치 점검·진단

1. 전자제어 제동장치(ABS)

ABS(Anti-lock Brake System)는 바퀴의 회전속도를 검출하여 그 변화에 따라 제동력을 제어하는 방식으로 어떠한 주행조건, 어느 자동차의 바퀴도 고착(lock)되지 않도록 유압을 제어하는 안전 제동 제어장치로 노면의 상태에 따라 제동력을 스스로 조절한다. 즉 노면, 바퀴 등의 조건에 관계없이 항상 알맞은 마찰 계수를 얻도록 하여 바퀴가 미끄러지지 않도록 하고, 방향 안정성 확보, 조종 안전성 유지, 제동거리의 최소화를 목적으로 하는 예방 안전장치이다.

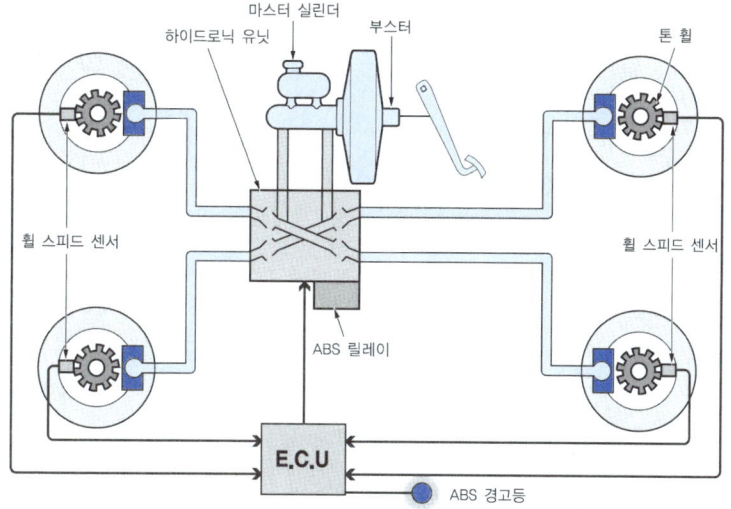

△ ABS 구성

(1) 전자제어 제동장치의 장점

① 어떤 조건에서도 바퀴의 미끄러짐이 없도록 한다.
② 제동할 때 조향 성능 및 방향 안정성을 유지한다.
③ 제동할 때 조향 능력의 상실을 방지한다.
④ 제동할 때 스핀으로 인한 전복을 방지한다.
⑤ 제동할 때 옆 방향 미끄러짐을 방지한다.
⑥ 제동거리를 단축시켜 최대의 제동효과를 얻을 수 있도록 한다.

(2) 전자제어 제동장치(ABS)의 효과

① 제동할 때 앞바퀴의 고착(lock)을 방지하여 조향능력이 상실되는 것을 방지한다.

② 제동할 때 뒷바퀴의 고착으로 인한 차체의 전복을 방지한다.

③ 제동할 때 차량의 차체 안정성을 유지한다.

④ 미끄러운 노면에서 전자제어에 의해 제동거리를 단축한다.

⑤ 제동할 때 미끄러짐을 방지하여 차체의 안정성을 유지한다.

(3) 미끄럼율

주행 중 제동할 때 바퀴와 노면과의 마찰력으로 인하여 바퀴의 회전속도가 감소하면서 자동차의 주행속도가 감소한다. 이때 자동차의 주행속도와 바퀴의 회전속도에 차이가 발생하는 것을 미끄럼 현상이라 하며, 그 미끄럼 양을 백분율(%)로 표시하는 것을 미끄럼율(%)이라 한다. 그리고 제동 특성에 따라 미끄럼율이 20% 전후에 최대의 마찰 계수가 얻어지지만 그 이후에는 감소한다.

$$슬립률(S) = \frac{차체\ 속도 - 바퀴\ 회전\ 속도}{차체\ 속도} \times 100(\%)$$

(4) 전자제어 제동장치 제어채널의 종류

1) 4센서 4채널 방식

각 바퀴를 개별적으로 제어하는 방식으로 브레이크 유압을 각 바퀴에 독립적으로 작용시키기 때문에 조향 성능과 제동거리는 가장 우수하지만 비대칭 노면(양쪽 바퀴가 놓여 있는 노면의 마찰 계수가 다른 경우)에서 방향 안정성이 불량하다. 자동차의 안정성을 위하여 뒷바퀴는 실렉트 로(Select Low) 방식을 채택한다.

2) 4센서 3채널 방식

앞·뒷바퀴 분배 배관 방식(H형) 브레이크 라인을 사용하는 뒷바퀴 구동 자동차(FR)에서 사용된다. 앞바퀴는 각각의 휠 스피드 센서 정보를 기초로 독립적으로 유압을 제어하지만 뒷바퀴는 각각의 휠 스피드 센서로부터의 정보를 통합하여 공통의 유압회로로 제어한다.

3) 4센서 2채널 방식

X자형 배관 자동차의 간이 장치로 앞바퀴는 독립적으로 제어되지만 뒷바퀴에는 대각의 앞바퀴 브레이크 유압이 프로포셔닝 밸브(proportioning valve)로 일정비율로 감압된 유압이 전달된다. 비대칭 노면에서 브레이크가 작동하면 높은 마찰 계수에 있는 바퀴에서 발생하는 유압은 낮은 마찰 계수에 있는 바퀴에 전달되므로 뒷바퀴가 고착된다.

4) 3센서 3채널 방식

앞·뒷바퀴 분배 배관 방식(H형) 브레이크 라인을 사용하는 뒷바퀴 구동 자동차(FR)에서 사용된다. 앞바퀴는 각각의 휠 스피드 센서 정보를 기초로 독립적으로 유압을 제어하지만 뒷바퀴는 1개의 센서(주로 종감속 링 기어 부위에 설치)에 정보를 통합하여 받아들이고, 1개의 공통 유압회로로 제어한다. 따라서 뒷바퀴는 실렉트 로 방식으로 제어된다.

(5) 전자제어 제동장치의 구성

바퀴의 회전속도를 검출하여 컨트롤 유닛(ECU)으로 입력하는 휠 스피드 센서, 휠 스피드 센서의 신호를 이용하여 바퀴가 고착되지 않도록 하는 제어하는 컨트롤 유닛(ECU), ECU의 신호를 받아 유압을 유지, 감압, 증압으로 제어하는 하이드롤릭 유닛(유압 모듈레이터), 충격을 흡수하는 어큐뮬레이터 등으로 되어있다. 전자제어 제동장치는 바퀴가 로크(lock, 고착)될 때 브레이크 유압을 제어하여 미끄럼 비율이 최저의 값으로 유지되도록 제동력을 최대한 발휘하여 사고를 미연에 방지한다. 그리고 셀렉트 로(select low) 방식이란 좌우 바퀴의 감속도를 비교하여 먼저 미끄러지는 바퀴에 맞추어 유압을 동시에 제어하는 방식을 말한다.

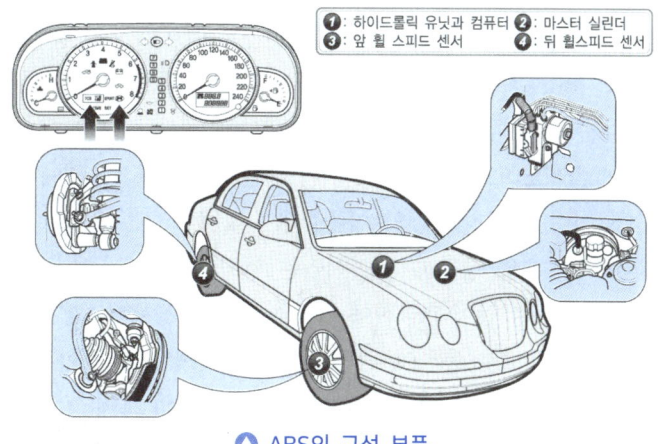

❶ : 하이드롤릭 유닛과 컴퓨터 ❷ : 마스터 실린더
❸ : 앞 휠 스피드 센서 ❹ : 뒤 휠스피드 센서

🔺 ABS의 구성 부품

1) ECU

컴퓨터는 휠 스피드 센서의 정보로 바퀴의 회전속도를 검출하여 미끄럼율을 연산해 바퀴가 고착되지 않도록 하이드롤릭 유닛 내의 솔레노이드 밸브, 펌프 모터 등으로 작동신호를 보낸다.

2) 휠 스피드 센서

휠 스피드 센서는 전자유도 작용을 이용하여 각 바퀴의 회전속도를 검출하여 컴퓨터로 입력시키는 역할을 한다. 휠 스피드 센서의 종류는 마그네틱 픽업 코일 방식과 액티브 방식 있으며, 휠 스피드 센서가 작동하지 않으면 전자제어 제동장치가 작동되지 않고 일반 브레이크(림프 홈 또는 페일 세이프 기은)로 작동된다.

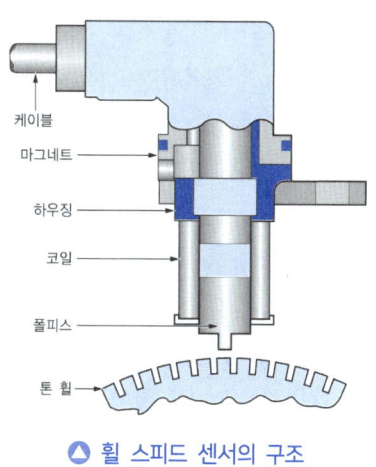

케이블
마그네트
하우징
코일
폴피스
톤 휠

🔺 휠 스피드 센서의 구조

3) 하이드롤릭 유닛(HCU)

하이드롤릭 유닛은 유압 모듈레이터라고도 하며, 각 바퀴로 전달되는 유압을 제어하는 부품들의 집합체로 여러 가지 솔레노이드 밸브와 유압기구, 그리고 펌프 모터로 구성되어 있다. ECU는 슬립을 판단하고 ABS 작동여부가 결정되면, 밸브와 펌프 모터를 작동시켜 각 바퀴의 유압을 증압, 감압, 유지되도록 제어한다.

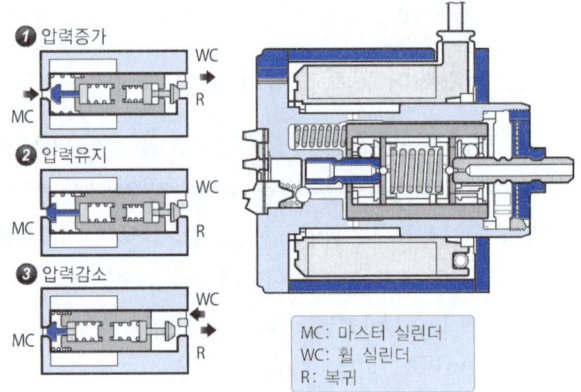

❶ 압력증가
❷ 압력유지
❸ 압력감소

MC: 마스터 실린더
WC: 휠 실린더
R: 복귀

🔺 하이드롤릭 유닛 구조

① **상시 열림**(NO) **솔레노이드 밸브** : 통전되기 전에는 밸브의 오일 통로가 열려 있는 상태를 유지하는 밸브이며, 마스터 실린더와 캘리퍼 사이의 오일 통로가 연결된 상태에서 통전이 되면 오일 통로를 차단시키는 밸브이다.

② **상시 닫힘**(NC) **솔레노이드 밸브** : 통전되기 전에는 밸브의 오일 통로가 닫혀 있는 상태를 유지하는 밸브이며, 캘리퍼와 저압 어큐뮬레이터(LPA) 사이의 오일 통로가 차단된 상태에서 통전이 되면 오일 통로를 연결시키는 밸브이다

③ **저압 어큐뮬레이터** : 유압이 과다하여 압력을 낮추는 경우에 캘리퍼의 압력을 상시 닫힘(NC) 솔레노이드 밸브를 통하여 덤프(Dump)된 유량을 저장한다.

④ **고압 어큐뮬레이터** : 펌프 모터에 의해 압송되는 오일의 노이즈(noise) 및 맥동을 감소시킴과 동시에 압력의 감소 모드일 때 발생하는 페달의 킥백(Kick Back)을 방지한다.

⑤ **펌프** : 펌프는 저압 어큐뮬레이터로 덤프(Dump)되어 저장된 유량을 마스터 실린더의 회로 쪽으로 순환시키는 역할을 한다.

⑥ **펌프 모터** : 펌프 모터는 ABS가 작동할 때 컴퓨터의 신호에 의해 작동되며, 회전운동을 직선 왕복운동으로 변화시켜 브레이크 오일을 순환시킨다. ABS ECU는 IGN ON 후 최초로 12km/h에 도달할 때 모터 릴레이를 순간적으로 ON시켜 펌프 모터 테스트를 실시한다.

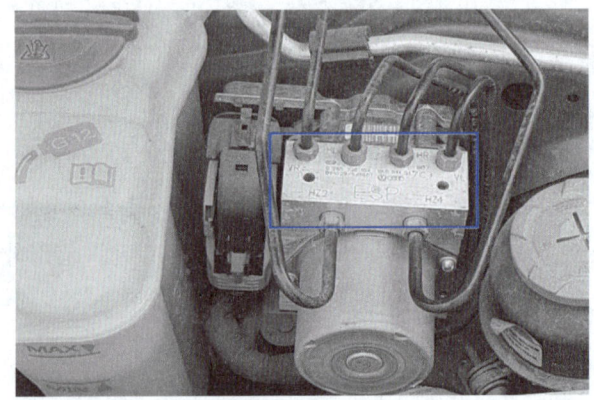

🔺 하이드롤릭 유닛

⑦ **프로포셔닝 밸브** : 프로포셔닝 밸브는 뒷바퀴의 압력을 감소시키기 위한 밸브로 마스터 실린더와 휠 실린더 사이에 설치되어 있다. 즉 급제동할 때 바퀴의 하중변화로 인하여 발생되는 뒷바퀴 조기 잠김 현상을 뒷바퀴의 압력을 감소시켜 방지하기 위한 것이다.

⑧ **이너셔 밸브** : 뒷바퀴의 조기 고착이 방지되도록 유압을 제어하는 밸브로 제동 시 감속도가 일정 이상이면 뒷바퀴의 유압을 감소시켜 방지하기 위한 것이다.

⑨ **리미팅 밸브** : 뒷바퀴의 조기 고착이 방지되도록 유압을 제어하는 밸브로 제동 시 유압이 일정 이상이면 뒷바퀴의 유압을 감소시켜 방지하기 위한 것이다.

4) 경고등

엔진 시동 후 ABS 경고등은 3초 동안 점등되었다가 소등되며, 엔진 시동 후 즉시 경고등이 점등되지 않거나 3초 후에도 점등이 계속되는 경우에는 고장이다.

① 점화 스위치 ON 시 3초간 점등된다.

② 자기 진단하여 ABS 시스템에 이상이 없을 경우 소등된다.

③ 시스템에서 이상 발생 시 점등된다.

④ 자기진단 중 점등된다.

⑤ ECU 커넥터 탈거 시 점등된다.

⑥ 점등 중 ABS 제어 중지 및 ABS 비장착 차량과 동일하게 일반 브레이크만 작동된다.

🔺 경고등

5) 과전압 이상

작동 모드 중 과전압(17±0.5V 이상)이 지속되면 ABS ECU는 밸브 릴레이를 OFF시키고 시스템을 중지한다. 그 후 정상 전압으로 복귀 시 초기 체크 후 시스템도 정상으로 복귀된다.

6) 저전압 이상

저전압(10V 이하)이 검출되면 ABS 제어는 금지되고 경고등을 점등한다. 그 후 정상 전압으로 복귀 시 경고등은 OFF되고 정상적인 작동 모드로 복귀한다.

(6) 림프 홈(페일 세이프) 기능

① ABS에서의 림프 홈 기능은 ABS가 고장이 나면 일반적인 제동이 가능하도록 하는 기능이다.

② 전기적으로 차단된 경우 기계적으로 유압이 형성될 수 있도록 한다.

③ 전기 공급을 차단하면 모든 유압이 기본 오일 통로를 형성한다.

④ ABS 경고등도 일종에 페일 세이프인데 회로가 단선되면 경고등이 점등되는 구조로 되어 있다.

(7) 전자제어 브레이크 시스템의 진단

1) IGN ON을 하여도 경고등이 점등되지 않는 경우

① ABS ECU 커넥터(엔진룸 내에 위치)를 탈거한다.

② 점화 스위치를 IGN ON시킨다.

③ ABS/BRAKE 경고등이 점등되지 않는 경우 : 경고등 관련 이상이므로 계기판 및 와이어링을 점검한다.

④ ABS/BRAKE 경고등이 점등된 상태로 유지할 때 : 경고등은 정상이고 ABS 시스템의 이상으로 판단한다. 진단기를 사용하여 ABS 시스템을 점검한다.

2) 점화 스위치 IGN ON 시 경고등 점등 후 소등되지 않는 경우

① 진단기를 이용하여 자기진단을 한다.

② 고장코드를 기록한다.

③ 고장코드 소거한 후 자기진단을 한다.

④ 고장코드를 소거한 후 자기진단 시 정상일 경우 IGN OFF 후 IGN ON시켜 경고등이 정상적으로 동작하는지 확인한다.

⑤ 고장코드를 소거한 후 자기진단 시 계속 에러가 나올 경우 고장코드 점검표에 따라 점검한다.

2. 전자 제동력 분배장치(EBD)

주행 중 브레이크 페달을 밟으면 바퀴의 하중은 적재물의 무게, 화물이 적재된 위치, 자동차의 무게 중심, 제동 감속도 등의 복합적인 작용에 의해 앞쪽으로 밀리게 된다. 급제동을 할 때 앞바퀴보다 뒷바퀴가 먼저 고착되어 자동차가 스핀하는 것을 방지하기 위하여 프로포셔닝 밸브(proportioning valve)를 설치하는데 이 프로포셔닝 밸브로는 부족하기 때문에 유압을 전자 제어하여 급제동에서 스핀을 방지할 수 있도록 개발된 것이 전자 제동력 분배 장치(EBD ; Electronic Brake force Distribution control)이다.

(1) 전자 제동력 분배장치의 필요성

① 주행 중 브레이크 페달을 밟으면 바퀴의 하중은 앞쪽으로 밀리게 된다.

② 급제동을 할 경우 앞바퀴보다 뒷바퀴가 먼저 제동이 된다.

③ 뒷바퀴가 먼저 고착되면 자동차 뒤쪽이 돌아가는 스핀(spin) 현상이 발생한다.

④ 급제동을 할 때 앞바퀴보다 뒷바퀴가 먼저 고착되어 자동차가 스핀하는 것을 방지하기 위하여 프로포셔닝 밸브(proportioning valve)를 설치한다.

⑤ 프로포셔닝 밸브로는 부족하기 때문에 유압을 전자 제어하여 급제동에서 스핀을 방지할 수 있도록 개발된 것이 전자 제동력 분배 장치(EBD ; Electronic Brake Force Distribution Control)이다.

⑥ 프로포셔닝 밸브는 고장이 발생하여도 운전자가 알 수 없어 급제동할 때 스핀이 발생할 수 있다. 이를 해결하기 위해 전자 제동력 분배장치가 필요하다.

⑦ 전자 제동력 분배장치 제어는 제동할 때 각 바퀴의 회전속도를 휠 스피드 센서로부터 입력받아 미끄럼율을 연산하여 뒷바퀴의 미끄럼율을 앞바퀴보다 항상 작거나 동일하게 뒷바퀴의 유압을 연속적으로 제어하여 스핀 현상을 방지하고 제동 성능을 향상시켜 제동거리를 단축한다.

(2) 전자 제동력 분배장치 제어의 효과

① 프로포셔닝 밸브보다 뒷바퀴의 제동력을 향상시키므로 제동거리가 단축된다.

② 뒷바퀴의 유압을 좌우 각각 독립 제어가 가능하여 선회하면서 제동할 때 안전성이 확보된다.

③ 브레이크 페달을 밟는 힘이 감소된다.

④ 제동할 때 뒷바퀴의 제동 효과가 커지므로 앞바퀴 브레이크 패드의 마모 및 온도 상승 등이 감소되어 안정된 제동효과를 얻을 수 있다.

⑤ 프로포셔닝 밸브를 사용하지 않아도 된다.

(3) 전자 제동력 분배장치의 안전성

① ABS 고장의 원인 중 다음과 같은 사항에서도 EBD는 계속 제어되므로 ABS보다 고장률이 감소된다.

㉮ 휠 스피드 센서 1~2개의 고장 시 제어된다.

㉯ 모터 펌프의 고장 시 제어된다.

㉰ 저전압 이상 시 제어된다.

② 프로포셔닝 밸브는 고장 시 경고 장치가 없어 고장 여부를 알 수 없다.

③ EBD 고장 시에는 기존의 주차 브레이크 경고등을 점등하여 운전자에게 EBD 고장을 경고하여 수리를 할 수 있도록 한다.

(4) EBD 경고등

EBD 경고등 모듈은 EBD 기능의 자기진단 및 고장상태를 표시한다. 단, 주차 브레이크 스위치가 ON일 경우에는 EBD 기능과는 상관없이 항상 점등된다.

① 점화 스위치 ON 시 3초간 점등되며, EBD 관련 이상 없을 시 소등된다.

② 주차 브레이크 스위치 ON 시 점등된다.

③ 브레이크 액 부족 시 점등된다.

④ 자기진단 중 점등된다.

⑤ ECU 커넥터 탈거 시 점등된다.

⑥ EBD 제어 불능 시 점등된다.

㉮ 솔레노이드 밸브 고장 시 점등된다.

㉯ 휠 스피드 센서 2개 이상 고장 시 점등된다.

㉰ ECU 고장 시 점등된다.

㉱ 과전압 이상 시 점등된다.

㉲ 밸브 릴레이 고장 시 점등된다.

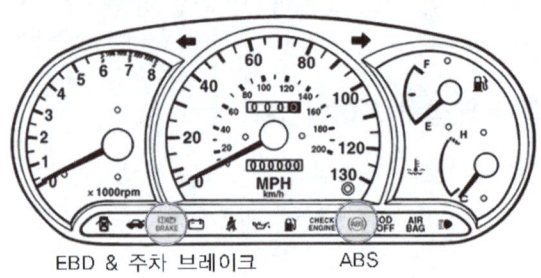

EBD & 주차 브레이크   ABS

▲ EBD 경고등

3. 구동력 제어장치(TCS)

구동력 제어 장치(TCS ; Traction control system)는 마찰계수가 낮은 도로에서 출발 또는 가속할 때 구동 바퀴가 공전하면 운전자가 미세한 액셀러레이터 페달을 조작하지 않아도 자동적으로 엔진의 출력을 감소시키고 바퀴의 공회전을 가능한 억제하여 구동력을 노면에 효율적으로 전달할 수 있다.

(1) 구동력 제어장치(TCS)의 주요 기능

① **구동 성능 향상** : 미끄럼(slip)이 제어되므로 차체의 롤링이 현상이 적고, 발진성, 가속성, 등판성능이 향상된다.

② **선회·앞지르기 성능 향상** : 안전한 코너링 주행 및 앞지르기가 가능하다.

③ **조향 안전 성능 향상** : 조향 핸들을 조작할 때 구동력에 의한 사이드 포스(side force)를 우선적으로 제어하므로 선회가 용이하다.

(2) 구동력 제어장치(TCS)의 종류

1) 통합 제어 구동력 제어장치(FTCS ; Full Traction Control System)

① TCS ECU가 TCS 제어를 수행한다.

② TCS ECU가 전륜(구동륜)과 후륜의 휠 스피드 센서의 비교에 의해서 구동륜의 슬립을 검출한다.

③ 구동륜의 슬립 검출 시 TCS 제어를 수행하는데 브레이크 제어를 수행한다.

④ 엔진 ECU 및 TCU에 TCS 제어를 위해 CAN 통신을 하는 BUS 라인을 통해 슬립량에 따라 엔진 토크 저감 요구, 연료 차단 실린더 수 및 TCS 제어 요구 신호를 전송한다.

⑤ 엔진 ECU는 ABS ECU가 요구한 양만큼 연료 차단을 실행하며, 또한 엔진 토크 저감 요구 신호에 따라 점화시기를 지각한다.

⑥ TCU(자동변속기 컴퓨터)는 TCS 작동 신호에 따라 시프트 포지션을 TCS 제어 시간만큼 유지시킴으로써 킥 다운에 의한 저속 변속으로 가속력이 증가하는 것을 방지할 수 있다.

2) 브레이크 제어 구동력 제어장치(BTCS : Brake Traction Control System)

① TCS 제어 시 브레이크 제어만 수행한다.

② 모터 펌프에서 발생되는 압력으로 제어한다.

3) 엔진 회전력 제어 구동력 제어장치(ETCS ; Engine intervention Traction Control System)

① **점화시기 지각 제어** : 엔진 ECU가 구동력 제어 장치와 통신을 통해 점화시기를 늦추어 엔진의 회전력을 감소시킨다.

② **흡입 공기량 제한 제어** : 메인 스로틀 밸브(main throttle valve) 제어 방식과 보조 스로틀 밸브(sub throttle valve) 제어 방식 2가지가 있으며, 엔진으로 유입되는 흡입 공기량을 제한하여 엔진의 회전력을 감소시켜 구동력 제어 기능을 수행한다.

③ **엔진 회전력 제어 구동력 제어 방식의 특징**

㉮ 미끄러운 노면에서 발진 및 가속할 때 미세한 가속페달 조작이 필요 없으므로 주행성 능이 향상된다.

㉯ 일반적인 노면에서 선회 가속시 운전자의 의지대로 가속을 보다 안정되게 하여 선회 성능을 향상시킨다. - 트레이스 제어

㉰ 선회 가속할 때 조향 핸들의 조작 정도를 검출하여 가속 페달의 조작 빈도를 감소시 켜 선회성능을 향상시킨다. - 트레이스 제어

㉱ 미끄러운 노면에서 뒷바퀴 휠 스피드 센서로 계측한 차체 속도와 앞바퀴 휠 스피드 센서로 계측한 구동바퀴의 속도를 비교하여 구동바퀴의 슬립비율이 적절하도록 엔진 회전력을 저감시켜 주행성능을 향상시킨다.

㉲ 일반적인 노면에서 운전자의 의지로 인한 가속도가 설정 값을 초과할 경우 ECU가 운전자의 의지를 판단하여 엔진의 회전력을 제어하므로 선회성능을 향상시킨다.

㉳ 운전자의 의지로 트레이스 제어 "OFF" 또는 트레이스 제어/슬립 제어 "OFF" 모드로 선택하면 구동력 제어장치를 장착하지 않은 차량과 동일하게 작동한다.

(3) 구동력 제어장치(TCS)의 제어

1) 슬립 제어(slip control)

눈길 등의 미끄러지기 쉬운 노면에서 가속성 및 선회 안전성을 향상시키는 기능이다. 뒤 휠 스피드 센서에서 얻어지는 차체의 주행속도와 앞 휠 스피드 센서에서 얻어지는 구동 바퀴와의 비교에 의해 미끄럼율이 적절하도록 엔진의 출력 및 구동 바퀴의 유압을 제어한다.

2) 트레이스 제어(trace control)

일반적인 도로에서의 주행 중 선회 가속을 할 때 차량의 횡가속도 과대로 인한 언더 및 오버 스티어링을 방지하여 조향 성능을 향상시키는 기능이다. 이 2가지 기능 모두 엔진의 회전력을 저하시키는 방식을 채택한다.

3) 컴퓨터(ECU) 제어

컴퓨터는 휠 스피드 센서, 조향 핸들 각속도 센서, 스로틀 위치 센서, 자동변속기 컴퓨터(TCU) 등에서 각종 운전 상황을 검출하여 엔진의 출력 감소 신호 출력 및 경고등, 페일세이프, 자기 진단 기능을 하며, 엔진 컴퓨터 및 자동변속기 컴퓨터로 CAN 통신을 통한 필요한 정보를 교환한다.

(4) 통합 제어 구동력 제어장치 구성 요소

1) 휠 스피드 센서

① 휠 스피드 센서는 전자제어 제동장치(ABS), 전자 제동력 분배장치(EBD), 구동력 제어장치(TCS)의 핵심 제어의 신호로 이용된다.

② 구동 바퀴인 앞바퀴 쪽과 피동 바퀴인 뒷바퀴 쪽의 회전속도를 정밀 연산하여 구동력 제어 장치의 기능을 수행한다.

2) 구동력 제어장치(TCS) 스위치

① 운전자가 구동력 제어장치 기능을 선택하는 스위치이다.

② 스위치를 누를 때마다 ON과 OFF가 반복된다.

③ 구동력 제어장치의 OFF를 선택한 경우에는 전자제어 제동장치(ABS)와 전자 제동력 분배장치(EBD)만 작동한다.

🔺 구동력 제어장치 스위치

3) 하이드롤릭 유닛(HCU)

전자제어 제동장치(ABS) 하이드롤릭 유닛과는 달리 구동력 제어(traction control) 밸브가 설치되어 있으며, 구동력 제어 밸브가 작동할 때 유압은 펌프에서 고압 어큐뮬레이터를 거쳐 바퀴로 공급된다.

① **증압 모드** : 구동 바퀴에서 미끄럼 신호가 휠 스피드 센서로부터 입력되면 구동력 제어장치(TCS)는 구동력 제어 밸브(TC)를 ON으로 하고 구동 바퀴 쪽에 상시 닫힘(NC)과 상시 열림(NO) 솔레노이드 밸브를 OFF시켜 제어한다.

② **유지 모드** : 펌프와 구동력 제어 밸브는 계속해서 ON으로 하고 상시 열림 솔레노이드 밸브(NO)도 ON으로 하여 고압 어큐뮬레이터로부터의 유압을 차단하고 상시 닫힘 솔레노이드 밸브(NC)는 OFF로 하여 현재의 유압이 계속해서 해당 바퀴에 공급되도록 유도한다.

③ **감압 모드** : 구동력 제어 장치가 판단할 때 바퀴 회전속도를 증가시켜야 한다고 판단하면 다시 유압을 감압하여 유압을 낮추어 준다. 펌프와 구동력 제어 밸브(TC)는 각각 ON이 되어 오일을 순환시키는데 작용하고, 상시 닫힘(NC) 솔레노이드 밸브와 상시 열림(NO) 솔레노이드 밸브도 각각 ON으로 되기 때문에 바퀴로 유압을 공급하는 쪽과 해제하는 쪽의 두 곳으로부터 각각 분리되어 유압이 전혀 작용하지 못한다.

4) 구동력 제어장치(TCS) 경고등

① **경고등 기능**

㉮ 구동력 제어장치의 작동등과 구동력 제어장치 OFF등이 있다.

㉯ 구동력 제어장치 작동등 : 구동력 제어장치가 작동할 때 점등되는 지시등이다.

㉰ 구동력 제어장치 OFF등 : 운전자가 구동력 제어장치 OFF를 선택하거나 구동력 제어 장치 계통에 문제가 발생하면 운전자에게 경고하기 위한 경고등으로서 점등한다.

② **경고등 점등조건**

㉮ 구동력 제어 장치를 제어할 때 3Hz로 점멸된다.

㉯ 점화 스위치를 ON시킨 후 3초간 점등된다.

㉰ 구동력 제어 장치에 고장이 발생하였을 때 점등된다.

㉱ 구동력 제어 장치 스위치 OFF시킬 때 점등(구동력 제어 장치는 스위치 OFF때 구동력 제어 장치 OFF 경고등 점등)된다.

㉲ 위 사항 이외는 소등된다.

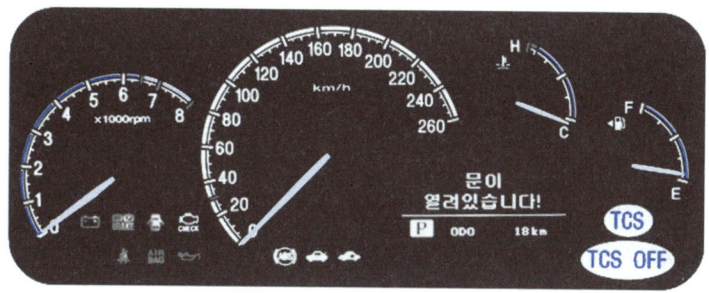

○ 구동력 경고장치 경고등

4. 차체 자세제어 장치(VDC, ESP)

(1) 차체 자세제어 장치의 개요

차체 자세제어 장치는 VDC(vehicle dynamic control)라고도 부르며, 전자제어 제동장치(ABS)와 구동력 제어장치(TCS)의 제어뿐만 아니라 전자 제동력 분배장치(EBD) 제어, 요 모멘트 제어(yaw moment control)와 자동 감속 제어를 포함한 자동차 주행 중의 자세를 제어한다.

① 요 모멘트를 제어하여 언더 및 오버 스티어링을 제어한다.

② 자동차의 한계 스핀(spin)을 억제하여 안정된 주행 성능을 확보한다.

③ 자동차의 미끄러짐을 검출하여 운전자가 브레이크 페달을 밟지 않아도 자동적으로 각

바퀴의 브레이크 유압과 엔진의 출력을 제어하여 안전성을 확보한다.

(2) VDC 컴퓨터의 입력 요소

① ABS와 TCS 기존 시스템의 센서가 포함되어 있다.

② 요-레이트 & 가로 방향 가속도 센서(G센서)

③ 마스터 실린더 압력 센서

④ 주행 속도, 조향 핸들 각속도 센서, 마스터 실린더 압력 센서 등으로부터 운전자의 의도를 판단한다.

⑤ 요-레이트 & 가로 방향 가속도 센서로부터 차체의 자세를 검출한다.

⑥ 운전자가 별도로 브레이크 페달을 밟지 않아도 4바퀴를 개별적으로 브레이크를 작동시켜 자동차의 자세를 제어하여 모든 방향에 대한 안전성을 확보한다.

1) 조향 핸들 각속도 센서

조향 핸들 각속도 센서는 조향 핸들의 조향 각도와 조향 방향 그리고 조향 속도를 차체 자세 제어장치 컴퓨터로 입력한다. 이 신호를 기준으로 언더·오버 스티어링을 판단한다.

2) 요 레이트 센서

요 레이트 센서는 자동차의 비틀림을 검출하는 것으로 자동차가 선회하거나 그 밖의 비틀림이 있을 경우 반응하여 신호를 컴퓨터에 보낸다. 이 신호를 기준으로 차체 자세 제어 장치 컴퓨터는 요 모멘트 제어를 실행한다.

3) G센서(가로방향 가속도 센서)

G센서는 자동차의 가로 방향 작용력(drift out)을 판단하여 차체 자세 제어 장치 컴퓨터로 입력시킨다. 컴퓨터는 이 신호를 이용하여 현재 자동차의 가로 방향 작용력이 얼마인지를 판단하여 차체자세 제어 장치의 제어에 참조한다.

4) 마스터 실린더 압력 센서

제동 시 마스터 실린더 내부에서 발생되는 압력을 검출하여 ECU로 보내면 VDC ECU는 이 신호를 기준으로 EBD 제어 여부를 판단하는 신호로 사용된다. 마스터 실린더 압력 센서는 마스터 실린더 하단부에 2개가 설치되어 있다.

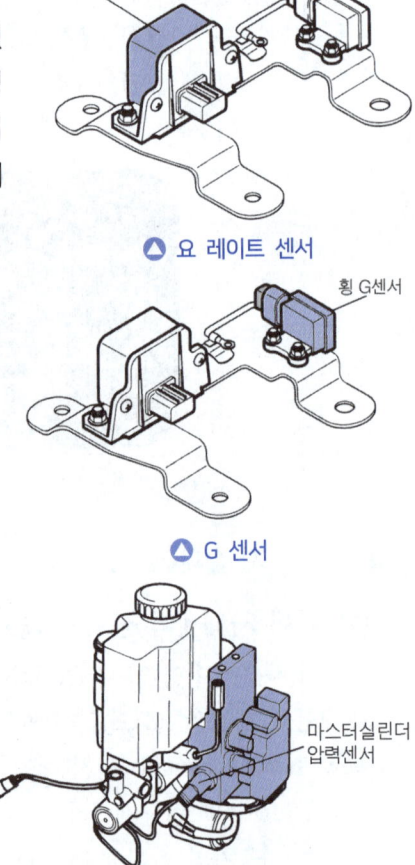

△ 요 레이트 센서

△ G 센서

△ 마스터실린더 압력센서

5) 제동등 스위치

제동등 스위치는 브레이크 작동 여부를 컴퓨터로 전달하여 차체 자세 제어 장치(ESP), 바퀴 미끄럼 방지 제동 장치(ABS) 제어의 판단 여부를 결정하는 신호로 사용된다.

6) 가속 페달 위치 센서

가속 페달 위치 센서는 가속 페달의 조작 상태를 검출하는 것이며, 차체 자세 제어 장치 및 구동력 제어 장치(TCS)의 제어 기본 신호로 사용된다.

7) 휠 스피드 센서

휠 스피드 센서는 각 바퀴의 회전속도를 검출하여 컴퓨터로 입력시키는 역할을 한다.

(3) 차체 자세제어 장치의 제어

1) 요 모멘트 제어

차체 자세 제어 장치 컴퓨터에서는 요 모멘트와 선회방향을 각 센서들의 입력 값을 기초로 각 바퀴의 제동 유압 제어 모드(압력 증가 또는 압력 감소)를 연산하여 필요한 마스터 실린더 포트(차단, 압력 증가, 유지)와 펌프 전동기 릴레이를 구동하여 발생한 요 모멘트에 대하여 역 방향의 모멘트를 발생시켜 스핀 또는 옆 방향 쏠림 등의 위험한 상황을 회피한다.

2) 요 모멘트 제어 조건

① 주행속도가 15km/h 이상 되어야 한다.
② 점화 스위치 ON 후 2초가 지나야 한다.
③ 요 모멘트가 일정값 이상 발생하면 제어한다.
④ 제동이나 출발할 때 언더 스티어링이나 오버 스티어링이 발생하면 제어한다.
⑤ 주행 속도가 10km/h 이하로 낮아지면 제어를 중지한다.
⑥ 후진할 때에는 제어를 하지 않는다.
⑦ 자기진단 기기 등에 의해 강제 구동 중일 때에는 제어를 하지 않는다.

3) 제동 유압 제어

① 요 모멘트를 기초로 제어 여부를 결정한다.
② 미끄럼 비율에 의한 자세 제어에 따라 제어 여부를 결정한다.
③ 제동 유압 제어는 기본적으로 미끄럼율이 증가하는 쪽에는 압력을 증가시키고, 감소하는 쪽에는 압력을 감소 제어를 한다.
④ 1회 작동할 때 $5kgf/cm^2$을 기준(최초에는 $10kgf/cm^2$)으로 제어한다.
⑤ 작동은 8ms 주기로 제어를 한다.

(4) 유압 부스터

1) 유압 부스터의 기능

유압 부스터는 흡기 다기관의 부압을 이용한 기존의 진공 부스터 대신 유압 모터를 이용한

295

것이며, 유압 모터에서 발생된 유압을 어큐뮬레이터에 약 150bar의 압력으로 저장하여 배력 작용을 할 때 마다 이용한다. 유압 부스터는 액추에이터와 어큐뮬레이터에서 유압 모터에 의하여 형성된 압력이 증가한 유압을 이용한다.

2) 유압 부스터의 효과

① 브레이크 압력에 대한 배력 비율이 크다.
② 브레이크 압력에 대한 응답속도가 빠르다.
③ 흡기 다기관의 부압에 대한 영향이 없다.

5. 제동장치 관련 공식

(1) 브레이크 드럼에 발생되는 토크

$$T_B = \mu \times P \times r$$

T_B : 브레이크 드럼에 발생하는 제동 토크(N・m), μ : 브레이크 드럼과 라이닝의 마찰계수,
r : 브레이크 드럼의 반지름(m), P : 브레이크 드럼에 가해지는 힘(N)

(2) 제동거리(1)

$$S = \frac{v^2}{2 \times \mu \times g}$$

S : 제동거리(m), v : 제동초속도(m/s), μ : 마찰계수, g : 중력 가속도$(9.8 \mathrm{m/s^2})$]

(3) 제동거리(2)

$$S_1 = \frac{V^2}{254} \times \frac{W}{F}$$

S_1 : 제동거리(m), V : 제동초속도(km/h), W : 자동차의 총중량(kgf), F : 제동력 (kgf)

(4) 공주 거리

$$S_2 = \frac{V \times 1000 \times t}{60 \times 60} = \frac{V \times t}{3.6}$$

S_2 : 공주거리(m), V : 제동초속도(km/h), t : 공주시간(sec)

(5) 정지 거리

정지거리는 제동거리 S_1에 공주거리 S_2를 더한 것이므로

$$S_3 = \frac{V^2}{254} \times \frac{W + W'}{F} + \frac{V \times t}{3.6}$$

S_3 : 정지거리(m), V : 제동초속도(km/h), W : 자동차의 중량(kgf),

W' : 회전상당 중량(kgf), F : 제동력(kgf), t : 공주시간(sec)

② 전자제어 제동장치 조정

1. 전자제어 제동장치 조정

(1) 리어 디스크 브레이크 조정

① 주차 브레이크의 조정 너트를 조정하기 위해 플로어 콘솔 매트를 탈거한다.

② 주차 브레이크 케이블이 느슨하게 주차 브레이크 레버를 푼다.

③ 브레이크 패드가 작동 위치에 오도록 브레이크 페달에 저항이 생길 때까지 여러 번 브레이크 페달을 절반 정도 아래로 누른다.

④ 양쪽의 캘리퍼에 있는 작동 레버가 정지점에서 작동 레버와 스토퍼 사이의 거리의 합이 3mm 이하가 될 때까지 조정 너트를 조여 주차 브레이크 케이블을 팽팽하게 한다.

⑤ 플로어 콘솔 매트을 장착한다.

⑥ 주차 브레이크 레버는 완전히 풀어진 위치에 있어야 한다.

⑦ 주차 브레이크 케이블을 교환하면 주차 브레이크 케이블을 늘리기(길들임) 위해 주차 브레이크를 여러 번 최대의 힘으로 작동하고 위 절차로 조정한다.

⑧ 휠이 자유롭게 작동되는지 점검한다.

⑨ 주행 테스트를 한다.

(2) 톤 휠 간극 측정 및 조정

① 각 바퀴의 ABS 휠 스피드 센서 커넥터(접촉 상태) 상태를 확인한다.

② 각 바퀴의 ABS 휠 스피드 센서 장착(고정 볼트) 상태를 확인한다.

③ 각 바퀴의 ABS 휠 스피드 센서 톤 휠 상태(기어부 파손 및 이물질 오염) 및 센서 폴피스 상태를 확인한다.

④ 톤 휠 부와 센서 감응부(폴 피스) 사이를 시크니스 게이지로 측정한다.

⑤ 톤 휠 간극을 점검하여 규정 값 범위 약 0.2~1.3mm이면 정상이다.

⑥ 톤 휠 간극의 규정 값은 제조사의 정비지침서를 참조한다.

⑦ 톤 휠 간극이 규정 값을 벗어나면 휠 스피드 센서를 탈거한 다음 규정 토크로 조여서 조정한다.

⑧ 불량 시 신품 휠 스피드 센서로 교환한 후 재점검한다.

(3) VDC 컨트롤 유닛 교환 후 배리언트 코딩 조정

① 시동키를 OFF시킨다.

② 자기진단 점검 커넥터에 엔진 종합 진단기를 연결한다.

③ 시동키를 ON시킨 다음 엔진 종합 진단기를 실행한다.

④ 차종 선택 화면에서 자동차회사, 차종, 연식, 엔진의 순으로 선택한다.

⑤ 시스템 선택 화면에서 VDC를 선택한 후 제동제어를 선택하고 확인을 선택한다.

⑥ GDS 화면에서 옵션 설정을 선택한다.

⑦ 옵션 설정 항목이 표출되면 배리언트 코딩을 선택한다.

⑧ 배리언트 코딩 화면에서 확인을 선택한다.

⑨ 배리언트 코딩 화면에서 변경하고자 하는 항목을 선택하고 확인을 선택한다.

⑩ 변경하고자 하는 항목을 선택하고 확인을 선택하고 "시동키 OFF 후, 10초 후 ON 하십시오"라는 문구가 나오면 확인을 선택한다. 그러면 배리언트 코딩이 완료된다.

③ 전자제어 제동장치 수리

1. 리어 디스크 브레이크 분해 및 수리

(1) 리어 디스크 브레이크 분해 조립

① 리어 타이어와 휠을 탈거한다.

② 주차 브레이크 레버를 해제하고 주차 브레이크 케이블을 느슨하게 한다.

③ 주차 브레이크 케이블 클립을 탈거하고 주차 브레이크 케이블을 분리한다.

④ 캘리퍼 어셈블리에서 브레이크 호스 연결 볼트를 풀고 브레이크 호스를 분리한다.

⑤ 캘리퍼 고정 볼트 2개를 풀어 준다.

⑥ 캘리퍼를 탈거한다.

⑦ 캘리퍼 캐리어에서 브레이크 패드를 탈거한다.

⑧ 캘리퍼 캐리어에서 패드 리테이너를 탈거한다.

⑨ 고정 볼트를 풀고, 캘리퍼 캐리어를 탈거한다.

⑩ 장착은 탈거의 역순으로 진행한다.

⑪ 캘리퍼를 장착할 때 화살표 방향으로 캘리퍼 피스톤을 돌리면서 밀어 캘리퍼 피스톤을 압입한다.

⑫ 장착할 때 캘리퍼 피스톤 홈 부위가 브레이크 패드 중앙 돌기와 일치하도록 캘리퍼 보디를 장착한다.

⑬ 장착이 완료되면 공기빼기 작업을 실시한다.

(2) ABS(VDC) 시스템 공기빼기(에어 블리딩) 작업

공기빼기 작업은 유압 계통의 교환 수리작업 후에는 반드시 실시해야 하며, 회로 내에 공기가 잔존하게 되면 제동 성능에 지장을 초래하므로 주의 깊게 작업을 실시해야 한다.

① 자기진단 점검 커넥터에 진단기를 연결한다.

② 시동키를 ON기킨 다음 진단기 전원을 켠다. 전원이 연결되면 기본 로고 화면이 나타나고, 엔터(enter)키를 누르면 기능 선택 화면이 나타난다.

③ 방향 이동키를 사용하여 커서를 차량 통신에 위치시키고 엔터키를 누른다.

④ 방향키를 사용하여 해당 제조회사를 선택하고 엔터키를 누른다.

⑤ 방향키를 사용하여 커서를 점검대상 차종을 선택하고 엔터키를 누른다.

⑥ 방향키를 사용하여 커서를 제동제어에 놓고 엔터키를 누른다.

⑦ 방향키를 사용하여 커서를 HCU 공기빼기에 선택한 후 엔터키를 누르고 잠시 기다리면 초기 공기빼기 화면이 나타난다.

⑧ 엔터키를 누르면 진단기 하단에 시간과 함께 펌프 모터와 밸브가 작동을 시작한다.

⑨ 이때 브레이크 페달을 밟았다 놓았다 하는 작업을 60초 동안 반복한다. 60초 경과 후 후기 공기빼기 화면이 나타난다.

⑩ 진단기로 공기빼기(에어 블리딩) 작업이 끝났으면 일반적인 브레이크 공기빼기 작업을 실시한다.

(3) 일반적인 공기빼기(에어 블리딩) 작업

① 브레이크 액의 흘림을 방지하기 위해 마스터 실린더 밑에 천이나 깔개를 깔고 작업한다.

② 마스터 실린더 리저버 탱크에 브레이크 액을 연속적으로 공급할 수 있는 장치를 연결하거나 작업 중 리저버 탱크 `MAX' 라인까지 브레이크 액을 채운다.

③ 보조자는 브레이크 부스터 내의 잔압을 제거하기 위해 엔진 시동을 끄고 브레이크 페달을 수 차례 반복하여 펌핑한 다음 페달을 밟은 상태를 유지한다.

④ 보조자가 브레이크 페달을 밟고 있는 상태에서 블리더 스크루에 투명호스를 연결한 다음 블리드 스크루를 잠시 풀어 공기를 제거한 뒤 재빨리 다시 조인다.

⑤ 기포가 완전히 제거될 때까지 위 절차를 반복한다.

⑥ 공기빼기 작업은 리어 우측 → 프런트 좌측 → 리어 좌측 → 프런트 우측 순서로 실시한다.

⑦ 공기빼기 작업이 완료되면 리저버 표면에 표시된 `MAX' 라인까지 브레이크 액을 채운다.

⑧ 브레이크 액 교환 후 약 2년 또는 40,000km 이상 주행한 경우 액의 오염상태를 점검한다.

⑨ 브레이크 액 교환시기나 오일량은 해당 차량의 정비지침서를 참고한다.

2. 리어 디스크 브레이크 허브 수리

① 리어 타이어와 휠을 탈거한다.

② 주차 브레이크 레버를 해제하고 주차 브레이크 케이블을 느슨하게 한다.

③ 주차 브레이크 케이블 클립을 탈거하고 주차 브레이크 케이블을 분리한다.

④ 캘리퍼 어셈블리에서 브레이크 호스 연결 볼트를 풀고 브레이크 호스를 분리한다.

⑤ 캘리퍼 고정 볼트 2개를 풀고 캘리퍼를 탈거한다.

⑥ 캘리퍼 캐리어에서 브레이크 패드를 탈거한다.

⑦ 캘리퍼 캐리어에서 패드 리테이너를 탈거한다.

⑧ 캘리퍼 캐리어 고정 볼트 2개를 풀고 캘리퍼 캐리어를 탈거한다.

⑨ 스크루를 풀고 리어 디스크를 탈거한다.

⑩ 리어 허브 고정 볼트 4개를 풀어 토션 빔 액슬에서 리어 허브를 탈거한다.

⑪ 리어 허브의 마모 및 손상을 점검한 후 불량 시 수리·교환한다.

⑫ 리어 허브 주변이나 리어 토션 빔 액슬 주변의 긁힘, 손상, 이물질이 있는지를 점검하고 발생 시 수리·교환한다.

⑬ 리어 디스크 브레이크의 긁힘, 손상을 점검한 후 발생 시 수리·교환한다.

⑭ 장착은 탈거의 역순으로 진행한다.

3. VDC OFF 스위치 수리

① 배터리 (-) 단자를 분리한다.

② 사이드 크래시 패드 스위치 어셈블리를 분리한다.

③ VDC OFF 스위치 커넥터를 분리하고 스위치를 탈거한다.

④ VDC OFF 스위치를 작동시키면서 스위치 단자 사이의 통전을 점검한다.

4 전자제어 제동장치 교환

1. VDC 컨트롤 모듈(HECU) 교환

① 점화 스위치를 OFF시키고, 배터리 (-)단자를 분리한다.

② VDC 컨트롤 모듈 잠금장치를 위로 들어 올려 커넥터를 분리한다.

③ VDC 컨트롤 모듈에 연결된 브레이크 튜브 플레어 너트 6개소를 스패너를 사용하여 시계 반대방향으로 회전시켜 분리한다.

④ VDC 컨트롤 모듈 브래킷 장착 너트를 풀고, 컨트롤 모듈 및 브래킷을 탈거한다.

⑤ 장착은 탈거의 역순으로 한다.

2. 프런트 휠 스피드 센서 교환

① 프런트 휠 & 타이어를 탈거한다.

② 프런트 휠 스피드 센서 장착 볼트를 분리한다.

③ 프런트 휠 가드를 분리한다.

④ 고정 마운팅 볼트를 분리한다.

⑤ 프런트 휠 스피드 센서 커넥터를 분리한 후 센서를 탈거한다.

⑥ 장착은 탈거의 역순으로 한다.

3. 요 레이트 & 횡 G센서 교환

① 점화 스위치를 OFF시키고, 배터리 (-)단자를 분리한다.

② 동승석 프런트 시트 어셈블리를 탈거한다.

③ 센서 커넥터를 탈거한다.

④ 볼트를 풀고, 요 레이트 및 횡 G센서와 브래킷을 탈거한다.

⑤ 장착은 탈거의 역순으로 한다.

⑤ 전자제어 제동장치 검사

1. 액추에이터 검사

① 자기진단 점검 커넥터에 진단기를 연결한다.

② 시동키를 ON시킨다.

③ 진단기에 전원이 연결되면 기본 로고 화면이 나타난다. 엔터(enter)키를 누르면 기능 선택 화면이 나타난다.

④ 방향 이동키를 사용하여 커서를 차량통신에 위치시키고 엔터키를 누른다.

⑤ 방향키를 사용하여 해당 제조회사를 선택하고 엔터키를 누른다.

⑥ 방향키를 사용하여 커서를 점검대상 차종을 선택하고 엔터키를 누른다.

⑦ 방향키를 사용하여 커서를 제동제어에 놓고 엔터키를 누른다.

⑧ 방향키를 사용하여 커서를 액추에이터 검사에 놓고 엔터키를 누르고 잠시 기다리면 강제 구동 화면이 나타난다.

⑨ F1(시작) 키를 누르면 액추에이터 구동 중이라는 화면이 나오면서 작동된다.

2. 휠 스피드 센서 파형 검사

① 배터리 입력 케이블을 배터리 (+), (-)단자에 연결한다.

② 오실로스코프 프로브(1~6번 채널 중 1개 채널 선택) : 흑색 프로브를 배터리 (-)단자에 연결하고, 컬러 프로브는 휠 스피드 센서 출력 단자에 연결한다.

③ 오실로스코프 항목을 선택한다.

④ 환경 설정 버튼을 눌러서 측정 제원을 설정한다.

⑤ 파형이 출력되면 화면 상단에 있는 정지(화면에는 정지 화면이므로 시작으로 나옴) 버튼을 누른다.

3. 제동력 테스터를 활용한 제동장치 검사

(1) 측정 전 준비

① 타이어의 공기압이 정상인지를 점검한다.

② 타이어 마모 상태를 점검한다.

③ 시험기의 롤러와 타이어 깨끗하게 한다.

④ 측정 차량에 운전자 1 인만 탑승한다.

(2) 측정

① 차량을 서서히 진입시켜 측정 바퀴가 리프트 중앙에 오도록 한다.

② 변속기를 중립에 위치시키고, 엔진은 공회전 상태를 유지한다.

③ 제동력 테스터기의 전원 스위치를 ON시킨다. 제동력 초기 화면이 뜬다.

④ 본체 우측에 있는 AXLE LOAD 버튼을 누른 다음 축중을 입력한다.

⑤ 축중 입력이 끝나면 ESC 버튼을 눌러서 빠져 나온다.

⑥ BRAKE 버튼을 눌러서 제동력 측정을 시작한다. 이때 롤러가 자동으로 돌아간다.

⑦ 롤러가 돌아갈 때 운전자는 브레이크 페달을 서서히 최대로 밟는다. 주차 브레이크일 경우에는 클릭 수를 증가시키며 레버를 잡아당긴다.

⑧ 측정값이 나오면 ESC 버튼을 눌러서 빠져 나온다.

⑨ 계기판의 값을 좌, 우로 구분하여 판독하고 기록한다.

4. 제동장치 성능기준

(1) 자동차(초소형 자동차 및 피견인 자동차를 제외한다)에는 주 제동장치와 주차 중에 주로 사용하는 제동장치(이하 "주차 제동장치"라 한다)를 갖추어야 하며, 그 구조와 제동능력은 다음 각 호의 기준에 적합하여야 한다.

① 주 제동장치와 주차 제동장치는 각각 독립적으로 작용할 수 있어야 하며, 주 제동장치는 모든 바퀴를 동시에 제동하는 구조일 것

② 주 제동장치의 계통 중 하나의 계통에 고장이 발생하였을 때에는 그 고장에 의하여 영향을 받지 아니하는 주 제동장치의 다른 계통 등으로 자동차를 정지시킬 수 있고, 제동력을 단계적으로 조절할 수 있으며 계속적으로 제동될 수 있는 구조일 것

③ 제동액 저장장치에는 제동액에 대한 권장규격을 표시할 것

④ 주 제동장치에는 라이닝 등의 마모를 자동으로 조정할 수 있는 장치를 갖출 것.

⑤ 주 제동장치의 라이닝 마모상태를 운전자가 확인할 수 있도록 경고장치(경고음 또는 황색 경고등을 말한다)를 설치하거나 자동차의 외부에서 육안으로 확인할 수 있는 구조일 것.

⑥ 주차 제동장치는 기계적인 장치에 의하여 잠김 상태가 유지되는 구조일 것

⑦ 주차 제동장치는 주행 중에도 제동을 시킬 수 있는 구조일 것

(2) 주 제동장치의 급제동능력은 건조하고 평탄한 포장도로에서 주행 중인 자동차를 급제동할 때 별표 **3**의 기준에 적합할 것

【별표 3】 주 제동장치의 급제동 정지거리 및 조작력 기준

구 분	최고 속도가 80km/h 이상의 자동차	최고 속도가 35km/h 이상 80 km/h 미만의 자동차	최고 속도가 35km/h 미만의 자동차
제동 초속도(km/h)	50 km/h	35km/h	당해 자동차의 최고속도
급제동 정지거리(m)	22 m 이하	14 m 이하	5 m 이하
측정시 조작력(kgf)	발 조작식의 경우 : 90 kgf 이하		
	손 조작식의 경우 : 30 kgf 이하		
측정 자동차의 상태	공차 상태의 자동차에 운전자 1인이 승차한 상태		

(3) 주 제동장치의 제동능력과 조작력은 별표 **4**의 기준에 적합할 것

【별표 4】 주 제동장치의 제동 능력 및 조작력 기준

구 분	기 준
측정 자동차의 상태	공차 상태의 자동차에 운전자 1인이 승차한 상태
제동 능력	㉮ 최고 속도가 80 km/h 이상이고 차량 총중량이 차량 중량의 1.2 배 이하인 자동차의 각 축의 제동력의 합 : 차량 총중량의 50 % 이상 ㉯ 최고 속도가 80 km/h 미만이고 차량 총중량이 차량 중량의 1.5 배 이하인 자동차의 각 축의 제동력의 합 : 차량 총중량의 40 % 이상 ㉰ 기타의 자동차 　1) 각 축의 제동력의 합 : 차량 중량의 50 % 이상 　2) 각 축중의 제동력 : 각 축중의 50 % 이상 　　　　　(다만, 뒤축의 경우에는 당해 축중의 20 % 이상)
좌 · 우 바퀴의 제동력의 차이	당해 축중의 8 % 이하
제동력의 복원	브레이크 페달을 놓을 때에 제동력이 3 초 이내에 당해 축중의 20 % 이하로 감소될 것.

(4) 주차 제동장치의 제동능력과 조작력은 별표 **4**의**2**의 기준에 적합할 것

【별표 4의2】 주차 제동장치의 제동능력 및 조작력 기준

구　　　분		기　　　준
측정 자동차의 상태		공차 상태의 자동차에 운전자 1인이 승차한 상태
측정 시 조작력	승용 자동차	발 조작식의 경우 : 60 kgf 이하
		손 조작식의 경우 : 40 kgf 이하
	기타 자동차	발 조작식의 경우 : 70 kgf 이하
		손 조작식의 경우 : 50 kgf 이하
제동 능력		경사각 11° 30′ 이상의 경사면에서 정지 상태를 유지할 수 있거나 제동 능력이 차량 중량의 20 % 이상일 것.

5. 운행 자동차의 주 제동능력

(1) 주 제동능력 측정 조건

① 자동차는 공차상태의 자동차에 운전자 1인이 승차한 상태로 한다.

② 자동차는 바퀴의 흙, 먼지, 물 등의 이물질을 제거한 상태로 한다.

③ 자동차는 적절히 예비운전이 되어 있는 상태로 한다.

④ 타이어의 공기압력은 표준 공기압력으로 한다.

(2) 주 제동능력 측정 방법

① 자동차를 제동시험기에 정면으로 대칭 되도록 한다.

② 측정 자동차의 차축을 제동시험기에 얹혀 축중을 측정하고 롤러를 회전시켜 당해 차축의 제동능력, 좌우 바퀴의 제동력의 차이, 제동력의 복원상태를 측정한다.

③ ②의 측정방법에 따라 다음 차축에 대하여 반복 측정한다.

6. 운행 자동차의 주차 제동능력

(1) 주 제동능력 측정 조건

① 자동차는 공차상태의 자동차에 운전자 1인이 승차한 상태로 한다.

② 자동차는 바퀴의 흙, 먼지, 물 등의 이물질을 제거한 상태로 한다.

③ 자동차는 적절히 예비운전이 되어 있는 상태로 한다.

④ 타이어의 공기압력은 표준 공기압력으로 한다.

(2) 주차 제동능력 측정 방법

① 자동차를 제동시험기에 정면으로 대칭 되도록 한다.

② 측정 자동차의 차축을 제동시험기에 얹혀 축중을 측정하고 롤러를 회전시켜 당해 차축의 주차제동능력을 측정한다.

③ 2차축 이상의 주차제동력이 작동되는 구조의 자동차는 ②의 측정방법에 따라 다음 차축
에 대하여 반복 측정한다.

7. 제동력 판정

① 모든 축의 제동력의 총합이 공차중량의 50% 이상이고 각축의 제동력은 해당 축중의
50%(뒤축의 제동력은 해당 축중의 20%) 이상이어야 한다.

$$\text{제동력의 총합} = \frac{\text{전·후, 좌·우 제동력의 합}}{\text{차량 중량}} \times 100 = 50\% \text{ 이상}$$

② 앞 차축 제동력의 합이 50% 이상이어야 한다. 이는 차축의 좌우 제동력의 합을 해당
축중으로 나눈 값이다.

$$\text{앞바퀴 제동력의 합} = \frac{\text{앞바퀴 좌·우 제동력의 합}}{\text{앞 축중}} \times 100 = 50\% \text{ 이상}$$

③ 뒤 차축 제동력의 합이 20% 이상이어야 한다. 이는 차축의 좌우 제동력의 합을 해당
축중으로 나눈 값이다.

$$\text{뒷바퀴 제동력의 합} = \frac{\text{뒤 좌·우 제동력의 합}}{\text{뒷 축중}} \times 100 = 20\% \text{ 이상}$$

④ 좌 우 제동력의 편차가 8% 이내여야 한다. 이는 좌우 제동력의 차를 해당 축 중량으로
나눈 값이다.

$$\text{좌·우 제동력의 편차} = \frac{\text{좌·우 제동력의 편차}}{\text{해당 축중}} \times 100 = 8\% \text{ 이내}$$

⑤ 주차 브레이크의 제동력이 20% 이상이어야 한다. 이는 뒤 주차 브레이크의 좌우 제동력
합계를 차량 중량으로 나눈 값이다.

$$\text{주차 브레이크 제동력} = \frac{\text{뒤 좌·우 제동력의 합}}{\text{차량 중량}} \times 100 = 20\% \text{ 이상}$$

전자제어 제동장치와 전자 제동력 분배장치

01 전자제어 제동장치의 목적이 아닌 것은?

① 미끄러운 노면에서 전자제어에 의해 제동거리를 단축한다.
② 앞바퀴의 고착을 방지하여 조향능력이 상실되는 것을 방지한다.
③ 후륜을 조기에 고착시켜 옆 방향 미끄러짐을 방지한다.
④ 제동 시 미끄러짐을 방지하여 차체의 안정성을 유지한다.

해설 전자제어 제동장치의 설치 목적
① 제동할 때 앞바퀴의 고착을 방지하여 조향능력이 상실되는 것을 방지한다.
② 제동할 때 뒷바퀴의 고착으로 인한 차체의 전복을 방지한다.
③ 제동할 때 차량의 차체 안정성을 유지한다.
④ 미끄러운 노면에서 전자제어에 의해 제동거리를 축한다.
⑤ 제동할 때 미끄러짐을 방지하여 차체의 안정성을 유지한다.

02 ABS(anti lock brake system)의 장점이 아닌 것은?

① 급제동 시 방향 안정성을 유지할 수 있다.
② 급제동 시 조향성을 확보해 준다.
③ 타이어와 노면의 마찰계수가 클수록 제동거리가 단축된다.
④ 급선회 시 구동력을 제한하여 선회성능을 향상시킨다.

해설 전자제어 제동장치(ABS)의 장점
① 노면의 마찰계수가 최대의 상태에서 제동거리 단축의 효과가 있다.

② 제동할 때 조향성능 및 방향 안정성을 확보해 준다.
③ 최대의 제동효과를 얻을 수 있도록 한다.
④ 제동할 때 옆 방향 미끄러짐 방지와 스핀으로 인한 전복을 방지한다.
⑤ 어떤 조건에서도 바퀴의 미끄러짐이 없도록 한다.

03 전자제어 제동장치(ABS)의 장점으로 틀린 것은?

① 안정된 제동효과를 얻을 수 있다.
② 제동 시 자동차가 한쪽으로 쏠리는 것을 방지한다.
③ 미끄러운 노면에서 제동 시 조향 안정성이 있다.
④ 미끄러운 노면에서 출발 시 바퀴의 슬립을 방지한다.

04 전자제어 제동장치((Anti-lock brake system)에 대한 설명으로 틀린 것은?

① 제동 시 차량의 스핀을 방지한다.
② 제동 시 조향 안정성을 확보해 준다.
③ 선회 시 구동력 과다로 발생되는 슬립을 방지한다.
④ 노면 마찰계수가 가장 높은 슬립율 부근에서 작동된다.

05 ABS(Anti-lock Brake System)의 장점으로 가장 거리가 먼 것은?

① 브레이크 라이닝의 마모를 감소시킨다.
② 제동시 방향 안정성을 유지할 수 있다.
③ 제동시 조향성을 확보해 준다.
④ 노면의 마찰계수가 최대인 상태에서 제동거리 단축의 효과가 있다.

정답 01.③ 02.④ 03.④ 04.③ 05.①

06 전자제어 제동장치(ABS)의 효과에 대한 설명으로 옳은 것은?

① 코너링 주행 상태에서만 작동한다.
② 눈길, 빗길 등의 미끄러운 노면에서는 작동이 안 된다.
③ 제동 시 바퀴의 록(lock)이 일어나지 않도록 한다.
④ 급제동 시 바퀴의 록(lock)이 일어나도록 한다.

<u>해설</u> 전자제어 제동장치(ABS)의 효과
① 제동할 때 앞바퀴의 고착(lock)을 방지하여 조향 능력이 상실되는 것을 방지한다.
② 제동할 때 뒷바퀴의 고착으로 인한 차체의 전복을 방지한다.
③ 제동할 때 차량의 차체 안정성을 유지한다.
④ 미끄러운 노면에서 전자제어에 의해 제동거리를 단축한다.
⑤ 제동할 때 미끄러짐을 방지하여 차체의 안정성을 유지한다.

07 제동이론에서 슬립률에 대한 설명으로 틀린 것은?

① 제동 시 차량의 속도와 바퀴의 회전속도와의 관계를 나타낸 것이다.
② 슬립률이 0%이라면 바퀴와 노면과의 사이에 미끄럼 없이 완전하게 회전하는 상태이다.
③ 슬립률이 100%라면 바퀴의 회전속도가 0으로 완전히 고착된 상태이다.
④ 슬립률 0%에서 가장 큰 마찰계수를 얻을 수 있다.

<u>해설</u> 제동이론에서 슬립률이란 제동할 때 차량의 주행속도와 바퀴의 회전속도와의 관계를 나타낸 것으로 슬립률이 0%이라면 바퀴와 노면과의 사이에 미끄럼 없이 완전하게 회전하는 상태이다. 또 슬립률이 100%라면 바퀴의 회전속도가 0으로 완전히 고착된 상태이다.

08 ABS와 슬립(미끄럼)현상에 관한 설명으로 틀린 것은?

① 슬립(미끄럼)양을 백분율(%)로 표시한 것을 슬립율이라 한다.
② 슬립율은 주행속도가 늦거나 제동토크가 작을수록 커진다.
③ 주행속도와 바퀴 회전속도에 차이가 발생하는 것을 슬립현상이라 한다.
④ 제동 시 슬립현상이 발생할 때 제동력이 최대가 될 수 있도록 ABS가 제동압력을 제어한다.

<u>해설</u> 주행속도와 바퀴 회전속도에 차이가 발생하는 것을 슬립현상이라 하며, 슬립(미끄럼)양을 백분율(%)로 표시한 것을 슬립율이라 한다. 슬립율은 주행속도가 빠르거나 제동토크가 클수록 커진다. 제동할 때 슬립현상이 발생하면 제동력이 최대가 될 수 있도록 ABS가 제동압력을 제어한다.

09 제동 시 슬립률(λ)을 구하는 공식으로 옳은 것은?(단, 자동차의 주행속도는 V, 바퀴의 회전속도는 V_w이다.)

① $\lambda = \dfrac{V - V_w}{V} \times 100(\%)$

② $\lambda = \dfrac{V}{V - V_w} \times 100(\%)$

③ $\lambda = \dfrac{V_w - V}{V_w} \times 100(\%)$

④ $\lambda = \dfrac{V_w}{V_w - V} \times 100(\%)$

<u>해설</u> 슬립률 $\lambda = \dfrac{V - V_w}{V} \times 100(\%)$

정답 **06.**③ **07.**④ **08.**② **09.**①

10 4센서 4채널 ABS에서 하나의 휠 스피드 센서(wheel speed sensor)가 고장일 경우의 현상 설명으로 옳은 것은?

① 고장 나지 않은 나머지 3바퀴만 ABS가 작동한다.
② 고장 나지 않은 바퀴 중 대각선 위치에 있는 2바퀴만 ABS가 작동한다.
③ 4바퀴 모두 ABS가 작동하지 않는다.
④ 4바퀴 모두 정상적으로 ABS가 작동한다.

> 해설 4센서 4채널 ABS에서 하나의 휠 스피드 센서가 고장이 나면 4바퀴 모두 ABS가 작동하지 않는다.

11 다음 중 전자제어 제동장치(ABS)의 구성부품이 아닌 것은?

① 하이드로릭 유닛 ② 컨트롤 유닛
③ 휠 스피드 센서 ④ 퀵 릴리스 밸브

> 해설 ABS의 구성부품은 바퀴의 회전속도를 검출하여 컨트롤 유닛(ECU)으로 입력하는 휠 스피드 센서, 휠 스피드 센서의 신호를 이용하여 바퀴가 고착되지 않도록 하는 제어하는 컨트롤 유닛(ECU), ECU의 신호를 받아 유압을 유지, 감압, 증압으로 제어하는 하이드로릭 유닛(유압 모듈레이터), 충격을 흡수하는 어큐뮬레이터 등으로 되어있다.

12 전자제어 제동장치(ABS)의 구성요소가 아닌 것은?

① 휠 스피드 센서 ② 차고 센서
③ 어큐뮬레이터 ④ 하이드로릭 유닛

13 다음에서 ABS(anti-lock brake system)의 구성부품으로 볼 수 없는 것은?

① 휠 스피드 센서(wheel speed sensor)
② 일렉트로닉 컨트롤 유닛(electronic control unit)
③ 하이드로릭 유닛(hydraulic unit)
④ 크랭크 앵글 센서(crank angle sensor)

14 ABS(anti-lock brake system)장치의 구성품이 아닌 것은?

① 휠 스피드 센서 ② ABS 컨트롤 유닛
③ 하이드로릭 유닛 ④ 속도 센서

15 ABS 컨트롤 유닛(제어모듈)에 대한 설명으로 틀린 것은?

① 휠의 회전속도 및 가·감속을 계산한다.
② 각 바퀴의 속도를 비교 분석한다.
③ 미끄럼 비를 계산하여 ABS 작동 여부를 결정한다.
④ 컨트롤 유닛이 작동하지 않으면 브레이크가 전혀 작동하지 않는다.

> 해설 ABS 컨트롤 유닛의 작용
> ① 감속·가속을 계산한다.
> ② 각 바퀴의 회전속도를 비교·분석한다.
> ③ 미끄럼 비율을 계산하여 ABS 작동 여부를 결정한다.
> ④ 컨트롤 유닛이 작동하지 않아도 기계작동 방식의 일반 제동장치로 작동하는 페일세이프 기능이 있다.

16 자동차 ABS에서 제어모듈(ECU)의 신호를 받아 밸브와 모터가 작동되면서 유압의 증가, 감소, 유지 등을 제어하는 것은?

① 마스터 실린더 ② 딜리버리 밸브
③ 프로포셔닝 밸브 ④ 하이드로릭 유닛

> 해설 하이드로릭 유닛은 제어모듈의 신호를 받아 일반 제동모드(Normal Braking Mode), 압력 감소 모드(Dump Mode), 유지 모드(Hold Mode), 압력 증가 모드(Reapply Mode)의 4가지 작동모드를 수행한다.

정답　10.③　11.④　12.②　13.④　14.④　15.④　16.④

17 전자제어 제동장치(ABS)의 유압제어 모드에서 주행 중 급제동 시 고착된 바퀴의 유압 제어는?

① 감압 제어   ② 정압 제어
③ 분압 제어   ④ 증압 제어

해설 ABS는 뒷바퀴의 조기 고착을 방지하여 옆 방향 미끄러짐을 방지하며, 뒷바퀴의 고착을 방지하여 차체의 스핀으로 인한 전복을 방지한다. 또 고착된 바퀴의 휠 실린더에 작용하는 유압을 감압시킨다.

18 전자제어 브레이크 장치의 구성부품 중 휠 스피드 센서의 기능으로 옳은 것은?

① 휠의 회전속도를 감지
② 하이드롤릭 유닛을 제어
③ 휠 실린더의 유압을 제어
④ 페일 세이프 기능을 수행

해설 휠 스피드 센서는 각 바퀴(휠)마다 설치되어 있으며, 바퀴의 회전속도를 톤 휠(tone wheel)과 센서의 자력선 변화를 감지하여 컴퓨터로 입력시킨다.

19 ABS(Anti-lock Brake System)가 설치된 차량에서 휠 스피드 센서의 설명으로 맞는 것은?

① 리드 스위치 방식의 차속 센서와 같은 원리이다.
② 휠 스피드 센서는 앞바퀴에만 설치된다.
③ 휠 스피드 센서는 뒷바퀴에만 설치된다.
④ 차륜의 속도를 감지하여 컨트롤 유닛으로 입력하는 역할을 한다.

해설 ABS 차량에서 휠 스피드 센서는 각 바퀴마다 설치되어 있으며, 바퀴의 회전속도를 톤 휠(tone wheel)과 센서의 자력선 변화를 감지하여 컴퓨터로 입력시킨다.

20 ABS(Anti-lock Brake System)에서 휠 스피드 센서(wheel speed sensor)파형의 설명으로 옳은 것은?(단, 마그네틱 픽업코일 방식)

① 직류 전압 파형이 점선으로 나타난다.
② 교류 전압 파형이다.
③ 에어 갭이 적절하면 파형이 접지선과 일치한다.
④ 피크 전압은 최소 12V 이상이다.

해설 마그네틱 픽업코일 방식의 휠 스피드 센서 파형은 교류 전압 파형이다.

21 ABS 장착 차량에서 인덕티브 형식 휠 스피드 센서의 설명으로 틀린 것은?

① 출력 신호는 AC 전압이다.
② 일종의 자기 유도 센서 타입이다.
③ 고장 시 ABS 경고등이 점등하게 된다.
④ 앞바퀴는 조향 휠이므로 뒷바퀴에만 장착되어 있다.

해설 휠 스피드 센서는 앞뒤 좌우바퀴에 모두 장착되어 휠의 회전속도를 검출하여 ECU에 입력시키는 역할을 한다.

22 전자제어 제동장치(ABS)에서 하이드롤릭 유닛의 내부 구성부품으로 틀린 것은?

① 어큐뮬레이터
② 인렛 미터링 밸브
③ 상시 열림 솔레노이드 밸브
④ 상시 닫힘 솔레노이드 밸브

해설 하이드롤릭 유닛 내부의 밸브 기능
① 상시 열림(NO) 솔레노이드 밸브 : 통전되기 전에는 밸브의 오일 통로가 열려 있는 상태를 유지하는 밸브이며, 마스터 실린더와 캘리퍼 사이의 오일 통로가 연결된 상태에서 통전이 되면 오일 통로를 차단시키는 밸브이다.
② 상시 닫힘(NC) 솔레노이드 밸브 : 통전되기 전에

정 답 **17.**① **18.**① **19.**④ **20.**② **21.**④ **22.**②

는 밸브의 오일 통로가 닫혀 있는 상태를 유지하는 밸브이며, 캘리퍼와 저압 어큐뮬레이터(LPA) 사이의 오일 통로가 차단된 상태에서 통전이 되면 오일 통로를 연결시키는 밸브이다

③ 저압 어큐뮬레이터 : 유압이 과다하여 압력을 낮추는 경우에 캘리퍼의 압력을 상시 닫힘(NC) 솔레노이드 밸브를 통하여 덤프(Dump)된 유량을 저장한다.

④ 고압 어큐뮬레이터 : 펌프 모터에 의해 압송되는 오일의 노이즈(noise) 및 맥동을 감소시킴과 동시에 압력의 감소 모드일 때 발생하는 페달의 킥백(Kick Back)을 방지한다.

23 제동 안전장치 중 앤티 스키드 장치(anti skid system)에 사용되는 밸브가 아닌 것은?

① 언로더 밸브(unloader valve)
② 프로포셔닝 밸브(proportioning valve)
③ 리미팅 밸브(limiting valve)
④ 이너셔 밸브(inertia valve)

> **해설** 앤티 스키드 장치에 사용되는 밸브
> ① 프로포셔닝 밸브 : 프로포셔닝 밸브는 뒷바퀴의 압력을 감소시키기 위한 밸브로 마스터 실린더와 휠 실린더 사이에 설치되어 있다. 즉 급제동할 때 바퀴의 하중변화로 인하여 발생되는 뒷바퀴 조기 잠김 현상을 뒷바퀴의 압력을 감소시켜 방지하기 위한 것이다.
> ② 리미팅 밸브 : 뒷바퀴의 조기 고착이 방지되도록 유압을 제어하는 밸브로 제동 시 유압이 일정 이상이면 뒷바퀴의 유압을 감소시켜 방지하기 위한 것이다.
> ③ 이너셔 밸브 : 뒷바퀴의 조기 고착이 방지되도록 유압을 제어하는 밸브로 제동 시 감속도가 일정 이상이면 뒷바퀴의 유압을 감소시켜 방지하기 한 것이다.

24 브레이크의 제동력 배분을 앞쪽보다 뒤쪽을 작게 해주는 밸브로 옳은 것은?

① 언로드 밸브　　② 체크 밸브
③ 프로포셔닝 밸브　④ 안전 밸브

> **해설** 프로포셔닝 밸브(proportioning valve)는 마스터 실린더와 휠 실린더 사이에 설치되어 있으며, 제동력 배분을 앞바퀴보다 뒷바퀴를 작게 하여(뒷바퀴의

유압을 감소시킴) 바퀴의 고착을 방지한다. 즉 앞바퀴와 뒷바퀴의 제동압력을 분배한다.

25 브레이크 장치의 프로포셔닝 밸브에 대한 설명으로 옳은 것은?

① 바퀴의 회전속도에 따라 제동시간을 조절한다.
② 바깥 바퀴의 제동력을 높여서 코너링 포스를 줄인다.
③ 급제동 시 앞바퀴보다 뒷바퀴가 먼저 제동되는 것을 방지한다.
④ 선회 시 조향 안정성 확보를 위해 앞바퀴의 제동력을 높여준다.

26 브레이크 페달을 강하게 밟았을 때 후륜이 먼저 록(lock) 되지 않도록 하기 위하여 유압이 일정 압력으로 상승하면 그 이상 후륜 측에 유압이 가해지지 않도록 제한하는 장치는?

① 프로포셔닝 밸브　② 압력 체크 밸브
③ 이너셔 밸브　　　④ EGR 밸브

27 제동 시 뒷바퀴의 록(lock)으로 인한 스핀을 방지하기 위해 사용되는 것은?

① 딜레이 밸브　　② 어큐뮬레이터
③ 바이패스 밸브　④ 프로포셔닝 밸브

> **해설** 부품의 기능
> ① 저압 어큐뮬레이터((low pressure accumulator) : ABS 하이드롤릭 유닛의 구성품 중 저압 어큐뮬레이터는 유압이 과다하여 압력을 낮추는 경우에 캘리퍼의 압력을 상시 닫힘 솔레노이드 밸브(NC)를 통하여 덤프(Dump)된 유량을 저장하는 역할을 한다.
> ② 고압 어큐뮬레이터(high pressure accumulator) : ABS 하이드롤릭 유닛의 구성품 중 고압 어큐뮬레이터는 펌프 모터에 의해 압송되는 오일의 노이즈(Noise) 및 맥동을 감소시킴과 동시에 압력의

정답 23.① 24.③ 25.③ 26.① 27.④

감소 모드일 때 발생하는 페달의 킥백(Kick Back)을 방지하는 역할을 한다.

③ **프로포셔닝 밸브(proportioning valve)** : 제동할 때 바퀴의 로크를 방지하기 위해 휠 실린더에 작용하는 유압을 감압(減壓)시키는 유압 제어밸브로 작동 개시점 이상의 입력 유압에 비해 뒷바퀴 쪽의 출력 유압을 일정한 비율로 낮게 하는 밸브이며, 앞·뒤 바퀴의 하중 배분이 크게 변화되지 않는 승용차 등에서 사용한다.

28 전자제어 제동장치에서 앞바퀴 유압회로의 중간에 설치되어 있고 제동 시 앞바퀴에 작용되는 유압의 상승을 지연시키는 밸브는?

① 로드 센싱 프로포셔닝 밸브(load sensing proportioning valve)
② P밸브(proportioning control valve)
③ 미터링 밸브(metering valve)
④ G밸브(gravitation valve)

> **해설** 미터링 밸브는 전자제어 제동장치에서 앞바퀴 유압 회로의 중간에 설치되어 있으며, 제동할 때 앞바퀴에 작용되는 유압의 상승을 지연시킨다.

29 ABS에서 펌프로부터 토출된 고압의 오일을 일시적으로 저장하고 맥동을 완화시켜주는 구성부품은?

① 어큐뮬레이터
② 솔레노이드 밸브
③ 모듈레이터
④ 프로포셔닝 밸브

> **해설** 어큐뮬레이터는 펌프에서 토출된 고압의 오일을 일시적으로 저장하고 맥동을 완화시킨다.

30 전자제어 제동장치(ABS) 차량이 주행을 시작하여 저·중속 구간에서 제동을 하지 않았어도 모터 작동소리가 들렸다면 ABS의 상태는?

① 오작동이므로 불량이다.
② 체크를 하기 위한 작동으로 정상이다.
③ 모터의 고장을 알리는 신호이다.
④ 모듈레이터 커넥터의 접촉 불량이다.

> **해설** ABS ECU는 IGN ON 후 최초로 12km/h에 도달할 때 모터 릴레이를 순간적으로 ON시켜 펌프 모터 테스트를 실시한다.

31 전자제어 제동장치(ABS) 차량이 통상 제동 상태에서 ABS가 작동 순환되는 모드는?

① 압력 감소 모드 - 압력 유지 모드 - 압력 상승 모드
② 압력 상승 모드 - 압력 유지 모드 - 압력 감소 모드
③ 압력 유지 모드 - 압력 감소 모드 - 압력 상승 모드
④ 압력 상승 모드 - 압력 감소 모드 - 압력 유지 모드

> **해설** 통상 제동상태에서 ABS가 작동 순환되는 모드는 압력 감소 모드 – 압력유지 모드 – 압력 상승 모드이다.

32 ABS(Anti-lock Brake System) 장치에서 주행 중 급제동하였을 때 작동에 대한 설명으로 틀린 것은?

① 후륜의 조기고착을 방지하여 옆 방향 미끄러짐을 방지한다.
② 고착된 바퀴의 휠 실린더에 작용하는 유압을 감압시킨다.
③ 회전하는 바퀴의 휠 실린더에 작용하는 유압을 감압시킨다.
④ 후륜의 고착을 방지하여 차체의 스핀으로 인한 전복을 방지한다.

> **해설** ABS는 후륜의 조기고착을 방지하여 옆 방향 미끄러짐을 방지하며, 후륜의 고착을 방지하여 차체의 스핀으로 인한 전복을 방지한다. 또 고착된 바퀴의 휠 실린더에 작용하는 유압을 감압시킨다.

정답 **28.**③ **29.**① **30.**② **31.**① **32.**③

33 전자제어 제동장치(ABS)에서 페일 세이프 (fail safe) 상태가 되면 나타나는 현상은?

① 모듈레이터 모터가 작동된다.
② 모듈레이터 솔레노이드 밸브로 전원을 공급한다.
③ ABS 기능이 작동되지 않아서 주차브레이크가 자동으로 작동된다.
④ ABS 기능이 작동되지 않아도 평상시(일반) 브레이크는 작동된다.

해설 전자제어 제동장치(ABS)에서 페일 세이프(fail safe) 상태가 되면 ABS 기능이 작동되지 않아도 평상시(일반) 브레이크는 작동된다.

34 일반적으로 ABS(Anti-lock Brake System)에 장착되는 마그네틱 방식 휠 스피드 센서와 톤 휠의 간극은?

① 약 3~5mm   ② 약 5~6mm
③ 약 0.2~1mm   ④ 약 0.1~0.2mm

해설 마그네틱 방식 휠 스피드 센서와 톤 휠의 간극은 약 0.2~1mm이다.

35 ABS(Anti-lock Brake System)시스템에 대한 두 정비사의 의견 중 옳은 것은?

> – 정비사 KIM : 발전기의 전압이 일정 전압이하로 하강하면 ABS 경고등이 점등된다.
> – 정비사 LEE : ABS 시스템의 고장으로 경고등 점등 시 일반 유압시스템은 비작동 한다.

① 정비사 KIM만 옳다.
② 정비사 LEE만 옳다.
③ 두 정비사 모두 틀리다.
④ 두 정비사 모두 옳다.

해설 저전압(10V 이하)이 검출되면 ABS 제어는 금지

되고 경고등을 점등한다. 그 후 정상 전압으로 복귀 시 경고등은 OFF되고 정상적인 작동 모드로 복귀한다.

36 자동차에 사용되는 휠 스피드 센서의 파형을 오실로스코프로 측정하였다. 파형의 정보를 통해 확인할 수 없는 것은?

① 최저 전압   ② 평균 저항
③ 최고 전압   ④ 평균 전압

해설 휠 스피드 센서 파형의 정보를 통해 최저 전압, 최고 전압, 주파수, 평균 전압을 확인할 수 있다.

37 ABS(Anti Lock Brake System) 경고등이 점등되는 조건이 아닌 것은?

① ABS 작동 시
② ABS 이상 시
③ 자기진단 중
④ 휠 스피드 센서 불량 시

해설 ABS 경고등이 점등되는 조건
① 점화 스위치 ON 시 3초간 점등된다.
② 자기 진단하여 ABS 시스템에 이상이 없을 경우 소등된다.
③ 시스템에서 이상 발생 시 점등된다.
④ 자기진단 중 점등된다.
⑤ ECU 커넥터 탈거 시 점등된다.
⑥ 점등 중 ABS 제어 중지 및 ABS 비장착 차량과 동일하게 일반 브레이크만 작동된다.

38 전자제어 제동장치인 EBD(electronic brake force distribution) 시스템의 효과로 틀린 것은?

① 적재용량 및 승차인원에 관계없이 일정하게 유압을 제어한다.
② 뒷바퀴의 제동력을 향상시켜 제동거리가 짧아진다.
③ 프로포셔닝 밸브를 사용하지 않아도 된다.
④ 브레이크 페달을 밟는 힘이 감소한다.

정답 33.④ 34.③ 35.① 36.② 37.① 38.①

39 전자식 제동 분배(electronic brake-force distribution) 장치에 대한 설명으로 틀린 것은?

① 기존의 프로포셔닝 밸브에 비하여 제동거리가 증가된다.
② 뒷바퀴 제동압력을 연속적으로 제어함으로써 스핀 현상을 방지한다.
③ 프로포셔닝 밸브를 설치하지 않아도 된다.
④ 뒷바퀴 유압을 좌우 각각 독립적으로 제어가 가능하므로 선회하면서 제동할 때 안정성이 확보된다.

해설 전자 제동 분배 장치(EBD)는 앞·뒷바퀴에 제동압력을 이상적으로 배분하기 위하여 제동라인에 솔레노이드 밸브를 설치하여 제동압력을 전자적으로 제어함으로써 급제동 할 때 스핀 방지 및 제동성능을 향상시키는 시스템이다. 즉 적재량에 의한 차량에 중량변화에 있어서 전후의 제동력 불균형을 조정함으로써 항상 최적의 제동력을 유지토록 해주는 장치이다.

40 적용 목적이 같은 장치와 부품으로 연결된 것은?

① ABS와 노크 센서
② EBD(electronic brake-force distribution) 시스템과 프로포셔닝 밸브
③ 공기 유량 시스템과 요레이트 센서
④ 주행 속도장치와 냉각수온 센서

해설 EBD 시스템과 프로포셔닝 밸브
① EBD 시스템 : 뒷바퀴의 제동압력을 전자적으로 제어함으로써 급제동 할 때 스핀 방지 및 제동성능을 향상시키는 시스템이다.
② 프로포셔닝 밸브 : 제동력 배분을 앞바퀴보다 뒷바퀴를 작게 하여(뒷바퀴의 유압을 감소시킴) 바퀴의 고착을 방지한다.

구동력 제어장치(TCS), 차체 자세제어장치(VDC)

01 구동륜 제어장치(TCS)에 대한 설명으로 틀린 것은?

① 차체 높이 제어를 위한 성능유지
② 눈길, 빙판길에서 미끄러짐 방지
③ 커브 길 선회 시 주행 안정성 유지
④ 노면과 차륜간의 마찰 상태에 따라 엔진 출력제어

해설 TCS는 노면과 구동륜 사이의 마찰 상태에 따라 엔진 출력제어, 눈길, 빙판길에서 미끄러짐 방지, 커브 길을 선회할 때 주행 안정성을 유지한다.

02 TCS(traction control system)의 특징과 가장 거리가 먼 것은?

① 구동 슬립(slip)율 제어
② 변속 유압 제어
③ 트레이스(trace) 제어
④ 선회 안정성 향상

해설 TCS의 제어 기능
① 슬립 제어(slip control) : 눈길 등의 미끄러지기 쉬운 노면에서 가속성 및 선회 안정성을 향상시키는 기능이다.
② 트레이스 제어(trace control) : 일반적인 도로에서의 주행 중 선회 가속을 할 때 차량의 횡가속도 과대로 인한 언더 및 오버 스티어링을 방지하여 조향 성능을 향상시키는 기능이다.
③ 선회 안정성 향상 : 안전한 코너링 주행 및 앞지르기가 가능하도록 하는 기능이다.

03 TCS(Traction Control System)가 제어하는 항목에 해당하는 것은?

① 슬립 제어   ② 킥 업 제어
③ 킥 다운 제어   ④ 히스테리시스 제어

해설 TCS의 제어에는 슬립 제어, 트레이스 제어, 선회 안정성 향상 등이 있다.

정답 39.① 40.② / 01.① 02.② 03.①

04 ABS(Anti Lock Brake System), TCS (traction control system)에 대한 설명으로 틀린 것은?

① ABS는 브레이크 작동 중 조향이 가능하다.
② TCS는 주행 중 브레이크 제동 상태에서만 작동된다.
③ ABS는 급제동 시 타이어 록(lock)방지를 위해 작동한다.
④ TCS는 주로 노면과의 마찰력이 적을 때 작동할 수 있다.

해설 구동력 제어장치(TCS)는 마찰계수가 낮은 도로에서 출발 또는 가속할 때 구동바퀴가 공회전을 하면 운전자가 미세한 가속페달을 조작하지 않아도 자동적으로 엔진의 출력을 감소시키고 바퀴의 공회전을 가능한 억제하여 구동력을 도로면에 효율적으로 전달한다.

05 ABS와 TCS(traction control system)에 대한 설명으로 틀린 것은?

① TCS는 구동륜이 슬립하는 현상을 방지한다.
② ABS는 주행 중 제동 시 타이어 록(lock)방지한다.
③ ABS는 제동 시 조향 안정성 확보를 위한 시스템이다.
④ TCS는 급제동 시 제동력 제어를 통해 차량 스핀 현상을 방지한다.

06 TCS(Traction Control System)의 제어장치에 관련이 없는 센서는?

① 냉각수온 센서
② 아이들 신호
③ 후차륜 속도 센서
④ 가속페달 포지션 센서

07 TCS(Traction Control System)에서 트레이스 제어를 위해 컴퓨터(ECU)로 입력되는 항목이 아닌 것은?

① 차고 센서
② 휠 스피드 센서
③ 조향 각속도 센서
④ 액셀러레이터 페달 위치 센서

해설 트레이스 제어의 입력조건은 조향 각속도 센서(운전자의 조향 휠 조작량), 휠 스피드 센서(움직이지 않는 바퀴의 좌우측 속도차이), 가속페달 위치 센서(가속페달을 밟은 양)이다.

08 TCS(Traction Control System)에서 안정된 선회동작을 목적으로 한 트레이스 제어의 입력조건이 아닌 것은?

① 운전자의 조향 휠 조작량
② 움직이지 않는 바퀴의 좌우측 속도차
③ 앞뒤바퀴의 슬립비
④ 가속페달을 밟은 양

09 차량의 주행성능 및 안정성을 높이기 위한 방법에 관한 설명으로 틀린 것은?

① 유선형 차체형상으로 공기저항을 줄인다.
② 고속주행 시 언더 스티어링 차량이 유리하다.
③ 액티브 요잉 제어장치로 안정성을 높일 수 있다.
④ 리어 스포일러를 부착하여 횡력의 영향을 줄인다.

해설 리어 스포일러를 부착하여 양력의 영향을 줄인다.

10 VDC(vehicle dynamic control) 장치에 대한 설명으로 틀린 것은?

① 스핀 또는 언더 스티어링 등의 발생을 억제하는 장치이다.

② VDC는 ABS 제어, TCS 제어 기능 등이 포함되어 있으며 요 모멘트 제어와 자동 감속제어를 같이 수행한다.

③ VDC 장치는 TCS에 요 레이터 센서, G센서, 마스터 실린더 압력센서 등을 사용 한다.

④ 오버 스티어 현상을 더욱 증가시킨다.

> **해설** VDC가 설치된 경우에는 전자 제어 제동장치(ABS)와 구동력 제어장치(TCS)제어 뿐만 아니라 전자 제동력 분배장치(EBD) 제어, 요 모멘트 제어(yaw moment control)와 자동 감속제어를 포함한 자동차 주행 중의 자세를 제어한다. 또 요 레이터 센서, G센서, 마스터 실린더 압력 센서 등을 사용하며, 스핀 또는 언더 스티어링, 오버 스티어링 등의 발생을 억제하는 장치이다.

11 차체 자세 제어장치(VDC, ESC)에 관한 설명으로 틀린 것은?

① 요 레이트 센서, G 센서 등이 적용되어 있다.

② ABS 제어, TCS 제어 등의 기능이 포함되어 있다.

③ 자동차의 주행 자세를 제어하여 안정성을 확보한다.

④ 뒷바퀴가 원심력에 의하여 바깥쪽으로 미끄러질 때 오버 스티어링으로 제어를 한다.

> **해설** 차체 자세 제어장치
> ① ABS와 TCS 제어뿐만 아니라 EBD 제어, 요 모멘트 제어와 자동감속 제어를 포함한 자동차 주행 중의 자세를 제어한다.
> ② 차체 자세 제어장치는 요 모멘트를 제어하여 언더 및 오버 스티어링을 제어함으로서 자동차의 한계

스핀(spin)을 억제하여 안정된 주행성능을 확보할 수 있다.

12 차량의 안정성 향상을 위하여 적용된 전자제어 주행 안정장치(VDC, ESP)의 구성 요소가 아닌 것은?

① 횡 가속도 센서

② 충돌 센서

③ 요-레이터 센서

④ 조향 각 센서

> **해설** 전자제어 주행 안정장치(VDC, ESP)의 구성 요소는 조향 각 센서, 횡 가속도 센서(G 센서), 요-레이트 센서, 마스터 실린더 압력 센서, 가속 페달 위치 센서, 휠 스피드 센서 등이다.

13 차체 자세제어장치(VDC, ESP)에서 선회주행 시 자동차의 비틀림을 검출하는 센서는?

① 차속 센서

② 휠 스피드 센서

③ 요 레이트 센서

④ 조향 핸들 각속도 센서

> **해설** 요 레이트 센서
> ① 자동차의 비틀림을 검출하는 것으로 자동차가 선회하거나 그 밖의 비틀림이 있을 경우 반응하여 신호를 보낸다.
> ② 언더 스티어링의 경우에는 자동차의 비틀림이 적은 상태이므로 요 레이트 센서의 출력 값의 변화가 적다.
> ③ 오버 스티어링인 경우는 자동차가 많이 비틀린 경우이므로 요 레이트 센서의 출력 값이 높게 출력된다.
> ④ 이 신호를 기준으로 차체자세 제어장치 컨트롤 유닛은 요 모멘트 제어를 실행한다.

정답 **10.**④ **11.**④ **12.**② **13.**③

14 차체 자세제어 장치(VDC : Vehicle dynamic control) 시스템에서 고장 발생 시 제어에 대한 설명으로 틀린 것은?

① 원칙적으로 ABS의 고장 시에는 VDC 시스템 제어를 금지한다.

② VDC 시스템 고장 시에는 해당 시스템만 제어를 금지한다.

③ VDC 시스템 고장으로 솔레노이드 밸브 릴레이를 OFF시켜야 되는 경우에는 ABS의 페일 세이프에 준한다.

④ VDC 고장 시 자동변속기는 현재 변속단 보다 다운 변속된다.

해설 **고장 발생 시 제어**

① VDC가 고장이 나면 해당 시스템만 제어를 금지한다.

② 솔레노이드 밸브 릴레이를 OFF시켜야 되는 경우에는 ABS의 페일 세이프에 준한다.

③ ABS가 고장이 나면 VDC 제어를 금지한다.

15 차체 자세제어 장치(VDC : Vehicle dynamic control) 장착 차량의 스티어링 각 센서에 대한 두 정비사의 의견 중 옳은 것은?

> – 정비사 KIM : VDC에 사용되는 스티어링 각 센서는 스티어링 각의 상대 값을 읽어 들이기 때문에 관련부품 교환 시 영점조정이 불필요하다.
> – 정비사 LEE : 스티어링 각의 영점조정은 주로 LIN 통신라인을 통해 이루어진다.

① 정비사 KIM만 옳다.

② 정비사 LEE만 옳다.

③ 두 정비사 모두 틀리다.

④ 두 정비사 모두 옳다.

해설 스티어링 각 센서는 비접촉 방식으로 AMR (Anisotropy Magneto Resistive)을 사용하며, 조향핸들의 조작각도 및 작동속도를 측정한다. CAN 인터페이스(interface)를 통해 0점 조정이 가능하며, 지속

적인 자기진단을 실시한다.

16 다음 보기에서 맞는 내용은 모두 몇 개인가?

> ● ABS는 마찰계수의 회복을 위해 자동차 바퀴의 회전속도를 검출하여 바퀴가 록 되지 않도록 유압을 제어하는 것이다.
> ● EBD는 기계적 밸브인 P밸브를 전자적인 제어로 바꾼 것이다.
> ● TCS는 구동륜에서 발생하는 슬립을 억제하여 출발 시나 선회 시 원활한 주행을 유도하는 것이다.
> ● VDC는 주행 중 차량이 긴박한 상황에서 자세를 능동적으로 변화시키는 장치이다.

① 1개   ② 2개

③ 3개   ④ 4개

17 대부분의 자동차에서 2회로 유압 브레이크를 사용하는 주된 이유는?

① 안전상의 이유 때문에

② 더블 브레이크 효과를 얻을 수 있기 때문에

③ 리턴 회로를 통해 브레이크가 빠르게 풀리게 할 수 있기 때문에

④ 드럼 브레이크와 디스크 브레이크를 함께 사용할 수 있기 때문에

해설 탠덤 마스터 실린더는 유압 브레이크에서 안정성을 높이기 위해 앞·뒤 바퀴에 대하여 각각 독립적으로 작동하는 2계통의 회로를 두는 형식이다. 실린더 위쪽에 앞·뒤 바퀴 제동용 오일 저장 탱크는 내부가 분리되어 있으며, 실린더 내에는 피스톤이 2개가 배치되어 있다.

정답   **14.**④   **15.**③   **16.**④   **17.**①

18 자동차의 제동 안전장치가 아닌 것은?

① 드래그 링크 장치
② ABS(anti-lock brake system)
③ 2계통 브레이크 장치
④ 로드 센싱 프로포셔닝 밸브 장치

해설 드래그 링크는 일체 차축 방식 조향 기구에서 피트먼 암과 너클 암(제3암)을 연결하는 로드이며, 드래그 링크는 피트먼 암을 중심으로 한 원호 운동을 한다.

브레이크 일반

01 제동장치가 갖추어야 할 조건으로 틀린 것은?

① 최고속도와 차량의 중량에 대하여 항상 충분한 제동력을 발휘할 것
② 신뢰성과 내구성이 우수할 것
③ 조작이 간단하고, 운전자에게 피로감을 주지 않을 것
④ 고속주행 상태에서 급제동시 모든 바퀴의 제동력이 동일하게 작용할 것

해설 제동장치가 갖추어야 할 조건
① 최고 속도와 차량 중량에 대하여 항상 충분한 제동 작용을 할 것.
② 작동이 확실하고 효과가 클 것.
③ 신뢰성이 높고 내구성이 우수할 것.
④ 점검이나 조정하기가 쉬울 것.
⑤ 조작이 간단하고 운전자에게 피로감을 주지 않을 것.
⑥ 브레이크를 작동시키지 않을 때에는 각 바퀴의 회전에 방해되지 않을 것.

02 브레이크 내의 잔압을 두는 이유가 아닌 것은?

① 제동의 늦음을 방지하기 위해
② 베이퍼 록(vapor lock)현상을 방지하기 위해
③ 휠 실린더의 오일 누설을 방지하기 위해
④ 브레이크 오일의 오염을 방지하기 위해

해설 잔압을 두는 이유
① 브레이크 작동지연을 방지한다.
② 베이퍼 록을 방지한다.
③ 휠 실린더에서의 오일누출을 방지한다.
④ 유압회로 내 공기유입을 방지한다.

03 금속 분말을 소결시킨 브레이크 라이닝으로 열전도성이 크며 몇 개의 조각으로 나누어 슈에 설치된 것은?

① 위븐 라이닝
② 메탈릭 라이닝
③ 몰드 라이닝
④ 세미 메탈릭 라이닝

해설 메탈릭 라이닝은 금속 분말을 소결시킨 브레이크 라이닝으로 열전도성이 크며 몇 개의 조각으로 나누어 슈에 설치한다.

04 브레이크 액의 구비조건이 아닌 것은?

① 압축성일 것
② 비등점이 높을 것
③ 온도에 의한 점도변화가 적을 것
④ 고온에서 안정성이 높을 것

해설 브레이크 액의 구비조건
① 비등점이 높아 베이퍼 록을 일으키지 않을 것
② 비압축성이고, 윤활성능이 있을 것
③ 금속고무제품에 대해 부식연화 및 팽창 등을 일으키지 않을 것
④ 화학적으로 안정되고 침전물이 생기지 않을 것
⑤ 온도에 의한 점도변화가 적을 것
⑥ 빙점이 낮고 인화점은 높을 것

정답 18.① / 01.④ 02.④ 03.② 04.①

05 브레이크 라이닝의 표면이 과열되어 마찰계수가 저하되고 브레이크 효과가 나빠지는 현상은?

① 브레이크 페이드 현상
② 언더 스티어링 현상
③ 하이드로 플레이닝 현상
④ 캐비테이션 현상

해설 페이드(fade) 현상이란 브레이크 페달의 조작을 반복하면 드럼과 슈에 마찰열이 축적되어 제동력이 감소하는 현상이다. 원인은 드럼과 슈의 열팽창과 라이닝 마찰계수 저하에 있다.

06 브레이크 장치의 라이닝에 발생하는 페이드 현상을 방지하는 조건이 아닌 것은?

① 열팽창이 적은 재질을 사용하고, 드럼은 변형이 적은 형상으로 제작한다.
② 마찰계수의 변화가 적으며, 마찰계수가 적은 라이닝을 사용한다.
③ 드럼의 방열성을 향상시킨다.
④ 주 제동장치의 과도한 사용을 금한다(엔진 브레이크 사용).

해설 페이드 현상 방지 조건
① 열팽창이 적은 재질을 사용하고 드럼은 변형이 적은 형상으로 제작한다.
② 온도 상승에 따른 마찰계수의 변화가 적은 라이닝을 사용한다.
③ 드럼의 방열 성능을 향상시킨다.
④ 주 제동장치의 과도한 사용을 금한다.
⑤ 엔진 브레이크를 사용한다.

07 그림에서 브레이크 페달의 유격조정 부위로 가장 적합한 곳은?

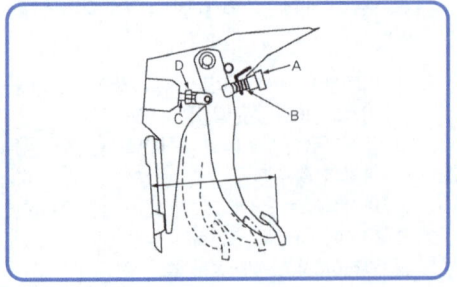

① A와 B　　　② C와 D
③ B와 D　　　④ B와 C

해설 브레이크 페달의 유격은 C와 D에서 조정한다.

08 브레이크 회로 내의 오일이 비등·기화하여 제동압력의 전달 작용을 방해하는 현상은?

① 페이드 현상
② 사이클링 현상
③ 베이퍼록 현상
④ 브레이크 록 현상

해설 베이퍼 록이란 브레이크 오일이 비등하여 제동압력의 전달 작용이 불가능하게 되는 현상이다.

09 브레이크 액이 비등하여 제동압력의 전달 작용이 불가능하게 되는 현상은?

① 페이드 현상
② 사이클링 현상
③ 베이퍼 록 현상
④ 브레이크 록 현상

10 브레이크 장치에서 베이퍼 록(vapor lock)이 생길 때 일어나는 현상으로 가장 옳은 것은?

① 브레이크 성능에는 지장이 없다.
② 브레이크 페달의 유격이 커진다.
③ 브레이크 액을 응고시킨다.
④ 브레이크 액이 누설된다.

해설 브레이크 장치에서 베이퍼 록이 생기면 공기기포가 압축되어 스펀지를 밟는 것과 같은 현상이 발생되어 유압의 전달 작용이 원활하지 못하고 브레이크 페달의 유격이 커지며, 제동력이 저하한다.

정답 05.①　06.②　07.②　08.③　09.③　10.②

11 브레이크 파이프에 베이퍼 록이 생기는 원인으로 가장 적합한 것은?

① 페달의 유격이 크다.
② 라이닝과 드럼의 틈새가 크다.
③ 과도한 브레이크의 사용으로 인해 드럼이 과열되었다.
④ 비점이 높은 브레이크 오일을 사용했다.

해설 베이퍼 록의 발생원인
① 긴 내리막길에서 과도한 풋 브레이크 사용
② 브레이크 드럼과 라이닝의 끌림에 의한 가열
③ 마스터 실린더 브레이크슈 리턴 스프링 쇠손에 의한 잔압 저하
④ 브레이크 오일 변질에 의한 비등점 저하 및 불량한 브레이크 오일 사용

12 제동장치에서 발생되는 베이퍼 록 현상을 방지하기 위한 방법이 아닌 것은?

① 벤틸레이티드 디스크를 적용한다.
② 브레이크 회로 내에 잔압을 유지한다.
③ 라이닝의 마찰 표면에 윤활제를 도포한다.
④ 비등점이 높은 브레이크 오일을 사용한다.

해설 베이퍼 록(vapor lock) 방지법
① 벤틸레이티드 디스크 브레이크를 적용한다.
② 긴 내리막길을 주행할 때 엔진 브레이크를 사용한다.
③ 브레이크 드럼과 라이닝의 간극을 규정 값으로 조정한다.
④ 브레이크 회로 내에 잔압을 유지한다.
⑤ 비등점이 높은 브레이크 오일을 사용한다.
⑥ 불량한 브레이크 오일을 사용하지 않는다.

13 배력식 브레이크 장치의 설명으로 옳은 것은?

① 흡기다기관의 진공과 대기압의 차는 대량 0.1kg/cm²이다.

② 진공식은 배기다기관의 진공과 대기압의 압력차를 이용한다.
③ 공기식은 공기 압축기의 압력과 대기압의 압력차를 이용한 것이다.
④ 하이드로 백은 배력장치가 브레이크 페달과 마스터 실린더 사이에 설치되어진 형식이다.

해설 진공식은 흡기다기관의 진공과 대기압의 압력차를 이용하며, 공기식은 공기 압축기의 압력과 대기압의 압력차를 이용한 것이다. 또 마스터 백(직접 조작식)은 배력장치가 브레이크 페달과 마스터 실린더 사이에 설치되어진 형식이다.

14 하이드로백은 무엇을 이용하여 브레이크 배력 작용을 하는가?

① 대기압과 흡기다기관 압력의 차
② 대기압과 압축 공기의 차
③ 배기가스 압력 이용
④ 공기압축기 이용

해설 하이드로백은 대기압과 흡기다기관 압력 차이를 이용하여 배력 작용을 한다.

15 제동장치에서 하이드로 백의 릴레이 밸브 피스톤은 무엇에 의해 작동되는가?

① 공기압력
② 흡기다기관 부압
③ 마스터 실린더 유압
④ 동력 피스톤

해설 릴레이 밸브 피스톤은 마스터 실린더로부터의 유압에 의해 동력 실린더에 진공을 도입하거나 차단하는 작용을 한다.

정답 11.③ 12.③ 13.③ 14.① 15.③

16 제동력을 더욱 크게 하여 주는 배력장치 작동의 기본원리로 적합한 것은?

① 동력 피스톤 좌우의 압력차가 커지면 제동력은 감소한다.
② 동일한 압력 조건일 때 동력 피스톤의 단면적이 커지면 제동력은 커진다.
③ 일정한 단면적을 가진 진공식 배력장치에서 엔진 내부의 압축압력이 높아질수록 제동력은 커진다.
④ 일정한 동력 피스톤 단면적을 가진 공기식 배력장치에서 압축공기의 압력이 변하여도 제동력은 변하지 않는다.

> **해설** 배력장치의 기본 작동원리
> ① 동력 피스톤 좌우의 압력차이가 커지면 제동력이 커진다.
> ② 동일한 압력조건일 때 동력 피스톤의 단면적이 커지면 제동력이 커진다.
> ③ 일정한 단면적을 가진 진공식 배력장치에서 흡기 다기관의 압력이 높아질수록 제동력은 작아진다.
> ④ 일정한 동력피스톤 단면적을 가진 공기식 배력장치에서 압축공기의 압력이 변하면 제동력이 변화된다.

17 진공 배력장치인 마스터 백에서 브레이크를 작동시켰을 때에 대한 설명으로 틀린 것은? (단, 완전 제동위치인 경우)

① 진공 밸브는 닫히고, 공기 밸브는 열린다.
② 파워 피스톤의 한쪽은 흡기다기관의 부압이 작용하고 반대쪽은 대기압이 작용한다.
③ 압력차에 의해서 마스터 실린더의 푸시로드를 밀어서 제동력을 증가시킨다.
④ 압력차가 막판 스프링의 힘보다 크면 피스톤이 페달 쪽으로 움직인다.

> **해설** 압력차가 막판 스프링의 힘보다 크면 피스톤이 마스터 실린더 쪽으로 움직인다.

18 브레이크 페달이 점점 딱딱해져서 제동성능이 저하되었다면 그 원인은?

① 브레이크액 부족
② 마스터 실린더 누유
③ 슈 리턴 스프링 장력변화
④ 하이드로 백 내부 진공누설

> **해설** 하이드로 백 내부에서 진공이 누설되면 브레이크 페달이 점점 딱딱해져서 제동성능이 저하된다.

19 가솔린 승용차에서 내리막길 주행 중 시동이 꺼질 때 제동력이 저하되는 이유는?

① 진공 배력장치 작동불량
② 베이퍼록 현상
③ 엔진 출력 상승
④ 하이드로 플레이닝 현상

> **해설** 내리막길 주행 중 시동이 꺼질 때 제동력이 저하하는 원인은 진공 배력장치의 작동이 불량한 경우이다.

20 브레이크를 밟았을 때 브레이크 페달이나 차체가 떨리는 원인으로 거리가 먼 것은?

① 브레이크 디스크 또는 드럼의 변형
② 브레이크 패드 및 라이닝 재질 불량
③ 앞·뒤 바퀴 허브 유격과다
④ 프로포셔닝 밸브의 작동 불량

> **해설** 브레이크를 밟았을 때 브레이크 페달이나 차체가 떨리는 원인은 브레이크 디스크 또는 드럼의 변형, 브레이크 패드 및 라이닝 재질 불량, 앞뒤 바퀴 허브 유격과다 등이다.

정답 16.② 17.④ 18.④ 19.① 20.④

21 브레이크 페달을 밟았을 때 소음이 나거나 떨리는 현상의 원인 중 거리가 가장 먼 것은?

① 디스크의 불균일한 마모 및 균열
② 패드나 라이닝의 경화
③ 백킹 플레이트나 캘리퍼의 설치 볼트 이완
④ 프로포셔닝 밸브의 작동 불량

해설 브레이크 페달을 밟았을 때 소음이 나거나 떨리는 현상의 원인은 디스크의 불균일한 마모 및 균열, 패드나 라이닝의 경화, 백킹 플레이트나 캘리퍼의 설치 볼트 이완 등이다.

22 드럼 브레이크와 비교한 디스크 브레이크의 특성이 아닌 것은?

① 디스크에 물이 묻어도 제동력의 회복이 빠르다.
② 부품의 평형이 좋고 편제동 되는 경우가 거의 없다.
③ 고속에서 반복적으로 사용하여도 제동력의 변화가 적다.
④ 디스크가 대기 중에 노출되어 방열성은 좋으나 제동 안정성이 떨어진다.

해설 디스크 브레이크의 특징
① 드럼 브레이크 형식보다 평형이 좋다.
② 고속으로 사용하여도 안정된 제동력을 얻을 수 있다.
③ 물에 젖어도 회복이 빠르다.
④ 구조가 간단하여 정비가 용이하다.
⑤ 자기 배력작용이 없어 제동력이 안정되고 한쪽만 브레이크 되는 경우가 적다.
⑥ 디스크가 대기 중에 노출되어 방열성이 우수하다.
⑦ 패드를 강도가 큰 재료로 제작해야 한다.
⑧ 마찰면적이 적어 압착력이 커야 한다.
⑨ 자기작동 작용이 없어 제동력이 커야 한다.
⑩ 패드의 면적이 적어 패드를 압착하는 힘이 커야 한다.

23 브레이크 작동 시 조향 휠이 한쪽으로 쏠리는 원인이 아닌 것은?

① 브레이크 간극조정 불량
② 휠 허브 베어링의 헐거움
③ 마스터 실린더 첵 밸브 작동이 불량
④ 한쪽 브레이크 디스크의 변형

해설 마스터 실린더의 첵 밸브 작동이 불량하면 잔압이 낮아져 제동이 늦어진다.

제동 성능

01 자동차 제동 시 정지거리로 옳은 것은?

① 반응시간 +제동시간
② 반응시간 +공주거리
③ 공주거리 +제동거리
④ 미끄럼 양 +제동시간

해설 정지거리 = 공주거리 +제동거리

02 공주거리에 대한 설명으로 맞는 것은?

① 정지거리에서 제동거리를 뺀 거리
② 제동거리에서 정지거리를 더한 거리
③ 정지거리에서 제동거리를 나눈 거리
④ 제동거리에서 정지거리를 곱한 거리

해설 공주거리란 정지거리에서 제동거리를 뺀 거리이다.

03 브레이크 슈의 길이와 폭이 85mm×35mm, 브레이크 슈를 미는 힘이 50kgf일 때 브레이크 압력은 약 몇 kgf/cm²인가?

① 1.68
② 4.57
③ 16.8
④ 45.7

정답　21.④　22.④　23.③　/　01.③　02.①　03.①

해설 $Bp = \dfrac{Pa}{\ell \times b}$

Bp : 브레이크 압력(kgf/cm²),
Pa : 브레이크슈를 미는 힘(kgf),
ℓ : 브레이크슈의 길이(mm),
b : 브레이크슈의 폭(mm)

$Bp = \dfrac{50kgf}{8.5cm \times 3.5cm} = 1.68kgf/cm^2$

04 브레이크 페달에 수평방향으로 150kgf의 힘을 가했을 때 피스톤 면적이 10cm²라면 마스터 실린더에 형성되는 유압(kgf/cm²)은?

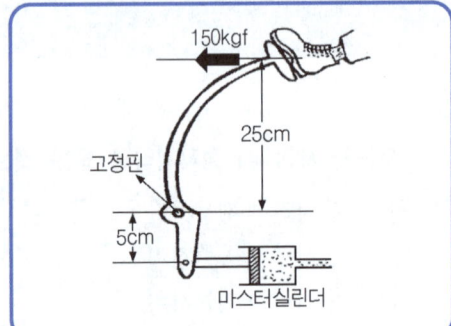

① 65 ② 75
③ 85 ④ 90

해설 ① 지렛대 비율 = 25 : 5 = 5 : 1
② 푸시로드에 작용하는 힘(W) = 페달 밟는 힘 × 지렛대 비율 = 5 × 150kgf = 750kgf
③ 마스터 실린더에 형성되는 유압(P) = $\dfrac{W}{A}$

$P = \dfrac{750kgf}{10cm^2} = 75kgf/cm^2$

05 브레이크 페달의 지렛대 비가 그림과 같을 때 페달을 100kgf 의 힘으로 밟았다. 이때 푸시로드에 작용하는 힘은?

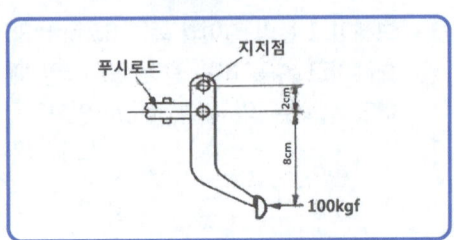

① 200kgf ② 400kgf
③ 500kgf ④ 600kgf

해설 ① 지렛대 비율=(8+2) : 2 = 5 : 1
② 푸시로드에 작용하는 힘 : 페달 밟는 힘×지렛대 비율=5×100kgf=500kgf

06 브레이크 마스터 실린더의 지름이 5cm, 푸시로드가 미는 힘이 1000N 일 때 브레이크 파이프 내의 압력(kPa)은?

① 약 5.093kPa
② 약 50.93kPa
③ 약 509.3kPa
④ 약 5093kPa

해설 $P = \dfrac{W}{A}$

P : 유압(kPa), W : 푸시로드가 미는 힘(N),
A : 마스터 실린더 단면적(m²)
※ 1Pa = 1N/m²

$P = \dfrac{W}{\dfrac{\pi \times D^2}{4}} = \dfrac{W \times 4}{\pi \times 0.05^2} = \dfrac{1000N \times 4}{\pi \times 0.05^2}$

$= 509295.81Pa = 509.3kPa$

07 직경이 2cm²인 마스터 실린더 내의 피스톤 로드가 40kgf의 힘으로 피스톤을 밀어낸다면 직경 4cm²인 휠 실린더의 피스톤은 몇 kgf로 브레이크슈를 작동시키는가?

① 40kgf ② 60kgf
③ 80kgf ④ 100kgf

해설 $Bp = \dfrac{Wa}{Ma} \times \wp$

Bp : 브레이크슈를 작용시키는 힘(kgf),
Wa : 휠 실린더 피스톤 단면적(cm²),
Ma : 마스터 실린더 단면적(cm²),
$\wp$: 휠 실린더 피스톤에 가하는 힘(kgf)

$Bp = \dfrac{4cm^2}{2cm^2} \times 40kgf = 80kgf$

정답 04.② 05.③ 06.③ 07.③

08 브레이크 푸시로드의 작용이 62.8kgf이고 마스터 실린더 내경이 2cm 일 때 브레이크 디스크에 가해지는 힘은?(단, 휠 실린더의 면적은 3cm²이다.)

① 약 40kgf ② 약 60kgf

③ 약 80kgf ④ 약 100kgf

해설 $Bp = \dfrac{Wa}{Ma} \times \wp$

Bp : 브레이크 디스크를 작용시키는 힘(kgf),

Wa : 휠 실린더 피스톤 단면적(cm²),

Ma : 마스터 실린더 단면적(cm²),

$\wp$: 브레이크 푸시로드에 가하는 힘(kgf)

$Bp = \dfrac{3cm^2}{\dfrac{\pi}{4} \times 2^2} \times 62.8kgf = 59.96kgf$

09 마스터 실린더의 단면적이 10cm²인 자동차의 브레이크에 20N의 힘으로 브레이크 페달을 밟았다. 휠 실린더의 단면적이 20cm²라고 하면 이때의 휠 실린더에 작용되는 힘은?

① 20N ② 30N

③ 40N ④ 50N

해설 $\wp = \dfrac{Wa}{Ma} \times Bp$

$\wp$: 휠 실린더 피스톤에 가하는 힘(N),

Wa : 휠 실린더 피스톤 단면적(cm²),

Ma : 마스터 실린더 단면적(cm²),

Bp : 브레이크 페달 밟는 힘(N)

$\wp = \dfrac{20cm^2}{10cm^2} \times 20N = 40N$

10 내경이 40mm인 마스터 실린더에 20N의 힘이 작용했을 때 내경이 60mm인 휠 실린더에 가해지는 제동력은 약 몇 N인가?

① 30 ② 45

③ 60 ④ 75

해설 $Bp = \dfrac{Wa}{Ma} \times \wp$

Bp : 휠 실린더에 가해지는 제동력(kgf),

Wa : 휠 실린더 피스톤 단면적(cm²),

Ma : 마스터 실린더 단면적(cm²),

$\wp$: 마스터 실린더에 작용하는 힘(kgf)

$Bp = \dfrac{\dfrac{\pi \times 6^2}{4}}{\dfrac{\pi \times 4^2}{4}} \times 20N = 45N$

11 대기압이 1035hPa일 때 진공 배력장치에서 진공 부스터의 유효 압력차는 2.85N/cm², 다이어프램의 유효면적이 600cm²이면 진공 배력은?

① 4500N ② 1710N

③ 9000N ④ 2250N

해설 $Vp = Pd \times A$

Vp : 진공 배력(N),

Pd : 진공 부스터의 유효압력 차이(N/cm²),

A : 다이어프램의 유효면적(cm²)

$Vp = 2.85N/cm^2 \times 600cm^2 = 1710N$

12 제동력이 350kgf이다. 이 차량의 차량중량이 1000kgf이라면 제동저항 계수는? (단, 노면 마찰계수 등 기타 조건은 무시한다.)

① 0.25 ② 0.35

③ 2.5 ④ 4.0

해설 제동저항계수 $= \dfrac{제동력}{차량중량}$

제동저항계수 $= \dfrac{350}{1000} = 0.35$

13 총질량 22000kg인 화물자동차가 6.72m/s²의 감속도로 제동되고 있다. 이때 제동력의 크기는?

① 약 3273.8kN ② 약 3273.8kgf

③ 약 147.8kN ④ 약 147.8kgf

해설 $a = \dfrac{F}{m}$, $F = a \times m$

정답 08.② 09.③ 10.② 11.② 12.② 13.③

a : 제동감속도(m/s²), F : 제동력(kN),
m : 자동차의 질량(kg)

$$F = \frac{22000 \times 6.72}{1000} = 147.8 kN$$

$$S = \frac{(\frac{105 \times 1000}{60 \times 60})^2}{2 \times 0.4 \times 9.8} = \frac{29.2^2}{2 \times 0.4 \times 9.8} = 108.45 m$$

14 주행 중 급제동에 의해 모든 바퀴가 고정된 경우 제동거리를 산출하는 식으로 옳은 것은?(단, L : 제동거리, V : 차속, μ : 타이어와 노면사이의 마찰계수, g : 중력가속도)

① $L = \frac{V^2}{2\mu g}$ ② $L = \frac{V}{2\mu g}$

③ $L = \frac{g}{2\mu V}$ ④ $L = \frac{\mu}{2V g}$

15 주행속도 80km/h의 자동차에 브레이크를 작용시켰을 때 제동거리는 약 얼마인가?(단, 단, 차륜과 도로면의 마찰계수는 0.2 이다.)

① 80m ② 126m
③ 156m ④ 160m

해설 $S = \frac{v^2}{2 \times \mu \times g}$

S : 제동거리(m), v : 제동초속도(m/s),
μ : 마찰계수, g : 중력 가속도$(9.8 m/s^2)$

$$S = \frac{(\frac{80 \times 1000}{60 \times 60})^2}{2 \times 0.2 \times 9.8} = \frac{22.2^2}{2 \times 0.2 \times 9.8} = 125.7 m$$

16 제동 초속도가 105km/h, 차륜과 노면의 마찰계수가 0.4인 차량의 제동거리는 약 몇 m 인가?

① 91.5 ② 100.5
③ 108.5 ④ 120.5

해설 $S = \frac{v^2}{2 \times \mu \times g}$

S : 제동거리(m), v : 제동초속도(m/s),
μ : 마찰계수, g : 중력 가속도$(9.8 m/s^2)$

17 사고 후에 측정한 제동궤적(skid mark)은 48m이었고, 사고 당시의 제동 감속도는 6m/s²이다. 사고 상황에서 제동 시 주행속도는?

① 144km/h ② 43.2km/h
③ 86.4km/h ④ 57.6km/h

해설 $S = \frac{V^2}{2 \times 3.6^2 \times \alpha}$

S : 제동거리(m), V : 제동할 때의 주행속도(km/h),
α : 감속도(m/s^2)

$$48 = \frac{V^2}{2 \times 3.6^2 \times 6}$$

$$V = \sqrt{48 \times 2 \times 3.6^2 \times 6} = 86.4 km/h$$

18 지름 30cm인 브레이크 드럼에 작용하는 힘이 600N이다. 마찰계수가 0.3이라 하면 이 드럼에 작용하는 토크는?

① 17N·m ② 27N·m
③ 32N·m ④ 36N·m

해설 $T_B = \mu \times P \times r$

T_B : 브레이크 드럼에 발생하는 제동 토크(N·m)
μ : 브레이크 드럼과 라이닝의 마찰계수
r : 브레이크 드럼의 반지름(m)
P : 브레이크 드럼에 가해지는 힘(N)

$$T_B = \frac{0.3 \times 600N \times 30cm}{2 \times 100} = 27N·m$$

19 브레이크 드럼의 지름은 25cm, 마찰계수가 0.28인 상태에서 브레이크슈가 76kgf의 힘으로 브레이크 드럼을 밀착하면 브레이크 토크는 약 얼마인가?

① 1.24kgf·m ② 2.17kgf·m
③ 2.66kgf·m ④ 8.22kgf·m

해설 $T_B = \mu \times P \times r$

T_B : 브레이크 드럼에 발생하는 제동 토크(N·m)

μ : 브레이크 드럼과 라이닝의 마찰계수

r : 브레이크 드럼의 반지름(m)

P : 브레이크 드럼에 가해지는 힘(N)

$$T_B = \frac{0.28 \times 76\text{kgf} \times 25\text{cm}}{2 \times 100} = 2,66\text{kgf·m}$$

20 중량이 2400kgf인 화물자동차가 80km/h로 정속주행 중 제동을 하였더니 50m에서 정지하였다. 이때 제동력은 차량중량의 몇 %인가?(단, 회전부분 상당중량 7%)

① 46   ② 54

③ 62   ④ 71

해설 ① $S_1 = \dfrac{V^2}{254} \times \dfrac{W + W'}{F}$

S_1 : 정지거리(m), V : 제동초속도(km/h),

W : 차량중량(kgf), W' : 회전부분 상당중량(kgf),

F : 제동력(kgf)

$$F = \frac{V^2 \times (W + W')}{254 \times S}$$

$$F = \frac{80^2 \times (2400 + 2400 \times 0.07)}{254 \times 50} = 1294\text{kgf}$$

② 제동율 $= \dfrac{\text{제동력}}{\text{차량중량}} \times 100 = \dfrac{1294}{2400} \times 100 = 54\%$

21 소형 승용차가 제동 초속도 80km/h에서 제동을 하고자 할 때 공주시간이 0.1초일 경우 이동한 공주거리는 얼마인가?

① 약 1.22m   ② 약 2.22m

③ 약 3.22m   ④ 약 4.22m

해설 $S_3 = \dfrac{V \times t \times 1000}{60 \times 60}$

V : 제동초속도(km/h), t : 공주시간(sec)

$$S_3 = \frac{80 \times 0.1 \times 1000}{60 \times 60} = 2.22\text{m}$$

22 총중량 1톤인 자동차가 72km/h로 주행 중 급제동을 하였을 때 운동에너지가 모두 브레이크 드럼에 흡수되어 열이 되었다. 흡수된 열량(kcal)은 얼마인가?(단, 노면의 마찰계수는 1이다.)

① 47.79   ② 52.30

③ 54.68   ④ 60.25

해설 ① $E = \dfrac{G \times V^2}{2 \times g}$

E : 운동 에너지(kgf·m), G : 차량총중량(kgf),

V : 주행속도(m/s), g : 중력 가속도(9.8gf/s²)

$$E = \frac{1000 \times 20^2}{2 \times 9.8} = 20408\text{kgf·m}$$

② 1kgf·m=1/427kcal이므로

$$\text{흡수된 열량} = \frac{20408}{427} = 47.79\text{kcal}$$

23 자동차 제동성능에 영향을 주는 요소가 아닌 것은?

① 여유 동력

② 제동 초속도

③ 차량 총중량

④ 타이어의 미끄럼비

24 승용차를 제외한 기타 자동차의 주차 제동능력 측정 시 조작력 기준으로 적합한 것은?

① 발 조작식 : 60kgf 이하, 손 조작식 : 40kgf 이하

② 발 조작식 : 70kgf 이하, 손 조작식 : 50kgf 이하

③ 발 조작식 : 50kgf 이하, 손 조작식 : 30kgf 이하

④ 발 조작식 : 90kgf 이하, 손 조작식 : 30kgf 이하

해설 주차 제동장치의 조작력 기준

구분		기준
측정시 조작력	승용 자동차	발 조작식의 경우 : 60kgf이하
		손 조작식의 경우 : 40kgf이하
	기타 자동차	발 조작식의 경우 : 70kgf이하
		손 조작식의 경우 : 50kgf이하

정답   **20.**②   **21.**②   **22.**①   **23.**①   **24.**②

25 브레이크 테스트(brake tester)에서 주 제동장치의 제동능력 및 조작력 기준을 설명한 내용으로 틀린 것은?

① 측정 자동차의 상태는 공차상태에서 운전자 1인을 승차한 상태이어야 한다.

② 제동능력은 최고속도가 매시 80km/h 미만이고 차량 총중량이 차량중량의 1.5배 이하인 자동차는 각 축의 제동력 합은 차량 총중량의 40% 이상이어야 한다.

③ 좌우 바퀴의 제동력 차이는 당해 축중의 6% 이하이어야 한다.

④ 제동력 복원은 브레이크 페달을 놓을 때에 제동력이 3초 이내에 축중의 20% 이하로 감소되어야 한다.

> **해설** 좌우 바퀴의 제동력 차이는 당해 축중의 8% 이하이어야 한다.

에 의하여 시행하여야 한다. 다만, 자동차의 상태 등을 고려하여 관능(觀能)·서류 등으로 식별하는 것이 적합하다고 판단되는 다음의 경우에는 검사기기 또는 계측기에 의한 검사를 생략할 수 있다.

㉮ 자동차의 제원측정 시 구조 및 제원이 자동차 등록증, 자기인증(제원표) 또는 튜닝승인 내용과 변동이 없는 경우

㉯ 타이어 요철형 무늬의 깊이, 배기관의 열림방향, 경적음, 배기소음 및 타이어공기압이 안전기준에 적합하다고 인정되는 경우

㉰ 자동차의 전조등이 4등식일 때 좌·우 각 1개씩 주행빔의 광도, 광축을 측정한 때 나머지 전조등의 경우

㉱ 「소방기본법」, 「계량에 관한 법률」이나 그 밖의 다른 법령의 적용을 받는 부분에 대하여 관계서류를 제시할 때 그 항목을 확인하는 경우

㉲ 검사시설이 없는 지역의 출장검사인 경우

㉳ 특수한 구조로 검차장의 출입이나 검사기기로 측정이 곤란한 자동차인 경우

㉴ 전자제어장치 등의 장치가 없거나 전자장치 진단기와 통신이 되지 아니하여 각종 센서를 진단할 수 없는 경우

26 자동차 검사를 위한 기준 및 방법으로 틀린 것은?

① 자동차의 검사항목 중 제원측정은 공차상태에서 시행한다.

② 긴급자동차는 승차인원 없는 공차상태에서만 검사를 시행해야 한다.

③ 제원측정 이외의 검사항목은 공차상태에서 운전자 1인이 승차하여 측정한다.

④ 자동차 검사기준 및 방법에 따라 검사기기·관능 또는 서류 확인 등을 시행한다.

> **해설** 자동차 검사 일반기준 및 방법
> ① 자동차의 검사항목 중 제원측정은 공차(空車)상태에서 시행하며 그 외의 항목은 공차상태에서 운전자 1명이 승차하여 시행한다. 다만, 긴급자동차 등 부득이한 사유가 있는 경우에는 적차(積車)상태에서 검사를 시행할 수 있다.
> ② 자동차의 검사는 이 표에서 정하는 검사방법에 따라 검사기기·계측기·관능 또는 서류확인 등

27 자동차 검사기준 및 방법에서 제동장치의 제동력 검사기준으로 틀린 것은?

① 모든 축의 제동력 합이 공차중량의 50% 이상일 것

② 주차 제동력의 합은 차량중량의 30% 이상일 것

③ 동일 차축의 좌우 차바퀴 제동력의 차이는 해당 축중의 8% 이내일 것

④ 각 축의 제동력은 해당 축중의 50%(뒤축의 제동력은 해당 축중의 20%) 이상일 것

28 검사기기를 이용하여 운행 자동차의 주 제동력을 측정하고자 한다. 다음 중 측정방법이 잘못 된 것은?

① 바퀴의 흙이나 먼지, 물 등의 이물질을 제거한 상태로 측정한다.
② 공차상태에서 사람이 타지 않고 측정한다.
③ 적절히 예비운전이 되어 있는지 확인한다.
④ 타이어의 공기압은 표준 공기압으로 한다.

해설 운행 자동차의 주차 제동능력 측정조건
① 자동차는 공차상태의 자동차에 운전자 1인이 승차한 상태로 한다.
② 자동차는 바퀴의 흙, 먼지, 물 등의 이물질은 제거한 상태로 한다.
③ 자동차는 적절히 예비운전이 되어 있는 상태로 한다.
④ 타이어의 공기압력은 표준공기 압력으로 한다.

29 운행자동차의 제동장치의 제동능력 검사 시 좌·우 바퀴의 제동력 차이 기준은?

① 당해 축중의 8% 이상
② 당해 축중의 8% 이하
③ 당해 축중의 20% 이상
④ 당해 축중의 20% 이하

해설 운행자동차의 주 제동장치는 좌우바퀴에 작용하는 제동력의 차이가 당해 축중의 8% 이하이어야 한다.

chapter 03

자동차 전기 · 전자장치 정비

3-1 주행 안전장치 정비

① 주행 안전장치 점검·진단

1. 스마트 크루즈 컨트롤 시스템(SCC with Stop & Go system)

(1) 스마트 크루즈 컨트롤 시스템의 개요

스마트 크루즈 컨트롤 시스템(SCC w/S&G system)은 일반 크루즈 컨트롤 시스템보다 발전된 기능으로 액셀러레이터 페달을 밟지 않아도 전방 차량이 속도를 늦출 경우 자동으로 차량의 속도를 늦춰 일정하게 유지시켜 주고 전방의 차량을 감지하여 운전자가 설정한 속도와 앞 차량과의 거리를 유지시켜 주는 주행 안전장치이다.

① 전방 레이더 센서를 이용해 앞 차량과의 거리 및 속도를 측정하여 앞 차량과 적절한 거리를 자동으로 유지한다.

② 앞 차량이 정차한 경우 앞 차량 후방에 정차하며, 재출발 시 함께 출발하는 Stop & Go 기능을 제공한다.

③ 차량 통합제어 시스템(AVSM)은 선행 차량과의 추돌 위험이 예상될 경우 충돌 피해를 경감하도록 제동 및 경고를 하는 장치이다.

④ 운전자가 액셀 페달과 브레이크 페달을 밟지 않아도 레이더 센서를 통해 앞 차량과의 거리를 일정하게 유지시켜 주는 시스템이다.

(2) 크루즈 컨트롤 시스템의 변천사

1) 크루즈 컨트롤 시스템(CC; Cruise Control)

① 운전자가 설정한 속도로 자동차가 자동 주행하도록 하는 시스템이다.

② 전방 레이더 센서를 통해 차량 주변 상황 및 장애물을 감지한다.

③ 전방의 장애물이나 도로 상황에 대해 운전자가 직접 브레이크를 조작한다.

2) 스마트 크루즈 컨트롤 시스템(SCC ; Smart Cruise Control)

① 운전자가 설정한 속도로 자동차가 자동 주행하도록 하는 시스템이다.

② 전방 레이더 센서를 통해 차량 주변 상황 및 장애물을 감지한다.

③ 전방 장애물이나 도로 상황에 대해 자동으로 대처하도록 설정된 시스템이다.

3) 스마트 크루즈 컨트롤 시스템(SCC w/S&G)

① 운전자가 설정한 속도로 자동차가 자동 주행하도록 하는 시스템이다.

② 전방 레이더 센서를 통해 차량 주변 상황 및 장애물을 감지한다.

③ 전방 장애물이나 도로 상황에 대해 자동으로 대처한다.

④ 앞 차량이 정차한 경우 앞 차량을 따라 후방에 정차 후 재출발 시 함께 출발하는 Stop & Go 기능이 업그레이드된 시스템이다.

(3) 스마트 크루즈 컨트롤(SCC w/S&G) 시스템의 구성

크루즈 컨트롤 시스템은 ESC를 중심으로 주행 중 위험 상황을 판단하여 운전자에게 액셀러레이터 페달의 진동을 통해 경고하는 지능형 액셀 페달(IAP)과 위험 상황 직전에 시트 벨트를 당겨 탑승자를 보호하는 프리세이프 시트 벨트(PSB), 주차 제동장치의 메커니즘을 기계식에서 전자식으로 변경해 안정성과 편의성을 증가시킨 전자식 파킹 브레이크(EPB) 그리고 핵심 부품인 SCC w/S&G 유닛 및 각종 센서들로 구성되어 있다.

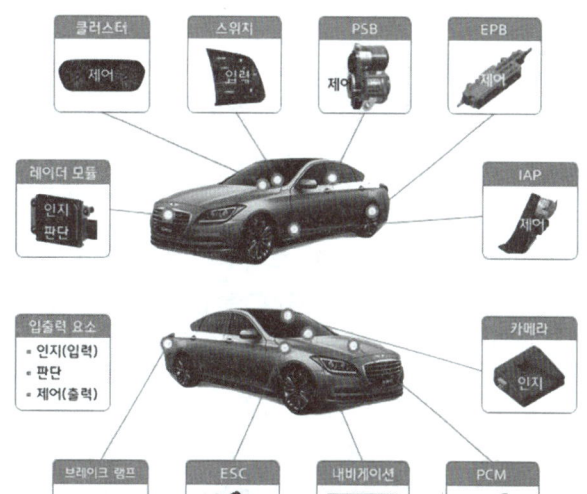

▲ SCC w/S&G 시스템의 구성

1) 레이더 모듈

① 레이더 모듈은 전면 라디에이터 그릴 중심부 또는 범퍼 하단에 장착되어 있다.

② 전면에 내장된 레이더 센서와 ECU 일체형으로 구성되어 전방 차량 및 물체를 감지하는 역할을 한다.

③ 레이더 센서는 센싱 범위를 전자적으로 감지하여 앞 차량의 정보를 수집한다.

④ 레이더 센서는 근거리 센서와 원거리 센서의 복합 구조로 이루어져 있다.

⑤ 주행 중에 수직 및 수평 정렬이 틀어지게 되면 경고를 한다.

⑥ 클러스터, SCC w/S&G 스위치, ESC, PCM 등과 CAN 통신을 한다.

⑦ ESC와 PCM 간의 CAN 통신으로 토크의 가 · 감속을 통해 차량의 주행 속도와 앞 차량과의 거리를 제어한다.

2) 레이더 센서

① 전방 차량 및 물체를 감지하는 역할을 하며, 근거리 센서와 원거리 센서의 복합 구조로 이루어져 있다.

② **근거리 센서** : 가깝고 넓게 볼 수 있는 50m, 60도까지 감지한다.

③ **원거리 센서** : 집중적으로 멀리까지 인식할 수 있는 174m, 20도까지 감지한다.

④ 레이더 센서에 배열된 안테나는 최대 174m까지 감지 범위로 77GHz의 차량용 장거리 주파수를 송신하고 전방 차량에서 반사되어 돌아오는 주파수 정보를 수신하여 정보를 수집한다.

⑤ 레이더 센서는 최대 64개의 타깃을 검출할 수 있지만 차간 거리 제어에 활용되는 목표 차량은 1대이다.

⑥ 목표 차량으로부터 수집된 정보를 바탕으로 목표 속도, 목표 차간거리, 목표 가감 속도를 계산하고 각 정보를 ESC에 전달한다.

⑦ **제어 속도**

  ㉮ **앞 차량이 있을 경우** : 0~200km/h

  ㉯ **앞 차량이 없을 경우** : 30~200km/h

3) SCC w/S&G 스위치

SCC w/S&G가 동작하기 위해서는 조향 핸들 오른쪽에 있는 스위치를 통해 작동 대기 상태에 진입한 후 속도와 차간 거리 설정을 한다. 스위치는 CRUISE(시스템 대기·기능 해제), RES+(설정 속도 증가, 직전 설정 속도 주행), SET-(설정 속도 감소, 주행 속도 설정), CANCEL(기능 일시 해제), HEADWAY(차간 거리 설정)로 구성되어 있다.

4) 클러스터

① SCC w/S&G로부터 입력되는 각종 정보를 표시하여 운전자에게 제공한다.

② 클러스터나 스위치 고장이 발생되면 SCC w/S&G는 경고등을 점등시키고 제어를 중지한다.

③ SCC w/S&G는 자기진단 및 시스템 고장 시 통합 경고등을 사용한다.

④ IG ON이나 시동 ON시 클러스터에 표시되는 경고등은 각 제어기들이 자기진단 수행 후 이상이 없을 경우 소등된다.

⑤ 통합 경고등은 SCC w/S&G 외에도 FCA(전방 충돌 방지 보조), BCW(후측방 충돌 경고), HBA(하이빔 보조), PSB(능동 안전벨트)와 함께 사용된다.

⑥ 통합 경고등을 사용하지 않을 경우 SCC w/S&G 경고등이 사용된다.

⑦ 통합 경고등은 시스템 고장으로 점등 조건이 되었을 때 경고 메시지가 LCD 화면에 일정 시간(약 10초) 팝업 된 이후 점등된다.

(4) 스마트 크루즈 컨트롤(SCC w/S&G) 시스템의 제어

① **정속 제어** : 전방에 차량이 없으면 운전자가 설정한 속도로 정속 주행을 한다.

② **감속 제어** : 전방에 설정 속도보다 속도가 느린 차량이 감지되면 감속 제어를 한다.

③ **가속 제어** : 전방에 차량이 사라지면 설정된 속도로 다시 가속되어 정속 주행을 한다.

④ **차간거리 제어** : 설정된 거리단계에 따라 전방 차량과의 거리를 유지하며, 전방 차량과 같은 속도로 주행한다.

⑤ 정체 구간 제어 : 전방 차량이 정차하면 차량의 뒤에 정차하고, 전방의 차량이 출발하면 다시 거리를 유지하며 따라간다. 단, 정차 후 3초 이후에는 가속 페달을 밟거나 RES＋ 또는 SET－ 버튼을 누르면 재출발 한다.

2. 전방 충돌 방지(FCA ; Forward Collision Avoidance assist) 시스템

(1) 전방 충돌 방지(FCA) 시스템의 개요

FCA 시스템은 충돌을 피하거나 충돌 위험을 줄여주기 위한 장치이다. 레이더 및 카메라 등 거리 감지 센서를 통하여 전방 차량 또는 보행자의 거리를 미리 인식하여 충돌 위험 단계에 따라 경고문 표시와 경고음 등으로 충돌 위험을 운전자에게 알려주고 브레이크 제동력을 향상시켜 탑승자를 안전하게 보호한다.

△ 전방 충돌 방지 시스템

① 제동시점이 늦어지거나 제동력이 충분하지 않아 발생할 수 있는 사고에 대한 충돌회피 또는 피해 경감을 목적으로 하는 시스템이다.
② 운전자의 주의 산만과 같은 요인으로 제동 시점이 늦어지면 작동한다.
③ 전방 감시 센서를 이용하여 위험 요소를 판단하고 운전자에게 경고를 한다.
④ 차량 스스로 브레이크를 작동시켜 충돌을 방지하거나 충돌속도를 낮추어 운전자를 보호한다.

(2) 전방 충돌 방지(FCA) 시스템의 개요

FCA 시스템의 주요 구성품은 레이더, 카메라, ESC, PCM, 클러스터이다.

1) 클러스터

① FCA 시스템 이상 시 클러스터 경고를 통해 운전자에게 알려준다.
② FCA 경고등은 IG ON 또는 시동 ON시 3초간 점등되었다가 자기진단 후 시스템에 이상이 없으면 소등된다.
③ ESC(차체 자세제어 장치) 경고등 또는 SCC w/S&G 경고 메시지가 표시되는 경우에는 FCA 경고가 동시에 표시될 수 있다.

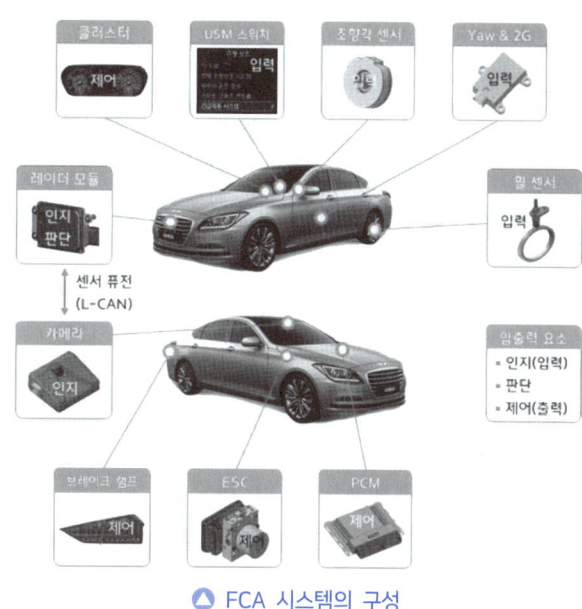

△ FCA 시스템의 구성

④ FCA 경고등 및 경고 메시지가 10초간 점등 후 통합 경고등 램프가 점등된다.
⑤ 사용자 선택에 의한 ESC OFF시 ESC 경고등과 FCA 경고등은 함께 점등된다.

⑥ FCA 작동 상태는 클러스터에 경고 메시지와 경보음을 통해 운전자에게 알린다.

⑦ FCA는 클러스터 사용자 설정에서 ON/OFF 제어가 가능하며, 경보 시점을 3단계로 변경이 가능하다.

2) 레이더 센서

① 레이더 센서는 전방의 잠재적 장애물을 식별하여 카메라 정보와 센서 퓨전을 통해 차량 또는 사람 유무를 판단한다.

② 전방의 차량 또는 사람에 의해 FCA 작동이 필요하다면 레이더는 ESC(차체 자세제어 장치)에 차량 제어 요구 신호를 보낸다.

③ ESC는 제어 정보에 따라 엔진의 토크 제어 및 제동 제어를 실시하며, 동시에 브레이크 램프를 점등시킨다.

3) FCA 기능 설정(경보 시점 3단계)

① **느리게** : 느리게를 선택하면 긴급 제동 시스템의 경보 시점을 둔감하게 설정하여 위험 상황에 대해 늦게 경고한다. 그러므로 교통 상황이 한산하고 저속으로 주행할 때만 선택한다.

② **보통** : 보통을 선택하면 긴급 제동 시스템의 경보 시점을 느리게와 빠르게의 중간으로 설정하여 위험 상황에 대해 보통으로 경고한다.

③ **빠르게** : 빠르게를 선택하면 긴급 제동 시스템의 경보 시점을 민감하게 설정하여 위험 상황에 대해 빠르게 경고한다. 빠르게 상태의 경보가 너무 민감하게 느껴지면 보통으로 변경하여 사용한다.

(3) 시스템 제어

① FCA는 잠재적인 충돌 위험이 감지되면 1단계로 시각 및 청각 경고를 수행한다.

② 충돌 위험이 2단계로 높아지면 엔진의 토크 저감 제어가 수행된다.

③ 충돌 위험이 3단계로 증가하면 자동 제동을 수행한다.

④ 제동력은 충돌 위험도에 따라 다르게 발생하나 운전자에 의한 회피 거동을 인지하면 제동 제어는 즉시 해제된다.

⑤ 자동 제동을 통하여 차량이 정지하면 제동 장치는 2초 동안 제동력을 유지한 후 제동 제어를 해제한다.

3. 차로 이탈 경고(LDW) & 차선 유지 보조(LKA) 시스템

(1) LDW · LKA 시스템의 개요

차로 이탈 경고 시스템(LDW ; Land Departure Warning system)은 전방 주행 영상을 촬영하여 차선을 인식하고 이를 이용하여 차량이 차선과 얼마만큼의 간격을 유지하고 있는지를 판단하여, 운전자가 의도하지 않은 차로 이탈 검출 시 경고하는 시스템이다. 차로 이탈 방지 보조 시스템(LKA ; Lane Keeping Assist system)은 차로 이탈 경고 기능에 조향력을 부가적으로 추가하여 차량이 좌우측 차선 내에서 주행 차로를 벗어나지 않도록 하는 기능이 포함되어 있다.

1) 차로 이탈 경고(LDW) 시스템

① **카메라** : 차량의 전면 유리 상부에 장착이 되어 차량 주행 정면을 촬영한다.

② **클러스터** : 현재 차량의 차로 이탈 또는 유지 여부를 시각화하여 보여준다.

③ 카메라 장치는 영상의 입력을 담당하는 영상 센서, 영상 신호를 입력받아 정보를 추출하고 판단하는 이미지 프로세서, 마이크로컴퓨터 장치가 포함되어 있다.

④ 유효한 정보가 입력되었을 때 그 정보를 근거로 차선의 유형, 차와 차선 간의 거리 등을 판단하여 안전이 위협받는 상황일 경우 운전자에게 메시지, 경보, 진동을 통해 알려주게 된다.

2) 차로 이탈 방지 보조 시스템(LKA)

① 운전자의 의도 없이 차로를 벗어날 경우 운전자에게 시각·청각·촉각으로 경고 하고 조향 핸들을 조종하여 주행 중인 차로를 벗어나지 않도록 보조한다.

② 차선 유지 보조 장치는 전동 조향 장치(MDPS)가 필수적이며, 60~80km/h 범위에서 작동한다.

🔺 차로 이탈 방지 보조

③ 자동차가 운전자의 의도 없이 차로를 이탈하려고 할 경우 경고를 한다.

④ 경고를 한 후 3초 이내에 운전자의 응대가 없으면 MDPS 컴퓨터의 제어 신호에 의해 스스로 모터를 구동하여 조향 핸들을 조종하여 중앙 주행을 보조한다.

⑤ 자동차 전용도로 및 일반도로에서도 스마트 크루즈 컨트롤 시스템과 연계하여 자동차의 속도, 차간거리 유지 제어 및 차로 중앙 주행을 보조하는 한다.

(2) LDW · LKA 시스템의 구성

LDW · LKA 시스템의 구성은 제어 조건 판단을 담당하는 카메라 모듈, 입력부분에 해당하는 인지 영역, 출력 부분에 해당하는 제어 영역으로 구분한다.

1) 인지 영역의 기능

① 카메라를 통해 차량의 전방 영상이 멀티 펑션 카메라 모듈(MFC)에 입력된다.

② 클러스터와 같은 차량의 통신 게이트웨이로부터 방향지시등, 와이퍼, 비상등의 작동 상태가 CAN 통신을 통해 멀티 펑션 카메라 모듈에 입력이 된다.

③ 방향지시등 및 비상등 신호가 ON 상태라면 카메라 모듈은 차로를 변경하려는 의지가 있다고 판단하여 LDW 및 LKA의 기능이 해제가 된다.

④ 카메라는 와이퍼가 작동되는 상황에서의 영상 추출 알고리즘을 반영하기 위해 와이퍼 작동 신호를 수신한다.

⑤ 카메라는 현재 차량 및 차선의 위치를 지속적으로 확인하기 위해 ECU, TCU, ESC 등의 제어기로부터 차량의 출발, 정지, 종횡 가속도, 요레이트, 조향 각 센서와 같은 정보를 지속적으로 수신한다.

2) 제어 영역의 기능

① 기본적으로 LDW·LKA의 시스템 ON 상태와 작동 ON 상태를 운전자에게 알려주기 위해 클러스터로 해당 신호를 송신한다.

② 차로의 이탈 시 해당 이탈 신호를 클러스터로 송신하면 클러스터는 경고 이미지 및 경고음을 발생시켜 운전자가 현재 상황을 인지하도록 한다.

③ 경고음과 관련 외장 앰프가 적용된 차량에서는 외장 앰프가 M–CAN(멀티미디어 CAN)을 통해 차로 이탈 경고 신호를 입력 받는다.

④ 이후 좌우측 차선 물림의 방향에 맞게 해당 방향의 스피커로 운전자에게 경고한다.

⑤ LKA 시스템의 경우 보다 적극적으로 MDPS 모듈로 필요 토크 값을 CAN 통신을 통해 전달하여 차량이 차로 내 주행을 유지할 수 있도록 한다.

(3) 멀티 펑션 카메라(MFC) 모듈

MFC 모듈은 영상의 입력뿐만 아니라 입력된 영상에서 유의미한 정보를 추출하여 실시간으로 출력 모듈로 정보를 전달하기 때문에 정보 처리의 신속성, 내구성 등이 필히 요구된다.

(4) LDW·LKA의 시스템 제어

① LDW·LKA 시스템은 작동 스위치를 ON으로 설정한다.

② 지정된 속도(60km/h) 이상에서 차선이 감지된 경우 제어를 한다.

③ 지정된 속도(약 55km/h)보다 느린 경우 시스템이 해제 된다.

④ 차로 이탈 경고 작동 중 운전자의 의지에 의해 차로 변경이 가능하다.

⑤ 차로 이탈 방지 보조 기능 작동 중 운전자의 조향 오버라이드(운전자 조향력 유지)가 가능하다.

1) 차로 이탈의 판정

① LDW·LKA 시스템에서 차로 이탈의 판단 기준은 기본적으로 좌우 차선의 안쪽 에지 라인을 기준으로 한다.

② 에지 라인을 기준으로 차량의 최좌우측 부위가 닿을 경우 차로 이탈 경고를 시작한다.

③ LKA 기능은 제어 영역이 경보 영역보다는 조금 더 넓은 범위에 있고, 이보다 약간 더 안쪽에 있다.

2) LKA 제어

LKA 제어는 차량이 차로를 이탈하려고 할 때 MDPS 조향 토크를 이용하여 이탈하려는 반대 방향으로 보조 토크 부가하는 방식을 사용한다.

3) LKA 핸즈 오프 감지

① LKA 시스템 ON 상태에서 운전자가 조향 핸들을 잡지 않고 일정 시간 운행 시 경보음을 발생한다.

② 이후 5초간 운전자 조향 감지가 없으면 LKA 시스템이 해제된다.

③ 운전자가 조향 핸들을 잡고 있다는 것은 MDPS의 토크 센서와 조향각 센서 그리고 카메라의 영상 및 차속 값 등으로 감지를 한다.

④ 운전자 미조향 조건이 약 12~20초 정도 지속될 경우 경보음 발생을 시작한다.

⑤ 도로 조건 및 토크 센서의 민감도에 따라 경보 발생 타이밍은 달라질 수 있다.

4. 후측방 충돌 경보(BCW) 시스템

(1) 후측방 충돌 경보(BCW) 시스템의 개요

후측방 충돌 경고 시스템(Blind Spot Collision Warning system)은 레이더 센서를 이용해 주행 중 운전자의 후방 사각 지역에서 자차에 근접하는 이동 물체를 능동적으로 감지하여 운전자에게 경보(시각, 촉각, 청각)를 해 줌으로써 안전한 차로 변경 및 후방 추돌 사고를 예방하는 첨단 주행 안전 시스템이다. 후측방 사각지대에 있는 다른 자동차를 감지하여 사이드 미러 경고 표시를 통해 운전자에게 경고를 한다.

△ 후측방 충돌 경보

(2) 후측방 충돌 경보(BCW) 시스템의 구성

레이더와 일체형으로 되어 모든 제어를 하는 모듈, 리어 패널이나 범퍼에 장착되어 작동 조건에 맞게 후방 차량을 감지하는 레이더 센서, 조향 핸들 좌측 편에 장착되어 운전자의 시스템 작동 유무를 결정하는 BCW 스위치로 구성되어 있다. 좌우 모듈에서 감지된 신호는 L-CAN을 통해 서로 상태를 주고받으며 타 시스템

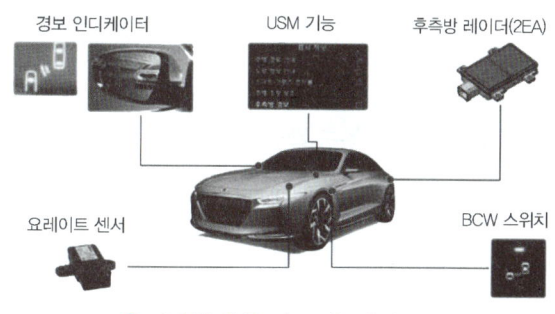

경보 인디케이터 USM 기능 후측방 레이더(2EA)
요레이트 센서 BCW 스위치

△ 후측방 충돌 경보 시스템의 구성

과는 C-CAN 통신을 통해 각 모듈과 통신을 한다.

그리고 경보 신호는 경보등(아웃사이드 미러, 계기판)을 통한 시각적 방법과 경보음(오디오 앰프)을 통한 방법으로 운전자에게 알려주도록 되어 있다. 특이한 점은 다른 신호와는 달리 BCW 스위치와 경보등 신호는 Pin to Pin으로 직접 신호를 보내주도록 되어 있다.

1) 후방 레이더

① 레이더 특성

㉮ **전파** : 전파는 모든 물질에 대해 반사가 이루어지며, 특히 금속 성분에 반사가 잘 이루어진다. 또한, 반사체의 모양 및 위치에 따라 반사 정도가 달라진다.

㉯ **레이더 센서** : 높은 주파수(24GHz)의 전파가 물체에 반사되어 되돌아오는 성질을 이용하

여 차량을 감지한다. 특이한 형태의 물체에 대해서는 반사가 잘 이루어져 간헐적으로 오경보할 수 있다.

② 레이더 감지 범위

㉮ BCW·LCA 모드일 경우 : 후측방 차량의 감지를 위해 후방측 감지 거리를 최대한 넓게 감지한다.

㉯ RCCW(후방 교차 충돌 경보) 모드일 경우 : 후방 및 측방 모두 넓게 감지한다.

㉰ 감지된 신호는 내부 모듈에서 상대 차량의 거리, 각도 및 상대 속도를 연산하여 경보 유무를 결정한다.

㉱ 레이더 모듈에서 결정된 모든 경보와 시스템 고장은 CAN 신호를 통해 보내진다.

③ 레이더 각도 보정

레이더의 각도는 운행을 할수록 약간씩 변경이 되기 때문에 스스로 학습을 통해 감지 범위를 자동으로 수정하도록 되어 있으나 설정 각도 이상으로 위치가 틀어지게 되면 스스로 이를 감지하고 경고 메시지 및 DTC를 출력시킨다.

2) 스위치와 계기판

① 조향 핸들 좌측의 BCW 스위치를 누르면 시스템 켜짐·꺼짐이 반복되며, 계기판을 통해 현재 상태를 표시해준다.

② 레이더 부위가 오염되어 신호 송수신을 할 수 없을 경우 시스템이 해제되며, 계기판을 통해 경고한다.

③ BCW 시스템에 문제가 발생했을 때 시스템 점검 표시를 10초간 출력한다.

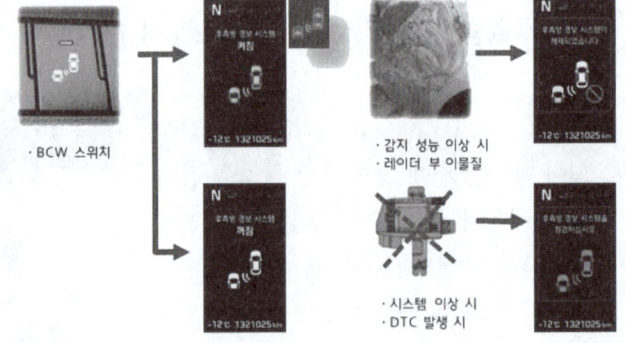

· BCW 스위치

· 감지 성능 이상 시
· 레이더 부 이물질

· 시스템 이상 시
· DTC 발생 시

▲ 스위치와 계기판

3) 경보등과 경보음

① **경보등 및 경보음의 출력 특징**

㉮ 경보등과 경보음은 좌우 별도로 출력된다.

㉯ 좌측 후측방 차량이 감지되면 좌측 아웃사이드 미러와 좌측 스피커에서 경보를 한다.

㉰ 우측 후측방 차량이 감지되면 우측 아웃사이드 미러와 우측 스피커에서 경보를 한다.

㉱ AVN 사양의 경우 경보음은 앰프에서 좌우 스피커를 개별적으로 작동시킨다. 하지만 AVN 사양이 아닌 경우는 좌우 구분 없이 계기판에서 경보음을 발생시킨다.

② RCCW(후방 교차 충돌 경보) 작동 중 PDW(주차 보조 시스템) 물체 감지 시 동작 RCCW(Rear Cross-Traffic Collision Warning) 작동 중에 PAS(전방 감지기)에서 물체를 감지하게 되면 RTCA(후측방 접근 경보장치)의 경보음은 꺼지고 PDW 경보음이 작동하게 된다. 물론 PDW 경보가 해제되면 RCCW 경보가 계속 이어진다.

5. 후측방 충돌방지 보조(BCA) 시스템

(1) 후측방 충돌방지 보조(BCA) 시스템의 개요

후측방 충돌 방지 보조(BCA ; Blind–Spot Collision–Avoidance Assist)는 경보만 해주는 BCW 시스템에서 한 단계 더 나아가 추돌 상황이 예상될 경우 추돌 예상 반대 방향의 앞바퀴에 제동을 수행하여 사고를 미연에 방지하는 역할을 한다.

🔺 후측방 충돌방지 보조

① 레이더를 활용하여 차량의 후측방 영역을 감지하는 기능으로 차로 변경 시 자동차의 후측방에 접근하는 차량으로 인한 위험이 감지되면 미세 제동제어를 통해 충돌방지를 보조함으로써 피해를 최소화시킨다.

② 아웃사이드 미러로 확인이 어려운 후측방 사각지대에서 접근하는 차량을 감지하여 경고 및 제동 제어를 통해 충돌 방지를 보조하는 역할을 한다.

③ 레이더 센서를 이용하여 차량의 후측방 영역을 감지하여 차선을 이탈할 때 차량의 후측방에 접근하는 차량으로 인한 충돌 위험이 감지되면 단계에 따라 차체 자세 제어장치(ESC)로 미세 제동제어를 하여 충돌 회피를 보조하거나 피해를 경감한다.

(2) 후측방 충돌방지 보조(BCA) 시스템의 구성

BCA는 BCW(후측방 충돌 경보 시스템)에서 사용하던 시스템을 그대로 사용하면서 보다 능동적인 대처를 위해 멀티 펑션 카메라와 ESC 제동 기능이 추가적으로 장착된 시스템이다.

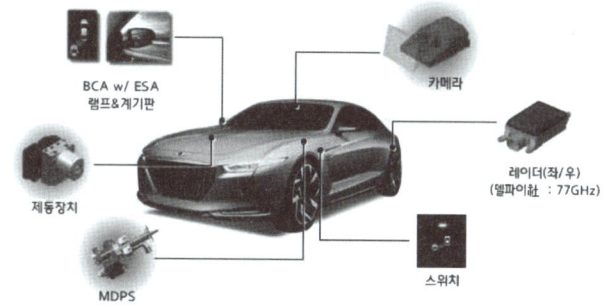

🔺 후측방 충돌방지 보조 시스템의 구성

(3) 후측방 충돌방지 보조(BCA) 시스템의 제어

① BCA의 제어는 BCW를 통한 후방 차량의 감지와 멀티 펑션 카메라를 통한 차선 감지이다.

② BCA의 핵심은 차량이 후방 차량과의 충돌 위험을 판단한 후 차선 이탈 정도를 파악하면서 편제동량을 얼마만큼 수행할 것인가의 여부이다.

③ 레이더는 후측방으로 접근하는 차량의 감지뿐 아니라 자차와의 거리를 측정하고 차량의 주행 속도까지 연산해야 한다.

④ 거리와 속도는 자차가 차선 이동을 하게 될 경우 충돌 위험의 여부를 판단하는 기본적인 데이터이다.

⑤ 멀티 펑션 카메라를 통해 자차의 차선 이탈 각도를 측정하고 현재 속도를 대입하여 얼마 후에 차선 이동을 하게 될 것인지를 연산한다.

⑥ 목표(후방) 차량의 거리와 속도, 그리고 자차의 이동 각도와 속도를 통해 TTC(예상시간)가 판단되면 차선 이탈로 감지하고 어느 정도의 제동력으로 차량자세 제어를 하게 될 것인지를 결정한다.

⑦ BCA의 편제동이 작동하고 있는 도중에 운전자가 조향 핸들을 조작하면 오히려 자세 제어가 불가능해짐에 따라 이때는 운전자의 의지로 움직일 수 있도록 BCA 시스템이 해제된다.

❷ 주행 안전장치 수리

1. 주행 안전장치 진단기 이용 진단

① 차량 진단기의 작동 유무를 확인하고 진단기의 작동 전원을 켠다.

② 진단기의 최신 버전 여부를 확인하고 진단하고자 하는 차종과 연식이 진단기에 적합한지 확인 후 적합하면 진단을 실시한다.

③ 차량 종합 진단기 메인 화면을 확인한다.

④ 차종 메이커, 차종, 연식 구분, 엔진 형식을 선택한다.

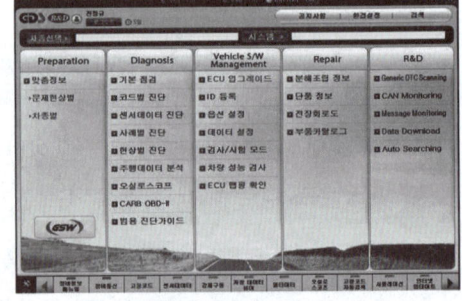
▲ 종합 진단기 메인 화면

⑤ 해당 시스템 선택하기 항목에서 진단할 시스템을 클릭하여 사용자가 점검할 시스템을 선택한다.

⑥ 종합 진단기에서 고장 코드를 확인한다.

⑦ 데이터 분석 후 기계적 결함과 전기적 결함을 확인한 후 단품 문제와 신호 체계의 이상 유무를 확인한다.

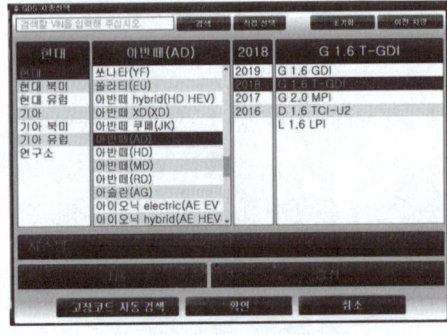
▲ 종합 진단기 차종 선택

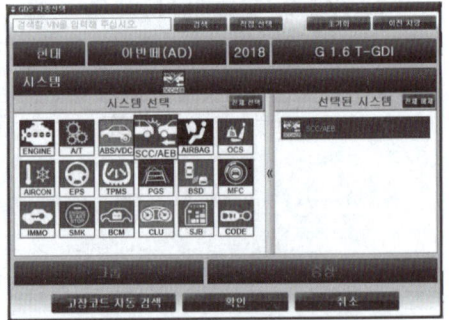
▲ 시스템 선택 화면

2. 전방 레이더 진단

(1) 시스템 해제 진단

① 고속도로에 진입하여 주행 속도와 차간 거리 설정 후 SCC with S&G로 주행을 하는데 얼마 지나지 않아 클러스터에 경고 메시지'스마트 크루즈 컨트롤이 해제되었습니다.'가 표시되는지 확인한다.

② 차량에서 나타나는 현상을 기록표에 작성한다.

③ 문제 현상 확인 시 일시적인 문제인지, 지속적인 문제인지를 판단한다. 일시적인 문제라면 운전자 사용 조건이나 레이더 오염이 해당될 수 있다. 만약 지속적인 문제라면 시스템 고장이 발생된 경우이다.

(2) 통신 불량 진단

① **현상 확인** : 차량에서 나타나는 현상을 기록표에 작성한다. 전방 레이더 관련 장치 고장이 발생되면 첫째, 클러스터의 경고등 및 경고 메시지를 먼저 확인한다. 둘째, 해당 고장을 진단하기 위해 진단 장비 연결 후 통신 불량 상태를 확인한다.

② **차량 진단** : 레이더 모듈 각 단자에 대해 기록표의 요구 사항으로 점검하고 기록표를 작성한다. SCC with S&G ECU는 CAN 통신을 통해 정보를 주고받으므로 회로가 복잡하지 않다. 기본적인 회로 진단을 통해 회로 문제인지 제어기 문제인지 판단한다.

(3) 베리언트 코딩 및 레이더 센서 보정

1) 전방 레이더 베리언트 코딩

① 진단 장비를 활용하여 베리언트 코딩 상태를 확인한다.

② 전방 레이더 베리언트 코딩은 레이더 센서 교체 후 차량에 장착된 옵션의 종류에 따라 전방 레이더 기능을 최적화시키는 작업이다.

③ 각 항목을 활성화 상태로 설정한 후 확인 버튼을 누르면 테스트 완료 알림 메시지가 표시된다.

④ 이후 시동키를 OFF시킨 후 5초 동안 기다렸다가 다시 ON하여 코딩을 최종 완료한다.

> **TIP** 베리언팅 코딩
> • FCA 보행자 옵션 : 전방 충돌 방지 보조(FCA)는 레이더 및 카메라 등 거리 감지 센서를 통하여 전방 보행자와의 거리를 미리 인식하여 충돌 위험을 운전자에게 알려주고 위험 상황 시 자동 긴급 제동을 수행한다.
> • FCA 옵션 : FCA 옵션이 활성화되면 시스템이 켜지고 작동 준비 상태가 된다. FCA 옵션 활성화 이후에는 시동 ON/OFF 여부와 관계없이 항상 ON 상태를 유지한다.
> • 내비게이션 기반 SCC 옵션 : SCC with S&G 동작 중 내비게이션으로부터 전방의 제한 속도 정보를 사전에 수신하여 현재 차량이 과속 단속 구간 통과 시 제한 속도 이상으로 주행하는 경우 일시적으로 감속하여 운전자 편의를 향상시킨다.
> • SCC 활성화 옵션 : SCC 옵션이 활성화되면 사용자의 주행 속도 설정과 차간 거리 설정 이후 액셀 페달을 밟지 않아도 차량의 속도를 일정하게 유지시키고 전방의 차량을 감지하여 선행 차량과의 거리를 일정하게 유지시켜 준다.
> • 운전석 위치 : 운전석 위치 기준으로 LHD와 RHD로 구분된다.

2) 레이더 센서 보정(SCC with S&G, FCA)

진단 장비를 활용하여 레이더 센서 보정을 실시한다. 레이더 센서 보정을 수행하기 위해서는 다음과 같이 진단 장비 메뉴를 선택한다.

① **차종 선택** : 해당 차종을 선택한다.

② **시스템** : Cruise Control / 차간 거리 제어

③ **메뉴 선택**: Vehicle S/W Management

④ **부가 기능** : 검사/시험 모드

⑤ **레이더 센서 보정**(SCC/FCA)

⑥ **모드 선택** : C1 정차 모드–전용 보정판이 있는 경우, C2 주행 모드–전용 보정판이 없는 경우

3. 멀티 펑션 카메라 진단

(1) 시스템 작동 불가 진단

1) 고객 니즈 파악

> **TIP**
> 문제 발생 시 메시지를 화면에서 볼 수 있다.

① 주행 보조 시스템이 잘 작동하는지 점검한다.

② 차량에서 나타나는 현상을 기록표에 작성한다.

③ 차량에서 클러스터에 어떠한 경고등이 점등되어 있고 통합 경고등 메시지에서 어떠한 내용이 저장되어 있는지 확인한다.

2) 멀티 펑션 카메라 베리언트 코딩 및 보정

① 멀티 펑션 카메라 베리언트 코딩

② FCA 시스템 관련 작업 시 교환 부품에 따라 레이더와 카메라를 구분하여 베리언트 코딩을 실시한다.

③ 멀티 펑션 카메라 베리언트 코딩은 카메라 교체 후 차량에 장착된 옵션의 종류에 따라 카메라 기능을 최적화시키는 기능으로 전방 레이더 베리언트 코딩과 차이가 있다.

(2) 멀티 펑션 카메라 보정

① **차량 상태 점검** : 타이어 압력, 트렁크 짐 등 카메라의 정렬 방향에 영향을 줄 수 있는 상태를 가급적 양산 조건과 유사하게 조정한다.

② 카메라의 시야에 방해가 생기지 않게 윈드 실드 청소 상태를 점검하고 카메라 모듈을 장착한다.

③ 보정 및 DTC 확인을 위한 진단 장비를 준비한다.

④ 진단 장비 커넥터를 연결하고 차량에 시동을 걸거나 IGN ON을 한다.

⑤ 보정 수행이나 작동에 영향을 줄 수 있는 DTC가 있는지 확인한다.

⑥ 교환 제품일 경우 EOL Variant code 절차를 수행한다.

⑦ 근거리 보정 수행을 위해 타깃을 차량에 정렬한다.

⑧ 진단 장비를 이용하여 근거리 보정 수행 명령을 수행한 후 Pass 여부를 확인한다.

⑨ 원거리 보정 수행을 위해 타깃을 차량에 정렬한다.

⑩ 진단 장비를 이용하여 원거리 보정 수행 명령을 수행한 후 Pass 여부를 확인한다.

⑪ DTC 소거 작업을 수행한다.

⑫ 진단 장비의 연결을 해제한 후 시동을 껐다 켠다.(IGN OFF / On)

4. 후방 레이더 진단

(1) 시스템 작동 불가 진단

1) 고객 니즈 파악

① 계기판에 경고 메시지를 확인한다.

② 계기판 한가운데에 '후측방 충돌 경고 시스템이 해제되었습니다.'라는 문구가 점등되어 있다.

③ 옆 차선에 차량이 오는데도 감지를 하지 않는다.

2) 현상 확인

취급 설명서를 확인한다.

① **메시지 출력 원인 예측 진단** : '후측방 충돌 경고 시스템이 해제되었습니다.'메시지 출력에 대해 취급설명서를 참조하여 예상 원인과 메시지 소거 이유를 기록표에 작성한다.

② **시스템 기반 정밀 진단** : 다음의 괄호에 알맞은 말을 찾아 넣는다.

(개활지)나 (눈/비) 지역 등 레이더가 아무것도 감지하지 못하는 지역을 (10분)이상 주행하게 되면 경보를 해주며 정상 감지가 되면 약 (10분) 후에 소등된다. BCW 센서는 운행 중 일정 시간 동안 아무것도 감지를 못하게 되면 센서 스스로 (정상 작동)을 하고 있는지 알 수 없기 때문에 작동 중지를 (운전자)에게 알리는 데, 이는 운전자 스스로 후방 확인을 할 수 있도록 하기 위함이다.

(2) USM 설정

차량의 계기판 내 USM을 설정한다. USM 메뉴 구성은 차량마다 다를 수 있으므로 자세한 내용은 취급설명서를 참조한다.

(3) 센서 데이터 확인

센서 데이터 중 좌우측 센서의 수평 각도 –/+ 5도 이내로 출력되는지 확인한다.

(4) 후측방 경보 시스템 베리언트 코딩

진단 장비를 활용하여 베리언트 코딩을 실시한다.

(5) 후측방 경보 시스템 레이더 보정

진단 장비를 활용하여 레이더 보정을 실시한다.

③ 주행 안전장치 교환

1. SCC with S&G 시스템(SCC with Stop & Go)

(1) 전방 레이더 교환

① 범퍼를 탈거한다.　　　② 스마트 크루즈 컨트롤 유닛의 커넥터를 분리한다.

③ 고정 볼트를 풀어 스마트 크루즈 컨트롤 유닛 어셈블리를 차체에서 탈거한다.

④ 탈거 절차의 역순으로 스마트 크루즈 컨트롤 유닛을 장착한다.

⑤ 스마트 크루즈 컨트롤 센서 정렬을 실시한다.

⑥ 범퍼를 장착한다.

(2) 스마트 컨트롤 리모컨 스위치 교환

① 배터리 (−) 단자를 분리한다.　　　② 조향 핸들 어셈블리를 탈거한다.

③ 조향 핸들 백 커버를 탈거한다.

④ 조향 핸들 리모컨에 장착된 커넥터를 탈거한다.

⑤ 스크루를 풀고 조향 핸들 리모컨 어셈블리를 탈거한다.

⑥ 탈거 절차의 역순으로 조향 핸들 리모컨 어셈블리를 장착한다.

2. 전방 충돌방지 보조(FCA) 시스템

(1) 전방 레이더 교환

① 범퍼를 탈거한다.　　　② 스마트 크루즈 컨트롤 유닛의 커넥터를 분리한다.

③ 고정 볼트를 풀어 스마트 크루즈 컨트롤 유닛 어셈블리를 차체에서 탈거한다.

④ 탈거 절차의 역순으로 스마트 크루즈 컨트롤 유닛을 장착한다.

⑤ 스마트 크루즈 컨트롤 센서 정렬을 실시한다.

⑥ 범퍼를 장착한다.

(2) 멀티 펑션 카메라 교환

① 배터리 (−) 단자를 분리한다.　　　② 멀티 펑션 카메라 커버를 탈거한다.

③ 멀티 펑션 카메라 커넥터를 탈거한다.

④ 고정 브래킷을 이격한 후 멀티 펑션 카메라를 탈거한다.

⑤ 탈거 절차의 역순으로 멀티 펑션 카메라를 장착한다.

⑥ 멀티 펑션 카메라 센서 정렬을 실시한다.

3. 후측방 충돌 경보(BCW) 시스템

(1) 후방 레이더 교환

① 배터리 (−) 단자를 탈거한다.　　　② 리어 범퍼를 탈거한다.

③ 고정 너트를 풀고 좌우측에 장착된 후측방 경보 유닛을 탈거한다.

④ 탈거 절차의 역순으로 후방 레이더를 장착한다.

⑤ 범퍼를 장착한다.

(2) BCW 스위치 교환

① 배터리 (−) 단자를 분리한다. ② 크래쉬 패드 로어 스위치를 탈거한다.

③ 스위치 커넥터를 분리한다. ④ 탈거 절차의 역순으로 BCW 스위치를 장착한다.

4 주행 안전장치 검사

1. SCC with S&G 시스템(SCC with Stop & Go)

(1) 전방 레이더 검사

① 범퍼 외관을 육안으로 확인하고 정비, 범퍼 교체 이력 등 사고 여부를 확인한다.

② 범퍼의 레이더 센서 커버가 오염되어 있는지 확인한다.

③ 시동 ON 후 SCC 경고등 및 DTC를 확인한다.

(2) 스마트 컨트롤 리모컨 스위치 검사

① 크루즈 컨트롤 스위치의 각 위치에서 커넥터 단자 사이의 저항 값을 점검한다.

② 각 기능 스위치를 ON시켰을 때(스위치가 눌려졌을 때) 컨트롤 스위치의 터미널 간의 저항을 측정한다.

③ 측정값이 기준 값을 벗어나면 컨트롤 스위치를 교환한다.

④ 스마트 컨트롤 리모컨 스위치 회로도를 참고하여 점검한다.

2. 전방 충돌방지 보조(FCA) 시스템 검사

① 범퍼 외관을 육안으로 확인하고 정비, 범퍼 교체 이력 등 사고 여부를 확인한다.

② 범퍼의 레이더 센서 커버가 오염되어 있는지 확인한다.

③ 시동 ON 후 SCC 경고등 및 DTC를 확인한다.

3. 후측방 충돌 경보(BCW) 시스템 검사

① 범퍼 외관을 육안으로 확인하고 정비, 범퍼 교체 이력 등 사고 여부를 확인한다.

② 범퍼의 레이더 센서 커버가 오염되어 있는지 확인한다.

③ 시동 ON 후 SCC 경고등 및 DTC를 확인한다.

④ 후방 레이더 전원 접지를 점검한다.

⑤ 섀시 CAN 파형과 전용(Private) CAN 파형을 측정한다.

4. 후측방 충돌 경보(BCW) 스위치 검사

스위치 신호의 저항 및 전압을 점검한다.

01 스마트 크루즈 컨트롤 시스템에 대한 설명으로 틀린 것은?

① 운전자가 액셀 페달과 브레이크 페달을 밟지 않아도 레이더 센서를 통해 앞 차량과의 거리를 일정하게 유지시켜 주는 시스템이다.

② 차량 통합제어 시스템(AVSM)은 선행 차량과의 추돌 위험이 예상될 경우 충돌 피해를 경감하도록 제동 및 경고를 하는 장치이다.

③ 제동시점이 늦어지거나 제동력이 충분하지 않아 발생할 수 있는 사고에 대한 충돌회피 또는 피해 경감을 목적으로 하는 시스템이다.

④ 전방 레이더 센서를 이용해 앞 차량과의 거리 및 속도를 측정하여 앞 차량과 적절한 거리를 자동으로 유지한다.

> **해설** 전방 충돌 방지(FCA) 시스템은 운전자의 주의 산만과 같은 요인으로 제동 시점이 늦어지거나 제동력이 충분하지 않아 발생할 수 있는 사고에 대한 충돌 회피 또는 피해 경감을 목적으로 하는 시스템이다. 전방 감시 센서를 이용하여 도로의 상황을 파악하여 위험 요소를 판단하고 운전자에게 경고를 하며, 비상 제동을 수행하여 충돌을 방지하거나 충돌 속도를 낮추는 기능을 수행한다.

02 스마트 크루즈 컨트롤 시스템(SCC ; Smart Cruise Control)의 기능에 대한 설명으로 해당되지 않는 것은?

① 운전자가 설정한 속도로 차량이 자동 주행하도록 하는 시스템이다.

② 전방 레이더 센서를 통해 차량의 주변 상황 및 장애물을 감지한다.

③ 전방 장애물이나 도로 상황에 대해 자동으로 대처하도록 설정되어 있다.

④ 앞 차량이 정차한 경우 앞 차량을 따라 후방에 정차 후 재출발 시 함께 출발하는 Stop & Go 기능이 업그레이드된 시스템이다.

> **해설** 스마트 크루즈 컨트롤 시스템(SCC w/S&G)은 SCC 시스템에 Stop & Go 기능이 업그레이드된 시스템이다.

03 스마트 크루즈 컨트롤(SCC w/S&G) 장치의 주요 부품에 해당되지 않는 것은?

① 지능형 액셀 페달(IAP)

② 전동식 동력 조향장치(MDPS)

③ 프리세이프 시트 벨트(PSB)

④ 전자식 파킹 브레이크(EPB)

> **해설** 크루즈 컨트롤 시스템은 ESC를 중심으로 주행 중 위험 상황을 판단하여 운전자에게 액셀러레이터 페달의 진동을 통해 경고하는 지능형 액셀 페달(IAP)과 위험 상황 직전에 시트 벨트를 당겨 탑승자를 보호하는 프리세이프 시트 벨트(PSB), 주차 제동장치의 메커니즘을 기계식에서 전자식으로 변경해 안정성과 편의성을 증가시킨 전자식 파킹 브레이크(EPB) 그리고 핵심 부품인 SCC w/S&G 유닛 및 각종 센서들로 구성되어 있다.

정답 01.③ 02.④ 03.② 04.①

04 스마트 크루즈 컨트롤(SCC w/S&G) 시스템에서 전면에 내장된 레이더 센서와 ECU 일체형으로 구성되어 전방 차량 및 물체를 감지하는 기능을 하는 것은?

① 레이더 모듈
② SCC w/S&G 스위치
③ 클러스터
④ 후측방 레이더

> **해설** 레이더 모듈은 전면 라디에이터 그릴 중심부 또는 범퍼 하단에 장착되어 있으며, 전면에 내장된 레이더 센서와 ECU 일체형으로 구성되어 전방 차량 및 물체를 감지하는 역할을 한다.

05 스마트 크루즈 컨트롤(SCC w/S&G) 시스템에서 전방 차량 및 물체를 감지하는 역할을 하는 것은?

① BCW 스위치   ② 레이더 센서
③ 요 레이트 센서   ④ 조향각 센서

> **해설** 레이더 센서는 전방 차량 및 물체를 감지하는 역할을 하며, 근거리 센서와 원거리 센서의 복합 구조로 이루어져 있다.

06 스마트 크루즈 컨트롤(SCC w/S&G) 시스템의 레이더 센서에 대한 설명으로 틀린 것은?

① 전방 차량 및 물체를 감지하는 역할을 한다.
② 근거리 센서는 가깝고 넓게 볼 수 있는 50m, 60도까지 감지한다.
③ 원거리 센서는 집중적으로 멀리까지 인식할 수 있는 174m, 40도까지 감지한다.
④ 레이더 센서에 배열된 안테나는 최대 174m까지 감지 범위로 77GHz의 차량용 장거리 주파수를 송신한다.

> **해설** 원거리 센서는 집중적으로 멀리까지 인식할 수 있는 174m, 20도까지 감지한다.

07 SCC w/S&G 시스템의 레이더 센서의 기능으로 해당되지 않는 것은?

① 차량용 장거리 주파수를 송신하고 전방 차량에서 반사되어 돌아오는 주파수 정보를 수신하여 정보를 수집한다.
② 레이더 센서는 최대 64개의 타깃을 검출할 수 있지만 차간 거리 제어에 활용되는 목표 차량은 1대이다.
③ 목표 차량으로부터 수집된 정보를 바탕으로 목표 속도, 목표 차간거리, 목표 가감 속도를 계산하고 각 정보를 ESC에 전달한다.
④ ESC와 PCM 간의 CAN 통신으로 토크의 가 · 감속을 통해 차량의 주행 속도와 앞 차량과의 거리를 제어한다.

> **해설** 레이더 모듈은 전면에 내장된 레이더 센서와 ECU 일체형으로 구성되어 전방 차량 및 물체를 감지하는 역할을 하며, ESC와 PCM 간의 CAN 통신으로 토크의 가 · 감속을 통해 차량의 주행 속도와 앞 차량과의 거리를 제어한다.

08 SCC w/S&G가 작동 대기 상태에서 속도와 차간 거리를 설정할 수 있는 것은?

① 클러스터
② 레이더 모듈
③ SCC w/S&G 스위치
④ 레이더 센서

> **해설** SCC w/S&G 스위치는 SCC w/S&G가 동작하기 위해서는 조향 핸들 오른쪽에 있는 스위치를 통해 작동 대기 상태에 진입한 후 속도와 차간 거리 설정을 한다.

09 SCC w/S&G에 사용되는 클러스터 경고등에 대한 설명으로 틀린 것은?

① 클러스터에 표시되는 경고등은 각 제어기들이 자기진단 수행 후 이상이 없을 경우 점등된다.

② SCC w/S&G로부터 입력되는 각종 정보를 표시하여 운전자에게 제공한다.

③ SCC w/S&G는 자기진단 및 시스템 고장시 통합 경고등을 사용한다.

④ 통합 경고등은 SCC w/S&G 외에도 FCA, BCW, HBA, PSB와 함께 사용된다.

해설 IG ON이나 시동 ON시 클러스터에 표시되는 경고등은 각 제어기들이 자기진단 수행 후 이상이 없을 경우 소등이 된다.

10 스마트 크루즈 컨트롤(SCC w/S&G) 시스템의 제어에 해당되지 않는 것은?

① 정속 제어

② 차간거리 제어

③ MDPS 제어

④ 가속 제어

해설 SCC w/S&G 시스템은 정속 제어, 감속 제어, 가속 제어, 차간거리 제어, 정체 구간 제어 등을 한다.

11 운전자의 주의 산만과 같은 요인으로 제동시점이 늦어지면 작동하는 시스템은?

① LDW(Land Departure Warning)

② FCA(Forward Collision Avoidance assist)

③ LKA(Lane Keeping Assist)

④ BCW(Blind spot Collision Warning)

해설 FCA 시스템은 제동시점이 늦어지거나 제동력이 충분하지 않아 발생할 수 있는 사고에 대한 충돌회피 또는 피해 경감을 목적으로 하는 시스템이다.

12 전방 충돌 방지 시스템(FCA)의 기능에 대해서 설명한 것은?

① 운전자가 설정한 속도로 자동차가 자동 주행하도록 하는 시스템이다.

② 전방 장애물이나 도로 상황에 대해 자동으로 대처하도록 설정된 시스템이다.

③ 운전자가 의도하지 않은 차로 이탈 검출시 경고하는 시스템이다.

④ 차량 스스로 브레이크를 작동시켜 충돌을 방지하거나 충돌속도를 낮추어 운전자를 보호한다.

해설 전방 충돌 방지 시스템(FCA)의 기능
① 제동시점이 늦어지거나 제동력이 충분하지 않아 발생할 수 있는 사고에 대한 충돌회피 또는 피해 경감을 목적으로 하는 시스템이다.
② 운전자의 주의 산만과 같은 요인으로 제동 시점이 늦어지면 작동한다.
③ 전방 감시 센서를 이용하여 위험 요소를 판단하고 운전자에게 경고를 한다.
④ 차량 스스로 브레이크를 작동시켜 충돌을 방지하거나 충돌속도를 낮추어 운전자를 보호한다.

13 FCA의 기능에 대한 설명으로 틀린 것은?

① 전동 조향 장치(MDPS)가 필수적이며, 60~80km/h 범위에서 작동한다.

② 전방 감시 센서를 이용하여 위험 요소를 판단하고 운전자에게 경고를 한다.

③ 비상 제동을 수행하여 충돌을 방지하거나 충돌 속도를 낮추는 기능을 수행한다.

④ 운전자의 주의 산만과 같은 요인으로 제동 시점이 늦어지면 작동한다.

해설 차선 유지 보조 장치는 전동 조향 장치(MDPS)가 필수적이며, 60~80km/h 범위에서 작동한다.

정답 **10.**③ **11.**② **12.**④ **13.**① **14.**③

14 전방 충돌 방지 시스템의 경고 메시지 및 경고등에 대한 설명으로 틀린 것은?

① ESC 경고등 또는 SCC w/S&G 경고 메시지가 표시되는 경우에는 FCA 경고가 동시에 표시될 수 있다.

② FCA 경고등 및 경고 메시지가 10초간 점등 후 통합 경고등 램프가 점등된다.

③ 사용자 선택에 의한 ESC OFF시 ESC 경고등과 FCA 경고등은 함께 소등된다.

④ FCA 작동 상태는 클러스터에 경고 메시지와 경보음을 통해 운전자에게 알린다.

해설 사용자 선택에 의한 ESC OFF시 ESC 경고등과 FCA 경고등은 함께 점등된다.

15 FCA 시스템의 제어에 대한 설명이 잘 못된 것은?

① FCA는 잠재적인 충돌 위험이 감지되면 1단계로 시각 및 청각 경고를 수행한다.

② 충돌 위험이 3단계로 높아지면 엔진의 토크 저감 제어가 수행된다.

③ 충돌 위험이 3단계로 증가하면 자동 제동을 수행한다.

④ 제동력은 충돌 위험도에 따라 다르게 발생하나 운전자에 의한 회피 거동을 인지하면 제동 제어는 즉시 해제된다.

해설 충돌 위험이 2단계로 높아지면 ESC는 제어 정보에 따라 엔진의 토크 저감 제어 및 제동 제어를 실시하며, 동시에 브레이크 램프를 점등시킨다.

16 운전자가 의도하지 않은 차로 이탈 검출 시 경고하는 시스템은?

① LDW ② LKA
③ BCW ④ BCA

해설 ① LDW : 차로 이탈 경고 시스템
② LKA : 차로 이탈 방지 보조 시스템
③ BCW : 후측방 충돌 경고 시스템
④ BCA : 후측방 충돌방지 보조 시스템

17 차로 이탈 경고(LDW) 시스템의 설명으로 해당되지 않는 것은?

① 카메라는 차량의 전면 유리 상부에 장착이 되어 차량 주행 정면을 촬영한다.

② 클러스터는 현재 차량의 차로 이탈 또는 유지 여부를 시각화하여 보여준다.

③ 카메라 장치는 영상의 입력을 담당하는 영상 센서, 영상 신호를 입력받아 정보를 추출하고 판단하는 이미지 프로세서, 마이크로컴퓨터 장치가 포함되어 있다.

④ 경고를 한 후 3초 이내에 운전자의 응대가 없으면 MDPS 컴퓨터의 제어 신호에 의해 스스로 모터를 구동하여 조향 핸들을 조종하여 중앙 주행을 보조한다.

해설 차로 이탈 경고 시스템의 마이크로컴퓨터에 유효한 정보가 입력되었을 때 그 정보를 근거로 차선의 유형, 차와 차선 간의 거리 등을 판단하여 안전이 위협받는 상황일 경우 운전자에게 메시지, 경보, 진동을 통해 알려주게 된다.

18 차로 이탈 방지 보조 시스템(LKA)의 설명 중 틀린 것은?

① 운전자의 의도 없이 차로를 벗어날 경우 운전자에게 시각·청각·촉각으로 경고 하고 조향 핸들을 조종하여 주행 중인 차로를 벗어나지 않도록 보조한다.

② 차선 유지 보조 장치는 전동 조향 장치(MDPS)가 필수적이며, 60~80km/h 범위에서 작동한다.

③ 경고를 한 후 3초 이내에 운전자의 응대가 없으면 MDPS 컴퓨터의 제어 신호에 의해 스스로 모터를 구동하여 조향 핸들을 조종하여 중앙 주행을 보조한다.

④ 자동차 전용도로 및 일반도로에서도 전방 충돌 방지 시스템과 연계하여 자동차의 속도, 차간거리 유지 제어 및 차로 중앙 주행을 보조하는 한다.

> **해설** 자동차 전용도로 및 일반도로에서도 스마트 크루즈 컨트롤 시스템과 연계하여 자동차의 속도, 차간 거리 유지 제어 및 차로 중앙 주행을 보조하는 한다.

19 LDW·LKA 시스템의 구성 중 인지 영역의 기능에 대한 설명으로 옳은 것은?

① 기본적으로 LDW·LKA의 시스템 ON 상태와 작동 ON 상태를 운전자에게 알려주기 위해 클러스터로 해당 신호를 송신한다.

② 차로의 이탈 시 해당 이탈 신호를 클러스터로 송신하면 클러스터는 경고 이미지 및 경고음을 발생시켜 운전자가 현재 상황을 인지하도록 한다.

③ 경고음과 관련 외장 앰프가 적용된 차량에서는 외장 앰프가 M-CAN(멀티미디어 CAN)을 통해 차로 이탈 경고 신호를

입력 받는다.

④ 방향지시등 및 비상등 신호가 ON 상태라면 카메라 모듈은 차로를 변경하려는 의지가 있다고 판단하여 LDW 및 LKA의 기능이 해제가 된다.

> **해설** 인지 영역의 기능
> ① 카메라를 통해 차량의 전방 영상이 멀티 펑션 카메라 모듈(MFC)에 입력된다.
> ② 클러스터와 같은 차량의 통신 게이트웨이로부터 방향지시등, 와이퍼, 비상등의 작동 상태가 CAN 통신을 통해 멀티 펑션 카메라 모듈에 입력이 된다.
> ③ 방향지시등 및 비상등 신호가 ON 상태라면 카메라 모듈은 차로를 변경하려는 의지가 있다고 판단하여 LDW 및 LKA의 기능이 해제가 된다.
> ④ 카메라는 와이퍼가 작동되는 상황에서의 영상 추출 알고리즘을 반영하기 위해 와이퍼 작동 신호를 수신한다.
> ⑤ 카메라는 현재 차량 및 차선의 위치를 지속적으로 확인하기 위해 ECU, TCU, ESC 등의 제어기로부터 차량의 출발, 정지, 종횡 가속도, 요레이트, 조향 각 센서와 같은 정보를 지속적으로 수신한다.

20 LDW·LKA 시스템의 구성 중 제어 영역의 기능에 대한 설명으로 옳은 것은?

① LKA 시스템의 경우 보다 적극적으로 MDPS 모듈로 필요 토크 값을 CAN 통신을 통해 전달하여 차량이 차로 내 주행을 유지할 수 있도록 한다.

② 클러스터와 같은 차량의 통신 게이트웨이로부터 방향지시등, 와이퍼, 비상등의 작동 상태가 CAN 통신을 통해 멀티 펑션 카메라 모듈에 입력이 된다.

③ 방향지시등 및 비상등 신호가 ON 상태라면 카메라 모듈은 차로를 변경하려는 의지가 있다고 판단하여 LDW 및 LKA의 기능이 해제가 된다.

④ 카메라는 와이퍼가 작동되는 상황에서의 영상 추출 알고리즘을 반영하기 위해 와이퍼 작동 신호를 수신한다.

정답 **19.**④ **20.**①

제어 영역의 기능
① 기본적으로 LDW · LKA의 시스템 ON 상태와 작동 ON 상태를 운전자에게 알려주기 위해 클러스터로 해당 신호를 송신한다.
② 차로의 이탈 시 해당 이탈 신호를 클러스터로 송신하면 클러스터는 경고 이미지 및 경고음을 발생시켜 운전자가 현재 상황을 인지하도록 한다.
③ 경고음과 관련 외장 앰프가 적용된 차량에서는 외장 앰프가 M-CAN(멀티미디어 CAN)을 통해 차로 이탈 경고 신호를 입력 받는다.
④ 이후 좌우측 차선 물림의 방향에 맞게 해당 방향의 스피커로 운전자에게 경고한다.
⑤ LKA 시스템의 경우 보다 적극적으로 MDPS 모듈로 필요 토크 값을 CAN 통신을 통해 전달하여 차량이 차로 내 주행을 유지할 수 있도록 한다.

21 LDW · LKA의 시스템 제어를 설명한 것으로 틀린 것은?

① LDW · LKA 시스템은 작동 스위치를 ON으로 설정한다.
② 지정된 속도 70km/h 이상에서 차선이 감지된 경우 제어를 한다.
③ 지정된 속도 약 55km/h보다 느린 경우 시스템이 해제 된다.
④ 차로 이탈 경고 작동 중 운전자의 의지에 의해 차로 변경이 가능하다.

해설 LDW · LKA의 시스템 제어
① LDW · LKA 시스템은 작동 스위치를 ON으로 설정한다.
② 지정된 속도(60km/h) 이상에서 차선이 감지된 경우 제어를 한다.
③ 지정된 속도(약 55km/h)보다 느린 경우 시스템이 해제 된다.
④ 차로 이탈 경고 작동 중 운전자의 의지에 의해 차로 변경이 가능하다.
⑤ 차로 이탈 방지 보조 기능 작동 중 운전자의 조향 오버라이드(운전자 조향력 유지)가 가능하다.

22 주행 중 후측방 사각지대의 장애물을 감지 및 경보를 제공하는 시스템은?

① LDW(Land Departure Warning)
② LKA(Lane Keeping Assist)
③ BCW(Blind Spot Collision Warning)
④ FCA(Forward Collision Avoidance)

해설 ① LDW : 차로 이탈 경고 시스템
② LKA : 차로 이탈 방지 보조 시스템
③ BCW : 후측방 충돌 경고 시스템
④ FCA : 전방 충돌 방지 시스템

23 후측방 충돌 경보(BCW) 시스템의 구성품에 해당되지 않는 것은?

① 제어 모듈
② 후방 레이더 센서
③ BCW 스위치
④ 요 레이트 센서

해설 후측방 충돌 경보(BCW) 시스템은 레이더와 일체형으로 되어 모든 제어를 하는 모듈, 리어 패널이나 범퍼에 장착되어 작동 조건에 맞게 후방 차량을 감지하는 레이더 센서, 조향 핸들 좌측 편에 장착되어 운전자의 시스템 작동 유무를 결정하는 BCW 스위치로 구성되어 있다.

24 후측방 사각지대에서 접근하는 자동차를 감지하여 경고 및 제동 제어를 통해 충돌 방지를 보조하는 시스템은?

① BCA(Blind-spot Collision-avoidance Assist)
② LKA(Lane Keeping Assist)
③ BCW(Blind Spot Collision Warning)
④ FCA(Forward Collision Avoidance)

해설 ① BCA : 후측방 충돌 방지 보조 시스템
② LKA : 차로 이탈 방지 보조 시스템
③ BCW : 후측방 충돌 경고 시스템
④ FCA : 전방 충돌 방지 시스템

정답 21.② 22.③ 23.④ 24.①

25 후측방 충돌 방지 보조(BCA) 시스템의 구성품에 해당되지 않는 것은?

① 멀티 펑션 카메라
② 조향 각 센서
③ BCW 스위치
④ 후방 레이더 센서

해설 BCA는 레이더와 일체형으로 되어 모든 제어를 하는 모듈, 리어 패널이나 범퍼에 장착되어 작동 조건에 맞게 후방 차량을 감지하는 레이더 센서, 보다 능동적인 대처를 위해 멀티 펑션 카메라와 ESC 제동 기능이 추가적으로 장착된 시스템이다.

26 차량 안전운전 보조 장치의 주요 구성부품에 대한 설명으로 틀린 것은?

① 자동 주차 보조 장치(SPAS)는 초음파 센서, 전자식 조향 모터 등으로 구성
② 차선 이탈 경고장치(LDWS)는 초음파 센서와 전자식 조향 모터 등으로 구성
③ 정속 주행 장치(ACC)는 전방 감지 센서, 엔진 제어 유닛, 전자식 제동 유닛 등으로 구성
④ 차선 유지 보조 장치(LKAS)는 전방 카메라, 조향 각 센서, 전자식 조향 모터 등으로 구성

해설 차선이탈 경보장치(lane departure warning system)는 운전할 때 집중력 저하, 졸음 등으로 인해 방향지시등을 켜지 않고 차선을 이탈할 경우에 앞 유리 상단에 장착된 카메라를 통해 전방의 차선의 상태를 인식하고 조향 핸들의 진동, 경고음 등으로 운전자에게 알림으로써 사고를 예방하는 장치이다. 차선(차로) 이탈 경고 시스템은 전방 카메라, 멀티 펑션 카메라 모듈, 클러스터 등으로 구성되어 있다.

정답 25.② 26.②

냉 · 난방 장치 정비

❶ 냉 · 난방 장치 점검·진단

1. 냉 · 난방 장치 역할

자동차에서 냉·난방 장치는 탑승원이 쾌적하게 느끼는 실내 환경을 만들어내기 위해 실내 공기의 온도, 습도, 풍량, 풍향 등을 조절하고 공기 중에 포함되어 있는 먼지 제거 및 앞 유리창의 서리 등을 방지하여 운전자의 시야 확보를 포함하는 것으로, 일명 공기 조화 장치 혹은 HVAC (heating, ventilating, air conditioning)라 부른다. 쾌적 감각의 3요소인 온도, 습도, 풍속을 제어하여 안전하고 쾌적한 운전을 확보한다.

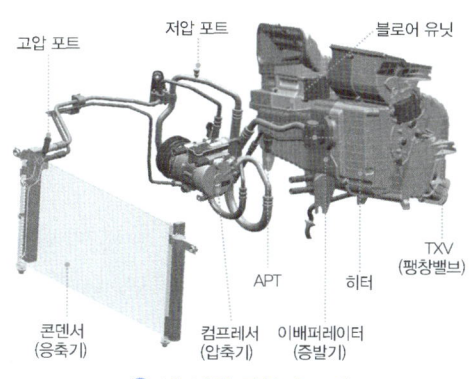

△ 냉·난방 장치의 구성

2. 난방 장치

(1) 난방 장치의 개요

난방장치는 엔진의 열을 흡수하는 냉각수를 열 교환기에 순환시켜 온풍을 얻는 온수식 히터와 PTC(positive temperature coefficient thermistor) 및 연료를 히터의 연소실에서 연소시켜 온풍을 얻는 연소식 히터가 있으나 자동차의 난방은 일반적으로 엔진의 냉각수를 차실 내에 설치되어 있는 열 교환기(heater core)에 순환시키는 온수식 히터를 많이 사용한다.

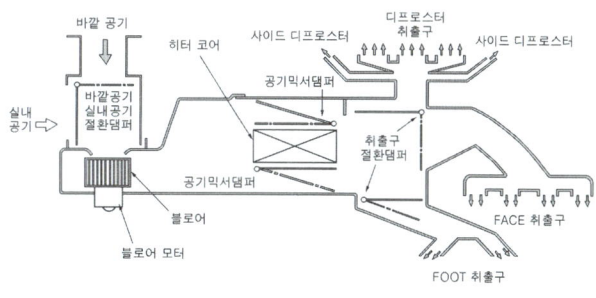

△ 온수식 히터

(2) 난방 장치의 종류

① **온수식 난방 장치** : 가장 많이 사용되는 난방 장치이며, 90℃ 이상의 냉각수를 실내 공기 조화 장치(HVAC) 안에 위치한 히터 코어로 보내 공기를 가열한 후 블로어 모터를 사용하여 실내를 난방 한다.

② **연소식 난방 장치** : 독립된 외부 연소기를 이용하여 차량 실내를 난방하는 방식으로 열교환기로 공기를 직접 데워주는 직접형 연소식 히터와 냉각수를 데워 이 온수를 열원으로 이용하여 공기를 데워주는 간접형 연소식 히터가 있다. 연소식 난방장치는 주로 커먼레일 승합차량이나 대형차에 주로 사용되며, 연료를 부가적으로 사용하는 문제로 연료 소

비율이 낮은 단점이 있다.

③ **PTC 난방 장치** : PTC (positive temperature coefficient thermistor) 난방 장치는 히터 코어 옆에 장착된 PTC 코일을 전기적으로 가열하여 실내로 유입되는 공기의 온도를 높이는 장치이며, 간접형 연소식 히터와 같이 온수식 난방의 보조 장치로 커먼레일 차량에 적용하고 있다.

④ **가열 플러그 난방 장치** : 가열 플러그 난방장치는 프리히터라고도 하며, 냉각수 라인(히터) 내에 설치되어 외기 온도가 낮을 경우 일정시간 동안 작동시켜 엔진에서 히터 코어로 유입되는 냉각수의 온도를 높여줌으로써 온수식 난방장치의 성능을 향상시킨다.

3. 열부하와 냉매

(1) 차량의 열부하

① **환기 부하** : 자연 또는 강제의 환기를 포함한다.

② **관류 부하** : 차실 벽, 바닥 또는 창면으로부터의 열 이동

③ **복사 부하** : 직사 일광, 복사열에 의한다.

④ **승원 부하** : 승차원의 발열에 의한다.

(2) 냉매의 구비조건

1) 물리적 성질

① 증발 압력이 저온에서 대기압 이상이어야 한다.

② 응축 압력은 되도록 낮아야 한다.

③ 임계온도는 충분히 높아야 한다.

④ 응고 온도가 낮아야 한다.

⑤ 증발 잠열 (kcal/kg)이 크고 액체의 비열 (kcal/kg · ℃)이 작아야 한다.

⑥ 비체적 (㎥/kg, 단위 중량당 부피)과 점도가 작아야 한다.

2) 화학적 성질

① 안정성이 있어야 한다.

② 부식성이 없어야 한다.

③ 인화성과 폭발성이 없어야 한다.

3) 생물학적 및 경제적 특성

① 악취가 없어야 한다.

② 독성이 없어야 한다.

③ 가격이 저렴하고 구입이 용이해야 한다.

④ 소요 동력이 적고 부품의 소형 설계가 가능해야 한다.

4) 신냉매(R-134a)의 특징

① 무색, 무취, 무미, 불연성이며, 독성이 없다.

② 화학적으로 안정되어 다른 물질과 반응하지 않는다.

③ 오존(O_3)층을 파괴하는 염소(Cl)가 없어 오존 파괴계수가 0이다.

④ R-12와 유사한 열역학적 성질을 가진다.

⑤ 온난화 계수가 구냉매(R-12)보다 낮다.

4. 냉방 장치

(1) 에어컨 구성 요소

자동차 에어컨의 순환 과정은 압축기(컴프레서) → 응축기(콘덴서) → 건조기(리시버 드라이어) → 팽창 밸브 → 증발기(이배퍼레이터)이다.

히터 유닛 　　　 증발기 유닛 　　　 블로어 유닛

🔺 HVAC의 구성

1) 압축기(compressor)

① 엔진의 크랭크축에 의해 V벨트로 구동된다.

② 증발기에서 기화된 냉매를 고온·고압가스로 변환시켜 응축기로 보낸다.

③ 전자 클러치 : 컴퓨터의 제어 신호나 에어컨 스위치의 ON, OFF에 의해서 풀리의 회전을 압축기의 구동축에 전달 또는 차단하는 역할을 한다.

🔺 압축기의 구조

2) 응축기(condenser)

① 라디에이터 앞쪽에 설치되어 주행풍과 냉각 팬의 작동으로 냉매를 냉각시킨다.

② 고온·고압의 기체냉매를 냉각하여 액체냉매 상태로 변화시키는 일을 한다.

③ 액체 냉매를 리시버 드라이어에 공급하는 역할을 한다.

3) 리시버 드라이어(receiver dryer)

① 냉매 속에 포함된 수분을 흡수하여 원활하게 공급하도록 냉매를 저장한다.

② 액체 냉매의 저장, 기포 분리, 수분 및 이물질 제거 등의 기능을 한다.

③ 응축기에서 보내온 냉매를 일시 저장하고 항상 액체상태의 냉매를 팽창밸브로 보내는 역할을 한다.

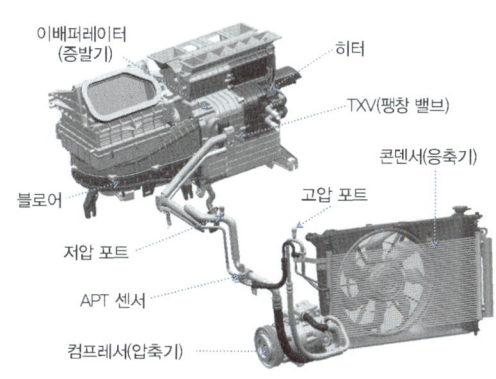

이배퍼레이터
(증발기)
히터
TXV(팽창 밸브)
콘덴서(응축기)
블로어
고압 포트
저압 포트
APT 센서
컴프레서(압축기)

🔺 에어컨의 구성

4) 팽창 밸브(expansion valve)

① 냉매를 급속하게 팽창시켜 저온·저압의 액체 냉매를 만든다.

② 리시버 드라이어에서 유입된 고압의 액체 냉매를 분사시켜 저압으로 감압시키는 역할을 한다.

③ 증발기에 공급되는 액체 냉매의 양을 자동적으로 조절하는 역할을 한다.

5) 증발기(evaporator)

① 안개 상태의 냉매가 기체로 변화하는 동안 냉각 팬의 작동으로 증발기 핀을 통과하는 공기 중의 열을 흡수한다.

② 주위의 공기로부터 열을 흡수하여 기체 상태의 냉매로 변환시킨다.

6) 블로어(blower, 송풍기)

① 직류 직권 전동기에 의해 구동되며 공기를 증발기에 순환시킨다.

② 공기를 증발기에 통과시켜 차가운 공기를 차실 내에 공급하는 역할을 한다.

(2) 냉방 장치의 종류

1) TXV 방식(thermal expansion valve)

① 대부분의 승용 차량에 적용된 냉방 사이클로서 압축기 → 응축기 → 리시버 드라이어 → 팽창 밸브 → 증발기 → 압축기를 기본 사이클로 구성한다.

② 팽창 밸브에서 교축 작용이 이루어wlsek.

③ 팽창 밸브를 지나면서 냉매는 급격히 압력이 저하되고 냉각이 된다.

④ 리시버 드라이어는 고압 라인에 장착되어 냉매의 수분 및 불순물을 걸러주며 냉매의 맥동을 흡수한다.

⑤ 듀얼 및 트리플 압력 스위치가 장착되어 냉매의 압력에 따라 압축기의 작동을 제어한다.

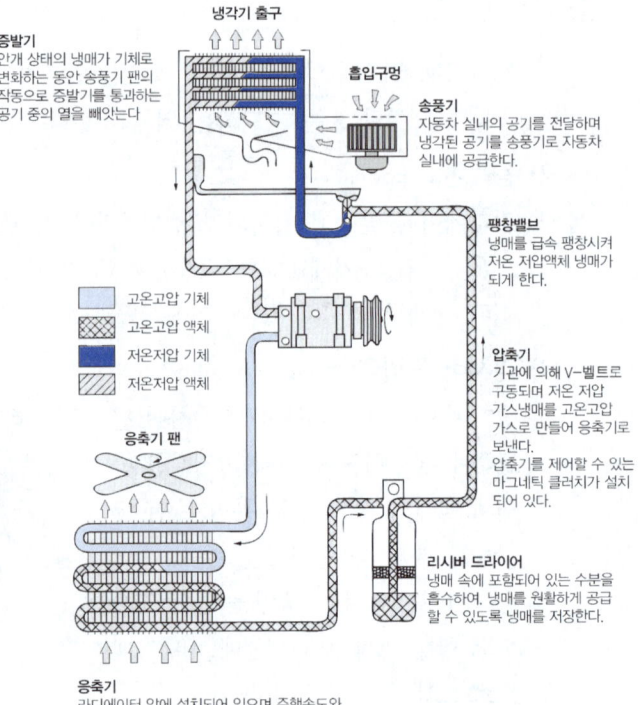

▲ TXV 방식의 구성

2) CCOT 방식(clutch cycling orifice tube)

① CCOT 방식은 '압축기 → 응축기 → 오리피스 튜브 → 증발기 → 어큐뮬레이터 → 압축기를 기본 사이클로 구성한다.

② 팽창 밸브dml 역할을 오리피스 튜브에서 하는 것이 특징이다.

③ 냉매가 튜브관을 지나면서 압력이 급격히 저하되고 냉각된다.

④ 어큐뮬레이터는 저압 라인에 장착되어 냉매의 수분 및 불순물을 걸러주고 냉매의 맥동을 흡수하고 또한 저압스위치가 장착되어 압축기의 작동 시간을 제어한다.

⑤ 저압스위치의 가운데 나사를 좌우로 조정하면 압축기의 작동 시간을 제어하여 냉방 상태도 조절할 수 있다.

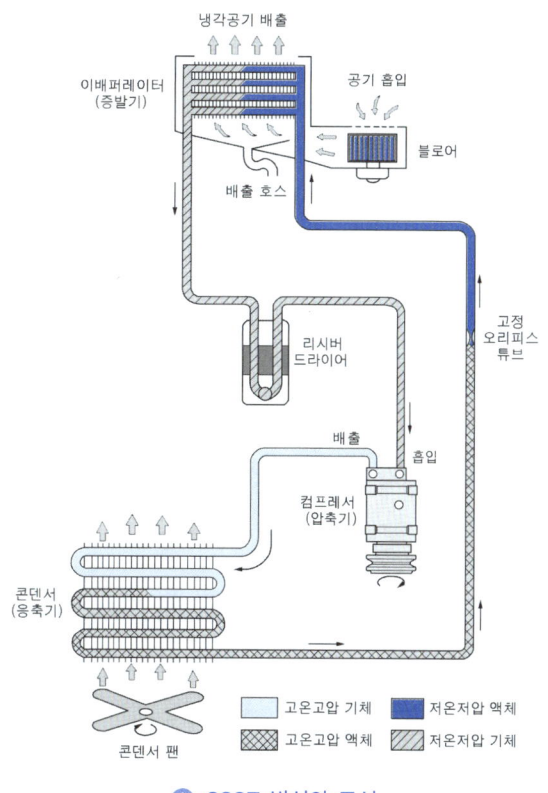

△ CCOT 방식의 구성

5. 자동 냉 · 난방 장치(FATC : Full Auto Temperature Control)

(1) FATC의 장점

① 설정 온도의 변화 시 0.5℃씩 변화된다.

② 일사 센서의 신호에 의해 설정 온도를 보정함으로써 보다 민감한 자동차 실내의 온도를 제어한다.

③ 차속 센서를 이용하여 외기 도입 주행 시 차속에 따른 풍량을 제어한다.

④ 냉방 기동 제어의 기능이 있다.

⑤ 뒷좌석 전용의 에어컨이 있다.

⑥ 습도 센서가 설치되어 있어 에어컨을 작동시켜 습도를 조절하는 기능이 있다.

(2) 자동 냉 · 난방 장치 입력 요소

① **실내 온도 센서** : 부특성 서미스터를 이용하여 차량의 실내 온도를 감지하는 역할을 하며, 냉·난방 자동제어를 위한 주 입력 신호이다. 자동 모드 시 블로어 모터 속도, 온도 조절 액추에이터 및 내·외기 전환 액추에이터의 위치를 보정한다.

② **외기 온도 센서** : 부특성 서미스터를 이용하여 외부 공기의 온도를 감지하는 역할을 하며,

자동 제어를 위한 주 입력 신호이다. 토출 온도와 풍량이 운전자가 선택한 온도에 근접하도록 보정을 해주고, AMB 버튼을 눌렀을 때 외기 온도를 컨트롤 패널 디스플레이 창에 표시한다.

③ **일사량 센서(SUN 센서)** : 차량의 실내로 내리 쬐는 빛의 양을 감지하는 역할을 하며, 일사량에 따라 발생되는 기전력에 따라 토출 온도와 풍량이 선택한 온도에 근접할 수 있도록 보정해 준다.

④ **핀 서모 센서** : 부특성 서미스터를 이용하여 증발기 코어 핀의 온도를 감지하는 역할을 하며, 이배퍼레이터의 빙결을 방지하기 위하여 컴프레서 클러치의 전원을 ON·OFF시키기 위한 주 입력 신호이다. 증발기 코어의 온도를 감지하여 약 0.5~1.0℃ 이하일 경우 A/C 릴레이 출력 전원을 차단하여 압축기의 작동을 정지시키며, 약 3~4℃ 이상이 되면 다시 압축기의 구동을 위해 A/C 릴레이를 작동시킨다.

⑤ **냉각수온 센서** : 실내의 히터 코어로 공급되는 엔진의 냉각수 온도를 감지하는 역할을 하며, 설정 온도와 실내·외 온도 차이를 비교하여 난방 기동 제어가 되도록 제어하는 부특성(NTC) 센서다.

⑥ **온도 조절 액추에이터 위치 센서** : 온도 조절 액추에이터의 위치를 감지하는 역할을 하며, 온도 조절 액추에이터 위치 센서의 값을 피드백 받아 온도 조절 액추에이터를 목표 위치로 작동시키게 된다.

⑦ **APT(automotive pressure transducer) 센서** : 기존의 트리플 압력 스위치를 대체하는 센서로서 연속적으로 냉매의 압력을 감지하여 연비 향상과 변속감을 향상시킨다.

⑧ **AQS(air quality system) 센서** : NO(산화질소), NOx(질소산화물), SO_2(이산화황), CxHy (하이드로카본), CO(일산화탄소) 등 인체에 유해한 가스가 실내로 유입되지 못하도록 공기 오염 시 내기 모드로 전환되고 외부 공기가 청정하면 외기 모드로 자동 전환되도록 한다.

⑨ **습도 센서(humidity sensor)** : 실내 공기의 상대 습도를 측정하여 차량 내부의 온도에 따른 습도를 최적으로 유지하며, 저온에서 발생되는 유리 습기로 인한 운전 장애를 제거한다. 고분자 타입의 임피던스 변화형 센서를 사용하기 때문에 구조가 간단하고 신속한 응답성을 갖는다.

⑩ **모드 스위치** : 모드 신호를 컴퓨터에 입력시키는 역할을 한다.

⑪ **에어컨 스위치** : 에어컨 스위치를 누르면 신호가 에어컨 ECU로 입력되고 이는 다시 엔진 ECU로 전달되어 트리플 압력스위치 혹은 APT 신호와 증발기의 온도 센서의 조건이 만족될 때 엔진 ECU는 에어컨 릴레이에게 구동 명령을 내린다.

(3) 자동 냉·난방 장치 출력 요소

① **온도 조절 액추에이터(temp door actuator, air mix door actuator)** : 온도 조절 액추에이터는 에어컨 ECU로부터 신호를 받은 DC 모터는 온도 도어를 조절하며, 액추에이터 내에

도어 위치 센서는 온도 도어의 현재 위치를 에어컨 ECU로 피드백시켜 컨트롤이 요구하는 위치에 도달했을 때 액추에이터의 DC 모터가 작동을 멈추도록 에어컨 ECU로부터 출력되는 신호를 차단시킨다.

② **풍향 조절 액추에이터**(mode door actuator) : 점화 스위치를 ON시켰을 때 모드 스위치를 선택하면 VENT(얼굴 방향) → DEFROST(앞 유리 방향) → FLOOR(바닥 방향) → MIX 순으로 풍향 제어가 순차적으로 작동하며, DEF 스위치를 선택하면 순서와 상관없이 DEF 모드로 작동한다.

③ **내외기 모드 전환 액추에이터**(intake door actuator) : 내·외기 선택 스위치에 의해 블로어 모터(송풍기)로 유입되는 공기의 통로를 가변시키는 액추에이터로 배터리 극성 변화에 따라 내기와 외기의 방향이 결정된다.

④ **파워 트랜지스터** : 자동 냉·난방 장치는 NPN 타입의 파워 트랜지스터를 이용한다. 풍량 조절 버튼을 작동한 횟수만큼 에어컨 ECU에서 파워 트랜지스터의 베이스 전류를 제어하여 파워 트랜지스터를 ON시킨 후 컬렉터 전압을 제어하여 속도를 조절한다.

(4) 자동 냉·난방 장치의 제어 기능

① **토출 온도 제어** : 토출 온도 제어는 차량의 실내 온도를 운전자가 설정한 토출 온도에 대하여 차량의 실외 온도 및 일사량의 강도에 의한 영향을 자동으로 보정하여 차실내의 온도를 항상 일정하게 유지한다.

② **토출 모드 제어** : 토출 모드는 FATC-ECU가 풍향 조절 액추에이터를 작동시켜 제어한다. 운전자의 모드 선택 스위치 신호의 입력에 따라 VENT → BI/LEVEL → FLOOR → MIX → DEFROST 순으로 순차적으로 제어한다.

③ **토출 풍량 제어** : 토출 풍량은 수동 조작 시 7~12단계, AUTO 모드로 작동 중에는 무단 제어가 이루어지는데 FATC-ECU는 파워 트랜지스터 베이스 전류를 단계적으로 가변시켜 목표 회전속도가 되도록 블로어 모터의 작동 전류를 자동으로 제어한다.

④ **내외기 제어** : 내외기 액추에이터는 블로어 유닛에 장착되어 있으며, 운전자의 내외기 선택 스위치 신호가 입력되거나 AQS 제어 중 AQS 센서가 감지한 외부 공기의 오염 정도 신호를 FATC-ECU가 입력 받아 액추에이터의 전원 및 접지 출력을 제어하여 흡입 모드를 자동적으로 제어한다.

⑤ **압축기 제어** : 운전자의 에어컨 스위치 ON 신호가 FATC-ECU에 입력되거나 AUTO 모드로 동작 중 각종 센서의 입력 정보를 연산하여 압축기의 구동 신호를 ON, OFF시켜 주는 제어 기능이다.

⑥ **난방 기동 제어** : 난방 기동 제어는 AUTO 모드로 동작 중 엔진의 냉각수 온도가 낮은 상태(29℃ 이하)에서 난방 모드를 선택할 경우 찬바람이 운전자 측으로 강하게 토출되는 현상을 최소화시켜 주기 위한 제어 기능이다.

⑦ **냉방 기동 제어** : 냉방 기동 제어는 난방 기동 제어와 반대되는 제어 형태로 증발기의

온도가 높은(30℃) 상태에서 에어컨을 작동시켰을 때 미처 냉각되지 않은 뜨거운 바람이 운전자 측으로 강하게 도출되는 현상을 방지하는 제어 기능이다.

⑧ **최대 냉방 제어** : 최대 냉방 제어 기능은 운전자가 설정 온도를 17℃로 선택하였을 때 FATC–ECU가 토출 온도, 토출 풍향, 토출 풍량 및 내외기 모드 등을 특정 모드로 고정 제어하는 기능이다.

⑨ **최대 난방 제어** : 최대 난방 제어 기능은 운전자가 설정 온도를 32℃로 선택하였을 때 FATC–ECU가 토출 온도, 토출 풍향, 토출 풍량 및 내외기 모드 등을 특정 모드로 고정 제어하는 기능이다.

⑩ **자동 제습 제어** : 자동 제습 제어는 습도 센서가 차실내의 상대 습도를 측정하여 FATC–ECU로 신호를 보내어 차실 내를 최적으로 쾌적한 습도를 유지시키며, 강우 중 또는 저온에서 차량의 유리에 발생되는 습기로 인한 운전 장애의 문제를 제거하기 위한 제어 기능이다.

⑪ **일사량 보정 제어** : 일사량 보정 제어는 차실내로 내려쬐는 빛의 양이 증가됨에 따라 운전자의 체감 온도가 동반 상승되는 것을 방지해 주는 FATC–ECU의 보정 제어 기능이다.

⑫ **AQS 제어** : FATC–ECU는 AQS 스위치가 선택된 상태에서 AQS 센서의 신호를 기준으로 유해가스의 차실내 유입을 방지하기 위하여 가스의 농도가 기준값 이상으로 감지된 경우 내외기 도어를 REC(내기 순환)로 제어하고 가스의 농도가 기준값 이하일 경우에는 내외기 도어를 FRE(외기 도입)로 제어하는 기능이다.

⑬ **자기진단** : 자기 진단 기능은 FATC–ECU가 ECU에 입·출력되는 센서 및 액추에이터의 전기적인 단선, 단락 또는 기계적인 결함이 발생되었을 때 고장을 인식하여 고장 내용을 전기적인 신호로 출력해주는 기능이다.

6. 냉 · 난방장치 정비

(1) 가스 검출기로 냉매가스의 누출 여부를 점검할 때

① O–링을 교환한 다음에는 질소가스를 넣어 다시 누출 점검을 한다.
② 냉매 가스는 공기보다 무겁기 때문에 가능한 한 낮은 위치에서 행한다.
③ 압축기, 서비스 피팅, 주입 구멍, 증발기 등의 연결부위에서 누출여부를 점검한다.

(2) 냉방 장치 설치 시 주의 사항

① 작업 장소는 습기나 먼지가 적은 곳에서 한다.
② 배터리의 접지 단자를 제거한다.
③ 고무호스나 파이프는 다른 곳과 접촉되지 않도록 한다.
④ 고무호스나 튜브는 설치하기 전까지 마개를 끼워둔다.
⑤ 튜브의 플레어는 전용 공구로 가공한다.

⑥ 압축 공기는 수분이 포함되어 있기 때문에 사용하지 않는다.

⑦ 튜브를 구부릴 때 토치 등으로 가열하지 않는다.

⑧ 호스나 튜브를 조일 때 냉방용 렌치를 사용한다.

⑨ 냉매를 충전하지 않고 압축기를 회전시키지 않는다.

(3) 냉매 취급 시 주의 사항

① 냉매를 다룰 때에는 반드시 보안경을 써야 한다.

② 냉매가 눈에 들어갔을 때에는 붕산수로 닦아낸다.

③ 노출된 열원(불꽃)이 있는 실내에서는 냉매 가스를 방출하지 말 것.

④ 냉매 실린더가 과열되지 않게 한다.

⑤ 냉매 실린더는 캡을 반드시 씌워 보관할 것.

❷ 냉 · 난방 장치 수리

1 압축기(컴프레서) 수리 · 교환

주어진 차량에서 정비지침서를 이용하여 에어컨 압축기를 교환하고 마그네틱을 점검한다.

① 배터리 (–) 단자를 분리하고 냉매 회수기를 이용하여 냉매를 회수한다.

② 구동 벨트 장착 방향의 휠 및 언더 커버를 탈거한다.

③ 텐션 풀리를 느슨하게 한 다음 구동 벨트를 탈거한다.

④ 압축기로부터 디스차지 및 석션 호스를 탈거하고 라인을 분리할 때는 즉시 플러그나 캡을 씌워 습기와 먼지로부터 시스템을 보호한다.

⑤ 압축기를 탈거하며, 장착은 탈거의 역순이다.

⑥ 필러 게이지로 클러치 허브와 풀리 접촉면 사이의 클러치 공기 간극을 풀리 둘레의 3곳에서 골고루 점검하고 간극이 규정치를 벗어나면 심의 두께를 바꿔가며, 공기 간극을 규정치(0.35 ~ 0.62 mm)로 조정한다.

⑦ 압축기 측의 단자를 배터리 (+) 단자에 접속하고 배터리 (–) 단자를 몸체에 접지하여 마그네틱 클러치의 작동 음으로 양호한지 판단한다.

⑧ 주어진 자동차에서 정비지침서 및 회로도를 이용하여 에어컨 압축기의 작동 회로를 수리하고 이상 유무를 기록표에 작성한다.

⑨ 에어컨 스위치가 ON일 때 트리플 스위치의 저압과 고압 스위치 접점이 붙고 증발기 출구의 핀 서모 센서(증발기 표면 온도가 3~4℃가 되면 ON, 0.5~1℃ 이하 시 OFF)가 정상이면 엔진 ECU는 에어컨 릴레이의 접점을 붙이고 압축기의 마그네틱을 ON시킨다.

2. 응축기(콘덴서, 건조기 포함) 수리 · 교환

정비지침서를 이용하여 주어진 차량의 에어컨을 정상 가동시킨 후 응축기의 입·출구 온도를 측정하여 냉매의 응축 상태를 확인한다. 그리고 기록표를 작성한 다음 응축기를 교환한다.

① 엔진을 시동하여 워밍업 후 정상 운전 상태에서 에어컨 스위치를 켠다.

② 온도를 최저로 설정하고 최대의 풍량으로 세팅한 후 5분간 압축기를 작동시킨다.

③ 온도계를 이용하여 응축기의 입구와 출구의 온도를 각각 측정하여 응축기의 작동 상태를 확인 후 기록표를 작성한다.

④ 응축기의 입·출구 온도 차이가 비정상일 경우 응축기 팬의 작동 상태 및 육안 점검을 통해 얻은 결과를 기록표에 작성한다.

⑤ 엔진 시동을 OFF시키고 R–134a 회수·충전기를 이용하여 냉매를 회수하고 응축기를 정비지침서에 의거하여 교환한 후 냉매를 충전하여 정상 가동 상태를 확인한다.

3. 에어 필터 및 블로어 모터 수리·교환

① 주어진 차량에서 정비지침서를 이용하여 에어 필터와 블로어 모터를 탈거하여 오염 상태를 점검한 후 기록표를 작성한다.

② 동승석 글로브 박스를 열고 좌우 고정 키를 이격시킨다.

③ 이배퍼레이터 유닛에 있는 에어 필터 커버를 열고 에어 필터를 교환한다.

④ 블로어 유닛 하단의 모터 고정 볼트를 풀고 모터 배선 커넥터를 탈거한다.

⑤ 주어진 차량의 자동 에어컨 시스템에서 블로어 모터 단수에 따른 작동 전압을 점검하고 기록표를 작성한다.

   ㉮ 점화 스위치를 ON시킨다.

   ㉯ 블로어 모터 속도 조절 스위치를 단계적으로 조작하면서 블로어 모터 양단의 전압을 측정한다.

4. 증발기(이배퍼레이터) 온도 센서(핀 서모 센서) 점검·진단

주어진 차량의 자동 에어컨 시스템에서 에어컨 압축기가 작동 중일 때 증발기 온도센서(핀 서모 센서) 출력값을 측정하여 이상 여부를 기록표에 작성한다.

① 글로브 박스 어셈블리를 탈거한다.

② 시동을 건다.

③ 에어컨 스위치를 ON시킨다.

④ 휴대용 진단기를 이용하여 엔진 ECU 항목에서 에어컨 압축기의 작동 상태를 확인하여 ON 상태일 때와 OFF 상태일 때 증발기 온도 센서의 출력값을 멀티미터로 측정하여 기록표에 기입한다.

> **TIP**
> 핀 서모 센서는 증발기의 출구 온도가 약 0.5~1℃ 이하가 되면 에어컨 릴레이를 OFF시켜 압축기를 멈추고 약 3~4℃가 되면 다시 에어컨 릴레이를 구동시켜 증발기의 동결로 인한 에어컨 성능의 저하를 방지하고 압축기를 보호한다.

③ 냉 · 난방 장치 교환

1. 에어컨 냉매 교환

(1) 수동식 매니폴드게이지를 이용한 냉매 교환

1) 냉매 회수

① 매니폴드 게이지의 고압과 저압 밸브를 시계 방향으로 돌려 모두 닫고 고압과 저압 서비스 포트에 각각 연결한다.

② 센터 호스에 배출될 냉매를 저장할 수 있는 용기를 연결한다.

③ 냉매를 너무 빨리 배출시키면 압축기의 냉동 오일이 계통에서 다량으로 빠져 나오게 되므로 고압 핸드 밸브를 천천히 반시계 방향으로 열어 냉매를 서서히 배출시킨다.

④ 매니폴드 게이지의 눈금을 3.5kgf/cm²이하로 낮춘 후에 저압의 핸드 밸브도 서서히 개방시킨다.

⑤ 시스템의 압력을 낮추기 위해서 고압 및 저압 핸드 밸브를 게이지의 눈금이 0kgf/cm²이 될 때까지 천천히 개방시켜 모든 냉매를 회수하여야 한다.

2) 진공 작업

① 점화 스위치를 OFF시킨다.

② 매니폴드 게이지를 고압과 저압의 서비스 포트에 연결하고 양쪽 밸브를 잠근다.

③ 냉매가 계통으로부터 모두 배출되었는지 확인한다.

④ 매니폴드 게이지의 센터 호스를 진공 펌프 흡입부에 연결한다.

⑤ 진공 펌프를 작동시키고 매니폴드 게이지의 고압 및 저압 밸브를 개방시킨다.

⑥ 10분 후에 저압 게이지의 눈금이 충분한 진공 영역을 유지하지 않으면 누설되는 것이므로 다음의 순서에 의하여 누설 부위를 수리한다.

㉮ 매니폴드 게이지의 양쪽 핸드 밸브를 닫고 진공 펌프를 정지시킨다.

㉯ 냉매 용기로 계통을 충전시킨다.

㉰ 냉매 누설 탐지기로 냉매의 누설을 점검하여 누설되는 곳이 발견되면 수리한다.

㉱ 냉매를 다시 배출시키고 계통을 진공시킨다.

⑦ 진공 펌프를 다시 작동시킨다.

⑧ 저압 매니폴드 게이지의 눈금이 충분히 진공 영역이 유지되도록 10분 동안 계속 진공시킨다.

⑨ 10분 정도 진공 작업을 실시한 후 양쪽 매니폴드의 핸드 밸브를 닫고 진공 펌프를 정지시킨 후 진공 펌프에서 호스를 분리한다.

3) 신유 주입(냉동 오일)

① 계통을 진공시킨 후에 고압 및 저압 밸브 양쪽을 완전히 잠근다.

② 종이컵에 냉동 오일을 충분히 준비한 후 흡입구 포트를 담근다.

③ 저압 밸브를 서서히 열면서 오일이 압력차에 의해 빨려 들어가도록 하는데 오일이 빠져 나간 후 공기가 유입되기 전에 신속히 저압 밸브를 닫아 오일 보충량을 15cc가 되도록 한다.

4) 냉매 탭 밸브(tap valve) 사용

① 탭 밸브를 냉매 용기에 연결하기 전에 핸들을 반시계 방향으로 완전히 돌린다.
② 디스크를 반시계 방향으로 돌려 제일 높은 위치에 놓는다.
③ 센터 호스를 밸브 피팅에 연결한 후 손으로 디스크를 시계 방향으로 완전히 잠근다.
④ 핸들을 시계 방향으로 돌려 봉합된 상부에 구멍을 뚫는다.
⑤ 매니폴드 게이지의 센터 피팅에 연결되어 있는 센터 호스의 너트를 푼다.
⑥ 몇 초 동안 공기를 배출시킨 후 너트를 조인다.

5) 기체 상태 냉매 충전

냉매의 저압 측을 통해서 계통을 충전시키는 작업이며, 냉매의 용기를 똑바로 놓으면 기체 상태로 계통 내에 유입된다.

① 냉매 용기에 탭 밸브를 장착하고 냉매 용기를 바로 세워 전자저울에 올려놓고 무게를 기록한다.
② 저압 밸브를 개방시키고 저압 게이지의 눈금이 $4.2kg/cm^2$를 넘지 않도록 밸브를 조정한다.
③ 엔진을 고속으로 회전시키며 에어컨을 작동시킨다.
④ 전자저울을 보면서 계통을 규정량만큼 충전시킨 후 저압 밸브를 닫는다.
⑤ 냉매가 너무 느리게 충전되면 냉매 용기를 40℃ 정도의 물이 담긴 용기에 놓으며 어떤 상황에서도 물을 52℃ 이상으로 가열하지 않는다.

6) 액체 상태 냉매 충전

고압 측을 통해서 냉매를 충전시킬 때 행하며, 냉매용기를 거꾸로 놓으면 냉매가 액체 상태로 계통에 유입된다. 고압 측을 통해 계통을 충전할 때는 엔진을 작동시키지 않도록 하며 계통을 액체 냉매로 충전시킬 때 저압 밸브를 개방시키면 압축기의 손상을 초래하므로 반드시 잠근다.

① 계통을 진공시킨 후에 고압 및 저압 밸브 양쪽을 완전히 잠근다.
② 냉매 용기에 탭 밸브를 장착한다.
③ 고압 밸브를 완전히 열고 용기를 뒤집어 전자저울에 올려놓고 무게를 측정한다.
④ 계통이 과충전 되면 배출 압력이 증가하므로 냉매의 무게를 저울로 측정해 가며, 정확한 용량으로 계통을 충전시킨 후 고압 밸브를 닫는다.
⑤ 냉매를 규정량만큼 충전시킨 후 매니폴드 게이지 밸브를 닫는다.

2. R-134a 회수 · 재생 · 충전기를 이용한 냉매 교환

(1) R-134a 회수 · 재생 · 충전기 설치

① 엔진룸의 냉방 장치에서 고압 및 저압 서비스 포트를 찾는다.

② 고압 및 저압 서비스 포트의 마개를 연다.

③ R-134a 회수 · 재생 · 충전기의 고압 및 저압 밸브(퀵 커플러)를 고압(H) 및 저압(L) 서비스 포트에 설치한다.

④ 고압 및 저압 밸브를 시계 방향으로 개방한다.

⑤ R-134a 회수 · 재생 · 충전기의 전원을 켠다.

(2) 냉매 회수

① 고압 및 저압 밸브를 개방한 상태에서 R-134a 회수 · 재생 · 충전기를 이용하여 냉매를 회수한다. 냉매를 너무 빨리 회수하면 냉동 오일이 시스템에서 많이 나온다. 냉매를 완전히 회수하기 전에 분리하게 되면 냉방장치 내 압력에 의해 차량 내부로 냉매와 냉동 오일이 방출되므로 주의해야 한다.

② 냉매 회수 작업 완료 후 에어컨 시스템에서 배출된 냉동 오일(폐유)량을 측정한다.

(3) 진공 작업

냉매를 충전할 경우에는 필히 냉방 장치를 진공시켜야 한다. 이 진공 작업은 시스템에 유입된 모든 공기와 습기를 제거하기 위해서 행하는 것이며 각 부품을 장착한 후 시스템은 5~10분 정도 진공 작업을 한다.

① 고압 및 저압 밸브를 개방한 상태에서 R-134a 회수 · 재생 · 충전기를 이용하여 진공 작업을 실시한다.

② 5~10분 후에 고압 및 저압 밸브를 닫은 상태에서 게이지가 진공 영역에서 변함없이 유지되면 진공이 정상적으로 실시된 것이다. 압력이 상승하면 시스템 내에서 누설이 있는 것이므로 다음 순서에 의해 누설을 수리한다.

㉮ 냉매 용기로 계통을 충전시킨다.

㉯ 누설 감지기로 냉매의 누설을 점검하여 누설되는 곳이 발견되면 수리한다.

㉰ 냉매를 다시 배출시키고 계통을 진공시킨다.

③ 진공 작업을 실시한 후 진공 상태가 확인되면 고압 및 저압 밸브를 닫는다.

(4) 냉동 오일 보충

계통을 진공시킨 후에 고압 밸브를 개방한 상태에서 R-134a 회수 · 재생 · 충전기를 이용하여 배출된 폐유량 만큼 신유로 보충한다. 보충량은 냉매 회수 작업 완료 후 냉방 장치에서 배출된 냉동 오일량이다.

> **TIP**
> 냉매 충전 시 냉동 오일을 추가로 주입하지 않을 경우에는 시스템 내부의 냉동 오일 부족으로 윤활성이 나빠져 컴프레서 고착 등의 문제를 일으킨다.

(5) 냉매의 충전

① 밸브를 개방한 상태에서 R-134a 회수·재생·충전기를 이용하여 냉매를 규정량만큼 충전시킨 후 밸브를 닫는다.

② 누설 감지기로 시스템에서 냉매 누설을 점검한다.

4 냉·난방 장치 검사

1. 냉매의 누설 검사

냉매의 누설이 의심스럽거나 연결 부위를 분해 또는 푸는 작업을 했을 때에는 전자 누설 감지기로 누설 시험을 행한다.

① 연결 부위의 토크를 점검하여 너무 느슨하면 체결 토크로 조인 후에 누설 감지기로 가스의 누설을 점검한다.

② 연결 부위를 다시 조인 후에도 누설이 계속되면 냉매를 배출시키고 연결 부위를 분리시켜 접촉면의 손상을 점검하여 조금이라도 손상이 되었으면 신품으로 교환한다.

③ 냉동 오일을 점검하여 필요시에는 오일을 보충한다.

④ 계통을 충전시키고 가스 누설을 점검하여 이상이 없으면 계통을 진공시킨 후 충전한다.

2. AQS 작동 검사

AQS 센서의 오염 감지 여부에 따른 인테이크 액추에이터의 내·외기 전환 여부를 확인하고 AQS 센서의 출력 전압을 기록표에 작성한다.

① KEY ON 후 35초 이상 AQS 센서를 예열시킨다.

② 에어컨 컨트롤 패널에 있는 AQS 버튼을 누르고 외기 모드를 확인한 후 AQS의 출력 전압을 측정한다.

③ AQS 센서가 장착된 앞 범퍼 안쪽으로 스프레이 가스를 뿌려 오염 상태를 만들어 주고 에어컨 컨트롤 패널의 내기 모드가 작동된 것을 육안으로 확인 후 AQS의 출력 전압을 측정한다.

④ 오염 상태에 따라 AQS 출력 전압이 변동되었음에도 불구하고 내·외기 모드가 변화 없을 경우 인테이크 액추에이터의 작동회로를 점검한다.

3. PTC 히터 점검·진단

주어진 차량에서 PTC 히터를 작동 시험하고 이상 부위를 기록표에 작성한다.

① 모드는 플로어, 온도는 최대 난방, 블로어 모터는 OFF시킨다.

② 내기 버튼을 5초 이상 누른다.

③ 에어컨 스위치를 OFF시키고 인테이크 모드를 내기로 작동한다.

④ 버튼 표시등 전체가 0.5초 간격으로 점멸(수동)하고, LCD 전체가 0.5초 간격으로 점멸(자

동)하는지 확인한다.

⑤ 블로어 위치를 조작(1~4단 : 수동, 1~8단 : 자동)하여 PTC 구동 여부를 열기로 확인하며, 작동 미감지 시 PTC 커넥터를 탈거 후 커넥터로 입력되는 작동 전압을 각각 측정하여 기록표에 작성하고 전압이 미감지 시 PTC 저항을 측정하여 교환 여부를 결정한다.

⑥ PTC 릴레이 ON 출력은 각각 3초 간격으로 작동하는지 확인한다.

⑦ 진입 후 30초간 PTC 작동 확인 로직을 수행하는지 확인한다.

⑧ A/C 또는 내기 버튼을 선택하면 해제되고, 진입 후 30초 이후에는 자동 해제된다.

⑨ IG OFF시 해제되며 해제 시 배터리 초기 투입 시와 같은 초기화 상태로 제어한다.

4. 에어컨 작동 성능 측정

주어진 차량에서 에어컨 작동 시험을 하고 측정값을 기록표에 작성한다.

① 차량을 그늘진 곳에 정차시킨다.

② 차량의 모든 도어(door)와 후드(hood)를 개방시킨다.

③ 매니폴드 게이지의 저압과 고압 라인을 차량의 에어컨 서비스 포트에 연결한다.

④ 블로어 유닛의 입구에서 공기 흡입구의 온도를 측정하여 25~35℃의 범위가 아니면 정확한 판정을 할 수 없기 때문에 테스트를 연기한다.

⑤ 에어 벤트(vent) 토출구에 건구 온도계를, 블로어 유닛 입구에 건·습구 온도계를 각각 설치한다.

⑥ 엔진을 시동하여 1,500~2,000rpm 영역을 유지시킨다.

⑦ 에어컨 스위치를 켜고, 블로어 모터 Hi, 온도 MAX COLD, 내기 모드, 풍향 VENT의 조건에서 10분 이상 가동시켜 냉방 라인을 안정화시킨다.

⑧ 매니폴드 게이지에 고압이 14~17kg/cm²의 범위 내에 있는지 확인하고 압력이 높으면 콘덴서에 물을 부어 압력을 낮추고, 압력이 낮으면 콘덴서 전면을 덮어 압력을 높인다.

01 온수식 히터장치의 실내 온도 조절 방법으로 틀린 것은?

① 온도 조절 액추에이터를 이용하여 열교환기를 통과하는 공기량을 조절한다.
② 송풍기 모터의 회전수를 제어하여 온도를 조절한다.
③ 열교환기에 흐르는 냉각수량을 가감하여 온도를 조절한다.
④ 라디에이터 팬의 회전수를 제어하여 열교환기의 온도를 조절한다.

> **해설** 온수식 히터장치는 냉각수를 실내 공조장치 안에 위치한 히터 코어로 보내 공기를 가열 후 블로어 모터를 사용하여 실내를 난방 한다. 연소실의 폐열로 인하여 냉각수가 워밍업 되었을 때는 90℃ 이상의 온수가 히터 코어에 공급되고, 온도 액추에이터가 바람의 유로를 히터 코어 쪽으로 열어주면 송풍기에 의해 따뜻한 바람이 실내로 유입된다. 풍향, 풍량, 온도 설정은 컨트롤 패널 조작에 의해 이루어진다.

02 고속도로에서 차량속도가 증가되면 엔진 온도가 하강하고 실내 히터에 나오는 공기가 따뜻하지 않은 원인으로 옳은 것은?

① 엔진 냉각수 량이 적다.
② 방열기 내부의 막힘이 있다.
③ 서모스탯이 열린 채로 고착되었다.
④ 히터 열 교환기 내부에 기포가 혼입되었다.

> **해설** 서모스탯이 열린 채로 고착되면 차량의 속도가 증가되는 경우 주행 풍에 의해 냉각수가 과냉으로 엔진 온도가 하강하고 실내의 히터에 나오는 공기가 따뜻하지 않다.

03 난방장치의 열교환기 중 물을 사용하지 않는 방식의 히터는?

① 온수식 히터
② 가열 플러그 히터
③ 간접형 연료 연소식 히터
④ PTC 히터

> **해설** PTC(Positive Temperature Coefficient) 히터는 난방 성능의 부족을 해소하기 위한 보조 히터이며, 3개의 열선을 배터리 전압에 따라 순차적으로 작동시켜 초기 난방을 극대화 한다. 히터 라디에이터 뒤쪽에 설치되어 있어 공기를 직접 가열하여 난방을 향상시킨다.

04 전자제어 디젤 차량의 P.T.C(positive temperature coefficient) 히터에 대한 설명으로 틀린 것은?

① 공기 가열식 히터이다.
② 작동시간에 제한이 없는 장점이 있다.
③ 배터리 전압이 규정치보다 낮아지면 OFF된다.
④ 공전속도(약 700rpm) 이상에서 작동된다.

> **해설** PTC 히터는 PTC 서미스터를 이용한 전기발열체 소자이며 공기가열 방식 히터이다. 특정온도 이상에서 급격한 저항 값이 증가를 나타내는 저항체에 전기를 통하여 발열시키면, 자신의 저항 값이 증가하여 전류를 제한하여 외기의 온도나 전원전압의 변동에도 불구하고 그 온도는 거의 일정하게 된다. 공전속도(약 700rpm) 이상에서 작동하며, 배터리 전압이 규정치보다 낮아지면 OFF된다.

정답   01.④   02.③   03.④   04.②

05 자동차 에어컨 냉매의 구비조건이 아닌 것은?

① 임계 온도가 높을 것
② 증발 잠열이 클 것
③ 인화성과 폭발성이 없을 것
④ 전기 절연성이 낮을 것

해설 **에어컨 냉매의 구비조건**
① 비등점이 적당히 낮고, 냉매의 증발 잠열이 클 것
② 응축 압력이 적당히 낮고, 증기의 비체적이 클 것
③ 임계 온도 및 안정성이 높을 것
④ 부식성이 적고, 전기 절연 성능이 높을 것
⑤ 압축기에서 배출되는 기체 냉매의 온도가 낮을 것

06 냉매(R-134a)의 구비조건으로 옳은 것은?

① 비등점이 적당히 높을 것
② 냉매의 증발잠열이 작을 것
③ 응축압력이 적당히 높을 것
④ 임계온도가 충분히 높을 것

07 자동차 에어컨의 냉동사이클의 4가지 작용이 아닌 것은?

① 증발   ② 압축
③ 냉동   ④ 팽창

해설 자동차 에어컨의 순환 과정은 압축기(컴프레서) → 응축기(콘덴서) → 건조기(리시버 드라이어) → 팽창 밸브 → 증발기(이배퍼레이터)이다.

08 에어컨에서 냉매 흐름 순서를 바르게 표시한 것은?

① 콘덴서 → 증발기 → 팽창 밸브 → 컴프레서
② 콘덴서 → 컴프레서 → 팽창 밸브 → 증발기
③ 콘덴서 → 팽창 밸브 → 증발기 → 컴프레서
④ 컴프레서 → 팽창 밸브 → 콘덴서 → 증발기

해설 에어컨의 냉매 순환과정은 압축기(컴프레서) → 응축기(콘덴서) → 건조기(리시버 드라이어) → 팽창 밸브 → 증발기(이배퍼레이터)의 순서로 순환된다.

09 자동차용 냉방 장치에서 냉매 사이클의 순서로 옳은 것은?

① 증발기→압축기→응축기→팽창 밸브
② 증발기→응축기→팽창 밸브→압축기
③ 응축기→압축기→팽창 밸브→증발기
④ 응축기→증발기→압축기→팽창 밸브

해설 에어컨의 냉매 순환 과정은 압축기(컴프레서)→응축기(콘덴서)→건조기(리시버 드라이어)→팽창 밸브→증발기(이배퍼레이터)이다.

10 에어컨 압축기 종류 중 가변용량 압축기에 대한 설명으로 옳은 것은?

① 냉방 부하에 따라 냉매 토출량을 조절한다.
② 냉방 부하에 관계없이 일정량의 냉매를 토출한다.
③ 냉방 부하가 작을 때만 냉매 토출량을 많게 한다.
④ 냉방 부하가 클 때만 작동하여 냉매 토출량을 적게 한다.

해설 가변용량 압축기는 압축기가 작동되는 모든 영역에서 냉방 부하량의 변동에 따라 냉매 토출량을 가변 조절함으로써 빈번한 압축기의 ON, OFF에 따른 냉방 성능의 변동이 발생하지 않는다.

11 압축기로부터 들어온 고온·고압의 기체냉매를 액화시켜 냉각시키는 역할을 하는 것은?

① 압축기   ② 응축기
③ 팽창밸브   ④ 증발기

해설 **에어컨의 구조 및 작용**
① 압축기(compressor) : 증발기에서 기화된 냉매를 고온·고압가스로 변환시켜 응축기로 보낸다.
② 응축기(condenser) : 고온고압의 기체냉매를 냉각에 의해 액체냉매 상태로 변화시킨다.
③ 리시버 드라이어(receiver dryer) : 응축기에서 보내온 냉매를 일시 저장하고 항상 액체상태의 냉매를 팽창밸브로 보낸다.

정답 05.④ 06.④ 07.③ 08.③ 09.① 10.① 11.②

④ **팽창밸브(expansion valve)** : 고온·고압의 액체 냉매를 급격히 팽창시켜 저온·저압의 무상(기체) 냉매로 변화시킨다.

⑤ **증발기(evaporator)** : 팽창밸브에서 분사된 액체 냉매가 주변의 공기에서 열을 흡수하여 기체 냉매로 변환시키는 역할을 하고, 공기를 이용하여 실내를 쾌적한 온도로 유지시킨다.

⑥ **송풍기(blower)** : 직류직권 전동기에 의해 구동되며 공기를 증발기에 순환시킨다.

12 자동차 에어컨 시스템에서 응축기가 오염되어 대기 중으로 열을 방출하지 못하게 되었을 경우 저압과 고압의 압력은?

① 저압과 고압 모두 낮다.
② 저압과 고압 모두 높다.
③ 저압은 높고 고압은 낮다.
④ 저압은 낮고 고압은 높다.

해설 응축기가 오염되어 대기 중으로 열을 방출하지 못하면 저압과 고압 모두 높다.

13 에어컨 시스템이 정상 작동 중일 때 냉매의 온도가 가장 높은 곳은?

① 압축기와 응축기 사이
② 응축기와 팽창 밸브 사이
③ 팽창 밸브와 증발기 사이
④ 증발기와 압축기 사이

14 자동차에 사용되는 에어컨 리시버 드라이어의 기능으로 틀린 것은?

① 액체 냉매 저장
② 냉매 압축 송출
③ 냉매의 수분 제거
④ 냉매의 기포 분리

해설 리시버 드라이어의 기능은 냉매 저장 기능, 냉매의 기포 분리 기능, 냉매의 수분 흡수 기능, 냉매량 관찰 기능 등이다.

15 에어컨 구성부품 중 응축기에서 들어온 냉매를 저장하여 액체상태의 냉매를 팽창 밸브로 보내는 역할을 하는 것은?

① 온도 조절기   ② 증발기
③ 리시버 드라이어   ④ 압축기

해설 리시버 드라이어(receiver dryer) : 응축기에서 보내온 냉매를 일시 저장하고 항상 액체상태의 냉매를 팽창 밸브로 보낸다.

16 공기 조화 장치에서 저압과 고압 스위치로 구성되어 있으며, 리시버 드라이어에 주로 장착되어 있는데 컴프레서의 과열을 방지하는 역할을 하는 스위치는?

① 듀얼 압력 스위치
② 콘덴서 압력 스위치
③ 어큐뮬레이터 스위치
④ 리시버 드라이어 스위치

해설 듀얼 압력 스위치는 리시버 드라이어에 주로 장착되어 있으며 저압과 고압 스위치로 구성되고 컴프레서의 과열을 방지하는 역할을 한다.

17 자동차 냉방 장치의 구성부품 중에서 액화된 고온 고압의 냉매를 저온 · 저압의 냉매로 만드는 역할을 하는 것은?

① 압축기   ② 응축기
③ 증발기   ④ 팽창 밸브

해설 팽창 밸브(expansion valve)는 고온·고압의 액체냉매를 급격히 팽창시켜 저온·저압의 무상(기체)냉매로 변화시켜 주는 부품이다.

18 자동차 냉방 장치에서 액화된 고온·고압의 냉매를 저온·저압의 냉매로 바꾸어 주는 부품은?

① 압축기   ② 응축기
③ 증발기   ④ 팽창 밸브

정답 12.② 13.① 14.② 15.③ 16.① 17.④ 18.④

19 TXV 방식의 냉동 사이클에서 팽창 밸브는 어떤 역할을 하는가?

① 고온 고압의 기체 상태의 냉매를 냉각시켜 액화시킨다.

② 냉매를 팽창시켜 고온 고압의 기체로 만든다.

③ 냉매를 팽창시켜 저온 저압의 무화상태 냉매로 만든다.

④ 냉매를 팽창시켜 저온 고압의 기체로 만든다.

해설 팽창 밸브(expansion valve)는 고온·고압의 액체 냉매를 급격히 팽창시켜 저온저압의 무상(기체)냉매로 변화시킨다.

20 냉방장치의 구조 중 다음의 설명에 해당되는 것은?

> 팽창 밸브에서 분사된 액체 냉매가 주변의 공기에서 열을 흡수하여 기체 냉매로 변환시키는 역할을 하고, 공기를 이용하여 실내를 쾌적한 온도로 유지시킨다.

① 리시버 드라이어　② 압축기

③ 증발기　　　　　④ 송풍기

21 냉 · 난방장치에서 블로워 모터 및 레지스터에 대한 설명으로 옳은 것은?

① 최고 속도에서 모터와 레지스터는 병렬 연결된다.

② 블로워 모터 회전속도는 레지스터의 저항값에 반비례한다.

③ 블로워 모터 레지스터는 라디에이터 팬 앞쪽에 장착되어 있다.

④ 블로워 모터가 최고속도로 작동하면 블로워 모터 퓨즈가 단선될 수도 있다.

해설 레지스터는 블로워 모터의 회전수를 조절하는 역할을 하며, 레지스터는 몇 개의 저항으로 회로를 구성한다. 레지스터의 각 저항을 적절히 조합하여 각 속도 단별 저항을 형성하며, 저항에 따른 발열에 대한 안전장치로 퓨즈가 내장되어 있다.

22 자동차 냉방 시스템에서 CCOT(Clutch Cycling Orifice Tube)형식의 오리피스 튜브와 동일한 역할을 수행하는 TXV(Thermal Expansion Valve)형식의 구성부품은?

① 콘덴서　　　　　② 팽창 밸브

③ 핀센서　　　　　④ 리시버 드라이어

해설 에어컨 형식의 종류
① TXV 형식 : 압축기, 콘덴서, 팽창 밸브, 증발기로 구성되어 있다.
② CCOT 형식 : 압축기, 콘덴서, 오리피스 튜브, 증발기로 구성되어 있다. 오리피스 튜브는 TXV 형식의 팽창 밸브 역할을 수행한다.

23 자동 공조장치와 관련된 구성품이 아닌 것은?

① 컴프레서, 습도 센서

② 콘덴서, 일사량 센서

③ 이배퍼레이터, 실내 온도 센서

④ 차고 센서, 냉각수온 센서

해설 자동 공조장치(FATC)의 기본 구성품은 컴프레서, 콘덴서, 리시버 드라이어, 팽창 밸브, 이배퍼레이터이고, 입력 요소는 실내 온도 센서, 외기 온도 센서, 일사량 센서, 핀 서모 센서, 냉각수온 센서, 온도 조절 액추에이터 센서, APT 센서, AQS 센서, 습도 센서 등으로 구성되어 있다.

24 전자동 에어컨 장치(Full Auto Air Conditioning)에서 입력되는 센서가 아닌 것은?

① 대기압 센서　　② 실내 온도 센서

③ 핀 서모 센서　　④ 일사량 센서

해설 오토 에어컨의 컨트롤 유닛에 입력되는 요소는 실내 온도 센서, 외기 온도 센서, 일사량 센서, 핀 서모 센서, 냉각수온 센서, 온도 조절 액추에이터 센서, APT 센서, AQS 센서, 습도 센서 등으로 구성되어 있다.

정답　19.③　20.③　21.②　22.②　23.④　24.①

25 전자제어 에어컨 장치에서 컨트롤 유닛에 입력되는 요소가 아닌 것은?

① 외기 온도 센서   ② 일사량 센서
③ 습도 센서   ④ 블로어 센서

26 자동차 에어컨 시스템에서 제어 모듈의 입력 요소가 아닌 것은?

① AQS 센서
② 산소 센서
③ 외기 온도 센서
④ 증발기 온도 센서

27 전자동 에어컨 시스템의 입력 요소로 틀린 것은?

① 습도 센서   ② 차고 센서
③ 일사량 센서   ④ 실내 온도 센서

28 전자제어 에어컨에서 자동차의 실내 및 외부의 온도 검출에 사용되는 것은?

① 서미스터   ② 퍼텐쇼미터
③ 다이오드   ④ 솔레노이드

해설 서미스터는 전자제어 에어컨에서 실내 온도와 외부 온도 그리고 증발기의 온도를 검출하기 위하여 사용한다.

29 실내 온도 센서(NTC 특성) 점검 방법에 관한 설명으로 옳지 않은 것은?

① 센서 전원 5V 공급여부
② 실내 온도 변화에 따른 센서 출력 값 일치여부
③ 에어 튜브 이탈여부
④ 센서에 더운 바람을 인가했을 때 출력 값이 상승되는지 여부

해설 실내 온도 센서(NTC 특성) 점검은 센서 전원 5V 공급 여부, 실내 온도 변화에 따른 센서 출력 값 일치 여부, 에어 튜브 이탈 여부이다.

30 에어컨 구성품 중 핀 서모 센서에 대한 설명으로 옳지 않은 것은?

① 이배퍼레이터 코어의 온도를 감지한다.
② 부특성 서미스터로 온도에 따른 저항이 반비례하는 특성이 있다.
③ 냉방 중 이배퍼레이터가 빙결되는 것을 방지하기 위하여 장착된다.
④ 실내 온도와 대기 온도 차이를 감지하여 에어컨 컴프레서를 제어한다.

해설 핀 서모 센서는 부특성 서미스터로 온도에 따른 저항이 반비례하는 특성을 이용하여 이배퍼레이터(증발기) 코어의 온도를 감지해 냉방 중 이배퍼레이터가 빙결되는 것을 방지하기 위하여 장착된다.

31 자동 에어컨 시스템에서 계속되는 냉방으로 증발기가 빙결되는 것을 방지할 목적으로 사용되는 센서는?

① 일사량 센서   ② 핀 서모 센서
③ 실내 온도 센서   ④ 외기 온도 센서

32 시동 후 냉각수, 온도 센서(부특성 서미스터)의 출력 전압은 수온이 올라감에 따라 어떻게 변화하는가?

① 변화 없다.
② 크게 상, 하로 움직인다.
③ 계속 상승하나 일정하게 된다.
④ 엔진온도 상승에 따라 전압 값이 감소한다.

해설 부특성 서미스터는 온도가 상승하면 저항 값이 감소하고, 온도가 낮아지면 저항 값이 증가하는 특성이 있다. 냉각수 온도 센서(부특성 서미스터)의 출력 전압은 엔진의 온도 상승에 따라 전압 값이 감소한다.

정답   25.④   26.②   27.②   28.①   29.④   30.④   31.②   32.④

33 자동차의 전자동 에어컨 장치에 적용된 센서 중 부특성 저항방식이 아닌 것은?

① 일사량 센서
② 내기온도 센서
③ 외기온도 센서
④ 증발기 온도 센서

> **해설** 일사량 센서는 광전도 특성을 가지는 포토다이오드를 이용하며 햇빛의 양에 비례하여 출력전압이 상승하는 특징이 있다.

34 부특성 서미스터를 적용한 냉각수 온도 센서는 수온이 올라감에 따라 저항은 어떻게 변화하는가?

① 변화 없다.
② 일정하다.
③ 상승한다.
④ 감소한다.

> **해설** 냉각수 온도 센서(부특성 서미스터)의 출력 전압은 엔진 온도 상승에 따라 전압 값이 감소한다.

35 자동 온도 조절장치(FATC)의 센서 중에서 포토다이오드를 이용하여 변환 전류로 컨트롤하는 센서는?

① 일사량 센서
② 내기온도 센서
③ 외기온도 센서
④ 수온 센서

> **해설** 일사량 센서는 광전도 특성을 지닌 포토다이오드를 이용하여 자동차 실내로 들어오는 햇빛의 양을 검출하여 컴퓨터로 입력시키는 작용을 한다. 온도 센서는 부특성 서미스터를 이용하여 차실 내·외기 온도 및 냉각수 온도를 검출하여 컴퓨터로 입력시킨다.

36 포토다이오드에 대한 설명으로 틀린 것은?

① 응답 속도가 빠르다.
② 주변의 온도변화에 따라 출력 변화에 영향을 많이 받는다.
③ 빛이 들어오는 광량과 출력되는 전류의

직진성이 좋다.
④ 자동차에서는 크랭크 각 센서, 에어컨 일사량 센서 등에 사용된다.

> **해설** 포토다이오드는 빛이 들어오는 광량과 출력되는 전류의 직진성이 좋고, 응답 속도가 빠르다. 자동차에서는 크랭크 각 센서, 에어컨 일사량 센서 등에 사용된다.

37 유해가스 감지 센서(AQS)가 차단하는 가스가 아닌 것은?

① SO_2
② NO_2
③ CO_2
④ CO

> **해설** AQS(air quality system) 센서는 NO(산화질소), NOx(질소산화물), SO_2(이산화황), CxHy(하이드로카본), CO(일산화탄소) 등 인체에 유해한 가스가 실내로 유입되지 못하도록 공기 오염 시 내기 모드로 전환되고 외부 공기가 청정하면 외기 모드로 자동 전환되도록 한다.

38 전자동 에어컨 시스템에서 제어 모듈의 출력 요소로 틀린 것은?

① 블로어 모터
② 냉각수 밸브
③ 내·외기 도어 액추에이터
④ 에어믹스 도어 액추에이터

> **해설** 제어 모듈의 출력 요소는 온도 조절 액추에이터, 풍향 조절 액추에이터, 내·외기 모드 전환 액추에이터, 파워 트랜지스터, 에어컨 릴레이, 블로어 모터 등으로 구성되어 있다.

39 에어컨 자동 온도 조절장치(FATC)에서 제어 모듈의 출력 요소로 틀린 것은?

① 블로어 모터
② 에어컨 릴레이
③ 엔진 회전수 보상
④ 믹스 도어 액추에이터

정답 **33.**① **34.**④ **35.**① **36.**② **37.**③ **38.**② **39.**③

40 ECU에서 제어하는 에어컨 릴레이에 다이오드를 부착하는 이유는?

① 점화 신호 오류방지
② 릴레이를 보호하기 위해
③ 서지 전압에 의한 ECU 보호
④ 정밀한 제어를 위해

> **해설** 에어컨 릴레이에 다이오드를 부착하는 이유는 서지 전압에 의한 ECU를 보호하기 위함이다.

41 릴레이 내부에 다이오드 또는 저항이 장착된 목적으로 옳은 것은?

① 역방향 전류 차단으로 릴레이 접점 보호
② 역방향 전류 차단으로 릴레이 코일 보호
③ 릴레이 접속 시 발생하는 스파크로부터 전장부품 보호
④ 릴레이 차단 시 코일에서 발생하는 서지 전압으로부터 제어모듈 보호

> **해설** 릴레이 내부에 다이오드 또는 저항을 장착하는 목적은 릴레이를 차단할 때 코일에서 발생하는 서지 전압으로부터 제어모듈을 보호하기 위함이다.

42 공기 정화용 에어 필터에 관련된 내용으로 틀린 것은?

① 파티클 필터는 공기 중의 이물질만 제거한다.
② 콤비네이션 필터는 공기 중의 이물질과 냄새를 함께 제거한다.
③ 필터가 막히면 블로어 모터의 소음이 감소된다.
④ 필터가 막히면 블로어 모터의 송풍량이 감소된다.

> **해설** 공기 정화용 에어 필터는 차량 실내의 이물질 및 냄새를 제거하여 항상 쾌적한 실내의 환경을 유지시켜 주는 역할을 한다. 예전에 사용되던 파티클 에어 필터는 먼지만 제거하였지만, 현재는 먼지 제거용 필터와 냄새 제거용 필터를 추가한 콤비네이션 필터를 사용하여 항상 쾌적한 실내의 환경을 유지시킨다. 필터가 막히면 블로어 모터의 송풍량이 감소된다.

43 공기 정화용 에어 필터에 관련된 내용으로 틀린 것은?

① 공기 중의 이물질만 제거 가능한 형식이 있다.
② 필터가 막히면 블로어 모터의 소음이 감소된다.
③ 필터가 막히면 블로어 모터의 송풍량이 감소된다.
④ 공기 중의 이물질과 냄새를 함께 제거 가능한 형식이 있다.

44 자동 공조장치에 대한 설명으로 틀린 것은?

① 파워 트랜지스터의 베이스 전류를 가변하여 송풍량을 제어한다.
② 온도 설정에 따라 믹스 액추에이터 도어의 개방 정도를 조절한다.
③ 실내 및 외기온도 센서의 신호에 따라 에어컨 시스템의 제어를 최적화 한다.
④ 핀 서모 센서는 에어컨 라인의 빙결을 막기 위해 콘덴서에 장착되어 있다.

> **해설** 핀 서모 센서(fin thermo sensor)는 부특성 서미스터로 온도에 따른 저항이 반비례하는 특성을 이용하여 증발기(이배퍼레이터) 코어의 온도를 검출해 냉방 중 증발기가 빙결되는 것을 방지하기 위하여 설치한다.

45 NPN형 파워 TR에서 접지되는 단자는?

① 캐소드 ② 이미터
③ 베이스 ④ 컬렉터

> **해설** NPN형 트랜지스터는 P형 쪽에 또 하나의 N형을 접합한 것이며, 중앙부분을 베이스(base ; B), 트랜지스터의 형식에 관계없이 각각의 전극에서 끌어낸 리드선 단자를 이미터(emitter ; E), 그리고 나머지 단자를 컬렉터(collector ; C)라 한다. NPN형은 베이스에서 이미터로의 전류 흐름이 순방향 흐름이므로 접지단자는 이미터이다.

정답 40.③ 41.④ 42.③ 43.② 44.④ 45.②

46 에어컨 라인 압력 점검에 대한 설명으로 틀린 것은?

① 시험기 게이지에는 저압, 고압, 충전 및 배출의 3개 호스가 있다.
② 에어컨 라인 압력은 저압 및 고압이 있다.
③ 에어컨 라인 압력 측정 시 시험기 게이지 저압과 고압 핸들 밸브를 완전히 연다.
④ 엔진 시동을 걸어 에어컨 압력을 점검한다.

해설 에어컨 라인의 압력을 점검하는 경우에는 매니폴드 게이지의 저압 호스를 저압 라인의 피팅에, 고압 호스는 고압 라인의 피팅에 연결하며, 저압과 고압의 핸들 밸브는 잠근 상태에서 점검한다.

47 냉방 사이클 내부의 압력이 규정치보다 높게 나타나는 원인으로 옳지 않은 것은?

① 냉매의 과충전
② 컴프레서의 손상
③ 리시버 드라이어의 막힘
④ 냉각팬 작동불량

해설 컴프레서가 손상되면 내부의 압력이 형성되지 않는 원인이 된다.

48 에어컨 시스템에서 저압측 냉매 압력이 규정보다 낮은 경우의 원인으로 가장 적절한 것은?

① 팽창 밸브가 막힘
② 콘덴서 냉각량이 약함
③ 냉매량이 너무 많음
④ 에어컨 시스템 내에 공기 혼입

해설 팽창 밸브가 막히면 저압 쪽의 냉매 압력이 규정보다 낮아진다.

49 자동차 에어컨(FATC) 작동 시 바람은 배출되나 차갑지 않고, 컴프레서 동작 음이 들리지 않는다. 다음 중 고장원인과 가장 거리가 먼 것은?

① 블로어 모터 불량
② 핀 서모 센서 불량
③ 트리플 스위치 불량
④ 컴프레서 릴레이 불량

해설 바람은 배출되나 차갑지 않고, 컴프레서의 동작 음이 들리지 않는 원인은 컴프레서 릴레이 불량, 트리플 스위치 불량, 서머 스위치 불량, 핀 서모 센서 불량이다.

50 자동차의 에어컨에서 냉방효과가 저하되는 원인으로 틀린 것은?

① 압축기 작동시간이 짧을 때
② 냉매량이 규정보다 부족할 때
③ 냉매주입 시 공기가 유입되었을 때
④ 실내공기 순환이 내기로 되어 있을 때

해설 냉방효과가 저하되는 원인은 냉매량이 규정보다 부족할 때, 압축기 작동시간이 짧을 때, 냉매를 주입할 때 공기가 유입된 경우이다.

정답 46.③ 47.② 48.① 49.① 50.④

3-3 편의장치 정비

1 편의장치 점검·진단

1. 윈드 실드 와이퍼·와셔 장치

(1) 윈드 실드 와이퍼

① 윈드 실드 와이퍼는 비 또는 눈이 올 때 운전자의 시야가 방해되는 것을 방지하기 위해 앞면 유리를 닦아내는 역할을 한다.

② 전기식 윈드 실드 와이퍼는 동력을 발생하는 전동기부, 동력을 전달하는 링크부분 및 앞면 유리를 닦는 윈드 실드 와이퍼 블레이드 부분으로 구성되어 있다.

1) 와이퍼 모터(wiper motor)

① 직류 복권식 전동기를 사용한다.

② 전기자 축을 약 1/90~1/100의 회전속도로 감속하는 감속기어가 있다.

③ 블레이드를 항상 창유리 아래쪽에 정지하도록 자동 정위치 정지장치가 있다.

④ 저속에서 블레이드 작동 속도를 조절하는 타이머 등이 함께 조립되어 있다.

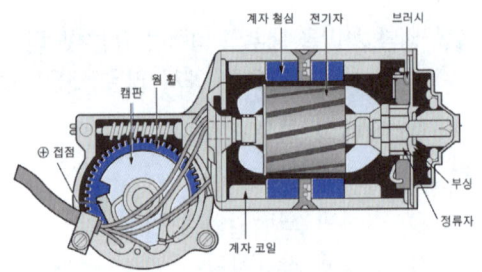

🔺 와이퍼 모터의 구조

2) 와이퍼 암과 블레이드

① **와이퍼 암** : 와이퍼 암은 그 한쪽 끝에 지지되는 블레이드를 창유리 면에 접촉시키고, 프로텍션 박스를 통해 링크나 와이퍼 모터 구동축에 결합하는 역할도 한다.

② **블레이드** : 블레이드는 고무 제품으로 창유리를 닦는 부분이다. 고무의 위 부분을 금속으로 지지하고 금속의 중앙 부분을 윈드 실드 와이퍼 암의 선단으로 받치고 있다.

③ **링크 기구** : 링크 기구는 좌우의 윈드 실드 와이퍼 블레이드를 연동시키는 구조로 되어 있으며, 연동 방법에는 평형, 연동형, 대향형 등이 있다.

(2) 레인 센서 와이퍼 제어장치

1) 레인 센서

레인 센서 와이퍼 제어장치는 와이퍼 모터의 구동시간을 전자제어 시간경보 장치가 앞 창유리의 상단 안쪽 부분에 설치된 레인 센서와 컴퓨터에서 강우량을 검출하여 운전자가 와이퍼 스위치를 조작하지 않아도 와이퍼 모터의 작동시간 및 저속·고속을 자동적으로 제어하는 방식이다.

2) 레인 센서의 구성 및 작동

① 레인 센서는 발광 다이오드와 포토다이오드에 의해 비의 양을 검출한다.

② 발광 다이오드로부터 유리 표면에 적외선을 방출시킨다.

③ 유리 표면의 빗물에 의해 반사되어 돌아오는 적외선을 포토다이오드가 검출하여 비의 양을 검출한다.

④ 직경 0.4mm의 아주 작은 빗방울도 감지하도록 구성되어 있다.

⑤ 레인 센서는 유리 투과율을 스스로 보정하는 서보 회로가 설치되어 있다.

⑥ 앞 창유리의 투과율에 관계없이 일정하게 빗물을 검출하는 기능이 있다.

⑦ 앞 창유리의 투과율은 발광 다이오드와 포토다이오드와의 중앙점 바로 위에 있는 유리 영역에서 결정된다.

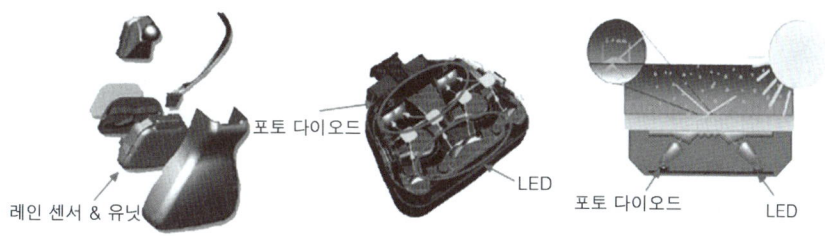

🔺 레인 센서의 구성품

3) 작동 제어

레인 센서는 다기능 스위치로부터 AUTO 신호가 입력되면, 빗물을 감지하여 와이퍼 모터를 제어한다.

4) 간섭 영향

① 측정 표면 및 모든 빛의 경로상 표면(발광과 수광 다이오드의 표면, 광학 섬유(Optic fiber), 커플링 패드, 윈드 실드의 접합부 유리표면)의 먼지는 측정 신호를 약화시킨다.

② 윈드 실드와 커플링 패드의 접착면의 기포는 측정 신호를 약화시킨다.

③ 진동에 의한 커플링 패드의 움직임은 레인 센서를 오작동시킨다.

④ 손상된 와이퍼 블레이드는 레인 센서를 오작동시킨다.

5) 레인 센서와 와이퍼의 작동

① IGN2 ON 상태에서 AUTO 스위치 입력(LIN 통신)이 있을 경우에는 레인 센서 신호에 의해 와이퍼 LOW 릴레이 및 와이퍼 HIGH 릴레이를 구동한다.

② IGN이 OFF 된 상태에서 와이퍼 스위치를 AUTO에 두고 IGN을 ON하면 와이퍼가 1회 작동한다.

③ 와이퍼 스위치를 AUTO에 두고 비가 검출될 때마다 와이퍼가 1회 작동한다.

    ㉮ 와이퍼 스위치를 AUTO에 두었을 때 레인 센서로부터 OFF 신호를 받으면 와이퍼는 작동하지 않는다.

Ⓨ IGN을 ON한 상태에서 와이퍼 스위치를 처음 AUTO에 두면 우적 감지나 OFF 신호에 상관없이 와이퍼가 1회 작동한다.

⑥ 감도 입력을 변경시키는 것에 따라 레인 센서의 동작도 조절된다.

㉮ AUTO에서 레인 센서로부터 우적 감지 신호를 받고 있을 때 감도를 한 단계 위로(한 단계 아래) 변화시킬 때마다 BCM은 와이퍼 작동한다.

㉯ 2초 이내로 감도를 한 단계 이상 변화시킬 경우 한 번의 와이퍼 작동만 한다.

(3) 윈드 실드 와셔

윈드 실드 와셔는 유리창에 먼지나 이물질이 묻었을 때 그대로 윈드 실드 와이퍼로 닦으면 블레이드와 창유리가 손상된다. 이를 방지하기 위해 윈드 실드 와셔를 부착하고 윈드 실드 와이퍼가 작동하기 전에 세정액을 분사하는 역할을 한다. 윈드 실드 와셔의 구조는 물탱크, 모터, 펌프, 파이프, 노즐 등으로 구성되어 있다.

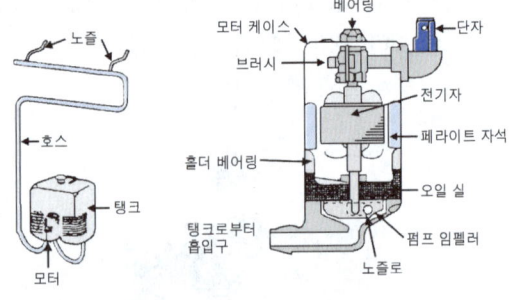

△ 윈드 실드 와셔의 구조

2. 후진 경고 장치(Back Warning System)

후진할 때 편의성 및 안전성을 확보하기 위해 운전자가 변속 레버를 후진으로 선택하면 후진 경고 장치가 작동하여 장애물이 있다면 초음파 센서에서 초음파를 발사하여 장애물에 부딪쳐 되돌아오는 초음파를 받아서 컴퓨터에서 자동차와 장애물과의 거리를 계산하여 버저(buzzer)의 경고음(장애물과의 거리에 따라 1차, 2차, 3차 경보를 차례로 울림)으로 운전자에게 알려주는 장치이다.

3차경보 : 40cm(±10) 이하 근접할 때
2차경보 : 41~80cm(±10) 근접할 때
1차경보 : 81~120cm(±15) 근접할 때

△ 후진 경고 장치의 구성

(1) 후진 경고 장치의 구성부품

1) 컴퓨터

① 컴퓨터는 초음파의 송신, 수신시기 제어, 물체 유무 판정 및 회로의 단선을 검출하는 역할을 한다.

② 컴퓨터의 케이스 옆쪽에 정비 모드 스위치가 설치되어 있다.

③ 고장 경보음이 울릴 때 정비 모드 스위치를 ON으로 하고 좌·우측 또는 컴퓨터의 고장 유무를 판단할 수 있다.

2) 초음파 센서

① 초음파 센서는 초음파를 발산하여 물체에서 부딪쳐 되돌아올 때까지의 시간을 측정하여 물체까지의 거리를 구한다.

② 초음파 센서는 검출 효율을 향상시키기 위해 직접 검출 방식과 간접 검출 방식을 혼합하여 사용한다.

③ 직접 검출 방식은 1개의 센서로 송신하고 수신하여 거리를 측정한다.

④ 간접 검출 방식은 2개의 센서를 사용하며, 1개의 센서로는 송신을 하고, 다른 1개의 센서에서는 수신하여 거리를 측정한다.

(2) 초음파 센서의 거리 경보

검출 작동 범위 영역 내에서 다음과 같이 3단계의 거리 영역으로 구분하여 각각 영역 내에서 물체가 검출되면 경보를 발생한다.

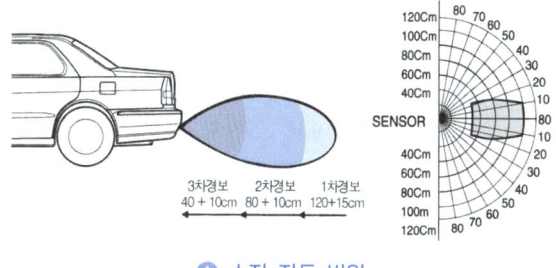

▲ 수직 작동 범위

① **1차 경보** : 물체가 자동차 후방의 센서에 81~120±15cm 이내로 접근하였을 때

② **2차 경보** : 물체가 자동차 후방의 센서에 41~80±10cm 이내로 접근하였을 때

③ **3차 경보** : 물체가 자동차 후방의 센서에 40±1cm 이내로 접근하였을 때

3. 통합 운전석 기억장치(IMS ; Integrated Memory System)

통합 운전석 기억장치는 운전자가 자신에게 맞는 최적의 시트 위치, 사이드 미러 위치 및 조향 핸들의 위치 등을 IMS 컴퓨터에 입력시킬 수 있으며, 다른 운전자가 운전하여 위치가 변경되었을 경우 컴퓨터가 기억시킨 위치로 자동적으로 복귀시켜주는 장치이다.

(1) 통합 운전석 기억장치(IMS)의 기능

① 운전석 시트의 슬라이드, 리클라인, 높이, 각도 등의 기억 기능이 있다.

② 조향 핸들의 각도와 텔레스코프 기억 기능이 있다.

③ 사이드 미러와 룸 미러의 상하 · 좌우 위치를 기억시킬 수 있는 기능이 있다.

④ 운전자가 자신의 체형에 맞도록 설정해 놓은 시트의 슬라이드 위치, 시트 등받이의 높이 및 각도 등을 기억해 둔 위치로 이동시켜 준다.

⑤ 운전석과 동승석 사이드 미러의 상하 · 좌우 각도를 기억된 위치로 이동시켜 준다.

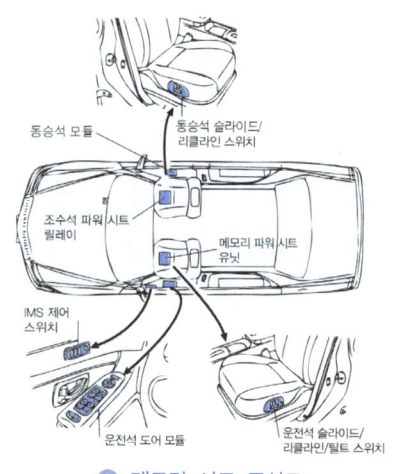

▲ 메모리 시트 구성도

⑥ 조향 핸들의 상하 각도를 조절해 주는 기능 및 조향 핸들의 앞뒤 이동거리를 자동으로 제어하여 기억된 위치로 조향 핸들을 이동시켜 준다.

⑦ 점화 스위치를 OFF시키면 시트를 현재 위치에서 약 50mm 뒤로 이동시키고, 조향 핸들을 최대로 올려주어 운전자의 승차 및 하차를 편리하게 해준다.

(2) 통합 운전석 기억장치(IMS)의 통신 구성

① CAN 통신 : 운전석 파워 윈도우 모듈과 조수석 파워 윈도우 모듈, 파워시트, 틸트 및 텔레스코프, PIC 유니트, 그리고 인터페이스 유닛 등은 CAN 통신을 한다.

② LIN 통신 : 바디 컨트롤 모듈(BCM), 다기능 스위치, 레인 센서, 외부 수신기, 오토라이트 기능들은 LIN 통신을 한다.

(3) 통합 운전석 기억장치(IMS)의 입력 요소

① 점화 스위치 신호   ② 인히비터 스위치 신호
③ 주차 브레이크 스위치 신호   ④ 주행속도 신호
⑤ 시트 수동 스위치 신호   ⑥ 운전석 위치 센서
⑦ 사이드 미러 위치 센서   ⑧ 조향 핸들 위치 센서
⑨ 제어 스위치 신호   ⑩ 슬라이드 위치 센서
⑪ 리클라인 위치 센서   ⑫ 틸트 위치 센서
⑬ 하이트 위치 센서   ⑭ 리미트 스위치 신호

(4) 통합 운전석 기억장치(IMS)의 출력 요소

① 파워 시트 작동 모터   ② 사이드 미러 작동 모터
③ 조향 핸들 작동 모터   ④ 슬라이드 모터
⑤ 리클라인 모터   ⑥ 틸트 모터
⑦ 하이트 모터

(5) 통합 운전석 기억장치(IMS)의 제어

① 수동 조작   ② 기억 작동   ③ 재생 작동
④ 승하차 연동 작동   ⑤ 버저 기능

4. 버튼 엔진 시동 시스템

버튼 엔진 시동 시스템은 운전자에게 기존 기계식 키를 이용하는 대신 간단하게 시동 버튼(SSB ; Start Stop Button)을 누름으로써 자동차의 시동을 거는 장치이다.

(1) 버튼 엔진 시동 시스템 개요

① 특정 작업 없이도 스티어링 칼럼(ESCL ; Electronic

▲ 버튼 엔진 시동 시스템

Steering Column Lock) 잠금과 해제를 실행한다.

② 브레이크 페달을 밟고 SSB를 누르면 FOB 키 인증 및 전송 상태는 충족된다.

③ 버튼 엔진 시동 시스템(BES)은 스티어링 칼럼 잠금·해제 기능, 단자 스위치 제어 그리고 엔진 크랭킹 등을 진행하게 된다.

④ 이모빌라이저 인증 후에 시스템은 스타터 모터를 작동한다.

⑤ 스타터 해제를 위한 엔진 작동 상태를 확인하기 위해 EMS와 통신을 하게 된다.

⑥ 차량을 멈춘 상태에서 SSB 버튼을 한번 누르면 엔진은 꺼진다.

⑦ 엔진이 작동 중일 경우에 시동을 끄고 싶을 때는 SSB 버튼을 길게 누르거나 3회 연속 누르면 시동이 꺼지게 된다.

⑧ SSB 버튼을 누르는 것이 감지되거나 유효 FOB 키가 인증된 동안에 엔진 크랭킹 조건이 충족되지 않았다면, 차량의 전원 상태를 IGN ON 상태로 변경한다.

⑨ 이모빌라이저 시스템은 스마트 키 방식과 전자 칩이 들어있는 트랜스 폰더 키 방식이 있다.

⑩ 이모빌라이저 시스템은 기계적인 일치뿐만 아니라 무선으로 이루어진 암호 코드가 일치할 경우에만 시동이 걸리는 도난 방지 시스템이다.

⑪ 차량에 입력되어 있는 암호와 시동키에 입력된 암호가 일치해야만 시동이 걸리게 되므로 해당 차량의 고유 정품 키가 아니면 연료 공급이 차단되어 시동이 걸리지 않는다.

⑫ 변속 레버 포지션 위치에 따른 동작 상태는 다음과 같다.

㉮ **P단일 경우** : OFF → ACC → IGN → OFF → ACC

㉯ **P단 이외의 경우** : OFF → ACC → IGN → ACC

(2) 버튼 엔진 시동 시스템의 구성

버튼 엔진 시동 시스템은 스마트키 유닛, 전원 공급 모듈(PDM ; Power Distribution Module), FOB 키 홀더, 외장 리시버, 단자 및 스타터 릴레이, 시동 정지 버튼(SSB: Start Stop Button), 전자식 스티어링 칼럼 록(ESCL: Electronic Steering Column Lock), EMS(Engine Management System) 등으로 구성되어 있다.

1) 스마트 키 유닛

① 스마트 키 유닛은 버튼 엔진 시동 시스템 전체의 마스터 역할을 수행한다.

② 모듈로부터 차량 상태에 대한 정보(차속, 알람 상태, 운전석 도어 열림 등)를 수집한다.

③ 입력 값(SSB, 센서, 잠금 버튼, 변속 레버 위치)을 읽고, 출력 값(내, 외장 안테나) 제어, CAN 네트워크를 통해 다른 장치와 통신 및 싱글라인 인터페이스, 버튼 엔진 시동 시스템 구성 부품의 진단 및 학습도 스마트키 유닛에 의해 제어된다.

🔺 스마트 키 유닛

2) 전원 공급 모듈(PDM ; Power Distribution Module)

① PDM은 ACC, IGN1, IGN2를 위한 외장 릴레이를 작동하는 단자 제어 기능을 실행한다. 스타터 릴레이 제어에 대한 책임을 지고 있다.

② 차량 상태에 따라 전자식 스티어링 칼럼 록(ESCL) 공급 라인의 전원 및 접지를 전환하면서 ESCL의 전원 공급을 제어한다.

③ ACC 또는 IGN이 ON 상태이면 ESCL에 전원이 공급되는 것을 막는 역할이 이 기능의 목적이다.

④ PDM은 SSB 조명, 시스템 상태 표시등을 제어하며, 2개의 다른 색깔의 LED로 구성되어 있다.

⑤ FOB 홀더의 조명도 PDM에 의해 관리된다.

⑥ PDM은 입력값(FOB 입력, 차속, 릴레이 접속 상태, ESCL 잠김 상태)을 읽고 출력값(릴레이 출력 구동, ESCL 전원) 제어, 그리고 CAN 네트워크를 통해 다른 장치와 통신 등을 한다.

3) FOB 키 홀더(Holder)

① FOB 키 홀더(Holder)는 트랜스 폰더 인증에 사용된다.

② 트랜스 폰더 인증은 FOB 키 인증에 실패했을 경우에 필요하다.

③ FOB 홀더는 FOB 키가 삽입되는 슬롯을 포함하고 있으며, FOB는 기계적 잠금 상태를 유지한다.

④ FOB의 삽입이 감지되었을 때 바로 FOB 삽입 신호를 PDM에 보낸다.

⑤ 통신이 PDM에 의해 초기화 되었다면 FOB 홀더에 전원을 공급한다.

⑥ 홀더에 FOB 삽입과 트랜스 폰더의 통신은 FOB의 삽입 방향에 상관없이 가능하다.

4) 외장 리시버

① 스마트키 FOB에 의해 전송된 데이터는 외장 RF 리시버에 의해 수신된다.

② 리시버는 스마트키 시스템에 적용되는 것과 동일하다.

③ 리시버는 시리얼 통신라인을 통해 스마트키 유닛에 연결된다.

5) 시동 정지 버튼(SSB: Start Stop Button)

① 시동 버튼은 운전자가 차량을 작동하기 위해 사용된다.

② 버튼을 누르면 해당 단자를 전환하여 파워 모드 'OFF', 'ACC', 'IGN', 'Start'로 작동한다.

③ 2개의 LED 색상은 시스템의 상태를 보여주기 위해 버튼의 중앙에 위치한다.

　㉮ **주황색** : ACC상태

　㉯ **녹색** : IGN 상태

　㉰ **LED 표시 없음** : 전원 OFF 또는 시동 상태

| OFF 상태 | ACC 상태 | 시동 상태 |

🔺 시동 정지 버튼 상태별 색상

6) 전자식 스티어링 칼럼 록(ESCL ; Electronic Steering Column Lock)

① ESCL은 인증되지 않은 차량의 사용을 방지하기 위해 스티어링 칼럼을 잠그는 역할을 한다.

② 안전 보전 단계를 달성하기 위해 ESCL은 2개의 독립된 유닛(스마트키 유닛, PDM)에 의해 감시하고 제어한다.

③ 데이터는 암호화된 시리얼 통신 인터페이스를 통해 ESCL과 스마트키 유닛 사이에 교환하게 된다.

④ PDM에서 전원 공급을 받은 상태에서 스마트키 ECU와 통신을 수행하여 Lock·Unlock 명령을 수신한다.

⑤ ESCL은 자체 내장된 모터를 이용하여 스티어링 칼럼 잠금·잠금 해제(Lock·Unlock)를 수행한다.

(3) 버튼 시동 작동 방법

1) 전원 ON · 시동 ON

① FOB 키를 가지고 차 실내에서 브레이크 없이 버튼을 누르는 것에 따라 OFF → ACC → IGN 로 전원이 바뀐다.

② FOB 키를 가지고 P·N 위치에서 브레이크를 밟고 버튼을 누르면 시동이 걸린다.

2) 전원 OFF · 시동 OFF

① 차량 정지 상태에서만 시동 OFF가 가능하다.

② 시동 OFF는 ATM Lever 위치와 무관하게 가능하다.

③ 칼럼 잠김을 방지하기 위해 ATM P단에서만 전원을 완전히 OFF 할 수 있다.

④ N단 주차를 위해서는 P단에서 전원 OFF 후 ATM Lever Release 버튼을 누르고 Lever를 이동해야 한다.

3) 주행 중 강제 시동 끄는 방법 및 재시동

① 차량 전복 시 연료 누출 및 비상 시 강제로 시동을 끄기 위한 방법이다.

② 주행 중에는 버튼을 2초 동안 길게 누르거나 3초 이내에 버튼을 연속 3번 이상 누르면 시동이 꺼지면서 ACC 상태가 된다.

③ 이후 30초간은 실내 FOB 키 유무에 상관없이 재시동이 가능하며 속도가 있는 상태에서는 브레이크를 밟지 않고 버튼만 눌러도 시동이 가능하다.

4) ESCL 잠김 · 해제

① 전자식 스티어링 칼럼은 전원 OFF 상태 & P단 & 차량 완전 정지 상태에서만 잠긴다.

② N단 주차를 위해 'P'위치가 아닐 경우에도 아래 조건 만족 시 잠김이 가능하다.

   ⑰ 전원이 ON 되거나 시동이 걸리기 전에 항상 먼저 스티어링 칼럼을 해제한다.

   ⑭ 해제가 되지 않는다면 전원 ON 혹은 시동이 불가능하다.

5) 30초 인증 타이머

주행 중 엔진 정지 혹은 시동 꺼짐에 대비하여 FOB 키가 없을 때에도 시동을 허용하기 위한 기능이다. 이 시간 동안은 키가 없이도 시동이 가능하나 시간 경과 혹은 인증 실패 상태에서는 버튼을 누르면 재인증을 시도한다.

6) 패시브 시동 인증(Passive Start Authentication)

① 시동 정지 버튼을 사용자가 누르면 실내에 유효한 FOB 키가 있는지 찾은 후 FOB 키가 있으면 인증된다.

② 인증이 완료되면 ESCL이 잠금 상태가 되어 스티어링 컬럼 잠금이 해제된다.

③ IGN ON 상태에서 인증이 완료되면 이후는 30초 동안 인증 상태를 유지한다.

7) 전원 상태별 시동 버튼 인디케이터(LED) 점등 상태

① **전원 OFF 상태** : LED가 소등된다.

② **전원 ACC 상태** : 황색 LED가 점등된다.

③ **전원 ON 상태** : 녹색 LED가 점등된다

④ **크랭킹 중** : 크랭킹 이전의 LED 점등 상태가 유지된다.

⑤ **시동 유지 상태** : LED가 소등된다.

5. 오토 라이트 시스템

(1) 오토 라이트 시스템의 개요

오토라이트 시스템은 조도 센서를 이용하여 주위 조도 변화에 따라 운전자가 점등 스위치를 조작하지 않아도 AUTO 모드에서 자동으로 미등 및 전조등을 ON 시켜 주는 장치로, 주행 중 터널 진출입 시, 비, 눈, 안개 등에 의해 주위 조도 변경 시에 작동한다.

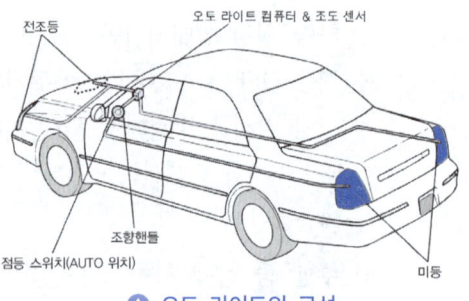

▲ 오토 라이트의 구성

(2) 오토 라이트 구성 부품

오토 라이트 구성 부품은 오토 라이트 센서, 전조등, 점등 스위치, BCM(Body Control Module) 등으로 구성되어 있다.

(3) 조도 센서의 특성

① 오토 라이트 내부에 설치된 광전도 셀을 이용하여 빛의 밝기를 검출한다.

② 광전도 셀이 빛의 강약에 따라 그 양끝의 저항 값이 변화한다.

③ 빛이 강할 경우 저항 값이 감소하고 빛이 약할 경우 저항 값이 증가하는 특성이 있다.

④ 광전도 셀은 황화카드뮴(cds)을 주성분으로 한 광전도 소자이다.

⑤ 조사되는 빛에 따라서 내부 저항이 변화하는 저항 기구이다.

⑥ 포토다이오드에 비해 회로로 사용하기가 쉽고 광(光) 센서이므로 저항과 같은 감각으로 사용할 수 있다.

(4) 오토 라이트의 작동조건

① 점화 스위치 ON

② 전조등 하향 빔 스위치 ON

③ 정차 중에는 센서 레버가 2° 이상 변화하고, 최대 1.5초 후 전조등을 보정하여 주며, 주행 중에는 주행속도가 4km/h 이상이고 주행속도 변화가 초당 0.8~ 1.6km/h 이상 속도의 변화가 없고 도로조건에 변화가 있을 때 보정한다.

(5) 오토 라이트 시스템 작동

① IGN1 ON 상태에서 다기능 스위치의 오토 라이트 스위치가 ON인 경우에는 오토 라이트 센서의 조도에 따라 미등 및 전조등 램프를 점 · 소등한다.

② 오토 라이트 센서 값이 램프 ON 입력 값인 경우 2.5±0.2초 이후에 램프를 점등한다.

③ 오토 라이트 센서 값이 램프 OFF 입력 값인 경우 2.5±0.2초 후에 램프를 소등한다.

④ 오토 라이트 센서 값이 미등 ON 입력 값일 경우 미등만 점등하고, 전조등 ON 입력 값일 경우 미등과 전조등 릴레이에 의해 전조등(하이) 제어가 가능하도록 전조등(하이) 릴레이를 ON시킨다.

⑤ 전조등 스위치 ON시 전조등 출력을 ON한다. 전조등 OFF 후 미등 스위치 입력 시 전조등 출력을 즉시 OFF시킨다.

6. 리어 윈도우 열선(Rear Window Defogger)

리어 윈도우 열선은 BCM의 제어를 받으며, 엔진 시동 중 발전기 L 단자로부터 전압이 입력되고 열선 스위치 신호가 BCM으로 입력되면 리어 윈도우 열선은 약 20분간 ON 되었다가 자동으로 OFF 된다.

7. 파워 윈도우 세이프티

파워 윈도우 세이프티는 파워 윈도우 AUTO UP · DOWN 기능은 한 번 작동을 시키면 유리가 완전히 상승되거나 하강되어야만 작동이 멈추게 되어있다. 만약 어린이의 조작 미숙이나 운전자의 주의 태만으로 AUTO UP(자동 상승) 작동 중에 신체의 일부가 유리창에 끼일 경우 상해를 입을 수 있는 위험성이 있다.

파워 윈도우 세이프티는 이와 같은 단점을 보완하기 위해 개발된 시스템으로서 앞 유리 파워 윈도우 AUTO UP 작동 중 신체의 일부나 물체가 유리창에 걸리게 되면 정지시켜 주는 안전장치이다.

🔵 파워 윈도우 세이프티

(1) AUTO UP 스위치를 유지하지 않을 때의 윈도우 반전 거리

B필러 기준으로 4mm~250mm 구간에서 물체 감지 시에는 B필러 기준으로 300mm 만큼 반전되고, B필러 기준으로 250mm 이상에서 물체 감지 시에는 물체 감지 위치를 기준으로 50mm 반전되며, 반전 위치가 최하단 위치보다 아래일 경우에는 최하단 위치까지 반전된다.

(2) AUTO UP 스위치를 유지할 때의 윈도우 반전 거리

AUTO UP 스위치를 지속적으로 당기고 있을 경우에는 끼임 검출 위치로부터 25mm 반전(패닉 기능)되고 이후 5초 동안 AUTO UP 동작을 하지 않는다. 그리고 AUTO UP 스위치 지속 입력 시 매뉴얼-업 동작되고 세이프티 기능은 작동되지 않는다.

(3) 세이프티 기능이 작동하지 않는 구간

창틀 끝에서 4mm 이하의 위치에서는 윈도우 오 반전 방지를 위하여 물체의 끼임을 검출하지 않는다.

8. 전자제어 시간 경보 장치

전자제어 시간 경보 장치는 자동차의 전기장치 중 시간에 의하여 작동되는 장치와 경보를 발생시켜 운전자에게 알려주는 등을 종합한 장치이다.

(1) 스위치 신호 판단 방법

전자제어 시간 경보 장치가 스위치 정보를 판단하는 방법에는 정전압 방식과 스트로브 방식이 있으며, 입력 신호의 전압 크기를 이용하여 스위치의 ON, OFF를 판정한다. 따라서 컴퓨터는 몇 V가 입력되면 ON이고, 몇 V가 되면 OFF인지를 판정할 수 있는 판정 기준이 있어야 한다.

1) 정전압 방식

① **풀업 저항 방식** : 전자제어 시간경보 장치는 풀업 전압 5V가 항상 출력되며, 스위치가 OFF일 때 입력 쪽에 5V가 공급되나 ON일 때에는 풀업 전압이 접지로 흘러 입력 쪽은 0V가 되며, 파형은 0~5V로 변화된다. 전자제어 시간경보 장치는 이 전압을 이용하여 스위치 ON, OFF를 판단한다. 풀업 저항 방식은 스위치가 ON일 때 접지되는 경우에 사용하며, 전자제어 시간경보 장치로 입력되는 대부분의 스위치는 풀업 저항 방식을 사용한다.

② **풀다운 전압 방식** : 전자제어 시간경보 장치는 스위치가 ON일 때 12V 전압이 입력 쪽으로 공급되고, OFF일 때에는 0V가 된다. 이 방식은 스위치가 ON일 때 (+) 전원(12V)이 인가되는 경우에 사용한다.

2) 스트로브 방식

전자제어 시간 경보 장치 내의 펄스(pulse) 발생 기구에는 0~5V 펄스가 10ms 간격으로 항상 출력된다. 따라서 스위치가 OFF일 때 입력 쪽에는 펄스가 입력되고, 스위치가 ON일 때에는 풀업 전압이 접지로 흘러 0V가 입력된다. 전자제어 시간 경보 장치는 입력 쪽의 신호가 약 40ms 동안 0V가 입력되면 스위치가 ON되었다고 인식한다.

(2) 바디 컨트롤 모듈(BCM ; Body Control Module) 제어

바디 컨트롤 모듈은 수많은 스위치 신호를 입력 받아 시간 제어(TIME) 및 경보(ALARM) 제어에 관련된 기능을 자동으로 출력을 제어하는 장치이다. 바디 컨트롤 시스템 고장 발생 시 고장 원인에 대한 자기진단 기능을 수행하며, 강제 구동 모드 설정으로 임의의 입력으로 출력을 검사할 수 있다.

① 와이퍼 제어
② 와셔 스위치 입력에 따른 와이퍼 모터의 제어
③ 미등 자동 소등 제어
④ 오토 라이트 제어
⑤ 플래셔 제어
⑥ 시트 벨트 경고 제어
⑦ 키 홀 조명 제어
⑧ 리어 열선 & 윈드 실드 열선 제어
⑨ 감광식 룸 램프 제어
⑩ 파워 윈도우 타이머 제어
⑪ **원격 관련 제어**

　㉮ 원격 시동 제어
　㉯ 키 리스(keyless) 엔트리 제어
　㉰ 트렁크 열림 제어
　㉱ 리모컨에 의한 파워윈도 및 폴딩 미러 제어

1) 와이퍼 제어

① IGN2 ON 상태에서 와이퍼 LOW 입력(LIN 통신)이 있을 경우 와이퍼 LOW 릴레이 출력을 ON시킨다.

② IGN2 ON 상태에서 와이퍼 HIGH 입력(LIN 통신)이 있을 경우 와이퍼 LOW 릴레이 출력 및 와이퍼 HIGH 릴레이 출력을 ON시킨다.

③ IGN2 ON 상태에서 와이퍼 INT 입력(LIN 통신)이 있을 경우 INT, TIME 및 차량의 속도에 따라 와이퍼를 제어한다.

④ IGN2 ON 상태에서 와이퍼(MIST 입력)(LIN 통신)이 있을 경우 와이퍼 LOW 릴레이 출력을 스위치 입력이 OFF될 때까지 계속 출력한다.

2) 와셔 스위치 입력에 따른 와이퍼 모터의 제어

① 와셔 스위치의 ON 시간이 0.16~0.56초일 경우 0.3초 후 0.7초 동안 와이퍼 LOW 릴레이 출력을 1회 구동한다.

② 와셔 스위치 입력이 0.56초 이상일 경우 T3(0.3초) 후 와이퍼 출력을 ON시킨다.

③ 와셔 스위치 OFF 후 3초 후에 와이퍼 모터의 출력을 OFF 시킨다.

3) 미등 자동 소등 제어

① 도어 워닝 스위치(키 IN) ON 후 미등 스위치에 의해 미등이 ON된 상태에서 도어 워닝 스위치(키 IN)를 OFF시키고 운전석 도어를 열었을 경우에는 미등을 자동적으로 소등한다.

② 도어 워닝 스위치(키 IN)가 ON 상태에서 운전석 도어를 연 후에 도어 워닝 스위치(키 IN)를 OFF시킨 경우에도 미등을 자동적으로 소등한다.

③ 자동 소등 후에 다시 키 IN 또는 미등 스위치를 다시 ON시켰을 경우 미등을 점등한다.

④ 만약 미등 자동 소등 이후에 키 IN 스위치나 미등 스위치에 의한 미등 재점등의 경우에는 자동 소등 기능을 해제한다.

⑤ ACC, IGN1 및 IGN2가 OFF이고 미등의 출력이 ON인 상태에서 운전석 도어가 열리면 미등은 자동으로 소등된다.

⑥ 운전석 도어가 열린 상태에서 ACC, IGN1 및 IGN2가 OFF되면 미등은 자동으로 소등된다.

4) 오토 라이트 제어

① IGN1 ON 상태에서 다기능 스위치의 오토 라이트 스위치가 ON된 상태에서는 오토 라이트 센서의 조도에 따라 미등 및 전조등을 점·소등한다.

② IGN1 ON 상태에서 오토 라이트 센서의 입력에 따라 미등·전조등을 점·소등한다.

5) 플래셔 제어

① IGN2 ON 상태에서 방향 지시등 스위치가 ON 되거나 비상등 스위치가 ON 된 경우에 방향 지시등의 출력은 스위치 입력의 상태에 따라 점등된다.

② 비상등 동작 시 3개의 전구가 파손되었을 때 방향 지시등은 2배로 깜빡거린다.

③ 방향지시등 동작 시 프런트나 리어가 파손되었을 경우에도 방향 지시등은 2배로 깜빡거린다.

6) 시트 벨트 경고 제어

① 시트 벨트를 착용하면 경고 사운드는 즉시 멈춘다. 그러나 시트 벨트 경고 인디케이터는 잔여 시간 동안 계속 출력한다.

② IGN1 ON 상태에서 시트 벨트 착용 이후 시트 벨트가 탈거되면 경고등과 경고 사운드는 항상 한 주기로 출력한다.

③ 시트 벨트 경고 동안 IGN1이 OFF되면 시트 벨트 경고 인디케이터와 부저는 즉시 멈춘다.

④ IGN1 ON 시 시트 벨트 경고는 한 주기로 출력하며, 경고 사운드 출력은 시트 벨트 착용·탈거 상태에 따라 제어된다.

⑤ 동승석의 부저는 작동하지 않는다.

7) 키 홀 조명 제어

① IGN1 OFF 상태에서 운전석이나 동승석 문을 열면 IGN 키 홀 조명이 켜진다.

② 키 홀 조명 ON 상태에서 운전석과 동승석 도어를 닫으면 30초 동안 IGN 키 홀 조명이 켜지게 된다.

③ 키 홀 조명 ON 상태에서 IGN1이 ON 상태가 되거나 경계 모드로 들어갈 때 IGN 키 홀 조명은 즉시 꺼진다.

8) 리어 열선 & 윈드 실드 열선 제어

① 시동 상태이고, 리어 열선 & 윈드 실드 열선은 OFF 상태이며, 리어 열선 & 윈드 실드

열선 스위치 ON 시 리어 열선 & 윈드 실드 열선 출력이 켜진다.

② 리어 열선 & 윈드 실드 열선 작동 상태에서 리어 열선 & 윈드 실드 열선 스위치를 다시 한 번 누르거나 T1(20±1분) 시간이 지나면 리어 열선 & 윈드 실드 열선 작동은 꺼진다.

③ 시동이 꺼지면 리어 열선 & 윈드 실드 열선 출력이 즉시 꺼진다.

④ CAN을 통해서 도어 모듈의 아웃사이드 미러 열선 기능도 동시에 제어한다.

9) 감광식 룸 램프 제어

① 룸 램프 OFF & IGN1＝OFF & 전 도어가 닫힌 상태에서 최소 하나의 도어가 열리면 룸 램프 ON 상태가 20분 동안 지속한다.

② 룸 램프 OFF & IGN1＝OFF & 전 도어가 닫힌 상태에서 IGN1 ON이고 최소 하나의 도어가 열리면 룸 램프는 ON 상태 유지한다.

10) 파워 윈도우 타이머 제어

① IGN1 스위치 ON일 때 파워 윈도우 릴레이 CAN 신호는 ON된다.

② IGN1 스위치 OFF이면 파워 윈도우 릴레이 CAN 신호는 30초간 ON 이후 OFF 된다.

③ ②의 동작 중에 운전석 혹은 동승석 도어가 열리면 파워 윈도우 릴레이 CAN 신호는 즉시 OFF된다.

(3) 도난 방지 장치

도난방지 차량에서 경계상태가 되기 위한 입력 요소는 후드 스위치, 트렁크 스위치, 도어 스위치 등이다. 그리고 다음의 조건이 1개라도 만족하지 않으면 도난 방지 상태로 진입하지 않는다.

1) 경계 상태 진입 조건

① 후드 스위치(hood switch)가 닫혀있을 때

② 트렁크 스위치가 닫혀있을 때

③ 각 도어 스위치가 모두 닫혀있을 때

④ 각 도어 잠금 스위치가 잠겨있을 때

2) 경계 상태 진입

① 컴퓨터는 후드와 트렁크 그리고 모든 도어가 닫힌 상태에서 리모컨의 잠금 신호가 수신되면 도어 잠금과 비상등 구동 신호를 출력하고 경계 상태로 진입한다.

② 컴퓨터는 후드, 트렁크, 각 도어 중 어느 하나라도 열린 상태로 리모컨의 잠금 신호를 수신한 경우 도어 잠금만 수행하고 비상등은 출력하지 않으며, 경계 상태로도 진입하지 않는다.

③ 위 ②항 상태에서 각 도어가 완전하게 닫힌 경우 비상등을 출력하고 경계 상태로 진입한다.

④ 경계 상태에서 리모컨 잠금 신호를 수신하면 비상등을 1회 출력한다.

⑤ 경계 상태의 진입은 리모컨으로만 가능하다.

3) 이모빌라이저

이모빌라이저는 무선 통신으로 점화 스위치(IG 키)의 기계적인 일치뿐만 아니라 점화 스위치와 자동차가 무선 통신을 하여 암호 코드가 일치할 경우에만 엔진이 시동되도록 한 도난방지 장치이다. 이 장치의 점화 스위치 손잡이(트랜스 폰더)에는 자동차와 무선 통신을 할 수 있는 반도체가 내장되어 있다.

② 편의장치 조정

1. 윈드 실드 와이퍼 · 와셔 회로도 분석

① 주어진 회로도를 이용하여 윈드 실드 와이퍼 · 와셔 회로도의 전기 흐름을 분석한다.
② 윈드 실드 와이퍼 · 와셔 회로도의 전기 흐름을 확인하고 점검 순서에 의해 진단한다.

2. 와이퍼 퓨즈 점검

① 윈드 실드 와이퍼 · 와셔 퓨즈를 점검한다.
② 윈드 실드 와이퍼 · 와셔 회로도를 보고 체크램프 또는 멀티미터를 이용하여 퓨즈가 정상인지 점검한다.

3. 와이퍼 릴레이 점검

① 윈드 실드 와이퍼 릴레이가 정상적으로 작동되는지 점검한다.
② 멀티미터를 저항에 맞추고 통전 시험을 통하여 코일과 연결된 핀을 확인한다.
   ㉮ 와이퍼 릴레이는 5핀으로 구성되어 있으며, 1개의 코일과 2개 스위치로 이루어져 있다.
   ㉯ 와이퍼 릴레이 스위치 1번 핀과 4번 핀, 3번 핀과 5번 핀은 저항값이 출력되면 각각 두 핀은 연결된 상태이다.
   ㉰ 이때 코일과 연결된 3번 핀과 5번 핀의 저항 값은 와이퍼 릴레이 스위치인 1번 핀과 4번 핀의 저항 값보다 훨씬 큰 저항 값을 계측된다.
   ㉱ 저항 값이 큰 핀이 코일과 연결된 핀이다.
③ 코일과 연결된 3번 핀과 5번 핀에 배터리 전원을 연결하고 와이퍼 릴레이 스위치인 1번 핀과 2번 핀이 연결되는지 멀티미터를 이용하여 통전 시험을 한다. 저항값이 출력되면 정상이지만, 저항값이 출력되지 않으면 릴레이 불량이므로 교환한다.

4. 윈드 실드 와이퍼 · 와셔 스위치 점검 · 진단

(1) 멀티미터를 이용한 윈드 실드 와이퍼 · 와셔 스위치 점검

① 멀티미터를 이용하여 윈드 실드 와이퍼 · 와셔 스위치를 점검한다.
② 윈드 실드 와이퍼 · 와셔 스위치를 INT, LOW, HI 상태로 변화시키며 다기능 스위치의 핀이 제대로 작동되는지 통전 시험을 실시한다.

(2) 스캔 툴을 이용한 윈드 실드 와이퍼 · 와셔 스위치 점검

① 스캔 툴을 이용하여 윈드 쉴드 와이퍼 · 와셔 스위치가 정상 작동하는지 점검한다.

② 스캔 툴에서 차종 및 'BCM' 메뉴를 선택한다. 다기능 스위치는 LIN 통신으로 바디 컨트롤 모듈과 통신하여 전조등 및 와이퍼 등을 작동한다.

③ '입/출력 모니터링'을 선택한 후 와이퍼를 선택한다.

④ 와셔 및 와이퍼 스위치의 입 · 출력 상태를 확인한다.

⑤ 와셔 및 와이퍼 스위치의 입 · 출력 상태를 파형으로도 확인한다.

(3) 윈드 실드 와이퍼 · 와셔 스위치 교환

① 윈드 실드 와이퍼 · 와셔 스위치가 고장으로 판정되면 교환한다.

② 스크루 3개를 풀고 스티어링 칼럼 상부 및 하부 시라우드를 탈거한다.

③ 다기능 스위치 교환이 필요하면 다기능 스위치 커넥터와 장착 스크루 2개를 풀고 탈거한다.

④ 점등 스위치 장착 스크루 2개를 풀고 탈거한다.

⑤ 와이퍼 스위치 커넥터와 장착 스크루 2개를 풀고 탈거한다.

5. 프런트 와이퍼 모터 점검

(1) 프런트 와이퍼 모터 작동 상태 점검

1) 와이퍼 모터 속도 점검

① 와이퍼 모터에서 커넥터를 탈거한다.

② 4번 단자에 배터리 (+) 단자를, 1번 단자에 배터리 (−) 단자를 연결한다.

③ 모터가 저속으로 작동하는지 점검한다.

④ 5번 단자에 배터리 (+) 단자를, 1번 단자에 배터리 (−) 단자를 연결한다.

⑤ 모터가 고속으로 작동하는지 점검한다.

2) 자동 정지 작동 점검

① 모터를 저속으로 작동시킨다.

② OFF 이외의 위치에서 4번 단자를 분리시켜 모터의 작동을 정지시킨다.

③ 2번과 4번 단자를 연결시킨다.

④ 배터리 (+) 단자를 3번 단자에 연결하고 1번 단자는 접지시킨다.

⑤ 모터가 OFF 위치에서 정지하는지 점검한다.

3) 프런트 와셔 모터 점검

① 와셔 탱크에 와셔 모터를 장착한 후 와셔액을 채운다.

② 배터리 (+) 단자에 2번 단자를, 배터리 (−) 단자에 1번 단자를 연결한다.

③ 모터의 작동과 윈드 쉴드 와셔액이 분출하는지 점검한다. 이상이 있을 때에는 와셔 모터를 교환한다.

(2) 프런트 와이퍼 교환

① 와이퍼 캡을 탈거한 후 와이퍼 암 장착 너트를 풀고 윈드 실드 와이퍼 암과 블레이드를 분리한다.

② 웨더 스트립을 탈거한 후 장착 패스너를 풀고 카울 탑 커버를 분리한다.

③ 와이퍼 모터 & 링크 어셈블리 장착 볼트 2개를 풀고 모터 커넥터 및 윈드 실드 글라스 열선 커넥터를 분리한 후 어셈블리를 탈거한다.

④ 장착은 탈거의 역순으로 작업한다.

⑤ 와이퍼 암 블레이드의 정지 위치가 규정 위치에 오도록 와이퍼 암을 장착한다.

⑥ 와셔 노즐을 움직여 와셔액 분사 위치를 규정에 맞춘다.

(3) 프론트 와셔 모터 교환

① 배터리 (−) 단자를 탈거한다.

② 프런트 범퍼를 탈거한다.

③ 와셔 호스를 탈거하고 와셔 모터 커넥터를 탈거한다.

④ 와셔 리저버 장착 볼트를 풀고 와셔 리저버를 탈거한다.

6. 레인 센서 점검

(1) 스캔 툴 이용 레인 센서 점검

① 와이퍼 스위치를 Auto에 놓고 빗물의 양에 따라 레인 센서가 정상적으로 작동되는지 스캔 툴을 이용하여 점검한다.

② 레인 센서가 고장으로 판단되면 레인 센서를 교환한다.

(2) 레인 센서 탈거

① 레인 센서 와이어링 커버를 분리한 후 작은 (−) 드라이버로 커버의 홀을 이용하여 잠금을 해제한 후 위로 올려 분리한다.

② 와이어링 하니스 커넥터를 센서로부터 분리한다.

③ 윈드 실드 글라스를 교체할 경우에는 레인 센서를 기존의 윈드 실드 글라스에서 떼어내 새로운 윈드 실드 글라스에 다시 부착한다.

(3) 레인 센서 장착

① 테이프를 사용하여 레인 센서 브래킷을 윈드 실드 글라스에 장착한다.

② 레인 센서 커넥터를 연결한 후 레인 센서가 글라스에 완전히 밀착되도록 센서 측면의 슬라이드에 의해 브래킷에 고정한다.

7. IMS 모듈 교환

1. 배터리 (−) 단자를 탈거한다.

2. 차량에서 운전석 시트를 탈거한다.

3. 시트 하단에서 IMS 모듈(A)에 장착된 스크류(3개)를 푼다.

4. 시트 하단에서 IMS 모듈에 연결된 커넥터(A)를 탈거한다.

5. 커넥터를 연결한 후 IMS 모듈을 장착한다.

6. IMS가 정상적으로 작동하는지 확인한다.

7. 차량에 시트를 장착한다.

8. IMS 파워 시트 컨트롤 점검 · 교환

(1) IMS 파워 시트 컨트롤 점검

① IMS 파워 시트 컨트롤을 멀티미터를 이용하여 점검한다.

② 전동 시트 컨트롤 스위치 커넥터를 분리한다.

③ 각 스위치를 눌렀을 때 컨트롤 스위치 커넥터 단자와 단자 사이의 통전을 멀티미터를 이용하여 점검한다.

(2) IMS 파워 시트 컨트롤 교환

① 배터리 (−) 단자를 분리한다.

② 시트 사이드 커버를 분리한다.

③ 전동 시트 컨트롤 스위치 커넥터를 탈거한다.

④ 장착된 스크루를 풀고 전동 시트 컨트롤 스위치를 분리한다.

⑤ 커넥터를 연결하고 전동 시트 컨트롤 스위치를 장착한다.

⑥ 시트 커버를 장착한다.

⑦ IMS가 정상적으로 작동하는지 확인한다.

9. IMS 컨트롤 스위치 점검 · 교환

(1) IMS 컨트롤 스위치 점검

① 컨트롤 스위치 커넥터(8핀)를 분리한다.

② 각 스위치를 눌렀을 때 컨트롤 스위치 커넥터 단자와 접지 사이의 통전을 점검하고 통전이 규정과 일치하지 않으면 스위치를 교환한다.

(2) IMS 컨트롤 스위치 교환

① 배터리 (−) 단자를 탈거한다.

② 프런트 도어 트림을 탈거한다.

③ 와이어링 하니스에서 IMS 스위치 커넥터를 푼 다음 프런트 도어 트림에서 장착 스크루(4개)를 탈거한다.

④ IMS 컨트롤 스위치를 탈거한다.

⑤ 컨트롤 스위치 커넥터를 연결하고 IMS가 정상적으로 작동하는지 확인 후 프런트 도어 패널에 스위치를 장착한다.

⑥ 프런트 도어 패널을 장착한다.

3 편의장치 수리

1. 버튼 엔진 시동 시스템 점검

(1) 버튼 엔진 시동 시스템 전기회로도 판독

주어진 전기 회로도를 이용하여 회로도를 분석하고 점검한다.

(2) 버튼 엔진 시동 시스템 퓨즈 점검

버튼 엔진 시동 시스템의 퓨즈를 멀티미터나 테스트램프를 사용하여 점검한다.

SSB(시동 정지 버튼)를 누르고 오토티엠2 퓨즈(10A)를 테스트램프를 이용하여 퓨즈 상단에 노출된 쇠 부분을 체크했을 때 양쪽 모두 불이 들어오면 퓨즈는 정상이다. 그리고 퓨즈 상단에 노출된 쇠 부분을 체크했을 때 양쪽 모두 불이 들어오면 점검한 퓨즈뿐만 아니라 배터리와 시동-1 퓨즈(7.5A), 시동 버튼2 퓨즈(7.5A) 시동 정지 버튼, FOB 홀더, PDM 모두 정상이라고 판단할 수 있다.

(3) 시동 릴레이 점검

① 시동 릴레이 1, 시동 릴레이 2를 탈거한다.

② 시동 릴레이 1, 시동 릴레이 2를 릴레이 점검 방법에 따라 이상 유무를 점검한다.

(4) 시동 정지 버튼과 FOB 홀더 점검

① 시동 정지 버튼을 눌렀을 때 PDM 6번 핀과 12번 핀에서 12V가 입력되는지 점검한다.

② PDM 6번 핀으로부터 12V 전압이 출력되는지 점검한다. 배터리 전압이 출력되면 PDM 까지의 배선과 시동 정지 버튼, FOB 홀더는 정상이다.

(5) PCM 점검

① 멀티미터를 이용하여 PCM이 정상적으로 작동되는지 점검한다.

② PCM 28번 핀으로 배터리 전압이 입력되고 PCM 40번 핀으로 인히비터 스위치(P, N) 신호가 입력되면 시동 1 릴레이 컨트롤 스위치와 시동 2 릴레이 컨트롤 스위치는 연결되어서 PCM 24번 핀은 0V가 된다.

(6) 스타트 모터 점검

① 멀티미터를 이용하여 스타트 모터가 정상적으로 작동되는지 점검한다.

② 시동 정지 버튼을 눌렀을 때 스타트 모터 ST 단자와 스타트 모터 B 단자에 배터리 전압이 측정되면 정상이다.

2. 오토라이트 시스템 점검

① 스캔 툴을 이용하여 오토라이트 시스템이 정상적으로 작동되는지 점검한다.

② 오토라이트 시스템은 아래와 같은 절차와 방법으로 작동한다.

    ㉮ 미등 스위치를 ON 하고 AUTO 스위치를 ON하면 미등 출력은 AUTO 스위치 ON이 되고 T2(2.5±0.2초) 시간 경과 후 점등한다.

    ㉯ AUTO 스위치 ON 상태에서 미등 스위치를 ON하면 미등 출력은 미등 스위치 ON 이후 T2(2.5±0.2초) 시간 경과 후 점등한다.

    ㉰ AUTO 스위치 ON 상태에서 미등 스위치를 OFF하면 미등 출력은 미등 스위치 OFF 이후 T1(2.5±0.2초) 시간 경과 후 소등한다.

    ㉱ AUTO 스위치 ON 상태에서 전조등 스위치를 ON하면 전조등 출력은 전조등 스위치 ON 이후 T2(2.5±0.2초) 시간 경과 후 점등한다.

    ㉲ AUTO 스위치 ON 상태에서 전조등 스위치를 OFF하면 전조등 출력은 전조등 스위치 OFF 이후 T1(2.5±0.2초) 시간 경과 후 소등한다.

3. 리어 윈도우 열선(Rear Window Defogger) 수리

① 리어 윈도우 열선을 멀티미터를 이용하여 진단한다.

② 리어 윈도우 열선이 파손되었으면 준비된 재료를 이용하여 수리한다.

③ 리어 윈도우 열선 수리 후 열선이 제대로 작동하는지 검사한다.

④ 편의장치 교환

1. 파워 윈도우 회로 점검

① 운전석 파워 윈도우 메인 스위치에서 운전석 파워 윈도우 UP, AUTO UP, DOWN, AUTO DOWN 회로를 분석하고 점검한다.

② 운전석 파워 윈도우 메인 스위치에서 동승석, 리어 좌측, 리어 우측 파워 윈도우 UP, DPWN 회로를 분석하고 점검한다.

③ 동승석 윈도우 스위치에서 동승석 파워 윈도우 UP, DPWN 회로를 분석하고 점검한다.

④ 리어 좌측 윈도우 스위치에서 리어 좌측 윈도우 UP, DPWN 회로를 분석하고 점검한다.

2. 파워 윈도우 모터 점검 · 교환

(1) 프런트 파워윈도우 모터 점검

① 점화스위치를 OFF 하고 배터리 (–) 단자를 탈거한다.

② 프런트 도어 트림을 탈거한다.

③ 프런트 파워 윈도우 모터의 소모 전류를 전류계 또는 진단 장비로 측정한다.

④ 와이어링 하니스에서 모터 커넥터를 탈거한다.

⑤ 모터 단자에 배터리를 바로 연결하여 모터가 부드럽게 작동하는지 점검한다.

⑥ 극성을 바꾸어 모터가 반대 방향으로 부드럽게 작동하는지를 점검한다.

⑦ 작동이 비정상이라면 모터를 교체한다.

(2) 리어 파워윈도우 모터 점검

① 리어 도어 트림을 탈거한다.

② 와이어링 하니스에서 모터 커넥터를 분리한다.

③ 모터 단자에 배터리를 바로 연결하여 모터가 부드럽게 작동하는지 점검한다.

④ 극성을 바꾸어 모터가 반대 방향으로 부드럽게 작동하는지를 점검한다.

⑤ 작동이 비정상이라면 모터를 교체한다.

(3) 파워 윈도우 모터 교환

① 파워 윈도우 모터 점검 결과 모터 작동이 비정상이라면 모터를 교환한다.

② 자동차 전기 장치를 교환할 때는 먼저 배터리 (-) 단자를 분리한 후 교환 작업을 실시한다.

(4) 파워 윈도우 모터 초기화

파워 윈도우 모터를 교환한 후에는 배터리를 연결하고 파워 윈도우 초기화를 실시하고 파워 윈도우 작동 상태를 확인한다.

3. 파워 윈도우 스위치 점검 · 교환

(1) 운전석 파워 윈도우 스위치 점검

① 배터리 (-) 단자를 분리한다.

② 프런트 도어 트림 패널을 분리하고 파워 윈도우 스위치 모듈을 분리한다.

③ 파워 윈도우 스위치 점검은 멀티미터를 이용하여 통전 시험을 한다.

(2) 동승석 파워 윈도우 스위치 점검

① 배터리 (-) 단자를 분리한다.

② 프런트 도어 트림을 분리하고 파워 윈도우 스위치 모듈을 분리한다.

③ 스위치 단자 사이의 통전을 점검한다.

④ 통전이 일치하지 않으면 스위치를 교환한다.

(3) 리어 파워 윈도우 스위치 점검

① 배터리 (-) 단자를 분리한다.

② 프런트 도어 트림을 분리하고 파워 윈도우 스위치 모듈을 분리한다.

③ 스위치 단자 사이의 통전을 점검한다.

④ 통전이 일치하지 않으면 스위치를 교환한다.

(4) 파워 윈도우 스위치 교환

파워 윈도우 스위치 점검 결과 스위치 작동이 비정상이라면 스위치를 교환한다.

(5) 파워 윈도우 스위치 작동 점검

파워 윈도우 스위치 교환 후에는 배터리를 연결하고 파워 윈도우 작동 상태를 확인한다.

⑤ 편의장치 검사

1. 리어 윈도우 열선(Rear Window Defogger) 검사

① 열선이 충격을 받는 것을 방지하기 위해서 테스터기의 끝에 주석호일 또는 알루미늄호일을 감고 주석호일을 그리드 라인(grid line)을 따라 움직이며 회로가 개방되었는가를 점검한다.

② 디포거(Defogger) 스위치를 ON시킨 후 전압계로 글라스의 중앙에서 각 열선의 전압을 점검하였을 때 전압이 6V이면 리어 윈도우 히터 라인은 양호하다.

③ 중앙과 (+) 터미널 사이의 열선이 소손 되었을 때는 12V가 출력된다.

④ 디포거(Defogger) 스위치를 ON시킨 후 전압계로 글라스의 중앙에서 각 열선의 전압을 점검하였을 때 중앙과 (−) 터미널 사이의 열선이 소손된 경우에는 전압계가 0V를 지시한다.

⑤ 테스터 리드선을 회로가 개방되었을 것으로 추측되는 곳으로 움직여 회로의 개방을 시험한다. 전압이 0V인 곳을 찾아낸다. 전압이 변화되는 곳이 회로가 개방된 지점이다.

2. 리어 윈도우 열선(Rear Window Defogger) 수리

① 리어 윈도우 열선(Rear Window Defogger) 수리는 전도 페인트, 페인트 시너(Paint thinner), 마스킹 테이프, 알코올, 데칼 등을 준비한 후 파손된 열선 부위를 수리한다.

② 얇은 브러시로 파손된 열선 주위를 닦아내고 데칼 혹은 마스킹 테이프를 부착한 상태로 알코올로 청소한다.

③ 전도성 페인트를 시너와 혼합하여 약 15분 간격으로 3회 페인트칠을 한다.

④ 전원을 공급하기 전에 테이프를 떼어낸다.

⑤ 마무리를 잘하고자 할 때는 완전히 마른 후(약 1일이 지난 후) 옆에 묻어 있는 페인트칠을 나이프로 제거한다.

3. BCM(Body Control Module) 교환

① 배터리 (−) 터미널을 탈거한다.

② 크래시 패드 로어 패널을 탈거한다.

③ ICM 릴레이 박스 장착 너트 2개와 커넥터를 탈거한다.

④ 바디 컨트롤 모듈 장착 너트 2개와 커넥터를 탈거한 후 바디 컨트롤 모듈과 틸트 & 텔레스코프 유닛을 함께 탈거한다.

⑤ 틸트 & 텔레스코프 유닛 장착 볼트를 푼 후 바디 컨트롤 모듈을 탈거한다.

⑥ 장착은 탈거의 역순으로 한다.

01 윈드 실드 와이퍼가 작동하지 않을 때 고장 원인이 아닌 것은?

① 와이퍼 블레이드 노화
② 전동기 전기자 코일의 단선 또는 단락
③ 퓨즈 단선
④ 전동기 브러시 마모

해설 윈드 실드 와이퍼가 작동하지 않는 원인은 전동기 전기자 코일의 단선 또는 단락, 퓨즈 단선, 전동기 브러시 마모 등이다.

02 자동차의 레인 센서 와이퍼 제어장치에 대한 설명 중 옳은 것은?

① 엔진 오일의 양을 감지하여 운전자에게 자동으로 알려주는 센서이다.
② 자동차의 와셔액량을 감지하여 와이퍼가 작동 시 와셔 액을 자동 조절하는 장치이다.
③ 앞 창유리 상단의 강우량을 감지하여 자동으로 와이퍼 속도를 제어하는 센서이다.
④ 온도에 따라서 와이퍼 조작 시 와이퍼 속도를 제어하는 장치이다.

해설 레인 센서 와이퍼 제어장치는 앞 창유리 상단의 강우량을 감지하여 자동으로 와이퍼 속도를 제어하는 장치이다.

03 광선소자 레인 센서가 적용된 와이퍼 장치에 대한 설명으로 틀린 것은?

① 발광다이오드로부터 초음파를 방출한다.
② 레인 센서를 통해 빗물의 양을 감지한다.
③ 발광다이오드와 포토다이오드로 구성된다.
④ 빗물의 양에 따라 알맞은 속도로 와이퍼 모터를 제어한다.

해설 레인 센서는 발광다이오드(LED)와 포토다이오드에 의해 비의 양을 검출한다. 즉 발광다이오드로부터 적외선이 방출되면 유리 표면의 빗물에 의해 반사되어 돌아오는 적외선을 포토다이오드가 검출하여 비의 양을 검출한다. 레인 센서는 유리 투과율을 스스로 보정하는 서보(servo)회로가 설치되어 있다. 레인 센서는 종합 제어 장치 회로를 통하여 앞 창유리의 투과율에 관계없이 일정하게 빗물을 검출하는 기능이 있으며, 앞 창유리의 투과율은 발광다이오드와 포토다이오드와의 중앙점 바로 위에 있는 유리 영역에서 결정된다.

04 레인 센서가 장착된 자동 와이퍼 시스템 (RSWCS)에서 센서와 유닛의 작동 특성에 대한 내용으로 틀린 것은?

① 레인 센서 및 유닛은 다기능 스위치의 통제를 받지 않고 종합제어 장치 회로와 별도로 작동한다.
② 레인 센서는 LED로부터 적외선이 방출되면 빗물에 의해 반사되는 포토다이오드로 비의 양을 감지한다.
③ 레인 센서의 기능은 와이퍼 속도와 구동 지연시간을 조절하고 운전자가 설정한 빗물 측정량에 따라 작동한다.
④ 비의 양이 부족하여 자동모드로 와이퍼를 동작시킬 수 없으면 레인 센서는 오토 딜레이 모드에서 길게 머문다.

정답 **01.①** **02.③** **03.①** **04.①**

05 후진 경보장치에 대한 설명으로 틀린 것은?

① 후방의 장애물을 경고음으로 운전자에게 알려 준다.

② 변속레버를 후진으로 선택하면 자동 작동된다.

③ 초음파 방식은 장애물에 부딪쳐 되돌아오는 초음파로 거리가 계산된다.

④ 초음파 센서의 작동주기는 1분에 60~120회 이내이어야 한다.

해설 후진 경보장치는 후진할 때 편의성 및 안전성을 확보하기 위해 운전자가 변속레버를 후진으로 선택하면 후진경고 장치가 작동하여 장애물이 있다면 초음파 센서에서 초음파를 발사하여 장애물에 부딪쳐 되돌아오는 초음파를 받아서 컴퓨터에서 자동차와 장애물과의 거리를 계산하여 버저(buzzer)의 경고음으로 운전자에게 알려주는 장치이다.

06 백워닝(후방 경보) 시스템의 기능과 가장 거리가 먼 것은?

① 차량 후방의 장애물을 감지하여 운전자에게 알려주는 장치이다.

② 차량 후방의 장애물은 초음파 센서를 이용하여 감지한다.

③ 차량 후방의 장애물을 감지 시 브레이크가 작동하여 차속을 감속시킨다.

④ 차량 후방의 장애물 형상에 따라 감지되지 않을 수도 있다.

해설 백워닝 시스템의 기능은 차량 후방의 장애물을 감지하여 운전자에게 알려주는 장치이며, 장애물은 초음파 센서를 이용하여 감지한다. 후방의 장애물 형상에 따라 감지되지 않을 수도 있다.

07 주차 보조 장치에서 차량과 장애물의 거리신호를 컨트롤 유닛으로 보내주는 센서는?

① 초음파 센서　　② 레이저 센서

③ 마그네틱 센서　　④ 적분 센서

해설 주차 보조 장치는 후진할 때 편의성과 안전성을 확보하기 위하여 변속레버를 후진으로 선택하면 후방 주차 보조 장치가 작동하여 장애물이 있을 때 초음파 센서에서 초음파를 발사하여 장애물에 부딪혀 되돌아오는 초음파를 받아서 BCM(body control module)에서 차량과 장애물과의 거리를 계산하여 버저 경고음(장애물과의 거리에 따라 1차, 2차, 3차 경보를 순차적으로 울린다.)으로 운전자에게 열려주는 장치이다.

08 보기는 후방 주차 보조 시스템의 후방 감지 센서와 관련된 초음파 전송 속도 공식이다. 이 공식의 'A'에 해당하는 것은?

$$V=331.5+0.6A$$

① 대기 습도　　② 대기 온도

③ 대기 밀도　　④ 대기 건조도

09 자동차의 IMS(Integrated Memory System)에 대한 설명으로 옳은 것은?

① 도난을 예방하기 위한 시스템이다.

② 편의장치로서 장거리 운행시 자동운행 시스템이다.

③ 배터리 교환주기를 알려주는 시스템이다.

④ 스위치 조작으로 설정해둔 시트위치로 재생시킨다.

해설 IMS는 운전자가 자신에게 맞는 최적의 시트 위치, 사이드 미러 위치 및 조향 핸들의 위치 등을 IMS 컴퓨터에 입력시킬 수 있으며, 다른 운전자가 운전하여 위치가 변경되었을 경우 컴퓨터가 기억시킨 위치로 자동적으로 복귀시켜 주는 장치이다.

정답　05.④　06.③　07.①　08.②　09.④

10 통합 운전석 기억장치는 운전석 시트, 아웃사이드 미러, 조향 휠, 룸미러 등의 위치를 설정하여 기억된 위치로 재생하는 편의 장치다. 재생금지 조건이 아닌 것은?

① 점화스위치가 OFF되어 있을 때

② 변속레버가 위치 "P"에 있을 때

③ 차속이 일정속도(예, 3km/h 이상) 이상일 때

④ 시트 관련 수동 스위치의 조작이 있을 때

해설 재생금지 조건
① 점화스위치가 OFF되어 있을 때
② 자동변속기의 인히비터 "P" 위치스위치가 OFF 때
③ 주행속도가 3km/h 이상일 때
④ 시트 관련 수동스위치를 조작하는 경우

11 자동차 PIC 시스템의 주요 기능으로 가장 거리가 먼 것은?

① 스마트키 인증에 의한 도어 록

② 스마트키 인증에 의한 엔진 정지

③ 스마트키 인증에 의한 도어 언록

④ 스마트키 인증에 의한 트렁크 언록

해설 PIC 시스템의 주요 기능
① 스마트 키 인증에 의한 도어 언록
② 스마트 키 인증에 의한 도어 록
③ 스마트 키 인증에 의한 엔진 시동
④ 스마트 키 인증에 의한 트렁크 언록

12 스마트 키 시스템에서 전원 분배 모듈(Power Distribution module)의 기능이 아닌 것은?

① 스마트 키 시스템 트랜스 폰더 통신

② 버튼 시동 관련 전원 공급 릴레이 제어

③ 발전기 부하 응답 제어

④ 엔진 시동 버튼 LED 및 조명 제어

해설 전원 분배 모듈은 스마트 키 시스템 트랜스 폰더 통신, 버튼 시동관련 전원 공급 릴레이 제어, 엔진 시동 버튼 LED 및 조명 제어 등의 기능을 한다.

13 버튼 엔진 시동 시스템에서 주행 중 엔진 정지 또는 시동 꺼짐에 대비하여 FOB 키가 없을 경우에도 시동을 허용하기 위한 인증 타이머가 있다. 이 인증 타이머의 시간은?

① 10초　　② 20초

③ 30초　　④ 40초

해설 30초 인증 타이머
주행 중 엔진 정지 혹은 시동 꺼짐에 대비하여 FOB 키가 없을 때에도 시동을 허용하기 위한 기능이다. 이 시간 동안은 키가 없이도 시동이 가능하나 시간 경과 혹은 인증 실패 상태에서는 버튼을 누르면 재인증을 시도한다.

14 전조등 자동제어 시스템이 갖추어야 할 조건으로 틀린 것은?

① 차고 높이에 따라 전조등 높이를 제어한다.

② 어느 정도 빛이 확산하여 주위의 상태를 파악 할 수 있어야 한다.

③ 승차 인원이나 적재 하중에 따라 전조등의 조사방향을 좌우로 제어한다.

④ 교행 할 때 맞은 편에서 오는 차를 눈부시게 하여 운전의 방해가 되어서는 안 된다.

해설 승차인원이나 적재 하중에 따라 전조등의 조사 방향을 상하로 제어한다.

15 오토 라이트(Auto Light) 제어회로의 구성 부품으로 가장 거리가 먼 것은?

① 압력 센서

② 조도 감지 센서

③ 오토 라이트 스위치

④ 램프 제어용 퓨즈 및 릴레이

해설 오토 라이트 구성 부품은 오토 라이트 스위치, 조도 센서, 램프 제어용 퓨즈 및 릴레이, BCM(Body Control Module) 등으로 구성되어 있다.

정답　10.② 　11.② 　12.③ 　13.③ 　14.③ 　15.①

16 자동 전조등에서 외부 빛의 밝기를 감지하여 자동으로 미등 및 전조등을 점등시키기 위해 적용된 센서는?

① 조도 센서
② 초음파 센서
③ 중력(G)센서
④ 조향 각속도 센서

해설 조도센서(illumination sensor)는 자동 전조등에서 외부 빛의 밝기를 감지하여 자동으로 미등 및 전조등을 자동으로 점등시켜준다.

17 자동 전조등에서 오토 모드 점멸장치 회로에 사용되는 반도체 소자의 센서는?

① 피에조 센서
② 마그네틱 센서
③ 조도 센서
④ NTC 센서

18 자동차의 오토 라이트 장치에 사용되는 광전도 셀에 대한 설명 중 틀린 것은?

① 빛이 약할 경우 저항 값이 증가한다.
② 빛이 강할 경우 저항 값이 감소한다.
③ 황화카드뮴을 주성분으로 한 소자이다.
④ 광전소자의 저항 값은 빛의 조사량에 비례한다.

해설 광전도 셀은 광전 변환 소자의 대표적인 것으로 광전도 셀이 빛의 강약에 따라 그 양끝의 저항 값이 변화하며, 빛이 강할 경우에는 저항 값이 감소하고, 빛이 약할 경우에는 저항 값이 증가하는 특성이 있다. 특히, 광전도 셀(photo conductive Cells)은 황화카드뮴(cds)을 주성분으로 한 광전도 소자이며, 조사되는 빛에 따라서 내부저항이 변화하는 저항기구이다. 따라서 포토다이오드에 비해 회로로 사용하기가 쉽고 광(光)센서이므로 저항과 같은 감각으로 사용할 수 있다.

19 빛과 조명에 관한 단위와 용어의 설명으로 틀린 것은?

① 광속(luminous flux)이란 빛의 근원 즉, 광원으로부터 공간으로 발산되는 빛의 다발을 말하는데, 단위는 루멘(lm:lumen)을 사용한다.
② 광밀도(luminance)란 어느 한 방향의 단위 입체각에 대한 광속의 방향을 말하며, 단위는 칸델라(cd:candela)이다.
③ 조도(illuminance)란 피조면에 입사되는 광속을 피조면 단면적으로 나눈 값으로서, 단위는 룩스(lx)이다.
④ 광효율(luminous efficiency)이란 방사된 광속과 사용된 전기 에너지의 비로서, 100W 전구의 광속이 1380lm이라면 광효율은 1380lm/100W=13.8lm/W가 된다.

해설 광도(luminous intensity)란 어느 한 방향의 단위 입체각에 대한 광속의 방향을 말하며, 단위는 칸델라(cd ; candela)이다.

20 종합 경보 장치(Total Warning System)의 제어에 필요한 입력 요소가 아닌 것은?

① 열선 스위치
② 도어 스위치
③ 시트 벨트 경고등
④ 차속 센서

해설 편의장치 제어 항목에는 실내등 제어, 간헐 와이퍼 제어, 안전띠 미착용 경보, 열선 스위치 제어, 각종 도어 스위치 제어, 파워 윈도우 제어, 와셔 연동 와이퍼 제어, 주차 브레이크 잠김 경보 등이 있으며, 시트 벨트(안전띠) 경고등은 출력신호이다.

21 차량의 종합 경보장치에서 입력 요소로 거리가 먼 것은?

① 도어 열림
② 시트 벨트 미착용
③ 주차 브레이크 잠김
④ 승객석 과부하 감지

해설 승객 유무 검출 센서(PPD)는 동승석에 탑승한 승객 유무를 검출하여 승객이 탑승한 경우에는 정상적으로 에어백을 전개시킬 목적으로 설치되어 있으며, 센서의 신호는 SRSCM에 입력시킨다.

22 미등 자동 소등(auto lamp cut) 기능에 대한 설명으로 틀린 것은?

① 키 오프(key OFF)시 미등을 자동으로 소등하기 위해서이다.
② 키 오프(key OFF)후 미등 점등을 원할시엔 스위치를 OFF 후 ON으로 하면 미등은 재 점등된다.
③ 키 오프(key OFF)시에도 미등 작동을 쉽고 빠르게 점등하기 위해서이다.
④ 키 오프(key OFF)상태에서 미등 점등으로 인한 배터리 방전을 방지하기 위해서이다.

해설 미등 자동 소등은 키를 오프(key OFF)로 하였을 때 미등을 자동으로 소등하고, 또 미등 점등으로 인한 배터리 방전을 방지하기 위함이다. 키 오프(key OFF) 후 미등 점등하고자 할 때에는 스위치를 OFF 후 ON으로 하면 된다.

23 미등 자동 소등 제어에서 입력 요소로서 틀린 것은?

① 점화 스위치　② 미등 스위치
③ 미등 릴레이　④ 운전석 도어 스위치

해설 전자제어 시간 경보 장치 제어 기능에서 인 패널 컴퓨터는 다기능 스위치로부터 미등 입력 신호 및 전자제어 시간경보 장치로부터 운전석 도어 스위치, 조향 핸들 스위치의 신호를 수신하여 미등을 자동으로 소등 제어를 한다.

24 자동차의 종합 경보 장치에 포함되지 않는 제어 기능은?

① 도어록 제어기능
② 감광식 룸램프 제어기능
③ 엔진 고장지시 제어기능
④ 도어 열림 경고 제어기능

해설 종합 경보 제어장치는 안전띠 경보 제어, 열선 타이머 제어, 점화 스위치 미회수 경보 제어, 파워 윈도우 타이머 제어, 감광 룸램프 제어, 중앙 집중 방식 도어 잠금·풀림 제어, 트렁크 열림 제어, 방향 지시등 및 비상등 제어, 도난 경보 제어, 도어 열림 경고, 디포거 타이머, 점화 키 홀 조명 등의 기능을 수행한다.

25 바디 컨트롤 모듈(BCM)에서 타이머 제어를 하지 않는 것은?

① 파워 윈도우　② 후진등
③ 감광 룸램프　④ 뒤 유리 열선

해설 바디 컨트롤 모듈(BCM) 제어 항목
감광 룸 램프(실내등) 제어, 간헐 와이퍼 제어, 안전띠 미착용 경보, 열선 스위치 제어, 각종 도어 스위치 제어, 파워 윈도우 제어, 와셔 연동 와이퍼 제어, 주차 브레이크 잠김 경보 등을 제어한다.

26 점화 키 홀 조명 기능에 대한 설명 중 틀린 것은?

① 야간에 운전자에게 편의를 제공한다.
② 야간 주행 시 사각지대를 없애준다.
③ 이그니션 키 주변에 일정시간 동안 램프가 점등된다.
④ 이그니션 키 홀을 쉽게 찾을 수 있도록 도와준다.

해설 점화키 홀 조명은 야간에 이그니션 키 홀을 쉽게 찾을 수 있도록 이그니션 키 주변에 일정시간 동안 램프가 점등되어 운전자에게 편의를 제공한다.

정답　21.④　22.③　23.③　24.③　25.②　26.②

27 와셔 연동 와이퍼의 기능으로 틀린 것은?

① 와셔 액의 분사와 같이 와이퍼가 작동한다.

② 연료를 절약하기 위해서이다.

③ 전면 유리에 이물질을 제거하기 위해서이다.

④ 와이퍼 스위치를 별도로 작동하여야 하는 불편을 해소하기 위해서이다.

해설 와셔 연동 와이퍼 기능은 와이퍼 스위치를 별도로 작동하여야 하는 불편을 해소하기 위한 것이며, 와셔 액의 분사와 같이 와이퍼가 작동한다. 또 전면 유리에 이물질을 제거할 때도 사용된다.

28 자동차 문이 닫히자마자 실내가 어두워지는 것을 방지해 주는 램프는?

① 도어 램프　② 테일 램프

③ 패널 램프　④ 감광식 룸램프

해설 감광식 룸램프는 도어를 열고 닫을 때 실내등이 즉시 소등되지 않고 서서히 소등되도록 하여 시동 및 출발 준비를 할 수 있도록 편의를 제공한다.

29 파워 윈도우 타이머 제어에 관한 설명으로 틀린 것은?

① IG 'ON'에서 파워 윈도우 릴레이를 ON 한다.

② IG 'OFF'에서 파워 윈도우 릴레이를 일정시간 동안 ON 한다.

③ 키를 뺐을 때 윈도우가 열려 있다면 다시 키를 꽂지 않아도 일정시간 이내 윈도우를 닫을 수 있는 기능이다.

④ 파워 윈도우 타이머 제어 중 전조등을 작동시키면 출력을 즉시 OFF한다.

해설 파워 윈도우 타이머 기능은 점화 스위치를 OFF로 한 후 일정시간 동안 파워 윈도우를 UP · DOWN 시킬 수 있는 기능이며, 목적은 운전자가 점화 스위치를 제거했을 때 윈도우가 열려 있다면 다시 점화 스위치를 꼽고 윈도우를 올려야 하는 불편함을 해소시키기 위한 기능이다. 또 점화 스위치 OFF 후에도 일정시간 동안 파워 윈도우 릴레이를 작동시킨다.

30 도어 록 제어(door lock control)에 대한 설명으로 옳은 것은?

① 점화 스위치 ON 상태에서만 도어를 unlock으로 제어한다.

② 점화 스위치를 OFF로 하면 모든 도어 중 하나라도 록 상태일 경우 전 도어를 록(lock)시킨다.

③ 도어 록 상태에서 주행 중 충돌 시 에어백 ECU로부터 에어백 전개 신호를 입력받아 모든 도어를 unlock 시킨다.

④ 도어 unlock 상태에서 주행 중 차량 충돌 시 충돌 센서로부터 충돌 정보를 입력받아 승객의 안전을 위해 모든 도어를 잠김(lock)으로 한다.

해설 도어 록 제어는 주행 중 약 40km/h 이상이 되면 모든 도어를 록(lock)시키고 점화스위치를 OFF로 하면 모든 도어를 언록(unlock)시키다. 또 도어 록 상태에서 주행 중 충돌 시 에어백 ECU로부터 에어백 전개 신호를 입력받아 모든 도어를 unlock 시킨다.

31 전자제어 방식의 뒷 유리 열선 제어에 대한 설명으로 틀린 것은?

① 엔진 시동 상태에서만 작동한다.

② 열선은 병렬회로로 연결되어 있다.

③ 정확한 제어를 위해 릴레이를 사용하지 않는다.

④ 일정시간 작동 후 자동으로 OFF된다.

해설 뒷 유리 열선 제어는 엔진 시동 상태에서만 작동하며, 열선은 병렬회로로 연결되어 있고, 일정시간 작동 후 자동으로 OFF된다.

정답 27.② 28.④ 29.④ 30.③ 31.③

32 주행거리, 현재 연료로 주행할 수 있는 주행 가능거리, 평균속도 및 주행시간 등 주행에 관련된 각종 정보들을 LCD를 이용해 화면에 표시해 주는 운전자 정보 전달 장치는?

① 메모리 컴퓨터　　② 트립 컴퓨터
③ 블랙박스　　　　④ 자율항법장치

> **해설** 트립 정보 시스템은 주행거리, 현재 연료로 주행할 수 있는 주행 가능 거리, 평균속도 및 주행시간 등 주행에 관련된 각종 정보들을 LCD를 이용해 화면에 표시해주는 운전자 정보 전달 장치이다.

33 자동차 트립 컴퓨터 화면에 표시되지 않는 것은?

① 평균 연비　　　② 주행 가능 거리
③ 주행 시간　　　④ 배터리 충전 전류

> **해설** 트립 정보시스템에 입력되는 신호에는 차량의 현재 연료 소비율, 엔진의 회전속도, 남은 연료로 주행 가능한 거리, 적산 거리계, 주행시간 등이다.

34 전자제어 트립(trip) 정보 시스템에 입력되는 신호가 아닌 것은?

① 차속
② 평균 속도
③ 탱크 내의 연료 잔량
④ 현재의 연료 소비율

> **해설** 트립 정보 시스템에 입력되는 신호에는 차량의 현재 연료 소비율, 엔진의 회전속도, 남은 연료로 주행 가능한 거리, 적산 거리계, 주행 시간 등이다.

35 다음 중 트립 컴퓨터의 기능이 아닌 것은?

① 적산 거리계　　② 주행가능 거리
③ 최고속도　　　④ 주행시간

36 리모컨으로 록(lock) 버튼을 눌렀을 때 문은 잠기지만 경계상태로 진입하지 못하는 현상이 발생하는 원인과 가장 거리가 먼 것은?

① 후드 스위치 불량
② 트렁크 스위치 불량
③ 파워 윈도우 스위치 불량
④ 운전석 도어 스위치 불량

> **해설** 도난 방지 차량에서 경계상태가 되기 위한 입력 요소는 후드 스위치, 트렁크 스위치, 도어 스위치 등이다.
>
> **경계 상태로 진입 조건**
> ① 후드 스위치(hood switch)가 닫혀있을 때
> ② 트렁크 스위치가 닫혀있을 때
> ③ 각 도어 스위치가 모두 닫혀있을 때
> ④ 각 도어 잠금 스위치가 잠겨있을 때

37 도난 방지 장치가 장착된 자동차에서 도난 경계 상태로 진입하기 위한 조건이 아닌 것은?

① 후드가 닫혀 있을 것
② 트렁크가 닫혀 있을 것
③ 모든 도어가 닫혀 있을 것
④ 모든 전기장치가 꺼져 있을 것

38 리모컨으로 도어 잠금 시 도어는 모두 잠기나 경계 진입 모드가 되지 않는다면 고장 원인은?

① 리모컨 수신기 불량
② 트렁크 및 후드의 열림 스위치 불량
③ 도어 록·언록 액추에이터 내부 모터 불량
④ 제어 모듈과 수신기 사이의 통신선 접촉 불량

> **해설** 도난방지 차량에서 경계 상태가 되기 위한 입력 요소는 후드 스위치, 트렁크 스위치, 도어 스위치 등이다.

정답　32.②　33.④　34.②　35.③　36.③　37.④　38.②

39 도난 방지 장치에서 리모컨을 이용하여 경계 상태로 돌입하려고 하는데 잘 안 되는 경우 점검부위가 아닌 것은?

① 리모컨 자체 점검
② 글로브 박스 스위치 점검
③ 트렁크 스위치 점검
④ 수신기 점검

해설 경계 상태 돌입

① 컴퓨터는 후드와 트렁크 그리고 모든 도어가 닫힌 상태에서 리모컨의 잠금 신호가 수신되면 도어 잠금과 비상등 구동 신호를 출력하고 경계 상태로 진입한다.
② 컴퓨터는 후드, 트렁크, 각 도어 중 어느 하나라도 열린 상태로 리모컨의 잠금 신호를 수신한 경우 도어 잠금만 수행하고 비상등은 출력하지 않으며, 경계 상태로도 진입하지 않는다.
③ 위 ②항 상태에서 각 도어가 완전하게 닫힌 경우 비상등을 출력하고 경계 상태로 진입한다.
④ 경계 상태에서 리모컨 잠금 신호를 수신하면 비상등을 1회 출력한다.
⑤ 경계 상태의 진입은 리모컨으로만 가능하다.

40 자동차 도난 경보 시스템의 경보 작동 조건이 아닌 것은?(단, 경계 진입 상태이다.)

① 후드가 승인되지 않은 상태에서 열릴 때
② 도어가 승인되지 않은 상태에서 열릴 때
③ 트렁크가 승인되지 않은 상태에서 열릴 때
④ 윈도우가 승인되지 않은 상태에서 열릴 때

해설 도난 방지 장치의 겨보 작동은 도난 방지 장치가 경계 중에 외부에서 강제로 도어를 열었을 때, 강제로 트렁크를 열었을 때, 엔진 후드를 외부에서 강제로 열었을 때 경보가 울린다.

41 자동차의 도난 방지 장치에 전원을 연결하기 위한 작업방법으로 가장 적절한 것은?

① 방향지시등과 병렬로 연결한다.
② 전조등 배선과 직렬로 연결한다.
③ 브레이크 및 미등과 직렬로 연결한다.
④ 배터리에서 공급되는 선과 직접 연결한다.

해설 도난 방지 장치의 전원은 배터리에서 공급되는 전원선과 직접 연결한다.

42 이모빌라이저 시스템에 대한 설명으로 틀린 것은?

① 자동차의 도난을 방지할 수 있다.
② 키 등록(이모빌라이저 등록)을 해야만 시동을 걸 수 있다.
③ 차량에 등록된 인증키가 아니어도 점화 및 연료공급은 된다.
④ 차량에 입력된 암호와 트랜스 폰더에 입력된 암호가 일치해야 한다.

해설 이모빌라이저는 무선 통신으로 점화 스위치(시동 키)의 기계적인 일치뿐만 아니라 점화 스위치와 자동차가 무선으로 통신하여 암호 코드가 일치하는 경우에만 엔진이 시동되도록 한 도난 방지 장치이다. 이 장치에 사용되는 점화 스위치(시동 키) 손잡이(트랜스 폰더)에는 자동차와 무선으로 통신할 수 있는 특수 반도체가 들어있다. 따라서 기계적으로 일치하는 복제된 점화 스위치나 또는 다른 수단으로는 엔진의 시동을 할 수 없기 때문에 도난을 원천적으로 봉쇄할 수 있다.

정답 **39.**② **40.**④ **41.**④ **42.**③

43 이모빌라이저의 구성품으로 틀린 것은?

① 트랜스 폰더　　② 코일 안테나
③ 엔진 ECU　　　④ 스마트 키

> **해설** 이모빌라이저 구성 부품
> ① 엔진 ECU : 점화 스위치를 ON으로 하였을 때 스마트라를 통하여 점화 스위치의 정보를 수신받고, 수신된 점화 스위치 정보를 이미 등록된 점화 스위치 정보와 비교 분석하여 엔진의 시동 여부를 판단한다.
> ② 스마트라 : 엔진 ECU와 트랜스 폰더가 통신을 할 때 중간에서 통신 매체의 역할을 하며 어떠한 정보도 저장되지 않는다.
> ③ 트랜스 폰더 : 스마트라로부터 무선으로 점화 스위치의 정보 요구 신호를 받으면 자신이 가지고 있는 신호를 무선으로 보내주는 역할을 한다.
> ④ 코일 안테나 : 스마트라로부터 전원을 공급받아 트랜스 폰더에 무선으로 에너지를 공급하여 충전시키는 작용을 한다. 그리고 스마트라와 트랜스 폰더 사이의 정보를 전달하는 신호 전달 매체로 작용을 한다.

44 다음 중 하이브리드 자동차에 적용된 이모빌라이저 시스템의 구성품이 아닌 것은?

① 스마트라(Smatra)
② 트랜스 폰더(Transponder)
③ 안테나 코일(Coil Antenna)
④ 스마트 키 유닛(Smart Key Unit)

> **해설** 이모빌라이저 장치의 구성
> 점화 스위치를 ON으로 하면 컴퓨터는 스마트라에게 점화 스위치 정보와 암호를 요구한다. 이때 스마트라는 안테나 코일을 구동(전류 공급)함과 동시에 안테나 코일을 통해 트랜스 폰더에게 점화 스위치 정보와 암호를 요구한다. 따라서 트랜스 폰더는 안테나 코일에 흐르는 전류에 의해 무선으로 에너지를 공급받음과 동시에 점화 스위치 정보와 암호를 무선으로 송신한다.

45 자동차에 적용된 이모빌라이저 시스템의 구성부품이 아닌 것은?

① 외부 수신기
② 안테나 코일
③ 트랜스 폰더 키
④ 이모빌라이저 컨트롤 유닛

3-4 네트워크 통신장치 정비

1 네트워크 통신장치 점검·진단

1. 자동차 통신

(1) 통신(Communication)

통신이란 특정한 규칙을 가지고 정보를 주거나 받거나 하며, 일정한 규칙과 정해진 방식으로 소통을 하는 것으로 자동차에서는 자동차 안전운행과 관련된 부분부터 적용이 되기 시작하여 현재의 자동차들은 자동차 모든 시스템에서 광범위하게 네트워크 통신이 적용되고 있다.

(2) 자동차 통신 시스템의 장점

① **배선의 경량화** : 제어를 하는 ECU들 간의 통신으로 배선이 줄어든다.

② **전기장치의 설치용이** : 가장 가까운 곳에 설치된 ECU에서 전장품의 작동을 제어한다.

③ **시스템 신뢰성 향상** : 배선이 줄어들면서 그만큼 사용하는 커넥터 수 및 접속점이 감소하여 고장률이 낮고 정확한 정보를 송·수신할 수 있다.

④ **진단 장비를 이용한 자동차 정비** : 각 ECU의 자기진단 및 센서 출력값을 진단 장비를 이용해 점검할 수 있어 정비성이 향상된다.

(3) 자동차 ECU의 정보 공유

정보를 공유한다는 것은 각 ECU들이 자기에게 필요한 데이터를 받고, 다른 ECU들이 필요로 하는 데이터를 제공하는 것을 의미하는데, 유무선을 통해 데이터를 공유한다.

(4) 네트워크

네트워크(Net Work)는 정확히 말하면 'Computer Networking'으로 컴퓨터의 연결 시스템을 통해 컴퓨터의 자원을 공유하는 것을 의미한다.

(5) 통신 프로토콜

컴퓨터 간에 정보를 주고받을 때의 통신에 대한 규칙과 전송 방법 그리고 에러 관리 등에 대한 규칙을 정한 통신 규약을 의미하며, 주로 ISO(국제표준기구) 또는 SAE(미국자동차공학회) 등 국제단체의 표준을 말하며, 내용은 다음과 같다.

① 제어기 상호간 접속이나 전달 방법 : 정보를 전달하는 물리적인 매개체(BUS 형태의 쌍꼬임선 등)

② 제어기간 통신 방법 : 정보를 송·수신하는 방식의 정의(단방향·양방향 통신, 전송속도 등)

③ 주고받는 데이터 형식 : 송·수신하는 데이터의 배열(데이터 프레임 구조 등)

④ 데이터의 오류 검출 방법 : 데이터 프레임에서 발생되는 오류 검출(비트 채워 넣기, CRC 에러 등)

⑤ 코드 변환 방식

⑥ 기타 통신에 필요한 내용 정의

(6) 자동차 정보 공유와 통신의 종류

1) 직렬 통신(serial communication)

① 직렬 통신은 모듈과 모듈 간 또는 모듈과 주변 장치 간에 비트 흐름을 전송하는 데 사용되는 통신이다.

② 통신 용어로 직렬은 순차적으로 데이터를 송·수신한다는 의미이다.

③ 일반적으로 데이터를 주고받는 통신은 직렬 통신을 많이 사용된다.

④ 데이터를 1비트씩 분해하여 1조(2개의 선)의 전선으로 직렬로 보내고 받는다(CAN, LIN 통신).

⑤ **직렬 통신의 장점**

㉮ 구현하기 쉽고 가격이 싸다.

㉯ 거리제한이 병렬통신보다 적다.

⑥ **직렬 통신의 단점**

㉮ 전송속도가 느리다.

㉯ 직·병렬의 변환 로직이 있어야 하므로 복잡하다.

2) 병렬 통신(Parallel communication)

① 병렬 통신은 신호(또는 문자)를 몇 개의 회로로 나누어 동시에 전송하여 자료 전송 시 신속을 기할 수 있다.

② 병렬은 여러 개의 데이터 비트(data bit)를 동시에 전송한다는 의미이다.

③ 배선 수의 증가로 각 모듈의 설치비용이 직렬 통신에 비해 많이 소요된다.

④ **병렬 통신의 장점**

㉮ 전송 속도가 직렬통신에 비해 빠르다.

㉯ 컴퓨터와 주변장치 사이의 데이터 전송에 효과적이다.

㉲ 직·병렬 변환 로직이 필요 없어 구현이 쉽다.

⑤ **병렬 통신의 단점**

거리가 멀어지면 전송 설로의 비용이 증가한다.

(7) 비동기 통신과 동기 통신

1) 비동기 통신(asynchronous communication)

① 비동기 통신은 데이터를 보낼 때 한 번에 한 문자씩 전송되는 방식이다.

② 매 문자마다 스타트 비트와 스톱 비트를 부가해 정확한 데이터를 전송한다.

③ 데이터 통신은 전압의 저하나 그 밖의 다른 재해로 인해 전송 도중에 연결이 방해받아 비트의 추가나 손실이 발생할 수 있다.

④ 통신선의 단선이나 단락에 의한 고장이 발생해 시스템이 작동되지 않는 것을 방지하기 위해 2선으로 되어 있다.

⑤ 1선에 이상이 발생되어도 또 다른 선에 의해 작동된다(K-line CAN 통신).

2) 동기 통신(synchronous communication)

① 동기 통신은 문자나 비트들이 시작과 정지 코드 없이 전송이 되며, 각 비트의 정확한 출발과 도착 시간의 예측이 가능하다.

② 데이터를 주는 ECU와 받는 ECU의 시간적 차이를 방지하기 위해 별도의 SCK 회선 (Clock 회선)을 설치한다.

③ 그렇지 않으면 데이터 신호 내에 클릭(Clock) 정보를 포함시켜야 한다(예 : 3선 동기 MOST 통신).

④ 3선 동기 통신 중 가장 중요한 신호는 클릭(SCK) 선이다.

⑤ TX나 RX 선에 이상이 발생하면 해당되는 기능만 작동이 안 되지만 클릭 선에 문제가 발생되면 데이터가 출력되어도 시스템이 작동되지 않는다.

8. 단방향과 양방향 통신

통신 방식에는 통신선 상에 전송되는 데이터가 어느 방향으로 전송되고 있는가에 따라 아래와 같이 구분할 수 있다.

(1) 시리얼 통신

① 여러 가지 작동 데이터가 동시에 출력되지 못하고 순차적으로 나오는 방식을 말한다.

② 동시에 2개의 신호가 검출될 경우 정해진 우선순위에 따라 우선순위인 데이터만 인정하고 나머지 데이터는 무시한다.

③ 이 통신은 단방향, 양방향 모두 통신할 수 있다.

(2) 단방향 통신

① 정보를 주는 ECU와 정보를 받고 실행만 하는 ECU가 통신하는 방식이다.

② 단방향 통신이 자동차에 적용된 사례로 먹스(MUX) 통신과 PWM 방식 등이 있다(BCM, & 레인 센서 PWM 통신).

(3) 양방향 통신

① 양방향 통신은 ECU들이 서로의 정보를 주고받는 통신 방법이다.

② 서로의 정보를 주거나 받을 수 있다(CAN 통신).

(4) 마스터(master) · 슬레이브(slave)

① 통신 권한은 마스터가 갖는다.

② 슬레이브는 마스터의 통신 시작 요구에 의해서만 응답할 수 있다(K–line, LIN 통신).

(5) 멀티 마스터(multi master)

① 네트워크에 구성된 모든 제어기는 통신 주체이므로 규칙에 따라 언제든지 데이터를 전송할 수 있는 권한을 가지고 있다.

② 통신 우선순위 및 기타 규칙이 정해져 있어야만 원활한 통신을 수행할 수 있다(CAN 통신).

(6) 우성과 열성(dominant & recessive)

① 통신은 이진법을 기본으로 수행되고 있으며, 통상적으로 전압이 존재하면 열성(1), 전압이 존재하지 않으면 우성(0)이라 한다.

② 제어기에 전원이 인가되고 통신할 준비가 완료되면, 통신 라인에는 일정한 전압이 유지된다. 이 전압은 제어기 내부에서 인가한 풀업(Pull–Up) 전압이며, 전압의 변화를 감지하여 통신이 이루어진다.

③ 일반적으로 통신 라인의 열성 상태는 제어기가 인가한 풀업 전압이 유지되었을 때를 말하고, 우성 상태는 풀업 전압을 특정 제어기가 접지시켜 0V로 전위가 변하는 상태를 말한다.

④ 우성과 열성 상태가 동시에 존재할 경우에는 (A) 제어기는 열성 출력, (B) 제어기는 우성 출력, 열성 상태의 전압이 우성 상태의 접지로 흘러 출력은 우성 상태를 유지한다. 이하 우성 상태는(0)으로 열성 상태는(1)로 표시된다.

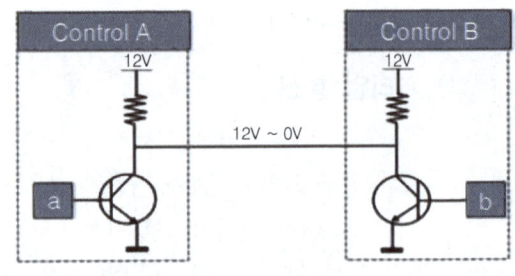

△ 우성과 열성

㉮ 제어기의 a, b 모두 동작하지 않을 때 통신 라인 상태 : 열성

㉯ 제어기 내부 a, b 한 부분이라도 동작할 때 통신 라인 상태 : 우성

(9) 자동차 네트워크의 구성

자동차 네트워크의 구성은 각 제어 장치의 특징, 전송 속도, 데이터의 양에 따라 몇 가지 그룹으로 분류하고 그 그룹에 맞는 통신 방식을 적용하여 네트워크를 운영한다.

① 엔진, 변속기, VDC 등 주행 안전에 관련된 제어기와 신속한 정보를 받아 안전에 대한 제어를 하는 에어백 ECU 등은 통신 속도가 빠른 고속 CAN으로 네트워크가 구성된다.

② 비디오, 오디오, 앰프와 같은 멀티미디어 장치의 경우에는 저속 CAN(M–CAN)으로 네트워크를 구성한다(일부 차종은 영상 및 음성 부분에 MOST 통신이 적용되기도 한다.).

③ 이외에 간단한 정보 전송이나 진단 장비 통신을 위한 LIN 통신, K–line과 같은 통신이 적용되어 네트워크 하위 단을 구성한다.

네트워크 범주	통신 속도	대표 사례	기타
Class A	10Kbit/s 이하	K-Line, LIN	진단장비 통신
Class B	10~125Kbit/s	저속 CAN	바디 전장 · 멀티미디어 M-CAN(멀티미디어)
Class C	125Kbit/s~11Mbit/s	고속 CAN	파워트레인 · 섀시 제어에 사용 이하 CAN으로 통일
Class D	11Mbit/s	MOST	대용량 영상 및 음성 전송

🔺 신 속도별 네트워크 SAE 기준

2. K 라인 통신

① ISO 9141 프로토콜을 기반으로 차량 진단을 위해 구형차종에 적용되었다.

② 차량이 전자화 되면서 진단장비와 제어기 간의 통신을 위하여 적용되었다.

③ 진단 통신의 제어기 수가 적어서 진단 장비와 1 : 1 통신 위주로 진행된다.

④ 통신 주체가 확실히 구분되는 마스터 · 슬레이브 방식으로 통신이 이루어진다.

⑤ 슬레이브 제어기는 마스터 제어기의 신호에 따라 Wake-Up 요구 · 응답, 데이터 요구 · 응답을 반복하며 통신이 이루어진다.

⑥ 통신 라인의 전압 특징은 약 12V를 기준으로 1선 통신을 수행한다.

⑦ 기준 전압 (1)과 (0)의 폭이 커서 외부 잡음에 강하지만 전송 속도가 느려 고속 통신에는 적용하지 않는다.

⑧ 스마트키 & 버튼 시동 시스템 또는 이모빌라이저 적용 차량에서 엔진 제어기(EMS)와 이모빌라이저 인증 통신에 사용되고 있다.

(1) K 라인 바이트 통신 주기 및 순서

① IG ON Wake-Up 요청(엔진 제어기 → 이모빌라이저 제어기)한다.

② Wake-Up 및 데이터 수신 준비가 되었음을 전송(이모빌라이저 제어기 →엔진 제어기)한다.

③ 인증 데이터를 요구하거나 인증 데이터에 응답한다.

(2) K 라인 데이터 BUS 전압 레벨

① 0V에서 12V 사이의 디지털 신호로 출력한다.

② 12V 기준으로 9.6V(80%) 이상 열성(1), 2.4V(20%) 이하 우성(0)이다.

3. KWP 2000 통신

(1) KWP 2000 통신의 개요

① ISO 14230 프로토콜을 기반으로 차량을 진단하는 통신 명으로 기본적인 구성은 K 라인과 동일하지만 데이터 프레임 구조가 다르다.

② 진단장비가 여러 제어기기 또는 특정 제어기를 선택하여 통신할 수 있다.

③ 통신 속도가 10.4 kbit/s로 K 라인에 비해 빠른 데이터 출력이 가능하다.

④ CAN 통신 적용으로 파워트레인과 바디제어의 대다수 제어기가 CAN 통신으로 진단 통신을 수행하고 있다.

⑤ 현재 CAN 통신이 적용되지 않는 제어기의 진단 통신용으로 사용된다.

⑥ 진단 장비와 제어기 사이의 진단 통신 중 CAN 통신을 사용하는 제어기를 제외한 제어기의 진단 통신을 지원한다.

(2) KWP 2000 데이터 바이트 통신 주기 및 순서

① 진단 통신 시작 시 Wake-Up 신호 전송(진단 장비에서 25ms 접지)한다.

② 진단 통신을 할 해당 제어기로 통신 연결 후 주기에 맞춰 데이터 통신한다.

③ 진단 장비는 1프레임을 나누어서 보내는 특징이 있다.

4. CAN(controller area network) 통신

CAN 통신은 정보의 흐름이 양방향으로 동시에 전달되는 통신 방식(양방향 통신)으로 자동차에 장착된 제어기들 간의 통신을 위해 설계된 시스템이다. 제어기 간에 효율적인으로 정보를 교환하기 위한 통신 방법으로 자동차에서 가장 많이 사용되는 방법이다. 최대 통신 속도는 1M bit/s(CAN 기준) 이다.

① 배기가스 규제가 강화되면서 정밀한 제어를 위해 개발된 통신으로 ISO 11898로 표준화되었다.

② 모든 제어기가 통신 주체인 멀티 마스터로 약속된 규칙에 따라 데이터를 전송한다.

③ CAN 통신은 고속 CAN(high speed)과 저속 CAN(low speed)으로 나눈다.

④ CAN 통신은 고속 통신을 하기 위해 1과 0의 변화 폭이 좁다.

⑤ 이를 더욱 명확히 하기 위해 두선의 전압 차이로(1과 0) 검출한다.

⑥ 저속 CAN과 고속 CAN은 통신 원리는 동일하지만, 적용 특성에 따라 전압 레벨과 통신 라인 고장 시 현상이 다르다.

⑦ 고속 CAN은 통신 라인 중 하나의 선이라도 단선되면 두선의 차등 전압을 알 수 없어 통신 불량이 발생한다.

⑧ 저속 CAN(M-CAN)은 통신 라인 중 하나의 선에 문제가 발생하더라도 큰 문제없이 통신이 진행된다(1선으로 통신 가능). 이때 통신 속도가 떨어지거나 데이터 오류가 발생할 수 있으므로 주의해야 한다.

2. CAN 통신 순서

① CAN의 특징으로서 자동적인 우선순위 제어 기능이 있다.

② 모든 노드들이 버스에 연결되어 있고 누구나 메시지를 보낼 수 있지만 우선순위가 가장 높은 메시지가 항상 버스를 획득하도록 설계되어 있다.

③ 이는 비트 전송을 우성 비트와 열성 비트의 개념으로 하기 때문이다.

④ 우성 비트는 (0)을 나타내고, 열성 비트는 (1)을 나타낸다.

⑤ 버스에서 한 노드가 비트 (0)인 우성 비트를 내보내게 되면 현재 버스가 (1)이든 (0)이든 상관없이 버스가 (0)으로 되는 구조이다.

⑥ 우선순위가 높은 메시지는 대기 시간이 없이 바로 전송될 수 있다.

(1) 정보 우선순위 중재(Arbitration)

① 메시지를 보내기 위한 모든 노드가 동시에 자신의 메시지를 보낸다.

② 메시지의 시작이 구분자(Identifier) 필드로 이루어져 있다.

③ 이 필드가 메시지의 우선순위의 역할을 하는 것인데 큰 값을 가진 ID는 우선순위가 낮고 (열성인 비트 1이 있기 때문), 작은 값을 가진 ID가 높은 우선순위를 가진다.

④ 낮은 우선순위의 메시지를 보낸 노드는 충돌을 감지하면 전송을 멈춘다.

⑤ 높은 우선순위의 메시지는 이후 전송이 종료될 때까지 방해 없이 전송을 완료한다.

(2) 고속 CAN

① 고속 CAN은 현재까지 가장 보편적으로 사용되는 물리적 계층이다.

② 고속 CAN 네트워크는 두 개의 와이어로 실행되며 최대 1 Mb/s 전송 속도로 통신한다.

③ 고속 CAN의 다른 명칭으로는 CAN C 및 ISO 11898-2가 있다.

④ 일반적인 고속 CAN 디바이스는 ABS, 엔진 컨트롤 모듈 및 방출 시스템 등 파워트레인 계통에 주로 사용되며, 하이브리드 자동차와 전기 자동차 컨트롤 시스템 등에도 적용되어 있다.

(3) 고속 CAN 통신의 특징

① ISO 11898

② CAN 통신 Class 구분 : Class C

③ **전송 속도** : 최대 1Mbps

④ **BUS 길이** : 최대 40m

⑤ **출력 전류** : 25mA 이상

⑥ **통신 선로 방식** : Line 구조(2선)

⑦ **신호 개수** : 약 500 ~ 800개

⑧ **메시지 개수** : 약 30 ~ 50개

(4) 저속 CAN 통신의 특징

① ISO 11519이다.

② CAN 통신 Class 구분 : Class B이다.

③ **전송 속도** : 최대 128Kbps이다.

④ **BUS 길이** : 전송 속도에 따라 다르다.

⑤ **출력 전류** : 1 mA 이하이다.

⑥ **통신 선로 방식** : Line 구조(2선)이다.

⑦ **신호 개수** : 약 1200 ~ 2500개이다.

⑧ 메시지 개수: 약 250 ~ 350개이다.

(5) CAN BUS 전압 레벨

① C–CAN 1과 0은 High · Low 두 선의 전압 차이로 결정(두 선의 전압 차이가 0V : 열성 1, 2V 이상 : 우성 0)

㉮ **High** : 2.5V 기준으로 3.5 V로 상승

㉯ **Low** : 2.5 V 기준으로 1.5 V로 하강

② B–CAN 1과 0은 High · Low 두 선의 전압 차이로 결정(두 선의 전압 차이가 5V : 열성 1, 2V 이하 : 우성 0)

㉮ **High** : 0V 기준으로 3.5V로 상승

㉯ **Low** : 5V 기준으로 1.5V로 하강

5. LIN 통신(local interconnect network)

LIN 통신은 정보의 흐름이 한 방향으로 일정하게 전달되는 통신 방식(단방향 통신)으로 다양한 기능이 필요하지 않은 분야에 저렴하면서 효율적인 통신을 제공하는 네트워크이다. 자동차에서 LIN 통신을 사용하는 시스템들은 배터리 센서, 제너레이터, 예열 플러그, 주차 감지 시스템, 도어 제어 모듈 등에서 주로 사용된다.

① LIN 통신은 차량 내 바디 네트워크의 CAN 통신과 함께 시스템의 분산화를 위하여 사용된다.

② LIN 통신은 네트워크 상에서 센서 및 액추에이터와 같은 간단한 기능의 ECU를 컨트롤하는 데 사용된다.

③ 적은 개발 비용으로 네트워크를 구성할 수 있다.

④ LIN 통신은 CAN 통신과 함께 사용되며, CAN 통신에 비해 사용범위가 제한적이다.

⑤ 종합 경보 제어 기능, 세이프티 파워 윈도우 제어, 리모컨 시동 제어, 도난 방지 기능, IMS 기능 등 많은 편의 사양에 적용되어 있다.

(1) LIN 통신의 특징

① 자동차 내의 분기된 시스템을 위한 저비용의 통신 시스템이다.

② 싱글 와이어 통신을 통해 비용을 절감한다.

③ 비동기 직렬 통신(SCI, UART) 데이터 구조 기반이다.

④ 20Kbps까지 통신 속도를 지원한다.

⑤ 시그널 기반의 어플리케이션이 상호작용을 한다.

⑥ 싱글 마스터 · 멀티 슬레이브 모드

⑦ 슬레이브 모드에서 크리스털 또는 세라믹 공진회로가 없는 셀프 동기화 시스템이다.

⑧ 사전 계산이 가능한 신호 전송, 시간에 따른 신호 출력이 예측 가능한 시스템이다.

(2) 게이트웨이 모듈(gate way module)

게이트웨이는 어떤 경계를 넘어 다른 경계로 통하는 관문이다. 차량 네트워크에서의 게이트

웨이 모듈은 서로 다른 통신 방식을 사용하는 네트워크를 연결해 주는 중개의 개념으로 볼 수 있다.

(3) 게이트웨이 모듈의 설치 목적

① 네트워크 간 서로 다른 통신 속도를 해결한다.

② 서로 다른 프로토콜을 중개한다.

③ 시스템 요구에 맞는 네트워크를 구성한 후 필요한 정보를 공유한다.

(4) UDS(unified diagnostic service) 통합 진단 서비스

① 표준화된 진단 방식의 적용이다.

② KWP 2000 대비 고속 · 대용량 데이터를 전송한다.

③ 제어기 추가 · 삭제 시 유연한 대처가 가능하다.

6. LAN 통신(local area network)

(1) LAN 통신의 개요

LAN 통신은 근거리 통신으로 가까운 거리 내에서 단말기, 컴퓨터, 오디오 등 다양한 장치를 상호 연결하여 주는 범용 네트워크이다. 자동차에서는 운전석에서 도어를 열고 닫고, 중앙처리 방식에서 분산 처리 방식으로 바뀐 데이터 통신이다.

(2) LAN 통신의 특징

① 분산되어 있는 컴퓨터가 서로 동일한 입장에서 각각의 정보처리를 하고 필요한 데이터를 On–Line으로 처리하는 방식이다.

② 다양한 통신장치와의 연결이 가능하고 확장 및 재배치가 용이하다.

③ 각 컴퓨터 사이에 LAN 통신선 사용을 하므로 배선의 경량화가 가능하다.

④ 가까운 컴퓨터에서 입력 및 출력을 제어할 수 있어 전장부품 설치장소 확보가 용이하다.

⑤ 사용 커넥터 및 접속점을 감소시킬 수 있어 통신장치 신뢰성을 확보한다.

⑥ 기능 업그레이드를 소프트웨어로 처리하므로 설계 변경의 대응이 쉽다.

⑦ 진단 장비를 이용하여 자기진단, 센서 출력 값 분석, 액추에이터 구동 및 테스트가 가능하므로 정비성능이 향상된다.

7. 플렉스레이 통신(flexRay communication)

(1) 플렉스레이 통신의 개요

플렉스레이 통신은 데이터의 고속 전송, 신뢰성이 있는 통신이다. 최근에 나오는 자동차에 장착된 제어기들은 CAN 통신이 지원하는 것보다 더 많은 정보를 실시간으로 보내야 하며, 안전 및 신뢰도에 대한 요구가 높아졌다. 이에 대한 필요를 채우기 위해 CAN 통신을 기준으로 데이터 최대 전송 속도는 10Mbps로 기존 CAN 통신의 속도보다 10배가 빠르다.

① 데이터의 전송 속도를 높이기 위해 TDMA(Time Division Multiple Access) 방식을 사용한다.

② 데이터의 전송 속도를 높이는 또 다른 기술로 데이터의 길이를 254byte 까지 늘렸다.

③ 하나의 제어기 통신선에 문제가 발생되더라도 다른 제어기 간에는 통신이 가능하므로 시스템을 상대적으로 안정적으로 구축을 할 수 있다.

④ 자동차에서는 고성능 파워트레인, 안전과 관련된 Drive-by-wire, 액티브 서스펜션, 적응 크루즈 컨트롤 등에 적용이 된다.

(2) Flex Ray 데이터 버스의 특징

① 데이터 전송은 2개의 채널(channel)을 통해 이루어진다.

② 데이터 전송은 2개의 채널에서 각각 2개의 배선(버스-플러스(BP)와 버스 마이너스(BM))을 이용한다.

③ 최대 데이터 전송속도는 유효 데이터 비율 75%까지의 경우에, 최대 10Mbps·채널이다.(CAN의 약 20배 정도 더 빠르다.)

④ 데이터를 2채널로 동시에 전송함으로써 데이터 안전도는 4배로 상승한다.

⑤ 유연한 구성(configuration)이 가능하므로 다수의 응용영역(예 : 엔진/변속기제어 장치, 주행 다이내믹 제어장치 등)에 Flex Ray의 사용이 가능하다.

⑥ 데이터 전송은 동기방식이다.(시간제어)

⑦ 실시간(real time) 능력은 해당 구성(configuration)에 따라 가능하다.

8. MOST 통신(multimedia oriented system transport)

NOST 통신은 자동차의 멀티미디어 장치를 네트워크화 하기 위해 만들어진 광통신 규약으로 대용량 멀티미디어 자료를 초고속으로 전송할 수 있는 차량용 멀티미디어 네트워크 기술이다. 멀티미디어 자료라 하면 음성과 영상이 주 정보로 기존의 CAN 통신 방법으로는 감당하기 어려운 통신 속도를 필요로 한다. MOST 통신의 최대 전송 속도를 보면 150Mbps로 기존의 CAN 통신 속도보다 150배가 빠르다. 케이블로는 주로 플라스틱 광섬유(POF ; Plastic Optical Fiber)가 사용된다.

❷ 네트워크 통신장치 수리 · 교환 · 검사

1. 통신 터미널 수리 · 교환 · 검사

① 전체적으로 커넥터의 느슨함, 접촉 불량, 구부러짐, 부식, 오염, 변형 또는 손상을 점검한다.

② 커넥터(Connector)를 수리, 교환한다.

㉮ 커넥터에 삽입된 리테이너의 잠김을 해제한다(탈거·올림).

㉯ 공구와 란스가 접촉하면 란스를 위로 올린 상태에서 해당 전선을 화살표 방향으로

당긴다.

　　㉰ 터미널 탈거 후 핀 수정 및 란스를 복원시킨다.

　　㉱ 커넥터 교환 또는 통신 배선 수리 시 납땜기를 이용하여 연결 부위를 용접한다.

③ 조립이 끝나면 커넥터를 연결하고 배선과 차체 간의 간섭 여부를 확인한다.

④ 배터리를 연결한 후 진단기를 이용하여 통신 여부를 검사한다. 이때 스캐너 진단은 PCM 을 선택한 후 데이터를 확인한다.

2. 고속 CAN 수리·교환·검사

(1) 종단 저항 측정

① CAN 배열도를 참고하여 저항 측정 위치를 선정한다.

② 종단 저항은 C–CAN의 끝과 끝 지점에 설치되어 있는데 일반적으로 엔진 컴퓨터와 계기 판 내부에 장착되어 있다.

③ 종단 저항을 측정하려면 CAN BUS Line 또는 제어기에서 측정해도 되지만 자기진단 점검 단자의 CAN High–Low 단자에서 측정하는 것이 쉽다.

④ D–CAN이 적용된 차량의 경우는 자기진단 점검 단자에서 저항을 측정하면 D–CAN 종단 저항만 측정되는 것으로 P–CAN, C–CAN의 종단 저항은 측정되지 않음을 참고한다.

(2) 고속 CAN 파형 측정

① BUS의 파형을 측정한다.

② 장비의 시간을 $100\mu s$로 설정한 후 BUS의 파형을 측정한다.

③ 오실로스코프 최소 시간 설정은 $100\mu s$이고, C–CAN의 1비트의 시간은 $2\mu s$로서 파형 분석으로 CAN 데이터 분석은 불가능하다.

④ BUS에 전송되는 프레임 시간을 통해 통신 상태를 간접적으로 확인한다.

⑤ 파형이 측정되면, 일정 주기로 유지하는 순간을 찾아 각 프레임의 경계로 삼는다.

⑥ BUS Idle과 Idle 사이의 시간을 측정하여 일정한 주기가 반복되는지 확인한다.

⑦ BUS에 전송되는 데이터가 정상일 경우 일정한 모양과 일정한 시간을 유지하는 프레임을 측정할 수 있다.

⑧ 두 개의 통신 라인 중 하나라도 단선·단락이 되면 일정한 형태를 유지하지 못하고 불규 칙적인 파형이 측정된다.

⑨ 오실로스코프의 시간을 $100\mu s$ 이상으로 설정하면 화면에 너무 많은 프레임이 압축되어 측정되므로 Idle 구간을 찾을 수 없어 프레임 시간 측정이 불가능하다.

01 자동차 통신 시스템의 장점을 설명한 것으로 거리가 먼 것은?

① 제어를 하는 ECU들 간의 통신으로 배선이 줄어든다.

② 전장품에 해당하는 ECU에서 전장품의 작동을 제어한다.

③ 배선이 줄어들면서 그만큼 사용하는 커넥터 수 및 접속점이 감소하여 고장률이 낮고 정확한 정보를 송·수신할 수 있다.

④ 각 ECU의 자기진단 및 센서 출력값을 진단 장비를 이용해 점검할 수 있어 정비성이 향상된다.

> **해설** 자동차 통신 시스템의 장점
> ① 배선의 경량화 : 제어를 하는 ECU들 간의 통신으로 배선이 줄어든다.
> ② 전기장치의 설치용이 : 전장품의 가장 가까운 곳에 설치된 ECU에서 전장품의 작동을 제어한다.
> ③ 시스템 신뢰성 향상 : 배선이 줄어들면서 그만큼 사용하는 커넥터 수 및 접속점이 감소하여 고장률이 낮고 정확한 정보를 송·수신할 수 있다.
> ④ 진단 장비를 이용한 자동차 정비 : 각 ECU의 자기진단 및 센서 출력값을 진단 장비를 이용해 점검할 수 있어 정비성이 향상된다.

02 자동차 통신 시스템의 장점에 대하여 설명한 것으로 틀린 것은?

① 진단 장비를 이용하여 자동차 정비

② 시스템의 신뢰성이 향상된다.

③ 전기장치의 설치가 복잡하고 어렵다.

④ 배선을 경량화 할 수 있다.

> **해설** 전장품의 가장 가까운 곳에 설치된 ECU에서 전장품의 작동을 제어하기 때문에 전기장치의 설치가 용이하다.

03 다음 중 프로토콜의 내용을 설명한 것으로 거리가 먼 것은?

① 자기진단에 필요한 내용의 정의

② 데이터의 오류 검출 방법

③ 주고받는 데이터 형식

④ 제어기 상호간 접속이나 전달 방법

> **해설** 프로토콜의 내용
> ① 제어기 상호간 접속이나 전달 방법 : 정보를 전달하는 물리적인 매개체(BUS 형태의 쌍 꼬임선 등)
> ② 제어기간 통신 방법 : 정보를 송·수신하는 방식의 정의(단방향·양방향 통신, 전송속도 등)
> ③ 주고받는 데이터 형식 : 송·수신하는 데이터의 배열(데이터 프레임 구조 등)
> ④ 데이터의 오류 검출 방법 : 데이터 프레임에서 발생되는 오류 검출(비트 채워 넣기, CRC 에러 등)
> ⑤ 코드 변환 방식
> ⑥ 기타 통신에 필요한 내용 정의

04 통신 프로토콜에 대한 설명으로 틀린 것은?

① 데이터 프레임에서 발생되는 오류 검출

② 정보를 송·수신하는 방식의 정의

③ 진단장비의 자기진단 방식의 정의

④ 정보를 전달하는 물리적인 매개체

05 자동차 통신의 종류에서 직렬 통신에 대한 설명으로 알맞은 것은?

① 신호 또는 문자를 몇 개의 회로로 나누어 동시에 전송한다.

② 순차적으로 데이터를 송·수신하는 통신이다.

③ 여러 개의 데이터 비트(data bit)를 동시에 전송한다.

④ 배선 수의 증가로 각 모듈의 설치비용이 많이 소요된다.

정답 01.② 02.③ 03.① 04.③ 05.②

해설 직렬 통신

① 직렬 통신은 모듈과 모듈 간 또는 모듈과 주변 장치 간에 비트 흐름을 전송하는 데 사용되는 통신이다.
② 통신 용어로 직렬은 순차적으로 데이터를 송·수신한다는 의미이다.
③ 일반적으로 데이터를 주고받는 통신은 직렬 통신이 많이 사용된다.
④ 데이터를 1비트씩 분해하여 1조(2개의 선)의 전선으로 직렬로 보내고 받는다.

06 직렬 통신의 특징에 대한 설명으로 틀린 것은?

① 구현하기 쉽고 가격이 싸다.
② 거리제한이 병렬통신보다 적다.
③ 데이터 전송 속도가 빠르다.
④ 직·병렬의 변환 로직이 있어야 하므로 복잡하다.

해설 병렬 통신은 신호(또는 문자)를 몇 개의 회로로 나누어 동시에 전송하기 때문에 데이터의 전송 속도가 빠르다.

07 자동차 통신의 종류에서 병렬 통신의 설명에 해당하는 것은?

① 모듈과 모듈 간 또는 모듈과 주변 장치 간에 비트 흐름을 전송하는 데 사용되는 통신이다.
② 통신 용어로 순차적으로 데이터를 송·수신한다는 의미이다.
③ 여러 개의 데이터 비트(data bit)를 동시에 전송한다.
④ 데이터를 1비트씩 분해하여 1조(2개의 선)의 전선으로 직렬로 보내고 받는다.

해설 병렬 통신

① 병렬 통신은 신호(또는 문자)를 몇 개의 회로로 나누어 동시에 전송하여 자료 전송 시 신속을 기할 수 있다.
② 병렬은 여러 개의 데이터 비트(data bit)를 동시에 전송한다는 의미이다.
③ 배선 수의 증가로 각 모듈의 설치비용이 직렬 통신에 비해 많이 소요된다.

08 병렬 통신의 장점에 대한 설명으로 틀린 것은?

① 전송 속도가 직렬통신에 비해 빠르다.
② 컴퓨터와 주변장치 사이의 데이터 전송에 효과적이다.
③ 거리가 멀어지면 전송 설로의 비용이 증가한다.
④ 직·병렬 변환 로직이 필요 없어 구현이 쉽다.

해설 병렬 통신의 단점으로는 거리가 멀어지면 전송 설로의 비용이 증가한다.

09 통신 방식의 대한 설명에서 비동기 통신 방식은?

① 데이터를 보낼 때 한 번에 한 문자씩 전송되는 방식이다.
② 문자나 비트들이 시작과 정지 코드 없이 전송이 되며, 각 비트의 정확한 출발과 도착 시간의 예측이 가능하다.
③ 여러 가지 작동 데이터가 동시에 출력되지 못하고 순차적으로 나오는 방식을 말한다.
④ 정보를 주는 ECU와 정보를 받고 실행만 하는 ECU가 통신하는 방식이다.

해설 ①번은 비동기 통신, ②번은 동기 통신, ③ 시리얼 통신, ④번은 단방향 통신에 대한 설명이다.

10 다음은 시리얼 통신에 대하여 설명한 것으로 해당되지 않는 것은?

① 여러 가지 작동 데이터가 동시에 출력되지 못하고 순차적으로 나오는 방식을 말한다.
② 동시에 2개의 신호가 검출될 경우 정해진 우선순위에 따라 우선순위인 데이터만 인정하고 나머지 데이터는 무시한다.
③ 이 통신은 단방향, 양방향 모두 통신할 수 있다.
④ ECU들이 서로의 정보를 주고받는 통신 방법이다.

정답 06.③ 07.③ 08.③ 09.① 10.④

해설 양방향 통신 방법은 ECU들이 서로의 정보를 주고받는 통신 방법이다.

11 K 라인 통신에 대하여 설명한 것으로 틀린 것은?

① ISO 9141 프로토콜을 기반으로 차량 진단을 위해 구형차종에 적용되었다.
② 차량이 전자화 되면서 진단장비와 제어기 간의 통신을 위하여 적용되었다.
③ 진단장비가 여러 제어기기 또는 특정 제어기를 선택하여 통신할 수 있다.
④ 통신 주체가 확실히 구분되는 마스터·슬레이브 방식으로 통신이 이루어진다.

해설 K 라인 통신은 진단 통신의 제어기 수가 적어서 진단 장비와 1 : 1 통신 위주로 진행된다.

12 다음은 KWP 2000 통신에 대하여 설명한 것으로 거리가 먼 것은?

① 현재 CAN 통신이 적용되지 않는 제어기의 진단 통신용으로 사용된다.
② 진단장비가 여러 제어기기 또는 특정 제어기를 선택하여 통신할 수 있다.
③ 통신 속도가 10.4 kbit/s로 K 라인에 비해 빠른 데이터 출력이 가능하다.
④ 통신 라인의 전압 특징은 약 12V를 기준으로 1선 통신을 수행한다.

해설 K 라인 통신 라인의 전압 특징은 약 12V를 기준으로 1선 통신을 수행한다.

13 자동차용 컴퓨터 통신방식 중 CAN(controller area network) 통신에 대한 설명으로 틀린 것은?

① 일종의 자동차 전용 프로토콜이다.
② 전장 회로의 이상 상태를 컴퓨터를 통해

점검할 수 있다.
③ 차량용 통신으로 적합하나 배선수가 현저하게 많다.
④ 독일의 로버트 보쉬사가 국제특허를 취득한 컴퓨터 통신방식이다.

해설 CAN 통신 장치는 독일의 로버트 보쉬사가 국제특허를 취득한 컴퓨터 통신방식이며, 일종의 자동차용 프로토콜이다.
① 전장회로의 이상 상태를 컴퓨터를 통해 점검할 수 있다.
② 컴퓨터들 사이에 신속한 정보 교환 및 전달을 목적으로 한다. 즉, ECU(엔진 제어용 컴퓨터), TCU(자동변속기 제어용 컴퓨터) 및 구동력 제어장치 사이에서 CAN 버스라인(CAN High와 CAN Low)을 통하여 데이터를 다중통신을 한다.
③ 어떤 제어기구가 추가정보를 요구할 때 하드웨어의 변경 없이 소프트웨어만 변경하여 대응이 가능하다.

14 자동차 CAN 통신의 CLASS 구분으로 가장 거리가 먼 것은?(단, SAE 기준이다.)

① CLASS A : 접지를 기준으로 1개의 와이어링으로 통신선을 구성하고, 진단통신에 응용되며 K-라인 통신이 이에 해당된다.
② CLASS B : CLASS A보다 많은 정보의 전송이 필요한 경우에 사용되며, 바디전장 및 클러스터 등에 사용되며 저속 CAN에 적용된다.
③ CLASS C : 실시간으로 중대한 정보교환이 필요한 경우로서 1~10ms 간격으로 데이터 전송주기가 필요한 경우에 사용되며 파워트레인 계통에서 응용되고 고속 CAN 통신에 적용된다.
④ CLASS D : 수백 수천 bit의 블록단위 데이터 전송이 필요한 경우에 사용되며, 멀티미디어 통신에 응용되며 FlexRay 통신에 적용된다.

정답 **11.**③ **12.**④ **13.**③ **14.**④

해설 CAN 통신 CLASS 구분(SAE 기준)

항 목	특 징	적용 사례
Class A	1. 통신 속도 : 10 Kbps 이하 2. 접지를 기준으로 1개의 와이어링으로 통신선 구성 기능 3. 응용 분야 : 진단 통신, 바디전장(도어, 시트, 파워윈도우) 등의 구동신호 & 스위치 등의 입력 신호	1. K-라인 통신 2. LIN 통신
Class B	1. 통신 속도 : 40 Kbps 내외 2. Class A 보다 많은 정보의 전송이 필요한 경우에 사용 3. 응용 분야 : 바디전장 모듈 간의 정보 교환, 클러스트 등	1. J1850 2. 저속 CAN 통신
Class C	1. 통신 속도 : 최대 1 Mbps 2. 실시간으로 중대한 정보교환이 필요한 경우로서 1~10ms 간격으로 데이터 전송 주기가 필요한 경우에 사용 3. 응용 분야 : 엔진, A/T, 섀시 계통 간의 정보 교환	고속 CAN 통신
Class D	1. 통신 속도 : 수십 Mbps 2. 수백~수천 bits의 블록 단위 데이터 전송이 필요한 경우 3. 응용 분야 : AV, CD, DVD 신호 등의 멀티미디어 통신	1. MOST 2. IDB 1394

15 자동차 CAN 통신 시스템의 특징이 아닌 것은?

① 양방향 통신이다.
② 모듈 간 통신이 가능하다.
③ 싱글 마스터(single master) 방식이다.
④ 데이터를 2개의 배선(CAN-HIGH, CAN-LOW)을 이용하여 전송한다.

해설 CAN 통신(Controller Area Network)은 차량 내에서 호스트 컴퓨터 없이 마이크로 컨트롤러나 장치들이 서로 통신하기 위해 설계된 표준 통신 규격이다. 양방향 통신이므로 모듈사이의 통신이 가능하며, 데이터를 2개의 배선(CAN-HIGH, CAN-LOW)을 이용하여 전송한다.

16 자동차에 사용되는 CAN 통신에 대한 설명으로 틀린 것은?(단, Hi-Speed CAN의 경우)

① 표준화된 통신 규약을 사용한다.
② CAN 통신 종단 저항은 120Ω을 사용한다.
③ 연결된 모든 네트워크의 모듈은 종단 저항이 있다.
④ CAN 통신은 컴퓨터들 사이에 신속한 정보 교환을 목적으로 한다.

해설 고속 CAN 통신의 특징
① 표준화된 통신 규약을 사용한다.
② 컴퓨터들 사이의 정보를 데이터 형태로 전송할 수 있다.
③ 컴퓨터들 사이에 신속한 정보 교환을 목적으로 한다.
④ 차량용 통신으로 적합하며, 배선수를 현저하게 감소시킬 수 있다.
⑤ 진단장비로 통신라인의 상태를 점검할 수 있다.
⑥ 종단 저항 값으로 통신 라인의 이상 유무를 판단할 수 있다.
⑦ CAN 통신 종단 저항은 120Ω을 사용한다.

17 자동차 전자제어 모듈 통신방식 중 고속 CAN 통신에 대한 설명으로 틀린 것은?

① 진단장비로 통신 라인의 상태를 점검할 수 있다.
② 차량용 통신으로 적합하나 배선수가 현저하게 많아진다.
③ 제어 모듈 간의 정보를 데이터 형태로 전송할 수 있다.
④ 종단 저항 값으로 통신라인의 이상 유무를 판단할 수 있다.

해설 고속 CAN 통신은 제어 모듈 간의 정보를 데이터 형태로 전송할 수 있고, 차량용 통신으로 적합하며 배선수를 현저하게 감소시킬 수 있는 장점이 있다. 또 진단 장비로 통신라인의 상태를 점검할 수 있으며, 종단 저항 값으로 통신라인의 이상 유무를 판단할 수 있다.

정답 **15.** ③ **16.** ③ **17.** ②

18 일반적인 자동차 통신에서 고속 CAN 통신이 적용되는 부분은?

① 멀티미디어 장치
② 펄스 폭 변조기
③ 차체 전장부품
④ 파워 트레인

해설 **자동차 통신 적용 부분**
① 멀티미디어 : MOST 통신
② 펄스폭 변조기 : K 라인 통신 또는 LIN 통신
③ 차체 전장부품 : 저속 CAN 통신
④ 파워트레인 : 고속 CAN 통신

19 고속 CAN High, Low 두 단자를 자기진단 커넥터에서 측정 시 종단 저항 값은?(단, CAN시스템을 정상인 상태이다.)

① 60 Ω
② 80 Ω
③ 100 Ω
④ 120 Ω

20 그림과 같이 캔(CAN) 통신회로가 접지 단락되었을 때 고장진단 커넥터에서 6번과 14번 단자의 저항을 측정하면 몇 Ω 인가?

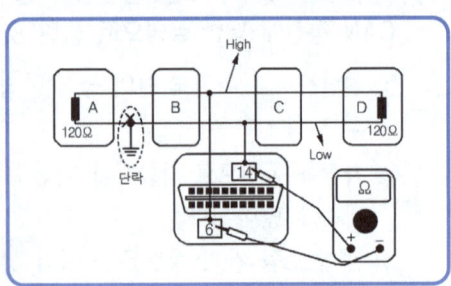

① 0
② 60
③ 100
④ 120

해설 $R = \dfrac{1}{\dfrac{1}{120\,\Omega} + \dfrac{1}{120\,\Omega}} = \dfrac{120}{2} = 60\,\Omega$

한쪽 라인이 차체와 접지된 경우 통신 회로의 저항은 정상 상태와 같은 60Ω으로 나타난다. 멀티미터 입장에서 종단 저항의 병렬연결은 바뀌지 않았기 때문이다.

21 바디 컨트롤 모듈(BCM)을 자기진단 해 본 결과 B1603 CAN 버스 이상이 출력되어 고장 상세 정보를 확인해 보니 아래와 같다. CAN 관련 계통을 점검하는 방법으로 가장 옳은 것은?

> • 경고등 상태 : OFF
> • 고장 유형 : 현재 고장
> • 고장 진단 완료 유무 : 진단 완료
> • 동일 고장 발생 횟수 : 5회

① BCM은 고속 CAN을 사용하므로 자기진단기를 이용하여 회로를 점검하는 것이 원칙이다.
② 고장 유형이 "현재 고장"임으로 진단 장비와 차량 간의 통신 상태를 먼저 점검한다.
③ 테스트 램프를 이용하여 고장 코드를 해석한다.
④ BCM 통신 관련부품을 하나씩 탈거하면서 고장코드가 소거되는지 확인한다.

22 자동차에 사용되는 LIN 통신에 대한 설명으로 틀린 것은?

① 바디 네트워크의 CAN 통신과 함께 시스템의 분산화를 위하여 사용된다.
② 네트워크 상에서 센서 및 액추에이터와 같은 간단한 기능의 ECU를 컨트롤하는 데 사용된다.
③ 제어 모듈 간의 정보를 데이터 형태로 전송할 수 있다.
④ 종합 경보 제어 기능, 세이프티 파워 윈도우 제어, 리모컨 시동 제어, 도난 방지 기능, IMS 기능 등 많은 편의 사양에 적용되어 있다.

해설 자동차 전자제어 모듈 통신방식 중 고속 CAN 통신은 제어 모듈 간의 정보를 데이터 형태로 전송할 수 있다.

정답 **18.④ 19.① 20.② 21.④ 22.③**

23 일반적인 자동차 통신에서 LIN 통신이 적용되는 부분은?

① 멀티미디어 장치
② 세이프티 파워 윈도우 제어
③ 차체 전장부품
④ 파워 트레인

해설 자동차 통신 적용 부분
① 멀티미디어 : MOST 통신
② 세이프티 파워 윈도우 제어 : LIN 통신
③ 차체 전장부품 : 저속 CAN 통신
④ 파워트레인 : 고속 CAN 통신

24 자동차에 사용되는 LIN 통신의 특징에 대한 설명으로 틀린 것은?

① 자동차 내의 분기된 시스템을 위한 저비용의 통신 시스템이다.
② 싱글 와이어 통신을 통해 비용을 절감하며, 20Kbps까지 통신 속도를 지원한다.
③ 비동기 직렬 통신(SCI, UART) 데이터 구조 기반이다.
④ LIN 네트워크는 두 개의 와이어로 실행되며 최대 1Mb/s 전송 속도로 통신한다.

해설 고속 CAN 네트워크는 두 개의 와이어로 실행되며 최대 1 Mb/s 전송 속도로 통신한다.

25 주행 중 계기판 내부의 엔진 회전수를 나타내는 타코 미터의 작동 불량 발생 시 점검 요소로 틀린 것은?

① CAN 통신
② 계기판 내부의 타코 미터
③ BCM(body control module)
④ CKP(crankshaft position sensor)

해설 타코 미터의 작동이 불량하면 CAN 통신, 계기판 내부의 타코 미터, CKP 등을 점검한다.

26 엔진 경고등이 점등되어 진단기로 자기진단 결과 통신 불량이 되었다. 원인으로 가장 거리가 먼 것은?

① 배터리 전압이 불량하다.
② K-라인 통신선이 단선되었다.
③ 엔진 ECU가 불량하다.
④ LIN-라인 통신선이 단선되었다.

27 자동변속기를 자기 진단기로 점검 시 통신이 불가한 원인이 아닌 것은?

① 진단기로의 전원 공급이 불량하다.
② 제어기의 접지가 차체로부터 분리되었다.
③ 통신 단자의 단락 또는 단선이 발생하였다.
④ 센서 또는 액추에이터의 공급 전원이 불안하다.

해설 자기 진단기로 점검할 때 통신이 불가능한 경우는 진단기로의 전원 공급이 불량할 때, 제어기의 접지가 차체로부터 분리되었을 때, 통신 단자의 단락 또는 단선이 발생하였을 때

28 자동차에 적용된 다중 통신장치인 LAN 통신(local area network)의 특징으로 틀린 것은?

① 다양한 통신장치와 연결이 가능하고 확장 및 재배치가 가능하다.
② LAN 통신을 함으로써 자동차용 배선이 무거워진다.
③ 사용 커넥터 및 접속점을 감소시킬 수 있어 통신장치의 신뢰성을 확보할 수 있다.
④ 기능 업그레이드를 소프트웨어로 처리함으로 설계 변경의 대응이 쉽다.

정답 23.② 24.④ 25.③ 26.④ 27.④ 28.②

LAN 통신의 특징
① 분산되어 있는 컴퓨터가 서로 동일한 입장에서 각각의 정보처리를 하고 필요한 데이터를 On-Line으로 처리하는 방식이다.
② 다양한 통신장치와의 연결이 가능하고 확장 및 재배치가 용이하다.
③ 각 컴퓨터 사이에 LAN 통신선 사용을 하므로 배선의 경량화가 가능하다.
④ 가까운 컴퓨터에서 입력 및 출력을 제어할 수 있어 전장부품 설치장소 확보가 용이하다.
⑤ 사용 커넥터 및 접속점을 감소시킬 수 있어 통신장치 신뢰성을 확보한다.
⑥ 기능 업그레이드를 소프트웨어로 처리하므로 설계 변경의 대응이 쉽다.
⑦ 진단 장비를 이용하여 자기진단, 센서 출력 값 분석, 액추에이터 구동 및 테스트가 가능하므로 정비성능이 향상된다.

29 LAN((Local Area Network) 통신 장치의 특징이 아닌 것은?

① 전장부품의 설치장소 확보가 용이하다.
② 설계 변경에 대하여 변경하기 어렵다.
③ 배선의 경량화가 가능하다.
④ 장치의 신뢰성 및 정비성을 향상시킬 수 있다.

30 차체 전장품이 증가하면서 도입된 LAN (Local Area Network) 시스템의 장점으로 틀린 것은?

① 설계 변경에 대한 대응이 용이하다.
② 스위치, 액추에이터 근처에 ECU를 설치할 수 있다.
③ 전기기기의 사용 커넥터 수와 접속 부위의 감소로 신뢰성이 향상되었다.
④ 자동차 전체 ECU를 통합시켜 크기는 증대되었으나 비용은 감소되었다.

31 플렉스레이(Flex Ray) 데이터 버스의 특징으로 거리가 먼 것은?

① 데이터 전송은 2개의 채널을 통해 이루어진다.
② 실시간 능력은 해당 구성에 따라 가능하다.
③ 데이터를 2채널로 동시에 전송한다.
④ 데이터 전송은 비동기방식이다.

Flex Ray 데이터 버스의 특징
① 데이터 전송은 2개의 채널(channel)을 통해 이루어진다.
② 데이터 전송은 2개의 채널에서 각각 2개의 배선(버스-플러스(BP)와 버스 마이너스(BM))을 이용한다.
③ 최대 데이터 전송속도는 유효 데이터 비율 75%까지의 경우에, 최대 10MBd/채널이다.(CAN의 약 20배 정도 더 빠르다.)
④ 데이터를 2채널로 동시에 전송함으로써 데이터 안전도는 4배로 상승한다.
⑤ 유연한 구성(configuration)이 가능하므로 다수의 응용영역(예 : 엔진/변속기제어 장치, 주행 다이내믹 제어장치 등)에 Flex Ray의 사용이 가능하다.
⑥ 데이터 전송은 동기방식이다.(시간제어)
⑦ 실시간(real time) 능력은 해당 구성(configuration)에 따라 가능하다.

3-5 전기 · 전자 회로 분석

① 전기·전자 회로 점검·진단

1. 전기 일반

(1) 쿨롱의 법칙

대전체 사이에 작용하는 힘은 두 대전체가 가지고 있는 전하량의 곱에 비례한다. 또한 두 대전체 사이의 거리의 2 승에 반비례한다.

(2) 축전기(condenser)

1) 축전기의 정전 용량

① 가해지는 전압에 비례한다.

② 상대하는 금속판의 면적에 비례한다.

③ 금속판 사이 절연체의 절연도에 비례한다.

④ 상대하는 금속판 사이의 거리에는 반비례한다.

2) 축전기 용량

① $C = \dfrac{Q}{V}$

  여기서, C : 축전기 용량, Q : 축적된 전하량, V : 가한 전압

② 직렬접속의 전기량 : $\dfrac{1}{C} = \dfrac{1}{C_1} + \dfrac{1}{C_2} + \cdots\cdots \dfrac{1}{C_n}$

③ 병렬접속의 전기량 : $C = C_1 + C_2 + C_3 + \cdots + C_n$

(2) 전류

전류란 전자의 이동을 말하며, 단위는 A(암페어)이다. 1A는 도체 내의 임의의 한 점을 매초 1쿨롱(Coulomb)의 전류가 통과할 때의 크기이며, 전류의 3대 작용은 다음과 같다.

① **발열 작용** : 도체 내를 전류가 흐를 때 도체의 저항에 의해 열이 발생한다. 이러한 현상을 이용하여 전구(lamp), 예열플러그, 디프로스터, 전열기 등에서 이용한다.

② **화학 작용** : 전해액에 전류가 흐르면 화학 작용이 발생한다. 이러한 현상을 이용하여 배터리, 전기 도금 등에서 이용된다.

③ **자기 작용** : 전선이나 코일에 전류가 흐르면 그 주변 공간에는 자기 현상이 발생한다. 이러한 현상을 이용하여 발전기, 전동기, 솔레노이드, 릴레이, 경음기, 변압기 등에서 이용한다.

(3) 전압

전압이란 전기가 흐를 때의 압력으로 단위는 V(볼트)이다. 1V는 1 옴(Ω)의 도체에 1A의 전류를 흐르게 할 수 있는 세기이다.

(4) 저항

저항이란 전자가 도체 속을 이동할 때 전자의 이동을 방해하는 것으로 단위는 Ω(옴)이다. 1Ω은 1A의 전류를 흐르게 하는 1V의 전압을 필요로 하는 도체의 저항이다.

① 전자가 이동할 때 물질 내의 원자와 충돌하여 발생한다.

② 원자핵의 구조, 물질의 형상, 온도에 따라 변한다.

③ 도체의 저항은 그 길이에 비례하고 단면적에 반비례한다. 즉 단면적이 증가하면 저항은 감소한다.

1) 고유 저항

① 물질의 저항은 온도, 단면적, 재질, 형상에 따라 변화된다.

② 길이 1m, 단면적 1m² 인 도체 두면간의 저항값을 비교하여 나타낸 비저항을 고유 저항이라 한다.

③ 기호는 ρ(로오)로 표시하며, 1cm²의 고유 저항의 단위는 Ωcm 가 사용된다.

2) 도체의 형상에 의한 저항

① 도체의 저항은 그 길이에 비례하고 단면적에는 반비례한다.

② 도체의 단면적이 크면 저항이 감소한다.

③ 도체의 길이가 길면 저항이 증가한다.

④ 전압과 도체의 길이가 일정할 때 도체의 지름을 1/2 로 하면 저항은 4 배로 증가하고 전류는 1/4 로 감소한다.

$$R = \rho \times \frac{l}{A}$$

R : 물체의 저항(Ω), ρ : 물체의 고유 저항(Ωcm), l : 길이(cm), A : 단면적(cm)

3) 온도와 저항의 관계

① 도체의 저항은 온도에 따라서 변화한다.

② 보통의 금속은 온도가 상승하면 저항이 증가한다.

③ 전해액, 탄소, 절연체, 반도체는 온도가 상승하면 저항이 감소한다.

④ 온도가 상승하면 전기저항이 감소하는 효과를 NTC(부특성)라 한다.

(5) 옴의 법칙(Ohm' Law)

도체에 흐르는 전류는 전압에 비례하고, 그 도체의 저항에는 반비례한다.

$$I = \frac{E}{R}, \ E = I \times R, \ R = \frac{E}{I}$$

I : 도체에 흐르는 전류(A), E : 도체에 가해진 전압(V), R : 도체의 저항(Ω)

(6) 저항의 연결방법

1) 저항의 직렬연결 방법

저항의 한쪽 리드에 다른 저항의 한쪽 리드를 차례로 연결하는 방법으로 전압 강하가 많이 발생된다.

① 합성 저항의 값은 각 저항의 합과 같다.

$$R = R_1 + R_2 + R_3 + \cdots\cdots + R_n$$

② 각 저항에 흐르는 전류는 일정하다.

③ 각 저항에 가해지는 전압의 합은 전원의 전압과 같다.

④ 동일 전압의 배터리를 직렬 연결하면 전압은 개수 배가되고 용량은 1개 때와 같다.

⑤ 다른 전압의 배터리를 직렬 연결하면 전압은 각 전압의 합과 같고 용량은 평균값이 된다.

2) 저항의 병렬연결 방법

모든 저항을 두 단자에 공통으로 연결하여 적은 저항을 얻을 때 사용하며, 전류를 이용할 때 결선한다. 합성저항은 다음과 같이 나타낸다.

$$\frac{1}{R} = \frac{1}{R_1} + \frac{1}{R_2} + \frac{1}{R_3} + \cdots\cdots + \frac{1}{R_n} \qquad R = \frac{1}{\dfrac{1}{R_1} + \dfrac{1}{R_2} + \dfrac{1}{R_3} \cdots\cdots + \dfrac{1}{R_n}}$$

① 각 저항에 흐르는 전류의 합은 배터리에서 공급되는 전류와 같다.

② 각 회로에 흐르는 전류는 다른 회로의 저항에 영향을 받지 않기 때문에 전류는 상승한다.

③ 각 회로에 동일한 전압이 가해지므로 전압은 일정하다.

④ 동일 전압의 배터리를 병렬 접속하면 전압은 1개 때와 같고 용량은 개수 배가 된다.

(7) 전압 강하

① 전류가 도체에 흐를 때 도체의 저항이나 회로 접속부의 접촉 저항 등에 의해 소비되는 전압.

② 전압 강하는 직렬접속 시에 많이 발생된다.

③ 전압 강하는 배터리 단자, 스위치, 배선, 접속부 등에서 발생된다.

④ 각 전장품의 성능을 유지하기 위해 배선의 길이와 굵기가 알맞은 것을 사용하여야 한다.

(8) 키르히호프의 법칙(Kirchhoff's Law)

① **제 1법칙** : 회로 내의 어떤 한 점에 유입한 전류의 총합과 유출한 전류의 총합은 같다.

② **제 2법칙** : 임의의 폐회로에 있어서 기전력의 총합과 저항에 의한 전압 강하의 총합은 같다.

(9) 전력(電力)

① 전기가 하는 일의 크기를 말한다.

② 전기가 단위 시간 1초 동안에 하는 일의 양을 전력이라 한다.

③ 전류를 흐르게 하면 열이나 기계적 에너지를 발생시켜 일을 하는 것을 말한다.

④ 전력은 전압과 전류를 곱한 것에 비례한다.

$$P = E \times I, \ P = I^2 \times R, \ P = \frac{E^2}{R}$$

P : 전력(kW), E : 전압(V), I : 전류(A), R : 저항(Ω)

2. 전기 회로

(1) 회로의 용어

① **폐회로** : 회로 내의 입력(input, 12V)에서 출력(output, 0V)까지의 피드백 경로가 있는 회로는 반드시 출력(0V) 신호를 입력(12V)으로 되돌려 보낸다. 또 결과 값이 일치하는 일반적인 기본 회로 구조이다.

② **개방 회로** : 단선은 회로가 절단되거나 커넥터의 결합이 해제되어 회로가 끊어진 상태로 전류가 흐를 수 없게 된 상태의 회로를 말한다.

③ **접지 회로** : 노출된 전선이 그대로 프레임과 접촉되면 부하(저항)를 거치지 않고 전원에 연결되는 것이므로 과도한 전류가 흐르게 된다. 이와 같이 노출된 전선이 다른 전선과 접촉되는 것을 단락(short)이라고 한다.

④ **접촉 불량** : 접촉 불량은 스위치의 접점이 녹거나 단자에 녹이 발생하거나 느슨할 때 저항 값이 증가하는 등의 원인으로 발생한다.

⑤ **절연 불량** : 절연물의 균열, 물, 오물 등에 의해 절연 파괴되는 현상을 말하며, 이때 전류가 누설된다.

⑥ **접지** : 프레임에 접촉하는 것을 접지(earth)라고 한다.

(2) 전기회로 정비 시 주의사항

① 전기회로 배선 작업을 할 때 진동, 간섭 등에 주의하여 배선을 정리한다.

② 차량에 외부 전기장치를 장착 할 때는 전원 부분에 반드시 퓨즈를 설치한다.

③ 배선 연결 회로에서 접촉이 불량하면 열이 발생하므로 주의한다.

(3) 암 전류 측정

① 점화 스위치를 OFF시킨 상태에서 점검한다.

② 전류계는 배터리와 직렬로 접속하여 측정한다.

③ 암 전류 규정 값은 약 20~40mA이다.

④ 암 전류가 과다하면 배터리와 발전기의 손상을 가져온다.

3. 전자 일반

(1) 반도체의 성질

① 불순물의 유입에 의해 저항을 바꿀 수 있다.

② 빛을 받으면 고유저항이 변화하는 광전효과가 있다.

③ 자력을 받으면 도전도가 변하는 홀(Hall)효과가 있다.

④ 온도가 높아지면 저항 값이 감소하는 부(負) 온도계수의 물질이다.

(2) 불순물 반도체의 분류

① **N형 반도체** : N형 반도체는 실리콘의 결정(4가)에 5가의 원소인 비소(As), 안티몬(Sb), 인(P)을 혼합한 것으로 과잉 전자 상태인 반도체를 말한다.

② **P형 반도체** : P형 반도체는 실리콘의 결정(4가)에 3가의 원소인 알루미늄(Al), 인듐(In)을 혼합한 것으로 정공(홀) 과잉 상태인 반도체를 말한다.

(3) 반도체 소자

1) 다이오드(정류용 다이오드)

① 순방향 접속에서만 전류가 흐르는 특성이 있으며, 교류 발전기의 정류기, 배터리의 충전기 등에서 사용한다.

② 한쪽 방향에 대해서는 전류를 흐르게 하고 반대방향에 대해서는 전류의 흐름을 저지하는 정류작용을 한다.

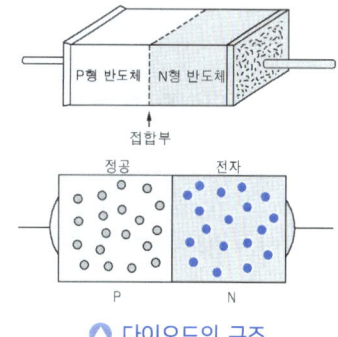

🔺 다이오드의 구조

2) 제너다이오드(zener diode) - **정전압 다이오드**

제너다이오드는 어떤 기준 전압 이상이 되면 역방향으로 큰 전류가 흐르고 전압을 낮추면 전류가 흐르지 않는 현상을 제너 현상이라 하며, 역방향으로 전류가 흐를 때의 전압을 브레이크다운 전압이라 한다.

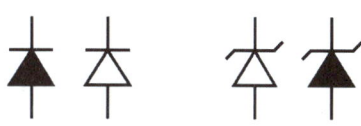

🔺 다이오드 기호 및 제너다이오드 기호

제너 현상을 이용하여 전압 조정기의 전압 검출, 정전압 회로, 트랜지스터식 점화장치의 트랜지스터 보호용으로 사용한다.

3) 발광다이오드(LED, light emitting diode)

① PN 접합면에 순방향 전압을 인가하여 전류를 공급하면 캐리어가 가지고 있는 에너지의 일부가 빛으로 되어 외부로 방사한다.

② 크랭크 각 센서, TDC 센서, 조향 핸들 각속도 센서, 차고 센서, 전자 회로의 파일럿램프, 전자 회로의 파일럿 램프 등에서 이용된다.

▲ 발광다이오드

4) 포토다이오드(photo diode)

포토다이오드는 접합부분에 빛을 받으면 빛에 의해 자유전자가 되어 전자가 이동하며, 역방향으로 전기가 흐른다. 크랭크 각 센서, TDC 센서, 에어컨 일사 센서 등에 사용한다.

▲ 포토다이오드

5) 트랜지스터(TR, transistor)

① PNP, NPN으로 접합한 것으로, 이미터, 베이스, 컬렉터 단자로 구성되어 있고, 스위칭 작용, 증폭작용, 발진작용 등을 한다.

② PNP형의 순방향 전류는 이미터에서 베이스이며, NPN형은 베이스에서 이미터이다.

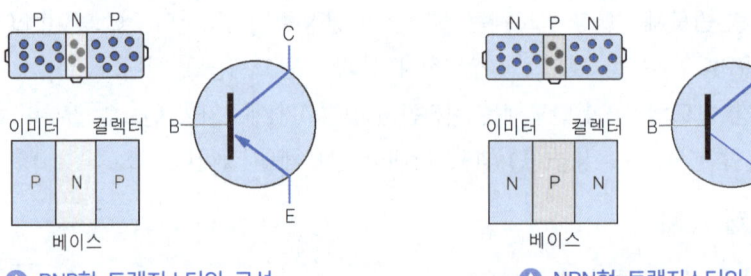

▲ PNP형 트랜지스터의 구성   ▲ NPN형 트랜지스터의 구성

6) 다링톤 트랜지스터(darlington transistor)

① 다링톤 트랜지스터는 2개의 트랜지스터를 하나로 결합하여 전류 증폭도가 높다.

② 점화 장치 회로와 같은 짧은 시간에 큰 전류를 제어하는 회로에 사용된다.

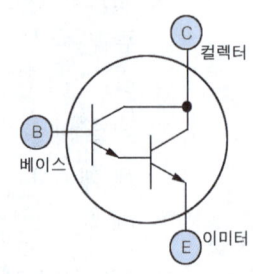

▲ 다링톤 트랜지스터

7) 포토트랜지스터(photo transistor)

① 외부로부터 빛을 받으면 전류를 흐를 수 있도록 하는 감광소자이다.

② 빛에 의해 컬렉터 전류가 제어되며, 광량 측정, 광 스위치 소자로 사용된다.

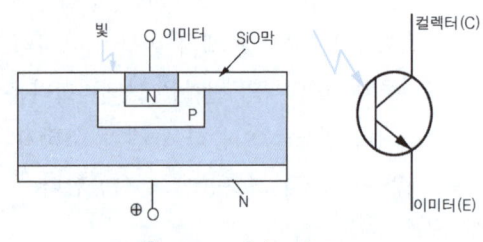

▲ 포토트랜지스터 구조

8) 사이리스터(SCR, thyristor)

① 사이리스터는 PNPN 또는 NPNP 접합으로 스위치작용을 한다.

② 일반적으로 단방향 3단자를 사용하는데 (+)쪽을 애노드(A), (−)쪽을 캐소드(K), 제어단자를 게이트(G)라 부른다. 작용은 다음과 같다.

㉮ A(애노드)에서 K(캐소드)로 흐르는 전류가 순방향이다.

㉯ 순방향 특성은 전기가 흐르지 못하는 상태이다.

㉰ G(게이트)에 (+), K(캐소드)에 (−) 전류를 공급하면 A(애노드)와 K(캐소드) 사이가 순간적으로 도통(통전)된다.

㉱ A(애노드)와 K(캐소드) 사이가 도통된 것은 G(게이트)전류를 제거해도 계속 도통이 유지되며, A(애노드)전위를 0으로 만들어야 해제된다.

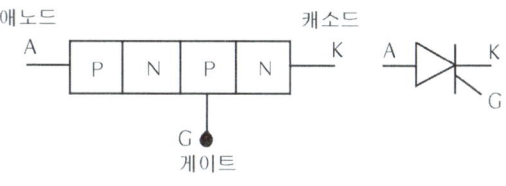

△ 사이리스터 구조 및 기호

9) 서미스터(thermistor)

① 온도에 따라 저항 값의 특성이 변화하는 반도체이다.

② 수온 센서, 흡기 온도 센서 등 온도 감지용으로 사용된다.

③ 일반적으로 서미스터는 NTC(부특성) 서미스터를 사용한다.

10) 반도체의 효과

① **펠티어(peltier) 효과** : 직류 전원을 공급해 주면 한쪽 면에서는 냉각이 되고 다른 면은 가열되는 열전도 반도체의 효과를 말한다.

② **피에조(piezo) 효과** : 힘을 받으면 기전력이 발생하는 반도체의 효과를 말한다.

③ **지백(zee back) 효과** : 열을 받으면 전기 저항 값이 변화하는 효과를 말한다.

④ **홀(hall) 효과** : 자기를 받으면 통전 성능이 변화하는 효과를 말한다.

11) 반도체의 장점

① 내부의 전압 강하가 매우 낮다.

② 소형 · 경량이며, 기계적으로 강하다.

③ 수명이 길고 내부에서 전력 손실이 적다.

④ 예열하지 않고 곧 작동한다.

12) 반도체의 단점

① 온도 특성이 나쁘다.(온도가 올라가면 특성이 변화한다.)

② 과대 전류 및 전압이 가해지면 파손되기 쉽다.

③ 정격 값을 넘으면 곧 파괴되기 쉽다.

④ 실리콘의 경우 150℃ 이상, 게르마늄은 85℃ 이상 되면 파괴될 우려가 있다.

(4) 논리회로

1) 논리합 회로(OR 회로)

① A, B 스위치 2개를 병렬로 접속한 것이다.

② 입력 A, B 중에서 어느 하나라도 1이면 출력 Q도 1이 된다. 여기서 1이란 전원이 인가된 상태, 0은 전원이 인가되지 않은 상태를 말한다.

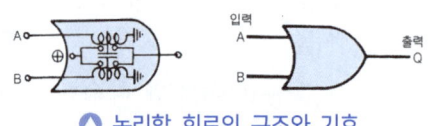

△ 논리합 회로의 구조와 기호

2) 논리적 회로(AND 회로)

① A, B 스위치 2개를 직렬로 접속한 것이다.

② 입력 A, B가 동시에 1이 되어야 출력 Q도 1이 된다. 1개라도 0이면 출력 Q는 0이 되는 회로이다.

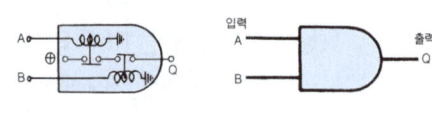

△ 논리곱 회로의 구조와 기호

3) 부정회로(NOT 회로)

① 입력 스위치 A와 출력이 병렬로 접속된 회로이다.

② 입력 A가 1이면 출력 Q는 0이 되고 입력 A가 0일 때 출력 Q는 1이 되는 회로이다.

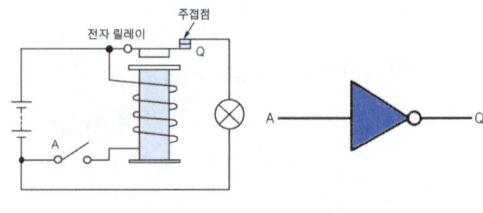

△ 부정 회로의 구조와 기호

4) 부정 논리합 회로(NOR 회로)

① 논리합 회로 뒤쪽에 부정 회로를 접속한 것이다.

② 입력 스위치 A와 입력 스위치 B가 모두 1이면 출력 Q는 0이 된다.

③ 입력 스위치 A 또는 입력 스위치 B가 모두 0이면 출력 Q는 1이 된다.

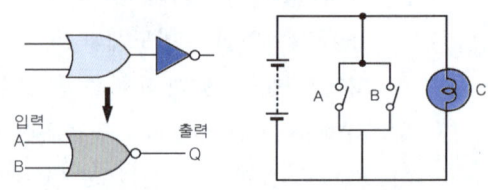

△ 부정 논리합 회로의 구조와 기호 및 회로

5) 부정 논리적 회로(NAND 회로)

① 논리적 회로 뒤쪽에 부정 회로를 접속한 것이다.

② 입력 스위치 A와 입력 스위치 B가 모두 ON이 되면 출력은 없다.

③ 입력 스위치 A 또는 입력 스위치 B 중에서 1개가 OFF되거나, 입력 스위치 A와 입력 스위치 B가 모두 OFF되면 출력된다.

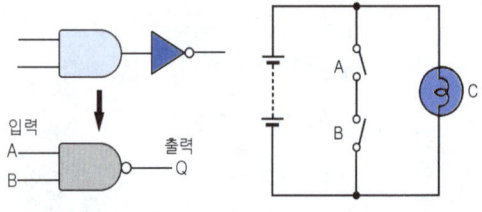

△ 부정 논리적 회로의 구조와 기호 및 회로

4. 자동차 전자제어 장치(ECU)

(1) RAM(Random Access Memory)

RAM은 임의의 기억저장 장치에 기억되어 있는 데이터를 읽거나 기억시킬 수 있는 일시기억 장치이다. 따라서 전원이 차단되면 기억된 데이터가 소멸된다.

(2) ROM(Read Only Memory)

ROM은 읽어내기 전문의 기억장치이며, 한번 기억시키면 내용을 변경시킬 수 없는 영구기억 장치이다. 따라서 전원이 차단되어도 기억이 소멸되지 않으므로 프로그램 또는 고정 데이터의 저장에 사용된다.

(3) I/O(In Put/Out Put ; 입 · 출력)장치

I/O 장치는 입력과 출력을 조절하는 장치이며, 외부 센서들의 신호를 입력하고 중앙처리 장치(CPU)의 신호를 받아 액추에이터로 출력시킨다.

(4) 중앙처리 장치(CPU ; Central Processing Unit)

중앙처리 장치는 데이터의 산술 연산이나 논리 연산을 처리하는 연산부분, 기억을 일시 저장해 두는 장소인 일시기억 부분, 프로그램 명령, 해독 등을 하는 제어부분으로 구성되어 있다.

5. 전장 회로도

(1) 전장 회로도 확인

전장 회로도는 전기 흐름의 경로와 각 위치에서의 스위치 연결 상태, 기타 관련된 회로의 기능 등을 수록하여 정비 작업에 활용할 수 있도록 구성되어 있어 제조사별 차종에 따른 전장 회로도를 확인해야 한다.

(2) 배선의 색상과 기호 확인

전장 회로도의 배선들은 실제 몇 개 안되는 단색들이 2개 정도의 조합을 이루어 많은 배선 색상을 만들어 자동차 내에 설치되어 있어 색상과 기호를 확인한다.

① 2가지 색상으로 된 배선은 2개의 글자(알파벳)로 표시되어 있는지 확인한다.
② 2개의 색상으로 된 배선의 첫 번째 색은 배선의 바탕색이고, 두 번째 색은 배선의 라인으로 추가된 색상임을 확인한다.

기호	배선색	기호	배선색
G	녹색(Greem)	Gr	회색(Gray)
Y	노랑색(Yellow)	O	오렌지색(Orange)
W	흰색(White)	Lg	연두색(Light green)
Br	갈색(Brown)	BY	검/노(Black/Yellow)
L	파랑색(Blue)	GW	녹/흰(Green/White)
B	검은색(Black)	BrY	갈/노(Brown/Yellow)
R	빨강색(Red)	LB	파/검(B;ue/Black)

② 전기·전자 회로 수리

1. 저항 측정

(1) 아날로그 회로시험기

① 적색 측정 리드선을 회로시험기 본체 V, Ω, A 커넥터 단자에 연결한다.

② 흑색 측정 리드선을 회로시험기 본체 COM 커넥터 단자에 연결한다.

③ 선택 스위치를 Ω(OHM) 위치 범위로 전환한다.

④ 두 리드선의 측정 부위를 접촉하여 회로시험기의 0점 조정한다.

⑤ 측정하고자 하는 대상의 양단에 리드선을 접촉하고 회로시험기의 눈금판과 측정자의 눈이 직각을 이룬 위치에서 측정값을 판독한다.

⑥ 측정값이 너무 낮으면 선택 스위치를 한 단계 올려 측정하며, 이 과정에서 반드시 0점 조정이 진행된 후 측정 작업이 수행되어야 한다.

⑦ 모든 측정이 끝나면 선택 스위치를 반드시 OFF 위치로 전환하여 회로시험기의 건전지 방전을 예방한다.

▲ 아날로그 회로시험기 저항측정

(2) 디지털 회로시험기

① 적색 측정 리드선을 회로시험기 본체 ℃, V, Ω, mA 커넥터 단자에 연결한다.

② 흑색 측정 리드선을 회로시험기 본체 COM 커넥터 단자에 연결한다.

③ 선택 스위치를 Ω 위치 범위로 전환한다.

④ 측정하고자 하는 대상의 양단에 리드선을 접촉하고 회로시험기의 눈금판과 측정자의 눈이 직각을 이룬 위치에서 측정값을 판독한다.

⑤ 측정값은 적절한 선택 스위치를 선택하여 측정한다.

⑥ 모든 측정이 끝나면 선택 스위치를 반드시 OFF 위치로 전환하여 회로시험기의 건전지 방전을 예방한다.

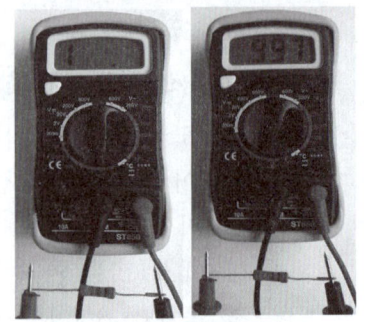

▲ 디지털 회로시험시 저항측정

2. 전압 측정

(1) 아날로그 시험기

① 적색 측정 리드선을 회로시험기 본체 V, Ω, A 커넥터 단자에 연결한다.

② 흑색 측정 리드선을 회로시험기 본체 COM 커넥터 단자에 연결한다.

③ 선택 스위치를 DC V 또는 AC V의 적절한 레인지에 맞게 위치한다.

④ 적색 리드선을 측정하고자 하는 대상 전원(+)에, 흑색 리드선은 접지(-)에 접속하면 지침이 움직이다 정지한다. 이 위치를 기준으로 회로시험기의 눈금판과 측정자의 눈이 직각을 이룬 위치에서 측정값을 판독한다.

⑤ 모든 측정이 끝나면 선택 스위치를 반드시 OFF 위치로 전환하여 회로시험기의 건전지 방전을 예방한다.

△ 아날로그 회로시험기 전압 측정

(2) 디지털 시험기

① 적색 측정 리드선을 회로시험기 본체 ℃, V, Ω, mA 커넥터 단자에 연결한다.

② 흑색 측정 리드선을 회로시험기 본체 COM 커넥터 단자에 연결한다.

③ 선택 스위치를 DC V 또는 AC V의 적절한 레인지에 맞게 위치한다.

④ 적색 리드선을 측정하고자 하는 대상 전원(+)에, 흑색 리드선은 접지(-)에 접속하면 지침이 움직

△ 디지털 회로시험기 전압측정

이다 정지한다. 이 위치를 기준으로 회로시험기의 눈금판과 측정자의 눈이 직각을 이룬 위치에서 측정값을 판독한다.

⑤ 모든 측정이 끝나면 선택 스위치를 반드시 OFF 위치로 전환하여 회로시험기의 건전지 방전을 예방한다.

3. 스로틀 포지션 센서

(1) 스로틀 포지션 센서의 고장이 미치는 영향

① 주행 및 엔진 가동 중 갑자기 엔진이 정지할 수도 있다.
② 엔진의 응답성이 떨어진다.
③ 엔진 공회전 중 엔진의 회전 속도(rpm)가 불균형하다.
④ 피스백 제어의 불량으로 유해 배출가스(CO, HC)가 증가한다.
⑤ 연료 소비량의 증가와 동시에 연비가 나빠진다.
⑥ 자동변속기의 변속 과정에서 변속 충격이 발생한다.

(2) 스로틀 포지션 센서 조정

엔진 형식(연료)에 따라 다소 차이가 있지만 가솔린(휘발유)와 LPG, CNC 연료 같이 불꽃 점화 방식의 엔진은 스로틀 포지션 센서 방식을 적용하고 있으며, 디젤(경유) 연료 방식의 자동차 엔진은 가속 페달 위치 센서가 같은 기능을 수행하고 있다.

① 센서와 엔진 제어 와이어링(커넥터)에 유격 없이 체결되어 있는지 확인한다.

② 스로틀 포지션 센서의 고정 나사(⊕) 2개를 1/3 정도 푼다.

③ 키를 ON(시동 ON) 상태로 유지하고 스캐너 및 회로시험기를 통해 출력값을 모니터링하면서 정비지침서에서 제공하는 규정(전압) 값으로 좌우로 회전한다.

④ 규정 값으로 조정되면 고정 나사의 1/3을 처음 상태로 조인다. 이 과정에서 고정 나사를 고정할 때 센서가 움직이지 않도록 주의한다.

(3) 스로틀 포지션 센서 수리

스로틀 포지션 센서의 내부는 슬라이더 암과 레일저항이 일체형으로 생산되어 센서를 스로틀 바디에서 탈거할 수는 있으나 센서 자체를 분해해서 수리는 할 수 없으므로 센서 불량(고장)이 판정되면 센서 자체를 교환한다.

❸ 전기·전자 회로 교환

1. 스로틀 포지션 센서 교환

센서의 단품 및 출력값을 측정·검사하여 불량(고장)이라고 판단되면 센서를 교환한다. 이때 엔진 계기판에 엔진 점검 경고등이 점등되기도 한다.

① 수리 자동차의 배터리 터미널에서 (–) 케이블을 탈거한다.

② 센서에 체결된 와이어링(커넥터)을 탈거한다.

③ 센서의 고정 나사를 푼다.

④ 센서를 탈거하기 전 스로틀 밸브와 고착되어 있을 수 있으므로 부드러운 공구로 살짝 타격해서 탈거한다.

⑤ 탈거된 센서에는 신품 센서와 구별하기 위해 유성 및 페인트 마커 펜 등을 이용하여 '불량'이라고 표기한다.

⑥ 신품 센서 조립 전 스로틀 바디 내 밸브 회전축의 돌기부와 신품 센서 홈이 센서 회전방향과 일치하도록 주의하면서 조립한다.

⑦ 스로틀 밸브의 회전방향과 센서의 방향이 일치하게 조립되었으면 고정 나사로 2/3 정도 체결한다.

⑧ 체결 이후 커넥터를 연결하기 전 압축공기 등을 이용하여 커넥터 단자 주위를 청소하면서 이상 유무를 확인한다.

⑨ 배터리 (–) 터미널에 케이블을 연결하고 스캐너 및 회로시험기를 연결한다.

⑩ 시동키를 ON(시동 ON) 상태로 유지하고 스캐너 및 회로시험기를 통해 출력 값을 모니터링하면서 정비지침서에서 제공하는 규정(전압) 값으로 좌우로 회전한다.

⑪ 규정 값으로 조정되면 고정 나사의 1/3을 마저 처음 상태로 조인다. 이 과정에서 고정나사를 고정할 때 센서가 움직이지 않도록 주의한다.

④ 전기·전자 회로 검사

1. 스로틀 포지션 센서 검사

(1) 스로틀 포지션 센서의 단품 검사

① 수리 자동차의 배터리 (−) 터미널의 케이블을 탈거한다.

② 센서에 체결된 와이어링(커넥터)을 탈거한다.

③ 센서의 1번 단자와 2번 단자 사이의 저항 값을 측정한다. 저항의 규정 값은 $3.5 \sim 6.5\Omega$이다.

④ 센서 1번 단자 3번 단자 사이에 회로시험기를 연결하고 선택 스위치를 저항(Ω)으로 전환하고 스로틀 밸브가 완전히 닫힌 위치에서부터 완전히 열린 위치까지 천천히 가속 페달 케이블이 연결된 밸브 축을 회전시키면 회로시험기의 측정값(저항값)이 천천히 변화하는지 검사한다.

(2) 스로틀 포지션 센서의 완성차 검사(회로시험기 적용)

① 키를 ON(시동 ON) 상태로 유지하고 회로시험기(아날로그, 디지털)를 센서의 1번 단자(접지 0V)와 3번 단자(전원 5V) 사이에, 선택 스위치를 DC V 20(디지털 DC V)으로 전환하고 측정값(출력 전압값)을 측정한다.

② 센서 1번 단자(접지 0V)와 2번 단자(출력 V) 사이에 회로시험기(아날로그, 디지털)를 연결하고 스로틀 밸브가 완전히 닫힌 위치에서부터 완전히 열린 위치까지 천천히 가속 페달 케이블이 연결된 밸브 축을 회전시키면서 회로시험기의 측정값(출력 전압값)이 같이 천천히 변화하는지 검사한다.

③ 센서 개도량을 측정하는 과정에서 스로틀 밸브를 완전히 개방하면 자동차 엔진 rpm이 최대로 상승하므로 안전에 주의해서 검사한다.

전기 일반

01 물질을 이루고 있는 입자인 원자의 설명으로 틀린 것은?(단, 정형원소로 제한한다.)

① 원자의 가장 바깥쪽 궤도에 있는 전자를 자유전자라 한다.

② 전자 1개의 전기량은 양자 1개의 전기량과 같다.

③ 최 외각궤도에 전자가 8개가 안 될 경우 근처의 원자와 결합하여 8개를 맞추려는 성질이 있다.

④ 최 외각궤도 내 전자가 8개일 경우 가장 안정적이다.

> 해설 원자핵과 거리가 멀어서 결합력이 약하고 외부의 영향을 가장 쉽게 받아 궤도를 이탈하는 전자를 자유전자라 부른다.

02 정류회로에서 맥동하는 출력을 평활화하기 위해서 쓰이는 부품은?

① 다이오드

② 콘덴서

③ 저항

④ 트랜지스터

> 해설 콘덴서는 정류회로에서 맥동하는 출력을 평활화하기 위해서 사용한다.

03 자동차에서 무선 시스템에 간섭을 일으키는 전자기파를 방지하기 위한 대책이 아닌 것은?

① 커패시터와 같은 여과소자를 사용하여 간섭을 억제한다.

② 불꽃 발생원에 배터리를 직렬로 접속하여 고주파 전류를 흡수한다.

③ 불꽃 발생원의 주위를 금속으로 밀봉하여 전파의 방사를 방지한다.

④ 점화케이블의 심선에 고저항 케이블을 사용한다.

04 12V 전압을 인가하여 0.00003C의 전기량이 충전되었다면 콘덴서의 정전 용량은?

① $2.0\mu F$ ② $2.5\mu F$

③ $3.0\mu F$ ④ $3.5\mu F$

> 해설 $C = \dfrac{Q}{V}$
>
> C : 축전기 용량(μF), Q : 축적된 전하량,
> V : 인가한 전압(V)
> $C = \dfrac{0.00003C}{12V} = 0.0000025F = 2.5\mu F$

05 $0.2\mu F$와 $0.3\mu F$의 축전기를 병렬로 하여 12V의 전압을 가하면 축전기에 저장되는 전하량은?

① $1.2\mu C$ ② $6\mu C$

③ $7.2\mu C$ ④ $14.4\mu C$

> 해설 ① 축전기 병렬접속의 전기량
>   : $C = C_1 + C_2 + C_3 + \cdots + C_n$
> $Q = 0.2\mu F + 0.3\mu F = 0.5\mu F$
> ② $Q = C \times E$
> Q : 축적된 전하량, C : 축전기 용량(μF),
> V : 인가한 전압(V)
> $Q = 0.5\mu F \times 12V = 6\mu C$

정답   **01.**①   **02.**②   **03.**②   **04.**②   **05.**②

06 전류의 3대 작용으로 옳은 것은?

① 발열작용, 화학작용, 자기작용
② 물리작용, 발열작용, 자기작용
③ 저장작용, 유도작용, 자기작용
④ 발열작용, 유도작용, 증폭작용

해설 전류의 3대 작용
① 발열 작용 : 시거라이터, 전구, 예열플러그 등에서 이용
② 화학 작용 : 전기도금, 배터리 등에서 이용
③ 자기 작용 : 시동 전동기, 릴레이, 솔레노이드, 발전기 등에서 이용

07 전류의 자기작용을 자동차에 응용한 예로 알맞지 않은 것은?

① 스타팅 모터의 작용
② 릴레이의 작동
③ 시거 라이터의 작동
④ 솔레노이드의 작동

08 다음 중 전기 저항이 제일 큰 것은?

① 2MΩ
② 1.5×10^6 Ω
③ 1000kΩ
④ 500000Ω

09 단면적 0.002cm², 길이 10m인 니켈−크롬선의 전기 저항은 몇 Ω 인가?(단, 니켈−크롬선의 고유저항은 110μΩ이다.)

① 45
② 50
③ 55
④ 60

해설 $R = \rho \times \dfrac{\ell}{A}$
R : 저항(Ω), ρ : 도체의 고유저항($\mu\Omega$),
ℓ : 도체의 길이(cm), A : 도체의 단면적(cm²)
$R = 110 \times 10^{-6} \times \dfrac{10 \times 100}{0.002} = 55\Omega$

10 지름 2mm, 길이 100cm인 구리선의 저항은?(단, 구리선의 고유 저항은 $1.69\mu\Omega \cdot m$이다.)

① 약 0.54Ω
② 약 0.72Ω
③ 약 0.9Ω
④ 약 2.8Ω

해설 $R = \rho \times \dfrac{\ell}{A}$
R : 저항(Ω), ρ : 도체의 고유저항($\mu\Omega$),
ℓ : 도체의 길이(cm), A : 도체의 단면적(cm²)
$R = \dfrac{1.69^{-10^6} \times 100cm}{\dfrac{3.14 \times 0.02^2}{4}} = 0.538\Omega$

11 온도와 저항의 관계를 설명한 것으로 옳은 것은?

① 일반적인 반도체는 온도가 높아지면 저항이 작아진다.
② 도체의 경우는 온도가 높아지면 저항이 작아진다.
③ 부특성 서미스터는 온도가 낮아지면 저항이 작아진다.
④ 정특성 서미스터는 온도가 높아지면 저항이 작아진다.

해설 온도와 저항의 관계
① 도체의 경우는 온도가 높아지면 저항이 커진다.
② 부특성 서미스터는 온도가 낮아지면 저항이 커진다.
③ 정특성 서미스터는 온도가 높아지면 저항이 커진다.

정답 06.① 07.③ 08.① 09.③ 10.① 11.①

12 물체의 전기저항 특성에 대한 설명 중 틀린 것은?

① 단면적이 증가하면 저항은 감소한다.

② 도체의 저항은 온도에 따라서 변한다.

③ 보통의 금속은 온도상승에 따라 저항이 감소된다.

④ 온도가 상승하면 전기저항이 감소하는 소자를 부특성 서미스터(NTC)라 한다.

해설 **물체의 전기저항**

① 전자가 이동할 때 물질 내의 원자와 충돌하여 발생한다.

② 원자핵의 구조·물질의 형상 및 온도에 따라 변한다.

③ 저항의 크기를 나타내는 단위는 옴(Ohm)을 사용한다.

④ 도체의 저항은 그 길이에 비례하고 단면적에 반비례한다.

⑤ 보통의 금속은 온도상승에 따라 저항이 증가하나 반도체는 감소한다.

⑥ 부특성 서미스터는 온도가 낮아지면 저항이 커진다.

⑦ 정특성 서미스터는 온도가 높아지면 저항이 커진다.

13 다음 회로에서 2개의 저항을 통과하여 흐르는 전류는 A, B, C 각 점에서 어떻게 나타나는가?

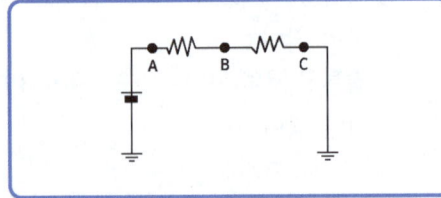

① A, B, C 점의 전류는 모두 같다.

② B에서 가장 전류가 크고 A, C는 같다.

③ A에서 가장 전류가 작고 B, C로 갈수록 전류가 커진다.

④ A에서 가장 전류가 크고, B, C로 갈수록 전류가 작아진다.

해설 직렬접속 회로이므로 각 저항에 흐르는 전류는 일정하다.

14 다음 병렬회로의 합성저항은 몇 Ω 인가?

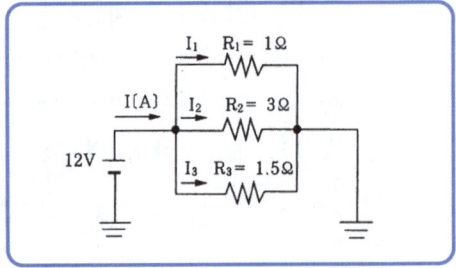

① 0.1 　　　　② 0.5

③ 1 　　　　　④ 5

해설 병렬 합성저항 :

$$\frac{1}{R} = \frac{1}{R_1} + \frac{1}{R_2} + \frac{1}{R_3} + \cdots + \frac{1}{R_n}$$

$$\frac{1}{R} = \frac{1}{1} + \frac{1}{3} + \frac{1}{1.5} = \frac{6}{3}$$

$$R = \frac{3}{6} = 0.5\Omega$$

15 12V의 배터리에 저항 5개를 직렬로 연결한 결과 24A의 전류가 흘렀다. 동일한 배터리에 동일한 저항 6개를 직렬 연결하면 얼마의 전류가 흐르는가?

① 10A 　　　　② 20A

③ 30A 　　　　④ 40A

해설 ① $I = \dfrac{E}{R}$

　　I : 도체에 흐르는 전류(A),

　　E : 도체에 가해진 전압(V),

　　R : 도체의 저항(Ω)

$$24A = \frac{12V}{5 \times x}, \quad x = \frac{12V}{5 \times 24A} = 0.1\Omega$$

② $I = \dfrac{E}{R} = \dfrac{12V}{0.1\Omega \times 6} = 20A$

정답　**12.**③　**13.**①　**14.**②　**15.**②

16 기전력이 2V이고 0.2Ω의 저항 5개가 병렬로 접속되었을 때 각 저항에 흐르는 전류는 몇 A 인가?

① 10   ② 20

③ 30   ④ 40

해설 각 저항에 흐르는 전류를 물었으므로

$I = \dfrac{E}{R}$ I : 도체에 흐르는 전류(A),

E : 도체에 가해진 전압(V), R : 도체의 저항(Ω)

$I = \dfrac{2V}{0.2Ω} = 10A$

17 기전력 2.8V, 내부 저항이 0.15Ω인 전지 33개를 직렬로 접속할 때 1Ω의 저항에 흐르는 전류는 얼마인가?

① 12.1A   ② 13.2A

③ 15.5A   ④ 16.2A

해설 $I = \dfrac{N \times E}{R + N \times r}$

I : 저항에 흐르는 전류(A), E : 기전력,

R : 부하의 저항(Ω), N : 전지의 개수, r : 내부저항

$I = \dfrac{33 \times 2.8}{1 + 33 \times 0.15} = 15.5A$

18 다음 직렬회로에서 저항 R_1에 5mA의 전류가 흐를 때 R_1의 저항 값은?

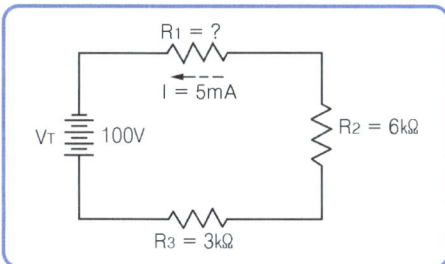

① 7kΩ   ② 9kΩ

③ 11kΩ   ④ 13kΩ

해설 ① $R = \dfrac{E}{I} = \dfrac{100V}{5mA} = 20kΩ$

② $R_1 + 6kΩ + 3kΩ = 20kΩ$

    $R_1 = 20kΩ - 9kΩ = 11kΩ$

19 기전력 2V, 내부저항 0.2Ω의 전지 10개를 병렬로 접속했을 때 부하 4Ω에 흐르는 전류는?

① 0.333A   ② 0.498A

③ 0.664A   ④ 13.64A

해설 $I = \dfrac{E}{\dfrac{r}{N} + R}$

I : 저항에 흐르는 전류(A), E : 기전력(E),

r : 내부저항(Ω), N : 전지의 개수,

R : 부하의 저항(Ω)

$I = \dfrac{2}{\dfrac{0.2}{10} + 4} = 0.498A$

20 저항의 도체에 전류가 흐를 때 주행 중에 소비되는 에너지는 전부 열로 되고, 이때의 열을 줄열(H)이라고 한다. 이 줄열(H)을 구하는 공식으로 틀린 것은?(단, E는 전압, I는 전류, R은 저항, t는 시간이다.)

① $H = 0.24EIt$ ② $H = 0.24IE^2t$

③ $H = 0.24\dfrac{E^2}{R}t$ ④ $H = 0.24I^2Rt$

21 직류 발전기가 전기자 총 도체 수가 48, 자극 수가 2, 전기자 병렬회로 수가 2, 각 극의 자속이 0.018Wb이다. 회전수가 1,800rpm일 때 유기되는 전압은?(단, 전기자 저항은 무시한다.)

① 약 21V   ② 약 23.5V

③ 약 25.9V   ④ 약 28V

해설 ① $E = kd \times n \times \varPhi$ E : 유기되는 전압(V),

    n : 매분 당 회전수(rpm), $\varPhi$: 각 극의 자속

② $kd = \dfrac{P \times e}{60 \times a}$

    kd : 정수, P : 전기자 총 도체 수,

    a : 전기자 병렬회로 수, e : 자극 수

    $kd = \dfrac{48 \times 2}{60 \times 2} = 0.8$

③ $E = kd \times n \times \varPhi = 0.8 \times 1800 \times 0.018 = 25.92V$

정답   16.①   17.③   18.③   19.②   20.②   21.③

22 12V를 사용하는 자동차의 점화 코일에 흐르는 전류가 0.01초 동안에 50A로 변화하였다. 자기 인덕턴스가 0.5H일 때 코일에 유기되는 기전력은 얼마인가?

① 6V　　　　　② 104V
③ 2500V　　　　④ 60000V

해설 $V = H\dfrac{I}{t}$

V : 기전력(V), H : 상호 인덕턴스,
I : 전류(A), t : 시간(sec)

$V = 0.5 \times \dfrac{50A}{0.01} = 2500V$

23 자기 인덕턴스가 0.7H인 코일에 흐르는 전류가 0.01초 동안 4A의 전류로 변화하였다면, 이때 발생하는 기전력은?

① 240V　　　　② 260V
③ 280V　　　　④ 300V

해설 $V = H\dfrac{I}{t}$

V : 기전력(V), H : 상호 인덕턴스,
I : 전류(A), t : 시간(sec)

$V = 0.7 \times \dfrac{4}{0.01} = 280V$

24 2개의 코일 간의 상호 인덕턴스가 0.8H일 때 한쪽코일의 전류가 0.01초간에 4A에서 1A로 동일하게 변화하면 다른 쪽 코일에는 얼마의 기전력이 유도되는가?

① 100V　　　　② 240V
③ 300V　　　　④ 320V

해설 $V = H\dfrac{I}{t}$

V : 기전력(V), H : 상호 인덕턴스,
I : 전류(A), t : 시간(sec)

$V = 0.8 \times \dfrac{(4-1)}{0.01} = 240V$

25 평균전압 220V의 교류 전원에 대한 설명으로 틀린 것은?

① MAX-P 전압은 약 220V이다.
② P-P 전압은 $220 \times 2\sqrt{2}\,V$ 가 된다.
③ 1사이클 중 (+)듀티는 50%가 된다.
④ 디지털 멀티미터는 평균 전압이 표시된다.

해설 ① 평균 전압 $= \dfrac{최대\ 전압}{\sqrt{2}}$

② 최대 전압 = 평균(실효) 전압 $\times \sqrt{2}$
③ $MAX-P$전압 $= 220V \times \sqrt{2} = 311.13V$

26 누설 전류를 측정하기 위해 12V 배터리를 떼어내고 절연체의 저항을 측정하였더니 1MΩ이었다. 누설 전류는?

① 0.006mA　　　② 0.008mA
③ 0.010mA　　　④ 0.012mA

해설 $I = \dfrac{E}{R}$

I : 전류(mA), E : 전압(V), R : 저항(Ω)

$I = \dfrac{E}{R} = \dfrac{12V}{1000000\,\Omega} \times 1000 = 0.012mA$

27 전기회로에서 전압 강하의 설명으로 틀린 것은?

① 불완전한 접촉은 저항의 증가로 전장품에 인가되는 전압이 낮아진다.
② 저항을 통하여 전류가 흐르면 전압강하가 발생하지 않는다.
③ 전류가 크고 저항이 클수록 전압강하도 커진다.
④ 회로에서 전압강하의 총합은 회로에 공급전압과 같다.

해설 전원에서 전기 에너지를 소비하는 부하에 전류가 흐를 때는 도중의 전선 저항 때문에 전류×저항의 전압이 소비되며, 이 전압은 전원에서 나감에 따라 점차로 낮아진다.

정답　**22.**③　**23.**③　**24.**②　**25.**①　**26.**④　**27.**②

28 자동차 전기회로의 전압 강하에 대한 설명이 아닌 것은?

① 저항을 통하여 전류가 흐르면 전압 강하가 발생한다.

② 전압 강하가 커지면 전장품의 기능이 저하되므로 전선의 굵기는 알맞은 것을 사용해야 한다.

③ 회로에서 전압 강하의 총량은 회로의 공급 전압과 같다.

④ 전류가 적고 저항이 클수록 전압 강하도 커진다.

해설 저항을 통하여 전류가 흐르면 전압 강하가 발생하며, 회로에서 전압 강하의 총량은 회로의 공급 전압과 같다. 전압 강하가 커지면 전장부품의 기능이 저하하므로 회로에 사용하는 전선은 알맞은 굵기이어야 한다.

29 회로의 임의의 접속점에서 유입하는 전류의 합과 유출하는 전류의 합은 같다고 정의하는 법칙은?

① 키르히호프의 제 1법칙

② 옴의 법칙

③ 줄의 법칙

④ 뉴턴의 제1법칙

해설 키르히호프의 법칙
① 키르히호프의 제1법칙 : 회로 내의 어떠한 점에 유입한 전류의 총합과 유출한 전류의 총합은 같다.
② 키르히호프의 제2법칙 : 임의의 폐회로에 있어 기전력의 총합과 저항에 의한 전압강하의 총합은 같다.

30 다음에 설명하고 있는 법칙은?

> 회로에 유입되는 전류의 총합과 회로를 빠져나가는 전류의 총합은 같다.

① 옴의 법칙

② 줄의 법칙

③ 키르히호프의 제1 법칙

④ 키르히호프의 제2 법칙

31 디젤 엔진에 병렬로 연결된 예열 플러그(0.2 Ω)의 합성저항은 얼마인가?(단, 엔진은 4기통이고 전원은 12V이다.)

① 0.05   ② 0.10Ω

③ 0.15Ω   ④ 0.20Ω

해설 병렬 합성저항

$$\frac{1}{R} = \frac{1}{R_1} + \frac{1}{R_2} + \frac{1}{R_3} + \cdots + \frac{1}{R_n}$$

$$\frac{1}{R} = \frac{1}{0.2} + \frac{1}{0.2} + \frac{1}{0.2} + \frac{1}{0.2} = \frac{4}{0.2}$$

$$R = \frac{0.2}{4} = 0.05\,\Omega$$

32 전압 24V, 출력전류 60A인 자동차용 발전기의 출력은?

① 0.36kW   ② 0.72kW

③ 1.44kW   ④ 1.88kW

해설 $P = E \times I$ / P : 전력(W), E : 전압(V), I : 전류(A) / $P = 24V \times 60A = 1440W = 1.44kW$

33 다음 회로에서 전류(A)와 소비전력(W)은?

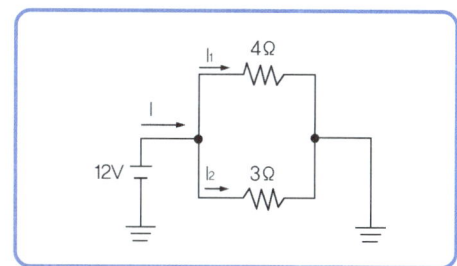

① I=0.58[A], P=5.8[W]

② I=5.8[A], P=58[W]

③ I=7[A], P=84[W]

④ I=70[A], P =840[W]

해설 ① $\dfrac{1}{R} = \dfrac{1}{4} + \dfrac{1}{3} = \dfrac{7}{12}$, $R = \dfrac{12}{7}\,\Omega$

② $I = \dfrac{E}{R} = \dfrac{12 \times 7}{12} = 7A$

③ $P = E \times I = 12V \times 7A = 84W$

정답   28.④   29.①   30.③   31.①   32.③   33.③

34 회로가 그림과 같이 연결되었을 때 멀티미터가 지시하는 전류 값은 몇 A 인가?

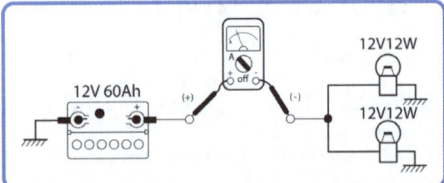

① 1
② 2
③ 4
④ 13

해설 $I = \dfrac{P}{E}$

P : 전력(W), E : 전압(V), I : 전류(A)

$I = \dfrac{12W \times 2}{12V} = 2A$

35 14V 배터리에 연결된 전구의 소비전력이 60W이다. 배터리의 전압이 떨어져 12V가 되었을 때 전구의 실제전력은 약 몇 W인가?

① 3.2
② 25.5
③ 39.2
④ 44.1

해설 ① $P = \dfrac{E^2}{R}$

P : 전력(W), E : 전압(V), R : 저항(Ω)

$R = \dfrac{E^2}{P} = \dfrac{14^2}{60} = 3.266Ω$

② $P = \dfrac{E^2}{R} = \dfrac{12^2}{3.266} = 44.09W$

36 그림과 같은 회로에서 전구의 용량이 정상일 때 전원 내부로 흐르는 전류는 몇 A 인가?

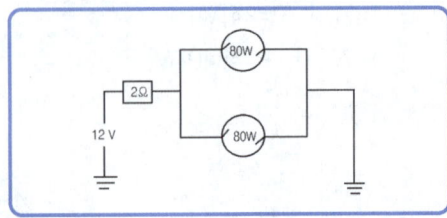

① 2.14
② 4.13
③ 6.65
④ 13.32

해설 $P = \dfrac{E^2}{R}$

P : 전력(W), E : 전압(V), R : 저항(Ω)

$R = \dfrac{E^2}{P} = \dfrac{12 \times 12}{80 + 80} = 0.9Ω$

$I = \dfrac{E}{R} = \dfrac{12}{2 + 0.9} = 4.13A$

37 12V 5W의 번호판등이 사용되는 승용차량에 24V 3W가 잘못 장착되었을 때, 전류 값과 밝기의 변화는 어떻게 되는가?

① 0.125A, 밝아진다.
② 0.125A, 어두워진다.
③ 0.0625A, 밝아진다.
④ 0.0625A, 어두워진다.

해설 $I = \dfrac{P}{E}$

P : 전력(W), E : 전압(V), R : 저항(Ω)

$P = \dfrac{3W}{24V \times 2} = 0.0625A$, 어두워짐

38 그림과 같은 회로에서 가장 적합한 퓨즈의 용량은?

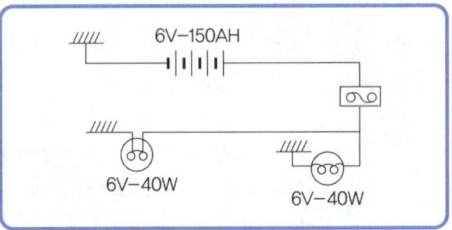

① 10A
② 15A
③ 25A
④ 30A

해설 $I = \dfrac{P}{E}$

P : 전력(W), E : 전압(V), I : 전류(A)

$I = \dfrac{40 + 40}{6} = 13.3A$

따라서 15A의 퓨즈를 사용한다.

정답　34.②　35.④　36.②　37.④　38.②

39 20시간율 45Ah, 12V의 완전 충전된 배터리를 20시간율의 전류로 방전시키기 위해 몇 와트(W)가 필요한가?

① 21W   ② 25W

③ 27W   ④ 30W

해설 $W = \dfrac{Ah \times V}{h}$

W : 와트(W), Ah : 배터리 용량(Ah),

h : 방전시간(h)

$W = \dfrac{45Ah \times 12V}{20h} = 27W$

40 용량이 90Ah인 배터리는 3A의 전류로 몇 시간 동안 방전시킬 수 있는가?

① 15   ② 30

③ 45   ④ 60

해설 용량(Ah) = 방전 전류(A) × 방전 시간(h)

방전 시간 $= \dfrac{용량(Ah)}{방전\ 전류(A)} = \dfrac{90Ah}{3A} = 30h$

41 퓨즈와 릴레이를 대체하며 단선, 단락에 따른 전류 값을 감지함으로써 필요 시 회로를 차단하는 것은?

① BCM(body control module)

② CAN(controller area network)

③ LIN(local interconnect network)

④ IPS(intelligent power switching device)

해설 IPS는 퓨즈와 릴레이를 대체하며 단선, 단락에 따른 전류 값을 감지함으로써 필요하면 회로를 차단하는 기구이다.

42 자계와 자력선에 대한 설명으로 틀린 것은?

① 자계란 자력선이 존재하는 영역이다.

② 자속은 자력선 다발을 의미하며, 단위는 Wb/m²을 사용한다.

③ 자계 강도는 단위 자기량을 가지는 물체에 작용하는 자기력의 크기를 나타낸다.

④ 자기 유도는 자석이 아닌 물체가 자계 내에서 자기력의 영향을 받아 자석을 띠는 현상을 말한다.

해설 자속이란 자력선의 방향과 직각이 되는 단위면적 1cm²에 통과하는 전체의 자력선을 말하며 단위로는 Wb를 사용한다.

43 전자력에 대한 설명으로 틀린 것은?

① 전자력은 자계의 세기에 비례한다.

② 전자력은 도체의 길이, 전류의 크기에 비례한다.

③ 전자력은 자계 방향과 전류의 방향이 평행일 때 가장 크다.

④ 전류가 흐르는 도체 주위에 자극을 놓았을 때 발생하는 힘이다.

해설 전자력의 특징

① 전자력은 전류가 흐르는 도체 주위에 자극을 놓았을 때 발생하는 힘이다. 즉 자력에 의해 도체가 움직이는 힘이다.

② 전자력은 자계의 세기에 비례한다.

③ 전자력은 도체의 길이, 전류의 크기에 비례한다.

④ 전자력은 자계 방향과 전류의 방향이 직각일 때 가장 크다.

44 보기가 설명하고 있는 법칙으로 옳은 것은?

> 유도 기전력의 방향은 코일 내 자속의 변화를 방해하는 방향으로 발생한다.

① 렌츠의 법칙

② 자기유도 법칙

③ 플레밍의 왼손 법칙

④ 플레밍의 오른손 법칙

해설 렌츠의 법칙은 "유도 기전력의 방향은 코일 내 자속의 변화를 방해하는 방향으로 발생한다."는 법칙이다.

정답   **39.**③   **40.**②   **41.**④   **42.**②   **43.**③   **44.**①

45 배터리 측에서 암 전류(방전 전류)를 측정하는 방법으로 옳은 것은?

① 배터리 '+'측과 '−'측의 전류가 서로 다르기 때문에 반드시 배터리 '+'측에서만 측정하여야 한다.

② 디지털 멀티미터를 사용하여 암 전류를 점검할 경우 탐침을 배터리 '+'측에서 병렬로 연결한다.

③ 클램프 타입 전류계를 이용할 경우 배터리 '+'측과 '−'배선 모두 클램프 안에 넣어야 한다.

④ 배터리 '+'측과 '−'측 무관하게 한 단자를 탈거하고 멀티미터를 직렬로 연결한다.

> 해설 암 전류는 배터리 (+)측과 (−)측 무관하게 한 단자를 탈거하고 멀티미터를 직렬로 연결하여 측정한다.

46 배터리 세이버 기능에서 입력 신호로 틀린 것은?

① 미등 스위치
② 와이퍼 스위치
③ 운전석 도어 스위치
④ 키 인(key in) 스위치

47 스마트 정션 박스(smart junction box)의 기능에 대한 설명으로 틀린 것은?

① Fail safe Lamp 제어
② 에어컨 압축기 릴레이 제어
③ 램프 소손 방지를 위한 PWM 제어
④ 배터리 세이버 제어

48 그림과 같은 회로의 동작에 대한 설명으로 가장 옳은 것은?

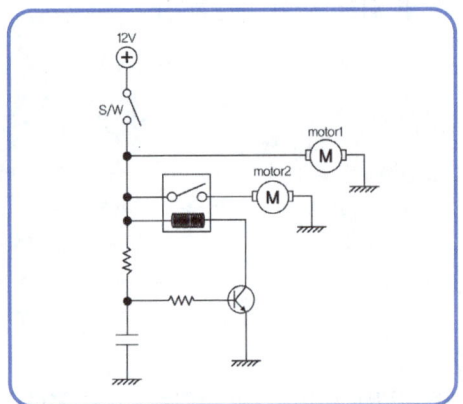

① 스위치 on 시 모터1과 2는 동시에 작동한다.

② 스위치 on 시 모든 모터가 동시에 동작 후 모터2만 멈춘다.

③ 스위치 on 시 모터1이 동작하고 잠시 후 모터2가 동작한다.

④ 스위치 on 시 모터1만 동작하고 스위치 off 시 모터2가 동작한다.

> 해설 스위치 ON 시 모터 1이 먼저 작동하고, 회로의 트랜지스터가 작동하면 릴레이가 작동되어 모터 2에 전원이 공급되어 작동한다.

49 차량의 전기 배선 방식에서 복선식 사용에 대한 내용으로 틀린 것은?

① 접촉 불량 방지
② 전압 강하량 증가
③ 큰 전류가 흐르는 회로에 사용
④ 전조등 회로에 사용

> 해설 복선식은 접지 쪽에도 전선을 사용하는 것으로 접촉 불량 방지 및 전압강하량이 감소하므로 주로 전조등과 같이 큰 전류가 흐르는 회로에서 사용된다.

정답 45.④ 46.② 47.② 48.③ 49.②

전자 일반

01 반도체 접합 중 이중접합의 적용으로 틀린 것은?

① 서미스터　　　　② 발광 다이오드
③ PNP 트랜지스터　④ NPN 트랜지스터

해설 반도체의 접합
① 무접합 : 서미스터, 광전도셀(CdS)
② 단접합 : 다이오드, 제너다이오드, 단일접합 또는 단일접점 트랜지스터
③ 이중 접합 : PNP 트랜지스터, NPN 트랜지스터, 가변용량 다이오드, 발광다이오드, 전계효과 트랜지스터
④ 다중 접합 : 사이리스터, 포토트랜지스터, 트라이악

02 교류 발전기에서 정류작용이 이루어지는 곳은?

① 아마추어　　　　② 계자코일
③ 실리콘 다이오드　④ 트랜지스터

해설 교류 발전기의 다이오드는 스테이터 코일에서 발생한 교류를 직류로 바꾸어 외부로 공급하고, 배터리에서 발전기로 흐르는 역류를 방지한다.

03 다음은 다이오드를 이용한 자동차용 전구회로이다. 옳은 것은?

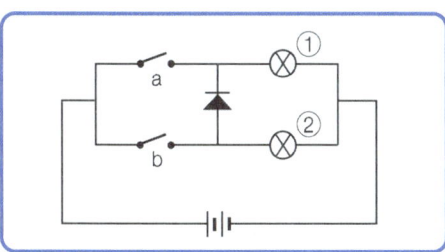

① 스위치 a가 ON 일 때 전구 ①, ② 가 모두 점등된다.
② 스위치 a가 ON 일 때 전구 ① 만 점등된다.
③ 스위치 b가 ON 일 때 전구 ② 만 점등된다.
④ 스위치 b가 ON 일 때 전구 ① 만 점등된다.

해설 스위치 a가 ON일 경우 전구 ①만 점등되지만 스위치 b가 ON일 경우 다이오드를 통해 전구 ①에 전류가 공급되므로 전구 ①과 ② 모두 점등된다.

04 제너다이오드에 대한 설명으로 틀린 것은?

① 순방향으로 가한 일정한 전압을 제너전압이라 한다.
② 역방향으로 가해지는 전압이 어떤 값에 도달하면 급격히 전류가 흐른다.
③ 정전압 다이오드라고도 한다.
④ 발전기의 전압조정기에 사용하기도 한다.

해설 제너다이오드(zener diode)
① 실리콘 다이오드의 일종이다.
② 어떤 전압 하에서는 역 방향으로 전류가 통할 수 있도록 제작된 것이다.
③ 정전압 다이오드라고도 하며, 발전기의 전압 조정기에서 사용된다.
④ 제너 전압 이하에서는 역방향 전류가 "0" 이 된다.

05 다이오드 종류 중 역방향으로 일정 이상의 전압을 가하면 전류가 급격히 흐르는 특성을 가지고 회로 보호 및 전압 조정용으로 사용되는 다이오드는?

① 스위치 다이오드　② 정류 다이오드
③ 제너 다이오드　　④ 트리오 다이오드

06 역방향 전류가 흘러도 파괴되지 않고 역전압이 낮아지면 전류를 차단하는 다이오드는?

① 발광다이오드　　② 포토다이오드
③ 제너다이오드　　④ 검파다이오드

07 일정한 전압 이상이 인가되면 역방향으로도 전류가 흐르게 되는 전자부품의 소자는?

① 제너다이오드　　② N형 다이오드
③ 포토다이오드　　④ 트랜지스터

정답 **01.**① **02.**③ **03.**② **04.**① **05.**③ **06.**③ **07.**①

08 발전기에서 IC식 전압 조정기(regulator)의 제너다이오드에 전류가 흐를 때는?

① 높은 온도에서
② 브레이크 작동상태에서
③ 낮은 전압에서
④ 브레이크다운 전압에서

> **해설** 제너다이오드에 제너 전압보다 높은 역방향의 전압을 가하면 급격히 큰 전류가 흐르기 시작하는데 이를 브레이크 다운전압이라 한다.

09 교류 발전기의 3상 전파 정류회로에서 출력 전압의 조절에 사용되는 다이오드는?

① 제너다이오드
② 발광다이오드
③ 수광 다이오드
④ 포토다이오드

> **해설** 제너다이오드는 어떤 값에 도달하면 전류가 흐르는 성질을 이용한 반도체이며, 교류 발전기의 출력 전압의 조절에 사용된다.

10 순방향으로 전류를 흐르게 하였을 때 빛이 발생되는 반도체는?

① 포토다이오드
② 제너다이오드
③ 발광다이오드
④ 실리콘 다이오드

> **해설** 발광다이오드(LED)는 순방향으로 전류를 흐르게 하면 전류를 가시광선으로 변형시켜 빛을 발생하는 다이오드이며, 소비 전력이 작고, 응답 속도가 빠르며, 백열전구에 비해 수명이 길다.

11 발광다이오드(LED ; light emitting diode)에 대한 설명으로 틀린 것은?

① 소비 전력이 작다.
② 응답 속도가 빠르다.
③ 전류가 역방향으로 흐른다.
④ 백열전구에 비해 수명이 길다.

12 발광 다이오드에 대한 설명으로 틀린 것은?

① 응답속도가 느리다.
② 백열전구에 비해 수명이 길다.
③ 전기적 에너지를 빛으로 변환시킨다.
④ 자동차의 차속 센서, 차고 센서 등에 적용되어 있다.

> **해설** 발광다이오드(LED)는 전기적 에너지를 빛으로 변환시키며, 소비전력이 작고, 응답속도가 빠르며, 백열전구에 비해 수명이 길다. 자동차의 차속센서, 차고 센서 등에 적용되어 있다.

13 두 개의 영구자석 사이에 도체를 직각으로 설치하고 도체에 전류를 흘리면 도체의 한 면에는 전자가 과잉되고 다른 면에는 전자가 부족해 도체 양면을 가로질러 전압이 발생되는 현상을 무엇이라고 하는가?

① 홀 효과
② 렌츠의 현상
③ 칼만 볼텍스
④ 자기 유도

> **해설** 홀 효과란 2개의 영구자석 사이에 도체를 직각으로 설치하고 도체에 전류를 공급하면 도체의 한 면에는 전자가 과잉되고 다른 면에는 전자가 부족하여 도체 양면을 가로질러 전압이 발생되는 현상이다.

14 서로 다른 종류의 두 도체(또는 반도체)의 접점에서 전류가 흐를 때 접점에서 줄열(Joul's heat)외에 발열 또는 흡열이 일어나는 현상은?

① 홀 효과
② 피에조 효과
③ 자계효과
④ 펠티에 효과

> **해설** 펠티에 효과란 서로 다른 종류의 두 도체(또는 반도체)의 접점에서 전류가 흐를 때 접점에서 줄열(Joul's heat)외에 발열 또는 흡열이 일어나는 현상이다.

정답 08.④ 09.① 10.③ 11.③ 12.① 13.① 14.④

15 자동차의 파워 트랜지스터에 관한 내용 중 틀린 것은?

① 파워 TR의 베이스는 ECU와 연결되어 있다.

② 파워 TR의 컬렉터는 점화1차코일 (—)단자와 연결되어 있다.

③ 파워 TR의 이미터는 접지되어 있다.

④ 파워 TR은 PNP형이다.

> 해설 자동차의 점화장치에 사용되는 파워 트랜지스터는 NPN형을 사용한다.

16 NPN형 파워 TR에서 접지되는 단자는?

① 캐소드   ② 이미터

③ 베이스   ④ 컬렉터

> 해설 NPN형 트랜지스터는 P형 쪽에 또 하나의 N형을 접합한 것이며, 중앙부분을 베이스(base ; B), 트랜지스터의 형식에 관계없이 각각의 전극에서 끌어낸 리드선 단자를 이미터(emitter ; E), 그리고 나머지 단자를 컬렉터(collector ; C)라 한다. NPN형은 베이스에서 이미터로의 전류 흐름이 순방향 흐름이므로 접지 단자는 이미터이다.

17 증폭률을 크게 하기 위해 트랜지스터 1개의 출력신호가 다른 트랜지스터 베이스의 입력신호로 사용되는 반도체 소자는 무엇인가?

① 다링톤 트랜지스터

② 포토트랜지스터

③ 사이리스터

④ FET

> 해설 다링톤 트랜지스터는 증폭률을 크게 하기 위해 트랜지스터 1개의 출력신호가 다른 트랜지스터 베이스의 입력신호로 사용한다.

18 그림과 같은 회로의 작동상태를 바르게 설명한 것은?

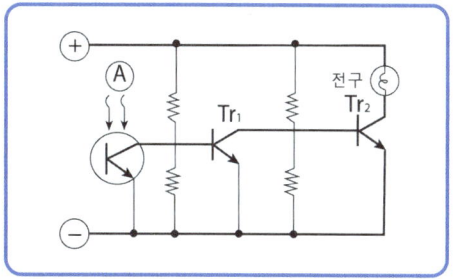

① A에 열을 가하면 전구가 점등한다.

② A가 어두워지면 전구가 점등한다.

③ A가 환해지면 전구가 점등한다.

④ A에 열을 가하면 전구가 소등한다.

> 해설 포토트랜지스터를 이용한 회로이므로 포토트랜지스터가 빛을 받으면 Tr_1과 Tr_2가 통전되어 전구가 점등된다.

19 반도체의 장점이 아닌 것은?

① 극히 소형이고 가볍다.

② 내부 전력 손실이 적다.

③ 수명이 길다.

④ 온도 상승 시 특성이 좋아진다.

> 해설 반도체의 장점
> ① 매우 소형·경량이다.
> ② 내부 전력 손실이 매우 적다.
> ③ 예열을 요구하지 않고 곧바로 작동을 한다.
> ④ 기계적으로 강하고 수명이 길다.
> ⑤ 온도 특성이 나쁜 결점이 있다. 접합부분의 온도가 게르마늄은 85℃, 실리콘은 150℃ 이상 되면 파손된다.

정답   15.④   16.②   17.①   18.③   19.④

20 그림에서 A와 B는 입력이고 Q가 출력일 때 논리회로로 표현하면?

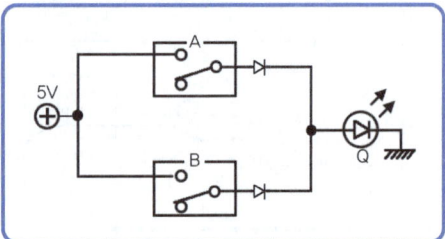

① AND 회로　　② OR 회로
③ NOT 회로　　④ NAND 회로

해설 ① AND 회로 : 입력 A, B를 직렬로 접속한 회로이며 램프(lamp)를 점등시키려면 입력 쪽의 스위치 A와 B를 동시에 ON시켜야 한다. 만약 1개만 OFF되어도 램프가 소등된다.
② OR 회로 : 입력 A, B를 병렬로 접속한 회로이며, 램프를 점등시키기 위해서는 입력 쪽의 A나 B 중 1개만 ON시키면 된다. 또 A나 B를 동시에 ON시켜도 점등된다.
③ NOT 회로 : 입력 A와 출력램프가 병렬로 접속된 회로이다. 회로 중의 스위치를 ON시키면 출력이 없고 스위치를 OFF시키면 출력이 되는 것으로서 스위치 작용과 출력이 반대로 되는 회로이다.
④ NAND 회로 : 입력 A, B를 직렬로 연결한 후 회로에 병렬로 접속한 것이며, A 또는 B 둘 중의 1개만 OFF되면 램프가 점등되고, A, B 모두 ON이 되면 램프가 소등된다.

21 컴퓨터 논리회로에서 논리적(AND)에 해당되는 것은?

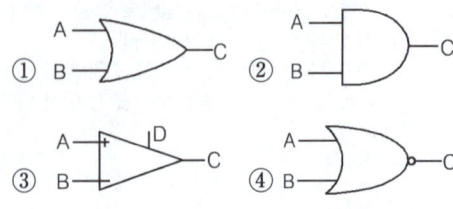

해설 ①항은 논리합(OR), ③항은 논리 비교기, ④항은 논리합 부정(NAND)

22 그림의 회로와 논리기호를 나타내는 것은?

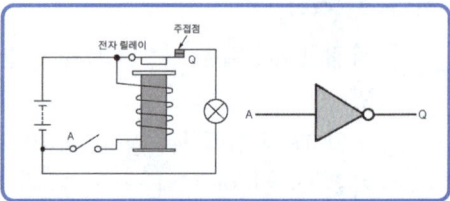

① AND(논리곱) 회로
② OR(논리합) 회로
③ NOT(논리부정) 회로
④ NAND(논리곱부정) 회로

해설 NOT(논리부정) 회로는 스위치 A가 ON이 되면 릴레이 코일에 전류가 흐르므로 주 접점은 전자력에 의해 OFF된다. 따라서 Q단자에는 출력이 없게 되지만 스위치 A가 OFF되면 릴레이 코일에 전류가 흐르지 않기 때문에 전자력이 소멸되어 주 접점이 ON으로 되어 Q단자에 출력이 된다. 입력이 ON일 때에는 출력은 OFF, 입력이 OFF이면 출력이 ON이 되는 회로이다.

23 논리회로 중 NOR회로에 대한 설명으로 틀린 것은?

① 논리합 회로에 부정회로를 연결한 것이다.
② 입력 A와 입력 B가 모두 0이면 출력이 1이다.
③ 입력 A와 입력 B가 모두 1이면 출력이 0이다.
④ 입력 A 또는 입력 B 중에서 1개가 1이면 출력이 1이다.

해설 NOR(부정 논리합) 회로의 진리값
① 입력 A가 0이고 입력 B가 0이면 출력 Q는 1이 된다.
② 입력 A가 1이고 입력 B가 1이면 출력 Q는 0이 된다.
③ 입력 A가 0이고 입력 B가 1이면 출력 Q는 0이 된다.
④ 입력 A가 1이고 입력 B가 1이면 출력 Q는 0이 된다.

정답　**20.**② 　**21.**② 　**22.**③ 　**23.**④

24 논리회로에 대한 설명으로 틀린 것은?

① AND 회로 : 모든 입력이 "1"일 때만 출력이 "1"이 되는 회로

② OR 회로 : 입력 중 최소한 어느 한 쪽의 입력이 "1"이면 출력이 "1"이 되는 회로

③ NAND 회로 : 모든 입력이 "0"일 경우만 출력이 "0"이 되는 회로

④ NOR 회로 : 입력 중 최소한 어느 한쪽의 입력이 "1"이면 출력이 "0"이 되는 회로

해설 NAND 회로 : 입력 A, B를 직렬로 연결한 후 회로에 병렬로 접속한 것이며, 입력 스위치 A 또는 입력 스위치 B 중에서 1개가 "0"이 되거나, 입력 스위치 A와 입력 스위치 B가 모두 "0"이 되면 출력이 "1"이 된다.

25 그림과 같은 논리(logic)게이트 회로에서 출력상태로 옳은 것은?

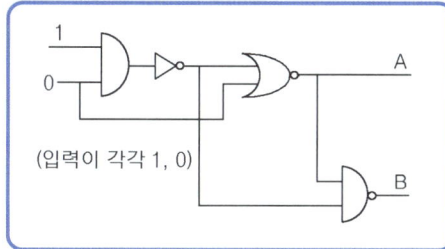

(입력이 각각 1, 0)

① A = 0, B = 0

② A = 1, B = 1

③ A = 1, B = 0

④ A = 0, B = 1

해설 좌측의 부정 논리화 회로(NOR)에서 입력이 각각 1과 0이므로 출력이 1이 된다. A 회로의 부정 논리적(NAND) 회로는 입력이 각각 1과 0이므로 출력은 0이 된다. B 회로는 부정 논리화(NOR) 회로이므로 입력이 0과 1이므로 출력은 1이 된다.

26 자동차 제어 모듈 내부의 마이크로컴퓨터에서 프로그램 및 데이터를 계산하고 처리하는 장치는?

① RAM ② ROM

③ CPU ④ I/O

해설 CPU는 제어 모듈 내부의 마이크로컴퓨터에서 프로그램 및 데이터를 계산하고 처리하는 역할을 한다.

전기 회로 점검

01 계기판의 유압 경고등 회로에 대한 설명으로 틀린 것은?

① 시동 후 유압 스위치 접점은 ON 된다.

② 점화스위치 ON 시 유압 경고등이 점등된다.

③ 시동 후 경고등이 점등되면 오일량 점검이 필요하다.

④ 압력 스위치는 유압에 따라 ON/OFF 된다.

해설 시동 후 유압 스위치 접점은 OFF된다.

02 전기회로의 점검 방법으로 틀린 것은?

① 전류 측정 시 회로와 병렬로 연결한다.

② 회로가 접촉 불량일 경우 전압강하를 점검한다.

③ 회로의 단선 시 회로의 저항 측정을 통해서 점검할 수 있다.

④ 제어 모듈 회로 점검 시 디지털 멀티미터를 사용해서 점검할 수 있다.

해설 전류를 측정할 때에는 회로와 직렬로 연결한다.

정답 **24.**③ **25.**④ **26.**③ / **01.**① **02.**①

03 자동차의 회로 부품 중에서 일반적으로 "ACC 회로에" 포함된 것은?

① 카 오디오 ② 히터
③ 와이퍼 모터 ④ 전조등

04 멀티미터를 전류 모드에 두고 전압을 측정하면 안 되는 이유는?

① 내부저항이 작아 측정값의 오차범위가 커지기 때문이다.
② 내부저항이 작아 과전류가 흘러 멀티미터가 손상될 우려가 있기 때문이다.
③ 내부저항이 너무 커서 실제 값보다 항상 적게 나오기 때문이다.
④ 내부저항이 너무 커서 노이즈에 민감하고, 0점이 맞지 않기 때문이다.

해설 멀티미터를 전류 모드에 두고 전압을 측정하면 내부 저항이 작아 과전류가 흐르기 때문에 멀티미터가 손상될 우려가 있다.

05 멀티테스터(Multi tester)로 릴레이 점검 및 판단방법으로 틀린 것은?

① 접점 점검은 부하 전류가 흐르도록 하고 멀티테스터로 저항을 측정해야 한다.
② 단품 점검 시 코일 저항이 규정 값보다 현저히 차이가 나면 내부 단락 및 단선이라고 볼 수 있다.
③ 부하 전류가 흐를 때 양 접점 전압이 0.2V 이하이면 정상이라고 본다.
④ 작동이 원활해도 멀티테스터로 접점 전압 측정이 중요하다.

해설 멀티테스터로 모든 부품의 저항을 점검하는 경우에는 회로나 부품에 전원이 공급되지 않는 상태에서 측정하여야 한다.

06 다음 회로에서 릴레이 코일선이 단선되어 릴레이가 작동되지 않는다. 각각 e점, f점의 전압 값으로 맞는 것은?

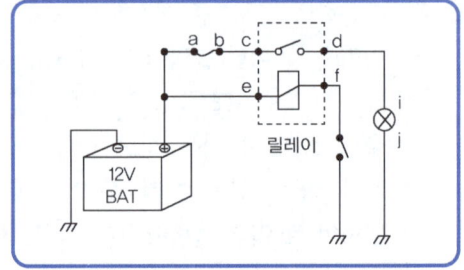

① e : 12, f : 12 ② e : 12, f : 0
③ e : 0, f : 12 ④ e : 0, f : 0

해설 전압은 회로시험기를 측정 지점과 병렬로 연결하여 측정함으로 회로의 e점에 (+) 프로브를, (−) 프로브를 접지에 접촉시켜 측정하면 전압은 12V, f점에 (+) 프로브를, (−) 프로브를 접지에 접촉시켜 측정하면 전압은 12V가 측정된다. 접지 점에서 전압을 측정하면 0V가 된다.

07 다음 회로에서 스위치를 ON하였으나 전구가 점등되지 않아 테스트 램프(LED)를 사용하여 점검한 결과 I점과 j점이 모두 점등되었을 때 고장원인으로 옳은 것은?

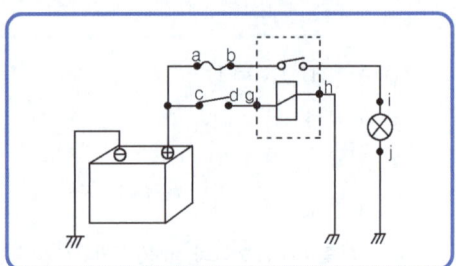

① 퓨즈 단선 ② 릴레이 고장
③ h와 접지선 단선 ④ j와 접지선 단선

해설 c‒d의 스위치를 ON 시켰을 때 전구가 점등되지 않아 테스트 램프를 이용하여 점검한 결과 i 지점과 j지점에 테스트 램프를 접촉시켰을 때 점등되었다면 j지점과 접지선의 단선이다.

정답 **03.** ① **04.** ② **05.** ① **06.** ② **07.** ④

08 다음 회로에서 전압계 V_1과 V_2를 연결하여 스위치를「ON」,「OFF」하면서 측정결과로 오른 것은?(단, 접촉저항은 없음)

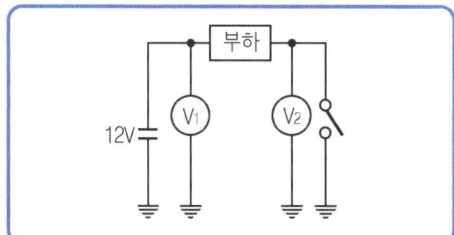

① ON : V_1 − 12V, V_2 − 12V,
   OFF : V_1 − 12V, V_2 − 12V

② ON : V_1 − 12V, V_2 − 12V,
   OFF : V_1 − 0V, V_2 − 12V

③ ON : V_1 − 12V, V_2 − 0V,
   OFF : V_1 − 12V, V_2 − 12V

④ ON : V_1 − 12V, V_2 − 0V,
   OFF : V_1 − 0V, V_2 − 0V

해설 전압계 V_1과 V_2를 연결하여 스위치를 ON, OFF하면 V_1-스위치 ON : 12V, 스위치 OFF : 12V, V_2-스위치 ON : 0V, 스위치 OFF : 12V 이하이다.

09 IC 조정기 부착형 교류 발전기에서 로터코일 저항을 측정하는 단자는?

단, IG : ignition, F : field,
   L : lamp, B : battery,
   E : earth

① IG단자와 F단자
② F단자와 E단자
③ B단자와 L단자
④ L단자와 F단자

해설 IC 조정기 부착형 교류 발전기에서 로터코일 저항은 L단자와 F단자에서 측정한다.

10 릴레이를 탈거한 상태에서 릴레이 커넥터를 그림과 같이 점검할 경우 테스트 램프가 점등하는 라인(단자)은?

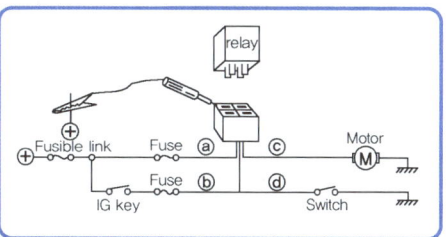

① ⓐ   ② ⓑ
③ ⓒ   ④ ⓓ

11 그림과 같은 상태에서 86번과 85번 단자에 각각 ① 또는 ②의 상태와 같이 테스트램프를 연결할 경우 나타나는 현상에 대한 설명으로 옳은 것은?(단, 테스트램프에 내장된 전구는 5W 이다.)

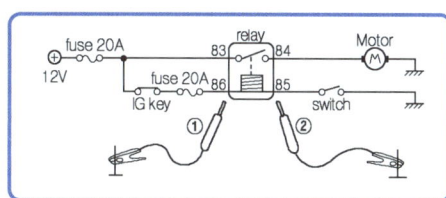

① ①의 상태에서 테스트램프 점등, ②의 상태에서 점등하지 않지만 릴레이가 동작한다.

② ①과 ②, 모든 상태에서 테스트램프가 점등하지만 ①의 상태에서는 릴레이가 동작한다.

③ ①과 ②, 모든 상태에서 테스트램프가 점등하지 않지만 ②의 상태에서는 릴레이가 동작한다.

④ ①의 상태에서 10A 퓨즈 단선, ②의 상태에서는 릴레이가 동작한다.

정답 08.③ 09.④ 10.③ 11.①

12 그림과 같은 회로에서 스위치가 OFF되어 있는 상태로 커넥터가 단선되었다. 이 회로를 테스트 램프로 점검하였을 때 테스트 램프의 점등상태로 옳은 것은?

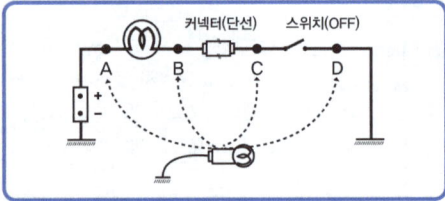

① A : OFF, B : OFF, C : OFF, D : OFF
② A : ON, B : OFF, C : OFF, D : OFF
③ A : ON, B : ON, C : OFF, D : OFF
④ A : ON, B : ON, C : ON, D : OFF

13 테스트 램프를 이용한 12V 전장회로 점검에 대한 설명으로 틀린 것은?

① 60W 전구가 장착된 테스트 램프로 (+)전원을 이용하여 전동 냉각팬 작동시험이 가능하다.
② 다이오드가 장착된 테스트 램프는 (+)전원을 이용하여 전동 냉각팬 작동시험이 불가능하다.
③ 동일한 규격의 테스트 램프를 연결하여 6V 전원(배터리 전원의 1/2)을 만들 수 있다.
④ 60W 전구가 장착된 테스트 램프로 (+)전원을 ECU에 인가 시 ECU가 손상되지 않는다.

> **해설** 12V 전장회로의 ECU에 60W 전구가 장착된 테스트 램프로 ECU에 (+) 전원을 인가하면 ECU가 손상된다.

14 아날로그 미터의 장점과 디지털 미터의 장점을 살린 전자제어방식의 계기판은?

① 교차코일식 계기
② 바이메탈식 계기
③ 스텝 모터식 계기
④ 서미스터식 계기

> **해설** 아날로그 계기장치에 적용되고 있는 미터의 종류로는 바이메탈 방식, 가동코일 방식, 가동철편 방식, 교차코일 방식, 스텝 모터 방식 등이 있다. 바이메탈 방식은 경제성과 충격, 진동 등에서 우수하나 지시 각도가 작고 흐르는 전류량에 비례해 지시 지침을 구동하는 방식이어서 주로 연료계나 온도계 등에 제한적으로 쓰인다. 가동코일 방식이나 가동철편 방식은 영구자석과 가동 코일의 자계를 이용하는 방식으로 비교적 정확성이 우수하지만 충격, 진동에 약한 단점이 있다. 교차코일 방식은 비교적 구조가 간단하고 지시각이 넓다. 또 충격, 진동에도 강해 현재 전자방식 계기의 주종을 이루고 있다. 최근에는 자동차의 전자화에 따라 전자제어방식 계기가 점차 증가하고 있어 이에 따른 마이컴 제어가 유용한 스텝 모터 방식 미터가 사용되고 있다. 스텝 모터 방식은 아날로그 미터의 장점과 디지털 미터의 장점을 살린 것으로 정확성, 지시 각도, 시인성이 우수하며, 시스템과의 통신제어 등 여러 가지 장점을 가지고 있어 보급이 확대되고 있다.

15 마그네틱 인덕티브 방식 휠 스피드 센서의 정상작동 여부를 가장 정확하게 판단할 수 있는 것은?

① 디지털 멀티미터
② 아날로그 멀티미터
③ 오실로스코프
④ LED 테스트 램프

정답 12.③ 13.④ 14.③ 15.③

16 일반적인 오실로스코프에 대한 설명으로 옳은 것은?

① X축은 전압을 표시한다.
② Y축은 시간을 표시한다.
③ 멀티미터의 데이터보다 값이 정밀하다.
④ 전압, 온도, 습도 등을 기본으로 표시한다.

해설 오실로스코프(oscilloscope)는 X축을 시간축, Y축을 파형으로 한 파형관측 외에도 파형이 비슷한 2개 신호의 위상차 관측도 가능하다. 또 전파에 의한 거리 측정, 초음파에 의한 탐상기 등의 시간 측정, 트랜지스터의 특수곡선 표시 등 그래프 표시에 의한 측정이 가능하며, 멀티미터의 데이터보다 값이 정밀하다.

17 디지털 오실로스코프에 대한 설명으로 틀린 것은?

① AC전압과 DC전압 모두 측정이 가능하다.
② X축에서는 시간, Y축에서는 전압을 표시한다.
③ 빠르게 변화하는 신호를 판독이 편하도록 트리거링 할 수 있다.
④ UNI(Unipolar) 모드에서 Y축은 (+), (−)영역을 대칭으로 표시한다.

18 그림과 같은 인젝터 회로점검에 대한 설명으로 옳은 것은?

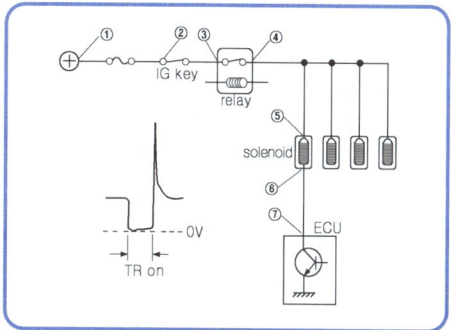

① ⑤번과 접지사이에서 전압파형 측정 시 인젝터와 ECU 간의 접속 상태를 알 수 있다.
② 릴레이 접점의 저항여부를 판단하기 위한 최적 측정 장소는 ③과 ④사이 전류 측정이다.
③ 인젝터 서지전압 측정은 ⑤번과 접지사이에서 행하는 것이 가장 좋다.
④ IG key ON 후 TR이 OFF 시 ⑤번과 ⑦번 사이의 전압은 0V이어야 한다.

19 차량 전기 배선의 색 표기방법으로 틀린 것은?

① Y = 노랑　　② B = 갈색
③ W = 흰색　　④ R = 빨강

해설 **전선의 피복 색깔과 표시**

기호	영문	색	기호	영문	색
B	BLACK	검정색	O	ORANGE	오렌지색
Be	BEIGE	베이지색	P	PINK	분홍색
Br	BROWN	갈색	Pp	RURPLE	자주색
G	GREEN	녹색	R	RED	빨간색
Gr	GRAY	회색	T	TAWNINESS	황갈색
L	BLAY	청색	W	WHITE	흰색
Lg	LIGHT GREEN	연두색	Y	YELLOW	노란색
Ll	LIGHT BLUE	연청색			

정답　**16.**③　**17.**④　**18.**④　**19.**②

chapter 04

친환경 자동차 정비

4-1 하이브리드 고전압 장치 정비

1 하이브리드 전기장치 개요 및 점검·진단

1. 안전기준에서 용어의 정의

① **하이브리드 자동차** : 휘발유·경유·액화석유가스·천연가스 또는 산업통상자원부령으로 정하는 연료와 전기 에너지(전기 공급원으로부터 충전 받은 전기 에너지를 포함한다)를 조합하여 동력원으로 사용하는 자동차를 말한다.

② **전기 회생 제동장치** : 자동차를 감속시킬 때 발생하는 운동 에너지를 전기 에너지로 변환할 수 있는 제동장치를 말한다.

③ **고전원 전기장치** : 자동차의 구동을 목적으로 하는 구동 배터리, 전력 변환장치, 구동 전동기, 연료 전지 등 작동 전압이 DC 60V 초과 1,500V 이하이거나 AC(실효치를 말한다) 30V 초과 1,000V 이하의 전기장치를 말한다.

④ **구동 배터리** : 자동차의 구동을 목적으로 전기 에너지를 저장하는 배터리 또는 이와 유사한 기능을 하는 전기 에너지 저장매체를 말한다.

⑤ **구동 전동기** : 자동차의 구동을 목적으로 전기 에너지를 회전 운동하는 기계적 에너지로 변환하는 장치를 말한다.

⑥ **차로 이탈 경고장치** : 자동차가 주행하는 차로를 운전자의 의도와는 무관하게 벗어나는 것을 운전자에게 경고하는 장치를 말한다.

2. KS R 0121에 의한 하이브리드 동력원의 종류에 따른 분류

(1) 연료 전지 하이브리드 전기 자동차(FCHEV ; Fuel Cell Hybrid Electric Vehicle)

연료 전지 하이브리드 전기 자동차란 자동차의 추진을 위한 동력원으로 재충전식 전기 에너지 저장 시스템(RESS ; Rechargeable Energy Storage System, 재생가능 에너지 축적 시스템)을 비롯한 전기 동력원을 갖추고 차량 내에서 전기 에너지를 생성하기 위하여 연료 전지 시스템을 탑재한 하이브리드 자동차를 말한다.

(2) 유압식 하이브리드 자동차(Hydraulic Hybrid Vehicle)

유압식 하이브리드 자동차란 자동차의 추진 장치와 에너지 저장 장치 사이에서 커플링으로 작동유(Hydraulic Fluid)가 사용되는 하이브리드 자동차를 말한다.

(3) 플러그 인 하이브리드 전기 자동차(PHEV ; Plug-in Hybrid Electric Vehicle)

플러그 인 하이브리드 전기 자동차란 차량의 추진을 위한 동력원으로 연료에 의한 동력원과 재충전식 전기 에너지 저장 시스템(RESS ; Rechargeable Energy Storage System, 재생가능 에너지 축적 시스템)을 비롯한 전기 동력원을 갖추고 자동차 외부의 전기 공급원으로부터 재충전식 전기 에너지 저장 시스템(RESS)을 충전하여 차량에 전기 에너지를 공급할 수 있는 장치를 갖춘 하이브리드 자동차를 말한다.

(4) 하이브리드 전기 자동차(HEV ; Hybrid Electric Vehicle)

하이브리드 전기 자동차란 자동차의 추진을 위한 동력원으로 연료에 의한 동력원과 재충전식 전기 에너지 저장 시스템(RESS ; Rechargeable Energy Storage System, 재생가능 에너지 축적 시스템)을 비롯한 전기 동력원을 갖춘 하이브리드 자동차를 말한다.

3. KS R 0121에 의한 하이브리드의 동력전달 구조에 따른 분류

(1) 병렬형 하이브리드 자동차(Parallel Hybrid Vehicle)

병렬형 하이브리드 자동차는 2개의 동력원이 공통으로 사용되는 동력 전달장치를 거쳐 각각 독립적으로 구동축을 구동시키는 방식의 하이브리드 자동차

(2) 직렬형 하이브리드 자동차(Serise Hybrid Vehicle)

직렬형 하이브리드 자동차는 2개의 동력원 중 하나는 다른 하나의 동력을 공급하는 데 사용되나 구동축에는 직접 동력 전달이 되지 않는 구조를 갖는 하이브리드 자동차. 엔진-전기를 사용하는 직렬형 하이브리드 자동차의 경우 엔진이 직접 구동축에 동력을 전달하지 않고 엔진은 발전기를 통해 전기 에너지를 생성하고 그 에너지를 사용하는 전기 모터가 구동하여 차량을 주행시킨다.

(3) 복합형 하이브리드 자동차(Compound Hybrid Vehicle)

복합형 하이브리드 자동차는 직렬형과 병렬형 하이브리드 자동차를 결합한 형식의 하이브리드 자동차로 동력 분기형 하이브리드(Power Split Hybrid Vehicle) 라고도 한다. 엔진-전기를 사용하는 자동차의 경우 엔진의 구동력이 기계적으로 구동축에 전달되기도 하고 그 일부가 전동기를 거쳐 전기 에너지로 전환된 후 구동축에서 다시 기계적 에너지로 변경되어 구동축에 전달되는 방식의 동력 분배 전달 구조를 갖는다.

4. KS R 0121에 의한 하이브리드 정도에 따른 분류

(1) 소프트 하이브리드 자동차(Soft Hybrid Vehicle)

소프트 하이브리드 자동차란 하이브리드 자동차의 두 동력원이 서로 대등하지 않으며, 보조 동력원이 주 동력원의 추진 구동력에 보조적인 역할만 수행하는 것으로 대부분의 경우 보조 동력 만으로는 자동차를 구동시키기 어려운 하이브리드 자동차를 말하며, 소프트 하이브리드를 마일 드 하이브리드라고도 한다.

(2) 하드 하이브리드 자동차(Hard Hybrid Vehicle)

하드 하이브리드 자동차란 하이브리드 자동차의 두 동력원이 거의 대등한 비율로 자동차 구동 에 기능하는 것으로 대부분의 경우 두 동력원 중 한 동력만으로도 자동차의 구동이 가능한 하이 브리드 자동차를 말하며, 스트롱 하이브리드라고도 한다.

(3) 풀 HV(Full Hybrid Vehicle)

풀 하이브리드 자동차란 모터가 전장품 구동을 위해 작동하고 주행 중 엔진을 보조하는 기능 외에 자동차 모드로도 구현할 수 있는 하이브리드 자동차를 말한다.

5. 하이브리드 자동차 (HEV ; Hybrid Electric Vehicle)

하이브리드 자동차란 2종류 이상의 동력원을 설치한 자동차를 말하며, 엔진의 동력과 전기 모터를 함께 설치하여 연비를 향상시킨 자동차이다.

(1) 하이브리드 자동차의 장점

① 연료 소비율을 50%정도 감소시킬 수 있고 환경 친화적이다.
② 탄화수소, 일산화탄소, 질소산화물의 배출량이 90% 정도 감소된다.
③ 이산화탄소 배출량이 50% 정도 감소된다.
④ 엔진의 효율을 증대시킬 수 있다.

(2) 하이브리드 시스템의 단점

① 구조가 복잡하여 정비가 어렵다.
② 수리비용이 높고, 가격이 비싸다.
② 고전압 배터리의 수명이 짧고 비싸다.
③ 동력전달 계통이 복잡하고 무겁다.

6. 하이브리드 자동차의 형식

하이브리드 자동차는 바퀴를 구동하기 위한 모터, 모터의 회전력을 바퀴에 전달하는 변속기, 모터에 전기를 공급하는 배터리, 그리고 전기 또는 동력을 발생시키는 엔진으로 구성된다. 엔진 과 모터의 연결 방식에 따라 다음과 같이 분류한다.

(1) 직렬형 하이브리드 자동차(Serise Hybrid Vehicle)

직렬형은 엔진을 가동하여 얻은 전기를 배터리에 저장하고, 차체는 순수하게 모터의 힘만으로 구동하는 방식이다. 모터는 변속기를 통해 동력을 구동바퀴로 전달한다. 모터에 공급하는 전기를 저장하는 배터리가 설치되어 있으며, 엔진은 바퀴를 구동하기 위한 것이 아니라 배터리를 충전하기 위한 것이다.

따라서 엔진에는 발전기가 연결되고, 이 발전기에서 발생되는 전기는 배터리에 저장된다. 동력전달 과정은 엔진 → 발전기 → 배터리 → 모터 → 변속기 → 구동바퀴이다.

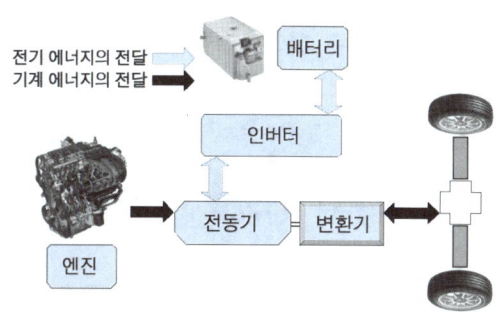

△ 직렬형 하이브리드 시스템

1) 직렬 하이브리드의 장점

① 엔진의 작동 영역을 주행 상황과 분리하여 운영이 가능하다.

② 엔진의 작동 효율이 향상된다.

③ 엔진의 작동 비중이 줄어들어 배기가스의 저감에 유리하다.

④ 전기 자동차의 기술을 적용할 수 있다.

⑤ 연료 전지의 하이브리드 기술 개발에 이용하기 쉽다.

⑥ 구조 및 제어가 병렬형에 비해 간단하며 특별한 변속장치를 필요로 하지 않는다.

2) 직렬형 하이브리드 단점

① 엔진에서 모터로의 에너지 변환 손실이 크다.

② 주행 성능을 만족시킬 수 있는 효율이 높은 전동기가 필요하다.

③ 출력 대비 자동차의 무게 비가 높은 편으로 가속 성능이 낮다.

④ 동력전달 장치의 구조가 크게 바뀌므로 기존의 자동차에 적용하기는 어렵다.

(2) 병렬형 하이브리드 자동차(Parallel Hybrid Vehicle)

병렬형은 엔진과 변속기가 직접 연결되어 바퀴를 구동한다. 따라서 발전기가 필요 없다. 병렬형의 동력전달은 배터리 → 모터 → 변속기 → 바퀴로 이어지는 전기적 구성과 엔진 → 변속기 → 바퀴의 내연기관 구성이 변속기를 중심으로 병렬적으로 연결된다.

△ 병렬형 하이브리드 시스템

1) 병렬형 하이브리드 장점

① 기존 내연기관의 자동차를 구동장치의 변경 없이 활용이 가능하다.

② 저성능의 모터와 용량이 적은 배터리로도 구현이 가능하다.

③ 모터는 동력의 보조 기능만 하기 때문에 에너지의 변환 손실이 적다.

④ 시스템 전체 효율이 직렬형에 비하여 우수하다.

2) 병렬형 하이브리드 단점

① 유단 변속 기구를 사용할 경우 엔진의 작동 영역이 주행 상황에 연동이 된다.

② 자동차의 상태에 따라 엔진과 모터의 작동점을 최적화하는 과정이 필요하다.

3) 소프트 하이브리드 자동차(Soft Hybrid Vehicle)

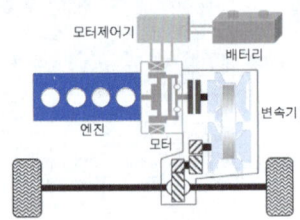 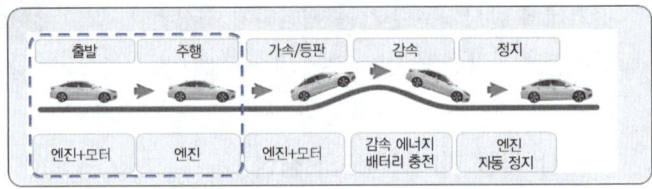

△ 소프트 하이브리드

① FMED(Flywheel Mounted Electric Device)은 모터가 엔진 플라이휠에 설치되어 있다.

② 모터를 통한 엔진 시동, 엔진 보조, 회생 제동 기능을 한다.

③ 출발할 때는 엔진과 전동 모터를 동시에 이용하여 주행한다.

④ 부하가 적은 평지의 주행에서는 엔진의 동력만을 이용하여 주행한다.

⑤ 가속 및 등판 주행과 같이 큰 출력이 요구되는 상태에서는 엔진과 모터를 동시에 이용하여 주행한다.

⑥ 엔진과 모터가 직결되어 있어 전기 자동차 모드의 주행은 불가능 하다.

⑦ 비교적 작은 용량의 모터 탑재로 마일드(mild) 타입 또는 소프트(soft) 타입 HEV 시스템이라고도 불린다.

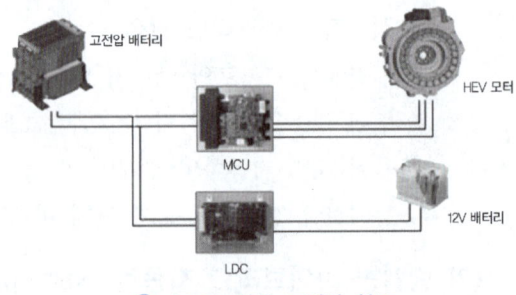

△ 소프트 타입 고전압 회로

4) 하드 하이브리드 자동차(Hard Hybrid Vehicle)

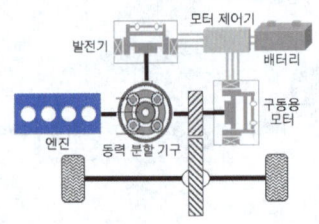 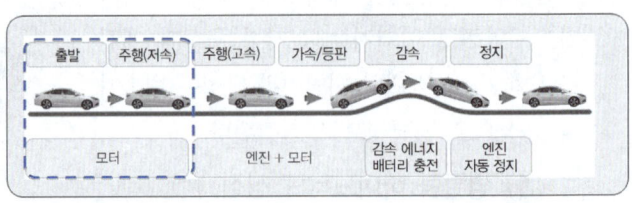

△ 하드 하이브리드

① TMED(Transmission Mounted Electric Device) 방식은 모터가 변속기에 직결되어 있다.

② 전기 자동차 주행(모터 단독 구동) 모드를 위해 엔진과 모터 사이에 클러치로 분리되어

있다.

③ 출발과 저속 주행 시에는 모터만을 이용하는 전기 자동차 모드로 주행한다.

④ 부하가 적은 평지의 주행에서는 엔진의 동력만을 이용하여 주행한다.

⑤ 가속 및 등판 주행과 같이 큰 출력이 요구되는 주행 상태에서는 엔진과 모터를 동시에 이용하여 주행한다.

⑥ 풀 HEV 타입 또는 하드(hard) 타입 HEV시스템이라고 한다.

⑦ 주행 중 엔진 시동을 위한 HSG(hybrid starter generator : 엔진의 크랭크축과 연동되어 엔진을 시동할 때에는 기동 전동기로, 발전을 할 경우에는 발전기로 작동하는 장치)가 있다.

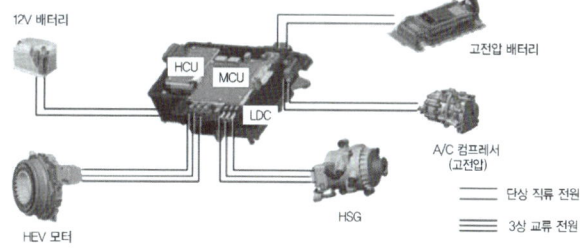

▲ 하드 타입 고전압 회로

(3) 직·병렬형 하이브리드 자동차(Series Parallel Hybrid Vehicle)

출발할 때와 경부하 영역에서는 배터리로부터의 전력으로 모터를 구동하여 주행하고, 통상적인 주행에서는 엔진의 직접 구동과 모터의 구동이 함께 사용된다. 그리고 가속, 앞지르기, 등판할 때 등 큰 동력이 필요한 경우, 통상주행에 추가하여 배터리로부터 전력을 공급하여 모터의 구동력을 증가시킨다. 감속할 때에는 모터를 발전기로 변환시켜 감속에너지로 발전하여 배터리를 충전하여 재생한다.

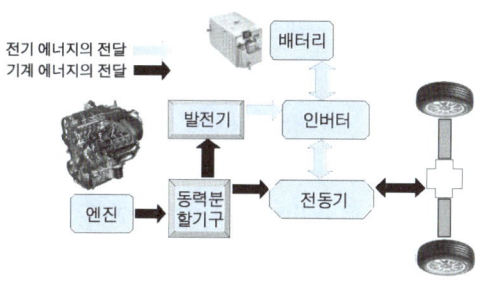

▲ 직·병렬 하이브리드

(4) 플러그 인 하이브리드 전기 자동차(Plug-in Hybrid Electric Vehicle)

플러그 인 하이브리드 전기 자동차(PHEV)의 구조는 하드 형식과 동일하거나 소프트 형식을 사용할 수 있으며, 가정용 전기 등 외부 전원을 이용하여 배터리를 충전할 수 있어 하이브리드 전기 자동차 대비 전기 자동차(Electric Vehicle)의 주행 능력을 확대하는 목적으로 이용된다. 하이브리드 전기 자동차와 전기 자동차의 중간 단계의 자동차라 할 수 있다.

7. 하이브리드 시스템의 구성부품

① **하이브리드 전기 자동차 모터**(HEV Motor) : 고전압의 교류(AC)로 작동하는 영구자석형 동기 모터이며, 주 동력원으로 사용하는 구동 모터와 엔진의 시동과 발전기 역할을 수행하는 시동 발전기(HSG)가 있다.

② **모터 컨트롤 유닛**(Motor Control Unit) : HCU(Hybrid Control Unit)의 구동 신호에 따라

모터로 공급되는 전류량을 제어하며, 인버터 기능(직류를 교류로 변환시키는 기능)과 배터리 충전을 위해 모터에서 발생한 교류를 직류로 변환시키는 컨버터 기능을 동시에 실행한다.

③ **고전압 배터리** : 모터 구동을 위한 전기적 에너지를 공급하는 DC의 니켈–수소(Ni–MH) 배터리이다. 최근에는 리튬계열의 배터리를 사용한다.

④ **배터리 컨트롤 시스템**(BMS ; Battery Management System) : 배터리 컨트롤 시스템은 배터리 에너지의 입출력 제어, 배터리 성능 유지를 위한 전류, 전압, 온도, 사용시간 등 각종 정보를 모니터링 하여 하이브리드 컨트롤 유닛이나 모터 컨트롤 유닛으로 송신한다.

⑤ **하이브리드 컨트롤 유닛**(HCU ; Hybrid Control Unit) : 하이브리드 고유 시스템의 기능을 수행하기 위해 각종 컨트롤 유닛들을 CAN 통신을 통해 각종 작동상태에 따른 제어조건들을 판단하여 해당 컨트롤 유닛을 제어한다.

8. 고전압(구동용) 배터리

(1) 니켈 수소 배터리(Ni–mh Battery)

전해액 내에 양극(+극)과 음극(–극)을 갖는 기본 구조는 같지만 제작비가 비싸고 고온에서 자기 방전이 크며, 충전의 특성이 악화되는 단점이 있지만 에너지의 밀도가 높고 방전 용량이 크다. 또한 안정된 전압(셀당 전압 1.2V)을 장시간 유지하는 것이 장점이다. 에너지 밀도는 일반적인 납산 배터리와 동일 체적으로 비교하였을 때 니켈 카드뮴 배터리는 약 1.3배 정도, 니켈 수소 배터리는 1.7배 정도의 성능을 가지고 있다.

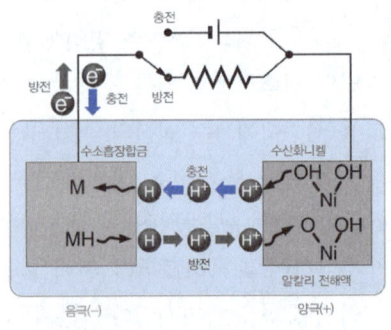

▲ 니켈 수소 배터리의 원리

(2) 리튬이온 배터리(Li–ion Battery)

양극(+극)에 리튬 금속산화물, 음극(–극)에 탄소질 재료, 전해액은 리튬염을 용해시킨 재료를 사용하며, 충·방전에 따라 리튬이온이 양극과 음극 사이를 이동한다. 발생 전압은 3.6~3.8V 정도이고 에너지 밀도를 비교하면 니켈 수소 배터리의 2배 정도의 고성능이 있으며, 납산 배터리와 비교하면 3배를 넘는 성능을 자랑한다.

동일한 성능이라면 체적을 3분의 1로 소형화하는 것이 가능하지만 제작 단가가 높은 것이 단점이다. 또 메모리 효과가 발생하지 않기 때문에 수시로 충전이 가능하며, 자기방전이 작고 작동 범위도 –20℃~60℃로 넓다.

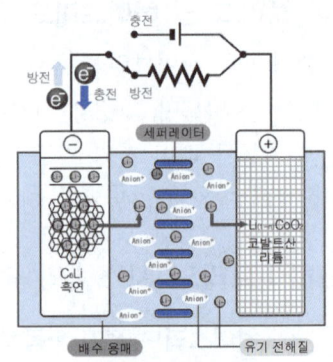

▲ 리튬이온 배터리의 원리

(3) 커패시터(Capacitor)

① 커패시터는 축전기(Condenser)라고 표현할 수 있으며, 전기 이중층 콘덴서이다.

② 커패시터는 짧은 시간에 큰 전류를 축적, 방출할 수 있기 때문에 발진이나 가속을 매끄럽게 할 수 있다는 점이 장점이다.

③ 시가지 주행에서 효율이 좋으며, 고속 주행에서는 그 장점이 적어진다.

④ 내구성은 배터리보다 약하고 장기간 사용에는 문제가 남아있다.

⑤ 제작비는 배터리보다 유리하지만 축전 용량이 크지 않기 때문에 모터를 구동하려면 출력에 한계가 있다.

9. 고전압 배터리 시스템(BMS ; Battery Management System)

(1) 하이브리드 컨트롤 시스템(Hybrid Control System)

하이브리드 시스템의 제어용 컨트롤 모듈인 HPCU를 중심으로 엔진(ECU), 변속기(TCM), 고전압 배터리(BMS ECU), 하이브리드 모터(MCU), 저전압 직류 변환장치(LDC) 등 각 시스템의 컨트롤 모듈과 CAN 통신으로 연결되어 있다. 이 외에도 HCU는 시스템의 제어를 위해 브레이크 스위치, 클러치 압력 센서 등의 신호를 이용한다.

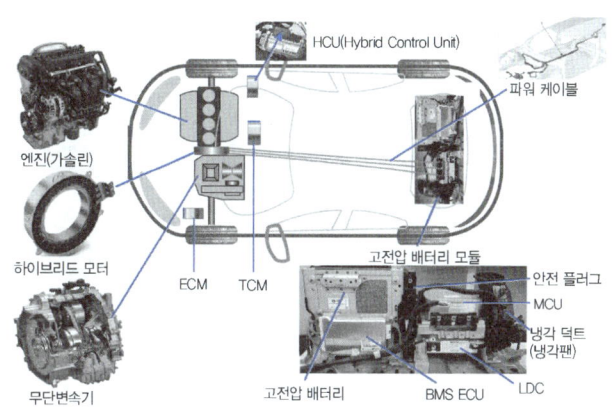

△ 하이브리드 컨트롤 시스템의 구성

(2) 하이브리드 모터 시스템(Hybrid Motor System)

① **구동 모터** : 구동 모터는 높은 출력으로 부드러운 시동을 가능하게 하고 가속 시 엔진의 동력을 보조하여 자동차의 출력을 높인다. 또한 감속 주행 시 발전기로 구동되어 고전압 배터리를 충전하는 역할을 한다.

② **인버터**(MCU ; Motor Contrpl Unit) : 인버터는 HCU(하이브리드 컨트롤 유닛)로부터 모터 토크의 지령을 받아서 모터를 구동함으로써 엔진의 동력을 보조 또는 고전압 배터리의 충전 기능을 수행하며, MCU(모터 컨트롤 유닛)라고도 부른다.

③ **리졸버** : 모터의 회전자와 고정자의 절대 위치를 검출하여 모터 제어기(MCU)에 입력하는 역할을 한다. MCU는 회전자의 위치 및 속도 정보를 기준으로 구동 모터를 큰 토크로 제어한다.

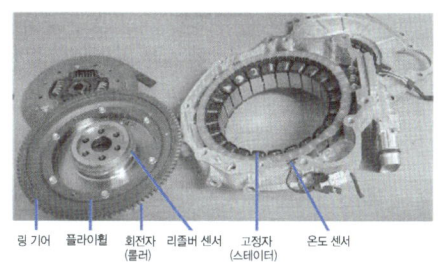

△ 하이브리드 모터 시스템의 구성

461

④ **온도 센서** : 모터의 성능 변화에 가장 큰 영향을 주는 요소는 모터의 온도이며, 모터의 온도가 규정 값 이상으로 상승하면 영구자석의 성능 저하가 발생한다. 이를 방지하기 위해 모터 내부에 온도 센서를 장착하여 모터의 온도에 따라 모터를 제어하도록 한다.

1) 하이브리드 모터

① 하이브리드 모터 어셈블리는 2개의 전기 모터(드라이브 모터와 하이브리드 스타터 제너레이터)를 장착하고 있다.

② 드라이브 모터 : 구동 바퀴를 돌려 자동차를 이동시킨다.

③ 스타터 제너레이터(HSG)는 감속 또는 제동 시 고전압 배터리를 충전하기 위해 발전기 역할과 엔진을 시동하는 역할을 한다.

④ 드라이브 모터는 소형으로 효율이 높은 매립 영구자석형 동기 모터이다.

⑤ 드라이브 모터는 큰 토크를 요구하는 운전이나 광범위한 속도 조절이 가능한 영구자석 동기 모터이다.

🔺 HSG(스타터 제너레이터)와 하이브리드 모터

2) 모터 컨트롤 유닛(MCU ; Motor Control Unit)

① 하이브리드 컨트롤 유닛(HCU)의 구동 신호에 따라 모터에 공급되는 전류량을 제어한다.

② 인버터 기능(직류를 교류로 변환시키는 기능)과 배터리 충전을 위해 모터에서 발생한 교류를 직류로 변환시키는 컨버터 기능을 동시에 실행한다.

3) 하이브리드 엔진 클러치(TMED 하이브리드용)

① 엔진 클러치는 하이브리드 구동 모터 내측에 장착되어 유압에 의해 작동된다.

② 엔진의 구동력을 변속기에 기계적으로 연결 또는 해제하며, 클러치 압력 센서는 이 때의 오일 압력을 감지한다.

🔺 하이브리드 엔진 클러치

③ HCU는 이 신호를 이용하여 자동차의 구동 모드(EV 모드 또는 HEV 모드)를 인식한다.

(3) 고전압 배터리 시스템(BMS ; Battery Management System)

1) 고전압 배터리 시스템의 개요

① 고전압 배터리 시스템은 하이브리드 구동 모터, HSG(하이브리드 스타터 제너레이터)와 전기식 에어컨 컴프레서에 전기 에너지를 제공한다.

② 회생 제동으로 발생된 전기 에너지를 회수한다.

③ 고전압 배터리의 SOC(배터리 충전 상태), 출력, 고장 진단, 배터리 밸런싱, 시스템의 냉각, 전원 공급 및 차단을 제어한다.

④ 배터리 팩 어셈블리, BMS ECU, 파워 릴레이 어셈블리, 케이스, 컨트롤 와이어링, 쿨링 팬, 쿨링 덕트로 구성되어 있다.

⑤ 배터리는 리튬이온 폴리머 타입으로 72셀(8셀 × 9모듈)이다.

⑥ 각 셀의 전압은 DC 3.75V이며, 배터리 팩의 정격 용량은 DC 270V이다.

2) 고전압 배터리 시스템의 구성

컨트롤 모듈인 BMS ECU, 파워 릴레이 어셈블리, 냉각 시스템으로 구성되어 있다. 고전압 배터리의 SOC(State Of Charge), 출력, 고장 진단, 배터리 밸런싱(Balancing), 시스템 냉각, 전원 공급 및 차단을 제어한다.

① **파워 릴레이**(PRA ; Power Realy Assembly) : 고전압 차단(고전압 릴레이, 퓨즈), 고전압 릴레이 보호(초기 충전회로), 배터리 전류 측정

② **냉각 팬** : 고전압 부품 통합 냉각(배터리, 인버터, LDC(DC–DC 변환기)

③ **고전압 배터리** : 출력 보조 시 전기 에너지 공급, 충전 시 전기 에너지 저장

④ **고전압 배터리 관리 시스템**(BMS ; Battery Management System) : 배터리 충전 상태(SOC ; State Of Charge) 예측, 진단 등 고전압 릴레이 및 냉각 팬 제어

⑤ **냉각 덕트** : 냉각 유량 확보 및 소음 저감

⑥ **통합 패키지 케이스** : 하이브리드 전기 자동차 고전압 부품 모듈화, 고전압 부품 보호

3) 고전압 배터리

① 고전압 배터리는 리튬이온 폴리머 배터리로 DC 270V로 트렁크룸에 장착된다. ② BMS는 각 셀의 전압, 전체 충·방전 전류량 및 온도 값을 받고, BMS에서 계산된 SOC는 HCU로 보내며, HCU는 이 값을 참조로 고전압 배터리를 제어한다.

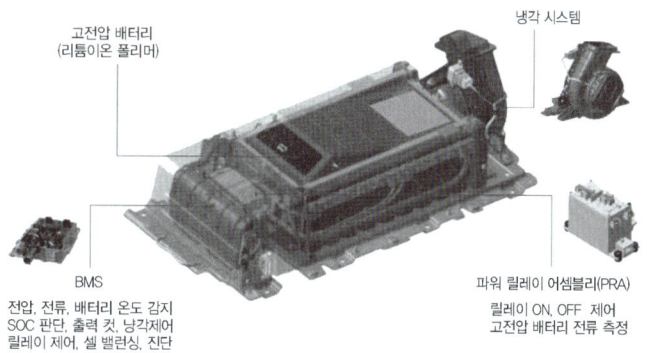

고전압 배터리
(리튬이온 폴리머)

냉각 시스템

BMS
전압, 전류, 배터리 온도 감지
SOC 판단, 출력 컷, 냉각제어
릴레이 제어, 셀 밸런싱, 진단

파워 릴레이 어셈블리(PRA)
릴레이 ON, OFF 제어
고전압 배터리 전류 측정

🔵 **고전압 배터리의 구성**

③ PRA(Power Relay Assembly)는 IG OFF 상태에서는 메인 릴레이를 차단한다.

④ 고전압 배터리의 온도가 최적이 유지될 수 있도록 냉각팬이 적용되어 있다.

⑤ 고전압 배터리는 72셀(8셀× 9 모듈)이다.

⑥ 각 셀의 전압은 3.75V DC이며, 배터리 팩의 정격 용량은 DC 270V이다.

4) 파워 릴레이 어셈블리(PRA ; Power Relay Assembly)

① 파워 릴레이 어셈블리는 (+), (−) 메인 릴레이, 프리 차지 릴레이, 프리 차지 레지스터, 배터리 전류 센서, 메인 퓨즈, 안전 퓨즈로 구성되어 있다.

② 파워 릴레이 어셈블리는 부스 바를 통하여 배터리 팩과 연결되어 있다.

③ 파워 릴레이 어셈블리는 배터리 팩 어셈블리 내에 배치되어 있다.

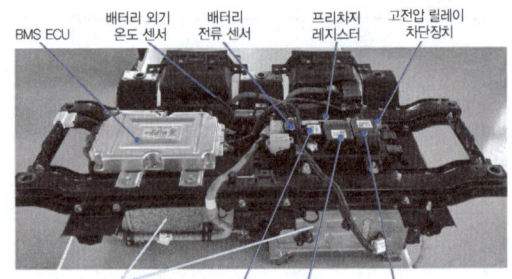

🔺 고전압 배터리 시스템의 구성

④ 고전압 배터리와 BMS ECU의 제어 신호에 의해 인버터의 고전압 전원 회로를 제어한다.

5) 메인 릴레이(Main Relay)

① 파워 릴레이 어셈블리의 통합형으로 고전압 (+)라인을 제어하기 위해 연결된 메인 릴레이와 고전압 (−)라인을 제어하기 위해 연결된 2개의 메인 릴레이로 구성되어 있다.

② 고전압 배터리 시스템 제어 유닛의 제어 신호에 의해 고전압 조인트 박스와 고전압 배터리 간의 고전압 전원, 고전압 접지 라인을 연결시켜 배터리 시스템과 고전압 회로를 연결하는 역할을 한다.

③ 고전압 시스템을 분리시켜 감전 및 2차 사고를 예방하고 고전압 배터리를 기계적으로 분리하여 암 전류를 차단하는 역할을 한다.

6) 프리 차지 릴레이(Pre-Charge Relay)

① 파워 릴레이 어셈블리에 장착되어 있다.

② 인버터의 커패시터를 초기에 충전할 때 고전압 배터리와 고전압 회로를 연결하는 역할을 한다.

③ 스위치의 IG ON을 하면 프리 차지 릴레이와 레지스터를 통해 흐른 전류가 인버터 내의 커패시터에 충전이 되고 충전이 완료 되면 프리 차지 릴레이는 OFF 된다.

④ 초기에 커패시터의 충전 전류에 의한 고전압 회로를 보호한다.

7) 프리 차지 레지스터(Pre-Charge Resistor)

① 프리 차지 레지스터는 파워 릴레이 어셈블리에 설치되어 있다.

② 인버터의 커패시터를 초기 충전할 때 충전 전류를 제한하여 고전압 회로를 보호하는 역할을 한다.

8) 고전압 릴레이 차단 장치(VPD ; Voltage Protection Device)

① 고전압 릴레이 차단장치는 모듈 측면에 장착되어 있다.

② 고전압 배터리 셀이 과충전에 의해 부풀어 오르는 상황이 되면 VPD에 의해 메인 릴레이 (+), 메인 릴레이(−), 프리차지 릴레이 코일 접지 라인을 차단한다.

③ 과충전 시 메인 릴레이 및 프리차지 릴레이 작동을 금지시킨다.

④ 고전압 배터리가 정상일 경우는 항상 스위치는 닫혀 있다.

⑤ 셀이 과충전 되면 스위치가 열리며, 주행이 불가능하게 된다.

9) 배터리 전류 센서(Battery Current Sensor)

① 배터리 전류 센서는 파워 릴레이 어셈블리에 설치되어 있다.

② 고전압 배터리의 충전 및 방전 시 전류를 측정하는 역할을 한다.

③ 배터리에 입·출력되는 전류를 측정한다.

10) 메인 퓨즈(Main Fuse)

메인 퓨즈는 안전 플러그 내에 설치되어 있으며, 고전압 배터리 및 고전압 회로를 과대 전류로부터 보호하는 역할을 한다. 즉, 고전압 회로에 과대 전류가 흐르는 것을 방지하여 보호한다.

11) 배터리 온도 센서(Battery Temperature Sensor)

① 배터리 온도 센서는 각 모듈의 전압 센싱 와이어와 통합형으로 구성되어 있다.

② 배터리 팩의 온도를 측정하여 BMS ECU에 입력시키는 역할을 한다.

③ BMS ECU는 배터리 온도 센서의 신호를 이용하여 배터리 팩의 온도를 감지하고 배터리 팩이 과열될 경우 쿨링팬을 통하여 배터리의 냉각 제어를 한다.

12) 배터리 외기 온도 센서(Battery Ambient Temperature Sensor)

① 배터리 외기 온도 센서는 보조 배터리에 설치되어 있다.

② 고전압 배터리의 외기 온도를 측정한다.

13) 안전 플러그(Safety Plug)

① 안전 플러그는 고전압 배터리의 뒤쪽에 배치되어 있다.

② 하이브리드 시스템의 정비 시 고전압 배터리 회로의 연결을 기계적으로 차단하는 역할을 한다.

③ 안전 플러그 내부에는 과전류로부터 고전압 시스템의 관련 부품을 보호하기 위해서 고전압 메인 퓨즈가 장착되어 있다.

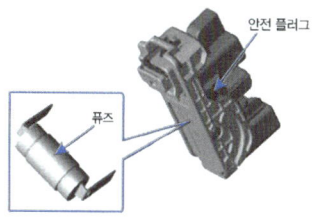

△ 안전 플러그

④ **고전압 계통의 부품** : 고전압 배터리, 파워 릴레이 어셈블리, BMS ECU(고전압 배터리 시스템 제어 유닛), 하이브리드 구동 모터, 인버터, HSG(하이브리드 스타터 제너레이터), LDC, 파워 케이블, 전동식 컴프레서 등이 있다.

14) 저전압 DC/DC 컨버터(LDC ; Low DC/DC Converter)

① 직류 변환 장치로 고전압의 직류(DC) 전원을 저전압의 직류 전원으로 변환시켜 자동차에 필요한 전원으로 공급하는 장치이다.

② 고전압 배터리 시스템 제어 유닛(BMS ECU)에 포함되어 있다.

③ DC 200～310V의 고전압 입력 전원을 DC 12.8～14.7V의 저전압 출력 전원으로 변환하여 교류 발전기와 같이 보조 배터리를 충전하는 역할을 한다.

🔺 저전압 DC/DC 컨버터

15) 리졸버 센서(Resolver Sensor)

① 구동 모터를 효율적으로 제어하기 위해 모터 회전자(영구자석)와 고정자의 절대 위치를 검출한다.

② 리졸버 센서는 엔진의 리어 플레이트에 설치되어 있다.

③ 모터의 회전자와 고정자의 절대 위치를 검출하여 모터 제어기(MCU)에 입력하는 역할을 한다.

④ 회전자의 위치 및 속도 정보를 기준으로 MCU는 구동 모터를 큰 토크로 제어한다.

구동 모터 리졸버 센서   HSG 모터 리졸버 센서

🔺 리졸버 센서

16) 모터 온도 센서(Motor Temperature Sensor)

모터의 성능에 큰 영향을 미치는 요소는 모터의 온도이며, 모터가 과열될 때 IPM(Interior Permanent Magnet ; 매립 영구자석)과 스테이터 코일이 변형 및 성능의 저하가 발생된다. 이를 방지하기 위하여 모터의 내부에 온도 센서를 장착하여 모터의 온도에 따라 토크를 제어한다.

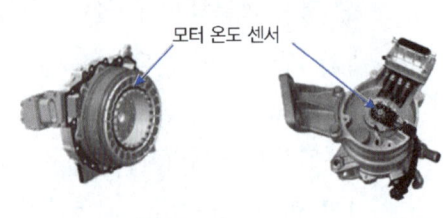

모터 온도 센서

🔺 모터 온도 센서

10. 저전압 배터리

오디오나 에어컨, 자동차 내비게이션, 그 밖의 등화장치 등에 필요한 전력을 공급하기 위하여 보조 배터리(12V 납산 배터리)가 별도로 탑재된다. 또한 하이브리드 모터로 시동이 불가능 할 때 엔진 시동 등이다.

11. HSG(시동 발전기 ; Hybrid Starter Generator)

① HSG는 엔진의 크랭크축 풀리와 구동 벨트로 연결되어 있다.

② 엔진의 시동과 발전 기능을 수행한다.

③ HSG는 주행 중 엔진과 HEV 모터(변속기)를 충격 없이 연결시켜 준다.

④ EV 모드로 주행 중 동력원을 HEV로 전환할 때 HCU는 HSG를 구동하여 엔진 속도를 변속기 입력축 속도까지 높여 준다.

△ HSG

⑤ 엔진의 회전속도와 변속기의 속도가 비슷해지면 HCU는 TCU로 엔진 클러치 작동 신호를 보낸다.

⑥ 고전압 배터리 충전상태(SOC)가 기준 값 이하로 저하될 경우 엔진을 강제로 시동하여 발전을 한다.

⑦ EV(전기 자동차)모드에서 HEV(하이브리드 자동차) 모드로 전환할 때 엔진을 시동하는 시동 전동기로 작동한다.

⑧ 발전을 할 경우에는 발전기로 작동하는 장치이며, 주행 중 감속할 때 발생하는 운동 에너지를 전기 에너지로 전환하여 배터리를 충전한다.

12. 엔진 클러치(Engine Clutch)

① 엔진 클러치 제어란 차량이 EV 모드로 주행하다가 엔진의 동력으로 전환할 때 정지 상태의 엔진을 작동 중인 HEV 모터와 충격 없이 연결한다.

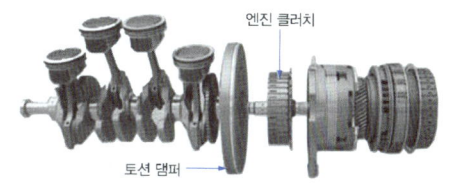

△ 엔진 클러치

② 엔진 클러치는 엔진과 HEV 모터 사이에서 엔진의 동력을 HEV 모터로 연결하는 부품으로 변속기 어셈블리 내부에 배치되어 있다.

③ EV 모드 주행 중 동력원을 HEV 모터에서 엔진으로 전환할 때 HCU는 시동 모터인 HSG를 구동하여 시동을 하고 엔진의 회전 속도를 변속기의 입력축 회전속도까지 신속히 높여 준다.

④ 엔진과 변속기의 회전속도 차가 거의 없는 상태가 되면 HCU는 엔진 클러치 연결에 필요한 목표 유압을 TCU로 명령한다.

⑤ 목표 유압은 차량의 토크와 변속기 오일 온도를 고려하여 설정되며, TCU는 변속기 밸브 보디 내 엔진 클러치 솔레노이드를 제어한다.

⑥ HCU 고장 또는 통신 문제 발생 시에는 TCU 단독적으로 엔진 클러치를 제어한다.

⑦ TCU 고장 시나 엔진 클러치 솔레노이드 밸브 고장 시에는 엔진 클러치는 차단 상태가 된다. 따라서 엔진에 의한 주행은 불가하며, HEV 모터에 의해 주행한다.

⑧ 엔진이 정지 상태이면 재시동하여 HSG에 의한 고전압 배터리 충전을 시행한다.

13. HPCU(Hybrid Power Control Unit)

① HPCU는 전력 변환의 핵심 부품으로 메인 제어 유닛인 HCU와 MCU, LDC가 함께 내장되어 있다.

② 이상 고온으로 내부 소손을 방지하기 위해 수냉식 냉각 방열판이 적용되었다.

③ 내부 구성품 중 HCU는 메인 컴퓨터로서 ECU, TCU, MCU, BMS, LDC 등을 상위에서 제어하는 컨트롤 타워 역할을 수행한다.

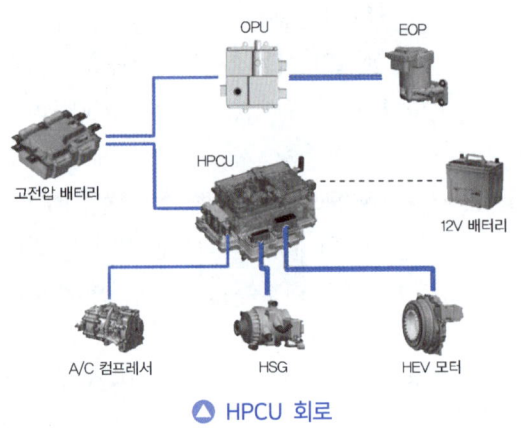

⬣ HPCU 회로

14. 회생 브레이크 시스템(Regeneration Brake System)

① 감속 제동 시에 전기 모터를 발전기로 이용하여 자동차의 운동 에너지를 전기 에너지로 변환시켜 배터리로 회수(충전)한다.

② 회생 브레이크를 적용함으로써 에너지의 손실을 최소화 한다.

③ 회생 제동량은 차량의 속도, 배터리의 충전량 등에 의해서 결정된다.

④ 가속 및 감속이 반복되는 시가지 주행 시 큰 연비의 향상 효과가 가능하다.

15. 오토 스톱

오토 스톱은 주행 중 자동차가 정지할 경우 연료 소비를 줄이고 유해 배기가스를 저감시키기 위하여 엔진을 자동으로 정지시키는 기능으로 공조 시스템은 일정시간 유지 후 정지된다. 오토 스톱이 해제되면 연료 분사를 재개하고 하이브리드 모터를 통하여 다시 엔진을 시동시킨다.

오토 스톱이 작동되면 경고 메시지의 오토 스톱 램프가 점멸되고 오토 스톱이 해제되면 오토 스톱 램프가 소등된다. 또한 오토 스톱 스위치가 눌려 있지 않은 경우에는 오토 스톱 OFF 램프가 점등된다. 점화키 스위치 IG OFF 후 IG ON으로 위치시킬 경우 오토 스톱 스위치는 ON 상태가 된다.

하이브리드 차량을 제어하는 핵심 부품인 HPCU 내부에는 다량의 반도체 소자가 적용되어, 작동 시 열 발생을 피할 수 없다. 이를 위해 기존 엔진 냉각 라인과는 별도로 수냉식 냉각 라인이 설치되어 있다. 엔진 냉각 라인과 공용으로 사용하지 않는 이유는 기계적인 내연기관의 냉각 온도 구간과 고전력 반도체 부품의 냉각 온도 구간이 서로 다르기 때문에 공용으로 활용할 수 없으므로 EWP(12V)라는 전기식 워터펌프가 적용되었다.

(1) 엔진 정지 조건

① 자동차를 9km/h 이상의 속도로 2초 이상 운행한 후 브레이크 페달을 밟은 상태로 차속이 4km/h 이하가 되면 엔진을 자동으로 정지시킨다.

② 정차 상태에서 3회까지 재진입이 가능하다.

③ 외기의 온도가 일정 온도 이상일 경우 재진입이 금지된다.

(2) 엔진 정지 금지 조건

① 오토 스톱 스위치가 OFF 상태인 경우

② 엔진의 냉각수 온도가 45℃ 이하인 경우

③ CVT 오일의 온도가 –5℃ 이하인 경우

④ 고전압 배터리의 온도가 50℃ 이상인 경우

⑤ 고전압 배터리의 충전율이 28% 이하인 경우

⑥ 브레이크 부스터 압력이 250 mmHg 이하인 경우

⑦ 액셀러레이터 페달을 밟은 경우

⑧ 변속 레버가 P, R 레인지 또는 L 레인지에 있는 경우

⑨ 고전압 배터리 시스템 또는 하이브리드 모터 시스템이 고장인 경우

⑩ 급 감속시(기어비 추정 로직으로 계산)

⑪ ABS 작동시

(3) 오토 스톱 해제 조건

① 금지 조건이 발생된 경우

② D, N 레인지 또는 E 레인지에서 브레이크 페달을 뗀 경우

③ N 레인지에서 브레이크 페달을 뗀 경우에는 오토 스톱 유지

④ 차속이 발생한 경우

16. 액티브 하이드로닉 부스터(AHB ; Active Hydraulic Booster)

① 액티브 하이드로닉 부스터는 전기 자동차 모드에서 제동력을 확보하기 위한 시스템이다.

② 전기 자동차 모드로 주행할 때 엔진 시동이 OFF 상태이기 때문에 진공 부압을 이용한 제동력을 확보할 수 없다.

③ AHB는 진공 배력식 브레이크에 익숙한 운전자에게 거부함을 없애기 위해 페달 답력을 만들어 주는 페달 시뮬레이터(Pedal simulator)가 적용되었다.

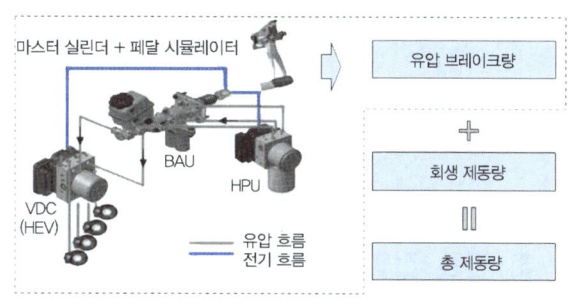

△ AHB의 구성

17. 액티브 에어 플랩(AAF ; Active Air Flap System)

① 액티브 에어 플랩은 라디에이터 그릴 후면에 개폐가 가능한 에어 플랩을 설치하여 모터의 냉각을 위한 공기의 유입량을 제어한다.

② 고속 주행 시 플랩을 닫아 공기 저항을 감소시켜 연비의 향상 및 주행 안정성을 향상시킨다.

③ 모터의 온도가 상승하여 고온 시에는 플랩을 열어 모터를 냉각시킨다.

④ 에어컨 컴프레서가 작동하는 동안에는 플랩을 열어 냉매 압력을 보호하고 냉간 시동 시에는 플랩을 닫아 모터의 워업 시간을 단축시키는 역할을 한다.

△ 액티브 에어 플랩의 구성

② 하이브리드 전기장치 수리 및 교환

1. 하이브리드 자동차의 전기장치 정비 시 반드시 지켜야 할 내용

① 고전압 케이블의 커넥터 커버를 분리한 후 전압계를 이용하여 각 상 사이(U, V, W)의 전압이 0V인지를 확인한다.

② 전원을 차단하고 일정시간이 경과 후 작업한다.

③ 절연장갑을 착용하고 작업한다.

④ 서비스 플러그(안전 플러그)를 제거한다.

⑤ 작업 전에 반드시 고전압을 차단하여 감전을 방지하도록 한다.

⑥ 전동기와 연결되는 고전압 케이블을 만져서는 안 된다.

⑦ 이그니션 스위치를 OFF 한 후 안전 스위치를 분리하고 작업한다.

⑧ 12V 보조 배터리 케이블을 분리하고 작업한다.

2. 고전압 차단

① 점화 스위치를 OFF시키고, 보조 배터리(12V)의 (−) 케이블을 분리한다.

② 고전압 시스템을 점검하거나 정비하기 전에 반드시 안전 플러그를 분리하여 고전압을 차단한다.

③ 트렁크 내 고전압 배터리에서 장착 볼트를 풀고 안전 플러그 커버를 탈거한다.

④ 잠금 후크를 들어 올린 후 화살표 방향으로 레버를 잡아당겨 안전 플러그를 탈거한다.

3. 잔존 전압 점검

① 인버터 커패시터의 방전 확인을 위하여 인버터 단자 간 전압을 측정한다.

② 인버터의 (+) 단자와 (−) 단자 사이의 전압값을 측정한다.

③ 측정값이 30V 이하이면 고전압 회로가 정상적으로 차단된 것이다.

④ 측정값이 30V 초과이면 고전압 회로에 이상이 있는 것으로 점검해야 한다.

3 하이브리드 전기장치 검사

1. 고전원 전기장치

(1) 고전원 전기장치 검사 기준

① 고전원 전기장치의 접속·절연 및 설치 상태가 양호할 것

② 고전원 전기 배선의 손상이 없고 설치 상태가 양호할 것

③ 구동 배터리는 차실과 벽 또는 보호판으로 격리되는 구조일 것

④ 차실 내부 및 차체 외부에 노출되는 고전원 전기장치간 전기 배선은 금속 또는 플라스틱 재질의 보호기구를 설치할 것

⑤ 고전원 전기장치 활선 도체부의 보호기구는 공구를 사용하지 않으면 개방·분해 및 제거 되지 않는 구조일 것

⑥ 고전원 전기장치의 외부 또는 보호기구에는 경고 표시가 되어 있을 것

⑦ 고전원 전기장치 간 전기 배선(보호기구 내부에 위치하는 경우는 제외한다)의 피복은 주황색일 것

⑧ 전기 자동차 충전 접속구의 활선 도체부와 차체 사이의 절연저항은 최소 $1M\Omega$ 이상일 것

(2) 고전원 전기장치 검사 방법

① 고전원 전기장치(구동 배터리, 전력 변환장치, 구동 전동기, 충전 접속구 등)의 설치 상태, 전기 배선 접속단자의 접속·절연상태 등을 육안으로 확인한다.

② 구동 배터리와 전력 변환장치, 전력 변환장치와 구동 전동기, 전력 변환장치와 충전 접속 구 사이의 고전원 전기 배선의 절연 피복 손상 또는 활선 도체부의 노출여부를 육안으로 확인한다.

③ 구동 축전지와 차실 사이가 벽 또는 보호판 등으로 격리여부를 확인한다.

④ 육안으로 확인이 가능한 고전원 전기 배선 보호기구의 고정, 깨짐, 손상 여부 등을 확인한 다.

⑤ 고전원 전기장치 활선 도체부의 보호기구 체결상태 및 공구를 사용하지 않고 개방·분해 및 제거 가능 여부 확인한다. 다만, 차실, 벽, 보호판 등으로 격리된 경우 생략 가능

⑥ 고전원 전기장치의 외부 또는 보호기구에 부착 또는 표시된 경고 표시의 모양 및 식별 가능성 여부를 육안으로 확인한다.

⑦ 육안으로 확인 가능한 구동 배터리와 전력 변환장치, 전력 변환장치와 구동 전동기, 전력

변환장치와 충전 접속구에 사용되는 전기 배선의 색상이 주황색인지 여부를 확인한다.

⑧ 절연 저항 시험기를 이용하여 충전 접속구 각각의 활선 도체부(+극 및 −극)와 차체 사이에 충전 전압 이상의 시험전압을 인가하여 절연저항을 측정한다.

2. 전자장치의 검사 방법

① 원동기 전자제어 장치가 정상적으로 작동할 것
② 바퀴 잠김 방지식 제동장치, 구동력 제어장치, 전자식 차동 제한장치, 차체 자세 제어장치, 에어백, 순항 제어장치, 차로 이탈 경고장치 및 비상 자동 제동장치 등 안전운전 보조장치가 정상적으로 작동할 것

3. 구동 배터리의 안전기준

① 차실과 벽 또는 보호판 등으로 격리되는 구조일 것
② 설계된 범위를 초과하는 과충전을 방지하고 과전류를 차단할 수 있는 기능을 갖출 것
③ 물리적 · 화학적 · 전기적 및 열적 충격조건에서 발화 또는 폭발하지 아니할 것

4. 절연 저항 검사

① 안전 플러그 탈거한 후 5분 이상 대기하고 HPCU 상단의 모터 커넥터를 탈거한다.
② 메가 옴 테스터의 흑색 프로브는 모터 하우징 또는 차체에 연결하고 적색 프로브는 U, V, W의 단자에서 각각 측정하여 절연 저항을 측정한다(측정 조건 : DC 500V).
③ 로브를 바꾸어 측정할 경우 고전압으로 차량(특히 컴퓨터)에 손상을 줄 수 있으므로 주의해야 한다.
④ 프로브를 통해 고전압이 인가되고 있으므로 안전을 위해 프로브를 손으로 잡지 않아야 한다.
⑤ 절연 저항이 $10M\Omega$ 이상(또는 OL) 시 모터 절연 상태는 정상이다.
⑥ 절연 저항이 $10M\Omega$ 이하 시 모터 절연이 불량이므로 모터를 교체하여야 한다.

5. 메인 퓨즈 검사

① 안전 플러그 레버를 탈거한다.
② 안전 플러그 커버를 탈거한 후 메인 퓨즈를 탈거한다.
③ 메인 퓨즈 양 끝단 사이의 저항을 측정하여 규정값인 1Ω 이하(20℃)로 측정되는지 확인한다.

01 KS R 0121에 의한 하이브리드의 동력 전달 구조에 따른 분류가 아닌 것은?

① 병렬형 HV
② 복합형 HV
③ 동력 집중형 HV
④ 동력 분기형 HV

해설 동력 전달 구조에 따른 분류
① 병렬형 HV : 하이브리드 자동차의 2개 동력원이 공통으로 사용되는 동력 전달 장치를 거쳐 각각 독립적으로 구동축을 구동시키는 방식의 하이브리드 자동차
② 직렬형 HV : 하이브리드 자동차의 2개 동력원 중 하나는 다른 하나의 동력을 공급하는 데 사용되나 구동축에는 직접 동력 전달이 되지 않는 구조를 갖는 하이브리드 자동차이다. 엔진-전기를 사용하는 직렬 하이브리드 자동차의 경우 엔진이 직접 구동축에 동력을 전달하지 않고 엔진은 발전기를 통해 전기 에너지를 생성하고 그 에너지를 사용하는 전기 모터가 구동하여 자동차를 주행시킨다.
③ 복합형 HV : 직렬형과 병렬형 하이브리드 자동차를 결합한 형식의 하이브리드 자동차로 동력 분기형 HV라고도 한다. 엔진-전기를 사용하는 차량의 경우 엔진의 구동력이 기계적으로 구동축에 전달되기도 하고 그 일부가 전동기를 거쳐 전기 에너지로 전환된 후 구동축에서 다시 기계적 에너지로 변경되어 구동축에 전달되는 방식의 동력 분배 전달 구조를 갖는다.

02 주행거리가 짧은 전기 자동차의 단점을 보완하기 위하여 만든 자동차로 전기 자동차의 주동력인 전기 배터리에 보조 동력장치를 조합하여 만든 자동차는?

① 하이브리드 자동차 ② 태양광 자동차
③ 천연가스 자동차   ④ 전기 자동차

해설 하이브리드 자동차란 2종류 이상의 동력원을 설치한 자동차를 말하며, 엔진의 동력과 전기 모터를 함께 설치하여 연비를 향상시킨 자동차이다.

03 하이브리드 자동차의 장점에 속하지 않은 것은?

① 연료소비율을 50% 정도 감소시킬 수 있고 환경 친화적이다.
② 탄화수소, 일산화탄소, 질소산화물의 배출량이 90% 정도 감소된다.
③ 이산화탄소 배출량이 50% 정도 감소된다.
④ 값이 싸고 정비작업이 용이하다.

해설 하이브리드 자동차의 장점
① 연료 소비율을 50%정도 감소시킬 수 있고 환경 친화적이다.
② 탄화수소, 일산화탄소, 질소산화물의 배출량이 90% 정도 감소된다.
③ 이산화탄소 배출량이 50% 정도 감소된다.
④ 엔진의 효율을 증대시킬 수 있다.

04 하이브리드 전기 자동차와 일반 자동차와의 차이점에 대한 설명 중 틀린 것은?

① 하이브리드 차량은 주행 또는 정지 시 엔진의 시동을 끄는 기능을 수반한다.
② 하이브리드 차량은 정상적인 상태일 때 항상 엔진 시동 전동기를 이용하여 시동을 건다.
③ 차량의 출발이나 가속 시 하이브리드 모터를 이용하여 엔진의 동력을 보조하는 기능을 수반한다.
④ 차량 감속 시 하이브리드 모터가 발전기로 전환되어 배터리를 충전하게 된다.

해설 하이브리드 시스템에서는 하이브리드 전동기를 이용하여 엔진을 시동하는 방법과 시동 전동기를 이용하여 시동하는 방법이 있으며, 시스템이 정상일 경우에는 하이브리드 모터를 이용하여 엔진을 시동한다.

정답 **01.③ 02.① 03.④ 04.②**

05 하이브리드 자동차의 연비 향상 요인이 아닌 것은?

① 주행 시 자동차의 공기저항을 높여 연비가 향상된다.
② 정차 시 엔진을 정지(오토 스톱)시켜 연비를 향상시킨다.
③ 연비가 좋은 영역에서 작동되도록 동력 분배를 제어한다.
④ 회생 제동(배터리 충전)을 통해 에너지를 흡수하여 재사용한다.

해설 연비 향상 요인은 정차할 때 엔진을 정지(오토 스톱)시켜 연비를 향상시키고, 연비가 좋은 영역에서 작동되도록 동력분배를 제어하며, 회생제동(배터리 충전)을 통해 에너지를 흡수하여 재사용하며, 주행할 때에는 자동차의 공기저항을 낮춰 연비가 향상되도록 한다.

06 하이브리드 자동차의 특징이 아닌 것은?

① 회생 제동
② 2개의 동력원으로 주행
③ 저전압 배터리와 고전압 배터리 사용
④ 고전압 배터리 충전을 위해 LDC 사용

해설 LDC(Low DC-DC Converter)는 고전압 배터리의 전압을 저전압 12V로 변환시키는 장치로 저전압 배터리를 충전시키는 장치이다.

07 하이브리드 자동차의 동력 전달방식에 해당되지 않는 것은?

① 직렬형   ② 병렬형
③ 수직형   ④ 직·병렬형

해설 하이브리드 자동차의 동력 전달방식에 따라 직렬형, 병렬형, 직·병렬형으로 분류한다.

08 직렬형 하이브리드 자동차의 특징에 대한 설명으로 틀린 것은?

① 병렬형보다 에너지 효율이 비교적 높다.
② 엔진, 발전기, 전동기가 직렬로 연결된다.
③ 모터의 구동력만으로 차량을 주행시키는 방식이다.
④ 엔진을 가동하여 얻은 전기를 배터리에 저장하는 방식이다.

해설 직렬형 하이브리드 자동차의 특징
① 엔진을 가동하여 얻은 전기를 배터리에 저장한다.
② 모터의 구동력만으로 차량을 구동하는 방식이다.
③ 엔진, 발전기, 전동기가 직렬로 연결된다.
④ 모터에 공급하는 전기를 저장하는 배터리가 설치되어 있다.

09 직렬형 하이브리드 자동차에 관한 설명이다. 설명이 잘못된 것은?

① 엔진, 발전기, 모터가 직렬로 연결된 형식이다.
② 엔진을 항상 최적의 시점에서 작동시키면서 발전기를 이용해 전력을 모터에 공급한다.
③ 순수하게 엔진의 구동력만으로 자동차를 주행시키는 형식이다.
④ 제어가 비교적 간단하고, 배기가스 특성이 우수하며, 별도의 변속장치가 필요 없다.

해설 직렬형 하이브리드의 특징
① 엔진의 작동 영역을 주행 상황과 분리하여 운영이 가능하다.
② 엔진의 작동 효율이 향상된다.
③ 엔진의 작동 비중이 줄어들어 배기가스의 저감에 유리하다.
④ 전기 자동차의 기술을 적용할 수 있다.
⑤ 연료 전지의 하이브리드 기술 개발에 이용하기 쉽다.
⑥ 구조 및 제어가 병렬형에 비해 간단하며 특별한 변속장치를 필요하지 않는다.
⑦ 엔진에서 모터로의 에너지 변환 손실이 크다.
⑧ 주행 성능을 만족시킬 수 있는 효율이 높은 전동기가 필요하다.
⑨ 출력 대비 자동차의 무게 비가 높은 편으로 가속 성능이 낮다.
⑩ 동력전달 장치의 구조가 크게 바뀌므로 기존의 자동차에 적용하기는 어렵다.

정답 05.① 06.④ 07.③ 08.① 09.③

10 하이브리드 자동차에서 변속기 앞뒤에 엔진 및 전동기를 병렬로 배치하여 주행상황에 따라 최적의 성능과 효율을 발휘할 수 있도록 자동차 구동에 필요한 동력을 엔진과 전동기에 적절하게 분배하는 형식?

① 직 · 병렬형　　② 직렬형
③ 교류형　　　　④ 병렬형

해설 병렬형은 변속기 앞뒤에 엔진 및 전동기를 병렬로 배치하여 주행상황에 따라 최적의 성능과 효율을 발휘할 수 있도록 자동차 구동에 필요한 동력을 엔진과 전동기에 적절하게 분배하는 형식이다.

11 병렬형 하이브리드 자동차의 특징이 아닌 것은?

① 동력전달 장치의 구조와 제어가 간단하다.
② 엔진과 전동기의 힘을 합한 큰 동력 성능이 필요할 때 전동기를 구동한다.
③ 엔진의 출력이 운전자가 요구하는 이상으로 발휘될 때에는 여유동력으로 전동기를 구동시켜 전기를 배터리에 저장한다.
④ 기존 자동차의 구조를 이용할 수 있어 제조비용 측면에서 직렬형에 비해 유리하다.

해설 병렬형 하이브리드 자동차의 특징
① 동력전달 장치의 구조와 제어가 복잡한 결점이 있다.
② 엔진과 전동기의 힘을 합한 큰 동력 성능이 필요할 때 전동기를 구동한다.
③ 엔진의 출력이 운전자가 요구하는 이상으로 발휘될 때에는 여유동력으로 전동기를 구동시켜 전기를 배터리에 저장한다.
④ 기존 자동차의 구조를 이용할 수 있어 제조비용 측면에서 직렬형에 비해 유리하다.

12 병렬형 하이브리드 자동차의 특징을 설명한 것 중 거리가 먼 것은?

① 모터는 동력 보조만 하므로 에너지 변환 손실이 적다.
② 기존 내연기관 차량을 구동장치의 변경 없이 활용 가능하다.
③ 소프트 방식은 일반 주행 시 모터 구동을 이용한다.
④ 하드 방식은 EV 주행 중 엔진 시동을 위해 별도의 장치가 필요하다.

해설 소프트 하이브리드 자동차는 모터가 플라이휠에 설치되어 있는 FMED(fly wheel mounted electric device)형식으로 변속기와 모터사이에 클러치를 설치하여 제어하는 방식이다. 출발을 할 때는 엔진과 모터를 동시에 사용하고, 부하가 적은 평지에서는 엔진의 동력만을 이용하며, 가속 및 등판주행과 같이 큰 출력이 요구되는 경우에는 엔진과 모터를 동시에 사용한다.

13 병렬형(Parallel) TMED(Transmission Mounted Electric Device) 방식의 하이브리드 자동차(HEV)에 대한 설명으로 틀린 것은?

① 모터와 변속기가 직결되어 있다.
② 모터 단독 구동이 가능하다.
③ 모터가 엔진과 연결되어 있다.
④ 주행 중 엔진 시동을 위한 HSG가 있다.

해설 병렬형 TMED 방식의 HEV는 모터와 변속기가 직결되어 있고, 모터 단독구동이 가능하며, 주행 중 엔진 시동을 위한 HSG(Hybrid Starter Generator : 엔진의 크랭크축과 연동되어 엔진을 시동할 때에는 시동 전동기로 발전을 할 경우에는 발전기로 작동하는 장치)가 있다.

정답　**10.**④　**11.**①　**12.**③　**13.**③

14 하이브리드 자동차(HEV)에 대한 설명으로 거리가 먼 것은?

① 병렬형(Parallel)은 엔진과 변속기가 기계적으로 연결되어 있다.

② 병렬형(Parallel)은 구동용 모터 용량을 크게 할 수 있는 장점이 있다.

③ FMED(fly wheel mounted electric device)방식은 모터가 엔진 측에 장착되어 있다.

④ TMED(Transmission Mounted Electric Device)는 모터가 변속기 측에 장착되어 있다.

해설 병렬형 하이브리드의 장점 및 단점

(1) 장점

① 기존의 내연기관의 차량을 구동장치 변경 없이 활용이 가능하다.

② 모터는 동력보조로 사용되므로 에너지 손실이 적다.

③ 저성능 모터, 저용량 배터리로도 구현이 가능하다.

④ 전체적으로 효율이 직렬형에 비해 우수하다.

(2) 단점

① 차량의 상태에 따라 엔진, 모터의 작동점 최적화 과정이 필수적이다.

② 유단 변속 기구를 사용할 경우 엔진의 작동 영역이 주행상황에 따라 변경된다.

15 병렬형은 주행조건에 따라 엔진과 전동기가 상황에 따른 동력원을 변경할 수 있는 시스템으로 동력전달 방식을 다양화 할 수 있는데 다음 중 이에 따른 구동방식에 속하지 않는 것은?

① 소프트 방식　　② 하드방식

③ 플렉시블 방식　　④ 플러그인 방식

해설 병렬형 하이브리드 자동차의 구동방식에는 소프트 방식, 하드방식, 플러그인 방식 등 3가지가 있다.

16 하이브리드 시스템에 대한 설명 중 틀린 것은?

① 직렬형 하이브리드는 소프트 타입과 하드 타입이 있다.

② 소프트 타입은 순수 EV(전기차) 주행 모드가 없다.

③ 하드 타입은 소프트 타입에 비해 연비가 향상된다.

④ 플러그-인 타입은 외부 전원을 이용하여 배터리를 충전한다.

해설 하이브리드 시스템

① 하이브리드 자동차는 소프트 타입(soft type)과 하드 타입(hard type), 플러그-인 타입(plug-in type)으로 구분된다.

② 소프트 타입은 변속기와 구동 모터사이에 클러치를 두고 제어하는 FMED(Flywheel mounted Electric Device) 방식이며, 전기 자동차(EV) 주행 모드가 없다.

③ 하드 타입은 엔진과 구동 모터사이에 클러치를 설치하여 제어하는 TMED(Transmission Mounted Electric Device) 방식으로, 저속운전 영역에서는 구동 모터로 주행하며, 또 구동 모터로 주행 중 엔진 시동을 위한 별도의 시동 발전기(Hybrid Starter Generator)가 장착되어 있다.

④ 플러그-인 하이브리드 타입은 전기 자동차의 주행 능력을 확대한 방식으로 배터리의 용량이 보다 커지게 된다. 또 가정용 전기 등 외부 전원을 사용하여 배터리를 충전할 수 있다.

17 하이브리드 자동차의 특징이 아닌 것은?

① 회생 제동

② 2개의 동력원으로 주행

③ 저전압 배터리와 고전압 배터리 사용

④ 고전압 배터리 충전을 위해 LDC 사용

해설 LDC(Low DC-DC Converter)는 고전압 배터리의 전압을 12V로 변환시키는 장치로 저전압 배터리를 충전시키는 장치이다.

18 병렬형(Parallel) TMED(Transmission Mounted Electric Device) 방식의 하이브리드 자동차(HEV)의 주행 패턴에 대한 설명으로 틀린 것은?

① 엔진 OFF 시에는 EOP(Electric Oil Pump)를 작동해 자동변속기 구동에 필요한 유압을 만든다.

② 엔진 단독 구동 시에는 엔진 클러치를 연결하여 변속기에 동력을 전달한다.

③ EV 모드 주행 중 HEV 주행 모드로 전환할 때 엔진 동력을 연결하는 순간 쇼크가 발생할 수 있다.

④ HEV 주행 모드로 전환할 때 엔진 회전속도를 느리게 하여 HEV 모터 회전 속도와 동기화 되도록 한다.

> **해설** 동기화는 2개의 개체가 동일한 작동 상태가 되는 것으로 엔진의 회전속도와 HEV 모터의 회전속도가 같아야 동기화가 된다.

19 병렬형(Parallel) TMED(Transmission Mounted Electric Device) 방식의 하이브리드 자동차의 HSG(Hybrid Starter Generator)에 대한 설명 중 틀린 것은?

① 엔진 시동과 발전 기능을 수행한다.

② 감속 시 발생하는 운동에너지를 전기에너지로 전환하여 배터리를 충전한다.

③ EV 모드에서 HEV(Hybrid Electronic Vehicle) 모드로 전환 시 엔진을 시동한다.

④ 소프트 랜딩(soft landing) 제어로 시동 ON 시 엔진 진동을 최소화하기 위해 엔진 회전수를 제어한다.

> **해설** HSG는 엔진의 크랭크축과 연동되어 EV(전기 자동차) 모드에서 HEV 모드로 전환할 때 엔진을 시동하는 시동 전동기로 작동하고, 발전을 할 경우에는 발전기로 작동하는 장치이며, 주행 중 감속할 때 발생하는 운동에너지를 전기에너지로 전환하여 배터리를 충전한다.

20 병렬형 하드 타입 하이브리드 자동차에 대한 설명으로 옳은 것은?

① 배터리 충전은 엔진이 구동시키는 발전기로만 가능하다.

② 구동 모터가 플라이휠에 장착되고 변속기 앞에 엔진 클러치가 있다.

③ 엔진과 변속기 사이에 구동 모터가 있는데 모터만으로는 주행이 불가능하다.

④ 구동 모터는 엔진의 동력보조 뿐만 아니라 순수 전기 모터로도 주행이 가능하다.

> **해설** 하드형식의 하이브리드 자동차는 엔진, 구동 모터, 발전기의 동력을 분할 및 통합하는 장치가 필요하므로 구조가 복잡하지만 구동 모터가 엔진의 동력보조 뿐만 아니라 순수한 전기 자동차로도 작동이 가능하다. 이러한 특성 때문에 회생제동 효과가 커 연료 소비율은 우수하지만, 큰 용량의 배터리와 구동 모터 및 2개 이상의 모터 제어장치가 필요하므로 소프트 방식의 하이브리드 자동차에 비해 부품의 비용이 1.5~2.0배 이상 소요된다.

21 하이브리드 시스템을 제어하는 컴퓨터의 종류가 아닌 것은?

① 모터 컨트롤 유닛(Motor control unit)

② 하이드로릭 컨트롤 유닛(Hydraulic control unit)

③ 배터리 컨트롤 유닛(Battery control unit)

④ 통합 제어 유닛(Hybrid control unit)

> **해설** 하이브리드 시스템을 제어하는 컴퓨터는 모터 컨트롤 유닛(MCU), 통합 제어 유닛(HCU), 배터리 컨트롤 유닛(BCU)이다.

정답 18.④ 19.④ 20.④ 21.②

22 하이브리드 자동차에서 모터 제어기의 기능으로 틀린 것은?

① 하이브리드 모터 제어기는 인버터라고도 한다.

② 하이브리드 통합제어기의 명령을 받아 모터의 구동전류를 제어한다.

③ 고전압 배터리의 교류 전원을 모터의 작동에 필요한 3상 직류 전원으로 변경하는 기능을 한다.

④ 배터리 충전을 위한 에너지 회수기능을 담당한다.

해설 모터 제어기는 통합 패키지 모듈(IPM, Integrated Package Module) 내에 설치되어 고전압 배터리의 직류 전원을 모터의 작동에 필요한 3상 교류 전원으로 변화시켜 하이브리드 통합 제어기(HCU, Hybrid Control Unit)의 신호를 받아 모터의 구동전류 제어와 감속 및 제동할 때 모터를 발전기 역할로 변경하여 배터리 충전을 위한 에너지 회수기능(3상 교류를 직류로 변경)을 한다. 모터 제어기를 인버터(inverter)라고도 부른다.

23 하드 방식의 하이브리드 전기 자동차의 작동에서 구동 모터에 대한 설명으로 틀린 것은?

① 구동 모터로만 주행이 가능하다.

② 고 에너지의 영구자석을 사용하며 교환 시 리졸버 보정을 해야 한다.

③ 구동 모터는 제동 및 감속 시 회생 제동을 통해 고전압 배터리를 충전한다.

④ 구동 모터는 발전 기능만 수행한다.

해설 하드 방식의 하이브리드 전기 자동차는 구동 모터로만 주행이 가능하며, 고 에너지의 영구자석을 교환하였을 때 리졸버 보정을 해야 한다. 또 구동 모터는 제동 및 감속할 때 회생 제동을 통해 고전압 배터리를 충전한다.

24 하이브리드 모터 3상의 단자 명이 아닌 것은?

① U ② V

③ W ④ Z

해설 하이브리드 모터 3상의 단자는 U 단자, V 단자, W 단자가 있다.

25 하이브리드 전기 자동차의 구동 모터 작동을 위한 전기 에너지를 공급 또는 저장하는 기능을 하는 것은?

① 보조배터리

② 변속기 제어기

③ 고전압 배터리

④ 엔진 제어기

해설 고전압 배터리는 모터 구동을 위한 전기적 에너지를 공급하는 DC의 니켈-수소(Ni-MH) 배터리이다. 최근에는 리튬계열의 배터리를 사용한다.

26 하이브리드 자동차에 적용하는 배터리 중 자기방전이 없고 에너지 밀도가 높으며, 전해질이 겔 타입이고 내 진동성이 우수한 방식은?

① 리튬이온 폴리머 배터리(Li-Pb Battery)

② 니켈수소 배터리(Ni-MH Battery)

③ 니켈카드뮴 배터리(Ni-Cd Battery)

④ 리튬이온 배터리(Li-ion Battery)

해설 리튬-폴리머 배터리도 리튬이온 배터리의 일종이다. 리튬이온 배터리와 마찬가지로 양극 전극은 리튬-금속 산화물이고 음극은 대부분 흑연이다. 액체 상태의 전해액 대신에 고분자 전해질을 사용하는 점이 다르다. 전해질은 고분자를 기반으로 하며, 고체에서 겔(gel)형태까지의 얇은 막 형태로 생산된다. 고분자 전해질 또는 고분자 겔(gell) 전해질을 사용하는 리튬-폴리머 배터리에서는 전해액의 누설 염려가 없으며 구성 재료의 부식도 적다. 그리고 휘발성 용매를 사용하지 않기 때문에 발화 위험성이 적다. 전해질은 이온전도성이 높고, 전기화학적으로 안정되어 있어야 하고, 전해질과 활성물질 사이에 양호한 계면을 형성해야 하고, 열적 안정성이 우수해야 하고, 환경부하가 적어야 하며, 취급이 쉽고, 가격이 싸야한다.

27 Ni-Cd 배터리에서 일부만 방전된 상태에서 다시 충전하게 되면 추가로 충전한 용량 이상의 전기를 사용할 수 없게 되는 현상은?

① 스웰링 현상　　② 배부름 현상
③ 메모리 효과　　④ 설페이션 현상

해설 메모리 효과란 Ni-Cd 배터리에서 일부만 방전된 상태에서 다시 충전하게 되면 추가로 충전한 용량 이상의 전기를 사용할 수 없게 되는 현상이다.

28 배터리의 충전 상태를 표현한 것은?

① SOC(State Of Charge)
② PRA(Power Relay Assemble)
③ LDC(Low DC-0DC Converter)
④ BMS(Battery Management System)

해설 ① SOC(State Of Charge) : SOC(배터리 충전율)는 배터리의 사용 가능한 에너지를 표시한다.
② PRA(Power Relay Assemble) : BMU의 제어 신호에 의해 고전압 배터리 팩과 고전압 조인트 박스 사이의 DC 360V 고전압을 ON, OFF 및 제어 하는 역할을 한다.
③ LDC(Low DC-DC Converter) : 고전압 배터리의 DC 전원을 차량의 전장용에 적합한 낮은 전압의 DC 전원(저전압)으로 변환하는 시스템이다.
④ BMS(Battery Management System) : 고전압 배터리의 SOC(State Of Charge), 출력, 고장 진단, 배터리 셀 밸런싱(Cell Balancing), 시스템 냉각, 전원 공급 및 차단을 제어한다.

29 고전압 배터리의 셀 밸런싱을 제어하는 장치는?

① MCU(Motor Control Unit)
② LDC(Low DC-DC Convertor)
③ ECM(Electronic Control Module)
④ BMS(Battery Management System)

해설 BMS(Battery Management System)는 고전압 배터리의 SOC(State Of Charge), 출력, 고장 진단, 배터리 셀 밸런싱(Cell Balancing), 시스템 냉각, 전원 공급 및 차단을 제어한다.

30 하이브리드 자동차의 리튬이온 폴리머 배터리에서 셀의 균형이 깨지고 셀 충전 및 용량 불일치로 인한 사항을 방지하기 위한 제어는?

① 셀 서지 제어
② 셀 그립 제어
③ 셀 펑션 제어
④ 셀 밸런싱 제어

해설 셀 밸런싱 제어란 고전압 배터리의 충방전 과정에서 전압 편차가 생긴 셀을 동일한 전압으로 매칭하여 배터리 수명과 에너지 용량 및 효율증대를 이루는 것이다.

31 고전압 배터리의 충·방전 과정에서 전압 편차가 생긴 셀을 동일한 전압으로 매칭하여 배터리 수명과 에너지 용량 및 효율증대를 갖게 하는 것은?

① SOC(state of charge)
② 파워 제한
③ 셀 밸런싱
④ 배터리 냉각제어

32 하이브리드 자동차에서 리튬 이온 폴리머 고전압 배터리는 9개의 모듈로 구성되어 있고, 1개의 모듈은 8개의 셀로 구성되어 있다. 이 배터리의 전압은?(단, 셀 전압은 3.75V이다.)

① 30V　　　　② 90V
③ 270V　　　④ 375V

해설 배터리 전압 = 모듈 수 × 셀의 수 × 셀 전압
배터리 전압 = 9 × 8 × 3.75V = 270V

정답　27.③　28.①　29.④　30.④　31.③　32.③

33 하이브리드 자동차에서 직류(DC)전압을 다른 직류(DC)전압으로 바꾸어주는 장치는 무엇인가?

① 캐패시터　　　② DC-AC 컨버터
③ DC-DC 컨버터　④ 리졸버

해설 ① 캐패시터 : 배터리와 같이 화학반응을 이용하여 축전(蓄電)하는 것이 아니라 콘덴서(condenser)와 같이 전자를 그대로 축적해 두고 필요할 때 방전하는 것으로 짧은 시간에 큰 전류를 축적하거나 방출할 수 있다.
② DC-DC 컨버터 : 직류(DC)전압을 다른 직류(DC)전압으로 바꾸어주는 장치이다.
③ 리졸버(resolver, 로터 위치센서) : 모터에 부착된 로터와 리졸버의 정확한 상(phase)의 위치를 검출하여 MCU로 입력시킨다.

34 하이브리드 자동차의 컨버터(converter)와 인버터(inverter)의 전기특성 표현으로 옳은 것은?

① 컨버터(converter) : AC에서 DC로 변환,
　인버터(inverter) : DC에서 AC로 변환
② 컨버터(converter) : DC에서 AC로 변환,
　인버터(inverter) : AC에서 DC로 변환
③ 컨버터(converter) : AC에서 AC로 승압,
　인버터(inverter) : DC에서 DC로 승압
④ 컨버터(converter) : DC에서 DC로 승압,
　인버터(inverter) : AC에서 AC로 승압

해설 컨버터(converter)는 AC를 DC로 변환시키는 장치이고, 인버터(inverter)는 DC를 AC로 변환시키는 장치이다.

35 하이브리드 전기 자동차에는 직류를 교류로 변환하여 교류 모터를 사용하고 있다. 교류 모터에 대한 장점으로 틀린 것은?

① 효율이 좋다.
② 소형화 및 고속회전이 가능하다.
③ 로터의 관성이 커서 응답성이 양호하다.
④ 브러시가 없어 보수할 필요가 없다.

해설 교류 모터의 장점
① 모터의 구조가 비교적 간단하며, 효율이 좋다.
② 큰 동력화가 쉽고, 회전변동이 적다.
③ 소형화 및 고속회전이 가능하다.
④ 브러시가 없어 보수할 필요가 없다.
⑤ 회전 중의 진동과 소음이 적다.
⑥ 수명이 길다.

36 하이브리드 자동차의 모터 컨트롤 유닛(MCU) 취급 시 유의사항이 아닌 것은?

① 충격이 가해지지 않도록 주의한다.
② 손으로 만지거나 전기 케이블을 임의로 탈착하지 않는다.
③ 시동 키 2단(IG ON) 또는 엔진 시동상태에서는 만지지 않는다.
④ 컨트롤 유닛이 자기보정을 하기 때문에 AC 3상 케이블의 각 상간 연결의 방향을 신경 쓸 필요가 없다.

해설 모터 컨트롤 유닛이 자기 보정을 하기 때문에 U, V, W의 3상 파워 케이블을 정확한 위치에 조립한다.

37 하이브리드 자동차의 모터 컨트롤 유닛(MCU)에 대한 설명으로 틀린 것은?

① 고전압을 12V로 변환하는 기능을 한다.
② 회생 제동 시 컨버터(AC→DC 변환)의 기능을 수행한다.
③ 고전압 배터리의 직류를 3상 교류로 바꾸어 모터에 공급한다.
④ 회생 제동 시 모터에서 발생되는 3상 교류를 직류로 바꾸어 고전압 배터리에 공급한다.

해설 모터 컨트롤 유닛(MCU)의 기능 : 고전압 배터리의 직류를 3상 교류로 바꾸어 모터에 공급하며, 회생 제동을 할 때 모터에서 발생되는 3상 교류를 직류로 바꾸어 고전압 배터리에 공급하는 컨버터(AC→DC 변환)의 기능을 수행한다.

정답　**33.** ③　**34.** ①　**35.** ③　**36.** ④　**37.** ①

38 하이브리드 자동차에서 모터 내부의 로터 위치 및 회전수를 감지하는 것은?

① 리졸버
② 커패시터
③ 액티브 센서
④ 스피드 센서

해설 하이브리드 모터를 가장 큰 회전력으로 제어하기 위해 회전자와 고정자의 위치를 정확하게 검출하여야 한다. 즉 회전자의 위치 및 회전속도 정보로 모터 컴퓨터가 가장 큰 회전력으로 모터를 제어하기 위하여 리졸버(resolver, 회전자 센서)를 설치한다.

39 다음은 하이브리드 자동차에서 사용하고 있는 커패시터(capacitor)의 특징을 나열한 것이다. 틀린 것은?

① 충전시간이 짧다.
② 출력밀도가 낮다.
③ 전지와 같이 열화가 거의 없다.
④ 단자 전압으로 남아있는 전기량을 알 수 있다.

해설 커패시터는 배터리와 같이 화학반응을 이용하여 축전하는 것이 아니라 전자를 그대로 축적해 두고 필요할 때 방전하는 장치이며, 특징은 전지와 같이 열화가 없고, 충전 시간이 짧으며, 출력 밀도가 높고, 제조에 유해하고 값비싼 중금속을 사용하지 않기 때문에 환경부하도 적다. 또한 단자 전압으로 남아있는 전기량을 알 수 있다.

40 다음 중 파워 릴레이 어셈블리에 설치되며 인버터의 커패시터를 초기 충전할 때 충전전류에 의한 고전압 회로를 보호하는 것은?

① 프리 차지 레지스터
② 메인 릴레이
③ 안전 스위치
④ 부스 바

해설 파워 릴레이 어셈블리의 기능
① 프리 차지 릴레이 : 파워 릴레이 어셈블리에 설치되어 있으며, 인버터의 커패시터를 초기 충전할 때 고전압 배터리와 고전압 회로를 연결하는 역할을 한다. 초기에 콘덴서의 충전전류에 의한 고전압 회로를 보호한다.
② 메인 릴레이 : 메인 릴레이는 파워 릴레이 어셈블리에 설치되어 있으며, 고전압 배터리의 (-) 출력 라인과 연결되어 배터리 시스템과 고전압 회로를 연결하는 역할을 한다. 고전압 시스템을 분리시켜 감전 및 2차 사고를 예방하고 고전압 배터리를 기계적으로 분리하여 암 전류를 차단한다.
③ 안전 스위치 : 안전 스위치는 파워 릴레이 어셈블리에 설치되어 있으며, 기계적인 분리를 통하여 고전압 배터리 내부 회로를 연결 또는 차단하는 역할을 한다.
④ 부스 바 : 배터리 및 다른 고전압 부품을 전기적으로 연결시키는 역할을 한다.

41 고전압 배터리 관리 시스템의 메인 릴레이를 작동시키기 전에 프리 차지 릴레이를 작동시키는데 프리 차지 릴레이의 기능이 아닌 것은?

① 등화 장치 보호
② 고전압 회로 보호
③ 타 고전압 부품 보호
④ 고전압 메인 퓨즈, 부스 바, 와이어 하니스 보호

해설 프리 차지 릴레이는 파워 릴레이 어셈블리에 장착되어 있으며, 인버터의 커패시터를 초기에 충전할 때 고전압 배터리와 고전압 회로를 연결하는 역할을 한다. 스위치 IG ON을 하면 프리 차지 릴레이와 레지스터를 통해 흐른 전류가 인버터 내의 커패시터에 충전이 되고 충전이 완료 되면 프리 차지 릴레이는 OFF 된다.
① 초기에 커패시터의 충전 전류에 의한 고전압 회로를 보호한다.
② 다른 고전압 부품을 보호한다.
③ 고전압 메인 퓨즈, 부스 바, 와이어 하니스를 보호한다.

정답 38.① 39.② 40.① 41.①

42 하이브리드 자동차에서 돌입 전류에 의한 인버터 손상을 방지하는 것은?

① 메인 릴레이
② 프리차지 릴레이 저항
③ 안전 스위치
④ 부스 바

해설 프리차지 릴레이 저항은 점화 스위치가 ON 상태일 때 모터 제어 유닛은 고전압 배터리 전원을 인버터로 공급하기 위해 메인 릴레이 (+)와 (-) 릴레이를 작동시키는데 프리차지 릴레이는 메인 릴레이 (+)와 병렬로 회로를 구성한다. 모터 제어 유닛은 메인 릴레이 (+)를 작동시키기 전에 프리차지 릴레이를 먼저 작동시켜 고전압 배터리 (+)전원을 인버터 쪽으로 인가한다. 프리차지 릴레이가 작동하면 레지스터를 통해 고전압이 인버터 쪽으로 공급되기 때문에 순간적인 돌입 전류에 의한 인버터의 손상을 방지할 수 있다.

43 하이브리드 자동차의 고전압 배터리 (+)전원을 인버터로 공급하는 구성품은?

① 전류 센서
② 고전압 배터리
③ 세이프티 플러그
④ 프리 차지(Pre-charger) 릴레이

해설 프리 차지 릴레이는 파워 릴레이 어셈블리에 장착되어 있으며, 인버터의 커패시터를 초기에 충전할 때 고전압 배터리와 고전압 회로를 연결하는 역할을 한다. 스위치를 ON시키면 프리 차지 릴레이와 레지스터를 통해 흐른 전류가 인버터 내의 커패시터에 충전이 되고 충전이 완료 되면 프리차지 릴레이는 OFF 된다.

44 하이브리드 자동차에서 PRA(Power Relay Assembly) 기능에 대한 설명으로 틀린 것은?

① 승객 보호
② 전장품 보호
③ 고전압 회로 과전류 보호
④ 고전압 배터리 암전류 차단

해설 PRA의 기능은 전장품 보호, 고전압 회로 과전류 보호, 고전압 배터리 암전류 차단 등이다.

45 하이브리드 시스템 자동차에서 등화장치, 각종 전장부품으로 전기 에너지를 공급하는 것은?

① 보조 배터리
② 인버터
③ 하이브리드 컨트롤 유닛
④ 엔진 컨트롤 유닛

해설 하이브리드 시스템에서는 고전압 배터리를 동력으로 사용하므로 일반 전장부품은 보조 배터리(12V)를 통하여 전원을 공급 받는다.

46 하이브리드 전기 자동차에서 자동차의 전구 및 각종 전기장치의 구동 전기 에너지를 공급하는 기능을 하는 것은?

① 보조 배터리
② 변속기 제어기
③ 모터 제어기
④ 엔진 제어기

해설 오디오나 에어컨, 자동차 내비게이션, 그 밖의 등화장치 등에 필요한 전력을 공급하기 위해 보조 배터리(12V 납산 배터리)가 별도로 탑재된다.

47 하이브리드 자동차에서 저전압(12V) 배터리가 장착된 이유로 틀린 것은?

① 오디오 작동
② 등화장치 작동
③ 내비게이션 작동
④ 하이브리드 모터 작동

해설 오디오나 에어컨, 자동차 내비게이션, 그 밖의 등화장치 등에 필요한 전력을 공급하기 위하여 보조 배터리(12V 납산 배터리)가 별도로 탑재된다. 또한 하이브리드 모터로 시동이 불가능 할 때 엔진을 시동하기 위함이다.

정답 **42.**② **43.**④ **44.**① **45.**① **46.**① **47.**④

48 하이브리드 자동차의 보조 배터리가 방전으로 시동 불량일 때 고장원인 또는 조치방법에 대한 설명으로 틀린 것은?

① 단시간에 방전되었다면 암전류 과다 발생이 원인이 될 수도 있다.
② 장시간 주행 후 바로 재시동시 불량하면 LDC 불량일 가능성이 있다.
③ 보조 배터리가 방전이 되었어도 고전압 배터리로 시동이 가능하다.
④ 보조 배터리를 점프 시동하여 주행 가능하다.

해설 주행 중 엔진 시동을 위해 HSG(hybrid starter generator : 엔진의 크랭크축과 연동되어 엔진을 시동할 때에는 기동 전동기로, 발전을 할 경우에는 발전기로 작동하는 장치)가 있으며, 보조 배터리가 방전되었어도 고전압 배터리로는 시동이 불가능하다.

49 직·병렬형 하드타입(hard type) 하이브리드 자동차에서 엔진 시동 기능과 공전상태에서 충전기능을 하는 장치는?

① MCU(motor control unit)
② PRA(power relay assemble)
③ LDC(low DC−DC converter)
④ HSG(hybrid starter generator)

해설 HSG는 엔진의 크랭크축 풀리와 구동 벨트로 연결되어 있으며, 엔진의 시동과 발전 기능을 수행한다. 즉 고전압 배터리의 충전상태(SOC : state of charge)가 기준 값 이하로 저하될 경우 엔진을 강제로 시동하여 발전을 한다.

50 병렬형(Parallel) TMED(Transmission Mounted Electric Device)방식의 하이브리드 자동차의 HSG(Hybrid Starter Generator)에 대한 설명 중 틀린 것은?

① 엔진 시동과 발전 기능을 수행한다.
② 감속 시 발생하는 운동 에너지를 전기에너지로 전환하여 배터리를 충전한다.

③ EV 모드에서 HEV(Hybrid Electronic Vehicle)모드로 전환 시 엔진을 시동한다.
④ 소프트 랜딩(soft landing) 제어로 시동 ON 시 엔진 진동을 최소화하기 위해 엔진 회전수를 제어한다.

해설 HSG는 엔진의 크랭크축과 연동되어 EV(전기자동차)모드에서 HEV 모드로 전환할 때 엔진을 시동하는 기동 전동기로 작동하고, 발전을 할 경우에는 발전기로 작동하는 장치이며, 주행 중 감속할 때 발생하는 운동에너지를 전기에너지로 전환하여 배터리를 충전한다.

51 하이브리드 시스템 자동차가 정상적일 경우 엔진을 시동하는 방법은?

① 하이브리드 전동기와 기동전동기를 동시에 작동시켜 엔진을 시동한다.
② 기동 전동기만을 이용하여 엔진을 시동한다.
③ 하이브리드 전동기를 이용하여 엔진을 시동한다.
④ 주행관성을 이용하여 엔진을 시동한다.

해설 하이브리드 시스템에서는 하이브리드 전동기를 이용하여 엔진을 시동하는 방법과 기동 전동기를 이용하여 시동하는 방법이 있으며, 시스템이 정상일 경우에는 하이브리드 전동기를 이용하여 엔진을 시동한다.

52 하이브리드 자동차 회생 제동시스템에 대한 설명으로 틀린 것은?

① 브레이크를 밟을 때 모터가 발전기 역할을 한다.
② 하이브리드 자동차에 적용되는 연비향상 기술이다.
③ 감속 시 운동에너지를 전기에너지로 변환하여 회수한다.
④ 회생제동을 통해 제동력을 배가시켜 안전에 도움을 주는 장치이다.

정답 48.③ 49.④ 50.④ 51.③ 52.④

해설 **회생 제동 모드**
① 주행 중 감속 또는 브레이크에 의한 제동 발생시점에서 모터를 발전기 역할인 충전 모드로 제어하여 전기 에너지를 회수하는 작동 모드이다.
② 하이브리드 전기 자동차는 제동 에너지의 일부를 전기 에너지로 회수하는 연비 향상 기술이다.
③ 하이브리드 전기 자동차는 감속 또는 제동 시 운동 에너지를 전기에너지로 변환하여 회수한다.

53 하이브리드 자동차가 주행 중 감속 또는 제동상태에서 모터를 발전 모드로 전환시켜서 제동에너지의 일부를 전기 에너지로 변환하는 모드는?

① 발진 가속 모드
② 제동 전기 모드
③ 회생 제동 모드
④ 주행 전환 모드

해설 **하이브리드 자동차의 주행 모드**
① **시동 모드** : 하이브리드 시스템은 구동용 전동기에 의해 엔진이 시동된다. 배터리의 용량이 부족하거나 전동기 컨트롤 유닛에 고장이 발생한 경우에는 12V용 기동전동기로 시동을 한다.
② **발진 가속 모드** : 가속을 하거나 등판과 같은 큰 구동력이 필요할 때에는 엔진과 전동기에서 동시에 동력을 전달한다.
③ **회생 재생 모드(감속모드)** : 감속할 때 전동기는 바퀴에 의해 구동되어 발전기의 역할을 한다. 즉 감속할 때 발생하는 운동에너지를 전기에너지로 전환시켜 배터리를 충전한다.
④ **오토 스톱(auto stop) 모드** : 연비와 배출가스 저감을 위해 자동차가 정지하여 일정한 조건을 만족할 때에는 엔진의 작동을 정지시킨다.

54 하이브리드 자동차에 적용된 연비 향상 기술로서 감속 또는 제동 시 모터를 발전기를 활용하여 운동에너지를 전기에너지로 변환하는 것은?

① 아이들 스탑
② 회생 제동장치
③ 고전압 배터리 제어 시스템
④ 하이브리드 모터 컨트롤 유닛

해설 하이브리드 자동차가 감속할 때 전동기는 바퀴에 의해 구동되어 발전기의 역할을 한다. 즉 감속할

때 발생하는 운동 에너지를 전기 에너지로 전환시켜 배터리를 충전하는 장치를 회생 제동장치라 한다.

55 하이브리드 자동차의 총합 제어기능이 아닌 것은?

① 오토 스톱 제어
② 경사로 밀림 방지 제어
③ 브레이크 정압 제어
④ LDC(DC-DC변환기) 제어

해설 총합 제어기능에는 하이브리드 모터의 시동, 하이브리드 모터 회생 제동, 변속 비율 제어, 오토 스톱 제어, 경사로 밀림 방지 제어, 연료차단 및 분사허가, 모터 및 배터리 보호, 부압제어, LDC (DC-DC변환기) 제어 등이 있다.

56 친환경 자동차에 적용되는 브레이크 밀림방지(어시스트 시스템) 장치에 대한 설명으로 맞는 것은?

① 경사로에서 정차 후 출발 시 차량 밀림 현상을 방지하기 위해 밀림 방지용 밸브를 이용 브레이크를 한시적으로 작동하는 장치이다.
② 경사로에서 출발 전 한시적으로 하이브리드 모터를 작동시켜 차량 밀림 현상을 방지하는 장치이다.
③ 차량 출발이나 가속 시 무단변속기에서 크립 토크(creep torque)를 이용하여 차량이 밀리는 현상으로 방지하는 장치이다.
④ 브레이크 작동 시 브레이크 작동유압을 감지하여 높은 경우 유압을 감압시켜 브레이크 밀림을 방지하는 장치이다.

해설 브레이크 밀림방지(어시스트 시스템) 장치는 경사로에서 정차 후 출발할 때 차량 밀림 현상을 방지하기 위해 밀림방지용 밸브를 이용 브레이크를 한시적으로 작동하는 장치이다.

정답 53.③ 54.② 55.③ 56.①

57 가상 엔진 사운드 시스템에 관련한 설명으로 거리가 먼 것은?

① 전기차 모드에서 저속주행 시 보행자가 차량을 인지하기 위함

② 엔진 유사용 출력

③ 차량주변 보행자 주의환기로 사고 위험성 감소

④ 자동차 속도 약 30km/h 이상부터 작동

> **해설** 가상 엔진 사운드 시스템(Virtual Engine Sound System)은 하이브리드 자동차나 전기 자동차에 부착하는 보행자를 위한 시스템이다. 즉 배터리로 저속주행 또는 후진할 때 보행자가 놀라지 않도록 자동차의 존재를 인식시켜주기 위해 엔진 소리를 내는 스피커이며, 주행속도 0~ 20km/h에서 작동한다.

58 다음 하이브리드 자동차 계기판(cluster)에 대한 설명이다. 틀린 것은?

① 계기판에 'READY' 램프가 소등(OFF) 시 주행이 안 된다.

② 계기판에 'READY' 램프가 점등(ON) 시 정상주행이 가능하다.

③ 계기판에 'READY' 램프가 점멸(BLINKING) 시 비상모드 주행이 가능하다.

④ EV 램프는 HEV(Hybrid Electronic Vehicle) 모터에 의한 주행 시 소등된다.

> **해설** EV 램프는 EV 모드에서 모터에 의한 주행 시 점등된다.

59 하이브리드 자동차 계기판에 있는 오토 스톱(Auto Stop)의 기능에 대한 설명으로 옳은 것은?

① 배출가스 저감

② 엔진 오일 온도 상승 방지

③ 냉각수 온도 상승 방지

④ 엔진 재시동성 향상

> **해설** 오토 스톱(auto stop) 모드는 연비와 배출가스 저감을 위해 자동차가 정지하여 일정한 조건을 만족할 때에는 엔진의 작동을 정지시킨다.

60 하이브리드 자동차에서 엔진 정지 금지조건이 아닌 것은?

① 브레이크 부압이 낮은 경우

② 하이브리드 모터 시스템이 고장인 경우

③ 엔진의 냉각수 온도가 낮은 경우

④ D 레인지에서 차속이 발생한 경우

> **해설** 엔진 정지 금지 조건
> ① 오토 스톱 스위치가 OFF 상태인 경우
> ② 엔진의 냉각수 온도가 45℃ 이하인 경우
> ③ CVT 오일의 온도가 -5℃ 이하인 경우
> ④ 고전압 배터리의 온도가 50℃ 이상인 경우
> ⑤ 고전압 배터리의 충전율이 28% 이하인 경우
> ⑥ 브레이크 부스터 압력이 250 mmHg 이하인 경우
> ⑦ 액셀러레이터 페달을 밟은 경우
> ⑧ 변속 레버가 P, R 레인지 또는 L 레인지에 있는 경우
> ⑨ 고전압 배터리 시스템 또는 하이브리드 모터 시스템이 고장인 경우
> ⑩ 급 감속시(기어비 추정 로직으로 계산)
> ⑪ ABS 작동시

61 하이브리드 자동차에서 고전압 장치 정비 시 고전압을 해제하는 것은?

① 전류 센서

② 배터리 팩

③ 프리차지 저항

④ 안전 스위치(안전 플러그)

> **해설** 안전 플러그는 기계적인 분리를 통하여 고전압 배터리 내부 회로의 연결을 차단하는 장치이다. 연결 부품으로는 고전압 배터리 팩, 파워 릴레이 어셈블리, 급속 충전 릴레이, BMU, 모터, EPCU, 완속 충전기, 고전압 조인트 박스, 파워 케이블, 전기 모터식 에어컨 컴프레서 등이 있다.

정답 57.④ 58.④ 59.① 60.④ 61.④

62 하이브리드 차량의 정비 시 전원을 차단하는 과정에서 안전플러그를 제거 후 고전압 부품을 취급하기 전에 5~10분 이상 대기시간을 갖는 이유 중 가장 알맞은 것은?

① 고전압 배터리 내의 셀의 안정화를 위해서

② 제어모듈 내부의 메모리 공간의 확보를 위해서

③ 저전압(12V) 배터리에 서지전압이 인가되지 않기 위해서

④ 인버터 내의 콘덴서에 충전되어 있는 고전압을 방전시키기 위해서

> **해설** 안전 플러그를 제거 후 고전압 부품을 취급하기 전에 5~10분 이상 대기시간을 갖는 이유는 인버터 내의 콘덴서(축전기)에 충전되어 있는 고전압을 방전시키기 위함이다.

63 하이브리드 차량 엔진 작업 시 조치해야 할 사항이 아닌 것은?

① 안전 스위치를 분리하고 작업한다.

② 이그니션 스위치를 OFF하고 작업한다.

③ 12V 보조 배터리 케이블을 분리하고 작업한다.

④ 고전압 부품 취급은 안전 스위치를 분리 후 1분 안에 작업한다.

> **해설** 하이브리드 자동차의 전기장치를 정비할 때 지켜야 할 사항
> ① 이그니션 스위치를 OFF 한 후 안전 스위치를 분리하고 작업한다.
> ② 전원을 차단하고 일정시간이 경과 후 작업한다.
> ③ 12V 보조 배터리 케이블을 분리하고 작업한다.
> ④ 고전압 케이블의 커넥터 커버를 분리한 후 전압계를 이용하여 각 상 사이(U, V, W)의 전압이 0V인지를 확인한다.
> ⑤ 절연장갑을 착용하고 작업한다.
> ⑥ 작업 전에 반드시 고전압을 차단하여 감전을 방지하도록 한다.
> ⑦ 전동기와 연결되는 고전압 케이블을 만져서는 안 된다.

64 하이브리드 자동차의 전기장치 정비 시 반드시 지켜야 할 내용이 아닌 것은?

① 절연장갑을 착용하고 작업한다.

② 서비스플러그(안전플러그)를 제거한다.

③ 전원을 차단하고 일정시간이 경과 후 작업한다.

④ 하이브리드 컴퓨터의 커넥터를 분리한다.

> **해설** 하이브리드 자동차의 전기장치 정비 시 반드시 지켜야 할 내용
> ① 고전압 케이블의 커넥터 커버를 분리한 후 전압계를 이용하여 각 상 사이(U, V, W)의 전압이 0V인지를 확인한다.
> ② 전원을 차단하고 일정시간이 경과 후 작업한다.
> ③ 절연장갑을 착용하고 작업한다.
> ④ 서비스플러그(안전플러그)를 제거한다.
> ⑤ 작업 전에 반드시 고전압을 차단하여 감전을 방지하도록 한다.
> ⑥ 전동기와 연결되는 고전압 케이블을 만져서는 안 된다.

정답 **62.**④ **63.**④ **64.**④

4-2 전기 자동차 정비

❶ 전기 자동차 고전압 배터리 개요 및 정비

1. 전기 자동차의 개요

(1) 용어의 정의

① **1차 전지**(Primary Cell) : 1차 전지란 방전한 후 충전에 의해 원래의 상태로 되돌릴 수 없는 전지를 말한다.

② **2차 전지**(Rechargeable Cell) : 2차 전지란 충전시켜 다시 쓸 수 있는 전지를 말한다. 2차 전지는 납산 축전지, 알칼리 축전지, 기체 전지, 리튬 이온 전지, 니켈-수소 전지, 니켈-카드뮴 전지, 폴리머 전지 등이 있다.

③ **납산 배터리**(Lead-acid Battery) : 납산 배터리란 양극에 이산화납, 음극에 해면상납, 전해액에 묽은 황산을 사용한 2차 전지를 말한다.

④ **방전 심도**(Depth of Discharge) : 방전 심도란 배터리 팩이나 시스템으로부터 회수할 수 있는 암페어시 단위의 양을 시험 전류와 온도에서의 정격 용량으로 나누는 것으로 백분율로 표시하는 것을 말한다.

⑤ **잔여 운행시간**(Tr ; Remaining Run Time) : 잔여 운행시간은 배터리가 정지기능 상태가 되기 전까지의 유효한 방전상태에서 배터리가 이동성 소자들에게 전류를 공급할 수 있는 것으로 평가되는 시간을 말한다.

⑥ **잔존 수명**(SOH ; State Of Health) : 잔존 수명은 초기 제조 상태의 배터리와 비교하여 언급된 성능을 공급할 수 있는 능력이 있고 배터리 상태의 일반적인 조건을 반영하여 측정된 상황을 말한다.

⑦ **안전 운전 범위** : 셀이 안전하게 운전될 수 있는 전압, 전류, 온도 범위. 리튬 이온 셀의 경우에는 그 전압 범위, 전류 범위, 피크 전류 범위, 충전 시의 온도 범위, 방전 시의 온도 범위를 제작사가 정의한다.

⑧ **사이클 수명** : 규정된 조건으로 충전과 방전을 반복하는 사이클의 수로 규정된 충전과 방전 종료 기준까지 수행한다.

⑨ **배터리 관리 시스템**(BMS ; Battery Management System) : 배터리 관리 시스템이란 배터리 시스템의 열적, 전기적 기능을 제어 또는 관리하고, 배터리 시스템과 차량의 다른 제어기와의 사이에서 통신을 제공하는 전자장치를 말한다.

⑩ **배터리 모듈**(Battery Module) : 배터리 모듈이란 단일, 기계적인 그리고 전기적인 유닛 내에 서로 연결된 셀들의 집합을 말하며, 배터리 모노 블록이라고도 한다.

⑪ **배터리 셀**(Battery Cell) : 배터리 셀이란 전극, 전해질, 용기, 단자 및 일반적인 격리판으로

구성된 화학에너지를 직접 변환하여 얻어지는 전기 에너지원으로 재충전할 수 있는 에너지 저장 장치를 말한다.

⑫ **배터리 팩**(Battery Pack) : 배터리 팩이란 여러 셀이 전기적으로 연결된 배터리 모듈, 전장품의 어셈블리(제어기 포함 어셈블리)를 말한다.

(2) KS R 1200에 따른 엔클로저(Enclosure)의 종류

엔클로저는 울타리를 친 장소를 말하며, 다음 중 하나 이상의 기능을 지닌 교환형 배터리의 일부분을 말한다.

① **방화용 엔클로저** : 내부로부터의 화재나 불꽃이 확산되는 것을 최소화 하도록 설계된 엔클로저

② **기계적 보호용 엔클로저** : 기계적 또는 기타 물리적 원인에 의한 손상을 방지하기 위해 설계된 엔클로저

③ **감전 방지용 엔클로저** : 위험 전압이 인가되는 부품 또는 위험 에너지가 있는 부품과의 접촉을 막기 위해 설계된 엔클로저

(3) 고전압 배터리의 종류

① **니켈-카드뮴 배터리**(Nickle-Cadmium Battery) : 니켈-카드뮴 배터리란 양극에 니켈 산화물, 음극에 카드뮴, 전해액에 수산화칼륨 수용액을 사용한 2차 전지를 말한다.

② **니켈-수소 배터리**(Nickel-metal Hydride Battery) : 니켈-수소 배터리란 양극에 니켈 산화물, 음극에 수소를 전기 화학적으로 흡장 및 방출할 수 있는 수소 흡장 합금, 전해액에 수산화칼륨 수용액을 사용한 2차 전지를 말한다.

③ **리튬 이온 배터리**(Lithium Ion Battery) : 리튬 이온 배터리란 일반적으로 양극에 리튬산화물(코발트산 리튬, 니켈산 리튬, 망간산 리튬 등)과 같은 리튬을 포함한 화합물을, 음극에 리튬을 포함하지 않은 탄소 재료를, 전해액에 리튬염을 유기 용매에 용해시킨 것을 사용하여 리튬을 이온으로 사용하는 2차 전지를 말한다.

④ **리튬 고분자 배터리**(Lithium Polymer Battery) : 리튬 고분자 배터리란 리튬 이온 배터리와 동일한 전기 화학반응을 가진 배터리로 폴리머 겔(Polymer Gell) 상의 전해질과 박막형 알루미늄 파우치를 외장재로 적용한 2차 전지를 말한다.

2. 전기 자동차의 특징

전기 자동차는 차량에 탑재된 고전압 배터리의 전기 에너지로부터 구동 에너지를 얻는 자동차이며, 일반 내연기관 차량의 변속기 역할을 대신할 수 있는 감속기가 장착되어 있다. 또한 내연기관 자동차에서 발생하게 되는 유해가스가 배출되지 않는 친환경 차량으로서 다음과 같은 특징이 있다.

① 대용량 고전압 배터리를 탑재한다.

② 전기 모터를 사용하여 구동력을 얻는다.

③ 변속기가 필요 없으며, 단순한 감속기를 이용하여 토크를 증대시킨다.

④ 외부 전력을 이용하여 배터리를 충전한다.

⑤ 전기를 동력원으로 사용하기 때문에 주행 시 배출가스가 없다

⑥ 배터리에 100% 의존하기 때문에 배터리 용량 따라 주행거리가 제한된다.

3. 전기 자동차의 주행 모드

(1) 출발 · 가속

① 시동키를 ON시킨 후 가속 페달을 밟으면 전기 자동차는 고전압 배터리에 저장된 전기에너지를 이용하여 구동 모터로 주행한다.

② 가속 페달을 더 밟으면 모터는 더 빠르게 회전하여 차속이 높아진다.

③ 큰 구동력을 요구하는 출발과 언덕길 주행 시는 모터의 회전속도는 낮아지고 구동 토크를 높여 언덕길을 주행할 때에도 변속기 없이 순수 모터의 회전력을 조절하여 주행한다.

(2) 감속

① 감속이나 브레이크를 작동할 때 구동 모터는 발전기의 역할로 변환된다.

② 주행 관성 운동 에너지에 의해 구동 모터는 전류를 발생시켜 고전압 배터리를 충전한다.

③ 구동 모터는 감속 시 발생하는 운동 에너지를 이용하여 발생된 전류를 고전압 배터리 팩 어셈블리에 충전하는 것을 회생 제동이라고 한다.

(3) 완속 충전

① AC 100 · 220V의 전압을 이용하여 고전압 배터리를 충전하는 방법이다.

② 표준화된 충전기를 사용하여 차량 앞쪽에 설치된 완속 충전기 인렛을 통해 충전하여야 한다.

③ 급속 충전보다 더 많은 시간이 필요하다.

④ 급속 충전보다 충전 효율이 높아 배터리 용량의 90%까지 충전할 수 있다.

(4) 급속 충전

① 외부에 별도로 설치된 급속 충전기를 사용하여 DC 380V의 고전압으로 고전압 배터리를 빠르게 충전하는 방법이다.

② 연료 주입구 안쪽에 설치된 급속 충전 인렛 포트에 급속 충전기 아웃렛을 연결하여 충전한다.

③ 충전 효율은 배터리 용량의 80%까지 충전할 수 있다.

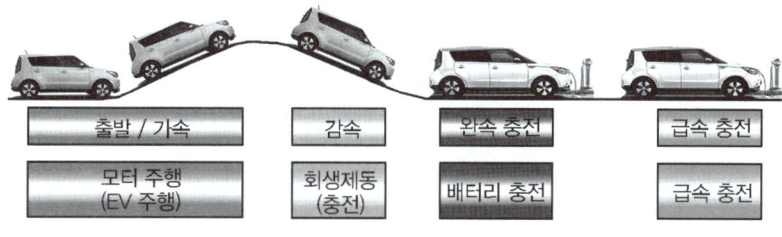

🔵 전기 자동차의 주행 모드

4. 전기 자동차의 구성

(1) 전기 자동차의 원리

① 360V 27kWh의 배터리 팩의 고전압을 이용해 모터를 구동한다.

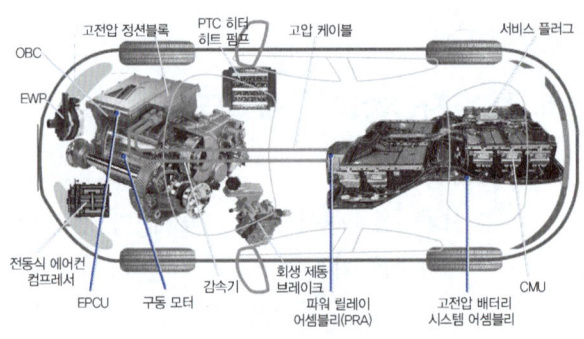

전기 자동차의 구성

② 모터의 속도로 자동차의 속도를 제어할 수 있어 변속기는 필요 없다.

③ 모터의 토크를 증대시키기 위해 감속기가 설치된다.

④ PE룸(내연기관의 엔진룸)에는 고전압을 PTC 히터, 전동 컴프레서에 공급하기 위한 고전압 정션박스, 그 아래로 완속 충전기(OBC), 전력 제어장치(EPCU)가 배치되어 있다.

⑤ 통합 전력 제어장치(EPCU)는 VCU, MCU(인버터), LDC가 통합된 구조이다.

(2) 고전압 회로

① 고전압 배터리, PRA(Power Relay Assembly)1, 2, 전동식 에어컨 컴프레서, LDC(Low DC/DC Converter), PTC(Positive Temperature Coefficient) 히터, 차량 탑재형 배터리 완속 충전기(OBC ; On–Borad battery Charger), 모터 제어기(MCU ; Motor Control Unit), 구동 모터가 고전압으로 연결되어 있다.

② 배터리 팩에 고전압 배터리와 파워 릴레이 어셈블리 1, 2 및 고전압을 차단할 수 있는 안전 플러그가 장착되어 있다.

③ 파워 릴레이 어셈블리 1은 구동용 전원을 차단 및 연결하는 역할을 한다.

④ 파워 릴레이 2는 급속 충전기에 연결될 때 BMU(Battery Management Unit)의 신호를 받아 고전압 배터리에 충전할 수 있도록 전원을 연결하는 기능을 한다.

⑤ 전동식 에어컨 컴프레서, PTC 히터, LDC, OBC에 공급되는 고전압은 정션 박스를 통해 전원을 공급 받는다.

⑥ MCU는 고전압 배터리에 저장된 DC 단상 고전압을 파워 릴레이 어셈블리 1과 정션 박스를 거쳐 공급받아 전력 변환기구(IGBT ; Insulated Gate Bipolar Transistor) 제어로 교류 3상 고전압으로 변환하여 구동 모터에 고전압을 공급하고 운전자의 요구에 맞게 모터를 제어한다.

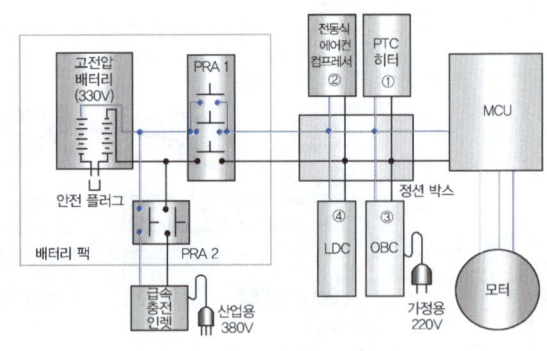

고전압 흐름도

(3) 고전압 배터리

① 리튬이온 폴리머 배터리(Li–ion Polymer)는 리튬 이온 배터리의 성능을 그대로 유지하면 서 화학적으로 가장 안정적인 폴리머(고체 또는 젤 형태의 고분자 중합체) 상태의 전해질 을 사용하는 배터리를 말한다.

② 정격 전압 DC 360V의 리튬이온 폴리머 배터리는 DC 3.75V의 배터리 셀 총 96개가 직렬로 연결되어 있고 총 12개의 모듈로 구성되어 있다.

③ 고전압 배터리 쿨링 시스템은 공랭식으로 실내의 공기를 쿨링 팬을 통하여 흡입하여 고전압 배터리 팩 어셈블리를 냉각시키는 역할을 한다.

④ 시스템 온도는 1번~12번 모듈 에 장착된 12개의 온도 센서 신 호를 바탕으로 BMU(Battery Management Unit)에 의해 계 산된다.

⑤ 고전압 배터리 시스템이 항상 정상 작동 온도를 유지할 수 있 도록 제어되며, 쿨링 팬은 차량 의 상태와 소음·진동 상태에 따라 9단으로 제어된다.

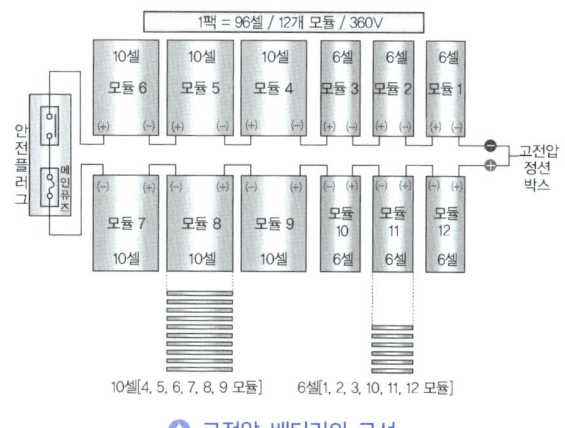

▲ 고전압 배터리의 구성

5. 고전압 배터리 시스템(BMU ; Battery Management Unit)

고전압 배터리 컨트롤 시스템은 컨트롤 모듈인 BMU, 파워 릴레이 어셈블리(PRA ; Power Relay Assembly)로 구성되어 있으며, 고전압 배터리의 SOC(State Of Charge), 출력, 고장 진단, 배터리 셀 밸런싱(Cell Balancing), 시스템 냉각, 전원 공급 및 차단을 제어한다.

파워 릴레이 어셈블리는 메인 릴레이(+, –), 프리차지 릴레이, 프리차지 레지스터, 배터리 전류 센서, 고전압 배터리 히터 릴레이로 구성되어 있으며, 부스바(Busbar)를 통해서 배터리 팩과 연결 되어 있다.

SOC(배터리 충전율)는 배터리의 사용 가능한 에너지를 표시한다.

(1) 고전압 배터리 시스템의 구성

셀 모니터링 유닛(CMU ; Cell Monitoring Unit)은 각 고전압 배터리 모듈의 측면에 장착되어 있으며, 각 고전압 배터리 모듈의 온도, 전압, 화학적 상태(VDP, Voronoi–Dirichlet partitioning) 를 측정하여 BMU(Battery Management Unit)에 전달하는 기능을 한다.

(2) 고전압 배터리 시스템의 주요 기능

① **배터리 충전율 (SOC) 제어** : 전압·전류·온도의 측정을 통해 SOC를 계산하여 적정 SOC 영역으로 제어한다.

② **배터리 출력 제어** : 시스템의 상태에 따른 입·출력 에너지 값을 산출하여 배터리 보호, 가용 파워 예측, 과충전·과방전 방지, 내구 확보 및 충·방전 에너지를 극대화한다.

③ **파워 릴레이 제어** : IG ON·OFF 시 고전압 배터리와 관련 시스템으로의 전원 공급 및 차단을 하며, 고전압 시스템의 고장으로 인한 안전사고를 방지한다.

④ **냉각 제어** : 쿨링 팬 제어를 통한 최적의 배터리 동작 온도를 유지(배터리 최대 온도 및 모듈간 온도 편차 량에 따라 팬 속도를 가변 제어함)한다.

⑤ **고장 진단** : 시스템의 고장 진단, 데이터 모니터링 및 소프트웨어 관리, 페일–세이프(Fail–Safe) 레벨을 분류하여 출력 제한치 규정, 릴레이 제어를 통하여 관련 시스템 제어 이상 및 열화에 의한 배터리 관련 안전사고를 방지한다.

(3) 안전 플러그(Safety Plug)

안전 플러그는 리어 시트 하단에 장착되어 있으며, 기계적인 분리를 통하여 고전압 배터리 내부의 회로 연결을 차단하는 장치이다. 연결 부품으로는 고전압 배터리 팩, 파워 릴레이 어셈블리, 급속 충전 릴레이, BMU, 모터, EPCU, 완속 충전기, 고전압 조인트 박스, 파워 케이블, 전기 모터식 에어컨 컴프레서 등이 있다.

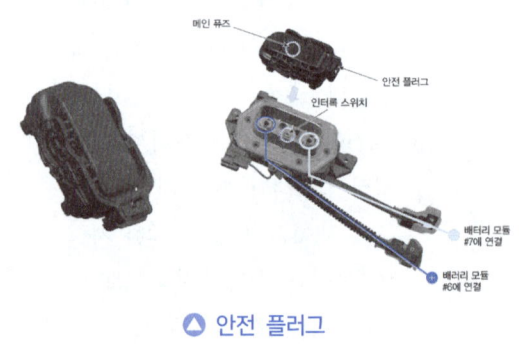

🔺 안전 플러그

(4) 파워 릴레이 어셈블리(PRA ; Power Relay Assembly)

파워 릴레이 어셈블리는 고전압 배터리 시스템 어셈블리 내에 장착되어 있으며 (+) 고전압 제어 메인 릴레이, (–) 고전압 제어 메인 릴레이, 프리차지 릴레이, 프리차지 레지스터, 배터리 전류 센서로 구성되어 있다.

BMU의 제어 신호에 의해 고전압 배터리 팩과 고전압 조인트 박스 사이의 DC 360V 고전압을 ON, OFF 및 제어 하는 역할을 한다.

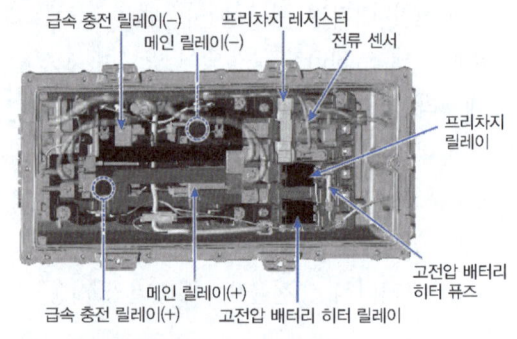

🔺 파워 릴레이 어셈블리의 구성

(5) 고전압 배터리 히터 릴레이 및 히터 온도 센서

고전압 배터리 히터 릴레이는 파워 릴레이 어셈블리 내부에 장착 되어 있다. 고전압 배터리에 히터 기능을 작동해야 하는 조건이 되면 제어 신호를 받은 히터 릴레이는 히터 내부에 고전압을 흐르게 함으로써 고전압 배터리의 온도가 조건에 맞추어서 정상적으로 작동 할 수 있도록 작동된다.

(6) 고전압 배터리 인렛 온도 센서

인렛 온도 센서는 고전압 배터리 1번 모듈 상단에 장착되어 있으며, 배터리 시스템 어셈블리 내부의 공기 온도를 감지하는 역할을 한다. 인렛 온도 센서 값에 따라 쿨링 팬의 작동 유무가 결정 된다.

(7) 프리차지 릴레이(Pre-Charge Relay)

프리차지 릴레이(Pre-Charge Relay)는 파워 릴레이 어셈블리에 장착되어 있으며, 인버터의 커패시터를 초기 충전할 때 고전압 배터리와 고전압 회로를 연결하는 기능을 한다.

IG ON을 하면 프리차지 릴레이와 레지스터를 통해 흐른 전류가 인버터 내에 커패시터에 충전이 되고, 충전이 완료되면 프리차지 릴레이는 OFF 된다.

(8) 메인 퓨즈(Main Fuse)

메인 퓨즈(250A 퓨즈)는 안전 플러그 내에 장착되어 있으며, 고전압 배터리 및 고전압 회로를 과전류로부터 보호하는 기능을 한다.

(9) 프리차지 레지스터(Pre-Charge Resistor)

프리차지 레지스터는 파워 릴레이 어셈블리에 장착되어 있으며, 인버터의 커패시터를 초기 충전할 때 충전 전류를 제한하여 고전압 회로를 보호하는 기능을 한다.

(9) 급속 충전 릴레이 어셈블리(QRA ; Quick Charge Relay Assembly)

급속 충전 릴레이 어셈블리는 파워 릴레이 어셈블리 내에 장착되어 있으며, (+) 고전압 제어 메인 릴레이, (-) 고전압 제어 메인 릴레이로 구성되어 있다. 그리고 BMU 제어 신호에 의해 고전압 배터리 팩과 고압 조인트 박스 사이에서 DC 360V 고전압을 ON, OFF 및 제어한다. 급속 충전 릴레이 어셈블리 작동 시 에는 파워 릴레이 어셈블리는 작동한다.

급속 충전 시 공급되는 고전압을 배터리 팩에 공급하는 스위치 역할을 하고, 과충전 시 과충전을 방지하는 역할을 한다.

(10) 메인 릴레이(Main Relay)

메인 릴레이는 파워 릴레이 어셈블리에 장착되어 있으며, 고전압 (+) 라인을 제어하는 메인 릴레이와 고전압 (-) 라인을 제어하는 2개의 메인 릴레이로 구성되어 있다. 그리고 BMU의 제어 신호에 의해 고전압 조인트 박스와 고전압 배터리 팩 간의 고전압 전원, 고전압 접지 라인을 연결시켜 주는 역할을 한다.

단, 고전압 배터리 셀이 과충전에 의해 부풀어 오르는 상황이 되면 고전압 보호 장치인 OPD(Overvoltage Protection Device)에 의해 메인 릴레이 (+), 메인 릴레이(-), 프리차지 릴레이 코일 접지 라인을 차단함으로써 과충전 시엔 메인 릴레이 및 프리차지 릴레이의 작동을 금지시킨다. 고전압 배터리가 정상적인 상태일 경우에는 VPD는 작동하지 않고 항상 연결되어 있다. OPD 장착 위치는 12개 배터리 모듈 상단에 장착되어 있다.

(11) 배터리 온도 센서(Battery Temperature Sensor)

배터리 온도 센서는 각 고전압 배터리 모듈에 장착되어 있으며, 각 배터리 모듈의 온도를 측정하여 CMU(Cell Monitoring Unit)에 전달하는 역할을 한다.

(12) 배터리 전류 센서(Battery Current Sensor)

배터리 전류 센서는 파워 릴레이 어셈블리에 장착되어 있으며, 고전압 배터리의 충전·방전 시 전류를 측정하는 역할을 한다.

(13) 고전압 차단 릴레이(OPD ; Over Voltage Protection Device)

고전압 릴레이 차단 장치(OPD)는 각 모듈 상단에 장착되어 있으며, 고전압 배터리 셀이 과충전에 의해 부풀어 오르는 상황이 되면 OPD에 의해 메인 릴레이 (+), 메인 릴레이 (−), 프리차지 릴레이 코일의 접지 라인을 차단함으로써 과충전 시 메인 릴레이 및 프리차지 릴레이의 작동을 금지시킨다.

고전압 배터리가 정상일 경우에는 항상 스위치는 붙어 있으며, 셀이 과충전이 될 때 스위치는 차단되면서 차량은 주행이 불가능하다.

② 전기 자동차 전력 통합 제어장치 개요 및 정비

1. 전력 통합 제어 장치(EPCU ; Electric Power Control Unit)

전력 통합 제어 장치는 대전력량의 전력 변환 시스템으로서 고전압의 직류를 전기자동차의 통합 제어기인 차량 제어 유닛(VCU ; Vehicle Control Unit) 및 구동 모터에 적합한 교류로 변환하는 장치인 인버터(Inverter), 고전압 배터리 전압을 저전압의 12V DC로 변환시키는 장치인 LDC 및 외부의 교류 전원을 고전압의 직류로 변환해주는 완속 충전기인 OBC 등으로 구성되어 있다.

(1) 차량 제어 유닛(VCU ; Vehicle Control Unit)

차량 제어 유닛은 모든 제어기를 종합적으로 제어하는 최상위 마스터 컴퓨터로서 운전자의 요구 사항에 적합하도록 최적인 상태로 차량의 속도, 배터리 및 각종 제어기를 제어한다.

차량 제어 유닛은 MCU, BMU, LDC, OBC, 회생 제동용 액티브 유압 부스터 브레이크 시스템(AHB ; Active Hydraulic Booster), 계기판(Cluster), 전자동 온도 조절 장치(FATC ; Full Automatic Temperature Control) 등과 협조 제어를 통해 최적의 성능을 유지할 수 있도록 제어하는 기능을 수행한다.

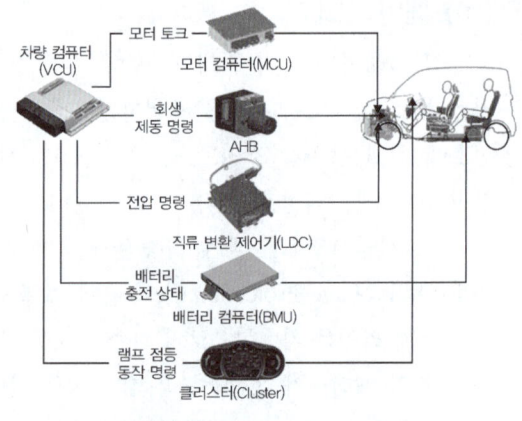

△ 차량 제어 유닛의 제어도

1) 구동 모터 토크 제어

BMU(Battery Management Unit)는 고전압 배터리의 전압, 전류, 온도, 배터리의 가용 에너지 율(SOC ; State Of Charge) 값으로 현재의 고전압 배터리 가용 파워를 VCU에게 전달하며, VCU는 BMU에서 받은 정보를 기본으로 하여 운전자의 요구(APS, Brake S/W, Shift Lever)에 적합한 모터의 명령 토크를 계산한다.

더불어 MCU는 현재 모터가 사용하고 있는 토크와 사용 가능한 토크를 연산하여 VCU에게 제공한다. VCU는 최종적으로 BMU와 MCU에서 받은 정보를 종합하여 구동모터에 토크를 명령한다.

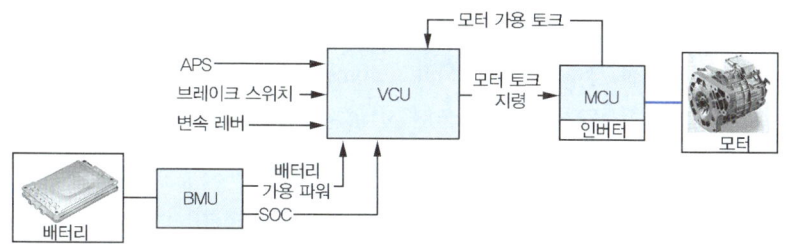

🔺 모터 제어 다이어그램

① **VCU** : 배터리 가용 파워, 모터 가용 토크, 운전자 요구(APS, Brake SW, Shift Lever)를 고려한 모터 토크의 지령을 계산하여 컨트롤러를 제어한다.

② **BMU** : VCU가 모터 토크의 지령을 계산하기 위한 배터리 가용 파워, SOC 정보를 제공받아 고전압 배터리를 관리한다.

③ **MCU** : VCU가 모터 토크의 지령을 계산하기 위한 모터 가용 토크 제공, VCU로 부터 수신한 모터 토크의 지령을 구현하기 위해 인버터(Inverter)에 PWM 신호를 생성하여 모터를 최적으로 구동한다.

2) 회생 제동 제어(AHB ; Active Hydraulic Booster)

AHB 시스템은 운전자의 요구 제동량을 BPS(Brake Pedal Sensor)로부터 받아 연산하여 이를 유압 제동량과 회생 제동 요청량으로 분배한다. VCU는 각각의 컴퓨터 즉 AHB, MCU, BMU와 정보 교환을 통해 모터의 회생 제동 실행량을 연산하여 MCU에게 최종적으로 모터 토크('–'토크)를 제어한다. AHB 시스템은 회생 제동 실행량을 VCU로부터 받아 유압 제동량을 결정하고 유압을 제어한다.

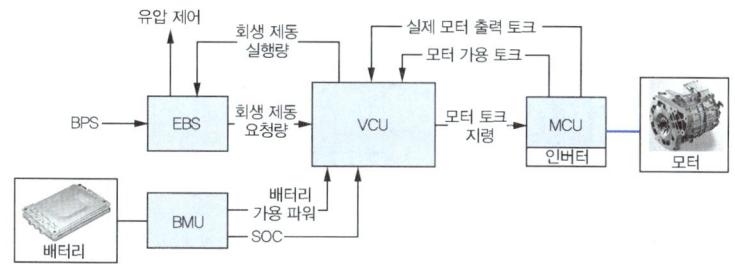

🔺 회생 제동 다이어그램

① **AHB** : BPS값으로부터 구한 운전자의 요구 제동 연산 값으로 유압 제동량과 회생 제동 요청량으로 분배하며, VCU로부터 회생 제동 실행량을 모니터링 하여 유압 제동량을 보정한다.

② **VCU** : AHB의 회생 제동 요청량, BMU의 배터리 가용 파워 및 모터 가용 토크를 고려하여 회생 제동 실행량을 제어한다.

③ **BMU** : 배터리 가용 파워 및 SOC 정보를 제공한다.

④ **MCU** : 모터 가용 토크, 실제 모터의 출력 토크와 VCU로 부터 수신한 모터 토크 지령을 구현하기 위해 인버터 PWM 신호를 생성하여 모터를 제어한다.

3) 공조 부하 제어

전자동 온도 조절 장치인 FATC(Full Automatic Temperature Control)는 운전자의 냉 · 난방 요구 시 차량 실내 온도와 외기 온도 정보를 종합하여 냉 · 난방 파워를 VCU에게 요청하며, FATC는 VCU가 허용하는 범위 내에 전력으로 에어컨 컴프레서와 PTC 히터를 제어한다.

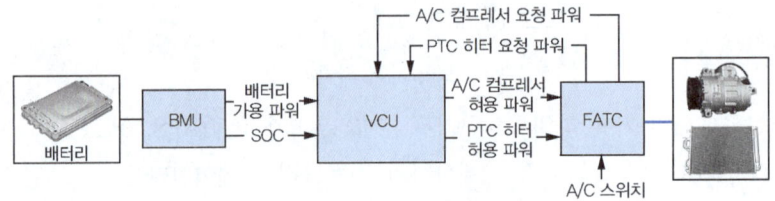

🔺 공조 부하 제어 다이어그램

① **FATC** : AC SW의 정보를 이용하여 운전자의 냉난방 요구 및 PTC 작동 요청 신호를 VCU에 송신하며, VCU는 허용 파워 범위 내에서 공조 부하를 제어한다.

② **BMU** : 배터리 가용 파워 및 SOC 정보를 제공한다.

③ **VCU** : 배터리 정보 및 FATC 요청 파워를 이용하여 FATC에 허용 파워를 송신한다.

4) 전장 부하 전원 공급 제어

VCU는 BMU와 정보 교환을 통해 전장 부하의 전원 공급 제어 값을 결정하며, 운전자의 요구 토크 양의 정보와 회생 제동량 변속 레버의 위치에 따른 주행 상태를 종합적으로 판단하여 LDC에 충 · 방전 명령을 보낸다. LDC는 VCU에서 받은 명령을 기본으로 보조 배터리에 충전 전압과 전류를 결정하여 제어한다.

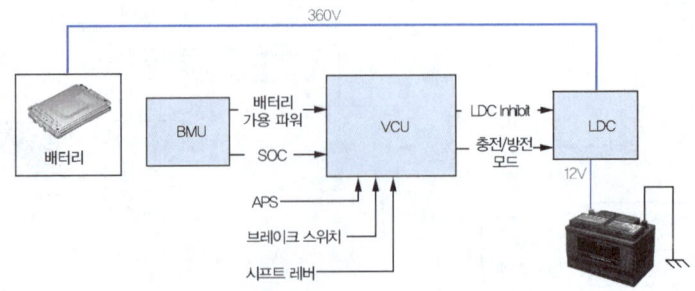

🔺 전장 부하 전원 공급 제어 다이어그램

① **BMU** : 배터리 가용 파워 및 SOC 정보를 제공한다.

② **VCU** : 배터리 정보 및 차량 상태에 따른 LDC의 ON/OFF 동작 모드를 결정한다.

③ **LDC** : VCU의 명령에 따라 고전압을 저전압으로 변환하여 차량의 전장 계통에 전원을 공급한다.

5) 클러스터 제어

① 램프 점등 제어

VCU는 하위 제어기로부터 받은 모든 정보를 종합적으로 판단하여 운전자가 쉽게 알 수 있도록 클러스터 램프 점등을 제어한다. 시동키를 ON 하면 차량 주행 가능 상황을 판단하여 'READY'램프를 점등하도록 클러스터에 명령을 내려 주행 준비가 되었음을 표시한다.

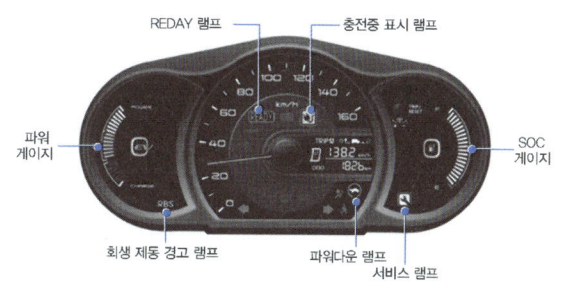

△ 클러스터 램프 제어

② 주행 가능 거리(DTE ; Distance To Empty) 연산 제어

㉮ VCU : 배터리 가용에너지 및 도로정보를 고려하여 DTE를 연산한다.

㉯ BMU : 배터리 가용 에너지 정보를 이용한다.

㉰ AVN : 목적지까지의 도로 정보를 제공하며, DTE를 표시한다.

㉱ Cluster : DTE를 표시한다.

(2) 모터 제어기(MCU ; Motor Control Unit)

MCU는 내부의 인버터(Inverter)가 작동하여 고전압 배터리로부터 받은 직류(DC) 전원을 3상 교류(AC) 전원으로 변환시킨 후 전기 자동차의 통합 제어기인 VCU의 명령을 받아 구동 모터를 제어하는 기능을 담당한다.

배터리에서 구동 모터로 에너지를 공급하고, 감속 및 제동 시에는 구동 모터를 발전기 역할로 변경시켜 구동 모터에서 발생한 에너지, 즉 AC 전원을 DC 전원으로 변환하여 고전압 배터리로 에너지를 회수함으로써 항속 거리를 증대시키는 기능을 한다. 또한 MCU는 고전압 시스템의 냉각을 위해 장착된 EWP(Electric Water Pump)의 제어 역할도 담당한다.

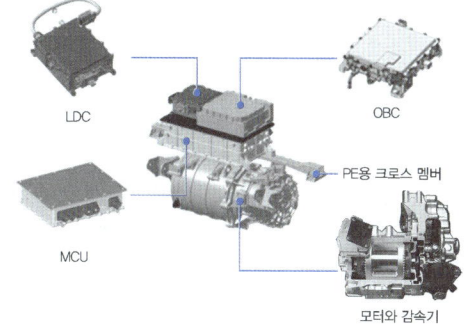

△ MCU 제어의 구성

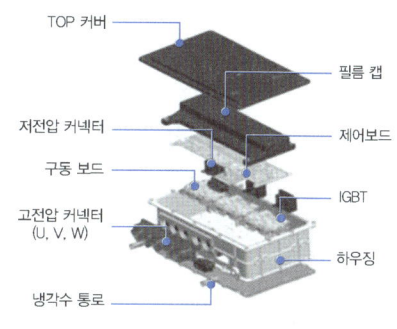

△ MCU 내부의 구조

(3) 인버터(Inverter)

인버터는 고전압 배터리의 DC 전원을 구동 모터의 구동에 적합한 AC 전원으로 변환하는 역할을 한다. 인버터는 케이스 속에 IGBT 모듈, 파워 드라이버(Power Driver), 제어회로인 컨트롤러(Controller)가 일체로 이루어져 있다.

인버터는 구동 모터를 구동시키기 위하여 고전압 배터리의 직류(DC) 전력을 3상 교류(AC) 전력으로 변환시켜 유도 전동기, 쿨링팬 모터 등을 제어한다. 즉, 고전압 배터리로부터 받은 직류(DC) 전원(+, –)을 3상 교류(AC)의 U, V, W상으로 변환하는 기구이며, 제어 보드(MCU)에서 3상 AC 전원을 제어하여 구동 모터를 구동한다.

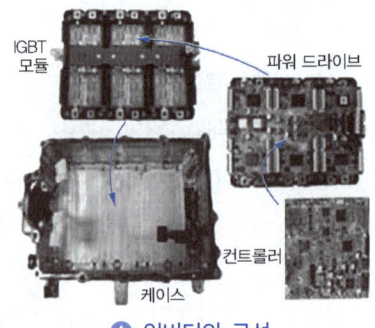

△ 인버터의 구성

(4) 직류 변환 장치(LDC ; Low Voltage DC-DC Converter, 컨버터)

1) LDC의 개요

LDC는 고전압 배터리의 고전압(DC 360V)을 LDC를 거쳐 12V 저전압으로 변환하여 차량의 각 부하(전장품)에 공급하기 위한 전력 변환 시스템으로 차량 제어 유닛(VCU)에 의해 제어되며, LDC는 EPCU 어셈블리 내부에 구성되어 있다.

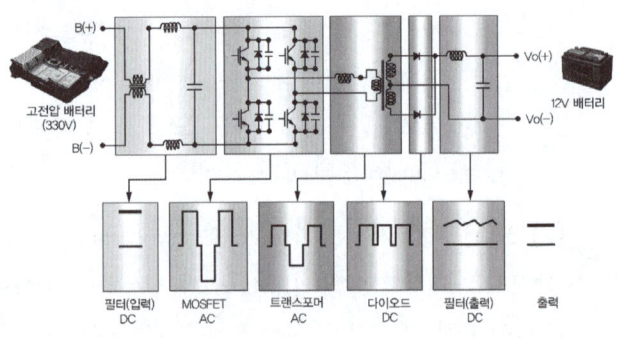

△ LDC 제어의 구성

2) 배터리 센서(Battery Sensor)

차량에 장착된 각각의 컨트롤 유닛들이 여러 종류의 센서로부터 다양한 정보를 받고 다시 제어하는 과정에서의 안정적인 전류 공급은 매우 중요하다. VCU는 보조 배터리 (–) 단자에 장착된 배터리 센서로부터 전송된 배터리의 전압, 전류, 온도 등의 정보를 통하여 차량에 필요한 전류를 LDC를 통하여 발전 제어한다.

(5) 완속 충전기(OBC ; On Board Charger)

완속 충전기는 차량에 탑재된 충전기로 OBC라고 부르며, 차량 주차 상태에서 AC 110V · 220V 전원으로 차량의 고전압 배터리를 충전한다. 고전압 배터리 제어기인 BMU와 CAN 통신을 통해 배터리 충전 방식(정전류, 정전압)을 최적으로 제어한다.

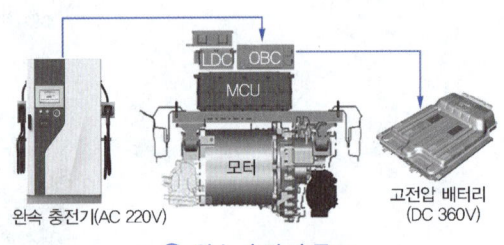

△ 완속 충전 흐름도

③ 전기 자동차 구동장치 개요 및 정비

1. 전기 자동차의 모터

영구자석이 내장된 IPM 동기 모터(Interior Permanent Magnet Synchronous Motor)가 주로 사용되고 있으며, 희토류 자석을 이용하는 모터는 열화에 의해 자력이 감소하는 현상이 발생하므로 온도 관리가 중요하다.

전기 자동차의 구동 모터는 엔진이 없는 전기 자동차에서 동력을 발생하는 장치로 높은 구동력과 축력으로 가속과 등판 및 고속 운전

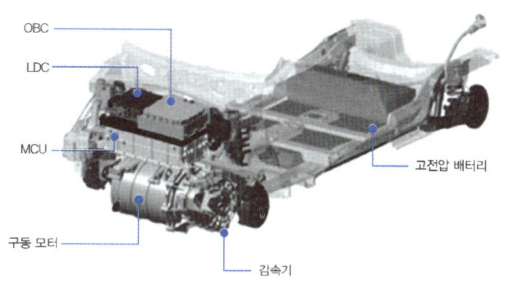

△ **구동 장치의 구성**

에 필요한 동력을 제공하며, 소음이 거의 없는 정숙한 차량 운행을 제공한다.

또한 감속 시에는 발전기로 전환되어 전기를 생산하여 고전압 배터리를 충전함으로써 연비를 향상시키고 주행거리를 증대시킨다. 모터에서 발생한 동력은 회전자 축과 연결된 감속기와 드라이브 샤프트를 통해 바퀴에 전달된다.

(1) 구동 모터의 주요 기능

① **동력(방전) 기능** : MCU는 배터리에 저장된 전기에너지로 구동 모터를 삼상 제어하여 구동력을 발생 시킨다.

② **회생 제동(충전) 기능** : 감속 시에는 발생하는 운동에너지를 이용하여 구동 모터를 발

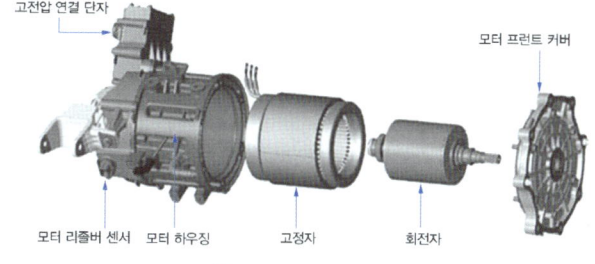

△ **구동 모터의 구조**

전기로 전환시켜 발생된 전기에너지를 고전압 배터리에 충전한다.

1) 모터 위치 센서(Motor Position Sensor)

모터를 제어하기 위해서는 정확한 모터 회전자의 절대 위치에 대한 검출이 필요하다. 리졸버를 이용한 회전자의 위치 및 속도 정보를 통하여 MCU는 최적으로 모터를 제어할 수 있게 된다. 리졸버는 리어 플레이트에 장착되며, 모터의 회전자와 연결된 리졸버 회전자와 고정자로 구성되어 엔진의 CMP 센서처럼 모터 내부의 회전자 위치를 파악한다.

2) 모터 온도 센서(Motor Temperature Sensor)

모터의 온도는 모터의 출력에 큰 영향을 미친다. 모터가 과열될 경우 모터의 회전자(매립형 영구 자석) 및 스테이터 코일이 변형되거나 그 성능에 영향을 미칠 수 있다. 이를 방지하기 위해 모터의 온도 센서는 온도에 따라 모터의 토크를 제어하기 위하여 모터에 내장되어 있다.

(2) 감속기의 기능

전기 자동차용 감속기는 일반 가솔린 차량의 변속기와 같은 역할을 하지만 여러 단이 있는 변속기와는 달리 일정한 감속비로 모터에서 입력되는 동력을 자동차 차축으로 전달하는 역할을 하며, 변속기 대신 감속기라고 불린다.

감속기의 역할은 모터의 고회전, 저토크 입력을 받아 적절한 감속비로 속도를 줄여 그만큼 토크를 증대시키는 역할을 한다. 감속기 내부에는 파킹 기어를 포함하여 5개의 기어가 있으며, 수동변속기 오일이 들어 있는데 오일은 무교환식이다.

▲ 회전자와 감속기

(3) 모터의 작동 원리

3상 AC 전류가 스테이터 코일에 인가되면 회전 자계가 발생되어 로터 코어 내부에 영구 자석을 끌어당겨 회전력을 발생시킨다.

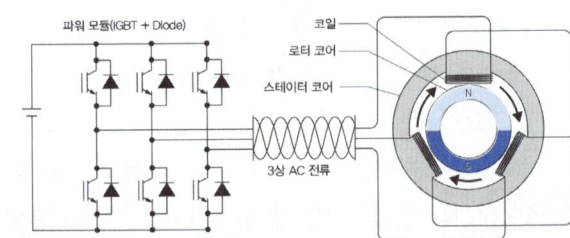

▲ 모터의 작동 원리

④ 전기 자동차 편의·안전장치 개요 및 정비

1. 충전 장치

(1) 충전 장치의 개요

전기 자동차의 구동용 배터리는 차량 외부의 전기를 충전기를 사용하여 충전하는 방법과 주행 중 제동 시 회생 충전을 이용하는 방법이 있으며, 외부 충전 방법은 급속, 완속, ICCB(In Cable Control Box) 3종류가 있다.

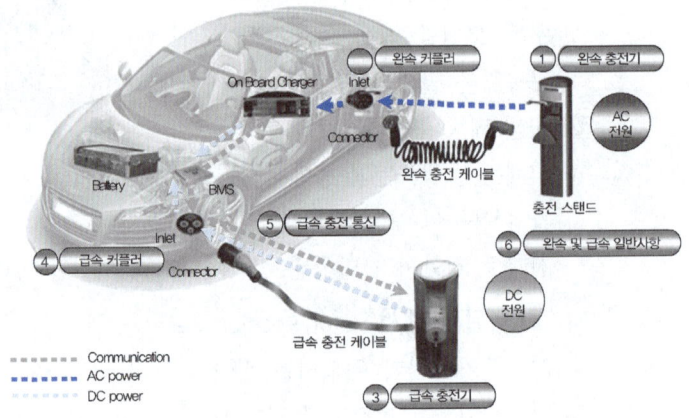

▲ 완속 충전과 급속 충전 라인 비교

1) 외부 전원을 이용한 충전

완속 충전기와 급속 충전기는 별도로 설치된 단상 AC의 220V 또는 3상 AC 380V용 전원을 이용하여 고전압 배터리를 충전하는 방식이며, ICCB는 가정용 전기 콘센트에 차량용 충전기를 연결하여 고전압 배터리를 완속 충전하는 방법이다. 완속 충전 시에는 차량 내에 별도로 설치된 충전기(OBC ; On Board Charger)에서 AC 전원을 DC의 고전압으로 변경 후 고전압 배터리에 충전한다.

2) 회생을 이용한 충전

자동차를 운행 중 감속할 경우에 구동모터는 발전기 역할로 전환되면서 3상의 교류 전기를 발전하며 발전된 전류를 컨버터에서 직류로 변환시켜 고전압 배터리를 충전한다.

① **3상 동기 발전기**

영구자석형 로터가 회전하면 스테이터 코일 주위의 자계

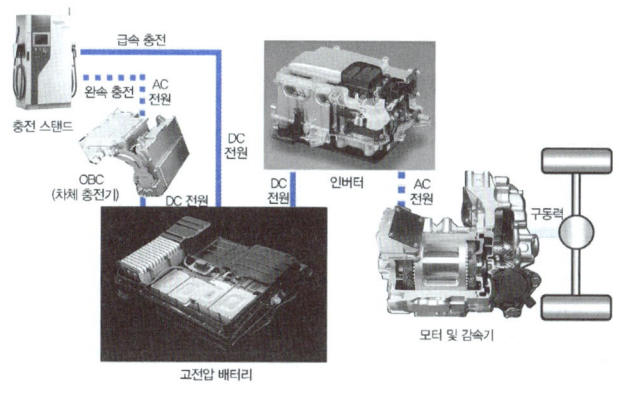

▲ 전기 자동차 충전

가 변화하면서 전자 유도 작용으로 코일에 유도 전류가 발생하는 원리이며, 스테이터 코일 3개가 120°간격으로 배치되어 각 코일의 위상이 120°엇갈린 교류, 즉 삼상 교류가 발생한다.

② **컨버터**

교류를 반도체 소자인 다이오드의 정류 작용을 이용하여 변환하는 장치를 AC·DC 컨버터 또는 정류기라 하며, 단상 교류인 경우 4개의 다이오드, 삼상 교류인 경우는 6개의 다이오드로 전파 정류 회로를 구성할 수 있다.

(2) 완속 충전 장치

1) 완속 충전의 개요

충전 방법으로는 완속 충전 포트를 이용한 완속 충전과 급속 충전 포트를 이용하는 급속 충전이 있는데, 완속 충전은 AC 100·220V 전압의 완속 충전기(OBC)를 이용하여 교류 전원을 직류 전원으

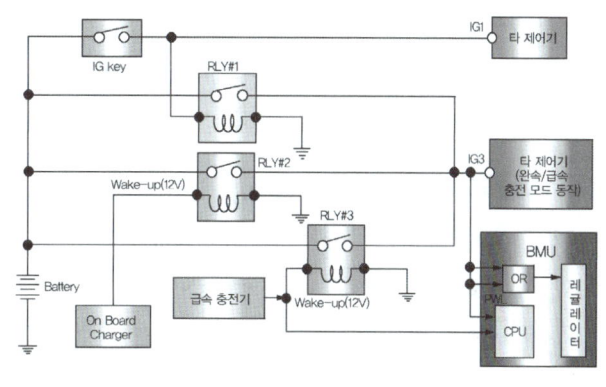

▲ 충전 회로도

로 변환하여 고전압 배터리를 충전하는 방법이다. 완속 충전 시에는 표준화된 충전기를 사용하여 차량의 앞쪽에 설치된 완속 충전기 인렛을 통해 충전하여야 한다. 급속 충전보다 더 많은 시간이 필요하지만 급속 충전보다 충전 효율이 높아 배터리 용량의 90%까지 충전할 수 있으며, 이를 제어하는 것이 BMU와 IG3 릴레이 #1,2,3이다.

IG3 릴레이를 통해 생성되는 IG3 신호는 저전압 직류 변환장치(LDC), BMU, 모터 컨트롤 유닛(MCU), 차량 제어 유닛(VCU), 완속 충전기(OBC)를 활성화시키고 차량의 충전이 가능하게 한다.

2) 충전 컨트롤 모듈

충전 컨트롤 모듈(CCM)은 콤보 타입 충전기기에서 나오는 PLC 통신 신호를 수신하여

CAN 통신 신호로 변환해 주는 역할을 한다.

(3) 급속 충전 장치

급속 충전은 차량 외부에 별도로 설치된 차량 외부 충전 스탠드의 급속 충전기를 사용하여 DC 380V의 고전압으로 고전압 배터리를 빠르게 충전하는 방법이다.

급속 충전 시스템은 급속 충전 커넥터가 급속 충전 포트에 연결된 상태에서 급속 충전 릴레이와

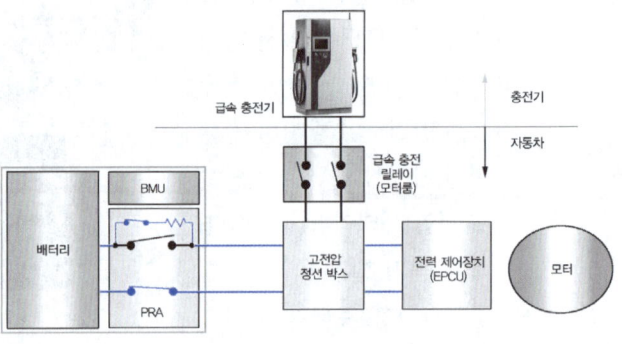

▲ 급속 충전 회로도

PRA 릴레이를 통해 전류가 흐를 수 있으며, 외부 충전기에 연결하지 않았을 경우에는 급속 충전 릴레이와 PRA 릴레이를 통해 고전압이 급속 충전 포트에 흐르지 않도록 보호한다.

기존 차량의 연료 주입구 안쪽에 설치된 급속 충전 인렛 포트에 급속 충전기 아웃렛을 연결하여 충전하고 충전 효율은 배터리 용량의 80~84%까지 충전할 수 있으며, 1차 급속 충전이 끝난 후 2차 급속 충전을 하면 배터리 용량(SOC)의 95%까지 충전할 수 있다.

2. 히트 펌프

냉매의 순환 경로를 변경하여 고온 고압의 냉매를 열원으로 이용하는 난방 시스템으로 난방 시에도 히트 펌프 가동을 위해 컴프레서를 구동하게 된다.

(1) 난방 사이클(히트 펌프)

① **냉매 순환** : 컴프레서 → 실내 콘덴서 → 오리피스 → 실외 콘덴서 순으로 진행한다.
② **실내 콘덴서** : 고온의 냉매와 실내 공기의 열 교환을 통해 방출된다.
③ **실외 콘덴서** : 오리피스를 통해 공급된 저온의 냉매와 외부 공기와 열 교환을 통해 열을 흡수한다.
④ 히트 펌트 시스템에는 실내 콘덴서가 추가된다.

(2) 히트 펌프 장점

난방 시 고전압 PTC(Positive temperature coefficient) 사용을 최소화하여 소비 전력 저감으로 주행 거리가 증대함은 물론 전장품(EPCU, 모터 냉각수)의 폐열을 활용하여 극저온에서도 연속적인 사이클을 구현한다.

(3) 히트 펌프의 작동 온도

히트 펌프의 작동 영역은 −20℃에서 15℃이며 작동 영역 이외는 고전압 PTC(Positive temperature coefficient)를 활용하여 난방을 한다.

(4) 히트 펌프의 냉매 흐름

1) 난방시 냉매 흐름

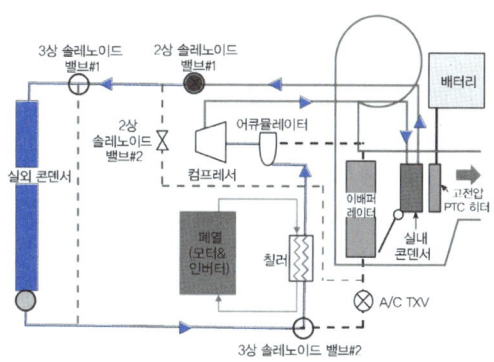

① **실외 콘덴서** : 액체 상태의 냉매를 증발시켜 저온 저압의 가스 냉매로 만든다.

② **3상 솔레노이드 밸브 #2** : 히트 펌프 작동 시 냉매의 흐름 방향을 칠러 쪽으로 바꿔 준다.

③ **칠러** : 저온 저압 가스 냉매를 모터의 폐열을 이용하여 2차 열 교환을 한다.

△ 난방 시 냉매의 흐름

④ **어큐뮬레이터** : 컴프레서로 기체 냉매만 유입될 수 있도록 냉매의 기체·액체를 분리한다.

⑤ **전동 컴프레서** : 전동 모터로 구동되며, 저온 저압가스 냉매를 고온 고압가스로 만들어 실내 콘덴서로 보낸다.

⑥ **실내 콘덴서** : 고온 고압가스 냉매를 응축시켜 고온 고압의 액상 냉매로 만든다.

⑦ **2상 솔레노이드 밸브 #1** : 냉매를 급속 팽창시켜 저온 저압의 액상 냉매가 되도록 한다.

⑧ **2상 솔레노이드 밸브 #2** : 난방 시 제습 모드를 사용할 경우 냉매를 이배퍼레이터로 보낸다.

⑨ **3상 솔레노이드 밸브 #1** : 실외 콘덴서에 착상이 감지되면 냉매의 흐름을 칠러로 바이패스 시킨다.

2) 냉방 시 냉매의 흐름

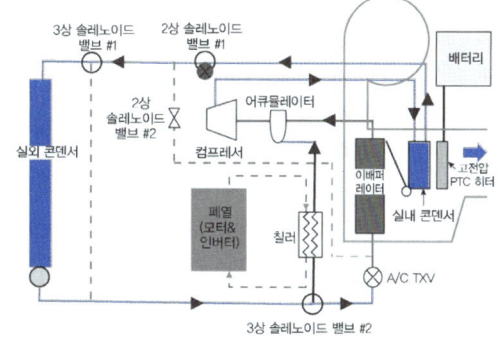

① **실외 콘덴서** : 고온 고압가스 냉매를 응축시켜 고온 고압의 액상 냉매로 만든다.

② **3상 솔레노이드 밸브 #2** : 에어컨 작동 시 냉매의 흐름 방향을 팽창 밸브 쪽으로 흐르도록 만든다.

③ **팽창 밸브** : 냉매를 급속 팽창시켜 저온 저압의 기체가 되도록 한다.

△ 냉방 시 냉매의 흐름

④ **이배퍼레이터** : 안개 상태의 냉매가 기체로 변하는 동안 블로어 팬의 작동으로 이배퍼레이터의 핀을 통과하는 공기 중의 열을 빼앗는다.

⑤ **어큐뮬레이터** : 컴프레서로 기체 냉매만 유입될 수 있도록 냉매의 기체·액체를 분리한다.

⑥ **전동 컴프레서** : 전동 모터로 구동되며, 저온 저압가스 냉매를 고온 고압가스로 만들어 실내 콘덴서로 보낸다.

⑦ **실내 콘덴서** : 고온 고압가스 냉매가 지나가는 경로이다.

⑧ **2상 솔레노이드 밸브 #2** : 이배퍼레이터로 냉매의 유입을 막는다.

⑨ **3상 솔레노이드 밸브 #1** : 실외 콘덴서로 냉매를 순환시킨다.

01 자동차 용어(KS R 0121)에서 충전시켜 다시 쓸 수 있는 전지를 의미하는 것은?

① 1차 전지
② 2차 전지
③ 3차 전지
④ 4차 전지

해설 1차 전지와 2차 전지
① 1차 전지 : 방전한 후 충전에 의해 본래의 상태로 되돌릴 수 없는 전지.
② 2차 전지 : 충전시켜 다시 쓸 수 있는 전지. 납산 배터리, 알칼리 배터리, 기체 전지, 리튬 이온 전지, 니칼-수소 전지, 니켈-카드뮴 전지, 폴리머 전지 등이 있다.

02 도로 차량─전기 자동차용 교환형 배터리 일반 요구사항(KS R 1200)에 따른 엔클로저의 종류로 틀린 것은?

① 방호용 엔클로저
② 촉매 방지용 엔클로저
③ 감전 방지용 엔클로저
④ 기계적 보호용 엔클로저

해설 엔클로저의 종류
① 방화용 엔클로저 : 내부로부터의 화재나 불꽃이 확산되는 것을 최소화 하도록 설계된 엔클로저
② 감전 방지용 엔클로저 : 위험 전압이 인가되는 부품 또는 위험 에너지가 있는 부품과의 접촉을 막기 위해 설계된 엔클로저
③ 기계적 보호용 엔클로저 : 기계적 또는 기타 물리적인 원인에 의한 손상을 방지라기 위해 설계된 엔클로저

03 전기 자동차용 배터리 관리 시스템에 대한 일반 요구사항(KS R 1201)에서 다음이 설명하는 것은?

> 배터리가 정지기능 상태가 되기 전까지의 유효한 방전상태에서 배터리가 이동성 소자들에게 전류를 공급할 수 있는 것으로 평가되는 시간

① 잔여 운행시간
② 안전 운전 범위
③ 잔존 수명
④ 사이클 수명

해설 배터리 관리 시스템에 대한 일반 요구사항
① 잔여 운행시간 : 배터리가 정지기능 상태가 되기 전까지 유효한 방전상태에서 배터리가 이동성 소비자들에게 전류를 공급할 수 있는 것으로 평가되는 시간
② 안전 운전 범위 : 셀이 안전하게 운전될 수 있는 전압, 전류, 온도 범위. 리튬 이온 셀의 경우에는 그 전압 범위, 전류 범위, 피크 전류 범위, 충전 시의 온도 범위, 방전 시의 온도 범위를 제작사가 정의한다.
③ 잔존 수명 : 초기 제조상태의 배터리와 비교하여 언급된 성능을 공급할 수 있는 능력이 있고 배터리 상태의 일반적인 조건을 반영한 측정된 상황
④ 사이클 수명 : 규정된 조건으로 충전과 방전을 반복하는 사이클의 수로 규정된 충전과 방전 종료 기준까지 수행한다.

04 전기 자동차에 적용하는 배터리 중 자기방전이 없고 에너지 밀도가 높으며, 전해질이 겔 타입이고 내 진동성이 우수한 방식은?

① 리튬이온 폴리머 배터리(Li-Pb Battery)
② 니켈수소 배터리(Ni─MH Battery)
③ 니켈카드뮴 배터리(Ni─Cd Battery)
④ 리튬이온 배터리(Li─ion Battery)

해설 리튬─폴리머 배터리도 리튬이온 배터리의 일종이다. 리튬이온 배터리와 마찬가지로 (+) 전극은 리튬─금속산화물이고 (─)은 대부분 흑연이다. 액체 상태의 전해액 대신에 고분자 전해질을 사용하는 점이 다르

정답 01.② 02.② 03.① 04.①

다. 전해질은 고분자를 기반으로 하며, 고체에서 겔 (gel) 형태까지의 얇은 막 형태로 생산된다. 고분자 전해질 또는 고분자 겔(gell) 전해질을 사용하는 리튬 –폴리머 배터리에서는 전해액의 누설 염려가 없으며 구성 재료의 부식도 적다. 그리고 휘발성 용매를 사용하지 않기 때문에 발화 위험성이 적다. 전해질은 이온 전도성이 높고, 전기 화학적으로 안정되어 있어야 하고, 전해질과 활성물질 사이에 양호한 계면을 형성해야 하고, 열적 안정성이 우수해야 하고, 환경부하가 적어야 하며, 취급이 쉽고, 가격이 저렴하여야 한다.

05 Ni–Cd 배터리에서 일부만 방전된 상태에서 다시 충전하게 되면 추가로 충전한 용량 이상의 전기를 사용할 수 없게 되는 현상은?

① 스웰링 현상
② 배부름 현상
③ 메모리 효과
④ 설페이션 현상

해설 메모리 효과란 Ni–Cd 배터리에서 일부만 방전된 상태에서 다시 충전하게 되면 추가로 충전한 용량 이상의 전기를 사용할 수 없게 되는 현상이다.

06 고전압 배터리의 전기 에너지로부터 구동 에너지를 얻는 전기 자동차의 특징을 설명한 것으로 거리가 먼 것은?

① 대용량 고전압 배터리를 탑재한다.
② 전기 모터를 사용하여 구동력을 얻는다.
③ 변속기를 이용하여 토크를 증대시킨다.
④ 전기를 동력원으로 사용하기 때문에 주행 시 배출가스가 없다

해설 전기 자동차의 특징
① 대용량 고전압 배터리를 탑재한다.
② 전기 모터를 사용하여 구동력을 얻는다.
③ 변속기가 필요 없으며, 단순한 감속기를 이용하여 토크를 증대시킨다.
④ 외부 전력을 이용하여 배터리를 충전한다.
⑤ 전기를 동력원으로 사용하기 때문에 주행 시 배출가스가 없다
⑥ 배터리에 100% 의존하기 때문에 배터리 용량 따라 주행거리가 제한된다.

07 전기 자동차의 주행 모드에서 출발·가속에 대한 설명으로 해당되지 않는 것은?

① 고전압 배터리에 저장된 전기 에너지를 이용하여 구동 모터로 주행한다.
② 가속 페달을 더 밟으면 모터는 더 빠르게 회전하여 차속이 높아진다.
③ 큰 구동력을 요구하는 출발과 언덕길 주행 시는 모터의 회전속도는 낮아진다.
④ 언덕길을 주행할 때에는 변속기와 모터의 회전력을 조절하여 주행한다.

해설 언덕길을 주행할 때에도 변속기 없이 순수 모터의 회전력을 조절하여 주행한다.

08 전기 자동차가 주행 중 감속 또는 제동상태에서 모터를 발전기로 전환되어 제동 에너지의 일부를 전기 에너지로 변환하는 것은?

① 발전 가속
② 제동 전기
③ 회생 제동
④ 주행 전환

해설 감속이나 브레이크를 작동할 때 구동 모터는 바퀴에 의해 구동되어 발전기의 역할을 한다. 즉 감속이나 브레이크를 작동할 때 발생하는 제동 에너지를 전기 에너지로 변환하여 배터리를 충전시키는 과정을 회생 제동이라 한다.

09 전기 자동차 회생 제동시스템에 대한 설명으로 틀린 것은?

① 브레이크를 밟을 때 모터가 발전기 역할을 한다.
② 친환경 전기 자동차에 적용되는 연비향상 기술이다.
③ 감속 시 운동에너지를 전기에너지로 변환하여 회수한다.
④ 회생제동을 통해 제동력을 배가시켜 안전에 도움을 주는 장치이다.

정답 05.③ 06.③ 07.④ 08.③ 09.④

① 주행 중 감속 또는 브레이크에 의한 제동 발생시점에서 모터를 발전기 역할인 충전 모드로 제어하여 전기 에너지를 회수하는 작동 모드이다.
② 친환경 전기 자동차는 제동 에너지의 일부를 전기 에너지로 회수하는 연비 향상 기술이다.
③ 친환경 전기 자동차는 감속 또는 제동 시 운동 에너지를 전기에너지로 변환하여 회수한다.

10 전기 자동차의 완속 충전에 대한 설명으로 해당되지 않은 것은?

① AC 100·220V의 전압을 이용하여 고전압 배터리를 충전하는 방법이다.
② 표준화된 충전기를 사용하여 차량 앞쪽에 설치된 완속 충전기 인렛을 통해 충전하여야 한다.
③ 급속 충전보다 더 많은 시간이 필요하다.
④ 급속 충전보다 충전 효율이 높아 배터리 용량의 80%까지 충전할 수 있다.

해설 완속 충전
① AC 100·220V의 전압을 이용하여 고전압 배터리를 충전하는 방법이다.
② 표준화된 충전기를 사용하여 차량 앞쪽에 설치된 완속 충전기 인렛을 통해 충전하여야 한다.
③ 급속 충전보다 더 많은 시간이 필요하다.
④ 급속 충전보다 충전 효율이 높아 배터리 용량의 90%까지 충전할 수 있다.

11 전기 자동차의 급속 충전에 대한 설명으로 알맞은 것은?

① 외부에 별도로 설치된 급속 충전기를 사용하여 DC 380V의 고전압으로 고전압 배터리를 충전하는 방법이다.
② 표준화된 충전기를 사용하여 차량 앞쪽에 설치된 완속 충전기 인렛을 통해 충전하여야 한다.
③ AC 100·220V의 전압을 이용하여 고전압 배터리를 충전하는 방법이다.

④ 급속 충전보다 충전 효율이 높아 배터리 용량의 90%까지 충전할 수 있다.

해설 급속 충전
① 외부에 별도로 설치된 급속 충전기를 사용하여 DC 380V의 고전압으로 고전압 배터리를 빠르게 충전하는 방법이다.
② 연료 주입구 안쪽에 설치된 급속 충전 인렛 포트에 급속 충전기 아웃렛을 연결하여 충전한다.
③ 충전 효율은 배터리 용량의 80%까지 충전할 수 있다.

12 전기 자동차에는 직류를 교류로 변환하여 교류 모터를 사용하고 있다. 교류 모터에 대한 장점으로 틀린 것은?

① 효율이 좋다.
② 소형화 및 고속회전이 가능하다.
③ 로터의 관성이 커서 응답성이 양호하다.
④ 브러시가 없어 보수할 필요가 없다.

해설 교류 모터의 장점
① 모터의 구조가 비교적 간단하며, 효율이 좋다.
② 큰 동력화가 쉽고, 회전변동이 적다.
③ 소형화 및 고속회전이 가능하다.
④ 브러시가 없어 보수할 필요가 없다.
⑤ 회전 중의 진동과 소음이 적다.
⑥ 수명이 길다.

13 전기 자동차용 전동기에 요구되는 조건으로 틀린 것은?

① 구동 토크가 작아야 한다.
② 고출력 및 소형화해야 한다.
③ 속도제어가 용이해야 한다.
④ 취급 및 보수가 간편해야 한다.

해설 전기 자동차용 전동기에 요구되는 조건
① 속도제어가 용이해야 한다.
② 내구성이 커야 한다.
③ 구동 토크가 커야 한다.
④ 취급 및 보수가 간편해야 한다.

정답 10.④ 11.① 12.③ 13.①

14 전기 자동차에 구조에 대한 설명으로 해당되지 않는 것은?

① 배터리 팩의 고전압을 이용하여 모터를 구동한다.

② 모터의 속도로 자동차의 속도를 제어할 수 없어 변속기가 필요하다.

③ 모터의 토크를 증대시키기 위해 감속기가 설치된다.

④ 통합 전력 제어장치(EPCU)는 VCU, MCU(인버터), LDC가 통합된 구조이다.

해설 전기 자동차 구조
① 360V 27kWh의 배터리 팩의 고전압을 이용해 모터를 구동한다.
② 모터의 속도로 자동차의 속도를 제어할 수 있어 변속기는 필요 없다.
③ 모터의 토크를 증대시키기 위해 감속기가 설치된다.
④ PE룸(내연엔진의 엔진룸)에는 고전압을 PTC 히터, 전동 컴프레서에 공급하기 위한 고전압 정션박스, 그 아래로 완속 충전기(OBC), 전력 제어장치(EPCU)가 배치되어 있다.
⑤ 통합 전력 제어장치(EPCU)는 VCU, MCU(인버터), LDC가 통합된 구조이다.

15 전기 자동차의 고전압 회로에 대한 설명으로 해당되지 않는 것은?

① 배터리 팩에 고전압 배터리와 파워 릴레이 어셈블리 1, 2 및 고전압을 차단할 수 있는 안전 플러그가 장착되어 있다.

② 파워 릴레이 어셈블리 1은 구동용 전원을 차단 및 연결하는 역할을 한다.

③ 파워 릴레이 1는 급속 충전기에 연결될 때 BMU(Battery Management Unit)의 신호를 받아 고전압 배터리에 충전할 수 있도록 전원을 연결하는 기능을 한다.

④ 전동식 에어컨 컴프레서, PTC 히터, LDC, OBC에 공급되는 고전압은 정션박스를 통해 전원을 공급 받는다.

해설 파워 릴레이 2는 급속 충전기에 연결될 때

BMU(Battery Management Unit)의 신호를 받아 고전압 배터리에 충전할 수 있도록 전원을 연결하는 기능을 한다.

16 전기 자동차 고전압 배터리 시스템의 제어 특성에서 모터 구동을 위하여 고전압 배터리가 전기 에너지를 방출하는 동작 모드로 맞는 것은?

① 제동 모드

② 방전 모드

③ 정지 모드

④ 충전 모드

해설 방전 모드란 전압 배터리 시스템의 제어 특성에서 모터 구동을 위하여 고전압 배터리가 전기 에너지를 방출하는 동작 모드이다.

17 전기 자동차 고전압 배터리의 사용가능 에너지를 표시하는 것은?

① SOC(State Of Charge)

② PRA(Power Relay Assemble)

③ LDC(Low DC-DC Converter)

④ BMU(Battery Management Unit)

해설 ① SOC(State Of Charge) : SOC(배터리 충전율)는 배터리의 사용 가능한 에너지를 표시한다.
② PRA(Power Relay Assemble) : BMU의 제어 신호에 의해 고전압 배터리 팩과 고전압 조인트 박스 사이의 DC 360V 고전압을 ON, OFF 및 제어 하는 역할을 한다.
③ LDC(Low DC-DC Converter) : 고전압 배터리의 DC 전원을 차량의 전장용에 적합한 낮은 전압의 DC 전원(저전압)으로 변환하는 시스템이다.
④ BMU(Battery Management Unit) : 고전압 배터리의 SOC(State Of Charge), 출력, 고장 진단, 배터리 셀 밸런싱(Cell Balancing), 시스템 냉각, 전원 공급 및 차단을 제어한다.

정답 **14.**② **15.**③ **16.**② **17.**① **18.**③

18 전기 자동차의 고전압 베터리 컨트롤 모듈인 BMU의 제어에 해당되지 않는 것은?

① 고전압 배터리의 SOC 제어
② 배터리 셀 밸런싱 제어
③ 안전 플러그 제어
④ 배터리 출력 제어

해설 고전압 배터리 컨트롤 모듈(BMU ; Battery Management Unit) 고전압 배터리의 SOC(State Of Charge), 출력, 고장 진단, 배터리 셀 밸런싱(Cell Balancing), 시스템 냉각, 전원 공급 및 차단을 제어한다.

19 고전압 배터리의 충·방전 과정에서 전압 편차가 생긴 셀을 동일한 전압으로 매칭하여 배터리 수명과 에너지 용량 및 효율증대를 갖게 하는 것은?

① SOC(state of charge)
② 파워 제한
③ 셀 밸런싱
④ 배터리 냉각제어

해설 고전압 배터리의 비정상적인 충전 또는 방전에서 기인하는 배터리 셀 사이의 전압 편차를 조정하여 배터리 내구성, 충전 상태(SOC) 에너지 효율을 극대화시키는 기능을 셀 밸런싱이라고 한다.

20 고전압 배터리의 셀 밸런싱을 제어하는 장치는?

① MCU(Motor Control Unit)
② LDC(Low DC-DC Convertor)
③ ECM(Electronic Control Module)
④ BMU(Battery Management Unit)

해설 BMU 고전압 배터리의 SOC(State Of Charge), 출력, 고장 진단, 배터리 셀 밸런싱(Cell Balancing), 시스템 냉각, 전원 공급 및 차단을 제어한다.

21 전기 자동차의 리튬이온 폴리머 배터리에서 셀의 균형이 깨지고 셀 충전용량 불일치로 인한 사항을 방지하기 위한 제어는?

① 셀 그립 제어
② 셀 서지 제어
③ 셀 펑션 제어
④ 셀 밸런싱 제어

해설 고전압 배터리의 비정상적인 충전 또는 방전에서 기인하는 배터리 셀 사이의 전압 편차를 조정하여 배터리 내구성, 충전 상태(SOC) 에너지 효율을 극대화시키는 기능을 셀 밸런싱이라고 한다.

22 전기 자동차에서 기계적인 분리를 통하여 고전압 배터리 내부의 회로 연결을 차단하는 장치는?

① 전류 센서
② 배터리 팩
③ 프리 차지 저항
④ 안전 플러그

해설 안전 플러그는 고전압 배터리 팩, 파워 릴레이 어셈블리, 급속 충전 릴레이, BMU, 모터, EPCU, 완속 충전기, 고전압 조인트 박스, 파워 케이블, 전기 모터식 에어컨 컴프레서가 연결되어 있으며, 정비 작업 시 기계적인 분리를 통하여 고전압 배터리 내부 회로를 연결 또는 차단하는 역할을 한다.

23 전기 자동차에서 파워 릴레이 어셈블리(Power Relay Assembly) 기능에 대한 설명으로 틀린 것은?

① 승객 보호
② 전장품 보호
③ 고전압 회로 과전류 보호
④ 고전압 배터리 암 전류 차단

해설 파워 릴레이 어셈블리의 기능은 전장품 보호, 고전압 회로 과전류 보호, 고전압 배터리 암 전류 차단 등이다.

정답　**19.**③　**20.**④　**21.**④　**22.**④　**23.**①

24 전기 자동차의 고전압 배터리 (+)전원을 인버터로 공급하는 구성품은?

① 전류 센서 　　② 고전압 배터리
③ 세이프티 플러그 ④ 프리 차지 릴레이

해설 프리 차지 릴레이는 파워 릴레이 어셈블리에 장착되어 있으며, 인버터의 커패시터를 초기에 충전할 때 고전압 배터리와 고전압 회로를 연결하는 역할을 한다. 스위치를 ON시키면 프리 차지 릴레이와 레지스터를 통해 흘러 전류가 인버터 내의 커패시터에 충전이 되고 충전이 완료 되면 프리 차지 릴레이는 OFF 된다.

25 고전압 배터리 관리 시스템의 메인 릴레이를 작동시키기 전에 프리 차지 릴레이를 작동시키는데 프리 차지 릴레이의 기능이 아닌 것은?

① 등화 장치 보호
② 고전압 회로 보호
③ 타 고전압 부품 보호
④ 고전압 메인 퓨즈, 부스 바, 와이어 하니스 보호

해설 프리 차지 릴레이는 파워 릴레이 어셈블리에 장착되어 인버터의 커패시터를 초기에 충전할 때 고전압 배터리와 고전압 회로를 연결하는 역할을 한다. 스위치 IG ON을 하면 프리 차지 릴레이와 레지스터를 통해 흘러 전류가 인버터 내의 커패시터에 충전이 되고 충전이 완료 되면 프리 차지 릴레이는 OFF 된다.
① 초기에 커패시터의 충전 전류에 의한 고전압 회로를 보호한다.
② 다른 고전압 부품을 보호한다.
③ 고전압 메인 퓨즈, 부스 바, 와이어 하니스를 보호한다.

26 다음 중 파워 릴레이 어셈블리에 설치되며 인버터의 커패시터를 초기 충전할 때 충전전류에 의한 고전압 회로를 보호하는 것은?

① 프리 차지 레지스터 ② 메인 릴레이
③ 안전 스위치 　　④ 부스 바

해설 파워 릴레이 어셈블리의 기능

① 프리 차지 레지스터 : 파워 릴레이 어셈블리에 설치되어 있으며, 인버터의 커패시터를 초기 충전할 때 고전압 배터리와 고전압 회로를 연결하는 역할을 한다. 초기에 콘덴서의 충전전류에 의한 고전압 회로를 보호한다.
② 메인 릴레이 : 메인 릴레이는 파워 릴레이 어셈블리에 설치되어 있으며, 고전압 배터리의 (-) 출력 라인과 연결되어 배터리 시스템과 고전압 회로를 연결하는 역할을 한다. 고전압 시스템을 분리시켜 감전 및 2차 사고를 예방하고 고전압 배터리를 기계적으로 분리하여 암 전류를 차단한다.
③ 안전 스위치 : 안전 스위치는 파워 릴레이 어셈블리에 설치되어 있으며, 기계적인 분리를 통하여 고전압 배터리 내부 회로를 연결 또는 차단하는 역할을 한다.
④ 부스 바 : 배터리 및 다른 고전압 부품을 전기적으로 연결시키는 역할을 한다.

27 전기 자동차에서 돌입 전류에 의한 인버터 손상을 방지하는 것은?

① 메인 릴레이 ② 프리차지 릴레이 저항
③ 안전 스위치 ④ 부스 바

해설 프리차지 릴레이 저항은 키 스위치가 ON 상태일 때 모터 제어 유닛은 고전압 배터리 전원을 인버터로 공급하기 위해 메인 릴레이 (+)와 (-) 릴레이를 작동시키는데 프리 차지 릴레이는 메인 릴레이 (+)와 병렬로 회로를 구성한다. 모터 제어 유닛은 메인 릴레이 (+)를 작동시키기 전에 프리 차지 릴레이를 먼저 작동시켜 고전압 배터리 (+)전원을 인버터 쪽으로 인가한다. 프리 차지 릴레이가 작동하면 레지스터를 통해 고전압이 인버터 쪽으로 공급되기 때문에 순간적인 돌입 전류에 의한 인버터의 손상을 방지할 수 있다.

28 전기 자동차의 배터리 시스템 어셈블리 내부의 공기 온도를 감지하는 역할을 하는 것은?

① 파워 릴레이 어셈블리
② 고전압 배터리 인렛 온도 센서
③ 프리차지 릴레이
④ 고전압 배터리 히터 릴레이

해설 고전압 배터리 인렛 온도 센서는 고전압 배터리 1번 모듈 상단에 장착되어 있으며, 배터리 시스템 어셈블리 내부의 공기 온도를 감지하는 역할을 한다.

정답 24.④ 25.① 26.① 27.② 28.②

29 고전압 배터리 및 고전압 회로를 과전류로부터 보호하는 기능을 하는 것은?

① 프리 차지 레지스터
② 급속 충전 릴레이
③ 프리차지 릴레이
④ 메인 퓨즈

해설 메인 퓨즈(250A 퓨즈)는 안전 플러그 내에 장착되어 있으며, 고전압 배터리 및 고전압 회로를 과전류로부터 보호하는 기능을 한다.

30 고전압 배터리 셀이 과충전 시 메인 릴레이, 프리차지 릴레이 코일의 접지 라인을 차단하는 것은?

① 배터리 온도 센서
② 배터리 전류 센서
③ 고전압 차단 릴레이
④ 급속 충전 릴레이

해설 고전압 릴레이 차단 장치(OPD)는 각 모듈 상단에 장착되어 있으며, 고전압 배터리 셀이 과충전에 의해 부풀어 오르는 상황이 되면 OPD에 의해 메인 릴레이 (+), 메인 릴레이 (−), 프리차지 릴레이 코일의 접지 라인을 차단하여 과충전 시 메인 릴레이 및 프리차지 릴레이의 작동을 금지시킨다.

31 모든 제어기를 종합적으로 제어하는 최상위 마스터 컴퓨터로서 운전자의 요구 사항에 적합하도록 최적인 상태로 차량의 속도, 배터리 및 각종 제어기를 제어하는 것은?

① 차량 제어 유닛(VCU)
② 전력 통합 제어 장치(EPCU)
③ 모터 제어기(MCU)
④ 직류 변환 장치(LDC)

해설 전력 통합 제어 장치의 기능
① 차량 제어 유닛(VCU) : 차량 제어 유닛은 모든 제어기를 종합적으로 제어하는 최상위 마스터 컴퓨터로서 운전자의 요구 사항에 적합하도록 최적인 상태로 차량의 속도, 배터리 및 각종 제어기를 제어한다.
② 전력 통합 제어 장치(EPCU) : 전력 통합 제어 장치는 대전력량의 전력 변환 시스템으로서 차량 제어 유닛(VCU) 및 인버터(Inverter), LDC 및 OBC 등으로 구성되어 있다.
③ 모터 제어기(MCU) : MCU는 내부의 인버터(Inverter)가 작동하여 고전압 배터리로부터 받은 직류(DC) 전원을 3상 교류(AC) 전원으로 변환시킨 후 전기 자동차의 통합 제어기인 VCU의 명령을 받아 구동 모터를 제어하는 기능을 한다.
④ 직류 변환 장치(LDC) : LDC는 고전압 배터리의 고전압(DC 360V)을 LDC를 거쳐 12V 저전압으로 변환하여 차량의 각 부하(전장품)에 공급하기 위한 전력 변환 시스템으로 차량 제어 유닛(VCU)에 의해 제어되며, LDC는 EPCU 어셈블리 내부에 구성되어 있다.

32 전기 자동차에서 자동차의 전구 및 각종 전기장치의 구동 전기 에너지를 공급하는 기능을 하는 것은?

① 보조 배터리
② 변속기 제어기
③ 모터 제어기
④ 엔진 제어기

해설 보조 배터리는 저전압(12V) 배터리로 자동차의 오디오, 등화장치, 내비게이션 등 저전압을 이용하여 작동하는 부품에 전원을 공급하기 위해 설치되어 있다.

33 전기 자동차에서 저전압(12V) 배터리가 장착된 이유로 틀린 것은?

① 오디오 작동
② 등화장치 작동
③ 내비게이션 작동
④ 구동 모터 작동

해설 오디오나 에어컨, 자동차 내비게이션, 그 밖의 등화장치 등에 필요한 전력을 공급하기 위하여 보조 배터리(12V 납산 배터리)가 별도로 탑재된다.

정답 29.④ 30.③ 31.① 32.① 33.④

34 AGM(Absorbent Glass Mat) 배터리에 대한 설명으로 거리가 먼 것은?

① 극판의 크기가 축소되어 출력밀도가 높아졌다.

② 유리섬유 격리판을 사용하여 충전 사이클 저항성이 향상되었다.

③ 높은 시동전류를 요구하는 엔진의 시동성을 보장한다.

④ 셀-플러그는 밀폐되어 있기 때문에 열 수 없다.

해설 AGM 배터리는 유리섬유 격리판을 사용하여 충전 사이클 저항성이 향상시켰으며, 높은 시동전류를 요구하는 엔진의 시동성능을 보장한다. 또 셀·플러그는 밀폐되어 있기 때문에 열 수 없다.

35 전기 자동차의 모터 컨트롤 유닛(MCU)에 대한 설명으로 틀린 것은?

① 고전압을 12V로 변환하는 기능을 한다.

② 회생 제동 시 컨버터(AC→DC 변환)의 기능을 수행한다.

③ 고전압 배터리의 직류를 3상 교류로 바꾸어 모터에 공급한다.

④ 회생 제동 시 모터에서 발생되는 3상 교류를 직류로 바꾸어 고전압 배터리에 공급한다.

해설 모터 컨트롤 유닛(MCU)의 기능 : 고전압 배터리의 직류를 3상 교류로 바꾸어 모터에 공급하며, 회생 제동을 할 때 모터에서 발생되는 3상 교류를 직류로 바꾸어 고전압 배터리에 공급하는 컨버터(AC→DC 변환)의 기능을 수행한다.

36 전기 자동차에서 모터 제어기의 기능으로 틀린 것은?

① 모터 제어기는 인버터라고도 한다.

② 통합 제어기의 명령을 받아 모터의 구동 전류를 제어한다.

③ 고전압 배터리의 교류 전원을 모터의 작동에 필요한 3상 직류 전원으로 변경하는 기능을 한다.

④ 배터리 충전을 위한 에너지 회수 기능을 담당한다.

해설 모터 제어기는 고전압 배터리의 직류 전원을 모터의 작동에 필요한 3상 교류 전원으로 변화시켜 통합 제어기(VCU ; Vehicle Control Unit)의 신호를 받아 모터의 구동 전류 제어와 감속 및 제동할 때 모터를 발전기 역할로 변경하여 배터리 충전을 위한 에너지 회수 기능(3상 교류를 직류로 변경)을 한다. 모터 제어기를 인버터(inverter)라고도 부른다.

37 전기 자동차의 모터 컨트롤 유닛(MCU) 취급 시 유의사항이 아닌 것은?

① 충격이 가해지지 않도록 주의한다.

② 손으로 만지거나 전기 케이블을 임의로 탈착하지 않는다.

③ 안전 플러그를 탈거하지 않은 상태에서는 만지지 않는다.

④ 컨트롤 유닛이 자기보정을 하기 때문에 AC 3상 케이블의 각 상간 연결의 방향을 신경 쓸 필요가 없다.

해설 모터 컨트롤 유닛이 자기 보정을 하기 때문에 U, V, W의 3상 파워 케이블을 정확한 위치에 조립한다.

38 전기 자동차의 컨버터(converter)와 인버터(inverter)의 전기 특성 표현으로 옳은 것은?

① 컨버터(converter) : AC에서 DC로 변환, 인버터(inverter) : DC에서 AC로 변환

② 컨버터(converter) : DC에서 AC로 변환, 인버터(inverter) : AC에서 DC로 변환

③ 컨버터(converter) : AC에서 AC로 승압, 인버터(inverter) : DC에서 DC로 승압

④ 컨버터(converter) : DC에서 DC로 승압, 인버터(inverter) : AC에서 AC로 승압

정답 **34.**① **35.**① **36.**③ **37.**④ **38.**①

511

해설 컨버터(converter)는 AC를 DC로 변환시키는 장치이고, 인버터(inverter)는 DC를 AC로 변환시키는 장치이다.

39 전기 자동차의 동력제어 장치에서 모터의 회전속도와 회전력을 자유롭게 제어할 수 있도록 직류를 교류로 변환하는 장치는?

① 컨버터　　　　② 리졸버
③ 인버터　　　　④ 커패시터

해설 용어의 정의
① 컨버터 : AC 전원을 DC 전원으로 변환하는 역할을 한다.
② 리졸버 : 모터에 부착된 로터와 리졸버의 정확한 상(phase)의 위치를 검출하여 MCU로 입력시킨다.
③ 인버터 : 모터의 회전속도와 회전력을 자유롭게 제어할 수 있도록 직류를 교류로 변환하는 장치이다.
④ 커패시터 : 배터리와 같이 화학반응을 이용하여 축전(蓄電)하는 것이 아니라 콘덴서(condenser)와 같이 전자를 그대로 축적해 두고 필요할 때 방전하는 것으로 짧은 시간에 큰 전류를 축적하거나 방출할 수 있다.

40 전기 자동차의 구동 모터 작동을 위한 전기 에너지를 공급 또는 저장하는 기능을 하는 것은?

① 보조 배터리　　② 모터 제어기
③ 고전압 배터리　④ 차량 제어기

해설 고전압 배터리는 구동 모터에 전력을 공급하고, 회생제동 시 발생되는 전기 에너지를 저장하는 역할을 한다.

41 전기 자동차에서 모터의 회전자와 고정자의 위치를 감지하는 것은?

① 모터 위치 센서
② 인버터
③ 경사각 센서
④ 저전압 직류 변환장치

해설 모터 위치 센서는 모터를 제어하기 위해 모터의 회전자와 고정자의 절대 위치를 검출한다. 리졸버를 이용한 회전자의 위치 및 속도 정보를 통하여 MCU는 최적으로 모터를 제어할 수 있게 된다. 리졸버는 리어 플레이트에 장착되며, 모터의 회전자와 연결된 리졸버 회전자와 고정자로 구성되어 엔진의 CMP 센서처럼 모터 내부의 회전자 위치를 파악한다.

42 전기 자동차의 구동 모터 3상의 단자 명이 아닌 것은?

① U　　　　　　② V
③ W　　　　　　④ Z

해설 구동 모터는 3상 파워 케이블이 배치되어 있으며, 3상의 파워 케이블의 단자는 U 단자, V 단자, W 단자가 있다.

43 전기 자동차에 사용되는 감속기의 주요기능에 해당하지 않는 것은?

① 감속기능 : 모터 구동력 증대
② 증속기능 : 증속 시 다운 시프트 적용
③ 차동기능 : 차량 선회 시 좌우바퀴 차동
④ 파킹 기능 : 운전자 P단 조작 시 차량 파킹

해설 전기 자동차용 감속기어
① 일반적인 자동차의 변속기와 같은 역할을 하지만 여러 단계가 있는 변속기와는 달리 일정한 감속비율로 구동전동기에서 입력되는 동력을 구동축으로 전달한다. 따라서 변속기 대신 감속기어라고 부른다.
② 감속기어는 구동전동기의 고속 회전, 낮은 회전력을 입력을 받아 적절한 감속비율로 회전속도를 줄여 회전력을 증대시키는 역할을 한다.
③ 감속기어 내부에는 주차(parking)기구를 포함하여 5개의 기어가 있고 수동변속기용 오일을 주유하며, 오일은 교환하지 않는 방식이다.
④ 주요기능은 구동 전동기의 동력을 받아 기어비율만큼 감속하여 출력축(바퀴)으로 동력을 전달하는 회전력 증대와 자동차가 선회할 때 양쪽 바퀴에 회전속도를 조절하는 차동장치의 기능, 자동차가 정지한 상태에서 기계적으로 구동장치의 동력 전달을 단속하는 주차기능 등이 있다.

정답　39.③　40.③　41.①　42.④　43.②

44 가상 엔진 사운드 시스템에 관련한 설명으로 거리가 먼 것은?

① 전기 자동차에서 저속주행 시 보행자가 차량을 인지하기 위함
② 엔진 유사용 출력
③ 차량주변 보행자 주의환기로 사고 위험성 감소
④ 자동차 속도 약 30km/h 이상부터 작동

해설 가상 엔진 사운드 시스템(Virtual Engine Sound System)은 친환경 전기 자동차나 전기 자동차에 부착하는 보행자를 위한 시스템이다. 즉 배터리로 저속주행 또는 후진할 때 보행자가 놀라지 않도록 자동차의 존재를 인식시켜주기 위해 엔진소리를 내는 스피커이며, 주행속도 0~ 20km/h에서 작동한다.

45 전기 자동차의 전기장치를 정비 작업 시 조치해야 할 사항이 아닌 것은?

① 안전 스위치를 분리하고 작업한다.
② 이그니션 스위치를 OFF시키고 작업한다.
③ 12V 보조 배터리 케이블을 분리하고 작업한다.
④ 고전압 부품 취급은 안전 스위치를 분리 후 1분 안에 작업한다.

해설 수소 연료 전지 전기 자동차의 전기장치를 정비할 때 지켜야 할 사항
① 이그니션 스위치를 OFF시킨 후 안전 스위치를 분리하고 작업한다.
② 전원을 차단하고 일정시간(5분 이상)이 경과 후 작업한다.
③ 12V 보조 배터리 케이블을 분리하고 작업한다.
④ 고전압 케이블의 커넥터 커버를 분리한 후 전압계를 이용하여 각 상 사이(U, V, W)의 전압이 0V인지를 확인한다.
⑤ 절연장갑을 착용하고 작업한다.
⑥ 작업 전에 반드시 고전압을 차단하여 감전을 방지하도록 한다.
⑦ 전동기와 연결되는 고전압 케이블을 만져서는 안 된다.

46 전기 자동차의 고전압 장치 점검 시 주의사항으로 틀린 것은?

① 조립 및 탈거 시 배터리 위에 어떠한 것도 놓지 말아야 한다.
② 키 스위치를 OFF시키면 고전압에 대한 위험성이 없어진다.
③ 취급 기술자는 고전압 시스템에 대한 검사와 서비스 교육이 선행되어야 한다.
④ 고전압 배터리는 "고전압" 주의 경고가 있으므로 취급 시 주의를 기울여야 한다.

해설 전기 자동차의 고전압 장치 점검 시 안전 플러그를 탈착한 후에 시행하여야 한다. 안전 플러그는 고전압 전기계통을 기계적인 분리를 통하여 고전압 배터리 내부의 회로 연결을 차단한다.

47 전기 차량의 정비 시 전원을 차단하는 과정에서 안전 플러그를 제거한 후 고전압 부품을 취급하기 전에 5~10분 이상 대기 시간을 갖는 이유 중 가장 알맞은 것은?

① 고전압 배터리 내의 셀의 안정화를 위해서
② 제어모듈 내부의 메모리 공간의 확보를 위해서
③ 저전압(12V) 배터리에 서지전압이 인가되지 않기 위해서
④ 인버터 내의 콘덴서에 충전되어 있는 고전압을 방전시키기 위해서

해설 안전 플러그를 제거한 후 고전압 부품을 취급하기 전에 5~10분 이상 대기 시간을 갖는 이유는 인버터 내의 콘덴서(축전기)에 충전되어 있는 고전압을 방전시키기 위함이다.

정 답 **44.**④ **45.**④ **46.**② **47.**④

4-3 수소 연료 전지차 정비 및 그 밖의 친환경 자동차

1 수소 공급장치 개요 및 정비

1. 수소 연료 전지 전기 자동차

연료 전지 전기 자동차(FCEV ; Fuel Cell Electric Vehicle)는 연료 전지(Stack)라는 특수한 장치에서 수소(H_2)와 산소(O_2)의 화학 반응을 통해 전기를 생산하고 이 전기 에너지를 사용하여 구동 모터를 돌려 주행하는 자동차이다.

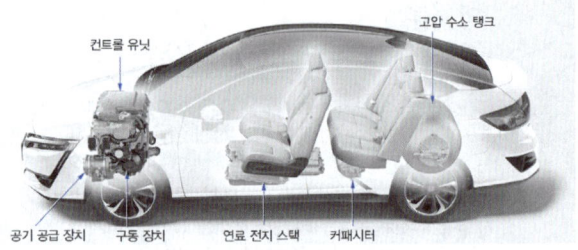

🔵 연료 전지 자동차의 구성

① 연료 전지 시스템은 연료 전지 스택, 운전 장치, 모터, 감속기로 구성된다.
② 연료 전지는 공기와 수소 연료를 이용하여 전기를 생산한다.
③ 연료 전지에서 생산된 전기는 인버터를 통해 모터로 공급된다.
④ 연료 전지 자동차가 유일하게 배출하는 배기가스는 수분이다.

(1) 고체 고분자 연료 전지(PEFC ; Polymer Electrolyte Fuel Cell)

1) 특징

① 전해질로 고분자 전해질(polymer electrolyte)을 이용한다.
② 공기 중의 산소와 화학반응에 의해 백금의 전극에 전류가 발생한다.
③ 발전 시 열을 발생하지만 물만 배출시키므로 에코 자동차라 한다.
④ 출력의 밀도가 높아 소형 경량화가 가능하다.
⑤ 운전 온도가 상온에서 80℃까지로 저온에서 작동하다.
⑥ 기동·정지 시간이 매우 짧아 자동차 등 전원으로 적합하다
⑦ 전지 구성의 재료 면에서 제약이 적고 튼튼하여 진동에 강하다.

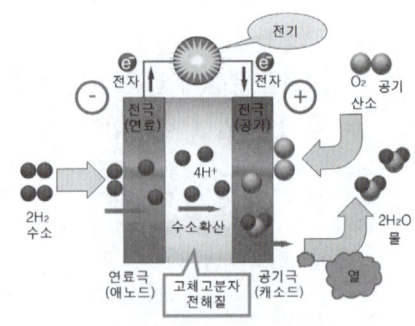

🔵 고체 고분자 연료 전지

2) 작동 원리

① 하나의 셀은 (–) 극판과 (+) 극판이 전해질 막을 감싸는 구조이다.
② 양 바깥쪽에서 세퍼레이터(separator)가 감싸는 형태로 구

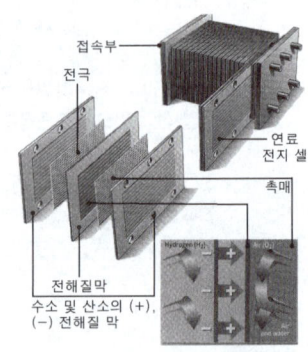

🔵 고체 고분자 연료 전지의 작동 원리

514

성되어 있다.

③ 셀의 전압이 낮아 자동차용의 스택은 수백 장의 셀을 겹쳐 고전압을 얻고 있다.

④ 세퍼레이터는 홈이 파져 있어 (−)쪽에는 수소, (+)쪽은 공기가 통한다.

⑤ 수소는 극판에 칠해진 백금의 촉매작용으로 수소 이온이 되어 (+)극으로 이동한다.

⑥ 산소와 만나 다른 경로로 (+)극으로 이동된 전자도 합류하여 물이 된다.

(2) 주행 모드

① **등판(오르막) 주행** : 스택에서 생산한 전기를 주로 사용하며, 전력이 부족할 경우 고전압 배터리의 전기를 추가로 공급한다.

② **평지 주행** : 스택에서 생산된 전기로 주행하며, 생산된 전기가 모터를 구동하고 남을 경우 고전압 배터리를 충전한다.

③ **강판(내리막) 주행** : 구동 모터를 통해 발생된 회생 제동을 통해 고전압 배터리를 충전하여 연비를 향상시킨다. 회생 제동으로 생산된 전기는 스택으로 가지 않고 고전압 배터리 충전에 사용된다. 또한 긴 내리막으로 인해 고전압 배터리가 완충된다면 COD(Cathode Oxygen Depletion) 히터를 통해 회생 제동량을 방전시킨다.

(3) 수소 연료 전지 자동차의 구성

① **수소 저장 탱크** : 탱크 내에 수소를 저장하며, 스택(STACK)으로 공급한다.

② **공기 공급 장치**(APS) : 스택 내에서 수소와 결합하여 물(H_2O)을 생성하며, 순수한 산소의 형태가 아니며 대기의 공기를 스택으로 공급한다.

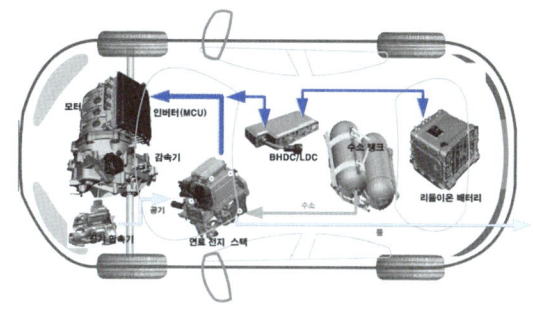

△ 수소 연료 전지 자동차의 구조

③ **스택(STACK)** : 주행에 필요한 전기를 발생하며, 공급된 수소와 공기 중의 산소가 결합되어 수증기를 생성한다.

④ **고전압 배터리** : 스택에서 발생된 전기를 저장하며, 회생제동 에너지(전기)를 저장하여 시스템 내의 고전압 장치에 전원을 공급한다.

⑤ **인버터** : 스택에서 발생된 직류 전기를 모터가 필요로 하는 3상 교류 전기로 변환하는 역할을 한다.

⑥ **모터 & 감속기** : 차량을 구동하기 위한 모터와 감속기

⑦ **연료 전지 시스템 어셈블리** : 연료 전지 룸 내부에는 스택을 중심으로 수소 공급 시스템과 고전압 회로 분배, 공기를 흡입하여 스택 내부로 불어 넣을 수 있는 공기 공급하며, 스택의 온도 조절을 위해 냉각을 한다.

2. 파워트레인 연료 전지(PFC ; Power Train Fuel Cell)

연료 전지 전기 자동차의 동력원인 전기를 생산하고 이를 통해 자동차를 구동하는 시스템이 구성된 전체 모듈을 PFC라고 한다. 파워트레인 연료 전지는 크게 연료 전지 스택, 수소 공급 시스템(FPS ; Fuel Processing System), 공기 공급 시스템(APS ; Air Processing System), 스택 냉각 시스템(TMS ; Thermal Management System)으로 구성된다. 이 시스템에 의해 전기가 생산 되면 고전압 정션 박스에서 전기가 분배되어 구동 모터를 돌려 주행한다.

(1) 연료 전지용 전력 변환 장치

연료 전지로부터 출력되는 DC 전원을 AC 전원으로 변환하여 전원 계통에 연계시키는 연계형 인버터이다.

(2) 연료 전지 스택

연료 전지 스택은 연료 전지 시스템의 가장 핵심적인 부품이며, 연료 전지는 수소 전기 자동차 에 요구되는 출력을 충족시키기 위해 단위 셀을 층층이 쌓아 조립한 스택 형태로 완성된다. 하나의 셀은 화학 반응을 일으켜 전기 에너지를 생산하는 전극 막, 수소와 산소를 전극 막 표면으로 전달 하는 기체 확산층, 수소와 산소가 섞이지 않고 각 전극으로 균일하게 공급되도록 길을 만들어 주는 금속 분리판 등의 부품으로 구성되어 있다.

(3) 수소 공급 시스템

연료 전지 스택의 효율적인 전기 에너지의 생성을 위해서는 운전 장치의 도움이 필요하다. 이 중에서 수소 공급 시스템은 수소 탱크에 안전하게 보관된 수소를 고압 상태에서 저압 상태 로 바꿔 연료 전지 스택으로 이동시키는 역할을 담당한다. 또한 재순환 라인을 통해 수소 공급 효율성을 높여준다.

○ 파워 트레인 연료 전지의 구성(1)

(4) 공기 공급 시스템

공기 공급 시스템은 외부 공기를 여러 단계에 걸쳐 정화하고 압력과 양을 조절하여 수소와 반응시 킬 산소를 연료 전지 스택에 공급하는 장치이며, 외부의 공기를 그대로 사용할 경우 대기 공기 중 이물질로 인한 연료 전지의 손상이 발생할 수 있어 여러 단계로 공기를 정화한 후 산소를 전달한다.

(5) 열관리 시스템

열관리 시스템은 연료 전지 스택이 전기 화 학 반응을 일으킬 때 발생하는 열을 외부로 방 출시키고 냉각수를 순환시켜 연료 전지 스택 의 온도를 일정하게 유지하는 장치이다. 열관 리 시스템은 연료 전지 스택의 출력과 수명에 영향을 주기 때문에 수소 연료 전지 전기 자동 차의 성능을 좌우하는 중요한 기술이다.

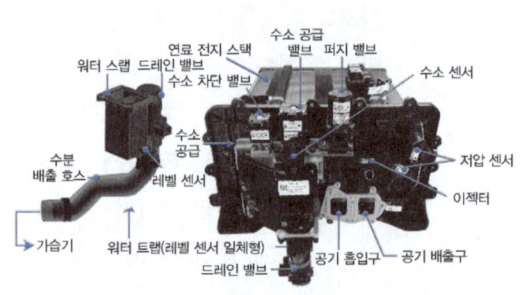

○ 파워 트레인 연료 전지의 구성(2)

3. 수소 가스의 특징

① 수소는 가볍고 가연성이 높은 가스이다.

② 수소는 매우 넓은 범위에서 산소와 결합될 수 있어 연소 혼합가스를 생성한다.

③ 수소는 전기 스파크로 쉽게 점화할 수 있는 매우 낮은 점화 에너지를 가지고 있다.

④ 수소는 누출되었을 때 인화성 및 가연성, 반응성, 수소 침식, 질식, 저온의 위험이 있다.

⑤ 가연성에 미치는 다른 특성은 부력 속도와 확산 속도이다.

⑥ 부력 속도와 확산 속도는 다른 가스보다 매우 빨라서 주변의 공기에 급속하게 확산되어 폭발할 위험성이 높다.

4. 수소 가스 저장 시스템

(1) 수소 가스의 충전

1) 수소 충전소의 충전 압력

① 수소를 충전할 때 수소가스의 압축으로 인해 탱크의 온도가 상승한다.

② 충전 통신으로 탱크 내부의 온도가 85℃를 초과되지 않도록 충전 속도를 제어한다.

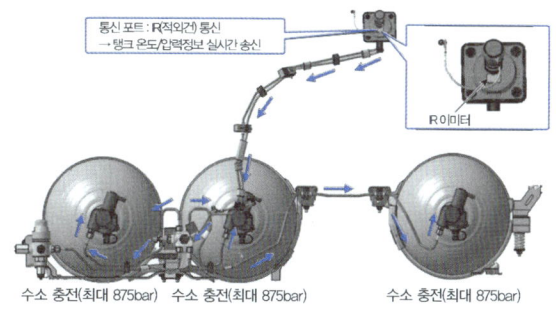

△ 수소 가스의 탱크

2) 충전 최대 압력

① 수소 탱크는 875bar의 최대 충전 압력으로 설정되어 있다.

② 탱크에 부착된 솔레노이드 밸브는 체크 밸브 타입으로 연료 통로를 막고 있다.

③ 수소의 고압가스는 체크 밸브 내부의 플런저를 밀어 통로를 개방하고 탱크에 충전된다.

④ 충전하는 동안에는 전력을 사용하지 않는다.

⑤ 수소는 압력차에 의해 충전이 이루어지며, 3개의 탱크 압력은 동시에 상승한다.

(2) 주행 중 수소 가스의 소비

1) 전력이 감지 될 경우

① 수소가 공급되고 수소 탱크의 밸브가 개방된다.

② 압력 조정기는 수소 가스의 압력을 감압시켜 연료 공급 시스템에 필요한 압력 & 유량을 제공한다.

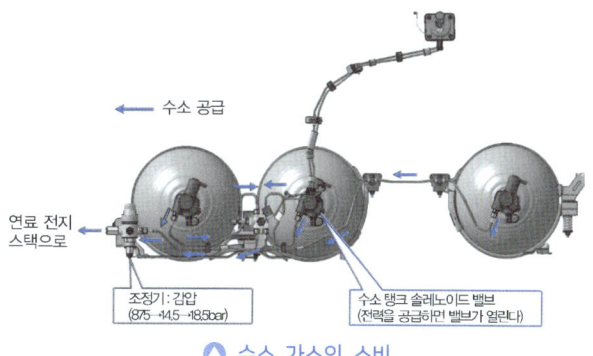

△ 수소 가스의 소비

2) 3개 탱크 사이의 소비 분배

① 연료 전지 파워 버튼을 누르면 수소 저장 시스템 제어기는 동시에 3개의 탱크 밸브(솔레노이드 밸브)에 전력을 공급하여 밸브가 개방된다.

② 3개 탱크 내의 수소는 자동차가 구동될 때 함께 고비되어 내부 압력은 균등하게 낮아진다.

(3) 수소 저장 시스템 제어기(HMU ; Hydrogen Module Unit)

① HMU는 남은 연료를 계산하기 위해 각각의 센서 신호를 사용한다.

② HMU는 수소가 충전되고 있는 동안 연료 전지 기동 방지 로직을 사용한다.

③ HMU는 수소 충전 시에 충전소와 실시간 통신을 한다.

④ HMU는 수소 탱크 솔레노이드 밸브, IR 이미터 등을 제어한다.

(4) 고압 센서

① 고압 센서는 프런트 수소 탱크 솔레노이드 밸브에 장착된다.

② 고압 센서는 탱크 압력을 측정하여 남은 연료를 계산한다.

③ 고압 센서는 고압 조정기의 장애를 모니터링 한다.

④ 고압 센서는 다이어프램 타입으로 출력 전압은 약 0.4~0.5V이다.

⑤ 계기판의 연료 게이지는 수소 압력에 따라 변경된다.

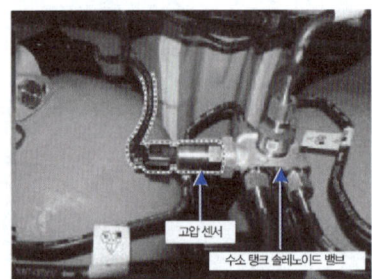

▲ 고압 센서

(5) 중압 센서

① 중압 센서는 고압 조정기(HPR ; High Pressure Regulator)에 장착된다.

② 고압 조정기는 탱크로부터 공급되는 수소 압력을 약 16bar로 감압한다.

③ 중압 센서는 공급 압력을 측정하여 연료량을 계산한다.

④ 중압 센서는 고압 조정기의 장애를 감지하기 위해 수소 저장 시스템 제어기에 압력 값을 보낸다.

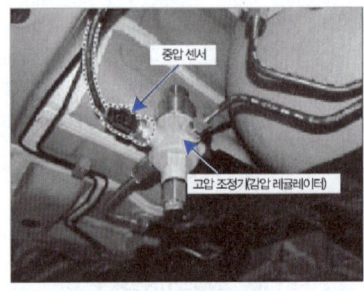

▲ 중압 센서

(6) 솔레노이드 밸브

1) 솔레노이드 밸브 어셈블리

① 수소의 흡입·배출의 흐름을 제어하기 위해 각각의 탱크에 연결되어 있다.

② 솔레노이드 밸브 어셈블리는 솔레노이드 밸브, 감압장치, 온도 센서와 과류 차단 밸브로 구성되어 있다.

③ 솔레노이드 밸브는 수소 저장 시스템 제어기에 의해 제어된다.

④ 밸브가 정상적으로 작동되지 않는 경우 수소 저장 시스템 제어기는 고장 코드를 설정하고 서비스 램프를 점등시킨다.

2) 온도 센서

① 탱크 내부에 배치되어 탱크 내부의 온도를 측정한다.

② 수소 저장 시스템 제어기는 남은 연료를 계산하기 위해 측정된 온도를 이용한다.

3) 열 감응식 안전 밸브

① 3적 활성화 장치라고도 한다.

② 밸브 주변의 온도가 110℃를 초과하는 경우 안전 조치를 위해 수소를 배출한다.

③ 감압 장치는 유리 벌브 타입이며, 한 번 작동 후 교환하여야 한다.

4) 과류 차단 밸브

① 고압 라인이 손상된 경우 대기 중에 수소가 과도하게 방출되는 것을 기계적으로 차단하는 과류 플로 방지 밸브이다.

② 밸브가 작동하면 연료 공급이 차단되고 연료 전지 모듈의 작동은 정지된다.

③ 과류 차단 밸브는 탱크의 솔레노이드 밸브에 배치되어 있다.

(7) 고압 조정기(수소 압력 조정기)

1) 고압 조정기

① 탱크 압력을 16bar로 감압시키는 역할을 한다.

② 감압된 수소는 스택으로 공급된다.

③ 고압 조정기는 압력 릴리프 밸브, 서비스 퍼지 밸브를 포함하여 중압 센서가 장착된다.

2) 중압 센서

중압 센서는 고압 조정기에 장착되어 조정기에 의해 감압된 압력을 수소 저장 시스템 제어기에 전달한다.

3) 서비스 퍼지 밸브

① 수소 공급 및 저장 시스템의 부품 정비 시는 스택과 탱크 사이의 수소 공급 라인의 수소를 배출시키는 밸브이다.

② 서비스 퍼지 밸브의 니플에 수소 배출 튜브를 연결하여 공급 라인의 수소를 배출할 수 있다.

(8) 리셉터클(Receptacle)

수소 충전용 리셉터클은 수소가스 충전소 측의 충전 노즐 커넥터의 역할을 수행하는 리셉터클 본체와 내부는 리셉터클 본체를 통과하는 수소가스에 이물질을 필터링하는 필터부와 일방향으로 흐름을 단속하는 체크부로 구성되어 있다.

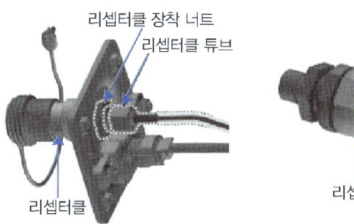

🔷 리셉터클

519

(9) IR(Infraed ; 적외선) 이미터

① 적외선(IR) 이미터는 수소 저장 시스템 내부의 온도 및 압력 데이터를 송신하여 안전성을 확보하고 수소 충전 속도를 제어하기 위해 상시 적외선 통신을 실시한다.

② 키 OFF 상태에서 수소 충전 이후 일정 시간이 경과하거나 단순 키 OFF 상태에서 적외선 송신기 및 각종 센서에 전원 공급을 자동으로 차단한다.

③ 기존 배터리의 방전으로 인한 시동 불능 상황의 발생을 방지하기 위해 자동 전원 공급 및 차단한다.

5. 공기 · 수소 공급 시스템 부품의 기능

(1) 에어 클리너

① 에어 클리너는 흡입 공기에서 먼지 입자와 유해물(아황산가스, 부탄)을 걸러내는 화학 필터를 사용한다.

② 필터의 먼지 및 유해가스 포집 용량을 고려하여 주기적으로 교환하여야 한다.

③ 필터가 막힌 경우 필터의 통기 저항이 증가되어 공기 압축기가 빠르게 회전하고 에너지가 소비되며, 많은 소음이 발생한다.

(2) 공기 유량 센서

① 공기 유량 센서는 스택에 유입되는 공기량을 측정한다.

② 센서의 열막은 공기 압축기에서 얼마나 많은 공기가 공급되는지 공기 흡입 통로에서 측정한다.

③ 지정된 온도에서 열막을 유지하기 위해 공급되는 전력 신호로 변환된다.

(3) 공기 차단기

① 공기 차단기는 연료 전지 스택 어셈블리 우측에 배치되어 있다.

② 공기 차단기는 연료 전지에 공기를 공급 및 차단하는 역할을 한다.

③ 공기 차단 밸브는 키 ON 상태에서 열리고 OFF 시 차단되는 개폐식 밸브이다.

④ 공기 차단 밸브는 키를 OFF시킨 후 공기가 연료 전지 스택 안으로 유입되는 것을 방지한다.

⑤ 공기 차단 밸브는 모터의 작동을 위한 드라이버를 내장하고 있으며, 연료 전지 차량 제어 유닛(FCU)과의 CAN 통신에 의해 제어된다.

(4) 공기 압축기

① 연료 전지 스택의 반응에 필요한 공기를 적정한 유량 · 압력으로 공급한다.

② 공기 압축기는 임펠러 · 볼류트 등의 압축부와 이를 구동하기 위한 고속 모터부로 구성되어 연료 전지 스택의 반응에 필요한 공기를 공급한다.

③ 모터의 회전수에 따라 공기의 유량을 제어하게 되며, 모터 축에 연결된 임펠러의 고속 회전에 의해 공기가 압축된다.

④ 모터에서 발생하는 열을 냉각하기 위한 수냉식으로 외부에서 냉각수가 공급된다.

(5) 가습기

① 연료 전지 스택에 공급되는 공기가 내부의 가습 막을 통해 스택의 배기에 포함된 열 및 수분을 스택에 공급되는 공기에 공급한다.

② 연료 전지 스택의 안정적인 운전을 위해 일정 수준 이상의 가습이 필수적이다.

③ 스택의 배출 공기의 열 및 수분을 스택의 공급 공기에 전달하여 스택에 공급되는 공기의 온도 및 수분을 스택의 요구 조건에 적합하도록 조절한다.

(6) 스택 출구 온도 센서

스택 출구 온도 센서는 스택에 유입되는 흡입 공기 및 배출되는 공기의 온도를 측정한다.

(7) 운전 압력 조절 장치

① 운전 압력 조절장치는 연료 전지 시스템의 운전 압력을 조절하는 역할을 한다.

② 외기 조건(온도, 압력)에 따라 밸브의 개도를 조절하여 스택이 가압 운전이 될 수 있도록 한다.

③ FCU(Fuel Cell Control Unit)와 CAN 통신을 통하여 지령을 받고 모터를 구동하기 위한 드라이버를 내장하고 있다.

(8) 소음기 및 배기 덕트

① 소음기는 배기 덕트와 배기 파이프 사이에 배치되어 있다.

② 소음기는 스택에서 배출되는 공기의 흐름에 의해 생성된 소음을 감소시킨다.

(9) 블로어 펌프 제어 유닛(BPCU ; Blower Pump Control Unit)

① 블로어 펌프 제어 유닛은 공기 블로어를 제어하는 인버터이다.

② 블로어 펌프 제어 유닛은 CAN 통신을 통해 연료 전지 제어 유닛으로부터 속도의 명령을 수신하고 모터의 속도를 제어한다.

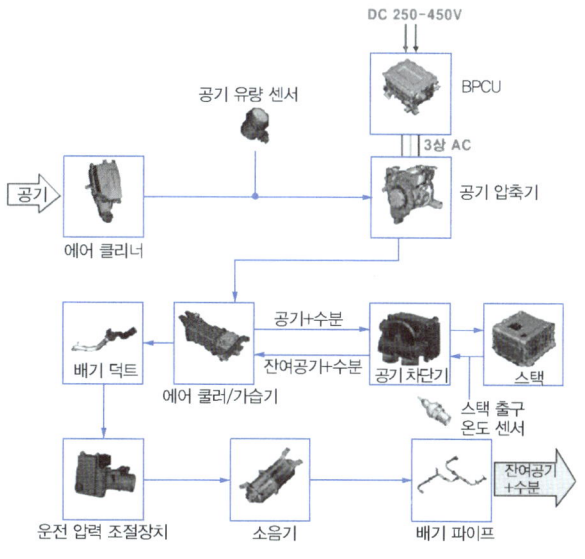

△ 공기 공급 시스템의 구성

6. 수소 공급 시스템

(1) 수소 차단 밸브

① 수소 차단 밸브는 수소 탱크에서 스택으로 수소를 공급하거나 차단하는 개폐식 밸브이다.

② 밸브는 시동이 걸릴 때는 열리고 시동이 꺼질 때는 닫힌다.

(2) 수소 공급 밸브

① 수소 공급 밸브는 수소가 스택에 공급되기 전에 수소 압력을 낮추어 스택의 전류에 맞춰 수소를 공급한다.

② 더 좋은 스택의 전류가 요구되는 경우 수소 공급 밸브는 더 많이 스택으로 공급될 수 있도록 제어한다.

(3) 수소 이젝터

① 수소 이젝터는 노즐을 통해 공급되는 수소가 스택 출구의 혼합 기체(수분, 질소 등 포함)을 흡입하여 미반응 수소를 재순환시키는 역할을 한다.

② 별도로 동작하는 부품은 없으며, 수소 공급 밸브의 제어를 통해 재순환을 수행한다.

(4) 수소 압력 센서

① 수소 압력 센서는 연료 전지 스택에 공급되는 수소의 압력을 제어하기 위해 압력을 측정한다.

② 금속 박판에 압력이 인가되면 내부 3심 칩의 다이어프램에 압력이 전달되어 변형이 발생된다.

③ 압력 센서는 변형에 의한 저항의 변화를 측정하여 이를 압력 차이로 변환한다.

(5) 퍼지 밸브

① 퍼지 밸브는 스택 내부의 수소 순도를 높이기 위해 사용된다.

② 전기를 발생시키기 위해 스택이 수소를 계속 소비하는 경우 스택 내부에 미세량의 질소가 계속 누적이 되어 수소의 순도는 점점 감소한다.

③ 스택이 일정량의 수소를 소비할 때 퍼지 밸브가 수소의 순도를 높이기 위해 약 0.5초 동안 개방된다.

④ 연료 전지 제어 유닛(FCU)이 일정 수준 이상으로 스택 내 수소의 순도를 유지하기 위해 퍼지 밸브의 개폐를 제어한다.

    ㉮ **시동 시 개방·차단 실패** : 시동 불가능

    ㉯ **주행 중 개방 실패** : 드레인 밸브에 의해 제어

    ㉰ **주행 중 차단 실패** : 전기 자동차(EV) 모드로 주행

(6) 워터 트랩 및 드레인 밸브

① 연료 전지는 화학 반응을 공기 극에서 수분을 생성한다.

② 수분은 농도 차이로 인하여 막(Membrance)을 통과하여 연료 극으로 가게 된다.

③ 수분은 연료 극에서 액체가 되어 중력에 의해 워터 트랩으로 흘러내린다.

④ 워터 트랩에 저장된 물이 일정 수준에 도달하면 물이 외부로 배출되도록 드레인 밸브가 개방된다.

⑤ 워터 트랩은 최대 200cc를 수용할 수 있으며, 레벨 센서는 10단계에 걸쳐 120cc까지 물의 양을 순차적으로 측정한다.

⑥ 물이 110cc 이상 워터 트랩에 포집되는 경우 드레인 밸브가 물을 배출하도록 개방한다.

(7) 레벨 센서

① 레벨 센서는 감지면 외부에 부착된 전극을 통해 물로 인해 발생되는 정전 용량의 변화를 감지한다.

② 레벨 센서는 워터 트랩 내에 물이 축적되면 물에 의해 하단부의 전극부터 정전 용량의 값이 변화되는 원리를 이용하여 총 10단계로 수위를 출력한다.

(8) 수소 탱크

수소 저장 탱크는 수소 충전소에서 약 875bar로 충전시킨 기체 수소를 저장하는 탱크이다. 고압의 수소를 저장하기 때문에 내화재 및 유리섬유를 적용하여 안전성 확보, 경량화, 위급 상황 시 발생할 수 있는 안전도를 확보하여야 한다.

주요 부품은 수소의 입·출력 흐름을 제어하기 위해 각각의 탱크에 연결되어 있는 솔레노이드 밸브, 탱크 압력을 16bar로 조절하는 고압 조정기, 화재 발생 시 외부에 수소를 배출하는 T–PRD, 고압 라인에 손상이 발생한 경우 과도한 수소의 대기 누출을 기계적으로 차단하는 과류 방지 밸브, 충전된 수소가 충전 주입구를 통해 누출되지 않도록 체크 밸브가 장착된다.

① 솔레노이드 밸브는 탱크 내부의 온도를 측정하는 온도 센서가 장착되어 있다.

② 압력 조정기는 각각의 흡입구 및 배출구에 압력 센서가 장착되어 있다.

③ 연료 도어 개폐 감지 센서와 IR(적외선) 통신 이미터는 연료 도어 내에 장착된다.

④ 수소 저장 시스템 제어기(HMU)는 남은 연료를 계산하기 위해 각각의 센서 신호를 사용하며, 수소가 충전되고 있는 동안 연료 전지 기동 방지 로직을 사용하고 수소 충전 시에 충전소와 실시간 통신을 한다.

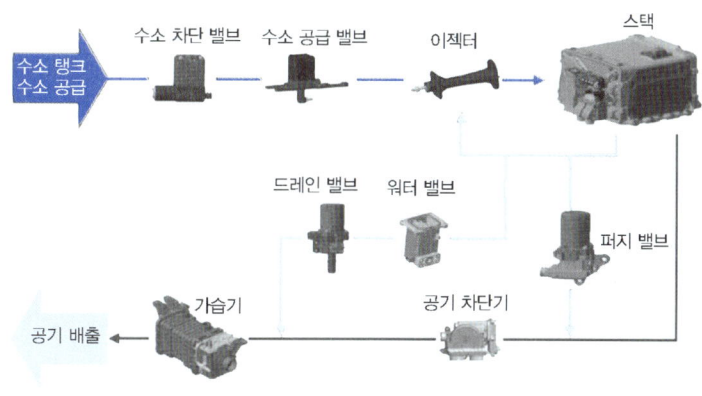

▲ 수소 공급 시스템

7. 연료 전지 자동차의 고전압 배터리 시스템

(1) 고전압 배터리 시스템의 개요

① 연료 전지 차량은 240V의 고전압 배터리를 탑재한다.

② 고전압 배터리는 전기 모터에 전력을 공급하고, 회생제동 시 발생되는 전기 에너지를 저장한다.

③ 고전압 배터리 시스템은 배터리 팩 어셈블리, 배터리 관리 시스템(BMS), 전자 제어 장치(ECU), 파워 릴레이 어셈블리, 케이스, 제어 배선, 쿨리 팬 및 쿨링 덕트로 구성된다.

④ 배터리는 리튬이온 폴리머 배터리(LiPB)이며, 64셀(15셀 × 4모듈)을 가지고 있다. 각 셀의 전압은 DC 3.75V로 배터리 팩의 정격 전압은 DC 240V이다.

(2) 고전압 배터리 컨트롤 시스템의 구성

1) 고전압 배터리 시스템은 배터리 관리 시스템(BMS)

① BMS ECU, 파워 릴레이 어셈블리, 안전 플러그, 배터리 온도 센서, 보조 배터리 온도 센서로 구성된다.

② 배터리 관리 시스템 ECU는 SOC(충전 상태), 전원, 셀 밸런싱, 냉각 및 고전압 배터리 시스템의 문제 해결을 제어한다.

2) BMS ECU

① 고전압 배터리 컨트롤 시스템은 컨트롤 모듈인 BMS ECU, 파워 릴레이 어셈블리로 구성되어 있다.

② 고전압 배터리의 SOC(State Of Charge), 출력, 고장 진단, 배터리 셀 밸런싱, 시스템 냉각, 전원 공급 및 차단을 제어한다.

3) 메인 릴레이

① 메인 릴레이는 (+) 메인 릴레이와 (−) 메인 릴레이로 나누어져 있다.

② 메인 릴레이는 파워 릴레이 어셈블리에 통합되어 있다.

③ 배터리 관리 시스템 ECU의 제어 신호에 따라 고전압 배터리와 인버터 사이에 전원 공급 라인 및 접지 라인을 연결한다.

4) 파워 릴레이 어셈블리(PRA)

파워 릴레이 어셈블리는 (+)극과 (−)극 메인 릴레이, 프리차지 릴레이, 프리차지 레지스터와 배터리 전류 센서로 구성되어 있다. 파워 릴레이 어셈블리는 배터리 팩 어셈블리 내에 배치되어 있으며, 배터리 관리 시스템(BMS) ECU의 제어 신호에 의해 고전압 배터리와 인버터 사이의 고전압 전원 회로를 제어한다.

① 메인 릴레이

㉮ (+) 메인 릴레이와 (−) 메인 릴레이로 나누어져 있다.

㉯ 메인 릴레이는 파워 릴레이 어셈블리(PRA)에 통합되어 있다.

      ㉱ BMS ECU의 제어 신호에 의해 고전압 배터리와 인버터 사이의 전원 공급 라인 및 접지 라인을 연결한다.

② **프리 차지 릴레이**

      ㉮ 파워 릴레이 어셈블리(PRA)에 통합되어 있다.

      ㉯ 점화 장치 ON 후 바로 인버터의 커패시터에 충전을 시작하고 커패시터의 충전이 완료되면 전원이 꺼진다.

③ **프리 차지 레지스터**

      ㉮ 파워 릴레이 어셈블리(PRA)에 통합되어 있다.

      ㉯ 인버터의 커패시터가 충전되는 동안 전류를 제한하여 고전압 회로를 보호한다.

5) 안전 플러그

안전 플러그는 트렁크에 장착되어 있으며, 고전압 시스템 즉, 고전압 배터리, 파워 릴레이 어셈블리, 연료 전지 차량 제어기(FCU), BMS ECU, 모터, 인버터, 양방향 고전압 직류 변환 장치(BHDC), 저전압 직류 변환 장치(LDC), 전원 케이블 등을 점검할 때 기계적으로 고전압 회로를 차단할 수 있다. 안전 플러그는 과전류로부터 고전압 시스템을 보호하기 위한 퓨즈 가 포함되어 있다.

6) 메인 퓨즈

메인 퓨즈는 고전압 배터리 시스템 어셈블리 내에 장착되어 있으며, 고전압 배터리 및 고전압 회로를 과전류로부터 보호하는 기능을 한다.

7) 배터리 온도 센서

배터리 온도 센서는 고전압 배터리 팩 및 보조 배터리(12V)에 장착되어 있으며, 배터리 모듈 1, 4 및 에어 인렛 그리고 보조 배터리 1, 2의 온도를 측정한다. 배터리 온도 센서는 각 모듈의 센싱 와이어링과 통합형으로 구성되어 있다.

(3) 고전압 배터리 컨트롤 시스템의 주요 기능

1) 충전 상태(SOC) 제어

고전압 배터리의 전압, 전류, 온도를 이용하여 충전 상태를 최적화한다.

2) 전력 제어

차량의 상태에 따라 최적의 충전, 방전 에너지를 계산하여 활용 가능한 배터리 전력 예측, 과다 충전 또는 방전으로부터 보호, 내구성 개선 및 에너지 충전·방전을 극대화한다.

3) 셀 밸런싱 제어

비정상적인 충전 또는 방전에서 기인하는 배터리 셀 사이의 전압 편차를 조정하여 배터리 내구성, 충전 상태(SOC) 에너지 효율을 극대화한다.

4) 전원 릴레이 제어

점화장치 ON·OFF 시에 배터리 전원 공급 또는 차단하여 고전압 시스템의 고장으로 인한 안전사고를 방지한다.

5) 냉각 시스템 제어

시스템 최대의 온도와 전지 모듈 사이의 편차에 따라 가변 쿨링 팬 속도를 제어하여 최적의 온도를 유지한다.

6) 문제 해결

시스템의 고장 진단, 다양한 안전 제어를 Fail Safe 수준으로 배터리 전력을 제한, 시스템 장애의 경우 파워 릴레이를 제어한다.

8. 고전압 분배 시스템

(1) 고전압 정션 박스

① 고전압 정션 박스는 연료 전지 스택의 상부에 배치되어 있다.

② 연료 전지 스택의 단자와 버스 바에 연결된다.

③ 고전압 정션 박스의 모든 고전압 커넥터는 고전압 정션 박스에 연결되어 있다.

④ 스택이 ON되면 고전압 정션 박스는 고전압을 분배하는 역할을 한다.

(2) 고전압 직류 변환 장치(BHDC ; Bi-directional High Voltage)

① 고전압 직류 변환 장치(BHDC)는 수소 전기 자동차의 하부에 배치되어 있다.

② 스택에서 생성된 전력과 회생제동에 의해 발생된 고전압을 강하시켜 고전압 배터리를 충전한다.

③ 전기 자동차(EV) 또는 수소 전기 자동차(FCEV) 모드로 구동될 때 고전압 배터리의 전압을 증폭시켜 모터 제어 장치(MCU)에 전송한다.

④ 고전압 배터리의 전압은 스택 전압보다 약 200V가 낮다.

⑤ 양방향 고전압 직류 변환 장치(BHDC)는 섀시 CAN 및 F-CAN에 연결된다.

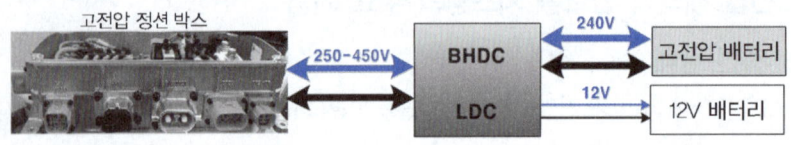

⬥ BHDC와 LDC

(3) LDC(Low DC/DC Converter ; 저전압 DC/DC 컨버터)

① LDC는 저전압 DC/DC 컨버터로 스택 또는 BHDC에서 나오는 DC 고전압을 DC 12V로 낮추어 저전압 배터리(12V)를 충전한다.

② 충전된 저전압 배터리는 차량의 여러 제어기 및 12V 전압을 사용하는 액추에이터 및 관련 부품에 전원을 공급한다.

(4) 인버터(Inverter)

① 직류(DC) 성분을 교류(AC) 성분으로 바꾸기 위한 전기 변환 장치이다.

② 변환 방법이나 스위칭 소자, 제어 회로를 통해 원하는 전압과 주파수 출력 값을 얻는다.

③ 고전압 배터리 혹은 연료 전지 스택의 직류(DC) 전압을 모터를 구동할 수 있는 교류(AC) 전압으로 변환하여 모터에 공급한다.

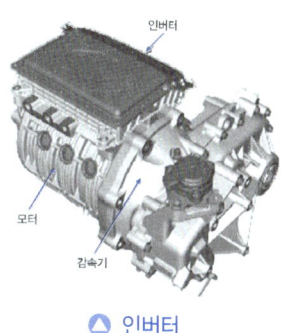

○ 인버터

④ 인버터는 MCU의 지령을 받아 토크를 제어하고 가속이나 감속을 할 때 모터가 역할을 할 수 있도록 전력을 적정하게 조절해 주는 역할을 한다.

9. 연료 전지 제어 시스템

(1) 연료 전지 제어 시스템 개요

FCU(연료 전지 차량 제어기 : Fuel cell Control Unit)는 연료 전지 차량의 최상위 컨트롤러로써 연료 전지의 작동과 관련된 모든 제어 신호를 출력한다. 차량 대부분의 시스템은 각각의 컨트롤러를 가지고 있지만, 연료 전지 제어 유닛(FCU)은 최종 제어 신호를 송신하는 상위 컨트롤러로서 기능을 한다.

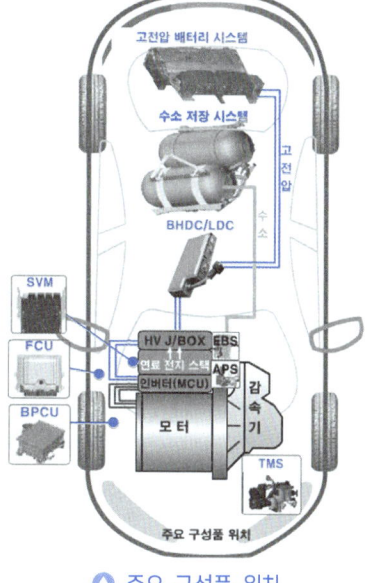

○ 주요 구성품 위치

1) 연료 전지 스택

산소와 수소의 이온 반응에 의해 전압을 생성한다.

2) BOP(수소, 공기 공급 · 냉각수 열관리) 주변기기

① FPS : 수소 연료를 공급하는 연료 공급 시스템

② TMS : 연료 전지 스택을 냉각시키는 열 관리 시스템

③ APS : 연료 전지에 공기를 공급하는 공기 공급 시스템

3) 컨트롤러 : 차량 · 시스템 제어

① FCU : 연료 전지 자동차의 최상위 제어기

② SVM : 연료 전지 스택의 전압을 측정하는 스택 전압 모니터

③ BPCU : 공기 압축기(블로어 파워 유닛)를 구동하는 인버터 및 컨트롤러

④ HV J/BOX : 고전압 정선 박스는 스택에 의해 생성된 전기를 분배

4) 전력 : 변환, 전송

① LDC : 저전압 직류 변환 장치는 고전압 전기를 변환하여 12V 보조 배터리 충전한다.

② BHDC : 양방향 고전압 직류 변환 장치는 고전압 배터리의 전압을 충전 또는 스택으로

공급하기 위해 전압을 변환(연료 전지 ↔ 고전압 배터리)

③ **인버터** : 배터리의 직류 전압을 교류로 변환하는 장치

④ **MCU** : 모터 제어 유닛(인버터는 MCU를 포함)

⑤ **감속기** : 감속기어 및 차동장치

5) 고전압 배터리 시스템

① 고전압 배터리 시스템은 보조 전원이며, 배터리 관리 시스템에 의해 제어된다.

② 배터리 관리 시스템(BMS)은 고전압 배터리의 충전 상태(SOC)를 모니터링 하고, 허용 충전 또는 방전 전력 한계를 연료 전지 차량 제어 유닛(FCU)에 전달한다.

6) 수소 저장 시스템

① 수소 저장 시스템은 연료 전지 차량의 필수 구성 요소 중 하나이다.

② 수소 탱크의 최대 수소 연료 공급 압력은 875bar이다.

(2) 연료 전지 제어 유닛(FCU ; Fuel cell Control Unit)

① 연료 전지 차량의 운전자가 액셀러레이터 페달이나 브레이크 페달을 밟을 때 연료 전지 제어 유닛은 신호를 수신하고, CAN 통신을 통해 모터 제어 장치(MCU)에 가속 토크 명령 또는 제동 토크 명령을 보낸다.

② 연료 전지 제어 유닛은 과열, 성능 저하, 절연 저하, 수소 누출이 감지되면 차량을 정지시키거나 제한 운전을 하며, 상황에 따라 경고등을 점등한다.

③ 연료 전지 시스템을 제어하기 위해 연료 전지 제어 유닛은 공기 유량 센서, 수소 압력 센서, 온도 센서 및 압력 센서로부터 전송된 데이터와 운전자의 주행 요구에 기초하여 공기 압축기, 냉각수 펌프, 온도 제어 밸브 등은 운전자의 운전 요구에 상응하도록 제어한다.

④ 운전자의 가속 및 감속 요구에 따라 연료 전지 제어 유닛은 고전압 배터리를 충전 또는 방전한다.

(3) 블로어 펌프 제어 유닛(BPCU ; Blower Pump Control Unit)

① 블로어 펌프 제어 유닛은 공기 블로어를 제어하는 인버터이다.

② BPCU는 CAN 통신을 통해 연료 전지 제어 유닛(FCU)으로부터 속도 지령을 수신하고 모터의 속도를 제어한다.

🔺 블로어 펌프 제어 유닛

(4) 수소 센서(Hydrogen Sensor)

① 연료 전지 차량은 수소가스 누출 시 연료 전지 제어 유닛(FCU)에 신호를 전송하는 2개의 수소 센서와 수소 저장 시스템 제어기(HMU)에 신호를 전송하는 1개의 수소 센서가 장착되어 있다.

② 3개의 수소 센서는 연료 전지 스택 후면, 연료 공급 시스템(FPS) 상단, 수소 탱크 모듈 주변에 각각 장착된다.

③ 수소의 누출로 인해 수소 센서 주변의 수소 함유량이 증가하면, 연료 전지 제어 유닛(FCU)은 수소 탱크 밸브를 차단하고 연료 전지 스택의 작동을 중지시킨다.

④ 이 경우 차량의 주행 모드는 전기 자동차(EV) 모드로 전환되며, 차량은 고전압 배터리에 의해서만 구동된다.

(5) 후방 충돌 유닛(RIU ; Rear Impact Unit)

① 후방 충돌 센서는 차량의 후방에 장착된다.

② 차량의 후방에서 충돌이 발생하면 충돌 센서는 연료 전지 제어 유닛(FCU)에 신호를 보낸다.

③ 연료 전지 제어 유닛(FCU)은 즉시 수소 탱크 밸브를 닫기 위해 수소 저장 시스템 제어기(HMU)에 수소 탱크 밸브 닫기 명령을 전송한다.

④ 연료 전지 시스템 및 차량을 정지시킨다.

(6) 액셀러레이터 포지션 센서(APS ; Accelerator Position Sensor)

① 액셀러레이터 위치 센서는 액셀러레이터 페달 모듈에 장착되어 액셀러레이터 페달의 회전 각도를 감지한다.

② 액셀러레이터 위치 센서는 연료 전지 제어 시스템에서 가장 중요한 센서 중 하나이며, 개별 센서 전원 및 접지선을 적용하는 2개의 센서로 구성된다.

③ 2번 센서는 1번 센서를 모니터링 하고 그 출력 전압은 1번 센서의 1/2 값이어야 한다.

④ 1번 센서와 2번 센서의 비율이 약 1/2에서 벗어나는 경우 진단 시스템은 비정상으로 판단한다.

(7) 콜드 셧 다운 스위치(CSD ; Cold Shut Dwon Switch)

① 연료 전지 스택에 남아 있는 수분으로 인해 스택 내부가 빙결될 경우 스택의 성능에 문제를 유발시킬 수 있다.

② 연료 전지 차량은 이를 예방하기 위해 저온에서 연료 전지 시스템이 OFF되는 경우, 연료 전지 스택의 수분을 제거하기 위해 공기 압축기가 강하게 작동된다.

③ 이 경우 수분이 제거되는 동안 다량의 수분이 배기 파이프를 통해 배출되며, 공기 압축기의 작동 소음이 크게 들릴 수 있다.

② 수소 구동장치 개요 및 정비

1. 구동 시스템의 개요

① 연료 전지 및 고전압 배터리의 전기 에너지를 이용하여 인버터로 구동 모터를 제어한다.

② 변속기는 없으며, 감속기를 통하여 구동 토크를 증대시킨다.

③ 후진 시에는 구동 모터를 역회전으로 구동시킨다.

2. 제어 흐름

(1) 연료 전지 제어 유닛(FCU ; Fuel cell Control Unit)

연료 전지 차량의 최상위 컨트롤러로써 연료 전지의 작동과 관련된 모든 제어 신호를 출력한다. 차량 대부분의 시스템은 각각의 컨트롤러를 가지고 있지만, 연료 전지 제어 유닛(FCU)은 최종 제어 신호를 송신하는 상위 컨트롤러로서 기능을 한다.

(2) 모터 제어기(MCU ; Motor Control Unit)

MCU는 내부의 인버터(Inverter)가 작동하여 고전압 배터리로부터 받은 직류(DC) 전원을 3상 교류(AC) 전원으로 변환시킨 후 전기 자동차의 통합 제어기인 VCU의 명령을 받아 구동 모터를 제어하는 기능을 담당한다.

배터리에서 구동 모터로 에너지를 공급하고, 감속 및 제동 시에는 구동 모터를 발전기 역할로 변경시켜 구동 모터에서 발생한 에너지, 즉 AC 전원을 DC 전원으로 변환하여 고전압 배터리로 에너지를 회수함으로써 항속 거리를 증대시키는 기능을 한다. 또한 MCU는 고전압 시스템의 냉각을 위해 장착된 EWP(Electric Water Pump)의 제어 역할도 담당한다.

(3) 인버터(Inverter)

인버터는 고전압 배터리의 DC 전원을 구동 모터의 구동에 적합한 AC 전원으로 변환하는 역할을 한다. 인버터는 케이스 속에 IGBT 모듈, 파워 드라이버(Power Driver), 제어회로인 컨트롤러(Controller)가 일체로 이루어져 있다.

인버터는 구동 모터를 구동시키기 위하여 고전압 배터리의 직류(DC) 전력을 3상 교류(AC) 전력으로 변환시켜 유도 전동기, 쿨링팬 모터 등을 제어한다. 즉, 고전압 배터리로부터 받은 직류(DC) 전원(+, –)을 3상 교류(AC)의 U, V, W상으로 변환하는 기구이며, 제어 보드(MCU)에서 3상 AC 전원을 제어하여 구동 모터를 구동한다.

3. 주요 기능

① 모터 제어 유닛(MCU)는 연료 전지 제어 유닛(FCU)과 통신하여 주행 조건에 따라 구동 모터를 최적으로 제어한다.

② 고전압 배터리의 직류를 구동 모터의 작동에 필요한 3상 교류로 전환한다. 또한 구동 모터에 공급하는 인버터 기능과 고전압 시스템을 냉각하는 CPP(Coolant PE Pump)를

제어하는 기능을 수행한다.

③ 감속 및 제동 시에는 모터 제어 유닛이 인버터 대신 컨버터(AC–DC 컨버터) 역할을 수행하여 모터를 발전기로 전환시킨다. 이때 에너지 회수 기능(3상 교류를 직류로 변경)을 담당하여 고전압 배터리를 충전시킨다.

④ 시스템이 정상 상태에서 상위 제어인 연료 전지 제어 유닛에서 구동 모터의 토크 지령이 오면 모터 제어 유닛은 출력 전압과 전류를 만들어 모터에 인가한다. 그러면 모터가 구동되고 이때의 모터 전류값을 모터 제어 유닛이 측정한다. 이후 전류 값으로부터 토크 값을 계산하여 상위 제어기인 연료 전지 제어 유닛으로 송신한다.

4. 구동 모터

영구자석이 내장된 IPM 동기 모터(Interior Permanent Magnet Synchronous Motor)가 주로 사용되고 있으며, 희토류 자석을 이용하는 모터는 열화에 의해 자력이 감소하는 현상이 발생하므로 온도 관리가 중요하다.

전기 자동차의 구동 모터는 엔진이 없는 전기 자동차에서 동력을 발생하는 장치로 높은 구동력과 축력으로 가속과 등판 및 고속 운전에 필요한 동력을 제공하며, 소음이 거의 없는 정숙한 차량 운행을 제공한다.

또한 감속 시에는 발전기로 전환되어 전기를 생산하여 고전압 배터리를 충전함으로써 연비를 향상시키고 주행거리를 증대시킨다. 모터에서 발생한 동력은 회전자 축과 연결된 감속기와 드라이브 샤프트를 통해 바퀴에 전달된다.

(1) 구동 모터의 주요 기능

① **동력(방전) 기능** : MCU는 배터리에 저장된 전기에너지로 구동 모터를 삼상 제어하여 구동력을 발생 시킨다.

② **회생 제동(충전) 기능** : 감속 시에는 발생하는 운동에너지를 이용하여 구동 모터를 발전기로 전환시켜 발생된 전기에너지를 고전압 배터리에 충전한다.

1) 모터 위치 센서(Motor Position Sensor)

모터를 제어하기 위해서는 정확한 모터 회전자의 절대 위치에 대한 검출이 필요하다. 리졸버를 이용한 회전자의 위치 및 속도 정보를 통하여 MCU는 최적으로 모터를 제어할 수 있게 된다. 리졸버는 리어 플레이트에 장착되며, 모터의 회전자와 연결된 리졸버 회전자와 고정자로 구성되어 엔진의 CMP 센서처럼 모터 내부의 회전자 위치를 파악한다.

2) 모터 온도 센서(Motor Temperature Sensor)

모터의 온도는 모터의 출력에 큰 영향을 미친다. 모터가 과열될 경우 모터의 회전자(매립형 영구 자석) 및 스테이터 코일이 변형되거나 그 성능에 영향을 미칠 수 있다. 이를 방지하기 위해 모터의 온도 센서는 온도에 따라 모터의 토크를 제어하기 위하여 모터에 내장되어 있다.

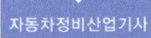

(2) 감속기의 기능

전기 자동차용 감속기는 일반 가솔린 차량의 변속기와 같은 역할을 하지만 여러 단이 있는 변속기와는 달리 일정한 감속비로 모터에서 입력되는 동력을 자동차 차축으로 전달하는 역할을 하며, 변속기 대신 감속기라고 불린다.

감속기의 역할은 모터의 고회전, 저토크 입력을 받아 적절한 감속비로 속도를 줄여 그만큼 토크를 증대시키는 역할을 한다. 감속기 내부에는 파킹 기어를 포함하여 5개의 기어가 있으며, 수동변속기 오일이 들어 있는데 오일은 무교환식이다.

(3) 모터의 작동 원리

3상 AC 전류가 스테이터 코일에 인가되면 회전 자계가 발생되어 로터 코어 내부에 영구 자석을 끌어당겨 회전력을 발생시킨다.

③ 그 밖의 친환경 자동차

1. CNG 전자제어 장치 정비

(1) CNG 엔진의 분류

자동차에 연료를 저장하는 방법에 따라 압축 천연가스(CNG) 자동차, 액화 천연가스(LNG) 자동차, 흡착 천연가스(ANG) 자동차 등으로 분류된다. 천연가스는 현재 가정용 연료로 사용되고 있는 도시가스(주성분 ; 메탄)이다.

① **압축 천연가스**(CNG) **자동차** : 천연가스를 약 200~250기압의 높은 압력으로 압축하여 고압 용기에 저장하여 사용하며, 현재 대부분의 천연가스 자동차가 사용하는 방법이다.

② **액화 천연가스**(LNG) **자동차** : 천연가스를 -162℃이하의 액체 상태로 초저온 단열용기에 저장하여 사용하는 방법이다.

③ **흡착 천연가스**(ANG) **자동차** : 천연가스를 활성탄 등의 흡착제를 이용하여 압축천연 가스에 비해 1/5~1/3 정도의 중압(50~70 기압)으로 용기에 저장하는 방법이다.

(2) CNG 차량 성능 및 특징

① 디젤 엔진에 비해 낮은 압축비로 소음, 진동, 마모를 줄일 수 있다.

② 과급기 등을 사용하여 고출력화하여 동력성능이 향상된다.

③ 전자식 Lean Burn(린번) 엔진을 적용하여 연비를 향상하고 운전자의 조작성이 향상된다.

④ 저속 영역에서의 토크가 증대되어 디젤 차량에 비해 우수한 출발성능을 가진다.

⑤ 디젤 엔진을 장착한 차량에 비해 NOx는 60%, HC는 70%, PM 등의 스모그는 90~100% 저감할 수 있다.

⑥ 디젤 엔진 차량에 비해 CO 배출량이 약 46% 저감된다.

⑦ 디젤 엔진 차량에 비해 CO_2 감소로 지구의 온난화를 줄일 수 있다.

(3) CNG 엔진의 주요 부품

① **ECU** : 연소실로 흡입되는 공기량과 온도, 엔진 회전수, 냉각수온 등의 신호로 최적의 연료 분사량을 연산하여 결정하고, 크랭크각 센서와 캠각 센서의 신호와 흡입 공기량으로 완전연소를 하기위한 최적의 점화시기를 연산하고 결정한다.

② **액셀러레이터 페달 위치 센서 alc 공전 스위치** : 운전자의 액셀 페달 위치를 감지하여 ECU로 보낸다.

③ **도어 열림 스위치** : 도어 열림 스위치는 중비도어 개폐 상태를 검출하여 ECU로 출력, 도어 열림 스위치 작동 시 ECU는 rpm을 공전상태로 유지해 개문 발차 금지를 실시한다. 장착 위치는 중비도어 작동 실린더 측면에 설치되어 있다.

④ **속도 센서** : 현재의 차속을 검출하여 ECU로 보낸다. 장착위치는 변속기에 설치되어 있다.

⑤ **오일 압력 스위치** : 엔진 오일을 압력을 검출하여 ECU로 보낸다. 장착 위치는 엔진 좌측에 설치되어 있다.

(4) CNG 엔진의 연료장치의 구성부품

① **체크 밸브** : 연료 주입구 후방에 장착된 체크 밸브는 가스 실린더로 주입된 CNG 연료가 반대방향으로 역류되는 누출을 방지하는 역할을 한다.

② **가스 실린더** : CNG 연료를 보관하는 탱크로 내부는 25~180bar의 압력으로 고압의 천연 가스를 저장하고 있으며, 가스 실린더의 사용 한계는 15년이다.

③ **PRD**(pressure relief device) **밸브** : CNG 연료 탱크인 가스 실린더의 출구에 용기 밸브와 일체로 된 PRD 밸브가 장착되어 교통사고 등으로 인해 화재가 발생하여 가스 실린더가 고온에 노출되면 PRD 밸브의 납으로 밀봉한 부분이 녹아 고압가스를 대기로 배출시켜 폭발사고를 방지하는 일종의 안전밸브이다.

④ **볼 밸브(수동 밸브)** : 볼 밸브는 수동으로 연료 라인을 차단할 수 있으며, 정비 시 반드시 이 밸브를 잠근 후 작업을 실시하여야 한다.

⑤ 연료 필터 : 연료의 불순물 및 컴프레서 오일을 제거하는 기능을 한다.

⑥ **고압 차단 밸브**(high-pressure lock-off valve) : 고압 차단 밸브는 CNG 탱크와 압력 조절 기구 사이에 설치되어 있으며, 엔진의 가동을 정지시켰을 때 고압 연료라인을 차단한다.

⑦ **가스 탱크 압력 센서**(NGTP : nature gas tank pressure) : 가스 실린더에서 토출되는 가스의 압력을 측정하는 센서로 연료 압력 조절기로 공급되는 CNG 연료의 압력을 측정하여 엔진 ECU로 측정값을 보낸다.

⑧ **열 교환기**(heat exchanger) : 압력 조절 기구와 연료 계측 밸브 사이에 설치되며, 감압할 때 냉각된 가스를 엔진의 냉각수를 이용하여 웜업을 하여 안정된 연료가 엔진으로 공급되도록 한다.

⑨ **연료 온도 조절기**(fuel thermostat) : 연료 온도 조절 기구는 열 교환 기구와 연료 계측 밸브 사이에 설치되며, 가스의 난기 온도를 조절하기 위해 냉각수 흐름을 ON, OFF시킨다.

⑩ **압력 조절 기구** : 압력 조절 기구는 고압 차단 밸브와 열 교환 기구 사이에 설치되며, CNG 탱크 내 200bar의 높은 압력의 가스를 엔진에 필요한 8bar로 감압 조절한다.

⑪ **연료 계측 밸브**(Fuel Metering Valve) : 연료 계측 밸브는 8개의 작은 인젝터로 구성되어 있으며, 엔진 ECU로부터 구동 신호를 받아 엔진에서 요구하는 연료량을 흡기다기관에 분사한다.

⑫ **저압 가스 차단 밸브**(solenoid fuel lock-off valve) : 연료량 조절 밸브에 장착되며, 운전자가 시동 스위치를 OFF시키면 ECU 신호에 의해 저압측 연료를 차단하는 역할을 한다.

⑬ **가스 압력 센서**(GPS ; Gas Pressure Sensor) : 가스 압력 센서는 압력 변환 기구이며, 연료 계측 밸브에 설치되어 있어 분사 직전의 조정된 가스 압력을 검출한다.

⑭ **가스 온도 센서**(GTS ; Gas Temperature Sensor) : 가스 온도 센서는 부특성 서미스터를 사용하며, 연료 계측 밸브 내에 위치한다. 가스 온도를 계측하여 가스 온도 센서의 압력을 함께 사용하여 인젝터의 연료 농도를 계산한다.

⑮ **CNG 탱크 압력 센서** : CNG 탱크 압력 센서는 조정 전의 가스 압력을 측정하는 압력 조절 기구에 설치된 압력 변환 기구이다. 이 센서는 CNG 탱크에 있는 연료 밀도를 산출하기 위해 CNG 탱크 온도 센서와 함께 사용된다.

⑯ **CNG 탱크 온도 센서** : CNG 탱크 온도 센서는 탱크 속의 연료 온도를 측정하기 위해 사용하는 부특성 서미스터이며, 탱크 위에 설치되어 있다.

⑰ **인젝터**(injector) : 인젝터는 엔진의 시스템에 따라 믹서를 이용하는 방식에서는 8개로 구성되어 있으며, MPI 방식에서는 기통 수에 따라 적용된다. 일반적으로 6기통의 엔진이 대부분이므로 각 기통당 한 개씩 6개의 인젝터가 사용된다. 공전 시 분사 시간은 약 10ms이다.

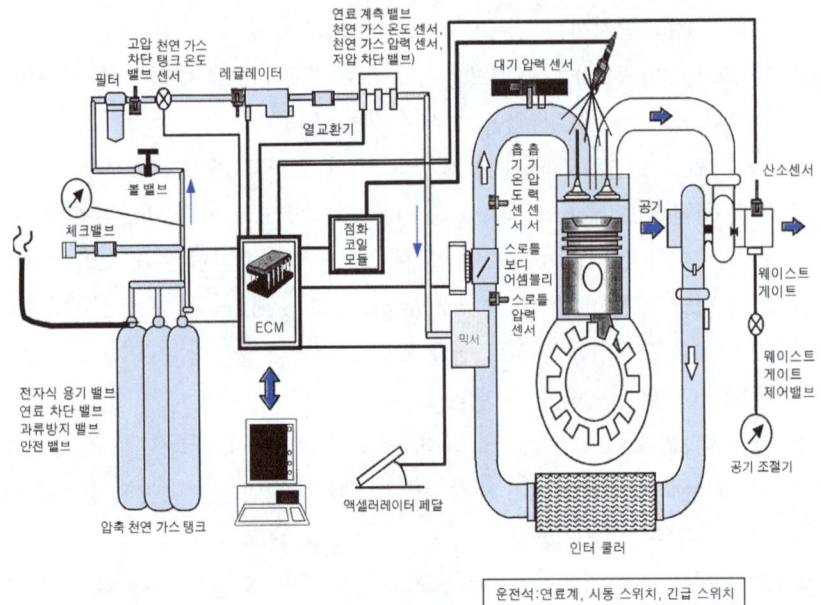

🔺 CNG 연료 장치의 구성

2. LPI 엔진의 연료장치

(1) LPI 장치의 개요

LPI(Liquid Petroleum Injection) 장치는 LPG를 높은 압력의 액체 상태(5~15bar)로 유지하면서 ECU에 의해 제어되는 인젝터를 통하여 각 실린더로 분사하는 방식으로 장점은 다음과 같다.

① 겨울철 시동 성능이 향상된다.

② 정밀한 LPG 공급량의 제어로 이미션(emission) 규제 대응에 유리하다.

③ 고압의 액체 상태로 분사되어 타르 생성의 문제점을 개선할 수 있다.

④ 타르 배출이 필요 없다.

⑤ 가솔린 엔진과 같은 수준의 동력성능을 발휘한다.

(2) LPI 연료 장치의 구성

① **봄베**(bombe) : LPG를 저장하는 용기로 연료 펌프를 내장하고 있다. 봄베에는 연료 펌프 드라이버(fuel pump driver), 멀티 밸브(multi valve), 충전 밸브, 유량계 등이 설치되어 있다.

② **연료 펌프 모듈**(fuel pump module) : 연료 펌프 모듈은 멀티 밸브(과류 방지 밸브, 릴리프 밸브, 리턴 밸브, 매뉴얼 밸브) 모터, 펌프로 구성되어 있으며, 연료 탱크 내에 설치되어 탱크 내 LPG를 연료 펌프에 의해 고압 액상으로 인젝터로 송출한다.

③ **연료 펌프**(fuel pump) : 봄베 내에 설치되어 있으며, 액체 상태의 LPG를 인젝터로 압송하는 역할을 한다.

④ **과류 방지 밸브** : 사고 등으로 인하여 LPG 공급라인이 파손되었을 때 봄베로부터 LPG의 송출을 차단하여 LPG 방출로 인한 위험을 방지하는 역할을 한다.

⑤ **릴리프 밸브**(relief valve) : LPG 공급라인의 압력을 액체 상태로 유지시켜, 엔진이 뜨거운 상태에서 재시동을 할 때 시동성을 향상시키는 역할을 한다.

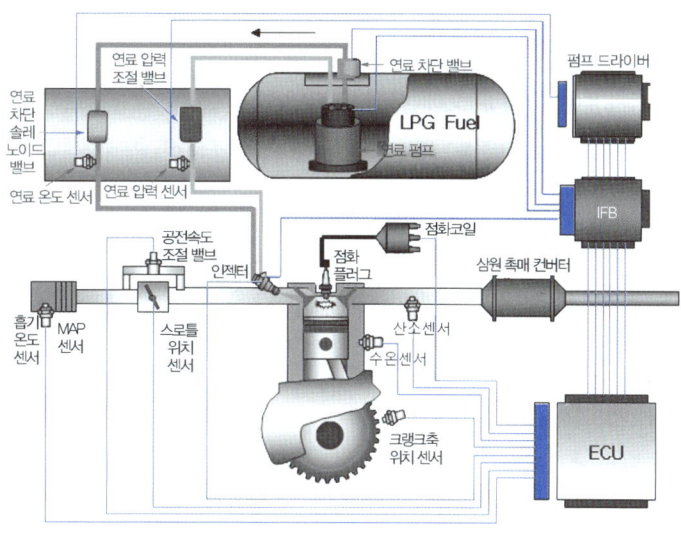

△ LPI 장치의 구성도

⑥ **연료 압력 조절기**(fuel pressure regulator) : 봄베에서 송출된 고압의 LPG를 다이어프램과 스프링의 균형을 이용하여 LPG 공급라인 내의 압력을 항상 5bar로 유지시키는 작용을 한다.

⑦ **연료 차단 솔레노이드 밸브** : 멀티 밸브에 설치되어 있으며, 엔진을 시동하거나 가동을 정지시킬 때 작동하는 ON, OFF 방식이다. 즉 엔진의 가동을 정지시키면 봄베와 인젝터 사이의 LPG 공급라인을 차단하는 역할을 한다.

⑧ **리턴 밸브**(return valve) : LPG가 봄베로 복귀할 때 열리는 압력은 $0.1{\sim}0.5kgf/cm^2$이며, $18.5kgf/cm^2$ 이상의 공기 압력을 5분 동안 인가하였을 때 누설이 없어야 하고, $30kgfcm^2$의 유압을 가할 때 파손되지 않아야 한다.

⑨ **인젝터**(Injector) : 액체 상태의 LPG를 분사하는 인젝터와 LPG 분사 후 기화잠열에 의한 수분의 빙결을 방지하기 위한 아이싱 팁(icing tip)으로 구성되어 있다.

⑩ **수동 밸브(액체 상태의 LPG 송출 밸브)** : 장기간 운행하지 않을 경우 수동으로 LPG 공급라인을 차단할 수 있도록 한다.

(3) LPI 장치의 전자제어 입력요소

LPI 장치의 전자제어 입력요소 중 MAP 센서, 흡기 온도 센서, 냉각수 온도 센서, 스로틀 위치 센서, 노크 센서, 산소 센서, 캠축 위치 센서(TDC 센서), 크랭크 각 센서(CKP)의 기능은 전자제어 가솔린 엔진과 같다. 따라서 가솔린 엔진에 없는 센서들의 기능을 설명하도록 한다.

① **가스 압력 센서** : 액체 상태의 LPG 압력을 측정하여 해당 압력에 대한 출력전압을 인터페이스 박스(IFB)로 전달하는 역할을 한다.

② **가스 온도 센서** : 연료 압력 조절기 유닛의 보디에 설치되어 있으며, 서미스터 소자로 LPG의 온도를 측정하여 ECU로 보내면, ECU는 온도 값을 이용하여 계통 내의 LPG 특성을 파악 분사시기를 결정한다.

(4) LPI 장치 전자제어 출력요소

LPI 장치 전자제어 출력 요소에는 점화 코일(파워 트랜지스터 포함), 공전속도 제어 액추에이터(ISA), 인젝터(injector), 연료 차단 솔레노이드 밸브, 연료 펌프 드라이버(fuel pump driver) 등이 있다.

수소 연료 전지 전기 자동차

01 KS 규격 연료 전지 기술에 의한 연료 전지의 종류로 틀린 것은?

① 고분자 전해질 연료전지
② 액체 산화물 연료전지
③ 인산형 연료전지
④ 알칼리 연료전지

해설 KS 규격 연료 전지
① 고분자 전해질 연료전지(PEMFC ; Polymer Electrolyte Membrane Fuel Cell)
② 인산형 연료전지(PAFC ; Phosphoric Acid Fuel Cell)
③ 알칼리 연료전지(Alkaline Fuel Cell)
④ 용융탄산염 연료전지(MCFC ; Molten Carbonate Fuel Cell)
⑤ 고체산화물 연료전지(SOFC ; Solid Oxide Fuel Cell)
⑥ 직접메탄올 연료전지(DMFC ; Direct Methanol Fuel Cell)
⑦ 직접에탄올 연료전지(DEFC ; Direct Ethanol Fuel Cell)

02 수소 연료 전지 전기 자동차에 적용하는 배터리 중 자기방전이 없고 에너지 밀도가 높으며, 전해질이 겔 타입이고 내 진동성이 우수한 방식은?

① 리튬이온 폴리머 배터리(Li-Pb Battery)
② 니켈수소 배터리(Ni-MH Battery)
③ 니켈카드뮴 배터리(Ni-Cd Battery)
④ 리튬이온 배터리(Li-ion Battery)

해설 리튬-폴리머 배터리도 리튬이온 배터리의 일종이다. 리튬이온 배터리와 마찬가지로 양극 전극은 리튬-금속 산화물이고 음극은 대부분 흑연이다. 액체

상태의 전해액 대신에 고분자 전해질을 사용하는 점이 다르다. 전해질은 고분자를 기반으로 하며, 고체에서 겔(gel) 형태까지의 얇은 막 형태로 생산된다. 고분자 전해질 또는 고분자 겔(gell) 전해질을 사용하는 리튬-폴리머 배터리에서는 전해액의 누설 염려가 없으며 구성 재료의 부식도 적다. 그리고 휘발성 용매를 사용하지 않기 때문에 발화 위험성이 적다. 전해질은 이온 전도성이 높고, 전기 화학적으로 안정되어 있어야 하고, 전해질과 활성물질 사이에 양호한 계면을 형성해야 하고, 열적 안정성이 우수해야 하고, 환경부하가 적어야 하며, 취급이 쉽고, 가격이 싸야한다.

03 수소 연료 전지 전기 자동차의 설명으로 거리가 먼 것은?

① 연료 전지 시스템은 연료 전지 스택, 운전 장치, 모터, 감속기로 구성된다.
② 연료 전지는 공기와 수소 연료를 이용하여 전기를 생산한다.
③ 연료 전지에서 생산된 전기는 컨버터를 통해 모터로 공급된다.
④ 연료 전지 자동차가 유일하게 배출하는 배기가스는 수분이다.

해설 수소 연료 전지 전기 자동차의 연료 전지에서 생산된 전기는 인버터를 통해 모터로 공급된다. 인버터는 DC 전원을 AC 전원으로 변환하고 컨버터는 AC 전원을 DC 전원으로 변환하는 역할을 한다.

04 수소 연료 전지 전기 자동차 전동기에 요구되는 조건으로 틀린 것은?

① 구동 토크가 작아야 한다.
② 고출력 및 소형화해야 한다.
③ 속도제어가 용이해야 한다.
④ 취급 및 보수가 간편해야 한다.

정답 01.② 02.① 03.③ 04.①

① 속도제어가 용이해야 한다.
② 내구성이 커야 한다.
③ 구동 토크가 커야 한다.
④ 취급 및 보수가 간편해야 한다.

05 수소 연료 전지 전기 자동차에서 저전압(12V) 배터리가 장착된 이유로 틀린 것은?

① 오디오 작동
② 등화장치 작동
③ 내비게이션 작동
④ 구동 모터 작동

해설 저전압(12V) 배터리를 장착한 이유는 오디오 작동, 등화장치 작동, 내비게이션 작동 등 저전압 계통에 전원을 공급하기 위함이다.

06 AGM(Absorbent Glass Mat) 배터리에 대한 설명으로 거리가 먼 것은?

① 극판의 크기가 축소되어 출력밀도가 높아졌다.
② 유리섬유 격리판을 사용하여 충전 사이클 저항성이 향상되었다.
③ 높은 시동전류를 요구하는 엔진의 시동성을 보장한다.
④ 셀—플러그는 밀폐되어 있기 때문에 열 수 없다.

해설 AGM 배터리는 유리섬유 격리판을 사용하여 충전 사이클 저항성이 향상시켰으며, 높은 시동전류를 요구하는 엔진의 시동성능을 보장한다. 또 셀-플러그는 밀폐되어 있기 때문에 열 수 없다.

07 수소 연료 전지 전기 자동차의 모터 컨트롤 유닛(MCU)에 대한 설명으로 틀린 것은?

① 고전압을 12V로 변환하는 기능을 한다.
② 회생 제동 시 컨버터(AC→DC 변환)의 기능을 수행한다.
③ 고전압 배터리의 직류를 3상 교류로 바꾸어 모터에 공급한다.
④ 회생 제동 시 모터에서 발생되는 3상 교류를 직류로 바꾸어 고전압 배터리에 공급한다.

해설 모터 컨트롤 유닛(MCU)의 기능
고전압 배터리의 직류를 3상 교류로 바꾸어 모터에 공급하며, 회생 제동을 할 때 모터에서 발생되는 3상 교류를 직류로 바꾸어 고전압 배터리에 공급하는 컨버터(AC→DC 변환)의 기능을 수행한다.

08 수소 연료 전지 전기 자동차에서 자동차의 전구 및 각종 전기장치의 구동 전기 에너지를 공급하는 기능을 하는 것은?

① 보조 배터리
② 변속기 제어기
③ 모터 제어기
④ 엔진 제어기

해설 보조 배터리는 저전압(12V) 배터리로 자동차의 오디오, 등화장치, 내비게이션 등 저전압을 이용하여 작동하는 부품에 전원을 공급하기 위해 설치되어 있다.

09 고전압 배터리의 충·방전 과정에서 전압 편차가 생긴 셀을 동일한 전압으로 매칭하여 배터리 수명과 에너지 용량 및 효율증대를 갖게 하는 것은?

① SOC(state of charge)
② 파워 제한
③ 셀 밸런싱
④ 배터리 냉각제어

해설 고전압 배터리의 비정상적인 충전 또는 방전에서 기인하는 배터리 셀 사이의 전압 편차를 조정하여 배터리 내구성, 충전 상태(SOC) 에너지 효율을 극대화시키는 기능을 셀 밸런싱이라고 한다.

정답 05.④ 06.① 07.① 08.① 09.③

10 친환경 자동차의 고전압 배터리 충전상태 (SOC)의 일반적인 제한영역은?

① 20~80% ② 55~86%

③ 86~110% ④ 110~140%

> **해설** 고전압 배터리 충전상태(SOC)의 일반적인 제한 영역은 20~80% 이다.

11 하이브리드 자동차에서 리튬 이온 폴리머 고전압 배터리는 9개의 모듈로 구성되어 있고, 1개의 모듈은 8개의 셀로 구성되어 있다. 이 배터리의 전압은?(단, 셀 전압은 3.75V 이다.)

① 30V ② 90V

③ 270V ④ 375V

> **해설** 배터리 전압 = 모듈 수 × 셀의 수 × 셀 전압
> 배터리 전압 = 9 × 8 × 3.75V = 270V

12 고전압 배터리 관리 시스템의 메인 릴레이를 작동시키기 전에 프리 차지 릴레이를 작동시키는데 프리 차지 릴레이의 기능이 아닌 것은?

① 등화 장치 보호

② 고전압 회로 보호

③ 타 고전압 부품 보호

④ 고전압 메인 퓨즈, 부스 바, 와이어 하니스 보호

> **해설** 프리 차지 릴레이는 파워 릴레이 어셈블리에 장착되어 있으며, 인버터의 커패시터를 초기에 충전할 때 고전압 배터리와 고전압 회로를 연결하는 역할을 한다. 스위치를 ON시키면 프리 차지 릴레이와 레지스터를 통해 흐른 전류가 인버터 내의 커패시터에 충전이 되고 충전이 완료 되면 프리차지 릴레이는 OFF 된다.
> ① 초기에 커패시터의 충전 전류에 의한 고전압 회로를 보호한다.
> ② 다른 고전압 부품을 보호한다.
> ③ 고전압 메인 퓨즈, 부스 바, 와이어 하니스를 보호한다.

13 친환경 자동차의 컨버터(converter)와 인버터(inverter)의 전기 특성 표현으로 옳은 것은?

① 컨버터(converter) : AC에서 DC로 변환, 인버터(inverter) : DC에서 AC로 변환

② 컨버터(converter) : DC에서 AC로 변환, 인버터(inverter) : AC에서 DC로 변환

③ 컨버터(converter) : AC에서 AC로 승압, 인버터(inverter) : DC에서 DC로 승압

④ 컨버터(converter) : DC에서 DC로 승압, 인버터(inverter) : AC에서 AC로 승압

> **해설** 컨버터(converter)는 AC를 DC로 변환시키는 장치이고, 인버터(inverter)는 DC를 AC로 변환시키는 장치이다.

14 수소 연료 전지 전기 자동차에서 직류(DC) 전압을 다른 직류(DC) 전압으로 바꾸어주는 장치는 무엇인가?

① 커패시터

② DC-AC 컨버터

③ DC-DC 컨버터

④ 리졸버

> **해설** 용어의 정의
> ① 커패시터 : 배터리와 같이 화학반응을 이용하여 축전하는 것이 아니라 콘덴서(condenser)와 같이 전자를 그대로 축적해 두고 필요할 때 방전하는 것으로 짧은 시간에 큰 전류를 축적하거나 방출할 수 있다.
> ② DC-DC 컨버터 : 직류(DC) 전압을 다른 직류(DC) 전압으로 바꾸어주는 장치이다.
> ③ 리졸버(resolver ; 로터 위치 센서) : 모터에 부착된 로터와 리졸버의 정확한 상(phase)의 위치를 검출하여 MCU로 입력시킨다.

정답 10.① 11.③ 12.① 13.① 14.③

15 수소 연료 전지 전기 자동차의 동력제어 장치에서 모터의 회전속도와 회전력을 자유롭게 제어할 수 있도록 직류를 교류로 변환하는 장치는?

① 컨버터 ② 리졸버
③ 인버터 ④ 커패시터

해설 용어의 정의
① **컨버터** : AC 전원을 DC 전원으로 변환하는 역할을 한다.
② **리졸버** : 모터에 부착된 로터와 리졸버의 정확한 상(phase)의 위치를 검출하여 MCU로 입력시킨다.
③ **인버터** : 모터의 회전속도와 회전력을 자유롭게 제어할 수 있도록 직류를 교류로 변환하는 장치이다.
④ **커패시터** : 배터리와 같이 화학반응을 이용하여 축전(蓄電)하는 것이 아니라 콘덴서(condenser)와 같이 전자를 그대로 축적해 두고 필요할 때 방전하는 것으로 짧은 시간에 큰 전류를 축적하거나 방출할 수 있다.

16 친환경 자동차에서 PRA(Power Relay Assembly) 기능에 대한 설명으로 틀린 것은?

① 승객 보호
② 전장품 보호
③ 고전압 회로 과전류 보호
④ 고전압 배터리 암전류 차단

해설 PRA의 기능은 전장품 보호, 고전압 회로 과전류 보호, 고전압 배터리 암전류 차단 등이다.

17 수소 연료 전지 전기 자동차에서 모터의 회전자와 고정자의 위치를 감지하는 것은?

① 리졸버
② 인버터
③ 경사각 센서
④ 저전압 직류 변환장치

해설 리졸버는 전동기의 회전자에 연결된 레졸버 회전자와 하우징과 연결된 리졸버 고정자로 구성되어 구동 모터 내부의 회전자와 고정자의 위치를 파악한다.

18 수소 연료 전지 전기 자동차에서 감속 시 구동 모터를 발전기로 전환하여 차량의 운동 에너지를 전기 에너지로 변환시켜 배터리로 회수하는 시스템은?

① 회생 제동 시스템
② 파워 릴레이 시스템
③ 아이들링 스톱 시스템
④ 고전압 배터리 시스템

해설 ① 회생 재생 시스템은 감속할 때 구동 모터는 바퀴에 의해 구동되어 발전기의 역할을 한다. 즉 감속할 때 발생하는 운동 에너지를 전기 에너지로 전환시켜 고전압 배터리를 충전한다.
② **파워 릴레이 시스템** : 파워 릴레이 어셈블리는 (+)극과 (-)극 메인 릴레이, 프리차지 릴레이, 프리차지 레지스터와 배터리 전류 센서로 구성되어 배터리 관리 시스템 ECU의 제어 신호에 의해 고전압 배터리와 인버터 사이의 고전압 전원 회로를 제어한다.
③ **아이들링 스톱 시스템** : 연비와 배출가스 저감을 위해 자동차가 정지하여 일정한 조건을 만족할 때에는 엔진의 작동을 정지시킨다.
④ **고전압 배터리 시스템** : 배터리 팩 어셈블리, 배터리 관리 시스템(BMS), 전자 제어 장치(ECU), 파워 릴레이 어셈블리, 케이스, 제어 배선, 쿨링 팬 및 쿨링 덕트로 구성되어 고전압 배터리는 전기 모터에 전력을 공급하고, 회생 제동 시 발생되는 전기 에너지를 저장한다.

19 수소 연료 전지 전기 자동차에는 직류를 교류로 변환하여 교류 모터를 사용하고 있다. 교류 모터에 대한 장점으로 틀린 것은?

① 효율이 좋다.
② 소형화 및 고속회전이 가능하다.
③ 로터의 관성이 커서 응답성이 양호하다.
④ 브러시가 없어 보수할 필요가 없다.

해설 교류 모터의 장점
① 모터의 구조가 비교적 간단하며, 효율이 좋다.
② 큰 동력화가 쉽고, 회전변동이 적다.
③ 소형화 및 고속회전이 가능하다.
④ 브러시가 없어 보수할 필요가 없다.
⑤ 회전 중의 진동과 소음이 적다.
⑥ 수명이 길다.

정답 15.③ 16.① 17.① 18.① 19.③

20 수소 연료 전지 전기 자동차의 구동 모터를 작동하기 위한 전기 에너지를 공급 또는 저장하는 기능을 하는 것은?

① 보조 배터리　② 변속기 제어기
③ 고전압 배터리　④ 엔진 제어기

해설 고전압 배터리는 구동 모터에 전력을 공급하고, 회생제동 시 발생되는 전기 에너지를 저장하는 역할을 한다.

21 배터리의 충전 상태를 표현한 것은?

① SOC(State Of Charge)
② PRA(Power Relay Assemble)
③ LDC(Low DC-DC Converter)
④ BMS(Battery Management System)

해설 ① SOC(State Of Charge) : SOC(배터리 충전율)는 배터리의 사용 가능한 에너지를 표시한다.
② PRA(Power Relay Assemble) : BMU의 제어 신호에 의해 고전압 배터리 팩과 고전압 조인트 박스 사이의 DC 360V 고전압을 ON, OFF 및 제어 하는 역할을 한다.
③ LDC(Low DC-DC Converter) : 고전압 배터리의 DC 전원을 차량의 전장용에 적합한 낮은 전압의 DC 전원(저전압)으로 변환하는 시스템이다.
④ BMS(Battery Management System) : 고전압 배터리의 SOC(State Of Charge), 출력, 고장 진단, 배터리 셀 밸런싱(Cell Balancing), 시스템 냉각, 전원 공급 및 차단을 제어한다.

22 수소 연료 전지 전기 자동차의 작동에서 구동 모터에 대한 설명으로 틀린 것은?

① 구동 모터로만 주행을 한다.
② 고 에너지의 영구자석을 사용하며 교환 시 리졸버 보정을 해야 한다.
③ 구동 모터는 제동 및 감속 시 회생 제동을 통해 고전압 배터리를 충전한다.
④ 구동 모터는 발전 기능만 수행한다.

해설 수소 연료 전지 전기 자동차는 구동 모터로만 주행을 하며, 고 에너지의 영구자석을 교환하였을 때 리졸버 보정을 해야 한다. 또 구동 모터는 제동 및 감속 할 때 회생 제동을 통해 고전압 배터리를 충전한다.

23 수소 연료 전지 전기 자동차 구동 모터 3상의 단자 명이 아닌 것은?

① U　② V
③ W　④ Z

해설 구동 모터는 3상 파워 케이블이 배치되어 있으며, 3상의 파워 케이블의 단자는 U 단자, V 단자, W 단자가 있다.

24 수소 연료 전지 전기 자동차에서 돌입 전류에 의한 인버터 손상을 방지하는 것은?

① 메인 릴레이
② 프리차지 릴레이 저항
③ 안전 스위치
④ 부스 바

해설 프리차지 릴레이 저항은 모터 제어 유닛(MCU)이 고전압 배터리 전원을 인버터로 공급하기 위해 메인 릴레이 (+)와 (-) 릴레이를 작동시키는데 프리차지 릴레이는 메인 릴레이 (+)와 병렬로 연결되어 있다. 모터 제어 유닛은 메인 릴레이 (+)를 작동시키기 전에 프리차지 릴레이를 먼저 작동시켜 고전압 배터리 (+) 전원을 인버터 쪽으로 인가한다. 프리차지 릴레이가 작동하면 프리차지 릴레이 저항(레지스터)을 통해 고전압이 인버터 쪽으로 공급되기 때문에 순간적인 돌입 전류에 의한 인버터의 손상을 방지할 수 있다.

25 친환경 자동차에 사용되는 감속기의 주요 기능에 해당하지 않는 것은?

① 감속기능 : 모터 구동력 증대
② 증속기능 : 증속 시 다운 시프트 적용
③ 차동기능 : 차량 선회 시 좌우바퀴 차동
④ 파킹 기능 : 운전자 P단 조작 시 차량 파킹

해설 전기 자동차용 감속기어
① 일반적인 자동차의 변속기와 같은 역할을 하지만 여러 단계가 있는 변속기와는 달리 일정한 감속비율로 구동전동기에서 입력되는 동력을 구동축으로 전달한다. 따라서 변속기 대신 감속기어라고 부른다.
② 감속기어는 구동전동기의 고속 회전, 낮은 회전력

을 입력을 받아 적절한 감속비율로 회전속도를
줄여 회전력을 증대시키는 역할을 한다.
③ 감속기어 내부에는 주차(parking)기구를 포함하
여 5개의 기어가 있고 수동변속기용 오일을 주유
하며, 오일은 교환하지 않는 방식이다.
④ 주요기능은 구동전동기의 동력을 받아 기어비율
만큼 감속하여 출력축(바퀴)으로 동력을 전달하
는 회전력 증대와 자동차가 선회할 때 양쪽 바퀴
에 회전속도를 조절하는 차동장치의 기능, 자동차
가 정지한 상태에서 기계적으로 구동장치의 동력
전달을 단속하는 주차기능 등이 있다.

26 가상 엔진 사운드 시스템에 관련한 설명으로
거리가 먼 것은?

① 전기차 모드에서 저속주행 시 보행자가
차량을 인지하기 위함
② 엔진 유사용 출력
③ 차량주변 보행자 주의환기로 사고 위험
성 감소
④ 자동차 속도 약 30km/h 이상부터 작동

해설 가상 엔진 사운드 시스템(Virtual Engine Sound
System)은 하이브리드 자동차나 전기 자동차에 부착
하는 보행자를 위한 시스템이다. 즉 배터리로 저속주
행 또는 후진할 때 보행자가 놀라지 않도록 자동차의
존재를 인식시켜 주기 위해 엔진 소리를 내는 스피커
이며, 주행 속도 0~20km/h에서 작동한다.

27 친환경 자동차에서 고전압 관련 정비 시 고
전압을 해제하는 장치는?

① 전류센서
② 배터리 팩
③ 안전 스위치(안전 플러그)
④ 프리차지 저항

해설 안전 플러그는 기계적인 분리를 통하여 고전압
배터리 내부 회로의 연결을 차단하는 장치이다. 연결
부품으로는 고전압 배터리 팩, 파워 릴레이 어셈블리,
급속 충전 릴레이, BMU, 모터, EPCU, 완속 충전기,
고전압 조인트 박스, 파워 케이블, 전기 모터식 에어
컨 컴프레서 등이 있다.

28 친환경 자동차에 적용되는 브레이크 밀림방
지(어시스트 시스템)장치에 대한 설명으로
맞는 것은?

① 경사로에서 정차 후 출발 시 차량 밀림
현상을 방지하기 위해 밀림방지용 밸브
를 이용 브레이크를 한시적으로 작동하
는 장치이다.
② 경사로에서 출발 전 한시적으로 구동
모터를 작동시켜 차량 밀림현상을 방지
하는 장치이다.
③ 차량 출발이나 가속 시 무단변속기에서
크립 토크(creep torque)를 이용하여
차량이 밀리는 현상으로 방지하는 장치
이다.
④ 브레이크 작동 시 브레이크 작동유압을
감지하여 높은 경우 유압을 감압시켜 브
레이크 밀림을 방지하는 장치이다.

해설 브레이크 밀림방지(어시스트 시스템) 장치는 경
사로에서 정차 후 출발할 때 차량의 밀림 현상을 방지
하기 위해 밀림 방지용 밸브를 이용 브레이크를 한시
적으로 작동하는 장치이다.

29 수소 연료 전지 전기 자동차에서 고전압 배
터리 또는 차량화재 발생 시 조치해야 할 사
항이 아닌 것은?

① 차량의 시동키를 OFF하여 전기 동력
시스템 작동을 차단시킨다.
② 화재 초기 상태라면 트렁크를 열고 신속
히 세이프티 플러그를 탈거한다.
③ 메인 릴레이 (+)를 작동시켜 고전압 배터
리 (+)전원을 인가한다.
④ 화재 진압을 위해서는 액체물질을 사용
하지 말고 분말소화기 또는 모래를 사용
한다.

정답 **26.**④ **27.**③ **28.**① **29.**③

해설 **고전압 배터리 시스템 화재 발생 시 주의사항**
① 스타트 버튼을 OFF시킨 후 의도치 않은 시동을 방지하기 위해 스마트 키를 차량으로부터 2m 이상 떨어진 위치에 보관하도록 한다.
② 화재 초기일 경우 트렁크를 열고 신속히 안전 플러그를 OFF시킨다.
③ 실내에서 화재가 발생한 경우 수소 가스의 방출을 위하여 환기를 실시한다.
④ 불을 끌 수 있다면 이산화탄소 소화기를 사용한다.
⑤ 이산화탄소는 전기에 대해 절연성이 우수하기 때문에 전기(C급) 화재에도 적합하다.
⑥ 불을 끌 수 없다면 안전한 곳으로 대피한다. 그리고 소방서에 전기 자동차 화재를 알리고 불이 꺼지기 전까지 차량에 접근하지 않도록 한다.
⑦ 차량 침수·충돌 사고 발생 후 정지 시 최대한 빨리 차량키를 OFF 및 외부로 대피한다.

30 수소 연료 전지 전기 자동차의 전기장치를 정비 작업 시 조치해야 할 사항이 아닌 것은?

① 안전 스위치를 분리하고 작업한다.
② 이그니션 스위치를 OFF시키고 작업한다.
③ 12V 보조 배터리 케이블을 분리하고 작업한다.
④ 고전압 부품 취급은 안전 스위치를 분리 후 1분 안에 작업한다.

해설 **수소 연료 전지 전기 자동차의 전기장치를 정비할 때 지켜야 할 사항**
① 이그니션 스위치를 OFF시킨 후 안전 스위치를 분리하고 작업한다.
② 전원을 차단하고 일정시간(5분 이상)이 경과 후 작업한다.
③ 12V 보조 배터리 케이블을 분리하고 작업한다.
④ 고전압 케이블의 커넥터 커버를 분리한 후 전압계를 이용하여 각 상 사이(U, V, W)의 전압이 0V인지를 확인한다.
⑤ 절연장갑을 착용하고 작업한다.
⑥ 작업 전에 반드시 고전압을 차단하여 감전을 방지하도록 한다.
⑦ 전동기와 연결되는 고전압 케이블을 만져서는 안된다.

CNG 연료 장치

01 CNG 엔진의 분류에서 자동차에 연료를 저장하는 방법에 따른 분류가 아닌 것은?

① 압축 천연가스(CNG) 자동차
② 액화 천연가스(LNG) 자동차
③ 흡착 천연가스(ANG) 자동차
④ 부탄가스 자동차

해설 **연료를 저장하는 방법에 따른 분류**
① 압축 천연가스(CNG) 자동차 : 천연가스를 약 200~250기압의 높은 압력으로 압축하여 고압 용기에 저장하여 사용하며, 현재 대부분의 천연가스 자동차가 사용하는 방법이다.
② 액화 천연가스(LNG) 자동차 : 천연가스를 −162℃이하의 액체 상태로 초저온 단열용기에 저장하여 사용하는 방법이다.
③ 흡착 천연가스(ANG) 자동차 : 천연가스를 활성탄 등의 흡착제를 이용하여 압축천연 가스에 비해 1/5~1/3 정도의 중압(50~70 기압)으로 용기에 저장하는 방법이다.

02 CNG 엔진의 장점에 속하지 않는 것은?

① 매연이 감소된다.
② 이산화탄소와 일산화탄소 배출량이 감소한다.
③ 낮은 온도에서의 시동성능이 좋지 못하다.
④ 엔진 작동 소음을 낮출 수 있다.

해설 **CNG 엔진의 장점**
① 디젤 엔진과 비교하였을 때 매연이 100% 감소된다.
② 가솔린 엔진과 비교하였을 때 이산화탄소 20~30%, 일산화탄소가 30~50% 감소한다.
③ 낮은 온도에서의 시동 성능이 좋다.
④ 옥탄가가 130으로 가솔린의 100보다 높다.
⑤ 질소산화물 등 오존영향 물질을 70% 이상 감소시킬 수 있다.
⑥ 엔진의 작동 소음을 낮출 수 있다.
⑦ 오존을 생성하는 탄화수소의 점유율이 낮다.

03 자동차 연료로써 압축 천연가스(CNG)의 장점으로 틀린 것은?

① 질소산화물의 발생이 적다.
② 탄화수소의 점유율이 높다.
③ CO 배출량이 적다.
④ 옥탄가가 높다.

04 다음 중 천연가스에 대한 설명으로 틀린 것은?

① 상온에서 기체 상태로 가압 저장한 것을 CNG라고 한다.
② 천연적으로 채취한 상태에서 바로 사용할 수 있는 가스 연료를 말한다.
③ 연료를 저장하는 방법에 따라 압축 천연가스 자동차, 액화 천연가스 자동차, 흡착 천연가스 자동차 등으로 분류된다.
④ 천연가스의 주성분은 프로판이다.

> 해설 천연가스는 메탄이 주성분인 가스 상태이며, 상온에서 고압으로 가압하여도 기체 상태로 존재하므로 자동차에서는 약 200기압으로 압축하여 고압용기에 저장하거나 액화 저장하여 사용한다.

05 자동차 연료로 사용하는 천연가스에 관한 설명으로 맞는 것은?

① 약 200기압으로 압축시켜 액화한 상태로만 사용한다.
② 부탄이 주성분인 가스 상태의 연료이다.
③ 상온에서 높은 압력으로 가압하여도 기체 상태로 존재하는 가스이다.
④ 경유를 착화보조 연료로 사용하는 천연가스 자동차를 전소기관 자동차라 한다.

> 해설 천연가스는 상온에서 고압으로 가압하여도 기체 상태로 존재하므로 자동차에서는 약 200기압으로 압축하여 고압용기에 저장하거나 액화 저장하여 사용하며, 메탄이 주성분인 가스 상태이다.

06 압축 천연가스를 연료로 사용하는 엔진의 특성으로 틀린 것은?

① 질소산화물, 일산화탄소 배출량이 적다.
② 혼합기 발열량이 휘발유나 경유에 비해 좋다.
③ 1회 충전에 의한 주행거리가 짧다.
④ 오존을 생성하는 탄화수소에서의 점유율이 낮다.

> 해설 CNG 엔진의 특징
> ① 디젤 엔진과 비교하였을 때 매연이 100% 감소된다.
> ② 가솔린 엔진과 비교하였을 때 이산화탄소 20~30%, 일산화탄소가 30~50% 감소한다.
> ③ 낮은 온도에서의 시동 성능이 좋다.
> ④ 옥탄가가 130으로 가솔린의 100보다 높다.
> ⑤ 질소산화물 등 오존영향 물질을 70%이상 감소시킬 수 있다.
> ⑥ 엔진의 작동소음을 낮출 수 있다.
> ⑦ 오존을 생성하는 탄화수소에서의 점유율이 낮다.

07 압축 천연가스(CNG) 자동차에 대한 설명으로 틀린 것은?

① 연료라인 점검 시 항상 압력을 낮춰야 한다.
② 연료누출 시 공기보다 가벼워 가스는 위로 올라간다.
③ 시스템 점검 전 반드시 연료 실린더 밸브를 닫는다.
④ 연료 압력 조절기는 탱크의 압력보다 약 5bar가 더 높게 조절한다.

> 해설 연료 압력 조절기는 고압 차단 밸브와 열 교환기구 사이에 설치되며, CNG 탱크 내 200bar의 높은 압력의 천연가스를 엔진에 필요한 8bar로 감압 조절한다. 압력 조절기 내에는 높은 압력의 가스가 낮은 압력으로 팽창되면서 가스 온도가 내려가므로 이를 난기 시키기 위해 엔진의 냉각수가 순환하도록 되어 있다.

정답 03.② 04.④ 05.③ 06.② 07.④

08 압축 천연가스(CNG)의 특징으로 거리가 먼 것은?

① 전 세계적으로 매장량이 풍부하다.
② 옥탄가가 매우 낮아 압축비를 높일 수 없다.
③ 분진 유황이 거의 없다.
④ 기체 연료이므로 엔진 체적효율이 낮다.

해설 압축 천연가스는 기체 연료이므로 엔진 체적효율이 낮으며, 옥탄가가 130으로 가솔린의 100보다 높다.

09 전자제어 압축천연가스(CNG) 자동차의 엔진에서 사용하지 않는 것은?

① 연료 온도 센서
② 연료 펌프
③ 연료압력 조절기
④ 습도 센서

해설 CNG 엔진에서 사용하는 것으로는 연료 미터링 밸브, 가스 압력 센서, 가스 온도 센서, 고압 차단 밸브, 탱크 압력 센서, 탱크 온도 센서, 습도 센서, 수온 센서, 열 교환 기구, 연료 온도 조절 기구, 연료 압력 조절기, 스로틀 보디 및 스로틀 위치 센서(TPS), 웨이스트 게이트 제어 밸브(과급압력 제어 기구), 흡기 온도 센서(MAT)와 흡기 압력(MAP) 센서, 스로틀 압력 센서, 대기 압력 센서, 공기 조절 기구, 가속 페달 센서 및 공전 스위치 등이다.

10 CNG 엔진에서 사용하는 센서가 아닌 것은?

① 가스 압력 센서
② 베이퍼라이저 센서
③ CNG 탱크 압력 센서
④ 가스 온도 센서

해설 베이퍼라이저는 기계식 LPG 엔진에서 LPG를 감압하여 믹서에 공급하는 역할을 하며, 베이퍼라이저 센서는 없다.

11 CNG(Compressed Natural Gas) 엔진에서 스로틀 압력 센서의 기능으로 옳은 것은?

① 대기 압력을 검출하는 센서
② 스로틀의 위치를 감지하는 센서
③ 흡기다기관의 압력을 검출하는 센서
④ 배기 다기관 내의 압력을 측정하는 센서

해설 CNG 엔진의 스로틀 압력 센서(PTP)는 압력 변환기이며, 인터쿨러와 스로틀 보디 사기의 배기관에 연결되어 있다. 터보 차저 직전의 흡기다기관 내의 압력을 측정하고 측정한 압력은 기타 다른 데이터들과 함께 엔진으로 흡입되는 공기 흐름을 산출할 수 있으며, 또한 웨이스트 게이트를 제어한다.

12 CNG(Compressed Natural Gas) 엔진에서 가스의 역류를 방지하기 위한 장치는?

① 체크 밸브
② 에어 조절기
③ 저압 연료 차단 밸브
④ 고압 연료 차단 밸브

해설 ① 체크 밸브 : CNG 충전 밸브 후단에 설치되어 고압가스 충전 시 가스의 역류를 방지한다.
② 에어 조절기 : 공기조절 기구(Air Regulator)는 공기탱크와 웨이스트 게이트 제어 솔레노이드 밸브 사이에 설치되며, 공기압력을 9bar에서 2bar로 감압시킨다.
③ 저압 연료 차단 밸브 : CNG 엔진의 저압 차단 밸브는 연료량 조절 밸브 입구쪽에 설치되어 있는 솔레노이드 밸브로서 비상시 또는 점화 스위치 OFF시 가스를 차단한다.
④ 고압 연료 차단 밸브는 CNG 탱크와 압력 조절기 사이에 설치되어 있으며, 엔진의 가동을 정지시켰을 때 고압 연료 라인을 차단한다.

13 CNG 자동차에서 가스 실린더 내 200bar의 연료압력을 8~10bar로 감압시켜주는 밸브는?

① 마그네틱 밸브
② 저압 잠금 밸브
③ 레귤레이터 밸브
④ 연료양 조절 밸브

정답 **08.**② **09.**② **10.**② **11.**④ **12.**① **13.**③

해설 레귤레이터 밸브(Regulator valve)는 고압 차단 밸브와 열 교환 기구 사이에 설치되며, CNG 탱크 내 200bar의 높은 압력의 CNG를 엔진에 필요한 8bar로 감압 조절한다. 압력 조절기 내에는 높은 압력의 가스가 낮은 압력으로 팽창되면서 가스 온도가 내려가므로 이를 난기 시키기 위해 엔진의 냉각수가 순환하도록 되어 있다.

14 CNG(Compressed Natural Gas) 차량에서 연료량 조절 밸브 어셈블리의 구성품이 아닌 것은?

① 가스 압력 센서
② 가스 온도 센서
③ 연료 온도 조절기
④ 저압 가스 차단 밸브

해설 연료량 조절 밸브 어셈블리는 가스 압력 센서, 가스 온도 센서, 저압 차단 밸브, 연료 분사량 조절 밸브로 구성되어 있다.

① 가스 압력 센서 : 연료량 조절 밸브에 설치되어 있으며, 분사 직전의 조정된 가스 압력을 검출하는 압력 변환기이다. 이 센서의 신호와 다른 기타 정보를 함께 사용하여 인젝터(연료 분사장치)에서의 연료 밀도를 산출한다.
② 가스 온도 센서 : 부특성 서미스터로 미터링 밸브 내에 설치되어 있으며, 분사 직전의 조정된 천연가스 온도를 검출하여 ECU(ECM)에 입력한다. 이 온도 센서의 신호와 천연가스 압력 센서의 압력 신호를 함께 사용하여 인젝터의 연료 농도(미터링 밸브 작동시점 결정)를 계산한다.
③ 저압 가스 차단 밸브 : CNG 엔진의 저압 차단 밸브는 연료량 조절 밸브 입구쪽에 설치되어 있는 솔레노이드 밸브로서 비상시 또는 점화 스위치 OFF시 가스를 차단한다.
④ 연료 분사량 조절 밸브 : 8개의 작은 인젝터로 구성되어 있으며, 컴퓨터로부터 구동 신호를 받아 엔진에서 요구하는 연료량을 정확하게 스로틀 보디 앞에 분사한다.

LPI 연료 장치

01 가솔린 엔진과 비교한 LPG 엔진의 특징으로 가장 거리가 먼 것은?

① 유해 배출물 발생이 적다.
② 카본 발생이 적다.
③ 엔진 오일의 점도 저하가 크다.
④ 엔진 오일의 오염이 적다.

해설 LPG 엔진의 특징
① 유해 배기가스가 비교적 적게 배출되어 대기오염이 적고 위생적이다.
② 엔진 오일의 오염이 적고 연소실에 카본 퇴적이 적다.
③ 옥탄가가 높아 노킹이 잘 일어나지 않는다.
④ 가솔린에 비해 쉽게 기화하여 연소가 균일하다.
⑤ 퍼콜레이션(percolation)현상 및 증기폐쇄(vapor lock)가 일어나지 않는다.
⑥ LPG의 연소속도는 가솔린보다 느리다.
⑦ 연료펌프가 필요 없다.
⑧ 가솔린 엔진보다 점화시기를 진각시켜야 한다.
⑨ 엔진 오일의 내열성이 좋아야 한다.
⑩ 체적효율이 낮아 축 출력이 가솔린 엔진에 비해 낮다.
⑪ 동절기에는 시동성이 떨어지므로 부탄 70%, 프로판 30%의 비율을 사용한다.

02 LPG 엔진의 특징에 대한 설명으로 틀린 것은?

① 연료 봄베는 밀폐식으로 되어있다.
② 배기가스의 CO 함유량은 가솔린 엔진에 비해 적다.
③ LPG는 영하의 온도에서 기화하지 않는다.
④ 체적효율이 낮아 축 출력이 가솔린 엔진에 비해 낮다.

03 자동차 엔진 연료 중 LPG의 특성 설명으로 틀린 것은?

① 저온에서 증기압이 낮기 때문에 시동성이 좋지 않다.

② 유독성 납화합물이나 유황분 등의 함유량이 적어, 휘발유에 비해 청정연료이다.

③ LPG는 가스 상태로 실린더에 공급되므로 흡입효율 저하에 의한 출력저하 현상이 나타난다.

④ 액체 상태에서 단위 중량당 발열량은 휘발유보다 낮지만, 공기와 혼합 상태에서의 발열량은 휘발유보다 높다.

해설 LPG는 유독성 납화합물이나 유황분 등의 함유량이 적어, 휘발유에 비해 청정연료이다. 그러나 저온에서 증기압이 낮기 때문에 시동성이 좋지 않고, LPG는 가스 상태로 실린더에 공급되므로 흡입효율 저하에 의한 출력저하 현상이 나타난다.

04 자동차 엔진에 사용되는 LPG의 특징으로 틀린 것은?

① 공기보다 가볍다.

② 증발 잠열이 크다.

③ 액화 시 체적이 감소한다.

④ 기화 및 액화가 용이하다.

해설 LPG는 공기보다 무겁고, 증발 잠열이 크며, 액화할 때 체적이 감소하고, 기화 및 액화가 용이하다.

05 LPG 자동차 봄베의 액상연료 최대 충전량은 내용적의 몇 %를 넘지 않아야 하는가?

① 75% ② 80%

③ 85% ④ 90%

해설 LPG 자동차 봄베의 액상연료 최대 충전량은 내용적의 85%를 넘지 않아야 한다.

06 LPG(Liquefied Petroleum Gas)차량의 특성 중 장점이 아닌 것은?

① 엔진 연소실에 카본의 퇴적이 거의 없어 스파크 플러그의 수명이 연장된다.

② 엔진 오일이 가솔린과는 달리 연료에 의해 희석되므로 실린더의 마모가 적고 오일교환 기간이 연장된다.

③ 가솔린에 비해 쉽게 기화되므로 연소가 균일하여 엔진 소음이 적다.

④ 베이퍼록(vapor lock)과 퍼콜레이션(percolation) 등이 발생하지 않는다.

해설 LPG 엔진의 특징
① 기화하기 쉬워 연소가 균일하다.
② 옥탄가가 높아 노킹발생이 적다.
③ 연소실에 카본퇴적이 적다.
④ 베이퍼록이나 퍼콜레이션이 일어나지 않는다.
⑤ 공기와 혼합이 잘 되고 완전연소가 가능하다.
⑥ 배기색이 깨끗하고 유해 배기가스가 비교적 적다.
⑦ 엔진오일이 가솔린과는 달리 연료에 의해 희석되지 않으므로 실린더의 마모가 적고 오일교환 기간이 연장된다.

07 자동차 연료 중 LPG에 대한 설명으로 틀린 것은?

① 공기보다 무겁다.

② 저장을 기체 상태로 한다.

③ 온도상승에 의해 압력상승이 일어난다.

④ 연료 충진은 탱크 용량의 약 85% 정도로 한다.

해설 LPG는 봄베에 액체 상태로 저장하며, 누출되면 공기보다 무겁고 온도상승에 의해 압력상승이 일어나며, 연료의 충진은 탱크 용량의 약 85% 정도로 한다.

정답 03.④ 04.① 05.③ 06.② 07.②

08 가솔린 엔진과 비교한 LPG 엔진에 대한 설명으로 옳은 것은?

① 저속에서 노킹이 자주 발생한다.
② 프로판과 부탄을 사용한다.
③ 액화가스는 압축행정말 부근에서 완전 기체상태가 된다.
④ 타르의 생성이 없다.

> 해설 여름철용 LPG는 100% 부탄을 사용하고, 겨울철용 LPG는 부탄 70%, 프로판 30%의 혼합물을 사용하여 겨울에도 기화가 원활하게 되도록 한다.

09 LPG 엔진과 비교할 때 LPI 엔진의 장점으로 틀린 것은?

① 겨울철 냉간 시동성이 향상된다.
② 봄베에서 송출되는 가스압력을 증가시킬 필요가 없다.
③ 역화 발생이 현저히 감소된다.
④ 주기적인 타르 배출이 불필요하다.

> 해설 LPI 장치의 장점
> ① 겨울철 시동성이 향상된다.
> ② 정밀한 LPG 공급량의 제어로 이미션(emission) 규제의 대응에 유리하다.
> ③ 고압의 액체 LPG 상태로 분사하여 타르 생성의 문제점을 개선할 수 있다.
> ④ 주기적인 타르 배출이 필요 없다.
> ⑤ 가솔린 엔진과 같은 수준의 동력 성능을 발휘한다.
> ⑥ 역화의 발생이 현저하게 감소된다.

10 LPI(Liquid Petroleum Injection) 연료장치의 특징이 아닌 것은?

① 가스 온도 센서와 가스 압력 센서에 의해 연료 조성비를 알 수 있다.
② 연료 압력 레귤레이터에 의해 일정 압력을 유지하여야 한다.
③ 믹서에 의해 연소실로 연료가 공급된다.
④ 연료펌프가 있다.

> 해설 LPI(Liquid Petroleum Injection) 장치는 LPG를 높은 압력의 액체 상태(5~15bar)로 유지하면서 엔진 컴퓨터에 의해 제어되는 인젝터를 통하여 각 실린더로 분사하는 방식이다.

11 LPG 자동차에서 액상 분사장치(LPI)에 대한 설명 중 틀린 것은?

① 빙결 방지용 인젝터를 사용한다.
② 연료 펌프를 설치한다.
③ 가솔린 분사용 인젝터와 공용으로 사용할 수 없다.
④ 액·기상 전환 밸브의 작동에 따라 연료 분사량이 제어되기도 한다.

> 해설 액기상 전환 밸브는 기존의 LPG 엔진에서 냉각수 온도에 따라 기체 또는 액체 상태의 LPG를 송출하는 역할을 한다.

12 LPI 엔진의 연료장치 주요 구성품으로 틀린 것은?

① 연료 펌프
② 모터 컨트롤러
③ 연료 레귤레이터 유닛
④ 베이퍼라이저

> 해설 LPI 연료 장치의 구성품
> ① 봄베 : 봄베는 LPG를 충전하기 위한 고압 용기이다.
> ② 연료 펌프 : 연료 펌프는 봄베 내에 설치되어 있으며, 액체 상태의 LPG를 인젝터에 압송하는 역할을 한다.
> ③ 연료 레귤레이터 유닛 : 연료 압력 조절기 유닛은 연료 봄베에서 송출된 고압의 LPG를 다이어프램과 스프링 장력의 균형을 이용하여 연료 라인 내의 압력을 항상 펌프의 압력보다 약 $5kgf/cm^2$ 정도 높게 유지시키는 역할을 한다.

정답 08.② 09.② 10.③ 11.④ 12.④

13 전자제어 LPI 차량의 구성품이 아닌 것은?

① 연료 차단 솔레노이드 밸브
② 연료 펌프 드라이버
③ 과류 방지 밸브
④ 믹서

해설 LPI 연료 장치 구성품
① 연료 차단 솔레노이드 밸브 : 엔진 시동을 ON, OFF시 작동하는 ON, OFF방식으로 엔진을 OFF 시키면 봄베와 인젝터 사이의 연료 라인을 차단하는 역할을 한다. 연료 차단 솔레노이드 밸브는 연료 압력 조절기 유닛과 멀티 밸브 어셈블리에 각각 1개씩 설치되어 동일한 조건으로 동일하게 작동하여 2중으로 연료를 차단한다.
② 연료 펌프 드라이버 : 인터페이스 박스(IFB)에서 신호를 받아 펌프를 구동하기 위한 모듈이다.
③ 과류 방지 밸브 : 차량의 사고 등으로 배관 및 연결부가 파손된 경우 봄베로부터 연료의 송출을 차단하여 LPG의 방출로 인한 위험을 방지하는 역할을 한다.

14 전자제어 LPI 엔진의 구성품이 아닌 것은?

① 베이퍼라이저
② 가스 온도 센서
③ 연료 압력 센서
④ 레귤레이터 유닛

해설 LPI 연료 장치 구성품
① 가스 온도 센서 : 가스 온도에 따른 연료량의 보정 신호로 이용되며, LPG의 성분 비율을 판정할 수 있는 신호로도 이용된다.
② 연료 압력 센서(가스 압력 센서) : LPG 압력의 변화에 따른 연료량의 보정 신호로 이용되며, 시동시 연료 펌프의 구동 시간을 제어하는데 영향을 준다.
③ 레귤레이터 유닛 : 연료 압력 조절기 유닛은 연료 봄베에서 송출된 고압의 LPG를 다이어프램과 스프링 장력의 균형을 이용하여 연료 라인 내의 압력을 항상 펌프의 압력보다 약 5kgf/cm² 정도 높게 유지시키는 역할을 한다.

15 LPI 자동차의 연료공급 장치에 대한 설명으로 틀린 것은?

① 봄베는 내압시험과 기밀시험을 통과하여야 한다.
② 연료펌프는 기체상태의 LPG를 인젝터에 압송한다.
③ 연료압력 조절기는 연료배관의 압력을 일정하게 유지시키는 역할을 한다.
④ 연료배관 파손 시 봄베 내 연료의 급격한 방출을 차단하기 위해 과류방지밸브가 있다.

해설 연료 펌프는 봄베 내에 설치되어 있으며, 액체 상태의 LPG를 인젝터에 압송하는 역할을 한다. 연료 펌프는 필터(여과기), BLDC 모터 및 양정형 펌프로 구성된 연료 펌프 유닛과 과류 방지 밸브, 리턴 밸브, 릴리프 밸브, 수동 밸브, 연료 차단 솔레노이드 밸브가 배치되어 있는 멀티 밸브 유닛으로 구성되어 있다.

16 LPI 시스템에서 연료 펌프 제어에 대한 설명으로 옳은 것은?

① 엔진 ECU에서 연료 펌프를 제어한다.
② 종합 릴레이에 의해 연료 펌프가 구동된다.
③ 엔진이 구동되면 운전조건에 관계없이 일정한 속도로 회전한다.
④ 펌프 드라이버는 운전조건에 따라 연료 펌프의 속도를 제어한다.

해설 LPI 시스템의 펌프 드라이버는 연료펌프 내에 장착된 BLDC(brush less direct current) 모터의 구동을 제어하는 컨트롤러로서 엔진의 운전 조건에 따라 모터를 5단계로 제어하는 역할을 한다.

17 LPG 차량에서 연료 압력 조절기 유닛의 주요 구성품이 아닌 것은?

① 흡기 온도 센서
② 가스 온도 센서
③ 연료 압력 조절기
④ 연료 차단 솔레노이드 밸브

해설 연료 압력 조절기 유닛의 구성품
① 연료 압력 조절기 : 연료 라인의 압력을 펌프의 압력보다 항상 5kgf/cm² 정도 높도록 조절하는 역할을 한다.
② 가스 온도 센서 : 가스 온도에 따른 연료량의 보정 신호로 이용되며, LPG의 성분 비율을 판정할 수 있는 신호로도 이용된다.
③ 가스 압력 센서 : LPG 압력의 변화에 따른 연료량의 보정 신호로 이용되며, 시동시 연료 펌프의 구동 시간을 제어하는데 영향을 준다.
④ 연료 차단 솔레노이드 밸브 : 연료를 차단하기 위한 밸브로 점화 스위치 OFF시 연료를 차단한다.

18 LPI 엔진의 연료라인 압력이 봄베 압력보다 항상 높게 설정되어 있는 이유로 옳은 것은?

① 공연비 피드백 제어
② 연료의 기화방지
③ 공전속도 제어
④ 정확한 듀티 제어

해설 LPI 엔진의 연료라인 압력이 봄베의 압력보다 항상 높게 설정되어 있는 이유는 연료 라인에서 기화되는 것을 방지하기 위함이다.

19 LPI 시스템에서 부탄과 프로판의 조성 비율을 판단하기 위한 센서 2가지는?

① 연료량 감지 센서
② 수온 센서, 압력 센서
③ 수온 센서, 유온 센서
④ 압력 센서, 유온 센서

해설 ① 압력 센서 : 가스 압력에 따르는 연료펌프 구동시간 결정 및 LPG 조성 비율을 판정하여 최적의 LPG 분사량을 보정하는데 이용되며, 가스

온도 센서가 고장일 때 대처 기능으로 사용된다.
② 유온 센서 : 가스 압력 센서와 함께 LPG 조성 비율 판정 신호로도 이용되며, LPG 분사량 및 연료 펌프 구동시간 제어에도 사용된다.

20 LPI 엔진에서 연료의 부탄과 프로판의 조성 비를 결정하는 입력요소로 맞는 것은?

① 크랭크 각 센서, 캠각 센서
② 연료 온도 센서, 연료 압력 센서
③ 공기 유량 센서, 흡기 온도 센서
④ 산소 센서, 냉각수 온도 센서

해설 연료 온도 센서는 연료 압력 센서와 함께 LPG 조성 비율의 판정 신호로도 이용되며, LPG 분사량 및 연료 펌프 구동시간 제어에도 사용된다.

21 LPI 엔진에서 연료 압력과 연료 온도를 측정하는 이유는?

① 최적의 점화시기를 결정하기 위함이다.
② 최대 흡입 공기량을 결정하기 위함이다.
③ 최대로 노킹 영역을 피하기 위함이다.
④ 연료 분사량을 결정하기 위함이다.

해설 가스 압력 센서는 가스 온도 센서와 함께 LPG 조성 비율의 판정 신호로도 이용되며, LPG 분사량 및 연료 펌프 구동시간 제어에도 사용된다.

22 LPI 엔진에서 사용하는 가스 온도 센서 (GTS)의 소자로 옳은 것은?

① 서미스터   ② 다이오드
③ 트랜지스터   ④ 사이리스터

해설 가스 온도 센서는 연료 압력 조절기 유닛에 배치되어 있으며, 서미스터를 이용하여 LPG의 온도를 검출하여 가스 온도에 따른 연료량의 보정 신호로 이용되며, LPG의 성분 비율을 판정할 수 있는 신호로도 이용된다.

정 답 17.① 18.② 19.④ 20.② 21.④ 22.①

23 LPI 엔진에서 인젝터에 관한 설명으로 틀린 것은?(단, 베이퍼라이저가 미적용된 차량)

① 전류 구동방식이다.
② 아이싱 팁을 사용한다.
③ 실린더에 직접 분사한다.
④ 액상의 연료를 분사한다.

해설 LPI 엔진의 인젝터는 전류 구동방식을 사용하며 액체상태의 LPG를 분사하는 인젝터와 LPG 분사 후 기화 잠열에 의한 수분의 빙결을 방지하기 위한 아이싱 팁(icing tip)으로 구성되어 있으며, 연료는 연료 입구측의 필터를 통과한 LPG가 인젝터 내의 아이싱 팁을 통하여 흡기관에 분사된다.

24 LPI 엔진의 연료장치에서 장시간 차량정지 시 수동으로 조작하여 연료 토출 통로를 차단하는 밸브는?

① 매뉴얼 밸브
② 과류 방지 밸브
③ 릴리프 밸브
④ 리턴 밸브

해설 LPI에서 사용하는 밸브의 역할
① 매뉴얼 밸브 : 장기간 자동차를 운행하지 않을 경우 수동으로 LPG의 공급라인을 차단하는 수동 밸브이다.
② 과류 방지 밸브 : 차량의 사고 등으로 배관 및 연결부가 파손된 경우 봄베로부터 연료의 송출을 차단하여 LPG의 방출로 인한 위험을 방지하는 역할을 한다.
③ 릴리프 밸브 : LPG 공급라인의 압력을 액체 상태로 유지시켜, 엔진이 뜨거운 상태에서 재시동을 할 때 시동성을 향상시키는 역할을 한다.
④ 리턴 밸브 : 연료 라인의 LPG 압력이 규정값 이상이 되면 열려 과잉의 LPG를 봄베로 리턴시키는 역할을 한다.

25 LPI 엔진에서 연료를 액상으로 유지하고 배관 파손 시 용기 내의 연료가 급격히 방출되는 것을 방지하는 것은?

① 릴리프 밸브
② 과류 방지 밸브
③ 매뉴얼 밸브
④ 연료 차단 밸브

해설 LPI에서 사용하는 밸브의 역할
① 릴리프 밸브 : LPG 공급라인의 압력을 액체 상태로 유지시켜, 엔진이 뜨거운 상태에서 재시동을 할 때 시동성을 향상시키는 역할을 한다.
② 과류 방지 밸브 : 차량의 사고 등으로 배관 및 연결부가 파손된 경우 봄베로부터 연료의 송출을 차단하여 LPG의 방출로 인한 위험을 방지하는 역할을 한다.
③ 매뉴얼 밸브 : 장기간 자동차를 운행하지 않을 경우 수동으로 LPG의 공급라인을 차단하는 수동 밸브이다.
④ 연료 차단 밸브 : 멀티 밸브 어셈블리에 설치되어 있으며, 엔진 시동을 OFF시키면 봄베와 인젝터 사이의 연료 라인을 차단하는 역할을 한다.

26 LPI 엔진에서 크랭킹은 가능하나 시동이 불가능하다. 다음 두 정비사의 의견 중 옳은 것은?

> – 정비사 KIM : 연료펌프가 불량이다.
> – 정비사 LEE : 인히비터 스위치가 불량일 가능성이 높다.

① 정비사 KIM이 옳다.
② 정비가 LEE가 옳다.
③ 둘 다 옳다.
④ 둘 다 틀리다.

정답 23.③ 24.① 25.② 26.①

PART

02

CBT
기출복원문제
자동차정비산업기사

CBT 기출복원문제
2023년 1회

▶ 정답 564쪽

제1과목   자동차엔진정비

01 디젤엔진에서 경유의 착화성과 관련하여 세탄 60cc α-메틸나프탈린 40cc를 혼합하면 세탄가(%)는?

① 70   ② 60
③ 50   ④ 40

$$\frac{세탄}{세탄 + \alpha - 메틸나프탈린} \times 100 = 세탄가$$

02 밸브 오버랩에 대한 설명으로 틀린 것은?

① 흡, 배기 밸브가 동시에 열려있는 상태이다.
② 공회전 운전영역에서는 밸브 오버랩을 최소화한다.
③ 밸브 오버랩을 통한 내부 EGR 제어가 가능하다.
④ 밸브 오버랩은 상사점과 하사점 부근에서 발생한다.

밸브오버랩은 상사점부근에서 발생한다.

03 냉각계통의 수온조절기에 대한 설명으로 틀린 것은?

① 펠릿형은 냉각수 온도가 60℃ 이하에서 최대로 열려 냉각수 순환을 잘되게 한다.
② 수온조절기는 엔진의 온도를 알맞게 유지한다.
③ 펠릿형은 왁스와 합성고무를 봉입한 형식이다.
④ 수온조절기는 벨로즈형과 펠릿형이 있다.

냉각수온조절기는 냉각수 온도가 75℃에서 열리기 시작해서 95℃에서 완전히 열린다.

04 가솔린 연료 200cc를 완전 연소시키기 위한 공기량(kg)은 약 얼마인가?(단, 공기와 연료의 혼합비는 15:1, 가솔린의 비중은 0.73이다.)

① 2.19   ② 5.19
③ 8.19   ④ 11.19

$0.2 \times 0.73 \times 15 = 2.19$

05 가솔린 연료 분사장치에서 공기량 계측센서 형식 중 직접계측방식으로 틀린 것은?

① 베인식   ② MAP
③ 핫 와이어식   ④ 칼만 와류식

MAP센서는 간접계측방식이다.

06 동력 행정 말기에 배기밸브를 미리 열어 연소압력을 이용하여 배기가스를 조기에 배출시켜 충전 효율을 좋게 하는 현상은?

① 블로바이 (blow by)
② 블로다운 (blow down)
③ 블로아웃 (blow out)
④ 블로백 (blow back)

① **블로바이** : 압축시 피스톤과 실린더 사이 압축가스가 새는 현상
④ **블로백** : 압축 행정 또는 폭발 행정일 때 가스가 밸브와 밸브 시트 사이에서 누출되는 현상

07 엔진에서 사용하는 온도센서의 소자로 옳은 것은?

① 서미스터   ② 다이오드
③ 트랜지스터   ④ 사이리스터

08 4행정 사이클 기관의 총 배기량 1000cc, 축마력 50ps, 회전수 3000rpm일 때 제동평균 유효압력은 몇 kgf/㎠인가?

① 11 　　　　　② 15
③ 17 　　　　　④ 18

$$IPS = \frac{P \times A \times L \times N \times R}{75 \times 60}$$

09 디젤엔진에서 냉간 시 시동성 향상을 위해 예열 장치를 두어 흡기를 예열하는 방식 중 가열 플랜지 방법을 주로 사용하는 연소실 형식은?

① 직접분사식 　　　② 와류실식
③ 예연소실식 　　　④ 공기실식

10 엔진이 과열되는 원인이 아닌 것은?

① 워터펌프 작동 불량
② 라디에이터의 코어 손상
③ 워터재킷 내 스케일 과다
④ 수온조절기가 열린 상태로 고장

수온조절기가 열린 상태로 고장나게 되면 과냉이다.

11 오토사이클의 압축비가 8.5일 경우 이론 열효율은 약 몇 %인가?(단, 공기의 비열비는 1.4이다.)

① 49.6 　　　　② 52.4
③ 54.6 　　　　④ 57.5

$$\eta = 1 - \left(\frac{1}{\epsilon}\right)^{k-1}$$

12 전자제어 엔진에서 연료 분사 피드백에 사용되는 센서는 무엇인가?

① 수온센서(WTS)
② 스로틀포지션센서(TPS)
③ 산소센서(O_2)
④ 에어플로어센서(AFS)

산소센서는 배출가스 내의 산소농도를 감지해서 연료의 농후/희박상태를 감지하여 피드백 하는 센서이다.

13 가솔린엔진에서 인젝터의 연료분사량 제어와 직접적으로 관계있는 것은?

① 인젝터의 니들 밸브 지름
② 인젝터의 니들 밸브 유효 행정
③ 인젝터의 솔레노이드 코일 통전 시간
④ 인젝터의 솔레노이드 코일 차단 전류 크기

연료 분사량의 제어는 솔레노이드코일의 통전시간을 통하여 연료량이 제어 된다.

14 라디에이터 캡의 점검 방법으로 틀린 것은?

① 압력이 하강하는 경우 캡을 교환한다.
② 0.95~1.25kgf/㎠ 정도로 압력을 가한다.
③ 압력 유지 후 약 10~20초 사이에 압력이 상승하면 정상이다.
④ 라디에이터 캡을 분리한 뒤 씰 부분에 냉각수를 도포하고 압력 테스터를 설치한다.

라디에이터 캡은 압력이 유지되어야 정상이다.

15 도시마력 (지시마력, indicated horsepower) 계산에 필요한 항목으로 틀린 것은?

① 총 배기량
② 엔진 회전수
③ 크랭크축 중량
④ 도시 평균 유효 압력

도시평균유효압력, 배기량, 엔진회전수

16 윤활유의 주요 기능이 아닌 것은?

① 방청작용 　　　② 산화작용
③ 밀봉작용 　　　④ 응력분산작용

산화방지작용

17 점화파형에서 파워 TR(트랜지스터)의 통전시간을 의미하는 것은?

① 전원전압 　　　② 피크(peak)전압
③ 드웰)시간 　　　④ 점화시간

점화 장치에서는 점화 코일에 1차 전류가 흐르는 시간을 드웰 기간

18 LPG를 사용하는 자동차에서 봄베의 설명으로 틀린 것은?

① 용기의 도색은 회색으로 한다.
② 안전밸브에 주 밸브를 설치할 수는 없다.
③ 안전밸브는 충전밸브와 일체로 조립된다.
④ 안전밸브에서 분출된 가스는 대기 중으로 방출되는 구조이다.

안전밸브가 주 밸브 역할을 할 수 있다.

19 배출가스 측정 시 HC (탄화수소)의 농도단위인 ppm을 설명한 것으로 적당한 것은?

① 백분의 1을 나타내는 농도단위
② 천분의 1을 나타내는 농도단위
③ 만분의 1을 나타내는 농도단위
④ 백만분의 1을 나타내는 농도단위

20 전자제어 가솔린 분사장치(MPI)에서 폐회로 공연비 제어를 목적으로 사용하는 센서는?

① 노크센서   ② 산소센서
③ 차압센서   ④ EGR 위치센서

• **산소센서** : 배기가스 내의 산소를 감지해서 공연비를 제어하는 피드백 센서다.
• **노크센서** : 노킹이 감지되면 점화시기를 지각시킨다.

제2과목   **자동차섀시정비**

---

21 하이드로 플래닝에 관한 설명으로 옳은 것은?

① 저속으로 주행할 때 하이드로 플래닝이 쉽게 발생한다.
② 트레드 과하게 마모된 타이어에서는 하이드로 플래닝이 쉽게 발생한다.
③ 하이드로 플래닝이 발생할 때 조향은 불안정하지만 효율적인 제동은 가능하다.
④ 타이어의 공기압이 감소할 때 접촉영역이 증가하여 하이드로 플래닝이 방지된다.

하이드로 플래닝 현상 : 수막현상이라고도 하며, 물이 고인 노면을 고속으로 주행하면 타이어가 물에 약간 떠 있는 상태가 되므로 자동차를 제어할 수 없게 되는 현상.

22 자동변속기에 사용되고 있는 오일(ATF)의 기능이 아닌 것은?

① 충격을 흡수한다.
② 동력을 발생시킨다.
③ 작동 유압을 전달한다.
④ 윤활 및 냉각작용을 한다.

자동변속기 오일은 동력을 전달시키고 밸브를 작동시키기 위한 유압을 전달한다.

23 자동차의 축간거리가 2.5m, 킹핀의 연장선과 캠버의 연장선이 지면 위에서 만나는 거리가 30cm인 자동차를 좌측으로 회전하였을 때 바깥쪽 바퀴의 조향각도가 30°라면 최소회전 반경은 약 몇 m인가?

① 4.3   ② 5.3
③ 6.2   ④ 7.2

$$R = \frac{L}{\sin\alpha} + r = \frac{2.5}{\sin 30} + 0.3 = 5.3m$$

24 ABS 시스템의 구성품이 아닌 것은?

① 차고센서
② 휠 스피드 센서
③ 하이드롤릭 유닛
④ ABS 컨트롤 유닛

휠스피드센서, 하이드롤릭유닛, 컨트롤 유닛, 프로포셔닝 밸브

25 차체 자세제어장치(VDC, EPS)에서 선회 주행 시 자동차의 비틀림을 검출하는 센서는?

① 차속센서
② 휠 스피드 센서
③ 요 레이트 센서
④ 조향 핸들 각속도 센서

26 전자제어 현가장치에서 자동차가 선회할 때 원심력에 의한 차체의 흔들림을 최소로 제어하는 기능은?

① 안티 롤 제어
② 안티 다이브 제어
③ 안티 스쿼트 제어
④ 안티 드라이브 제어

27 조향 핸들을 2바퀴 돌렸을 때 피트먼 암이 90° 움직였다면 조향 기어비는?

① 1 : 6
② 1 : 7
③ 8 : 1
④ 9 : 1

$$\frac{720}{90} = 8$$

28 자동변속기에서 유성기어 장치의 3요소가 아닌 것은?

① 선 기어
② 캐리어
③ 링 기어
④ 베벨 기어

29 브레이크 페달을 강하게 밟을 때 후륜이 먼저 록(lock)되지 않도록 하기 위하여 유압이 일정 압력으로 상승하면 그 이상 후륜 측에 유압이 가해지지 않도록 제한하는 장치는?

① 프로포셔닝밸브
② 압력 체크 밸브
③ 이너셔밸브
④ EGR 밸브

30 동기물림식 수동변속기의 주요 구성품이 아닌 것은?

① 도그 클러치
② 클러치 허브
③ 클러치 슬리브
④ 싱크로나이저 링

도그클러치는 상시물림식이다.

31 자동차가 주행할 때 발생하는 저항 중 자동차의 전면 투영 면적과 관계있는 저항은?

① 구름저항
② 구배저항
③ 공기저항
④ 마찰저항

32 토크컨버터의 펌프 회전수가 2800rpm이고, 속도비가 0.6 토크비가 4일때의 효율은?

① 0.24
② 2.4
③ 0.34
④ 3.4

$0.6 \times 4 = 2.4$

33 튜브가 없는 타이어(tubeless tire)에 대한 설명으로 틀린 것은?

① 튜브 조립이 없어 작업성이 좋다.
② 튜브 대신 타이어 안쪽 내벽에 고무막이 있다.
③ 날카로운 금속에 찔리면 공기가 급격히 유출된다.
④ 타이어 속의 공기가 림과 직접 접촉하여 열발산이 잘된다.

튜브리스 타이어는 공기가 천천히 유출된다.

34 브레이크 라이닝 표면이 과열되어 마찰계수가 저하되고 브레이크 효과가 나빠지는 현상은?

① 페이드현상
② 캐비테이션
③ 언더 스티어링 현상
④ 하이드로 플래닝 현상

35 ABS시스템과 슬립(미끄러짐)현상에 관한 설명으로 틀린 것은?

① 슬립(미끄럼)양을 백분율(%)로 표시한 것을 슬립율이라고 한다.
② 슬립율은 주행속도가 늦거나 제동 토크가 작을수록 커진다.
③ 주행속도와 바퀴 회전속도에 차이가 발생하는 것을 슬립현상이라고 한다.
④ 제동 시 슬립현상이 발생할 때 제동력이 최대가 될 수 있도록 ABS시스템이 제동 압력을 제어한다.

주행속도가 빠르거나 제동 토크가 크면 미끄러짐이 커져 슬립율은 커진다.

36 브레이크 파이프 라인에 잔압을 두는 이유로 틀린 것은?

① 베이퍼록을 방지한다.

② 브레이크의 작동 지연을 방지한다.

③ 피스톤이 제자리로 복귀하도록 도와준다.

④ 휠 실린더에서 브레이크액이 누출되는 것을 방지한다.

37 자동차 제동 시 정지거리로 옳은 것은?

① 반응시간 + 제동시간

② 반응시간 + 공주거리

③ 공주거리 + 제동거리

④ 미끄럼 양 + 제동시간

• 공주거리 : 운전자가 인지하고 브레이크를 밟기 직전까지의 시간에 움직인 거리
• 제동거리 : 브레이크를 밟아서 자동차가 정지하기까지의 거리

38 동기물림식 수동변속기에서 기어 변속 시 소음이 발생하는 원인이 아닌 것은?

① 클러치 디스크 변형

② 싱크로메시 기구 마멸

③ 싱크로나이저 링의 마모

④ 클러치 디스크 토션 스프링 장력 감쇠

39 자동차의 변속기에서 제3속의 감속비 1.5, 종감속 구동 피니언 기어의 잇수 5, 링기어의 잇수 22, 구동바퀴의 타이어 유효반경 280mm, 엔진회전수 3300rpm으로 직진 주행하고 있다. 이때 자동차의 주행속도는 약 몇 km/h인가? (단, 타이어의 미끄러짐은 없다.)

① 26.4 ② 52.8

③ 116.2 ④ 128.4

총감독비(변속비×종감속비)
$= 22 \div 5 = 4.4 \times 1.5 = 6.6$
$3300 \div 6.6 = 500 rpm \div 60 = 8.33$
타이어둘레 $= 2 \times \pi \times 0.28 ≒ 1.759$
$1.759 \times 8.33 = 14.6 m/s \times 3.6 = 52.77 km/h$

40 동력전달장치인 추진축이 기하학적인 중심과 질량중심이 일치하지 않을 때 일어나는 진동은?

① 요잉 ② 피칭

③ 롤링 ④ 휠링

제3과목 자동차 전기 · 전자장치 정비

41 기전력이 2V이고 0.2Ω의 저항 5개가 병렬로 접속되었을 때 각 저항에 흐르는 전류는 몇 A인가?

① 20 ② 30

③ 40 ④ 50

$$\frac{1}{\frac{1}{R_1} + \frac{1}{R_2} + \cdots} = \frac{1}{\frac{1}{0.2} + \frac{1}{0.2} + \frac{1}{0.2} + \frac{1}{0.2} + \frac{1}{0.2}}$$
$$= \frac{0.2}{5} = 0.04\Omega$$
$$I = \frac{E}{R} = \frac{2}{0.04} = 50A$$

42 점화 2차 파형에서 감쇄 진동 구간이 없을 경우 고장 원인으로 옳은 것은?

① 점화코일 불량

② 점화코일의 극성 불량

③ 점화케이블의 절연상태 불량

④ 스파크플러그의 에어 갭 불량

① 연소선 전압 규정(2~3KV) 높으면 : 점화2차 라인 저항 과대
② 점화 서지 전압 규정(6~12KV) 공전에서 높으면 : 점화2차 라인 저항 과대
③ 점화 코일 진동수(규정 1~2개) : 진동수가 거의 없다면 점화 코일 결함

43 배터리의 과충전 현상이 발생되는 주된 원인은?

① 배터리 단자의 부식

② 전압 조정기의 작동 불량

③ 발전기 구동벨트 장력의 느슨함

④ 발전기 커넥터의 단선 및 접촉 불량

44 메모리 효과가 발생하는 배터리는?

① 납산 배터리

② 니켈 배터리

③ 리튬–이온 배터리

④ 리튬–폴리머 배터리

45 반도체 접합 중 이중 접합의 적용으로 틀린 것은?

① 서미스터

② 발광 다이오드

③ PNP트랜지스터

④ NPN트랜지스터

서미스터는 저항계의 일종이다.

46 냉방장치의 구성품으로 압축기로부터 들어온 고온·고압의 기체 냉매를 냉각시켜 액체로 변화시키는 장치는?

① 증발기   ② 응축기

③ 건조기   ④ 팽창밸브

47 기동전동기의 작동원리는?

① 렌츠의 법칙

② 앙페르 법칙

③ 플레밍의 왼손 법칙

④ 플레밍의 오른손 법칙

기동전동기의 작동원리 : 플레밍의 왼손 법칙
발전기의 작동원리 : 플레밍의 오른손 법칙

48 다이오드 종류 중 역방향으로 일정 이상의 전압을 가하면 전류가 급격히 흐르는 특성을 가지고 회로보호 및 전압조정용으로 사용되는 다이오드는?

① 스위치 다이오드

② 정류다이오드

③ 제너 다이오드

④ 트리오 다이오드

49 에어컨 냉매(R-134a)의 구비조건으로 옳은 것은?

① 비등점이 적당히 높을 것

② 냉매의 증발잠열이 작을 것

③ 응축 압력이 적당히 높을 것

④ 임계 온도가 충분히 높을 것

50 자동차 기동전동기 종류에서 전기자코일과 계자코일의 접속 방법으로 틀린 것은?

① 직권전동기   ② 복권전동기

③ 분권전동기   ④ 파권전동기

51 LAN(Local Area Network) 통신장치의 특징이 아닌 것은?

① 전장부품의 설치장소 확보가 용이하다.

② 설계변경에 대하여 변경하기 어렵다.

③ 배선의 경량화가 가능하다.

④ 장치의 신뢰성 및 정비성을 향상시킬 수 있다.

● LAN(Local Area Network) 통신장치의 특징
① 설계 변경에 대한 대응이 쉽다.
② 스위치, 액추에이터 근처에 ECU를 설치할 수 있다.
③ 전기기기의 사용 커넥터 수와 접속 부위의 감소로 신뢰성이 향상되었다.
④ ECU를 통합이 아닌 모듈별로 하여 용량은 작아지고 개수는 증가하여 비용도 증가한다.

52 DLI 점화장치의 구성 부품으로 틀린 것은?

① 배전기   ② 점화플러그

③ 파워TR   ④ 점화코일

DLI는 배전기가 없는 방식이다.

53 자동차용 냉방장치에서 냉매사이클의 순서로 옳은 것은?

① 증발기 → 압축기 → 응축기 → 팽창밸브

② 증발기 → 응축기 → 팽창밸브 → 압축기

③ 응축기 → 압축기 → 팽창밸브 → 증발기

④ 응축기 → 증발기 → 압축기 → 팽창밸브

54 점화플러그에 대한 설명으로 틀린 것은?

① 열형플러그는 열방산이 나쁘며 온도가 상승하기 쉽다.

② 열가는 점화플러그의 열방산 정도를 수치로 나타내는 것이다.

③ 고부하 및 고속회전의 엔진은 열형플러그를 사용하는 것이 좋다.

④ 전극 부분의 작동온도가 자기청정온도보다 낮을 때 실화가 발생할 수 있다.

55 논리회로 중 NOR회로에 대한 설명으로 틀린 것은?

① 논리합회로에 부정회로를 연결한 것이다.

② 입력 A와 입력 B가 모두 0이면 출력이 1이다.

③ 입력 A와 입력 B가 모두 1이면 출력이 0이다.

④ 입력 A 또는 입력 B중에서 1개가 1이면 출력이 1이다.

56 전류의 3대 작용으로 옳은 것은?

① 발열작용, 화학작용, 자기작용

② 물리작용, 화학작용, 자기작용

③ 저장작용, 유도작용, 자기작용

④ 발열작용, 유도작용, 증폭작용

57 경음기 소음 측정 시 암소음 보정을 하지 않아도 되는 경우는?

① 경음기소음 : 84dB, 암소음 : 75dB

② 경음기소음 : 90dB, 암소음 : 85dB

③ 경음기소음 : 100dB, 암소음 : 92dB

④ 경음기소음 : 100dB, 암소음 : 85dB

경음기 소음과 암소음의 측정치의 차이가 10dB이상의 경우 암소음 보정이 필요없다.

	경음기 소음과 암소음 차이	보정치
1	3dB미만	재측정
2	3dB	3dB
3	4dB~5dB	2dB
4	6dB~9dB	1dB
5	10dB이상	무보정

58 오토라이트(Auto light) 제어회로의 구성부품으로 가장 거리가 먼 것은?

① 압력센서

② 조도감지 센서

③ 오토 라이트 스위치

④ 램프 제어용 퓨즈 및 릴레이

59 점화파형에 대한 설명으로 틀린 것은?

① 압축압력이 높을수록 점화요구전압이 높아진다.

② 점화플러그의 간극이 클수록 점화요구전압이 높아진다.

③ 점화플러그의 간극이 좁을수록 불꽃방전 시간이 길어진다.

④ 점화 1차 코일에 흐르는 전류가 클수록 자기 유도 전압이 낮아진다.

60 기전력의 방향은 코일 내 자속의 변화를 방해하는 방향으로 발생하는 법칙은?

① 렌츠의 법칙

② 자기 유도 법칙

③ 플레밍의 왼손 법칙

④ 플레밍의 오른손 법칙

제4과목 친환경 자동차 정비

61 하이브리드 자동차에서 엔진은 발전용으로만 사용되고 자동차의 구동력은 모터만으로 얻는 방식은 무엇인가?

① 직렬형   ② 병렬형

③ 복권형   ④ 분권형

62 제동 시 전기모터를 발전기로 활용하여, 고전압 배터리를 충전하는 기능은?

① 회생제동

② 엔진 브레이크 제동

③ 유압 브레이크 제동

④ 전자식 파킹 브레이크 제동

63 DC-DC 컨버터 중 강압만 할 수 있는 것은?

① PWM 컨버터

② Buck 컨버터

③ Boost 컨버터

④ Buck-Boost 컨버터

> ② 벅 컨버터(Buck Converter) : 강압 컨버터(Step-Down Converter)라고도 불리운다
> ③ 부스트 컨버터(Boost Converter) : 승압 컨버터(Step-Up Converter)라고도 불리운다
> ④ 벅 부스트 컨버터(Buck-Boost Converter) : 전압을 강압 또는 승압

64 전기자동차 고전압 배터리의 안전 플러그에 대한 설명으로 틀린 것은?

① 탈거 시 고전압 배터리 내부 회로연결을 차단한다.

② 전기자동차의 주행속도 제한 기능을 한다.

③ 일부 플러그 내부에는 퓨즈가 내장되어 있다.

④ 고전압 장치 정비 전 탈거가 필요하다.

> ① 안전 플러그는 고전압 배터리팩에 장착되어 있다.
> ② 기계적인 분리를 통하여 고전압 배터리 내부의 회로

연결을 차단한다.

③ 일부 플러그 내부에는 메인퓨즈가 내장되어 있다.

④ 고전압 장치 정비 전 고전압 차단절차에 따라 탈거가 필요하다.

65 전기자동차의 구동 모터 탈거를 위한 작업으로 가장 거리가 먼 것은?

① 서비스(안전)플러그를 분리한다.

② 보조배터리(12V)의 (−)케이블을 분리한다.

③ 냉각수를 배출한다.

④ 배터리 관리 유닛의 커넥터를 탈거한다.

> ● **고전압 전원 차단절차**
> ① 고전압(안전플러그)을 차단한다.
> ② 12V 보조배터리 (−)단자를 분리한다.
> ③ 파워 일렉트릭 커버를 탈거한다.
> ④ 언더커버를 탈거한다.
> ⑤ 냉각수를 배출한다.

66 하이브리드 스타터 제네레이터의 기능으로 틀린 것은?

① 소프트 랜딩 제어

② 차량 속도 제어

③ 엔진 시동 제어

④ 발전 제어

> ● **하이브리드 스타터 제네레이터(HSG)의 주요 기능**
> ① **엔진 시동 제어** : 엔진과 구동 벨트로 연결되어 있어 엔진 시동 기능을 수행
> ② **엔진 속도 제어** : 하이브리드 모드 진입 시 엔진과 구동 모터 속도가 같을 때까지 하이브리드 스타터 제네레이터를 구동 후 엔진과 구동 모터의 속도가 같으면 엔진 클러치를 작동시켜 연결
> ③ **소프트 랜딩 제어** : 엔진 시동을 끌때 하이브리드 스타터 제네레이터로 엔진 부하를 걸어 엔진 진동을 최소화함
> ④ **발전 제어** : 고전압 배터리의 충전량 저하 시 엔진 시동을 걸어 엔진 회전력으로 고전압 배터리를 충전함

67 모터 컨트롤 유닛 MCU(Motor Control Unit)의 설명으로 틀린 것은?

① 고전압 배터리의(DC) 전력을 모터 구동을 위한 AC 전력으로 변환한다.

② 구동모터에서 발생한 DC 전력을 AC로 변환하여 고전압 배터리에 충전한다.

③ 가속시에 고전압 배터리에서 구동모터로 에너지를 공급한다.

④ 3상 교류(AC) 전월(U, V, W)으로 변환된 전력으로 구동모터를 구동시킨다.

●모터 컨트롤 유닛 MCU(Motor Control Unit)
① MCU는 전기차의 구동모터를 구동시키기 위한 장치로서 고전압 배터리의 직류(DC)전력을 모터구동을 위한 교류(AC)전력으로 변환시켜 구동모터를 제어한다.
② 고전압 배터리로부터 공급되는 직류(DC)전원을 이용하여 3상 교류(AC)전원으로 변환하여 제어보드에서 입력받은 신호로 3상 AC(U, V, W)전원을 제어함으로써 구동모터를 구동시킨다.
③ 가속시에는 고전압 배터리에서 구동모터로 전기 에너지를 공급하고 감속 및 제동 시에는 구동 모터를 발전기 역할로 변경시켜 구동 모터에서 발생한 에너지, 즉 AC 전원을 DC 전원으로 변환하여 고전압 배터리로 에너지를 회수함으로써 항속 거리를 증대시키는 기능을 한다.

68 마스터 BMS의 표면에 인쇄 또는 스티커로 표시되는 항목이 아닌 것은? (단, 비일체형인 경우로 국한한다.)

① 사용하는 동작 온도범위
② 저장 보관용 온도범위
③ 셀 밸런싱용 최대 전류
④ 제어 및 모니터링하는 배터리 팩의 최대 전압

● 마스터 BMS 표면에 표시되는 항목
① BMS 구동용 외부전원의 전압 범위 또는 자체 배터리 시스템에서 공급받는 구동용 전압 범위.
② 제어 및 모니터링 하는 배터리 팩의 최대 전압
③ 제어 및 모니터링 하는 배터리 팩의 최대 전류
④ 사용동작 온도 범위
⑤ 저장 보관용 온도 범위

69 전기자동차의 공조장치(히트펌프)에 대한 설명으로 틀린 것은?

① 정비 시 전용 냉매유(POE) 주입
② PTC형식 이배퍼레이트 온도 센서 적용
③ 전동형 BLDC 블로어 모터 적용
④ 온도센서 점검 시 저항(Ω) 측정

블로어 모터는 PWM 타입을 적용한다.

70 하이브리드 자동차의 내연기관에 가장 적합한 사이클 방식은?

① 오토 사이클 ② 복합 사이클
③ 에킨슨 사이클 ④ 카르노 사이클

① 에킨슨 사이클(고팽창비 사이클)은 압축 행정을 짧게 하여 압축시의 펌핑 손실을 줄이고 기하학적 팽창비(압축비)를 증대하여 폭발시 형성되는 에너지를 최대로 활용하는 사이클이다.
② 에킨슨 사이클의 특징
- 흡기 밸브를 압축 과정에 닫아 유효 압축 시작시기를 늦춰 압축비대비 팽창비를 크게 함
- 일반 가솔린엔진 대비 효율이 좋으나 최대 토크는 낮아 HEV등에 적용됨
- HEV는 모터를 이용해 부족한 토크를 보완함
③ 에킨슨 사이클의 출력과 토크
- 최대 토크 : 흡기 밸브를 늦게 닫기 때문에 체적효율이 상대적으로 낮아져 최대 토크가 낮으며, 높은 압축비로 인해 노크 특성이 불리해져 저속 구간에서 토크가 제한될 수밖에 없음
- 최대 출력 : 최대 토크가 낮기 때문에 최대 출력 또한 낮음.

71 하이브리드 시스템에서 주파수 변환을 통하여 스위칭 및 전류를 제어하는 방식은?

① SCC 제어 ② CAN 제어
③ PWM 제어 ④ COMP 제어

● PWM 제어
① 전원스위치를 일정한 주기로 ON-OFF하는 것에 의해 전압을 가변한다. 예를 들면, 스위치 ON하는 시간대를 반으로 하는 동작을 실시하면, 출력전압은, 입력 전원의 반의 전압(전류)이 된다.
② 전압을 높게 하려면, ON시간을 길게, 낮게 하려면 ON 시간을 짧게 한다.

③ 이러한 제어 방식을 펄스폭으로 제어하기 때문에, PWM(Pulse Width Modulation)이라고 부르며, 현재 일반적으로 사용되고 있으며, 펄스폭의 시간을 결정하는 기본이 되는 주파수를 캐리어 주파수라고 한다.

72 연료전지 자동차에서 수소라인 및 수소탱크 누출 상태점검에 대한 설명으로 옳은 것은?

① 수소가스 누출 시험은 압력이 형성된 연료전지 시스템이 작동 중에만 측정을 한다

② 소량누설의 경우 차량시스템에서 감지를 할 수 없다.

③ 수소 누출 포인트별 누기 감지센서가 있어 별도 누설점검은 필요 없다.

④ 수소탱크 및 라인 검사 시 누출 감지기 또는 누출 감지액으로 누기 점검을 한다.

73 연료전지 자동차에서 정기적으로 교환해야 하는 부품이 아닌 것은?

① 이온필터

② 연료전지 클리너 필터

③ 연료전지(스택) 냉각수

④ 감속기 윤활유

① 이온필터는 특정수준으로 차량의 전기전도도를 유지하고 전기적 안전성을 확보하기 위하여 스틱 냉각수로부터 이온을 필터링하는 역할을 하며 스틱 냉각수의 전기 전도도를 일정하게 유지하기 위하여 정기적으로 교환하여야 한다.
② 연료전지 차량은 흡입공기에서 먼지 입자와 유해가스(아황산가스, 부탕)를 걸러내는 화학필터를 사용하며 필터의 유해가스 및 먼지의 포집 용량을 고려하여 주기적으로 필터를 교환하여야 한다.
③ 연료전지 스택 냉각수는 연료전지 스택의 분리판 사이의 채널을 통과하며 연료전지가 작동하는 동안에는 240~480V의 고전압이 채널을 통해 흐른다. 따라서 냉각수가 우수한 전기 절연성이 없는 경우 전기 감전 등의 사고가 발생할 수 있으므로 정기적으로 교환해 주어야 한다.
④ 감속기 오일은 영구적이며 교체가 필요없다.

74 상온에서의 온도가 25℃일 때 표준상태를 나타내는 절대온도(K)는?

① 100   ② 273.15

③ 0   ④ 298.15

절대온도(K) = 273.15 + 섭씨온도(℃)
          = 273.15 + 25 = 298.15

75 연료전지 자동차의 모터 냉각 시스템의 구성품이 아닌 것은?

① 냉각수 라디에이터

② 냉각수 필터

③ 전자식 워터펌프

④ 전장 냉각수

● **연료전지 자동차의 전장) 냉각시스템 구성부품**
① 전장 냉각수   ② 전자식 워터펌프(EWP)
③ 전장 냉각수 라디에이터 ④ 전장 냉각수 리저버

76 RESS(Rechargeable Energy Storage System)에 충전된 전기 에너지를 소비하며 자동차를 운전하는 모드는?

① HWFET 모드   ② PTP모드

③ CD모드   ④ CS모드

① CD 모드(충전-소진모드, Charge depleting mode)는 RESS에 충전된 전기 에너지를 소비하며 자동차를 운행하는 모드이다.
② CS 모드(충전-유지모드, Charge sustaining mode)는 RESS(Rechargeable Energy Storage System)가 충전 및 방전을 하며 전기 에너지를 충전량이 유지되는 동안 연료를 소비하며 운행하는 모드이다.
③ HWFET 모드는 고속연비 측정방법으로 고속으로 항속주행이 가능한 특성을 반영하여 고속도로 주행 테스트 모드를 통하여 연비를 측정한다.
④ PTP 모드는 도심 주행연비로 도심주행모드(FTP-75) 테스트 모드를 통하여 연비를 측정한다.

77 하이브리드 자동차의 회생제동 기능에 대한 설명으로 옳은 것은?

① 불필요한 공회전을 최소화하여 배출가스 및 연료 소비를 줄이는 기능

② 차량의 관성에너지를 전기에너지로 변환하여 배터리를 충전하는 기능

③ 가속을 하더라도 차량 스스로 완만한 가속으로 제어하는 기능

④ 주행 상황에 따라 모터의 적절한 제어를 통해 엔진의 동력을 보조하는 기능

● 회생 제동 기능
① 차량을 주행 중 감속 또는 브레이크에 의한 제동발생 시점에 구동모터의 전원을 차단하고 역으로 발전기 역할인 충전모드로 제어하여 구동모터에 발생된 전기에너지를 회수함으로서 구동모터에 부하를 가하여 제동을 하는 기능이다.
② 하이브리드 및 전기자동차는 제동에너지의 일부를 전기에너지로 회수하는 연비 향상 기술이다.
③ 하이브리드 및 전기자동차는 감속 및 제동 시 운동에너지를 전기에너지로 변환하여 회수하여 고전압 배터리를 충전한다.

78 리튬이온(폴리머)배터리의 양극에 주로 사용되어지는 재료로 틀린 것은?

① $LiMn_2O_4$　　② $LiFePO_4$
③ $LiTi_2O_2$　　④ $LiCoO_2$

● 리튬이온전지 양극 재료
① 리튬망간산화물($LiMn_2O_4$)
② 리튬철인산염($LiFePO_4$)
③ 리튬코발트산화물($LiCoO_2$)
④ 리튬니켈망간코발트산화물($LiNiMnCO_2$)
⑤ 이산화티탄(TiS_2)

79 수소 연료전지 자동차에서 열관리 시스템의 구성 요소가 아닌 것은?

① 연료전지 냉각 펌프
② COD히터
③ 칠러 장치
④ 라디에이터 및 쿨링 팬

● 수소 연료전지 자동차에서 열관리 시스템의 구성 요소
① 냉각 펌프
② COD 히터
③ 냉각수 온도센서
④ 온도제어 밸브
⑤ 바이패스 밸브
⑥ 냉각수 이온필터
⑦ 냉각수 라디에이터
⑧ 냉각수 쿨링 팬
⑨ 냉각수 리저버

80 다음과 같은 역할을 하는 전기자동차의 제어 시스템은?

> 배터리 보호를 위한 입출력 에너지 제한 값을 산출하여 차량 제어기로 정보를 제공한다.

① 완속충전 기능　　② 파워제한 기능
③ 냉각제어 기능　　④ 정속주행 기능

● 전기자동차의 제어시스템
① **파워 제한 기능** : 고전압 배터리 보호를 위해 상황별 입·출력 에너지 제한값을 산출하여 차량 제어기로 정보를 제공한다.
② **냉각 제어 기능** : 최적의 고전압 배터리 동작온도를 유지하기 위한 냉각 시스템을 이용하여 배터리 온도를 유지관리 한다.
③ **SOC 추정 기능** : 고전압 배터리 전압, 전류, 온도를 측정하여 고전압 배터리의 SOC를 계산하여 차량제어기로 정보를 전송하여 SOC영역을 관리한다.
④ **고전압 릴레이 제어 기능** : 고전압 배터리단자와 고전압을 사용하는 PE(Power Electric) 부품의 전원을 공급 및 차단 한다.

정답 | **2023년 1회**

01.②	02.④	03.①	04.①	05.②
06.②	07.①	08.②	09.①	10.④
11.④	12.③	13.③	14.③	15.③
16.②	17.③	18.②	19.④	20.②
21.②	22.②	23.②	24.①	25.③
26.①	27.③	28.④	29.①	30.①
31.③	32.③	33.③	34.①	35.②
36.③	37.③	38.④	39.②	40.④
41.④	42.①	43.②	44.②	45.①
46.②	47.③	48.③	49.④	50.④
51.②	52.②	53.①	54.③	55.④
56.①	57.④	58.①	59.④	60.①
61.①	62.①	63.②	64.②	65.④
66.②	67.②	68.③	69.②	70.③
71.③	72.④	73.④	74.④	75.②
76.③	77.②	78.③	79.③	80.②

CBT 기출복원문제
2023년 2회

▶ 정답 576쪽

제1과목 **자동차엔진정비**

01 전자제어 디젤엔진의 제어 모듈로 입력되는 요소가 아닌 것은?

① 가속페달의 개도 ② 기관회전속도
③ 연료 분사량 ④ 흡기온도

연료분사량은 입력요소가 아닌 출력요소이다.

02 디젤엔진의 연료 분사량을 측정하였더니 최대 분사량이 25cc이고, 최소분사량이 23cc, 평균 분사량이 24cc이다. 분사량의 (+)불균율은?

① 약 2.1% ② 약 4.2%
③ 약 8.3% ④ 약 8.7%

$\dfrac{25-24}{24} \times 100 ≒ 4.2$

03 검사유효기간이 1년인 정밀검사 대상 자동차가 아닌 것은?

① 차령이 2년 경과된 사업용 승합자동차
② 차령이 2년 경과된 사업용 승용자동차
③ 차령이 3년 경과된 비사업용 승합자동차
④ 차령이 4년 경과된 비사업용 승용자동차

04 전자제어 가솔린 엔진의 지르코니아 산소센서에서 약 0.1V 정도로 출력값이 고정되어 발생되는 원인으로 틀린 것은?

① 인젝터의 막힘
② 연료 압력의 과대
③ 연료 공급량 부족
④ 흡입공기의 과다유입

05 전자제어 엔진에서 혼합기의 농후, 희박상태를 감지하여 연료분사량을 보정하는 센서는?

① 냉각수온 센서
② 흡기온도 센서
③ 대기압 센서
④ 산소센서

배기가스 내의 산소농도를 검출해서 연료분사량을 보정하는 센서는 산소센서이다.

06 엔진의 실제 운전에서 혼합비가 17.8:1일 때 공기과잉율(λ)은? (단, 이론 혼합비는 14.8:1이다.)

① 약 0.83 ② 약 1.20
③ 약 1.98 ④ 약 3.00

$\lambda = \dfrac{\text{실제공연비}}{\text{이론공연비}} = \dfrac{17.8}{14.8} ≒ 1.2$

07 엔진의 윤활유가 갖추어야 할 조건으로 틀린 것은?

① 비중이 적당할 것
② 인화점이 낮을 것
③ 카본 생성이 적을 것
④ 열과 산에 대하여 안정성이 있을 것

불이 붙는 온도를 인화점이라고 한다.

08 디젤기관의 분사펌프 부품 중 연료의 역류를 방지하고 노즐의 후적을 방지하는 것은?

① 태핏 　　　　　② 조속기
③ 셧 다운 밸브 　④ 딜리버리 밸브

• 태핏 : 캠이 회전운동을 할 때 상하운동을 하는 것
• 조속기 : 기관의 회전속도를 일정한 값으로 유지하기 위해 사용되는 제어장치

09 디젤엔진의 노크 방지책으로 틀린 것은?

① 압축비를 높게 한다.
② 착화지연기간을 길게 한다.
③ 흡입공기 온도를 높게 한다.
④ 연료의 착화성을 좋게 한다.

착화지연기간을 짧게 해야 노크를 방지할 수 있다.

10 엔진의 지시마력이 105PS, 마찰마력이 21PS 일 때 기계효율은 약 몇 %인가?

① 70 　　　　　② 80
③ 84 　　　　　④ 90

11 지르코니아방식의 산소센서에 대한 설명으로 틀린 것은?

① 지르코니아 소자는 백금으로 코팅되어 있다.
② 배기가스 중의 산소농도에 따라 출력 전압이 변화한다.
③ 산소센서의 출력 전압은 연료분사량 보정 제어에 사용된다.
④ 산소센서의 온도가 100℃ 정도가 되어야 정상적으로 작동하기 시작한다.

산소센서의 온도가 약 400℃ 이상이 되어야 정상적으로 작동하기 시작한다.

12 제동 열효율에 대한 설명으로 틀린 것은?

① 정미 열효율이라고도 한다.
② 작동가스가 피스톤에 한 일이다.
③ 지시 열효율에 기계효율을 곱한 값이다.
④ 제동 일로 변환된 열량과 총 공급된 열량의 비이다.

제동열효율은 크랭크축에서 측정한 마력의 효율이다. 작동가스가 피스톤에 한 일은 지시(도시)마력(효율)이다.

13 연료필터에서 오버플로우 밸브의 역할이 아닌 것은?

① 필터 각부의 보호 작용
② 운전중에 공기빼기 작용
③ 분사펌프의 압력상승 작용
④ 연료공급 펌프의 소음발생 방지

14 전자제어 디젤 연료분사방식 중 다단분사의 종류에 해당하지 않는 것은?

① 주분사 　　　　② 예비분사
③ 사후분사 　　　④ 예열분사

15 캐니스터에서 포집한 연료 증발가스를 흡기다 기관으로 보내주는 장치는?

① PCV 　　　　　② EGR밸브
③ PCSV 　　　　④ 서모밸브

연료증발가스 – 캐니스터, PCSV
블로바이가스 – PCV
질소산화물 저감 - EGR밸브

16 전자제어 엔진에서 연료의 기본 분사량 결정요소는?

① 배기 산소농도 　② 대기압
③ 흡입공기량 　　　④ 배기량

17 가솔린엔진에서 노크발생을 억제하기 위한 방법으로 틀린 것은?

① 연소실벽, 온도를 낮춘다.
② 압축비, 흡기온도를 낮춘다.
③ 자연 발화온도가 낮은 연료를 사용한다.
④ 연소실 내 공기와 연료의 혼합을 원활하게 한다.

자연발화온도가 낮은 연료를 사용하게 되면 조기점화가 발생하여 노크를 발생시킨다.

18 라디에이터 캡 시험기로 점검할 수 없는 것은?

① 라디에이터 캡의 불량
② 라디에이터 코어 막힘 정도
③ 라디에이터 코어 손상으로 인한 누수
④ 냉각수 호스 및 파이프와 연결부에서의 누수

19 DOHC 엔진의 특징이 아닌 것은?

① 구조가 간단하다.
② 연소효율이 좋다.
③ 최고회전속도를 높일 수 있다.
④ 흡입 효율의 향상으로 응답성이 좋다.

20 출력이 A=120PS, B=90kW, C=110HP 인 3개의 엔진을 출력이 큰 순서대로 나열한 것은?

① B 〉 C 〉 A
② A 〉 C 〉 B
③ C 〉 A 〉 B
④ B 〉 A 〉 C

1kW=1.36PS / 1kW=1.34HP
1PS=0.735kW / 1HP=0.745kW

제2과목   자동차섀시정비

21 전자제어 제동장치(ABS)에서 페일세이프(fail safe)상태가 되면 나타나는 현상은?

① 모듈레이터 모터가 작동된다.
② 모듈레이터 솔레노이드 밸브로 전원을 공급한다.
③ ABS 기능이 작동되지 않아서 주차브레이크가 자동으로 작동된다.
④ ABS기능이 작동되지 않아도 평상시(일반) 브레이크는 작동된다.

어떠한 장치가 고장났을 때 안전장치가 작동되어 사고를 방지하는 장치를 페일세이프라고 한다.

22 차체의 롤링을 방지하기 위한 현가부품으로 옳은 것은?

① 로워 암
② 컨트롤 암
③ 쇼크 업소버
④ 스테빌라이저

23 브레이크장치의 프로포셔닝 밸브에 대한 설명으로 옳은 것은?

① 바퀴의 회전속도에 따라 제동시간을 조절한다.
② 바깥바퀴의 제동력을 높여서 코너링 포스를 줄인다.
③ 급제동시 앞바퀴보다 뒷바퀴가 먼저 제동되는 것을 방지한다.
④ 선회 시 조향 안정성 확보를 위해 앞바퀴의 제동력을 높여준다.

24 차량 주행 중 발생하는 수막현상(하이드로 플래닝)의 방지책으로 틀린 것은?

① 주행속도를 높게 한다.
② 타이어 공기압을 높게 한다.
③ 리브패턴 타이어를 사용한다.
④ 트레드 마도가 적은 타이어를 사용한다.

28 무단변속기(CVT)의 특징으로 틀린 것은?

① 가속성능을 향상시킬 수 있다.
② 연료소비율을 향상시킬 수 있다.
③ 변속에 의한 충격을 감소시킬 수 있다.
④ 일반 자동변속기 대비 연비가 저하된다.

무단변속기는 단수 변속이 없고 자동변속기에 비해 가벼워서 연비가 더 좋다.

26 자동변속기 토크컨버터에서 스테이터의 일방향 클러치가 양방향으로 회전하는 결함이 발생했을 때, 차량에 미치는 현상은?

① 출발이 어렵다.
② 전진이 불가능하다.
③ 후진이 불가능하다.
④ 고속주행이 불가능하다.

27 독립현가방식의 현가장치 장점으로 틀린 것은?

① 바퀴의 시미 현상이 적다.

② 스프링의 정수가 작은 것을 사용할 수 있다.

③ 스프링 아래 질량이 작아 승차감이 좋다.

④ 부품수가 적고 구조가 간단하다.

28 공기브레이크의 장점에 대한 설명으로 틀린 것은?

① 차량 중량에 제한을 받지 않는다.

② 베이퍼록 현상이 발생하지 않는다.

③ 공기 압축기 구동으로 엔진 출력이 향상된다.

④ 공기가 조금 누출되어도 제동성능이 현저하게 저하되지 않는다.

> 공기압축기는 엔진의 출력을 이용하여 가동되기 때문에 출력이 떨어지게 된다.

29 드라이브라인의 구성품으로 변속 주축 뒤쪽의 스플라인을 통해 설치되면 뒤차축의 상하 운동에 따라 추진축의 길이 변화를 가능하게 하는 것은?

① 토션댐퍼　　② 센터 베어링

③ 슬립 조인트　　④ 유니버셜 조인트

30 우측 앞 타이어의 바깥쪽이 심하게 마모되었을 때 조치방법으로 옳은 것은?

① 토인으로 수정한다.

② 앞 뒤 현가스프링을 교환한다.

③ 우측 차륜의 캠버를 부(-)의 방향으로 조절한다.

④ 우측 차륜의 캐스터를 정(+)의 방향으로 조절한다.

31 타이어에 195/70R 13 82 S 라고 적혀있다면 S는 무엇을 의미하는가?

① 편평타이어

② 타이어의 전폭

③ 허용 최고 속도

④ 스틸 레이디얼 타이어

32 타이어가 편마모되는 원인이 아닌 것은?

① 쇽업소버가 불량하다.

② 앞바퀴 정렬이 불량하다.

③ 타이어의 공기압이 낮다.

④ 자동차의 중량이 증가하였다.

33 자동차의 동력전달 계통에 사용되는 클러치의 종류가 아닌 것은?

① 마찰 클러치　　② 유체 클러치

③ 전자 클러치　　④ 슬립 클러치

34 후륜구동 차량의 종감속 장치에서 구동피니언과 링기어 중심선이 편심되어 추진축의 위치를 낮출 수 있는 것은?

① 베벨기어

② 스퍼기어

③ 웜과 웜기어

④ 하이포이드기어

35 엔진 회전수가 2000rpm으로 주행중인 자동차에서 수동변속기의 감속비가 0.8이고, 차동장치 구동피니언의 잇수가 6, 링기어의 잇수가 30일 때, 왼쪽바퀴가 600rpm으로 회전한다면 오른쪽 바퀴는 몇 rpm인가?

① 400　　　　② 600

③ 1000　　　④ 2000

> $$2000 \div \left(0.8 \times \frac{30}{6}\right) = 500rpm$$
>
> ※직진상태에서 500rpm으로 회전하는데 왼쪽이 600rpm이니까 오른쪽은 400rpm으로 회전한다.

36 대부분의 자동차에서 2회로 유압 브레이크를 사용하는 주된 이유는?

① 안전상의 이유 때문에

② 더블 브레이크 효과를 얻을 수 있기 때문에

③ 리턴 회로를 통해 브레이크가 빠르게 풀리게 할 수 있기 때문에

④ 드럼 브레이크와 디스크 브레이크를 함께 사용할 수 있기 때문에

1회로를 사용하게 되었을 때 유압라인에 문제가 발생하게 되면 제동력이 상실되기 때문에 2회로를 사용하여 하나의 라인이 문제가 발생하더라도 다른하나가 제동을 할 수 있기 때문이다.

37 수동변속기의 클러치 차단 불량 원인은?

① 자유간극 과소

② 릴리스 실린더 소손

③ 클러치판 과다 마모

④ 쿠션스프링 장력 약화

38 자동변속기에서 유성기어 장치의 3요소가 아닌 것은?

① 선기어 ② 캐리어

③ 링기어 ④ 베벨기어

39 동기물림식 수동변속기의 주요 구성품은?

① 싱크로나이저링

② 도그 클러치

③ 릴리스포크

④ 슬라이딩 기어

40 브레이크 내의 잔압을 두는 이유로 틀린 것은?

① 제동의 늦음을 방지하기 위해

② 베이퍼 록 현상을 방지하기 위해

③ 브레이크 오일의 오염을 방지하기 위해

④ 휠 실린더 내의 오일 누설을 방지하기 위해

제3과목 **자동차 전기·전자장치 정비**

41 두 개의 영구자석 사이에 도체를 직각으로 설치하고 도체에 전류를 흘리면 도체의 한 면에는 전자가 과잉되고 다른 면에는 전자가 부족해 도체 양면을 가로 질러 전압이 발생되는 현상을 무엇이라고 하는가?

① 홀 효과 ② 렌츠의 현상

③ 칼만 볼텍스 ④ 자기유도

42 전압 24V, 출력전류 60A인 자동차용 발전기의 출력은?

① 0.36kW ② 0.72kW

③ 1.44kW ④ 1.88kW

$P = IE / P = 24V \times 60A = 1440W = 1.44kW$

43 에어컨 냉매(R-134a)의 구비조건으로 옳은 것은?

① 비등점이 적당히 높을 것

② 냉매의 증발잠열이 작을 것

③ 응축 압력이 적당히 높을 것

④ 임계 온도가 충분히 높을 것

44 자동차에 사용되는 에어컨 리시버 드라이어의 기능으로 틀린 것은?

① 액체 냉매 저장

② 냉매 압축 송출

③ 냉매의 수분제거

④ 냉매의 기포 분리

45 크랭킹(크랭크축은 회전)은 가능하나 기관이 시동되지 않는 원인으로 틀린 것은?

① 점화장치 불량

② 알터네이터 불량

③ 메인 릴레이 불량

④ 연료펌프 작동불량

크랭킹은 배터리의 전원을 이용하여 작동하기 때문에 알
터네이터(발전기)와는 관계가 없다.

46 반도체의 장점이 아닌 것은?

① 수명이 길다.
② 소형이고 가볍다.
③ 메인 릴레이 불량
④ 온도 상승 시 특성이 좋아진다.

반도체는 온도와 정전기에 취약하다.

47 점화플러그의 구비조건으로 틀린 것은?

① 내열 성능이 클 것
② 열전도 성능이 없을 것
③ 기밀 유지 성능이 클 것
④ 자기 청정 온도를 유지할 것

48 충전장치 및 점검 및 정비 방법으로 틀린 것은?

① 배터리 터미널의 극성에 주의한다.
② 엔진 구동 중에는 벨트 장력을 점검하지
않는다.
③ 발전기 B단자를 분리한 후 엔진을 고속회
전 시키지 않는다.
④ 발전기 출력전압이나 전류를 점검할 때는
절연 저항 테스터를 활용한다.

49 전자제어 에어컨에서 자동차의 실내 및 외부의
온도 검출에 사용되는 것은?

① 서미스터   ② 포텐셔미터
③ 다이오드   ④ 솔레노이드

자동차에서 온도에 관련된 센서는 부특성 서미스터이다

50 교류발전기에서 유도 전압이 발생되는 구성품
은?

① 로터   ② 회전자
③ 계자코일   ④ 스테이터

51 오토라이트(Auto light) 제어회로의 구성부품
으로 가장 거리가 먼 것은?

① 압력센서
② 조도감지센서
③ 오토 라이트 스위치
④ 램프 제어용 퓨즈 및 릴레이

52 배터리 극판의 영구 황산납(유화, 설페이션)현
상의 원인으로 틀린 것은?

① 전해액의 비중이 너무 낮다.
② 전해액이 부족하여 극판이 노출되었다.
③ 배터리의 극판이 충분하게 충전되었다.
④ 배터리를 방전된 상태로 장기간 방치하
였다.

53 기동 전동기 작동 시 소모전류가 규정치보다
낮은 이유는?

① 압축압력 증가
② 엔진 회전저항 증대
③ 점도가 높은 엔진오일 사용
④ 정류자와 브러시 접촉저항이 큼

54 점화장치의 파워TR 불량 시 발생하는 고장현상
이 아닌 것은?

① 주행 중 엔진이 정지한다.
② 공전 시 엔진이 정지한다.
③ 엔진 크랭킹이 되지 않는다.
④ 점화 불량으로 시동이 안 걸린다.

크랭킹은 가능하나 시동이 걸리지 않는다.

55 점화플러그의 열가(heat range)를 좌우하는
요인으로 거리가 먼 것은?

① 엔진 냉각수의 온도
② 연소실의 형상과 체적
③ 절연체 및 전극의 열전도율
④ 화염이 접촉되는 부분의 표면적

56 전조등 장치에 관한 설명으로 옳은 것은?

① 전조등 회로는 좌우로 직렬 연결되어 있다.
② 실드 빔 전조등은 렌즈를 교환할 수 있는 구조로 되어 있다.
③ 실드 빔 전조등 형식은 내부에 불활성 가스가 봉입되어 있다.
④ 전조등을 측정할 때 전조등과 시험기의 거리는 반드시 10m를 유지해야 한다.

57 방향지시등의 점멸 속도가 빠르다. 그 원인에 대한 설명으로 틀린 것은?

① 플래셔 유닛이 불량이다.
② 비상등 스위치가 단선되었다.
③ 전방 우측 방향지시등이 단선되었다.
④ 후방 우측 방향지시등이 단선되었다.

58 "회로에 유입되는 전류의 총합과 회로를 빠져나가는 전류의 총합이 같다"라고 설명하고 있는 법칙은?

① 옴의 법칙
② 줄의 법칙
③ 키르히호프의 제1법칙
④ 키르히호프의 제2법칙

키르히호프의 2법칙은 폐회로 내에서 전원과 전압강하의 합은 같다.

59 운행자동차 정기검사에서 등화장치 점검 시 광도 및 광축을 측정하는 방법으로 틀린 것은?

① 타이어 공기압을 표준공기압으로 한다.
② 광축 측정시 엔진 공회전 상태로 한다.
③ 적차 상태로 서서히 진입하면서 측정한다.
④ 4등식 전조등의 경우 측정하지 않는 등화는 발산하는 빛을 차단한 상태로 한다.

자동차 검사(소방차제외)는 공차상태로 검사한다.

60 조수석 전방 미등은 작동되나 후방만 작동되지 않는 경우의 고장 원인으로 옳은 것은?

① 미등 퓨즈 단선
② 후방 미등 전구 단선
③ 미등 스위치 접촉 불량
④ 미등 릴레이 코일 단선

제4과목 **친환경 자동차 정비**

61 전기자동차에서 회전자의 회전속도가 600 rpm, 주파수 f1에서 동기속도가 650rpm일 때 회전자에 대한 슬립률(%)은?

① 약 7.6 ② 약 4.2
③ 약 2.1 ④ 약 8.4

● 슬립율
유도모터에서 회전자의 회전속도가 동기속도보다 늦은 상태를 회전자에 미끄럼(슬립)이 생기고 있다고 말한다. 미끄럼(슬립)의 정도는 동기속도와 속도차의 비율로 표시하는 것이 일반적이지만 이 수치에 100을 곱한 백분율(%)로 표시하기도 한다.

$$슬립률 = \frac{동기속도 - 회전속도}{동기속도} \times 100$$

$$슬립률 = \frac{650 - 600}{650} \times 100 = 7.69\%$$

62 전기자동차 충전기 기술기준상 교류 전기자동차 충전기의 기준전압으로 옳은 것은? (단, 기준전압은 전기자동차에 공급되는 전압을 의미하며 3상은 선간전압을 의미한다.)

① 단상 280V ② 3상 280V
③ 3상 220V ④ 단상 220V

● 전기자동차 충전 방법
① 교류(AC)충전 방법 : AC충전은 차량이 AC(220V) 전류를 입력받아 고전압 DC로 바꾸어 충전하는 방식으로 이를 위하여 차량에는 OBC(On Board Charger)라는 장치를 두어 AC를 DC로 변환하여 충전하는 방법을 완속충전이라 하며 완속 충전은 급속 충전보다 충전 효율이 높다.

② **직류(DC)충전 방법** : DC충전방식은 외부에 있는 충전장치가 AC (380V)를 공급받아 DC로 변환하여 차량에 필요한 전압과 전류를 공급하는 방식으로 50~400㎾까지 충전이 가능하며 보통 충전시간이 15~25분정도에 완료되므로 급속충전이라고 한다.

63 전기자동차 배터리 셀의 형상 분류가 아닌 것은?

① 각형 단전지　　② 원통형 전지
③ 주머니형 단전지　④ 큐빅형 전지

● **리튬이온전지의 외형에 따른 종류**
① 각형 배터리 : 중국
② 원통형 배터리 : 테슬라
③ 파우치형 배터리 : 현대, 기아, GM

64 연료전지 자동차의 구동모터 시스템에 대한 개요 및 작동원리가 아닌 것은?

① 급격한 가속 및 부하가 많이 걸리는 구간에서는 모터를 관성주행시킨다.
② 저속 및 정속 시 모터는 연료 전지 스택에서 발생되는 전압에 의해 전력을 공급받는다.
③ 감속 또는 제동 중에는 차량의 운동 에너지는 전압 배터리를 충전하는데 사용한다.
④ 연료전지 자동차는 전기 모터에 의해 구동된다.

● **연료전지 자동차의 주행 특성**
① 경부하시에는 고전압 배터리가 적절한 충전량(SOC)으로 충전되는 동안 연료전지 스택에서 생산된 전기로 모터를 구동하며 한다.
② 중부하 및 고부하시에는 연료전지와 고전압 배터리가 전력을 공급한다.
③ 무부하 시에는 스택으로 공급되는 연료를 차단하여 스택을 정지시킨다.
④ 감속 및 제동 시에는 회생제동으로 생산된 전기는 고전압 배터리를 충전하여 연비를 향상 시킨다.

65 전기자동차 고전압장치 정비 시 보호 장구 사용에 대한 설명으로 틀린 것은?

① 절연장갑은 절연성능(1000V/300A 이상)을 갖춘 것을 사용한다.
② 고전압 관련 작업 시 절연화를 필수로 착용한다.
③ 보호안경을 대신하여 일반 안경을 사용하여도 된다.
④ 시계, 반지 등 금속 물질은 작업 전 몸에서 제거한다.

● **보호장구 안전기준**
① **절연장갑** : 절연장갑은 고전압 부품 점검 및 관련 작업 시 착용하는 가장 필수적인 개인 보호장비이다. 절연성능은 AC 1,000V/300A 이상 되어야 하고 절연장갑의 찢김 및 파손을 막기 위해 절연장갑 위에 가죽장갑을 착용하기도 한다.
② **절연화** : 절연화는 고전압 부품 점검 및 관련 작업 시 바닥을 통한 감전을 방지하기 위해 착용한다. 절연성능은 AC 1,000V/300A 이상 되어야 한다.
③ **절연 피복** : 고전압 부품 점검 및 관련 작업 시 신체를 보호하기 위해 착용한다. 절연 성능은 AC 1,000V/300A 이상 되어야 한다.
④ **절연 헬멧** : 고전압 부품 점검 및 관련 작업 시 머리를 보호하기 위해 착용한다.
⑤ **보호안경, 안면 보호대** : 스파크가 발생할 수 있는 고전압 작업 시 착용한다.
⑥ **절연 매트** : 탈거한 고전압 부품에 의한 감전 사고 예방을 위해 부품을 절연 매트 위에 정리하여 보관하며 절연 성능은 AC 1,000V/300A 이상 되어야 한다.
⑦ **절연 덮개** : 보호장비 미착용자의 안전사고 예방을 위해 고전압 부품을 절연 덮개로 차단한다. 절연 성능은 AC 1,000V/300A 이상 되어야 한다.

66 전기자동차 충전에 관한 내용으로 옳은 것은?

① 급속 충전 시 AC 380V의 고전압이 인가되는 충전기에서 빠르게 충전한다.
② 완속 충전은 DC 220V의 전압을 이용하여 고전압 배터리를 충전한다.
③ 급속 충전 시 정격 에너지 밀도를 높여 배터리 수명을 길게 할 수 있다.
④ 완속 충전은 급속 충전보다 충전 효율이 높다.

● 전기자동차 충전 방법

① **교류(AC)충전 방법** : AC충전은 차량이 AC(220V) 전류를 입력받아 고전압 DC로 바꾸어 충전하는 방식으로 이를 위하여 차량에는 OBC(On Board Charger)라는 장치를 두어 AC를 DC로 변환하여 충전하는 방법을 완속충전이라 하며 완속 충전은 급속 충전보다 충전 효율이 높다.

② **직류(DC)충전 방법** : DC충전방식은 외부에 있는 충전장치가 AC (380V)를 공급받아 DC로 변환하여 차량에 필요한 전압과 전류를 공급하는 방식으로 50~400kW까지 충전이 가능하며 보통 충전시간이 15~25분정도에 완료되므로 급속충전이라고 한다.

67 전기자동차 히트 펌프 시스템의 난방 작동모드 순서로 옳은 것은?

① 컴프레서 → 실외 콘덴서 → 실내 콘덴서 → 칠러 → 어큐뮬레이터

② 실외 콘덴서 → 컴프레서 → 실내 콘덴서 → 칠러 → 어큐뮬레이터

③ 컴프레서 → 실내 콘덴서 → 칠러 → 실외 콘덴서 → 어큐뮬레이터

④ 컴프레서 → 실내 콘덴서 → 실외 콘덴서 → 칠러 → 어큐뮬레이터

● 히트 펌프 시스템의 난방 작동모드 순서

전동식 에어컨 컴프레서 → 실내 콘덴서 → 실외 콘덴서 → 칠러 → 어큐뮬레이터

① **전동 컴프레서** : 전동 모터로 구동되어지며 저온 저압 가스 냉매를 고온 고압가스로 만들어 실내 컨덴서로 보내진다.

② **실내 컨덴서** : 고온고압가스 냉매를 응축시켜 고온 고압의 액상 냉매로 만든다.

③ **실외 컨덴서** : 액체상태의 냉매를 증발시켜 저온저압의 가스 냉매로 만든다.

④ **칠러** : 저온 저압가스냉매를 모터의 폐열을 이용하여 2차 열 교환을 한다.

⑤ **어큐뮬레이터** : 컴프레서로 기체의 냉매만 유입될 수 있게 냉매의 기체와 액체를 분리한다.

68 전기자동차의 구동 모터 탈거를 위한 작업으로 가장 거리가 먼 것은?

① 배터리 관리 유닛의 커넥터를 탈거한다.

② 서비스(안전) 플러그를 분리한다.

③ 냉각수를 배출한다.

④ 보조 배터리(12V)의 (−)케이블을 분리한다.

● 고전압 전원 차단절차

① 고전압(안전플러그)을 차단한다.

② 12V 보조배터리 (−)단자를 분리한다.

③ 파워 일렉트릭 커버를 탈거한다.

④ 언더커버를 탈거한다.

⑤ 냉각수를 배출한다.

69 전기자동차 또는 하이브리드 자동차의 구동 모터 역할로 틀린 것은?

① 모터 감속 시 구동모터를 직류에서 교류로 변환시켜 충전

② 고전압 배터리의 전기에너지를 이용해 차량 주행

③ 감속기를 통해 토크 증대

④ 후진 시에는 모터를 역회전으로 구동

● 회생제동 원리

감속 시에는 발생하는 운동에너지를 이용하여 구동 모터를 발전기로 전환 시켜 발생된 교류(AC)에너지를 MCU (인버터)를 거치면서 직류(DC)로 정류한 전기 에너지를 고전압 배터리에 충전한다.

70 고전압 배터리 제어 장치의 구성 요소가 아닌 것은?

① 배터리 관리 시스템(BMS)

② 고전압 전류 변환장치(HDC)

③ 배터리 전류 센서

④ 냉각 덕트

① **배터리 관리 시스템(BMS)** : 고전압 배터리의 SOC, 출력, 고장진단, 배터리 셀 밸런싱(Cell Balancing), 시스템 냉각, 전원 공급 및 차단 제어

② **고전압 전류 변환장치(HDC)** : 연료전지의 스택에서 생성된 전력과 회생제동에 의해 발생된 고전압을 강하시키고 고전압 배터리로 강하된 전압을 보내 충전한다.

③ **배터리 전류 센서** : 고전압 배터리의 충·방전시 전류를 측정한다.

④ **냉각 덕트** : 고전압 배터리를 냉각시키기 위하여 쿨링 팬에서 발생한 공기가 흐르는 통로

71 병렬형 하이브리드 자동차의 특징에 대한 설명으로 틀린 것은?

① 모터는 동력 보조의 역할로 에너지 변환 손실이 적다.

② 소프트 방식은 일반 주행 시 모터 구동만을 이용한다.

③ 기존 내연기관 차량을 구동장치의 변경없이 활용 가능하다.

④ 하드 방식은 EV 주행 중 엔진 시동을 위해 별도의 장치가 필요하다.

● **병렬형** : 복수의 동력원(엔진, 전기 모터)을 설치하고, 주행 상태에 따라서 어느 한 편의 동력을 이용하여 구동하는 방식이다.

㉮ **Hard Type(하드 타입)** : TMED(엔진 클러치 장착)
- EV 모드 구현됨.
- 엔진 클러치 장착
- 별도의 엔진 Starter 필요함.

㉯ **Soft Type(소프트 타입)** : FMED (엔진 클러치 미장착)
- 엔진 출력축에 직전 모터장착.
- 엔진 시동, 파워 어시스트, 회생 제동 가능 수행
- EV모드 주행 불가

72 수소 연료전지 자동차에서 연료전지에 수소 공급 압력이 높은 경우 고장 예상원인 아닌 것은?

① 수소 공급 밸브의 누설(내부)

② 수소 차단 밸브 전단 압력 높음

③ 고압 센서 오프셋 보정값 불량

④ 수소 공급 밸브의 비정상 거동

① 수소공급 시스템의 주요 구성요소는 수소차단밸브, 수소공급밸브, 퍼지밸브, 워터트랩, 드레인 밸브, 수소센서 및 저압 센서로 구성된다.

② 수소차단 밸브는 수소탱크로부터 스택에 수소를 공급하거나 차단하는 개폐 밸브이다.

③ 수소차단 밸브는 IG ON 시 열리고 OFF시 닫힌다.

④ 수소공급 밸브는 수소가 스택에 공급되기 전에 수소압력을 낮추거나 스택 전류에 맞추어 수소압력을 제어하는 기능을 한다.

⑤ 수소 압력 제어를 위해 수소공급 시스템에는 저압 센서가 적용되어 있다.

● 스택에 수소가 공급되지 않거나 수소압력이 높을 때 예상되는 원인
① 수소 차단 밸브 전단 압력 높음.
② 수소 공급 밸브 누설(내부)
③ 고압 센서 오프셋 보정값 불량

73 하이브리드 자동차에서 제동 및 감속 시 충전이 원활히 이루어지지 않는다면 어떤 장치의 고장인가?

① 회생제동 장치

② 발진 제어 장치

③ LDC 제어 장치

④ 12V용 충전 장치

● **회생제동 시스템 원리**
제동 및 감속 시에는 발생하는 운동에너지를 이용하여 구동 모터를 발전기로 전환 시켜 발생 된 교류(AC) 에너지를 MCU(인버터)를 거치면서 직류(DC)로 정류한 전기 에너지를 고전압 배터리에 충전한다.

74 수소 연료전지 자동차의 주행상태에 따른 전력 공급 방법으로 틀린 것은?

① 평지 주행 시 연료전지 스택에서 전력을 공급한다.

② 내리막 주행 시 회생제동으로 고전압 배터리를 충전한다.

③ 급가속 시 고전압 배터리에서만 전력을 공급한다.

④ 오르막 주행 시 연료전지 스택과 고전압 배터리에서 전력을 공급한다.

● **수소 연료전지 자동차의 주행 특성**
① 경부하시에는 고전압 배터리가 적절한 충전량(SOC)으로 충전되는 동안 연료전지 스택에서 생산된 전기로 모터를 구동하며 주행 한다.
② 중부하 및 고부하시에는 연료전지와 고전압 배터리가 전력을 공급한다.
③ 무부하 시에는 스택으로 공급되는 연료를 차단하여 스택을 정지시킨다.
④ 감속 및 제동 시에는 회생제동으로 생산된 전기는 고전압 배터리를 충전하여 연비를 향상시킨다.

75 하이브리드 전기자동차 계기판에 'Ready' 점등 시 알 수 있는 정보가 아닌 것은?

① 고전압 케이블은 정상이다.

② 고전압 배터리는 정상이다.

③ 엔진의 연료 잔량은 20% 이상이다.

④ 이모빌라이저는 정상 인증되었다.

① 하이브리드 전기자동차의 IG S/W를 ON시키면 HPCU에서 하이브리드 전기자동차의 모든 시스템을 스캔(점검)하여 이상 발생이 없을 때 계기판에 'Ready' 램프가 점등 되며 이때 하이브리드 자동차는 주행 준비 상태가 완료된다.
② 엔진의 연료(가솔린, 경유) 잔량은 'Ready' 점등과 상관관계가 없다.

76 마스터 BMS의 표면에 인쇄 또는 스티커로 표시되는 항목이 아닌 것은? (단, 비일체형인 경우로 국한한다.)

① 사용하는 동작 온도범위

② 저장 보관용 온도범위

③ 제어 및 모니터링하는 배터리 팩의 최대 전압

④ 셀 밸런싱용 최대 전류

● 마스터 BMS 표면에 표시되는 항목
① BMS 구동용 외부전원의 전압 범위 또는 자체 배터리 시스템에서 공급받는 구동용 전압 범위
② 제어 및 모니터링 하는 배터리 팩의 최대 전압
③ 제어 및 모니터링 하는 배터리 팩의 최대 전류
④ 사용동작 온도 범위
⑤ 저장 보관용 온도 범위

77 하이브리드 자동차에 쓰이는 고전압(리튬 이온 폴리머) 배터리가 72셀이면 배터리 전압은 약 얼마인가?

① 144V   ② 240V

③ 360V   ④ 270V

고전압(리튬 이온 폴리머) 배터리 공칭 전압
3.75V × 72셀 = 270V

78 수소연료전지차의 에너지 소비효율 라벨에 표시되는 항목이 아닌 것은?

① 도심주행 에너지 소비효율

② CO_2 배출량

③ 1회 충전 주행거리

④ 복합 에너지 소비효율

● 1회 충전 주행거리
하이브리드 및 전기자동차 에너지 소비효율 라벨에 표시되는 항목

79 교류회로에서 인덕턴스(H)를 나타내는 식은? (단, 전압 V, 전류 A, 시간 s이다.)

① H = A / (V · s)

② H = V / (A · s)

③ H = (V · s) / A

④ H = (A · s) / V

$$H = \frac{V \times S}{A}$$
인덕턴스 구하는 식은
$$E = H \times \left(\frac{di}{dt}\right) 이므로$$
$$H = E \times \left(\frac{dt}{d}\right), \quad H = (E \times S) \div A$$
여기서 H : 인덕턴스 E : 전압
S : 시간 A : 전류

80 전기자동차에서 교류 전원의 주파수가 600Hz, 쌍극자수가 3일 때 동기속도(s^{-1})는?

① 100
② 1800
③ 200
④ 180

모터회전수 $N = \dfrac{120 \cdot f}{P}$

f : 전원주파수
P : 자극의 수(쌍극×3) = 6

모터회전속도 = $\dfrac{120 \times 600}{6} = 12,000(RPM)$

동기속도(S^{-1})은 초속도이므로

$\dfrac{12,000}{60} = 200(S^{-1}) = 200(rps)$

01.③	02.②	03.④	04.②	05.④
06.②	07.②	08.④	09.②	10.②
11.④	12.②	13.③	14.④	15.③
16.③	17.③	18.②	19.①	20.④
21.④	22.④	23.③	24.①	25.④
26.①	27.④	28.③	29.③	30.③
31.③	32.③	33.④	34.④	35.①
36.①	37.②	38.④	39.①	40.③
41.①	42.③	43.④	44.②	45.②
46.④	47.②	48.④	49.①	50.④
51.①	52.③	53.④	54.③	55.①
56.③	57.①	58.③	59.③	60.②
61.①	62.④	63.④	64.①	65.③
66.④	67.④	68.①	69.①	70.②
71.②	72.④	73.①	74.③	75.③
76.④	77.④	78.③	79.③	80.③

CBT 기출복원문제
2024년 1회

▶ 정답 591쪽

제1과목 **자동차 엔진 정비**

01 크랭크 각 센서의 기능에 대한 설명으로 틀린 것은?

① ECU는 크랭크 각 센서 신호를 기초로 연료분사시기를 결정한다.

② 엔진 시동 시 연료량 제어 및 보정 신호로 사용된다.

③ 엔진의 크랭크축 회전각도 또는 회전위치를 검출한다.

④ ECU는 크랭크 각 센서 신호를 기초로 엔진 1회전당 흡입공기량을 계산한다.

● **크랭크 각 센서의 기능**
① 크랭크축의 회전각도 또는 회전위치를 검출하여 ECU에 입력시킨다.
② 연료 분사시기와 점화시기를 결정하기 위한 신호로 이용된다.
③ 엔진 시동 시 연료 분사량 제어 및 보정 신호로 이용된다.
④ 단위 시간 당 엔진 회전속도를 검출하여 ECU로 입력시킨다.

02 디젤 엔진에서 과급기의 사용 목적으로 틀린 것은?

① 엔진의 출력이 증대된다.

② 체적효율이 작아진다.

③ 평균 유효압력이 향상된다.

④ 회전력이 증가한다.

● **과급기의 사용 목적**
① 충전효율(흡입효율, 체적효율)이 증대된다.
② 엔진의 출력이 증대된다.
③ 엔진의 회전력이 증대된다.

④ 연료 소비율이 향상된다.
⑤ 착화지연이 짧아진다.
⑥ 평균 유효압력이 향상된다.

03 디젤 엔진에서 착화 지연기간이 1/1000초, 후 최고 압력에 도달할 때까지의 시간이 1/1000초일 때, 2000rpm으로 운전되는 엔진의 착화 시기는?(단, 최고 폭발압력은 상사점 후 12°이다.)

① 상사점 전 32°

② 상사점 전 36°

③ 상사점 전 12°

④ 상사점 전 24°

착화시기
$$= \frac{회전수}{60} \times 360 \times 착화지연기간 + 기계적지연$$
$$착화시기 = \frac{2000}{60} \times 360 \times \frac{1}{1000} = 12$$

04 전자제어 가솔린 엔진에서 기본적인 연료 분사시기와 점화시기를 결정하는 주요 센서는?

① 크랭크축 위치 센서(Crankshaft Position Sensor)

② 냉각 수온 센서(Water Temperature Sensor)

③ 공전 스위치 센서(Idle Switch Sensor)

④ 산소 센서(O_2 Sensor)

크랭크축 위치 센서(CPS)는 단위 시간 당 엔진의 회전속도를 검출하여 ECU로 입력시키면 ECU는 파워트랜지스터에 전압을 공급하며, 기본 점화시기 및 연료 분사시기를 결정한다.

05 운행차 배출가스 정기검사 및 정밀검사의 검사 항목으로 틀린 것은?

① 휘발유 자동차 운행차 배출가스 정기검사 : 일산화탄소, 탄화수소, 공기과잉률
② 휘발유 자동차 운행차 배출가스 정밀검사 : 일산화탄소, 탄화수소, 질소산화물
③ 경유 자동차 운행차 배출가스 정기검사 : 매연
④ 경유 자동차 운행차 배출가스 정밀검사 : 매연, 엔진최대출력검사, 공기과잉률

> 경유 자동차 운행차 배출가스 정밀검사 : 매연, 엔진 최대출력검사, 질소산화물

06 삼원 촉매장치를 장착하는 근본적인 이유는?

① HC, CO, NOx를 저감하기 위하여
② CO_2, N_2, H_2O를 저감하기 위하여
③ HC, SOx를 저감하기 위하여
④ H_2O, SO_2, CO_2를 저감하기 위하여

> 삼원 촉매장치를 사용하는 목적은 HC, CO, NOx를 저감하기 위함이다.

07 디젤 엔진의 연료 분사량을 측정하였더니 최대 분사량이 25cc이고, 최소 분사량이 23cc, 평균 분사량이 24cc이다. 분사량의 (+)불균율은?

① 약 8.3%   ② 약 2.1%
③ 약 4.2%   ④ 약 8.7%

> $+$불균율 $= \dfrac{\text{최대 분사량} - \text{평균 분사량}}{\text{평균 분사량}} \times 100$
>
> $+$불균율 $= \dfrac{25cc - 24cc}{24cc} \times 100 = 4.16\%$

08 가솔린 엔진에 터보차저를 장착할 때 압축비를 낮추는 가장 큰 이유는?

① 힘을 더 강하게
② 연료 소비율을 좋게
③ 노킹을 없애려고
④ 소음 때문에

> 가솔린 엔진은 압축비가 높으면 노킹이 발생된다.

09 커먼레일 디젤 엔진의 솔레노이드 인젝터 열림 (분사 개시)에 대한 설명으로 틀린 것은?

① 솔레노이드 코일에 전류를 지속적으로 가한 상태이다.
② 공급된 연료는 계속 인젝터 내부로 흡입된다.
③ 노즐 니들을 위에서 누르는 압력은 점차 낮아진다.
④ 인젝터 아랫부분의 제어 플런저가 내려가면서 분사가 개시된다.

> 솔레노이드 인젝터는 실린더 헤드의 연소실 중앙에 설치되며, 고압 연료 펌프로부터 보내진 연료가 커먼레일을 통해 인젝터까지 공급된 연료를 연소실에 분사한다. 전기 신호에 의해 작동하는 구조로 되어 있으며, 연료 분사 시 작점과 분사량은 엔진 컴퓨터에 의해 제어된다.
> ① 솔레노이드 코일에 전류를 지속적으로 가한 상태가 되어 인젝터의 니들 밸브가 열린 상태를 유지한다.
> ② 공급된 연료는 계속 인젝터 내부로 흡입된다.
> ③ 노즐 니들 밸브가 열리면서 위에서 누르는 연료 압력은 점차 낮아진다.
> ④ 인젝터 아랫부분의 제어 플런저가 위로 올라가면서 분사가 개시된다.

10 디젤 산화 촉매기(DOC)의 기능으로 틀린 것은?

① PM의 저감
② CO, HC의 저감
③ NO를 NH_3로 변환
④ 촉매 가열기(burner) 기능

> ● DOC의 기능
> ① CO, HC의 저감
> ② PM의 저감
> ③ NO를 NO_2로 변환
> ④ 촉매 가열기(Cat-burner) 기능
> ⑤ 유황화합물의 응집

11 과급장치 수리가능 여부를 확인하는 작업에서 과급장치를 교환할 때는?

① 과급장치의 액추에이터 연결 상태

② 과급장치의 배기 매니폴드 사이의 개스킷 기밀 상태 불량

③ 과급장치의 액추에이터 로드 세팅 마크 일치 여부

④ 과급장치의 센터 하우징과 컴프레서 하우징 사이의 'O' 링(개스킷)이 손상

과급장치의 센터 하우징과 컴프레서 하우징 사이의 'O'링 (개스킷)이 손상되면 이 부위에서 누유가 발생할 수 있으므로 이상이 있으면 과급장치를 교환하여야 한다.

12 내연기관의 열손실을 측정한 결과 냉각수에 의한 손실이 30%, 배기 및 복사에 의한 손실이 30%였다. 기계 효율이 85%라면 정미 열효율 (%)은?

① 28   ② 30

③ 32   ④ 34

정비열효율 = 도시열효율 × 기계효율
$$= \{1 - (0.3 + 0.3) \times 0.85\}$$
$$= 0.34(34\%)$$

13 열선식(hot wire type) 흡입 공기량 센서의 장점으로 옳은 것은?

① 소형이며 가격이 저렴하다.

② 질량 유량의 검출이 가능하다.

③ 먼지나 이물질에 의한 고장 염려가 적다.

④ 기계적 충격에 강하다.

● 열선식 흡입 공기량 센서의 특징
① 회로가 단순하고, 흡입되는 공기를 질량 유량으로 검출한다.
② 응답성이 빠르고, 맥동 오차가 없다.
③ 고도 변화에 따른 오차가 없다.
④ 흡입공기 온도가 변화해도 측정상의 오차는 거의 없다.
⑤ 공기 질량을 직접 정확하게 계측할 수 있다.
⑥ 엔진 작동상태에 적용하는 능력이 개선된다.
⑦ 오염되기 쉬워 자기청정(클린 버닝) 장치를 두어야 한다.

14 다음 중 전자제어 엔진에서 스로틀 포지션 센서와 기본 구조 및 출력 특성이 가장 유사한 것은?

① 크랭크 각 센서

② 모터 포지션 센서

③ 액셀러레이터 포지션 센서

④ 흡입 다기관 절대 압력 센서

● 스로틀 포지션 센서와 액셀러레이터 포지션 센서
① 스로틀 포지션 센서 : 스로틀 밸브 축과 같이 회전하는 가변 저항기로 스로틀 밸브의 회전에 따라 출력 전압이 변화함으로써 ECM은 스로틀 밸브의 열림 정도를 감지하고, ECM은 스로틀 포지션 센서의 신호에 따른 흡입 공기량 신호, 엔진 회전속도 등 다른 입력 신호를 합하여 엔진의 운전 상태를 판단하여 연료 분사량(인젝터 분사 시간)과 점화시기를 조절한다.
② 액셀러레이터 포지션 센서 : ETC(Electronic Throttle Valve Control) 시스템을 탑재한 차량에서 스로틀 포지션 센서와 동일한 원리의 가변저항에 의해 운전자의 가속 의지를 PCM(Power-train Control Module)에 전송하여 현재 가속 상태에 따른 연료 분사량을 결정하는 신호로 이용된다.

15 배출가스 중 질소산화물을 저감시키기 위해 사용하는 장치가 아닌 것은?

① 매연 필터(DPF)

② 삼원 촉매장치(TWC)

③ 선택적 환원촉매(SCR)

④ 배기가스 재순환 장치(EGR)

매연 필터(DPF ; Diesel Particulate Filter) : 연료가 불완전 연소로 발생하는 탄화수소 등 유해물질을 모아 필터로 여과시킨 후 550℃의 고온으로 다시 연소시켜 오염물질을 저감시키는 장치다. 즉, 디젤 엔진의 배기가스 중 미세 매연 입자인 PM을 포집(물질 속 미량 성분을 분리하여 모음)한 뒤 다시 연소시켜 제거하는 '배기가스 후처리 장치(매연 저감장치)'이다.

16 전자식 가변용량 터보차저(VGT)에서 목표 부스트 압력을 결정하기 위한 입력요소와 가장 거리가 먼 것은?

① 연료 압력   ② 부스트 압력

③ 가속 페달 위치   ④ 엔진 회전속도

가변용량 터보차저 제어장치는 엔진 회전속도, 가속 페달 위치, 대기압, 부스터 압력, 냉각수 온도, 흡입공기 온도, 주행속도 등을 확인하여 자동차의 운전 상태를 파악한다.

17 배출가스 전문정비업자로부터 정비를 받아야 하는 자동차는?

① 운행차 배출가스 정밀검사 결과 배출허용 기준을 초과하여 2회 이상 부적합 판정을 받은 자동차

② 운행차 배출가스 정밀검사 결과 배출허용 기준을 초과하여 3회 이상 부적합 판정을 받은 자동차

③ 운행차 배출가스 정밀검사 결과 배출허용 기준을 초과하여 4회 이상 부적합 판정을 받은 자동차

④ 운행차 배출가스 정밀검사 결과 배출허용 기준을 초과하여 5회 이상 부적합 판정을 받은 자동차

> 정밀검사 결과(관능 및 기능검사는 제외) 2회 이상 부적합 판정을 받은 자동차의 소유자는 전문정비사업자에게 정비·점검을 받은 후 전문정비사업자가 발급한 정비·점검 결과표를 지정을 받은 종합검사대행자 또는 종합검사지정정비사업자에게 제출하고 재검사를 받아야 한다.

18 전자제어 디젤 엔진 연료분사 방식 중 다단분사의 종류에 해당되지 않는 것은?

① 주 분사   ② 예비 분사
③ 사후 분사   ④ 예열 분사

> 다단분사는 파일럿 분사(Pilot Injection), 주 분사(Main Injection), 사후분사(Post Injection)의 3단계로 이루어지며, 다단분사는 연료를 분할하여 분사함으로써 연소효율이 좋아지며 PM과 NOx를 동시에 저감시킬 수 있다.

19 가솔린 연료 200cc를 완전 연소시키기 위한 공기량(kg)은 약 얼마인가?(단, 공기와 연료의 혼합비는 15:1, 가솔린의 비중은 0.73이다.)

① 2.19   ② 5.19
③ 8.19   ④ 11.19

> $Ag = Gv \times \rho \times AFr$
> Ag : 필요한 공기량(kg), Gv : 가솔린의 체적(ℓ),
> ρ : 가솔린의 비중, AFr : 혼합비
> $Ag = 0.2ℓ \times 0.73 \times 15 = 2.19$kg

20 전자제어 가솔린 엔진에서 연료 분사장치의 특징으로 틀린 것은?

① 응답성 향상
② 냉간 시동성 저하
③ 연료소비율 향상
④ 유해 배출가스 감소

> ● 연료 분사장치의 특징
> ① 엔진의 운전 조건에 가장 적합한 혼합기가 공급된다.
> ② 감속 시 배기가스의 유해 성분이 감소된다.
> ③ 연료 소비율이 향상된다.
> ④ 가속 시에 응답성이 신속하다.
> ⑤ 냉각수 온도 및 흡입 공기의 악조건에도 잘 견딘다.
> ⑥ 베이퍼 록, 퍼컬레이션, 아이싱 등의 고장이 없다.
> ⑦ 운전 성능이 향상된다.
> ⑧ 냉간 시동시 연료를 증량시켜 시동성이 향상된다.
> ⑨ 각 실린더에 연료의 분배가 균일하다.
> ⑩ 벤투리가 없으므로 공기 흐름의 저항이 적다.
> ⑪ 이상적인 흡기 다기관을 형성할 수 있어 엔진의 효율이 향상된다.

제2과목   자동차 섀시 정비

21 현가장치에서 텔레스코핑형 쇽업쇼버에 대한 설명으로 틀린 것은?

① 단동식과 복동식이 있다.
② 짧고 굵은 형태의 실린더가 주로 쓰인다.
③ 진동을 흡수하여 승차감을 향상시킨다.
④ 내부에 실린더와 피스톤이 있다.

> ● 텔레스코핑형 쇽업쇼버
> ① 비교적 가늘고 긴 실린더로 조합되어 있다.
> ② 차체와 연결되는 피스톤과 차축에 연결되는 실린더로 구분되어 있다.
> ③ 밸브가 피스톤 한쪽에만 설치되어 있는 단동식과 밸브가 피스톤 양쪽에 설치되어 있는 복동식이 있다.
> ④ 진동을 흡수하여 승차감을 향상시킨다.

22 브레이크장치의 프로포셔닝 밸브에 대한 설명으로 옳은 것은?

① 바퀴의 회전속도에 따라 제동시간을 조절한다.
② 바깥 바퀴의 제동력을 높여서 코너링 포스를 줄인다.
③ 급제동 시 앞바퀴보다 뒷바퀴가 먼저 제동되는 것을 방지한다.
④ 선회 시 조향 안정성 확보를 위해 앞바퀴의 제동력을 높여준다.

> 프로포셔닝 밸브(proportioning valve)는 마스터 실린더와 휠 실린더 사이에 설치되어 있으며, 제동력 배분을 앞바퀴보다 뒷바퀴를 작게 하여(뒷바퀴의 유압을 감소시킴) 바퀴의 고착을 방지한다. 즉 앞바퀴와 뒷바퀴의 제동압력을 분배한다.

23 ABS 컨트롤 유닛(제어모듈)에 대한 설명으로 틀린 것은?

① 휠의 회전속도 및 가·감속을 계산한다.
② 각 바퀴의 속도를 비교 분석한다.
③ 미끄럼 비를 계산하여 ABS 작동 여부를 결정한다.
④ 컨트롤 유닛이 작동하지 않으면 브레이크가 전혀 작동하지 않는다.

> ● ABS 컨트롤 유닛의 기능
> ① 감속 · 가속을 계산한다.
> ② 각 바퀴의 회전속도를 비교 · 분석한다.
> ③ 미끄럼 비율을 계산하여 ABS 작동 여부를 결정한다.
> ④ 컨트롤 유닛이 작동하지 않아도 기계작동 방식의 일반 제동장치로 작동하는 페일세이프 기능이 있다.

24 속도비가 0.4이고, 토크비가 2인 토크 컨버터에서 펌프가 4000rpm으로 회전할 때, 토크 컨버터의 효율(%)은 약 얼마인가?

① 80 　　② 40
③ 60 　　④ 20

> $\eta t = Sr \times Tr \times 100$
> η : 토크 컨버터 효율(%),
> Sr : 속도비, 　Tr : 토크비
> $\eta t = 0.4 \times 2 \times 100 = 80\%$

25 자동변속기 내부에서 링 기어와 캐리어가 1개씩, 직경이 다른 선 기어 2개, 길이가 다른 피니언 기어가 2개로 조합되어 있는 복합 유성기어 형식은?

① 심프슨 기어 형식
② 윌슨 기어 형식
③ 라비뇨 기어 형식
④ 레펠레티어 기어 형식

> ● 유성기어 형식
> ① 라비뇨 형식 : 크기가 서로 다른 2개의 선 기어를 1개의 유성기어 장치에 조합한 형식이며, 링 기어와 유성기어 캐리어를 각각 1개씩만 사용한다.
> ② 심프슨 형식 : 2세트의 단일 유성기어 장치를 연이어 접속시키며 1개의 선 기어를 공동으로 사용하는 형식이다.
> ③ 윌슨 기어 형식 : 단순 유성기어 장치를 3세트 연이어 접속한 형식이다. 동력은 모든 변속 단에서 마지막에 설치된 단순 유성기어 세트의 유성기어 캐리어를 거쳐서 출력된다.
> ④ 레펠레티어 기어 형식 : 라비뇨 기어 세트의 전방에 1세트의 단순 유성기어 장치를 접속한 형식으로 전진 6단이 가능한 자동변속기를 만들 수 있다.

26 엔진의 최대토크 20kgf·m, 변속기의 제1변속비 3.5, 종감속비 5.2, 구동바퀴의 유효반지름이 0.35m일 때 자동차의 구동력(kgf)은?(단, 엔진과 구동바퀴 사이의 동력전달효율은 0.45이다.)

① 468 　　② 368
③ 328 　　④ 268

> $F = \dfrac{T}{r}$
> F : 타이어 구동력(kgf),
> T : 타이어 회전력(kgf·m),
> r : 타이어 반경(m)
> $F = \dfrac{0.45 \times 20 \times 3.5 \times 5.2}{0.35} = 468(kgf)$

27 자동차 제동장치가 갖추어야 할 조건으로 틀린 것은?

① 최고속도의 차량의 중량에 대하여 항상 충분히 제동력을 발휘할 것.

② 신회성과 내구성이 우수할 것.

③ 조작이 간단하고 운전자에게 피로감을 주지 않을 것.

④ 고속주행 상태에서 급제동 시 모든 바퀴에 제동력이 동일하게 작용할 것.

● 제동장치가 갖추어야 할 조건
① 최고 속도와 차량 중량에 대하여 항상 충분한 제동 작용을 할 것.
② 작동이 확실하고 효과가 클 것.
③ 신뢰성이 높고 내구성이 우수할 것.
④ 점검이나 조정하기가 쉬울 것.
⑤ 조작이 간단하고 운전자에게 피로감을 주지 않을 것.
⑥ 브레이크를 작동시키지 않을 때에는 각 바퀴의 회전에 방해되지 않을 것.

28 전동식 동력 조향장치의 입력 요소 중 조향 핸들의 조작력 제어를 위한 신호가 아닌 것은?

① 토크 센서 신호

② 차속 센서 신호

③ G 센서 신호

④ 조향 각 센서 신호

● 전동식 동력 조향장치의 입력 요소
① 토크 센서 : 조향 칼럼과 일체로 되어 있으며, 운전자가 조향 핸들을 돌려 래크와 피니언 그리고 바퀴를 돌릴 때 발생하는 토크를 조향 칼럼을 통해 측정한다. 컴퓨터는 조향 조작력 센서의 정보를 기본으로 조향 조작력의 크기를 연산한다.
② 차속 센서 : 변속기 출력축에 설치되어 있으며, 홀 센서 방식이다. 주행속도에 따라 최적의 조향 조작력 (고속으로 주행할 때에는 무겁고, 저속으로 주행할 때에는 가볍게 제어)를 실현하기 위한 기준 신호로 사용된다.
③ 조향 각 센서 : 전동기 내에 설치되어 있으며, 전동기 (Motor)의 로터(Rotor) 위치를 검출한다. 이 신호에 의해서 컴퓨터가 전동기 출력의 위상을 결정한다.
④ 엔진 회전속도 : 엔진 회전속도는 전동기가 작동할 때 엔진의 부하(발전기 부하)가 발생되므로 이를 보상하기 위한 신호로 사용되며, 엔진 컴퓨터로부터 엔진의 회전속도를 입력받으며 500rpm 이상에서 정상적으로 작동한다.

29 다음 중 구동륜의 동적 휠 밸런스가 맞지 않을 경우 나타나는 현상은?

① 피칭 현상 ② 시미 현상

③ 캐치 업 현상 ④ 링클링 현상

바퀴에 정적 불평형이 있으면 바퀴가 상하로 진동하는 트램핑이 발생하고, 동적 불평형이 있으면 바퀴가 좌우로 흔들리는 시미현상이 발생한다.

30 다음 중 댐퍼 클러치 제어와 가장 관련이 없는 것은?

① 스로틀 포지션 센서

② 에어컨 릴레이 스위치

③ 오일 온도 센서

④ 노크 센서

● 댐퍼 클러치 제어 관련 센서
① 스로틀 포지션 센서 : 댐퍼 클러치 비 작동영역의 판정을 위해 스로틀 밸브 열림의 정도를 검출한다.
② 에어컨 릴레이 스위치 : 댐퍼 클러치 작동영역의 판정을 위해 에어컨 릴레이의 ON, OFF를 검출한다.
③ 오일 온도 센서 : 댐퍼 클러치 비 작동영역의 판정을 위해 자동변속기 오일(ATF) 온도를 검출한다.
④ 점화 신호 : 스로틀 밸브 열림 정도의 보정과 댐퍼 클러치 작동영역의 판정을 위해 엔진의 회전속도를 검출한다.
⑤ 펄스 제너레이터 B : 댐퍼 클러치 작동영역의 판정을 위해 변속 패턴의 정보와 함께 트랜스퍼 피동 기어의 회전속도를 검출한다.
⑥ 액셀러레이터 페달 스위치 : 댐퍼 클러치의 비 작동영역을 판정하기 위하여 가속 페달 스위치의 ON, OFF를 검출한다.

31 전자제어 동력 조향장치에서 다음 주행 조건 중 운전자에 의한 조향 휠의 조작력이 가장 작은 것은?

① 40km/h 주행 시

② 80km/h 주행 시

③ 120km/h 주행 시

④ 160km/h 주행 시

조향 핸들의 구비조건에서 조향 휠의 조작력은 저속 시에는 가볍게 하고, 고속 시에는 무겁게 한다.

32 무단변속기(CVT)의 구동 풀리와 피동 풀리에 대한 설명으로 옳은 것은?

① 구동 풀리 반지름이 크고 피동 풀리의 반지름이 작을 경우 중속된다.
② 구동 풀리 반지름이 작고 피동 풀리의 반지름이 클 경우 중속된다.
③ 구동 풀리 반지름이 크고 피동 풀리의 반지름이 작을 경우 역전 감속된다.
④ 구동 풀리 반지름이 작고 피동 풀리의 반지름이 클 경우 역전 중속된다.

구동 풀리 반지름이 크고 피동 풀리의 반지름이 작을 경우 중속이 되고, 구동 풀리 반지름이 작고 피동 풀리의 반지름이 클 경우 고속이 된다.

33 전동식 동력 조향장치(Motor Driven Power Steering)시스템에서 정차 중 핸들 무거움 현상의 발생 원인이 아닌 것은?

① MDPS CAN 통신선의 단선
② MDPS 컨트롤 유닛측의 통신 불량
③ MDPS 타이어 공기압 과다주입
④ MDPS 컨트롤 유닛측 배터리 전원 공급 불량

● 핸들 무거움 현상 발생 원인
① MDPS 컨트롤 유닛측 배터리 전원 공급 불량
② MDPS 컨트롤 유닛측의 통신 불량
③ MDPS CAN 통신선의 단선
④ MDPS 타이어 공기압의 부족

34 엔진에서 발생한 토크와 회전수가 각각 80kgf·m, 1000rpm, 클러치를 통과하여 변속기로 들어가는 토크와 회전수가 각각 60kgf·m, 900rpm일 경우 클러치의 전달효율은 약 얼마인가?

① 37.5% ② 47.5%
③ 57.5% ④ 67.5%

$$\eta_C = \frac{Cp}{Ep} \times 100$$

η_C: 클러치의 전달효율(%), Cp: 클러치의 출력,
Ep: 엔진의 출력

$$\eta_C = \frac{60 \times 900}{80 \times 1000} \times 100 = 67.5\%$$

35 전자제어 현가장치 관련 하이트 센서 이상 시 일반적으로 점검 및 조치해야 하는 내용으로 틀린 것은?

① 계기판 스피드미터 이동을 확인한다.
② 센서 전원의 회로를 점검한다.
③ ECS-ECU 하니스를 점검하고 이상이 있을 경우 수정한다.
④ 하이트 센서 계통에서 단선 혹은 쇼트를 확인한다.

● 하이트 센서 이상 시 점검 및 조치
① 하이트 센서 계통에서 단선 혹은 쇼트 확인한다.
② 센서 전원의 회로를 점검한다.
③ ECS-ECU의 하니스를 점검하고 이상이 있을 경우 수정한다.

36 센터 디퍼렌셜 기어 장치가 없는 4WD 차량에서 4륜 구동상태로 선회 시 브레이크가 걸리는 듯한 현상은?

① 타이트 코너 브레이킹
② 코너링 언더 스티어
③ 코너링 요 모멘트
④ 코너링 포스

타이트 코너 브레이킹 현상이란 센터 디퍼렌셜 기어 장치가 없는 4WD 차량에서 4륜 구동상태로 선회할 때 브레이크가 걸리는 듯한 현상이다.

37 스프링 정수가 5kgf/mm인 코일 스프링을 5cm 압축하는데 필요한 힘(kgf)은?

① 250 ② 25
③ 2500 ④ 2.5

$$k = \frac{W}{a}$$

k : 스프링 상수(kgf/mm), W : 하중(kgf),
a : 변형량(mm)
W = k×a = 5kgf/mm×50mm = 250kgf

38 자동차를 옆에서 보았을 때 킹핀의 중심선이 노면에 수직인 직선에 대하여 어느 한쪽으로 기울어져 있는 상태는?

① 캐스터　　　　② 캠버
③ 셋백　　　　　④ 토인

● 휠 얼라인먼트
① 캠버 : 자동차를 앞에서 보면 그 앞바퀴가 수직선에 대해 어떤 각도를 두고 설치되어 있는 상태
② 셋백 : 앞 뒤 차축의 평행도를 나타내는 것을 셋백이라 한다.
③ 토인 : 앞바퀴를 위에서 내려다보면 바퀴 중심선 사이의 거리가 앞쪽이 뒤쪽보다 약간 작게 되어 있는 상태

39 구동력이 108kgf인 자동차가 100km/h로 주행하기 위한 엔진의 소요마력(PS)은?

① 20　　　　　② 40
③ 80　　　　　④ 100

$$H_{PS} = \frac{F \times V}{75}$$

H_{PS} : 엔진의 소요마력(PS), F : 구동력(kgf),
V : 주행속도(m/s)

$$H_{PS} = \frac{108 \times 100 \times 1000}{75 \times 60 \times 60} = 40PS$$

40 자동차의 제동 안전장치가 아닌 것은?

① 드래그 링크 장치
② ABS(anti-lock brake system)
③ 2계통 브레이크 장치
④ 로드 센싱 프로포셔닝 밸브 장치

드래그 링크는 일체 차축 방식 조향 기구에서 피트먼 암과 너클 암(제3암)을 연결하는 로드이며, 드래그 링크는 피트먼 암을 중심으로 한 원호 운동을 한다.

제3과목 **자동차전기 · 전자장치정비**

41 자동차 냉방 시스템에서 CCOT(Clutch Cycling Orifice Tube)형식의 오리피스 튜브와 동일한 역할을 수행하는 TXV(Thermal Expansion Valve)형식의 구성부품은?

① 콘덴서　　　　② 팽창 밸브
③ 핀센서　　　　④ 리시버 드라이어

● 에어컨 형식의 종류
① TXV 형식 : 압축기, 콘덴서, 팽창 밸브, 증발기로 구성되어 있다.
② CCOT 형식 : 압축기, 콘덴서, 오리피스 튜브, 증발기로 구성되어 있다. 오리피스 튜브는 TXV 형식의 팽창 밸브 역할을 수행한다.

42 차량에서 12V 배터리를 탈거한 후 절연체의 저항을 측정하였더니 1MΩ이라면 누설 전류(mA)는?

① 0.006　　　　② 0.008
③ 0.010　　　　④ 0.012

$$I = \frac{E}{R}$$

I : 전류(A), E : 전압(V), R : 저항(Ω)

$$I = \frac{12V}{1000000\Omega} \times 1000 = 0.012mA$$

43 high speed CAN 파형분석 시 지선부위 점검 중 High-line이 전원에 단락되었을 때 측정되어지는 파형의 현상으로 옳은 것은?

① Low 신호도 High선 단락의 영향으로 0.25V로 유지
② 데이터에 따라 간헐적으로 0V로 하강
③ Low 파형은 종단 저항에 의한 전압강하로 11.8V 유지
④ High 파형 0V 유지(접지)

● High-line 전원 단락
① High 파형 13.9V 유지
② Low 파형은 종단 저항에 의한 전압강하로 11.8V 유지

44 자동차의 레인 센서 와이퍼 제어장치에 대한 설명 중 옳은 것은?

① 엔진 오일의 양을 감지하여 운전자에게 자동으로 알려주는 센서이다.
② 자동차의 와셔액량을 감지하여 와이퍼가 작동 시 와셔 액을 자동 조절하는 장치이다.
③ 앞 창유리 상단의 강우량을 감지하여 자동으로 와이퍼 속도를 제어하는 센서이다.
④ 온도에 따라서 와이퍼 조작 시 와이퍼 속도를 제어하는 장치이다.

레인 센서 와이퍼 제어장치는 앞 창유리 상단의 강우량을 감지하여 자동으로 와이퍼 속도를 제어하는 장치이다.

45 자동차 통신 시스템의 장점에 대하여 설명한 것으로 틀린 것은?

① 진단 장비를 이용하여 자동차 정비
② 시스템의 신뢰성이 향상된다.
③ 전기장치의 설치가 복잡하고 어렵다.
④ 배선을 경량화 할 수 있다.

전장품의 가장 가까운 곳에 설치된 ECU에서 전장품의 작동을 제어하기 때문에 전기장치의 설치가 용이하다.

46 후진 경보장치에 대한 설명으로 틀린 것은?

① 후방의 장애물을 경고음으로 운전자에게 알려 준다.
② 변속레버를 후진으로 선택하면 자동 작동된다.
③ 초음파 방식은 장애물에 부딪쳐 되돌아오는 초음파로 거리가 계산된다.
④ 초음파 센서의 작동주기는 1분에 60~120회 이내이어야 한다.

후진 경보장치는 후진할 때 편의성 및 안전성을 확보하기 위해 운전자가 변속레버를 후진으로 선택하면 후진경고 장치가 작동하여 장애물이 있다면 초음파 센서에서 초음파를 발사하여 장애물에 부딪쳐 되돌아오는 초음파를 받아서 컴퓨터에서 자동차와 장애물과의 거리를 계산하여 버저(buzzer)의 경고음으로 운전자에게 알려주는 장치이다.

47 경음기 소음 측정 시 암소음 보정을 하지 않아도 되는 경우는?

① 경음기소음 : 84dB, 암소음 : 75dB
② 경음기소음 : 90dB, 암소음 : 85dB
③ 경음기소음 : 100dB, 암소음 : 92dB
④ 경음기소음 : 100dB, 암소음 : 85dB

자동차 소음과 암소음의 측정치의 차이가 3dB 이상 10dB 미만인 경우에는 자동차로 인한 소음의 측정치로부터 아래의 보정치를 뺀 값을 최종 측정치로 하고 차이가 3dB 미만일 때에는 측정치를 무효로 한다.

자동차 소음과 암소음의 측정치 차이	3	4~5	6~9
보정치	3	2	1

48 자동차의 IMS(Integrated Memory System)에 대한 설명으로 옳은 것은?

① 도난을 예방하기 위한 시스템이다.
② 편의장치로서 장거리 운행시 자동운행 시스템이다.
③ 배터리 교환주기를 알려주는 시스템이다.
④ 스위치 조작으로 설정해둔 시트위치로 재생시킨다.

IMS는 운전자가 자신에게 맞는 최적의 시트 위치, 사이드 미러 위치 및 조향 핸들의 위치 등을 IMS 컴퓨터에 입력시킬 수 있으며, 다른 운전자가 운전하여 위치가 변경되었을 경우 컴퓨터가 기억시킨 위치로 자동적으로 복귀시켜 주는 장치이다.

49 자동차에서 CAN 통신 시스템의 특징이 아닌 것은?

① 데이터를 2개의 배선(CAN-HIGH, CAN-LOW)을 이용하여 전송한다.
② 모듈간의 통신이 가능하다.
③ 양방향 통신이다.
④ 싱글 마스터(single master) 방식이다.

CAN 통신(Controller Area Network)은 차량 내에서 호스트 컴퓨터 없이 마이크로 컨트롤러나 장치들이 서로 통신하기 위해 설계된 표준 통신 규격이다. 양방향 통신이므로 모듈사이의 통신이 가능하며, 데이터를 2개의 배선(CAN-HIGH, CAN-LOW)을 이용하여 전송한다.

50 온수식 히터장치의 실내 온도 조절 방법으로 틀린 것은?

① 온도 조절 액추에이터를 이용하여 열교환기를 통과하는 공기량을 조절한다.

② 송풍기 모터의 회전수를 제어하여 온도를 조절한다.

③ 열교환기에 흐르는 냉각수량을 가감하여 온도를 조절한다.

④ 라디에이터 팬의 회전수를 제어하여 열교환기의 온도를 조절한다.

> 온수식 히터장치는 냉각수를 실내 공조장치 안에 위치한 히터 코어로 보내 공기를 가열 후 블로어 모터를 사용하여 실내를 난방 한다. 연소실의 폐열로 인하여 냉각수가 워밍업 되었을 때는 90℃ 이상의 온수가 히터 코어에 공급되고, 온도 액추에이터가 바람의 유로를 히터 코어 쪽으로 열어주면 송풍기에 의해 따뜻한 바람이 실내로 유입된다. 풍향, 풍량, 온도 설정은 컨트롤 패널 조작에 의해 이루어진다.

51 자동차용 냉방 장치에서 냉매 사이클의 순서로 옳은 것은?

① 증발기 → 압축기 → 응축기 → 팽창 밸브

② 증발기 → 응축기 → 팽창 밸브 → 압축기

③ 응축기 → 압축기 → 팽창 밸브 → 증발기

④ 응축기 → 증발기 → 압축기 → 팽창 밸브

> 에어컨의 냉매 순환 과정은 압축기(컴프레서) → 응축기(콘덴서) → 건조기(리시버 드라이어) → 팽창 밸브 → 증발기(이배퍼레이터)이다.

52 첨단 운전자 보조 시스템(ADAS) 센서 진단 시 사양 설정 오류 DTC 발생에 따른 정비 방법으로 옳은 것은?

① 베리언트 코딩 실시

② 해당 센서 신품 교체

③ 시스템 초기화

④ 해당 옵션 재설정

> 베리언트 코딩은 신품의 ADAS 모듈을 교체한 후 차량에 장착된 옵션의 종류에 따라 모듈의 기능을 최적화시키는 작업으로 해당 차량에 맞는 사양을 정확하게 입력하지 않을 경우 교체 전 모듈의 사양으로 인식을 하여 관련 고장코드 및 경고등을 표출한다. 전용의 스캐너를 이용하여 베리언트 코딩을 수행하여야 하며, 미진행 시 "베리언트 코딩 이상, 사양 설정 오류" 등의 DTC 고장 코드가 소거되지 않을 수 있다.

53 단면적 0.002cm², 길이 10m인 니켈-크롬선의 전기저항(Ω)은?(단, 니켈-크롬선의 고유저항은 110μΩ 이다.)

① 45　　　　② 50
③ 55　　　　④ 60

> $R = \rho \times \dfrac{\ell}{A}$
>
> R : 저항(Ω), ρ : 도체의 고유저항(Ω),
> ℓ : 도체의 길이(cm), A : 도체의 단면적(cm²)
> $R = 110 \times 10^{-6} \times \dfrac{10 \times 100}{0.002} = 55\,\Omega$

54 다음 회로에서 스위치를 ON하였으나 전구가 점등되지 않아 테스트 램프(LED)를 사용하여 점검한 결과 i점과 j점이 모두 점등되었을 때 고장원인을 옳은 것은?

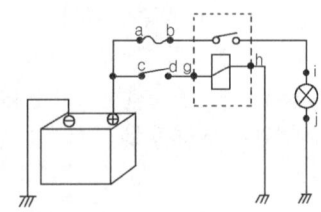

① 퓨즈 단선　　　② 릴레이 고장
③ h와 접지선 단선　　④ j와 접지선 단선

> c - d의 스위치를 ON 시켰을 때 전구가 점등되지 않아 테스트 램프를 이용하여 점검한 결과 i 지점과 j 지점에 테스트 램프를 접촉시켰을 때 점등되었다면 j지점과 접지선의 단선이다.

55 광도가 25000cd의 전조등으로부터 5m 떨어진 위치에서의 조도(Lx)은?

① 100　　　　② 500
③ 1000　　　④ 5000

> $Lux = \dfrac{cd}{r^2}$
>
> Lux : 조도(Lx), cd : 광도(cd), r : 거리(m)
> $Lx = \dfrac{25000}{5^2} = 1000\,Lx$

56 전기 회로의 점검방법으로 틀린 것은?

① 전류 측정 시 회로와 병렬로 연결한다.

② 회로가 접속 불량일 경우 전압 강하를 점검한다.

③ 회로의 단선 시 회로의 저항 측정을 통해서 점검할 수 있다.

④ 제어 모듈 회로 점검 시 디지털 멀티미터를 사용해서 점검할 수 있다.

> 전기 회로에서 전류를 측정할 경우 전류계를 회로와 직렬로 연결하여 점검하고, 전압을 측정할 경우 전압계를 회로와 병렬로 연결하여 점검한다.

57 냉·난방장치에서 블로워 모터 및 레지스터에 대한 설명으로 옳은 것은?

① 최고 속도에서 모터와 레지스터는 병렬 연결된다.

② 블로어 모터 회전속도는 레지스터의 저항값에 반비례한다.

③ 블로어 모터 레지스터는 라디에이터 팬 앞쪽에 장착되어 있다.

④ 블로어 모터가 최고속도로 작동하면 블로워 모터 퓨즈가 단선될 수도 있다.

> 레지스터는 블로어 모터의 회전수를 조절하는 역할을 하며, 레지스터는 몇 개의 저항으로 회로를 구성한다. 레지스터의 각 저항을 적절히 조합하여 각 속도 단별 저항을 형성하며, 저항에 따른 발열에 대한 안전장치로 퓨즈가 내장되어 있다.

58 공기 정화용 에어 필터 관련 내용으로 틀린 것은?

① 공기 중의 이물질만 제거 가능한 형식이 있다.

② 필터가 막히면 블로워 모터의 소음이 감소된다.

③ 공기 중의 이물질과 냄새를 함께 제거하는 형식이 있다.

④ 필터가 막히면 블로워 모터의 송풍량이 감소된다.

> 공기 정화용 에어 필터는 차량 실내의 이물질 및 냄새를 제거하여 항상 쾌적한 실내의 환경을 유지시켜 주는 역할을 한다. 예전에 사용되던 파티클 에어 필터는 먼지만 제거하였지만, 현재는 먼지 제거용 필터와 냄새 제거용 필터를 추가한 콤비네이션 필터를 사용하여 항상 쾌적한 실내의 환경을 유지시킨다. 필터가 막히면 블로어 모터의 송풍량이 감소된다.

59 자동차 PIC 시스템의 주요 기능으로 가장 거리가 먼 것은?

① 스마트키 인증에 의한 도어 록

② 스마트키 인증에 의한 엔진 정지

③ 스마트키 인증에 의한 도어 언록

④ 스마트키 인증에 의한 트렁크 언록

> ● PIC 시스템의 주요 기능
> ① 스마트 키 인증에 의한 도어 언록
> ② 스마트 키 인증에 의한 도어 록
> ③ 스마트 키 인증에 의한 엔진 시동
> ④ 스마트 키 인증에 의한 트렁크 언록

60 반도체 접합 중 이중 접합의 적용으로 틀린 것은?

① 서미스터

② 발광 다이오드

③ PNP 트랜지스터

④ NPN 트랜지스터

> ● 반도체의 접합
> ① 무접합 : 서미스터, 광전도셀(CdS)
> ② 단접합 : 다이오드, 제너다이오드, 단일접합 또는 단일접점 트랜지스터
> ③ 이중 접합 : PNP 트랜지스터, NPN 트랜지스터, 가변용량 다이오드, 발광다이오드, 전계효과 트랜지스터
> ④ 다중 접합 : 사이리스터, 포토트랜지스터, 트라이악

제4과목 | 친환경 자동차 정비

61 하이브리드 스타터 제너레이터의 기능으로 틀린 것은?

① 소프트 랜딩 제어
② 차량 속도 제어
③ 엔진 시동 제어
④ 발전 제어

> ● 스타터 제너레이터의 기능
> ① EV(전기 자동차)모드에서 HEV(하이브리드 자동차) 모드로 전환할 때 엔진을 시동하는 시동 전동기로 작동한다.
> ② 발전을 할 경우에는 발전기로 작동하는 장치이며, 주행 중 감속할 때 발생하는 운동 에너지를 전기 에너지로 전환하여 배터리를 충전한다.
> ③ HSG(스타터 제너레이터)는 주행 중 엔진과 HEV 모터(변속기)를 충격 없이 연결시켜 준다.

62 주행 중인 하이브리드 자동차에서 제동 및 감속 시 충전 불량 현상이 발생하였을 때 점검이 필요한 곳은?

① 회생 제동 장치
② LDC 제어장치
③ 발진 제어 장치
④ 12V용 충전장치

> 주행 중인 하이브리드 자동차에서 제동 및 감속을 할 때에는 운동 에너지를 전기 에너지로 변환하여 고전압 배터리를 충전한다. 따라서 제동 및 감속 시 충전 불량 현상이 발생하면 회생 제동 장치를 점검하여야 한다.

63 하이브리드 차량 정비 시 고전압 차단을 위해 안전 플러그(세이프티 플러그)를 제거한 후 고전압 부품을 취급하기 전 일정시간 이상 대기시간을 갖는 이유로 가장 적절한 것은?

① 고전압 배터리 내의 셀의 안정화
② 제어 모듈 내부의 메모리 공간의 확보
③ 저전압(12V) 배터리에 서지 전압 차단
④ 인버터 내의 콘덴서에 충전되어 있는 고전압 방전

> 친환경 전기 자동차의 고전압 부품을 취급하기 전에 안전 플러그를 제거하여 고전압을 차단하고 5~10분 이상 경과한 후에 고전압 부품을 취급하여야 한다. 그 이유는 인버터 내의 콘덴서(축전기)에 충전되어 있는 고전압을 방전시키기 위함이다.

64 KS R 0121에 의한 하이브리드의 동력 전달 구조에 따른 분류가 아닌 것은?

① 병렬형 HV
② 복합형 HV
③ 동력 집중형 HV
④ 동력 분기형 HV

> ● 동력 전달 구조에 따른 분류
> ① **병렬형 HV** : 하이브리드 자동차의 2개 동력원이 공통으로 사용되는 동력 전달 장치를 거쳐 각각 독립적으로 구동축을 구동시키는 방식의 하이브리드 자동차
> ② **직렬형 HV** : 하이브리드 자동차의 2개 동력원 중 하나는 다른 하나의 동력을 공급하는 데 사용되나 구동축에는 직접 동력 전달이 되지 않는 구조를 갖는 하이브리드 자동차이다. 엔진-전기를 사용하는 직렬 하이브리드 자동차의 경우 엔진이 직접 구동축에 동력을 전달하지 않고 엔진은 발전기를 통해 전기 에너지를 생성하고 그 에너지를 사용하는 전기 모터가 구동하여 자동차를 주행시킨다.
> ③ **복합형 HV** : 직렬형과 병렬형 하이브리드 자동차를 결합한 형식의 하이브리드 자동차로 동력 분기형 HV 라고도 한다. 엔진-전기를 사용하는 차량의 경우 엔진의 구동력이 기계적으로 구동축에 전달되기도 하고 그 일부가 전동기를 거쳐 전기 에너지로 전환된 후 구동축에서 다시 기계적 에너지로 변경되어 구동축에 전달되는 방식의 동력 분배 전달 구조를 갖는다.

65 전기 자동차의 구동 모터 탈거를 위한 작업으로 가장 거리가 먼 것은?

① 서비스(안전) 플러그를 분리한다.
② 보조 배터리(12V)의 (−)케이블을 분리한다.
③ 냉각수를 배출한다.
④ 배터리 관리 유닛의 커넥터를 탈거한다.

> ● 구동 모터 탈거
> ① 안전 플러그를 분리한다.
> ② 보조 배터리의 (-) 케이블을 분리한다.
> ③ 냉각수를 배출한다.

66 전기 자동차에 적용하는 배터리 중 자기방전이 없고 에너지 밀도가 높으며, 전해질이 겔 타입이고 내 진동성이 우수한 방식은?

① 리튬이온 폴리머 배터리(Li-Pb Battery)
② 니켈수소 배터리(Ni-MH Battery)
③ 니켈카드뮴 배터리(Ni-Cd Battery)
④ 리튬이온 배터리(Li-ion Battery)

리튬-폴리머 배터리도 리튬이온 배터리의 일종이다. 리튬이온 배터리와 마찬가지로 (+) 전극은 리튬-금속산화물이고 (-)은 대부분 흑연이다. 액체 상태의 전해액 대신에 고분자 전해질을 사용하는 점이 다르다. 전해질은 고분자를 기반으로 하며, 고체에서 겔(gel) 형태까지의 얇은 막 형태로 생산된다. 고분자 전해질 또는 고분자 겔(gell) 전해질을 사용하는 리튬-폴리머 배터리에서는 전해액의 누설 염려가 없으며 구성 재료의 부식도 적다. 그리고 휘발성 용매를 사용하지 않기 때문에 발화 위험성이 적다. 전해질은 이온전도성이 높고, 전기 화학적으로 안정되어 있어야 하고, 전해질과 활성물질 사이에 양호한 계면을 형성해야 하고, 열적 안정성이 우수해야 하고, 환경부하가 적어야 하며, 취급이 쉽고, 가격이 저렴하여야 한다.

67 전기 자동차 고전압 배터리의 안전 플러그에 대한 설명으로 틀린 것은?

① 탈거 시 고전압 배터리 내부 회로 연결을 차단한다.
② 전기 자동차의 주행속도 제한 기능을 한다.
③ 일부 플러그 내부에는 퓨즈가 내장되어 있다.
④ 고전압 장치 정비 전 탈거가 필요하다.

● 안전 플러그
① 리어 시트 하단에 장착되어 있으며, 기계적인 분리를 통하여 고전압 배터리 내부의 회로 연결을 차단하는 장치이다.
② 고전압 시스템을 점검하거나 정비하기 전에 반드시 안전 플러그를 분리하여 고전압을 차단하도록 하여야 한다.
③ 메인 퓨즈(250A 퓨즈)는 안전 플러그 내에 장착되어 있으며, 고전압 배터리 및 고전압 회로를 과전류로부터 보호하는 기능을 한다.

68 전기 자동차의 완속 충전에 대한 설명으로 해당되지 않은 것은?

① AC 100·220V의 전압을 이용하여 고전압 배터리를 충전하는 방법이다.
② 표준화된 충전기를 사용하여 차량 앞쪽에 설치된 완속 충전기 인렛을 통해 충전하여야 한다.
③ 급속 충전보다 더 많은 시간이 필요하다.
④ 급속 충전보다 충전 효율이 높아 배터리 용량의 80%까지 충전할 수 있다.

● 완속 충전
① AC 100·220V의 전압을 이용하여 고전압 배터리를 충전하는 방법이다.
② 표준화된 충전기를 사용하여 차량 앞쪽에 설치된 완속 충전기 인렛을 통해 충전하여야 한다.
③ 급속 충전보다 더 많은 시간이 필요하다.
④ 급속 충전보다 충전 효율이 높아 배터리 용량의 90%까지 충전할 수 있다.

69 전기 자동차용 전동기에 요구되는 조건으로 틀린 것은?

① 구동 토크가 작아야 한다.
② 고출력 및 소형화해야 한다.
③ 속도제어가 용이해야 한다.
④ 취급 및 보수가 간편해야 한다.

● 전기 자동차용 전동기에 요구되는 조건
① 속도제어가 용이해야 한다.
② 내구성이 커야 한다.
③ 구동 토크가 커야 한다.
④ 취급 및 보수가 간편해야 한다.

70 전기 자동차 고전압 배터리 시스템의 제어 특성에서 모터 구동을 위하여 고전압 배터리가 전기 에너지를 방출하는 동작 모드로 맞는 것은?

① 제동 모드　　② 방전 모드
③ 정지 모드　　④ 충전 모드

방전 모드란 전압 배터리 시스템의 제어 특성에서 모터 구동을 위하여 고전압 배터리가 전기 에너지를 방출하는 동작 모드이다.

71 모터 컨트롤 유닛 MCU(Motor Control Unit)의 설명으로 틀린 것은?

① 고전압 배터리의(DC) 전력을 모터 구동을 위한 AC 전력으로 변환한다.

② 구동 모터에서 발생한 DC 전력을 AC로 변환하여 고전압 배터리에 충전한다.

③ 가속 시에 고전압 배터리에서 구동 모터로 에너지를 공급한다.

④ 3상 교류(AC) 전원(U, V, W)으로 변환된 전력으로 구동 모터를 구동시킨다.

> 모터 컨트롤 유닛(MCU)의 기능은 고전압 배터리의 직류를 3상 교류로 바꾸어 모터에 공급하며, 회생 제동을 할 때 모터에서 발생되는 3상 교류를 직류로 바꾸어 고전압 배터리에 공급하는 컨버터(AC→DC 변환)의 기능을 수행한다.

72 친환경 자동차의 고전압 배터리 충전상태(SOC)의 일반적인 제한영역은?

① 20~80% ② 55~86%
③ 86~110% ④ 110~140%

> 고전압 배터리 충전상태(SOC)의 일반적인 제한영역은 20~80% 이다.

73 수소 연료 전지 전기 자동차에서 직류(DC) 전압을 다른 직류(DC) 전압으로 바꾸어주는 장치는 무엇인가?

① 커패시터 ② DC-AC 컨버터
③ DC-DC 컨버터 ④ 리졸버

> ● 용어의 정의
> ① **커패시터** : 배터리와 같이 화학반응을 이용하여 축전하는 것이 아니라 콘덴서(condenser)와 같이 전자를 그대로 축적해 두고 필요할 때 방전하는 것으로 짧은 시간에 큰 전류를 축적하거나 방출할 수 있다.
> ② **DC-DC 컨버터** : 직류(DC) 전압을 다른 직류(DC) 전압으로 바꾸어주는 장치이다.
> ③ **리졸버(resolver, 로터 위치 센서)** : 모터에 부착된 로터와 리졸버의 정확한 상(phase)의 위치를 검출하여 MCU로 입력시킨다.

74 친환경 자동차에서 PRA(Power Relay Assembly) 기능에 대한 설명으로 틀린 것은?

① 승객 보호
② 전장품 보호
③ 고전압 회로 과전류 보호
④ 고전압 배터리 암전류 차단

> PRA의 기능은 전장품 보호, 고전압 회로 과전류 보호, 고전압 배터리 암전류 차단 등이다.

75 수소 연료 전지 전기 자동차의 구동 모터를 작동하기 위한 전기 에너지를 공급 또는 저장하는 기능을 하는 것은?

① 보조 배터리
② 변속기 제어기
③ 고전압 배터리
④ 엔진 제어기

> 고전압 배터리는 구동 모터에 전력을 공급하고, 회생제동 시 발생되는 전기 에너지를 저장하는 역할을 한다.

76 CNG 엔진의 분류에서 자동차에 연료를 저장하는 방법에 따른 분류가 아닌 것은?

① 압축 천연가스(CNG) 자동차
② 액화 천연가스(LNG) 자동차
③ 흡착 천연가스(ANG) 자동차
④ 부탄가스 자동차

> ● 연료를 저장하는 방법에 따른 분류
> ① **압축 천연가스(CNG) 자동차** : 천연가스를 약 200~250기압의 높은 압력으로 압축하여 고압 용기에 저장하여 사용하며, 현재 대부분의 천연가스 자동차가 사용하는 방법이다.
> ② **액화 천연가스(LNG) 자동차** : 천연가스를 −162℃ 이하의 액체 상태로 초저온 단열용기에 저장하여 사용하는 방법이다.
> ③ **흡착 천연가스(ANG) 자동차** : 천연가스를 활성탄 등의 흡착제를 이용하여 압축천연 가스에 비해 1/5~1/3 정도의 중압(50~70 기압)으로 용기에 저장하는 방법이다.

77 자동차 연료로 사용하는 천연가스에 관한 설명으로 맞는 것은?

① 약 200기압으로 압축시켜 액화한 상태로만 사용한다.

② 부탄이 주성분인 가스 상태의 연료이다.

③ 상온에서 높은 압력으로 가압하여도 기체 상태로 존재하는 가스이다.

④ 경유를 착화보조 연료로 사용하는 천연가스 자동차를 전소엔진 자동차라 한다.

천연가스는 상온에서 고압으로 가압하여도 기체 상태로 존재하므로 자동차에서는 약 200기압으로 압축하여 고압 용기에 저장하거나 액화 저장하여 사용하며, 메탄이 주성분인 가스 상태이다.

78 압축 천연가스(CNG)의 특징으로 거리가 먼 것은?

① 전 세계적으로 매장량이 풍부하다.

② 옥탄가가 매우 낮아 압축비를 높일 수 없다.

③ 분진 유황이 거의 없다.

④ 기체 연료이므로 엔진 체적효율이 낮다.

압축 천연가스는 기체 연료이므로 엔진 체적효율이 낮으며, 옥탄가가 130으로 가솔린의 100보다 높다.

79 LPI(Liquid Petroleum Injection) 연료장치의 특징이 아닌 것은?

① 가스 온도 센서와 가스 압력 센서에 의해 연료 조성비를 알 수 있다.

② 연료 압력 레귤레이터에 의해 일정 압력을 유지하여야 한다.

③ 믹서에 의해 연소실로 연료가 공급된다.

④ 연료펌프가 있다.

LPI(Liquid Petroleum Injection) 장치는 LPG를 높은 압력의 액체 상태(5~15bar)로 유지하면서 엔진 컴퓨터에 의해 제어되는 인젝터를 통하여 각 실린더로 분사하는 방식이다.

80 전자제어 LPI 엔진의 구성품이 아닌 것은?

① 베이퍼라이저

② 가스 온도 센서

③ 연료 압력 센서

④ 레귤레이터 유닛

● LPI 연료 장치 구성품

① **가스 온도 센서** : 가스 온도에 따른 연료량의 보정 신호로 이용되며, LPG의 성분 비율을 판정할 수 있는 신호로도 이용된다.

② **연료 압력 센서(가스 압력 센서)** : LPG 압력의 변화에 따른 연료량의 보정 신호로 이용되며, 시동시 연료 펌프의 구동 시간을 제어하는데 영향을 준다.

③ **레귤레이터 유닛** : 연료 압력 조절기 유닛은 연료 봄베에서 송출된 고압의 LPG를 다이어프램과 스프링 장력의 균형을 이용하여 연료 라인 내의 압력을 항상 펌프의 압력보다 약 5kgf/cm² 정도 높게 유지시키는 역할을 한다.

정답 2024년 1회

01.④	02.②	03.③	04.①	05.④
06.①	07.③	08.③	09.④	10.③
11.④	12.④	13.②	14.③	15.①
16.①	17.①	18.④	19.①	20.②
21.②	22.③	23.④	24.①	25.②
26.①	27.④	28.③	29.②	30.④
31.①	32.①	33.③	34.④	35.①
36.①	37.①	38.①	39.②	40.①
41.②	42.④	43.③	44.③	45.③
46.④	47.④	48.④	49.①	50.④
51.①	52.①	53.②	54.①	55.③
56.①	57.②	58.②	59.②	60.①
61.②	62.①	63.④	64.③	65.④
66.①	67.②	68.④	69.①	70.②
71.②	72.①	73.③	74.①	75.③
76.④	77.③	78.②	79.③	80.①

CBT 기출복원문제

2024년 2회

▶ 정답 607쪽

하도록 한다. 또 공전운전을 할 때, 난기운전을 할 때, 전부하 운전영역, 그리고 농후한 혼합가스로 운전되어 출력을 증대시킬 경우에는 작용하지 않는다.

제1과목 자동차 엔진 정비

01 엔진 출력이 80ps/4000rpm인 자동차를 엔진 회전수 제어방식(Lug-Down 3모드)으로 배출가스를 정밀검사 할 때 2모드에서 엔진 회전수는?

① 엔진 정격 회전수의 80%, 3200rpm
② 엔진 정격 회전수의 70%, 2800rpm
③ 엔진 정격 회전수의 90%, 3600rpm
④ 최대 출력의 엔진 정격 회전수, 4000rpm

엔진 회전수 제어방식(Lug-Down 3모드)으로 배출가스를 정밀검사 할 때 검사 모드는 가속페달을 최대로 밟은 상태에서 최대 출력의 엔진 정격회전수에서 1모드, 엔진 정격 회전수의 90%에서 2모드, 엔진 정격 회전수의 80%에서 3모드로 형성하여 각 검사 모드에서 모드 시작 5초 경과 이후 모드가 안정되면 엔진 회전수, 최대출력 및 매연 측정을 시작하여 10초 동안 측정한 결과를 산술 평균한 값을 최종 측정치로 한다.

02 배기가스 재순환 장치(EGR)에 대한 설명으로 틀린 것은?

① 급가속 시에만 흡기다기관으로 재순환시킨다.
② EGR 밸브 제어 방식에는 진공식과 전자 제어식이 있다.
③ 배기가스의 일부를 흡기다기관으로 재순환시킨다.
④ 냉각수를 이용한 수냉식 EGR 쿨러도 있다.

배기가스 재순환 장치(EGR)가 작동되는 경우는 엔진의 특정 운전 구간(냉각수 온도가 65℃이상이고, 중속 이상)에서 질소산화물이 많이 배출되는 운전영역에서만 작동

03 가솔린 연료 분사장치에서 공기량 계측센서 형식 중 직접 계측 방식으로 틀린 것은?

① 베인식
② MAP 센서식
③ 칼만 와류식
④ 핫 와이어식

MAP 센서는 흡기다기관의 절대 압력 변동에 따른 흡입 공기량을 간접적으로 검출하여 컴퓨터에 입력시키며, 엔진의 연료 분사량 및 점화시기를 조절하는 신호로 이용된다.

04 과급장치(turbo charger)의 효과에 대한 내용으로 틀린 것은?

① 충전(charging) 효율이 감소되므로 연료 소비율이 낮아진다.
② 실린더 용량을 변화시키지 않고 출력을 향상시킬 수 있다.
③ 출력 증가로 운전성이 향상된다.
④ CO, HC, Nox 등 유해 배기가스의 배출이 줄어든다.

● 과급장치의 효과
① 출력 증가로 운전성이 향상된다.
② 충진 효율의 증가로 연료 소비율이 낮아진다.
③ CO, HC, Nox 등 배기가스의 배출이 줄어든다.
④ 단위 마력 당 출력이 증가되어 엔진 크기와 중량을 줄일 수 있다.

05 가변 밸브 타이밍 시스템에 대한 설명으로 틀린 것은?

① 공전 시 밸브 오버랩을 최소화하여 연소 안정화를 이룬다.

② 펌핑 손실을 줄여 연료 소비율을 향상시킨다.

③ 공전 시 흡입 관성효과를 향상시키기 위해 밸브 오버랩을 크게 한다.

④ 중부하 영역에서 밸브 오버랩을 크게 하여 연소실 내의 배기가스 재순환 양을 높인다.

가변 밸브 타이밍 시스템은 공회전 영역 및 엔진을 시동할 때 밸브 오버랩을 최소화 하여(흡입 최대 지각) 연소 상태를 안정시키고 흡입 공기량을 감소시켜 연료 소비율과 시동 성능을 향상시킨다. 그리고 중부하 운전영역에서는 밸브 오버랩을 크게 하여 배기가스의 재순환 비율을 높여 질소산화물 및 탄화수소 배출을 감소시키며, 흡기다기관의 부압을 낮추어 펌핑 손실도 감소시킨다.

06 자동차 연료의 특성 중 연소 시 발생한 H_2O가 기체일 때의 발열량은?

① 저 발열량　　② 중 발열량
③ 고 발열량　　④ 노크 발열량

총 발열량은 고위 발열량(＝고발열량)이라고도 하며, 단위 질량의 연료가 완전 연소하였을 때에 발생하는 열량을 말한다. 저위 발열량(＝저발열량)은 총 발열량으로부터 연료에 포함된 수분과 연소에 의해 발생한 수분을 증발시키는데 필요한 열량을 뺀 것을 말한다. 엔진의 열효율을 말하는 경우에는 저위발열량이 사용된다.

07 흡·배기 밸브의 냉각 효과를 증대하기 위해 밸브 스템 중공에 채우는 물질로 옳은 것은?

① 리튬　　　　② 바륨
③ 알루미늄　　④ 나트륨

나트륨 밸브는 밸브 스템을 중공으로 하고 열 전도성이 좋은 금속 나트륨을 중공 체적의 40 ~ 60% 봉입하여 밸브 헤드의 냉각이 잘 되도록 한 밸브이다. 엔진이 작동 중에 밸브 스템에 봉입된 금속 나트륨이 밸브 헤드의 열을 받아 액체가 될 때 약 100℃ 의 열이 필요하기 때문에 헤드의 온도를 약 100℃ 정도 저하시킬 수 있다.

08 고온 327℃, 저온 27℃의 온도 범위에서 작동되는 카르노 사이클의 열효율은 몇 %인가?

① 30　　　　　② 40
③ 50　　　　　④ 60

$$\eta_c = 1 - \frac{T_L}{T_H}$$

η_c : 카르노 사이클의 열효율(%),
T_L : 저온(K),　T_H : 고온(K)

$$\eta_C = 1 - \frac{273 + 27}{273 + 327} = 1 - 0.5 = 50\%$$

09 LPI 엔진에서 사용하는 가스 온도 센서(GTS)의 소자로 옳은 것은?

① 서미스터　　② 다이오드
③ 트랜지스터　　④ 사이리스터

가스 온도 센서는 연료 압력 조절기 유닛에 배치되어 있으며, 서미스터를 이용하여 LPG의 온도를 검출하여 가스 온도에 따른 연료량의 보정 신호로 이용되며, LPG의 성분 비율을 판정할 수 있는 신호로도 이용된다.

10 가변 흡입 장치에 대한 설명으로 틀린 것은?

① 고속 시 매니폴드의 길이를 길게 조절한다.

② 흡입 효율을 향상시켜 엔진 출력을 증가시킨다.

③ 엔진 회전속도에 따라 매니폴드의 길이를 조절한다.

④ 저속 시 흡입관성의 효과를 향상시켜 회전력을 증대한다.

저속에서는 긴 흡입 다기관을 이용하여 흡입 효율을 향상시켜 저속에서 회전력을 증대시킨다. 고속에서는 짧은 흡입 다기관을 사용하여 고속 회전력을 향상시킨다.

11 전자제어 디젤장치의 저압 라인 점검 중 저압 펌프 점검 방법으로 옳은 것은?

① 전기식 저압 펌프 - 정압 측정
② 기계식 저압 펌프 - 중압 측정
③ 기계식 저압 펌프 - 전압 측정
④ 전기식 저압 펌프 - 부압측정

12 CNG(Compressed Natural Gas)엔진에서 스로틀 압력 센서의 기능으로 옳은 것은?

① 대기 압력을 검출하는 센서

② 스로틀의 위치를 감지하는 센서

③ 흡기다기관의 압력을 검출하는 센서

④ 배기다기관 내의 압력을 측정하는 센서

> CNG 엔진의 스로틀 압력 센서(PTP)는 압력 변환기이며, 인터쿨러와 스로틀 보디 사이의 배기관에 연결되어 있다. 터보 차저 직전의 흡기다기관 내의 압력을 측정하고 측정한 압력은 기타 다른 데이터들과 함께 엔진으로 흡입되는 공기 흐름을 산출할 수 있으며, 또한 웨이스트 게이트를 제어한다.

13 공회전 속도 조절장치(ISA)에서 열림(open) 측 파형을 측정한 결과 ON 시간이 1ms이고, OFF 시간이 3ms일 때, 열림 듀티값은 몇 %인가?

① 25 ② 35

③ 50 ④ 60

> 듀티율이란 1사이클(cycle) 중 "ON" 되는 시간을 백분율로 나타낸 것이다.
> $$듀티율 = \frac{ON\ 시간}{사이클} = \frac{1ms}{1ms+3ms} \times 100 = 25\%$$

14 내연기관의 열역학적 사이클에 대한 설명으로 틀린 것은?

① 정적 사이클을 오토 사이클이라고도 한다.

② 정압 사이클을 디젤 사이클이라고도 한다.

③ 복합 사이클을 사바테 사이클이라고도 한다.

④ 오토, 디젤, 사바테 사이클 이외의 사이클은 자동차용 엔진에 적용하지 못한다.

> ● **내연기관의 기본 사이클**
> ① **정적 사이클 또는 오토(Otto)사이클** : 일정한 압력에서 연소가 일어나며, 스파크 점화기관(가솔린 기관)의 열역학적 기본 사이클이다.
> ② **정압 사이클 또는 디젤(Diesel)사이클** : 일정한 압력에서 연소가 일어나며, 저속중속 디젤기관의 열역학적 기본 사이클이다.
> ③ **합성(복합)사이클 또는 사바데(Sabathe)사이클** : 정적과 정압연소를 복합한 것으로 고속 디젤기관의 열역학적 기본 사이클이다.

④ **클라크 사이클** : 2행정 사이클 엔진에 사용

15 전자제어 모듈 내부에서 각종 고정 데이터나 차량제원 등을 장기적으로 저장하는 것은?

① IFB(Inter Face Box)

② ROM(Read Only Memory)

③ RAM(Randon Access Memory)

④ TTL(Transistor Transistor Logic)

> ● **기억 장치**
> ① **ROM(Read Only Memory)** : ROM은 읽어내기 전문의 메모리이며, 한번 기억시키면 내용을 변경할 수 없다. 또 전원이 차단되어도 기억이 소멸되지 않으므로 프로그램 또는 고정 데이터의 저장에 사용된다.
> ② **RAM(Random Access Memory)** : RAM은 임의의 기억 저장 장치에 기억되어 있는 데이터를 읽거나 기억시킬 수 있다. 그러나 RAM은 전원이 차단되면 기억된 데이터가 소멸되므로 처리 도중에 나타나는 일시적인 데이터의 기억을 저장하는데 사용된다.

16 4행정 사이클 엔진의 총배기량 1000cc, 축마력 50PS, 회전수 3000rpm일 때 제동평균 유효압력은 몇 kgf/cm² 인가?

① 11 ② 15

③ 17 ④ 18

> $$B_{PS} = \frac{P_{mi} \times A \times L \times R \times N}{75 \times 60}$$
> B_{PS} : 제동마력(축마력 PS),
> P_{mi} : 제동 평균 유효압력(kgf/cm²),
> A : 단면적(cm²),
> L : 피스톤 행정(m),
> R : 엔진 회전속도(4행정 사이클=R/2, 2행정 사이클=R, rpm),
> N : 실린더 수
> $$P_{mi} = \frac{B_{PS} \times 75 \times 60}{A \times L \times R \times N}$$
> $$= \frac{50 \times 75 \times 60 \times 2 \times 100}{1000 \times 3000}$$
> $$= 15 kgf/cm^2$$

17 최적의 점화시기를 의미하는 MBT(Minimum spark advance for Best Torque)에 대한 설명으로 가장 적절한 것은?

① BTDC 약 $10° \sim 15°$ 부근에서 최대 폭발압력이 발생되는 점화시기
② ATDC 약 $10° \sim 15°$ 부근에서 최대 폭발압력이 발생되는 점화기기
③ BBDC 약 $10° \sim 15°$ 부근에서 최대 폭발압력이 발생되는 점화기기
④ ABDC 약 $10° \sim 15°$ 부근에서 최대 폭발압력이 발생되는 점화기기

MBT는 엔진에서 최대의 토크를 발생시키는 점화시기로 ATDC 약 $10° \sim 15°$부근에서 최대 폭발압력이 발생되는 점화기기를 말한다.

18 전자제어 가솔린 엔진에서 티타니아 산소 센서의 경우 전원은 어디에서 공급되는가?

① ECU
② 배터리
③ 컨트롤 릴레이
④ 파워TR

티타니아 산소 센서는 전자 전도체인 티타니아를 이용해 주위의 산소 분압에 대응하여 산화, 환원시켜, 전기 저항이 변하는 원리를 이용한 것이며, 이 센서는 지르코니아 센서에 비해 작고 값이 비싸며, 온도에 대한 저항 값의 변화가 큰 결점이기 때문에 보정 회로를 추가해 사용한다. 티타니아 산소 센서는 ECU로부터 전원을 공급받는다.

19 전자제어 가솔린 연료 분사장치에서 흡입 공기량과 엔진 회전수의 입력으로만 결정되는 분사량으로 옳은 것은?

① 기본 분사량
② 엔진 시동 분사량
③ 연료 차단 분사량
④ 부분 부하 운전 분사량

전자제어 엔진의 기본 연료 분사량을 결정하는 요소는 흡입 공기량(공기량 센서의 신호)과 엔진 회전속도(크랭크축 위치 센서 신호)이다.

20 전자제어 디젤 엔진의 제어 모듈(ECU)로 입력되는 요소가 아닌 것은?

① 가속 페달의 개도
② 엔진 회전속도
③ 연료 분사량
④ 흡기 온도

● 엔진의 제어 모듈로 입력되는 요소
① 공기량 측정 센서　② 부스트 압력 센서
③ 흡기 온도 센서　④ 냉각 수온 센서
⑤ 크랭크샤프트 포지션 센서
⑥ 캠 샤프트 포지션 센서
⑦ 레일 압력 센서　⑧ 연료 온도 센서
⑨ 람다 센서　⑩ DFP 차압 센서
⑪ 배기가스 온도 센서
⑫ PM 센서　⑬ 오일 온도 센서
⑭ 액셀러레이터 위치 센서

제2과목　자동차 섀시 정비

21 조향기어의 조건 중 바퀴를 움직이면 조향 핸들이 움직이는 것으로 각부의 마멸이 적고 복원성능은 좋으나 조향 핸들을 놓치기 쉬운 조건방식은?

① 가역식
② 비가역식
③ 반가역식
④ 4/3가역식

● 조향 기어의 조건
① 가역식 : 조향 핸들의 조작에 의해서 앞바퀴를 회전시킬 수 있으며, 바퀴의 조작에 의해서 조향 휠을 회전시킬 수 있다. 각부의 마멸이 적고 복원 성능은 좋으나 주행 중 조향 휠을 놓칠 수 있는 단점이 있다.
② 비 가역식 : 조향 핸들의 조작에 의해서만 앞바퀴를 회전시킬 수 있으며, 험한 도로를 주행할 경우 조향 휠을 놓치는 일이 없는 장점이 있다.
③ 반 가역식 : 가역식과 비 가역식의 중간 성질을 갖는다. 어떤 경우에만 바퀴의 조작력이 조향 핸들에 전달된다.

22 ECS 제어에 필요한 센서와 그 역할로 틀린 것은?

① G 센서 : 차체의 각속도를 검출

② 차속 센서 : 차량의 주행에 따른 차량속도 검출

③ 차고 센서 : 차량의 거동에 따른 차체 높이를 검출

④ 조향휠 각도 센서 : 조향휠의 현재 조향 방향과 각도를 검출

> G 센서는 롤(roll) 제어 전용의 센서이며, 차체의 가로 방향 중력 가속도 값과 좌우 방향의 진동을 검출한다. 롤 제어의 응답성을 높이기 위하여 자동차의 앞쪽 사이드 멤버(front side member)에 설치되어 있다.

23 최고 출력이 90PS로 운전되는 엔진에서 기계 효율이 0.9인 변속장치를 통하여 전달된다면 추진축에서 발생되는 회전수와 회전력은 약 얼마인가?(단, 기관회전수 5000rpm, 변속비는 2.5이다.)

① 회전수 : 2456rpm, 회전력 : 32kgf · m

② 회전수 : 2456rpm, 회전력 : 29kgf · m

③ 회전수 : 2000rpm, 회전력 : 29kgf · m

④ 회전수 : 2000rpm, 회전력 : 32kgf · m

> 추진축 회전수 $= \dfrac{\text{엔진 회전수}}{\text{변속비}} = \dfrac{5000rpm}{2.5} = 2000rpm$
>
> $B_{PS} = \dfrac{TR}{716}$
>
> B_{PS} : 축(제동)마력(PS), T : 회전력(토크, kgf · m),
> R : 회전속도(rpm)
>
> $T = \dfrac{B_{PS} \times \eta \times 716}{R} = \dfrac{90 \times 0.9 \times 716}{2000} = 28.99 kgf \cdot m$

24 브레이크 파이프 라인에 잔압을 두는 이유로 틀린 것은?

① 베이퍼 록을 방지한다.

② 브레이크의 작동 지연을 방지한다.

③ 피스톤이 제자리로 복귀하도록 도와준다.

④ 휠 실린더에서 브레이크액이 누출되는 것을 방지한다.

> ● **잔압을 두는 이유**
> ① 브레이크 작용을 신속하게 하기 위하여
> ② 휠 실린더에서의 오일 누출을 방지하기 위하여
> ③ 오일 라인에서 베이퍼 록 현상을 방지하기 위하여

25 무단변속기(CVT)의 장점으로 틀린 것은

① 변속 충격이 적다.

② 가속성능이 우수하다.

③ 연료 소비량이 증가한다.

④ 연료 소비율이 향상된다.

> ● **무단변속기의 장점**
> ① 가속 성능을 향상시킬 수 있다.
> ② 연료 소비율을 향상시킬 수 있다.
> ③ 변속에 의한 충격을 감소시킬 수 있다.
> ④ 주행성능과 동력성능이 향상된다.
> ⑤ 파워트레인 통합제어의 기초가 된다.

26 노면과 직접 접촉을 하지 않고 충격에 완충작용을 하며 타이어 규격과 기타 정보가 표시된 부분은?

① 비드 ② 트레드

③ 카커스 ④ 사이드 월

> ● **타이어의 구조**
> ① **비드(bead)** : 타이어가 림과 접촉하는 부분이며, 비드 부분이 늘어나는 것을 방지하고 타이어가 림에서 빠지는 것을 방지하기 위해 내부에 몇 줄의 피아노선이 원둘레 방향으로 들어 있다.
> ② **트레드(tread)** : 타이어가 직접 노면과 접촉되어 마모에 견디고 적은 슬립으로 견인력을 증대시키는 부분이다.
> ③ **카커스(carcass)** : 타이어의 골격을 이루는 부분이며, 공기 압력을 견디어 일정한 체적을 유지하고, 하중이나 충격에 따라 변형하여 완충작용을 한다.
> ④ **사이드 월(side wall)** : 타이어의 옆 부분으로 트레드와 비드간의 고무층이다. 유연하고 내구성, 내노화성이 뛰어난 고무로 되어 있으며, 타이어 규격과 기타 정보가 표시되어 있다.
> ⑤ **브레이커(breaker)** : 몇 겹의 코드 층을 내열성의 고무로 싼 구조로 되어 있으며, 트레드와 카커스의 분리를 방지하고 노면에서의 완충작용도 한다.

27 독립식 현가장치의 장점으로 틀린 것은?

① 단차가 있는 도로 조건에서도 차체의 움직임을 최소화함으로서 타이어의 접지력이 좋다.

② 스프링 아래 하중이 커 승차감이 좋아진다.

③ 휠 얼라인먼트 변화에 자유도를 가할 수 있어 조종 안정성이 우수하다.

④ 좌·우륜을 연결하는 축이 없기 때문에 엔진과 트랜스미션의 설치 위치를 낮게 할 수 있다.

● **독립식 현가장치의 장점**
① 스프링 밑 질량이 작기 때문에 승차감이 향상된다.
② 단차가 있는 도로 조건에서도 차체의 움직임을 최소화함으로서 타이어의 접지력이 좋다.
③ 스프링 정수가 적은 스프링을 사용할 수 있다.
④ 휠 얼라인먼트 변화에 자유도를 가할 수 있어 조종 안정성이 우수하다.
⑤ 작은 진동 흡수율이 크기 때문에 승차감이 향상된다.
⑥ 좌·우륜을 연결하는 축이 없기 때문에 엔진과 트랜스미션의 설치 위치를 낮게 할 수 있다.
⑦ 차고를 낮게 할 수 있기 때문에 안정성이 향상된다.

28 자동변속기에서 토크 컨버터 내의 록업 클러치(댐퍼 클러치)의 작동 조건으로 거리가 먼 것은?

① "D" 레인지에서 일정 차속(약 70km/h 정도) 이상 일 때

② 냉각수 온도가 충분히(약 75℃ 정도) 올랐을 때

③ 브레이크 페달을 밟지 않을 때

④ 발진 및 후진 시

● **댐퍼 클러치가 작동되지 않는 조건**
① 출발 또는 가속성을 향상시키기 위해 1 속 및 후진에서는 작동되지 않는다.
② 감속 시에 발생되는 충격의 방지를 위해 엔진 브레이크 시에 작동되지 않는다.
③ 작동의 안정화를 위하여 유온이 60℃ 이하에서는 작동되지 않는다.
④ 엔진의 냉각수 온도가 50℃ 이하에서는 작동되지 않는다.
⑤ 3 속에서 2 속으로 시프트 다운될 때에는 작동되지 않는다.

⑥ 엔진의 회전수가 800rpm 이하일 때는 작동되지 않는다.

⑦ 엔진의 회전속도가 2,000rpm 이하에서 스로틀 밸브의 열림이 클 때는 작동되지 않는다.

⑧ 변속이 원활하게 이루어지도록 하기 위하여 변속 시에는 작동되지 않는다.

29 인터널 링 기어 1개, 캐리어 1개, 직경이 서로 다른 선 기어 2개, 길이가 서로 다른 2세트의 유성기어를 사용하는 유성기어 장치는?

① 2중 유성기어 장치

② 평행 축 기어방식

③ 라비뇨(ravigneauxr) 기어장치

④ 심프슨(simpson) 기어장치

라비뇨 형식은 크기가 서로 다른 2개의 선 기어를 1개의 유성기어 장치에 조합한 형식이며, 링 기어와 유성기어 캐리어를 각각 1개씩만 사용한다.

30 파워 조향 핸들 펌프 조립과 수리에 대한 내용이 아닌 것은?

① 오일펌프 브래킷에 오일펌프를 장착한다.

② 흡입 호스를 규정토크로 장착한다.

③ 스냅 링과 내측 및 외측 O링을 장착한다.

④ 호스의 도장면이 오일펌프를 향하도록 조정한다.

● **파워 조향 핸들 펌프 조립과 수리**
① 오일펌프 브래킷에 오일펌프를 장착한다.
② 흡입 호스를 규정 토크로 장착한다.
③ 호스의 도장면이 오일펌프를 향하도록 조정한다.
④ V-벨트를 장착한 후에 장력을 조정한다.
⑤ 오일펌프에 압력 호스를 연결하고 오일 리저버에 리턴 호스를 연결한다.
⑥ 호스가 간섭되거나 뒤틀리지 않았는지 확인한다.
⑦ 자동변속기(ATF) 오일을 주입한다.
⑧ 공기빼기 작업을 한다.
⑨ 오일펌프 압력을 점검한다.
⑩ 규정 토크로 각 부품을 장착한다.

31 전자제어 제동장치(ABS)의 효과에 대한 설명으로 옳은 것은?

① 코너링 주행 상태에서만 작동한다.

② 눈길, 빗길 등의 미끄러운 노면에서는 작동이 안 된다.

③ 제동 시 바퀴의 록(lock)이 일어나지 않도록 한다.

④ 급제동 시 바퀴의 록(lock)이 일어나도록 한다.

● **전자제어 제동장치(ABS)의 효과**
① 제동할 때 앞바퀴의 고착(lock)을 방지하여 조향능력이 상실되는 것을 방지한다.
② 제동할 때 뒷바퀴의 고착으로 인한 차체의 전복을 방지한다.
③ 제동할 때 차량의 차체 안정성을 유지한다.
④ 미끄러운 노면에서 전자제어에 의해 제동거리를 단축한다.
⑤ 제동할 때 미끄러짐을 방지하여 차체의 안정성을 유지한다.

32 자동차에 사용되는 휠 스피드 센서의 파형을 오실로스코프로 측정하였다. 파형의 정보를 통해 확인할 수 없는 것은?

① 최저 전압   ② 평균 저항

③ 최고 전압   ④ 평균 전압

휠 스피드 센서 파형의 정보를 통해 최저 전압, 최고 전압, 주파수, 평균 전압을 확인할 수 있다.

33 대부분의 자동차에서 2회로 유압 브레이크를 사용하는 주된 이유는?

① 안전상의 이유 때문에

② 더블 브레이크 효과를 얻을 수 있기 때문에

③ 리턴 회로를 통해 브레이크가 빠르게 풀리게 할 수 있기 때문에

④ 드럼 브레이크와 디스크 브레이크를 함께 사용할 수 있기 때문에

탠덤 마스터 실린더는 유압 브레이크에서 안정성을 높이기 위해 앞·뒤 바퀴에 대하여 각각 독립적으로 작동하는 2계통의 회로를 두는 형식이다. 실린더 위쪽에 앞·뒤 바퀴 제동용 오일 저장 탱크는 내부가 분리되어 있으며, 실린더 내에는 피스톤이 2개가 배치되어 있다.

34 현재 실용화된 무단변속기에 사용되는 벨트 종류 중 가장 널리 사용되는 것은?

① 고무벨트   ② 금속 벨트

③ 금속 체인   ④ 가변 체인

● **벨트 풀리 방식의 종류**
① **고무 벨트(rubber belt)** : 고무벨트는 알루미늄 합금 블록(block)의 옆면 즉 변속기 풀리와의 접촉면에 내열수지로 성형되어 있다. 이 고무벨트는 높은 마찰 계수를 지니고 있으며, 벨트를 누르는 힘(grip force)을 작게 할 수 있다. 고무벨트 방식은 주로 경형 자동차나 농기계, 소형 지게차, 소형 스쿠터 등에서 사용된다.
② **금속 벨트(steel belt)** : 금속 벨트는 고무벨트에 비하여 강도의 면에서 매우 유리하다. 금속 벨트는 강철 밴드(steel band)에 금속 블록(steel block)을 배열한 형상으로 되어 있으며, 강철 밴드는 원둘레 길이가 조금씩 다른 0.2mm의 밴드를 10~14개 겹쳐 큰 인장력을 가지면서 유연성이 크게 되어 있다.

35 선회 시 자동차의 조향 특성 중 전륜 구동보다는 후륜 구동 차량에 주로 나타나는 현상으로 옳은 것은?

① 오버 스티어   ② 언더 스티어

③ 토크 스티어   ④ 뉴트럴 스티어

● **오버 스티어링과 언더 스티어링**
① **오버 스티어링(over steering)** : 선회할 때 조향 각도를 일정하게 유지하여도 선회 반지름이 작아지는 현상이다. 후륜 구동 차량의 뒷바퀴에 집중되는 하중 때문에 자동차가 오버 스티어링 경향이 있다.
② **언더 스티어링(under steering)** : 선회할 때 조향 각도를 일정하게 유지하여도 선회 반지름이 커지는 현상이다.

36 중량 1350kgf의 자동차의 구름 저항계수가 0.02이면 구름 저항은 몇 kgf인가?(단, 공기저항은 무시하고, 회전 상단부분 중량은 0으로 한다.)

① 13.5   ② 27

③ 54   ④ 67.5

$Rr = \mu r \times W$
 Rr : 구름저항(kgf), μr : 구름저항 계수,
 W : 차량중량(kgf)
$Rr = 0.02 \times 1350kgf = 27kgf$

37 자동변속기 컨트롤 유닛과 연결된 각 센서의 설명으로 틀린 것은?

① VSS(Vehicle Speed Sensor) – 차속 검출

② MAF(Mass Airflow Sensor) – 엔진 회전속도 검출

③ TPS(Throttle Position Sensor) – 스로틀밸브 개도 검출

④ OTS(Oil Temperature Sensor) – 오일 온도 검출

● 공기량 측정 센서(MAFS; Mass Air Flow Sensor) 공기량 측정 센서는 흡기 라인에 장착되어 있으며, 핫 필름(Hot Film) 형식의 센서이다. 공기량 측정 센서는 흡입 공기량을 측정하여 주파수 신호를 ECM(Engine Control Module)에 전달하는 역할을 한다. ECM은 흡입 공기량이 많을 경우는 가속 상태이거나 고부하 상태로 판단하며, 반대로 흡입 공기량이 적을 경우에는 감속 상태이거나 공회전 상태로 판정한다. ECM은 이러한 센서의 신호를 이용하여 EGR(Exhaust Gas Recirculation)량과 연료량을 보다 정확하게 제어 할 수 있다.

38 CAN 통신이 적용된 전동식 동력 조향 장치(MDPS)에서 EPS 경고등이 점등(점멸) 될 수 있는 조건으로 틀린 것은?

① 자기 진단 시

② 토크 센서 불량

③ 컨트롤 모듈측 전원 공급 불량

④ 핸들 위치가 정위치에서 ±2° 틀어짐

● EPS 경고등 점등 조건
① 자기진단 시
② MDPS 시스템이 고장 일 경우
③ 컨트롤 모듈측 전원 공급 불량
④ EPS 시스템 전원 공급 불량
⑤ CAN BUS OFF 또는 EMS 신호 미수신

39 전자제어 구동력 조절장치(TCS)의 컴퓨터는 구동바퀴가 헛돌지 않도록 최적의 구동력을 얻기 위해 구동 슬립율이 몇 %가 되도록 제어하는가?

① 약 5~10%　② 약 15~20%
③ 약 25~30%　④ 약 35~40%

구동력은 미끄럼율이 0일 때는 전혀 발생하지 않는다. 미끄럼율에 비례하여 증가하다가 미끄럼율이 15~20% 정도에서 최대가 되며, 그 이상 미끄럼율이 증가하면 반대로 낮아진다.

40 전자제어 현가장치 관련 자기진단기 초기값 설정에서 제원입력 및 차종 분류 선택에 대한 설명으로 틀린 것은?

① 차량 제조사를 선택한다.

② 자기진단기 본체와 케이블을 결합한다.

③ 해당 세부 모델을 종류에서 선택한다.

④ 정식 지정 명칭으로 차종을 선택한다.

● 제원 입력 및 차종 분류 선택
① 차량 제조사를 선택한다.
② 정식 지정 명칭으로 차종을 선택한다.
③ 해당 세부 모델을 종류에서 선택한다.

제3과목 **자동차전기 · 전자장치정비**

41 발전기 B단자의 접촉 불량 및 배선 저항과다로 발생할 수 있는 현상은?

① 충전 시 소음

② 엔진 과열

③ 과충전으로 인한 배터리 손상

④ B단자 배선 발열

배선(전선)에 전류가 흐르면 전류의 2 승에 비례하는 주울열이 발생한다. 발전기 B단자의 접촉이 불량하거나 배선의 저항이 과다하면 B단자 배선이 발열하게 된다.

42 점화 1차 파형에 대한 설명으로 옳은 것은?

① 최고 점화 전압은 15~20kV의 전압이 발생한다.

② 드웰 구간은 점화 1차 전류가 통전되는 구간이다.

③ 드웰 구간이 짧을수록 1차 점화 전압이 높게 발생한다.

④ 스파크 소멸 후 감쇄 진동구간이 나타나면 점화 1차코일의 단선이다.

● 점화 1차 파형

① **최고 점화 전압** : 점화 1차 코일에서 발생하는 자기유도 전압(역기전력)의 크기이다. 역 300~400V가 발생한다.

② **방전 구간** : 1차 코일의 전류 에너지가 진동으로 소멸된다. 파워 TR이 ON되고 있으므로 (-)단자는 배터리 전압이다. 약 30~40V가 정상이다.

③ **불꽃 지속 구간** : 점화 플러그에서 불꽃이 지속되는 구간으로 점화 플러그의 간극, 압축비, 점화 플러그의 오염 상태에 따라 달라진다. 약 1.5ms가 정상이다.

④ **드웰 구간** : 점화 1차 코일에 전류가 흐르는 구간으로 고속에서는 기간이 짧아지므로 점화 코일의 에너지 축적 기간도 짧아진다. 약 3~4ms가 된다.

43 스마트 크루즈 컨트롤 시스템에 대한 설명으로 틀린 것은?

① 운전자가 액셀 페달과 브레이크 페달을 밟지 않아도 레이더 센서를 통해 앞 차량과의 거리를 일정하게 유지시켜 주는 시스템이다.

② 차량 통합제어 시스템(AVSM)은 선행 차량과의 추돌 위험이 예상될 경우 충돌 피해를 경감하도록 제동 및 경고를 하는 장치이다.

③ 제동시점이 늦어지거나 제동력이 충분하지 않아 발생할 수 있는 사고에 대한 충돌 회피 또는 피해 경감을 목적으로 하는 시스템이다.

④ 전방 레이더 센서를 이용해 앞 차량과의 거리 및 속도를 측정하여 앞 차량과 적절한 거리를 자동으로 유지한다.

> 전방 충돌 방지(FCA) 시스템은 운전자의 주의 산만과 같은 요인으로 제동 시점이 늦어지거나 제동력이 충분하지 않아 발생할 수 있는 사고에 대한 충돌회피 또는 피해 경감을 목적으로 하는 시스템이다. 전방 감시 센서를 이용하여 도로의 상황을 파악하여 위험 요소를 판단하고 운전자에게 경고를 하며, 비상 제동을 수행하여 충돌을 방지하거나 충돌 속도를 낮추는 기능을 수행한다.

44 그림과 같은 논리(logic)게이트 회로에서 출력 상태로 옳은 것은?

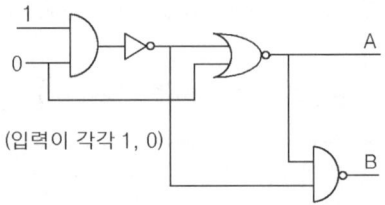

(입력이 각각 1, 0)

① A = 0, B = 0

② A = 1, B = 1

③ A = 1, B = 0

④ A = 0, B = 1

> 좌측의 부정 논리화 회로(NOR)에서 입력이 각각 1과 0이므로 출력이 1이 된다. A 회로의 부정 논리적(NAND) 회로는 입력이 각각 1과 0이므로 출력은 0이 된다. B 회로는 부정 논리화(NOR) 회로이므로 입력이 0과 1이므로 출력은 1이 된다.

45 자동차 편의장치 중 이모빌라이저 시스템에 대한 설명으로 틀린 것은?

① 이모빌라이저 시스템이 적용된 차량은 일반 키로 복사하여 사용할 수 없다.

② 이모빌라이저는 등록된 키가 아니면 시동되지 않는다.

③ 통신 안전성을 높이는 CAN 통신을 사용한다.

④ 이모빌라이저 시스템에 사용되는 시동키 내부에는 전자 칩이 내장되어 있다.

> 이모빌라이저는 무선 통신으로 점화 스위치(시동 키)의 기계적인 일치뿐만 아니라 점화 스위치와 자동차가 무선으로 통신하여 암호 코드가 일치하는 경우에만 엔진이 시동되도록 한 도난 방지 장치이다. 이 장치에 사용되는 점화 스위치(시동 키) 손잡이(트랜스 폰더)에는 자동차와 무선으로 통신할 수 있는 특수 반도체가 들어있다. 따라서 기계적으로 일치하는 복제된 점화 스위치나 또는 다른 수단으로는 엔진의 시동을 할 수 없기 때문에 도난을 원천적으로 봉쇄할 수 있다.

46 통합 운전석 기억장치는 운전석 시트, 아웃사이드 미러, 조향 휠, 룸미러 등의 위치를 설정하여 기억된 위치로 재생하는 편의 장치다. 재생금지 조건이 아닌 것은?

① 점화 스위치가 OFF되어 있을 때

② 변속레버가 위치 "P"에 있을 때

③ 차속이 일정속도(예, 3km/h 이상) 이상일 때

④ 시트 관련 수동 스위치의 조작이 있을 때

● **재생금지 조건**
① 점화 스위치가 OFF되어 있을 때
② 자동변속기의 인히비터 "P" 위치스위치가 OFF일 때
③ 주행속도가 3km/h 이상일 때
④ 시트 관련 수동 스위치를 조작하는 경우

47 냉방장치의 구성품으로 압축기로부터 들어온 고온·고압의 기체 냉매를 냉각시켜 액체로 변화시키는 장치는?

① 증발기

② 응축기

③ 건조기

④ 팽창 밸브

● **에어컨의 구조 및 기능**
① **압축기**(compressor) : 증발기에서 기화된 냉매를 고온 고압가스로 변환시켜 응축기로 보낸다.
② **응축기**(condenser) : 고온·고압의 기체 냉매를 냉각에 의해 액체 냉매 상태로 변화시킨다.
③ **리시버 드라이어**(receiver dryer) : 응축기에서 보내온 냉매를 일시 저장하고 항상 액체 상태의 냉매를 팽창 밸브로 보낸다.
④ **팽창 밸브**(expansion valve) : 고온·고압의 액체 냉매를 급격히 팽창시켜 저온·저압의 무상(기체) 냉매로 변화시킨다.
⑤ **증발기**(evaporator) : 팽창 밸브에서 분사된 액체 냉매가 주변의 공기에서 열을 흡수하여 기체 냉매로 변환시키는 역할을 하고, 공기를 이용하여 실내를 쾌적한 온도로 유지시킨다.
⑥ **송풍기**(blower) : 직류 직권 전동기에 의해 구동되며 공기를 증발기에 순환시킨다.

48 자동차 통신의 종류에서 직렬 통신에 대한 설명으로 알맞은 것은?

① 신호 또는 문자를 몇 개의 회로로 나누어 동시에 전송한다.

② 순차적으로 데이터를 송·수신하는 통신이다.

③ 여러 개의 데이터 비트(data bit)를 동시에 전송한다.

④ 배선 수의 증가로 각 모듈의 설치비용이 많이 소요된다.

● **직렬 통신**
① 직렬 통신은 모듈과 모듈 간 또는 모듈과 주변 장치 간에 비트 흐름을 전송하는 데 사용되는 통신이다.
② 통신 용어로 직렬은 순차적으로 데이터를 송·수신한다는 의미이다.
③ 일반적으로 데이터를 주고받는 통신은 직렬 통신이 많이 사용된다.
④ 데이터를 1비트씩 분해하여 1조(2개의 선)의 전선으로 직렬로 보내고 받는다.

49 운행차 정기검사에서 소음도 검사 전 확인해야 하는 항목으로 거리가 먼 것은? (단, 소음·진동 관리법 시행규칙에 의한다.)

① 배기관   ② 경음기

③ 소음 덮개   ④ 원동기

● **소음도 검사 전 확인 항목**
① **소음 덮개** : 출고 당시에 부착된 소음 덮개가 떼어지거나 훼손되어 있지 아니할 것
② **배기관 및 소음기** : 배기관 및 소음기를 확인하여 배출가스가 최종 배출구 전에서 유출되지 아니할 것
③ **경음기** : 경음기가 추가로 부착되어 있지 아니할 것

50 0.2μF와 0.3μF의 축전기를 병렬로 하여 12V의 전압을 가하면 축전기에 저장되는 전하량은?

① 1.2μ C   ② 6μ C

③ 7.2μ C   ④ 14.4μ C

① 축전기 병렬접속의 전기량
　: $C = C_1 + C_2 + C_3 + \cdots + C_n$
　$Q = 0.2\mu F + 0.3\mu F = 0.5\mu F$
② $Q = C \times E$
　Q: 축적된 전하량, C: 축전기 용량(μF),
　V: 인가한 전압(V)
　$Q = 0.5\mu F \times 12V = 6\mu C$

51 빛과 조명에 관한 단위와 용어의 설명으로 틀린 것은?

① 광속(luminous flux)이란 빛의 근원 즉, 광원으로부터 공간으로 발산되는 빛의 다발을 말하는데, 단위는 루멘(lm : lumen)을 사용한다.

② 광밀도(luminance)란 어느 한 방향의 단위 입체각에 대한 광속의 방향을 말하며, 단위는 칸델라(cd : candela)이다.

③ 조도(illuminance)란 피조면에 입사되는 광속을 피조면 단면적으로 나눈 값으로서, 단위는 룩스(lx)이다.

④ 광효율(luminous efficiency)이란 방사된 광속과 사용된 전기 에너지의 비로서, 100W 전구의 광속이 1380lm이라면 광효율은 1380lm/100W=13.8lm/W가 된다.

> 광도(luminous intensity)란 어느 한 방향의 단위 입체각에 대한 광속의 방향을 말하며, 단위는 칸델라(cd : candela)이다.

52 자동차 통신의 종류에서 병렬 통신의 설명에 해당하는 것은?

① 모듈과 모듈 간 또는 모듈과 주변 장치 간에 비트 흐름을 전송하는 데 사용되는 통신이다.

② 통신 용어로 순차적으로 데이터를 송·수신한다는 의미이다.

③ 여러 개의 데이터 비트(data bit)를 동시에 전송한다.

④ 데이터를 1비트씩 분해하여 1조(2개의 선)의 전선으로 직렬로 보내고 받는다.

> ● 병렬 통신
> ① 병렬 통신은 신호(또는 문자)를 몇 개의 회로로 나누어 동시에 전송하여 자료 전송 시 신속을 기할 수 있다.
> ② 병렬은 여러 개의 데이터 비트(data bit)를 동시에 전송한다는 의미이다.
> ③ 배선 수의 증가로 각 모듈의 설치비용이 직렬 통신에 비해 많이 소요된다.

53 기동 전동기의 작동 원리는?

① 앙페르 법칙

② 렌츠의 법칙

③ 플레밍의 왼손 법칙

④ 플레밍의 오른손 법칙

> ● 법칙의 정의
> ① 앙페르의 오른나사 법칙 : 전선에서 오른나사가 진행하는 방향으로 전류가 흐르면 자력선은 오른나사가 회전하는 방향으로 만들어진다는 원리이다.
> ② 렌츠의 법칙은 "유도 기전력의 방향은 코일 내 자속의 변화를 방해하는 방향으로 발생한다."는 법칙이다.
> ③ 플레밍의 왼손법칙(Fleming'left hand rule) : 왼손의 엄지, 인지, 중지를 서로 직각이 되게 펴고 인지를 자력선의 방향으로, 중지를 전류의 방향에 일치시키면 도체에는 엄지의 방향으로 전자력이 작용한다는 법칙이며 시동 전동기, 전류계, 전압계 등의 원리이다.
> ④ 플레밍의 오른손 법칙 : 자계 속에서 도체를 움직일 때에 도체에 발생하는 유도 기전력을 가리키는 법칙이다. 오른손 엄지손가락, 인지 및 가운데 손가락을 직각이 되게 펴고 인지를 자력선의 방향으로 향하게 하고 엄지손가락 방향으로 도체를 움직이면 가운데 손가락 방향으로 유도 전류가 흐른다는 법칙이며, 발전기의 원리이다.

54 윈드 실드 와이퍼가 작동하지 않는 원인으로 틀린 것은?

① 퓨즈 단선

② 전동기 브러시 마모

③ 와이퍼 블레이드 노화

④ 전동기 전기자 코일의 단선

> 윈드 실드 와이퍼가 작동하지 않는 원인은 전동기 전기자 코일의 단선 또는 단락, 퓨즈 단선, 전동기 브러시 마모 등이다.

55 버튼 엔진 시동 시스템에서 주행 중 엔진 정지 또는 시동 꺼짐에 대비하여 FOB 키가 없을 경우에도 시동을 허용하기 위한 인증 타이머가 있다. 이 인증 타이머의 시간은?

① 10초   ② 20초
③ 30초   ④ 40초

● 30초 인증 타이머
주행 중 엔진 정지 혹은 시동 꺼짐에 대비하여 FOB 키가 없을 때에도 시동을 허용하기 위한 기능이다. 이 시간 동안은 키가 없이도 시동이 가능하나 시간 경과 혹은 인증 실패 상태에서는 버튼을 누르면 재인증을 시도한다.

56 점화 2차 파형의 점화 전압에 대한 설명으로 틀린 것은?

① 혼합기가 희박할수록 점화 전압이 높아진다.
② 실린더 간 점화 전압의 차이는 약 10kV 이내이어야 한다.
③ 점화 플러그 간극이 넓으면 점화 전압이 높아진다.
④ 점화 전압의 크기는 점화 2차 회로의 저항과 비례한다.

점화 2차 파형의 점화 전압에서 실린더 간 점화 전압의 차이는 4kV 이하이어야 정상이다.

57 디지털 오실로스코프에 대한 설명으로 틀린 것은?

① AC 전압과 DC 전압 모두 측정이 가능하다.
② X축에서는 시간, Y축에서는 전압을 표시한다.
③ 빠르게 변화하는 신호를 판독이 편하도록 트리거링 할 수 있다.
④ UNI(Unipolar) 모드에서 Y축은 (+), (−) 영역을 대칭으로 표시한다.

58 운전자의 주의 산만과 같은 요인으로 제동 시점이 늦어지면 작동하는 시스템은 ?

① LDW(Land Departure Warning)
② FCA(Forward Collision Avoidance assist)
③ LKA(Lane Keeping Assist)
④ BCW(Blind spot Collision Warning)

FCA 시스템은 제동시점이 늦어지거나 제동력이 충분하지 않아 발생할 수 있는 사고에 대한 충돌회피 또는 피해 경감을 목적으로 하는 시스템이다.

59 에어컨 시스템이 정상 작동 중일 때 냉매의 온도가 가장 높은 곳은?

① 압축기와 응축기 사이
② 응축기와 팽창 밸브 사이
③ 팽창 밸브와 증발기 사이
④ 증발기와 압축기 사이

60 지름 2mm, 길이 100cm인 구리선의 저항은?(단, 구리선의 고유 저항은 1.69μΩ·m이다.)

① 약 0.54Ω   ② 약 0.72Ω
③ 약 0.9Ω   ④ 약 2.8Ω

$$R = \rho \times \frac{\ell}{A}$$

R : 저항(Ω), ρ : 도체의 고유저항($\mu\Omega$),
ℓ : 도체의 길이(cm), A : 도체의 단면적(cm^2)

$$R = \frac{1.69^{-10^6} \times 100cm}{\frac{3.14 \times 0.02^2}{4}} = 0.538\Omega$$

제4과목 친환경 자동차 정비

61 하드 타입 하이브리드 구동 모터의 주요 기능으로 틀린 것은?

① 출발 시 전기모드 주행
② 가속 시 구동력 증대
③ 감속 시 배터리 충전
④ 변속 시 동력 차단

> 구동 모터의 주요 기능은 출발할 때 전기 모드로의 주행, 가속할 때 구동력 증대, 감속할 때 배터리 충전 등이다.

62 하이브리드 자동차의 내연기관에 가장 적합한 사이클 방식은?

① 오토 사이클
② 복합 사이클
③ 에킨슨 사이클
④ 카르노 사이클

> 영국의 제임스 에킨슨이 1886년 제창한 열 사이클로써 압축 행정과 팽창 행정을 독립적으로 설정할 수 있는 기구를 가진 것이며, 압축비와 팽창비를 별개로 설정할 수 있는 시스템이기 때문에 팽창비를 높게 하여 공급된 열에너지를 보다 많은 운동에너지로 변환하여 열효율을 높일 수 있다.

63 하이브리드 자동차에서 변속기 앞뒤에 엔진 및 전동기를 병렬로 배치하여 주행상황에 따라 최적의 성능과 효율을 발휘할 수 있도록 자동차 구동에 필요한 동력을 엔진과 전동기에 적절하게 분배하는 형식?

① 직·병렬형   ② 직렬형
③ 교류형   ④ 병렬형

> 병렬형은 변속기 앞뒤에 엔진 및 전동기를 병렬로 배치하여 주행상황에 따라 최적의 성능과 효율을 발휘할 수 있도록 자동차 구동에 필요한 동력을 엔진과 전동기에 적절하게 분배하는 형식이다.

64 병렬형 하이브리드 자동차의 특징을 설명한 것 중 거리가 먼 것은?

① 모터는 동력 보조만 하므로 에너지 변환 손실이 적다.
② 기존 내연기관 차량을 구동장치의 변경 없이 활용 가능하다.
③ 소프트 방식은 일반 주행 시 모터 구동을 이용한다.
④ 하드 방식은 EV 주행 중 엔진 시동을 위해 별도의 장치가 필요하다.

> 소프트 하이브리드 자동차는 모터가 플라이휠에 설치되어 있는 FMED(fly wheel mounted electric device)형식으로 변속기와 모터사이에 클러치를 설치하여 제어하는 방식이다. 출발을 할 때는 엔진과 모터를 동시에 사용하고, 부하가 적은 평지에서는 엔진의 동력만을 이용하며, 가속 및 등판주행과 같이 큰 출력이 요구되는 경우에는 엔진과 모터를 동시에 사용한다.

65 하이브리드 시스템을 제어하는 컴퓨터의 종류가 아닌 것은?

① 모터 컨트롤 유닛(Motor control unit)
② 하이드로릭 컨트롤 유닛(Hydraulic control unit)
③ 배터리 컨트롤 유닛(Battery control unit)
④ 통합 제어 유닛(Hybrid control unit)

> 하이브리드 시스템을 제어하는 컴퓨터는 모터 컨트롤 유닛(MCU), 통합 제어 유닛(HCU), 배터리 컨트롤 유닛(BCU)이다.

66 마스터 BMS의 표면에 인쇄 또는 스티커로 표시되는 항목이 아닌 것은?(단, 비일체형인 경우로 국한한다.)

① 사용하는 동작 온도 범위
② 저장 보관용 온도 범위
③ 셀 밸런싱용 최대 전류
④ 제어 및 모니터링 하는 배터리 팩의 최대 전압

● 마스터 BMS 표면에 표시되는 항목
① BMS 구동용 외부 전원의 전압 범위 또는 자체 배터리 시스템으로부터 공급 받는 BMS 구동용 전압 범위
② 제어 및 모니터링 하는 배터리 팩의 최대 전압
③ 제어 및 모니터링 하는 배터리 팩의 최대 전류
④ 사용하는 동작 온도 범위
⑤ 저장 보관용 온도 범위

67 하이브리드 시스템에서 주파수 변환을 통하여 스위칭 및 전류를 제어하는 방식은?

① SCC 제어 ② CAN 제어
③ PWM 제어 ④ COMP 제어

펄스 폭 변조 방식(PWM)에서는 동일한 스위칭 주기 내에서 ON 시간의 비율을 바꿈으로써 출력 전압 또는 전류를 제어할 수 있으며 스위칭 주파수가 낮을 경우 출력값은 낮아지며 출력 듀티비를 50%일 경우에는 기존 전압의 50%를 출력전압으로 출력한다.

68 LPI 엔진에서 연료 압력과 연료 온도를 측정하는 이유는?

① 최적의 점화시기를 결정하기 위함이다.
② 최대 흡입 공기량을 결정하기 위함이다.
③ 최대로 노킹 영역을 피하기 위함이다.
④ 연료 분사량을 결정하기 위함이다.

가스 압력 센서는 가스 온도 센서와 함께 LPG 조성 비율의 판정 신호로도 이용되며, LPG 분사량 및 연료 펌프 구동시간 제어에도 사용된다.

69 CNG 자동차에서 가스 실린더 내 200bar의 연료압력을 8~10bar로 감압시켜주는 밸브는?

① 마그네틱 밸브
② 저압 잠금 밸브
③ 레귤레이터 밸브
④ 연료양 조절 밸브

레귤레이터 밸브(Regulator valve)는 고압 차단 밸브와 열교환 기구 사이에 설치되며, CNG 탱크 내 200bar의 높은 압력의 CNG를 엔진에 필요한 8bar로 감압 조절한다. 압력 조절기 내에는 높은 압력의 가스가 낮은 압력으로 팽창되면서 가스 온도가 내려가므로 이를 난기 시키기 위해 엔진의 냉각수가 순환하도록 되어 있다.

70 전기 자동차의 공조장치(히트 펌프)에 대한 설명으로 틀린 것은?

① 정비 시 전용 냉동유(POE) 주입
② PTC형식 이배퍼레이트 온도 센서 적용
③ 전동형 BLDC 블로어 모터 적용
④ 온도 센서 점검 시 저항(Ω) 측정

블로어 모터는 PWM 타입을 적용한다.

71 친환경 자동차에서 고전압 관련 정비 시 고전압을 해제하는 장치는?

① 전류센서
② 배터리 팩
③ 안전 스위치(안전 플러그)
④ 프리차지 저항

안전 플러그는 기계적인 분리를 통하여 고전압 배터리 내부 회로의 연결을 차단하는 장치이다. 연결 부품으로는 고전압 배터리 팩, 파워 릴레이 어셈블리, 급속 충전 릴레이, BMU, 모터, EPCU, 완속 충전기, 고전압 조인트 박스, 파워 케이블, 전기 모터식 에어컨 컴프레서 등이 있다.

72 수소 연료 전지 전기 자동차 구동 모터 3상의 단자 명이 아닌 것은?

① U ② V
③ W ④ Z

구동 모터는 3상 파워 케이블이 배치되어 있으며, 3상의 파워 케이블의 단자는 U 단자, V 단자, W 단자가 있다.

73 수소 연료 전지 전기 자동차에서 감속 시 구동 모터를 발전기로 전환하여 차량의 운동 에너지를 전기 에너지로 변환시켜 배터리로 회수하는 시스템은?

① 회생 제동 시스템
② 파워 릴레이 시스템
③ 아이들링 스톱 시스템
④ 고전압 배터리 시스템

① 회생 재생 시스템은 감속할 때 구동 모터는 바퀴에 의해 구동되어 발전기의 역할을 한다. 즉 감속할 때 발생하는 운동 에너지를 전기 에너지로 전환시켜 고전압 배터리를 충전한다.

② **파워 릴레이 시스템** : 파워 릴레이 어셈블리는 (+)극과 (-)극 메인 릴레이, 프리차지 릴레이, 프리차지 레지스터와 배터리 전류 센서로 구성되어 배터리 관리 시스템 ECU의 제어 신호에 의해 고전압 배터리와 인버터 사이의 고전압 전원 회로를 제어한다.

③ **아이들링 스톱 시스템** : 연비와 배출가스 저감을 위해 자동차가 정지하여 일정한 조건을 만족할 때에는 엔진의 작동을 정지시킨다.

④ **고전압 배터리 시스템** : 배터리 팩 어셈블리, 배터리 관리 시스템(BMS), 전자 제어 장치(ECU), 파워 릴레이 어셈블리, 케이스, 제어 배선, 쿨리 팬 및 쿨링 덕트로 구성되어 고전압 배터리는 전기 모터에 전력을 공급하고, 회생 제동 시 발생되는 전기 에너지를 저장한다.

74 고전압 배터리의 충방전 과정에서 전압 편차가 생긴 셀을 동일한 전압으로 매칭하여 배터리 수명과 에너지 용량 및 효율증대를 갖게 하는 것은?

① SOC(state of charge)
② 파워 제한
③ 셀 밸런싱
④ 배터리 냉각제어

고전압 배터리의 비정상적인 충전 또는 방전에서 기인하는 배터리 셀 사이의 전압 편차를 조정하여 배터리 내구성, 충전 상태(SOC) 에너지 효율을 극대화시키는 기능을 셀 밸런싱이라고 한다.

75 수소 연료 전지 전기 자동차의 설명으로 거리가 먼 것은?

① 연료 전지 시스템은 연료 전지 스택, 운전 장치, 모터, 감속기로 구성된다.
② 연료 전지는 공기와 수소 연료를 이용하여 전기를 생산한다.
③ 연료 전지에서 생산된 전기는 컨버터를 통해 모터로 공급된다.
④ 연료 전지 자동차가 유일하게 배출하는 배기가스는 수분이다.

수소 연료 전지 전기 자동차의 연료 전지에서 생산된 전기는 인버터를 통해 모터로 공급된다. 인버터는 DC 전원을 AC 전원으로 변환하고 컨버터는 AC 전원을 DC 전원으로 변환하는 역할을 한다.

76 전기 자동차 고전압 배터리의 사용가능 에너지를 표시하는 것은?

① SOC(State Of Charge)
② PRA(Power Relay Assemble)
③ LDC(Low DC-DC Converter)
④ BMU(Battery Management Unit)

① SOC(State Of Charge) : SOC(배터리 충전율)는 배터리의 사용 가능한 에너지를 표시한다.
② PRA(Power Relay Assemble) : BMU의 제어 신호에 의해 고전압 배터리 팩과 고전압 조인트 박스 사이의 DC 360V 고전압을 ON, OFF 및 제어 하는 역할을 한다.
③ LDC(Low DC-DC Converter) : 고전압 배터리의 DC 전원을 차량의 전장용에 적합한 낮은 전압의 DC 전원 (저전압)으로 변환하는 시스템이다.
④ BMU(Battery Management Unit) : 고전압 배터리의 SOC(State Of Charge), 출력, 고장 진단, 배터리 셀 밸런싱(Cell Balancing), 시스템 냉각, 전원 공급 및 차단을 제어한다.

77 전기 자동차에서 파워 릴레이 어셈블리(Power Relay Assembly) 기능에 대한 설명으로 틀린 것은?

① 승객 보호
② 전장품 보호
③ 고전압 회로 과전류 보호
④ 고전압 배터리 암 전류 차단

파워 릴레이 어셈블리의 기능은 전장품 보호, 고전압 회로 과전류 보호, 고전압 배터리 암 전류 차단 등이다.

78 고전압 배터리 관리 시스템의 메인 릴레이를 작동시키기 전에 프리 차지 릴레이를 작동시키는데 프리 차지 릴레이의 기능이 아닌 것은?

① 등화 장치 보호
② 고전압 회로 보호
③ 타 고전압 부품 보호
④ 고전압 메인 퓨즈, 부스 바, 와이어 하니스 보호

프리 차지 릴레이는 파워 릴레이 어셈블리에 장착되어 인버터의 커패시터를 초기에 충전할 때 고전압 배터리와 고전압 회로를 연결하는 역할을 한다. 스위치 IG ON을

하면 프리 차지 릴레이와 레지스터를 통해 흐른 전류가
인버터 내의 커패시터에 충전이 되고 충전이 완료 되면
프리 차지 릴레이는 OFF 된다.
① 초기에 커패시터의 충전 전류에 의한 고전압 회로를
보호한다.
② 다른 고전압 부품을 보호한다.
③ 고전압 메인 퓨즈, 부스 바, 와이어 하니스를 보호한다.

79 전기 자동차의 배터리 시스템 어셈블리 내부의
공기 온도를 감지하는 역할을 하는 것은?

① 파워 릴레이 어셈블리
② 고전압 배터리 인렛 온도 센서
③ 프리차지 릴레이
④ 고전압 배터리 히터 릴레이

고전압 배터리 인렛 온도 센서는 고전압 배터리 1번 모듈
상단에 장착되어 있으며, 배터리 시스템 어셈블리 내부의
공기 온도를 감지하는 역할을 한다.

80 고전압 배터리 셀이 과충전 시 메인 릴레이,
프리차지 릴레이 코일의 접지 라인을 차단하는
것은?

① 배터리 온도 센서
② 배터리 전류 센서
③ 고전압 차단 릴레이
④ 급속 충전 릴레이

고전압 릴레이 차단 장치(OPD)는 각 모듈 상단에 장착되
어 있으며, 고전압 배터리 셀이 과충전에 의해 부풀어 오
르는 상황이 되면 OPD에 의해 메인 릴레이 (+), 메인 릴
레이 (-), 프리차지 릴레이 코일의 접지 라인을 차단하여
과충전 시 메인 릴레이 및 프리차지 릴레이의 작동을 금지
시킨다.

정답 **2024년 2회**

01.③	02.①	03.②	04.①	05.③
06.①	07.④	08.③	09.①	10.①
11.①	12.③	13.①	14.④	15.②
16.②	17.②	18.①	19.①	20.③
21.①	22.①	23.③	24.③	25.②
26.④	27.②	28.④	29.③	30.③
31.③	32.②	33.①	34.②	35.①
36.②	37.②	38.④	39.②	40.②
41.④	42.②	43.③	44.④	45.③
46.②	47.②	48.②	49.④	50.②
51.②	52.③	53.③	54.③	55.③
56.②	57.④	58.②	59.①	60.①
61.④	62.③	63.④	64.③	65.②
66.③	67.③	68.④	69.③	70.②
71.③	72.④	73.①	74.③	75.③
76.①	77.①	78.①	79.②	80.③

CBT 기출복원문제

2025년 1회

▶ 정답 624쪽

▶ 정답 624쪽

제1과목 자동차 엔진 정비

01 고온 327℃, 저온 27℃의 온도 범위에서 작동되는 카르노 사이클의 열효율은 몇 %인가?

① 30
② 40
③ 50
④ 60

$$\eta_c = 1 - \frac{T_L}{T_H}$$

η_c : 카르노 사이클의 열효율(%), T_L : 저온(K), T_H : 고온(K)

$$\eta_c = 1 - \frac{273+27}{273+327} = 1 - 0.5 = 50\%$$

02 전자제어 디젤 엔진의 연료 분사장치에서 예비(파일럿) 분사가 중단될 수 있는 경우로 틀린 것은?

① 연료 분사량이 너무 작은 경우
② 연료 압력이 최소 압력보다 높은 경우
③ 규정된 엔진 회전수를 초과하였을 경우
④ 예비(파일럿) 분사가 주분사를 너무 앞지르는 경우

● 예비(파일럿) 분사 금지 조건
① 파일럿 분사가 주 분사를 너무 앞지르는 경우
② 기관 회전속도가 3200rpm 이상인 경우
③ 연료 분사량이 너무 적은 경우
④ 주 분사를 할 때 연료 분사량이 불충분한 경우
⑤ 기관 가동 중단에 오류가 발생한 경우
⑥ 연료 압력이 최소값(약 100bar)이하인 경우

03 CNG(Compressed Natural Gas) 엔진에서 가스의 역류를 방지하기 위한 장치는?

① 체크 밸브
② 에어 조절기
③ 저압 연료 차단 밸브
④ 고압 연료 차단 밸브

● CNG 구성 부품의 기능
① 체크 밸브 : 충전구 후단에 설치되어 고압가스 충전 시 엔진에서 가스의 역류를 방지하는 기능을 한다.
② 에어 조절기 : 공기 조절기는 공기 탱크와 웨이스트 게이트 컨트롤 밸브 사이에 장착되어 공기의 압력을 9 bar에서 2 bar로 감압한다.
③ 저압 차단 밸브 : 저압 차단 밸브는 가스 압력 조절기와 연료 분사장치 사이에 위치하여 기관의 작동을 정지시킬 때 저압 라인을 차단한다.
④ 고압 연료 차단 밸브 : 연료 압력 조절기에 일체형으로 장착되어 CNG 봄베에서 엔진에 공급되는 CNG 누출 시 차량과 엔진을 보호하기 위해 고압가스 라인을 차단한다.

04 배기가스 후처리 장치(DPF)의 필터에 포집된 PM을 연소시키기 위한 연료 분사 방법으로 옳은 것은?

① 주 분사
② 점화 분사
③ 사후 분사
④ 파일럿 분사

사후 분사는 배기가스 후처리 장치(DPF)의 필터에 포집된 PM을 연소시키기 위한 연료 분사 방법으로 배출가스에 영향을 미칠 경우에는 사후 분사를 하지 않으며, 기관 컴퓨터(ECU)에서 판단하여 필요할 때마다 실행시킨다. 그리고 공기 유량 센서 및 배기가스 재순환(EGR)장치 관계 계통에 고장이 있으면 사후 분사는 중단된다.

05 기관과 파워트레인 시스템에서 네트워크 신호 라인의 점검에 대한 내용으로 옳은 것은?

① IG OFF 상태에서 CAN 라인의 저항을 측정한다.

② IG ON 상태에서 CAN 라인의 저항을 측정한다.

③ CAN 버스라인의 저항은 240Ω 이 나타나면 정상이다.

④ CAN 버스라인의 저항은 0Ω 이 나타나면 단선이다.

> CAN 라인의 저항을 측정하는 경우에는 IG OFF 상태에서 시행하여야 하며, 신호 라인의 저항이 120Ω 으로 나타나면 정상이다.

06 전자제어 디젤 기관의 인젝터 연료 분사량 편차 보정 기능(IQA)에 대한 설명 중 거리가 가장 먼 것은?

① 인젝터의 내구성 향상에 영향을 미친다.

② 강화되는 배기가스규제 대응에 용이하다.

③ 각 실린더 별 분사 연료량의 편차를 줄여 엔진의 정숙성을 돕는다.

④ 각 실린더 별 분사 연료량을 예측함으로써 최적의 분사량 제어가 가능하게 한다.

> IQA(Injection Quantity Adaptation) 인젝터는 초기 생산 신품의 인젝터를 전부하, 부분부하, 공전상태, 파일럿 분사 구간 등 전체 운전영역에서 분사된 연료량을 측정하여 이것을 데이터베이스화 한 것이다. 이것을 생산 계통에서 데이터베이스의 정보를 기관 ECU에 저장하여 인젝터 별 분사시간 보정 및 실린더 사이의 연료 분사량 오차를 감소시킬 수 있도록 한 것으로 강화되는 배기가스 규제 대응에 용이하다.

07 기관의 가변 흡입장치(variable intake control system)의 작동원리에 대한 내용으로 틀린 것은?

① 기관의 저속과 고속에서 기관 출력을 향상시킨다.

② 기관이 저속일 때 흡기다기관의 길이를 짧게 한다.

③ 기관이 고속일 때 흡입공기 흐름의 회로를 짧게 한다.

④ 기관의 회전속도에 따라 흡입 공기 흐름의 회로를 자동적으로 조종하는 것이다.

> 가변 흡입장치는 기관의 회전속도에 따라 흡입 공기 흐름의 회로를 자동적으로 조종하는 것으로 저속에서는 흡입 다기관의 길이를 길게 하여 흡입 관성의 효과로 흡입 효율을 향상시켜 엔진의 (회전력)을 증대시키고, 고속에서는 흡입 다기관의 길이를 짧게 하여 엔진의 출력(회전력)을 향상시킨다.

08 운행차 배출가스 정기검사의 휘발유 자동차 배출가스 측정 및 읽은 방법에 관한 설명으로 틀린 것은?

① 배출가스 측정기 시료 채취관을 배기관 내에 20cm 이상 삽입하여야 한다.

② 일산화탄소는 소숫점 둘째자리에서 절사하여 0.1% 단위로 최종측정치를 읽는다.

③ 탄화수소는 소숫점 첫째자리에서 절사하여 1ppm 단위로 최종측정치를 읽는다.

④ 공기과잉률은 소숫점 둘째자리에서 0.01 단위로 최종측정치를 읽는다.

> 측정 대상 자동차의 상태가 정상으로 확인되면 원동기가 가동되어 공회전(500~1,000rpm)되어 있으며, 가속페달을 밟지 않은 상태에서 시료 채취관을 배기관 내에 30cm 이상 삽입한다. 측정기 지시가 안정된 후 CO는 소수점 둘째자리 이하는 버리고 0.1% 단위로, HC는 소수점 첫째자리 이하는 버리고 1ppm 단위로, 공기과잉률(λ)은 소수점 둘째자리에서 0.01 단위로 최종 측정치를 읽는다. 다만, 측정치가 불안정할 경우에는 5초간의 평균치로 읽는다.

09 압축 상사점에서 연소실 체적(Vc)은 0.1ℓ 이고 압력(Pc)은 30bar 이다. 체적이 1.1ℓ로 증가하면 압력은 약 몇 bar 가 되는가?(단, 동작 유체는 이상기체이며, 등온과정으로 가정)

① 2.73 ② 3.3
③ 27.3 ④ 33

> $$P_1 \times V_1 = P_2 \times V_2, \quad P_2 = \frac{P_1 \times V_1}{V_2}$$
> P_1 : 변화 전 압력(bar), P_2 : 변화 후 압력(bar),

V_1 : 변화 전 체적(L), V_2 : 변화 후 체적(L)

$$P_2 = \frac{P_1 \times V_1}{V_2} = \frac{30 \times 0.1}{1.1} = 2.727 \, bar$$

10 실린더 내경이 73mm, 행정이 74mm인 4행정 사이클 4실린더 기관이 6,300 rpm으로 회전하고 있을 때, 밸브 구멍을 통과하는 가스의 속도는?(단, 밸브 면의 평균지름은 30mm이고, 밸브 스템의 굵기는 무시한다.)

① 62m/sec   ② 72m/sec

③ 82m/sec   ④ 92m/sec

$$S = \frac{2 \times N \times L}{60}, \quad d = D\sqrt{\frac{S}{V}}$$

S : 피스톤 평균속도(m/s), N : 기관 회전속도(rpm),

L : 피스톤 행정(mm)

d : 밸브 지름(mm), D : 실린더 안지름(mm), V : 가스 흐름속도(m/s)

$$S = \frac{2 \times N \times L}{60} = \frac{2 \times 6300 \times 74}{60 \times 1000} = 15.54 m/s$$

$$V = \frac{D^2 \times S}{d^2} = \frac{73^2 \times 15.54}{30^2} = 92.01 m/s$$

11 스로틀 위치 센서(TPS) 고장 시 나타나는 현상과 가장 거리가 먼 것은?

① 주행 시 가속력이 떨어진다.

② 공회전 시 엔진 부조 및 간헐적 시동 꺼짐 현상이 발생한다.

③ 출발 또는 주행 중 변속 시 충격이 발생할 수 있다.

④ 일산화탄소(CO), 탄화수소(HC) 배출량은 감소하나 연료 소모가 증대될 수 있다.

● **TPS가 고장일 때 나타나는 현상**
① 공회전 상태에서 엔진 부조 및 가속할 때 출력이 부족해진다.
② 연료 소모가 많아지며, CO, HC의 배출량이 많아진다.
③ 자동변속기의 변속시점이 변화된다.
④ 공회전 시 갑자기 시동이 꺼진다.
⑤ 대시포트 기능이 불량해진다.
⑥ 정상적인 주행이 어려워진다.

12 전자제어 기관에서 열선식(hot wire type) 공기 유량 센서의 특징으로 맞는 것은?

① 맥동 오차가 다소 크다.

② 자기청정 기능의 열선이 있다.

③ 초음파 신호로 공기 부피를 감지한다.

④ 대기 압력을 통해 공기 질량을 검출한다.

● **열선(핫 와이어) 방식 공기 유량 센서의 특징**
① 회로가 단순하고, 흡입되는 공기를 질량 유량으로 검출한다.
② 응답성이 빠르고, 맥동 오차가 없다.
③ 고도 변화에 따른 오차가 없다.
④ 흡입공기 온도가 변화해도 측정상의 오차는 거의 없다.
⑤ 공기 질량을 직접 정확하게 계측할 수 있다.
⑥ 기관 작동상태에 적용하는 능력이 개선된다.
⑦ 오염되기 쉬워 자기청정(크린버닝) 장치를 두어야 한다.

13 자동차에 사용되는 센서 중 원리가 다른 것은?

① 맵(MAP) 센서

② 노크 센서

③ 가속 페달 센서

④ 연료 탱크 압력 센서

맵 센서, 노크 센서, 연료 탱크 압력 센서는 압전소자(피에조)를 사용하고, 가속 페달 위치 센서는 스로틀 위치 센서와 같은 가변저항의 원리를 사용한다.

14 전자제어 엔진에서 수온 센서 단선으로 컴퓨터(ECU)에 정상적인 냉각수온 값이 입력되지 않으면 어떻게 연료 분사 되는가?

① 연료 분사를 중단

② 흡기 온도를 기준으로 분사

③ 엔진 오일 온도를 기준으로 분사

④ ECU에 의한 페일세이프 값을 근거로 분사

수온 센서의 이상으로 인해 ECU로 정상적인 냉각수온 값이 입력되지 않으면 연료 분사는 ECU에 의한 페일세이프 값을 근거로 분사된다.

15 전자제어 가솔린 기관의 인젝터에 관한 설명 중 틀린 것은?

① 인젝터의 분사 신호는 ECU 제어에 따라 이루어진다.

② 인젝터는 구동방식에 따라 전압 제어식과 전류 제어식으로 구분한다.

③ 인젝터는 연료 펌프의 압력이 일정 이상 걸릴 때 연료가 분사되는 구조로 되어 있다.

④ 저 저항방식의 인젝터는 레지스터를 사용하고 전압 제어식이라고도 부른다.

인젝터는 제어 방식에 따라 인젝터에 직렬로 저항체를 넣어 전압을 낮추어 제어하는 전압 제어 방식과 저항을 사용하지 않고 인젝터에 직접 축전지 전압을 가해 인젝터의 응답성능을 향상시키는 전류 제어식이 있으며, 통전 시간은 전압 제어 방식과 마찬가지로 ECU에서 제어한다.

16 가솔린 엔진에서 인젝터의 연료 분사량 제어와 직접적으로 관계있는 것은?

① 인젝터의 니들 밸브 지름

② 인젝터의 니들 밸브 유효행정

③ 인젝터의 솔레노이드 코일 통전시간

④ 인젝터의 솔레노이드 코일 차단전류 크기

전자제어 엔진에서 연료 분사량은 인젝터의 니들 밸브가 열려 있는 시간으로 결정되므로 ECU에서 출력되는 인젝터 솔레노이드 코일의 통전시간 즉, ECU의 펄스 신호에 의해 결정된다.

17 전자제어 연료 분사 기관에서 흡입공기 온도는 35℃, 냉각수 온도가 60℃ 일 때 연료 분사량 보정은?(단, 분사량 보정 기준은 흡입공기 온도는 20℃, 냉각수온 온도는 80℃이다.)

① 흡기온 보정–증량, 냉각수온 보정–증량

② 흡기온 보정–증량, 냉각수온 보정–감량

③ 흡기온 보정–감량, 냉각수온 보정–증량

④ 흡기온 보정–감량, 냉각수온 보정–감량

연료 분사량의 보정 기준이 흡입공기 온도는 20℃, 냉각수온 온도는 80℃이므로, 흡입공기 온도는 35℃, 냉각수 온도가 60℃ 일 때 연료 분사량은 각각 흡기온도 보정은 감량, 냉각수 온도 보정은 증량 보정된다.

18 전자제어 가솔린 분사장치에서 이론 공연비 제어를 목적으로 클로즈드 루프 제어(closed-loop control)를 하는 보정 분사 제어는?

① 아이들 스피드 제어

② 피드백 제어

③ 연료 순차분사 제어

④ 점화시기 제어

피드백 제어는 통상 운전 시 촉매 컨버터가 가장 양호한 정화 능력을 발휘하는데 필요한 공연비인 이론 공연비 (14.7 : 1)부근으로 정확히 유지하여야 한다. 이를 위해서 배기다기관에 설치한 산소 센서로 배기가스 중의 산소 농도를 검출하고 이것을 ECU로 피드백시켜 연료 분사량을 증감하여 항상 이론 공연비가 되도록 연료 분사량을 제어한다.

19 가변용량 제어 터보차저에서 저속 저부하(저유량) 조건의 작동원리를 나타낸 것은?

① 베인 유로 좁힘 → 배기가스 통과속도 증가 → 터빈 전달 에너지 증대

② 베인 유로 넓힘 → 배기가스 통과속도 증가 → 터빈 전달 에너지 증대

③ 베인 유로 넓힘 → 배기가스 통과속도 감소 → 터빈 전달 에너지 증대

④ 베인 유로 좁힘 → 배기가스 통과속도 감소 → 터빈 전달 에너지 증대

가변용량 제어 터보차저에서 저속 저부하(저유량) 조건의 작동원리는 베인 유로 좁힘→배기가스 통과속도 증가→터빈 전달 에너지 증대이다.

20 전자제어 MPI 가솔린 엔진과 비교한 GDI 엔진의 특징에 대한 설명으로 틀린 것은?

① 내부 냉각효과를 이용하여 출력이 증가된다.

② 층상 급기모드를 통해 EGR 비율을 많이 높일 수 있다.

③ 연료 분사 압력이 높고, 연료 소비율이 향상된다.

④ 층상 급기모드 연소에 의하여 NOx 배출이 현저히 감소한다.

● GDI(가솔린 직접분사 방식)의 장점
① 내부 냉각효과가 양호하기 때문에 체적효율을 개선시킬 수 있어 출력이 증가한다.
② 층상 급기모드를 통해 EGR(Exhaust Gas Recirculation) 비율을 많이 높일 수 있다.
③ 연료 분사 압력이 높고, 연료 소비율이 향상된다.
④ 직접분사 방식은 간접분사 방식에 비해 엔진이 냉각된 상태일 때 또는 가속할 때 혼합기를 덜 농후하게 해도 된다. 이를 통해 연료 소비율을 낮추고 유해 배출물질을 저감시킨다.

제2과목 　자동차섀시정비

21 6속 더블 클러치 변속기(DCT)의 주요 구성부품이 아닌 것은?

① 토크 컨버터
② 더블 클러치
③ 기어 액추에이터
④ 클러치 액추에이터

● 더블 클러치 변속기(DCT) 구성 요소
① 더블 클러치 : 홀수단 클러치와 짝수단 클러치의 2개로 구성되어 있다. 홀수 클러치는 홀수 단 변속 시 엔진의 동력을 변속기에 전달 및 차단하는 역할을 하며, 짝수 클러치는 짝수 단 변속 시 엔진의 동력을 변속기에 전달 및 차단하는 역할을 한다.
② 클러치 액추에이터 : 트랜스미션 컨트롤 모듈(TCM)로부터 신호를 받아 클러치를 결합 및 해제하는 역할을 한다.
③ 기어 액추에이터 : 기어 액추에이터는 시프트 모터와 셀렉트 솔레노이드로 구성되어 있으며, TCM의 신호를 받아 시프트 모터와 셀렉트 솔레노이드를 제어한다.
④ 입력축 속도 센서 1, 2 : 변속기의 입력축 회전수를 감지하여 TCM으로 전달하는 중요한 입력 센서로 입력축 속도 센서 1, 2의 출력 신호는 피드백 제어, 변속단 설정 제어, 기타 센서 고장 판정 기준 등 모든 작동 범위에서 필요한 정보이다.
⑤ 인히비터 스위치 : 시프트 레버의 P, R, N, D의 조작에 따라 인히비터 스위치의 P(Parking), R(Reverse), N(Neutral), D(Drive)의 신호를 TCM에 전달하여 변속단을 제어한다.

22 기관에서 발생한 토크와 회전수가 각각 80kgf·m, 1000rpm, 클러치를 통과하여 변속기로 들어가는 토크와 회전수가 각각 60kgf·m, 900rpm일 경우 클러치의 전달효율은 약 얼마인가?

① 37.5%
② 47.5%
③ 57.5%
④ 67.5%

$$\eta_c = \frac{C_p}{E_p} \times 100 = \frac{C_T \times C_N}{E_T \times E_N} \times 100$$

η_c : 클러치의 전달효율(%), C_P : 클러치의 동력,

E_P : 엔진의 동력,

C_T : 변속기로 들어가는 토크(kgf·m),

C_N : 변속기로 들어가는 회전수(rpm)

E_T : 엔진에서 발생한 토크(kgf·m),

E_N : 엔진의 회전수(rpm)

$$\eta_c = \frac{60 \times 900}{80 \times 1000} \times 100 = 67.5\%$$

23 자동변속기 토크 컨버터에서 스테이터의 일방향 클러치가 양방향으로 회전하는 결함이 발생했을 때, 차량에 미치는 현상은?

① 출발이 어렵다.
② 전진이 불가능하다.
③ 후진이 불가능하다.
④ 고속 주행이 불가능하다.

토크 컨버터에서 스테이터의 일방향 클러치가 양방향으로 회전하는 결함이 발생하면 출발이 어렵고, 스테이터가 고착되면 출발 및 기어 변속은 정상적으로 이루어지나 고속으로 주행할 때 성능이 저하된다.

24 자동변속기 컨트롤 유닛과 연결된 각 센서의 설명으로 틀린 것은?

① VSS(Vehicle Speed Sensor) – 차속 검출
② MAF(Mass Air flow Sensor) – 엔진 회전속도 검출
③ TPS(Throttle Position Sensor) – 스로틀 밸브 개도 검출

④ OTS(Oil Temperature Sensor) – 오일 온도 검출

MAS(Mass Air flow Sensor)는 엔진 컨트롤 유닛에 연결된 센서로 흡입 공기량을 검출한다.

25 무단변속기(CVT)의 특징으로 틀린 것은?

① 가속 성능을 향상시킬 수 있다.

② 연료 소비율을 향상시킬 수 있다.

③ 변속에 의한 충격을 감소시킬 수 있다.

④ 일반 자동변속기 대비 연비가 저하된다.

● **무단변속기의 특징**
① 가속 성능을 향상시킬 수 있다.
② 연료 소비율을 향상시킬 수 있다.
③ 변속에 의한 충격을 감소시킬 수 있다.
④ 주행 성능과 동력 성능이 향상된다.
⑤ 파워트레인 통합제어의 기초가 된다.

26 속도비가 0.4이고, 토크비가 2인 토크 컨버터에서 펌프가 4000rpm으로 회전할 때, 토크 컨버터의 효율(%)은 약 얼마인가?

① 80   ② 40
③ 60   ④ 20

$\eta t = Sr \times Tr \times 100$

ηt : 토크 컨버터 효율(%), Sr : 속도비, Tr : 토크비

$\eta t = 0.4 \times 2 \times 100 = 80\%$

27 파워 조향 핸들 펌프 조립과 수리에 대한 내용이 아닌 것은?

① 오일펌프 브래킷에 오일펌프를 장착한다.

② 흡입 호스를 규정토크로 장착한다.

③ 스냅 링과 내측 및 외측 O링을 장착한다.

④ 호스의 도장면이 오일펌프를 향하도록 조정한다.

● **파워 조향 핸들 펌프 조립과 수리**
① 오일펌프 브래킷에 오일펌프를 장착한다.
② 흡입 호스를 규정 토크로 장착한다.
③ 호스의 도장면이 오일펌프를 향하도록 조정한다.
④ V-벨트를 장착한 후에 장력을 조정한다.
⑤ 오일펌프에 압력 호스를 연결하고 오일 리저버에 리턴 호스를 연결한다.

⑥ 호스가 간섭되거나 뒤틀리지 않았는지 확인한다.
⑦ 자동변속기(ATF) 오일을 주입한다.
⑧ 공기빼기 작업을 한다.
⑨ 오일펌프 압력을 점검한다.
⑩ 규정 토크로 각 부품을 장착한다.

28 전자제어 현가장치(ECS) 기능 중 엑스트라 하이(EX-HI) 선택 시 작동하지 않는 장치는?

① 뒤 공급 밸브

② 앞 공급 밸브

③ 감쇠력 조절 스텝 모터

④ 컴프레서

스텝 모터는 각각의 쇽업소버 상단에 설치되어 있으며, 자동차 운행 중 쇽업소버의 감쇠력을 변화시켜야할 조건이 되면 컴퓨터는 스텝 모터를 회전시키고 스텝 모터가 회전하게 되면 스텝 모터와 연결된 제어 로드(control rod)가 회전하면서 쇽업소버 내부의 오일 회로가 크게 변화되어 감쇠력이 가변된다. 엑스트라 하이는 자동차의 높이를 조절하는 모드이다.

29 유압식 전자제어 조향장치의 점검 항목이 아닌 것은?

① 유량제어 솔레노이드 밸브

② 차속 센서

③ 스로틀 위치 센서

④ 전기 모터

● **유압식 전자제어 조향장치 점검 항목**
① 전자제어 컨트롤 유닛
② 차속 센서
③ 스로틀 포지션 센서
④ 조향각 센서
⑤ 유량제어 솔레노이드 밸브

30 전자제어 현가장치 관련 점검결과 ECS 조작 시에도 인디케이터 전환이 이루어지지 않는 현상이 확인됐다. 이에 대한 조치 사항으로 틀린 것은?

① 컴프레서 작동상태를 확인하고 이상 있는 컴프레서를 교체한다.

② 인디케이터 점등회로를 전압 계측하고 선로를 수리한다.

③ 전구를 점검하고 손상 시 수리 및 교환한다.

④ 커넥터를 확인하고 하니스 간 접지를 점검한다.

● **ECS 조작 시에도 인디케이터 전환이 이루어지지 않는 경우 조치 사항**
① 전구를 점검하고, 손상 시 수리 및 교환한다.
② 인디케이터 점등회로를 전압 계측하고 선로를 수리한다.
③ 커넥터를 확인하고 하니스 간 접지를 점검한다.
④ 이상 부위 회로를 수정한다.

31 총중량 1톤인 자동차가 72km/h로 주행 중 급제동을 하였을 때 운동에너지가 모두 브레이크 드럼에 흡수되어 열이 되었다. 흡수된 열량(kcal)은 얼마인가?(단, 노면의 마찰계수는 1이다.)

① 47.79　　② 52.30
③ 54.68　　④ 60.25

$$E_k = \frac{1}{2} \times m \times v^2, \quad m = \frac{W}{g},$$

E_k : 운동 에너지(kgf·m), m : 질량,

W : 차량총중량(kgf)

v : 주행속도(m/s), g : 중력 가속도(m/s²),

$$1 kgf \cdot m = \frac{1}{427} kcal$$

① $m = \dfrac{W}{g} = \dfrac{1000}{9.8} = 102.0408 \, kgf \cdot m/s^2$

② $v = \dfrac{72km \times 1000}{60 \times 60} = 20 m/s$

③ $E_k = \dfrac{1}{2} \times 102.0408 \times 20^2 = 20408.16 \, kgf \cdot m$

④ $\dfrac{20408.16}{427} = 47.7943 \, kcal$

32 자동차 및 자동차 부품의 성능과 기준에 관한 규칙상 승용, 화물, 특수자동차 및 승차정원 10명 이하인 승합자동차의 공차상태에서의 최대 안전 경사각도는?(단, 차량 총중량이 차량중량의 1.2배 이하인 경우는 제외한다.)

① 35°　　② 30°
③ 28°　　④ 45°

● **최대 안전 경사각도**
자동차(연결자동차를 포함한다)는 다음 각 호에 따라 좌우로 기울인 상태에서 전복되지 아니하여야 한다. 다만, 특수 용도형 화물자동차 또는 특수 작업형 특수자동차로서 고소작업·방송중계·진공흡입청소 등의 특정작업을 위한 구조·장치를 갖춘 자동차의 경우에는 그러하지 아니하다.
① 승용자동차, 화물자동차, 특수자동차 및 승차정원 10명 이하인 승합자동차 : 공차상태에서 35도(차량 총중량이 차량중량의 1.2배 이하인 경우에는 30도)
② 승차정원 11명 이상인 승합자동차 : 적차 상태에서 28도

33 타이어의 접지면적을 증가시킨 편평 타이어의 장점이 아닌 것은?

① 제동성능과 승차감이 향상된다.
② 펑크가 났을 때 공기가 급격히 빠지지 않는다.
③ 보통 타이어보다 코너링 포스가 15% 정도 향상된다.
④ 타이어 폭이 좁아 타이어 수명이 길다.

● **편평 타이어의 장점**
① 보통 타이어보다 코너링 포스가 15% 정도 향상된다.
② 제동 성능과 승차감이 향상된다.
③ 펑크가 났을 때 공기가 급격히 빠지지 않는다.
④ 타이어 폭이 넓어 타이어 수명이 길다.

34 전자제어 제동장치 관련 리어 디스크 브레이크에 대한 조정 내용으로 틀린 것은?

① 휠이 자유롭게 작동되는지 점검한다.
② 각 바퀴의 ABS 휠 스피드 센서 커넥터 접촉상태를 확인한다.
③ 주행 테스트를 실시한다.
④ 주차 브레이크의 조정 너트를 조정하기 위해 플로어 콘솔 매트를 탈거한다.

● **리어 디스크 브레이크 조정**
캘리퍼 분해·조립 또는 브레이크 캘리퍼, 주차 브레이크 케이블, 브레이크 디스크를 교환 후 주차 브레이크를 다시 조정해야 한다.
① 주차 브레이크의 조정 너트를 조정하기 위해 플로어 콘솔 매트를 탈거한다.
② 주차 브레이크 케이블이 느슨하게 주차 브레이크 레버를 푼다.

③ 브레이크 패드가 작동 위치에 오도록 브레이크 페달에 저항이 생길 때까지 여러 번 브레이크 페달을 절반 정도 아래로 누른다.
④ 양쪽의 캘리퍼에 있는 작동 레버가 정지점에서 작동 레버와 스토퍼 사이 거리의 합이 3mm 이하가 될 때까지 주차 브레이크 케이블을 팽팽하게 한다.
⑤ 플로어 콘솔 매트를 장착한다.
⑥ 주차 브레이크 레버는 완전히 풀어진 위치이어야 한다.
⑦ 주차 브레이크 케이블을 교환하면 주차 브레이크 케이블을 늘리기 위해 주차 브레이크를 여러 번 최대의 힘으로 작동하고 위 절차로 조정한다.
⑧ 휠이 자유롭게 작동되는지 점검한다.
⑨ 주행 테스트를 한다.

35 대부분의 자동차에서 2회로 유압 브레이크를 사용하는 주된 이유는?

① 안전상의 이유 때문에
② 더블 브레이크 효과를 얻을 수 있기 때문에
③ 리턴 회로를 통해 브레이크가 빠르게 풀리게 할 수 있기 때문에
④ 드럼 브레이크와 디스크 브레이크를 함께 사용할 수 있기 때문에

1회로를 사용하게 되었을 때 유압라인에 문제가 발생하게 되면 제동력이 상실되기 때문에 2회로를 사용하여 하나의 라인이 문제가 발생하더라도 다른 하나가 제동을 할 수 있기 때문이다.

36 ABS 컨트롤 유닛(제어모듈)에 대한 설명으로 틀린 것은?

① 휠의 회전속도 및 가·감속을 계산한다.
② 각 바퀴의 속도를 비교 분석한다.
③ 미끄럼 비를 계산하여 ABS 작동 여부를 결정한다.
④ 컨트롤 유닛이 작동하지 않으면 브레이크가 전혀 작동하지 않는다.

● ABS 컨트롤 유닛의 기능
① 감속·가속을 계산한다.
② 각 바퀴의 회전속도를 비교·분석한다.
③ 미끄럼 비율을 계산하여 ABS 작동 여부를 결정한다.
④ 컨트롤 유닛이 작동하지 않아도 기계작동 방식의 일반 제동장치로 작동하는 페일세이프 기능이 있다.

37 전동식 동력 조향장치(Motor Driven Power Steering)시스템에서 정차 중 핸들 무거움 현상의 발생 원인이 아닌 것은?

① MDPS CAN 통신선의 단선
② MDPS 컨트롤 유닛측의 통신 불량
③ MDPS 타이어 공기압 과다주입
④ MDPS 컨트롤 유닛측 배터리 전원 공급 불량

● 핸들이 무거워지는 현상의 발생 원인
① MDPS 컨트롤 유닛측 배터리 전원 공급 불량
② MDPS 컨트롤 유닛측의 통신 불량
③ MDPS CAN 통신선의 단선
④ MDPS 타이어 공기압의 부족

38 브레이크 파이프 라인에 잔압을 두는 이유로 틀린 것은?

① 베이퍼 록을 방지한다.
② 브레이크의 작동 지연을 방지한다.
③ 피스톤이 제자리로 복귀하도록 도와준다.
④ 휠 실린더에서 브레이크액이 누출되는 것을 방지한다.

● 잔압을 두는 이유
① 브레이크 작동 지연을 방지하기 위하여
② 휠 실린더에서의 오일 누출을 방지하기 위하여
③ 오일 라인에서 베이퍼 록 현상을 방지하기 위하여

39 총질량 22000kg인 화물자동차가 6.72m/s² 의 감속도로 제동되고 있다. 이때 제동력의 크기는?

① 약 3273.8kN   ② 약 3273.8kgf
③ 약 147.8kN   ④ 약 147.8kgf

$a = \dfrac{F}{m}$. $F = a \times m$

a : 제동 감속도(m/s²), F : 제동력(kN),

m : 자동차의 질량(kg)

$F = \dfrac{22000 \times 6.72}{1000} = 147.8kN$

40 CAN 통신이 적용된 전동식 동력 조향 장치 (MDPS)에서 EPS 경고등이 점등(점멸) 될 수 있는 조건으로 틀린 것은?

① 자기 진단 시

② 토크 센서 불량

③ 컨트롤 모듈측 전원 공급 불량

④ 핸들 위치가 정위치에서 ±2° 틀어짐

> ● EPS 경고등 점등 조건
> ① 자기진단 시
> ② MDPS 시스템이 고장 일 경우
> ③ 컨트롤 모듈측 전원 공급 불량
> ④ EPS 시스템 전원 공급 불량
> ⑤ CAN BUS OFF 또는 EMS 신호 미수신

제3과목 자동차 전기 · 전자장치 정비

41 자동차에서 CAN 통신 시스템의 특징이 아닌 것은?

① 데이터를 2개의 배선(CAN-HIGH, CAN-LOW)을 이용하여 전송한다.

② 모듈간의 통신이 가능하다.

③ 양방향 통신이다.

④ 싱글 마스터(single master) 방식이다.

> CAN 통신(Controller Area Network)은 차량 내에서 호스트 컴퓨터 없이 마이크로 컨트롤러나 장치들이 서로 통신하기 위해 설계된 표준 통신 규격이다. 양방향 통신이므로 모듈사이의 통신이 가능하며, 데이터를 2개의 배선 (CAN-HIGH, CAN-LOW)을 이용하여 전송한다.

42 자동차 편의장치 중 이모빌라이저 시스템에 대한 설명으로 틀린 것은?

① 이모빌라이저 시스템이 적용된 차량은 일반 키로 복사하여 사용할 수 없다.

② 이모빌라이저는 등록된 키가 아니면 시동되지 않는다.

③ 통신 안전성을 높이는 CAN 통신을 사용한다.

④ 이모빌라이저 시스템에 사용되는 시동키 내부에는 전자 칩이 내장되어 있다.

> 이모빌라이저는 무선 통신으로 점화 스위치(시동 키)의 기계적인 일치뿐만 아니라 점화 스위치와 자동차가 무선으로 통신하여 암호 코드가 일치하는 경우에만 엔진이 시동되도록 한 도난 방지 장치이다. 이 장치에 사용되는 점화 스위치(시동 키) 손잡이(트랜스 폰더)에는 자동차와 무선으로 통신할 수 있는 특수 반도체가 들어있다. 따라서 기계적으로 일치하는 복제된 점화 스위치나 또는 다른 수단으로는 엔진의 시동을 할 수 없기 때문에 도난을 원천적으로 봉쇄할 수 있다.

43 고속 CAN High, Low 두 단자를 자기진단 커넥터에서 측정 시 종단 저항 값은?(단, CAN 시스템은 정상인 상태이다.)

① 60Ω   ② 80Ω

③ 100Ω   ④ 120Ω

> CAN 통신은 120Ω의 종단 저항이 각각 병렬로 연결되어 있다.
> $$R = \cfrac{1}{\cfrac{1}{120\Omega} + \cfrac{1}{120\Omega}} = \frac{120}{2} = 60\Omega$$

44 2개의 코일 간의 상호 인덕턴스가 0.8H일 때 한 쪽 코일의 전류가 0.01초 간에 4A에서 1A로 동일하게 변화하면 다른 쪽 코일에 유도되는 기전력(V)은?

① 320V   ② 300V

③ 240V   ④ 100V

> $$V = H \times \frac{I}{t}$$
> V : 기전력(V), H : 상호 인덕턴스(H), I : 전류(A), t : 시간(sec)
> $$H = 0.8 \times \frac{(4-1)}{0.01} = 240V$$

45 다음은 자동차 정기검사의 계기장치 검사기준이다. ( )의 내용으로 알맞은 것은?

> 속도계의 지시오차는 정 (㉠)퍼센트, 부 (㉡)퍼센트 이내일 것

① ㉠15 ㉡5   ② ㉠15 ㉡10

③ ㉠25 ㉡5   ④ ㉠25 ㉡10

> 매시 40킬로미터의 속도에서 자동차 속도계의 지시오차를 속도계 시험기로 측정하며, 속도계의 지시오차는 정 25%, 부 10% 이내일 것

46 차선 이탈 경고 시스템과 차선 유지 보조 시스템의 입·출력 계통 중 출력 계통에 포함하지 않는 것은?

① 차로 이탈 경고 신호

② MDPS 조향 제어 신호

③ 비상등 작동 신호

④ 시스템 작동상태 신호

> 차로 이탈 경고 (LDW)는 전방 주행 영상을 촬영하여 차선을 인식하고 이를 이용하여 차량이 차선과 얼마만큼의 간격을 유지하고 있는지를 판단하여, 운전자가 의도하지 않은 차로 이탈 검출 시 경고하는 시스템이다. 차로 이탈 방지 보조(LKA)는 차로 이탈 경고 기능에 조향력을 부가적으로 추가하여 차량이 좌우측 차선 내에서 주행 차로를 벗어나지 않도록 하는 기능이 포함되어 있다.
> ① 입력 계통 : 시스템 ON 스위치, 방향지시등 작동 신호, 비상등 작동 신호, 와이퍼 작동 신호, 요레이트 센서 신호, 가속도 센서 신호, MDPS 토크 센서 신호
> ② 출력 계통 : 시스템 작동 상태 신호, 차로 이탈 경고 신호, MDPS 조향 제어 신호

47 전자제어 가솔린 엔진에서 점화 2차 파형에 대한 설명으로 틀린 것은?

① 점화 2차 라인의 저항이 커질수록 점화시간은 작아진다.

② 드웰 구간이 시작되는 지점에서 점화가 발생한다.

③ 감쇠 진동 구간의 진동수가 거의 없다면 점화코일 결함이다.

④ 점화 2차 라인의 저항이 커질수록 피크 전압은 커진다.

> 드웰 구간은 점화계통의 1차 코일에 전류가 통전되는 구간으로 드웰 구간이 시작되는 지점에서 점화 1차 코일에 전류가 흐르기 시작하며, 드웰 구간이 완료되는 지점에서 점화가 발생한다.

48 0°F(영하 17.7℃)에서 300A의 전류로 방전하여 셀당 기전력이 1V 전압 강하 하는데 소요되는 시간으로 표시되는 축전지 용량 표기법은?

① 25 암페어율   ② 20 시간율

③ 냉간율   ④ 20 전압율

> ● 방전율의 종류
> ① 25 암페어율 : 완전 충전된 상태의 배터리를 26.6℃(80°F)에서 25 A 의 전류로 연속 방전하여 셀당 전압이 1.75 V에 이를 때까지 방전하는 소요 시간으로 표시한다.
> ② 20 시간율 : 완전 충전한 상태에서 일정한 전류로 연속 방전하여 셀당 전압이 1.75 V 로 강하됨이 없이 20시간 방전할 수 있는 전류의 총량을 말한다.
> ③ 냉간율 : 완전 충전된 상태의 배터리를 -17.7℃(0°F)에서 300 A 로 방전하여 셀당 전압이 1V 강하하기까지 몇 분이 소요 되는가로 표시한다.
> ④ 10 시간율 : 완전 충전된 상태에서 일정한 전류로 연속 방전하여 방전 종지 전압에 이를 때까지 10시간 방전할 수 있는 전류의 총량으로서 2륜 자동차의 배터리에 해당된다.

49 스티어링 핸들 조향 시 운전석 에어백 모듈 배선의 단선과 꼬임을 방지해주는 부품은?

① 트위스트 와이어

② 인플레이터

③ 클럭 스프링

④ 프리 텐셔너

> ● 에어백의 구성 요소
> ① 에어백 모듈(Air Bag Module) : 에어백 모듈은 에어백을 비롯하여 패트 커버, 인플레이터와 에어백 모듈 고정용 부품으로 이루어져 있다.
> ② 에어백 : 에어백은 점화회로에서 발생한 질소가스에 의하여 팽창하고, 팽창 후 짧은 시간 후 백 배출 구멍으로 질소가스를 배출하여 충돌 후 운전자가 에어백에 눌리는 것을 방지한다.
> ③ 패트 커버 : 패트 커버는 에어백이 펼쳐질 때 입구가 갈라져 고정 부분을 지점으로 전개하며, 에어백이 밖으로 튕겨 나와 팽창하는 구조로 되어 있다.
> ④ 인플레이터 : 자동차가 충돌할 때 질소가스를 이용하여 에어백을 팽창시키는 역할을 한다.
> ⑤ 클럭 스프링 : 클럭 스프링은 조향 핸들과 조향 칼럼 사이에 설치되며, 에어백 컴퓨터와 에어백 모듈을 접속하는 것이다. 이 스프링은 좌우로 조향 핸들을 돌릴 때 배선이 꼬여 단선되는 것을 방지한다.

50 스마트 컨트롤 리모컨 스위치로 제어기에서 5V
의 전원이 공급되고 있을 때 CRUSE(크루즈)
스위치를 작동하면 제어기 "A"에서 인식하는
전압은?

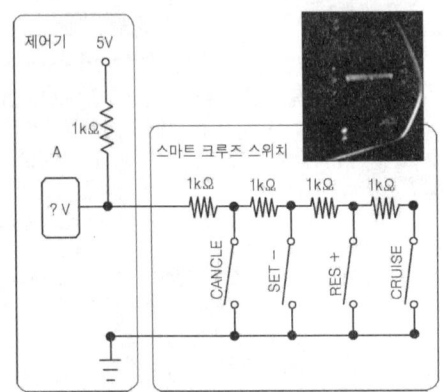

① 2V　　　　② 4V
③ 5V　　　　④ 3V

신호값 =

$$\frac{스위치\ 저항}{제어기\ 저항 + 스위치\ 저항} \times 인가\ 전압$$

$$신호값 = \frac{4k\Omega}{1k\Omega + 4k\Omega} \times 5V = 4V$$

51 주행 안전장치 적용 차량의 전방 주시용 카메라
교환 시 카메라에 이미 인식하고 있는 좌표와
실제 좌표가 틀어지는 경우가 발생할 수 있어
장착 카메라에 좌표를 재인식하기 위해 보정판
을 이용한 보정은?

① 자동 보정　　　② SPTAC 보정
③ SPC 보정　　　④ EOL 보정

● 카메라 보정

보정의 종류는 EOL 보정, SPTAC 보정, SPC 보정, 자동
보정(Auto-fix) 등이 있다.
① 자동 보정 : 최초 보정 이후 실제 도로 주행 중 발생
　한 카메라 장착 각도 오차를 자동으로 보정
② SPTAC 보정 : A/S에서 보정판을 이용한 보정 작업으
　로 GDS 장비와 보정판을 이용하여 작업이 필요
③ SPC 보정 : A/S에서 보정판이 없을 경우, GDS 부가
　기능을 활용하여 주행 상황을 지속 유지하여 보정하
　는 방법
④ EOL 보정 : 생산 공장의 최종 검차 라인에서 수행되는
　보정판을 이용한 보정

52 메모리 효과가 발생하는 배터리는?

① 납산 배터리
② 니켈 배터리
③ 리튬-이온 배터리
④ 리튬-폴리머 배터리

메모리 효과는 전지의 결정 구조 때문에 일어나는 현상으
로 전지를 완전히 방전시키지 않은 상태에서 충전을 하게
되면 전지의 충전 가능 용량이 줄어드는 니켈 전지의 특성
이다. 메모리 효과가 생기면 전지의 충전 가능 용량이 줄
어들어 심하면 초기 용량의 70% 정도 사용할 수 있게
된다. 메모리 효과는 니켈 전지를 강제 방전시킴으로써
방지할 수 있다.

53 LAN(Local Area Network) 통신장치의 특징
이 아닌 것은?

① 전장부품의 설치장소 확보가 용이하다.
② 설계변경에 대하여 변경하기 어렵다.
③ 배선의 경량화가 가능하다.
④ 장치의 신뢰성 및 정비성을 향상시킬 수
　있다.

● LAN(Local Area Network) 통신 장치의 특징
① 설계 변경에 대한 대응이 쉽다.
② 스위치, 액추에이터 근처에 ECU를 설치할 수 있다.
③ 전기기기의 사용 커넥터 수와 접속 부위의 감소로 신
　뢰성이 향상되었다.
④ ECU를 통합이 아닌 모듈별로 하여 용량은 작아지고
　개수는 증가하여 비용도 증가한다.

54 다이오드 종류 중 역방향으로 일정 이상의 전압을
가하면 전류가 급격히 흐르는 특성을 가지고 회로
보호 및 전압 조정용으로 사용되는 다이오드는?

① 스위치 다이오드
② 정류 다이오드
③ 제너 다이오드
④ 트리오 다이오드

● 제네 다이오드(zener diode)
① 실리콘 다이오드의 일종이다.
② 어떤 전압 하에서는 역방향으로 전류가 통할 수 있도
　록 제작된 것이다.
③ 정전압 다이오드라고도 하며, 발전기의 전압 조정기
　및 회로 보호용으로 사용된다.
④ 제너전압 이하에서는 역방향 전류가 "0"이 된다.

55 두 개의 영구자석 사이에 도체를 직각으로 설치하고 도체에 전류를 흘리면 도체의 한 면에는 전자가 과잉되고 다른 면에는 전자가 부족해 도체 양면을 가로질러 전압이 발생되는 현상을 무엇이라고 하는가?

① 홀 효과　　② 렌츠의 현상
③ 칼만 볼텍스　④ 자기 유도

● 반도체 효과의 정의
① 홀 효과 : 2개의 영구자석 사이에 도체를 직각으로 설치하고 도체에 전류를 공급하면 도체의 한 면에는 전자가 과잉되고 다른 면에는 전자가 부족하여 도체 양면을 가로질러 전압이 발생되는 현상이다.
② 렌즈의 법칙 : 유도 기전력은 코일 내의 자속의 변화를 방해하는 방향으로 발생한다는 전자기 법칙이다.
③ 칼만 볼텍스 : 기둥 모양의 물체를 적당한 속도로 유체 속에서 움직이거나 균일한 흐름 속에 놓아 둘 때 발생되는 와류(소용돌이) 현상을 말한다.
④ 자기 유도 : 자성체를 자계 내에 넣으면 새로운 자석이 되는 현상을 자기 유도라 하며, 도체와 자력선을 교차시키면 도체에 기전력이 발생되는 현상을 전자 유도 작용이라 한다.

56 충전계통의 고장임에도 축전지만으로 점화 및 각종 등화장치 등을 작동시킬 수 있는 최대시간을 표시한 것은?

① 550CCA　　② RC 75min
③ 60AH　　　④ CMF 120

● 축전지 표기
① 550 CCA(Cold Cranking Ampere, 550A의 저온 시동 전류) : 혹한의 조건(-18℃)에서 차량의 시동에 필요한 전류를 공급해 줄 수 있는 능력으로 위의 조건에서 완전 충전된 전지를 550A로 방전하였을 때, 방전 종지 전압 7.2V까지 최소한 30초 이상은 유지시켜 줄 수 있음을 나타낸 것이다.
② RC75min(Reserve Capacity, 보유용량) : 차량 운행 중에 발전기 고장 시 차량운행에 필요한 최소한의 전기 소모량(야간, 우천 시 등 악조건 고려)을 평균 25A로 가정하고, 이 25A로 방전하였을 때 단자 전압이 10.5V까지 도달하는 데까지의 시간을 분단위로 나타낸 것이다.
③ 60AH(용량) : 배터리 용량은 완전 충전된 배터리를 일정한 전류로 연속 방전시켜서 방전 중의 단자 전압이 방전 종지 전압에 이를 때까지 사용할 수 있는 전기량으로 자동차용 배터리의 용량 표시는 25℃를 기준으로 한다.

④ CMF 120(Closed Maintenance Free 배터리) : 정상적인 배터리 사용 조건하에서는 수명말기까지 증류수 보충 등의 보수관리가 필요 없는 밀폐형 배터리라는 뜻이다. 커버의 작은 벤트 홀을 제외하고 완전히 밀봉되어 있어 보수를 위해 증류수를 보충할 필요가 없고 보수가 필요 없고 배터리이다.

57 자동차의 레인 센서 와이퍼 제어장치에 대한 설명 중 옳은 것은?

① 엔진 오일의 양을 감지하여 운전자에게 자동으로 알려주는 센서이다.
② 자동차의 와셔액량을 감지하여 와이퍼가 작동 시 와셔 액을 자동 조절하는 장치이다.
③ 앞 창유리 상단의 강우량을 감지하여 자동으로 와이퍼 속도를 제어하는 센서이다.
④ 온도에 따라서 와이퍼 조작 시 와이퍼 속도를 제어하는 장치이다.

레인 센서 와이퍼 제어장치는 앞 창유리 상단의 강우량을 감지하여 자동으로 와이퍼 속도를 제어하는 장치이다.

58 자동차로 인한 소음과 암소음의 측정치의 차이가 5dB인 경우 보정치로 알맞은 값은?

① 1dB　　　② 2dB
③ 3dB　　　④ 4dB

자동차 소음과 암소음의 측정치의 차이가 3dB 이상 10dB 미만인 경우에는 자동차로 인한 소음의 측정치로부터 아래의 보정치를 뺀 값을 최종 측정치로 하고, 차이가 3dB 미만일 때에는 측정치를 무효로 함

자동차소음과 암소음의 차이	3dB	4~5dB	6~9dB
보정치	3	2	1

59 자동차의 IMS(Integrated Memory System)에 대한 설명으로 옳은 것은?

① 도난을 예방하기 위한 시스템이다.
② 편의장치로서 장거리 운행시 자동운행 시스템이다.
③ 배터리 교환주기를 알려주는 시스템이다.
④ 스위치 조작으로 설정해둔 시트위치로 재생시킨다.

IMS는 운전자가 자신에게 맞는 최적의 시트 위치, 사이드 미러 위치 및 조향 핸들의 위치 등을 IMS 컴퓨터에 입력시킬 수 있으며, 다른 운전자가 운전하여 위치가 변경되었을 경우 컴퓨터가 기억시킨 위치로 자동적으로 복귀시켜 주는 장치이다.

60 자동차 PIC 시스템의 주요 기능으로 가장 거리가 먼 것은?

① 스마트키 인증에 의한 도어 록

② 스마트키 인증에 의한 엔진 정지

③ 스마트키 인증에 의한 도어 언록

④ 스마트키 인증에 의한 트렁크 언록

● PIC 시스템의 주요 기능

① 스마트 키 인증에 의한 도어 언록

② 스마트 키 인증에 의한 도어 록

③ 스마트 키 인증에 의한 엔진 시동

④ 스마트 키 인증에 의한 트렁크 언록

제4과목 　친환경 자동차 정비

61 전기 자동차의 구동 모터 탈거를 위한 작업으로 가장 거리가 먼 것은?

① 서비스(안전) 플러그를 분리한다.

② 보조 배터리(12V)의 (−)케이블을 분리한다.

③ 냉각수를 배출한다.

④ 배터리 관리 유닛의 커넥터를 탈거한다.

● 구동 모터 탈거

① 서비스(안전) 플러그를 분리한다.

② 보조 배터리의 (-) 케이블을 분리한다.

③ 냉각수를 배출한다.

62 하이브리드 시스템에서 주파수 변환을 통하여 스위칭 및 전류를 제어하는 방식은?

① SCC 제어　　② CAN 제어

③ PWM 제어　　④ COMP 제어

펄스 폭 변조 방식(PWM)에서는 동일한 스위칭 주기 내에서 ON 시간의 비율을 바꿈으로써 출력 전압 또는 전류

를 제어할 수 있다. 스위칭 주파수가 낮을 경우 출력 값은 낮아지며 출력 듀티비를 50%일 경우에는 기존 전압의 50%를 출력전압으로 출력한다.

63 환경친화적 자동차의 요건 등에 관한 규정상 일반 하이브리드 자동차에 사용하는 구동 축전지의 공칭전압 기준은?

① 교류 220V 초과

② 직류 60V 초과

③ 교류 60V 초과

④ 직류 220V 초과

● 하이브리드 자동차의 기준

① 일반 하이브리드 자동차 : 구동 축전지의 공칭 전압은 직류 60V 초과(환경친화적 자동차의 요건 등에 관한 규정 제4조제1항)

② 플러그인 하이브리드 자동차 : 구동 축전지의 공칭 전압은 직류 100V 초과(환경친화적 자동차의 요건 등에 관한 규정 제4조제6항)

64 연료 전지 자동차의 모터 컨트롤 유닛(MCU)의 설명으로 틀린 것은?

① 인버터는 모터를 구동하는데 필요한 교류 전류와 고전압 배터리의 교류 전류를 변환한다.

② 감속 시 모터에 의해 생성된 에너지는 고전압 배터리를 충전하여 주행 가능거리를 증가시킨다.

③ 고전압 배터리의 직류 전원을 3상 교류 전원으로 변환하여 구동 모터를 구동 제어한다.

④ 인버터는 연료 전지 자동차의 모터를 구동한다.

● 모터 제어기(MCU ; Motor Control Unit)

① 인버터는 고전압 배터리의 DC 전원을 구동 모터의 구동에 적합한 3상 AC 전원으로 변환하는 역할을 한다.

② 인버터는 전기 자동차의 통합 제어기인 VCU의 명령을 받아 구동 모터를 제어하는 기능을 담당한다.

③ 감속 및 제동 시 모터에 의해 생성된 에너지는 고전압 배터리를 충전하여 주행 가능거리를 증가시킨다.

④ MCU는 고전압 시스템의 냉각을 위해 장착된 EWP (Electric Water Pump)의 제어 역할도 담당한다.

65 자동차용 내압용기 안전에 관한 규정상 압축수소가스 내압용기에 대한 설명에서 (   )안에 들어갈 내용으로 옳은 것은?

> 용기내의 가스압력 또는 가스양을 나타낼 수 있는 압력계 또는 연료계를 운전석에서 설치하여야 하며 압력계는 사용압력의 (   )의 최고눈금이 있는 것으로 한다.

① 0.1배 이상 1.0배 이하
② 1.1배 이상 1.5배 이하
③ 2.1배 이상 2.5배 이하
④ 1.5배 이상 2.0배 이하

압력계 및 연료계 설치기준(압축수소가스 내압용기 장착검사 세부기준)

용기내의 가스압력 또는 가스양을 나타낼 수 있는 압력계 또는 연료계를 운전석에 설치하여야 하며 압력계는 사용압력의 1.1배 이상 1.5배 이하의 최고눈금이 있는 것으로 한다.

66 자동차용 내압용기 안전에 관한 규정상 압축수소가스 내압용기의 사용압력에 대한 설명으로 옳은 것은?

① 용기에 따라 15℃에서 35MPa 또는 70MPa의 압력을 말한다.
② 용기에 따라 15℃에서 50MPa 또는 100MPa의 압력을 말한다.
③ 용기에 따라 25℃에서 15MPa 또는 50MPa의 압력을 말한다.
④ 용기에 따라 25℃에서 35MPa 또는 100MPa의 압력을 말한다.

● 압축 수소가스 내압용기 제조 관련 세부기준
① 사용 압력 : 용기에 따라 15℃에서 35MPa 또는 70MPa의 압력을 말한다.
② 최고 충전 압력 : 용기에 따라 85℃에서 사용 압력의 1.25배 이내로 사용 압력 조건을 만족하는 최대 압력을 말한다.

67 연료전지 자동차의 구동 모터 시스템에 대한 개요 및 작동원리가 아닌 것은?

① 급격한 가속 및 부하가 많이 걸리는 구간에서는 모터를 관성 주행시킨다.

② 저속 및 정속 시 모터는 연료 전지 스택에 발생되는 전압에 의해 전력을 공급받는다.
③ 감속 또는 제동 중에는 차량의 운동 에너지는 고전압 배터리를 충전하는데 사용한다.
④ 연료전지 자동차는 전기 모터에 의해 구동된다.

● 구동 모터 시스템의 개요 및 작동 원리
① 급격한 가속 및 부하가 많이 걸리는 구간에서는 스택에서 생산한 전기를 주로 사용하며, 전력이 부족할 경우 고전압 배터리의 전기를 추가로 공급한다.
② 저속 및 정속 시에는 스택에서 생산된 전기로 주행하며, 생산된 전기가 모터를 구동하고 남을 경우 고전압 배터리를 충전한다.
③ 감속 또는 제동 시에는 구동 모터를 통해 발생된 회생 제동을 통해 고전압 배터리를 충전하여 연비를 향상시킨다.
④ 연료전지 자동차는 전기 에너지를 사용하여 구동 모터를 돌려 주행하는 자동차이다.

68 전기 자동차 충전에 관한 내용으로 옳은 것은?

① 급속 충전 시 AC 380V의 고전압이 인가되는 충전기에서 빠르게 충전한다.
② 완속 충전은 DC 220V의 전압을 이용하여 고전압 배터리를 충전한다.
③ 급속충전 시 정격 에너지 밀도를 높여 배터리 수명을 길게 할 수 있다.
④ 완속 충전은 급속 충전보다 충전 효율이 높다.

● 완속 충전과 급속 충전
1. 완속 충전
① AC 100·220V의 전압을 이용하여 고전압 배터리를 충전하는 방법이다.
② 표준화된 충전기를 사용하여 차량 앞쪽에 설치된 완속 충전기 인렛을 통해 충전하여야 한다.
③ 급속 충전보다 더 많은 시간이 필요하다.
④ 급속 충전보다 충전 효율이 높아 배터리 용량의 90%까지 충전할 수 있다.
2. 급속 충전
① 외부에 별도로 설치된 급속 충전기를 사용하여 DC 380V의 고전압으로 고전압 배터리를 빠르게 충전하는 방법이다.
② 연료 주입구 안쪽에 설치된 급속 충전 인렛 포트에 급속 충전기 아웃렛을 연결하여 충전한다.
③ 충전 효율은 배터리 용량의 80%까지 충전할 수 있다.

69 전기 자동차 히트 펌프 시스템의 난방 작동 모드 순서로 옳은 것은?

① 컴프레서→실외 콘덴서→실내 콘덴서 →칠러→어큐뮬레이터

② 실외 콘덴서→컴프레서→실내 콘덴서 →칠러→어큐뮬레이터

③ 컴프레서→실내 콘덴서→칠러→실외 콘덴서→어큐뮬레이터

④ 컴프레서→실내 콘덴서→실외 콘덴서 →칠러→어큐뮬레이터

● 난방 작동 모드 순서
① 전동 컴프레서 : 전동 모터로 구동되며, 저온 저압가스 냉매를 고온 고압가스로 만들어 실내 콘덴서로 보낸 다.
② 실내 콘덴서 : 고온 고압가스 냉매를 응축시켜 고온 고압의 액상 냉매로 만든다.
③ 2상 솔레노이드 밸브 #1 : 냉매를 급속 팽창시켜 저온 저압의 액상 냉매가 되도록 한다.
④ 실외 콘덴서 : 액체 상태의 냉매를 증발시켜 저온 저압 의 가스 냉매로 만든다.
⑤ 칠러 : 저온 저압 가스 냉매를 모터의 폐열을 이용하여 2차 열 교환을 한다.
⑥ 어큐뮬레이터 : 컴프레서로 기체 냉매만 유입될 수 있도록 냉매의 기체·액체를 분리한다.

70 고전압 배터리 제어 장치의 구성 요소가 아닌 것은?

① 배터리 관리 시스템(BMS)
② 고전압 전류 변환장치(HDC)
③ 배터리 전류 센서
④ 냉각 덕트

● 고전압 배터리 제어 시스템의 구성 요소
① 파워 릴레이(PRA ; Power Relay Assembly) : 고전압 차단(고전압 릴레이, 퓨즈), 고전압 릴레이 보호(초기 충전회로), 배터리 전류 측정(배터리 전류 센서)
② 냉각팬 : 고전압 부품 통합 냉각(배터리, 인버터, LDC(DC-DC 변환기))
③ 고전압 배터리 : 출력 보조 시 전기 에너지 공급, 충전 시 전기 에너지 저장
④ 고전압 배터리 관리 시스템(BMS) : 배터리 충전 상태 (SOC) 예측, 진단 등 고전압 릴레이 및 냉각 팬 제어
⑤ 냉각 덕트 : 냉각 유량 확보 및 소음 저감
⑥ 통합 패키지 케이스 : 하이브리드 전기 자동차 고전압 부품 모듈화, 고전압 부품 보호

71 하이브리드 자동차에서 제동 및 감속 시 충전이 원활히 이루어지지 않는다면 어떤 장치의 고장 인가?

① 회생 제동 장치
② 발진 제어 장치
③ LDC 제어 장치
④ 12V용 충전 장치

회생 제동 장치는 감속 제동 시에 전기 모터를 발전기로 이용하여 자동차의 운동 에너지를 전기 에너지로 변환시 켜 배터리로 회수(충전)한다.

72 전기 자동차에서 교류 전원의 주파수가 600Hz, 쌍극자 수가 3일 때 동기속도(s^{-1}) 는?

① 100 ② 1800
③ 200 ④ 180

$$N = \frac{120 \times f}{P}$$

여기서, N : 동기속도(rpm), f : 주파수, P : 극수

$$N = \frac{120 \times 600}{3 \times 2 \times 60} = 200 \text{rps}$$

73 DC-DC 컨버터 중 강압만 할 수 있는 것은?

① PWM 컨버터
② Buck 컨버터
③ Boost 컨버터
④ Buck-Boost 컨버터

● DC-DC 컨버터
DC-DC 컨버터란 직류를 직류로 변환하는 장치이다.
① 벅 컨버터(Buck Converter) : 강압 컨버터(Step-Down Converter)라고도 불린다.
② 부스트 컨버터(Boost Converter) : 승압 컨버터 (Step-Up Converter)라고도 불린다.
③ 벅 부스트 컨버터(Buck-Boost Converter) : 전압을 강 압 또는 승압 컨버터이다.

74 하이브리드 차량 정비 시 고전압 차단을 위해 안전 플러그(세이프티 플러그)를 제거한 후 고전압 부품을 취급하기 전 일정시간 이상 대기시간을 갖는 이유로 가장 적절한 것은?

① 고전압 배터리 내의 셀의 안정화
② 제어 모듈 내부의 메모리 공간의 확보
③ 저전압(12V) 배터리에 서지 전압 차단
④ 인버터 내의 콘덴서에 충전되어 있는 고전압 방전

친환경 전기 자동차의 고전압 부품을 취급하기 전에 안전 플러그를 제거하여 고전압을 차단하고 5~10분 이상 경과한 후에 고전압 부품을 취급하여야 한다. 그 이유는 인버터 내의 콘덴서(축전기)에 충전되어 있는 고전압을 방전시키기 위함이다.

75 전기 자동차에 적용하는 배터리 중 자기방전이 없고 에너지 밀도가 높으며, 전해질이 겔 타입이고 내 진동성이 우수한 방식은?

① 리튬이온 폴리머 배터리(Li-Pb Battery)
② 니켈수소 배터리(Ni-MH Battery)
③ 니켈카드뮴 배터리(Ni-Cd Battery)
④ 리튬이온 배터리(Li-ion Battery)

● 리튬-폴리머 배터리

리튬-폴리머 배터리도 리튬이온 배터리의 일종이다. 리튬이온 배터리와 마찬가지로 (+) 전극은 리튬-금속산화물이고 (-)은 대부분 흑연이다. 액체 상태의 전해액 대신에 고분자 전해질을 사용하는 점이 다르다. 전해질은 고분자를 기반으로 하며, 고체에서 겔(gel) 형태까지의 얇은 막 형태로 생산된다. 고분자 전해질 또는 고분자 겔(gell) 전해질을 사용하는 리튬-폴리머 배터리에서는 전해액의 누설 염려가 없으며 구성 재료의 부식도 적다. 그리고 휘발성 용매를 사용하지 않기 때문에 발화 위험성이 적다. 전해질은 이온전도성이 높고, 전기 화학적으로 안정되어 있어야 하고, 전해질과 활성물질 사이에 양호한 계면을 형성해야 하고, 열적 안정성이 우수해야 하고, 환경부하가 적어야 하며, 취급이 쉽고, 가격이 저렴하여야 한다.

76 하이브리드 자동차의 고전압 배터리의 충방전 과정에서 전압 편차가 생긴 셀을 동일 전압으로 제어하는 것은?

① 충전상태 제어
② 셀 밸런싱 제어
③ 파워 제한 제어
④ 고전압 릴레이 제어

BMS(Battery Management System)는 고전압 배터리의 SOC(State Of Charge), 출력, 고장 진단, 배터리 셀 밸런싱, 시스템 냉각, 전원 공급 및 차단을 제어한다. 셀 밸런싱 제어란 고전압 배터리의 충방전 과정에서 전압의 편차가 생긴 셀을 동일한 전압으로 매칭하여 배터리 수명과 에너지 용량 및 효율을 증대시키는 기능을 말한다.

77 하이브리드 자동차에서 직류(DC) 전압을 다른 직류(DC)전압으로 바꾸어 주는 장치는 무엇인가?

① 커패시터
② DC-AC 컨버터
③ DC-DC 컨버터
④ 리졸버

● 하이브리드 부품의 기능
① 커패시터 : 배터리와 같이 화학반응을 이용하여 축전(蓄電)하는 것이 아니라 콘덴서(condenser)와 같이 전자를 그대로 축적해 두고 필요할 때 방전하는 것으로 짧은 시간에 큰 전류를 축적하거나 방출할 수 있다.
② DC-DC 컨버터 : 직류(DC) 전압을 다른 직류(DC) 전압으로 바꾸어주는 장치이다.
③ 리졸버(resolver, 로터 위치 센서) : 모터에 부착된 로터와 리졸버의 정확한 상(phase)의 위치를 검출하여 MCU로 입력시킨다.

78 전기 자동차 고전압 배터리 시스템의 제어 특성에서 모터 구동을 위하여 고전압 배터리가 전기 에너지를 방출하는 동작 모드로 맞는 것은?

① 제동 모드   ② 방전 모드
③ 정지 모드   ④ 충전 모드

방전 모드란 전압 배터리 시스템의 제어 특성에서 모터 구동을 위하여 고전압 배터리가 전기 에너지를 방출하는 동작 모드이다.

79 수소 연료 전지 전기 자동차의 설명으로 거리가 먼 것은?

① 연료 전지 시스템은 연료 전지 스택, 운전 장치, 모터, 감속기로 구성된다.
② 연료 전지는 공기와 수소 연료를 이용하여 전기를 생산한다.
③ 연료 전지에서 생산된 전기는 컨버터를 통해 모터로 공급된다.
④ 연료 전지 자동차가 유일하게 배출하는 배기가스는 수분이다.

수소 연료 전지 전기 자동차의 연료 전지에서 생산된 전기는 인버터를 통해 모터로 공급된다. 인버터는 DC 전원을 AC 전원으로 변환하고 컨버터는 AC 전원을 DC 전원으로 변환하는 역할을 한다.

80 고전압 배터리 셀이 과충전 시 메인 릴레이, 프리차지 릴레이 코일의 접지 라인을 차단하는 것은?

① 배터리 온도 센서
② 배터리 전류 센서
③ 고전압 차단 릴레이
④ 급속 충전 릴레이

고전압 릴레이 차단 장치(OPD)는 각 모듈 상단에 장착되어 있으며, 고전압 배터리 셀이 과충전에 의해 부풀어 오르는 상황이 되면 OPD에 의해 메인 릴레이 (+), 메인 릴레이 (-), 프리차지 릴레이 코일의 접지 라인을 차단하여 과충전 시 메인 릴레이 및 프리차지 릴레이의 작동을 금지시킨다.

정답 2025년 1회

01.③	02.②	03.①	04.③	05.①
06.①	07.②	08.①	09.①	10.④
11.④	12.②	13.③	14.④	15.②
16.③	17.③	18.②	19.①	20.④
21.①	22.④	23.①	24.②	25.④
26.①	27.③	28.③	29.④	30.①
31.①	32.①	33.④	34.②	35.①
36.④	37.③	38.③	39.③	40.④
41.④	42.③	43.①	44.③	45.④
46.③	47.②	48.③	49.③	50.②
51.②	52.②	53.②	54.③	55.①
56.②	57.③	58.③	59.④	60.②
61.④	62.③	63.②	64.①	65.②
66.①	67.①	68.④	69.④	70.②
71.①	72.③	73.④	74.④	75.①
76.②	77.③	78.②	79.③	80.③

CBT 기출복원문제
2025년 2회

▶ 정답 642쪽

▶ 정답 642쪽

제1과목 **자동차 엔진 정비**

01 전자제어 가솔린 연료 분사장치에서 흡입 공기량과 엔진 회전수의 입력으로만 결정되는 분사량으로 옳은 것은?

① 기본 분사량
② 엔진시동 분사량
③ 연료 차단 분사량
④ 부분 부하 운전 분사량

ECU(ECM)의 기본 분사량 제어는 크랭크 각 센서(엔진 회전수)의 출력 신호와 공기 유량 센서(흡입 공기량)의 출력 신호 등을 ECU(ECM)에 입력하여 기본 연료 분사량을 연산한 후 ECU(ECM)의 출력 신호 의해 인젝터가 작동되며, 분사 횟수는 크랭크 각 센서의 신호 및 흡입 공기량에 비례한다.

02 전자제어 엔진에서 크랭크 각 센서의 역할에 대한 설명으로 틀린 것은?

① ECU는 크랭크 각 센서 신호를 기초로 연료 분사시기를 결정한다.
② 엔진 시동 시 연료량 제어 및 보정 신호로 사용된다.
③ 엔진의 크랭크축 회전각도 또는 회전위치를 검출한다.
④ ECU는 크랭크 각 센서 신호를 기초로 엔진 1회전당 흡입 공기량을 계산한다.

● **크랭크 각 센서의 기능**
① 크랭크축의 회전각도 또는 회전위치를 검출하여 ECU에 입력시킨다.
② 연료 분사시기와 점화시기를 결정하기 위한 신호로 이용된다.

③ 엔진 시동 시 연료 분사량 제어 및 보정 신호로 이용된다.
④ 단위 시간 당 엔진 회전속도를 검출하여 ECU로 입력시킨다.

03 다음과 같은 인젝터 회로를 점검하는 방법으로 가장 비효율적인 것은?

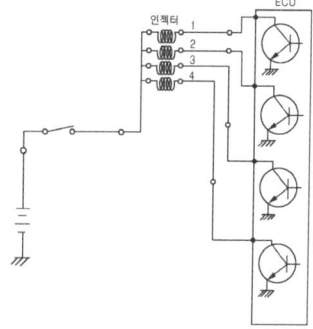

① 각 인젝터의 개별 저항을 측정한다.
② 각 인젝터의 서지 파형을 측정한다.
③ 각 인젝터에 흐르는 전류 파형을 측정한다.
④ ECU 내부 전압을 측정한다.

인젝터의 회로 점검은 개별 저항, 서지 파형, 전류 파형을 측정한다.

04 가솔린 연료 분사장치에서 공기량 계측센서 형식 중 직접 계측 방식으로 틀린 것은?

① 베인식
② MAP 센서식
③ 칼만 와류식
④ 핫 와이어식

● **흡입 공기량 계측 방식의 종류**
① 베인식 : 공기 유량 센서가 직접 흡입 공기량을 계측하고 이것을 전기적 신호로 변화시켜 기관 컴퓨터로 보내 연료 분사량을 결정하는 방식이다.

② 맵(MAP) 센서식 : 흡기다기관의 진공도(절대압력)로 흡입 공기량을 간접 검출하는 센서 방식이며, ECU에서 맵 센서의 신호를 이용해 공연비를 제어한다. 맵 센서의 신호 결과에 따라 산소 센서의 출력이 달라지며, 또 차량의 주행상태에 따른 부하를 계산하는 용도로도 활용된다.

③ 칼만 와류식 : 흡입 공기량을 칼만 와류 현상을 이용하여 직접 측정한 후 흡입 공기량(체적 유량)을 펄스 신호로 바꾸어 ECU로 보내면 ECU는 흡입 공기량의 신호와 엔진의 회전수 신호를 이용하여 기본 연료 분사량을 결정한다.

④ 핫 와이어식 : 통과하는 공기 유량이 증가하면 열선이 냉각되어 저항 값이 감소하므로 제어 회로에서는 즉시 전류량을 증가시키며, 이 전류의 증가는 열선의 온도가 원래의 설정 온도(약 100℃)가 될 때까지 계속된다. 따라서 ECU는 이 전류의 증감을 감지하여 직접 흡입 공기량을 계측한다.

05 전자제어 가솔린 엔진에서 기본적인 연료 분사 시기와 점화시기를 결정하는 주요 센서는?

① 크랭크축 위치 센서(Crankshaft Position Sensor)

② 냉각 수온 센서(Water Temperature Sensor)

③ 공전 스위치 센서(Idle Switch Sensor)

④ 산소 센서(O_2 Sensor)

ECU(ECM)의 기본 분사량 제어는 크랭크 각 센서(엔진 회전수)의 출력 신호와 공기 유량 센서(흡입 공기량)의 출력 신호 등을 ECU(ECM)에 입력하여 기본 연료 분사량을 연산한 후 ECU(ECM)의 출력 신호 의해 인젝터가 작동되며, 분사 횟수는 크랭크 각 센서의 신호 및 흡입 공기량에 비례한다.

06 다음 중 전자제어 엔진에서 스로틀 포지션 센서와 기본 구조 및 출력 특성이 가장 유사한 것은?

① 크랭크 각 센서

② 모터 포지션 센서

③ 액셀러레이터 포지션 센서

④ 흡입 다기관 절대 압력 센서

● 스로틀 포지션 센서와 액셀러레이터 포지션 센서
① 스로틀 포지션 센서 : 스로틀 밸브 축과 같이 회전하는 가변 저항기로 스로틀 밸브의 회전에 따라 출력 전압이 변화함으로써 ECM은 스로틀 밸브의 열림 정도를 감지하고, ECM은 스로틀 포지션 센서의 신호에 따른

흡입 공기량 신호, 엔진 회전속도 등 다른 입력 신호를 합해 엔진의 운전 상태를 판단하여 연료 분사량(인젝터 분사 시간)과 점화시기를 조절한다.
② 액셀러레이터 포지션 센서 : ETC(Electronic Throttle Valve Control) 시스템을 탑재한 차량에서 스로틀 포지션 센서와 동일한 원리의 가변 저항에 의해 운전자의 가속 의지를 PCM(Power-train Control Module)에 전송하여 현재 가속 상태에 따른 연료 분사량을 결정하는 신호로 이용된다.

07 과급 장치 수리가능 여부를 확인하는 작업에서 과급 장치를 교환할 때는?

① 과급 장치와 배기 매니폴드 사이의 개스킷 기밀 상태 불량

② 과급 장치의 센터 하우징과 컴프레서 하우징 사이의 O' 링(개스킷)이 손상

③ 과급 장치의 액추에이터 로드 세팅 마크 일치 여부

④ 과급 장치의 액추에이터 연결 상태

과급장치의 센터 하우징과 컴프레서 하우징 사이의 'O'링(개스킷)이 손상되면 이 부위에서 누유가 발생할 수 있으므로 이상이 있으면 과급 정차를 교환하여야 한다.

08 디젤 엔진에 과급기를 설치했을 때의 장점으로 틀린 것은?

① 충전 효율을 증가시킬 수 있다.

② 연소상태가 좋아지므로 착화지연이 길어진다.

③ 연료 소비율이 향상된다.

④ 동일 배기량에서 출력이 증가한다.

● 디젤 엔진에서 과급하는 경우의 장점
① 충전 효율(흡입 효율, 체적 효율)이 증대된다.
② 동일 배기량에서 엔진의 출력이 증대된다.
③ 엔진의 회전력이 증대된다.
④ 연료 소비율이 향상된다.
⑤ 압축 온도의 상승으로 착화지연이 짧아진다.
⑥ 평균 유효압력이 향상된다.
⑦ 개탄가가 낮은 연료의 사용이 가능하다.

09 디젤 엔진에서 최대 분사량이 40cc, 최소 분사량이 32cc일 때 각 실린더의 평균 분사량이 34cc라면 (+)불균율(%)은?

① 5.9 ② 23.5
③ 17.6 ④ 20.2

$$(+)불균율(\%) =$$

$$\frac{최대\ 분사량 - 평균\ 분사량}{평균\ 분사량} \times 100$$

$$(+)불균율(\%) = \frac{40-34}{34} \times 100 = 17.65\%$$

10 전자제어 디젤장치의 저압 라인 점검 중 저압 펌프 점검 방법으로 옳은 것은?

① 전기식 저압 펌프 – 정압 측정
② 기계식 저압 펌프 – 중압 측정
③ 기계식 저압 펌프 – 전압 측정
④ 전기식 저압 펌프 – 부압 측정

전기식 저압 펌프는 정압을 측정하고, 기계식은 연료의 부압을 측정하여 정상 유무를 판단한다. 저압 펌프 고장 시 고압 펌프는 연료를 커먼레일에 고압으로 공급할 수 없기 때문에 인젝터 최소 분사 개시 압력인 120bar에 미달되어 시동이 불가능해진다.

11 전자제어 디젤 엔진의 제어 모듈(ECU)로 입력되는 요소가 아닌 것은?

① 가속 페달의 개도
② 엔진 회전속도
③ 연료 분사량
④ 흡기 온도

● 엔진의 제어 모듈로 입력되는 요소
① 공기량 측정 센서 ② 부스트 압력 센서
③ 흡기 온도 센서 ④ 냉각수온 센서
⑤ 크랭크샤프트 포지션 센서
⑥ 캠 샤프트 포지션 센서
⑦ 레일 압력 센서 ⑧ 연료 온도 센서
⑨ 람다 센서 ⑩ DFP 차압 센서
⑪ 배기가스 온도 센서 ⑫ PM 센서
⑬ 오일 온도 센서
⑭ 액셀러레이터 위치 센서

12 내연기관의 열손실을 측정한 결과 냉각수에 의한 손실이 30%, 배기 및 복사에 의한 손실이 30%였다. 기계 효율이 85%라면 정미 열효율(%)은?

① 28 ② 30
③ 32 ④ 34

정미 열효율 = 도시 열효율 × 기계효율
$$= 1 - (0.3 + 0.3) \times 0.85$$
$$= 0.34(34\%)$$

13 오토사이클 엔진의 실린더 간극체적이 행정체적의 15%일 때, 이 엔진의 이론열효율(%)은? 단, 비열비는 1.4이다.

① 약 39.23 ② 약 51.73
③ 약 55.73 ④ 약 46.23

$$\eta_0 = 1 - \left(\frac{1}{\epsilon}\right)^{k-1}, \ \epsilon = 1 + \frac{V_2}{V_1}$$

η_0 : 오토 사이클의 이론 열효율(%), ϵ : 압축비, k : 비열비

ϵ : 압축비, V_1 : 연소실 체적(cc), V_2 : 행정체적(실린더 배기량 cc)

$$\epsilon = 1 + \frac{V_2}{V_1} = \frac{15 + 100}{15} = 7.67$$

$$\eta_0 = 1 - \left(\frac{1}{\epsilon}\right)^{k-1} = 1 - \left(\frac{1}{7.67}\right)^{1.4-1}$$

$$= 0.5573 = 55.73\%$$

14 수냉식 엔진의 과열 원인으로 틀린 것은?

① 워터 재킷 내에 스케일이 많이 있는 경우
② 워터 펌프 구동 벨트의 장력이 큰 경우
③ 라디에이터 코어가 30% 막힌 경우
④ 수온 조절기가 닫힌 상태로 고장 난 경우

● 수냉식 엔진의 과열 원인
① 워터 펌프 구동 벨트의 장력이 적은 경우
② 라디에이터 코어 막힘이 20% 이상인 경우
③ 워터 재킷 내에 스케일 과다한 경우
④ 수온 조절기가 닫힌 상태로 고장인 경우
⑤ 냉각수가 부족한 경우
⑥ 워터 펌프 구동 벨트에 오일이 부착된 경우
⑦ 냉각수 통가가 막힌 경우

15 밸브 오버랩에 대한 설명으로 틀린 것은?

① 밸브 오버랩을 통한 내부 EGR 제어가 가능하다.

② 흡·배기 밸브가 동시에 열려 있는 상태이다.

③ 밸브 오버랩은 상사점과 하사점 부근에서 발생한다.

④ 공회전 운전 영역에서는 밸브 오버랩을 최소화 한다.

> 밸브 오버랩은 상사점 부근에서 흡·배기 밸브가 동시에 열려 있는 상태를 말한다.

16 회전속도가 2400rpm, 회전 토크가 15kgf·m 일 때 기관의 제동마력은?

① 약 70PS ② 약 100PS

③ 약 30PS ④ 약 50PS

> $$BHP = \frac{2 \times \pi \times T \times R}{75 \times 60} = \frac{T \times R}{716.2}$$
>
> T : 회전력(kgf·m), R : 엔진 회전수(rpm)
>
> $$BHP = \frac{T \times R}{716.2} = \frac{2400 \times 15}{716.2} = 50.27$$

17 연료 탱크에서 발생하는 가스를 포집하여 연소실로 보내는 장치의 구성부품으로 틀린 것은?

① 캐니스터(canister)

② 캐니스터 클로즈 밸브(canister closed valve)

③ PCV(Positive Crankcase Ventilation) 밸브

④ 퍼지 컨트롤 솔레노이드 밸브(purge control solenoid valve)

> **연료 증발가스 제어장치의 구성 부품**
> ① 캐니스터(canister) : 캐니스터는 엔진이 작동하지 않을 때 연료 계통에서 발생한 연료 증발가스를 캐니스터 내에 흡수 저장(포집) 하였다가 엔진이 작동되면 PCSV를 통하여 서지 탱크로 유입한다.
> ② 캐니스터 클로즈 밸브(canister closed valve) : 캐니스터와 연료 탱크 사이에 장착되어 연료 증발가스 제어 시스템의 누기 감지 시스템이 작동할 때 캐니스터와 대기를 차단하여 해당 시스템을 밀폐하고 엔진이 작

동하지 않을 때는 캐니스터와 연료 탱크 에어 필터(대기) 사이를 차단하여 캐니스터의 연료 증발가스가 대기로 방출되지 않도록 한다.
> ③ 퍼지 컨트롤 솔레노이드 밸브(purge control solenoid valve) : 퍼지 컨트롤 솔레노이드 밸브는 캐니스터에 포집된 연료 증발가스를 조절하는 장치이며, 엔진 컴퓨터에 의하여 작동한다. 엔진의 온도가 낮거나 공전할 때에는 퍼지 컨트롤 솔레노이드 밸브가 닫혀 연료 증발가스가 서지 탱크로 유입되지 않으며, 엔진이 정상 온도에 도달하면 퍼지 컨트롤 솔레노이드 밸브가 열려 저장되었던 연료 증발가스를 서지 탱크로 보낸다.

18 아래 그림은 삼원촉매의 정화율을 나타낸 그래프이다. (1), (2), (3)을 바르게 표현한 것은?

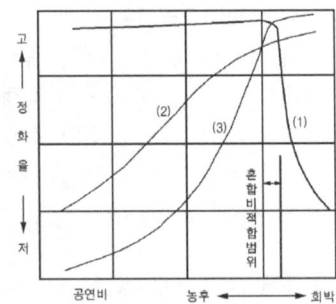

① CO, NOx, HC

② NOx, CO2, HC

③ NOx, HC, CO

④ HC, CO, NOx

> (1)번은 질소산화물(NOx) 곡선, (2) 번은 탄화수소(HC) 곡선, (3)번은 일산화탄소(CO)의 곡선이다.

19 배기가스 재순환 장치(EGR)에 대한 설명으로 틀린 것은?

① 급가속 시에만 흡기다기관으로 재순환시킨다.

② EGR 밸브 제어 방식에는 진공식과 전자 제어식이 있다.

③ 배기가스의 일부를 흡기다기관으로 재순환시킨다.

④ 냉각수를 이용한 수냉식 EGR 쿨러도 있다.

배기가스 재순환 장치(EGR)가 작동되는 경우는 엔진의 특정 운전 구간(냉각수 온도가 65℃ 이상이고 중속 이상)에서 질소산화물이 많이 배출되는 영역에서만 작동하도록 한다. 또 공전 운전을 할 때, 난기 운전을 할 때, 전부하 운전 영역, 그리고 농후한 혼합가스로 운전되어 출력을 증대시킬 경우에는 작동하지 않는다.

20 엔진에서 윤활유 소비 증대에 영향을 주는 원인으로 가장 적절한 것은?

① 플라이휠 링 기어의 마모
② 타이밍 체인 텐셔너의 마모
③ 실린더 내벽의 마멸
④ 신품 여과기의 사용

● **윤활유 소비 증대의 원인은 연소와 누설이다.**

1. 오일이 연소되는 원인
① 오일 팬 내의 오일이 규정량보다 높을 경우
② 오일의 열화 또는 점도가 불량한 경우
③ 실린더 내벽이 마멸된 경우
④ 피스톤과 실린더와의 간극이 과대한 경우
⑤ 피스톤 링의 장력이 불량한 경우
⑥ 밸브 스템과 가이드 사이의 간극이 과대한 경우
⑦ 밸브 가이드 오일 실이 불량할 경우

2. 오일이 누설되는 경우
① 리어 크랭크 출 오일 실이 파손된 경우
② 프런트 크랭크축 오일 실이 파손된 경우
③ 오일펌프 개스킷이 파손된 경우
④ 로커암 커버 개스킷이 파손된 경우
⑤ 오일 팬의 균열에 의해 누출되는 경우
⑥ 오일 여과기의 오일 실이 파손된 경우

제2과목 **자동차섀시정비**

21 자동변속기 토크 컨버터의 기능으로 틀린 것은?

① 스테이터에 의한 토크 증대 기능
② 가이드 링에 의한 최고 속도 증대 기능
③ 펌프와 터빈에 의한 유체 클러치 기능
④ 댐퍼(록업) 클러치에 의한 연비 향상 기능

● **토크 컨버터의 기능**
① 엔진의 동력을 오일을 통해 변속기로 원활하게 전달하는 유체 커플링의 기능
② 스테이터에 의한 토크를 증가시키는 기능
③ 댐퍼 클러치에 의해 동력 손실과 열 발생이 없어 연비가 향상된다.
※ 유체 클러치의 가이드 링은 오일의 맴돌이 흐름(와류)을 방지하는 기능을 한다.

22 듀얼 클러치 변속기(DCT)에 대한 설명으로 틀린 것은?

① 동력 손실이 적은 편이다.
② 변속단이 없으므로 변속충격이 없다.
③ 연료 소비율이 좋다.
④ 가속력이 뛰어나다.

● **듀얼 클러치 변속기(DCT)의 특징**
① 2세트의 클러치와 2계통의 변속기가 연결되어 있다.
② A/T와 CVT에 비해 가속성과 응답성이 향상된다.
③ 각각의 클러치에는 1속, 3속, 5속, 7속의 홀수 단 기어와 2속, 4속, 6속, 8속의 짝수 단 기어가 연결되어 있다.
④ 회전수의 한계가 없어서 스포티한 주행과 고속 주행 시 유리하다.
⑤ 고속영역에서 전달효율이 향상되며 10~15%의 연비가 향상된다.

23 자동변속기 스톨 시험에 대한 설명으로 틀린 것은?

① 엔진 회전속도를 측정하여 토크 컨버터, 일방향 클러치 등의 체결 성능을 시험한다.
② 엔진 회전속도는 스로틀 밸브가 완전히 열린 상태에서 5초 미만으로 시험한다.
③ 변속기 오일이 저온인 상태에서 시험한다.
④ 주차 브레이크나 고임목 등을 설치하고 브레이크를 완전히 밟은 상태에서 시험한다.

자동변속기 스톨 시험은 엔진을 충분히 공회전하여 자동변속기 오일의 온도가 정상 작동온도 50 ~ 60℃, 엔진 냉각수 온도가 정상 작동온도인 90 ~ 100℃가 되었을 때 실시하여야 한다.

자동차정비산업기사

24 자동변속기 주행 패턴 제어에서 스로틀 밸브 개도가 주행상태에서 가속페달에서 발을 떼면 증속 변속선을 지나 고속기어로 변속되는 주행 방식으로 옳은 것은?

① 킥 업(kick up)

② 오버 드라이브(over drive)

③ 리프트 풋 업(lift foot up)

④ 킥 다운(kick down)

● **변속 특성**

① 시프트 업(shift up) : 자동변속기의 변속점에서 저속 기어에서 고속 기어로 변속되는 것

② 시프트 다운(shift down) : 자동변속기의 변속점에서 고속 기어에서 저속 기어로 변속되는 것

③ 킥 다운(kick down) : 급가속이 필요한 경우 가속 페달을 힘껏 밟으면 시프트 다운되어 필요한 가속력이 얻어지는 것

④ 히스테리시스(hysteresis) : 스로틀 밸브의 열림 정도가 같아도 시프트 업과 시프트 다운 사이의 변속점에서 7~15km/h 정도의 차이가 나는 현상, 이것은 주행 중 변속점 부근에서 빈번히 변속되어 주행이 불안정하게 되는 것을 방지하기 위해 두고 있다.

⑤ 리프트 풋 업(lift foot up) : 리프트 풋 업은 킥다운 현상과 반대로 가속 중인 가속 페달에서 발을 떼면 변속 단이 1단계 고속 기어로 변속되는 주행 방식이다.

---

25 무단변속기(CVT)의 장점으로 틀린 것은

① 변속 충격이 적다.

② 가속성능이 우수하다.

③ 연료 소비량이 증가한다.

④ 연료 소비율이 향상된다.

● **무단변속기(CVT)의 장점**

① 가속 성능을 향상시킬 수 있다.

② 연료 소비율을 향상시킬 수 있다.

③ 변속에 의한 충격을 감소시킬 수 있다.

④ 주행 성능과 동력 성능이 향상된다.

⑤ 파워트레인 통합제어의 기초가 된다.

---

26 스프링 정수가 5kgf/mm인 코일 스프링을 5cm 압축하는데 필요한 힘(kgf)은?

① 250   ② 25

③ 2500   ④ 2.5

$$k = \frac{W}{a} \quad k : 스프링\ 상수(kgf/mm),$$

$$W : 하중(kgf), \ a : 변형량(mm)$$

$$W = k \times a = 5kgf/mm \times 50mm = 250kgf$$

---

27 텔레스코핑형 쇽업소버의 작동상태에 대한 설명으로 틀린 것은?

① 피스톤에는 오일이 지나가는 작은 구멍이 있고, 이 구멍을 개폐하는 밸브가 설치되어 있다.

② 단동식은 스프링이 압축될 때에는 저항이 걸려 차체에 충격을 주지 않아 평탄하지 못한 도로에서 유리한 점이 있다.

③ 복동식은 스프링이 늘어날 때나 압축될 때 모두 저항이 발생되는 형식이다.

④ 실린더에는 오일이 들어있다.

● **텔레스코핑형 쇽업소버의 작동**

① 피스톤에는 오일이 통과하는 오리피스(작은 구멍) 및 밸브가 설치되어 있다.

② 단동식은 스프링이 늘어날 때는 오리피스를 통과하는 오일의 저항에 의해 차체에 충격을 주지 않아 평탄하지 못한 도로에서 유리한 점이 있다.

③ 복동식은 스프링이 늘어날 때, 압축될 때 모두 밸브를 통과하는 오일의 저항에 의해 감쇠 작용을 한다.

④ 피스톤의 상하 실린더에는 오일이 가득 채워져 있다.

---

28 독립식 현가장치의 장점으로 틀린 것은?

① 좌·우륜을 연결하는 축이 없기 때문에 엔진과 트랜스미션의 설치 위치를 낮게 할 수 있다.

② 스프링 아래 하중이 커 승차감이 좋아진다.

③ 휠 얼라인먼트 변화에 자유도를 가할 수 있어 조종 안정성이 우수하다.

④ 단차 있는 도로 조건에서도 차체의 움직임을 최소화함으로서 타이어의 접지력이 좋다.

● **독립식 현가장치의 장점**

① 스프링 아래의 하중이 작아 승차감이 좋다.

② 좌우 바퀴를 연결하는 축이 없어 차고가 낮은 설계가 가능하여 주행 안정성이 향상된다.

630

③ 좌우 바퀴가 독립적으로 작용하며, 단차 있는 도로 조건에서도 차체의 움직임을 최소화함으로서 타이어의 접지력이 좋다.

④ 차륜의 위치 결정과 현가스프링이 분리되어 시미의 위험이 적으므로 유연한 스프링을 사용할 수 있고 승차감이 향상된다.

⑤ 휠 얼라인먼트 변화에 자유도를 가할 수 있어 조종 안정성이 우수하다.

29 전자제어 현가장치 관련 자기진단기 초기값 설정에서 제원입력 및 차종 분류 선택에 대한 설명으로 틀린 것은?

① 차량 제조사를 선택한다.

② 자기진단기 본체와 케이블을 결합한다.

③ 해당 세부 모델을 종류에서 선택한다.

④ 정식 지정 명칭으로 차종을 선택한다.

● 제원 입력 및 차종 분류 선택
① 차량 제조사를 선택한다.
② 정식 지정 명칭으로 차종을 선택한다.
③ 해당 세부 모델을 종류에서 선택한다.

30 전자제어 현가장치 관련 점검결과 ECS 조작 시에도 인디케이터 전환이 이루어지지 않는 현상이 확인됐다. 이에 대한 조치 사항으로 틀린 것은?

① 컴프레서 작동상태를 확인하고 이상 있는 컴프레서를 교체한다.

② 인디케이터 점등회로를 전압 계측하고 선로를 수리한다.

③ 전구를 점검하고 손상 시 수리 및 교환한다.

④ 커넥터를 확인하고 하니스 간 접지를 점검한다.

● ECS 조작 시에도 인디케이터 전환이 이루어지지 않는 경우 조치 사항
① 전구를 점검하고, 손상 시 수리 및 교환한다.
② 인디케이터 점등회로를 전압 계측하고 선로를 수리한다.
③ 커넥터를 확인하고 하니스 간 접지를 점검한다.
④ 이상 부위 회로를 수정한다.

31 자동차의 축간거리가 2.5m 바퀴의 접지면 중심과 킹핀과의 거리가 30cm인 자동차를 좌측으로 회전하였을 때 바깥쪽 바퀴의 조향 각도가 30°라면 최소 회전반경(m)은 약 얼마인가?

① 6.2 ② 5.3
③ 4.3 ④ 7.2

$$R = \frac{L}{\sin\alpha} + r$$

여기서 R : 최소 회전반경(m), L : 축간거리(m),
$\sin\alpha$: 바깥쪽 앞바퀴 조향각도(°),
r : 바퀴 접지면 중심과 킹핀과의 거리(m)

$$R = \frac{2.5m}{\sin 30°} + 0.3m = 5.3m$$

32 휠 얼라인먼트를 점검하는 이유로 가장 거리가 먼 것은?

① 주행 직진성을 확보한다.

② 제동 성능을 좋게 한다.

③ 타이어 편마모를 방지한다.

④ 조향 복원성을 갖게 한다.

● 휠 얼라인먼트의 필요성
① 수직 하중에 의한 앞차축의 휨을 방지한다.
② 조향 핸들의 조작력을 가볍게 한다.
③ 주행 중 조향 바퀴에 방향성을 부여한다.
④ 조향하였을 때 직진 방향으로 복원성을 부여한다.
⑤ 앞바퀴를 평행하게 회전시킨다.
⑥ 앞바퀴의 사이드슬립과 타이어 마멸을 방지한다.
⑦ 조향 링키지 마멸에 따라 토 아웃(toe-out)이 되는 것을 방지한다.
⑧ 앞바퀴가 시미(shimmy) 현상을 일으키지 않도록 한다.

33 차량 주행 중 조향핸들이 한쪽으로 쏠리는 원인으로 틀린 것은?

① 휠 얼라인먼트 조정 불량

② 좌·우 타이어 공기압 불균형

③ 한쪽 타이어의 편마모

④ 동력 조향장치 오일펌프 불량

● 주행 중 조향 핸들이 한쪽으로 쏠리는 원인
① 뒤 차축이 차량의 중심선에 대하여 직각이 되지 않는다.

② 좌·우 타이어 공기 압력이 불균일하다.
③ 휠 얼라인먼트의 조정이 불량하다.
④ 한쪽 휠 실린더의 작동이 불량하다.
⑤ 브레이크 라이닝 간극의 조정이 불량하다.
⑥ 한쪽 코일 스프링의 마모되었거나 파손되었다.
⑦ 한쪽 쇽업소버의 작동이 불량하다.

34 전동식 동력 조향장치의 입력 요소 중 조향
핸들의 조작력 제어를 위한 신호가 아닌 것은?

① 토크 센서 신호
② 차속 센서 신호
③ G 센서 신호
④ 조향 각 센서 신호

● **전동식 동력 조향장치의 입력 요소**
① 토크 센서 : 조향 칼럼과 일체로 되어 있으며, 운전자가
조향 핸들을 돌려 래크와 피니언 기어 그리고 바퀴를
돌릴 때 발생하는 토크를 조향 칼럼을 통해 측정한다.
컴퓨터는 조향 조작력 센서의 정보를 기본으로 조향
조작력의 크기를 연산한다.
② 차속 센서 : 변속기 출력축에 설치되어 있으며, 홀 센서
방식이다. 주행속도에 따라 최적의 조향 조작력(고속
으로 주행할 때에는 무겁고, 저속으로 주행할 때에는
가볍게 제어)을 실현하기 위한 기준 신호로 사용된다.
③ 조향 각 센서 : 전동기 내에 설치되어 있으며, 전동기
(Motor)의 로터(Rotor) 위치를 검출한다. 이 신호에
의해서 컴퓨터가 전동기 출력의 위상을 결정한다.
④ 엔진 회전속도 : 엔진 회전속도는 전동기가 작동할
때 엔진의 부하(발전기 부하)가 발생되므로 이를 보상
하기 위한 신호로 사용되며, 엔진 컴퓨터로부터 엔진
의 회전속도를 입력받으며 500rpm 이상에서 정상적
으로 작동한다.

35 EPS(Electronic Power Steering) 시스템의
구성부품이 아닌 것은?

① 전기 모터
② 스티어링 칼럼
③ 인히비터 스위치
④ 회전 토크 센서

● **EPS 시스템의 구성 요소**
① EPS 컨트롤 유닛   ② 회전 토크 센서
③ 전동기 조향 각도 센서
④ 페일 세이프 릴레이
⑤ 스티어링 칼럼
⑥ 전기 모터
⑦ 스티어링 기어 박스

36 부동형 캘리퍼 디스크 브레이크에서 브레이크
패드에 작용하는 압착력은 3500N이고, 디스
크와 패드 사이의 미끄럼 마찰계수는 0.4이다.
디스크의 유효반경에 작용하는 제동력(N)은?

① 1400
② 2800
③ 3500
④ 7000

$$F_u = Z \times \mu_g \times F_{cw}, \quad F_{CW} = \frac{F_u}{Z \times \mu_g}$$

F_u : 디스크 유효반경에 작용하는 제동력(N)

Z : 디스크에 작용하는 패드의 수

μ_g : 미끄럼 마찰계수

F_{cw} : 캘리퍼 피스톤에 작용하는 압력(N)

$F_u = 2 \times 0.4 \times 3500N = 2800N$

37 내경이 40mm인 마스터 실린더에 20N의 힘이
작용했을 때 내경이 60mm인 휠 실린더에서
가해지는 힘(N)은 약 얼마인가?

① 30
② 45
③ 75
④ 60

$$Bp = \frac{Wa}{Ma} \times WP$$

Bp : 휠 실린더에 가해지는 힘(N),
Wa : 휠 실린더 피스톤 단면적(cm²),
Ma : 마스터 실린더 단면적(cm²),
WP : 마스터 실린더에 작용하는 힘(N)

$$Bp = \frac{\frac{\pi \times 6^2}{4}}{\frac{\pi \times 4^2}{4}} \times 20N = \frac{28.27}{12.56} \times 20N = 45N$$

38 브레이크장치의 프로포셔닝 밸브에 대한 설명
으로 옳은 것은?

① 바퀴의 회전속도에 따라 제동시간을 조절
한다.
② 바깥 바퀴의 제동력을 높여서 코너링 포스
를 줄인다.
③ 급제동 시 앞바퀴보다 뒷바퀴가 먼저 제동
되는 것을 방지한다.

④ 선회 시 조향 안정성 확보를 위해 앞바퀴의 제동력을 높여준다.

> 프로포셔닝 밸브(proportioning valve)는 마스터 실린더와 휠 실린더 사이에 설치되어 있으며, 제동력 배분을 앞바퀴보다 뒷바퀴를 작게 하여(뒷바퀴의 유압을 감소시킴) 바퀴의 고착을 방지한다. 즉 앞바퀴와 뒷바퀴의 제동압력을 분배한다.

39 전자제어 제동장치(ABS)의 효과에 대한 설명으로 옳은 것은?

① 코너링 주행 상태에서만 작동한다.
② 눈길, 빗길 등의 미끄러운 노면에서는 작동이 안 된다.
③ 제동 시 바퀴의 록(lock)이 일어나지 않도록 한다.
④ 급제동 시 바퀴의 록(lock)이 일어나도록 한다.

> ● 전자제어 재동장치(ABS)의 효과
> ① 제동할 때 앞바퀴의 고착(lock)을 방지하여 조향능력이 상실되는 것을 방지한다.
> ② 제동할 때 뒷바퀴의 고착으로 인한 차체의 전복을 방지한다.
> ③ 제동할 때 차량의 차체 안정성을 유지한다.
> ④ 미끄러운 노면에서 전자제어에 의해 제동거리를 단축한다.
> ⑤ 제동할 때 미끄러짐을 방지하여 차체의 안정성을 유지한다.

40 레이디얼 타이어의 특징에 대한 설명으로 틀린 것은?

① 로드 홀딩이 우수하며 스탠딩 웨이브가 잘 일어나지 않는다.
② 타이어 단면의 편평율을 크게 할 수 있다.
③ 선회 시에 트레드의 변형이 적어 접지 면적이 감소되는 경향이 적다.
④ 하중에 의한 트레드 변형이 큰 편이다.

> ● 레이디얼 타이어의 장점
> ① 타이어 단면의 편평율을 크게 할 수 있다.
> ② 타이어 트레드의 접지 면적이 크다.
> ③ 보강대의 벨트를 사용하기 때문에 하중에 의한 트레드의 변형이 적다.
> ④ 선회 시에도 트레드의 변형이 적어 접지 면적이 감소되는 경향이 적다.

⑤ 전동 저항이 적고 내미끄럼성이 향상된다.
⑥ 로드 홀딩이 향상되며, 스탠딩 웨이브가 잘 일어나지 않는다.

제3과목 **자동차 전기·전자장치 정비**

41 high speed CAN 파형분석 시 지선부위 점검 중 High-line이 전원에 단락되었을 때 측정되어지는 파형의 현상으로 옳은 것은?

① Low 신호도 High선 단락의 영향으로 0.25V로 유지
② 데이터에 따라 간헐적으로 0V로 하강.
③ Low 파형은 종단 저항에 의한 전압강하로 11.8V 유지
④ High 파형 0V 유지(접지)

> ● High-line 전원 단락
> ① High 파형 13.9V 유지
> ② Low 파형은 종단 저항에 의한 전압강하로 11.8V 유지

42 네트워크 회로 CAN 통신에서 아래의 같이 A제어기와 B제어기 사이 통신선이 단선되었을 때 자기 진단 점검 단자에서 CAN 통신 라인의 저항을 측정하였을 때 측정 저항은?

① 60Ω
② 240Ω
③ 360Ω
④ 120Ω

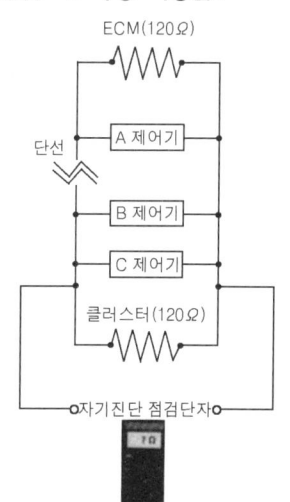

43 스마트 키 시스템이 적용된 차량의 동작 특징으로 틀린 것은?(단, 리모컨 Lock 작동 후 이다.)

① 스마트 키 ECU는 LF 안테나를 주기적으로 구동하여 스마트 키가 차량을 떠났는지 확인한다.

② LF 안테나가 일시적으로 수신하는 대기 모드로 진입한다.

③ 패시브 록 또는 리모컨 기능을 수행하여 경계 상태로 진입한다.

④ 일정기간 동안 스마트 키 없음이 인지되면 스마트 키 찾기를 중지한다.

● 도어 록 후 스마트 키 동작 특성
① 잠금 신호를 받은 ECU는 LF 안테나를 통해 스마트 키 확인 요구 신호를 보낸다.
② 스마트키는 응답 신호를 RF 안테나로 보낸다.
③ 신호를 받은 RF 안테나는 유선(시리얼 통신)을 이용하여 ECU로 데이터를 보낸다.
④ ECU는 자동차에 맞는 스마트키라고 인증하고 운전석 도어 모듈은 잠금 릴레이를 작동시킨다.
⑤ ECU는 방향지시등 릴레이(비상등)를 1초 동안 1회 작동시키고 도난 경계 상태로 진입한다.
⑥ 일정기간 동안 스마트 키 없음이 인지되면 스마트 키 찾기를 중지한다.

44 차량에 사용하는 통신 프로토콜 중 통신 속도가 가장 빠른 것은?

① LIN   ② K-LINE

③ MOST   ④ CAN

● 통신 프로토콜 통신 속도
① LIN : LIN 통신은 CAN을 토대로 개발된 프로토콜로서 차량 내 Body 네트워크의 CAN 통신과 함께 시스템 분산화를 위하여 사용되며, 에탁스 제어 기능, 세이프티 파워윈도 제어, 리모컨 시동 제어, 도난 방지 기능, IMS 기능 등 많은 편의 사양에 적용되어 있다. 통신 속도는 20kbit/s이다.
② K-LINE : M스마트키 & 버튼 시동 시스템 또는 이모빌라이저 적용 차량에서 엔진 제어기(EMS) 와 이모빌라이저 인증 통신에 사용되고 있으며, 통신 속도는 4.8kbit/s이다.
③ MOST : 멀티통신에 사용되고 있으며, 통신 속도는 25Mbit/s, 최대 150Mbit/s이다.
④ CAN : 배기가스 규제가 강화되면서 정밀한 제어를 위해 더욱 많은 데이터의 공유가 필요하게 되어 개발된 통신으로 ISO 11898로 표준화되었다. 통신 속도는 최대 1Mbit/s(CAN 기준)이다.

⑤ KWP 2000 : 진단 장비와 제어기 사이의 진단 통신 중 CAN 통신을 사용하는 제어기를 제외한 제어기의 진단 통신을 지원하며, 통신 속도는 10.4kbit/s이다.

45 외부 무선 해킹 방지 및 차량 정보(VCRM) 수집을 위해 설치된 CAN BUS는?

① FTLS CAN(Fault Tolerant Low Speed CAN)

② M CAN(Multi Media CAN)

③ I CAN(Isolation · Infortainment CAN)

④ CAN FD

● CAN BUS의 기능
① FTLS CAN(Fault Tolerant Low Speed CAN) : 저속·내고장 CAN 네트워크는 2개의 와이어로 실행되고 최고 125kb/s 속도로 디바이스와 통신하며, 내고장 기능이 있는 트랜시버를 제공한다. 저속·내고장 CAN 디바이스는 CAN B 및 ISO 11898-3으로도 알려져 있다.
② M CAN(Multi Media CAN) : 자동차의 전자기기들로서 내비게이션, 차량 내 멀티미디어 통신 기기와의 연동을 위한 각종 모듈의 기능을 제어하는 단일 통합 인터페이스로 구성된다. M CAN 단자의 중심 요소는 제어 다이얼로 이 다이얼을 회전시켜 메뉴를 위아래로 이동하고, 누르면 선택한 강조 표시된 기능이 활성화된다. M CAN 화면은 차량에 장착된 M CAN의 변화에 따라 풀 컬러 디스플레이로 제공된다.
③ I CAN(Isolation · Infortainment CAN) : 스마트카가 사이버 범죄의 수익 모델로 자리잡을 가능성 또한 무시할 수 없다. 항상 외부와 연결되어야 하는 스마트카의 특성 상 악성코드 유포 채널로 이용될 여지가 충분하기 때문이다. 또한 현재의 DoS 공격이나 랜섬웨어와 같이 차량의 가용성을 떨어뜨려 몸값을 요구하는 행위나 악성 광고를 통한 수익 창출 및 금융 데이터 탈취를 통한 금전 획득 등이 발생할 가능성이 높다. 외부 통신도 내부 통신과 마찬가지로 메시지 암호화 및 인증 기능이 구현되어야 하며, 암호화 키 관리(KMS)에 대한 보안 표준이 정립되어야 한다.
④ CAN FD(Controller Area Network Flexible Data-Rate) : 전자 계기와 제어 시스템의 서로 다른 부분 사이의 2개의 와이어 상호 연결에서 센서 데이터와 제어 정보를 방송하는데 사용되는 데이터 통신 프로토콜이다. 주로 고성능 차량 ECU에 사용하도록 설계되었지만, 다양한 산업에서 고전적인 CAN의 보급은 로봇 공학, 국방, 산업 자동화, 수중 자동차 등에 사용되는 전자 시스템과 같은 다양한 다른 응용 분야에도 이 개선된 데이터 통신 프로토콜을 포함하게 될 것이다.

46 다음 병렬회로의 합성저항(Ω)은?

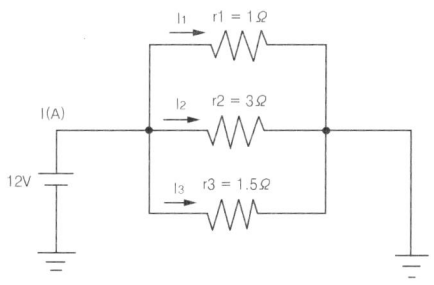

① 0.5 　　　　② 0.1
③ 5.0 　　　　④ 1.0

● **병렬 합성저항**

$$\frac{1}{R} = \frac{1}{R_1} + \frac{1}{R_2} + \frac{1}{R_3} + \cdots + \frac{1}{R_n}$$

$$\frac{1}{R} = \frac{1}{1} + \frac{1}{3} + \frac{1}{1.5} = \frac{6}{3}$$

$$R = \frac{3}{6} = 0.5\,\Omega$$

47 기동 전동기의 작동 원리는?

① 앙페르 법칙
② 렌츠의 법칙
③ 플레밍의 왼손 법칙
④ 플레밍의 오른손 법칙

● **법칙의 정의**
① 앙페르의 오른나사 법칙 : 전선에서 오른나사가 진행하는 방향으로 전류가 흐르면 자력선은 오른나사가 회전하는 방향으로 만들어진다는 원리이다.
② 렌츠의 법칙 : "유도 기전력의 방향은 코일 내 자속의 변화를 방해하는 방향으로 발생한다."는 법칙이다.
③ 플레밍의 왼손법칙 : 왼손의 엄지, 인지, 중지를 서로 직각이 되게 펴고 인지를 자력선의 방향으로, 중지를 전류의 방향에 일치시키면 도체에는 엄지의 방향으로 전자력이 작용한다는 법칙이며 시동 전동기, 전류계, 전압계 등의 원리이다.
④ 플레밍의 오른손법칙 : 자계 속에서 도체를 움직일 때에 도체에 발생하는 유도 기전력을 가리키는 법칙이다. 오른손 엄지손가락, 인지 및 가운데 손가락을 직각이 되게 펴고 인지를 자력선의 방향으로 향하게 하고 엄지손가락 방향으로 도체를 움직이면 가운데 손가락 방향으로 유도 전류가 흐른다는 법칙이며, 발전기의 원리이다.

48 물체의 전기저항 특성에 대한 설명으로 틀린 것은?

① 보통의 금속은 온도상승에 따라 저항이 감소된다.
② 단면적이 증가하면 저항은 감소한다.
③ 온도가 상승하면 전기저항이 감소하는 소자를 부특성 서미스터(NTC)라 한다.
④ 도체의 저항은 온도에 따라서 변한다.

보통의 금속은 온도의 상승에 따라 저항 값이 증가하지만, 탄소·반도체 및 절연체 등은 감소한다. 도체의 저항은 온도에 따라서 변화하며, 온도의 상승에 따라서 저항 값이 증가하는 것(PTC)과 반대로 감소하는 것(NTC)이 있다. 도체의 저항은 그 길이에 정비례하고 단면적에 반비례한다.

49 그림과 같은 논리(logic)게이트 회로에서 출력 상태로 옳은 것은?

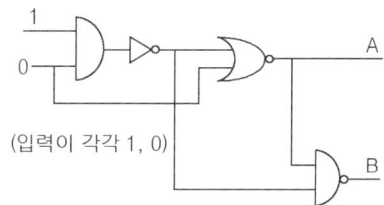

(입력이 각각 1, 0)

① A = 0, B = 0
② A = 1, B = 1
③ A = 1, B = 0
④ A = 0, B = 1

좌측의 부정 논리화 회로(NOR)에서 입력이 각각 1과 0이므로 출력이 0이 된다. A 회로의 부정 논리적(NAND) 회로는 입력이 각각 0과 0이므로 출력은 1이 된다. B 회로는 부정 논리화(NOR) 회로이므로 입력이 1과 0이므로 출력은 0이 된다.

50 다음 회로에서 스위치를 ON하였으나 전구가 점등되지 않아 테스트 램프(LED)를 사용하여 점검한 결과 i점과 j점이 모두 점등되었을 때 고장원인을 옳은 것은?

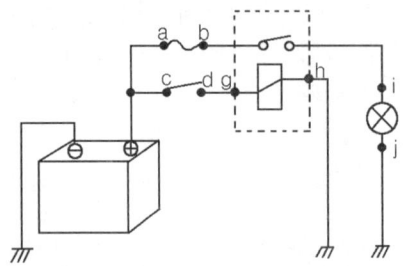

① 퓨즈 단선　　② 릴레이 고장
③ h와 접지선 단선　④ j와 접지선 단선

c - d의 스위치를 ON 시켰을 때 전구가 점등되지 않아 테스트 램프를 이용하여 점검한 결과 i 지점과 j 지점에 테스트 램프를 접촉시켰을 때 점등되었다면 j지점과 접지선의 단선이다.

51 점화장치에서 점화 1차 회로의 전류를 차단하는 스위치 역할을 하는 것은?

① 다이오드　　② 파워 TR
③ 점화 플러그　④ 점화 코일

파워 트랜지스터는 흡기 다기관에 부착되어 컴퓨터 (ECU)의 신호를 받아 점화 코일에 흐르는 1차 전류를 ON, OFF로 단속하는 NPN형 트랜지스터이며, 점화 코일에서 고전압이 발생되도록 하는 스위칭 작용을 한다. 구조는 컴퓨터에 의해 제어되는 베이스(B),점화코일1차 코일의(-)단자와 연결되는 컬렉터(C),그리고 접지되는 이미터 (E)로 구성되어 있다.

52 첨단 운전자 보조 시스템(ADAS) 센서 진단 시 사양 설정 오류 DTC 발생에 따른 정비 방법으로 옳은 것은?

① 베리언트 코딩 실시
② 해당 센서 신품 교체
③ 시스템 초기화
④ 해당 옵션 재설정

베리언트 코딩은 신품의 ADAS 모듈을 교체한 후 차량에 장착된 옵션의 종류에 따라 모듈의 기능을 최적화시키는 작업으로 해당 차량에 맞는 사양을 정확하게 입력하지

않을 경우 교체 전 모듈의 사양으로 인식을 하여 관련 고장코드 및 경고등을 표출한다. 전용의 스캐너를 이용하여 베리언트 코딩을 수행하여야 하며, 미진행 시 "베리언트 코딩 이상, 사양 설정 오류" 등의 DTC 고장 코드가 소거되지 않을 수 있다.

53 진단 장비를 활용한 전방 레이더 센서 보정 방법으로 틀린 것은?

① 메뉴는 전방 레이더 센서 보정(SCC/FCA)으로 선택한다.
② 주행 모드가 지원되지 않는 경우 레이저, 리플렉터, 삼각대 등 보정용 장비가 필요하다.
③ 주행 모드가 지원되는 경우에도 수직계, 수평계, 레이저, 리플렉터 등 별도의 보정 장비가 필요하다.
④ 바닥이 고른 공간에서 차량의 수평상태를 확인한다.

54 타이어 공기압 경보장치(TPMS)의 경고등이 점등 될 때 조치해야 할 사항으로 옳은 것은?

① TPMS 교환
② TPMS ECU 교환
③ TPMS ECU 등록
④ 측정된 타이어에 공기 주입

타이어의 압력이 규정값 이하이거나 센서가 급격한 공기의 누출을 감지하였을 경우에 타이어 저압 경고등(트레드 경고등)을 점등하여 경고한다.

55 차선 이탈 경고 시스템과 차선 유지 보조 시스템의 입·출력 계통 중 출력 계통에 포함하지 않는 것은?

① 차로 이탈 경고 신호
② MDPS 조향 제어 신호
③ 비상등 작동 신호
④ 시스템 작동상태 신호

차로 이탈 경고 (LDW)는 전방 주행 영상을 촬영하여 차선을 인식하고 이를 이용하여 차량이 차선과 얼마만큼의 간격을 유지하고 있는지를 판단하여, 운전자가 의도하지

않은 차로 이탈 검출 시 경고하는 시스템이다. 차로 이탈 방지 보조(LKA)는 차로 이탈 경고 기능에 조향력을 부가적으로 추가하여 차량이 좌우측 차선 내에서 주행 차로를 벗어나지 않도록 하는 기능이 포함되어 있다.

① 입력 계통 : 시스템 ON 스위치, 방향지시등 작동 신호, 비상등 작동 신호, 와이퍼 작동 신호, 요레이트 센서 신호, 가속도 센서 신호, MDPS 토크 센서 신호

② 출력 계통 : 시스템 작동 상태 신호, 차로 이탈 경고 신호, MDPS 조향 제어 신호

56 자동차용 냉방장치에서 냉매사이클의 순서로 옳은 것은?

① 증발기 → 압축기 → 응축기 → 팽창밸브
② 증발기 → 응축기 → 팽창밸브 → 압축기
③ 응축기 → 압축기 → 팽창밸브 → 증발기
④ 응축기 → 증발기 → 압축기 → 팽창밸브

에어컨의 냉매 순환 과정은 압축기(컴프레서) → 응축기(콘덴서) → 건조기(리시버 드라이어) → 팽창 밸브 → 증발기(이배퍼레이터)이다.

57 냉방장치의 구성품으로 압축기로부터 들어온 고온·고압의 기체 냉매를 냉각시켜 액체로 변화시키는 장치는?

① 증발기   ② 응축기
③ 건조기   ④ 팽창 밸브

● 에어컨의 구조 및 기능

① 압축기(compressor) : 증발기에서 기화된 냉매를 고온 고압가스로 변환시켜 응축기로 보낸다.

② 응축기(condenser) : 고온·고압의 기체 냉매를 냉각에 의해 액체 냉매 상태로 변화시킨다.

③ 리시버 드라이어(receiver dryer) : 응축기에서 보내온 냉매를 일시 저장하고 항상 액체 상태의 냉매를 팽창 밸브로 보낸다.

④ 팽창 밸브(expansion valve) : 고온·고압의 액체 냉매를 급격히 팽창시켜 저온·저압의 무상(기체) 냉매로 변화시킨다.

⑤ 증발기(evaporator) : 팽창 밸브에서 분사된 액체 냉매가 주변의 공기에서 열을 흡수하여 기체 냉매로 변화시키는 역할을 하고, 공기를 이용하여 실내를 쾌적한 온도로 유지시킨다.

⑥ 송풍기(blower) : 직류 직권 전동기에 의해 구동되며 공기를 증발기에 순환시킨다.

58 자동차 편의장치 중 이모빌라이저 시스템에 대한 설명으로 틀린 것은?

① 이모빌라이저 시스템이 적용된 차량은 일반 키로 복사하여 사용할 수 없다.

② 이모빌라이저는 등록된 키가 아니면 시동되지 않는다.

③ 통신 안전성을 높이는 CAN 통신을 사용한다.

④ 이모빌라이저 시스템에 사용되는 시동키 내부에는 전자 칩이 내장되어 있다.

이모빌라이저는 무선 통신으로 점화 스위치(시동 키)의 기계적인 일치뿐만 아니라 점화 스위치와 자동차가 무선으로 통신하여 암호 코드가 일치하는 경우에만 엔진이 시동되도록 한 도난 방지 장치이다. 이 장치에 사용되는 점화 스위치(시동 키) 손잡이(트랜스 폰더)에는 자동차와 무선으로 통신할 수 있는 특수 반도체가 들어있다. 따라서 기계적으로 일치하는 복제된 점화 스위치나 또는 다른 수단으로는 엔진의 시동을 할 수 없기 때문에 도난을 원천적으로 봉쇄할 수 있다.

59 통합 운전석 기억장치는 운전석 시트, 아웃사이드 미러, 조향 휠, 룸미러 등의 위치를 설정하여 기억된 위치로 재생하는 편의 장치다. 재생금지 조건이 아닌 것은?

① 점화 스위치가 OFF되어 있을 때

② 변속레버가 위치 "P"에 있을 때

③ 차속이 일정속도(예, 3km/h 이상) 이상일 때

④ 시트 관련 수동 스위치의 조작이 있을 때

● 재생 금지 조건

① 점화 스위치가 OFF되어 있을 때

② 자동변속기의 인히비터 "P" 위치 스위치가 OFF일 때

③ 주행속도가 3km/h 이상일 때

④ 시트 관련 수동 스위치를 조작하는 경우

60 운행차 정기검사에서 측정한 경적소음이 1회 96dB(C), 2회 97dB(C)이고 암소음이 90dB(C)일 경우 최종 측정치는?(단, 소음·진동관리법 시행규칙에 의한다.)

① 95.7dB(C)　　② 97.5dB(C)
③ 96.5dB(C)　　④ 96.0dB(C)

● 운행차 정기 검사
① 자동차 소음과 암소음의 측정값의 차이가 3dB 이상 10dB 미만인 경우에는 자동차로 인한 소음의 측정값으로부터 보정 값을 뺀 값을 최종 측정값으로 하고, 차이가 3dB 미만일 때에는 측정값을 무효로 한다. 단위: dB(A), dB(C)

자동차소음과 암소음의 측정치 차이	3	4~5	6~9
보정치	3	2	1

② 자동차소음의 2회 이상 측정치(보정한 것을 포함한다) 중 가장 큰 값을 최종 측정치로 함
경적소음과 암소음 차이 = 97dB - 90dB = 7dB
보정치 = 1dB
경적소음 측정값 = 97dB - 1dB = 96dB

제4과목　친환경 자동차 정비

61 하이브리드 자동차에 쓰이는 고전압(리튬 이온 폴리머) 배터리가 72셀이면 배터리 전압은 약 얼마인가?(단, 셀 전압은 3.75V이다.)

① 144V　　② 240V
③ 360V　　④ 270V

배터리 전압 = 모듈 수 × 셀의 수 × 셀 전압
배터리 전압 = 72 × 3.75 = 270V

62 리튬이온(폴리머)배터리의 양극에 주로 사용 되어지는 재료로 틀린 것은?

① $LiMn_2O_4$　　② $LiFePO_4$
③ $LiTi_2O_2$　　④ $LiCoO_2$

● 리튬이온 전지 양극 재료
① 리튬망간산화물($LiMn_2O_4$)

② 리튬철인산염($LiFePO_4$)
③ 리튬코발트산화물($LiCoO_2$)
④ 리튬니켈망간코발트산화물($LiNiMnCO_2$)
⑤ 이산화티탄(TiS_2)

63 마스터 BMS의 표면에 인쇄 또는 스티커로 표 시되는 항목이 아닌 것은?(단, 비일체형인 경우 로 국한한다.)

① 사용하는 동작 온도 범위
② 저장 보관용 온도 범위
③ 셀 밸런싱용 최대 전류
④ 제어 및 모니터링 하는 배터리 팩의 최대 전압

● 마스터 BMS 표면에 표시되는 항목
① BMS 구동용 외부 전원의 전압 범위 또는 자체 배터리 시스템으로부터 공급 받는 BMS 구동용 전압 범위
② 제어 및 모니터링 하는 배터리 팩의 최대 전압
③ 제어 및 모니터링 하는 배터리 팩의 최대 전류
④ 사용하는 동작 온도 범위
⑤ 저장 보관용 온도 범위

64 리튬-이온 고전압 배터리의 일반적인 특징이 아닌 것은?

① 열관리 및 전압관리가 필요하다.
② 셀당 전압이 낮다.
③ 과충전 및 과방전에 민감하다.
④ 높은 출력 밀도를 가진다.

● 리튬이온 고전압 배터리의 일반적인 특징
① 출력의 밀도가 높다.
② 셀당 전압이 3.6~3.8V 정도로 높다.
③ 메모리 효과가 발생하지 않기 때문에 수시로 충전이 가능하다.
④ 자기방전이 작고 작동 범위도 -20℃~60℃로 넓다.
⑤ 열관리 및 전압관리가 필요하다.
⑥ 과충전 및 과방전에 민감하다.

65 RESS(Rechargeable Energy Storage System)에 충전된 전기 에너지를 소비하며 자동차를 운전하는 모드는?

① HWFET 모드　② PTP 모드

③ CD 모드　　　④ CS 모드

● CD 모드와 CS 모드
① CD 모드 (충전-소진 모드 ; Charge depleting mode)
: RESS(Rechargeable Energy Storage System)에 충전된 전기 에너지를 소비하며, 자동차를 운전하는 모드이다.
② CS 모드(충전-유지 모드 ; Charge sustaining mode)
: RESS(Rechargeable Energy Storage System)가 충전 및 방전을 하며, 전기 에너지의 충전량이 유지되는 동안 연료를 소비하며, 운전하는 모드이다.
③ HWFET 모드 : 고속 연비는 고속으로 항속 주행이 가능한 특성을 반영하여 고속도로 주행 모드(HWFET)라 불리는 테스트 모드를 통하여 연비를 측정한다.
④ PTP 모드 : 도심 연비의 경우 도심 주행 모드(FTP-75)라 불리는 테스트 모드를 통해 측정하게 된다.

66 모터 컨트롤 유닛 MCU(Motor Control Unit)의 설명으로 틀린 것은?

① 고전압 배터리의(DC) 전력을 모터 구동을 위한 AC 전력으로 변환한다.

② 구동 모터에서 발생한 DC 전력을 AC로 변환하여 고전압 배터리에 충전한다.

③ 가속시에 고전압 배터리에서 구동 모터로 에너지를 공급한다.

④ 3상 교류(AC) 전월(U, V, W)으로 변환된 전력으로 구동 모터를 구동시킨다.

● 모터 컨트롤 유닛 MCU(Motor Control Unit)
① MCU는 전기자동차의 구동 모터를 구동시키기 위한 장치로서 고전압 배터리의 직류(DC) 전력을 모터를 구동하기 위한 교류(AC) 전력으로 변환시켜 구동 모터를 제어한다.
② 고전압 배터리로부터 공급되는 직류(DC) 전원을 이용하여 3상 교류(AC) 전원으로 변환하여 제어 보드에서 입력받은 신호로 3상 AC(U, V, W) 전원을 제어함으로써 구동 모터를 구동시킨다.
③ 가속 시에는 고전압 배터리에서 구동 모터로 전기 에너지를 공급하고 감속 및 제동 시에는 구동 모터를 발전기 역할로 변경시켜 구동 모터에서 발생한 에너지, 즉 AC 전원을 DC 전원으로 변환하여 고전압 배터리로 에너지를 회수함으로써 항속 거리를 증대시키는 기능을 한다.

67 하이브리드 자동차의 내연기관에 가장 적합한 사이클 방식은?

① 오토 사이클　② 복합 사이클

③ 에킨슨 사이클　④ 카르노 사이클

에킨슨 사이클은 영국의 제임스 에킨슨이 1886년 제창한 열 사이클로써 압축 행정과 팽창 행정을 독립적으로 설정할 수 있는 기구를 가진 것이며, 압축비와 팽창비를 별개로 설정할 수 있는 시스템이기 때문에 팽창비를 높게 하여 공급된 열에너지를 보다 많은 운동에너지로 변환하여 열효율을 높일 수 있다.

68 하이브리드 스타터 제너레이터의 기능으로 틀린 것은?

① 소프트 랜딩 제어

② 차량 속도 제어

③ 엔진 시동 제어

④ 발전 제어

● 스타터 제너레이터의 기능
① EV(전기 자동차) 모드에서 HEV(하이브리드 자동차) 모드로 전환할 때 엔진을 시동하는 시동 전동기로 작동한다.
② 발전을 할 경우에는 발전기로 작동하는 장치이며, 주행 중 감속할 때 발생하는 운동 에너지를 전기 에너지로 전환하여 배터리를 충전한다.
③ HSG(스타터 제너레이터)는 주행 중 엔진과 HEV 모터(변속기)를 충격 없이 연결시켜 준다.
⑤ 저장 보관용 온도 범위

69 하이브리드 차량의 내연기관에서 발생하는 기계적 출력 상당 부분을 분할(split) 변속기를 통해 동력으로 전달시키는 방식은?

① 하드 타입 병렬형

② 소프트 타입 병렬형

③ 직렬형

④ 복합형

● 동력 전달 구조에 따른 분류
① 하드 타입 병렬형 : 두 동력원이 거의 대등한 비율로 차량 구동에 기능하는 것으로 대부분의 경우 두 동력원 중 한 동력만으로도 차량 구동이 가능한 하이브리드 자동차
② 소프트 타입 병렬형 : 두 동력원이 서로 대등하지 않으며, 보조 동력원이 주 동력원의 추진 구동력에 보조적인 역할만 수행하는 것으로 대부분의 경우 보조 동력만으로는 차량을 구동시키기 어려운 하이브리드 자동차

③ 직렬형 : 2개 동력원 중 하나는 다른 하나의 동력을 공급하는 데 사용되나 구동축에는 직접 동력 전달이 되지 않는 구조를 갖는 하이브리드 자동차이다.

④ 복합형 : 엔진의 구동력이 기계적으로 구동축에 전달되기도 하고 그 일부가 전동기를 거쳐 전기 에너지로 전환된 후 구동축에서 다시 기계적 에너지로 변경되어 구동축에 전달되는 방식의 동력 분배 전달 구조를 갖는다.

70 하이브리드 자동차의 고전압 계통 부품을 점검하기 위해 선행해야 할 작업으로 틀린 것은?

① 고전압 배터리에 적용된 안전 플러그를 탈거한 후 규정 시간 이상 대기한다.

② 점화 스위치를 OFF하고 보조 배터리(12V)의 (−)케이블을 분리한다.

③ 고전압 배터리 용량(SOC)을 20% 이하로 방전시킨다.

④ 인버터로 입력되는 고전압 (+), (−) 전압 측정 시 규정값 이하인지 확인한다.

● **고전압 시스템의 작업 전 주의 사항**
① 고전압의 차단을 위하여 안전 플러그를 분리한다.
② 점화 스위치를 OFF하고 보조 배터리(12V)의 (-)케이블을 분리한다.
③ 시계, 반지, 기타 금속성 제품 등 금속성 물질은 고전압 단락을 유발하여 인명과 차량을 손상시킬 수 있으므로 작업 전에 반드시 몸에서 제거한다.
④ 안전사고 예방을 위해 개인 보호 장비를 착용하도록 한다.
⑤ 작업과 연관되지 않는 고전압 시스템은 절연 덮개로 덮어놓는다.
⑥ 고전압 시스템 관련 작업 시 절연 공구를 사용한다.
⑦ 탈착한 고전압 부품은 누전을 예방하기 위해 절연 매트 위에 정리하여 보관하도록 한다.
⑧ 고전압 단자 간 전압이 30V 이하임을 확인한 후 작업을 진행한다.
⑨ 인버터로 입력되는 고전압 (+), (-) 전압 측정 시 규정값 이하인지 확인한다.

71 병렬형 하이브리드 자동차의 특징에 대한 설명으로 틀린 것은?

① 모터는 동력 보조의 역할로 에너지 변환 손실이 적다.

② 소프트 방식은 일반 주행 시 모터 구동만을 이용한다.

③ 기존 내연기관 차량을 구동장치의 변경없이 활용 가능하다.

④ 하드 방식은 EV 주행 중 엔진 시동을 위해 별도의 장치가 필요하다.

● **하드 타입과 소프트 타입의 병렬형 특징**
병렬형은 복수의 동력원(엔진, 전기 모터)을 설치하고, 주행 상태에 따라서 어느 한 편의 동력을 이용하여 구동하는 방식이다.
① Hard Type(하드 타입) : TMED(엔진 클러치 장착)
• EV 모드 구현됨.
• 엔진 클러치 장착
• 별도의 엔진 Starter 필요함.
② Soft Type(소프트 타입) : FMED (엔진 클러치 미장착)
• 엔진 출력축에 직전 모터 장착.
• 엔진 시동, 파워 어시스트, 회생 제동 기능 수행
• EV 모드 주행 불가

72 전기자동차 고전압 배터리의 안전 플러그에 대한 설명으로 틀린 것은?

① 탈거 시 고전압 배터리 내부 회로연결을 차단한다.

② 전기자동차의 주행속도 제한 기능을 한다.

③ 일부 플러그 내부에는 퓨즈가 내장되어 있다.

④ 고전압 장치 정비 전 탈거가 필요하다.

● **안전 플러그**
① 안전 플러그는 고전압 배터리 팩에 장착되어 있다.
② 기계적인 분리를 통하여 고전압 배터리 내부의 회로 연결을 차단한다.
③ 일부 플러그 내부에는 메인 퓨즈가 내장되어 있다.
④ 고전압 장치 정비 전 고전압 차단 절차에 따라 탈거가 필요하다.

73 전기자동차에서 회전자의 회전속도가 600rpm, 주파수 f1에서 동기속도가 650rpm일 때 회전자에 대한 슬립률(%)은?

① 약 7.6   ② 약 4.2

③ 약 2.1   ④ 약 8.4

● **슬립율**
유도 모터에서 회전자의 회전속도가 동기속도보다 늦은 상태를 회전자에 미끄럼(슬립)이 생기고 있다고 말한다. 미끄럼(슬립)의 정도는 동기속도와 회전속도 차의 비율로 표시하는 것이 일반적이지만 이 수치에 100을 곱한 백분율(%)로 표시하기도 한다.

$$슬립률 = \frac{동기속도 - 회전속도}{동기속도} \times 100$$

$$슬립률 = \frac{650 - 600}{650} \times 100 = 7.69\%$$

74 전기 자동차 또는 하이브리드 자동차의 구동 모터 역할로 틀린 것은?

① 모터 감속 시 구동 모터를 직류에서 교류로 변환시켜 충전

② 고전압 배터리의 전기 에너지를 이용해 차량 주행

③ 감속기를 통해 토크 증대

④ 후진 시에는 모터를 역회전으로 구동

구동 모터는 높은 출력으로 부드러운 시동을 가능하게 하고 가속 시 엔진의 동력을 보조하여 자동차의 출력을 높인다. 또한 감속 주행 시 발전기로 구동되어 고전압 배터리를 충전하는 역할을 한다.

75 전기자동차의 공조장치(히트펌프)에 대한 설명으로 틀린 것은?

① 정비 시 전용 냉동유(POE) 주입

② PTC형식 이배퍼레이트 온도 센서 적용

③ 전동형 BLDC 블로어 모터 적용

④ 온도 센서 점검 시 저항(Ω) 측정

● **PTC 히터, 이배퍼레이터, 이배퍼레이터 온도 센서**
① PTC 히터 : 실내 난방을 위한 고전압 전기 히터.
② 이배퍼레이터 : 냉매의 증발되는 효과를 이용하며 공기를 냉각 한다.
③ 이배퍼레이터 온도 센서 : NTC 온도 센서 적용.

76 전기자동차 고전압장치 정비 시 보호 장구 사용에 대한 설명으로 틀린 것은?

① 절연장갑은 절연성능(1000V/300A 이상)을 갖춘 것을 사용한다.

② 고전압 관련 작업 시 절연화를 필수로 착용한다.

③ 보호안경을 대신하여 일반 안경을 사용하여도 된다.

④ 시계, 반지 등 금속 물질은 작업 전 몸에서 제거한다.

● **보호장구 안전기준**
① 절연장갑 : 절연장갑은 고전압 부품 점검 및 관련 작업 시 착용하는 가장 필수적인 개인 보호 장비이다. 절연 성능은 AC 1,000V/300A 이상 되어야 하고 절연장갑의 찢김 및 파손을 막기 위해 절연장갑 위에 가죽장갑을 착용하기도 한다.
② 절연화 : 절연화는 고전압 부품 점검 및 관련 작업 시 바닥을 통한 감전을 방지하기 위해 착용한다. 절연 성능은 AC 1,000V/300A 이상 되어야 한다.
③ 절연 피복 : 고전압 부품 점검 및 관련 작업 시 신체를 보호하기 위해 착용한다. 절연 성능은 AC 1,000V/300A 이상 되어야 한다.
④ 절연 헬멧 : 고전압 부품 점검 및 관련 작업 시 머리를 보호하기 위해 착용한다.
⑤ 보호안경, 안면 보호대 : 스파크가 발생할 수 있는 고전압 작업 시 착용한다.
⑥ 절연 매트 : 탈거한 고전압 부품에 의한 감전사고 예방을 위해 부품을 절연 매트 위에 정리하여 보관하며 절연 성능은 AC 1,000V/300A 이상 되어야 한다.
⑦ 절연 덮개 : 보호 장비 미착용자의 안전사고 예방을 위해 고전압 부품을 절연 덮개로 차단한다. 절연 성능은 AC 1,000V/300A 이상 되어야 한다.

77 전기자동차 또는 하이브리드 자동차의 구동 모터 역할로 틀린 것은?

① 모터 감속 시 구동 모터를 직류에서 교류로 변환시켜 충전

② 고전압 배터리의 전기에너지를 이용해 차량 주행

③ 감속기를 통해 토크 증대

④ 후진 시에는 모터를 역회전으로 구동

● **회생 제동의 원리**
감속 시에는 발생하는 운동에너지를 이용하여 구동 모터를 발전기로 전환시켜 발생된 교류(AC)에너지를 MCU(인버터)를 거치면서 직류(DC)로 정류한 전기 에너지를 고전압 배터리에 충전한다.

78 수소 연료전지 자동차에서 전기가 생성되는데 필요한 장치가 아닌 것은?

① 공기 공급 장치
② 알터네이터
③ 스택(연료 전지)
④ 수소 공급 장치

● 파워 트레인 연료 전지(PFC ; Power Train Fuel Cell)

연료 전지 전기 자동차의 동력원인 전기를 생산하고 이를 통해 자동차를 구동하는 시스템이 구성된 전체 모듈을 PFC라고 한다. 파워 트레인 연료 전지는 크게 연료 전지 스택, 수소 공급 시스템(FPS ; Fuel Processing System), 공기 공급 시스템(APS ; Air Processing System), 스택 냉각 시스템(TMS ; Thermal Management System)으로 구성된다. 이 시스템에 의해 전기가 생산되면 고전압 정션 박스에서 전기가 분배되어 구동 모터를 회전시켜 주행한다.

79 수소 연료전지 자동차에서 연료전지에 수소 공급 압력이 높은 경우 고장 예상원인이 아닌 것은?

① 수소 공급 밸브의 누설(내부)
② 수소 차단 밸브 전단 압력 높음
③ 고압 센서 오프셋 보정값 불량
④ 후진 시에는 모터를 역회전으로 구동

● 수소 연료 제어 밸브의 기능
① 수소 공급 밸브 : 수소가 스택에 공급되기 전에 수소 압력을 낮추어 스택의 전류에 맞춰 수소를 공급한다.
② 수소 차단 밸브 : 수소 탱크에서 스택으로 수소를 공급하거나 차단하는 개폐식 밸브로 시동이 걸릴 때는 열리고 시동이 꺼질 때는 닫힌다.
③ 고압 센서 : 탱크 압력을 측정하여 남은 연료를 계산하며, 고압 조정기의 장애를 모니터링 한다.

80 수소 연료전지 자동차의 주행상태에 따른 전력 공급 방법으로 틀린 것은?

① 평지 주행 시 연료전지 스택에서 전력을 공급한다.
② 내리막 주행 시 회생제동으로 고전압 배터리를 충전한다.
③ 급가속 시 고전압 배터리에서만 전력을 공급한다.

④ 오르막 주행 시 연료 전지 스택과 고전압 배터리에서 전력을 공급한다.

● 수소 연료 전지 자동차의 주행 특성
① 경부하시에는 고전압 배터리가 적절한 충전량(SOC)으로 충전되는 동안 연료 전지 스택에서 생산된 전기로 모터를 구동하며 주행한다.
② 중부하 및 고부하시에는 연료 전지와 고전압 배터리가 전력을 공급한다.
③ 무부하시에는 스택으로 공급되는 연료를 차단하여 스택을 정지시킨다.
④ 감속 및 제동 시에는 회생 제동으로 생산된 전기는 고전압 배터리를 충전하여 연비를 향상시킨다.

정답 2025년 2회

01.①	02.④	03.④	04.②	05.①
06.③	07.②	08.②	09.③	10.①
11.③	12.④	13.③	14.②	15.③
16.④	17.③	18.③	19.①	20.③
21.②	22.②	23.③	24.③	25.③
26.①	27.②	28.②	29.③	30.①
31.②	32.②	33.④	34.③	35.③
36.②	37.②	38.③	39.③	40.④
41.②	42.④	43.②	44.③	45.③
46.①	47.③	48.①	49.④	50.④
51.②	52.①	53.③	54.④	55.③
56.①	57.②	58.③	59.②	60.④
61.④	62.③	63.③	64.③	65.③
66.②	67.③	68.②	69.④	70.③
71.②	72.②	73.①	74.①	75.②
76.③	77.①	78.②	79.④	80.③

◉ 집필진

김광석   한국폴리텍대학 인천캠퍼스
김영호   한국폴리텍대학 광주캠퍼스
김지호   한국폴리텍대학 부산캠퍼스
박영식   한국폴리텍대학 창원캠퍼스

[내용관련 Q&A]

네이버 카페[도서출판 골든벨]

※ 이 책 내용에 관한 질문은 **카페[묻고 답하기]**로 문의해 주십시오.
　질문요지는 이 책에 수록된 내용에 한합니다.
　전화로 질문에 답할 수 없음을 양지하시기 바랍니다.

NCS 출제기준 완벽적용
합격포인트
자동차정비산업기사 필기

초판 인쇄 ┃ 2026년 1월 5일
초판 발행 ┃ 2026년 1월 15일

지 은 이 ┃ 김광석, 김영호, 김지호, 박영식
발 행 인 ┃ 김길현
발 행 처 ┃ (주)골든벨
등　　록 ┃ 제1987─000018호
I S B N ┃ 979-11-24114-04-9
가　　격 ┃ 25,000원

ⓤ 04316 서울특별시 용산구 원효로 245[원효로1가 53-1] 골든벨빌딩 6F
● TEL : 도서 주문 및 발송 02-713-4135 / 회계 경리 02-713-4137
　　　기획디자인 본부 02-713-7452 / 해외 오퍼 및 광고 02-713-7453
● FAX : 02-718-5510　　● http : // www.gbbook.co.kr　　● E-mail : 7134135@ naver.com